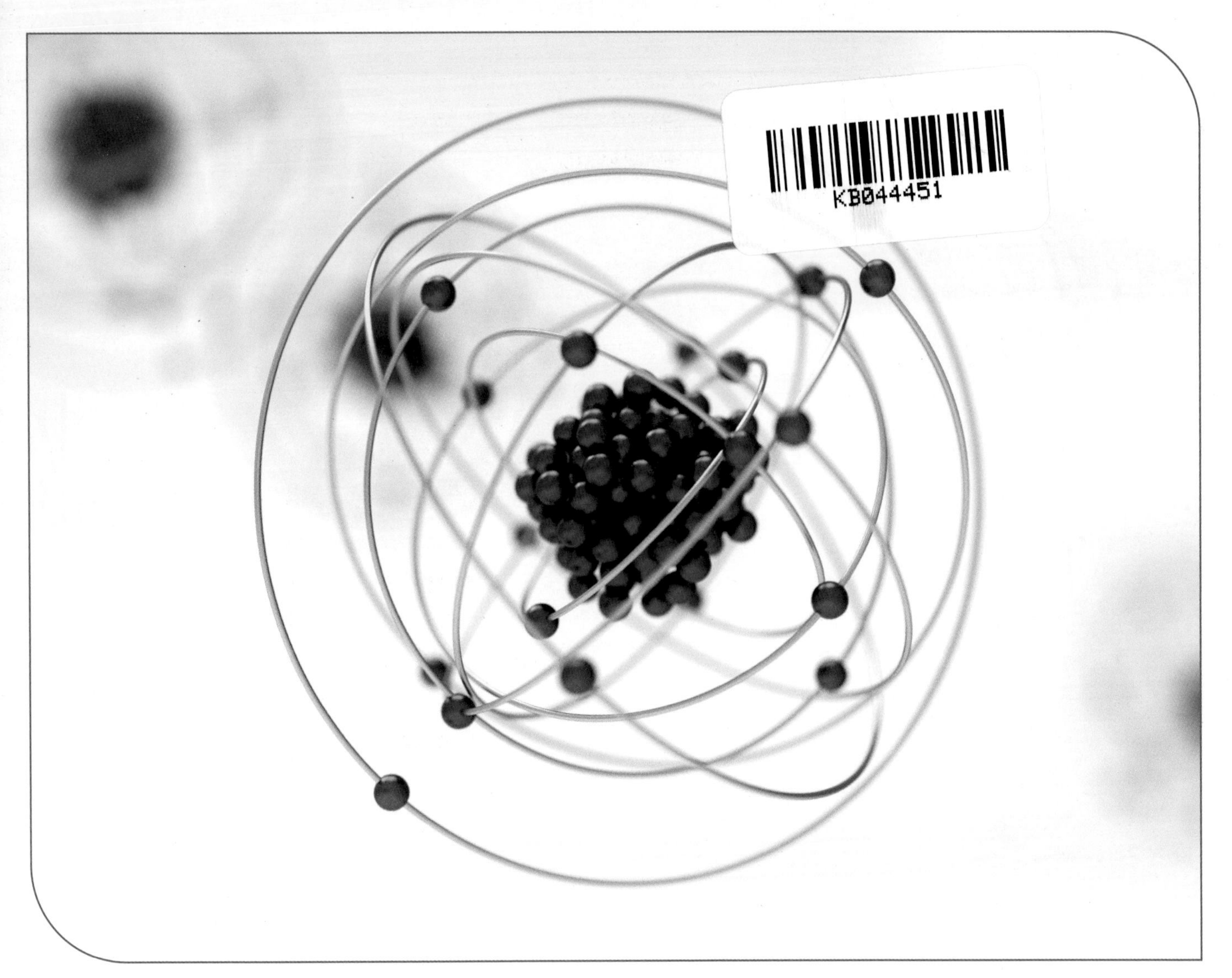

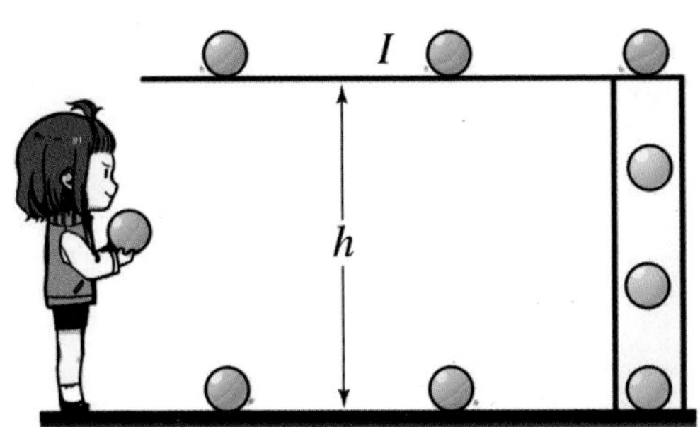

UNIVERSITY **PHYSICS**

대학물리학 9판

권민정 · 김현철 · 노재우 · 류한열 · 박혜진 지음
유석재 · 윤진희 · 이규태 · 이근섭 · 이민백
이병찬 · 이재우 · 정종훈 · 최민석 · 허남정

머리말

물리학은 이공계 학생들이 각자의 전공을 공부하기에 앞서 반드시 배워야 할 기초 과목 중의 하나이다. 이에, 우리 실정에 적합하고 우리말로 쓴 물리학 교재의 필요성은 따로 강조할 필요가 없다.

이 책을 집필하는 데 중점적으로 고려한 사항들은 다음과 같다. 첫째로, 우리의 학기 체제에서 무리 없이 강의할 수 있는 주제의 양과 질을 엄선하였다. 둘째로, 이공계 학생들이 자신의 전공에 필요하다고 생각되는 물리학적 내용을 알기 쉽게 설명하는 데 노력하였다. 우리가 일상생활에서 접할 수 있는 현상들을 통하여, 물리적 지식의 활용을 염두에 두고 집필하였다. 마지막으로, 이 책을 공부하기에 앞서 필요한 지식을 따로 습득해야 하는 과정을 최소한으로 줄여, 물리학을 처음으로 접하는 학생들도 쉽게 공부할 수 있도록 배려하였다.

이 책은 전체 27장으로 구성되어 있다. 1장부터 14장까지는 역학, 파동, 열역학 분야를 다루고, 15장부터 27장까지는 전자기학, 광학, 현대물리학 분야를 다룬다. 두 학기 강의로는 전반부와 후반부를 각기 한 학기 동안 공부하고, 한 학기 강의로는 필요한 장을 선택하여 공부하는 것이 바람직하다. 책의 내용은 인하대학교 전임 교수들이 나누어 집필하였다.

그동안 이 책을 교과서로 사용해온 교수 및 학생들의 의견을 반영하여 개정판을 내게 되었다. 수업 진도상 건너뛸 수 있는 부분은 *로 표시하였다. 앞으로도 지속적으로 개정 작업을 수행할 것이며, 여러분들의 의견을 인하대학교 물리학과 홈페이지(http://physics.inha.ac.kr)에 개진해주길 부탁드린다.

현시대는 엄청나게 빠른 과학 기술의 발달을 그 특징으로 하고 있다. 모든 것이 급변하는 상황에서는, 기본 원리를 이해하는 것이 변화에 대처하는 가장 현명한 방법이 될 것이다. 따라서 자연현상과 공학의 근본이 되는 물리를 공부하는 것은 이런 시대를 헤쳐나가는 데 있어서 필수불가결한 일이다. 아무쪼록 이 책이 많은 학생들이 물리를 공부하고 이해하는 데에 도움이 되기를 바란다.

차례

제1장 측정

제2장 벡터와 스칼라

제3장 물체의 운동

제4장 힘과 운동

제5장 일과 에너지

제6장 운동량과 충돌

제7장 원운동

제8장 각운동량과 중력

제9장 강체의 회전운동과 평형

제10장 고체와 유체

제11장 진동과 단순조화운동

제12장 파동과 음파

제13장 물질의 열적 성질과 통계역학

제14장 열역학 법칙과 엔트로피

제15장 전하와 전기장

제16장 가우스 법칙과 전위

제17장 전류와 저항

제18장 전류회로와 축전기

제19장 자기장

제20장 전류와 자기장

제21장 자기 유도

제22장 교류회로

제23장 기하광학

제24장 간섭과 회절

제25장 상대론

제26장 원자와 물질의 구조 – 양자론

제27장 원자핵과 기본 입자

지오바니 조르지

Giovanni giorgi, 1871~1950

이탈리아의 물리학자.
기존의 MKS 단위를 확장하여 전자기 단위를 도입할 것을 주장하였고
국제 단위 체계 협회의 설립에 선구자 역할을 하였다.

CHAPTER 01
측 정

일상생활에서 우리가 나누는 대화를 좀 더 정확하고 명확하게 하기 위해서는 많은 부분에서 기본적인 물리량을 언급할 필요가 있다. 예를 들어, 날씨를 이야기하면서 그냥 춥다거나 덥다고 이야기하는 것보다는 오늘 기온이 얼마인데 어제보다 몇 도의 온도가 내려갔다거나 올라갔다고 이야기해야 주관적인 경험에 의한 표현의 모호함을 줄이고 상대방이 전하려고 하는 내용을 정확히 인식할 수 있을 것이다. 물리학에서 물리량을 정의하는 일은 모든 연구의 첫걸음으로 더할 나위 없이 중요하다.

이 장은 기본적인 물리량을 정의하고, 또 이를 표현하는 다양한 방법들에 관해 기술한다.

1-1 물리량, 단위 및 표준

물리학은 자연현상을 정량적으로 기술하는 측정에 바탕을 두고 있다. 물리량이란 물리학의 법칙들을 구성하는 기본 요소들이며, 이들을 측정하는 방법을 배움으로써 물리학을 배운다고 해도 과장된 말은 아닐 것이다. 길이, 질량, 시간, 힘, 속도, 밀도, 온도 등 물리량의 종류는 다양하다. 우리는 이와 같은 용어들을 일상생활에서도 많이 사용하고 있다. 물리량을 우리가 일상생활에서 사용할 경우, 때로는 같은 의미로, 또 때로는 넓은 의미에서만 같은 뜻을 내포하게 된다. 예를 들어 다음의 문장을 살펴보자. "당신이 힘으로 그렇게 밀어붙이지 않았다면 그 일은 그만한 속도로 이루어지지 않았을 것이다"라는 대화에서 '힘'이나 '속도'는 물리학에서도 사용되는 용어이다. 그러나 대화에서 보듯, 일상생활에서 이 용어들이 사용되는 용례와 물리학에서의 정의는 큰 차이를 지닌다.

어떠한 물리량을 정의하기 위해서는 물리량을 측정하는 일련의 과정에 관한 검토가 미리 이루어져야 한다. 즉, 물리량을 측정하는 방법이 정해지고 또 대상이 되는 물리량의 단위가 미리 정의된다. 예컨대, 대상이 되는 물리량이 길이인 경우 미터(m)와 같은 기본 단위를 가진다. 이를 우리는 '표준을 정한다'라고 한다. 우리는 임의로 단위와 표준을 정할 수 있지만, 물리량에 있어서 중요한 것은 정의된 물리량이 쓸모가 있어야 하고 또 실제적이어야 한다는 점이다. 물리량이 널리 사용되기 위해서는 반드시 관련 과학자들의 국제적인 동의를 얻어야 하

▲ **그림 1.1** | 1726년에 편찬된 중국 백과사전인 ≪도서집성≫에 실린 측량 기하학의 그림으로, 섬의 높이 측정을 설명하고 있다. 이 그림은 3세기의 수학자인 유휘가 쓴 ≪해도산경≫에 이미 실렸다.

는데, 이를 위해서는 임의로 정의된 물리량이 위의 조건을 만족해야 한다.

일단 한 표준을 정하면, 예컨대 길이에 대한 표준을 정했다면 그 표준으로 어떤 길이를(원자의 반지름, 사람의 키 또는 어떤 항성까지의 거리) 측정할 수 있는 과정을 찾지 않으면 안 된다. 많은 경우에 이런 측정작업은 간접적인 비교에 의해야 한다. 예를 들어서 원자의 반지름이나 항성까지의 거리를 측정하기 위해서 우리는 일상생활에서 사용하는 자를 사용할 수는 없는 것이다.

이렇게 정의된 물리량은 과학과 기술이 발전하면서 그 종류가 수없이 늘어나서 이들 모두를 이 장에서 언급할 수는 없다. 게다가 이 양들은 모두 서로 독립적인 것도 아니다. 그러므로 여기서 우리는 기본 물리량만을 다룬다. **길이, 질량, 시간** 등을 **기본 물리량**이라 하고, 이러한 기본 물리량으로 표현 가능한 물리량을 유도 물리량이라 한다. 간단한 예로, 속력은 시간의 변화에 대한 길이의 변화 비율이다. 그래서 먼저 길이와 시간과 같은 국제적인 합의를 거친 기본량을 선정하고, 각각의 기본량에 대한 표준을 제시한다. 그런 다음 이런 기본량과 표준을 사용하여 다른 물리량을 정의할 것이다.

물리량을 측정할 때 기본이 되는 표준은 누구나 얻기 쉬워야 하고, 동시에 측정하는 사람에 따라 변해서도 안 된다. 표준의 이 두 조건은 매우 엄격하여, 어느 한 가지만 만족하는 것으로는 불충분하며 반드시 두 조건을 모두 만족시켜야 한다. 예를 들어서 사람의 한 뼘이나 양팔을 뻗은 길이를 길이의 표준이라고 정의하자. 이런 표준은 확실히 얻기 쉽다. 하지만 이렇게 정의된 표준은 사람마다 다르기 때문에 위 표준이 만족해야 하는 두 번째 조건을 만족시키지 않고, 따라서 표준으로서 부적합하다. 많은 사람이 자기 자신의 키를 잴 때 각자의 한 뼘을 표준으로 삼았다고 생각해보라. 얼마나 혼란스럽겠는가? 이런 이유로 인하여 과학과 기술이 우선적으로 요구하는 것은 표준의 불변성이다. 그리고 우리는 필요할 때 손쉽게 얻을 수 있는 기본 표준의 복제품들을 만드는 데 많은 힘을 기울인다.

1-2 국제단위계

1971년 제14차 도량형총회(General Conference on Weights and Measures)에서 7개의 기본량을 선정하고 국제단위계의 기본으로 정했다. **SI**는 **국제단위계(The International System of Units)**를 의미하는 프랑스어(Le Système International d'unites)의 약자이며, 미터계로도 알려져 있다.

표 1.1은 7개의 기본 단위를 보여주고 있다.

▼ 표 1.1 | 현행 미터계(SI)의 7개 기본 단위

물리량	명칭	표시기호
길이	미터(meter)	m
질량	킬로그램(kilogram)	kg
시간	초(second)	s
전류	암페어(ampere)	A
열역학적 온도	켈빈(kelvin)	K
물질의 양	몰(mole)	mol
밝기	칸델라(candela)	cd

많은 SI 유도 단위는 이들 기본 단위들을 사용하여 정의된다. 예를 들면, 와트(watt, 약자로 W로 씀)로 불리는 일률의 SI 단위는 질량, 길이 및 시간의 기본 단위로 정의된다.

$$1\,\mathrm{W} = 1\,\mathrm{kg} \cdot \mathrm{m}^2/\mathrm{s}^3 \tag{1.1}$$

여기서는 길이, 질량, 시간의 기본 단위에 대해서 살펴보기로 한다. 온도와 전류의 단위는 13장과 17장에서 각각 다루게 될 것이다.

길이

1792년 신생 프랑스공화국은 새로운 도량형 제도를 확립하였다. 이들은 길이의 표준을 1미터(meter)라 부르고, 이 길이를 북극에서 파리를 통과하여 적도에 이르는 자오선 길이의 1천만 분의 1로 정의하였다. 하지만 이렇게 지구 자오선을 이용하여 정의된 길이의 표준은 실용적인 이유로 결국 오랫동안 사용되지 못하였다. 1799년 프랑스 대혁명기에는 백금으로 된 미터원기를 제작하여 사용하였으며, 1899년부터 원자번호 78번인 백금(Pt)과 원자번호 77번인 이리듐(Ir)을 섞어서 만든 백금(90%) - 이리듐(10%) 합금의 1미터 표준 미터원기를 사용하게 되었다(그림 1.2 참조). 이 원기는 1927년 국제도량형 기구에서 국제적인 표준으로 인정되었다. 현재 이 미터원기는 파리 근교에 있는 국제도량형국에서 보관하고 있다. 그리고 이 미터원기의 정확한 복제품들이 세계 각국의 표준연구소에 보급되어 있다. 이들을 우리는 이차 미터 표준원기라 부르고, 이들을 사용하여 각 나라는 더 얻기 쉬운 삼차 표준을 만드는 데 사용한다. 모든 측정 기기는 이처럼 복잡한 비교과정을 거쳐 얻어진다.

하지만 과학기술이 발달함에 따라서 사람들은 차츰 미터원기보다 더 정확한 표준이 필요하게 되었다. 그리고 1960년에 이르러 빛의 파장에 기초를 둔 새로운 미터 표준을 채용하게 되었다. 이 새로운 미터 표준에서 1미터는 가스 방전관에 있는 원자번호 36인 크립톤(Kr)의 동위원소 ^{86}Kr(크립톤 - 86이라 부른다)이 방출하는 주황빛 파장의 1,650,763.73배로 정의된다. 이렇게 정의된 파장 수는 기존의 미터 표준원기와 비교해서 얻어진 값이다. 원자길이 표준인 크립톤 - 86 원자는 어디에서나 얻을 수 있고, 또 시간과 장소에 상관없이 동일하며 정확하게

같은 파장의 빛을 방출한다.

길이 표준이 백금-이리듐 합금으로부터 크립톤에서 발생하는 빛을 이용한 장치로 바뀌었듯이, 크립톤-86 표준 또한 더욱 정밀한 과학기술의 필요에 의해 대체되기에 이른다. 그 결과 1983년에 개최된 제17차 도량형총회에서는 **1미터를 빛이 진공에서 1/299,792,458초의 시간 동안 진행한 거리**로 정의하였다. 여기서 빛의 속도로는 그때까지 알려진 진공에서의 광속을 사용했으며, 이 값은 영어의 소문자 c로 표시되는 상수로 $c = 299,792,458\ \mathrm{m/s}$이다. 이 미터 표준은 현재까지 사용되고 있다. 끝으로 길이의 단위로는 야드나 인치 등도 있다.

❙ 질량

질량의 SI 표준은 **백금-이리듐**의 원추형이며, 최초의 표준을 파리 근교에 있는 국제도량형국에서 보관하고 있다. 질량의 표준은 국제적 합의에 의해 1킬로그램(kilogram)이라는 질량으로 정의되었다. 이것을 복제한 이차 표준은 세계 각 나라에 있는 표준연구소에 보내졌고, 우리나라의 국가질량원기는 한국표준과학연구원에서 보관하고 있다.

원자 수준에서 우리는 SI 단위가 아닌 질량의 또 다른 표준을 사용한다. 이것은 원자번호 6인 탄소 원자 ^{12}C의 질량이며 국제적 합의에 의해서 정확하게 12 원자질량단위(약자로 u)로 정의되었다. 이 두 표준 사이의 관계는 근사적으로 다음과 같다.

$$1\ \mathrm{u} \simeq 1.661 \times 10^{-27}\ \mathrm{kg} \tag{1.2}$$

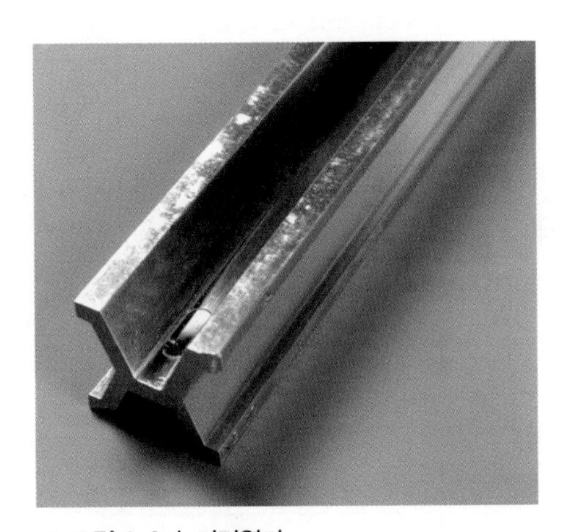

▲ 그림 1.2 ❙ 미터원기

▲ 그림 1.3 ❙ 대한민국 표준 질량원기 No.72

질량은 오랫동안 질량 원기를 이용해 1 kg을 정의해왔지만 지난 130년간 질량 원기의 질량이 수십 μg 가량 변화했다는 사실이 밝혀졌다. 특정 물체에 기준을 두는 정의는 이와 같이 변화할 가능성이 있다. 이에 보다 보편적이고 불변하는 물리 상수를 이용하여 2019년에 질량의 표준을 다시 정의하게 되었다.

킬로그램(kg)은 플랑크상수 h를 $kg\,m^2/s$의 단위로 나타낼 때 h의 값이 $6.62607015 \times 10^{-34}$의 고정된 값으로 만들어주는 것으로 정의한다. (여기서 미터는 앞에서 말한 것처럼 빛의 속력 c를 이용해 정의한 것이며 초는 다음에서 소개할 세슘 원자의 방출 진동수 $\Delta\nu$로 정의된다.) 즉 1 킬로그램은

$$1\,kg = \frac{h}{6.62607015 \times 10^{-34}\,m^{-2}s}$$

을 만족하는 질량으로 정의하는 것이다.

❙ 시간

우리가 시간을 측정하는 데에는 두 가지 이유가 있다. 하나는 일상생활이나 어떤 과학적인 목적을 위해서 사건들을 일어난 순서대로 나열하기 위해서이고, 또 다른 이유는 한 사건이 얼마나 오래 지속되었는가, 즉 시간 간격을 알고자 하는 것이다. 따라서 시간 표준은 어떤 것을 막론하고 이 두 가지 경우, 즉 "언제 무엇이 일어났느냐?"와 "무엇이 얼마나 오래 지속되었는가?"에 모두 적용될 수 있어야 한다. 표 1.2에서는 몇 가지 시간 간격을 비교하고 있다.

반복하는 현상은 어떤 것이나 시간의 척도로 사용될 수 있다. 예를 들어서 인류는 오랫동안 자전이라는 자연현상을 이용하여 시간을 측정했다. 이런 태양시계에서 SI 단위인 1초는 다음과 같이 정의된다. 태양이 계속해서 같은 자오선을 남중하는 시간 간격을 하루로 한다. 이 하루를 24로 나누어서 그 단위를 1시간이라 하고, 1시간을 60으로 나눈 후 이 단위를 1분이라 한다. 그리고 1분을 60으로 나눈 것을 1초로 한다. 하지만 이런 태양시계는 지구의 공전 궤도가 타원인 까닭에 1일의 길이가 1년을 주기로 계절에 따라 변하게 된다. 따라서 1년을 평균한 평균 태양일을 채택하게 되었다. 그러나 평균 태양일도 지구운동의 약간의 변동, 간만으로 인한 영향 등 여러 가지 이유로 해마다 정확하게 같지는 않다. 그래서 과학자들은 더 좋은 표준을 모색하였다.

▼ **표 1.2** ❙ 시간 간격

시간 간격	초(second)
지구의 지질학적 역사	1.3×10^{17}
인간의 수명	2×10^{9}
지구 공전 주기	3.1×10^{7}
지구 자전 주기	8.6×10^{4}
정상적인 심장박동 간격	8.0×10^{-1}
분자의 운동 주기	1×10^{-12}
빠른 중성자가 핵을 지나는 데 걸리는 시간	2×10^{-23}

1967년 제13차 도량형총회는 더 정확한 원자 표준시계인 세슘(cesium) 시계에 기초를 둔 표준 초를 채택하였다. 이때 **1초(1 s)는 원자번호 55번인 세슘(133Cs) 원자가 방출하는 특정한 빛이 9,192,631,770번 진동하는 데 걸리는 시간**이다. 즉 **진동수 $\Delta\nu = 9{,}192{,}631{,}770$이다.** 이 방식에 의하면 2개의 세슘 시계는 6000년 동안 가동하면서 단 1초의 오차만을 갖는다.

질량에서 언급되었다시피, 2019년에는 기본 물리량의 표준이 물리상수를 이용해 다시 정의되었다. 길이와 시간은 예전과 같이 빛의 속력과 세슘 원자의 진동수를 이용하여 정의하였고, 질량은 볼츠만 상수를 이용해 정의하였다. 나머지 기본 물리량의 정의는 다음과 같다.

전류의 단위인 암페어(A)는 기본 전하 e의 값을 As의 단위로 나타낼 때 $1.602176634 \times 10^{-19}$의 고정된 값으로 만들어 주는 것으로 정의한다. 여기서 초는 $\Delta\nu$로 정의된다. 즉

$$1\,\mathrm{A} = \frac{\mathrm{e}}{1.602176634 \times 10^{-19}}\,\mathrm{s}^{-1}$$

를 만족하는 전류량으로 정의하는 것이다.

온도의 단위인 켈빈(K)은 볼츠만상수 k의 값을 $kg\,\mathrm{m}^2\mathrm{s}^{-2}\mathrm{K}^{-1}$의 단위로 나타낼 때 1.380649×10^{-23}의 고정된 값으로 만들어주는 것으로 정의한다. 여기서 킬로그램, 미터, 초는 각각 h, c, $\Delta\nu$로 정의된다. 즉

$$1\,\mathrm{K} = \frac{\mathrm{k}}{1.380649 \times 10^{-23}}\,\mathrm{kg\,m^2 s^{-2}}$$

을 만족하는 온도로 정의한다.

특정 구성 요소들의 물질량을 나타내는 단위가 몰(mol)이다. 특정 구성요소란 원자, 분자, 이온, 전자, 그 외의 입자들, 또는 그런 입자들의 집합체가 될 수 있다. 몰은 아보가드로 상수 N_A의 값을 mol^{-1}의 단위로 나타낼 때 $6.02214076 \times 10^{23}$의 고정된 값을 만들어주는 것으로 정의한다.

$$mol = \frac{6.02214076 \times 10^{23}}{N_A}$$

광도의 SI 단위는 칸델라(cd)이다. 칸델라는 진동수가 540×10^{12} Hz인 단색광의 시감효능 K_{cd}를 $lm\,\mathrm{W}^{-1}$ 단위로 나타낼 때 그 수치를 683으로 고정함으로써 정의된다.

질문 1.1

왜 지구 자오선을 이용한 길이의 표준이 오랫동안 사용되지 못했을까? 그리고 백금-이리듐을 표준원기로 사용함에 있어서 일어날 수 있는 문제점으로는 어떤 것이 있을 수 있는지 생각해보자.

질문 1.2

자연상태에서 존재하는 크립톤과 원자길이 표준으로 사용된 크립톤-86은 어떤 차이가 있나?

질문 1.3

길이의 표준이 지구 자오선에서 백금-이리듐 합금 그리고 크립톤을 이용한 원자길이, 또 빛을 이용한 표준으로 바뀜에 따라서 표준의 정밀도가 얼마나 증가하게 되었나 생각해보자.

현재 SI에 편입된 길이, 질량 및 시간의 표준 단위들을 포함하고 있는 미터계는 한때 MKS 단위계(meter-kilogram-second)로 불렸다. 비교적 작은 값을 다루는 데 사용된 또 다른 미터계로는 CGS 단위계(centimeter-gram-second)가 있다. 이런 미터계 이외에도 미국에서 아직도 널리 사용되고 있는 단위에는 영국 공학 단위가 있다. 이는 길이, 힘 및 시간의 표준 단위로 풋(foot), 파운드(pound), 초(second)를 사용한다. 그 결과 영국 단위계는 FPS 단위계(foot-pound-second)라고 불린다.

현재는 미터계가 국제적으로 널리 사용되고 있으며, 미국에서도 그 사용이 점점 늘고 있다. 이 미터계는 십진법을 사용하므로 영국 공학제도와 비교하여 수학적으로 간단하기 때문에 과학-기술계에서 사용하는 단위 제도로 적당하다. 이 책에서는 SI 단위를 사용하고 있으나, 다른 제도에서 유래하는 단위들도 일상생활에서 사용되기 때문에 제한적으로 사용한다. 예컨대 시간의 단위로서 시, 온도의 단위로서 섭씨 등이다. 각종의 배수와 그것에 대응하는 접두사가 표 1.3에 있다.

▼ **표 1.3** | 미터 단위 제도에서 배수와 접두사

배수	접두사	표시기호	배수	접두사	표시기호
10^{24}	요타(yotta)	Y	10^{-1}	데시(deci)	d
10^{21}	제타(zetta)	Z	10^{-2}	센티(centi)	c
10^{18}	엑사(exa)	E	10^{-3}	밀리(milli)	m
10^{15}	페타(peta)	P	10^{-6}	마이크로(micro)	μ
10^{12}	테라(tera)	T	10^{-9}	나노(nano)	n
10^{9}	기가(giga)	G	10^{-12}	피코(pico)	p
10^{6}	메가(mega)	M	10^{-15}	펨토(femto)	f
10^{3}	킬로(kilo)	k	10^{-18}	아토(atto)	a
10^{2}	헥토(hecto)	h	10^{-21}	젭토(zepto)	z
10	데카(deka)	da	10^{-24}	욕토(yocto)	y

1-3 단위 및 차원의 분석

물리학에서 쓰이는 기본량에는 **차원(dimension)**이 있다. 예를 들어, 길이, 질량 및 시간은 기본 차원을 이룬다. 여러분은 두 점 간의 거리를 측정하고 미터(m)나 센티미터(cm)로 표현할 수 있다. 어떤 경우에도 이 양들은 길이의 차원을 갖고 있다. 그러나 어떤 방정식이 주어졌을 때, 시간을 초(s), 거리를 미터(m)로 나타낸다면 속도는 m/s, 가속도는 m/s^{2}으로 나타내야 할 것이다. 속도가 m/s로 주어지고 가속도는 m/s^{2}으로 주어졌다면, 일관되게 같은 단위로 전환해야 한다. 계산을 할 때 마지막 결과에 올바른 단위를 붙이는 것을 항상 잊지 않도록 하자. 단위가 붙지 않은 결과는 무의미한 것이다.

방정식의 오류를 찾는 한 가지 방법으로는 이런 차원을 이용하여 모든 항의 차원을 분석하는 것이다. 방정식은 수학적인 등식이다. 방정식의 좌우 양변은 수량뿐만 아니라 차원도 같아야 한다. 그리고 차원은 대수적으로 다룰 수도 있다. 즉, 곱할 수도 있고 나눌 수도 있다. 각 항의 차원이 다르다면 수량을 따질 필요도 없이 그 방정식은 잘못된 것이다. 길이의 차원을 L(length), 시간의 차원을 T(time)로 표시한다면, 속도의 차원은 L/T이고 가속도의 차원은 L/T^2이다.

차원의 일치를 이용한 방정식의 분석이 얼마나 유용한지를 알아보기 위하여 다음의 문제를 살펴보자. 물체가 시간 t 동안 이동한 거리에 관한 문제를 푸는 데 방정식 $x = at$를 사용하였다고 가정하자. x는 거리이고, 길이의 차원 L을 갖고 있다. a는 3장에서 볼 수 있는 것과 같이 가속도를 나타낸다. 즉, L/T^2의 차원을 갖는다. 그리고 t는 시간으로 T의 차원을 갖는다. 독자는 방정식에 수치를 넣어 사용하기 전에 우선 차원이 맞는지를 확인할 수 있다. $x = at$에서 양변의 차원을 비교하면 $L = L/T^2 \times T$, 즉 $L = L/T$이 되며 이는 틀린 것이다. 따라서 $x = at$는 올바른 방정식이 아니다.

차원의 분석은 방정식이 올바른지를 알려줄 수 있지만, 차원이 맞는다 하더라도 좌우 양변의 양들의 실제적인 관계가 옳지 않을 수도 있다.

예를 들면, $x = at^2$의 차원은 $L = L/T^2 \times T^2$로 양변의 차원은 모두 L로 일치한다. 그러나 3장에서 보는 바와 같이 이 방정식은 물리적으로는 옳지 않다. 이 방정식의 올바른 형태는 $x = \frac{1}{2}at^2$이다. 분수인 1/2은 차원을 갖고 있지 않다. 즉, 이 양은 π처럼 차원이 없는 상수이다.

1-4 단위 전환

동일한 제도에서 또는 서로 다른 제도에서 여러 단위는 필요에 따라 동일한 물리량을 표현하는 데 사용될 수 있다. 한 물리량의 단위가 다른 단위로 전환되기도 하는 것은 그 이유에서다. 센티미터(centimeter)에서 킬로미터(kilometer)로 전환하는 것이 그 예이다. 이러한 경우 우리는 바꿈 인수를 사용해야 한다.

예제 1.1

빛의 속도인 광속을 약 30만 km/s라 한다. 이를 cm/s의 단위로 바꾸어라.

| 풀이

1 km가 10^3 m이고 1 m가 100 cm이므로 1 km/s $= 10^5$ cm/s이다.

따라서 km/s와 cm/s의 바꿈 인수는 10^5으로 1 km/s $= 10^5$ cm/s의 관계식을 만족한다.

3×10^5 km/s $=3\times10^5\times10^5$ cm/s $=3\times10^{10}$ cm/s이다.

1-5 유효숫자

측정한 물리량은 어느 정도의 오차를 갖게 마련이다. 보통은 측정치의 불확실한 끝자리까지 유효숫자에 포함하는 것이 관례이다. 예를 들어, 0.1 m까지 눈금이 있는 자를 사용하여 길이를 잴 때 물체의 길이가 32.4와 32.5 사이에 있다고 가정하자. 이 자를 이용해 읽은 물체의 길이가 32.45라면 이때 마지막 숫자 5는 눈금으로 추정해서 얻어낸 정확한 수는 아니지만 어느 정도 신빙성을 갖는다는 전제하에 5까지를 유효숫자로 포함할 수 있다.

이렇게 유효숫자를 가진 여러 물리량의 측정치가 주어졌다고 하자. 이것으로 다른 물리량을 계산할 때, 측정 오차는 수학적 연산에 의해서 전파된다. 이 경우 "계산 결과를 어떻게 적을 것인가?" 하는 문제가 생긴다. 예를 들어, $x = 6.3\,\text{m}$, 그리고 $v = 2.67$ m/s가 주어졌을 때, 공식 $x = vt$를 써서 시간(t)을 구하라는 문제를 살펴보자. 그러면

$$t = \frac{x}{v} = \frac{6.3\ \text{m}}{2.67\ \text{m/s}} = ?\ \text{s} \tag{1.3}$$

계산기로 연산을 하면 2.3595505라는 답이 나온다. 여기서 여러분은 몇 자릿수까지 답으로 적어야 하겠는가?

수학적 연산 결과에 대한 오차 또는 불확정성을 계산하기 위해서는 통계적 방법을 써야 할지 모른다. 그러나 불확정성을 추정할 수 있는 절차로서 더욱 간단한 방법이 존재한다. 바로 유효숫자를 쓰는 것이다. 위에서 측정한 6.3 m와 2.67 m/s는 각각 유효숫자의 개수가 2개와 3개이다. 그러나 숫자가 하나 또는 그 이상의 0을 포함할 경우에는 혼돈이 일어날 수도 있다. 예를 들어, 0.00245 m는 유효숫자가 몇 개나 될까? 206.5 m는 몇 개이고 2,607.0 m는 몇 개나 가지고 있나? 이러한 경우에 다음과 같은 규칙을 사용한다.

- **숫자의 첫머리에 있는 0은 유효하지 않다.** 그것들은 단지 소수점을 옮겨 찍은 것에 지나지 않는다.
  0.00245 m는 유효숫자가 3개이다. (2, 4, 5)
- **숫자의 중간에 있는 0은 유효하다.**
  206.5 m는 유효숫자가 4개이다. (2, 0, 6, 5)
- **소수점 다음의 0은 유효하다.**
  2607.0 m는 유효숫자가 5개이다. (2, 6, 0, 7, 0)
- **소수점이 없는 하나 또는 더 많은 0으로 끝나는 정수에서는(예컨대 200 kg) 0은 유효할 수도 있고 유효하지 않을 수도 있다.** 이런 경우에는 어디까지가 실제로 측정한 부분인지 분명하지 않으므로 과학적 기수법을 사용하면 분명해진다.
  - 2.0×10^2 kg 2개의 유효숫자
  - 2.00×10^2 kg 3개의 유효숫자

이 책에 나오는 숫자 중 0으로 끝나는 정수는 0이 모두 유효숫자에 포함되는 것으로 생각해야 한다. 예컨대, 10 s는 1.0×10 s라고 표현하지 않았더라도 2개의 유효숫자를 갖는다고 여겨야 할 것이다.

올바른 유효숫자를 가진 수학적 연산 결과를 제출하는 것이 중요하다. 곱셈이나 나눗셈의 결과에서는 다음과 같은 규칙에 의해서 유효숫자를 정한다. 곱셈 또는 나눗셈의 결과에서는, 그 유효숫자가 계산에서 사용한 물리량 중 가장 작은 유효숫자를 가진 양의 유효숫자와 같아야 한다. 이것은 계산 결과가 계산에서 사용된 가장 정확하지 않은 양보다 더 정확할 수는 없다는 것을 의미한다. 즉, 수학적 연산을 함으로써 정확도를 높일 수는 없는 것이다. 따라서 이 절의 처음에 나온 나눗셈의 결과는 6.3 m / 2.67 m/s = 2.4 s가 된다. 이 결과는 반올림을 해서 2개의 유효숫자를 갖게 된다.

연산을 중복할 경우에는, 계산 단계마다 반올림을 하면 안 된다. 왜냐하면 반올림에서 오는 오차가 누적될 수도 있기 때문이다. 그래서 하나, 또는 둘의 유효하지 않은 수를 버리지 않고 계산을 한 후 최종 결과에서 반올림을 하는 것이 좋다. 또는 계산기를 사용할 경우에는 마지막 결과에서 반올림을 하면 된다.

예제 1.2

두 변의 길이가 각각 3.6 m와 2.45 m인 직사각형의 면적을 구하여라.

| 풀이

$$3.6 \text{ m} \times 2.45 \text{ m} = 8.82 \text{ m}^2$$

가장 작은 유효숫자의 수는 3.6이며 유효숫자의 개수는 2이므로 답도 유효숫자 2개로 표현해야 한다. 그러므로 답은 8.8 m^2이다.

덧셈과 뺄셈의 결과에서 유효숫자를 결정하는 데에도 일반적 규칙이 있다. 덧셈 또는 뺄셈의 결과에서 얻은 값은, 계산에 사용했던 것 중에서 가장 작은 소수점 이하의 자릿수와 똑같은 소수점 이하의 자릿수를 가진다. 덧셈이나 뺄셈에서는 소수점 이하의 자릿수가 가장 작은 수를 기준으로 한다. 모든 값은 기준이 되는 수의 소수점 아래 자릿수보다 하나 더 많게 자릿수를 남기고 잘라 버린 다음에 덧셈이나 뺄셈을 한다. 그리고 결과를 소수점 이하의 자릿수가 가장 작은 수와 같게 반올림한다.

예제 1.3

두 물체의 질량은 각각 22.2 g과 0.345 g이다. 두 질량의 합을 구하여라.

| 풀이

$$22.2 + 0.345 = 22.545$$

유효숫자의 개수는 두 값 모두 3개이나, 22.2는 소수점 1개의 정밀도를 가진 반면, 0.345는 소수점 3개의 정밀도가 가진 값이다. 그러므로 합산의 결과는 소수점 1개의 정밀도보다 더 정밀할 수 없는 것이다. 따라서 답은 소수점 둘째 자리에서 반올림하여 22.5 g이 된다.

그러나 최근에는 계산기의 발달로 모든 연산을 하고 난 뒤에 유효숫자를 맞추는 것이 더욱 편리하다.

연습문제

1-2 국제단위계

1. 다음 중 국제단위계에서 정한 기본 단위가 아닌 것은?

(가) 미터　　(나) 리터　　(다) 초
(라) 킬로그램　　(마) 암페어

1-3 단위 및 차원의 분석

2. 운동량은 질량 곱하기 속도로 정의된다. 운동량의 물리적 차원을 구하여라.

1-4 단위 전환

3. (가) 서울에서 부산까지의 거리가 500 km이다. 이 거리를 cm로 표시하여라.
(나) 소리의 전달속도가 340 m/s라 하면 시속 몇 km인가? km/h 단위로 답하여라.
(다) 구리의 밀도는 8.96 g/cm^3이다. 이를 kg/m^3의 단위로 환산하여라.
(라) 지구의 평균 공전 속도는 29.783 km/s이다. 이를 m/h로 표시하여라.

4. 영국 왕실에 보관하고 있는 가장 큰 다이아몬드의 부피가 1.84 in^3(1.84큐빅인치)라고 한다. 1 in= 2.54 cm이다. 이 다이아몬드의 부피를 cm^3의 단위로 환산하여라. 얼마나 큰가?

5. 어떤 미국 여성의 키가 5 ft 3 in라고 한다. 이 여성의 키를 cm 단위로 환산하라. (1 ft=12 in=30.5 cm, 1 in=2.54 cm이다.)

6. 내 몸무게가 150 lbs. 라고 한다면 국제단위계로 환산한 몸무게는 얼마인가? (1 lbs=0.454 kg)

1-5 유효숫자

7. 다음 숫자 중에서 어떤 것이 가장 많은 유효숫자를 가지고 있는가?

(가) 0.254 cm　　(나) 0.00254×10^2 cm
(다) 254×10^{-3} cm　　(라) 모두 같다.

8. 다음 측정값들의 유효숫자를 정하여라.

(가) 2.008 m (나) 9.06 cm

(다) 17.097 kg (라) 0.017 μs (microsecond)

9. 유효숫자에 유의하여 다음 계산을 하여라.

(가) $4.87 + 12.3$ (나) $1.34 - 0.023$

(다) 0.035×0.0789 (라) $3.80 \times 10^{-2} / 1.146 \times 10^{3}$

10. 복도 바닥이 나무판으로 만들어져 있다. 나무판 하나의 가로와 세로 길이를 측정했더니 가로는 8.60 cm이고 세로는 108.5 cm이다. 바닥이 나무판 12개로 채워졌다면 복도 바닥의 면적은 몇 제곱미터인가? 유효숫자를 고려하여 답하라.

발전문제

11. 사람 몸속의 피는 70.0 mL/kg 정도가 된다고 한다. 몸무게가 60.0 kg인 사람의 피의 양은 몇 L인가?

12. 질량이 4.23×10^{9} kg인 박스가 있다. 이 박스를 구성하는 원자들의 평균 질량이 20 u면 박스에는 몇 개의 원자들이 있는지 구하여라. (단, $1\ \mathrm{u} \simeq 1.661 \times 10^{-27}$ kg)

13. 화성의 반지름이 3.39×10^{3} km이다. 화성의 (가) 둘레 (m), (나) 표면적 (m^2)과 (다) 부피 (m^3)를 구하여라.

14. 과학을 공부할 때 정확한 계산값을 구하기 이전에 먼저 어림 계산을 하여 어떤 것이 가능한 현상인지 추론해보는 습관은 중요하다. 어떤 스파이 영화에서 악당이 100억 원 값어치의 금괴가 든 가방을 손에 들고 탈출한다. 실제로 가능한 일일까? 24 K 금의 시세가 1돈(3.75 g)에 20만 원이라고 하고 금괴의 무게를 계산해보아라.

15. 유효숫자는 계산 결과의 과학적인 유효성을 보장하기 위해 중요하다. 그런데 특수한 경우에는 계산 과정에서 유효숫자의 계산 규칙을 엄격하게 적용할 수 없을 때도 있다. 중요한 것은 과학적 사실에 의해서 결론을 찾아내는 것이다. 무작정 계산 규칙에 따라 계산만 하는 태도는 좋지 않다. 다음 예를 보자.

해변가의 일몰은 장관이다. 이제 이 일몰을 이용하여 지구의 반지름을 구해보자. 키 170 cm인 사람이 해변가에 누워 태양의 위 끝머리가 수평선 아래로 사라지는 시각을 기록하고, 일어서서 다시 끝머리가 사라지는 시각을 기록하였다. 기록한 두 시각의 차이는 11.1 s였다. 지구가 하루에 한 바퀴 돈다는 사실을 이용하여 지구의 반지름을 구하여라. 이때 계산 중간에 유효숫자를 맞추는 과정을 따라 한 번 계산해보고, 그 다음에는 유효숫자 규칙을 따르지 않고 계산해보아라.

1-12

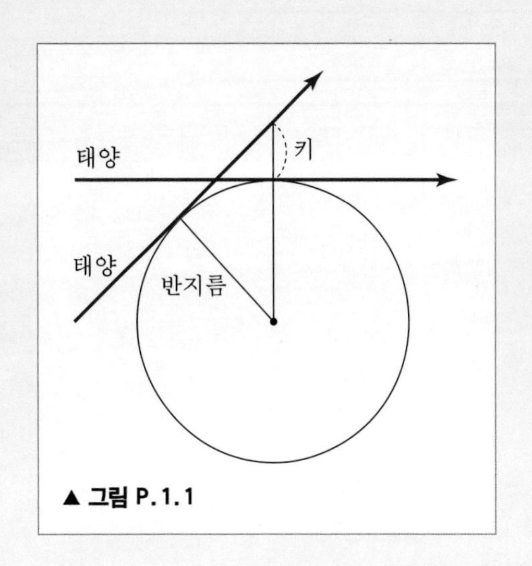

▲ **그림 P.1.1**

윌리엄 로언 해밀턴

William Rowan Hamilton, 1805-1865

아일랜드의 수학자, 물리학자, 천문학자이다.
광학, 동역학, 대수학의 발전에 큰 기여를 하였다. 사원수를 발견하였으며 벡터와 스칼라의 개념과 명칭을 도입하고 라그랑지의 벡터곱을 발전시켰다.

CHAPTER 02
벡터와 스칼라

일직선상에서 움직이는 물체는 두 가지 방향만을 갖는다. 두 방향 중 한 방향을 양(+)으로 잡으면, 나머지 방향은 음(−)이다. 그러나 2차원 또는 3차원에서 움직이는 입자에 대해서는 단순히 양과 음의 부호만으로 움직이는 방향을 나타낼 수 없으므로, 크기와 방향을 동시에 나타낼 수 있는 양이 필요하다. 즉, 크기와 방향을 동시에 나타내는 벡터의 개념을 사용한다.

이 장에서는 벡터의 정의와 표현, 그리고 벡터에 대한 연산법칙을 설명한다. 스칼라와 벡터의 차이점을 기술하고, 벡터를 표현하는 방법들로서 기하학적인 방법과 단위벡터 또는 성분으로 나타내는 방법을 알아본다. 또, 벡터들 사이의 연산법칙으로서 덧셈, 뺄셈, 그리고 두 가지 곱셈, 즉 스칼라곱과 벡터곱을 알아본다.

2-1 벡터와 스칼라

질량이나 온도와 같은 물리량은 단지 크기만을 갖는다. 이러한 물리량을 스칼라라 하고, 스칼라는 적절한 단위와 함께 숫자로 나타낼 수 있다. 그러나 크기와 방향을 모두 갖는 물리량들도 있다. 그러한 물리량의 경우에는 계산을 할 때 크기와 방향을 모두 고려해야 한다.

우리가 앞으로 배울 물리량 중에는 질량, 에너지, 시간, 온도, 그리고 압력 등과 같이 크기만으로 정의되는 양과 변위, 속도, 가속도, 힘, 운동량, 그리고 전기장과 자기장 등과 같이 크기뿐 아니라 방향까지도 명시해야 하는 물리량이 있다. 공간적으로 방향성을 갖지 않고 크기만을 갖는 양을 **스칼라(scalar)**라 하고, 크기뿐 아니라 방향까지 갖는 양을 **벡터(vector)**라 한다. 물체의 속도를 예로 들면, 단순히 20 m/s라는 크기만으로는 불충분하고, 동쪽 또는 서쪽 등과 같이 방향을 정해주어야만 물체의 운동을 완전히 기술할 수 있다.

스칼라와는 달리 벡터는 크기와 방향을 가지므로, 벡터를 나타내는 데는 특별한 표현방법이 필요하다(그림 2.1). 벡터의 표현방법에는 세 가지가 사용된다. (1) 벡터의 시작점과 끝점을 각각 A와 B라 할 때, 선분 AB 위에 화살표를 얹어 $\overrightarrow{\mathrm{AB}}$로 나타내거나, (2) 선분 AB의 길이가 A이면 이 선분의 길이 A 위에 화살표를 얹어 $\vec{A}$로 쓴다. 또는 (3) 선분의 길이를 **굵은체로 표시하여** $\mathbf{A}$로 쓰기도 한다. 벡터의 크기만을 나타낼 때는 $|\overrightarrow{\mathrm{AB}}|$, $|\vec{A}|$, $|\mathbf{A}|$ 또는 단순히 A로 나타낸다. 벡터는 크기와 방향만으로 정의되고, 따라서 크기와 방향이 같은 두 벡터는 같은 벡터이다. 방향을 바꾸지 않고 이동하여 만들어지는 벡터는 새로운 벡터가 아니다.

공간의 한 점에서 시작하여 물체의 위치에서 끝나는 직선과 같은 길이와 방향을 갖는 벡터로 이 물체의 위치를 표시하고, 이를 **위치벡터(position vector)**라 한다. 그림 2.2는 움직이는 물체가 그리는 궤적에서 시각에 따른 위치벡터의 변화를 보여준다.

역학계와 관련한 벡터 중에서 위치벡터와 더불어 또 하나의 근본적인 벡터는 위치의 변화를 나타내는 **변위벡터(displacement vector)**이다. 예컨대, 그림 2.3에서 물체가 점 A로부터 점 B로 위치를 옮겼을 때 입자에 변위가 생겼다고 하고, A에서 B로 향하는 화살표($\overrightarrow{\mathrm{AB}}$)로 나

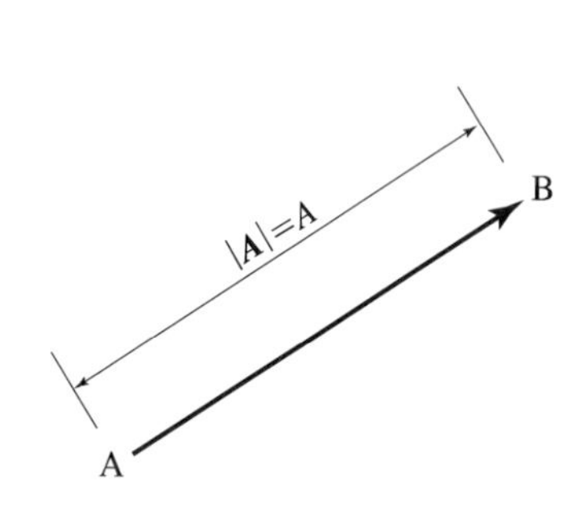

▲ **그림 2.1** | 벡터의 표시

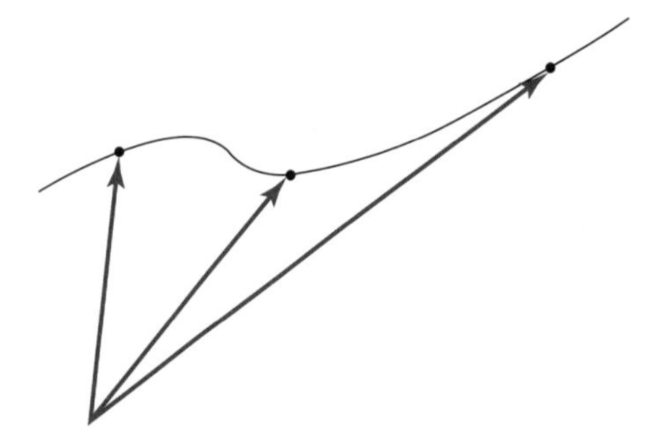

▲ **그림 2.2** | 물체의 궤적에 따른 위치벡터의 변화

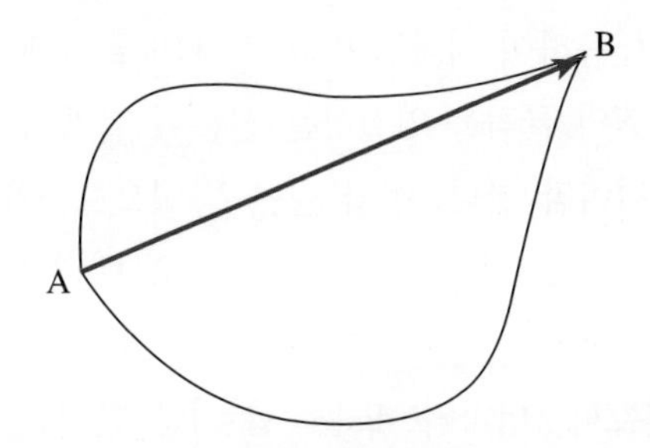

▲ **그림 2.3** | 점 A에서 점 B로 움직인 물체의 두 가지 다른 경로와 변위벡터 $\overrightarrow{\mathrm{AB}}$

타낸다. 그러나 변위벡터가 물체의 실제 경로를 나타내주지는 않는다. 그림 2.3에서 두 점 A와 B를 연결하는 세 경로에 대하여 변위벡터는 똑같다. 변위벡터는 움직임 그 자체를 나타내는 것이 아니고 움직인 결과만을 보여준다.

2-2 벡터와 연산

그림 2.4와 같이, 물체가 A에서 B로, 그리고 B에서 C로 움직였다고 하자. 입자의 전체 변위는 (실제 경로가 무엇이었든 간에) 연이은 두 변위벡터, $\overrightarrow{\mathrm{AB}}$와 $\overrightarrow{\mathrm{BC}}$로 표현할 수 있다. 이 두 변위의 알짜 효과는 A에서 C로의 한 변위와 같다. 이 합은 대수적 합이 아니며, 따라서 이를 기술하기 위해서는 단순히 크기를 더하는 이상의 연산법칙이 필요하다. 즉, 크기와 방향을 함께 합하는 방법을 정의해야 한다.

그림 2.4에서 벡터들을 각각 $\boldsymbol{A}(\overrightarrow{\mathrm{AB}})$, $\boldsymbol{B}(\overrightarrow{\mathrm{BC}})$, $\boldsymbol{S}(\overrightarrow{\mathrm{AC}})$로 나타내면, 세 벡터의 관계는

$$\boldsymbol{S} = \boldsymbol{A} + \boldsymbol{B} \tag{2.1}$$

로 표현되고, 벡터 $\boldsymbol{S}$를 벡터 $\boldsymbol{A}$와 $\boldsymbol{B}$의 합벡터라고 하고 이렇게 벡터의 합을 정의한다. 기하학적으로 벡터를 더하는 규칙은 다음과 같다. 우선 벡터 $\boldsymbol{A}$를 그리고, 둘째로 벡터 $\boldsymbol{B}$를 크기

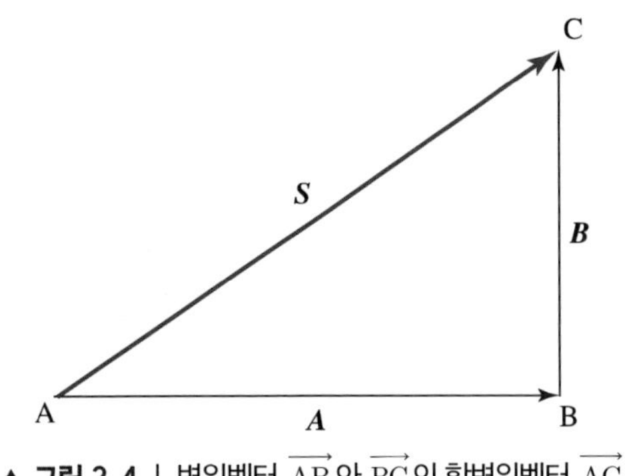

▲ **그림 2.4** | 변위벡터 $\overrightarrow{\mathrm{AB}}$와 $\overrightarrow{\mathrm{BC}}$의 합변위벡터 $\overrightarrow{\mathrm{AC}}$

와 방향은 변화시키지 않고 이동하여 시작점이 벡터 $\boldsymbol{A}$의 끝점에 일치하도록 놓는다. 그러면, 벡터 $\boldsymbol{A}$의 시작점에서 벡터 $\boldsymbol{B}$의 끝점을 연결하는 선분이 합벡터 $\boldsymbol{S}$를 나타낸다. 이렇게 합벡터를 구하는 방법을 삼각형법이라 한다. 이와 같은 방법으로 2개 이상의 벡터에 대한 합도 쉽게 구할 수 있다. 예컨대, 그림 2.5에 나타나 있는 4개의 벡터를 합하면, 굵은선으로 표시된 합벡터를 구할 수 있다.

식 (2.1)에 나타난 '+' 부호나 '더하기' 또는 '합'이란 단어는 보통의 대수에서와는 다른 의미를 갖는다. 대수와는 달리 벡터의 합은 크기뿐 아니라 방향까지도 포함되어 있기 때문이다.

이렇게 정의된 벡터 더하기는 두 가지 중요한 성질을 갖는다. 첫째로, 더하기는 순서에 상관없다. 즉,

$$\boldsymbol{A}+\boldsymbol{B}=\boldsymbol{B}+\boldsymbol{A} \tag{2.2}$$

의 교환법칙이 만족된다. 그림 2.6을 살펴보면 교환법칙이 성립함을 알 수 있다.

둘째로, 2개 이상의 벡터를 합할 때, 어떤 벡터들을 먼저 합하고 나중에 합하는지는 상관없다. 예컨대, $\boldsymbol{A}$, $\boldsymbol{B}$, $\boldsymbol{C}$ 3개의 벡터를 합할 때, $\boldsymbol{A}$와 $\boldsymbol{B}$를 먼저 합하고 나서 $\boldsymbol{C}$를 합하거나 $\boldsymbol{B}$와 $\boldsymbol{C}$를 먼저 합하고 나서 $\boldsymbol{A}$를 합하여도 같은 결과를 얻는다. 즉,

$$(\boldsymbol{A}+\boldsymbol{B})+\boldsymbol{C}=\boldsymbol{A}+(\boldsymbol{B}+\boldsymbol{C}) \tag{2.3}$$

의 결합법칙이 성립한다. 그림 2.6의 교환법칙과 결합법칙은 보통의 대수에서도 성립하는 성질들이다.

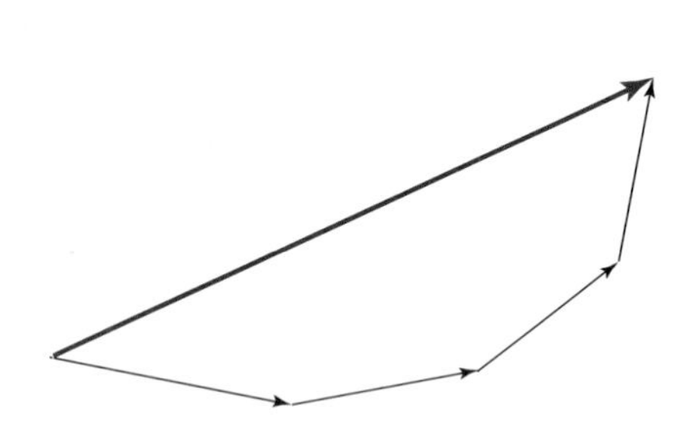

▲ **그림 2.5** | 삼각형법을 이용한 여러 벡터의 합

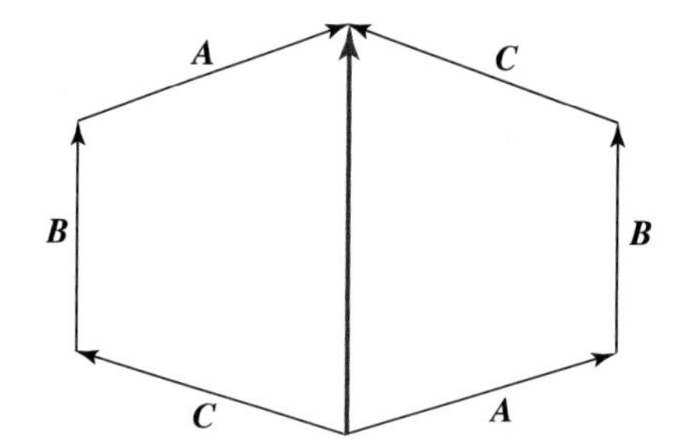

▲ **그림 2.6** | 벡터 더하기의 교환법칙

질문 2.1

두 벡터를 합하는 또 다른 방법으로 평행사변형법이 있다. 그림 2.7을 사용하여 이 방법을 설명해 보자.

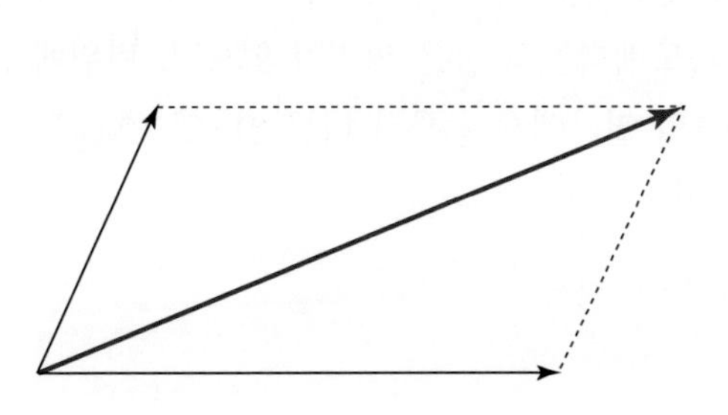

▲ **그림 2.7** | 평행사변형법에 의한 두 벡터의 합

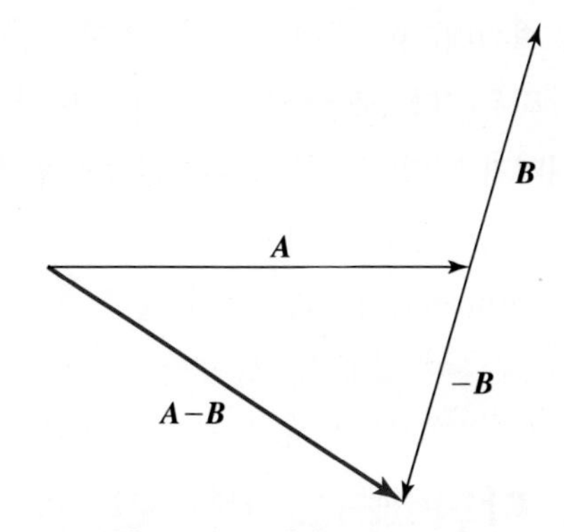

▲ **그림 2.8** | 두 벡터 A와 B의 빼기

벡터 $\boldsymbol{A}$에 양의 실수 α를 곱하여 얻는 벡터는 방향은 $\boldsymbol{A}$와 같고 크기는 α배인 벡터이다. 한편, 벡터 $\boldsymbol{A}$에 음의 실수 β를 곱하여 얻는 벡터는 방향이 $\boldsymbol{A}$와 반대이고 크기는 $|\beta|$배인 벡터이다.

때때로, 한 벡터에서 다른 벡터를 뺄 필요가 있다. 빼기는 더하기의 한 특수한 형태로 볼 수 있다. $\boldsymbol{A}$에서 $\boldsymbol{B}$를 빼는 것은

$$\boldsymbol{D} = \boldsymbol{A} - \boldsymbol{B} = \boldsymbol{A} + (-\boldsymbol{B}) \tag{2.4}$$

로 나타내고, 차이 벡터 $\boldsymbol{D}$는 벡터 $\boldsymbol{A}$에 $-\boldsymbol{B}$를 더함으로써 구할 수 있다. $-\boldsymbol{B}$는 크기가 벡터 $\boldsymbol{B}$와 같지만 방향이 반대인 벡터이다. 그림 2.8은 빼기의 과정을 보여준다.

예제 2.1

두 힘 F_1과 F_2를 합한 합력을 F_3라 하자. 힘 F_1, F_2, F_3의 크기가 모두 같을 때, F_1과 F_2가 이루는 끼인각은 몇 도인가?

| 풀이

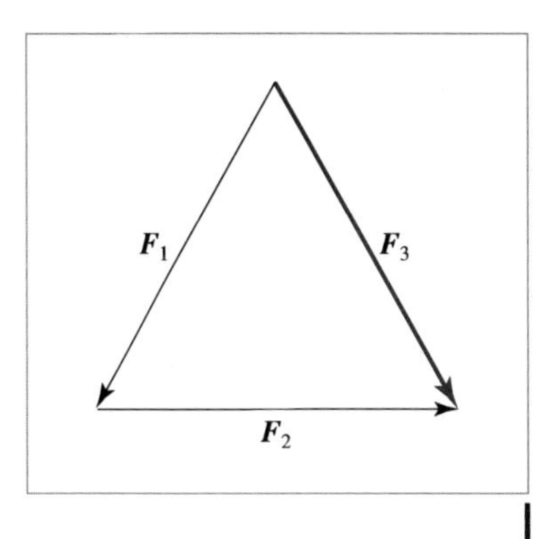

세 벡터를 한 면에 그리면 그림과 같이 각각 삼각형의 세 변에 해당한다. 세 벡터의 크기가 동일하기 때문에 삼각형의 세 변의 길이는 동일하다. 따라서 삼각형은 조건에 따라 정삼각형이 되며, 내각은 각각 60°가 된다. 그러나 두 벡터의 끼인각은 두 벡터의 시작점이 같을 때 두 벡터 사이의 각도를 나타내므로 답은 120°이다.

비록 변위벡터에 대해 설명하였지만, 더하기에 대한 연산법칙들은 모든 종류의 벡터량들에 똑같이 적용된다. 보통의 대수에서와 마찬가지로 단지 동일한 종류의 벡터들 사이의 더하기만이 의미가 있다. 즉, 두 변위벡터들의 합 또는 두 속도벡터들의 합은 의미가 있으나, 변위벡터와 속도벡터의 합은 아무 의미가 없다. 이는 스칼라의 연산에서 종류가 다른 21 s와 12 kg을 더하는 것이 의미가 없는 것과 같은 이유이다.

2-3 단위벡터와 벡터의 성분

단위벡터(unit vector)는 특정 방향으로 크기가 1인 벡터이다. 따라서 단위벡터는 방향만을 나타내기 위한 벡터이다. 그림 2.9에서처럼 단위벡터는 x, y, z축의 방향을 향하고, 각각 $\boldsymbol{i}$, $\boldsymbol{j}$, $\boldsymbol{k}$로 나타낸다. 단위벡터를 사용하면 임의의 벡터를 쉽게 표현할 수 있다.

같은 직선상에 놓여 있는 벡터를 단위벡터로 나타내기 위해서는 하나의 단위벡터만이 필요하다. 그림 2.10과 같이 일직선상에 놓여 있는 벡터들의 공통 방향으로 크기 1인 단위벡터를 잡고 이 단위벡터를 $\boldsymbol{u}$로 표기하면, 모든 벡터는

$$\boldsymbol{A} = A\boldsymbol{u} \tag{2.5}$$

로 나타낼 수 있다. 여기서 A는 벡터 $\boldsymbol{A}$의 크기에 (+) 또는 (−)부호를 보탠 값이다. 벡터 $\boldsymbol{A}$가 단위벡터 $\boldsymbol{u}$와 같은 방향이면 (+)부호를, 반대 방향이면 (−)부호를 갖는다. 단위벡터를 사용한 벡터의 표현은 부호의 문제를 제외하면 방향과 크기를 분리해서 나타낼 수 있다.

평면상에 놓여 있는 벡터를 나타내기 위해서는 하나의 단위벡터로 충분하지 않음을 알 수 있다(그림 2.11). 이 경우는 두 단위벡터가 필요하다. 두 단위벡터를 택하는 방법은 무수히 많지만, 그림에 나타나 있는 서로 수직인 두 단위벡터 $\boldsymbol{i}$와 $\boldsymbol{j}$를 택하여 보자. 기하학적으로 벡터 $\boldsymbol{A}$는 다음과 같이 나타낼 수 있음을 쉽게 알 수 있다.

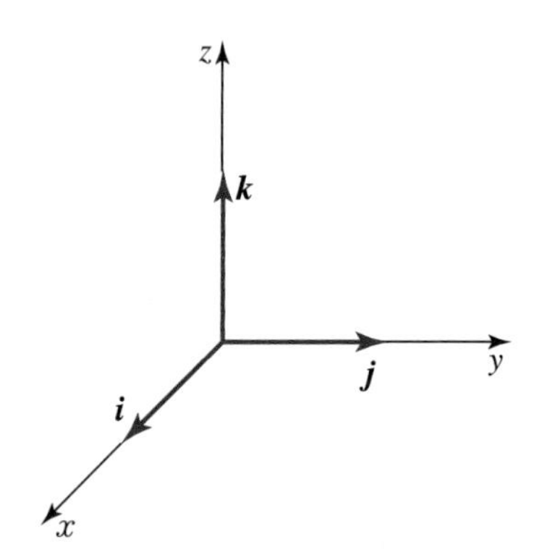

▲ 그림 2.9 | x, y, z축 방향의 단위벡터

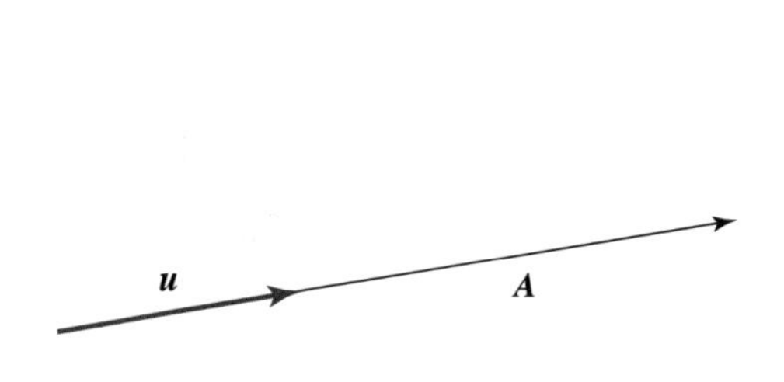

▲ 그림 2.10 | 일직선상의 벡터

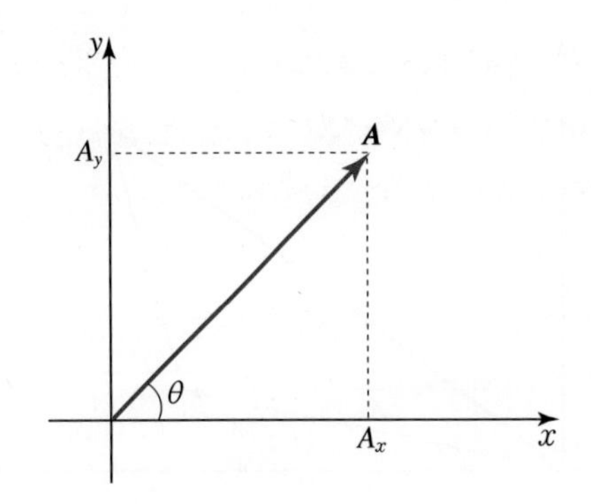

▲ **그림 2.11** | 평면상의 벡터

$$\boldsymbol{A} = A_x\boldsymbol{i} + A_y\boldsymbol{j} \tag{2.6}$$

여기서 A_x와 A_y는 각각

$$A_x = |\boldsymbol{A}|\cos\theta, \quad A_y = |\boldsymbol{A}|\sin\theta \tag{2.7}$$

로 주어지고, θ는 벡터 $\boldsymbol{A}$와 x축의 끼인각이다. 앞서 일직선상에 놓여 있는 벡터의 경우와 마찬가지로, 일반적으로 A_x와 A_y는 양과 음의 값을 가질 수 있다.

벡터 $\boldsymbol{A}$는 다음과 같이 나타낼 수 있다.

$$\boldsymbol{A} = (|\boldsymbol{A}|\cos\theta)\boldsymbol{i} + (|\boldsymbol{A}|\sin\theta)\boldsymbol{j} \tag{2.8}$$

일단 단위벡터를 선택하면, 임의의 벡터는 일직선상의 경우에는 하나, 평면상의 경우에는 둘, 그리고 3차원 공간의 경우에는 3개의 상수로 표현될 수 있다. 이러한 상수를 벡터 $\boldsymbol{A}$의 각 단위벡터로의 투영 성분 또는 단순히 **성분(component)**이라 하고, 이렇게 성분으로 나타내는 과정을 벡터의 분해라고 한다. 이제 선택한 단위벡터를 바탕으로 벡터 $\boldsymbol{A}$는

$$\boldsymbol{A} \equiv (A_x,\ A_y) \tag{2.9}$$

로 나타낼 수 있고, 이를 벡터 $\boldsymbol{A}$의 성분 표시라 한다. 성분 표시에는 단위벡터가 구체적으로 나타나지 않는다. 벡터의 성분을 사용하여 벡터의 크기와 방향을 구할 수 있다.

평면상의 벡터의 경우,

$$A = \sqrt{A_x^2 + A_y^2}, \quad \tan\theta = \frac{A_y}{A_x} \tag{2.10}$$

이다.

벡터의 성분 표현에 따라 단위벡터의 선택과 좌표계의 설정은 사실상 동일하다. 일직선상의 벡터를 표현하는 하나의 단위벡터를 선택하는 것은 곧 x좌표계를 도입하는 것과 같고, 평면상의 두 단위벡터를 택하는 것은 xy좌표계를 설정하는 것과 같으며, 3차원 공간상의 세 단

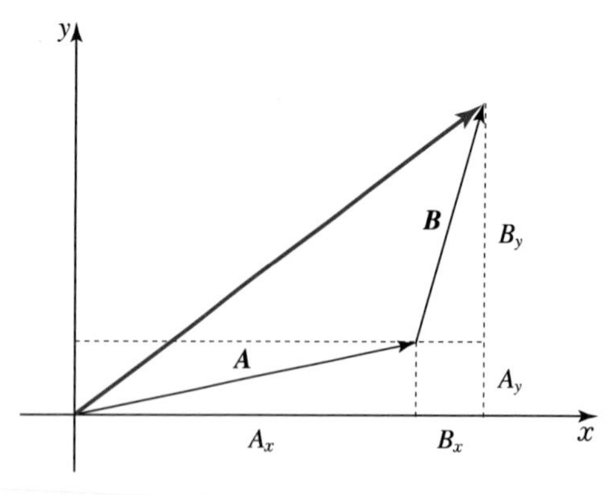

▲ **그림 2.12** | 성분별 벡터의 합

위벡터를 택하는 것은 xyz좌표계를 도입하는 것과 같다. 벡터의 성분 표현을 사용하면, 두 벡터의 더하기와 빼기를 각 성분에 대한 대수적 계산으로 수행할 수 있다. 평면상의 두 벡터 $\boldsymbol{A}$와 $\boldsymbol{B}$를 더하는 경우를 생각하자(그림 2.12). 두 단위벡터 $\boldsymbol{i}$와 $\boldsymbol{j}$를 도입하여 두 벡터를

$$\boldsymbol{A} = A_x\boldsymbol{i} + A_y\boldsymbol{j} = (A_x,\ A_y) \tag{2.11}$$
$$\boldsymbol{B} = B_x\boldsymbol{i} + B_y\boldsymbol{j} = (B_x,\ B_y)$$

로 나타내면, 두 벡터의 합은

$$\boldsymbol{A} + \boldsymbol{B} = (A_x\boldsymbol{i} + A_y\boldsymbol{j}) + (B_x\boldsymbol{i} + B_y\boldsymbol{j}) \tag{2.12}$$

로 쓸 수 있고, 벡터 덧셈에 대한 결합법칙을 사용하면

$$\begin{aligned}\boldsymbol{A} + \boldsymbol{B} &= (A_x + B_x)\boldsymbol{i} + (A_y + B_y)\boldsymbol{j} \\ &= (A_x + B_x,\ A_y + B_y)\end{aligned} \tag{2.13}$$

를 얻는다. 식 (2.11)과 (2.12)를 식 (2.13)과 비교하면, 합벡터의 각 성분은 각 벡터의 해당 성분을 대수적으로 더하여 얻을 수 있음을 알 수 있다.

예제 2.2

두 벡터 $\boldsymbol{A} = \boldsymbol{j} - 2\boldsymbol{k}$이고 $\boldsymbol{B} = \boldsymbol{i} + 2\boldsymbol{k}$일 때, 두 벡터의 차 $\boldsymbol{A} - \boldsymbol{B}$를 구하여라.

| 풀이

식 (2.13)에 따라 성분별로 계산하면,

$$\boldsymbol{A} - \boldsymbol{B} = (0-1)\boldsymbol{i} + (1-0)\boldsymbol{j} + (-2-2)\boldsymbol{k} = -\boldsymbol{i} + \boldsymbol{j} - 4\boldsymbol{k}$$

2-4 벡터의 곱

두 벡터의 곱으로는 스칼라곱과 벡터곱, 이렇게 두 가지가 있다. 스칼라곱은 두 벡터로부터 한 스칼라를 얻는 연산으로, 두 벡터 $\boldsymbol{A}$와 $\boldsymbol{B}$의 **스칼라곱**은

$$\boldsymbol{A} \cdot \boldsymbol{B} = AB\cos\phi \tag{2.14}$$

로 정의된다. 여기서 끼인각 ϕ는 두 벡터가 이루는 각이다(그림 2.13). 대수의 연산에서는 두 수의 곱이 0이면, 적어도 두 수 중 하나는 0이 되어야 하지만, 벡터의 스칼라곱에서는 크기가 0이 아닌 두 벡터에 대해서도 0이 될 수 있다. 정의에서 알 수 있듯이, 수직인 두 벡터의 스칼라곱은 0이다. 스칼라곱의 값은 두 벡터의 크기뿐 아니라 그 끼인각에도 의존하기 때문이다.

스칼라곱을 기하학적으로 설명하기 위해서 식 (2.14)를

$$\boldsymbol{A} \cdot \boldsymbol{B} = A(B\cos\phi) = (A\cos\phi)B \tag{2.15}$$

로 고쳐 써보자. 식 (2.15)에 의하면, 두 벡터 $\boldsymbol{A}$와 $\boldsymbol{B}$의 스칼라곱은 $\boldsymbol{A}$의 크기에 $\boldsymbol{B}$의 $\boldsymbol{A}$방향으로의 투영 성분을 곱하거나, $\boldsymbol{B}$의 크기에 $\boldsymbol{A}$의 $\boldsymbol{B}$방향으로의 투영 성분을 곱하여 얻을 수 있다. 그 정의로부터 스칼라곱이 교환법칙

$$\boldsymbol{A} \cdot \boldsymbol{B} = \boldsymbol{B} \cdot \boldsymbol{A} \tag{2.16}$$

를 만족시킨다는 것을 쉽게 알 수 있다. 또한 스칼라곱의 기하학적 설명에 따라, 두 벡터 $\boldsymbol{A}$와 $\boldsymbol{B}$의 합벡터의 벡터 $\boldsymbol{C}$방향으로의 투영 성분은 각 벡터의 $\boldsymbol{C}$방향으로의 투영 성분의 합과 같으므로, 스칼라곱은 분배법칙

$$(\boldsymbol{A} + \boldsymbol{B}) \cdot \boldsymbol{C} = \boldsymbol{A} \cdot \boldsymbol{C} + \boldsymbol{B} \cdot \boldsymbol{C} \tag{2.17}$$

를 만족시킨다(그림 2.14).

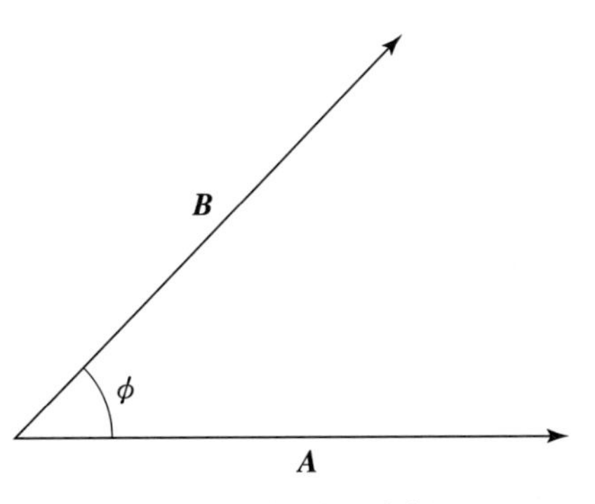

▲ **그림 2.13** | 두 벡터의 스칼라곱

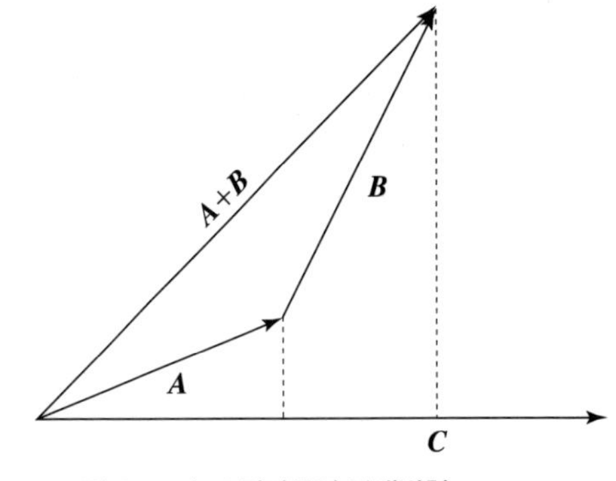

▲ **그림 2.14** | 스칼라곱의 분배법칙

따라서 삼차원 공간의 두 벡터

$$\boldsymbol{A} = A_x \boldsymbol{i} + A_y \boldsymbol{j} + A_z \boldsymbol{k}$$
$$\boldsymbol{B} = B_x \boldsymbol{i} + B_y \boldsymbol{j} + B_z \boldsymbol{k}$$

에 대해서 단위벡터를 사용하여 스칼라곱을 구하면,

$$\begin{aligned} \boldsymbol{A} \cdot \boldsymbol{B} = & A_x B_x (\boldsymbol{i} \cdot \boldsymbol{i}) + A_x B_y (\boldsymbol{i} \cdot \boldsymbol{j}) + A_x B_z (\boldsymbol{i} \cdot \boldsymbol{k}) \\ & + A_y B_x (\boldsymbol{j} \cdot \boldsymbol{i}) + A_y B_y (\boldsymbol{j} \cdot \boldsymbol{j}) + A_y B_z (\boldsymbol{j} \cdot \boldsymbol{k}) \\ & + A_z B_x (\boldsymbol{k} \cdot \boldsymbol{i}) + A_z B_y (\boldsymbol{k} \cdot \boldsymbol{j}) + A_z B_z (\boldsymbol{k} \cdot \boldsymbol{k}) \end{aligned} \tag{2.18}$$

를 얻고, 이는 단위벡터들 사이의 스칼라곱인

$$\boldsymbol{i} \cdot \boldsymbol{i} = \boldsymbol{j} \cdot \boldsymbol{j} = \boldsymbol{k} \cdot \boldsymbol{k} = 1 \tag{2.19}$$
$$\boldsymbol{i} \cdot \boldsymbol{j} = \boldsymbol{j} \cdot \boldsymbol{k} = \boldsymbol{k} \cdot \boldsymbol{i} = 0 \tag{2.20}$$

을 이용하여 다음과 같음을 알 수 있다. 즉,

$$\boldsymbol{A} \cdot \boldsymbol{B} = A_x B_x + A_y B_y + A_z B_z \tag{2.21}$$

한편, 벡터 $\boldsymbol{A}$의 크기와 벡터 $\boldsymbol{B}$의 크기는 각각

$$|\boldsymbol{A}| = \sqrt{A_x^2 + A_y^2 + A_z^2} \tag{2.22}$$
$$|\boldsymbol{B}| = \sqrt{B_x^2 + B_y^2 + B_z^2} \tag{2.23}$$

으로 나타낼 수 있으므로, 식 (2.14), (2.21), (2.22), (2.23)을 이용하면, 두 벡터 사이의 각도는

$$\cos \phi = \frac{A_x B_x + A_y B_y + A_z B_z}{\sqrt{A_x^2 + A_y^2 + A_z^2} \sqrt{B_x^2 + B_y^2 + B_z^2}} \tag{2.24}$$

로 구할 수 있다.

질문 2.2

$-1 \leq \dfrac{A_x B_x + A_y B_y}{\sqrt{A_x^2 + A_y^2} \sqrt{B_x^2 + B_y^2}} \leq 1$ 을 증명하여라.

예제 2.3

그림에서 벡터 $\boldsymbol{C}$의 크기를 벡터 $\boldsymbol{A}$, $\boldsymbol{B}$의 크기 A, B와 그 끼인각 θ로 표시하여라.
(단, $\boldsymbol{C} = \boldsymbol{A} - \boldsymbol{B}$이다.)

| 풀이

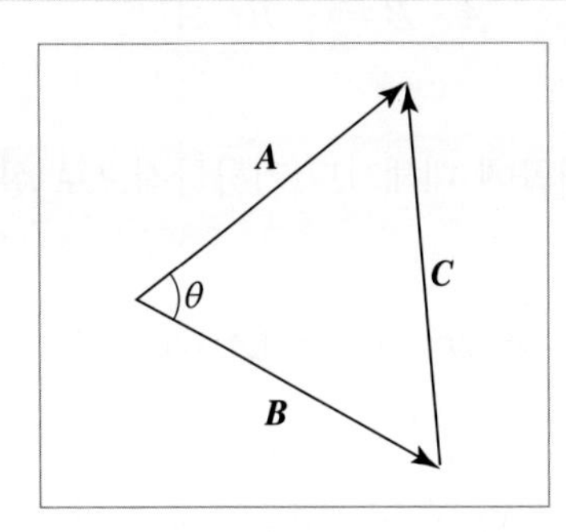

$\boldsymbol{C} = \boldsymbol{A} - \boldsymbol{B}$이므로, 식 (2.21)에 따라 $C = \sqrt{\boldsymbol{C} \cdot \boldsymbol{C}}$로 구할 수 있으므로, 먼저 벡터 $\boldsymbol{C}$ 자신과의 스칼라곱을 구하면 된다. 즉

$$\boldsymbol{C} \cdot \boldsymbol{C} = (\boldsymbol{A} - \boldsymbol{B}) \cdot (\boldsymbol{A} - \boldsymbol{B})$$

식 (2.17)의 분배법칙을 이용하면,

$$\boldsymbol{C} \cdot \boldsymbol{C} = \boldsymbol{A} \cdot \boldsymbol{A} - \boldsymbol{B} \cdot \boldsymbol{A} - \boldsymbol{A} \cdot \boldsymbol{B} + \boldsymbol{B} \cdot \boldsymbol{B} = \boldsymbol{A}^2 - 2\boldsymbol{A} \cdot \boldsymbol{B} + \boldsymbol{B}^2$$

그리고 스칼라곱에 대한 식 (2.14)를 이용하면,

$$C = \sqrt{A^2 + B^2 - 2AB\cos\theta}$$

를 구할 수 있다.

벡터곱은 두 벡터로부터 또 다른 벡터를 얻는 연산으로, 두 벡터 $\boldsymbol{A}$와 $\boldsymbol{B}$의 **벡터곱** $\boldsymbol{C}$는

$$\boldsymbol{C} = \boldsymbol{A} \times \boldsymbol{B} \tag{2.25}$$

로 표현하고, 그 크기는

$$C = AB\sin\phi \tag{2.26}$$

로 주어지고, 방향은 $\boldsymbol{A}$에서 $\boldsymbol{B}$로 오른나사를 돌릴 때 나사가 진행하는 방향이다(그림 2.15).

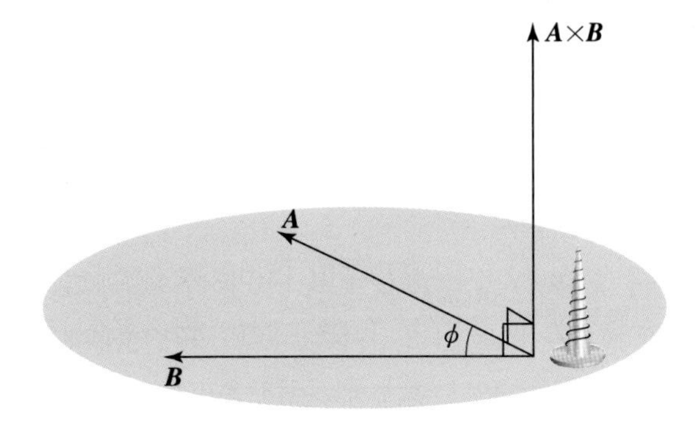

▲ **그림 2.15** | 두 벡터 $\boldsymbol{A}$와 $\boldsymbol{B}$의 벡터곱

식 (2.26)에 나타나 있는 각도 ϕ는 두 벡터가 이루는 두 끼인각 중 작은 각도를 택한다.

그리고 $\boldsymbol{A}$에서 $\boldsymbol{B}$로 나사를 돌릴 때와 $\boldsymbol{B}$에서 $\boldsymbol{A}$로 나사를 돌릴 때 나사가 진행하는 방향은 반대 방향이다. 따라서 벡터곱에 대하여 교환법칙은 성립하지 않는다. 즉,

$$\boldsymbol{A}\times\boldsymbol{B} = -\boldsymbol{B}\times\boldsymbol{A} \tag{2.27}$$

이다.

스칼라곱의 경우와 같이 벡터곱에 대해서도 기하학적으로 설명할 수 있다. 이를 위하여 식 (2.26)을

$$C = A(B\sin\phi) = (A\sin\phi)B \tag{2.28}$$

로 고쳐 쓰면, $B\sin\phi$는 $\boldsymbol{B}$의 $\boldsymbol{A}$에 대한 수직 성분이고, $A\sin\phi$는 $\boldsymbol{A}$의 $\boldsymbol{B}$에 대한 수직 성분이다. 따라서 $\boldsymbol{C}$의 크기는 두 벡터가 만드는 삼각형 면적의 두 배임을 알 수 있다(그림 2.16).

이제 벡터 $\boldsymbol{A}$와 $\boldsymbol{B}$를 더하여 벡터 $\boldsymbol{C}$와의 벡터곱을 생각해보면, 이는 $\boldsymbol{A}$와 $\boldsymbol{C}$의 벡터곱과 $\boldsymbol{B}$와 $\boldsymbol{C}$의 벡터곱을 더한 것과 같다. 따라서 벡터곱도 다음의 분배법칙을 만족시킨다.

$$(\boldsymbol{A}+\boldsymbol{B})\times\boldsymbol{C} = \boldsymbol{A}\times\boldsymbol{C}+\boldsymbol{B}\times\boldsymbol{C} \tag{2.29}$$

세 단위벡터를 사용하여 벡터곱을 계산하면

$$\begin{aligned}\boldsymbol{A}\times\boldsymbol{B} = {} & A_xB_x(\boldsymbol{i}\times\boldsymbol{i}) + A_xB_y(\boldsymbol{i}\times\boldsymbol{j}) + A_xB_z(\boldsymbol{i}\times\boldsymbol{k}) \\ & + A_yB_x(\boldsymbol{j}\times\boldsymbol{i}) + A_yB_y(\boldsymbol{j}\times\boldsymbol{j}) + A_yB_z(\boldsymbol{j}\times\boldsymbol{k}) \\ & + A_zB_x(\boldsymbol{k}\times\boldsymbol{i}) + A_zB_y(\boldsymbol{k}\times\boldsymbol{j}) + A_zB_z(\boldsymbol{k}\times\boldsymbol{k})\end{aligned} \tag{2.30}$$

를 얻는다. 한편, 세 단위벡터들 사이의 벡터곱은

$$\boldsymbol{i}\times\boldsymbol{i} = \boldsymbol{j}\times\boldsymbol{j} = \boldsymbol{k}\times\boldsymbol{k} = 0 \tag{2.31a}$$

$$\boldsymbol{i}\times\boldsymbol{j} = \boldsymbol{k},\ \boldsymbol{j}\times\boldsymbol{k} = \boldsymbol{i},\ \boldsymbol{k}\times\boldsymbol{i} = \boldsymbol{j} \tag{2.31b}$$

로 주어지므로 최종적으로

$$\boldsymbol{A}\times\boldsymbol{B} = (A_yB_z - A_zB_y)\boldsymbol{i} + (A_zB_x - A_xB_z)\boldsymbol{j} + (A_xB_y - A_yB_x)\boldsymbol{k} \tag{2.32}$$

를 얻는다.

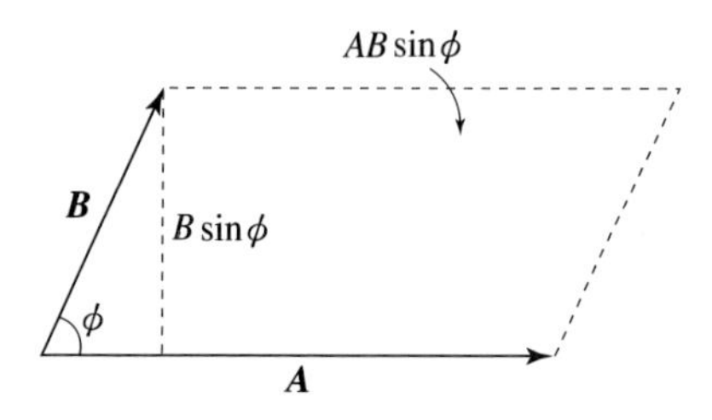

▲ 그림 2.16 | 벡터곱의 기하학적 해석

예제 2.4

예제 2.2의 두 벡터를 이용하여 $|\boldsymbol{A}\times\boldsymbol{B}|^2+(\boldsymbol{A}\cdot\boldsymbol{B})^2$의 값을 구하여라.

| 풀이

식 (2.30)을 이용하여 두 벡터의 벡터곱을 계산하면,

$$\begin{aligned}\boldsymbol{A}\times\boldsymbol{B}&=(1\times2-(-2)\times0)\boldsymbol{i}+((-2)\times1-0\times2)\boldsymbol{j}+(0\times0-1\times1)\boldsymbol{k}\\&=2\boldsymbol{i}-2\boldsymbol{j}-\boldsymbol{k}\end{aligned}$$

가 되고 식 (2.22)를 이용하여 벡터의 크기를 구하면,

$$|\boldsymbol{A}\times\boldsymbol{B}|=\sqrt{2^2+(-2)^2+(-1)^2}=3$$

이 된다. 또한 식 (2.21)을 이용하여 두 벡터의 스칼라곱을 계산하면,

$$\boldsymbol{A}\cdot\boldsymbol{B}=0\times1+1\times0+(-2)\times2=-4$$

가 되므로, 답은 $|\boldsymbol{A}\times\boldsymbol{B}|^2+(\boldsymbol{A}\cdot\boldsymbol{B})^2=3^2+4^2=25$이다.

연습문제

2-1 벡터와 스칼라

1. 주위 환경에서 (가) 이동경로보다 변위가 중요한 경우와 (나) 변위보다 이동경로가 중요한 경우를 한 가지씩 제시해보아라.

2. 어떤 물고기가 인천 월미도에서 영종도를 직선경로로 왕복하였다. 이때 이 물고기의 변위(벡터)와 이동거리(스칼라)를 구하여라. 월미도와 영종도 간 직선거리는 2.00 km이다.

2-2 벡터와 연산 **2-3** 단위벡터와 벡터의 성분

3. 그림 P.2.1의 두 벡터 $\boldsymbol{A}$, $\boldsymbol{B}$를 단위벡터 $\boldsymbol{i}$, $\boldsymbol{j}$를 이용하여 나타내고, 두 벡터의 합 $\boldsymbol{A}+\boldsymbol{B}$, $\boldsymbol{B}+\boldsymbol{A}$를 구하여라. 벡터합의 교환법칙이 성립함을 삼각형법을 이용하여 증명하여라.

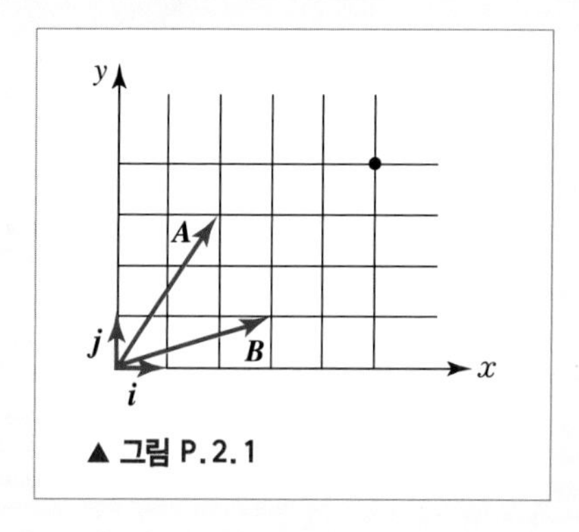

▲ 그림 P.2.1

4. 세미가 어떤 지점 P에서 출발하여 정서 방향과 30o의 각도로 서남 방향으로 100 m 만큼 직진한 후, 다시 정동 방향과 30°의 각도로 동남 방향으로 200 m 만큼 직진했다. 세미가 출발한 점 P를 기준으로 도착한 곳의 위치를 구하라.

5. $\boldsymbol{A}=(2,1,-1)$, $\boldsymbol{B}=(-1,2,1)$일 때 다음을 계산하여라.

(가) $|\boldsymbol{A}|$　　(나) $|\boldsymbol{A}|+|\boldsymbol{B}|$　　(다) $|\boldsymbol{A}+\boldsymbol{B}|$

(라) (나)와 (다)의 결과가 다름을 설명하여라.

6. 세 벡터 $\boldsymbol{A}$, $\boldsymbol{B}$, $\boldsymbol{C}$가 다음과 같이 주어질 때 $\boldsymbol{A}-\boldsymbol{B}+\boldsymbol{C}-\boldsymbol{D}=0$이 되는 벡터 $\boldsymbol{D}$를 구하여라.

$$\boldsymbol{A}=-1.2\boldsymbol{i}+4.3\boldsymbol{j}-2.7\boldsymbol{k},\ \boldsymbol{B}=2.6\boldsymbol{i}-2.9\boldsymbol{j}+1.7\boldsymbol{k},\ \boldsymbol{C}=3.1\boldsymbol{i}-5.7\boldsymbol{j}-1.9\boldsymbol{k}$$

7. 벡터 $\boldsymbol{A}$의 크기는 8.50이고, 방향은 xy 평면에서 x축 양의 방향으로부터 시계방향으로 280° 만큼 돌아가 있다. 벡터 $\boldsymbol{A}$의 x성분과 y성분을 구하여라.

8. 벡터 $\boldsymbol{A}$의 x성분은 +30.00이고 y성분은 −45.00이다. 벡터 $\boldsymbol{A}$의 (가) 크기와 (나) x축 양의 방향과 이루는 각도를 구하여라.

9. $\boldsymbol{A}=(a_1, a_2, a_3)$, $\boldsymbol{B}=(b_1, b_2, b_3)$일 때, $\boldsymbol{A}\cdot\boldsymbol{B}$와 $\boldsymbol{A}\times\boldsymbol{B}$를 구하고, 각 결과가 스칼라인지 벡터인지 구분하여라.

2-4 벡터의 곱

10. $\boldsymbol{A}=(1, -1, 2)$, $\boldsymbol{B}=(-1, 1, 3)$일 때, 다음을 계산하여라.

(가) $\boldsymbol{A}+\boldsymbol{B}$ (나) $\boldsymbol{A}-2\boldsymbol{B}$

(다) $\boldsymbol{A}\cdot\boldsymbol{B}$ (라) $\boldsymbol{A}\times\boldsymbol{B}$

11. 두 벡터 $\boldsymbol{A}$, $\boldsymbol{B}$가 다음과 같이 주어졌을 때 두 벡터 $\boldsymbol{A}$, $\boldsymbol{B}$가 이루는 각도를 구하여라.

$$\boldsymbol{A}=3.5\boldsymbol{i}-2.5\boldsymbol{j}+2.0\boldsymbol{k},\ \boldsymbol{B}=-2.0\boldsymbol{i}-4.0\boldsymbol{j}+0.5\boldsymbol{k}$$

12. 벡터 $\boldsymbol{A}$는 $+x$ 방향으로 크기가 3인 벡터이며 벡터 B는 $+y$ 방향으로 크기가 4인 벡터이고, 벡터 $\boldsymbol{C}$는 $+z$방향으로 크기가 5인 벡터이다. 다음을 구하여라.

(가) $(A\times B)\cdot C$ (나)$A\cdot(C\times B)$

13. 식 (2.31a)와 (2.31b)를 이용하여 식 (2.32)를 유도하여라.

14. 크기가 0이 아닌 세 벡터가 다음의 관계식을 가질 때, 이들의 기하학적 배치를 구하여라.

$$\boldsymbol{A}\cdot\boldsymbol{C}=\boldsymbol{B}\cdot\boldsymbol{C}$$

15. 벡터 $\boldsymbol{F}$는 세 벡터$\boldsymbol{A}$, $\boldsymbol{B}$, $\boldsymbol{C}$에 의해 $\boldsymbol{F}=\boldsymbol{A}+\boldsymbol{B}\times\boldsymbol{C}$로 결정된다. 벡터 $\boldsymbol{A}$는 $+x$ 방향으로 크기가 12.0인 벡터이며 벡터 B는 $+y$ 방향으로 크기가 6.0인 벡터이다. 벡터 $\boldsymbol{F}$가 0이 되려면 벡터 $\boldsymbol{C}$는 어떤 방향으로 어떤 크기를 가져야 하는가?

16. 그림 P.2.2는 $\boldsymbol{A}\times\boldsymbol{B}$를 표현한 것이다. $\boldsymbol{A}\times\boldsymbol{B}$의 크기, 즉 $|\boldsymbol{A}\times\boldsymbol{B}|$가 두 벡터 $\boldsymbol{A}$, $\boldsymbol{B}$가 이루는 평행사변형의 넓이가 됨을 증명하여라.

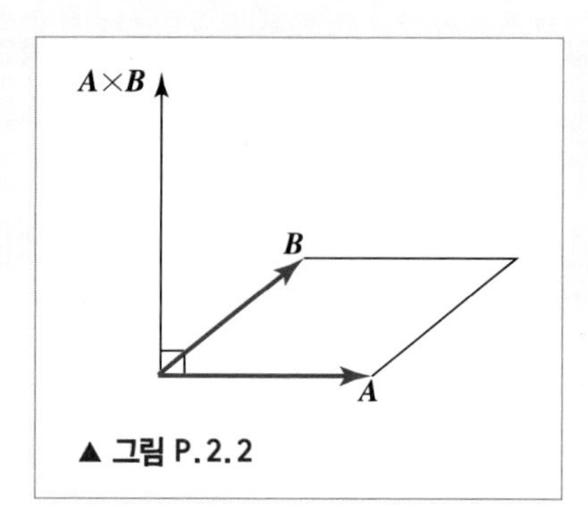

▲ 그림 P.2.2

17. 두 벡터 $\boldsymbol{A}$와 $\boldsymbol{B}$ 사이 끼인각이 θ일 때, 합벡터 $\boldsymbol{S}(=\boldsymbol{A}+\boldsymbol{B})$의 크기가 다음과 같이 주어짐을 증명하여라.

$$S=\sqrt{A^2+B^2+2AB\cos\theta}$$

18. 임의의 두 벡터 $\boldsymbol{A}$와 $\boldsymbol{B}$에 대하여 다음을 증명하여라.

(가) $\boldsymbol{A}\cdot(\boldsymbol{A}\times\boldsymbol{B})=0$

(나) $\boldsymbol{A}\times(\boldsymbol{B}\times\boldsymbol{A})=(\boldsymbol{A}\times\boldsymbol{B})\times\boldsymbol{A}$

발전문제

19. 평면상에 있는 다섯 벡터의 합이 0일 때, 이들 벡터의 끼인각을 모두 합치면 몇 도인가?

20. 그림 P.2.3과 같이 크기가 각각 1, 2, 4인 세 벡터 $\boldsymbol{A}$, $\boldsymbol{B}$, $\boldsymbol{C}$가 같은 평면상에 놓여 있다. 벡터 $\boldsymbol{A}$와 벡터 $\boldsymbol{B}$는 서로 수직이고, 벡터 $\boldsymbol{B}$와 벡터 $\boldsymbol{C}$의 끼인각이 30°일 때, 벡터 $\boldsymbol{C}$는 벡터 $\boldsymbol{A}$와 벡터 $\boldsymbol{B}$를 사용하여 $\boldsymbol{C}=\alpha\boldsymbol{A}+\beta\boldsymbol{B}$로 나타낼 수 있다. 두 상수 α와 β를 구하여라.

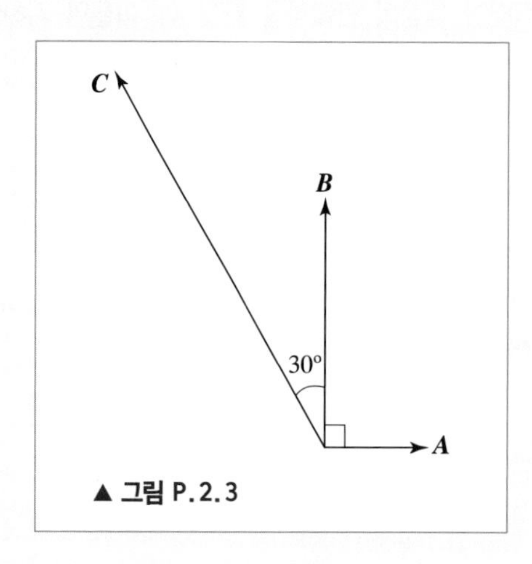

▲ 그림 P.2.3

21. 두 벡터 $\boldsymbol{A}$와 $\boldsymbol{B}$가 주어졌을 때,

$$\boldsymbol{C} = \boldsymbol{B} - \frac{\boldsymbol{A} \cdot \boldsymbol{B}}{|\boldsymbol{A}|^2}\boldsymbol{A}$$

는 벡터 $\boldsymbol{A}$에 수직임을 증명하여라.

22. 그림 P.2.4와 같이 평행육면체의 한 꼭짓점을 중심으로 세 벡터 $\boldsymbol{A}$, $\boldsymbol{B}$, $\boldsymbol{C}$를 잡을 때, 평행육면체의 부피 V는 다음과 같이 표현됨을 증명하여라.

$$V = |\boldsymbol{A} \cdot (\boldsymbol{B} \times \boldsymbol{C})|$$

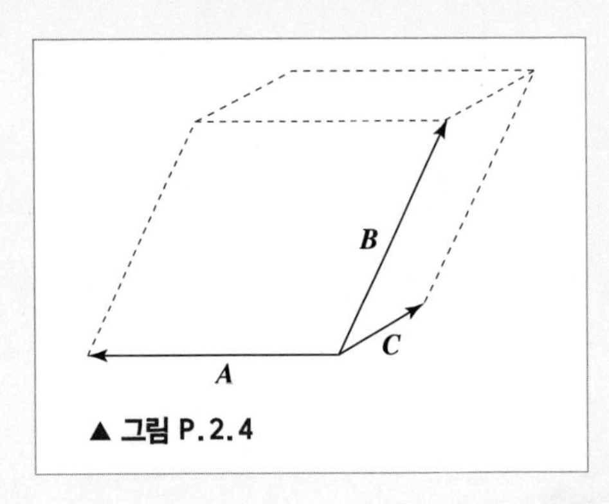

▲ **그림 P.2.4**

갈릴레오 갈릴레이

Galileo Galilei, 1564-1642

이탈리아의 철학자, 물리학자, 천문학자이다.
운동학으로서 등속운동과 등가속운동을 연구하였고 그의 최대의 업적은 과학적 연구방법으로써 보편적 수학적 법칙과 경험적 사실의 수량적 분석을 확립한 것이다.

CHAPTER 03 물체의 운동

우리는 물체의 위치가 시간에 따라 변할 때, 그 물체가 운동하고 있다고 말한다. 일상적으로 물체의 운동을 기술할 때, 우리는 속도와 가속도를 사용한다. 속도란 물체가 얼마나 빨리 이동하는지를, 가속도는 얼마나 빨리 속도가 증가하는지를 나타내기 위해 사용하는 용어이다. 예컨대, 일정한 시간 동안 더 많은 거리를 이동하면 더 큰 속도를 얻고, 속도가 빨리 증가하면 더 큰 가속도를 얻는다. 따라서 속도와 가속도를 통한 운동의 기술은 우리의 직관과 일치하는 편이다.

이 장에서는 운동하는 물체를 기술하는 데에 필요한 양들, 즉 위치, 속도, 가속도를 정의하고, 주어진 초기위치, 속도, 가속도로부터 물체의 궤적을 구해보기로 하자. 다음 장에서 이렇게 정의된 속도와 가속도가 어떻게 물리법칙과 연관되는지를 공부할 것이다.

물체의 운동은 시간에 따른 그 물체의 위치 변화로 기술되므로, 먼저 물체의 위치를 나타내는 방법을 생각해보자. 수학적으로 위치는 공간의 한 점으로 표시된다. 물리에서는 크기가 충분히 작아서 한 점으로 표시되는 물체를 **질점**이라 한다. 그런데 우리가 일상생활에서 접하는 물체는 일반적으로 크기와 형태를 가지므로 물체의 위치를 나타내는 데에 조심할 필요가 있다. 예를 들어, 비탈길을 미끄러져 내려오는 벽돌을 생각해보자. 벽돌은 직육면체 형태이므로, 엄밀히 말하면 무수히 많은 질점들로 이루어져 있다. 하지만 벽돌의 모양은 시간에 따라 변하지 않고, 미끄러져 내려오는 동안 벽돌의 회전운동은 없으므로, 벽돌을 하나의 질점으로 취급할 수 있다. 본 장을 포함하여 당분간 운동 중에 물체의 크기나 모양이 변하지 않고 회전운동을 무시할 수 있어서, 물체를 하나의 질점으로 다룰 수 있는 경우만을 고려하기로 한다.

3-1 직선운동

일반적으로 위치, 속도, 가속도는 크기와 방향을 지닌 벡터량임에도 불구하고, 직선적으로 움직이는 물체의 운동을 기술하는 데에 벡터의 방향 성질은 크게 부각되지 않고, 다만 그들의 부호 속에 반영될 뿐이다. 이 절에서는 직선상에서 시간에 따른 물체의 위치 변화, 즉 직선운동을 살펴보자.

속도와 가속도

물체의 운동을 기술할 때, 위치 외에 물체에 부여할 수 있는 물리량으로 속도와 가속도가 존재한다. 서로 다른 두 시각 t_1과 t_2에서 물체의 위치를 각각 $x(t_1)$과 $x(t_2)$라고 하면, 두 시각 사이에서 물체가 갖는 **평균속도**는 다음과 같이 정의된다.

$$\bar{v} = \frac{x(t_2) - x(t_1)}{t_2 - t_1} = \frac{\Delta x}{\Delta t} \tag{3.1}$$

여기서 $\Delta x = x(t_2) - x(t_1)$이고, $\Delta t = t_2 - t_1$이다. 한편, 서로 다른 두 시각에서 물체의 속도를 각각 $v(t_1)$과 $v(t_2)$로 두면, 물체의 **평균가속도**는

$$\bar{a} = \frac{v(t_2) - v(t_1)}{t_2 - t_1} = \frac{\Delta v}{\Delta t} \tag{3.2}$$

로 정의된다. Δv는 속도 변화량, 즉 $\Delta v = v(t_2) - v(t_1)$이다. 식 (3.1)과 (3.2)로 정의된 평균속도와 평균가속도로부터 **순간속도**와 **순간가속도**를 구할 수 있다. 순간이라는 것은 두 시각이 무한히 가까운 경우를 의미하고, 따라서 Δt가 0으로 근접하는 극한을 취함으로써 순간속도

및 순간가속도를 구할 수 있다. 이는 수학적으로 미분의 형태를 갖는다. 위치의 시간에 대한 1차 미분으로 순간속도를 얻고, 2차 미분으로는 순간가속도를 얻는다. 즉 **속도** v와 **가속도** a는 각각

$$v = \lim_{\Delta t \to 0} \frac{\Delta x}{\Delta t} = \frac{\mathrm{d}x}{\mathrm{d}t} \tag{3.3}$$

$$a = \lim_{\Delta t \to 0} \frac{\Delta v}{\Delta t} = \frac{\mathrm{d}v}{\mathrm{d}t} = \frac{\mathrm{d}^2 x}{\mathrm{d}t^2} \tag{3.4}$$

로 표시된다. 속도와 가속도의 단위는 그 정의로부터 각각 m/s와 $\mathrm{m/s^2}$임을 알 수 있다.

이제 시간에 따른 물체의 위치, 즉 $x(t)$를 안다고 가정하자. 위치-시간의 그래프가 그림 3.1과 같이 주어진다고 하면, 시간 t에서 물체의 속도는 바로 그 시간에서 위치-시간 그래프의 접선이 갖는 기울기가 될 것이다. 그림에서 t_1에서의 기울기를 양(+)으로 잡으면 t_2에서의 기울기는 음(-)이 되어 두 시간에서 속도는 서로 반대 방향이다. 한편, t_3에서의 기울기는 0이므로 t_3에서 물체의 속도는 0이다. 마찬가지로 속도-시간의 그래프를 이용하여 가속도에 대한 동일한 기하학적 해석이 가능하다.

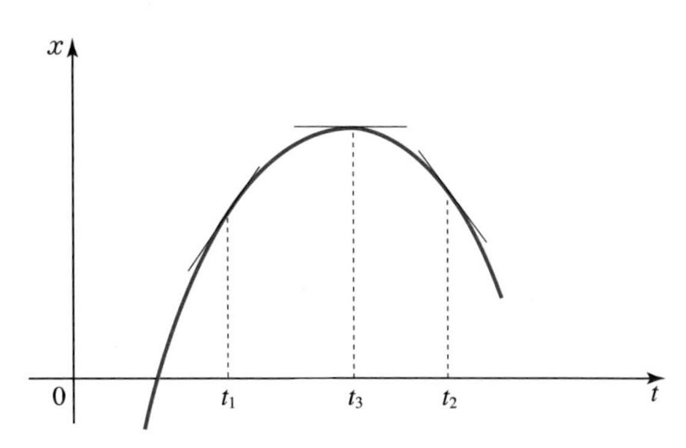

▲ **그림 3.1** | 직선운동에서 시간에 따른 위치의 한 예

예제 3.1

그림 3.1에서 t_1과 t_2에서 가속도의 방향은 서로 같은가? t_3에서 가속도는 어떠한가?

| 풀이

$t = t_1$ 근처에서 t가 증가할수록 접선의 기울기, 즉 속도는 점점 감소하므로 가속도는 음의 값을 갖는다. $t = t_2$ 근처에서도 접선의 기울기는 점점 감소하므로(음의 방향으로 크기가 커지므로 감소이다), 가속도 역시 음의 값을 갖는다. 마찬가지 방법으로 $t = t_3$에서도 가속도의 방향은 음의 방향이다.

앞서 물체의 시간에 따른 위치로부터 속도와 가속도를 구할 수 있다고 설명하였다. 역으로 가속도가 주어지면 그로부터 속도 및 위치의 시간에 따른 변화를 얻을 수 있다. 위치로부터 속도 및 가속도를 구하는 과정이 미분으로 주어진다면, 가속도로부터 속도 및 위치를 구하는 수학적 과정은 적분으로 주어진다. 먼저 간단한 예로 속도나 가속도가 시간에 관계없이 일정한 등속도운동과 등가속도운동을 각각 생각하기로 하자.

❙ 등속도운동

등속도운동이란 속도가 시간에 따라 변하지 않는 운동이다. 이 일정한 속도를 v라고 두면, 식 (3.1)로 정의된 평균속도와 순간속도는 같은 값을 가질 것이고, 따라서

$$x(t_2) = v(t_2 - t_1) + x(t_1) \tag{3.5}$$

이 성립한다. 특히 $t_1 = 0$, $t_2 = t$로 잡으면

$$x(t) = vt + x_0 \tag{3.6}$$

를 얻고, 여기서 $x_0 = x(0)$의 표기를 사용하였다. x_0를 **초기위치**라고 한다. 식 (3.6)은 식 (3.3)을 적분해서 얻을 수도 있다.

❙ 등가속도운동

등가속도운동이란 가속도가 시간에 따라 무관한 운동이다. 이 일정한 가속도를 a라고 두면, 식 (3.2)로 정의된 평균가속도와 순간가속도는 같은 값을 가질 것이고, 따라서

$$v(t_2) = a(t_2 - t_1) + v(t_1) \tag{3.7}$$

이 성립한다. 특히 $t_1 = 0$, $t_2 = t$로 잡으면,

$$v(t) = at + v_0 \tag{3.8}$$

를 얻는다. 여기서 $v_0 = v(0)$의 표기를 사용하였고, v_0를 **초기속도**라 한다. 식 (3.8)은 식 (3.4)를 시간에 대해서 적분하여 얻을 수도 있다. 식 (3.8)에 따라 속도-시간의 그래프를 그려보면 그림 3.2와 같다.

식 (3.3)에서 이동한 거리는 시간에서 속도를 적분하여 얻어지므로, 이제 두 시각 0과 t 사이에 물체가 이동한 거리는 그래프에서 사다리꼴의 색칠한 부분의 면적으로부터

$$x(t) - x(0) = v_0 t + \frac{1}{2}at^2 \tag{3.9}$$

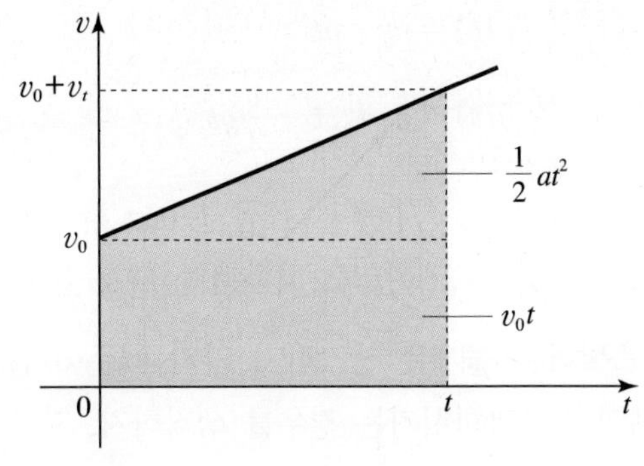

▲ 그림 3.2 | 속도-시간 그래프

이다. 여기서 초기위치를 $x_0 = x(0)$으로 놓으면,

$$x(t) = x_0 + v_0 t + \frac{1}{2}at^2 \tag{3.10}$$

을 얻고, 이로써 등가속도운동의 완벽한 기술이 이루어졌다. 식 (3.8)과 (3.10)을 조합하여 몇 가지 유용한 공식을 유도할 수 있다.

예제 3.2

다음의 공식을 유도하여라.

$$v^2(t) - v_0^2 = 2a[x(t) - x_0]$$

| 풀이

식 (3.8)로부터 $t = [v(t) - v_0]/a$이고, 이를 식 (3.10)에 대입하여 정리하면 위의 결과를 얻을 수 있다.

❙ 중력가속도

지상에서 운동하는 물체는 연직하방으로 일정한 가속도를 갖는데, 이 가속도를 **중력가속도**라 하며, 그 크기를 $g(= 9.8\,\mathrm{m/s^2})$로 표기한다. 이제 앞서 얻은 등가속도운동의 결과를 적용하여 보자.

식 (3.8)과 (3.10)을 적용할 때는 부호의 결정에 주의하여야 한다. 지표면상을 $y = 0$으로 잡고, 지상을 (+)로 잡으면 그에 따라 속도 및 가속도의 방향이 결정된다. 즉, 속도와 가속도는 상방향이 (+)부호를 갖는다. 물론 이러한 선택이 절대적이지는 않지만, 가장 자연스러운 선택이다. 물체의 초기속도와 초기위치를 v_0, y_0라 두면, 시간 t에서 물체의 속도 및 위치는 각각

$$v(t) = v_0 - gt \tag{3.11}$$

$$y(t) = y_0 + vt - \frac{1}{2}gt^2 \tag{3.12}$$

으로 표현된다. 식 (3.11)과 (3.12)는 식 (3.8)과 (3.10)에 단순히 $a = -g$를 대입한 결과이지만, 아직 v_0의 부호 결정에 주의를 요한다(앞서 선택한 위치의 부호에서 y_0는 음이 될 수 없다. 우리는 지표 밑에서 출발하는 물체는 생각하지 않기 때문이다).

우선 일정한 높이(y_0)에서 자유낙하시키는 경우를 생각하자. 자유낙하는 $v_0 = 0$ 을 의미하므로

$$v(t) = -gt \tag{3.13}$$

$$y(t) = y_0 - \frac{1}{2}gt^2 \tag{3.14}$$

을 얻는다. y_0는 초기 높이이다. 식 (3.13)의 (−)부호는 속도의 방향이 항상 연직하방임을 나타낸다. 한편, 식 (3.14)는 물체의 높이가 시간이 흐름에 따라 감소하는 것을 보여준다.

예제 3.3

일정한 높이 h에서 자유낙하시킨 물체가 지표에 닿는 데 걸리는 시간을 구하여라.

| 풀이

지표에 닿을 때에는 $y = 0$으로 표현되므로 식 (3.14)에서

$$y(T) = h - \frac{1}{2}gT^2 = 0$$

이므로 시간 T를 구할 수 있다. 즉, $T = \sqrt{\frac{2h}{g}}$ 이다.

이제 지표면에서 일정한 속력(속도의 크기) $v_0(>0)$로 연직상방으로 던져 올려진 물체를 생각하자. 초기위치는 물론 $y_0 = 0$이 될 것이다. 따라서 다음의 식들을 얻는다.

$$v(t) = v_0 - gt \tag{3.15}$$

$$y(t) = v_0t - \frac{1}{2}gt^2 \tag{3.16}$$

식 (3.15)에 의해 물체 속도는 감소하여 0이 되고, 그 후로는 음이 되어 연직하방으로 증가할 것이다. 던져진 물체는 무한히 오를 수 없고 일정한 높이에 도달한 후 다시 지상으로 떨어질 것이다. 물체가 도달하는 최고 높이에서는 속도가 0일 것이고, 그때까지 소요되는 시간

t_h는 $v_0+(-g)t_h=0$을 풀어 $t_h=\dfrac{v_0}{g}$를 얻고, 이때 최고 높이 h는 t_h를 식 (3.16)에 대입하여

$$h=\frac{v_0^2}{2g} \tag{3.17}$$

으로 주어진다.

예제 3.4

물체가 최고 높이에서 다시 지표로 돌아오는 데 걸리는 시간을 구하여라. 또한 다시 지표에 돌아올 때의 속도를 구하여라.

| 풀이

물체가 다시 지표로 돌아오면 $y=0$이 되므로 식 (3.14)로부터 $t=2v_0/g$, 즉 t_h의 2배이다. 그때의 속도는 식 (3.15)에 $t=2v_0/g$를 대입하면 $v=-v_0$, 즉 초기속도와 크기는 같고 방향은 반대이다.

3-2 평면운동

실제로 일상생활에서 접하는 물체의 운동은 1차원 직선상에 국한되지 않고, 일반적으로 2차원 평면 또는 3차원 공간에서 일어난다. 가장 대표적인 예는 비스듬히 던져 올린 물체의 궤적일 것이다. 한 가지 측면에서, 1차원에서 2차원 또는 3차원 공간으로의 확장은 스칼라에서 벡터로의 변환과 같다. 즉, 물체의 위치는 x에서 (x, y, z)로 기술되어야 하고, 속도와 가속도도 같은 방법으로 확장된다. 이 절에서는 평면상의 운동을 기술하고자 하며, 아울러 본격적인 벡터식을 도입하기로 하자. 그러나 벡터식에 의한 기술은 단지 식의 간소화를 위한 것이고, 실제 계산은 성분별로의 스칼라식에 의존한다.

| 속도와 가속도

앞서 역학의 가장 기본적인 관측 대상은 시간에 따른 물체의 위치임을 서술하였다. 이제 평면 또는 일반적인 3차원 공간상에서의 물체 위치는 원점으로부터의 위치벡터 $\boldsymbol{r}$에 의하여 표현될 수 있다. 평면에서의 위치벡터는 성분을 이용하여 $\boldsymbol{r}=x\boldsymbol{i}+y\boldsymbol{j}=(x,y)$로 나타낼 수 있다. 서로 다른 두 시간 t_1과 t_2에서 물체의 위치벡터를 각각 $\boldsymbol{r}(t_1)$과 $\boldsymbol{r}(t_2)$로 나타내면, 시간 $\Delta t=t_2-t_1$ 동안 위치벡터의 변화 $\Delta\boldsymbol{r}$은 $\Delta\boldsymbol{r}=\boldsymbol{r}(t_2)-\boldsymbol{r}(t_1)$이다. 이때 두 시간 사이에서 물체가 갖는 평균속도 $\bar{\boldsymbol{v}}$는

$$\bar{\boldsymbol{v}} = \frac{\boldsymbol{r}(t_2) - \boldsymbol{r}(t_1)}{t_2 - t_1} = \frac{\Delta \boldsymbol{r}}{\Delta t} = \frac{\Delta x}{\Delta t}\boldsymbol{i} + \frac{\Delta y}{\Delta t}\boldsymbol{j} \tag{3.18}$$

로 정의되고, 순간속도는

$$\boldsymbol{v} = \lim_{\Delta t \to 0} \frac{\Delta \boldsymbol{r}}{\Delta t} = \frac{\mathrm{d}\boldsymbol{r}}{\mathrm{d}t} = \frac{\mathrm{d}x}{\mathrm{d}t}\boldsymbol{i} + \frac{\mathrm{d}y}{\mathrm{d}t}\boldsymbol{j} \tag{3.19}$$

로 정의된다. 2차원 평면상에서 물체의 속도벡터는 $\boldsymbol{v} = v_x\boldsymbol{i} + v_y\boldsymbol{j} = (v_x, v_y)$의 성분별 표현을 갖고, 따라서 식 (3.19)의 벡터식은

$$v_x = \frac{\mathrm{d}x}{\mathrm{d}t}, \quad v_y = \frac{\mathrm{d}y}{\mathrm{d}t} \tag{3.20}$$

의 두 스칼라식을 의미한다. 한편, 두 시간 t_1과 t_2에서 물체의 속도를 각각 $\boldsymbol{v}(t_1)$과 $\boldsymbol{v}(t_2)$로 나타내면, 속도의 변화량은 $\Delta \boldsymbol{v} = \boldsymbol{v}(t_2) - \boldsymbol{v}(t_1)$ 이고 평균가속도 $\bar{\boldsymbol{a}}$는

$$\bar{\boldsymbol{a}} = \frac{\Delta \vec{\boldsymbol{v}}}{\Delta t} = \frac{\Delta v_x}{\Delta t}\boldsymbol{i} + \frac{\Delta v_y}{\Delta t}\boldsymbol{j} \tag{3.21}$$

이고, 또 순간가속도 $\boldsymbol{a}$는

$$\boldsymbol{a} = \lim_{\Delta t \to 0} \frac{\Delta \boldsymbol{v}}{\Delta t} = \frac{\mathrm{d}\boldsymbol{v}}{\mathrm{d}t} = \frac{\mathrm{d}v_x}{\mathrm{d}t}\boldsymbol{i} + \frac{\mathrm{d}v_y}{\mathrm{d}t}\boldsymbol{j} \tag{3.22}$$

이다. 가속도벡터의 성분 표현 $\boldsymbol{a} = a_x\boldsymbol{i} + a_y\boldsymbol{j} = (a_x, a_y)$로부터

$$a_x = \frac{\mathrm{d}v_x}{\mathrm{d}t} = \frac{\mathrm{d}^2x}{\mathrm{d}t^2}, \quad a_y = \frac{\mathrm{d}v_y}{\mathrm{d}t} = \frac{\mathrm{d}^2y}{\mathrm{d}t^2} \tag{3.23}$$

를 얻는다. 식 (3.20)과 (3.23)으로부터, 평면상의 운동은 2개의 독립된 1차원 운동의 복합으로 생각할 수 있다.

❙ 평면상의 등가속도운동

평면상의 등가속도운동은 물체가 일정한 가속도벡터를 가짐을 뜻한다. 즉, $\boldsymbol{a} = (a_x, a_y)$는 시간에 따라 변하지 않는 벡터이고, 성분별로 a_x와 a_y는 일정하다. 이것은 두 1차원 등가속도 운동의 복합으로 생각할 수 있어, 각 성분은 이미 앞 장에서 얻은 결과를 이용하여

$$v_x = a_x t + v_{x_0}, \qquad x = \frac{1}{2}a_x t^2 + v_{x_0}t + x_0 \tag{3.24}$$

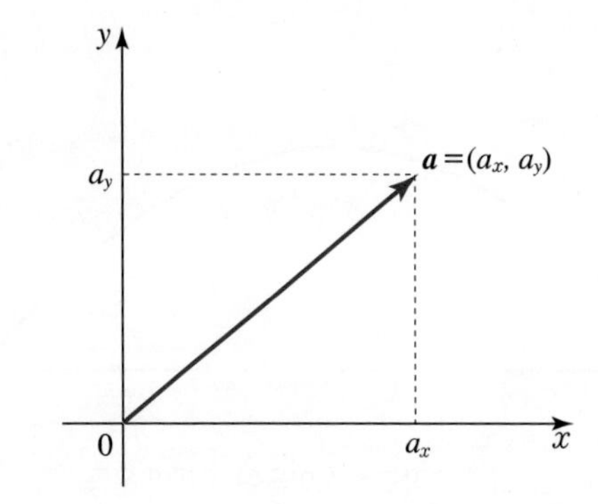

▲ **그림 3.3** | 좌표축에 따른 가속도벡터의 성분 표현

$$v_y = a_y t + v_{y_0}, \qquad y = \frac{1}{2} a_y t^2 + v_{y_0} t + y_0 \tag{3.25}$$

또는

$$\boldsymbol{v} = \boldsymbol{a} t + v_0, \qquad \boldsymbol{r} = \frac{1}{2} \boldsymbol{a} t^2 + \boldsymbol{v}_0 t + \boldsymbol{r}_0$$

로 나타난다. $\boldsymbol{v}_0 = (v_{x_0},\ v_{y_0})$는 초기속도를 나타내고, $\boldsymbol{r}_0 = (x_0,\ y_0)$는 초기위치를 나타낸다.

예제 3.5

두 물체를 시간 T 간격으로 같은 초속도 v_0로 수직방향으로 던져 올렸을 때 두 물체가 만나는 높이를 v_0, T, 중력가속도 g의 함수로 구하여라.

| 풀이

처음 던져 올린 물체의 높이를 y_1, 두 번째 던져 올린 물체의 높이를 y_2라고 할 때, 식 (3.25)로부터 y_1과 y_2는 다음과 같이 표현된다.

$$y_1 = v_0 t - \frac{1}{2} g t^2, \qquad y_2 = v_0 (t - T) - \frac{1}{2} g (t - T)^2$$

두 물체가 만날 때 $y_1 = y_2$이므로, 이 관계로부터 시간 t는 다음과 같이 얻어진다.

$$t = \frac{2v_0 + gT}{2g}$$

t를 y_1에 대입한 후 정리하면 두 물체가 만나는 높이는 다음과 같다.

$$y = \frac{v_0^2}{2g} - \frac{gT^2}{8}$$

❙ 쏘아올린 공

이제 앞 절에서 얻은 결과를 일정한 중력가속도를 갖는 지표상에서 임의의 방향으로 쏘아

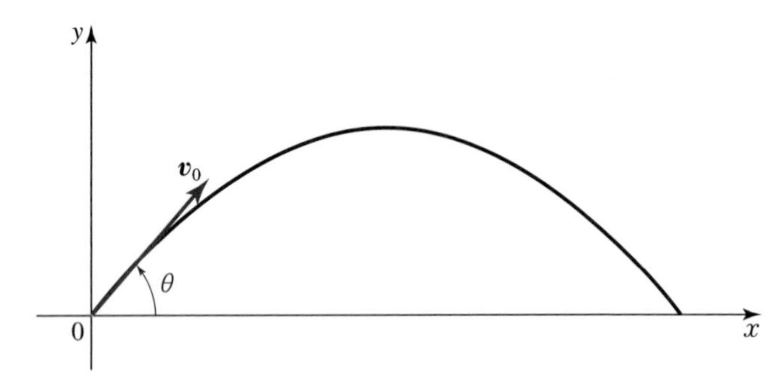

▲ **그림 3.4** | 지표면과 θ의 각도로 쏘아올린 물체의 운동

올린 공에 적용하여 보자. 그림 3.4와 같이 지표면에서 지표면과 θ의 각도로 초속도의 크기 v_0를 갖고 쏘아올린 공을 생각하자. 그림과 같이 쏘아올린 지표상의 점을 원점으로 하여 수평방향을 x축으로 잡고, 연직상방을 y축으로 잡으면, 중력가속도벡터는 $\boldsymbol{a} = (0, -g)$로 표현된다. 한편, 초기속도벡터는 $\boldsymbol{v}_0 = (v_0 \cos\theta,\ v_0 \sin\theta)$로 주어지고, 초기위치벡터는 $\boldsymbol{r}_0 = (0, 0)$으로 주어지므로 식 (3.26)과 (3.27)에 의하여

$$v_x = v_0 \cos\theta, \qquad x = (v_0 \cos\theta)t \tag{3.26}$$

$$v_y = -gt + v_0 \sin\theta, \qquad y = -\frac{1}{2}gt^2 + (v_0 \sin\theta)t \tag{3.27}$$

를 얻는다. 또한 식 (3.26)에 의하여 공이 만드는 궤적은

$$y = -\frac{g}{2(v_0 \cos\theta)^2}x^2 + (\tan\theta)x \tag{3.28}$$

로 포물선이 된다.

이제 식 (3.26)과 (3.27)로부터 몇 가지 유용한 결과를 도출하여 보자. 우선 공이 오를 수 있는 최고 높이를 알아보자. 최고 높이에서 공이 갖는 속도의 y성분은 0이 될 것이고, 따라서 식 (3.27)의 첫째 식으로부터 최고 높이에 도달하는 시간 t_h는

$$t_h = \frac{v_0 \sin\theta}{g} \tag{3.29}$$

를 얻고, 이 시간을 식 (3.27)의 둘째 식에 대입하여 최고 높이 h

$$h = \frac{(v_0 \sin\theta)^2}{2g} \tag{3.30}$$

을 얻는다. 공이 가장 높이 올라가는 것은 $\theta = 90°$인 경우이고, 이는 연직상방으로 던지는 것으로 상식과 일치한다.

한편, 공이 땅에 떨어질 때의 수평도달 거리를 알아보자. 공이 땅에 떨어질 때의 시간을 T라고 하면 식 (3.27)에서 $y=0$이므로

$$T = \frac{2v_0 \sin\theta}{g} = 2t_h \tag{3.31}$$

이고, 이 시간에 공이 수평방향으로 이동한 거리 R은 식 (3.26)의 둘째 식으로부터

$$R = \frac{2v_0^2 \sin\theta \cos\theta}{g} \tag{3.32}$$

로 주어진다. 삼각함수 공식 $\sin(2\theta) = 2\sin\theta\cos\theta$를 이용하여 식 (3.32)는

$$R = \frac{v_0^2 \sin(2\theta)}{g} \tag{3.33}$$

로 간소화된다. 식 (3.33)에서 수평으로 가장 멀리 도달하도록 하기 위해서는 $\theta = 45°$이어야 한다.

예제 3.6

고도가 h이며 속도 v로 수평으로 날고 있는 비행기에서 폭탄을 시간 t 간격으로 떨어뜨렸다. 지면에 떨어진 두 폭탄 사이의 거리를 d라고 할 때, h, v, t, g 중에서 필요한 변수를 사용하여 거리 d를 표시하여라(여기서 g는 중력가속도의 크기이다).

| 풀이

처음에 투하한 폭탄이 떨어진 위치를 x_1이라 하고 나중에 투하한 폭탄이 떨어진 위치를 x_2라고 하면 $x_1 = vt_1$, $x_2 = vt_2$로 나타낼 수 있다. 이때, t_1과 t_2는 각각 첫 번째 폭탄과 두 번째 폭탄이 떨어질 때의 시간이다. 폭탄이 시간 t 간격으로 투하되었으므로, $t_2 = t_1 + t$의 관계가 있다. 따라서 두 폭탄 사이의 거리는 $d = x_2 - x_1 = v(t_2 - t_1) = vt$이다.

예제 3.7

45 m 높이의 언덕에서 수평으로 돌을 던졌다. 이때, 돌이 지면에 45° 각도로 떨어졌다면 처음 속력은 얼마인가? (단, 중력가속도는 $g = 10\ \text{m/s}^2$으로 가정한다.)

| 풀이

초기속도를 $\boldsymbol{v}_0 = (v_{x0},\ v_{y0})$라고 하고 처음 속력을 v_0라고 할 때, $v_{x0} = v_0$, $v_{y0} = 0$이고 땅에 떨어졌을 때의 속도를 $\boldsymbol{v} = (v_x,\ v_y)$라고 하면, $v_x = v_{x0} = v_0$이고 지면에 45° 각도로 떨어졌으므로 v_y

는 $v_y = -v_x = -v_0$가 된다.

또한 초기 높이를 y_0, 지면에 떨어졌을 때 높이를 y라고 하면 $2a(y-y_0) = v_y^2 - v_{y0}^2$으로 표현된다. 이때, 가속도 a는 $-g$이고 $y-y_0 = -45\ \mathrm{m}$ 이므로,

$$v_y = -\sqrt{2g(y_0-y)} = -\sqrt{2\times 10\ \mathrm{m/s^2}\times 45\ \mathrm{m}} = -30\ \mathrm{m/s}$$

가 된다. 따라서 $v_0 = -v_y = 30\ \mathrm{m/s}$ 이다.

3-3 상대속도

달리는 차나 기차 안에서 바깥의 물체를 관측하면, 물체의 속도는 바깥에서 이를 관측한 것과 다르다. 예를 들어 정지해 있는 길옆의 나무들을 달리는 차나 기차 안에서 바라보면 마치 뒤로 운동하는 것처럼 보인다. 이와 같이 동일한 물체라 하더라도 그것을 관측하는 계를 어디에 설정하느냐에 따라 그 운동의 기술이 달라진다. 이 절에서는 서로 다른 계에서 어떤 물체의 속도를 각각 측정했을 때, 그 값들 사이에는 어떤 관계가 있는지 살펴본다.

앞에서 우리는 물체의 위치를 나타내기 위해 좌표계를 설정하였다. 한 예로 그림 3.5와 같이 좌표계 A에서 어떤 질점 P의 운동을 기술한다고 하자. 이때 질점 P의 위치벡터는 좌표계 A의 원점 $\mathrm{O_A}$로부터 질점 P까지의 위치벡터 $\boldsymbol{r}_{\mathrm{PA}}$로 나타낼 수 있고, 질점의 속도는 $\boldsymbol{v}_{\mathrm{PA}} = \mathrm{d}\boldsymbol{r}_{\mathrm{PA}}/\mathrm{d}t$이다. 한편 좌표계 A에 대해서 새로운 좌표계 B가 일정한 속도 $\boldsymbol{v}_{\mathrm{BA}}$로 움직이고 있다고 가정하자. 즉, 좌표계 B의 원점을 $\mathrm{O_B}$라고 하고, 원점 $\mathrm{O_A}$에 대한 원점 $\mathrm{O_B}$의 위치벡터를 $\boldsymbol{r}_{\mathrm{BA}}$라 하면, $\boldsymbol{r}_{\mathrm{BA}}$는 시간에 따라 계속 변하는 벡터이고 $\mathrm{d}\boldsymbol{r}_{\mathrm{BA}}/\mathrm{d}t = \boldsymbol{v}_{\mathrm{BA}}$이다. 그러면, 이 새로운 좌표계 B에서 질점 P를 관측하면, 그 속도 $\boldsymbol{v}_{\mathrm{PB}}$는 어떻게 될 것인가? 좌표계

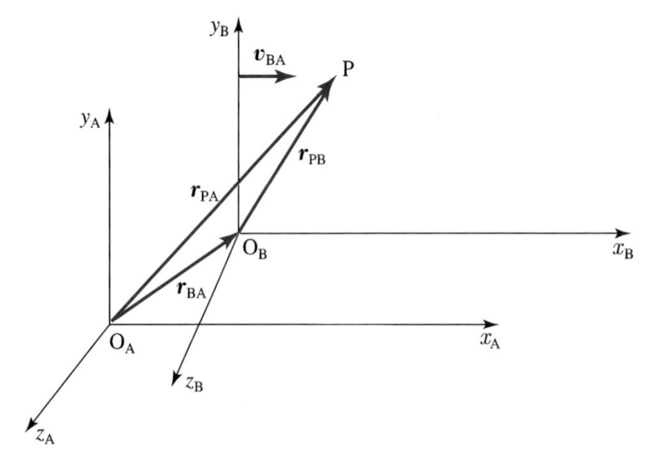

▲ **그림 3.5** | 서로 다른 좌표계 A, B에서 질점 P의 관측

B에서 질점 P의 위치벡터(원점 O_B로 $\boldsymbol{r}_{BA}$부터 질점 P를 연결하는 벡터)를 $\boldsymbol{r}_{PB}$라 하면 그림 3.5와 같이 다음과 같은 관계가 성립한다.

$$\boldsymbol{r}_{PA} = \boldsymbol{r}_{PB} + \boldsymbol{r}_{BA} \tag{3.34}$$

양변을 시간 t에 대해서 미분하면 $\boldsymbol{v}_{PA} = \boldsymbol{v}_{PB} + \boldsymbol{v}_{BA}$이므로

$$\boldsymbol{v}_{PB} = \boldsymbol{v}_{PA} - \boldsymbol{v}_{BA} \tag{3.35}$$

이다. 즉 좌표계 B에 대한 상대속도 $\boldsymbol{v}_{PB}$는 좌표계 A에서 관측한 속도 $\boldsymbol{v}_{PA}$에서 좌표계 B의 속도 $\boldsymbol{v}_{BA}$를 뺀 것과 같다. 속도 $\boldsymbol{v}_{PB}$를 좌표계 B에 대한 질점 P의 상대속도라 한다. 식 (3.34)를 한 번 더 시간에 대해서 미분하면 가속도에 대한 관계식

$$\boldsymbol{a}_{PB} = \boldsymbol{a}_{PA} - \boldsymbol{a}_{BA} \tag{3.36}$$

를 얻는다. 특히 위에서 가정한 대로 좌표계 B가 좌표계 A에 대해서 일정한 속도로 움직이고 있다면, $\boldsymbol{a}_{BA} = d\boldsymbol{v}_{BA}/dt = 0$이므로, $\boldsymbol{a}_{PB} = \boldsymbol{a}_{PA}$이다. 이것은 가속되지 않고 일정한 속도로 움직이고 있는 다른 좌표계에서 같은 물체를 관측하면, 속도가 다르더라도 가속도는 같다는 것을 의미한다. 즉, 움직이고 있는 여러 좌표계에서 어떤 한 물체의 가속도를 측정할 때, 각 좌표계의 상대속도가 일정하기만 하면 그 물체의 가속도는 좌표계에 관계없이 같은 값으로 측정된다.

예제 3.8

시속 200 km로 날 수 있는 경비행기가 있다. 동쪽으로 부는 시속 100 km의 바람 때문에 비행기가 똑바로 북쪽을 향하여 가려면, 비행기는 정북향에서부터 얼마만큼 벗어난 각도로 가야 하는가?

| 풀이

옆의 그림을 참조하면,

v_{WE} : 지상에서 본 바람의 속도 = 100 km/h 동향

v_{AE} : 지상에서 본 비행기의 속도, 방향 북향

v_{AW} : 바람에서 본 비행기의 속도 = 200 km/h 방향(미지수)

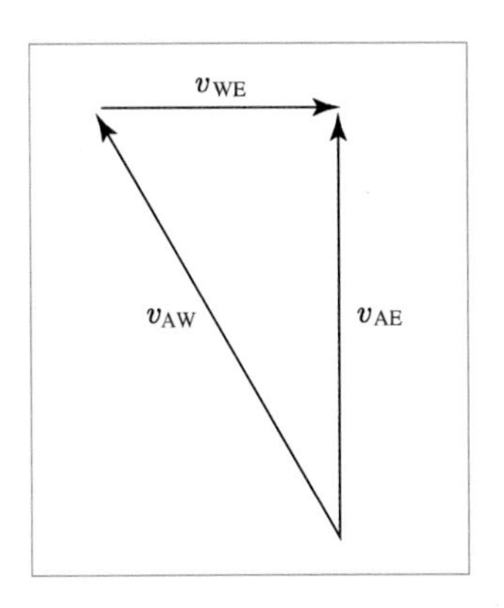

식 (3.35)로부터,

$$v_{AE} = v_{AW} + v_{WE}$$

정북향에 대한 비행기의 방향의 각도를 θ라 하면,

$$\theta = \sin^{-1}\left(\frac{100\ \text{km}}{200\ \text{km}}\right) = 30°$$

따라서 비행기는 서쪽으로 30°를 향해야 한다.

연습문제

3-1 직선운동

1. (가) 등속도운동과 (나) 등가속도운동에 대해서, 시간이 흐름에 따라 어떤 물리량이 일정한지, 무엇이 어떻게 변하는지 설명하여라.

2. 아래 그림과 같이 일차원에서 물체의 위치가 시간에 따라 변화할 때 물체의 속도의 부호와 가속도의 부호는 각각 몇 번 바뀌었는가?

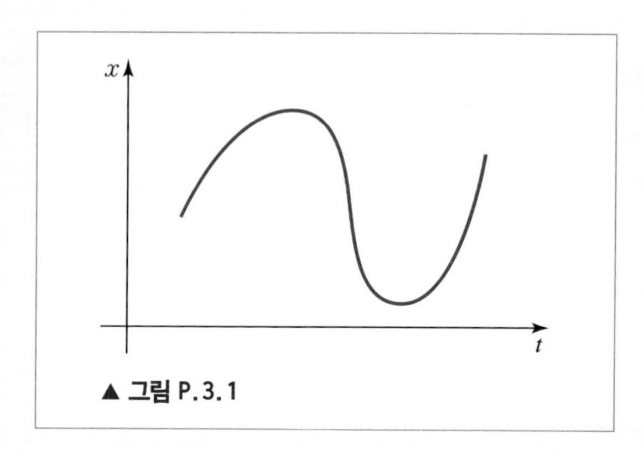

▲ 그림 P.3.1

3. 100 km/h로 등속직선운동하는 물체의 속도를 단위 m/s로 나타내고, 이 물체가 5초 동안 이동한 거리를 구하여라.

4. 속도 10.0 m/s로 운동하던 물체를 100초 동안 등가속시켜, 진행하던 방향으로 속도가 50.0 m/s가 되었다. 이 시간 동안 물체의 평균속도와 평균가속도를 구하여라.

5. 일직선으로 나 있는 고속도로를 주행하는 자동차를 생각하자. 운전자가 무리 없이 자동차를 세우기 위한 최대 감속도는 50,000 km/h^{2}이라고 가정하자. 운전자가 100 km/h로 달리다가 앞의 장애물을 발견하고 자동차를 세울 때, 감속을 시작한 후 자동차의 최소 주행거리는 얼마인가? 이 거리가 고속도로 주행 시 앞서 가는 차와의 차간 거리가 되어야 하는가?

6. 고층 아파트에 사는 영희와 순희는 창문을 통하여 영철이가 지면에서 던진 공이 올라가는 것과 다시 내려가는 것을 보았다. 영희는 2.00초 간격으로, 그리고 순희는 4.00초 간격으로 공이 올라갔다 내려

가는 것을 보았다. 영희와 순희의 집은 수직으로 얼마나 떨어져 있는가?

7. 초기에 정지하고 있던 자동차를 일정한 가속도 $2a$로 속도를 증가시키고 있다. 이때 아래 관계식을 구하고, 그래프로 나타내어라.

(가) 이동거리와 시간

(나) 속도와 시간

(다) 가속도와 시간

8. 자유낙하하는 물체가 처음 1초 동안 거리 H만큼 떨어졌다고 할 때, 다음 1초 동안 떨어지는 거리는 얼마인가?

9. 어떤 스마트폰의 스크롤 기능은 등가속도 $-5.00\ \mathrm{cm/s^2}$로 감속운동을 하도록 프로그래밍되어 있다. 웹페이지의 길이가 충분히 길다고 할 때, 초기에 $20.0\ \mathrm{cm/s}$ 속력으로 스크롤 다운하였다면 몇 초 후에 웹페이지가 멈추게 되는가? 이때 스크롤된 총 길이는 얼마인가?

10. 운동하는 물체의 위치가 $x = t^3 - 5t^2 + 8t + 12\ \mathrm{m}$로 주어질 때 (가) 속도와 (나) 가속도가 0이 되는 시간을 구하여라.

11. 두 열차 A와 B가 일직선의 철로를 따라 이동한다고 가정해보자. 열차 A의 위치는 $x = 2t^3 + 2t^2 + 10t + 5\ \mathrm{m}$로 주어진다. 열차 B의 가속도는 $12t - 3\ \mathrm{m/s^2}$으로 표현되고 초기속도는 $24\ \mathrm{m/s}$로 주어진다. 두 열차의 속도가 같을 때의 시간과 그때의 속도를 구하여라.

3-2 평면운동

12. 평면 위를 운동하는 어떤 물체의 속도가 $\boldsymbol{v} = (-\boldsymbol{i} + \boldsymbol{j})\ \mathrm{m/s}$에서 2.00초 후에 $\boldsymbol{v} = (\boldsymbol{i} + 3\boldsymbol{j})\ \mathrm{m/s}$로 바뀌었다. 이 동안의 평균가속도는 얼마인가?

13. 평면 위에서 운동하는 어떤 물체의 시간에 따른 위치가 $\boldsymbol{r} = (3t^2 - 2t + 1,\ t^3 + t^2)\ \mathrm{m}$로 표현된다.

(가) $t = 1\ \mathrm{s}$와 $t = 2\ \mathrm{s}$ 사이의 평균속도와 평균가속도를 구하여라.

(나) $t = 2\ \mathrm{s}$일 때의 속도와 가속도를 구하여라.

14. 비행기가 xyz 좌표공간에서 $\boldsymbol{a} = -6\boldsymbol{i} + 2\boldsymbol{k}\ \mathrm{m/s^2}$로 가속된다고 가정해보자. 비행기의 초기 위치가 $\boldsymbol{r}_0 = 3\boldsymbol{i} + 2\boldsymbol{j} - 4\boldsymbol{k}\ \mathrm{m}$이고 초기 속도는 $\boldsymbol{v}_0 = 5\boldsymbol{i} - 4\boldsymbol{j}\ \mathrm{m/s}$이다. $t = 2$초 일 때 비행기의 (가) 속도와 (나) 위치를 구하여라.

15. 높이가 h인 건물 옥상에서 공을 같은 초속력으로 수평과 θ의 각도로 던졌다. 지면에 닿는 순간 공의 속력이 가장 커지는 θ의 값은 얼마인가?

16. 10.0 m 높이의 건물 옥상에서 공을 수평으로 던지니, 공이 건물로부터 수평으로 50.0 m 떨어진 곳의 바닥에 떨어졌다.

(가) 공이 손에서 떨어지는 순간의 초기속도는 얼마인가?

(나) 공이 땅에 닿기 직전의 속도는 얼마인가?

17. 2층에 있는 사람이 창문을 통해 공을 던지려고 한다. 창문으로부터 바닥까지의 높이가 10 m이고, 공을 초기속도 1 m/s로 45º위 방향으로 던졌을 경우, 공이 지면에 닿았을 때 거리가 얼마인지 구하시오. 단, 중력가속도는 $g = 10\ \mathrm{m/s^2}$로 가정한다.

18. 그림 P.3.2와 같이 150 km/h의 속력으로 0.50 km의 고도를 수평으로 날고 있는 비행기에서 폭탄을 떨어뜨렸을 때 폭탄이 날아간 수평 거리는 얼마인가?

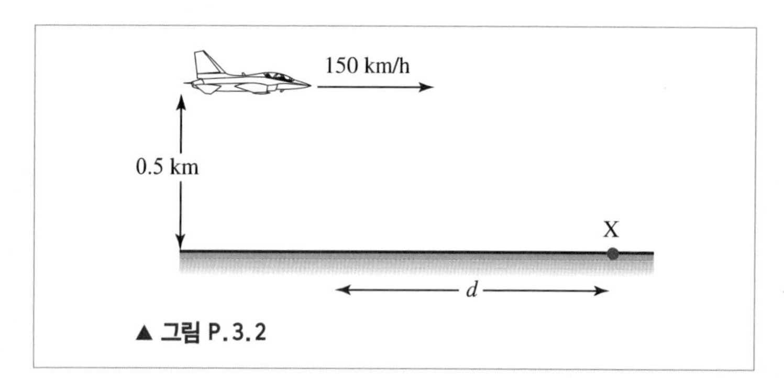

▲ 그림 P.3.2

19. 그림 P.3.3과 같이 다트를 20.0 m/s의 속력으로 수평방향으로 던졌다. 0.1초 후에 표적에 맞았다면 표적의 정중앙에서 빗겨난 거리 $\overline{XY}$는 얼마인가?

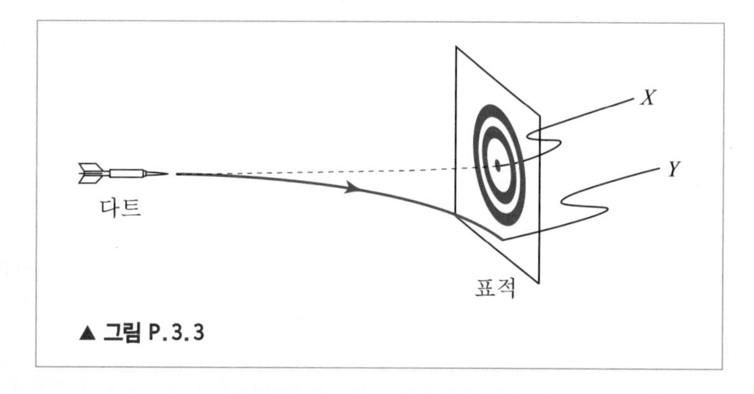

▲ 그림 P.3.3

3-3 상대속도

20. 상대속도 개념을 이용하면, 차창 밖 사진을 분석하여 내리는 비의 속력을 추측할 수 있다. 이 때 계산을 위해 최소한 무엇을 알아야 할까?

(가) 비의 각도
(나) 자동차 속도
(다) 비의 각도, 자동차 속도
(라) 비의 각도, 자동차 속도, 자동차 가속도

21. 갑은 지면에 서 있고 을은 지면에 대하여 일정한 속도 v로 뛰고 있다. 이제 수평방향으로 일정한 속도 u로 나는 새의 속도와 가속도를 갑과 을이 측정한다. 갑과 을이 측정하는 새의 속도와 가속도를 구하여라.

발전문제

22. 그림 P.3.4와 같이 높이가 h인 건물로부터 d 만큼 떨어진 앞에서 공을 초기속력 v로 던져 건물 꼭대기를 간신히 넘어가게 하려면 수평과 얼마의 각도(θ)로 던져야 하는가?

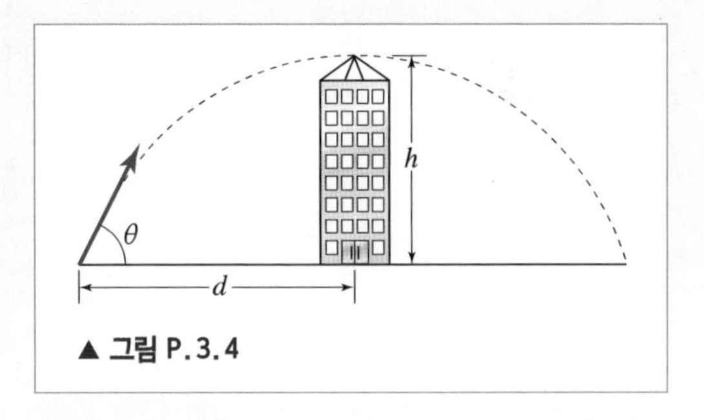

▲ 그림 P.3.4

23. 두 물체를 지면의 동일한 지점에서 동시에 같은 초기속력 v_0로 던졌다. 한 물체는 지면과 수직으로, 다른 물체는 지면과 θ의 각도로 던졌을 때, 시간 t 후에 두 물체 사이의 거리는 얼마인가? 단, 시간 t 후에 두 물체 모두 아직 지면에 떨어지지 않았다.

24. 높이가 H인 나무 꼭대기에 원숭이가 있다. 나무 밑으로부터 거리 R 떨어진 점에 있는 사냥꾼이 원숭이를 조준하여(즉, 수평방향과 $\tan\theta = \dfrac{H}{R}$ 방향으로) 쏘는 순간 원숭이가 기절하여 떨어지기 시작한다고 한다(단, 총알의 초기속도의 크기는 v_0이고 중력가속도의 크기는 g이다).

(가) 총알 초기속도의 수평방향 성분과 수직방향 성분을 v_0, θ를 이용하여 나타내어라.
(나) 총알 초기속도의 수평방향 성분을 이용하여 총알이 나무 위치에 도달할 때까지의 시간을 v_0, θ, R로 나타내어라.
(다) 총알 초기속도의 수직방향 성분을 이용하여 총알이 나무 위치에 도달했을 때 총알의 높이를 g, v_0, R, H로 나타내어라.
(라) 총알이 나무 위치에 도달했을 때 원숭이 높이를 g, v_0, R, H로 나타내어라. 원숭이는 총알에 맞는가?

25. 야구선수가 수평과 60°의 각도로 공을 던져 공이 지표면에 닿는 지점을 확인하고, 같은 속력으로 같은 지점에 공을 보내는 또 다른 각도를 구하여라.

26. 그림 P.3.5와 같이 강의 폭이 20.0 m이고, 강물이 1.00 m/s의 속력으로 흐르고 있다. 이 강을 2.00 m/s의 속력으로 수영할 수 있는 사람이 헤엄쳐서 건너려고 한다.

(가) 이 사람이 B점을 출발하여 강 건너 A점에 도달하려고 한다. 이 사람은 실제로 어느 쪽으로 헤엄쳐야 하는가? 이때 A점에 대한 사람의 속력은 얼마인가?

(나) 이 사람이 제일 짧은 시간에 강을 건너려고 하면 어느 쪽으로 헤엄쳐야 하는가? 또 이때 걸리는 시간과 도착지점을 구하여라.

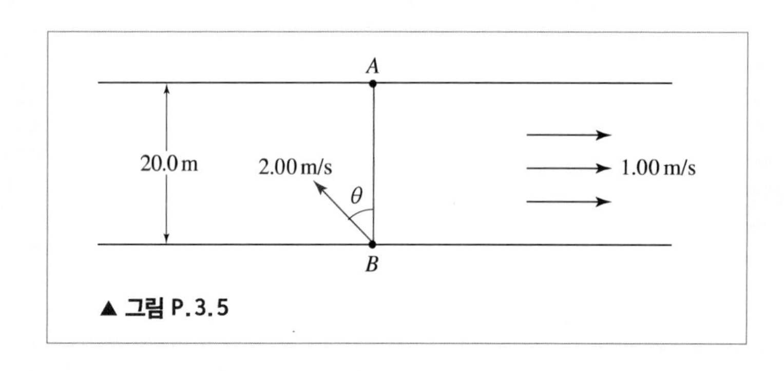

▲ 그림 P.3.5

Physics

아이작 뉴턴

Isaac Newton, 1643-1727

영국의 물리학자, 수학자이다.
3가지 뉴턴의 운동법칙과 중력법칙을 발표하여 근대 과학혁명의 길을 열었다.
미적분학을 제창하였고 반사망원경을 제작하고 광학 이론의 발달에 기여하였다.
인류 역사상 가장 영향력 있는 사람 중 한 명이다.

CHAPTER 04

힘과 운동

힘이란 무엇인가? 힘이 무엇인지 여러 예를 들어 말하기는 쉽다. 그러나 힘을 어떻게 설명해야 할 것인가? 정지해 있는 물체에 힘을 작용하면, 그 물체는 움직이기 시작하거나 그 모양이 찌그러진다. 또 운동하는 물체에 힘을 작용하면 그 물체를 멈추게 만들 수도 있다. 즉, 힘은 물체의 운동 상태를 변화시키는 원인이 되기도 하고 또는 물체를 변형시키는 원인이 되기도 한다.

물체에 어떤 힘을 작용시켰는데도 그 물체의 운동 상태가 변하지 않았다면, 그 물체에는 작용시킨 힘 이외에도 어떤 다른 힘이 작용하여 힘의 평형 상태를 유지하였다고 생각할 수 있다. 즉, 그 물체에 작용하는 모든 힘의 합인 합력(또는 알짜힘)이 0이 되었다고 볼 수 있다. 힘은 보통 두 물체가 접촉한 상태에서 작용하지만, 서로 접촉하지 않은 상태에서도 작용할 수 있다. 예컨대 자석끼리는 서로 떨어진 상태에서도 서로 밀거나 당긴다. 달은 지구가 끌어당기는 힘에 의해 지구 주위를 돌고 있다. 힘과 물체의 운동에는 어떤 관계가 있는지 알아보자.

4-1 뉴턴의 운동 제1법칙: 관성의 법칙

그림 4.1과 같이 말에 의해 일정한 속도로 끌려가는 수레를 생각해보자. 말은 일정한 크기의 꾸준한 힘으로 끌어야만 수레를 계속 끌 수 있으며, 그렇지 않으면 수레는 멈추게 된다. 이와 같이 물체가 어떤 운동 상태를 계속하기 위해서는 지속적으로 힘이 작용하여야 하는 것처럼 보인다. 그리스의 위대한 철학자이며 과학자였던 **아리스토텔레스**(Aristoteles, 기원전 384~322)는 이러한 경험적 사실을 토대로, 물체가 일정한 속도로 운동하기 위해서는 일정한 힘이 계속 작용하여야 한다고 주장하였다. 아무 의심 없이 진리로 받아들여져 왔던 이런 생각에 처음으로 의심을 품은 사람은, 지금으로부터 수백 년 전의 과학자 **갈릴레오**(Galileo Galilei, 1564~1642)였다.

물체를 밀면 조금 움직이다가 멈추게 된다. 그러나 물체에 바퀴를 달고 다시 밀면 조금 더 멀리까지 굴러간다. 마찬가지로 거친 면과 미끄러운 면에서 같은 물체를 밀면 거친 면보다는 미끄러운 면에서 더 멀리까지 간다. 그렇다면 아주 미끄러운 면에서 물체를 밀면 물체는 어디까지 밀려갈 수 있겠는가? 이러한 문제를 해결하기 위해 그는 다음과 같은, 생각으로만 하는 실험인 **사고실험(Gedanken Experiment**, 조건상 직접 수행하기 힘든 실험을 생각만으로 실험한다고 하여 붙여진 이름이다)을 수행해보았다.

그림 4.2에서와 같은 미끄러운 빗면 모양을 가진 그릇의 벽에 공을 놓으면, 공은 굴러 내려간 후 다른 쪽의 거의 같은 높이까지 올라간다. 이때, 맞은편 빗면의 경사를 더 낮추면 공은 같은 높이에 도달하기 위해 더 많은 거리를 굴러간다. 만일 맞은편 빗면을 아예 평면으로 만들고 공을 굴리면 공은 어디까지 갈 것인가? 갈릴레오는 이 경우 공은 영원히 운동을 계속할 것이라 보았다. 즉, 아주 미끄러운 평면에서는 한 번 운동하기 시작한 물체는 그 운동 상태를 계속 유지하려는 성질이 있다고 보았던 것이다. 어떤 운동 상태를 계속하려는 물체의 이러한

▲ **그림 4.1** | 말과 수레

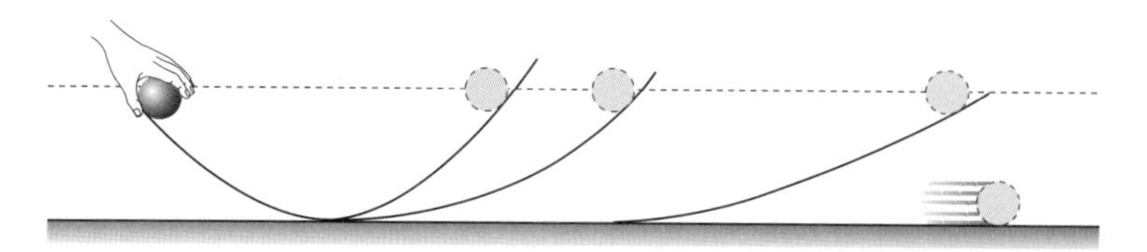

▲ **그림 4.2** | 그릇 속의 공 그림

성질을 물체의 **관성(inertia)**이라고 한다. 이와 같이 갈릴레오는 아주 간단한 사고실험을 통해 복잡한 실제 세계의 운동을 이해하는 기틀을 마련했다.

정지한 기차를 움직이게 하기는 쉽지 않다. 마찬가지로 일단 움직이기 시작한 기차를 멈추게 하기도 쉽지 않다. 이에 비하여 가벼운 자동차를 움직이게 하거나 세우는 것은 기차의 경우보다는 훨씬 더 쉽다. 이런 경우 기차는 자동차보다 더 큰 관성을 가졌다고 한다. 관성의 정도는 물체마다 다르며, 질량이라는 개념으로 나타낸다.

갈릴레오의 이 위대한 발견은 **뉴턴**(I. Newton, 1642~1727)에 의해 더욱 확장된다. 그는 물체에 힘이 작용하지 않으면 물체는 같은 운동 상태를 계속한다고 기술했다. 이를 **뉴턴의 운동 제1법칙**이라 한다. 즉, 힘이 작용하지 않으면 정지해 있던 물체는 계속 정지해 있고, 운동하던 물체는 등속도운동을 계속하게 된다. 이 법칙은 흔히 **관성의 법칙(law of inertia)**이라고도 한다. 이 운동법칙은 더 정교하게는 **물체에 작용하는 힘의 합력이 0이면 그 물체가 가속되지 않는 것으로 보는 기준틀(reference frame)이 존재한다**고도 표현한다.

물체에 아무런 힘이 작용하지 않을 때 그 물체가 정지해 있거나 또는 등속도운동을 하는 것으로 관측되는 모든 기준틀을 **관성 기준틀(inertial reference frame)** 또는 **관성틀**이라고 한다. 관성 기준틀의 예를 들어보기 위해 우리가 빙글빙글 도는 원판 위에서 살고 있다고 해보자. 그 원판 위에 놓인 물체는 아무런 힘을 가하지 않은 상태에서도 언제나 원판의 가장자리로 이동하려고 하며, 따라서 결국은 원판 위에 놓였던 모든 물체는 가장자리에 쌓이게 된다. 이와 같은 틀에서는 원판 위에 정지하고 있던 물체가 정지한 상태를 유지하지 못하므로, 회전하는 원판틀은 관성 기준틀이 아니다. 엄밀하게 기술한다면, 실험실과 같이 지표면에 고정된 틀도 관성 기준틀이 아니다. 왜냐하면, 지구는 매우 빠른 속도로 자전하기 때문이다. 또 지구 자체도 태양 주위를 공전하고 있다. 그러나 실험실에서 마찰이 거의 없는 환경을 만들어 놓고, 물체를 그 위에 놓으면 그 물체는 정지한 상태로 남아 있다. 이것은 지표면에 고정된 틀을 관성 기준틀로 취급하여도 사실상 무방하다는 의미를 가진다. 실제로 완전한 관성 기준틀이 존재할 수 있는지를 우리는 확언할 수 없다. 그러나 필요에 따라, 거의 완전한 관성 기준틀에 가까운 실험실 상태를 조성하는 것은 가능하다.

앞 장에서 관측되는 속도는 어떤 경우이건 항상 상대속도임을 알았다. 즉, 우주의 중심은 없으므로 어떤 물체의 절대속도가 얼마라고 정의할 수는 없다. 이것은 서로 등속도로 운동하는 두 틀은 근본적으로 동등한 입장에 있음을 뜻한다. 따라서 어떤 관성 기준틀에 관해 일정한 속도로 운동하는 기준틀은 모두 관성 기준틀이 된다. 이런 관점에서 보면, 정지한 상태나 등속도로 운동하는 상태는 근본적으로는 같은 상태라 할 수 있다. 즉, 서로 등속도로 운동하는 기준틀의 모든 관측자는 같은 입장에 있다고 할 수 있다.

아인슈타인(Albert Einstein, 1879~1955)은 이런 가정과 빛의 속력은 어떤 계에서 관측하건 항상 일정하다는 가정을 기초로 특수 상대성이론이란 획기적인 이론을 제안하였다.

갈릴레오의 위대한 발견은 사고실험을 통해 그가 마찰력의 존재를 깨달은 데서 비롯되었다. 우리 주위에서 살펴볼 수 있는 모든 운동에는 반드시 마찰력이라는 힘이 개입되어 있다. 예컨대, 지표면에 고정된 우리의 기준틀을 관성 기준틀이라 가정한다면, 운동하던 물체는 그 운동 상태를 계속 유지해야만 한다. 그러나 실제로는 운동하는 모든 물체는 결국 멈추기 마련이며, 이것은 운동하는 물체에 항상 어떤 힘이 작용하고 있음을 뜻한다. 이 힘을 우리는 마찰력이라 한다. 물체를 떨어지게 하는 중력처럼 마찰력은 모든 물체에 언제나 작용하므로 그것이 존재한다는 사실을 깨닫기란 어렵다. 그러나 갈릴레오는 단지 생각만을 통해 마찰력의 존재를 깨달았고, 그 사건이 현대 과학문명의 시작점이 되었던 것이다.

4-2 뉴턴의 운동 제2법칙: 힘과 가속도

뉴턴의 운동 제1법칙인 관성의 법칙은 **힘(force)**이라는 용어가 무엇을 뜻하는지 설명하지 않은 채로, 물체에 힘이 작용하지 않으면 물체는 같은 운동 상태를 계속한다고 기술되었다. 이 법칙으로부터 힘을 정의한다면, **힘은 물체의 운동 상태에 변화를 일으키는 것**이라 할 수 있다. 그러나 힘이 가해지면 물체에 어떤 변화를 일으킨다는 말인가? 이러한 의문은 힘을 정성적이 아닌 정량적으로 정의할 것을 요구한다.

힘을 더 구체적으로 정의하기 위해 다음과 같은 실험을 생각해보자. 관성의 법칙을 깨닫는 데 방해가 되었던 존재는 마찰력이라는 힘이었다. 그러므로 이상적인 경우로서 마찰력이 작용하지 않은 상태 또는 마찰력이 거의 없는 상태에서 행해지는 실험을 생각해보자.

그림 4.3과 같이 마찰이 없는 평면 위에 있는 물체에 일정한 힘을 가한다고 하자. 여기에서 일정한 힘이란, 그 힘의 크기도 일정하며 작용하는 방향도 일정하다는 뜻이다. 일정한 크기의 힘은 물체에 연결된 용수철이나 고무줄의 길이가 일정한 크기만큼 늘어난 상태를 유지함으로써 얻어질 수 있다.

이런 실험을 한 결과를 분석하면, 일정한 힘을 계속하여 받은 물체의 속도는 계속 빨라짐을 알 수 있다. 그러나 얼마나 빠른 비율로 빨라지는가? 매순간의 속도가 알려졌다고 가정할 때, 뉴턴은 그 속도의 변화율인 **가속도**에 관심을 가졌다. 가속도라는 개념을 도입하여 실험 결과를 분석하면 흥미롭게도 속도의 변화율인 가속도가 이 경우 언제나 일정함을 발견하게 된다. 즉, 일정한 힘에 의해 끌리는 물체의 가속도 크기는 일정하다. 이와 같은 사실은 뉴턴이 처음 발견하였으며, 가속도 개념을 이용하여 물체의 운동을 이해하는 데 결정적인 역할을 하였다.

이러한 실험에서 힘 F의 크기를 처음보다 두 배로 하면 어떻게 될까? 힘을 두 배로 하면 가속도 a의 크기도 두 배가 된다. 즉, 가속도의 크기는 힘의 크기에 비례하며, 따라서 결과는 다음과 같이 나타난다.

$$a \propto F \tag{4.1}$$

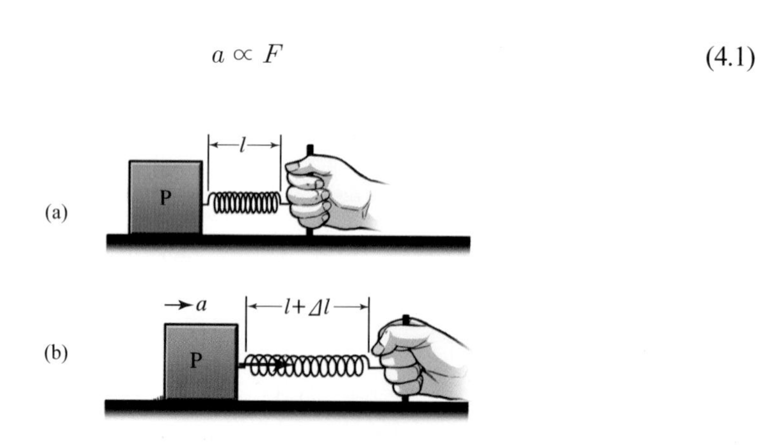

▲ **그림 4.3** | 일정한 길이로 늘인 용수철에 끌리는 물체

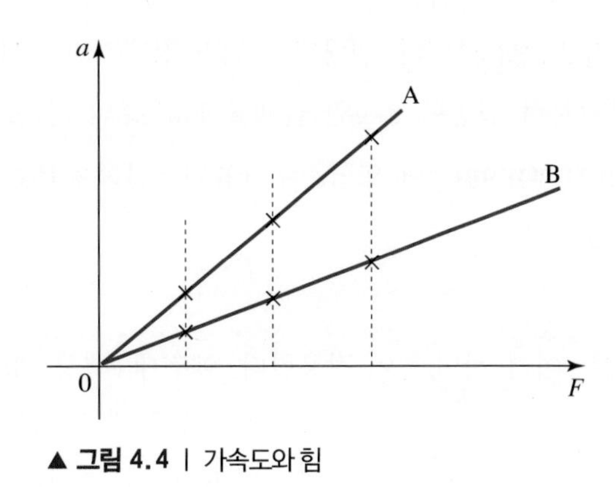

▲ **그림 4.4** | 가속도와 힘

무게가 다른 물체를 이용하여 앞에서와 같은 실험을 해봐도 물체는 역시 어떤 일정한 가속도로 운동한다. 그러나 물체의 무게가 달라지면 같은 크기의 힘이 작용하였더라도 가속도의 크기는 달라진다. 이처럼 같은 힘이 작용하여도 물체마다 다른 가속도로 운동하므로 물체는 그 자신의 어떤 고유한 성질을 지닌다고 볼 수 있다. 그림 4.4는 무게가 다른 두 물체의 가속도와 힘의 관계를 나타낸 것이다.

물체마다의 고유한 성질을 나타내기 위하여, 힘과 가속도의 관계는 다음과 같이 비례상수를 이용하여 나타낼 수 있다.

$$a = \frac{1}{m}F \tag{4.2}$$

여기서 비례상수 $1/m$을 도입하였는데, 이때의 m은 어떤 힘이 작용할 때, 그 힘에 대응하여 물체가 얼마나 잘 가속되지 않는가의 척도, 즉 관성의 척도를 나타내는 양이라 해석할 수 있다. 이렇게 정의된 물체가 지니는 고유한 성질을 그 물체의 **관성질량(inertial mass)** 또는 **질량(mass)**이라 한다. 실험에 의하면 벽돌 2개의 질량은 벽돌 1개의 질량의 두 배이다.

물체의 가속도 방향은 물론 작용하는 힘과 같은 방향이다. 따라서 이 관계는 벡터 표현으로

$$\boldsymbol{a} = \frac{1}{m}\boldsymbol{F} \tag{4.3}$$

와 같이 쓸 수 있다. 이와 같은 질량, 가속도, 힘의 관계를 **뉴턴의 운동 제2법칙**이라 하며, 이 식을 뉴턴의 운동방정식이라 한다. 이 방정식은 물체의 운동을 기술하는 물리학인 역학 분야의 가장 중심이 되는 방정식이라 할 수 있을 정도로 중요한 방정식이다.

—
아인슈타인은 물체의 속력이 빨라짐에 따라 일반적으로 관성의 정도가 점점 더 커짐을 발견하였는데, 이는 물체가 점점 빨라질수록 가속되기가 더 어려움을 뜻한다. 아인슈타인의 상대성이론에 의하면 어떤 물체도 빛의 속력보다 더 빠르게 운동할 수는 없으며, 광속에 가까운 물체의 관성은 거의 무한대의 크기에 이르게 된다. 그러나 위 사실들이 우리 주위의 평범한 운동을 기술하는 데에 큰 문제가 되지는 않으므로 우려하지 않아도 된다.

힘의 단위

힘의 단위를 결정하려면 질량의 단위가 결정되어야 한다. 질량은 물체의 고유한 성질을 나타내는 상수라 할 수 있다. 국제적으로 통일된 **국제단위계(SI; System International)**에서 쓰이

는 질량의 기본 단위는 **킬로그램(kg)**이다. 질량의 단위가 정해지면 그에 따라 힘의 단위도 정해지는데, $F = ma$ 관계로부터 질량이 1 kg인 물체를 $1\,\mathrm{m/s^2}$의 가속도로 속도 변화시킬 수 있는 힘의 크기를 **1뉴턴(N; newton)**이라 한다. 즉, 1뉴턴은 $1\mathrm{N} = 1\mathrm{kg} \cdot \mathrm{m/s^2}$으로 정의한다.

힘의 합성

일반적으로 한 물체에는 여러 개의 힘이 작용한다. 예컨대, 책상 위의 책에는 중력과 수직항력의 두 힘이 작용하고 있다. 그림 4.5와 같이 어떤 물체에 두 힘 $\boldsymbol{F}_1$, $\boldsymbol{F}_2$를 작용시키면 그 물체는 어떻게 운동할 것인가? 2장에서 두 벡터의 덧셈 연산이 어떻게 정의되는지 다루었다. 용수철 저울을 이용하여 간단한 실험을 해보면, 두 힘의 효과는 그 두 힘을 나타내는 벡터를 덧셈 연산할 때 얻는 벡터로 나타내는 하나의 힘이 작용한 것과 같음을 알 수 있다. 즉, 두 힘 $\boldsymbol{F}_1$, $\boldsymbol{F}_2$가 작용한 결과는 힘 $\boldsymbol{F}_1 + \boldsymbol{F}_2$가 작용한 것과 같다. 앞에서 다루었던 벡터의 덧셈 연산은 이와 같이 힘의 합력 등을 나타내는 데 편리하다.

그림 4.5에서 힘 $\boldsymbol{F}_3 = \boldsymbol{F}_1 + \boldsymbol{F}_2$의 관계가 성립하면 세 힘 $\boldsymbol{F}_1$, $\boldsymbol{F}_2$, $\boldsymbol{F}_3$는 평형을 이룬다고 한다.

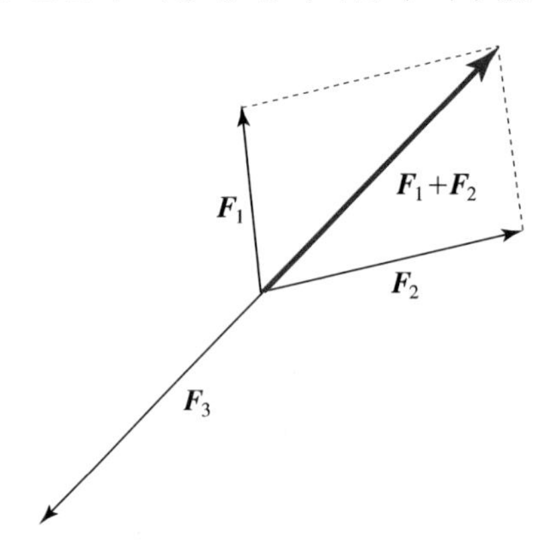

▲ 그림 4.5 | 세 힘의 평형

무게와 중력

모든 물체는 공중에서 놓으면 땅으로 떨어진다. 모든 물체에는 어떤 힘이 작용하기 때문이다. 그 힘은 **중력(gravitational force)** 또는 **만유인력**이라 한다. 중력의 크기가 물체의 질량과 어떤 관계를 갖는지 알아보기 위해, 그림 4.6과 같이 무거운 물체와 가벼운 물체를 떨어뜨리는 실험을 해보자.

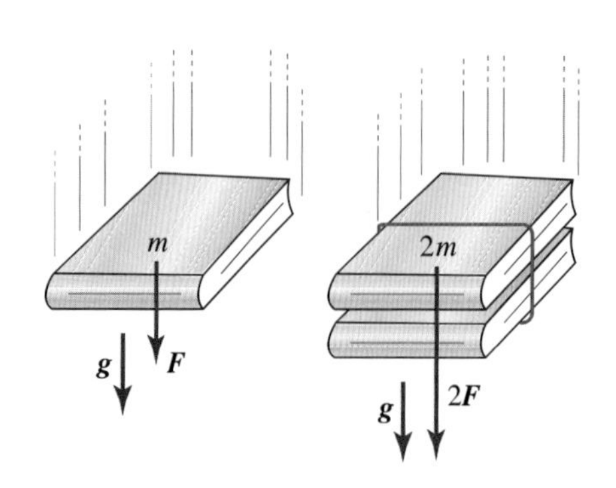

▲ 그림 4.6 | 두 물체의 자유낙하

공기 중에서는 이 경우 무거운 물체가 먼저 떨어진다. 이것은 공기의 저항력이 두 물체의 운동에 미치는 영향이 상대적으로 다르기 때문이다. 그러나 공기의 저항이 없는 진공 속에서 무거운 물체와 가벼운 물체를 동시에 떨어뜨리는 실험을 하면 두 물체는 같은 속도로 떨어지게 된다. 이는 두 물체의 가속도가 같음을 뜻한다. 따라서 질량이 m인 물체에 작용하는 중력을 F라 하고, 질량이 m'인 물체에 작용하는 중력을 F'이라 하면 각각의 가속도는

$$a = \frac{F}{m} = g \tag{4.4}$$

$$a' = \frac{F'}{m'} = g \tag{4.5}$$

로 일정하다. 측정된 가속도 g의 크기는 약 $9.8\ \mathrm{m/s^2}$ 정도이다. 이 실험의 결과로부터 중력 F와 질량 m이 다음과 같은 관계임을 알 수 있다.

$$F \propto m \tag{4.6}$$

즉, 질량이 m인 물체에는 mg의 중력이 작용하며, 중력은 질량에 비례함을 알 수 있다. 이 비례관계는 실험 결과 매우 정확한 관계로 알려져 있다. 즉, 우리가 측정할 수 있는 실험의 오차 한도 내에서 중력의 크기는 관성질량의 크기와 정확히 비례한다. 어떤 물체에 작용하는 중력은 흔히 그 물체의 **무게(weight)**라 한다.

관성질량과 중력질량

중력이 질량과 정확하게 비례한다는 사실에서 우리는 물체의 질량을 편리하게 측정하는 방법이 있음을 유추할 수 있다. 앞에서 다룬 바와 같이 관성의 척도를 나타낸 관성질량을 질량의 정의로 하는 경우, 우리는 마찰이 없는 평면 위에 질량을 측정하려는 물체와 킬로그램 원기에 각각 같은 크기의 힘을 가한 다음 두 물체의 가속도를 측정하여 그 비율로부터 질량을 측정해야만 했다. 이와 같이 질량을 측정하기 위하여 매번 물체를 가속시키는 실험을 해야 한다면 매우 번거로울 것이다. 그러나 물체의 무게가 그 질량과 정확하게 비례한다는 사실을 이용하면 훨씬 더 쉽게 물체의 질량을 측정할 수 있다. 그 쉬운 방법이란 양팔저울로 물체의 무게를 비교하여 질량을 측정하는 방법이다. 이런 방법을 이용하여 측정된 질량의 크기를 **중력질량(gravitational mass)**이라 한다. 관성질량과 중력질량은 정확히 같으므로, 따라서 어떤 의미로 정의되었거나 상관없이 모두 질량이라 한다.

질문 4.1

뉴턴의 운동 제1법칙인 관성의 법칙은 흔히 운동 제2법칙의 특수한 경우로 해석된다. 그 이유를 설명하여라.

질문 4.2
물체의 운동 방향과 물체에 작용하는 힘의 방향에는 상관관계가 있다고 할 수 있는가?

4-3 근원적 특성에 따른 힘의 분류

물체끼리 작용하는 힘에는 여러 가지 형태가 있다. 앞에서 이미 다룬 중력 이외에도, 전기를 띤 입자끼리 작용하는 전기력, 자석끼리 작용하는 자기력 등이 바로 그 예이다. 또 물과 같은 유체에 잠긴 물체에는 **부력(buoyant force)**이라는 떠올리는 힘이 작용하며, 어떤 표면에 놓인 물체에는 바닥면을 밀어올리는 **수직항력**이라는 힘이 작용한다. 또 그림 4.7과 같이 줄에 매달린 물체에는 줄을 매개로 하는 힘이 작용하며, 이때 줄의 각 부분에 작용하는 힘을 **장력(tension)**이라 한다. 줄의 어떤 부분에 작용하는 장력의 크기는 그 위치의 줄을 잘라내고 질량이 무시되는 용수철을 그 자리에 연결시켰을 때 용수철을 통해 측정되는 힘이라 생각하면 편리하다.

이처럼 힘의 형태는 다양하지만 이 힘들이 근본적으로 다른 성격을 지닌 것은 아니다. 우리 주위에서는 많은 종류의 힘들을 경험할 수 있지만, 잘 살펴보면 모두가 중력이나 전기력임을 알 수 있다. 우리가 잘 알고 있듯이 모든 물체에는 지구가 당기는 힘인 중력이 작용한다. 중력 이외에 우리가 경험하는 힘들인 마찰력, 부력, 장력, 수직항력 등 여러 힘들의 근원은 전기력이다. 물질은 원자들로 이루어져 있는데, 원자는 전기를 띤 입자로 구성되어 있어 두 물체가 접촉하면 원자끼리 서로 밀거나 당기는 힘들이 작용하기 때문이다. 끈이 끊어지지 않도록 끈을 이루는 원자들끼리 서로 당길 수 있는 것은 화학적 결합을 이루고 있기 때문이다.

원자는 원자핵과 전자로 이루어져 있는데, 원자핵에는 많은 양성자라 하는 양전기를 띤 입

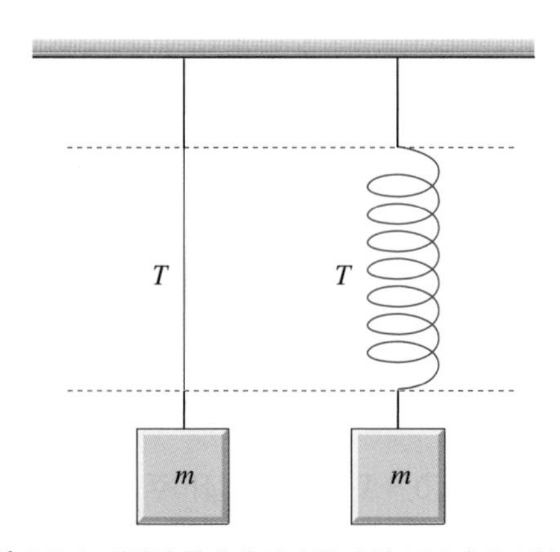

▲ **그림 4.7** | 매달린 물체에 달린 줄의 한 부분이 용수철인 그림

자가 많이 뭉쳐져 있다. 원자핵은 매우 작아서 이들 양성자가 서로 밀어내는 전기력 크기가 매우 크므로 핵이 존재하려면 양성자들이 서로 끌어당기는 힘이 필요하다. 그 힘은 핵 속에서와 같이 짧은 거리에서만 작용하는 매우 강한 힘으로서, 이를 **핵력**이라 한다. 또한 핵의 베타 붕괴를 설명하기 위해서는 **약력**이라 하는 다른 힘도 필요하다고 알려져 있다. 그러나 핵력이나 약력은 핵 속에서만 나타나는 힘이므로 중력이나 전기력과는 달리 우리 생활에는 직접 영향을 주지 않는다.

그러므로 **우주에서 모든 힘은 중력, 전자기력, 핵력과 약력이라 하는 네 가지 힘으로 분류**될 수 있다. 물론 4라는 숫자가 어떤 특별한 의미를 가진 것은 아니며, 이미 알려진 것과는 그 특성이 다른 제5의 힘이 있을 수도 있다.

이 네 가지의 힘도 근원적으로는 한 가지 힘이 여러 가지 형태로 나타나는 것일 뿐이며, 따라서 모든 상호작용은 근원적으로는 하나로 귀결될 수 있다고 현대의 물리학자들은 보고 있다. 예컨대 전기력과 자기력은 전혀 다른 힘처럼 보이지만 근본적으로는 같은 종류의 힘으로 밝혀졌다. 최근 이론에 의하면 약력은 근원적으로는 전자기력과 같은 힘임이 증명되었다.

4-4 뉴턴의 운동 제3법칙: 작용·반작용의 법칙

지금까지 힘을 받고 있는 물체의 운동에 관해서만 생각하여 왔다. 그러나 그 힘을 누가 어떻게 작용하였는가의 문제는 생각해보지 않았다. 그림 4.8(a)에서와 같이 스케이트를 신은 두 사람이 서로 손을 맞대고 있다가 밀면 여자뿐 아니라 남자도 뒤로 밀려간다. 마찬가지로 그림 4.8(b)와 같이 배에 탄 두 사람이 밧줄로 연결된 다른 배를 끌어당기는 경우, 다른 배는 물론 끌려오지만 그 사람이 탄 배도 끌려가게 마련이다. 이것은 어떤 물체에 힘을 작용시키는 경우, 그 힘을 작용시키는 사람 또는 물체에게도 마찬가지로 힘이 작용함을 뜻한다. 이와 같이 어떤 물체에 힘을 작용시키면, 그 힘을 작용시키는 물체도 반드시 힘을 받게 되는데, 이런 힘을

(a) (b)

▲ **그림 4.8** | 두 스케이터와 두 배

반작용력 또는 **반작용**이라 한다. 반작용력은 작용력과 언제나 그 크기가 같고 방향이 반대임을 실험으로 확인할 수 있다.

예컨대 상호작용하는 두 물체 A와 B 사이에 작용하는 힘을 생각해보자. 이 경우 물체 A가 B에 작용하는 힘을 $\boldsymbol{F}$, 물체 B가 A에 작용하는 힘을 $\boldsymbol{F}'$이라고 하면 다음 관계가 성립한다.

$$\boldsymbol{F}' = -\boldsymbol{F} \tag{4.7}$$

이를 **뉴턴의 운동 제3법칙** 또는 **작용·반작용의 법칙**이라 한다. 한 물체에 힘이 작용할 때 그 힘에 대한 반작용은 반드시 힘을 가하고 있는 상대방 물체에 작용한다. 단, 작용력과 반작용력이 한 물체에 함께 가해지지는 않음을 유의해야 한다. 즉, **힘은 언제나 2개의 개체 사이에서 작용하며, 한 물체가 자기 자신에게 힘을 작용시키지는 않는다.** 작용·반작용 법칙은 두 물체가 서로 접촉해 있건 아니건, 또는 두 물체가 운동 중이건 아니건 항상 성립하는 법칙이다.

우리 주위에 있는 물체에 작용하는 힘들에는 흔히 크기가 같고 방향이 반대인 힘의 짝이 존재한다. 예를 들어 그림 4.9와 같이 책상 위에 놓인 책의 경우를 생각해보자. 이 책이 책상 위에 놓여 있을 수 있는 이유는 책에 작용하는 힘의 합력이 0이기 때문이다. 책상 위에 놓인 책에는 물론 중력이 작용한다. 그러나 그 외에도 책상의 표면이 책의 아랫면을 수직으로 밀어 올리는 힘인 수직항력도 작용한다. 수직항력을 책상 면과 책이 수많은 작은 용수철을 통하여 서로 밀고 있다고 생각하면 이해하기 편리하다. 즉, 우리 눈에는 보이지 않지만, 책과 책상 사이에는 많은 용수철이 약간 압축된 상태로 두 물체를 밀어내고 있다고 볼 수 있다.

이 경우 책은 가속되지 않으므로 중력과 수직항력의 크기는 같으며 또한 그 방향도 반대이다. 따라서 얼핏 보기에 중력에 대한 반작용력은 수직항력인 것처럼 보인다. 그러나 이 경우 중력과 수직항력은 모두 책이라는 한 물체에 작용하는 힘들이다. 따라서 이 힘들은 서로 작용과 반작용의 짝이 될 수 없다.

이 사실을 잘 이해하기 위해 공중에서 놓아 책상 위로 떨어지고 있는 책을 생각해보자. 떨어지고 있는 책에는 중력만 작용하고 있다. 이 경우 중력에 대한 반작용력은 무엇인가? 물론 중력은 지구가 책을 당기는 힘이므로 그 답은 책이 지구를 당기는 힘이다. 그렇다면 책이 책상 위에 놓인 상태에서는 중력에 대한 반작용력이 달라졌다는 말인가? 물론 그렇지는 않다.

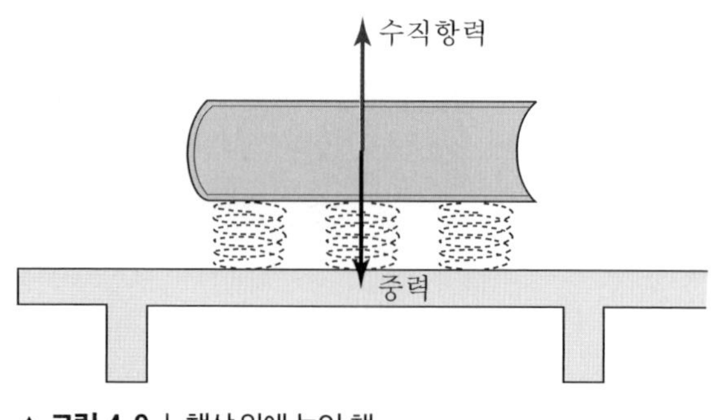

▲ **그림 4.9** | 책상 위에 놓인 책

책에 작용하는 중력에 대한 반작용은 어느 경우에나 책이 지구를 당기는 힘이다. 그렇다면 수직항력에 대한 반작용력은 무엇인가? 수직항력이란 책상 면이 책의 바닥면을 밀어 올리는 힘이므로 그 반작용력은 책의 바닥면이 책상 면을 밀어내리는 힘이다. 이 예에서 보듯이 어떤 물체에 작용하는 여러 힘 중 어떤 두 힘의 크기가 같고 방향이 반대일 때, 그 두 힘이 반드시 작용과 반작용력은 아님을 유의해야 한다.

질문 4.3

어떤 궤변론자가 "말이 마차를 끌면 마차도 마찬가지로 말을 같은 크기의 힘으로 끌므로 말은 절대로 마차를 끌 수 없다."라고 주장하였다. 이 궤변론자의 주장은 왜 잘못되었는가?

한 물체가 다른 물체에 힘을 가하면 언제나 그에 대한 반작용력이 있으므로 우리 주위의 모든 예는 작용·반작용의 예가 된다. 예컨대 우리가 걷기 위해서는 발바닥이 지면을 밀 수 있어야만 한다. 즉, 마찰력이 없으면 걸을 수가 없다. 마찰력이 충분히 커지면 땅을 밀 수 있으며 지면도 또한 우리 몸을 밀 수 있는데, 우리가 걸을 수 있는 이유는 이런 반작용력 때문이다. 또한 총이나 대포가 발사되는 모습을 보면, 강한 반발력으로 총신이나 포신이 뒤로 밀리는 것을 볼 수 있다. 이것은 총알이나 포탄에 작용하는 힘에 대한 반작용 때문이다. 그림 4.10과 같은 로켓의 추진도 분사체를 밀어내는 힘만큼 분사체도 로켓을 미는 반작용을 이용한 것이다.

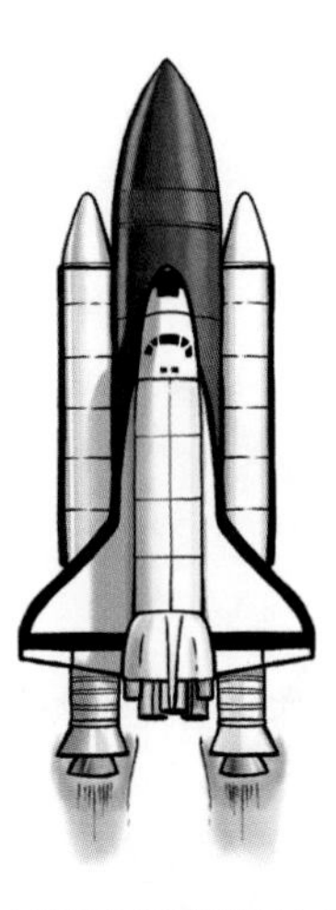

▲ **그림 4.10** | 미국의 우주왕복선 스페이스 셔틀

질문 4.4

질량이 무시되는 줄에 연결되어 천장에 매달린 물체에 작용하는 힘들과 그 힘들에 대응되는 반작용력은 무엇인지 설명하여라.

4-5 마찰력의 특성

앞에서도 다룬 바와 같이 마찰력은 우리 주위의 모든 운동에서 나타난다. 바로 이 점 때문에 마찰력이 있다는 사실을 깨닫는 데 그토록 오랜 역사가 필요했던 것이다. 이것은 공기가 늘 우리 주위에 있기 때문에 공기의 존재를 쉽게 깨닫지 못하는 것과 같다.

마찰력은 상호작용하는 대상이 고체, 액체, 기체의 어느 상태에 있든 상관없이 항상 존재한다. 예컨대 공기 중에서 떨어지는 빗방울은 공기와의 마찰력 때문에 어느 정도의 속력에 이르면 일정한 속력으로 떨어진다. 어떤 경우 우리는 마찰력의 크기를 크게 만들기를 원하기도 하고 또 어떤 경우는 작게 만들고 싶어한다. 예컨대 너무 미끄러운 빙판 길이면 모래를 뿌려 덜 미끄럽게 만들기도 하며, 자동차 엔진의 모터에 윤활유를 사용하여 피스톤 마찰에 의한 에너지 손실을 줄이려고도 한다.

고체 상태인 물체들 간의 마찰력은 보통 정지마찰력, 운동마찰력(미끄럼 마찰력), 구름 마찰력의 세 종류로 분류한다. **정지마찰력**은 접촉해 있는 두 물체가 서로 상대적으로 움직이지 않는 상태에서 작용하는 마찰력을 뜻한다. **미끄럼 마찰력** 또는 **운동마찰력**은 두 물체가 서로 운동하는 상태에서 접촉면 간에 작용하는 마찰력이다. **구름 마찰력**은 표면이 미끄러지지 않고 구를 때 작용하는 마찰력을 뜻한다.

실험에 의하면, 마찰력은 두 물체의 접촉면 간의 상태에 따라 달라진다. 그러나 흥미로운 점은 두 물체 간 접촉 면적의 크기는 마찰력과 거의 무관하다는 점이다. 예컨대, 직육면체 모양의 나무토막을 끌 때 나타나는 마찰력의 크기는 나무토막을 눕힌 채로 끌 때나, 세운 채로 끌 때나 모두 같다. 또 하나의 흥미로운 특성으로, 마찰력의 크기는 접촉면 간에 작용하는 수직항력의 크기에만 의존한다는 점이 있다. 즉, 마찰력의 크기는 수직항력의 크기에 비례한다. 위 특성이 어떤 이유에서 기인하는지 다음 질문을 통해 생각해보자.

질문 4.5

물체 간의 접촉은 미시적으로 보면 분자 간의 접촉이라 볼 수 있다. 즉 책상 위에 놓여 있는 책은 책과 책상을 이루는 많은 분자들끼리 서로 밀어내는 힘을 작용하기 때문에 그 상태를 유지하는 것이다. 서로 접촉하여 밀어내는 힘을 작용하는 분자의 쌍 개수는 거시적 접촉 면적과 어떤 관계를 가질 것이라고 생각하는가? 또 그 쌍의 숫자는 수직항력의 크기와 어떤 관계를 가질 것이라고 생각하는가?

❙ 정지마찰력과 운동마찰력

그림 4.11에서와 같이 책상 위에 놓인 책을 밀면 어느 정도의 힘이 작용될 때까지는 밀리지 않는다. 이와 같이 서로 운동하지 않는 상태에서 작용하는 두 물체 간의 마찰력을 정지마찰력

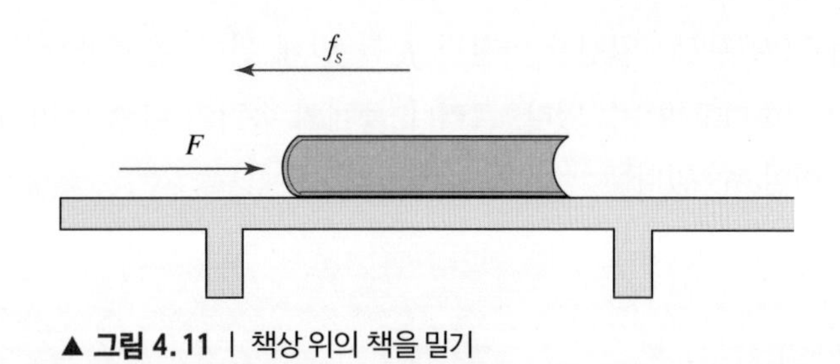

▲ **그림 4.11** | 책상 위의 책을 밀기

이라 한다. 책에 작용하는 수직항력의 크기를 N이라 할 때, 책에 작용하는 정지마찰력의 크기 f_s는 다음과 같이 나타낼 수 있다.

$$f_s \leq \mu_s N \tag{4.8}$$

여기서, μ_s는 **정지마찰계수**라고 한다.

이때 책을 미는 힘이 약하면 정지마찰력의 크기도 약하지만, 미는 힘이 커질수록 정지마찰력의 크기도 커진다. 미는 힘이 커져서 $\mu_s N$보다도 더 커지면 책은 밀리기 시작한다. 따라서 정지마찰력의 최대 크기는 $\mu_s N$이며, 이를 **최대 정지마찰력**이라 한다.

운동 중인 물체에 작용하는 마찰력을 운동마찰력이라 하며 운동마찰력의 크기 f_k는

$$f_k = \mu_k N \tag{4.9}$$

으로 쓸 수 있다. 여기에서 μ_k는 운동마찰계수 또는 미끄럼 마찰계수라 한다. 일단 책이 움직이기 시작하면, 운동 중 마찰력의 크기는 최대 정지마찰력보다 더 작아진다. 즉, 일반적으로 $\mu_k \leq \mu_s$이다. 따라서 물체에 작용된 힘의 크기와 마찰력의 관계는 그림 4.12의 그래프와 같이 나타낼 수 있다.

정지마찰력은 외부로부터의 힘, 즉 외력이 물체에 작용하는 경우에만 나타나는 점에 유의해야 한다. 외력이 작용하면 그 외력이 최대 정지마찰력의 크기를 넘지 않는 한 정지마찰력은 그 반대 방향으로 외력과 같은 크기로 작용한다. 외력이 정지마찰력보다 더 커지면 물체는

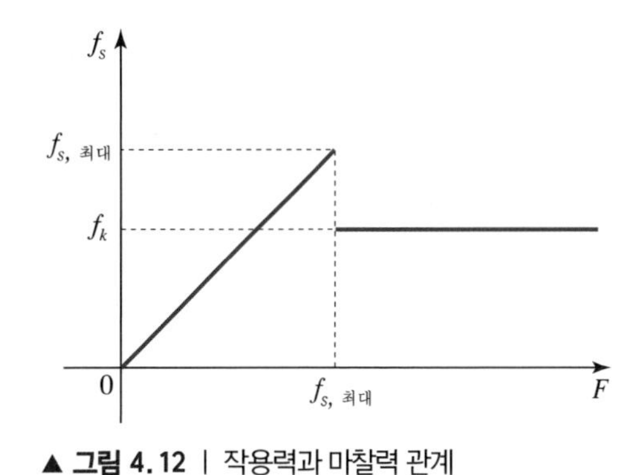

▲ **그림 4.12** | 작용력과 마찰력 관계

움직이기 시작하며 그때부터는 일정한 마찰력 f_k를 받게 된다. 운동마찰력의 크기는 물체의 속도와 무관하게 일정하다고 할 수 있다. 그러나 물체의 속력이 아주 빨라지면 운동마찰계수의 크기도 약간은 변할 수 있다.

질문 4.6

마찰계수는 1보다 클 수 있는가?

4-6 뉴턴의 운동법칙의 응용

뉴턴의 운동법칙은 아주 간단해 보이지만, 그것을 실제 문제에 적용하는 것은 쉽지 않다. 그러므로 실제 문제에 뉴턴의 운동법칙을 적용할 때는 편의를 위해 다음 세 가지 단계를 거치는 것이 좋다.

단계 1 **그 계에 고려해야 할 개체들에 무엇이 있는지 파악한다.**

이 경우 고려해야 할 개체란 질량을 가진 물체이므로, 질량을 가진 모든 물체는 고려해야 할 개체가 된다.

단계 2 **각각의 개체에 작용하는 힘들을 파악한다.**

일반적으로 이 단계가 가장 어렵다. 그러나 대부분의 경우 중력, 접촉면 간의 수직항력, 끈에 의해 전달되는 장력, 부력 등이므로 이 중에 어떤 힘들이 작용하는지 판단하면 된다.

단계 3 **각각의 개체에 독립적인 운동방정식을 적용한다.**

이러한 과정을 실제 문제에 적용하는 예를 몇 가지 살펴보자.

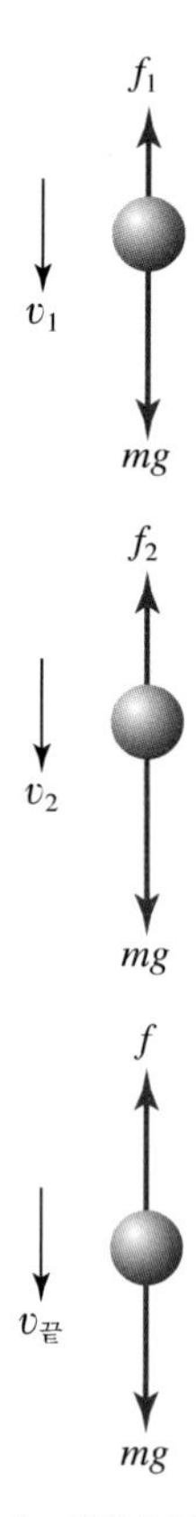

▲ **그림 4.13** | 자유낙하하는 물체와 힘

예제 4.1 끝속도

공중에서 떨어지는 모든 물체는 공기의 저항이 없으면 일정한 가속도로 떨어진다. 그러나 실제로는 공기의 저항 때문에 어느 정도의 속도에 이르면 더 이상 속도가 증가하지 않고 일정한 속도로 떨어지게 된다. 이 속도를 물체의 끝속도 또는 종단속도(terminal velocity)라 한다. 공기에 의한 마찰력은 물체의 속력에 비례한다고 한다. 어떤 물체의 질량을 m, 그 물체와 공기의 운동마찰계수를 b라 할 때, 그 물체의 종단속력을 구하여라.

| 풀이

떨어지는 물체에 작용하는 힘은 중력과 공기의 마찰력 둘뿐이다. 마찰력은 속력에 비례한다고 가정하였으므로, 마찰력의 크기 f는 다음과 같이 쓸 수 있다.

$$f = bv$$

여기에서 b는 어떤 상수이다. 따라서 떨어지는 방향을 (+)방향으로 정하면, 마찰력은 (-)방향으로 작용하므로 운동방정식은 다음과 같다.

$$ma = mg - f = mg - bv$$

종단속도에 이르면 물체는 일정한 속도로 떨어지며, 따라서 가속도는 0이 된다. 그러므로 그 상태의 속력인 끝속력은 다음과 같다.

$$v_{끝} = \frac{mg}{b}$$

이 결과는 마찰력이 속력에 비례한다고 가정하는 경우 끝속력이 질량에 비례함을 보여주고 있다. 공기의 마찰력은 실제로 속력에 거의 비례한다고 알려져 있다. 따라서 무거운 물체일수록 그 끝속력이 빨라지며, 우박이나 굵은 빗방울은 가벼운 빗방울보다 더 빨리 떨어진다. 또 개미나 쥐같이 가벼운 동물이 높은 곳에서 떨어져도 크게 다치지 않는 이유는 바로 이 때문이다.

예제 4.2 도르래 문제

그림과 같은 도르래에 걸린 줄의 양 끝에 질량이 각각 m_1, m_2인 두 물체가 매달려 있다. 두 물체는 줄에 의해 연결되어 있으므로 한 덩어리가 되어 운동한다. 이때, 물체의 가속도는 얼마인가? 또 줄의 장력은 얼마인가? (단, 도르래와 줄의 질량은 무시한다.)

| 풀이

이 경우 도르래나 줄의 질량은 무시하므로 양 끝에 달린 두 물체만 고려해야 할 개체들이다. 각 물체에는 물론 중력이 작용하고 있고, 또한 줄에 의해 전달되는 장력도 작용한다. 따라서 각 물체에는 중력과 장력의 두 힘이 서로 반대 방향으로 작용한다. 이 경우 두 물체는 서로 반대 방향으로 운동하게 되지만, 줄을 따라 한쪽을 향하는 방향을 (+)방향으로 정하면 한 방향으로 운동하는 것으로 취급할 수 있어 편리해진다. 또 두 물체는 한 줄에 묶여 있으므로 두 물체의 가속도는 같다. 이제 장력의 크기를 T, 가속도의 크기를 a라 하고 (+)방향을 그림에서와 같이 정하고 각각의 개체에 운동방정식을 적용하면,

$$m_1 a = T - m_1 g$$
$$m_2 a = m_2 g - T$$

라고 쓸 수 있다. 따라서 이 관계로부터 다음 결과를 얻게 된다.

$$a = \frac{m_2 - m_1}{m_2 + m_1} g$$

$$T = \frac{2m_1 m_2}{m_2 + m_1} g$$

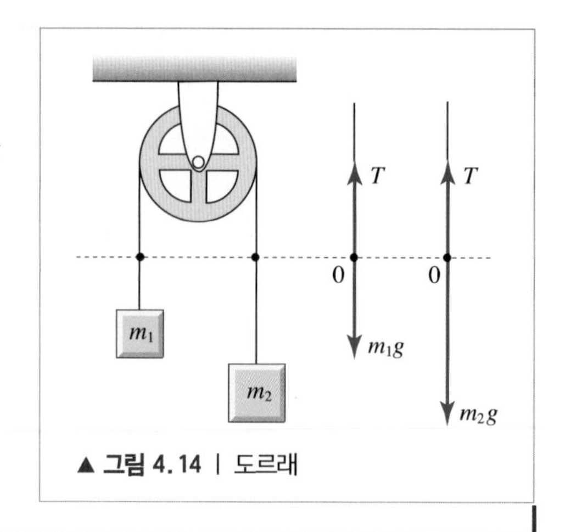

▲ **그림 4.14** | 도르래

예제 4.3 경사면에서의 운동

그림과 같은 경사면 각도가 θ인 비탈면에 질량이 m인 물체가 줄에 묶여 정지해 있다. 줄의 장력은 얼마인가? 또 경사면이 물체를 밀어내는 수직항력의 크기는 얼마인가?

| 풀이

이 경우 고려해야 할 개체는 물론 물체 하나뿐이다. 또 이 물체에 작용하는 힘에는 중력과 경사면이 밀어내는 수직항력, 그리고 장력이 있다. 이 힘들은 한 직선 위에서 작용하고 있지 않다. 그러므로 이 문제를 풀기 위해서는 평면 좌표를 설정할 필요가 있다. 좌표축을 그림에서와 같이 취하면, 중력만을 두 좌표축의 성분으로 분리하면 된다. 따라서 각 방향으로의 운동방정식을 쓰면,

$$m a_x = T - mg \sin\theta$$
$$m a_y = N - mg \cos\theta$$

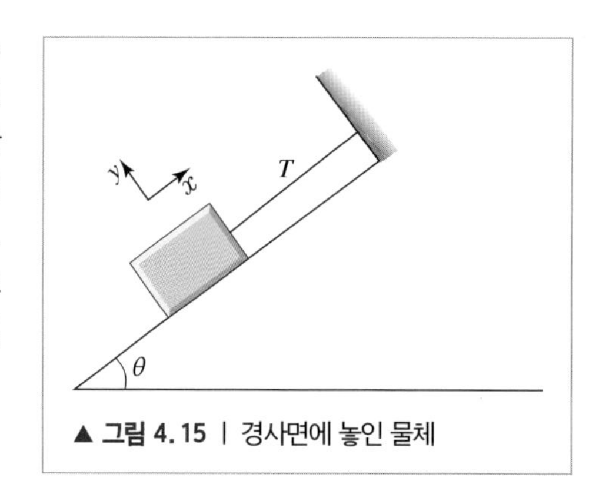

▲ **그림 4.15** | 경사면에 놓인 물체

가 된다. 정지해 있는 상태의 가속도는 각각 0이므로 이 관계로부터 장력과 수직항력의 크기를 알 수 있다. 이 계의 상태에서 줄을 끊으면 물체는 어떤 가속도로 미끄러지겠는가? 마찰력을 고려하지 않는다면 장력 $T = 0$ 조건이 되므로 가속도는

$$a_x = -g \sin\theta$$

가 되며, 여기에서 (-)부호는 물론 좌표계 x축의 (+)방향과 반대 방향으로 가속됨을 뜻한다.

자유낙하하는 물체의 속도는 매우 빨리 변화하므로, 그 자료를 측정하여 중력가속도 크기를 측정하기는 쉽지 않다. 그러나 경사면에서 미끄러져 내리는 물체의 가속도는 앞에서 본 바와 같이 작아지므로, 즉 속도는 천천히 변하므로 자료를 측정하기가 훨씬 쉽다. 갈릴레오 또한 경사면에서 미끄러져 내리는 물체의 자료를 이용하여 중력가속도의 크기를 측정했던 것으로 알려져 있다.

예제 4.4 달리는 자동차의 정지거리

고속도로를 달리는 자동차가 급제동하여 얼마 후 완전히 정지하였다. 브레이크를 밟은 순간부터 자동차는 타이어와 노면 간의 마찰력만 받으며 그 마찰계수는 μ_k로 일정하다고 하자. 브레이크를 밟는 순간 자동차 속력이 v_0라 할 때, 그 순간부터 완전히 정지할 때까지 자동차가 진행한 거리는 얼마인가?

| 풀이

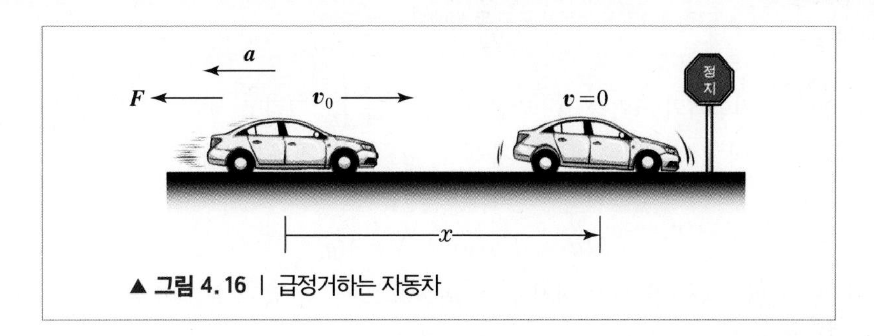

▲ **그림 4.16** | 급정거하는 자동차

브레이크를 밟은 후 자동차에 작용하는 모든 힘을 생각해보면, 중력, 수직항력, 그리고 마찰력이 있음을 알 수 있다. 자동차 진행 방향을 x축으로 정하면, 연직 방향인 y축으로의 운동은 없으므로 수직항력 N과 중력 mg는 $N = mg$인 관계가 있다. 따라서 마찰력의 크기는 $\mu_k N = \mu_k mg$가 되며 x축 운동은

$$ma_x = -\mu_k mg$$

로 쓸 수 있다. 즉, 가속도 $a_x = -\mu_k g$이다. 따라서 $v^2 - v_0^2 = 2ax$인 관계로부터 $v = 0$이 될 때까지의 이동거리 x는

$$x = \frac{v_0^2}{2\mu_k g}$$

가 된다. 이 결과는 자동차의 속력이 2배 더 빨라지게 되면 정지거리는 4배가 더 필요하다는 것을 보여준다. 물론 여러 다른 요인 때문에 정지거리가 정확하게 초속력의 제곱에 비례하지는 않으나, 이 결과는 거의 실제 경우에 가깝다.

예제 4.5 여동생을 태운 썰매를 끄는 오빠

그림과 같이 지면과 θ의 각으로 일정한 속도로 썰매를 끌고 있다. 썰매의 질량은 M이며 썰매와 바닥면과의 운동마찰계수는 μ_k이다. 오빠는 얼마의 힘으로 썰매를 끌고 있는가?

| 풀이

먼저 썰매에 작용하고 있는 힘에는 어떤 것들이 있는지 알아보자. 썰매에는 중력, 수직항력, 마찰력, 그리고 사람이 끄는 힘이 작용한다. 중력의 크기는 물론 Mg이다. 그러나 현재로는 그 외에는 아무

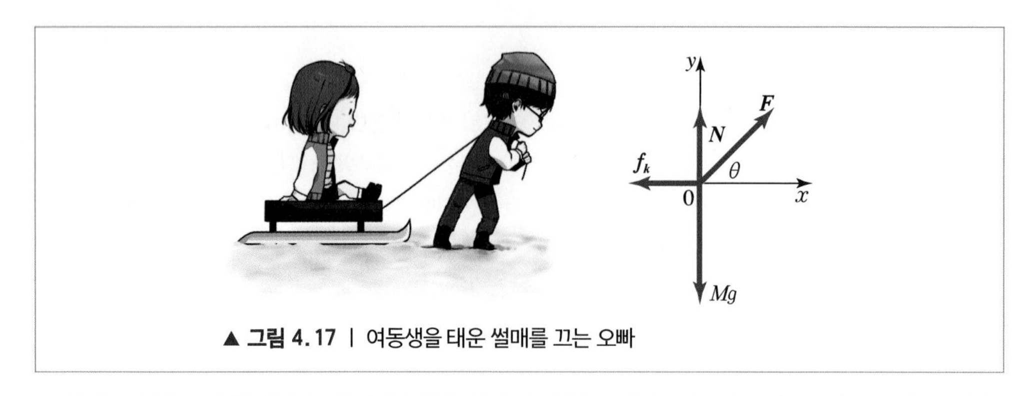

▲ 그림 4.17 | 여동생을 태운 썰매를 끄는 오빠

것도 알 수 없다. 수직항력의 크기를 N, 마찰력의 크기를 f_k, 그리고 사람이 끄는 힘의 크기를 F라 하자. 그림에서와 같이 수평과 수직방향을 각각 x, y축으로 정하고 운동방정식을 쓰면,

$$Ma_x = F\cos\theta - f_k$$

$$Ma_y = F\sin\theta + N - Mg$$

가 된다. 여기에서 마찰력 크기 f_k는 다시 $f_k = \mu_k N$으로 쓸 수 있다. 또 일정한 속도의 가정에서 가속도 성분은 모두 0이다. 따라서 힘 F는 다음과 같다.

$$F = \mu_k Mg/(\cos\theta + \mu_k \sin\theta)$$

또 이로부터 수직항력의 크기도 구할 수 있다.

예제 4.6 끈으로 연결된 여러 개의 물체

그림과 같이 질량이 각각 m_1, m_2, m_3인 3개의 화물차량으로 이루어진 장난감 기차를 어린이가 힘 F로 끌고 있다. 이 기차의 가속도는 얼마인가? 또 질량이 m_1인 화물차량에 작용하는 힘의 크기는 얼마인가?

| 풀이

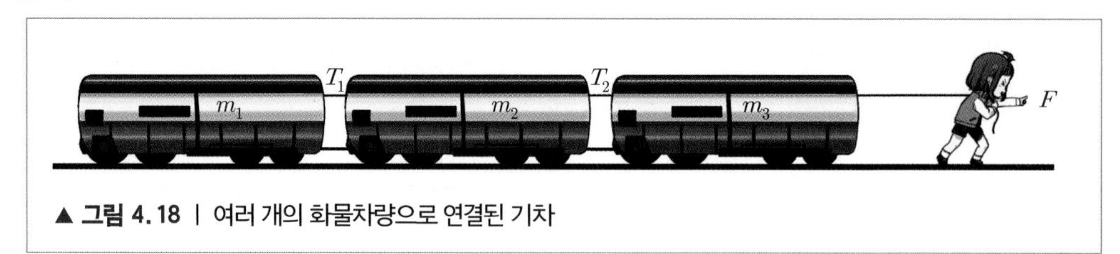

▲ 그림 4.18 | 여러 개의 화물차량으로 연결된 기차

이 계는 3개의 개체로 이루어져 있다. 화물차량 간에 작용하는 힘을 그림에서와 같이 T_1, T_2라 하자. 각각의 개체는 같은 가속도로 운동하므로, 기차의 진행 방향을 (+)방향으로 정하면 운동방정식은

$$m_3 a = F - T_2$$

$$m_2 a = T_2 - T_1$$

$$m_1 a = T_1$$

으로 쓸 수 있다. 따라서 기차의 가속도는 당연하지만

$$a = \frac{F}{m_1 + m_2 + m_3}$$

가 된다. 즉, 총 질량이 $m_1 + m_2 + m_3$인 기차가 힘 F에 의해 가속되는 결과이다. 또 이 관계로부터 질량이 m_1인 차량에 작용하는 힘 T_1도 쉽게 알 수 있다. 또 이 관계들로부터 알 수 있듯이 가속되는 동안 가장 강한 힘을 받는 연결 부위는 기관차에 연결된 힘 F를 받는 부분이며, 가장 뒤의 화물차량을 연결하는 부분이 가장 약한 힘을 받는다.

예제 4.7 엘리베이터 내의 무게

질량이 m인 사람이 엘리베이터 내에 서 있다. 그 사람이 타고 있는 엘리베이터가 중력가속도의 $1/2$ 크기로 내려오고 있다면, 엘리베이터 내에서 측정하는 그 사람의 무게는 얼마가 되겠는가?

| 풀이

위로 향하는 방향을 (+)라 하자. 그 사람에 작용하는 힘은 두 가지로, 중력 mg와 엘리베이터의 바닥면이 들어올리는 수직항력 N이다. 따라서 그 사람의 가속도를 a라 쓰면 운동방정식은 다음과 같다.

$$ma = +N - mg$$

그 가속도는 $a = -(1/2)g$이므로, 따라서 수직항력은 $+(1/2)mg$가 된다. 즉, 그 사람이 엘리베이터 내의 체중기에 올라선다면 그 눈금은 평소 체중의 $1/2$만을 나타낼 것이다. 또, 엘리베이터의 줄이 끊어져서 자유낙하하고 있다면 가속도는 $-g$가 되므로 수직항력은 없다. 이 경우 그 사람은 무중력 상태에 있다고 말한다. 뒤에서 알게 되겠지만, 인공위성의 운동은 수평방향으로 적절한 속력으로 던져진 물체의 자유낙하 운동과 같다. 따라서 인공위성 내에 있는 사람은 무중력 상태에 있게 된다.

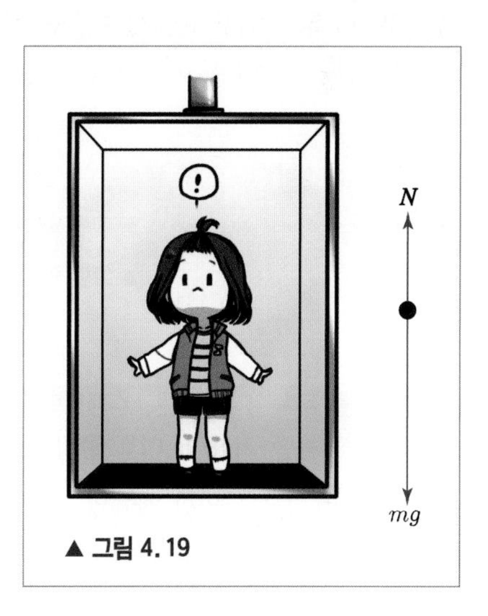

▲ 그림 4.19

질문 4.7

무중력 상태를 잠깐 동안 만드는 방법에는 어떤 것들이 있는가?

연습문제

4-1 뉴턴의 운동 제1법칙: 관성의 법칙

1. 뉴턴의 운동 제1법칙에 따르면, 움직이는 물체는 그 속도를 일정하게 유지하려고 한다. 그러나 우리 주위에서는 대부분 움직이는 물체가 서서히 멈추어 서게 되는데, 그 이유는 무엇인지 설명하여라.

4-2 뉴턴의 운동 제2법칙: 힘과 가속도

2. 100 N의 힘을 1.00 kg과 1.00 g에 각각 가했을 때, 각 물체의 가속도는 얼마인가?

3. 마찰이 없는 마루 위에 놓여 있는 토막에 두 힘이 수평방향으로 작용한다. 현재 물체가 오른쪽으로 5 m/s로 운동하고 있을 때 등속운동을 하기 위한 세 번째 힘의 크기와 방향은 얼마인가?

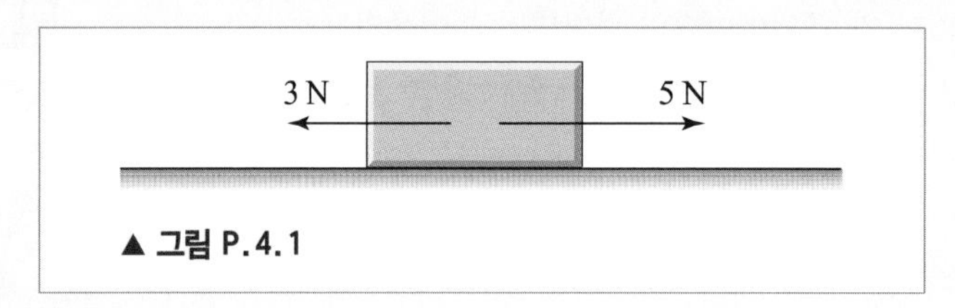

▲ 그림 P.4.1

4. 마찰을 무시할 수 있는 수평트랙 위에 정지해 있던 2.00 kg 물체에 50.0 N의 힘을 수평방향으로 3.00초 동안 가했다. 이후 물체는 직선운동을 한다. 다음을 구하여라.

(가) 이 힘으로 인한 물체의 가속도

(나) 초기 3.00초간 속력 - 시간, 이동거리 - 시간의 관계식

(다) 이후 직선운동을 할 때 가속도와 속력

5. 화물이 실린 어떤 비행기의 무게는 2.75×10^6 N이다. 이 비행기의 엔진 추진력이 6.35×10^6 N이라면 최저 이륙속력인 285 km/h에 도달하기 위해 필요한 활주로의 길이는 최소 얼마인가?

6. 질량이 3 kg인 물체에 총 4가지 힘이 작용할 때 물체의 가속도가 $\boldsymbol{a} = 5\boldsymbol{i} + 3\boldsymbol{j} - 4\boldsymbol{k}\ \mathrm{m/s^2}$로 표현된다. $\boldsymbol{F}_1 = 25\boldsymbol{i} - 12\boldsymbol{j} + 5\boldsymbol{k}\ \mathrm{N}$, $\boldsymbol{F}_2 = 10\boldsymbol{i} + 8\boldsymbol{j} - 9\boldsymbol{k}\ \mathrm{N}$, $\boldsymbol{F}_3 = -8\boldsymbol{i} - 4\boldsymbol{j} + 6\boldsymbol{j}\ \mathrm{N}$일 때 네 번째 힘을 구하여라.

4-4 뉴턴의 운동 제3법칙: 작용·반작용의 법칙

7. 세 권의 책(X, Y, Z)이 책상 위에 놓여 있다. X의 무게는 4.00 N, Y의 무게는 5.00 N, Z의 무게는 10.0 N이다. Y에 작용하는 알짜힘은 얼마인가?

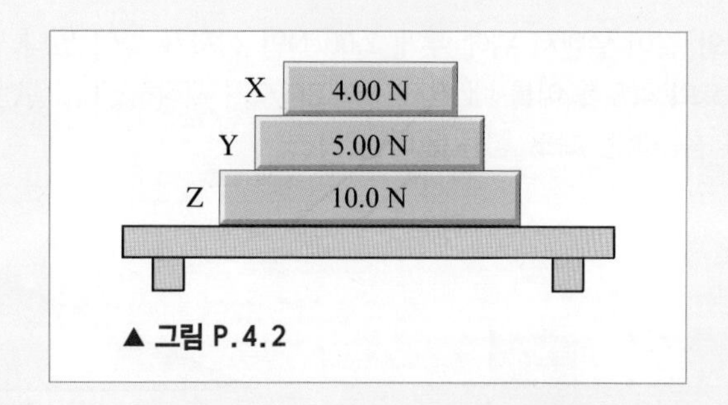

▲ 그림 P.4.2

8. 그림과 같이 세 물체 A와 B, C가 맞닿아 정지해 있다. 이 때, 왼쪽에서 지면에 평행하게 일정한 힘을 가한다. 바닥과의 마찰력을 무시한다면, 다음 중 옳은 것은?

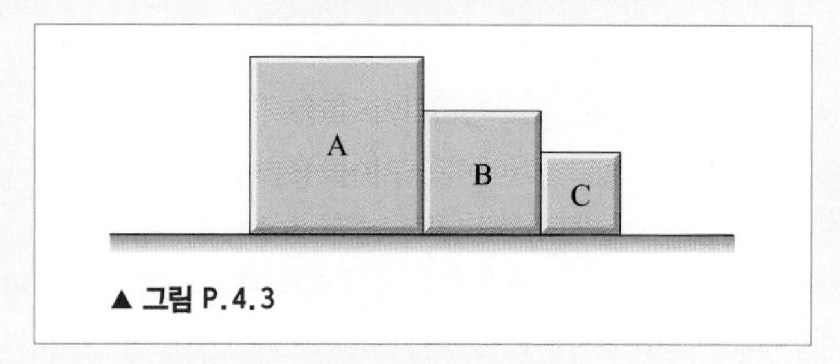

▲ 그림 P.4.3

(가) A가 B에게 작용하는 힘과 B가 A에게 작용하는 힘의 크기는 다르다.
(나) B가 C에게 작용하는 힘과 C가 B에게 작용하는 힘의 크기는 다르다.
(다) A와 B, C에 각각 작용하는 알짜힘은 같다.
(라) A와 B, C의 속도는 같다.

4-5 마찰력의 특성

9. 어떤 물체와 바닥면과의 정지마찰계수가 얼마인지를 측정하기는 쉽다. 바닥면과 같은 상태의 판면 위에 어떤 물체를 놓고 판면의 한 끝을 천천히 들어올렸더니, 어느 각도에 이르러 물체는 미끄러져 내리기 시작하였다. 그 각도를 θ라 할 때, 정지마찰계수는 얼마인가?

10. 질량이 m인 물체를 줄로 연결하여 x축 양의 방향으로부터 θ만큼 경사진 각도로 잡아당긴다. 정지마찰계수가 μ_s일 때, 물체를 움직이려면 필요한 최소 줄의 장력을 구하여라.

11. 자동차가 움직일 때 작용하는 마찰력에 관한 것이다. 다음 물음에 답하여라.

(가) 자동차 타이어는 지표면과 마찰을 이용해서 운동을 하는데, 대개 어떤 마찰력인가?
(나) 운동마찰력과 정지마찰력의 크기를 비교하여, 감속이나 가속할 때 더 유용한 것은 어느 것인가? 그 이유를 설명하여라.
(다) 자동차의 질량 m, 운동마찰계수 μ_k, 정지마찰계수 μ_s 중력가속도 g일 때, 자동차의 ABS 제동 시스템을 설계하고자 한다. 이 제동 시스템을 작동시키는 기준이 되는 마찰력의 크기를 구하여라. (ABS는 자동차가 감속할 때 타이어가 지표면에서 미끄러지는 것을 방지하는 시스템이다.)

12. 그림 P.4.4의 A와 같이 널빤지 위에 무게 2.00 N인 상자가 놓여 있다. 이제 널빤지를 B와 같이 기울여 지면과 45°의 각도를 이룰 때 상자가 미끄러지기 시작하였다. 널빤지가 지면과 나란한 A의 상황에서 상자를 움직이는 최소 힘은 얼마인가?

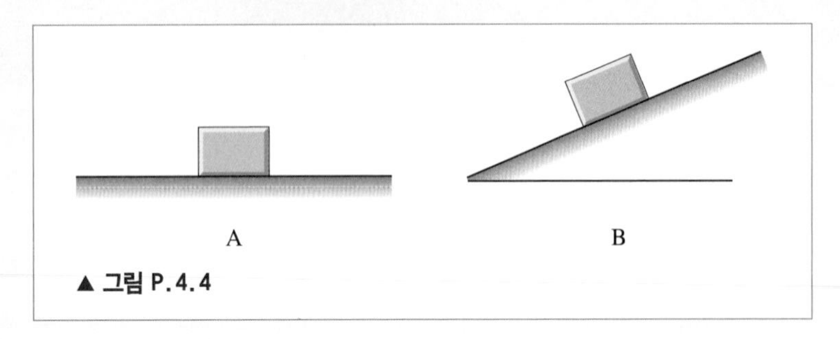

▲ 그림 P.4.4

13. 질량 5.00 kg의 물체가 지표면에 놓여 있다.

(가) 이 물체에 작용하는 수직항력은 얼마인가? 수직항력은 왜 나타나게 되는지 설명하여라.

(나) 만약 수직항력이 없다면, 물체는 어떻게 되는지 예상하여라.

(다) 이 물체를 수평방향으로 힘을 가해 끌고 가고 있을 때, 작용하는 운동마찰력을 구하여라. (운동마찰계수 $\mu_k = 0.1$)

(라) 친구가 이 물체 위를 힘 49.0 N으로 누를 때, 운동마찰력을 구하고, 결과를 (다)와 비교하여라.

14. 그림 P.4.5와 같이 각도 θ로 경사진 빗면에 질량이 m인 물체가 놓여 있다. 물체와 면 사이의 정지마찰계수는 μ_s이고, 운동마찰계수는 μ_k이다. 이때 빗면과 평행하게 크기가 F인 힘을 가한다.

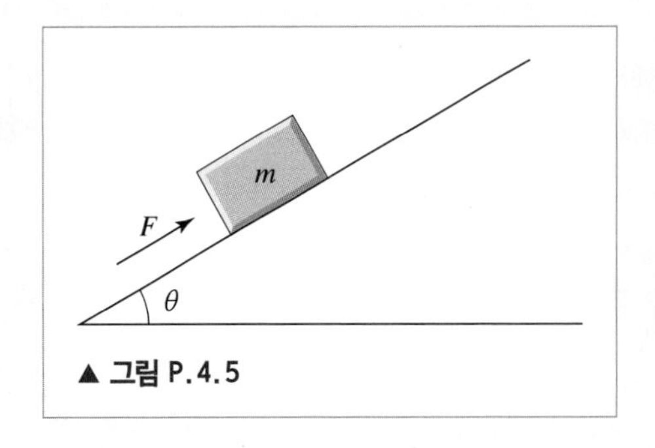

▲ 그림 P.4.5

(가) $F = 0$이면 물체가 미끄러져 내려온다. 이 물체가 미끄러지지 않게 하려면 F는 최소 얼마이어야 하는가?

(나) 이 물체가 빗면 위쪽으로 크기 a인 가속도로 미끄러져 올라가고 있다면, 이때 가해진 힘의 크기 F는 얼마인가?

4-6 뉴턴의 운동법칙의 응용

15. 질량이 100 kg인 물체에 질량이 10.0 kg인 밧줄을 연결하여 수평방향으로 110 N의 힘으로 끌고 있다.

(가) 물체에 작용하는 힘은 얼마인가?

(나) 밧줄의 중간 부분에 작용하는 장력은 얼마인가?

16. 무거운 쇠공과 나무토막을 줄로 연결한 다음 공중에서 놓았다. 두 물체가 같이 떨어지는 경우, 만약 공기 저항이 없다면 줄의 장력은 얼마인가?

17. 질량이 2 kg인 물체에 총 4가지 힘이 작용한다고 가정하자. $\boldsymbol{F}_1$의 크기는 5.0 N이고 방향은 x축 양의 방향으로부터 시계방향으로 30° 만큼 돌아가 있다. $\boldsymbol{F}_2$의 크기는 8.0 N이고 방향은 x축 음의 방향으로부터 시계방향으로 60° 만큼 돌아가 있다. $\boldsymbol{F}_3$의 크기는 4.0 N이고 방향은 x축 음의 방향으로부터 반시계방향으로 45° 만큼 돌아가 있다.

(가) 물체가 정지해 있을 때 네 번째 힘을 구하여라.

(나) 물체의 속도가 $\boldsymbol{v} = -5.0\boldsymbol{i} + 7.0\boldsymbol{j}$일 때 네 번째 힘을 구하여라.

(다) 물체의 속도가 $\boldsymbol{v} = -3.0t\boldsymbol{i} + 2.0t\boldsymbol{j}$일 때 네 번째 힘을 구하여라.

18. 마찰이 없는 책상 위에 두 물체가 그림 P.4.6과 같이 서로 접촉해 있다. 두 물체의 질량은 각각 2.00 kg과 1.00 kg이다. 3.00 N의 힘을 1.00 kg의 물체에 수평으로 작용시킬 때, 다음을 구하여라.

(가) 두 물체 간에 작용하는 힘

(나) 같은 힘을 2.00 kg 물체에 작용하게 한 경우 두 물체끼리 작용하는 힘의 크기

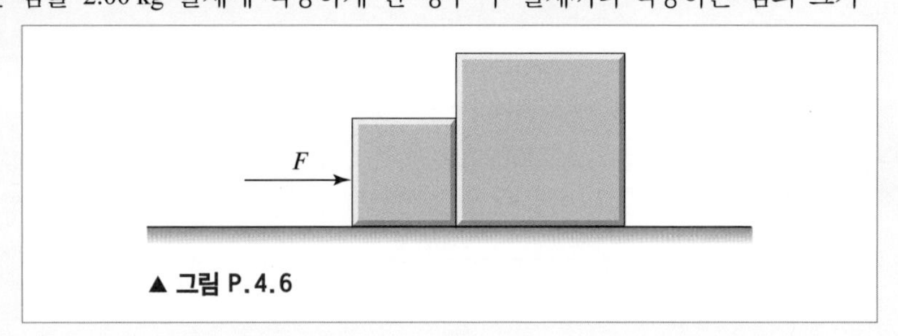

▲ 그림 P.4.6

19. 그림 P.4.7과 같이 질량이 같은 세 벽돌이 실로 연결되어 마루에 놓여 있다. 이제 오른쪽에서 벽돌들을 잡아당길 때, 세 장력의 크기 비 $T_1 : T_2 : T_3$는 얼마인가?

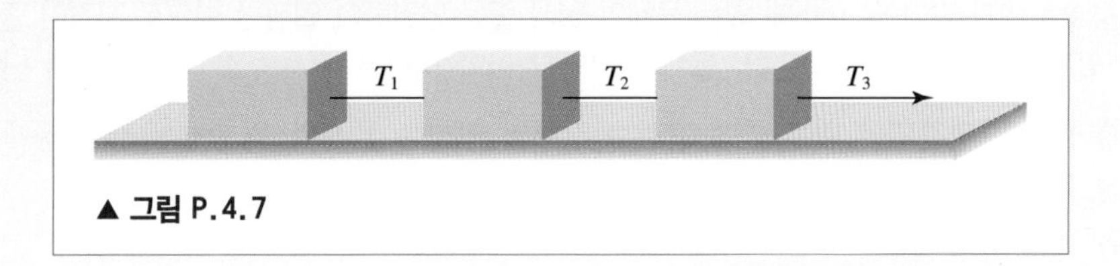

▲ 그림 P.4.7

20. 짐을 실은 승강기의 총 질량이 1,600 kg이다. 초속도 2.00 m/s로 내려오던 승강기가 어느 순간부터 일정한 가속도로 감속하여 5.00 m 더 간 후 정지하였다. 정지하기까지 승강기를 연결한 줄의 장력은 얼마인가? (단, $g = 9.8\ \mathrm{m/s^2}$이다.)

21. 그림 P.4.8과 같이 도르래를 통하여 연결된 두 물체가 있다. 수평면에 놓인 물체 (가)의 무게는 44.0 N이고, 줄로 매달린 물체 (나)의 무게는 22.0 N이다. 물체와 수평면 간의 마찰계수가 0.20이라 할 때, 물체 (가)가 미끄러지지 않게 하기 위해 그 위에 놓아야 할 물체 (다)의 최소 무게는 얼마인가?

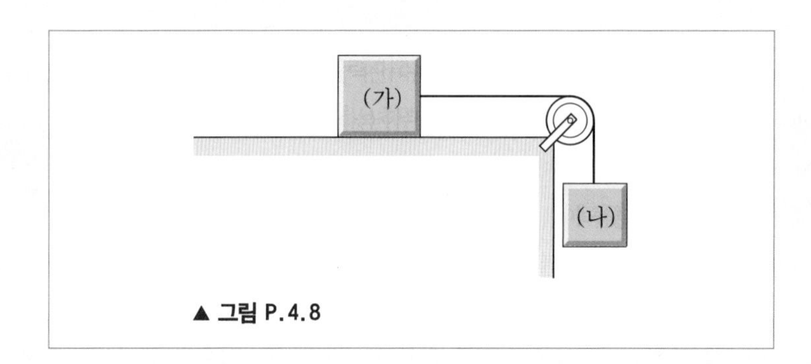

▲ 그림 P.4.8

22. 경사면 길이의 비가 5 : 3인 두 경사면이 그림 P.4.9와 같이 서로 마주보고 있다. 두 경사면 위에는 물체 (가)와 (나)가 끈으로 연결되어 평형을 유지하고 있다. 물체 (나)의 질량은 (가)의 질량의 몇 배인가?

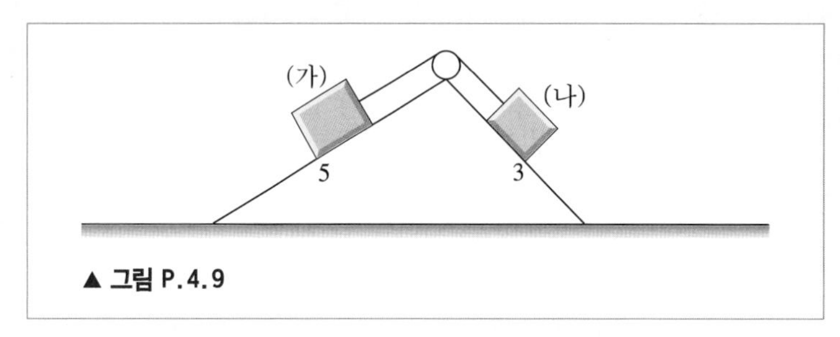

▲ 그림 P.4.9

발전문제

23. 그림 P.4.10과 같이 담 너머에 있는 물체의 밑에 줄을 연결하여 일정한 힘으로 사람이 줄을 잡아당기면 물체는 담 쪽으로 끌려온다. 물체와 바닥 사이의 마찰은 무시하고 다음 물음에 답하여라.

(가) 물체에 연결되어 있는 줄에 걸리는 장력의 크기는 물체의 위치에 따라 어떻게 변하는가?
(나) 이 물체의 가속도는 물체의 위치에 따라 어떻게 변하는가?
(다) 물체가 바닥에서 받는 수직항력은 물체의 위치에 따라 어떻게 변하는가?

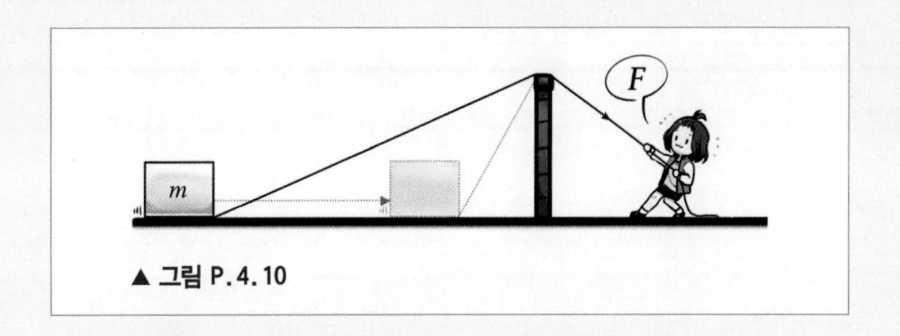

▲ 그림 P.4.10

24. 그림 P.4.11과 같이 질량이 m으로 같은 두 물체가 마찰이 없는 경사면에 마찰이 없는 도르래를 통해 질량을 무시할 수 있는 끈으로 연결되어 있다. 초기에 왼쪽 물체는 지면에 닿아있고 오른쪽 물체를 높이 h에서 정지 상태로 떨어뜨린다고 하자. (단, 중력가속도는 g이다.)

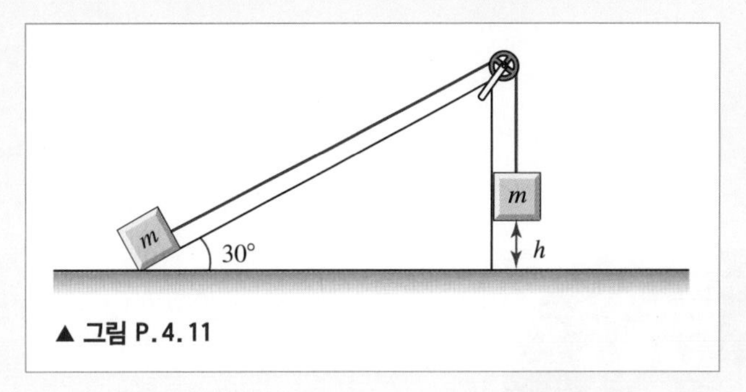

▲ 그림 P.4.11

(가) 오른쪽 물체가 지면에 닿기 전에 두 물체의 가속도의 크기는 얼마인가?
(나) 오른쪽 물체가 지면에 닿기 직전 두 물체의 속력은 얼마인가?
(다) 왼쪽 물체는 수직방향으로 최고 얼마만큼 올라가겠는가? (단, 오른쪽 물체가 지면에 닿아 정지한 이후에도 왼쪽 물체는 계속 움직일 수 있다.)

25. 그림 P.4.12에서 질량 $2m$인 물체의 하향가속도의 크기를 중력가속도 g로 나타내어라. (단, 도르래의 질량은 무시한다.)

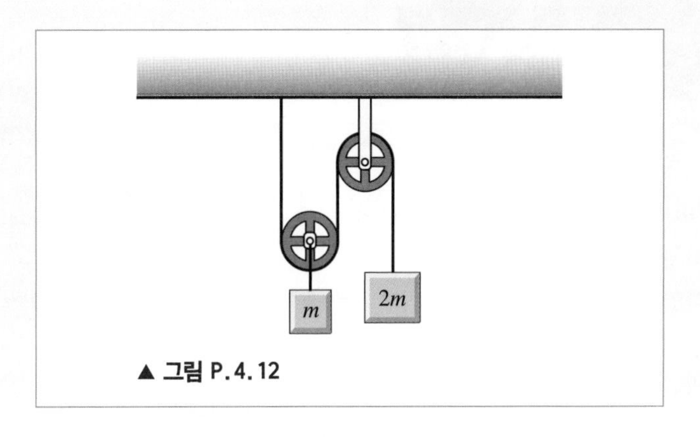

▲ 그림 P.4.12

고트프리드 빌헬름 라이프니츠

Gottfried Wilhelm Leibniz, 1646 -1716

독일의 철학자이자 수학자이다.
미적분을 창시하였으며 이진법 수 체계를 발전시켰다.
현재의 운동에너지에 해당하는 활력(visviva)의 개념을 도입하였고
에너지의 총량이 보존됨이 물질의 근본 특성임을 깨달았다.

CHAPTER 05
일과 에너지

일상생활에서 일이라는 용어는 여러 의미로 쓰인다. 예컨대, 육체적 노동을 하여도 일을 했다고 하고, 위대한 정신적 업적을 이룩해도 큰 일을 했다고 한다. 그러나 물리학에서 일은 훨씬 더 좁은 의미를 가진다. 물리학에서는 일을, 힘과 그 힘에 의해 물체가 이동하는 거리 등의 양으로 정의한다.

에너지는 물리학에서 아주 중요한 개념이다. 에너지가 무엇인지 이해하려면, 일이 무엇인지 알아야 한다. 에너지의 형태는 아주 다양하다. 예컨대, 운동하는 물체는 운동에너지를 가지고 있으며, 지표면에서 높은 위치에 있는 물체는 위치에너지를 갖는다. 외부와 상호작용하지 않는 계를 고립계라 하며, 고립계의 총 에너지가 보존된다는 법칙은 물리학의 가장 대표적 법칙의 하나이다.

5-1 일의 정의

❙ 일이란 무엇인가?

물리학에서는 일을, 힘이 작용한 물체가 이동하였을 때 작용한 힘과 이동거리로 정의한다. 일반적으로 물체는 반드시 작용한 힘의 방향으로만 이동하지는 않는다. 그러나 물체가 힘의 방향으로 운동하는 특별한 경우를 생각해보자. 물체가 이동하는 중에 작용한 힘의 크기가 F로 일정하다면, 그 물체가 거리 s 만큼 이동하였을 때, 그 힘이 한 **일(work)** W는 다음과 같이 힘의 크기와 힘이 작용하는 방향의 이동거리의 곱으로 정의된다.

$$W = Fs \tag{5.1}$$

예컨대 어떤 힘을 작용했는데도 불구하고 물체가 이동하지 않았다면 그 힘은 아무런 일도 하지 않았다고 한다. 또, 하루 종일 무거운 짐을 들고 서 있었다 하더라도, 짐을 들고 이동하지 않았다면 그 짐을 들고 있는 힘이 한 일은 0이다.

즉, 일은 어떤 힘이 작용한 경우에만 정의되며, 따라서 "어떤 힘에 의한 일은 얼마이다."라는 표현이 엄밀한 표현이다. "물체에 한 일은 얼마인가?"라는 물음은 정확하게는, "물체에 작용한 합력이 한 일은 얼마인가?"이든가 또는 "물체에 작용한 중력이 한 일은 얼마인가?" 등으로 어떤 힘이 한 일을 구체적으로 지정해야만 한다. 예컨대 "아무런 힘도 받지 않고 우주 공간을 등속도로 운동하는 우주선에 한 일은 얼마인가?" 같은 물음은 의미가 없다. 왜냐하면 이러한 물음 속에는 우주선에 작용하는 어떤 힘도 언급되어 있지 않기 때문이다.

그러나 일반적으로 물체가 반드시 작용한 힘의 방향으로 이동하는 것은 아니다. 그림 5.1에서와 같이 물체에 작용한 힘의 방향과 물체의 이동 방향 사이의 각도가 θ인 경우, 일은 일반적으로 다음과 같이 정의된다.

$$W = Fs\cos\theta \tag{5.2}$$

즉, **일이란 힘의 크기와 힘의 방향으로 이동한 거리의 곱으로 정의된다.** 물론 물체가 힘의 방향으로 이동하는 경우에 해당되는, 각도가 0인 경우의 일을 구해보면 앞에서의 특별한 경우인 식 (5.1)과 같은 결과를 얻게 된다. 이러한 일의 정의는 벡터의 스칼라곱 표현과 같은 표현이

▲ **그림 5.1** ❙ 비스듬한 각도의 힘으로 수평방향으로 끌리는 경우

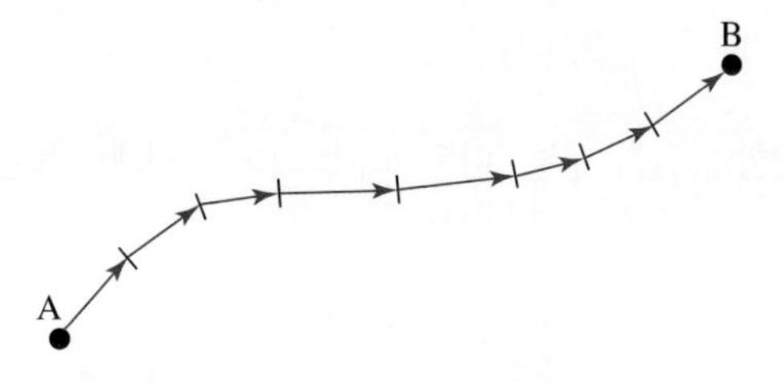

▲ **그림 5.2** | 짧은 구간으로 나눈 경로

므로 힘 $\boldsymbol{F}$에 의한 일은 다음과 같이 스칼라곱의 형태로 나타낼 수 있다.

$$W = \boldsymbol{F} \cdot \boldsymbol{s} \tag{5.3}$$

이와 같은 일의 정의에 의하면 물체의 이동 방향과 반대 방향으로 작용하는 힘이 한 일은 (−)값이 된다. 또, 물체의 운동 방향과 항상 수직으로만 작용하는 힘이 하는 일은 0이 된다. 운동 중 작용한 힘이 일정하지 않고 그 방향이나 크기가 바뀌는 경우도 있다. 이러한 경우에는 그림 5.2에서처럼 그 힘이 일정하다고 볼 수 있는 충분히 작은 구간으로 운동을 나누어 생각하면 편리하다. 작은 이동구간으로 전체의 이동구간을 나누면, 각 부분에서는 일정한 힘이 작용하였다고 볼 수 있다. 즉, 물체의 이동구간을 충분히 작은 운동변위 단위인 $\Delta \boldsymbol{s}$ 로 나누면, 그 작은 이동구간에서 힘은 일정하다고 할 수 있다. 따라서 그 구간 단위에서의 일은 $\Delta W = \boldsymbol{F} \cdot \Delta \boldsymbol{s}$ 로 쓸 수 있으며 전체 구간을 N개로 나눈 경우 다음과 같이 쓸 수 있다.

$$W = \sum_{i=1}^{N} \boldsymbol{F}_i \cdot \Delta \boldsymbol{s}_i \tag{5.4}$$

각 구간을 충분히 작게 나눈 경우, 물체가 A 점에서 B 점까지 이동했다면 이 표현은 다음과 같이 적분으로 나타낼 수 있다.

$$W = \int_{\mathrm{A}}^{\mathrm{B}} \boldsymbol{F} \cdot \mathrm{d}\boldsymbol{s} \tag{5.5}$$

질문 5.1

물체가 B 점에서 A 점까지 이동했다면, 그때의 일은 식 (5.5)와 반대 부호임을 증명하여라.

일반적으로 한 물체에는 여러 힘이 동시에 작용한다. 예를 들면, 일정한 속도로 운동하는 수레에는 수레를 끄는 힘 이외에도 마찰력, 중력 및 수직항력 등이 작용하고 있다. 따라서 이 운동에서는 4개의 서로 다른 힘에 의한 각각의 일이 얼마인지를 물을 수 있다. 또, 만약 수레가 등속도운동을 하고 있는 경우, 이 힘들의 합력은 0이다. 따라서 이 경우 합력이 한 일은 0이다. 일반적으로 물체에 작용하는 모든 힘의 합력이 한 일을 그 물체가 받은 일이라고 하며, 따라서 등속도운동을 하는 수레는 아무런 일도 받지 않고 있다고 할 수 있다.

질문 5.2

일의 정의를 일=이동 방향의 힘의 성분 · 이동거리와 같이 나타내도 좋은가?

일의 단위

1 N의 힘을 물체에 계속 작용하게 하면서 힘의 방향으로 1 m 이동시킨 경우 그 힘이 한 일은 정의에 의하면, 1 N · m가 된다. 이 단위는 자주 쓰이게 되므로 특별히 **1줄(J; Joule)**이라 하며, 따라서 1 J=1 N · m이다.

예제 5.1 중력이 한 일

질량이 10 kg인 돌이 5.0 m 높이에서 땅에 떨어졌다. 이 돌에 중력이 한 일은 얼마인가?

풀이

떨어지는 동안 돌에 작용한 중력은 98 N이므로 일 W는 다음과 같다.

$$W = 98\,\mathrm{N} \times 5.0\,\mathrm{m} = 490\,\mathrm{J}$$

예제 5.2 경사각으로 끌리는 수레

어떤 사람이 지면과 60도의 각도로 수레를 끌고 있다. 사람이 끄는 힘의 크기는 100 N이며, 썰매가 50 m 이동했다고 할 때 사람이 끄는 힘이 한 일은 얼마인가? 또, 이 경우 중력이 한 일은 얼마인가?

풀이

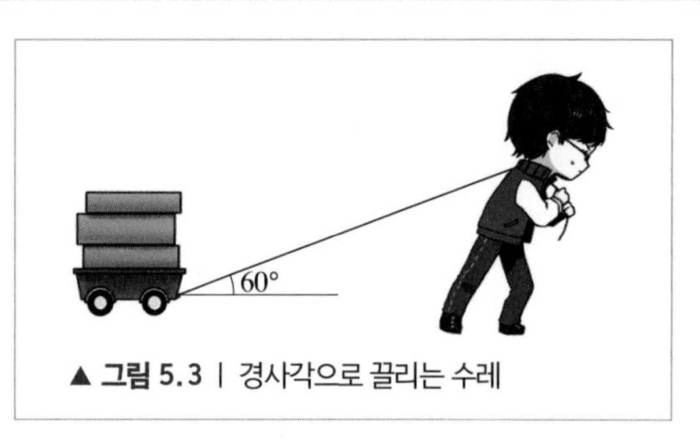

▲ 그림 5.3 | 경사각으로 끌리는 수레

이동 방향으로의 사람이 끄는 힘의 성분은 $100\,\mathrm{N} \times \cos 60° = 50\,\mathrm{N}$이므로,

$$W_{사람} = 50\,\mathrm{N} \times 50\,\mathrm{m} = 2{,}500\,\mathrm{J}$$

또, 이동 방향으로의 중력 성분은 없으므로,

$$W_{중력} = 0 \times 50\,\mathrm{m} = 0\,\mathrm{J}$$

질문 5.3

앞의 예제에서 땅에 떨어진 돌을 들어올려 다시 5.0 m 높이로 올렸다. 이때 중력이 한 일은 얼마인가?

예제 5.3 경사면을 이용한 이동

수평면과 30도의 경사각을 이루는 경사면이 있다. 경사면 꼭대기 점의 높이는 H이다. 바닥면에 질량이 M인 물체가 있다. (1) 이 물체를 바로 수직으로 들어올려 꼭대기 위치까지 올릴 때 그 힘이 한 일은 얼마인가? (2) 이 물체를 경사면을 따라 꼭대기까지 끌어올릴 때 그 힘이 한 일은 얼마인가?

| 풀이

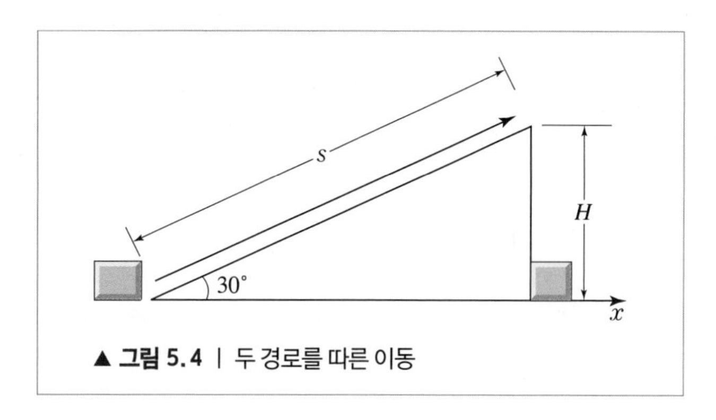

▲ **그림 5.4** | 두 경로를 따른 이동

(1) 물체를 들어올리려면 Mg의 힘이 필요하다. 따라서 들어올리는 힘이 한 일은 MgH이다.

(2) 경사각이 30도이므로 경사면 길이는 $2H$이다. 경사면에 물체가 놓여 있을 때, 물체에 작용하는 중력을 경사면 성분과 수직 성분으로 나누면, 경사면 성분의 크기는 $(1/2)Mg$가 된다. 따라서 경사면을 따라 끌어올리는 데 필요한 힘은 $(1/2)Mg$이므로, 이 힘이 한 일은 MgH가 된다. 이 예제에서 보듯이 어떤 물체를 경사면을 이용하여 끌어올리면 바로 들어올리는 경우보다 적은 힘이 필요하나, 결국 하는 일의 양은 같다. 일의 특성상, 경사면을 따라 올리든 바로 올리든 경로와 무관하게 두 일의 양은 같다. 이는 다른 대다수의 경우에도 성립한다.

| 일률

앞에서 본 바와 같이 경사면을 따라 물체를 끌어올리든 아니면 직접 들어올리든 물체가 받은 일의 양은 같다. 그러나 끌어올리는 데 걸린 시간은 일반적으로 다르다. 단위시간당 일이 행해지는 비율을 **일률(power)**이라 하며, 시간 Δt에 걸쳐 ΔW만큼의 일이 행해진 경우 평균 일률 $\langle P \rangle$는 다음과 같이 정의된다.

$$\langle P \rangle = \frac{\Delta W}{\Delta t} \tag{5.6}$$

시간 Δt가 충분히 작은 경우 이 값은 그 순간에서의 일률이 되며, 어떤 시각 t에서의 순간 일률 $P(t)$는 다음과 같이 정의된다.

$$P(t) = \frac{\mathrm{d}W}{\mathrm{d}t} \tag{5.7}$$

일률의 국제단위계 단위는 J/s이다. 그러나 보통은 **와트(W; watt)** 단위가 쓰이며 1와트는 **1초에 1줄의 일을 하는 일률**로서 1 W=1 J/s로 정의한다. 일률의 단위가 와트인 이유는 증기기관의 개선에 큰 공헌을 한 **제임스 와트**(James Watt, 1736~1819)의 공적을 기리기 위해서이다. 1와트는 아주 작은 크기이므로 일상생활에서는 와트보다는 **킬로와트(kW)**나 **마력(hp)**을 많이 사용한다. 1마력은 약 746 W에 해당하며, 보통 말 한 필이 1초에 할 수 있는 일의 양을 나타낸다.

직선 위를 힘의 방향에 따라 운동하는 물체의 경우, 충분히 짧은 시간인 $\mathrm{d}t$ 동안 힘 F를 받아 거리 $\mathrm{d}x$만큼 이동했다면 어떤 순간 그 힘의 일률은

$$P = F\frac{\mathrm{d}x}{\mathrm{d}t} \tag{5.8}$$

로 나타낼 수 있다. 한편 $\frac{\mathrm{d}x}{\mathrm{d}t}$는 속도의 표현이므로 이것은 다시

$$P = Fv \tag{5.9}$$

로 쓸 수 있다. 즉, 힘의 방향을 따라 직선 위를 운동하는 물체의 순간 일률은 그 순간의 속도와 힘의 곱으로 표현될 수 있다. 그러나 물체의 운동 방향이 힘의 작용 방향과 언제나 일치하지는 않으므로 더 일반적으로는 힘과 속도의 스칼라곱으로

$$P = \boldsymbol{F} \cdot \boldsymbol{v} \tag{5.10}$$

와 같이 나타내어야 한다.

예제 5.4 자유낙하하는 물체의 일률

질량이 1.0 kg인 물체를 자유낙하시켰다. 낙하시킨 후 1.0초간 중력이 하는 평균 일률은 얼마인가? 또, 낙하시킨 후 2.0초가 되는 순간 중력이 하는 순간 일률은 얼마인가?

| 풀이

중력가속도의 크기 $g = 10\ \mathrm{m/s^2}$이라 하면 1초간 운동하는 거리는 $x = \frac{1}{2}at^2$에서 $\frac{1}{2}g \cdot 1^2 = 5.0\ \mathrm{m}$이다. 따라서 1초간의 평균 일률 $\langle P \rangle = mgx/t = 50\ \mathrm{W}$가 된다. 또 낙하 후 2초가 되는 순간의 속도 $v = gt = 20\,\mathrm{m/s}$이므로 그 순간 일률 P는 $P = Fv = 200\,\mathrm{W}$가 된다.

예제 5.5

달리는 자동차가 받는 마찰력은 속도에 비례한다. 즉, $\boldsymbol{F}_f = -b\boldsymbol{v}$로 마찰력을 나타낼 수 있다($b$는 상수). 자동차가 일정한 속도 v_0로 달릴 때, 엔진 추진력이 하는 일률은 얼마인가?

| 풀이

자동차가 일정한 속도로 달리고 있으므로 엔진 추진력 $\boldsymbol{F}_e$는 마찰력과 크기는 같고 방향은 반대이다. 즉, $\boldsymbol{F}_e = b\boldsymbol{v}$이다. 따라서 엔진 추진력이 하는 일률은 $P = \boldsymbol{F} \cdot \boldsymbol{v} = bv_0^2$이 된다.

5-2 변화하는 힘에 의한 일

앞 절에서는 일정한 힘이 작용하는 경우만 다루었다. 그러나 일반적으로 운동하는 물체에 작용하는 힘은 위치에 따라 변한다. 예컨대, 어떤 물체를 끌어당기면 당기는 힘의 크기가 최대 정지마찰력이 되기 전까지는 끌려오지 않는다. 따라서 이 경우 물체가 움직이기 전까지는 끌어당기는 힘이나 마찰력이 한 일은 모두 0이다. 왜냐하면 어떠한 변위도 없었기 때문이다. 또 용수철의 경우에는 위치에 따라 용수철이 당기는 힘이 계속 달라진다. 이와 같이 작용하는 힘의 크기가 일정하지 않을 때의 일은 어떻게 구할 수 있을지 알아보자.

그림 5.5(a)는 일정한 힘이 작용하여 x_0만큼 이동한 경우의 힘과 변위의 관계를 나타낸 것이다. 이 경우 일의 정의에 따라 구한 일의 양은 그래프의 음영 부분인 사각형의 넓이와 같음을 알 수 있다. 그림 5.5(b)는 힘의 크기가 변하면서 이동한 경우이다. 이러한 경우, 변위 구간을 충분히 작은 구간으로 나누면, 그 작은 구간에서 힘의 크기는 일정하다고 할 수 있다. 또, 그 작은 구간의 직사각형 넓이가 바로 그 구간의 일을 나타내므로, 이 경우의 일도 역시 힘과 변위 그래프에서의 넓이로 나타낼 수 있다.

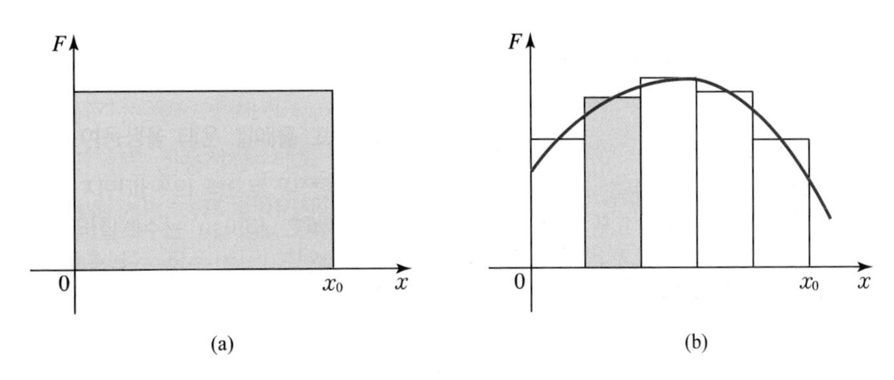

▲ **그림 5.5** | (a) 일정한 힘에 의한 일, (b) 위치에 따라 변화하는 힘에 의한 일

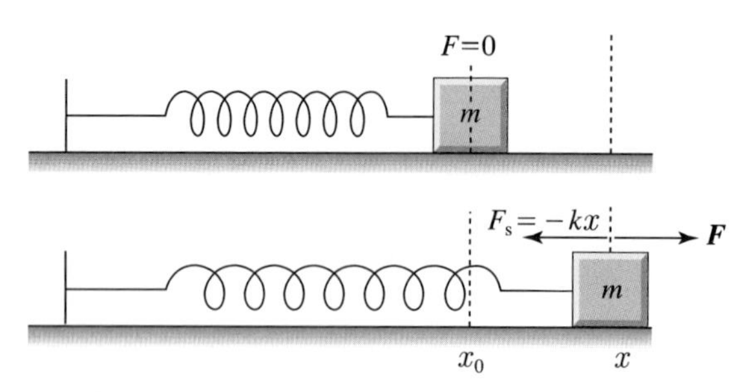

▲ **그림 5.6** | 스프링에 매달려 있는 물체에 작용하는 힘

위치에 따라 변하는 힘의 예로 그림 5.6과 같이 용수철에 매달린 물체의 경우를 생각해보자. 용수철이 늘어나 있을수록 이를 더 길게 늘이기 위해서는 더 큰 힘이 필요하게 된다. 평형 위치에서 물체의 위치를 x_0라 할 때, 위치가 x인 곳에 물체가 있으면 용수철이 작용하는 힘 F 의 크기는 다음과 같다.

$$F \propto (x - x_0) \tag{5.11}$$

평형점 위치를 좌표계 원점으로 취하고 비례상수 k를 쓰면 이 관계는 다음과 같이 쓸 수 있다.

$$F = kx \tag{5.12}$$

여기에서 k는 **용수철 상수(spring constant)** 또는 **힘의 상수(force constant)**라 하며, 용수철이 쉽게 늘어날수록 작은 크기가 된다. 용수철 상수의 단위는 N/m이다. 용수철을 당기고 있으면, 용수철은 당기는 힘과 같은 크기이지만 반대 방향으로 복원력이 작용한다. 따라서 복원력은 벡터 표현으로는 다음과 같다.

$$F_s = -kx \tag{5.13}$$

여기에서 (−)부호는 복원력이 변위벡터 방향과 반대 방향으로 작용함을 나타낸다. 탄성체에서의 이러한 관계를 **훅(Hooke)의 법칙**이라 한다. **훅**(R. Hooke, 1635∼1703)은 뉴턴과 같은 시대의 사람이다. 훅의 법칙은 모든 탄성체에서 광범위하게 성립하는 일반적인 법칙이지만, 변위의 크기가 탄성한계라 하는 어떤 범위를 넘어가면 더 이상 성립하지 않게 된다.

❙ 당기는 힘이 한 일

용수철을 평형 위치로부터 x 만큼 늘일 때, 당기는 힘(외력)이 한 일은 얼마인지 알아보자. 당기는 힘의 크기는 용수철을 늘이면서 계속 변하였으므로, 그 힘이 하는 일 또한 위치에 따라 계속 변하게 된다.

그림 5.7은 당기는 힘의 크기와 변위와의 관계를 나타낸 것이다.

위치에 따라 계속 변하는 힘이 하는 일을 구하기 위하여, 용수철을 아주 조금씩 늘이는 수

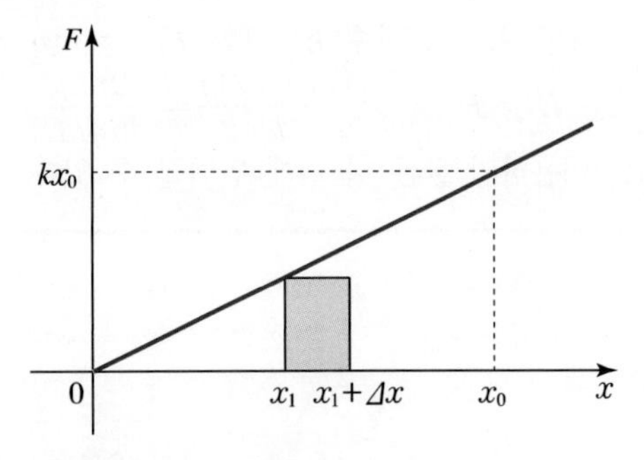

▲ **그림 5.7** | 힘과 변위의 관계

많은 과정들을 거쳐 이를 늘였다고 가정해보자. 변위가 x_1인 위치에서 충분히 작은 크기인 Δx 만큼 늘였다면, 그동안의 힘은 일정하다고 보아도 좋다. 따라서 그 과정에서 한 일은 다음과 같다.

$$\Delta W = kx_1 \Delta x \tag{5.14}$$

이 값은 그림에서 음영 부분의 넓이와 같다. 이와 같은 과정을 반복하면, 평형점으로부터 변위 x_0까지 늘이는 데 한 일은 x_0까지의 전체 넓이가 되며, 따라서 다음과 같은 크기가 된다.

예제 5.6 용수철 상수 측정과 일

질량이 m인 물체를 용수철에 매달았더니 길이 L만큼 늘어났다. (1) 이 용수철의 용수철 상수는 얼마인가? 여기에 다시 질량이 m인 물체를 하나 더 매달았다. (2) 용수철이 늘어난 길이는 얼마인가?

| 풀이

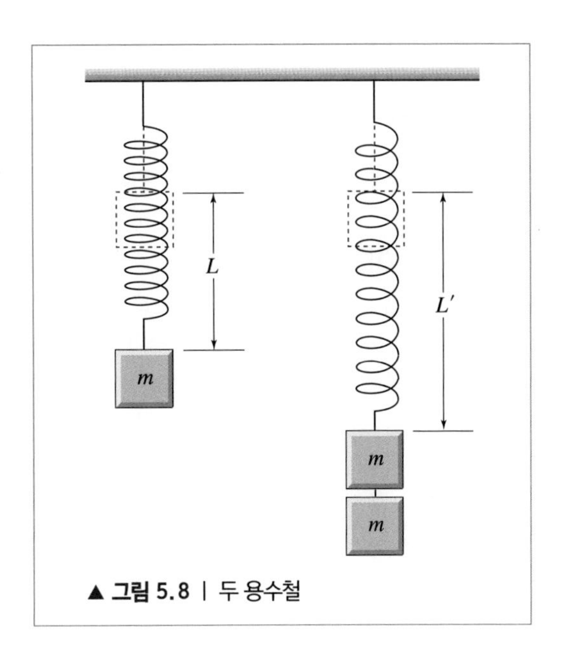

▲ **그림 5.8** | 두 용수철

(1) 중력가속도의 크기를 g라 하면, 용수철 상수 k는 $k = F/x = mg/L$가 된다.
(2) 용수철이 늘어난 길이 L'은 $L' = F'/k = \dfrac{(m+m)g}{k} = \dfrac{2mg}{mg/L} = 2L$이 된다. 이 값은 늘어난 길이와 외력의 비례관계를 이용하면 물론 더 쉽게 얻어질 수 있다.

$$W = \frac{1}{2}kx_0^2 \tag{5.15}$$

용수철을 늘이는 것이 아니고 압축하는 경우에도 외부에서 한 일의 양은 이와 같다. 즉, 용수철을 평형점으로부터 x_0만큼 변위되도록 압축하는 데 외력이 한 일은 그만큼 늘이는 경우의 일과 똑같다.

질문 5.4

위의 문제에서 질량이 m인 물체를 하나만 매달았을 때 중력이 한 일은 얼마인가? 또 같은 질량을 하나 더 매달았을 때 중력이 한 총 일의 양은 얼마인가?

예제 5.7

$F = ax^2$으로 거리에 따라 작용하는 힘이 있다. 거리 $x = 0$에서 $x = x_0$가 될 때까지 힘이 한 일은 얼마인가?

| 풀이

일은 $W = \int_0^{x_0} F\,\mathrm{d}x = \int_0^{x_0} ax^2\,\mathrm{d}x$이므로, 적분을 수행하면 $W = \dfrac{a}{3}x_0^3$이 된다.

5-3 운동에너지와 일-에너지 정리

| 일과 에너지의 관계

앞 절의 용수철을 늘이는 과정에서 항상 힘의 평형이 이루어진 상태를 다루었다. 즉, 조금씩 용수철을 늘이는 모든 단계마다 당기는 힘과 용수철의 복원력은 항상 같았으며, 따라서 용수철은 언제나 힘의 평형 상태에 있었다고 할 수 있다. 이런 경우 용수철에 달린 물체의 운동에너지는 처음이나 나중이나 항상 같다. 그러나 어떤 물체에 작용하는 힘의 합력이 0이 아닌 경우 물체는 가속된다. 따라서 운동에너지가 변화하게 된다. 물체에 작용한 알짜힘이 한 일과 운동에너지 변화량은 어떤 관계를 갖는지 알아보자.

특별한 경우로, 물체에 작용하는 힘의 합력이 일정한 경우를 생각해보자. 합력이 일정하면, 물론 물체는 일정한 가속도로 운동한다. 물체의 질량은 m이며, 가속도는 a로 일정하다고 하자. 이때 물체의 진행 방향을 x축으로 정하면, 물체가 x만큼 이동할 때까지 힘이 한 일은 일의 정의식에 의해 다음과 같다.

$$W = Fx = max \tag{5.16}$$

그러나 만약 물음을 달리하여, **x만큼 이동하는 동안 등가속도로 그 물체의 속도가 v_0에서 v로 변했다면 그 힘이 한 일은 얼마인가?**의 경우 그 답은 무엇일까? 답을 알기 위해 이런 경우 그 힘이 얼마였는지, 또는 그 가속도가 얼마였는지를 알아야만 한다. 이 경우 물체는 등가속도운동을 하였으므로, 그러한 속도 변화가 일어나는 시간 구간을 t라 하면 가속도는 다음과 같다.

$$a = \frac{v - v_0}{t} \tag{5.17}$$

이 식에서 시간 t는 알려지지 않은 양이다. 그러나 이 경우는 등가속도운동이므로 시간 t는 변위 x와 다음 관계를 가진다.

$$x = \frac{1}{2}(v + v_0) \cdot t \tag{5.18}$$

따라서 구하려는 일은 다음과 같이 쓸 수 있다.

$$W = max = m\frac{v - v_o}{t} \cdot \frac{v + v_0}{2}t = \frac{1}{2}m(v^2 - {v_0}^2) \tag{5.19}$$

이제 $K = \frac{1}{2}mv^2$이라는 물리량을 도입하면, 이 경우 힘이 한 일은 속력이 v_0에서 v로 변하는 동안 생긴 이 물리량의 변화량과 같다. 이 물리량 K는 물체의 **운동에너지(kinetic energy)**라 하는 양이다. 즉, 질량이 m인 물체가 속력 v로 운동하는 경우 그 물체의 운동에너지는 $K = \frac{1}{2}mv^2$으로 정의된다. 따라서 **어떤 물체에 작용한 합력이 한 일은 그 물체의 운동에너지 변화량과 같다**고 할 수 있다. 즉, 다음과 같은 관계가 있다.

$$W_{합력} = K - K_0 = \Delta K \tag{5.20}$$

이를 **일-에너지 정리(work-energy theorem)**라 한다. 물체에 한 일은 운동에너지로 변화되며, 또한 운동하는 물체는 일을 할 수 있다. 에너지란 일을 할 수 있는 능력이라 정의할 수 있다. 따라서 운동하는 물체는 에너지를 지니고 있다고 할 수 있으며 운동하는 물체가 가지는 에너지를 운동에너지라 한다. 물체에 작용하는 합력이 일정하지 않은 경우에도 일-에너지 정리는 여전히 성립하며 이를 증명하기란 어렵지 않다. 또한 힘의 크기와 방향이 계속 바뀌는 곡선운동의 경우에도 일 – 에너지 정리는 여전히 성립한다.

질문 5.5

등가속도운동의 관계를 써서 식 (5.18)을 증명하여라.

질문 5.6

등가속도운동에서는 $2ax = v^2 - v_0^2$인 관계가 있다. 이 관계를 이용하여 합력이 일정한 경우의 일 – 에너지 정리를 다시 증명하여라.

예제 5.8 떨어지는 돌의 속력

지면으로부터 높이 h인 곳에서 질량이 m인 돌을 떨어뜨렸다. 일-에너지 정리를 이용하여 땅에 떨어지는 순간의 돌의 속력을 구하여라.

| 풀이

이 돌에는 중력만이 작용하므로 합력은 바로 중력이며, 합력이 한 일은 mgh이다. 초속도는 0이었으므로 따라서 다음 결과를 얻는다.

$$W = mgh = \frac{1}{2}mv^2 - 0$$

그러므로 속력은 $\sqrt{2gh}$ 이다.

일반적인 직선운동의 경우에도 일-에너지 정리가 성립함은 다음과 같이 증명할 수 있다. 물체에 작용하는 합력이 계속 변하는 경우에는 가속도도 계속 변하며, 그 경우 가속도는 다음과 같이 쓸 수 있다.

$$a = dv/dt = dv/dx \cdot dx/dt = vdv/dx$$

따라서 일은 다음과 같다.

$$W = \int_{x_0}^{x} F dx = \int ma\,dx = \int mv\,dv/dx \cdot dx = \int_{v_0}^{v} mv\,dv = K - K_0$$

질문 5.7

어떤 학생이 마룻바닥에 있던 책을 들어올려 책상 위에 놓았다. 이 과정에서 책에 작용한 합력이 한 일은 얼마인가?

일 – 에너지 정리를 이용하면 어떤 물체의 운동에너지가 줄어들 때, 그 물체에 작용하는 힘의 합력이 한 일은 (–)부호를 가졌다고 볼 수 있다. 예컨대 마룻바닥을 미끄러져 가던 나무토막이 정지하면, 그 물체는 그 과정에서 음(–)의 일을 받았다고 할 수 있다. 나무토막이 정지한 것은 마찰력 때문이며, 이 경우 마찰력이 한 일은 음(–)의 부호이기 때문이다.

어떤 물체에 하나의 힘만이 작용하면, 그 힘이 곧 그 물체에 작용하는 합력이 되며 따라서 그 힘이 한 일은 물체의 운동에너지로 변환된다. 그러나 물체에 작용하는 힘에 의한 일이 언제나 운동에너지로 변환되는 것은 아니다. 예컨대 일정한 힘으로 물체를 들어올리는 경우를 생각해보자. 이 경우 들어올리는 힘에 의한 일이 모두 물체의 운동에너지로 변환되지는 않는다. 그 이유는 물론 들어올리는 힘 이외에 다른 힘이 물체에 작용하기 때문이다. 그 다른 힘이란 중력이다. 들어올리는 힘과 중력의 크기가 같은 경우 물체에 작용하는 합력은 0이다. 이 경우 합력이 하는 일은 0이고, 물체의 운동에너지 변화량은 없으므로 일-에너지 정리 역시 성립한다.

질문 5.8

마찰력에 의한 일이 양(+)의 부호를 가지는 것은 가능한가? 가능하다면 그 예를 하나 들어라.

5-4 위치에너지

그림 5.9(a)와 같이 공중에 연직으로 던져진 물체의 운동을 생각해보자. 공기의 저항이 없다면, 이 물체는 어느 높이까지 올라갔다가 다시 떨어진다. 만약 어떤 위치에서 물체의 속력을 정확하게 측정해보면, 그 물체가 올라갈 때와 내려올 때 그 위치에서의 속력은 같아진다. 즉, 공중으로 던져진 물체는 같은 높이에서 같은 운동에너지를 가진다고 할 수 있다. 또, 그림 5.9(b)와 같이 용수철에 달린 물체가 진동하는 경우도 생각해보자. 마찰이 없다면, 진동하는 물체가 어느 지점을 통과할 때의 속력은 용수철이 늘어날 때와 수축할 때 모두 동일하게 측정된다. 이와 같이 중력이나 탄성력 같은 힘에 의한 운동에서는, 같은 위치를 지날 때 물체의 운동에너지는 같아진다.

공중으로 던져진 운동에서 물체에 작용하는 힘은 중력뿐이다. 또, 어떤 위치에서의 운동에너지는 올라가며 통과할 때와 내려가며 통과할 때가 똑같다. 그러므로 일-에너지 정리에 따

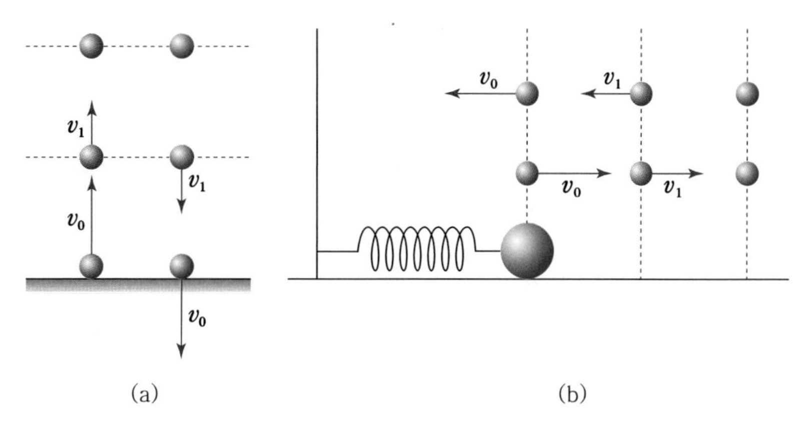

▲ **그림 5.9** | (a) 공중으로 던져진 운동, (b) 용수철에 매달린 운동

라, 그 위치를 올라가며 통과하는 시각부터 내려가며 통과하는 시각까지 중력이 한 일은 0임을 알 수 있다. 이와 같이 어떤 위치를 지난 후 다시 그 위치를 지날 때까지 그 물체에 작용한 힘에 의한 일이 0인 경우, 그 힘은 **보존력(conservative force)**이라 한다. 즉, 보존력의 영향 아래에서 운동하는 물체가 같은 위치를 통과할 때는 언제나 같은 운동에너지를 갖는다.

일반적으로 물체는 직선운동만 하지 않는다. 3차원 공간에서의 물체의 운동에서 같은 위치를 지날 때마다 물체가 같은 운동에너지를 가지면, 물체에 작용한 힘을 보존력이라 정의한다. 그러므로 물체가 어떤 경로를 따라 운동한 후 다시 제자리로 돌아오는 동안 보존력이 한 일은 0이라고 할 수 있다. 왜냐하면 일-에너지 정리에 의하면 그 과정에서 물체의 운동에너지 변화량이 0이므로 힘이 한 일도 당연히 0이 되어야 하기 때문이다.

물체가 어떤 경로를 따라 운동한 후 다시 제자리로 오는 동안 한 일이 0인 경우, 어떤 두 점 간의 운동에서 그 물체에 행해지는 일은 경로와 무관하다. 그림 5.10에서와 같이 두 점 간을 다른 경로를 따라 운동하는 경우를 생각해보자. 한 경로를 따라 다른 점까지 운동한 다음, 다른 경로를 따라 원래의 위치로 돌아오는 동안 보존력이 한 일은 0이다. 그러나 일의 정의를 살펴보면 거꾸로 가는 경로에서 한 일은 바로 가는 경로에서 한 일과 그 부호가 반대이다. 따라서 이 경우 보존력이 하는 일은 경로에 무관함을 알 수 있다. 앞에서 살펴봤듯, 경사면을 따라 물체를 올리는 경우와 바로 들어올리는 경우의 일은 같았다.

즉, 중력을 받는 물체에 두 위치 사이를 어떤 경로를 취하여 일을 하든 물체에 행해진 일의 양은 같다.

물체에 작용하는 힘이 0이면 물체는 등속운동을 한다. 따라서 그 운동에너지는 일정하다. 즉, 힘이 작용하지 않는 물체의 운동에너지 K는

$$K = \text{일정} \tag{5.21}$$

이라 할 수 있다.

$$K + U(x) = \text{일정} \tag{5.22}$$

이라 가정할 수 있다. 이 관계로부터 우리는 운동에너지 변화량에 관한 다음 관계를 얻을 수 있다.

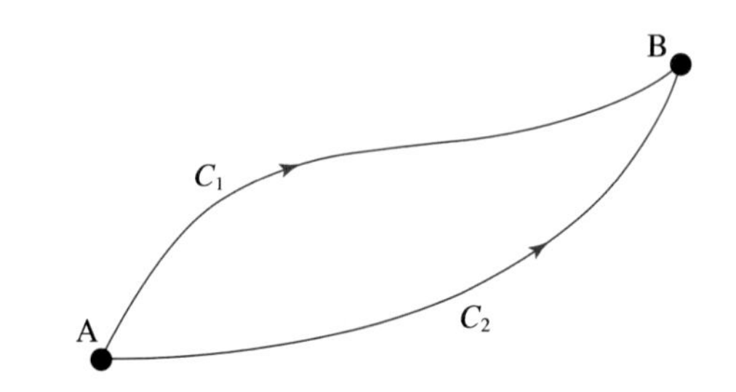

▲ **그림 5.10** | 두 점 간을 다른 경로를 따라 운동한 물체

$$\Delta K = -\Delta U \tag{5.23}$$

운동에너지 변화량 ΔK는 다시 물체에 작용한 힘인 보존력 F가 한 일과 같으므로

$$\Delta U = -W \tag{5.24}$$

라 쓸 수 있다. 이와 같이 정의된 $U(x)$를 그 위치에서의 물체의 **위치에너지(potential energy)** 라 한다. 즉, 어느 기준 위치의 좌표를 x_0라 하고 그 점에서의 위치에너지 $U = U(x_0)$라 하면 위치에너지는 1차원 운동의 경우 다음과 같이 정의된다.

$$U(x) - U(x_0) = -\int_{x_0}^{x} F(x)\mathrm{d}x \tag{5.25}$$

이 정의식에서 볼 수 있듯이 위치에너지는 절대적인 값을 갖지 않는다. 즉, 기준점의 위치에너지인 $U(x_0)$를 어떻게 정하는지, 또 기준점을 어디에 정하는지에 따라서 어떤 위치의 위치에너지는 다른 값을 가질 수 있다. 일반적으로는 임의의 기준점을 정하여 그 위치의 위치에너지를 0이라 놓는다.

위의 정의식에서 힘 F는 계가 물체에 작용하는 힘이었다. 예컨대, 공중으로 던져진 공에 작용하는 중력이나, 용수철에 매달린 물체에 작용하는 탄성력 등을 뜻한다. 따라서 $-F$는 그 계의 힘에 대응하여 같은 크기이지만 반대 방향으로 작용하는 힘이라 생각할 수 있다.

따라서 위치 A로부터 위치 B로 물체를 이동시킬 때, 계의 힘과 같은 크기이지만 부호가 반대인 외력인 $F_{외력} = -F$를 작용시키면, 그 외력이 한 일은 위치 A와 B의 위치에너지 변화량과 같다고 할 수 있다. 즉, 다음과 같이 쓸 수 있다.

$$U(\mathrm{B}) - U(\mathrm{A}) = W_{외력} \tag{5.26}$$

즉, 외력이 일을 했음에도 불구하고 물체의 운동에너지가 변하지 않은 경우 외력이 한 일은 계의 위치에너지로 저장되어 남는다고 생각할 수 있다.

중력 위치에너지

가장 평범한 위치에너지의 예는 **중력 위치에너지**이다. 그림 5.11과 같이 책상 위로부터 높이 h인 곳에 있는 공의 경우를 생각해보자. 공의 질량은 m이며, 책상의 높이는 마룻바닥으로부터 H라 한다. 이 경우 공의 위치에너지를 구해보기로 하자. 물론 위치에너지를 구하려면 기준점이 어디인지 먼저 정해야 한다.

먼저, 책상 위를 기준점으로 할 때 공의 위치에너지를 구해보자. 우리는 앞에서, 바닥에 있는 물체를 경사면을 이용해 끌어올리든 바로 들어올리든 그 일은 같음을 보았다. 높이 h만큼

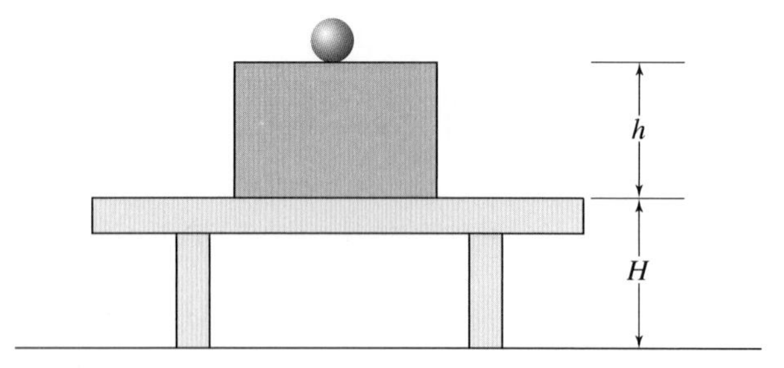

▲ **그림 5.11** | 마루에 있는 책상, 그리고 그 위의 공

공을 들어올리는 데 들어올리는 힘인 외력이 한 일은 mgh이므로, 따라서 이 경우 책상 위의 공은 mgh의 위치에너지를 가진다고 할 수 있다. 이를 위의 정의식을 이용하여 직접 구해보자. 위로 향하는 방향을 (+)방향이라 정하면, 계의 힘인 중력은 $-mg$가 된다.

따라서 들어올리는 데 필요한 외력은 $+mg$가 되며 다음과 같은 결과를 얻는다.

$$U(h) = U(0) + \int_0^h (+mg)\mathrm{d}x = mgh \tag{5.27}$$

이와 같이 높이 h에 있는 질량이 m인 물체의 중력 위치에너지는

$$U(h) = mgh \tag{5.28}$$

라 할 수 있으며, 이를 중력에 의한 위치에너지라 한다.

그러나 마룻바닥면을 기준 위치로 정하면 공의 위치에너지는 다른 크기가 된다. 마룻바닥으로부터 공까지의 높이는 $h+H$가 되므로, 똑같은 논리에 의해 이제는 공의 위치에너지는 $mg(h+H)$가 된다.

예제 5.9

질량이 2 kg인 물체를 2 m 높이로 들고 있다. (a) 높이가 1 m인 탁자 표면에 대한, 그리고 (b) 높이가 3 m인 천장에 대한 물체의 중력 위치에너지는 각각 몇 J인가?

| 풀이

중력 위치에너지는 기준 높이와 물체의 높이 차이에 대한 중력이 한 일에 비례한다.

(a) $U = mg(\Delta y) = 2(9.8)(2-1) = 19.6\ \mathrm{J}$

(b) $U = mg(\Delta y) = 2(9.8)(2-3) = -19.6\ \mathrm{J}$

탄성 위치에너지

앞에서 말한 바와 같이, 용수철의 탄성력도 보존력이다. 용수철 상수가 k인 어떤 용수철이 있다고 하자. 이때, 용수철을 x만큼 늘인 상태의 위치에너지는 얼마인지 알아보자. 용수철이 평형 상태에 있는 경우의 물체의 위치를 기준점으로 취하면, x만큼 늘이는 데 외력이 한 일은 앞에서 다룬 바와 같이 $(1/2)kx^2$이다. 따라서 x만큼 용수철을 늘이면 그 용수철은 $(1/2)kx^2$ 만큼의 위치에너지를 가진다고 할 수 있다. 또는 앞에서의 정의식을 이용하여 구해보면 다음과 같아진다.

$$U(x) = U(0) + \int_0^x (+kx)dx = 0 + \frac{1}{2}kx^2 \tag{5.29}$$

여기에서는 평형 위치를 기준점으로 하고 그 점에서의 위치에너지를 0이라 정하였다. 이 결과는 용수철을 x만큼 압축시킨 경우에도 여전히 성립하며, 따라서 일반적으로 용수철이 x 만큼 변위된 상태의 위치에너지는 $\frac{1}{2}kx^2$이라 할 수 있다. 이러한 위치에너지를 **탄성 위치에너지**라 한다.

예제 5.10

용수철 상수가 120 N/m인 용수철의 원래 길이를 5 cm만큼 줄였다. 용수철이 갖게 될 탄성 위치에너지는 몇 J인가?

풀이

식 (5.29)로부터

$$U = \frac{1}{2}(120)(0.05^2) = 0.15 \text{ J}$$

5-5 역학적 에너지의 보존

눈이 쌓인 높은 언덕에서 썰매를 타 본 사람이라면 누구나 경험했듯이, 아래로 내려올수록 썰매는 더 빨라진다. 또 공중으로 던진 공은 높이 올라갈수록 속력이 작아진다. 따라서 중력이 작용하는 곳에서는 중력 위치에너지가 작아질수록 운동에너지는 더 커지고 또 그 반대로 위치에너지가 커지면 운동에너지는 작아진다. 이 두 형태의 에너지는 무슨 관계를 가지고 있을까?

우리는 앞에서 보존력의 영향을 받는 물체의 경우

$$K + U = \text{일정} \tag{5.30}$$

관계가 성립하며, 이렇게 정의되는 양 U를 위치에너지라 하였다. 이와 같이 운동에너지와 위치에너지를 더한 양을 **역학적 에너지(mechanical energy)**라 한다. 물체가 보존력의 영향 아래에서 운동하면 그 역학적 에너지는 보존된다. 그러나 미끄러지던 물체는 얼마 후 멈추게 되듯이 마찰력의 영향을 받게 되면 역학적 에너지는 더 이상 보존되지 않는다. 즉, 마찰력은 보존력이 아니다. 마찰력과 같은 힘들을 **비보존력(nonconservative force)**이라 한다.

역학적 에너지 보존법칙을 이용하면 운동의 법칙을 다루지 않고도 많은 문제를 더 쉽게 해결할 수 있다. 운동의 법칙을 다루려면 방향을 고려해야 하는 힘이나 속도 등 벡터량들을 다루어야 하지만, 역학적 에너지 보존법칙을 이용하면 크기만 있는 스칼라량인 에너지만을 다루면 되기 때문이다.

예제 5.11 공중에 던진 물체

어떤 물체를 공중의 임의 방향을 향하여 초속력 v_0로 던졌다. 이 물체가 지표면에서 높이 h인 곳에 있을 때의 속력을 구하여라.

| 풀이

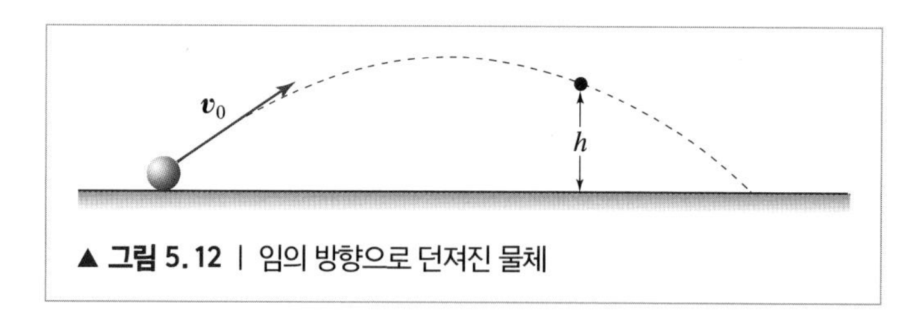

▲ **그림 5.12** | 임의 방향으로 던져진 물체

이러한 문제는 공을 던진 방향이 알려지지 않았기 때문에 운동의 법칙을 적용할 수 없는 문제이다. 그러나 역학적 에너지 보존법칙을 이용하면, 지표면에서의 위치에너지를 0이라 정할 때 다음과 같이 쓸 수 있다.

$$K + U = \frac{1}{2}mv_0^2 + 0 = \frac{1}{2}mv^2 + mgh$$

따라서 속력 v는 다음과 같다.

$$v = \sqrt{v_0^2 - 2gh}$$

예제 5.12

용수철 상수가 96 N/m인, 압축된 용수철 끝에 질량이 3 kg인 물체가 놓여 있다. 용수철을 압축하던 힘을 없애자 물체는 8 m 미끄러진 후 정지하였고, 물체는 용수철과 분리되었다. 물체와 바닥면의 마찰계수를 0.2라고 할 때, 용수철이 압축되었던 길이는 얼마인가? (단, 중력가속도 $g = 10\ \text{m/s}^2$이다.)

| 풀이

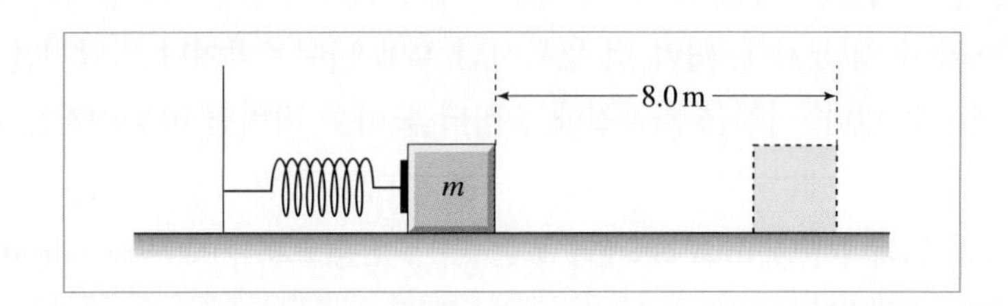

이 경우, 용수철의 탄성에너지는 마찰력이 한 일로 소모된다. 용수철 상수를 k, 용수철이 압축된 길이를 Δx라고 하면 용수철의 탄성에너지는 $U = \frac{1}{2}k(\Delta x)^2$이다. 그리고 마찰계수를 μ, 물체가 미끄러진 거리를 Δs라고 하면, 마찰력이 한 일의 크기는 $W = f\Delta s = \mu mg\Delta s$로 주어진다.
따라서 $U = W$로부터

$$\Delta x = \sqrt{2\mu mg\Delta s/k} = 1\,\mathrm{m}$$

가 된다.

5-6 에너지의 보존

물체에 작용하는 힘이 0이면 물체의 운동에너지는 일정하므로 보존된다. 그러나 그 힘이 0이 아니면 운동에너지는 변하게 되며, 그 힘이 한 일은 운동에너지의 변화량으로 남게 된다. 이것을 **일-에너지 정리**라 하였다. 그러나 우리는 앞에서, 어떤 힘을 받으며 운동하는 물체는 같은 위치에서는 언제나 같은 운동에너지를 갖는 특별한 경우가 있다는 것을 알았다. 그러한 힘을 보존력이라 하였으며, 보존력을 받으며 운동하는 물체의 역학적 에너지, 즉 운동에너지와 위치에너지의 합은 일정하다고 할 수 있음을 보았다. 이것이 역학적 에너지의 보존법칙이었다. 이미 깨달은 사람들도 많겠지만, 보존법칙은 아주 유용하다. 물리적 과정에서는 수많은 변화가 일어나는데, 그 과정 중에 어떤 특정한 물리량이 일정하게 유지된다는 사실은 물리 현상을 이해하는 데 큰 도움을 준다. 물론 엄격한 제한을 두면 많은 양들이 보존되게끔 만들 수 있다. 그러나 엄격한 제한이 없는 상태에서도 보존되는 양이 있다는 사실은 흥미롭다고 할 수 있다.

물체에 작용하는 힘이 중력이나 탄성력 같은 보존력 이외에, 마찰력 같은 비보존력도 있는 경우 역학적 에너지는 보존되지 않는다. 그러나 마찰력 같은 비보존력이 작용하면 어떤 양도 보존될 수 없는 것일까? 역학적 에너지의 보존이라는 중요한 사실을 발견한 상태에서 우리는 비보존력이 작용하는 경우라도 역학적 에너지라는 형태와 다른 어떤 에너지의 형태를 포함하면 에너지는 보존될 것이라 기대하게 된다.

나무토막을 밀면 나무토막은 미끄러지다가 얼마 후 멈추게 된다. 운동에너지는 확실히 손실되었다. 그렇다면 의문이 생긴다. 그 '손실된' 에너지는 어떻게 되었을까? 나무토막을 한 번만 밀면 잘 느낄 수 없겠지만, 여러 번 왕복시킨 후에 나무토막이나 바닥면을 만져보면 따뜻해져 있음을 알 수 있다. 이것은 겨울철에 손바닥을 마주 비비면 따뜻해지는 것과 같은 현상이다. 따라서 '손실된' 에너지가 '열'이라고 하는 형태로 변환되었다고 생각할 수 있다. 이와 같은 에너지를 **열에너지(thermal energy)** 또는 더 일반적으로는 **내부에너지(internal energy)**라 하고 $U_{\text{내부}}$로 나타낸다.

내부에너지는 **미시적인 역학적 에너지**라고 해석할 수 있는 양으로, 원자나 분자 등이 가지는 운동 및 위치에너지의 합이라 생각할 수 있다. 즉, 미끄러지던 나무토막이 멈추는 과정은 거시적인 형태의 운동에너지가 미시적인 형태의 운동 및 위치에너지 등으로 변환되는 과정이라고 볼 수 있다. 따라서 마찰력 같은 비보존력의 영향을 받더라도 계 전체의 역학적 에너지와 내부에너지를 더한 양은 항상 일정하다고 할 수 있다.

지금까지 위치에너지나 내부에너지 등의 새로운 개념을 도입하여 그러한 새로운 형태의 에너지 개념까지 고려하면 에너지라고 하는 양은 일정함을 알았다. 따라서 그 외의 어떤 경우라도 다양한 에너지의 형태를 모두 고려하면 어떤 계의 총 에너지는 항상 일정하다고 가정할 수 있다. 즉, 에너지는 한 형태로부터 다른 형태로 전환될 수는 있어도 없어지거나 생겨날 수는 없다고 가정할 수 있으며, 지금까지 알려진 바로 이 가정은 항상 옳다고 여겨진다. 이것을 **에너지 보존(conservation of energy)의 법칙**이라 한다.

우리 주위에서 볼 수 있는 에너지의 형태는 빛이나 소리 등 아주 다양하다. 그러나 소리 등 많은 경우는 미시적인 역학적 에너지일 뿐이다. 또 빛은 전자기장이라는 새로운 형태의 에너지이고, 상대성이론에 의하면 질량도 에너지의 한 형태이다.

연습문제

5-1 일의 정의

1. 어떤 물체에 힘 $\boldsymbol{F} = (3.0x^2 + 2.0x)\boldsymbol{i} + (2.0y - 3.0)\boldsymbol{j}$ N이 작용하여 물체를 $\boldsymbol{r}_1 = 1.0\boldsymbol{i} - 2.0\boldsymbol{j}$ m로부터 $\boldsymbol{r}_2 = -2.0\boldsymbol{i} + 5.0\boldsymbol{j}$ m까지 이동시켰다. 이때 한 일을 구하여라.

2. 인수와 하영 두 사람이 힘을 가해 물체를 운동시키고 있다. 다음 각각의 경우 한 일을 구하여라. (단, 마찰력은 무시한다.)

(가) 인수는 오른쪽으로 50.0 N, 하영은 왼쪽으로 30.0 N의 힘을 가했을 때, 물체가 오른쪽으로 3 m 진행한 경우

(나) 인수는 오른쪽으로 50.0 N, 하영은 수직 위로 30.0 N의 힘을 가했을 때, 물체가 오른쪽으로 3 m 진행한 경우

(다) 위 두 경우 모두 일이 끝난 후에 물체는 어떤 운동 상태인지 설명하여라.

3. 높은 건물에서 질량 m의 고무풍선을 자유낙하시켰더니, 공기저항력으로 인해 일정한 속도 v로 떨어졌다.

(가) 중력과 공기저항력의 크기와 방향을 구하여라.

(나) 중력이 한 일률과 공기저항력이 한 일률을 구하고 비교하여라.

4. 긴 줄에 매달린 질량 100 kg의 물체가 등가속도 $a = g/2$로 올라가고 있다. 초기 지면에서의 속력을 0.00 m/s라 하자. (단, 중력가속도 $g = 10.0\ \text{m/s}^2$)

(가) 지면에서 출발하여 $h = 10.0$ m 지점까지 물체가 이동하는 동안 장력에 의한 평균 일률은 얼마인가?

(나) $h = 10.0$ m 지점을 통과할 때 장력에 의한 순간 일률은 얼마인가?

5. 어떤 순간에 한 입자의 속도가 $\boldsymbol{v} = -(4.00\ \text{m/s})\boldsymbol{i} + (3.00\ \text{m/s})\boldsymbol{k}$이고 이 입자에 힘 $\boldsymbol{F} = (2.00\ \text{N})\boldsymbol{i} - (5.00\ \text{N})\boldsymbol{j} + (3.00\ \text{N})\boldsymbol{k}$가 작용하고 있다. 이 힘이 입자에 한 순간 일률은 얼마인가?

5-2 변화하는 힘에 의한 일

6. 어떤 용수철에 무게가 30.0 N인 물체를 매달았더니 용수철의 길이가 10.0 cm 늘어났다. 이 용수철을 바닥에 놓여 있는 무게가 60.0 N인 물체 위에 연결하고 위로 잡아당겨 용수철 길이가 10.0 cm가 되었을 때 바닥이 물체에 작용하는 수직항력은 얼마인가?

▲ 그림 P.5.1

7. 용수철 상수가 k인 용수철을 같은 길이가 되도록 2개로 잘랐다. 잘라진 반쪽 용수철의 용수철 상수는 얼마인가?

8. 동일한 용수철 X, Y, Z가 그림 P.5.2와 같이 매달려 있다. 3.00 kg의 물체를 용수철 X에 매달면 물체는 4.00 cm만큼 내려온다. 용수철 Y에 6.00 kg의 물체를 매달면 물체가 내려오는 길이는 얼마가 되겠는가?

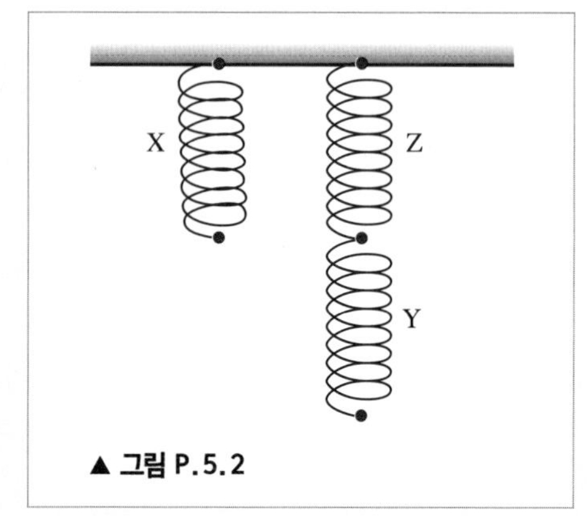

▲ 그림 P.5.2

9. 기계식으로 된 컴퓨터 자판을 입력하고 있다. 각 자판 키 내부에는 용수철 상수 k의 용수철이 설치되어 있고, 자판 키는 길이 L만큼 눌러지게 설계되어 있다. (단, 자판 키의 질량은 무시하며, 용수철은 평행상태로 설치되어 있다고 하자.)

(가) 손가락으로 자판 키 하나를 눌렀을 때, 한 일은 얼마인가?

(나) 10.0초 동안 키를 300번 눌렀다. 이때 평균 일률을 구하여라.

10. 그림 P.5.3은 일직선상을 운동하는 질량이 1.00 kg인 물체에 가해진 힘 F_x를 물체의 위치 x의 함수로 나타낸 것이다.

(가) 물체가 $x = 0$에서 $x = 6.00$ m까지 움직였을 때, 힘 F_x가 한 일은 얼마인가?

(나) $x = 0$에서 물체가 정지해 있었다면, $x = 6.00$ m에서 물체의 속도 v_x는 얼마인가?

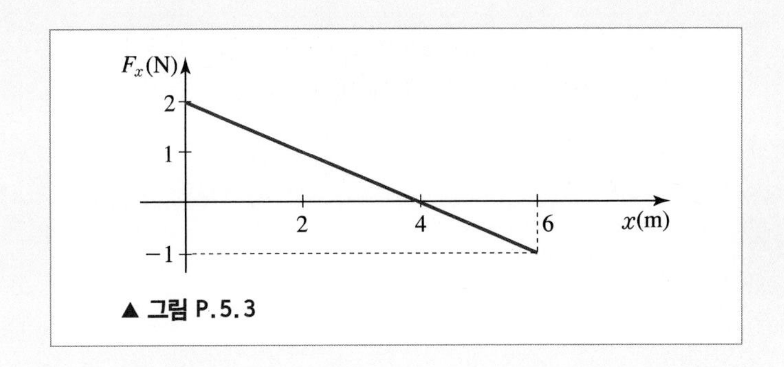

▲ 그림 P.5.3

11. 3.00 kg의 물체에 어떤 힘을 가했더니 시간에 따른 위치의 변화가 $x = 3t - 4t^2 + t^3$으로 주어졌다. 여기서 x의 단위는 m이고, t의 단위는 초이다. 처음 4.00초 동안에(즉 $t = 0$에서 $t = 4$까지) 그 힘이 한 일을 구하여라.

5-3 운동에너지와 일-에너지 정리

12. 질량이 m이며 속력이 v_0인 물체가 마찰이 없는 표면에서 미끄러지다가 용수철 상수가 k인 용수철에 부딪쳤다. 운동하던 물체에 의한 용수철의 최대 수축거리를 구하여라.

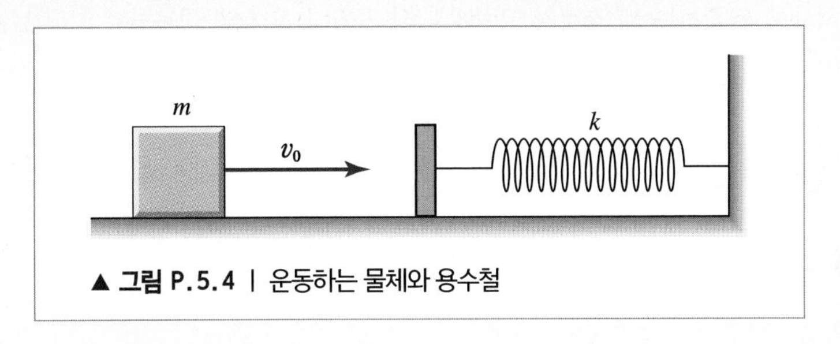

▲ 그림 P.5.4 | 운동하는 물체와 용수철

13. 코르크를 발사하는 장난감총의 용수철이 5.00 cm 압축되었다가 균형점을 지나 1.00 cm가 더 늘어났을 때 코르크는 용수철에서 이탈하였다. 발사된 코르크의 속력을 구하여라. (단, 코르크의 질량은 1.00 g, 용수철 상수는 10.0 N/m이고 용수철의 질량은 무시한다.)

14. 각각 질량이 3 kg, 2 kg, 1 kg인 세 개의 물체가 그림과 같이 맞닿아 정지해있다. 왼쪽에서 6 N의 일정한 힘으로 밀어서 세 물체를 같이 3 m 이동시켰다. 바닥과의 마찰을 무시하는 경우, 다음 물음에 답하라.

(가) 미는 동안에 세 물체의 가속도를 구하라.
(나) 세 물체의 최종 속력을 구하라.
(다) 세 물체가 받은 일의 양을 각각 구하라.
(라) 세 물체의 최종 운동에너지를 구하라.

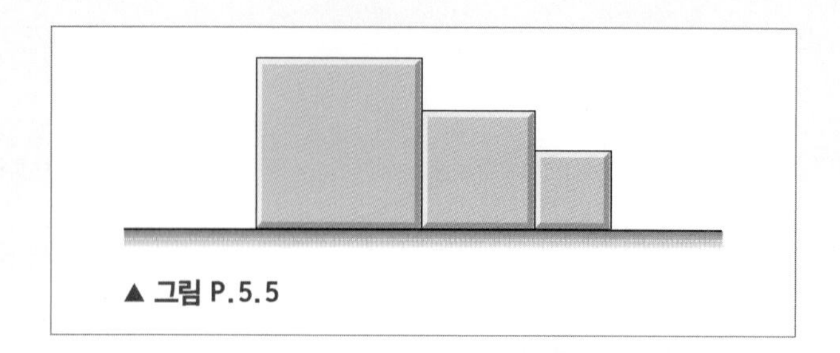

▲ 그림 P.5.5

15. x축을 따라 움직이는 질량이 m인 물체에, 거리에 따라 변하는 힘 $F=-ax^2$이 x축 방향으로 작용할 때 다음을 구하여라.

(가) 물체의 위치 $x=x_1$에서의 속도가 v_1일 때 $x=x_2$에서의 속도를 주어진 변수들로 나타내어라.

(나) 물체의 위치 $x=0$ m에서의 운동에너지가 23 J이고 $x=3$ m에서의 운동에너지가 5 J일 때 a를 구하여라.

5-4 위치에너지 **5-5** 역학적 에너지의 보존 **5-6** 에너지의 보존

16. 점 a에서 b를 연결하는 세 경로가 그림에 나타나 있다. 입자에 작용하는 힘이 보존력인지 비보존력인지 답하고 그 이유를 설명하시오.

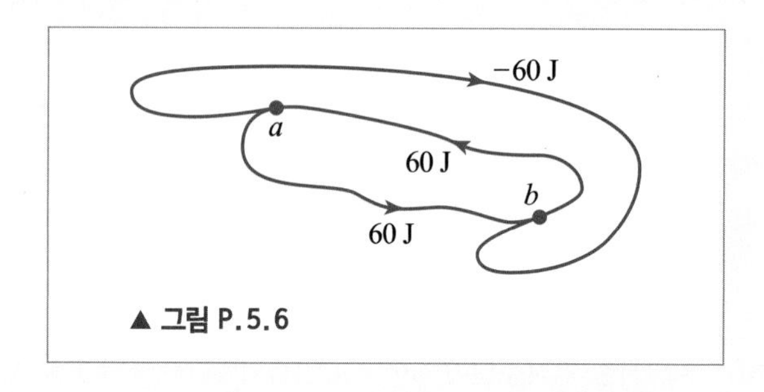

▲ 그림 P.5.6

17. 고무줄총을 만들어 발사한다. 고무줄의 용수철 상수는 $k=50.0$ N/m이고, 질량은 1.00 g(=0.001 kg)이다. 고무줄을 10.0 cm 늘인 후, 수직 위로 발사할 경우 얼마나 높이 올라가겠는가?

18. 질량이 3.00 kg인 물체를 $t=0$일 때 건물 꼭대기에서 떨어뜨릴 때 초기속도가 $\boldsymbol{v}=21.0\boldsymbol{i}+14.0\boldsymbol{j}$ m/s이다. $t=0$ 초와 $t=4$ 초 사이에서의 위치에너지 변화량을 구하여라. (단, 공기저항은 무시하고 중력가속도는 $g=10.0\ \mathrm{m/s^2}$로 가정하라.)

19. 높은 곳에서 떨어지는 물체는 가속도운동을 하므로 매우 위험하다. 아래 물음에 답하여라. (공기저항은 무시한다.)

(가) 물풍선 1.00 kg이 높이 40.0 m에서 떨어질 때, 지면에 닿기 전에 운동에너지와 속도를 구하여라.

(나) 물풍선 2.00 kg이 (가)와 같은 높이에서 떨어졌을 때, 운동에너지와 속도를 구하여 비교하여라.
(다) (가)와 (나)에서 구한 물풍선의 속도와 100 km/h를 비교하여라.

20. 지면과 30°의 각을 이룬 경사면 위에 질량이 무시되는 용수철이 놓여 있다. 이 용수철의 용수철 상수는 1,960 N/m이다. 이 용수철은 0.20 m 압축된 상태에 있으며, 그 끝에는 질량이 2.00 kg인 물체가 놓여 있다. 압축된 용수철을 놓으면 물체는 경사면을 따라 얼마나 높이 올라가겠는가? (물체와 경사면 사이의 마찰은 무시한다.)

21. 양 끝에 경사진 그릇의 한쪽 면 높이 1.00 m인 곳에 물체가 하나 있다. 그릇의 바닥면 길이는 2.00 m이고 마찰계수가 0.20이며, 경사면에서는 마찰이 없다. 이 물체를 놓으면, 미끄러진 물체는 결국 어디에서 멈추겠는가?

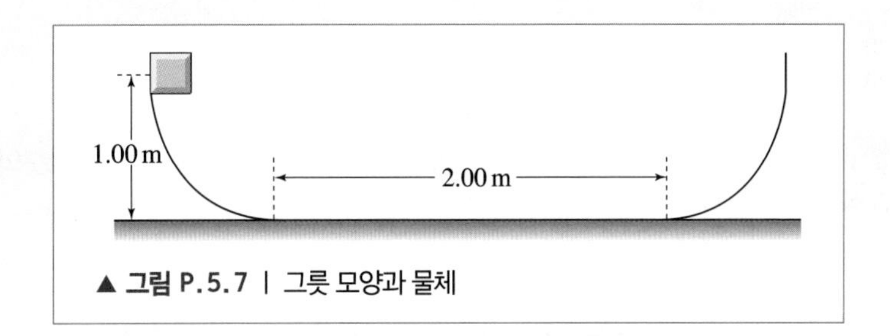

▲ **그림 P.5.7** | 그릇 모양과 물체

22. 아래 그림과 같은 위치에너지를 갖는 물체가 있다. $x = a$ 위치에서 정지해 있던 물체를 가만히 놓았다면 다음 중 맞는 것은? 단, 마찰력과 공기저항은 무시한다.

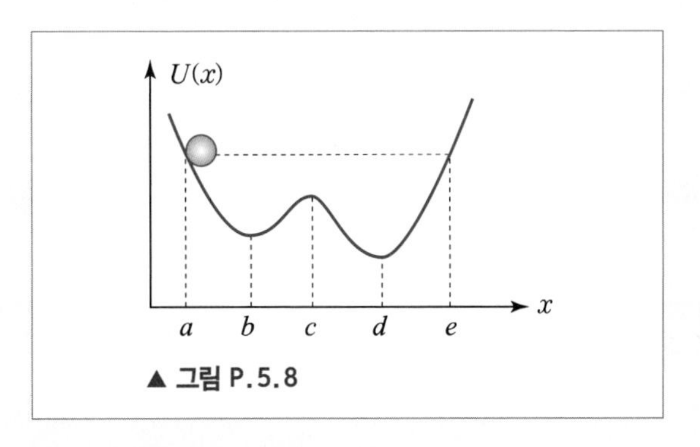

▲ **그림 P.5.8**

(가) $x = a$와 $x = c$ 사이에서 왕복운동 한다.
(나) $x = a$와 $x = e$ 사이에서 왕복운동 한다.
(다) $x = e$에서 정지한다.
(라) $x = b$에서 정지한다.

23. 높이가 H인 곳에서 자유낙하시킨 질량이 m인 물체가 있다. 임의의 높이 h인 곳에서 이 물체의 속도를 구하고 그 결과를 이용하여 그 높이에서의 운동에너지를 구하여라. 이 경우 역학적 에너지는 높이 h에 상관없이 항상 일정함을 증명하여라.

24. 그림 P.5.9와 같이 1분 동안 체중이 60.0 kg인 사람 20명이 에스컬레이터를 타고 1층에서 2층으로 올라간다. 에스컬레이터가 설치된 각도는 30°이고 1층에서 2층까지의 높이가 5.00 m라면 에스컬레이터가 한 일률은 얼마인가?

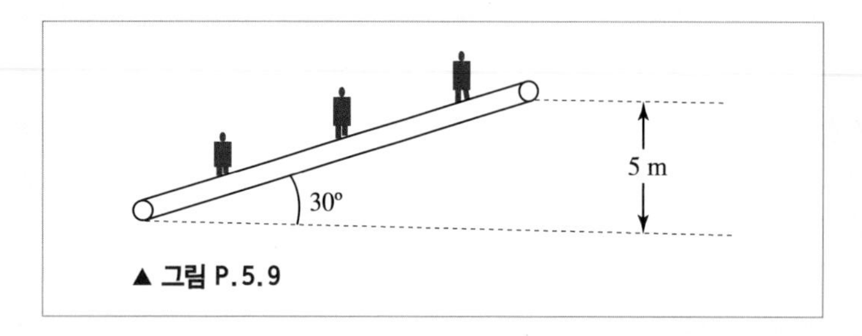

▲ **그림 P.5.9**

발전문제

25. 그림 P.5.10과 같이 반지름이 R인 반구 모양의 그릇에 질량이 m인 물체가 그릇의 한쪽 면 끝쪽에서 v의 속력으로 입사하여, 그릇의 안쪽면을 따라 미끄러진다.

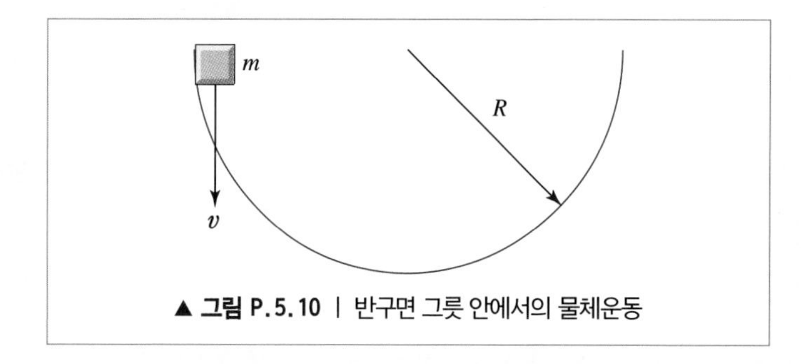

▲ **그림 P.5.10** | 반구면 그릇 안에서의 물체운동

(가) 물체와 그릇면 사이에 마찰이 없을 때, 그릇 바닥에서 물체의 속력은 얼마인가?

(나) 물체와 그릇면 사이에 마찰이 있는 경우, 물체는 그릇 바닥을 중심으로 진동하다가 정지한다. 정지할 때까지 중력이 물체에 한 일은 얼마인가?

(다) (나)의 경우에, 정지할 때까지 그릇면이 물체에 미치는 수직항력(법선력)이 물체에 한 일은 얼마인가?

(라) (나)의 경우에, 정지할 때까지 마찰력이 물체에 한 일은 얼마인가? 단, 물체와 그릇면 사이의 마찰계수는 μ_k이다.

26. 그림 P.5.11과 같이 지면과 30°의 각도를 갖는 비탈면의 바닥에 용수철 상수 k인 용수철이 놓여 있다. 이제 지면으로부터 수직거리 h인 비탈면상의 지점에서 벽돌을 가만히 놓는다. 비탈면과 벽돌 사이의 마찰계수는 μ_k이고, 용수철의 길이는 매우 작으며, k는 충분히 크다고 가정하자.

(가) 벽돌이 제일 아래에 도달할 때까지 수직항력이 한 일은 얼마인가?

(나) 벽돌이 용수철과 부딪친 후 다시 오르는 최고 수직거리는 얼마인가?

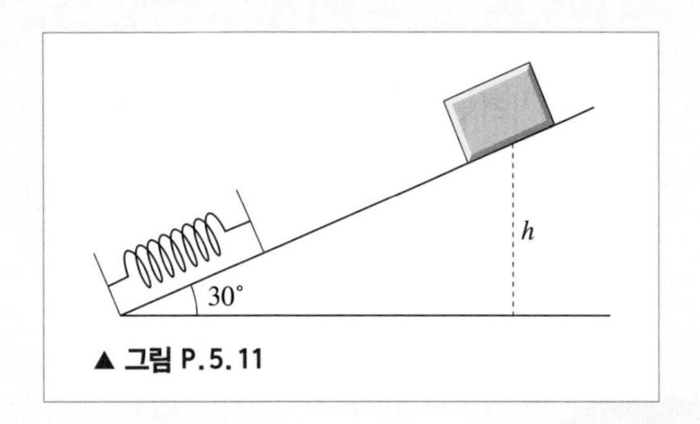

▲ 그림 P.5.11

27. 그림 P.5.12와 같이 질량이 m인 물체가 용수철 상수가 k인 용수철에 수직으로 떨어진다. 이 물체가 순간적으로 정지할 때까지 용수철은 길이 x만큼 수축하였다. 이 물체가 용수철을 치기 직전 물체의 속력을 x, k, g를 이용하여 표현하여라. 단, 중력가속도는 g이고, 용수철의 질량은 무시한다.

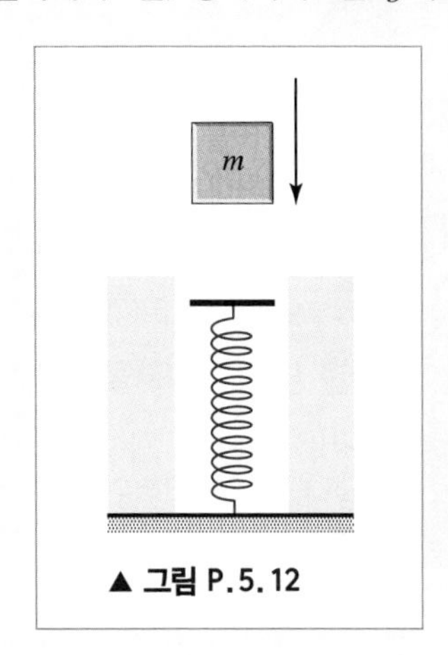

▲ 그림 P.5.12

르네 데카르트

René Descartes, 1596-1650

프랑스의 철학자, 물리학자. 근대 철학의 아버지,
해석 기하학의 창시자로 불린다. 굴절광학에서 굴절의 법칙을 설명하였으며
물체의 직선 관성과 운동량 보존에 대한 생각을 도입하였다.

CHAPTER 06
운동량과 충돌

이 장에서는 운동량이 무엇인지를 배울 것이다. 운동량은 물체나 여러 물체계의 운동을 분석하는 데 아주 유용하다. 에너지와 마찬가지로 운동량도 보존되는 양이다. 운동량 보존법칙은 에너지 보존법칙과 더불어 가장 중요한 물리법칙의 하나이며, 작은 미시세계 입자들의 충돌 현상부터 자동차와 같은 거시세계의 충돌에 이르기까지 많은 현상들을 다루는 데 큰 도움을 준다.

6-1 질량중심

지금까지 물체가 마치 하나의 점인 것 같이 취급해 왔다. 질량은 있지만 그 크기나 모양이 없이 위치만 정해지는 물체를 질점이라 한다. 즉, 질점의 운동만을 다루어 왔던 것이다. 그러나 실제의 물체는 크기도 있으며 또 형체도 각각 다르다. 예컨대, 도끼는 그 자체의 모양이 있어 공중으로 던지면 빙글빙글 돌면서 날아가게 된다. 또 두 공이 용수철에 묶인 형태의 물체를 던지면 용수철은 진동할 것이기 때문에, 그 운동은 훨씬 더 복잡해질 것이다. 현실 세계의 이러한 복잡한 운동을 다루는 데는 지금까지 다루어온 질점의 운동은 큰 도움이 될 것 같지 않아 보인다. 그러나 곧 보게 되듯이, 아무리 복잡해 보이는 운동이라도 뜻밖에 간단한 운동들의 결합으로 나타낼 수 있다.

그림 6.1은 공중으로 던져진 도끼의 운동을 보여주고 있다. 날아가는 도끼의 운동을 사진기를 이용하여 짧은 시간 간격으로 기록해보면, 흥미롭게도 도끼의 어느 한 점은 아주 단순한 포물선을 그리며 운동했음을 알 수 있다. 즉, 적어도 도끼의 어떤 한 점은 마치 질점이 날아가듯 포물선을 그리며 운동한 것이다. 포물선을 그리며 운동한 도끼의 그 한 점의 운동을 분석해보면, 도끼 전체의 질량이 마치 그 한 점에 뭉쳐진 경우에 얻어지는 궤적과 그 점의 궤적이 일치함을 알 수 있다. 즉, 도끼의 어떤 한 점의 운동은, 도끼와 같은 질량을 가진 질점의 운동과 정확히 일치한다고 할 수 있다. 포물선을 그리며 운동한 도끼의 그 점을 도끼의 **질량중심 (center of mass)**이라 한다. 어떤 물체가 질량이 각각 m_1, m_2, $\cdots$ 인 질점으로 구성되어 있을 때, 그 물체의 질량중심 좌표 성분인 $x_{\rm cm}$, $y_{\rm cm}$, $z_{\rm cm}$ 은 각각 다음과 같이 정의한다.

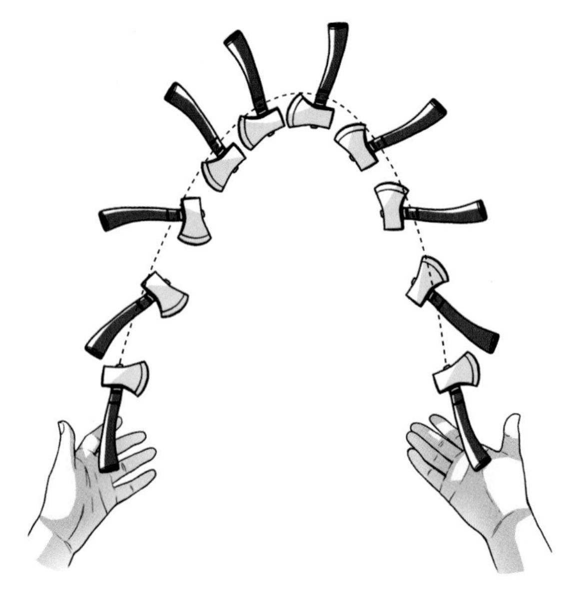

▲ **그림 6.1** | 돌며 날아가는 도끼

$$x_{\text{cm}} = \frac{m_1 x_1 + m_2 x_2 + \cdots}{m_1 + m_2 + \cdots} \tag{6.1}$$

$$y_{\text{cm}} = \frac{m_1 y_1 + m_2 y_2 + \cdots}{m_1 + m_2 + \cdots}$$

$$z_{\text{cm}} = \frac{m_1 z_1 + m_2 z_2 + \cdots}{m_1 + m_2 + \cdots}$$

또는 계의 총 질량을 $M(= m_1 + m_2 + \cdots)$이라 하고 질량중심을 $\boldsymbol{R}_{\text{cm}}$이라 하면, 이 정의식은 $M\boldsymbol{R}_{\text{cm}} = m_1\boldsymbol{r}_1 + m_2\boldsymbol{r}_2 + \cdots$와 같이 하나의 식으로 쓸 수도 있다.

그러나 일반적으로 물체의 형태는 연속적인 질량 분포를 가진다. 연속적인 질량 분포는 충분히 작은 단위의 질량들이 모여서 이루어진 것으로 볼 수 있다. 따라서 더 일반적으로 질량중심은 물체를 작은 단위의 질량으로 나누어서 적분 형태로 정의할 수 있다. 예컨대 x_{cm}은 다음과 같이 정의한다.

$$x_{\text{cm}} = \frac{1}{M}\int x\mathrm{d}m \tag{6.2}$$

여기서 M은 앞에서와 같이 물체의 총 질량을 나타낸 것이다.

예제 6.1 두 물체의 질량중심

질량이 각각 3.0 kg과 5.0 kg인 두 물체가 16 m 떨어져 있다. 두 물체의 질량중심은 어디에 있는가?

| 풀이

두 물체의 x좌표를 각각 0과 16이라 하면,

$$x_{\text{cm}} = \frac{(3.0\times0+5.0\times16)\ \text{kg}\cdot\text{m}}{(3.0+5.0)\ \text{kg}}$$

따라서 질량이 3.0 kg인 물체로부터 10 m 떨어진 점이다.

예제 6.2 균일한 질량 분포를 가진 막대

균일한 질량 분포를 가진 길이가 L인 막대의 질량중심은 어느 곳에 있는가?

| 풀이

단위길이당 막대 질량을 λ라 하자. 이 경우 막대의 길이를 L이라 하고 막대의 총 질량을 M이라 하면, $\lambda L = M$인 관계가 성립한다. 또 $\mathrm{d}x$만큼의 막대 길이 질량은 $\mathrm{d}m = \lambda\mathrm{d}x$가 된다. 따라서 다음과 같이 쓸 수 있다.

$$M x_{\text{cm}} = \int_0^L x \cdot \lambda \mathrm{d}x = \lambda L^2/2 = M \cdot L/2$$

$$x_{\text{cm}} = \frac{1}{2} L$$

따라서 균일한 질량 분포를 가진 막대의 질량중심은 그 중심점에 있다.

어떤 물체의 질량중심은 그 물체를 대표하는 점으로 생각해도 좋다. 따라서 각각의 질량중심이 이미 알려진 두 물체로 이루어진 계의 질량중심은 두 물체의 질량중심에 위치한 두 질점의 질량중심과 같다. 앞의 정의식을 사용하면, 이 사실은 수학적으로 간단히 증명할 수 있다. 이 사실을 이용하여 다음의 예제를 다루어보자.

예제 6.3 L자 모양 물체

그림 6.2와 같이 L자 모양을 한 물체가 있다. 물체의 질량 분포는 균일하며, y축 방향의 막대 길이는 6.0 m, x축 방향의 막대 길이는 10 m이다. 이 물체의 질량중심은 어느 곳에 있는가?

| 풀이

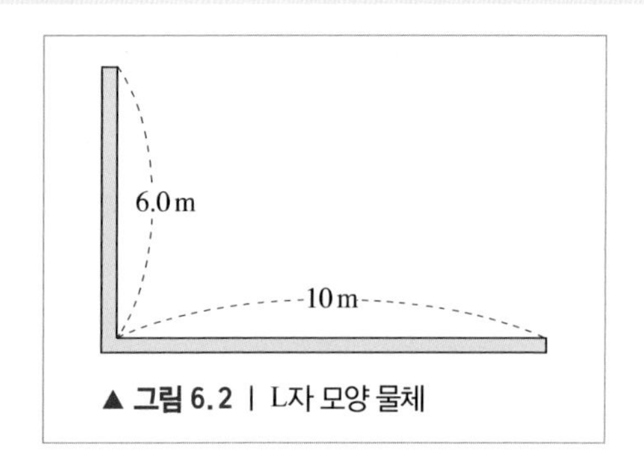

▲ 그림 6.2 | L자 모양 물체

y축 방향 막대 부분의 질량중심은 당연히 막대의 중심인 (0, 3) 위치에 있으며, x축 방향 부분의 질량중심 좌표도 (5, 0) 위치이다. 따라서 질량이 각각 6.0 kg과 10 kg인 질점이 (0, 3)과 (5, 0)인 좌표에 집중되어 있다고 보면 질량중심 좌표는 다음과 같다.

$$y_{\text{cm}} = \frac{(6.0 \times 3.0 + 10 \times 0)\text{kg} \cdot \text{m}}{(6.0 + 10)\text{kg}} = 1.1 \text{ m}$$

$$x_{\text{cm}} = \frac{(6.0 \times 0 + 10 \times 5.0)\text{kg} \cdot \text{m}}{(6.0 + 10)\text{kg}} = 3.1 \text{ m}$$

일반적으로 대칭성을 지닌 물체의 질량중심은 대칭의 중심에 위치한다. 예컨대, 균일한 질량 분포를 지니는 공의 질량중심은 공의 중심이며, 균일한 질량 분포를 가지는 원판의 질량중심은 원판의 중심점이다. 이러한 사실은 대칭성을 가진 물체의 대칭 중심점을 좌표의 원점으로 잡으면, 질량중심 좌표가 (0, 0)이 됨을 뜻한다. 그림 6.3은 삼각형 모양의 얇은 판의 질량중심을 구하는 방법을 나타낸다.

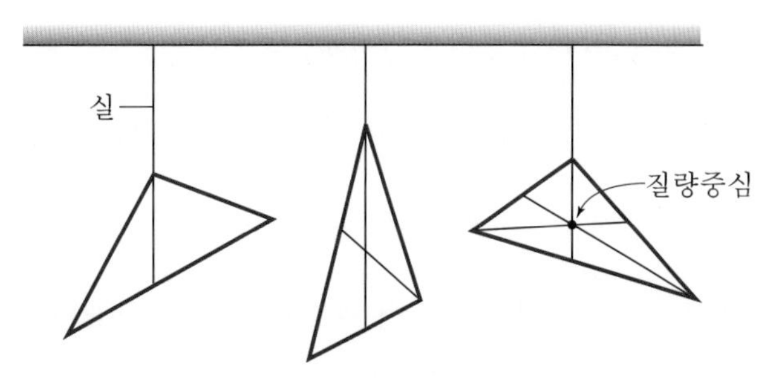

▲ 그림 6.3 | 삼각형 모양의 얇은 판의 질량중심

예제 6.4

아래 그림과 같이, 반지름이 $2R$인 금속 원판에서 반지름이 R인 금속 원판을 제거하였다. 이 물체의 질량중심에서 반지름 $2R$인 원판의 중심까지의 거리를 구하여라. 단, 원판의 밀도는 일정하다.

| 풀이

반지름이 R인 제거된 금속 원판의 질량을 m_1, 질량중심의 좌표를 $(x_1,\ y_1)$이라고 하고, 남은 부분의 질량을 m_2, 질량중심의 좌표를 $(x_2,\ y_2)$라고 하면, 처음에 원판을 제거하기 전에 반지름이 $2R$이었던 금속 원판의 질량중심의 좌표 $(x_{\text{cm}},\ y_{\text{cm}})$는 식 (6.1)로부터 다음과 같이 표현된다.

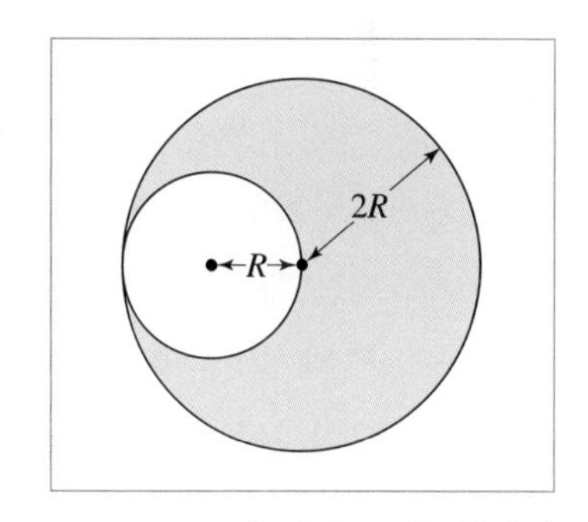

$$x_{\text{cm}} = \frac{m_1x_1 + m_2x_2}{m_1 + m_2}, \quad y_{\text{cm}} = \frac{m_1y_1 + m_2y_2}{m_1 + m_2}$$

원판을 제거하기 전에 금속 원판의 중심을 원점으로 정하면, $x_{\text{cm}} = 0$, $y_{\text{cm}} = 0$이 된다. 또한 제거된 금속 원판의 반지름이 R이므로, 이 금속 원판의 질량중심 좌표는 $x_1 = -R$, $y_1 = 0$이 된다. 따라서 위 식은 $-m_1R + m_2x_2 = 0,\ y_2 = 0$이 된다.

또한 원판의 밀도가 일정하므로, $m_2 = 3m_1$이 되고, 이에 따라 $x_2 = R/3$이 된다. 즉, 원판이 제거된 후의 질량중심은 제거되기 전의 원판의 중심에서 $R/3$만큼 떨어져 있다.

6-2 질량중심의 운동

앞 절에서 공중에 던진 도끼의 질량중심 운동이 단순한 질점의 운동과 같은 포물선임을 알았다. 이 절에서는 앞 절에서 정의한 질량중심이 왜 그런 흥미로운 특성을 보이는지 알아보자.

질량이 각각 $m_1,\ m_2,\ \cdots$인 입자들로 이루어진 계가 있다고 하자. 이 계의 질량중심을 $\boldsymbol{R}_{\text{cm}}$이라 하면, 질량중심은 다음과 같이 나타낼 수 있다.

$$M\boldsymbol{R}_{\mathrm{cm}} = m_1\boldsymbol{r}_1 + m_2\boldsymbol{r}_2 + \cdots \tag{6.3}$$

그러므로 이 관계식의 양변을 각각 미분하면 다음 결과를 얻는다.

$$M\boldsymbol{v}_{\mathrm{cm}} = m_1\boldsymbol{v}_1 + m_2\boldsymbol{v}_2 + \cdots \tag{6.4}$$

여기서 $\boldsymbol{v}_{\mathrm{cm}}$은 질량중심의 속도를 나타낸다. 이 식을 다시 한 번 미분하면 다음 결과를 얻는다.

$$\begin{aligned} M\boldsymbol{a}_{\mathrm{cm}} &= m_1\boldsymbol{a}_1 + m_2\boldsymbol{a}_2 + \cdots \\ &= \boldsymbol{F}_1 + \boldsymbol{F}_2 + \cdots \\ &= \boldsymbol{F}_{\text{합력}} \end{aligned} \tag{6.5}$$

여기서 $\boldsymbol{a}_{\mathrm{cm}}$은 질량중심의 가속도를 나타낸 것이다. 즉, 입자계의 질량중심 가속도는 입자계 총 질량과 같은 질량을 가진 한 점에, 입자 하나하나에 작용하는 모든 힘의 합력이 작용할 때의 가속도와 같다. 입자계의 입자들에 작용하는 힘에는 입자들끼리의 상호작용에 의한 힘도 물론 포함된다.

예컨대, 그림 6.4와 같이 태양에 의해 힘을 받는 지구와 달계의 운동을 살펴보자. 지구와 달은 자신들끼리도 서로 끌어당기지만, 각각 태양에 의해 끌리는 힘도 받는다. 이때 지구와 달로 이루어진 계만을 떼어내어 그 운동을 다룬다고 하자. 이 경우 지구와 달이 서로 당기는 힘 $\boldsymbol{F}_3$, $-\boldsymbol{F}_3$와 같이 대상계 내의 물체끼리 상호작용하는 힘을 **내력(internal force)**이라 한다. 그러나 뉴턴의 운동 제3법칙에 의하면, 지구가 달을 당기는 힘과 달이 지구를 당기는 힘의 합력은 0이 되므로 이 두 힘의 합력은 지구와 달의 질량중심 운동에 아무런 영향을 주지 않는다. 즉, 계 내의 물체끼리 상호작용하는 힘인 내력들은 계의 질량중심 운동에 아무런 역할도 하지 않는다. 따라서 이 경우 질량중심의 운동에 영향을 주는 힘들은 계의 외부에 있는 물체와 상호작용하는 힘들인 $\boldsymbol{F}_1$, $\boldsymbol{F}_2$뿐이며, 이러한 힘들을 **외력(external force)**이라고 한다. 이제 $\boldsymbol{F}_{\text{외력}}$을 모든 외력의 합이라 하면, 위 식은 다시 다음과 같이 쓸 수 있다.

$$M\boldsymbol{a}_{\mathrm{cm}} = \boldsymbol{F}_{\text{외력}} \tag{6.6}$$

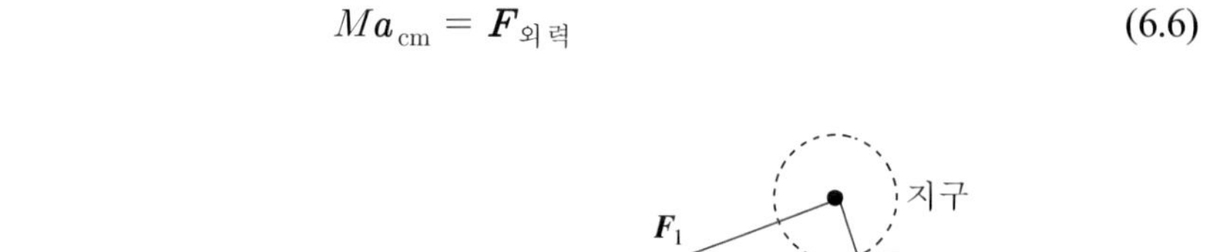
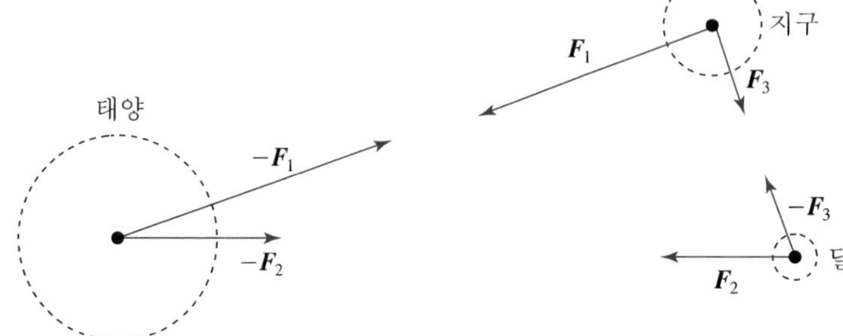

▲ **그림 6.4** | 태양과 지구, 달 사이에 작용하는 힘

어떤 계의 질량중심은 그 계의 총 질량을 가진 질점에 총 외력이 작용할 때처럼 운동한다. 그림 6.1에서 본 공중에 던져진 도끼의 질량중심은 이런 이유로 단순한 포물선 운동을 하는 것이다.

예제 6.5

1 kg의 물체를 수직 절벽 위에서 수평방향으로 10 m/s의 속력으로 던졌더니, 떨어지는 도중에 물체가 2개로 갈라졌다. 0.2 kg의 질량을 가진 조각을 절벽으로부터 10 m 떨어진 20 m 아래의 바닥에서 찾을 수 있었다. 다른 조각은 어디에 있는가? 중력가속도는 $g = 10\ \mathrm{m/s^2}$이라고 하자.

| 풀이

물체가 갈라지지 않는다면, 3장에서 배운 내용에 따라 수평방향은 등속도운동과 수직방향으로 등가속도운동을 하게 된다. 즉 절벽 아래로 떨어지는 데 걸린 시간은 다음과 같다.

$$H = 20\ \mathrm{m} = \frac{1}{2}(10\ \mathrm{m/s^2})t^2$$

따라서 $t = 2\ \mathrm{s}$이며, 그동안 수평방향으로 날아간 거리는 $D = (10\ \mathrm{m/s})(2\ \mathrm{s}) = 20\ \mathrm{m}$이다. 즉, 물체의 질량중심점은 절벽으로부터 20 m 떨어진 곳에 위치할 것이기 때문에, 0.3 kg의 질량을 가진 조각이 10 m 떨어진 곳에 있다면, 0.7 kg의 질량을 가진 다른 조각은 식 (6.1)을 이용하여

$$20 = \frac{(0.2\ \mathrm{kg})(10\ \mathrm{m}) + (0.8\ \mathrm{kg})\,x}{1\ \mathrm{kg}}$$

로부터 구할 수 있다. 즉, $x = 22.5\ \mathrm{m}$이다.

6-3 선운동량

옛 이야기에서 흔히 나오는 거대한 성의 성문을 공격하는 광경을 생각해보자. 이 성문을 부수는 방법에는 두 가지가 있다. 성문을 부수려면 질량은 작지만 매우 빠른 속력으로 운동하는 물체를 성문에 부딪치거나, 또는 속력은 느리더라도 매우 무거운 물체를 성문에 부딪치는 방법을 사용할 수 있다. 어떤 방법을 쓰건 성문을 뚫고 들어가는 효과는 같다. 이 경우 두 방법에서의 상황은 어떤 공통점을 지니고 있겠는가?

운동량이라는 물리량을 도입하면, 성문을 부수는 두 방법에서 물체 간의 공통적인 특성을 파악하는 데 편리하다. 질량이 m인 물체가 속도 $\boldsymbol{v}$로 운동할 때, 그 물체의 운동량 $\boldsymbol{p}$는 다음과 같이 정의한다.

$$\boldsymbol{p} = m\boldsymbol{v} \tag{6.7}$$

뒤에 다루게 될 각운동량이라는 물리량과의 구별을 위해 이와 같이 정의된 운동량을 더 정

확하게는 **선운동량(linear momentum)**이라고 한다. 속도가 벡터량이므로 선운동량도 벡터량이며, 흔히 선운동량을 **운동량**이라고도 한다. 속도는 기준틀에 따라 달라지는 양이므로, 운동량도 물론 기준틀의 선택에 따라 달라지는 양이다.

앞에서 뉴턴의 운동 제2법칙을 다음과 같이 표현하였다.

$$\boldsymbol{F} = m\boldsymbol{a} = m\frac{\mathrm{d}\boldsymbol{v}}{\mathrm{d}t} \tag{6.8}$$

그러나 물체의 질량은 변하지 않는 물체 고유의 양으로 항상 일정하므로, 이 관계는 다시 다음과 같이 나타낼 수 있다.

$$\boldsymbol{F} = \frac{\mathrm{d}\boldsymbol{p}}{\mathrm{d}t} \tag{6.9}$$

뉴턴이 처음 발표했던 운동의 법칙은 바로 이런 표현이었다. 이 식에 의하면 어떤 물체에 작용하는 힘은 그 물체의 운동량의 시간에 대한 변화율과 같다고 정의할 수 있다.

아인슈타인의 특수 상대성이론에 의하면, 물체의 질량은 속력이 빨라짐에 따라 점점 증가한다. 따라서 엄밀한 의미에서는 질량에 가속도를 곱한 값이 운동량의 시간변화율과 완전히 같지는 않다. 상대론적 입장에서는 관성의 척도인 질량이 상황에 따라 달라지며, 유일하지 않게 정의될 수밖에 없는 경우도 생긴다. 예컨대 물체의 운동속도 방향으로 가속시키는 경우와 운동속도에 수직인 방향으로 가속시키는 경우 관성의 정도는 약간 다르다. 따라서 이런 모호함을 피하기 위해 상대론적인 힘은 운동량의 시간 변화율로 정의되며, 운동량을 이용한 정의가 더 일반적으로 받아들여진다.

물체계의 총 운동량

여러 개의 질점들로 이루어진 계의 질점들이 각각 $\boldsymbol{p}_1$, $\boldsymbol{p}_2$, $\cdots$의 운동량을 가진다고 하면, 계의 총 운동량 $\boldsymbol{P}$는 다음과 같이 정의한다.

$$\begin{aligned} \boldsymbol{P} &= \boldsymbol{p}_1 + \boldsymbol{p}_2 + \cdots \\ &= m_1\boldsymbol{v}_1 + m_2\boldsymbol{v}_2 + \cdots \end{aligned} \tag{6.10}$$

이 표현은 앞 절에서 본 식 (6.4)의 질량중심 속도에 계의 총 질량을 곱한 양과 같다. 따라서 계의 총 운동량은 간단하게 다음과 같이 나타낼 수 있다.

$$\boldsymbol{P} = M\boldsymbol{v}_{\mathrm{cm}} \tag{6.11}$$

식 (6.5) 관계에서 보면, 계에 작용하는 외력의 합력은 계의 총 운동량 $\boldsymbol{P}$로 다음과 같이 나타낼 수도 있음을 알 수 있다.

$$\frac{\mathrm{d}\boldsymbol{P}}{\mathrm{d}t} = \boldsymbol{F}_{\text{외력}} \tag{6.12}$$

이 관계는 물체계의 총 운동량과 총 외력의 관계가 한 질점의 운동량과 힘의 관계와 같은 형태임을 보여준다. 예컨대 앞 절에서 다루었던 지구+달로 이루어진 계를 다시 생각해보자. 이 계의 총 운동량은 물론 어떤 기준계(예컨대 태양 중심에 고정된 원점을 가진 계)에서 관측한 지구의 운동량과 달의 운동량을 더한 것이다. 또는 지구와 달의 질량을 더한 총 질량에 지구와 달의 질량중심 속도를 곱한 양으로도 나타낼 수 있다. 지구와 달계의 질량중심은 지구와 달을 잇는 선 위에 있으며, 계산해보면 지표면에 가까운 지구 내부에 위치한다. 태양 주위를 거의 원운동 궤도로 공전하는 것은 바로 이 점이다. 위 식은 태양을 도는 이 점의 운동이 태양이 지구를 당기는 힘+태양이 달을 당기는 힘에 의해 결정된다는 것을 말해주고 있다.

6-4 선운동량의 보존

물체에 작용하는 합력이 없으면 그 물체의 운동량은 변하지 않는다. 즉, 물체에 작용하는 힘의 합력이 0이면, 물체의 운동량은 보존된다고 할 수 있다.

앞 절의 결과인 식 (6.12)에서 보듯이 여러 개의 물체로 이루어진 계의 총 운동량은 외력에 의해서만 영향을 받는다. 따라서 외력의 합력이 0이 되면, 물체계의 총 운동량은 일정하게 된다. 즉, **계에 작용하는 외력의 합이 0이면, 계의 총 운동량은 일정**하다. 이를 **운동량 보존법칙(conservation of linear momentum)**이라 한다. 운동량 보존법칙은 역학적 에너지 보존법칙과 더불어 복잡한 문제를 해결하는 데 매우 큰 도움이 되는 중요한 법칙이다.

❙ 운동량 보존법칙의 응용

운동량 보존법칙을 이용하면 많은 문제를 쉽게 해결할 수 있다. 운동량이 보존된다는 사실을 이용하여 다음의 예제를 다루어보자.

예제 6.6 두 스케이트 선수의 운동

질량이 각각 m_1과 m_2인 두 스케이트 선수가 그림 6.5와 같이 얼음판 위에 있다. 두 사람이 어느 순간 서로 밀었다면, 두 사람의 미끄러지는 속력의 비는 얼마인가? 또 두 사람의 운동에너지의 비는 얼마인가?

❙ 풀이

▲ 그림 6.5 ❙ 두 스케이트 선수

두 사람의 초기 운동량은 0이다. 두 사람이 서로 미는 힘은 외력이 아니므로, 따라서 미끄러지는 상태에서도 총 운동량은 여전히 0이다. 각각의 속도를 v_1, v_2라 하면,

$$0 = m_1v_1 + m_2v_2$$

이므로 다음 관계가 성립한다.

$$\frac{v_1}{v_2} = -\frac{m_2}{m_1}$$

또 운동에너지의 비는 다음과 같다.

$$\frac{K_1}{K_2} = \frac{\frac{1}{2}m_1v_1^2}{\frac{1}{2}m_2v_2^2} = \frac{m_2}{m_1}$$

즉, 질량이 작은 소년의 운동에너지가 어른보다 훨씬 크다.

질문 6.1

질량이 각각 m_1, m_2인 두 물체가 용수철에 연결되어 진동하고 있다. $m_2 = 2m_1$일 때, m_2의 운동에너지는 m_1의 운동에너지의 1/2배임을 증명하여라.

제트 추진과 로켓의 운동

제트(jet)란 흔히 기체나 액체 상태의 물질이 빠르게 분출되는 것을 뜻한다. 물체를 운동시키기 위해 이러한 제트를 이용하는 방법을 제트 추진이라 한다. 예컨대, 제트 여객기나 로켓 등은 제트 추진을 이용하여 운동한다. 제트기나 로켓은 모두 자신이 가지고 있던 연료를 연소시킨 다음 그 연소된 기체를 노즐(nozzle)이라 하는 분사구를 통해 분사시켜 추진력을 얻는다. 따라서 제트기나 로켓의 총 질량은 운동하면서 계속 감소하게 된다. 일반적으로 우주여행을 하기 위하여 만든 운반 로켓은 우주인이 사용하게 될 우주선 자체의 질량보다 훨씬 더 많은 질량을 가진다. 제트기와는 달리 우주여행 로켓은 산소가 없는 곳에서도 연료를 태울 수 있도록 산소 탱크를 탑재하도록 설계되어 있다.

로켓의 운동에서도 외력이 없다면 운동량은 역시 보존된다. 로켓의 추진기관에서 중요한 의미를 갖는 양은 **추진력(thrust)**이라 하는 양이다. 추진력은 로켓 본체에 대한 분사물질의 분출 속력과 분출률을 곱한 양으로 정의된다. 따라서 추진력을 크게 하려면 분사물질의 분출 속력을 빠르게 하거나 연료를 빠른 비율로 태워버려야만 한다. 로켓의 연료는 한정되어 있으므로 질량 감소율을 크게 하는 것은 단기적으로 빠른 운동을 하도록 만들 수는 있으나 장거리 운동에는 도움이 되지 않는다. 따라서 정해진 연료의 양으로 장거리 운동을 하려면 분사물질의 분출 속력을 빠르게 하는 것이 필요하다.

예제 6.7

우주 공간에서 속력 v로 움직이던 소유즈 우주선이 속력을 높이기 위해 질량이 m인 물체를 움직이는 방향과 반대 방향으로 우주선에 대한 상대속력 u로 분출하였다. 초기 우주선의 질량을 $M+m$이라고 할 때 분출 후 우주선의 최종속력은 얼마인가?

| 풀이

위 참고 내용을 참고하고 문제의 변수들을 사용하여 운동량 보존법칙을 적용하면,

$$(M+m)v = M(v+\Delta v)+mv'$$

마지막 항의 v'은 분출된 물체의 속력으로 우주선에 대한 상대속력이 아니라 정지한 관측자가 본 물체의 속력으로 우주선의 속력이 v라고 알고 있는 관측자이기도 하다. 즉, 운동량 보존법칙을 적용하기 위해서는 충돌 전후의 값이 동일한 관측자에 대한 값이어야 한다. 3장의 상대속도 식 (3.35)를 이용하면,

$$v' = -u+v$$

를 알 수 있으며, 여기서 u는 우주선에 대한 분출된 물체의 속력이다. 위 식에 대입하여 정리하면,

$$\Delta v = \frac{m}{M}u$$

따라서 우주선의 최종속력은 $v+\dfrac{m}{M}u$이다.

6-5 운동량과 충격량

풍선에 바람을 넣은 다음 입구를 막지 않고 놓으면 풍선은 복잡하고 빠른 운동을 한다. 또 총이나 대포를 발사하는 경우도 탄환이 발사되면 총이나 대포는 심하게 뒤로 밀린다. 이들 현상은 모두 뉴턴의 운동 제3법칙인 작용·반작용의 법칙으로 설명할 수 있다. 그러나 발사과정의 탄환과 총에 작용하는 힘은 매순간 변하며, 따라서 작용·반작용의 법칙만 가지고 이런 현상을 분석하기는 거의 불가능하다. 그러나 이러한 경우에도 운동량은 보존되므로 운동량 보존법칙을 이용하면 문제를 다루기가 훨씬 쉬워진다.

당구공이 서로 충돌하는 경우나 야구공이 방망이에 맞고 날아가는 경우 등에서도 운동량은 보존된다. 이러한 현상들은 충돌 현상이라 하며, 충돌 현상의 특징은 충돌 시간, 즉 두 물체끼리 상호작용하는 시간이 짧다는 점이다. 여기에서 충돌 시간이 짧다는 것은 물론 상대적인 의미로서 짧다는 뜻이다. 예컨대 우주에서 은하끼리의 충돌은 우리의 시간 척도로는 상상할 수 없을 만큼 길다. 이와 같이 계를 관찰하는 시간에 비해 극히 짧은 시간 동안만 작용하는 힘을 **충격력(impulsive force)**이라고 한다.

로켓의 운동방정식은 운동량 보존법칙을 이용하여 얻을 수 있다. 질량이 M인 로켓이 속도 v로 운동하고 있다고 하자. 분사물질이 덩어리 단위로 분사된다고 보고, 어느 순간 로켓에서 질량이 ΔM인 분사물질이 로켓에 대해 v'의 속력으로 분출된다고 하자. 외부에서 관측한 분사물질의 속도는 $v-v'$이므로 운동량 보존법칙은 다음과 같다.

$$Mv = (M-\Delta M)(v+\Delta v) + \Delta M(v-v')$$

여기서 ΔM, Δv가 매우 작아 그 곱을 무시한다고 하면,

$$0 = M\Delta v - \Delta M v'$$

이 된다. 이 관계를 충분히 작은 시간 Δt로 나누고, 미분의 정의식을 쓰면 다음 관계를 얻는다.

$$M\frac{dv}{dt} = -v'\frac{dM}{dt}$$

이 방정식이 로켓의 운동방정식이며, 오른쪽 항이 추진력이라 하는 양이다. 추진력은 분출속력 v'의 크기가 클수록 커짐을 알 수 있다$\left(\dfrac{dM}{dt}<0\right)$.

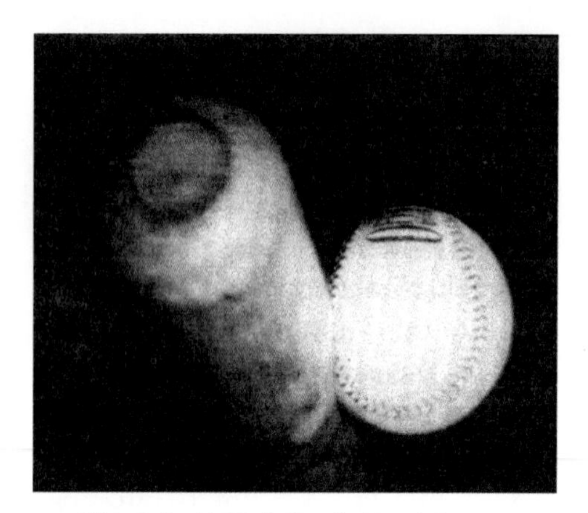

▲ **그림 6.6** | 야구공이 배트에 맞는 사진

그림 6.6은 야구공이 배트에 맞는 순간을 포착한 사진이다. 야구공이 배트에 맞는 시간만큼의 짧은 시간 동안 배트가 야구공에 작용하는 힘이 어떻게 변하는지 알아내기는 거의 불가능하다. 그러나 야구공과 배트가 충돌하는 시간 동안 서로에게 작용한 전체 힘의 효과는 쉽게 측정할 수 있는 물리량인 운동량과 연관될 수 있다. 이제 그 관계를 알아보자. 뉴턴의 운동 제2법칙은 다음과 같이 쓸 수도 있다.

$$\mathrm{d}\boldsymbol{p} = \boldsymbol{F}\mathrm{d}t \tag{6.13}$$

이때 시간 간격을 Δt라 하면, 그동안의 운동량의 변화량은 다음과 같이 나타낼 수 있다.

$$\Delta \boldsymbol{p} = \overline{\boldsymbol{F}}\Delta t \tag{6.14}$$

여기서 $\overline{\boldsymbol{F}}$는 그 시간 구간에서 작용한 힘의 평균값을 나타낸다. 이 관계에서 힘$\times$시간은 충돌과정 중 충격력의 효과라 해석될 수 있는 양으로, 시간 구간 Δt 동안의 **충격량(impulse)**이라 한다. 충격량은 흔히 J로 나타내며, 벡터량으로서 N·s의 단위를 가진다.

위의 식은 물체의 운동량의 변화량이 충격량과 같음을 나타내고 있다. 즉, 시각 t_1과 t_2 사이에 물체가 받은 충격량 $\boldsymbol{J}$는 다음과 같이 정의된다.

$$\begin{aligned} \boldsymbol{J} &= \overline{\boldsymbol{F}}\Delta t = \Delta \boldsymbol{p} \\ &= \boldsymbol{p}(t_2) - \boldsymbol{p}(t_1) \end{aligned} \tag{6.15}$$

이 관계를 **충격량-운동량 정리**라 한다.

앞에서 넓이는 힘과 거리의 그래프에서 그 힘에 의한 일의 양을 뜻함을 보았다. 마찬가지로 힘과 시간의 관계를 그래프로 나타내었을 때의 넓이는 그 힘에 의한 충격량과 같아진다. 그림 6.7은 어떤 충돌에서의 힘과 시간 관계를 나타낸 것이다. 시간을 충분히 작은 구간으로 나누면, 충분히 짧은 시간 구간에서의 충격량은 작은 직사각형의 넓이가 되며, 따라서 전체의 합은 힘-시간 곡선의 적분값과 같아진다. 따라서 적분 기호를 써서 시각 t_1과 t_2 사이의 충격량

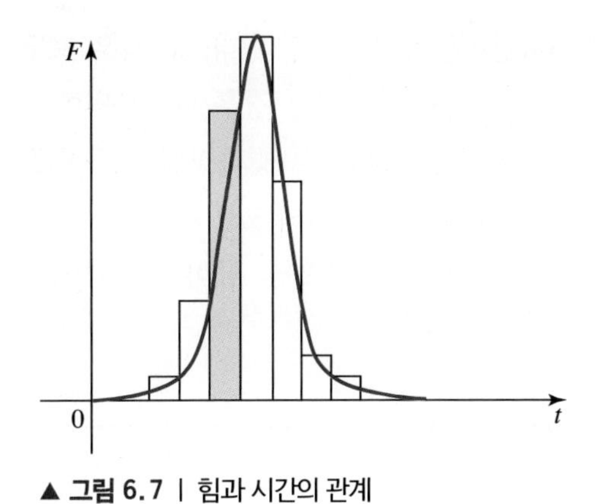

▲ **그림 6.7** | 힘과 시간의 관계

을 다시 정의하면 다음과 같다.

$$\boldsymbol{J} \equiv \int_{t_1}^{t_2} \boldsymbol{F}\, dt \tag{6.16}$$

예제 6.8 벽에 튕긴 공

질량이 m인 공을 속도 v로 벽에 던졌더니 같은 속력으로 되튕겨 나왔다. 벽과 충돌하는 과정에서 벽이 공에 작용한 충격량은 얼마인가?

| 풀이

충격량은 운동량의 변화량과 같다. 처음 벽을 향하여 날아가던 방향을 (+)방향으로 정하면 운동량의 변화량은 다음과 같다.

$$\Delta p = (-mv) - (+mv) = -2mv$$

이것이 바로 충격량이 된다. 여기서 (-)부호는 충격량의 방향이 되튕겨 나가는 방향임을 뜻한다. 이 경우 충돌시간 동안 공이 벽에 작용한 충격량은 $+2mv$가 됨을 유의하여라.

질문 6.2

어떤 사람이 공을 벽에 던져 되튕겨 나온 공을 잡았다. 이 과정에서 공에는 몇 차례에 걸쳐 충격력이 작용하였는가? 또 전 과정에서 공에 작용한 충격량의 합은 얼마인가?

길을 가다가 발이 돌에 부딪치면 나무토막에 부딪치는 경우보다 더 아프다. 물론 우리는 딱딱한 물체에 부딪치면 솜뭉치에 부딪치는 것보다 더 아프다는 것을 경험으로 알고 있다. 그 이유가 무엇일까 생각해보자. 이러한 경우, 발과 돌이나 나무토막 간의 충돌 시간은 너무 짧아 그 차이가 무엇인지 느낄 수는 없다. 그러나 실험을 하면, 돌에 채이는 경우 나무토막의 경우보다 부딪치는 시간이 더 짧다는 것을 알 수 있다. 두 경우 모두 발의 운동량의 변화량은 같으므로 충격량은 같다. 따라서 돌에 부딪치는 경우 나무토막에 부딪칠 때보다 훨씬 더 큰 힘이 발에 작용함을 알 수 있다. 즉, 충돌의 전체 과정에서 돌이나 나무토막이 작용한 힘의 충격량은 같지만, 충돌 시간의 차이로 인해 힘의 크기가 다른 것이다. 마찬가지 이유로 야구공을 받을 때 글러브를 몸 쪽으로 당기며 받으면, 공이 손바닥에 주는 충격이 훨씬 더 완화된다.

예제 6.9

질량이 0.2 kg이고, 속력이 $v = 40$ m/s인 공이 그림과 같이 바닥과 탄성충돌하여 수평면에 대해 30°의 각도로 반사될 때, 이 공이 바닥과 충돌한 시간이 0.1초라면 바닥에 가해진 평균힘의 크기는 얼마인가?

| 풀이

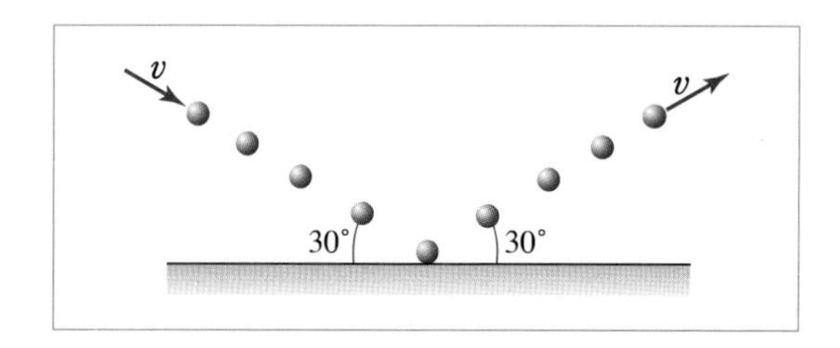

이 경우 운동량의 변화는 $\Delta \boldsymbol{p} = m(\boldsymbol{v}' - \boldsymbol{v}) = 2mv\sin 30°\,\boldsymbol{j} = mv\,\boldsymbol{j}$가 된다. 즉, 바닥에 수직인 방향으로 mv의 크기만큼 운동량의 변화가 있다. 운동량의 변화만큼 바닥에 충격량이 가해지므로, $J = F\Delta t = mv$가 되어 바닥에 가해진 힘은

$$F = mv/\Delta t = 0.2 \times 40 / 0.1\ \text{N} = 80\ \text{N}$$

이 된다.

| 충돌 중의 운동량 보존

두 물체가 충돌하는 동안에는 일반적으로 서로 간에 작용하는 충격력이 매우 커서 외력의 영향을 무시할 수 있다. 2개의 당구공이 충돌하는 과정을 생각해보자. 충돌하는 동안 당구공 1은 당구공 2에 힘 $\boldsymbol{F}_2$를 작용한다고 하자. 이때 당구공 2가 받는 충격량을 $\boldsymbol{J}_2$라 하면 그것은 $\boldsymbol{J}_2 = \int \boldsymbol{F}_2\,dt$가 된다.

그러나 충돌 중 서로 간에 작용하는 힘은 작용·반작용의 원리를 따르므로, 당구공 2가 당구공 1에 작용하는 힘 $\boldsymbol{F}_1$은 $\boldsymbol{F}_1 = -\boldsymbol{F}_2$ 관계를 만족시킨다. 따라서 힘 $\boldsymbol{F}_1$에 의한 충격량 $\boldsymbol{J}_1$은 다음과 같이 쓸 수 있다.

$$J_1 = -\int F_2 \mathrm{dt} = -J_2 \tag{6.17}$$

이때 각각의 충격량은 각각의 운동량의 변화량과 같으므로, 당구공 1과 2의 운동량의 변화량은 다음과 같이 표현된다.

$$\begin{aligned} \Delta p_1 &= J_1 \\ \Delta p_2 &= J_2 \end{aligned} \tag{6.18}$$

따라서 다음 관계가 성립한다.

$$\Delta p_1 + \Delta p_2 = 0 \tag{6.19}$$

한편 두 당구공의 총 운동량 $p = p_1 + p_2$이므로 식 (6.19)의 관계는 $\Delta p = 0$과 같다. 이로부터 계의 총 운동량 $p =$ 일정함이며, 다음 관계가 성립한다.

$$p = p_1 + p_2 = \text{일정} \tag{6.20}$$

즉, 충돌 중의 두 물체 간 충격력은 내부력이며, 따라서 충돌 전후 계의 총 운동량은 변화하지 않는다. 물론 충돌 전후에 작용하던 외력, 예컨대 중력 같은 힘은 충돌 중에도 작용한다. 그러므로 총 운동량은 엄밀한 의미로는 정확히 보존되지 않는다. 그러나 앞에서 지적한 대로 일반적으로 충격력은 외력에 비해 매우 크며, 또 충돌 시간은 매우 짧으므로 외력의 효과는 무시해도 좋다. 따라서 충돌 전후의 계의 운동량은 사실상 보존된다.

6-6 충돌

충돌 중 두 물체에 작용하는 힘을 정확히 알 수 있다면, 충돌 전후의 두 물체의 운동은 운동방정식으로부터 기술될 수 있지만 그것은 일반적으로 불가능하다. 그러나 그 힘을 모르더라도 운동량 보존법칙과 역학적 에너지 보존법칙을 적용하면 충돌의 결과를 예측하기가 수월해진다.

당구공끼리 충돌하는 경우를 살펴보면, 두 당구공이 충돌하기 전의 운동에너지의 합과 충돌한 후의 운동에너지의 합이 비슷한 크기일 것이라고 짐작하는 경우가 많다. 그러나 탄환이 커다란 나무토막에 박히는 경우를 보면, 나무토막이 무거울수록 탄환이 가졌던 운동에너지는 거의 완전히 손실된 것처럼 보이는 경우도 있다. 충돌 전후 계의 운동에너지의 보존 여부에 따라 충돌은 각각 **탄성충돌(elastic collision)**과 **비탄성충돌(inelastic collision)**로 분류한다. 기본입자나 원자핵끼리의 충돌은 탄성충돌인 경우가 대부분이다. 큰 물체 간의 충돌은 비탄성충돌인 경우가 대부분인데, 그 이유는 큰 물체들을 이루는 분자들의 진동에너지로 계의 운동에너지 일부가 변환되기 때문이다. 그러나 상아나 금속으로 된 공끼리의 충돌은 탄성충돌에 가깝다. 특별한 경우로, 충돌 후 두 물체가 한 덩어리가 되어 운동하는 경우도 있다. 예컨대 진흙을 물체에 던지면 진흙은 물체에 붙은 채로 물체와 같이 운동한다. 이러한 충돌을 **완전 비탄성 충돌(completely inelastic collision)**이라 한다. 계의 총 운동에너지는 완전 비탄성충돌에서 가장 많이 손실된다.

일반적으로 비탄성충돌은 계의 거시적 운동에너지가 미시적 역학적 에너지인 열에너지(또는 내부에너지)로 변환되기 때문에 일어난다. 또는 원자의 세계에서는 입자의 내부 구조로 인해 운동에너지가 입자 내부의 위치에너지로 변환되기도 한다. 즉 원자 내부의 입자 배치에 따라 원자는 여러 가지 에너지 상태에 있을 수 있다. 원자의 경우와 같이 미시적인 세계의 이러한 문제를 다루는 새로운 물리학을 일컬어 양자역학이라 하며, 원자가 가지는 여러 에너지 상태는 원자가 여러 양자 상태에 있다는 말로 표현된다. 이와 같이 원자 자체의 에너지 상태가 변하는 경우에는 일반적으로는 탄성충돌인 원자 같은 작은 입자끼리의 충돌도 비탄성충돌이 되기도 한다.

1차원 충돌

가장 쉬운 경우로, 두 물체가 정면충돌(head-on collision)하는 경우를 생각해보자. 이러한 충돌에서는 두 물체가 충돌한 후에도 충돌 전과 같은 직선 위에서 운동하게 된다. 그림 6.8은 속도 v_1으로 운동하던 질량 m_1인 공이, 속도 v_2로 운동하던 질량 m_2인 공에 부딪친 후 충돌 전에 두 물체가 운동하던 직선과 같은 선 위에서 운동하는 경우를 나타낸 것이다. 이 경우 공은 회전운동을 하지 않으며 탄성충돌이라 가정할 때, 충돌 후 두 공의 속도를 알아보자.

탄성충돌인 경우는 운동에너지가 보존된다. 따라서 운동량 보존과 더불어 두 가지 보존 조건이 성립한다. 따라서 충돌 후 두 물체의 속도를 각각 $v_1{}'$, $v_2{}'$이라 하고 운동량 보존과 운동에너지 보존 조건을 쓰면 다음과 같다.

$$m_1 v_1 + m_2 v_2 = m_1 v_1{}' + m_2 v_2{}' \tag{6.21}$$

$$\frac{1}{2}m_1 v_1^2 + \frac{1}{2}m_2 v_2^2 = \frac{1}{2}m_1 v_1{}'^2 + \frac{1}{2}m_2 v_2{}'^2 \tag{6.22}$$

2개의 방정식과 2개의 미지수가 있는 이와 같은 경우는 정확한 풀이가 가능하다. $M = m_1 + m_2$라고 하면, 일반적인 경우 충돌 후의 속도는 각각 다음과 같다.

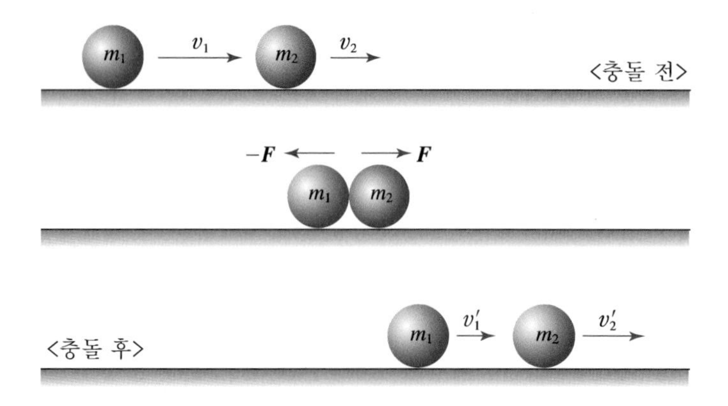

▲ **그림 6.8** | 두 물체의 충돌 전과 후의 그림

$$v_1{}' = \frac{m_1 - m_2}{M} v_1 + \frac{2m_2}{M} v_2 \tag{6.23}$$

$$v_2{}' = \frac{2m_1}{M} v_1 + \frac{m_2 - m_1}{M} v_2 \tag{6.24}$$

특별한 경우로 정지한 상태에 있던 공과의 충돌을 생각해보자. 이 경우는 $v_2 = 0$이므로 다음 관계가 성립된다.

$$m_1 v_1{}' + m_2 v_2{}' = m_1 v_1 \tag{6.25}$$

따라서 다음과 같은 해를 쉽게 얻을 수 있다.

$$v_1{}' = \frac{m_1 - m_2}{m_1 + m_2} v_1 \tag{6.26}$$

$$v_2{}' = \frac{2m_1}{m_1 + m_2} v_1 \tag{6.27}$$

이 결과를 몇 가지 특별한 경우에 적용하여 해석하면 여러 가지 흥미로운 사실을 발견하게 된다.

- 먼저 $m_1 > m_2$인 경우, 두 공은 모두 충돌 전에 공이 운동하던 방향으로 운동한다.
- 그 반대인 경우, 즉 $m_1 < m_2$인 경우는 질량이 m_1인 공, 즉 굴러와서 부딪친 공이 처음 오던 방향과 반대로 운동하게 된다. 예컨대 작은 공이 질량이 아주 큰 벽에 부딪히면 공은 다시 튀어나오게 된다. 이는 우리가 잘 알고 있듯, 거의 탄성충돌에 가까운 테니스공을 벽에 던지는 경우와 같은 상황이다.
- 또 $m_1 \gg m_2$인 경우, 굴러와 충돌한 물체는 충돌 후 자신이 부딪친 물체에 상관없이 거의 같은 속도로 계속 운동함을 알 수 있다. 또 이 경우 부딪친 물체, 즉 작은 질량 m_2를 가진 물체는 달려오던 큰 물체 속도의 약 두 배로 튕겨나감을 뜻한다. 예컨대, 큰 트럭이 정지해 있는 작은 승용차에 부딪치는 충돌을 탄성충돌이라 가정하면, 승용차는 달려오던 트럭 속도의 두 배 속도로 튕겨나가게 되어 거의 제어할 수 없는 상태가 된다. 또 다른 예로, 무거운 볼링공이 볼링핀과 부딪친 후에도 거의 아무런 변화 없이 운동하는 경우를 들 수 있다.

질문 6.3

식 (6.23), (6.24)로부터 $m_1 = m_2$인 경우의 $v_1{}'$, $v_2{}'$을 각각 구하여라.

밀폐된 용기 안에 든 기체를 압축하면 기체의 온도는 올라가게 된다. 일반적으로 기체를 압축하는 동안의 시간은 짧으므로, 그동안 기체를 담은 용기와 외부는 열의 교환이 거의 없다고 보아도 좋다. 이런 이유로 기체를 갑자기 압축시키거나 팽창시키는 과정을 단열과정이라 한다. 단열압축과정에서 기체의 온도가 상승하는 것은 어떤 이유에서인지 우리가 살펴본 역학적 충돌과정으로부터 알아보자.

기체 분자들은 매우 작지만 질량을 가진 작은 입자들이다. 그 분자들은 끊임없이 운동하며, 따라서 기체 분자들은 기체를 담은 용기의 벽과 수없이 부딪히게 된다. 용기가 열적으로 잘 단열되어 있다면 기체는 물론 일정한 온도를 유지한다. 열역학 분야에서는 기체의 온도를 기체 분자의 평균속도에 관계되는 양으로 정의한다. 따라서 기체의 온도가 일정하다면, 기체 분자와 용기 벽과의 충돌은 탄성충돌이라 볼 수 있다.

피스톤이 기체를 압축시키는 과정을 다음과 같은 역학적 과정, 즉 질량이 매우 작은 물체를 향해 피스톤이라는 질량이 매우 큰 물체가 다가오는 상태에서 정면으로 탄성충돌하는 과정이라 생각해보자. 이 경우 작은 질량을 가진 물체, 즉 피스톤과 부딪친 기체 분자의 속력은 어떻게 변하겠는가? 앞에서 얻은 결과에 의하면 다가오는 피스톤에 부딪친 기체 분자의 속도는 충돌 후 더 빨라지게 된다. 평균속도가 더 빠른 분자로 이루어진 기체는 온도가 더 높아진 기체를 뜻하며, 따라서 단열 압축되는 기체의 온도는 상승하게 된다.

질문 6.4

밀폐된 용기에 든 기체 분자끼리의 충돌이 탄성충돌이 아니라면 어떤 현상이 일어나는지 설명하여라.

예제 6.10

정지해 있던 질량이 100인 원자핵에서 질량이 4인 덩어리가 속력 v로 튀어나왔다. 원자핵의 운동에너지는 튀어나온 덩어리의 운동에너지의 몇 배인가?

| 풀이

원자핵의 질량과 튀어나온 덩어리의 질량을 각각 m_1, m_2라고 하고, 속력을 각각 v_1, v_2라고 하면 운동량 보존으로부터 원자핵의 속력은 $v_1 = (m_2/m_1)v_2$이므로, $v_1 = (4/96)v_2 = (1/24)v_2$가 된다.

원자핵과 튀어나온 덩어리의 운동에너지를 각각 K_1, K_2라고 하면,

$$\frac{K_1}{K_2} = \frac{m_1 v_1^2}{m_2 v_2^2} = 24 \times \left(\frac{1}{24}\right)^2 = \frac{1}{24}$$

즉, 원자핵의 운동에너지는 튀어나온 덩어리의 운동에너지의 $1/24$배가 된다.

예제 6.11 탄환 진자(ballistic pendulum)

어떤 총에서 발사되는 탄환의 속도를 실험실에서 측정하기 위하여 정지해 있는 나무토막에 탄환을 발사하여 탄환이 박힌 나무토막이 얼마나 높이 올라가는지 측정하였다. 그림 6.9에서와 같이 공중에 매달린 질량이 M인 나무토막에, 질량이 m인 탄환이 날아와 박힌 채로 한 덩어리로 운동한다고 하자. 충돌 후 나무토막의 속력을 V라 할 때, 탄환의 속력은 얼마인가?

| 풀이

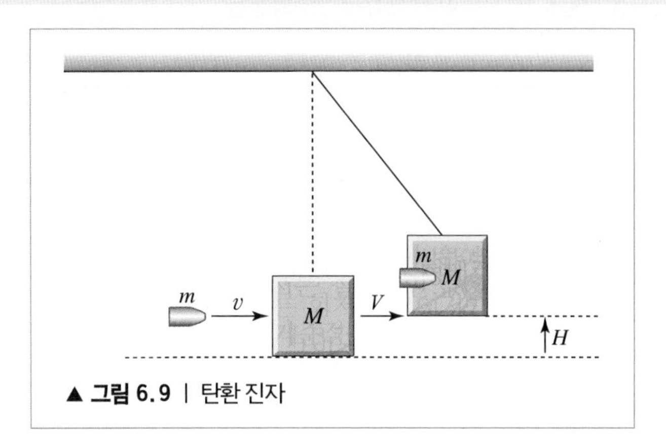

▲ **그림 6.9** | 탄환 진자

탄환의 속력을 v라 하자. 충돌 전후의 운동량이 보존되는 것을 식으로 나타내면 다음과 같다.

$$mv + M \cdot 0 = (m+M)V$$

따라서 탄환의 속력은 $v = \dfrac{m+M}{m}V$가 된다. 탄환이 박힌 채로 운동하는 나무토막의 속력 V는 공중에 매달린 나무토막이 탄환에 맞은 후 높이 H만큼 상승했다고 할 때 역학적 에너지의 보존법칙에 의해 다음과 같이 구해진다.

$$\frac{1}{2}(m+M)V^2 = (m+M)gH, \qquad V = \sqrt{2gH}$$

$$\therefore\ v = \frac{m+M}{m}\sqrt{2gH}$$

질문 6.5

나무토막의 질량이 탄환의 질량의 10배라 하였을 때 이러한 완전 비탄성충돌에서 '손실되는 운동에너지/충돌 전 운동에너지'의 값을 구하여라.

충돌하는 두 물체의 질량이 같은 경우에는 흥미롭게도 충돌 전후의 두 물체의 속도가 서로 뒤바뀐다. 즉, 빠르게 운동하던 물체는 충돌 후에는 느리게, 느리게 운동하던 물체는 충돌 후에는 빠르게 운동한다. 그림 6.10과 같이 실에 매달린 두 공으로 이루어진 장난감에서는 정지한 쇠공에 부딪친 쇠공은 정지하고, 부딪침을 당한 정지해 있던 쇠공은 그 속도를 이어받아 튀어나간다.

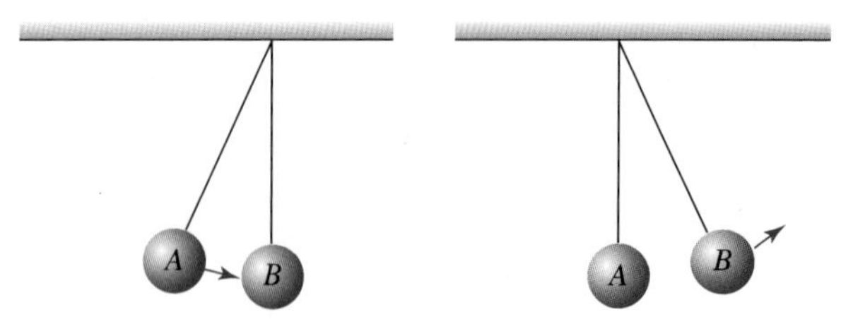

▲ **그림 6.10** | 두 쇠공이 달린 장난감의 운동

예제 6.12

아래 그림과 같이 끈의 길이가 l로 같은 두 진자의 끝에 질량이 각각 m, M인 두 공이 달려 있다. 질량이 m인 공을 d만큼 높은 위치까지 들어올렸다가 놓았다. 여기서 끈의 질량은 무시한다. 완전 비탄성충돌이 일어나는 경우 충돌 직후에 합쳐진 물체의 속력은 얼마인가?

| 풀이

질량 m인 공이 질량 M인 공에 부딪히기 직전의 속력을 v라고 하면, 역학적 에너지 보존에서 $mgd = mv^2/2$이므로, $v = \sqrt{2gd}$ 가 된다.

두 공이 합쳐지기 전과 후에 운동량 보존법칙을 적용하면 $mv = (m+M)V$가 된다. 여기서 V는 두 공이 합쳐진 직후의 속력이다. 따라서 $V = \dfrac{m}{m+M}v = \dfrac{m}{m+M}\sqrt{2gd}$ 가 된다.

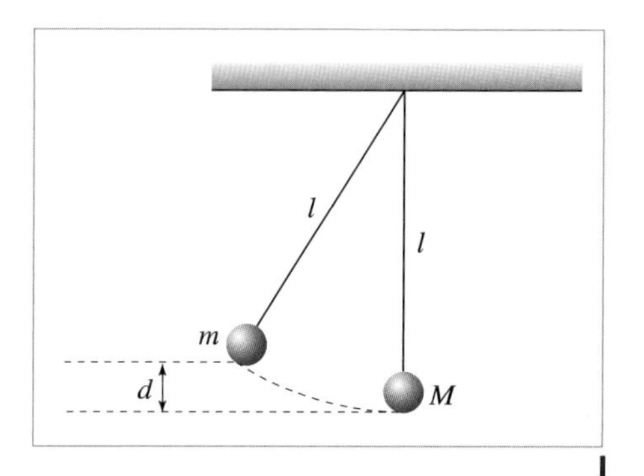

예제 6.13

다음 그림과 같이 길이가 L인 기차의 왼쪽 벽($x=0$)에 질량이 m인 철수가 서 있다. 철수와 기차는 모두 정지해 있다. 이제, 철수가 기차의 오른쪽 벽으로 이동한다. 기차의 질량이 M이고 기차와 선로 사이에는 마찰이 없다.

(1) 철수가 기차의 왼쪽 벽에 서 있을 때(즉 철수의 위치가 $x=0$일 때) 기차와 철수를 합한 전체 계의 질량중심의 좌표 x_{cm}을 구하여라.

(2) 초기에 정지해 있던 철수가 속력 v로 움직일 때 기차와 철수를 합한 전체의 선운동량은 얼마인가? (단, 이 경우 철수의 속력 v는 외부에 정지한 관측자가 본 속력이다.)

(3) 철수가 속력 v로 움직이는 동안 기차가 움직이는 속력은 얼마인가?

(4) 철수가 기차의 오른쪽 벽까지 갔을 때 기차와 철수를 합한 전체의 질량중심의 좌표는 얼마이어야 하는가?

(5) 철수가 이동하는 동안 기차도 움직였다면, 철수가 기차의 오른쪽 벽까지 갔을 때 기차가 움직인 거리는 얼마인가?

| 풀이

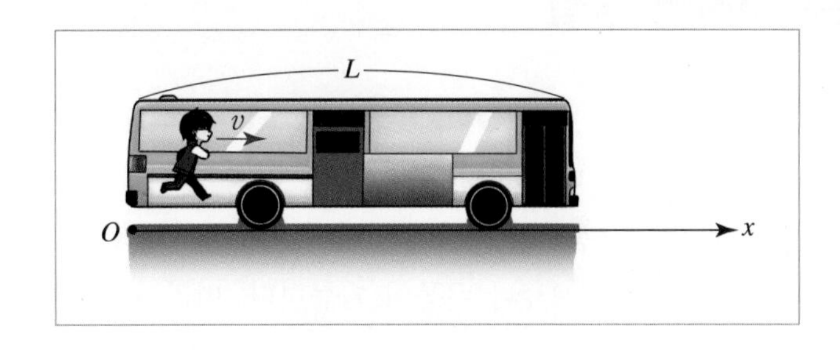

(1) $x_m = 0,\ x_M = \dfrac{L}{2}$ 이므로,

$$\begin{aligned} x_{\text{cm}} &= \frac{m}{M+m}x_m + \frac{M}{M+m}x_M \\ &= \frac{1}{(M+m)}\left(m \cdot 0 + M\frac{L}{2}\right) \\ &= \frac{ML}{2(M+m)} \end{aligned}$$

(2) 철수가 움직인다고 해도, 초기에 철수와 기차가 모두 정지해 있기 때문에, (철수+기차)의 총 운동량 역시 0이 된다.

(3) 총 운동량 0이 항상 보존되기 위해서 기차의 운동량은 철수의 운동량과 항상 부호는 다르고 크기는 같아야 한다. 즉, (이때 조심해야 할 것은 모든 운동량은 정지한 관측자가 관측한 양이어야 한다.) 기차의 속력을 V라고 하면, 속도의 방향이 철수의 움직이는 방향과 정반대라 하면, $0 = mv - MV$이므로, $V = \dfrac{m}{M}v$임을 알 수 있다.

(4) (철수+기차)의 총 운동량이 초기부터 0이었기 때문에, (철수+기차)의 질량중심은 항상 원래의 위치로부터 변하면 안 된다. 즉 (1)의 답과 동일해야 한다.

(5) 정지한 계를 기준으로 철수의 위치가 초깃값과 달라졌다면, 기차의 위치 역시 초깃값과 달라야 한다. 하지만 여전히 새로운 위치는 동일한 질량중심을 나타내야 한다. 철수는 기차 안에서 L만큼 움직였기 때문에 정지한 계에서 실제 위치는 알 수 없으며, 기차의 위치를 알아야 한다. 기차가 이동한 거리를 s라 하자. 즉 기차의 최종 위치와 철수의 새로운 위치는 각각

$$x_M = \frac{L}{2} - s, \qquad x_m = L - s$$

로 주어지며, 이러한 위치로 결정되는 질량중심은 (1)의 답과 동일해야 하므로, 다음의 식을 얻을 수 있다.

$$\frac{ML}{2(M+m)} = \frac{1}{M+m}\left\{m(L-s) + M\left(\frac{L}{2} - s\right)\right\}$$

이 식을 풀면, $s = \dfrac{mL}{M+m}$을 구할 수 있다.

6-7 2차원과 3차원 충돌

우리 세계의 일반적 충돌과정을 보면, 정면 충돌보다는 충돌 후 두 물체가 제각기 다른 방향으로 운동하는 일반적인 충돌이 더 흔하다. 즉, 정면으로 충돌하는 경우가 아니면, 충돌 후 두 물체는 충돌 전에 두 물체가 운동하던 직선에서 벗어나 운동하게 된다. 이 경우 충돌 후의 두 물체는 3차원 공간의 어느 방향으로나 운동이 가능하다. 따라서 3차원 충돌을 일반적인 충돌로 볼 수 있다. 그러나 두 물체의 충돌 전후 흔적을 유심히 살펴보면 모든 흔적이 어떤 평면에만 있음을 발견하게 된다. 즉, 3차원 충돌로 보이던 충돌은 사실은 2차원 평면 위의 충돌이라 할 수 있다. 정면 탄성충돌의 경우는 앞에서 다룬 바와 같이 완전한 풀이가 가능하다.

그러나 2차원 충돌의 경우에는 그 과정이 탄성충돌이라 하더라도 정면 탄성충돌에서와 같은 정확한 해를 구하기가 불가능하다. 운동량 벡터의 보존에 의해서, 2차원 평면의 각 축 성분의 운동량 보존에 따른 2개의 식을 얻을 수 있다. 여기에 탄성충돌이라는 조건이 추가적으로 주어지면 더 얻을 수 있는 것은 단지 운동에너지 보존이라는 하나의 관계식이다. 따라서 총 3개의 식을 얻을 수 있을 뿐이다. 그러나 알아야 할 미지량은 두 물체의 충돌 후 속력 및 각도이므로 4개가 된다(또는 충돌 후 두 물체 속도의 각 축 성분들을 미지수로 취급하여도 여전히 4개의 미지수가 있다). 따라서 이 4개의 미지수 중 하나가 미리 알려져야만 정확한 풀이가 가능하다. 아무런 제약 없이 2차원 충돌 문제의 완전한 해를 구하려면 충돌 맺음 변수(impact parameter)라 하는 양 등 여타의 조건들이 주어져야 한다. 충돌 맺음 변수란 충돌 중 두 물체 간에 상호작용하는 힘이나 정면 충돌로부터 그것이 얼마나 빗나가는 충돌인지를 나타내는 양을 의미한다.

그림 6.11은 정지해 있는 물체에 질량이 m_1이며 속도가 v_1인 물체가 부딪친 후의 상태를 나타낸 것이다. 입사하는 물체의 진행 방향을 x축이라 하고 충돌 후 두 물체의 운동이 이루어지는 평면을 xy평면이라고 하자. 그리고 부딪침을 당하는 물체는 좌표계의 원점에 정지해 있다고 하자. 이 경우 충돌 후의 두 물체 속력을 각각 $v_1{}'$, $v_2{}'$, 그리고 x축과 이루는 각의 크기를 각각 θ_1, θ_2라 하면 x축과 y축 성분의 운동량 보존법칙의 결과는 각각 다음과 같다.

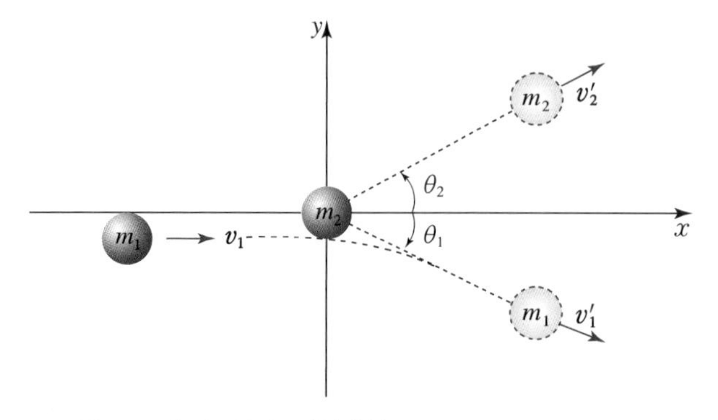

▲ **그림 6.11** | 당구공의 2차원 충돌

$$m_1v_1 = m_1v_1'\cos\theta_1 + m_2v_2'\cos\theta_2 \tag{6.28}$$

$$0 = m_1v_1'\sin\theta_1 + (-m_2v_2'\sin\theta_2)$$

이제 충돌이 탄성충돌이라면 다음과 같은 조건도 성립한다.

$$\frac{1}{2}m_1v_1^2 = \frac{1}{2}m_1v_1'^2 + \frac{1}{2}m_2v_2'^2 \tag{6.29}$$

미지수가 4개나 되므로 물론 이 연립방정식의 해를 얻으려면 하나의 미지수가 알려져야 한다.

이제 $m_1 = m_2$인 경우, θ_1이 초기조건으로 알려진 경우 충돌 후 두 물체의 속도를 구해보자. 앞의 두 식에서 $m_1 = m_2$인 조건을 쓰고, 이를 약간 정리하여 θ_2를 소거하면 알려진 입사 물체의 속도 $v_1 = v_0$ 라 할 때, $v_2'^2 = v_1^2 - v_1'^2$ 인 관계를 얻는다. 따라서 다음 관계가 성립함을 알 수 있다.

$$v_1' = v_0\cos\theta_1, \quad v_2' = v_0\sin\theta_1$$

이제 θ_2를 구해보면 흥미롭게도 $\theta_1 + \theta_2 = \frac{\pi}{2}$ 관계가 성립함을 보일 수 있다. 즉, 질량이 같은 두 물체의 충돌 후 궤적은 언제나 90°의 각을 유지한다.

미시적인 세계에서 입자들끼리의 상호작용은 주로 산란실험을 통해 알려진다. 산란실험이란 어떤 입자를 표적 입자들이 있는 쪽으로 무작위적으로 쏠 때, 입사입자들이 어떻게 산란되는가 하는 정보를 얻는 실험이다. 원자나 원자핵 단위의 충돌에서는 입자의 정확한 위치나 초기조건들을 아는 것이 불가능하다. 따라서 대부분의 실험에서는 대상 입자들이 있는 방향으로 무작위적으로 입자들을 쏘아 얼마만큼의 입자가 입사 방향과 어느 정도의 각도로 산란되는지를 측정한다. 이런 실험의 경우 단면적(cross-section)이란 용어를 많이 사용한다.
표적 방향의 단위면적으로 단위시간당 입사되는 입자 수를 I_0, 입사 방향과 각 θ 방향으로 단위시간당 산란되는 입자 수를 $I(\theta)$라 하면, 산란 단면적은 다음과 같이 정의되는 양이다.

θ 방향으로의 단면적

$$\sigma(\theta) \equiv \frac{I(\theta)}{I_0}$$

원자 세계에서의 단면적은 입사입자의 속력에 따라서도 달라진다. 예컨대, 방사성 원소인 우라늄의 핵에 입사된 중성자가 우라늄 원자핵을 붕괴시키는 확률은 입사되는 중성자의 속력에 따라 많은 차이를 보인다. 이런 경우에는 입사 중성자가 우라늄 원자핵을 붕괴시키는 확률을 산란 단면적으로 취급할 수 있다. 대부분의 경우 가장 붕괴를 잘 시키는 중성자의 입사입자의 에너지가 존재하는데 그 에너지를 공명에너지(resonance energy)라 한다.

예제 6.14

그림과 같이 질량이 각각 m, $2m$인 두 물체가 속력 v로 서로 60°의 각을 이루며 날아와서 충돌한 후, 한 덩어리가 되어 운동한다.
(1) 중력을 무시할 때, 충돌 후 질량이 $3m$인 이 물체의 속력은 얼마인가?
(2) 충돌 전후 에너지 손실은 얼마인가?

| 풀이

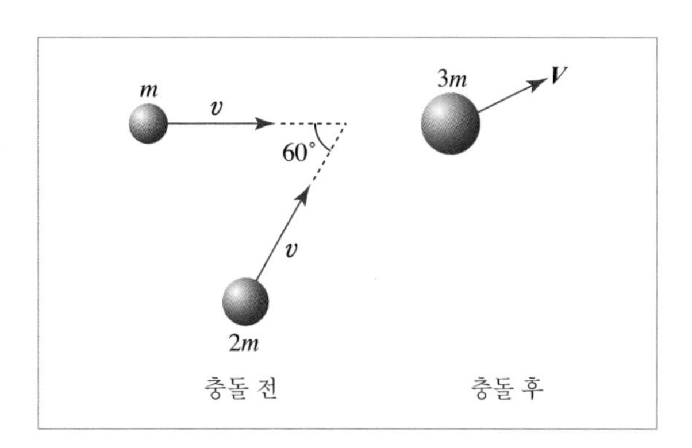

(1) 운동량 보존법칙

$$x\text{축}:\ mv + 2m \times \frac{v}{2} = 3m\,V\cos\theta\,(= 3m\,V_x)$$

$$y\text{축}:\ m \times 0 + 2m \times \frac{\sqrt{3}}{2}v = 3m\,V\sin\theta\,(= 3m\,V_y)$$

두 식을 정리하면,

$$V\cos\theta = \frac{2}{3}v, \quad V\sin\theta = \frac{1}{\sqrt{3}}v$$

그러므로 $V = \sqrt{V_x^2 + V_y^2} = \frac{\sqrt{7}}{3}v$를 구할 수 있다.

(2) 충돌 전의 운동에너지: $\frac{1}{2}mv^2 + \frac{1}{2}(2m)v^2$

충돌 후의 운동에너지: $\frac{1}{2}(3m)\left(\frac{\sqrt{7}}{3}v\right)^2$

$$\left(\frac{1}{2}mv^2 + \frac{1}{2}(2m)v^2\right) - \left(\frac{1}{2}(3m)\left(\frac{\sqrt{7}}{3}v\right)^2\right) = \frac{1}{3}mv^2$$

에너지 손실: $\frac{1}{3}mv^2$을 구할 수 있다.

연습문제

6-1 질량중심

1. 그림 P.6.1과 같이 좌표상에 놓인 3개 입자의 질량중심의 좌표 (x, y)를 구하여라.

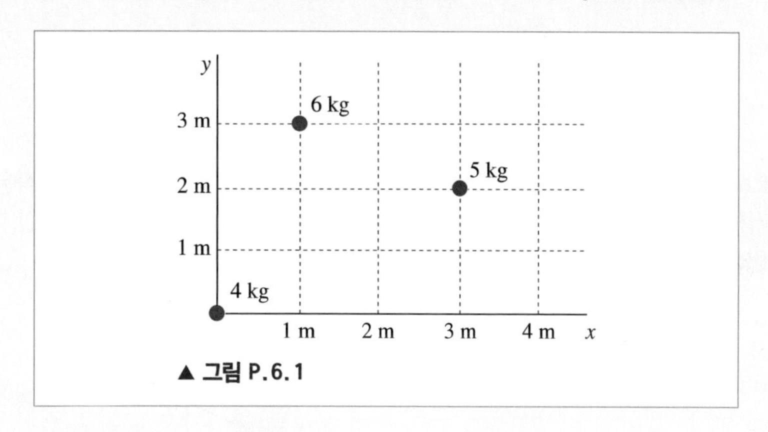

▲ 그림 P.6.1

2. 지구와 달 사이의 거리는 각 중심으로부터 3.84×10^8 m이다. 지구의 질량은 5.98×10^{24} kg이고 달의 질량은 7.36×10^{22} kg이다. 지구의 중심을 기준으로 질량 중심이 얼마나 떨어져있는지 구하여라.

3. 단위길이당 막대질량 λ가 아래와 같이 주어질 때, 길이 $L = 10.0$ m 막대의 총 질량과 질량중심을 구하여라.

(가) 단위길이당 막대질량 $\lambda = 5.00\,(\text{kg/m})$

(나) 단위길이당 막대질량 $\lambda = x\,(\text{kg/m})$

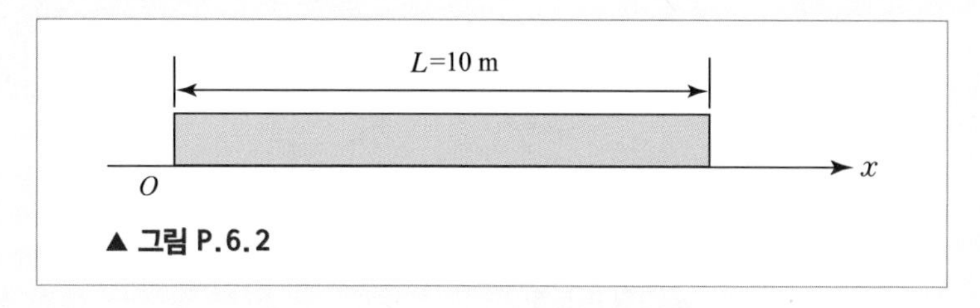

▲ 그림 P.6.2

6-2 질량중심의 운동

4. $h = 80.0$ m 높이를 속력 30.0 m/s로 수평비행하면서 질량 0.50 kg의 소포를 지표면으로 떨어뜨렸다. 낙하하는 중간에 소포가 풀려서 2개로 갈라졌다. 그중 질량 0.10 kg의 소포조각을 낙하 시작지점으

로부터 80.0 m에서 찾았다면, 나머지 부분은 어디서 찾을 수 있겠는가? (여기서, 중력가속도 $g=10.0\ \mathrm{m/s^2}$을 사용하여라.)

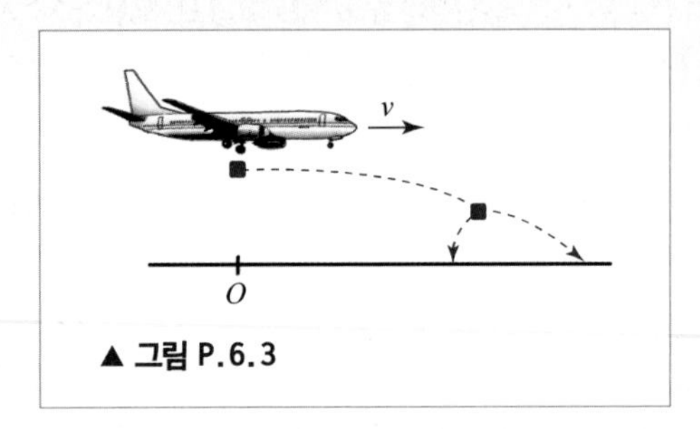

▲ 그림 P.6.3

5. 그림 P.6.4와 같이 큰 쐐기 모양의 나무토막이 마찰이 없는 수평면에 놓여 있다. 작은 벽돌이 나무토막의 거친 경사면 위를 미끄러져 내려오기 시작한다면, 작은 벽돌이 움직이는 동안 벽돌과 나무토막의 질량중심은 어느 쪽으로 움직이겠는가?

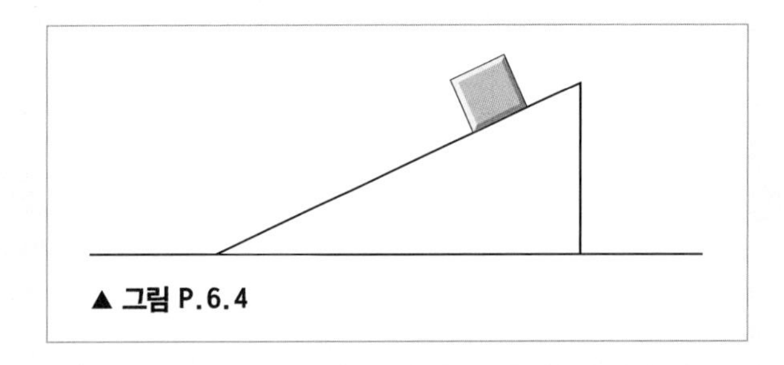

▲ 그림 P.6.4

6-3 선운동량

6. 직진 운동을 하고 있는 어떤 물체의 운동량 p가 다음 그림과 같이 시간 t에 따라 변한다. 물체에 작용하는 힘이 가장 큰 구간은 어디인가?

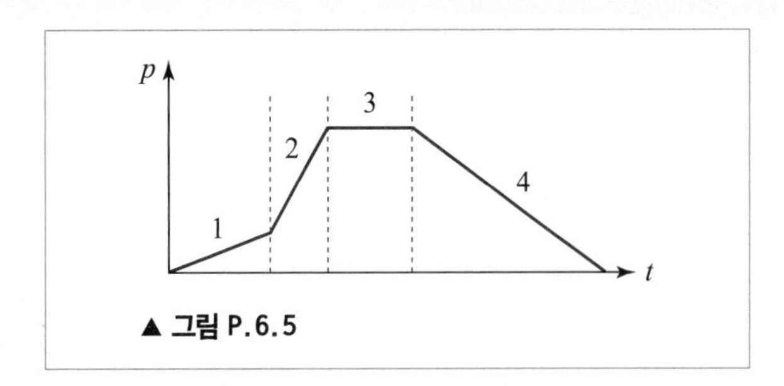

▲ 그림 P.6.5

7. 3.00 m/s의 속력으로 움직이는 보도가 있다. 평균적으로 매초 4명의 정지해 있던 사람이 보도 위로 올라서고 4명의 사람이 보도에서 내려온다. 한 사람의 질량이 60.0 kg일 때, 이 보도를 계속 움직이

게 하기 위해서 필요한 평균힘은 얼마인가?

8. 두 사람 A와 B는 같은 운동에너지를 가지고 있다. A의 질량이 B의 9배일 때, A와 B의 운동량의 비는 얼마인가?

6-4 선운동량의 보존

9. 마찰이 없는 수평면 위에 두 물체 X, Y가 질량이 없는 용수철의 양쪽 끝에 매여 정지해 있다. X의 질량은 Y의 질량의 2/5배이다. 두 물체를 압축시켰다가 놓을 때, X의 운동에너지는 Y의 운동에너지의 몇 배가 되겠는가?

10. 질량 200 g의 찰흙 덩어리를 2 m/s의 속력으로 던져 정지해 있던 질량 100 g인 다른 찰흙 덩어리와 부딪히게 했더니 한 덩어리가 되어 날아간다. 운동량이 보존된다면 이 합쳐진 덩어리의 속력은 몇 m/s인가?

11. 질량 m인 유도탄이 속도 v_0로 진행하다 궤도의 어느 지점에서 각각 질량이 $m/3$인 세 파편으로 나뉘어 졌다. 이 중에서 한 개는 $1/2v_0$의 속도로 진행하고 나머지 두 개의 파편은 같은 속력으로 서로 직각을 이루며 날아간다. 두 조각의 속력을 v_0을 이용하여 나타내어라

6-5 운동량과 충격량

12. 200 m/s의 속력으로 운동하는 질량이 0.10 kg인 공을 야구 글러브로 받았다. 공이 글러브에 힘을 작용하는 시간이 0.01 s였다면, 공이 글러브에 작용한 힘의 크기는 얼마인가? 단, 충돌 중 힘의 크기는 일정하다고 가정하여라.

13. 질량 50.0 g의 테니스공이 60.0 km/h로 날아오고 있다. 어떤 선수가 되받아쳐서 공을 같은 속도로 반대 방향으로 보내려면, 이 선수가 공에 가해야 할 충격량은 얼마인가?

14. 어떤 탄환 하나의 질량은 5.00 g이며 속력은 200 m/s이다. 이 탄환은 1초에 10발로 발사될 수 있다. 이러한 상태로 발사되는 탄환들이 모두 커다란 나무토막에 박히고 있다면 나무토막이 받는 평균힘은 얼마인가?

6-13

15. 수평인 공기 트랙 위에서 속력 v로 움직이는 질량 m인 수레가 정지해 있는 질량 $2m$인 수레와 충돌하여 서로 연결된 채 같이 움직인다. 한 수레가 다른 수레에 전달한 충격량은 얼마인가?

6-6 충돌

16. 질량 1.0 kg인 나무토막이 천장에 실로 매달려 있다. 나무토막을 향하여 속도 1.0×10^2 m/s로 발사된 질량 10 g의 총알이 나무토막에 박힐 때, 충돌 후 한 덩어리가 된 총알과 나무토막은 수직으로 몇 m만큼 움직이는가? (이때 중력 가속도는 9.8 m/s^2로 계산하라.)

17. 질량 1.00 kg인 물체가 속력 10.0 m/s로 정지해 있던 질량 4.00 kg의 물체와 충돌한 후, 두 물체가 직선운동하였을 때, 아래 물음에 답하여라.

(가) 두 물체가 한 덩이로 날아가는 경우(완전 비탄성충돌), 속력을 구하여라.

(나) 완전 탄성충돌을 한 경우, 충돌 후 두 물체의 속력을 각각 구하여라.

18. 원자로 내부에서는 많은 양의 빠른 중성자가 발생된다. 이 중성자들의 속력을 감소시키기 위해서는 중성자들을 다른 원자에 충돌시킨다. 빠른 중성자가 같은 질량을 가진 수소의 원자핵(양성자)에 충돌하는 경우와 질량이 약 200배 무거운 납 원자핵에 정면 충돌할 때, 어느 경우 더 많은 운동에너지를 잃겠는가?

6-7 2차원과 3차원 충돌

19. 질량 m인 물체가 정지하고 있는 같은 질량의 물체와 탄성충돌한 후, 초기 진행방향과 30°의 각으로 비켜나갔다. 나머지 물체는 어떤 각도로 진행하겠는가?

20. 질량 m인 공을 v의 속력으로 지면을 향하여 던졌다. 이 공이 지면과 45°의 각으로 부딪힌 후 같은 속력으로 튀어나온다면 공의 운동량 변화량은 얼마인가?

발전문제

21. 그림 P.6.6과 같이 질량 m인 총알이 용수철에 달려 있는 질량 M인 나무토막에 속도 v로 날아와 박혔다. 용수철 상수는 k이고 용수철 끝은 벽에 고정되어 있으며, 나무토막과 바닥면 사이의 마찰은 무시한다. 이때, 용수철의 최대 압축거리를 구하여라.

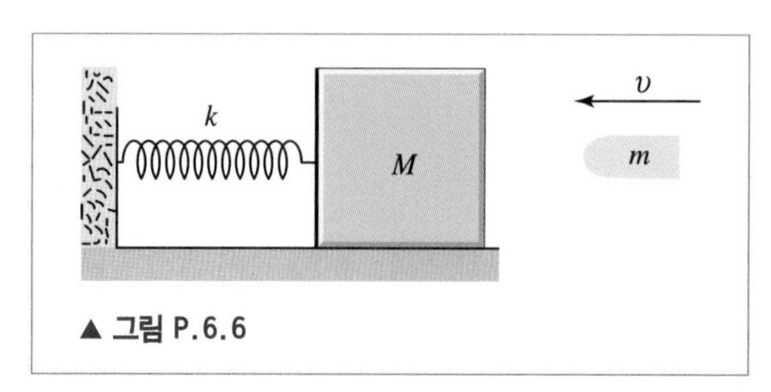

▲ 그림 P.6.6

22. 질량 m인 물체가 속력 v_0로 운동하고 있다. 이 물체의 앞에는 질량이 각각 m과 M인 두 물체가 서로 떨어진 채 놓여 있다. 이 물체들이 서로 정면 탄성충돌한다고 할 때, $M > m$인 경우 이 상황에서는 3번의 충돌이 일어남을 보이고, 각 물체의 최종속도를 구하여라.

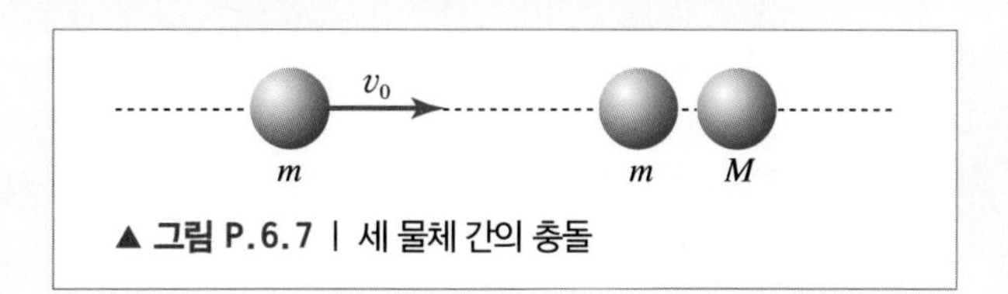

▲ 그림 P.6.7 | 세 물체 간의 충돌

23. 질량이 100 kg인 물체 A가 마찰이 없는 평면 위에 놓여 있다. 이 물체 한편에는 벽면이 있으며, 그 벽면과 물체 사이에는 질량 m인 물체 B가 어떤 속력 v_0로 A를 향하여 운동하고 있다. 물체 B는 A와 한 번 충돌한 후 다시 벽과 충돌한 다음 처음 운동방향으로 운동한다고 한다. 모든 충돌이 탄성충돌이라 할 때, 충돌이 모두 끝난 후 두 물체의 속도가 같다면 물체 B의 질량은 얼마인가? 단, 벽의 질량은 무한히 크다고 가정하여라.

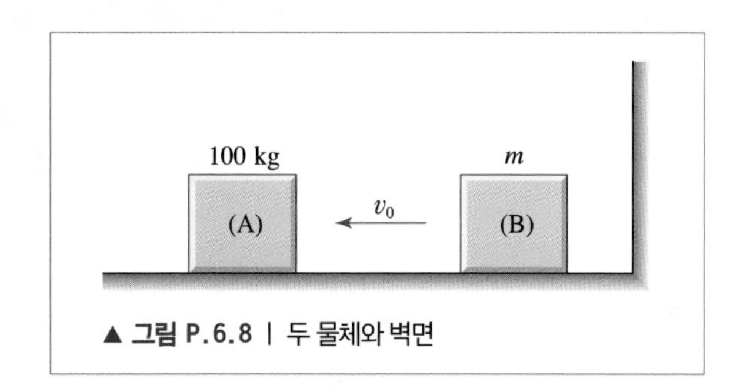

▲ 그림 P.6.8 | 두 물체와 벽면

24. 그림 P.6.9와 같이 질량 m, 속도 v인 물체가 내부 반응에 의해 어느 순간 질량이 $m/2$인 둘로 쪼개져서 운동한다. 물체에 작용하는 중력은 무시한다.

(가) 이때 물체의 총 운동량은 쪼개지기 전과 비교해 어떻게 되는가?

(나) B의 속력은 얼마인가?

(다) 이때 물체의 총 운동에너지는 쪼개지기 전과 비교해 어떻게 되는가?

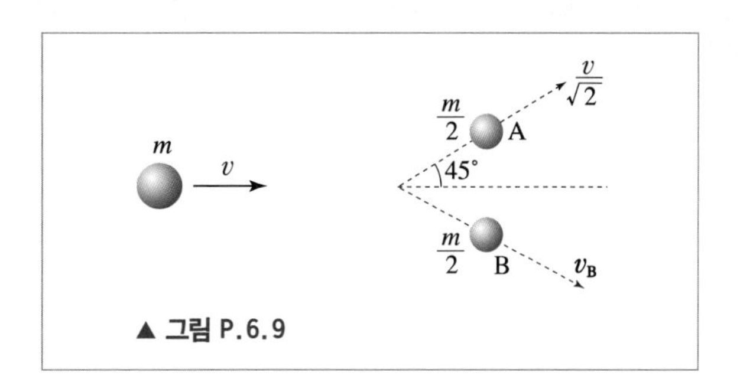

▲ 그림 P.6.9

25. 속력 v를 가진 $^{4}\mathrm{He}$핵(원자질량=4)은 중성자(원자질량=1)와 $^{3}\mathrm{He}$핵(원자질량=3)으로 쪼개진다. 중성자는 $^{4}\mathrm{He}$핵이 들어오던 방향에 수직으로 떨어진다. 중성자의 속력이 $3v$라면, $^{3}\mathrm{He}$핵의 최종속력은 얼마인가?

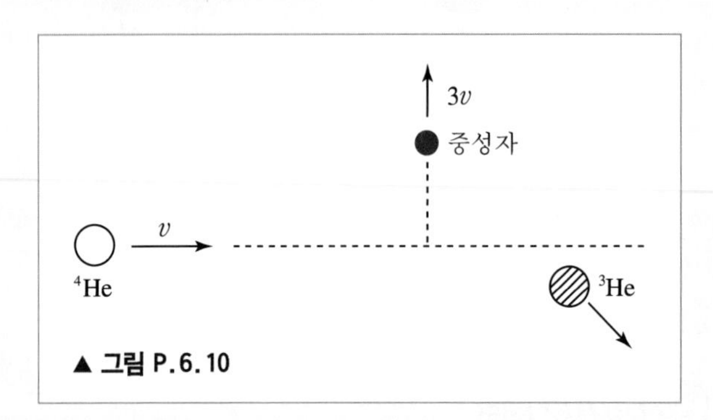

▲ 그림 P.6.10

Physics

크리스티안 하위헌스

Christiaan Huygens, 1629-1695

네덜란드의 수학자, 물리학자이자 천문학자이다.
토성의 고리를 발견하였고 독자적으로 운동량 보존법칙을 발견하였으며
등속원운동에서 원심력의 크기가 속도의 제곱과 반지름의 역수에 비례함을 보였다.

CHAPTER 07
원운동

바퀴의 회전, 팽이, 태풍, 지구의 자전과 공전 그리고 원자핵 주위를 회전하는 전자와 같은 우리에게 친숙한 회전운동과 원운동은 원자 크기에서 은하계 크기까지 광범위한 영역에서 일어난다. 이 장에서는 원운동과 회전운동을 설명하는 각속도, 각가속도 및 구심가속도를 알아본다.

7-1 등속원운동

4장에서 평면 위에서의 등가속도운동을 기술하였다. 이제 등가속도운동이 아닌 평면운동을 생각해보자. 그림 7.1과 같이 어떤 물체가 반지름 R인 원둘레를 일정한 속력 v로 운동하고 있다고 가정하자. 이와 같은 운동을 고른 원운동 또는 등속원운동이라고 한다. 먼저 그림에서 표시된 세 지점 A, B, C에서의 속도 $\boldsymbol{v}_{\mathrm{A}}$, $\boldsymbol{v}_{\mathrm{B}}$, $\boldsymbol{v}_{\mathrm{C}}$를 살펴보자. 속력이 일정하다고 하였으므로, 각 점에서의 속도의 크기는 $v_{\mathrm{A}} = v_{\mathrm{B}} = v_{\mathrm{C}} = v$로 모두 같다. 하지만 속도의 방향은 원의 접선 방향이므로 그림에서와 같이 $\boldsymbol{v}_{\mathrm{A}}$, $\boldsymbol{v}_{\mathrm{B}}$, $\boldsymbol{v}_{\mathrm{C}}$의 방향은 서로 다르다. 따라서 물체의 속도벡터가 끊임없이 변화하므로 등속원운동은 등속도운동이 아니다. 즉, **등속원운동**은 **등속력원운동**을 뜻한다고 할 수 있다.

한편 물체가 A에서 B구간, 그리고 B에서 C구간으로 움직이는 동안의 평균가속도를 각각 생각해보자. 식 (3.21)로부터 평균가속도는 속도의 변화량 벡터 $\Delta\boldsymbol{v}$와 같은 방향을 갖는다. 그림 7.1에서 보듯이 물체가 A에서 B, 그리고 B에서 C로 움직이는 동안의 각각의 속도 변화량 벡터 $\boldsymbol{v}_{\mathrm{B}} - \boldsymbol{v}_{\mathrm{A}}$와 $\boldsymbol{v}_{\mathrm{C}} - \boldsymbol{v}_{\mathrm{B}}$는 방향이 서로 다르다. 평균가속도의 방향이 달라지므로 등속원운동은 등가속도운동이 아님을 쉽게 알 수 있다. 이 장에서 등속원운동에서 순간가속도의 방향은 원 위의 어느 점에서나 원의 중심을 향한다는 것을 배울 것이고, 속력과 가속도의 크기 사이의 관계도 살펴볼 것이다.

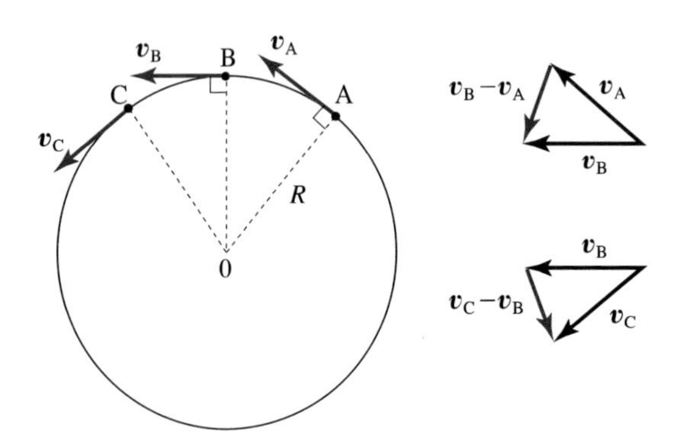

▲ **그림 7.1** | 일정한 속력으로 원운동하는 물체

7-2 각과 원운동

입자가 회전축을 중심으로 원운동하면 운동은 순수한 회전운동이다. 그림 7.2는 한 점 P가 원점을 지나는 축(z축)을 중심으로 반시계 방향을 향해 일정한 속력으로 회전하는 운동을 나

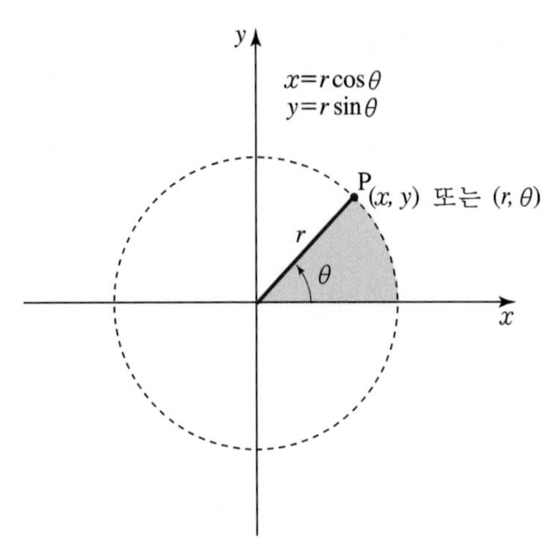

▲ **그림 7.2** | 직각좌표와 극좌표

타낸다. 원점에서 P점까지 그은 길이 r인 위치벡터가 x축과 이루는 각을 θ라 하자. 직각좌표계에서 점 P의 위치 $(x,\ y)$를 극좌표 $(r,\ \theta)$로 나타내면 다음과 같다.

$$x = r\cos\theta \tag{7.1}$$

$$y = r\sin\theta \tag{7.2}$$

어떤 순간에 점 P까지의 거리 r과 각 θ를 알면 입자의 위치를 정확히 알 수 있다. 그림 7.3(b)와 같이 호의 길이 s와 반지름 r이 같을 때, 우리는 특별히 이 각도를 1라디안(1 rad)으로 정의한다. 1라디안은 약 57.3°이다. 시간 $t=0$일 때, 입자가 x축 위에 놓여 있었다면, 시간 t일 때 각 변화량은 θ이다. 입자가 원의 호를 따라서 움직인 거리를 s라 하면,

$$s = r\theta \tag{7.3}$$

이다. 각도는 또한 회전수로 나타낼 수도 있다.

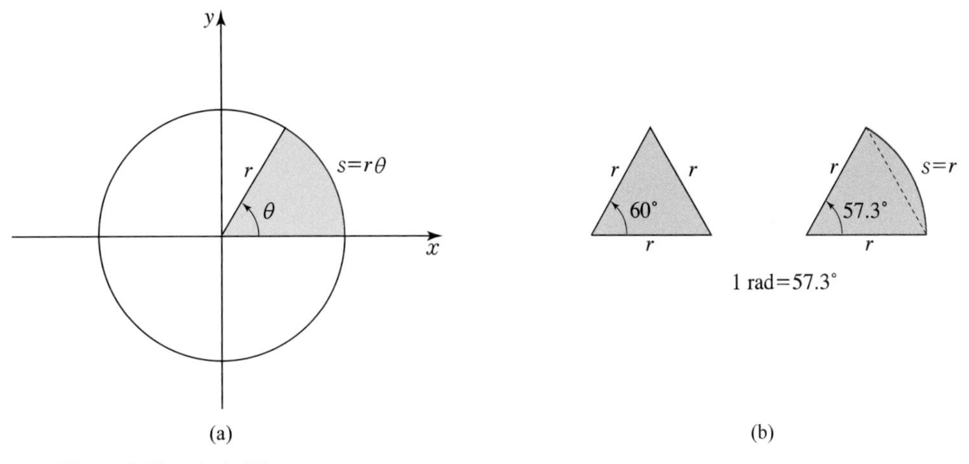

▲ **그림 7.3** | 각도와 라디안

한 바퀴 회전은 1회전=360°이다. 식 (7.3)에 의하면 $\theta = s/r$이므로, θ의 차원은 [거리]/[거리]=무차원이다. 따라서 각은 차원이 없는 무차원의 물리량이다. 원을 한 바퀴 돌았을 때 원주의 길이는 $s = 2\pi r$이므로, $\theta = 2\pi r/r = 2\pi$ rad이다.

7-3 각속도

그림 7.4에서 한 점 P는 시간 t_1일 때 각이 θ_1이고, 시간 t_2일 때 각이 θ_2인 그림을 나타낸다.

시간 간격 $\Delta t = t_2 - t_1$ 동안 각변화량은 $\Delta\theta = \theta_2 - \theta_1$이다. **평균 각속력**은 각변화량과 시간 간격의 비

$$\overline{\omega} = \frac{\Delta\theta}{\Delta t} = \frac{\theta_2 - \theta_1}{t_2 - t_1} \tag{7.4}$$

으로 정의한다. 따라서 평균 각속력의 단위는 rad/s이고 차원은 1/[시간]이다.

순간 각속력 ω는 $\Delta t \to 0$인 극한에서 평균 각속력으로 정의한다.

$$\omega = \lim_{\Delta t \to 0} \frac{\Delta\theta}{\Delta t} = \frac{\mathrm{d}\theta}{\mathrm{d}t} \tag{7.5}$$

각속력이라 할 때 이는 일반적으로 순간 각속력을 뜻한다. 각속력이 일정하면, $\overline{\omega} = \omega$이고, $\theta_1 = 0$, $t_1 = 0$, 그리고 $\theta_2 = \theta$, $t_2 = t$로 택하면 $\theta = \omega t$이다. 각속도는 벡터로 크기는 각속력이고, 방향은 그림 7.5와 같이 오른손법칙으로 정한다. 회전 방향으로 오른손의 네 손가락을 감아쥐었을 때 세운 엄지손가락이 가리키는 방향이 각속도의 방향이다.

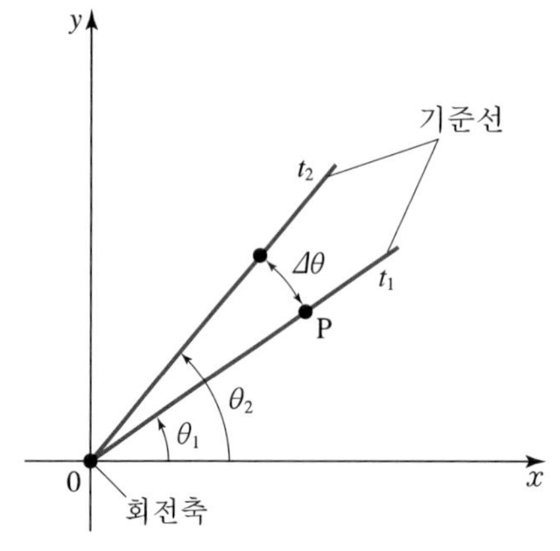

▲ **그림 7.4** | 각변화

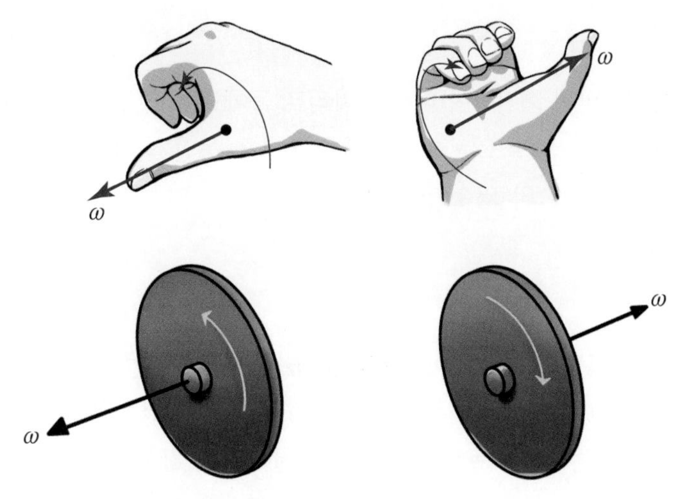

▲ **그림 7.5** | 회전하는 물체의 각속도 방향

접선속력

원운동하는 입자는 원궤도에 접하는 순간속도를 가진다. 일정한(고른) 각속력을 갖는 원운동에 대해서 입자의 접선속력 v(또는 궤도속력)는 일정하다. 그림 7.6에서 $s = r\,\theta$이고, 고른 원운동에서 $\theta = \omega t$이므로 $s = r\,\theta = r(\omega t)$이고, 호의 길이는 $s = vt$이므로 **접선속력**은

$$v = r\omega \tag{7.6}$$

이다. 일정한 각속도로 회전하는 모든 입자들은 같은 각속력을 갖지만, 접선속력은 회전축으로부터의 거리에 따라 다르다.

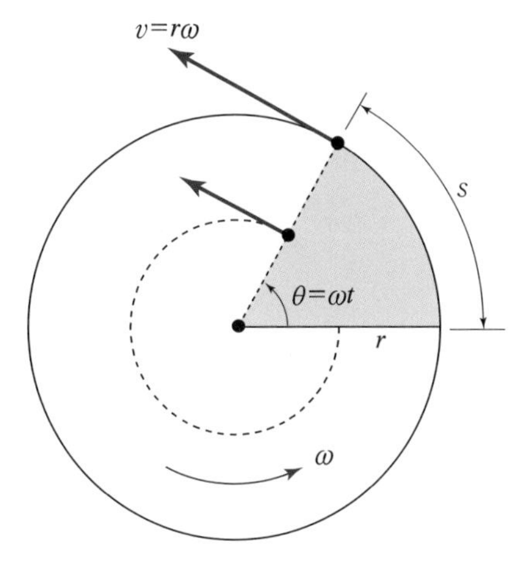

▲ **그림 7.6** | 각속력과 접선속력

주기와 진동수

물체 또는 입자가 한 바퀴 회전하여 다시 제자리로 돌아오는 데 걸리는 시간을 **주기** T 라고 한다. 주기의 단위는 초/회전수 또는 초/사이클이다. 1초 동안 입자가 회전하는 수를 **진동수** f 라 하고, 진동수는 주기 T 의 역수이다.

$$f = \frac{1}{T} \tag{7.7}$$

따라서, 진동수의 단위는 $1/\mathrm{s}$ 인데, 이를 **헤르츠(Hz; Hertz)**라 부른다. 고른원운동에서 1회전하는 시간은 주기 T이고 움직인 거리는 원주의 길이이므로, 접선속력은 $v = 2\pi r/T$ 이다. 한편, 고른원운동하는 입자는 1주기 동안 2π rad을 회전하므로, 각속력은 $\omega = 2\pi f = 2\pi/T$이다.

고른원운동(등속원운동)과 구심가속도

입자가 일정한 접선속력을 가지면서 회전하는 운동을 **고른원운동**(또는 **등속원운동**)이라 한다. 속도가 변하면, 즉 속도의 크기 또는 방향이 변하면 가속도가 존재한다. 고른원운동하는 입자의 속력은 일정하지만, 속도의 방향이 변하므로 가속도가 생긴다.

그림 7.7은 고른원운동하는 입자의 속도벡터와 속도벡터의 변화를 나타낸 그림이다. $\Delta\theta$가 작아지면, Δv의 방향이 점점 원의 중심쪽을 향한다. 가속도는 $a = \Delta v/\Delta t$ 이므로, Δt가 영에 가까워지면, a의 방향은 완전히 구의 중심을 향한다. 이러한 가속도를 **구심가속도(centripetal acceleration)**라고 한다.

구심가속도가 없으면 입자는 원운동을 할 수 없다. 고른원운동하는 입자의 구심가속도는 항상 원의 중심을 향하고(반지름의 안쪽 방향), 접선 방향 가속도는 영이다. 그림 7.7(c)는 구의 중심을 향하면서 연속적으로 변하는 구심가속도를 나타낸다. 구심가속도의 크기는 그림 7.7(a)와 (b)에서 색칠한 두 삼각형의 닮음으로부터 구한다. 두 삼각형의 사이각이 $\Delta\theta$로 같고, 이등변삼각형이므로

$$\frac{\Delta v}{v} \simeq \frac{\Delta s}{r} \tag{7.8}$$

이다. Δt가 매우 작으면, Δs는 $v\Delta t$ 이므로

$$\frac{\Delta v}{v} \simeq \frac{v\Delta t}{r} \tag{7.9}$$

이다. 따라서 $\dfrac{\Delta v}{\Delta t} \simeq \dfrac{v^2}{r}$ 이고, $\Delta t \to 0$ 인 극한에서 구심가속도의 크기는

$$a_c = \lim_{\Delta t \to 0} \frac{\Delta v}{\Delta t} = \frac{v^2}{r} \tag{7.10}$$

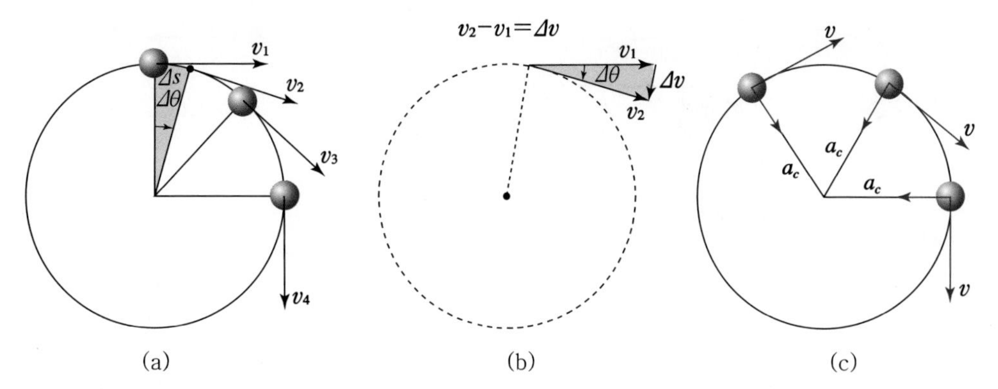

▲ **그림 7.7** | 고른원운동하는 입자

이다. 고른원운동에서 $v = r\omega$ 이므로, $a_c = v^2/r = r\omega^2$ 이다.

예제 7.1 구심가속도

고도 5.0×10^2 km 높이에서 고른원운동하는 인공위성이 있다. 인공위성이 한 바퀴 도는 데 걸리는 시간은 90분이다. (가) 접선속도와 (나) 구심가속도를 구하여라.

| 풀이

(가) 인공위성까지의 반지름은

$$r = R_e + h = 6.4 \times 10^6 \text{ m} + 0.50 \times 10^6 \text{ m} = 6.9 \times 10^6 \text{ m}$$

이다. 여기서 R_e는 지구반지름이다. 한 바퀴 회전할 때 인공위성이 움직인 거리는 $2\pi r$이고, 주기는 90분이므로,

$$v = \frac{2\pi r}{T} = \frac{2\pi(6.9 \times 10^6 \text{ m})}{90 \text{ min}\left(\frac{60 \text{ s}}{1 \text{ min}}\right)} = 8.0 \times 10^3 \text{ m/s}$$

(나) 구심가속도는

$$a_c = \frac{v^2}{r} = \frac{(8.0 \times 10^3 \text{ m/s})^2}{6.9 \times 10^6 \text{ m}} = 9.3 \text{ m/s}^2$$

이고 지구중심을 향한다.

| 구심력

뉴턴의 운동 제2법칙에 의하면 원운동하는 입자는 **구심력(centripetal force)**을 받는다. 구심력의 방향은 구심가속도와 같은 방향이므로 원의 중심을 향한다. 구심력의 크기는

$$F_c = ma_c = m\frac{v^2}{r} \tag{7.11}$$

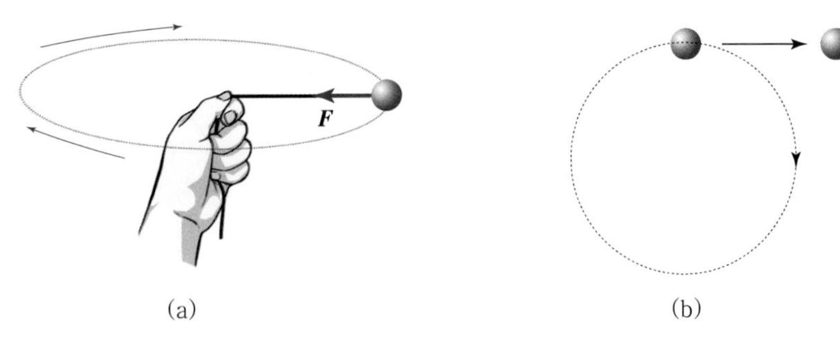

▲ 그림 7.8 | 회전하는 공

이다. 운동 방향에 수직인 힘이 연속적으로 입자에 가해지면 입자의 속력은 변하지 않고, 오직 속도의 방향만 변한다. 이때 입자는 순수한 원운동을 한다. 물체의 운동 방향과 구심력이 서로 수직이므로, 구심력은 입자에 아무런 일도 하지 않는다. 일-에너지 정리에 의하면 $W = \Delta K = 0$이므로 고른원운동하는 동안 입자의 운동에너지는 일정하다. 즉, 물체의 속력은 변하지 않는다.

그림 7.8(a)는 공을 줄에 매어 돌리는 경우를 나타낸다. 이때 줄에 작용하는 장력이 구심력 역할을 한다. 줄이 끊어지면 장력이 공에 작용하지 않으므로, 공은 그림 7.8(b)와 같이 접선 방향으로 날아간다. 원형 트랙을 도는 자동차가 미끄러지지 않고 회전할 수 있는 이유는 자동차 타이어와 도로면 사이에 작용하는 마찰력이 구심력 역할을 하기 때문이다. 얼음이 언 길바닥에서 자동차가 회전할 때 잘 미끄러지는 이유는 타이어와 얼음면 사이의 마찰계수가 매우 작아서 구심력에 해당하는 마찰력이 작아지기 때문이다. 태양 주위를 도는 행성의 운동은 태양과 행성 사이에 작용하는 중력이 구심력 역할을 한다.

예제 7.2 마찰 구심력

평평한 포장도로에서 자동차가 반지름 45.0 m의 원 위를 회전하고 있다. 습기가 없는 날 포장도로의 정지마찰계수 $\mu_s = 0.600$이라면, 이 자동차가 원운동을 유지하면서 달릴 수 있는 최대 속력은 얼마인가?

| 풀이

자동차가 원운동할 때 작용하는 구심력은 자동차와 타이어 사이의 정지마찰력이다. 자동차가 미끄러지지 않는 최대 정지마찰력은 $f_{s,\text{최대}} = \mu_s N = \mu_s mg$이고, 구심력은 $F_c = mv^2/r$이므로,

$$f_{s,\text{최대}} = \mu_s mg = F_c = \frac{mv^2}{r}$$

따라서,

$$v = \sqrt{\mu_s rg} = \sqrt{(0.600)(45.0\ \mathrm{m})(9.80\ \mathrm{m/s^2})} = 16.3\ \mathrm{m/s}$$

이다. 최대 속력은 자동차의 질량과는 무관하다.

7-4 각가속도

회전하는 입자의 각속도가 시간에 따라 변하면 입자는 각가속도를 갖게 된다. 원운동하는 입자가 각가속도를 갖게 되면 입자의 속력이 변하므로 고른원운동을 유지하지 못한다. 시간 t_0에서 각속도는 ω_0, 시간 t_1에서 각속도를 ω_1이라 하자($t_1 > t_0$). 회전하는 물체의 **평균 각가속도**는

$$\overline{\alpha} = \frac{\omega_1 - \omega_0}{t_1 - t_0} = \frac{\Delta\omega}{\Delta t} \tag{7.12}$$

로 정의하고, 각가속도의 단위는 $\mathrm{rad/s^2}$이다. 여기서 $\Delta\omega$는 시간간격 Δt 동안 각속도의 변화를 나타낸다. **순간 각가속도**는 Δt가 영에 접근할 때 평균 각가속도로 정의한다.

$$\alpha = \lim_{\Delta t \to 0} \frac{\Delta\omega}{\Delta t} = \frac{\mathrm{d}\omega}{\mathrm{d}t} \tag{7.13}$$

각가속도 때문에 각속도가 증가하면, 각가속도와 각속도의 방향은 같다. 각가속도 때문에 각속도가 감소하면 각가속도와 각속도는 서로 반대 방향이다. 호의 길이와 각도의 관계는 $s = r\theta$이고 원운동할 때 접선속력과 각속력의 관계는 $v = \frac{\mathrm{d}s}{\mathrm{d}t} = r\omega$이므로 접선가속도의 크기 a_t와 각가속도 사이의 관계는

$$a_t = \frac{\mathrm{d}v}{\mathrm{d}t} = \frac{\mathrm{d}(r\omega)}{\mathrm{d}t} = r\frac{\mathrm{d}\omega}{\mathrm{d}t} = r\alpha \tag{7.14}$$

이다.

고른원운동하는 입자는 그림 7.9(a)와 같이 접선속력은 $v = r\omega$이고 구심가속도는 $a_c = \frac{v^2}{r} = \omega^2 r$이다. 고른원운동에서 각속력 ω는 일정하므로 $a_t = 0$이다. 그림 7.9(b)와 같이 고른원

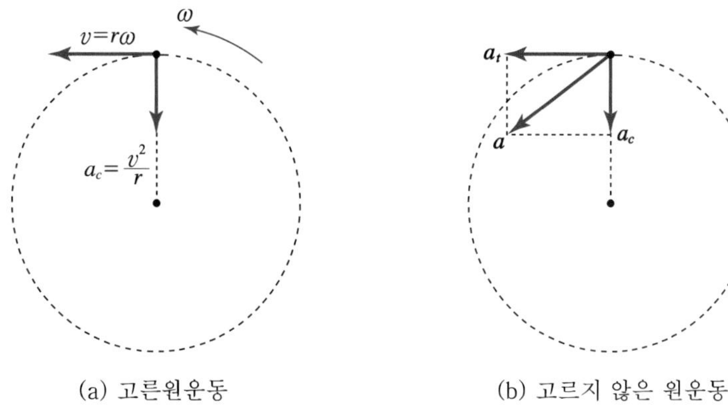

▲ **그림 7.9** | 원운동과 각가속도

운동이 아니면 접선가속도와 구심가속도가 동시에 존재하며, 두 가속도는 서로 직각이다. 등가속도 직선운동(예, 자유낙하운동)하는 입자의 운동은 간단한 선형방정식으로 표현할 수 있다. 순수한 원운동에서 등각가속도운동 역시 간단한 선형방정식으로 운동을 설명할 수 있다.

초기 각도 $\theta_0 = 0$, 초기 각속도 ω_0, 각가속도를 α라 하면 $\alpha = \dfrac{\Delta\omega}{\Delta t} = \dfrac{\omega - \omega_0}{t - t_0}$에서 $\omega = \omega_0 + \alpha t$이다. 등가속도 직선운동과 등각가속도운동의 운동방정식 관계를 표 7.1에 나타내었다.

▼ **표 7.1** | 등가속도 직선운동과 등각가속도운동에 대한 운동방정식

직선운동	회전운동
$v = v_0 + at$	$\omega = \omega_0 + \alpha t$
$x = v_0 t + \frac{1}{2}at^2$	$\theta = \omega_0 t + \frac{1}{2}\alpha t^2$
$v^2 = v_0^2 + 2ax$	$\omega^2 = \omega_0^2 + 2\alpha\theta$
$x = \frac{1}{2}(v_0 + v)t$	$\theta = \frac{1}{2}(\omega_0 + \omega)t$

예제 7.3

면적이 매우 큰 원판 팽이의 회전 각속도가 일정하게 감소하고 있다. 초기의 각속도는 60 rpm이었지만, 1분이 지난 후에 회전을 멈췄다. 정지할 때까지 팽이의 회전 횟수를 구하여라.

| 풀이

- 초기의 각속도: $\omega = 60\ \text{rpm} = \dfrac{(60\ \text{rev})(2\pi\ \text{rad/rev})}{60\ \text{s}} = 2\pi\ \text{rad/s}$
- 각가속도: $0 = 2\pi + \alpha \times (60\ \text{s})$로부터, $\alpha = -\dfrac{\pi}{30}\ \text{rad/s}^2$
- 팽이의 회전 횟수: $\theta = (2\pi\ \text{rad/s})(60\ \text{s}) + \dfrac{1}{2}\left(-\dfrac{\pi}{30}\ \text{rad/s}^2\right)(60\ \text{s})^2$

  $= 60\pi\ \text{rad}$ 또는 30바퀴

연습문제

7-1 등속원운동 **7-2** 각과 원운동 **7-3** 각속도

1. 반지름이 5.00 cm인 원기둥 표면에 줄이 감겨 있다. 원기둥이 축을 중심으로 자유롭게 회전한다면 줄을 원기둥 위에서 미끄러짐 없이 10.0 cm/s의 일정한 속력으로 잡아당길 때 원기둥의 각속도는 얼마인가?

2. 반지름 R인 원 위를 등각속도 ω로 원운동하는 물체가 있다. 이제 아래 그림과 같이 빛을 쪼여 스크린상에 맺는 상의 운동을 생각하자. 상의 위치, 속도, 가속도를 구하여라.

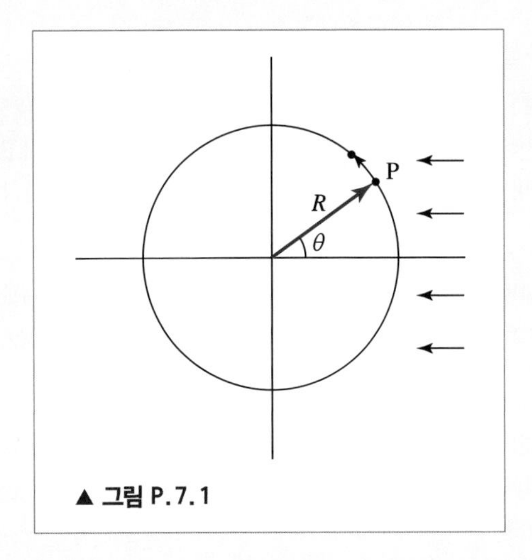

▲ 그림 P.7.1

3. 컴퓨터의 하드디스크 안에는 '플래터'라고 불리는 자성체를 입힌 원판이 들어 있다. 지름이 3.50인치인 플래터가 7,200 rpm(분당 회전수)의 각속력으로 회전한다고 하자.

(가) 플래터가 한 바퀴 회전하는 데 걸리는 시간은 얼마인가?

(나) 플래터의 각속력을 rad/s로 나타내어라.

(다) 플래터 가장자리 한 점의 순간속력은 얼마인가?

4. 원점에 대해 어떤 입자가 회전 운동을 하고 있다. 어떤 시간 t에서 회전 각도가 $\theta(t)=t^2+3t+1$로 주어질 때, $t=2$일 때의 입자의 순간 각속력은 얼마인가?

5. 원형 튜브 내부에 정지해 있던 물체가 내부압력으로 2개로 쪼개지면서 서로 반대 방향으로 운동하였다. 질량비 3 : 1로 두 물체가 갈라질 때, 두 물체의 각속도비와 다시 처음 만나는 지점을 구하시오. 튜브 내부의 마찰력은 무시한다.

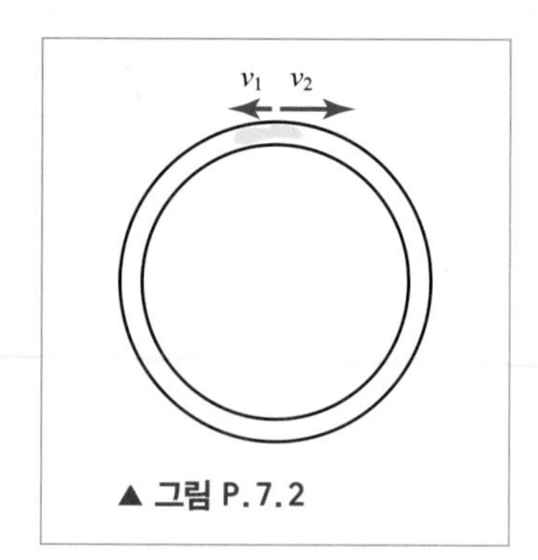

▲ 그림 P.7.2

6. 경주용 차가 4π km의 원형트랙 다섯 바퀴를 도는 데 10.0분이 걸렸다. 이때 다음을 구하여라.

(가) 주기와 각속도

(나) 접선속력과 구심가속도

7. 반지름이 50.0 cm인 자전거 타이어가 매분 100회의 비율로 회전하고 있다. 자전거 타이어의 홈에 압정이 박혀 있을 때 이 압정의 접선속도 및 구심가속도를 구하여라.

8. 질량 0.50 kg의 물체를 반지름이 1.00 m인 줄에 매달아 각속도 4π rad/s로 돌리고 있을 때 줄에 걸리는 장력을 구하여라. 줄의 질량은 무시할 수 있을 정도로 가볍다.

9. 그림 7-3과 같이 질량 m인 공이 반지름 r로 등속원운동하고 있다고 하자. 이때 손 대신 질량 M인 추를 바꿔 달았을 때 이 추가 움직이지 않게 될 물체의 접선속력 v는 얼마인가?

10. 동일한 2개의 바퀴 A, B가 있다. 바퀴 B는 A보다 2배 큰 각속도로 회전한다. 바퀴 A의 테두리 위 한 점에서의 구심가속도는 바퀴 B의 테두리 위 한 점에서의 구심가속도의 몇 배인가?

11. 지구 위도 30°지점과 적도(위도 0°) 지점의 (가) 각속도를 각각 구하고 비교하여라. (나) 적도에 정지해 물체를 위도 30°지점으로 즉시 옮겨 놓는다면, 어떤 운동을 하겠는가? (단, 적도에서 지구의 반지름은 6.4×10^6 m이고 지구는 완전한 구로 간주한다.)

12. 지구 표면에 있는 물체는 지구의 자전에 의한 원운동을 하게 된다. 지구의 적도상에 정지해 있는 물체의 구심가속도는 얼마인가?

13. (가) 어떤 사람이 인천(위도 약 37도)에 서 있다고 하자. 지구 자전에 의한 이 사람의 선속력은 몇 km/h인가? 또 구심가속도의 크기는 g(중력가속도의 크기)의 몇 배인가?
(나) 지구 공전운동에 의한 지구의 선속력과 구심가속도의 크기를 구하여라.

14. 경사각이 θ인 원형 경주용 도로에서 자동차가 미끄러지지 않고 안전하게 달릴 수 있는 최대속력은 얼마인가? (단, 이 원형 도로의 반지름은 r이다.)

7-13

7-4 각가속도

15. 어떤 원운동을 하는 원판이 10바퀴를 도는 동안 일정한 각가속도로 각속도를 증가하여, 초기 각속도가 1.00 rad/s에서 최종 각속도 5.00 rad/s로 증가했다. 이때의 각가속도는 무엇인가?

16. 처음에 정지해 있던 팽이를 돌려 5.00초 후에는 300 rpm이 되었다. 처음 5.00초간 평균 각가속도와 회전 횟수를 구하여라.

7-14

17. 질량을 무시할 수 있는 길이 L인 실 끝에 매달린 질량 m인 추가 수직축에 대해서 각이 θ_0일 때 속력이 v_0였다. 이때 이 추의 구심가속도와 접선가속도 성분을 구하여라. 구심가속도가 최대가 될 때의 각과 구심가속도를 구하여라.

18. 세탁기는 세탁조가 회전운동을 하여 탈수 및 세탁을 한다. 한 세탁기의 세탁조가 정지상태에서 출발하여 8.00 s 후에 5.00 rev/s의 각속력에 도달하고 이때 세탁하는 사람이 뚜껑을 열면 안전 스위치가 세탁기를 끄게 된다고 하자. 그리고 세탁조는 12 s 만에 다시 정지한다. 세탁조가 정지하기 까지 몇 번 회전하는가?

발전문제

19. 그림 P.7.3과 같이 반구 꼭대기점에서 질량이 m인 물체가 정지해 있다가 미끄러져 내려오기 시작한다. 면과 물체 사이에 마찰은 없고, 물체는 결국 반구로부터 분리되어 떨어지게 된다.
(가) 꼭대기점에서 각 θ만큼 미끄러져 내려왔을 때, 물체의 속력을 구하여라.
(나) 이 물체가 반구로부터 분리되려고 하는 점에서는 수직항력이 0이다. 이때의 각을 θ_0라 하면 $\cos\theta_0$는 얼마인가?

7-17

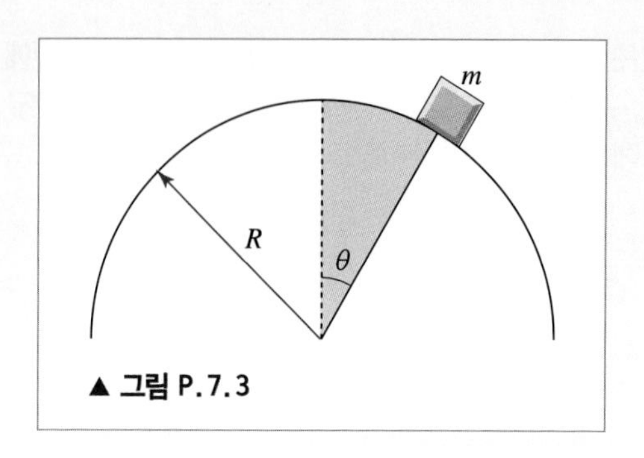

▲ 그림 P.7.3

20. 길이 L인(질량을 무시할 수 있는) 실 끝에 질량 m인 추가 매달려 진동한다. 수직축에 대해서 최대 각이 45° (A점)이고 제일 밑(B점)에서 속력은 v_0이다.

(가) 45° 위치(A점)에서 가속도의 방향은?

(나) 제일 밑(B점)에서 가속도의 방향은?

(다) 제일 밑(B점)에서 실의 장력의 크기는?

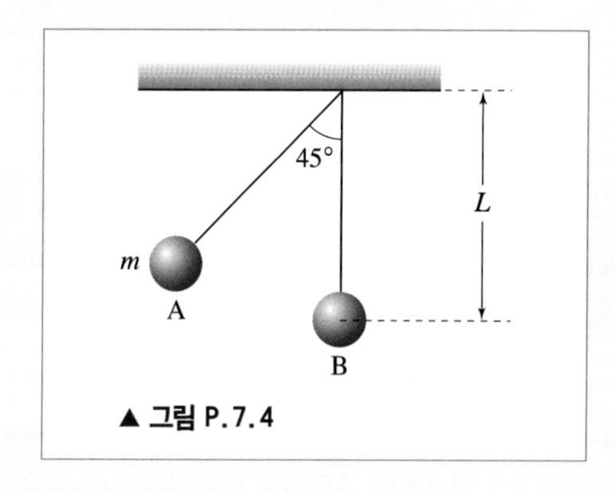

▲ 그림 P.7.4

Physics

요하네스 케플러

Johannes Kepler, 1571-1630

독일의 수학자, 천문학자이다.
천문학자 티코 브라헤의 조수였으며 티코가 죽은 후 그가 남긴 화성 관측 결과를 정리해,
행성은 태양을 초점으로 하는 타원 궤도를 돈다고 하는 소위 '케플러의 법칙'인
'행성운동'의 제1법칙과 면적 속도가 보존된다고 하는 '행성운동'의 제2법칙을 발견해
1609년 《신천문학》(Astronomia nova)에 발표했다. 1619년에는 행성의 태양으로부터의 거리와
그 주기의 관계를 밝힌 제3법칙을 《세계의 조화》(Harmonice mundi)에 발표하였다.

CHAPTER 08
각운동량과 중력

앞 장에서 배웠듯, 원운동은 방향이 계속 변하는 직선운동이다. 그런데 직선 운동에서의 운동량 보존 같은 법칙이 원운동에도 존재할까? 이 장의 전반부에서는 등속원운동에서 각운동량이 보존됨을 배운다. 태양계 내 행성들은 원운동에 가까운 운동을 한다. 이는 행성과 태양 사이에 중력이 작용하기 때문이며, 이 중력이 원운동의 구심력 역할을 한다. 뉴턴은 질량을 갖는 입자들 사이에 작용하는 힘의 실체를 발견하였고 우리는 그 힘을 중력 또는 만유인력이라 부른다. 중력은 지구에서 물체의 자유낙하, 태양 주위를 도는 행성의 운동 등에 작용하는 힘이다. 또한 중력은 입자들 간의 거리의 제곱에 반비례하는 장거리 인력 상호작용이다. 이 장의 후반부에서는 중력법칙을 알아본다.

8-1 각운동량과 각운동량 보존

6장에서 우리는 선운동량을 정의하고 선운동량이 보존되는 조건을 배웠다. 그러므로 임의의 물체에 대한 **각운동량(angular momentum)**도 정의할 수 있다. 그림 8.1은 xy 평면의 점 A에 놓여 있고 선운동량이 $\boldsymbol{p}(=m\boldsymbol{v})$인 입자를 나타낸다. 원점 O에 대한 이 입자의 각운동량 $\boldsymbol{l}$은

$$\boldsymbol{l}=\boldsymbol{r}\times\boldsymbol{p}=m(\boldsymbol{r}\times\boldsymbol{v}) \tag{8.1}$$

로 정의한다. 여기서 $\boldsymbol{r}$은 원점으로부터 입자까지의 위치를 나타내는 벡터이다.

각운동량의 단위는 kg · m²/s=J · s이다. $\boldsymbol{r}$과 $\boldsymbol{p}$의 사이각이 ϕ이면 각운동량의 크기는

$$l=rp\sin\phi \tag{8.2}$$

이다. 그림 8.1(a)와 같이 $p_{\perp}=p\sin\phi=mv\sin\phi=mv_{\perp}$이므로

$$l=rp_{\perp}=mrv_{\perp} \tag{8.3}$$

이다. 그런데 한편으로는 그림 8.1(b)와 같이 $r_{\perp}=r\sin\phi$이므로,

$$l=r_{\perp}p=r_{\perp}mv \tag{8.4}$$

이다. 뉴턴의 제2법칙에 의하면, 선운동량이 $\boldsymbol{p}$인 입자가 받는 총 힘이 $\Sigma\boldsymbol{F}$이면,

$$\Sigma\boldsymbol{F}=\frac{\mathrm{d}\boldsymbol{p}}{\mathrm{d}t} \tag{8.5}$$

이다. 이 식에 의해 물체(입자)에 작용하는 외력의 합이 0이면 선운동량이 보존됨$\left(\frac{\mathrm{d}\boldsymbol{p}}{\mathrm{d}t}=0\right)$을

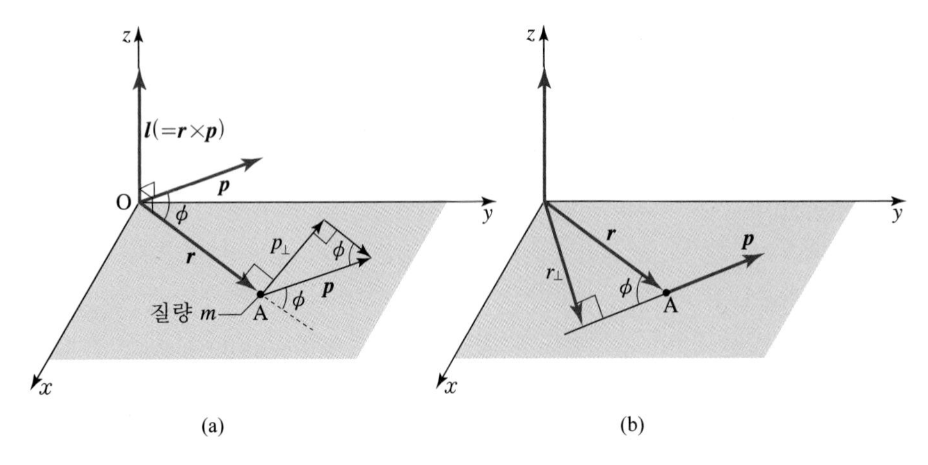

▲ **그림 8.1** | 입자의 각운동량

배웠다. 이제 각운동량의 정의식 $\boldsymbol{l} = m(\boldsymbol{r} \times \boldsymbol{v})$의 양변을 시간으로 미분해보자.

$$\frac{\mathrm{d}\boldsymbol{l}}{\mathrm{d}t} = m\left(\boldsymbol{r} \times \frac{\mathrm{d}\boldsymbol{v}}{\mathrm{d}t} + \frac{\mathrm{d}\boldsymbol{r}}{\mathrm{d}t} \times \boldsymbol{v}\right) = m(\boldsymbol{r} \times \boldsymbol{a} + \boldsymbol{v} \times \boldsymbol{v}) \tag{8.6}$$

그런데 벡터곱의 정의에 의해 $\boldsymbol{v} \times \boldsymbol{v} = 0$이므로,

$$\frac{\mathrm{d}\boldsymbol{l}}{\mathrm{d}t} = m(\boldsymbol{r} \times \boldsymbol{a}) = \boldsymbol{r} \times m\boldsymbol{a} = \boldsymbol{r} \times \sum \boldsymbol{F} \tag{8.7}$$

이다. 위 식은 물체에 작용하는 알짜힘 $\sum \boldsymbol{F}$이 0이거나, 위치벡터와 힘의 곱이 0이면, 즉 $\boldsymbol{r} \times \sum \boldsymbol{F} = 0$이면 각운동량이 보존된다는 것을 의미한다. 예를 들어보자. 먼저, 입자에 작용하는 힘이 0인 경우, 입자는 등속도운동을 하므로 입자의 선운동량 mv는 일정하고, 또 그림 8.1(a)에 나타낸 것처럼 원점으로부터 입자의 직선 경로에 대한 수직거리 $r_{\perp}$도 일정하므로 식 (8.4)에 의해 각운동량이 보존된다는 것을 알 수 있다. 등속원운동의 경우는 두 번째에 해당된다. 등속원운동을 하는 입자에 작용하는 구심력은 원점 방향이므로 이 힘은 항상 입자의 위치 벡터에 정반대 방향이다. 따라서 $\boldsymbol{r} \times \boldsymbol{F} = 0$이므로 각운동량은 보존된다. 이런 경우의 각운동량을 **궤도각운동량(orbital angular momentum)**이라고 부르기도 한다. 태양 주위를 도는 행성들의 운동은 등속원운동이 아니지만 태양과 행성 사이에 작용하는 힘인 중력의 경우 $\boldsymbol{r} \times \boldsymbol{F} = 0$의 조건이 역시 성립한다.

8-2 뉴턴의 중력법칙

태양계를 돌고 있는 행성, 지구 주위를 돌고 있는 달과 인공위성의 운동, 태양계와 은하계의 운동 등은 우리에게 친숙한 운동들이다. 1665년 23살의 영국 청년 아이작 뉴턴은 달과 지구 사이에 작용하는 힘이 사과나무에서 떨어지는 사과와 지구 사이에 작용하는 힘과 같은 종류임을 발견하였다. 이 힘을 **중력** 또는 **만유인력**이라 한다. 중력은 우주에 존재하는 모든 질량이 있는 물체 사이에 작용하는 보편적인 인력 상호작용이다. 그림 8.2와 같이 질량 m_1과 질량 m_2인 두 입자가 거리 r만큼 떨어져 있을 때 두 입자 간의 중력의 크기는

$$F = G\frac{m_1 m_2}{r^2} \tag{8.8}$$

로 표현된다. 여기서 G는 **중력상수**로

$$\mathrm{G} = 6.673 \times 10^{-11}\ \mathrm{m^3/kg \cdot s^2} \tag{8.9}$$

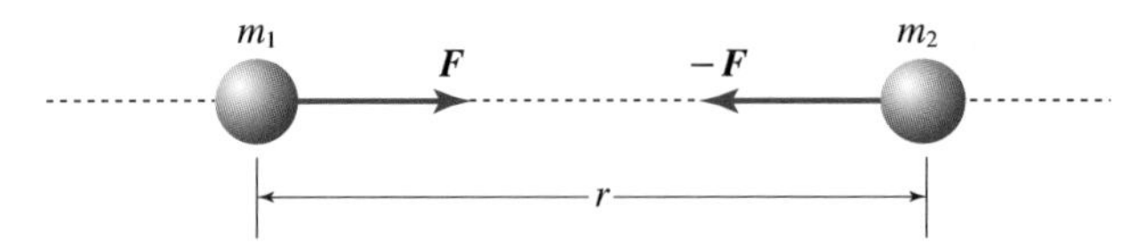

▲ **그림 8.2** | 질량이 있는 두 입자 사이에 작용하는 힘

이다. 입자 m_2는 입자 m_1을 힘 $\boldsymbol{F}$로 잡아당긴다. 반면에 입자 m_1은 입자 m_2를 힘 $-\boldsymbol{F}$로 잡아당긴다. 이 두 힘은 서로 작용·반작용의 힘쌍을 이룬다. 식 (8.8)에서 중력의 크기는 두 입자 사이에 작용하는 힘의 크기이다. 그런데 지구와 같이 부피가 있는 커다란 물체와 지구 위에 놓여 있는 입자 사이에 작용하는 중력은 어떻게 표현될까. 커다란 덩치를 가지고 있는 지구는 작은 입자들의 집합으로 생각할 수 있다. 중력처럼 입자 사이에 작용하는 힘이 거리의 제곱에 반비례한다면, 지구란 곧 그것을 중심으로 모든 질량이 모여 있는 입자인 셈이다. 따라서 지구 위에 있는 물체와 지구 사이의 중력을 계산할 때 거리는 물체의 질량중심과 지구의 질량중심 사이의 거리를 이용하여 계산한다.

예제 8.1

지구와 달을 균일한 구라고 가정하고, 지구와 달 사이의 중력의 크기를 계산하여라. (단, 지구 질량 $M=6.0\times10^{24}$ kg, 달 질량 $m=7.4\times10^{22}$ kg, 지구 중심과 달 중심 사이의 거리 $r=3.8\times10^{8}$ m)

| 풀이

$$F=\frac{GmM}{r^2}$$
$$=\frac{(6.67\times10^{-11}\,\mathrm{Nm^2/kg^2})(6.0\times10^{24}\,\mathrm{kg})(7.4\times10^{22}\,\mathrm{kg})}{(3.8\times10^{8}\,\mathrm{m})^2}=2.1\times10^{20}\,\mathrm{N}$$

뉴턴의 중력법칙과 뉴턴의 제2법칙을 결합하면 지구의 중력가속도를 구할 수 있다. 지구 질량을 M_e, 지구 중심에서 지구 표면까지의 거리를 R_e라 하고, 중력가속도를 g라 하면,

$$mg=\frac{GmM_\mathrm{e}}{R_\mathrm{e}^2} \tag{8.10}$$

이다. 그러므로

$$g=\frac{GM_\mathrm{e}}{R_\mathrm{e}^2} \tag{8.11}$$

이고, 중력가속도의 방향은 지구 중심을 향한다. 실제로 지구는 균일하지도 완전한 구형도 아

니다. 지구가 자전하기 때문에 자유낙하하는 물체의 중력가속도는 식 (8.11)의 결과와 약간 다른 값을 갖는다. 지구 반지름과 중력가속도 g를 알고 있으면, 식 (8.11)로부터 지구 질량을 계산할 수 있다. 지구 반지름을 R_e라 할 때, 지면으로부터의 높이 h인 곳에서 중력가속도는 $g(h) = GM_e/(R_e + h)^2$이다.

예제 8.2

화성의 질량은 지구 질량의 1/10이고, 화성의 반지름은 지구 반지름의 1/2이다. 화성의 표면에서 떨어지는 물체의 가속도의 크기는 지구 표면에서의 중력가속도의 크기 g의 몇 배인가?

| 풀이

식 (8.11)로부터 중력가속도는 $g = GM/R^2$ 으로 표현된다. 따라서 화성과 지구의 중력가속도를 각각 g_m, g_e라고 하면, $\frac{g_m}{g_e} = \frac{M_m R_e^2}{M_e R_m^2} = \frac{1}{10} \times 2^2 = 0.4$

즉, 화성 표면에서의 중력가속도는 지구 표면에서의 중력가속도의 0.4배이다.

중력 위치에너지

5장에서 보았듯, 지면으로부터 높이 h인 곳에 놓인 질량 m인 입자의 중력 위치에너지는 $U = mgh$이다. 이때, 지면에서 중력은 mg로 일정하다고 가정하였고, 위치에너지의 기준점을 입자가 지면($h = 0$)에 있을 때로 택했다. 관점을 넓혀서, 질량 m인 입자와 질량 M인 두 입자가 거리 r만큼 떨어져 있을 때 중력 위치에너지는 어떻게 되겠는가? 그림 8.3과 같이 입자가 지구 중심에서 거리 x만큼 떨어져 있을 때, 입자에 작용하는 중력은 $\boldsymbol{F} = -(GM_e m/x^2)\boldsymbol{i}$이다. 이 입자를 점 P에서 무한히 멀리 떨어진 곳으로 가속도 없이 옮기려면 입자가 움직이는 동안 입자에 $-\boldsymbol{F}$인 힘을 외부에서 가해야 한다. 이 힘이 해준 일은 점 P와 무한히 멀리 떨어진 점 사이의 중력 위치에너지 차이와 같다.

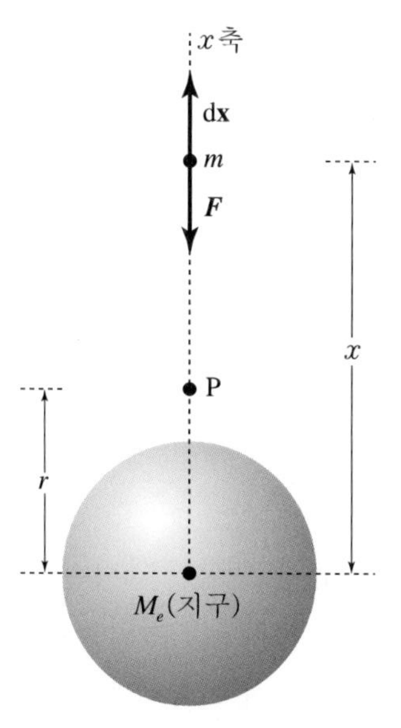

▲ 그림 8.3 | 지구와 입자 간의 중력 위치에너지

입자를 미소변위 $d\boldsymbol{x}$만큼 움직일 때 외력 $-\boldsymbol{F}$가 한 일은 $dW = -\boldsymbol{F} \cdot d\boldsymbol{x}$이다. 따라서 점 P에서 입자를 무한히 먼 곳으로 움직일 때 해준 일과 중력 위치에너지의 변화량은

$$U(\infty) - U(r) = W = \int_r^\infty (-\boldsymbol{F}) \cdot (\mathrm{d}\boldsymbol{x}) = \int_r^\infty \frac{GM_e m}{x^2} \boldsymbol{i} \cdot \mathrm{d}\boldsymbol{x} \tag{8.12}$$

$$= \int_r^\infty \frac{GM_e m}{x^2} \mathrm{d}x = -\frac{GM_e m}{x}\bigg|_r^\infty = \frac{GM_e m}{r}$$

이다. 그런데 중력 위치에너지의 기준점을 $U(r=\infty)=0$으로 택하면, 지구의 중력 위치에너지는

$$U(r) = -\frac{GM_e m}{r} \tag{8.13}$$

이다. 지구 중심에서 거리가 r만큼 떨어져 있는 질량 m인 입자의 속력이 v이면, 이 입자의 총 역학적 에너지는

$$E = K + U = \frac{1}{2}mv^2 - \frac{GM_e m}{r} \tag{8.14}$$

이고, 여기서 K는 입자의 운동에너지이다.

질량 m인 입자가 등속원운동하면 중력이 구심력과 같아야 하므로

$$\frac{GM_e m}{r^2} = m\frac{v^2}{r} \tag{8.15}$$

이다. 이 식으로부터 입자의 운동에너지는

$$K = \frac{1}{2}mv^2 = \frac{GM_e m}{2r} \tag{8.16}$$

이다. 즉 $K=-U/2$임을 알 수 있다. 입자의 총 역학적 에너지를 다시 표현하면,

$$E = K + U = \frac{GM_e m}{2r} - \frac{GM_e m}{r} = -\frac{GM_e m}{2r} \tag{8.17}$$

이다. 총 역학적 에너지는 음의 값이다. 즉, 입자는 지구에 구속되어 운동한다. 지표면에 있는 입자가 지구의 중력을 벗어나서 탈출하려면 입자의 속도(탈출 속도)가 얼마나 되어야 할까? 입자가 지구 중력에서 벗어나려면 입자의 총 역학적 에너지가

$$E \geq 0 \tag{8.18}$$

이면 된다.

예제 8.3

한 변의 길이가 a인 정삼각형의 3개의 꼭짓점에 질량이 m인 물체가 하나씩 놓여 있다. 물체 사이에는 만유인력이 작용하고 있다. 그중 하나의 물체를 무한히 먼 곳으로 이동시키는 데 외부에서 해주어야 하는 일은 얼마인가?

| 풀이

질량이 M과 m인 두 물체가 r만큼 떨어져 있는 경우, 만유인력 때문에 둘 사이의 위치에너지는

$$U = -G\frac{Mm}{r}$$

이 된다. 여기서 r은 두 물체의 질량중심 사이의 거리를 뜻한다. 만약 여러 개의 입자로 구성된 시스템인 경우, 시스템에 저장된 위치에너지는 모든 입자들 사이의 위치에너지의 합으로 구성된다. 예를 들어 문제의 3개의 동일한 입자가 정삼각형을 이루는 경우, 3쌍이 존재하고 각 쌍마다 거리는 동일하므로, 총 위치에너지는 $-3\frac{Gm^2}{a}$이 된다. 그런데 그중 하나를 무한히 먼 곳으로 이동시켰다면 나머지 시스템의 총 위치에너지는 $-\frac{Gm^2}{a}$이 될 것이며, 그 차이는 바로 외부에서 해주어야 할 일의 양이다. 즉 $-\frac{Gm^2}{a} - \left(-3\frac{Gm^2}{a}\right) = 2\frac{Gm^2}{a}$ 이다.

8-3 케플러의 법칙

요하네스 케플러(1571~1630)는 행성의 운동과 우주의 조화 관계를 규명하는 데 일생을 보냈다. 케플러는 덴마크의 천문학자 티코 브라헤의 행성에 관한 관측 자료를 바탕으로 세 가지 법칙을 발견하였다. 케플러가 5개 행성의 운동에서 관측한 자료를 바탕으로 발견한 법칙은 다음과 같다.

케플러의 제1법칙은 **궤도의 법칙(law of orbit)**이라 한다.

"각각의 행성은 태양을 한 초점으로 타원궤도를 움직인다."

궤도의 법칙은 태양과 행성 사이에 작용하는 중력과 뉴턴의 운동 제2법칙을 결합하여 뉴턴이 처음 증명하였다. 그림 8.4는 행성의 타원궤도를 나타낸다. 태양은 타원의 한 초점에 놓여 있다.

케플러의 제2법칙은 **면적의 법칙(law of area)**이라고 한다.

"태양과 행성을 연결한 직선(동경 벡터)은 같은 시간 동안에 항상 같은 면적을 휩쓸고 지나간다."

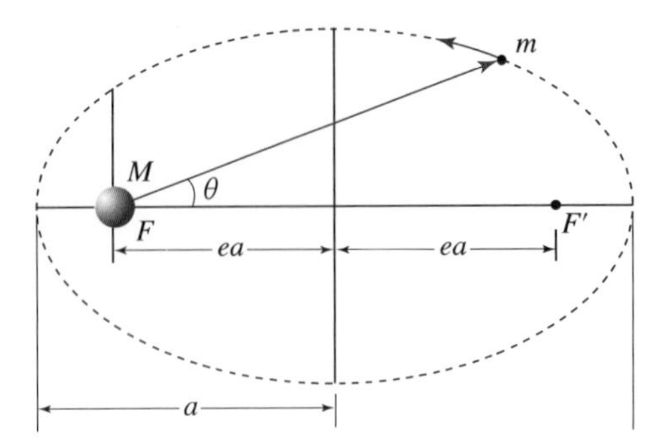

▲ **그림 8.4** | 질량 m인 행성이 타원궤도를 따라 운동한다. 태양은 타원궤도의 한 초점 F에 놓여 있다. 타원의 장축의 길이는 a이고 타원의 중심과 초점까지의 거리는 ea이다. 여기서 e를 타원의 이심률(eccentricity)이라 한다.

이 면적의 법칙은 행성의 타원궤도에서 행성의 위치에 상관없이 성립한다. 사실 면적의 법칙은 궤도 각운동량 보존법칙과 동등하다(예제 8.5 참조).

케플러의 제3법칙은 **주기의 법칙(law of period)**이라 부른다.

"행성의 주기의 제곱은 행성과 태양 사이의 거리의 세제곱에 비례한다."

행성이 타원궤도를 따라 움직이므로 행성과 태양 사이의 거리는 행성의 위치에 따라 변한다. 사실 주기의 법칙에 대한 정확한 표현은 "행성의 주기의 제곱은 타원궤도의 주축(semi-major axis)의 길이의 세제곱에 비례한다."이다. 주기의 법칙에 따르면, 한 행성의 주기의 제곱을 그 행성과 태양까지의 거리의 세제곱으로 나눈 비율이 변하지 않으며 그 비율은 어떤 행성의 경우나 똑같다. 케플러는 티코 브라헤의 관측 자료를 16년 동안 끈질기게 분석하여 최종적으로 주기의 법칙을 발견하였다.

행성의 운동을 반지름 r인 등속원운동이라 하고 뉴턴의 운동법칙을 적용하면,

$$\frac{GMm}{r^2} = m\omega^2 r \tag{8.19}$$

이다. 여기서 M은 태양의 질량이고, m은 행성의 질량이다. 등속원운동에서 구심력은 태양과 행성 사이의 중력이다. 원운동의 주기를 T라 하면, 각속력은 $\omega = 2\pi/T$이므로

$$T^2 = \left(\frac{4\pi^2}{GM}\right) r^3 \tag{8.20}$$

이다. 이 결과는 케플러의 주기의 법칙과 같다.

태양계에서

$$\frac{T^2}{r^3} = \frac{4\pi^2}{GM} \simeq 3.0 \times 10^{-34}\ \mathrm{yr^2/m^3}$$

으로 일정한 값을 갖는다.

예제 8.4

어떤 행성이 태양을 초점으로 타원 궤도를 돌고 있다. 태양으로부터 가장 멀리 있을 때의 거리가 가장 가까이 있을 때의 거리의 3배라고 한다. 이 행성의 최대 선속력은 최소 선속력의 몇 배인가?

| 풀이

각운동량 보존법칙을 이용하면 좀 더 쉬운 수식으로 이 문제를 풀 수도 있지만, 여기서는 케플러의 면적의 법칙을 이용해서 답을 구해보자. 행성이 태양으로부터 가장 멀리 있을 때의 거리를 r이라 하고, 짧은 시간 $\mathrm{d}t$ 동안 휩쓸고 지나간 각도를 $\mathrm{d}\theta$라고 하면, 그 사이 지나간 거리는 $r\mathrm{d}\theta$가 되며 휩쓸고 지나간 면적은 $\frac{1}{2}r^2\mathrm{d}\theta$, 선속력은 거리를 시간으로 나눈 $v = r\frac{\mathrm{d}\theta}{\mathrm{d}t} = r\omega$가 된다. 면적의 법칙을 수식으로 표현하면 다음과 같다.

$$\frac{1}{2}r_1^2\mathrm{d}\theta_1 = \frac{1}{2}r_2^2\mathrm{d}\theta_2$$

즉 태양까지의 거리가 달라지면 동일한 시간 동안 휩쓸고 지나간 각도가 달라져야 하며, 거리가 짧아지면 각도가 커져서 선속력이 커진다. 즉, 최소 거리(r_1)에서 최대 선속력(v_1)이 되며 최대 거리(r_2)에서 최소 선속력(v_2)이 된다.

$$\frac{v_1}{v_2} = \frac{r_1\omega_1}{r_2\omega_2} = \frac{r_1\mathrm{d}\theta_1}{r_2\mathrm{d}\theta_2} = \frac{r_1}{r_2}\frac{r_2^2}{r_1^2} = \frac{r_2}{r_1}$$

를 얻게 된다. 여기에 각각의 값을 대입하면 최대 선속력은 최소 선속력의 3배가 됨을 알 수 있다.

예제 8.5

케플러의 제2법칙(면적의 법칙)은 "같은 시간 간격 동안에 태양과 행성을 잇는 직선이 쓸고 지나간 면적은 행성의 위치에 상관없이 같다."이다. 이 법칙을 증명하여라.

| 풀이

그림 8.5(a)와 같이 태양과 행성을 연결하는 직선은 Δt 시간 동안 $\Delta\theta$만큼의 각도를 쓸고 지나가며 이때의 면적을 ΔA라 하자. 행성의 선운동량은 그림 8.5(b)에 나타내었다. 각 $\Delta\theta$가 작으면, ΔA는 표시된 면적과 같으므로

$$\Delta A = \frac{1}{2}(r\Delta\theta)r$$

이다. 짧은 시간 간격 Δt 동안 면적 변화율은

$$\frac{\Delta A}{\Delta t} = \frac{1}{2}r^2\frac{\mathrm{d}\theta}{\mathrm{d}t} = \frac{1}{2}r^2\omega$$

이다. 여기서 ω는 각속도이다. 그림 8.5(b)에서 행성의 각운동량 l은

$$l = rp_\perp = r(mv_\perp) = r(mr\omega) = mr^2\omega$$

이다. 따라서

$$\frac{\Delta A}{\Delta t} = \frac{l}{2m}$$

이다. 태양-행성계의 각운동량은 보존되므로 l은 일정하다. 그러므로 $\Delta A/\Delta t =$일정, 즉 임의의 시간 간격 동안 태양과 행성을 연결하는 직선이 쓸고 지나가는 면적은 행성의 위치에 상관없이 항상 같다.

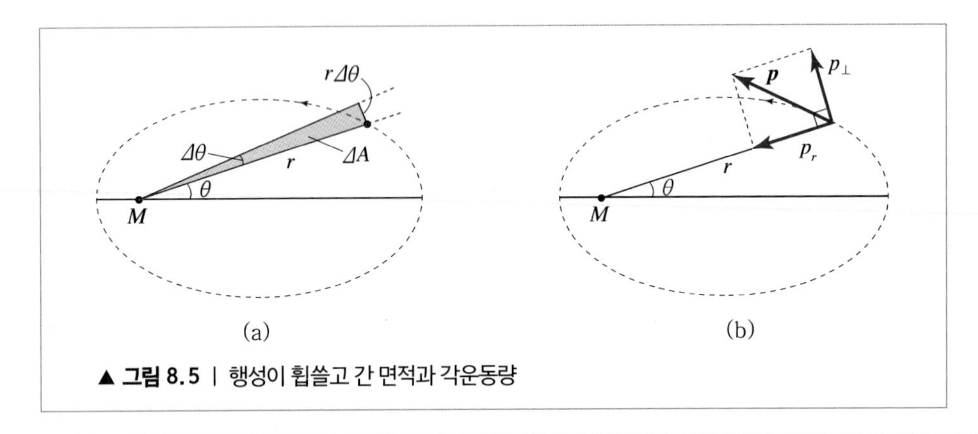

▲ **그림 8.5** | 행성이 휩쓸고 간 면적과 각운동량

연습문제

8-1 각운동량과 각운동량 보존

1. 질량 m인 입자가 xy평면에서 $y=5.0$ cm인 축을 따라서 일정한 속력 v로 x축의 양의 방향으로 움직인다. 원점에 대한 이 입자의 각운동량이 운동하는 동안 일정함을 증명하여라.

2. 평면 위에서 질량 m인 물체가 반지름 r의 원을 그리며 속력 v로 등속원운동을 하고 있다. 이때 물체에 작용하는 구심력에 의한 돌림힘 $\boldsymbol{r}\times\boldsymbol{F}$는 얼마인가?

3. 길이 1.0 m인 질량을 무시할 만큼 가벼운 강체막대에 질량이 4.0 kg 인 및 2.0 kg 인 두 금속 공이 막대 양 끝에 연결되어 있다. 마찰이 없는 평면 위에서 강체 막대를 중심축으로 하여 회전운동하고 있고 이 때 금속공의 순간 속력이 5.0 m/s일 때 총 각운동량을 구하여라.

8-2 뉴턴의 중력법칙

4. (가) 지구에 작용하는 달에 의한 중력의 크기와 태양에 의한 중력의 크기를 비교하여라. 지구와 달 사이의 질량중심점 사이 거리는 대략 19.2×10^{7} m이고 지구와 태양의 질량중심점 사이 거리는 약 15.0×10^{10} m이다. 달과 태양의 질량은 이 책 뒷부분의 부록을 참조하여라.

(나) 달에 작용하는 태양에 의한 중력과 지구에 의한 중력의 비 $F_{태양}/F_{지구}$를 구하여라. 달과 태양의 평균거리는 지구와 태양의 평균거리와 거의 같다.

5. 달의 질량은 $M=7.36\times10^{22}$ kg이고, 달의 반지름은 $r=1.74\times10^{6}$ m이다. 달 표면에서 달의 중력가속도를 구하여라.

6. 아래 그림과 같이 한 변의 길이가 a인 정삼각형의 꼭지점에 각각 같은 질량 m의 쇠공이 놓여 있다. 왼쪽 공이 받는 만유인력의 크기를 벡터로 표현하시오.

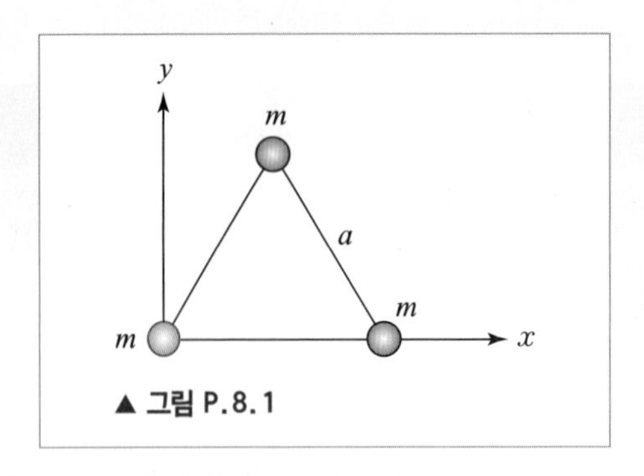

▲ 그림 P.8.1

7. 지구 표면에서부터 지구 반지름만큼의 고도를 갖는 지점에서 물체가 정지상태에 있다가 떨어진다. 지구의 질량이 M이고 반지름이 R이라면, 물체가 지구에 부딪히기 직전의 속도는 얼마인가?

8. 질량이 m인 물체가 지구 중력장을 벗어나서 탈출하려면 이 입자의 역학 에너지가 적어도 $E \geq 0$이어야 한다. 공기저항을 무시할 때 이 입자가 지구를 탈출하는 데 필요한 지표면에서의 최소 속력은 얼마인가? (도움말: 무한대의 거리에 도달했을 때 속력이 0일 조건을 생각하여라.)

9. 발사체를 지구 탈출속력의 1/2배의 속력으로 지표면에서 연직 위로 발사한다. 지구의 지름이 R이라면 발사체가 도달하는 최고높이는 얼마인가?

10. 질량 m인 인공위성이 지구 표면으로부터 $h = 1000$ km 높이에서 일정한 속력 v로 지구를 중심으로 원궤도로 운동하고 있다. 지구의 반지름은 6.37×10^6 m이고 지구의 질량은 5.98×10^{24} kg이다. 인공위성의 속력 v를 구하여라.

8-3 케플러의 법칙

11. 달이 지구를 중심으로 원운동한다고 가정하자. 케플러의 주기법칙은 "행성운동 주기의 제곱은 원궤도 반지름의 세제곱에 비례한다."이다. 이것을 식으로 쓰면, $T^2 = 4\pi^2 r^3 / GM_e$이다. 여기서 M_e는 지구의 질량이고, r은 지구 중심과 달 중심 사이의 거리이다. 달에 작용하는 구심력이 거리의 제곱에 역비례하는 힘임을 증명하여라(도움말: 힘의 표현과 $v = 2\pi r / T$을 사용하여라).

12. 태양계의 한 행성 주위를 공전하고 있는 위성의 공전주기는 5 시간이며 평균 공전궤도 반지름은 8,200 km이다. 행성의 질량을 구하여라.

발전문제

13. 질량 m인 물체가 지면으로부터 각 θ, 초속력 v_0로 발사되었다.

(가) 입자의 처음 위치에 대해서 각운동량을 시간의 함수로 구하여라.
(나) 시간 변화에 대한 각운동량 변화를 구하여라.
(다) 중력에 의한 돌림힘을 계산하여라.

14. 초기에 질량이 m_1인 물체와 질량이 m_2인 물체가 마주 보고 우주 공간에 정지해 있다. 두 물체의 질량중심점 사이의 거리는 R이다.

(가) 각각의 물체가 중력에 의해 받게 되는 가속력의 비를 질량의 비로 나타내어라.
(나) 두 물체의 거리가 $R/2$이 되었을 때 중력 위치에너지는 처음의 몇 배가 되는가?
(다) 이때 두 물체의 운동에너지의 합은 얼마인가?

장 베르나르 레옹 푸코

Jean Bernard Léon Foucault, 1819-1868

프랑스의 물리학자이다.
1851년 푸코는 판테온의 돔에서 길이 67 m의 실을 내려뜨려 28 Kg의 추를 매달고 흔들었다. 실험 결과 예상대로 진동면이 시간의 흐름에 따라 천천히 회전하여 지구의 자전이 입증됐다. 맴돌이 전류와 자이로스코프의 발명, 회전거울을 이용한 빛의 속도 측정 등으로 유명하다.

CHAPTER 09

강체의 회전운동과 평형

우리는 일상생활에서 많은 회전운동을 경험한다. 대공원 놀이시설의 대부분은 회전운동과 관련되어 있다. 바퀴의 회전, 콤팩트 디스크의 회전, 도르래의 회전 등은 흔히 볼 수 있는 회전운동의 예들이다. 지구의 자전, 공전, 태풍의 소용돌이, 은하의 회전 등은 자연에서 목격하는 회전 현상들이다. 이런 물체들의 회전운동은 어떤 방식으로 이해할 수 있을까? 회전운동을 일으키는 근원은 무엇이고, 회전운동을 변하게 하려면 어떻게 해야 할까? 이 장의 앞부분에서는 회전운동을 변하게 하는 돌림힘(토크)과 회전관성 및 각운동량에 관해서 공부한다. 일상생활에서 흔히 접하는 회전은 보통 강체의 회전과 관련되어 있다. 강체는 당구공, 바퀴, 콤팩트 디스크, 도르래 같이 물체 위의 임의의 두 지점 사이의 거리가 변하지 않는 단단한 물체를 뜻한다. 이 장에서는 강체의 회전관성, 강체의 각운동량 및 강체의 평형에 관해 공부한다.

9-1 돌림힘

문의 손잡이는 보통 회전축에서 멀리 떨어진 지점에 있다. 왜 그럴까? 지렛대를 이용해서 물체를 들어올리려면, 가능하면 긴 지렛대를 이용해야 한다. 그 이유는 무엇인가? 이런 질문은 회전운동을 변하게 하는 돌림힘(토크)을 이해해야만 답할 수 있다. 물체가 병진운동할 때, 속도를 변하게 하려면 힘을 가해야 한다. 회전하는 물체의 각속도를 변하게 하려면 어떻게 힘을 가해야 하는가? 그림 9.1(a)는 회전축 O에 대해서 자유롭게 회전할 수 있는 물체 위의 한 점을 나타낸다. 힘 $\boldsymbol{F}$를 그림과 같이 점 P에 가했다. 회전축 O에서 힘이 가해지는 점 P까지의 위치벡터는 $\boldsymbol{r}$이다.

그림 9.1(b)와 같이 힘 $\boldsymbol{F}$는 반지름 성분 $F_r = F\cos\phi$ 와 접선성분 $F_t = F\sin\phi$로 나눌 수 있다. 힘의 접선성분 F_t가 회전을 일으키는 원동력이며 반지름 성분 F_r은 회전에는 아무 상관이 없다. 물체의 회전능력은 힘의 접선성분 F_t의 크기와 회전축으로부터 힘이 작용하는 점까지의 거리 r에만 의존한다.

물체의 회전을 변하게 하는 **돌림힘(토크, torque)** τ의 크기는 다음과 같이 정의한다.

$$\tau = r(F\sin\phi) \tag{9.1}$$

그런데 돌림힘은

$$\tau = r(F\sin\phi) = rF_t \tag{9.2}$$

와

$$\tau = (r\sin\phi)F = r_\perp F \tag{9.3}$$

의 두 가지로 쓸 수 있다. 여기서 $r_\perp$은 회전축과 힘벡터 $\boldsymbol{F}$를 연장한 직선 사이의 수직거리이

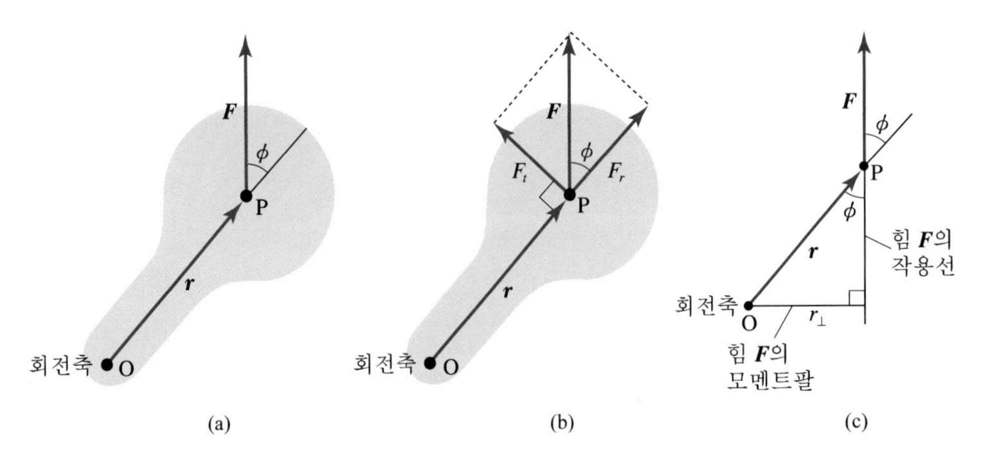

▲ **그림 9.1** | 돌림힘, 작용선, 모멘트팔

다(그림 9.1(c)). 힘벡터를 따라 연장해서 그은 직선을 힘 $\boldsymbol{F}$의 **작용선(line of action)**이라 하고, $r_{\perp}$을 회전 원점에 대한 힘 $\boldsymbol{F}$의 **모멘트의 팔(moment arm)**이라 한다.

물체를 돌리기 위해서 힘을 가하는 것은 돌림힘을 가하는 것과 같다. 돌림힘의 SI 단위는 N · m이다. 돌림힘의 방향까지 고려한 일반적인 정의는

$$\boldsymbol{\tau} = \boldsymbol{r} \times \boldsymbol{F} \tag{9.4}$$

이다. 따라서 돌림힘의 방향은 항상 $\boldsymbol{r}$과 $\boldsymbol{F}$를 포함하는 평면에 수직이다.

예제 9.1

길이가 1 m인 질량이 없는 막대 끝에 300 g의 질량의 입자가 매달려 있으며 막대의 다른 끝은 자유롭게 회전할 수 있는 회전축에 고정되어 있다. 막대가 수직선과 25°를 이룰 때, 입자의 무게가 막대의 회전축에 작용하는 돌림힘의 크기를 구하여라.

| 풀이

식 (9.4) 또는 (9.3)으로부터,

$$\tau = (1\ \text{m})\sin(25°)(0.3\ \text{kg})(9.8\ \text{m/s}^2) = 1.24\ \text{N} \cdot \text{m}$$

9-2 회전관성

그림 9.2는 고정축에 대해서 회전하는 질량 m인 입자를 나타낸다. 입자는 길이가 r인 막대의 끝에 매달려 있다. 이때 막대는 질량을 무시한다고 가정하자. 힘 $\boldsymbol{F}$를 입자에 가하면 입자는 회전한다.

반지름 방향과 힘 사이의 각은 ϕ이다. 뉴턴의 제2법칙에 의하면 접선 방향 힘 F_t와 접선가속도 a_t 사이의 관계는

$$F_t = ma_t \tag{9.5}$$

이다. 입자에 작용하는 돌림힘의 크기는

$$\tau = F_t r = ma_t r \tag{9.6}$$

이고, 식 (7.14)에 따르면 $a_t = \alpha r$이므로,

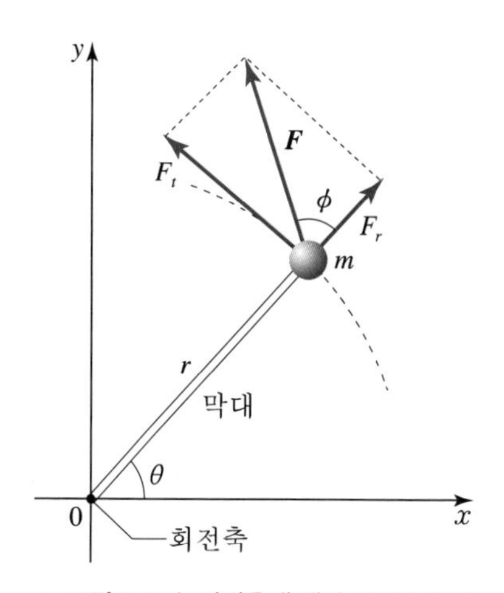

▲ **그림 9.2** | 회전축에 대한 입자의 회전

$$\tau = m(\alpha r)r = (mr^2)\alpha \quad (9.7)$$

이다. 여기서 괄호 안의 값을 회전축에 대한 입자의 **회전관성(rotational inertia)** I라 한다.

$$I = mr^2 \quad (9.8)$$

따라서

$$\tau = I\alpha \quad (9.9)$$

이다.

이 식을 뉴턴의 제2법칙과 비교해보라.

여러 입자가 하나의 고정된 회전축 주위를 같은 각가속도를 가지고 회전할 때 n개의 입자에 작용하는 총 돌림힘은

$$\begin{aligned}\tau &= \tau_1 + \tau_2 + \cdots + \tau_n \\ &= m_1 r_1^2\alpha + m_2 r_2^2\alpha + \cdots + m_n r_n^2\alpha \\ &= \left(\sum_{i=1}^{n} m_i r_i^2\right)\alpha \quad (9.10)\end{aligned}$$

이고, 여기서 회전관성은

$$I = \sum_{i=1}^{n} m_i r_i^2 \quad (9.11)$$

이다. 회전관성 I를 계산할 때 입자까지의 거리 r_i는 회전축으로부터의 수직거리이다.

병진운동에서의 질량과 유사하게 회전관성은 회전운동의 변화에 저항하는 관성을 뜻한다. 하지만 회전관성은 입자의 질량과는 다르게 회전축으로부터의 거리에 의존한다. 입자의 회전관성은 입자가 회전축으로부터 멀어지면 커진다.

예제 9.2

질량 20 kg인 두 쇠공이 길이 1.0 m인 질량을 무시할 수 있는 막대 끝에 달려 있다. (a) 두 쇠공의 질량 중심을 지나는 회전축에 대한 회전관성을 구하여라. (b) 두 쇠공 중 한 쇠공의 중심을 지나는 축에 대한 회전관성을 구하여라.

| 풀이

회전축에 대한 회전관성은 $I = m_1 r_1^2 + m_2 r_2^2$ 이다.

(a) $r_1 = r_2 = 0.50$ m 이므로

$$I = (20\ \text{kg})(0.50\,\text{m})^2 + (20\ \text{kg})(0.50\ \text{m})^2 = 10\ \text{kg}\cdot\text{m}^2$$

(b) 회전축이 입자 1을 관통한다면, $r_1 = 0$ m , $r_2 = 1.0$ m 이다. 따라서

$$I = (20\ \text{kg})(0\ \text{m})^2 + (20\ \text{kg})(1.0\ \text{m})^2 = 20\ \text{kg}\cdot\text{m}^2$$

9-3 강체의 회전관성과 각운동량 보존

강체란 물체가 운동할 때 물체 내 임의의 두 지점 사이의 거리가 변하지 않는 물체를 말한다. 나무토막이나 철사와 같은 고체는 강체에 속하지만 고무판과 같이 늘어나는 물체는 강체가 아니다. 일상생활에서 회전은 보통 강체의 회전과 관련되어 있으므로 강체의 회전을 중심으로 생각해보자. 강체는 입자들이 모여 있는 것이므로 강체의 회전은 곧 입자의 회전으로 이해할 수 있다. 이때 입자들은 무수히 많은 수가 모여 있는 것이므로 이를 질량이 연속적으로 분포하는 경우로 취급하여 적분을 이용해 회전관성을 구할 수 있게 된다. 강체를 질량 Δm_i인 질량소로 분할하고, 회전축에서 질량소까지의 수직거리를 r_i라 하면 식 (9.11)에서 $I=\sum_i r_i^2 \Delta m_i$이다.

이제 질량소 Δm_i를 매우 작게 택하면, 적분의 정의에 의해 강체의 회전관성은

$$I=\int r^2 \mathrm{d}m \tag{9.12}$$

이다. 회전축에 대한 강체의 회전관성은 (1) 강체의 모양, (2) 회전축으로부터 질량중심까지의 거리, 그리고 (3) 회전축에 대한 물체의 위치 등에 의존한다. 여러 가지 물체에 대한 회전관성은 그림 9.3에 나타내었다.

질량중심을 통과하는 축에 대한 회전관성 I_{cm}을 알면, 이 축에 평행한 다른 축에 대한 회전

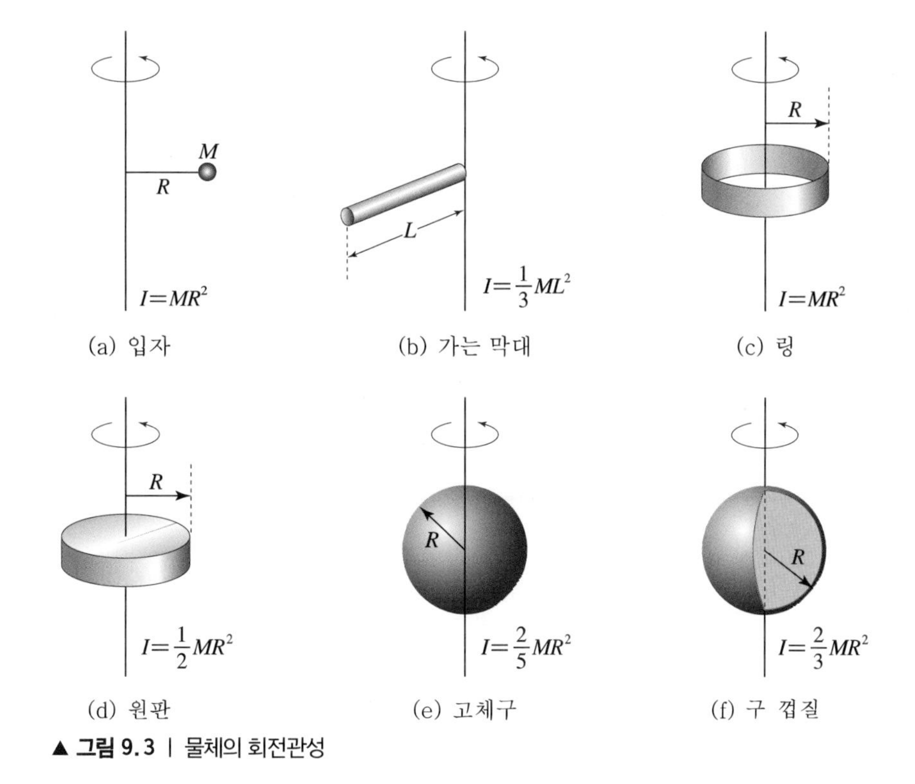

▲ **그림 9.3** | 물체의 회전관성

관성 I는 **평행축 정리(parallel-axis theorem)**를 이용해서 쉽게 구할 수 있다. 평행축 정리에 의하면 두 축 사이의 수직 거리가 h이고 강체의 총 질량이 M이면,

$$I = I_{\text{cm}} + Mh^2 \tag{9.13}$$

이다.

질문 9.1

평행축 정리를 증명하여라.

예제 9.3

반지름이 R, 질량이 M인, 속이 꽉 찬 원판에서 그림과 같이 반지름 $R/2$인 원판을 잘라내었을 때, 지면에서 수직방향으로 원판의 중심 O를 지나는 축에 대한 회전관성을 구하여라.

| 풀이

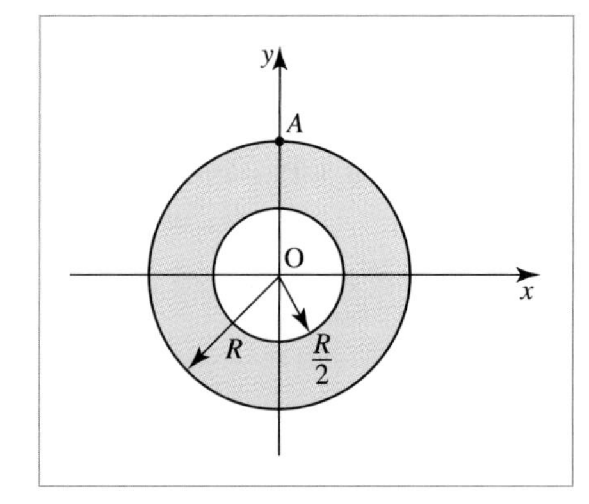

- 전체 면적: πR^2
- 잘라낸 부분의 면적: $\pi\left(\frac{R}{2}\right)^2 = \frac{\pi R^2}{4}$

잘라낸 부분의 면적은 전체 면적의 1/4이므로,

질량은 $M - \frac{1}{4}M = \frac{3}{4}M$

- 질량밀도: $\rho = \frac{M}{\pi R^2}$

회전관성을 구하기 위해 적분을 이용하여 자세한 계산을 할 수도 있지만, 간단하게 반지름 R과 질량 M을 갖는 속이 꽉 찬 원판의 질량중심에 대한 회전관성이 $\frac{1}{2}MR^2$임을 이용하면 쉽게 구할 수 있다. 즉 속이 꽉 찬 원판의 회전관성에서 반지름이 $R/2$인 원판의 회전관성을 빼면 된다. 따라서 회전관성은

$$I_{\text{o}} = \frac{1}{2}MR^2 - \frac{1}{2}\left(\frac{M}{4}\right)\left(\frac{R}{2}\right)^2 = \frac{1}{2}MR^2 - \frac{1}{32}MR^2 = \frac{15}{32}MR^2$$

이 된다.

이제 강체의 회전을 생각해보자. 회전하는 강체는 고정축에 대해서 일정한 각속도로 회전하는 n개의 입자로 이루어진 입자계로 생각할 수 있다. 그림 9.4는 입자계를 관통하는 z축(회전축)에 대해서 각속도 ω로 회전하는 강체 위의 한 점을 나타낸다. 입자계의 질량 m_{i}는 z축에 대해서 원형 경로를 따라 움직인다. 회전축으로부터 이 질량까지의 위치벡터는 $\boldsymbol{r}_{\text{i}}$이고, 선

운동량은 $\boldsymbol{p}_{\mathrm{i}}$이다.

회전축에 대한 이 질량의 각운동량 크기는

$$l_{\mathrm{i}} = r_{\perp}\, p_{\mathrm{i}} = r_{\mathrm{i}}\, m_{\mathrm{i}}\, v_{\mathrm{i}} \tag{9.14}$$

이다. 이 입자의 각운동량 방향은 회전축 방향과 같다.

일반적으로, 여러 입자로 구성된 입자계에서 총 각운동량은

$$\boldsymbol{L} = \Sigma\, \boldsymbol{l}_{\mathrm{i}} \tag{9.15}$$

이고, 여기서 $\boldsymbol{l}_{\mathrm{i}}$는 각 입자의 각운동량이다. 강체의 회전에서는 모든 입자들이 같은 축을 중심으로 회전하며 회전방향이 모두 같으므로 입자계의 총 각운동량 L 의 크기는 모든 입자의 각운동량 $\boldsymbol{l}_{\mathrm{i}}$의 크기의 합과 같다. 그런데 식 (7.6)에서 보듯, $v_{\mathrm{i}} = \omega\, r_{\mathrm{i}}$ 이므로

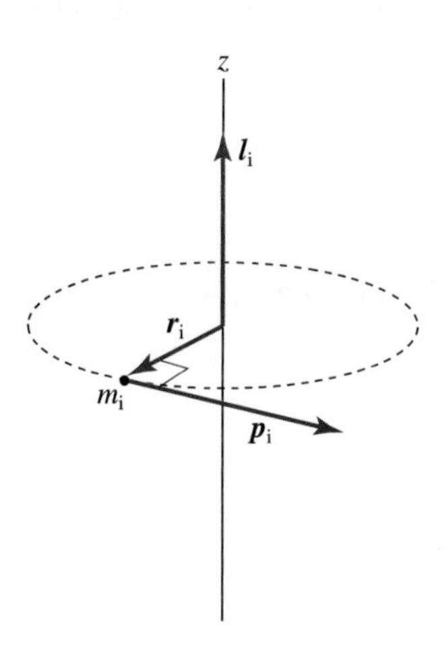

▲ **그림 9.4** | 입자계의 각운동량

$$\begin{aligned} L &= \sum_{\mathrm{i}=1} l_{\mathrm{i}} = \sum_{\mathrm{i}=1} m_{\mathrm{i}}\, v_{\mathrm{i}}\, r_{\mathrm{i}} = \sum_{\mathrm{i}=1} m_{\mathrm{i}} (\omega r_{\mathrm{i}}) r_{\mathrm{i}} \\ &= \left(\sum_{\mathrm{i}=1} m_{\mathrm{i}}\, r_{\mathrm{i}}^2 \right) \omega = I\omega \end{aligned} \tag{9.16}$$

이다. 벡터식으로는 임의의 고정 축에 대해서 강체가 각속도 $\boldsymbol{\omega}$로 회전하고, 이 축에 대한 강체의 회전관성을 I 라고 하면, 강체의 회전에서 총 각운동량 $\boldsymbol{L}$은

$$\boldsymbol{L} = I\boldsymbol{\omega} \tag{9.17}$$

이다(식 (9.11) 사용). 강체 회전에서의 각운동량을 궤도각운동량과 구분하여 스핀각운동량이라고 부르기도 한다. 지구의 공전과 자전에 비유한다면 자전에 해당하는 것이다.

이제 한 입자의 원운동에 대한 식 (9.7)의 결과를 돌림힘의 정의를 이용하여 다시 쓰면

$$\frac{\mathrm{d}\boldsymbol{l}}{\mathrm{d}t} = \boldsymbol{r} \times \Sigma \boldsymbol{F} = \Sigma\,(\boldsymbol{r} \times \boldsymbol{F}) = \Sigma \boldsymbol{\tau} \tag{9.18}$$

이다. 즉 한 입자에 가해진 총 돌림힘은 각운동량의 시간 변화율과 같다. 식 (9.15)에 의하면 입자계의 총 각운동량 변화는

$$\frac{\mathrm{d}\boldsymbol{L}}{\mathrm{d}t} = \Sigma \frac{\mathrm{d}\boldsymbol{l}_{\mathrm{i}}}{\mathrm{d}t} \tag{9.19}$$

이다. 식 (9.18)에 의해 $\dfrac{\mathrm{d}\boldsymbol{l}_{\mathrm{i}}}{\mathrm{d}t}$는 i번째 입자에 작용하는 총 돌림힘 $\Sigma \boldsymbol{\tau}_{\mathrm{i}}$와 같다. 따라서 식 (9.19)의 오른쪽 항은 입자계가 받는 총 돌림힘이 된다. 입자계의 총 돌림힘은 계를 구성하는 입자들 사이의 내력에 의한 돌림힘과 계의 바깥에서 가해지는 외력에 의한 돌림힘의 합이다.

그런데 뉴턴의 제3법칙에 따르면, 내력은 항상 작용-반작용 쌍으로 존재하며 두 힘은 방향이 정반대이므로 입자계에서 내력에 의한 돌림힘의 총합은 0이 된다. 그러므로 식 (9.19)는

$$\frac{\mathrm{d}\boldsymbol{L}}{\mathrm{d}t} = \boldsymbol{\tau}_{\mathrm{ext}} \tag{9.20}$$

이다. 여기서 $\boldsymbol{\tau}_{\mathrm{ext}}$는 입자계에 가해지는 외력에 의한 총 돌림힘이다.

질문 9.2

입자계의 내력에 의한 내부 돌림힘의 총합이 0임을 증명하여라.

식 (9.20)에서 입자계가 받는 총 외부 돌림힘이 0이면 $\mathrm{d}\boldsymbol{L}/\mathrm{d}t = 0$이다. 따라서

$$\boldsymbol{L} = \text{일정} \tag{9.21}$$

이다. 이와 같이 입자계에 작용하는 외부 돌림힘이 0이면, 계의 총 각운동량은 시간이 지나도 변하지 않고 일정한데, 이를 **각운동량 보존법칙(law of conservation of angular momentum)**이라 한다. 식 (9.17)에서 강체의 각운동량은 $L = I\omega$이므로, 강체의 각운동량 보존법칙은 다음과 같다.

$$\boldsymbol{L} = I\boldsymbol{\omega} = \text{일정} \tag{9.22}$$

한편, 입자계에서의 결과 식 (9.10)을 강체에 적용하면 강체에 외부에서 돌림힘 $\boldsymbol{\tau}_{\mathrm{ext}}$가 작용할 때 강체는 일정한 각가속도 $\boldsymbol{\alpha}$를 가지게 된다. 즉,

$$\tau_{\mathrm{ext}} = I\alpha \tag{9.23}$$

가 성립한다.

예제 9.4

수직축에 대하여 자유롭게 회전할 수 있는 회전의자에 앉아 있는 한 학생이 양손에 아령을 들고서 팔을 벌린 채 초기 각속도 ω_{i}로 반시계 방향으로 회전하고 있다. 팔을 벌린 학생의 회전관성은 I_{i}이다. 이 학생이 팔을 움츠려서 회전관성이 I_{f}가 되었다. 각속도 ω_{f}는 얼마인가?

| 풀이

회전의자가 자유롭게 회전하므로 외부 돌림힘은 없다. 따라서 각운동량은 보존된다. 학생이 팔을 움츠려도 각운동량의 방향은 변함이 없고, 각운동량의 크기도 일정해야 한다. 따라서

$$I_{\mathrm{i}} w_{\mathrm{i}} = I_{\mathrm{f}} w_{\mathrm{f}}$$

이므로

$$\omega_{\mathrm{f}} = \frac{I_{\mathrm{i}}}{I_{\mathrm{f}}}\omega_{\mathrm{i}}$$

$I_{\mathrm{f}} < I_{\mathrm{i}}$이므로, $\omega_{\mathrm{f}} > \omega_{\mathrm{i}}$ 가 되어 학생은 더 빨리 회전한다.

예제 9.5

한 소년이 질량 10.0 kg인 문을 20.0 N의 힘으로 연다. 힘은 문에 수직하게 가해지고, 문손잡이는 돌쩌귀에서 0.900 m 떨어져 있다. 문의 높이가 2.00 m이고 너비는 1.00 m이다. 문의 각가속도는 얼마인가?

| 풀이

문의 회전관성은 $I = \frac{1}{3}ML^2$이다. 여기서 L은 문의 너비이다. 돌쩌귀에서 문손잡이까지의 거리를 r이라 하자. 돌림힘은 $\tau = I\alpha$이므로,

$$\alpha = \frac{\tau}{I} = \frac{rF}{\frac{1}{3}ML^2} = \frac{3\times(0.900\,\mathrm{m})(20.0\,\mathrm{N})}{(10.0\,\mathrm{kg})(1.00\,\mathrm{m})^2} = 5.40\ \mathrm{rad/s^2}$$

이다.

예제 9.6

회전관성이 I인 원판이 있다. 이 원판을 정지 상태에서 일정한 돌림힘을 작용시켜서 시간 T 동안 돌리면 각속도 ω를 얻는다. 이때, 이 원판에 작용한 돌림힘의 크기는 얼마인가?

| 풀이

돌림힘은 $\tau = I\alpha$ 이고 $\alpha = \frac{\Delta\omega}{\Delta t} = \frac{\omega}{T}$ 이므로, $\tau = \frac{I\omega}{T}$ 가 된다.

9-4 미끄러지지 않고 구르는 강체

강체의 일반적인 운동은 병진운동과 회전운동이 결합된 운동이다. 물체가 병진운동만 한다면, 강체 내의 모든 입자는 같은 순간속도를 갖는다. 반면 물체가 순수한 회전운동만 한다면, 물체 내의 모든 입자는 회전축에 대해서 같은 순간각속도를 갖는다. 순수 회전운동에서는 회전축이 움직이지 않고 고정되어 있다. 그림 9.5는 미끄러지지 않고 구르는 바퀴의 운동을 나

타낸다. 그림 9.5(a)는 속력 v_{cm}로 병진운동하는 바퀴를 나타내고, 그림 9.5(b)는 바퀴의 중심축에 대해서 시계 방향으로 각속력 ω로 회전하는 바퀴를 나타내며, 그림 9.5(c)는 회전운동과 병진운동이 결합되어 구르는 바퀴의 운동을 나타낸다.

매순간 구르는 바퀴는 지면과 접촉하는 점을 통과하는 **순간 회전축(instantanous axis of rotation)**에 대해서 회전한다. 이 순간 회전축은 바퀴면에 수직한 방향이다. 물론 순간 회전축의 위치는 시간에 따라서 변한다. 병진운동과 순수한 회전운동을 결합한 구르는 운동에서 접촉점의 순간속도는 0 이고, 바퀴의 꼭대기점의 속도는 $2v_{\text{cm}}$이다. 물체가 미끄러지지 않고 구르면, 병진운동과 회전운동은 그림 9.6과 같이 연관관계를 갖는다.

접촉점 P가 굴러서 s만큼 움직이면, 호의 길이 s는 회전각 θ와 $s = r\theta$인 관계를 갖는다. 바퀴가 구를 때 바퀴의 질량중심 또한 s만큼 움직였다. 질량중심의 선속도, 즉 바퀴의 병진속도 v_{cm}은

$$v_{\text{cm}} = \frac{\Delta s}{\Delta t} = \frac{r\Delta\theta}{\Delta t} = r\omega \tag{9.24}$$

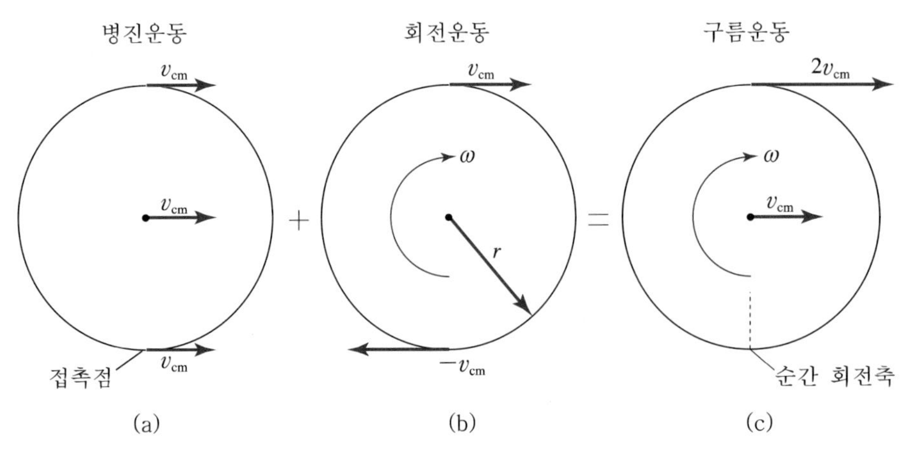

▲ **그림 9.5** | 병진운동, 회전운동 그리고 구르는 운동

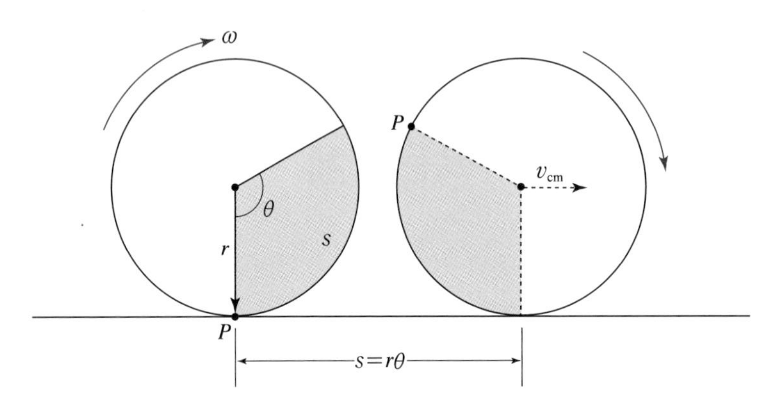

▲ **그림 9.6** | 미끄러지지 않고 구르는 바퀴

이다. **물체가 미끄러지지 않고 굴러갈 조건이 바로** $v_{cm} = r\omega$ 이다. 만약 물체가 미끄러진다면 위 식은 성립하지 않는다.

바퀴의 병진 가속도와 회전 가속도 사이의 관계는 식 (7.14)에 의해서

$$a = r\alpha \tag{9.25}$$

인 관계가 있다.

예제 9.7

반지름이 30.0 cm인 굴렁쇠의 굴러가는 속도가 일정한 비율로 감소하고 있다. 초기의 병진속도는 0.600π m/s이며, 30.0초 후에 정지하였다. 굴렁쇠의 회전 각가속도를 구하여라.

| 풀이

두 가지 방법 중 회전운동으로 풀면,

- 식 (9.24)로부터, 초기의 각속도 : $\omega = \dfrac{v_{cm}}{r} = \dfrac{0.600\pi\,\mathrm{m/s}}{0.300\,\mathrm{m}} = 2.00\pi\,\mathrm{rad/s}$
- 각가속도 : $0 = 2.00\pi + \alpha \times (30.0\,\mathrm{s})$로부터, $\alpha = -\dfrac{\pi}{15.0}\,\mathrm{rad/s^2}$

또는 병진운동을 이용하면, 식 (3.25)로부터

$$0 = 0.600\pi + a(30.0\,\mathrm{s})\text{이며, } a = -0.0200\pi\ \mathrm{m/s^2}$$

이며, 각가속도는 식 (9.25)를 이용하여, $\alpha = \dfrac{-0.0200\pi\,\mathrm{m/s^2}}{0.300\,\mathrm{m}} = -\dfrac{\pi}{15.0}\,\mathrm{rad/s^2}$을 구할 수 있다.

예제 9.8

그림과 같이 질량 M, 반지름 R인 원반형 도르래에 질량 m인 물체가 감긴 줄에 매달려 초기 정지 상태로부터 움직이고 있다(단, 도르래의 회전관성은 $\frac{1}{2}MR^2$, 중력가속도는 g이고, 도르래의 마찰과 줄의 질량은 무시한다). 물체의 가속도와 줄에 작용하는 장력을 구하여라.

| 풀이

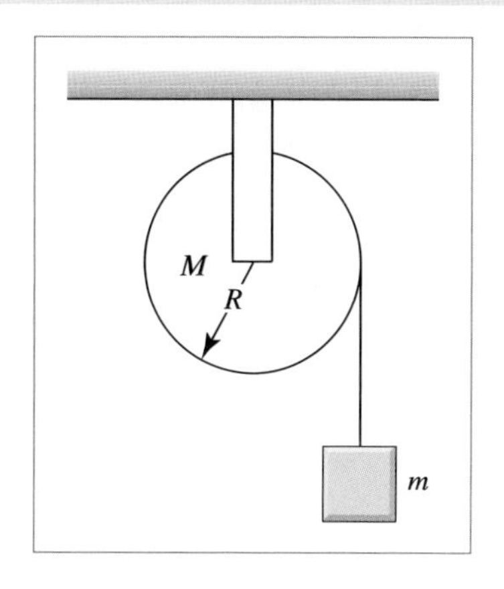

식 (9.25)에서 물체 m의 가속도는 도르래의 각가속도와 $a = R\alpha$의 관계를 갖고 있다.

$$\text{물체 } m\text{의 운동방정식: } ma = mg - T$$

여기서 T는 줄의 장력이며, a는 물체의 가속도

$$\text{도르래의 운동방정식: } RT = I\alpha = I\frac{a}{R} \text{ 또는 } T = \frac{1}{2}Ma$$

위의 두 식을 연립해서 풀면,

$$a = \frac{mg}{\frac{M}{2} + m}, \quad T = \frac{1}{2}\frac{Mmg}{\frac{M}{2} + m}$$

질문 9.3

순간 회전축에 대해서 바퀴 내의 여러 점들의 각속도는 위치에 따라 다른가?

예제 9.9

그림과 같이 반지름이 R이고 질량이 M인 구형의 소행성에 질량이 m인 어린이가 서 있다. 소행성과 어린이는 모두 정지해 있다. 이제, 어린이가 소행성 위에서 특정 방향으로 일정한 속력 v로 이동하여 소행성을 한 바퀴 도는 원운동을 한다(단, 이 경우 어린이의 속력 v는 외부에 정지한 관측자가 본 속력이다).

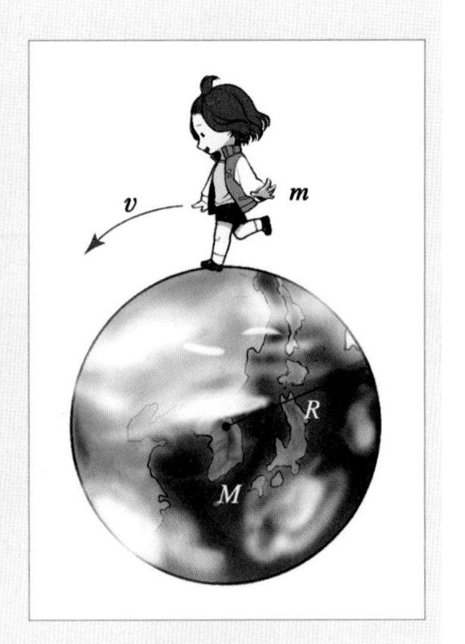

(1) 소행성의 중심을 지나는 원운동의 회전축에 대해 어린이가 회전하는 각속도의 크기와 어린이의 회전관성을 구하여라(단, 소행성의 반지름에 비해 어린이의 키는 무시할 수 있을 정도로 작다고 가정한다).

(2) 어린이가 속력 v로 움직일 때 위의 회전축에 대한 어린이의 각운동량의 크기를 구하여라.

(3) 초기에 정지해 있던 어린이가 속력 v로 움직일 때 어린이와 소행성을 합한 전체의 각운동량은 얼마인가?

(4) 어린이가 속력 v로 움직이는 동안 소행성도 회전한다면 소행성의 회전 각속도의 크기는 얼마인가? (단, 소행성도 그 중심을 지나는 축으로 회전한다고 가정하고, 이 경우 소행성의 회전관성은 $\frac{2}{5}MR^2$이다.)

(5) 어린이가 소행성을 한 바퀴 돌아 처음 출발했던 소행성 위의 지점(예를 들어 처음 출발했던 소행성의 분화구 위치)까지 왔을 때 소행성이 회전한 각도는 얼마인가?

| 풀이

(1) $R\omega = v, \quad \omega = \frac{v}{R}, \quad I = mR^2$

(2) $L = I\omega = mR^2\frac{v}{R} = mvR$ 혹은 $= |\boldsymbol{r}\times\boldsymbol{p}| = mvR$

(3) 초기에 소행성, 어린이 모두 정지해 있었으므로 전체 각운동량 $L_{\mathrm{i}} = 0$ 각운동량 보존에 의해 전체 각운동량은 $L_{\mathrm{f}} = 0$ 이다.

(4) $L = I_m\omega_m + I_M\omega_M = mvR + \frac{2}{5}MR^2\omega_M = 0$

$$\omega_M = -\frac{mvR}{\frac{2}{5}MR^2} = -\frac{5mv}{2MR} \text{ 혹은 } |\omega_M| = \frac{mvR}{\frac{2}{5}MR^2} = \frac{5mv}{2MR}$$

(5) $\omega_M = \dfrac{\Delta\theta}{\Delta T}$ $(\omega_m + \omega_M)\Delta T = 2\pi$, $\Delta T = \dfrac{2\pi}{\omega_m + \omega_M}$

$$\Delta\theta = \omega_M\Delta T = \frac{2\pi}{\omega_m + \omega_M}\omega_M = \frac{2\pi m}{m + \frac{2}{5}M}$$

9-5 일과 회전운동에너지

그림 9.7에서와 같이 질량을 무시할 수 있는 막대에 매달린 질량이 m 인 입자가 회전하여 각이 $\mathrm{d}\theta$ 만큼 변했다면, 힘 $\boldsymbol{F}$가 한 일 ΔW는

$$\Delta W = \boldsymbol{F}\cdot \mathrm{d}\boldsymbol{s} = F_t(r\mathrm{d}\theta) \tag{9.26}$$

이다. 여기서 입자가 움직인 거리는 $\mathrm{d}s = r\mathrm{d}\theta$ 이다.

그런데 $\tau = F_t r$ 이므로,

$$\mathrm{d}W = \tau\,\mathrm{d}\theta \tag{9.27}$$

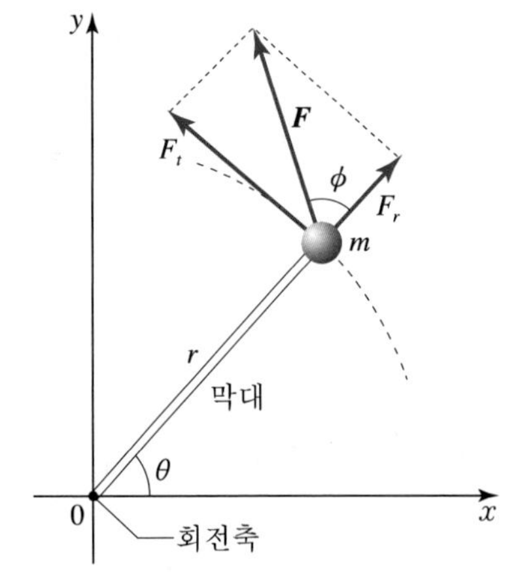

▲ 그림 9.7 | 회전축에 대한 입자의 회전

이다. 각 θ_{i} 에서 각 θ_{f} 까지 입자가 회전할 때 한 일은

$$W = \int_{\theta_{\mathrm{i}}}^{\theta_{\mathrm{f}}} \tau\,\mathrm{d}\theta \tag{9.28}$$

이다. 고정축에 대해서 돌림힘이 한 일은 병진운동에서 힘이 한 일 $W = \int_{x_{\mathrm{i}}}^{x_{\mathrm{f}}} F\mathrm{d}x$ 와 유사하다.

회전운동에 대한 **일률(power)**은

$$P = \frac{dW}{dt} = \tau\frac{d\theta}{dt} = \tau\omega \tag{9.29}$$

이다. 회전운동의 일률은 병진운동의 일률 $P = Fv$ 와 식의 모양이 유사하다.

회전운동에 대해서 일-에너지 정리를 적용해보자. $\tau = I\alpha$ 이므로

$$\begin{aligned} W &= \int_{\theta_i}^{\theta_f} I\alpha d\theta = \int_{\theta_i}^{\theta_f} I\left(\frac{d\omega}{dt}\right)d\theta \\ &= \int_{w_i}^{w_f} I\left(\frac{d\theta}{dt}\right)d\omega = \int_{w_i}^{w_f} I\omega\, d\omega \end{aligned} \tag{9.30}$$

이다. 적분 결과는

$$W = \frac{1}{2}I\omega_f^2 - \frac{1}{2}I\omega_i^2 = K_f - K_i = \Delta K \tag{9.31}$$

이다. 여기서 **회전운동에너지** K 는

$$K = \frac{1}{2}I\omega^2 \tag{9.32}$$

이다. 회전운동에 대한 일-에너지 정리는 "강체에 작용하는 총 돌림힘이 해준 일은 강체의 회전운동에너지의 변화와 같다."는 것을 뜻한다. 병진운동에서 일-에너지 정리를 돌이켜보아라. 회전운동에너지는 회전하는 강체의 운동에너지로부터 직접 유도할 수도 있다. 강체 위의 각 입자의 질량소를 Δm_i, 속력을 v_i라 하고, 회전축에서 이 입자까지의 거리를 r_i 라 하면,

$$K = \frac{1}{2}\Sigma\Delta m_i v_i^2 = \frac{1}{2}(\Sigma\Delta m_i r_i^2)\omega^2 = \frac{1}{2}I\omega^2 \tag{9.33}$$

이다. 여기서, $v_i = r_i w$ 이다.

그림 9.6과 같이 미끄러지지 않고 구르는 운동에서, 바퀴는 P점을 지나는 순간 회전축에 대해서 순수한 회전운동을 한다. 따라서 운동에너지는

$$K = \frac{1}{2}I_P\omega^2 \tag{9.34}$$

이고, 여기서 I_P는 순간 회전축에 대한 회전관성이다.

순간 회전축에 평행하고 바퀴의 질량중심을 통과하는 축에 대한 회전관성을 I_{cm} 이라 하면 평행축 정리에 의해서 $I_P = I_{cm} + MR^2$ 이다. R은 바퀴의 반지름이다. 그러므로

$$K = \frac{1}{2}I_P\omega^2 = \frac{1}{2}(I_{cm} + MR^2)\omega^2 = \frac{1}{2}I_{cm}\omega^2 + \frac{1}{2}MR^2\omega^2 \tag{9.35}$$

이고, 미끄러짐이 없으면 $R\omega = v_{\text{cm}}$이므로

$$K = \frac{1}{2} I_{\text{cm}} \omega^2 + \frac{1}{2} M v_{\text{cm}}^2 \tag{9.36}$$

즉, 운동에너지는 질량중심축에 대한 회전운동에너지와 질량중심의 병진운동에너지의 합과 같다.

예제 9.10

일정한 각속도로 회전하던 별이 붕괴하여 회전관성이 1/3로 줄어들었다. 붕괴 전의 회전운동에너지를 K_1, 붕괴 후의 회전운동에너지를 K_2라고 할 때, 붕괴 전후의 회전운동에너지의 비 K_2/K_1는 얼마인가?

| 풀이

외부의 작용 없이 별이 붕괴했기 때문에 각운동량 보존법칙을 적용할 수 있다. 즉,

$$I\omega = I_{\text{o}}\omega_{\text{o}}$$

회전관성이 1/3로 줄어들었기 때문에 각속도는 3배가 된다.

그러면 회전운동에너지는 $K_2 = \frac{1}{2} I\omega^2 = \frac{1}{2}\frac{I_{\text{o}}}{3}(3\omega_{\text{o}})^2 = 3K_1$

따라서 $K_2/K_1 = 3$을 구할 수 있다.

예제 9.11

기울어진 각이 θ이고, 빗변의 길이가 L인 경사면의 꼭대기에서 강체구, 원판 그리고 후프를 동시에 놓았다. 세 물체는 질량이 M으로 모두 같고, 반지름도 R로 모두 같다. 이 세 물체가 미끄러지지 않고 굴러내릴 때, 물체가 바닥에 도달하는 순서를 나열하여라.

| 풀이

강체의 질량중심은 굴러내리는 동안 수직 높이 $h = L\sin\theta$만큼 떨어진다. 이때 중력 위치에너지의 감소는 $MgL\sin\theta$이다. 강체가 바닥에 도달하면, 이 중력 위치에너지는 모두 운동에너지로 변한다. 따라서,

$$\begin{aligned} MgL\sin\theta &= \frac{1}{2} I_{\text{cm}}\omega^2 + \frac{1}{2} MR^2\omega^2 \\ &= \frac{1}{2} I_{\text{cm}}\left(\frac{v_{\text{cm}}}{R}\right)^2 + \frac{1}{2} M v_{\text{cm}}^2 \end{aligned}$$

이고, v_{cm}에 대해서 풀면,

$$v_{\text{cm}} = \sqrt{\frac{2gL\sin\theta}{1 + I_{\text{cm}}/MR^2}}$$

이다. 따라서 I_{cm}/MR^2이 가장 작은 물체가 가장 빨리 바닥에 도달한다. 회전관성은 강체구 $\frac{2}{5}MR^2$, 원판 $\frac{1}{2}MR^2$, 그리고 후프 MR^2이므로, I_{cm}/MR^2값을 작은 순서부터 나열하면 강체구 2/5, 원판 1/2, 그리고 후프 1이다. 그러므로 바닥에 도착하는 순서는 강체구, 원판, 후프의 순이다.

9-6 평형

물체가 **평형(equilibrium)**을 이루고 있으면 (1) 물체의 질량중심 선운동량 $\boldsymbol{P}$가 일정하고, (2) 질량중심 또는 임의의 다른 점에 대한 각운동량 $\boldsymbol{L}$이 일정하다. 물체를 관찰하는 기준계에 대해서 물체가 정지해 있는 경우를 정적 평형(static equilibrium)이라 한다. 책상 위에 놓여 있는 물체는 정적 평형 상태에 있다. 만약 물체의 질량중심 속도(영이 아님)가 일정하거나 각속도가 일정하면, 물체는 동적 평형(dynamic equilibrium)에 있다. 이 절에서는 오직 정적 평형 상태만 다룰 것이다. 물체의 정적 평형조건은 병진운동과 회전운동에 뉴턴의 제2법칙을 적용하여 얻는다. 물체가 병진운동하면,

$$\boldsymbol{F}_{\mathrm{ext}} = \frac{\mathrm{d}\boldsymbol{P}}{\mathrm{d}t} \tag{9.37}$$

이다. 물체가 평형 상태에 있으면, $\boldsymbol{P}=$ 일정이므로, $\mathrm{d}\boldsymbol{P}/\mathrm{d}t = 0$이다. 따라서

$$\boldsymbol{F}_{\mathrm{ext}} = 0 \tag{9.38}$$

물체가 회전운동하면

$$\boldsymbol{\tau}_{\mathrm{ext}} = \frac{\mathrm{d}\boldsymbol{L}}{\mathrm{d}t} \tag{9.39}$$

이다. 물체가 회전운동에 대해서 평형이면, $\boldsymbol{L}=$일정이므로, $\mathrm{d}\boldsymbol{L}/\mathrm{d}t = 0$이다. 따라서

$$\boldsymbol{\tau}_{\mathrm{ext}} = 0 \tag{9.40}$$

이다. 식 (9.38)과 식 (9.40)을 동시에 만족하면 물체는 평형 상태에 있게 된다. 식 (9.38)과 식 (9.40)은 벡터식이므로, 적당한 직각좌표계에 대해서 성분 분해하면, $\Sigma F_x = 0$, $\Sigma F_y = 0$, $\Sigma F_z = 0$, 그리고 $\Sigma \tau_x = 0$, $\Sigma \tau_y = 0$, $\Sigma \tau_z = 0$과 같다.

예제 9.12

그림 9.8과 같이 질량이 20.0 kg인 사다리를 마찰을 무시할 수 있는 벽에 기대 놓았다. 질량이 60.0 kg인 남자가 그림과 같이 사다리에 서 있다. 사다리가 지면에서 미끄러지지 않으려면, 사다리와 지면 사이에는 얼마의 마찰력이 작용해야 하는가?

| 풀이

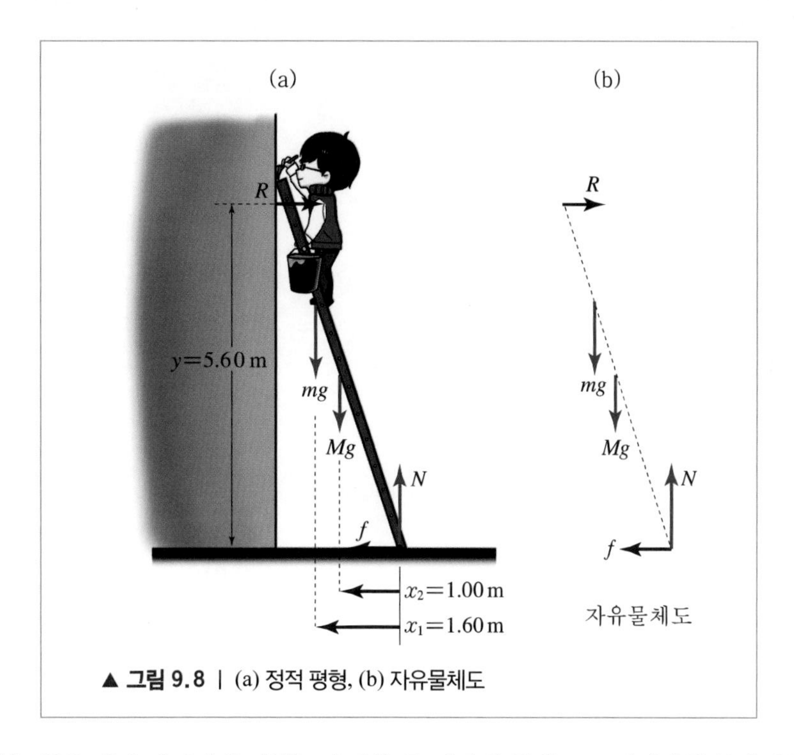

▲ **그림 9.8** | (a) 정적 평형, (b) 자유물체도

사다리가 받는 힘은 벽이 사다리에 가하는 수직힘 R, 사람의 무게 mg, 사다리의 무게 Mg, 사다리와 지면 사이에 작용하는 마찰력 f, 그리고 수직력 N이 있다. 사다리가 받는 힘들의 방향은 위의 자유물체도에 나타난 것과 같다. 병진 평형조건에 의해서 $\sum F_x = 0$, $\sum F_y = 0$ 이므로

$$R - f = 0$$

$$N - mg - Mg = 0$$

여기서 m은 사람의 질량, 그리고 M은 사다리의 질량이다. 회전 평형조건은 $\sum \tau = 0$ 이다. 사다리가 지면과 접하는 점에 대해서 돌림힘을 구하면

$$Ry - mgx_1 - Mgx_2 = 0$$

이다. 위 세 식을 연립해서 풀면

$$f = R = \frac{mgx_1 + Mgx_2}{y}$$

$$= \frac{(60.0\ \mathrm{kg})(9.81\ \mathrm{m/s^2})(1.60\ \mathrm{m}) + (20.0\ \mathrm{kg})(9.8\ \mathrm{m/s^2})(1.00\ \mathrm{m})}{5.60\,\mathrm{m}} = 203\ \mathrm{N}$$

이다.

연습문제

9-1 돌림힘 **9-2** 회전관성

1. 상자에 중력이 아래로 향하고 있을 때, 각 상황에서 돌림힘의 방향을 구하여라. (단, $+z$축은 앞으로 나오는 방향이다.)

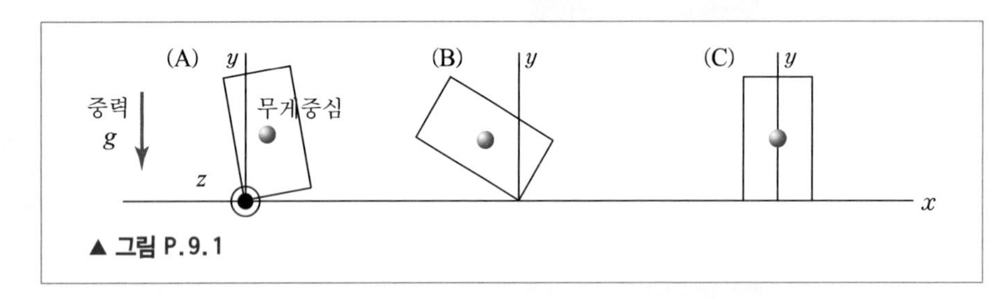

▲ 그림 P.9.1

2. 다음 그림 중 회전관성이 큰 것부터 순서대로 나열하여라.

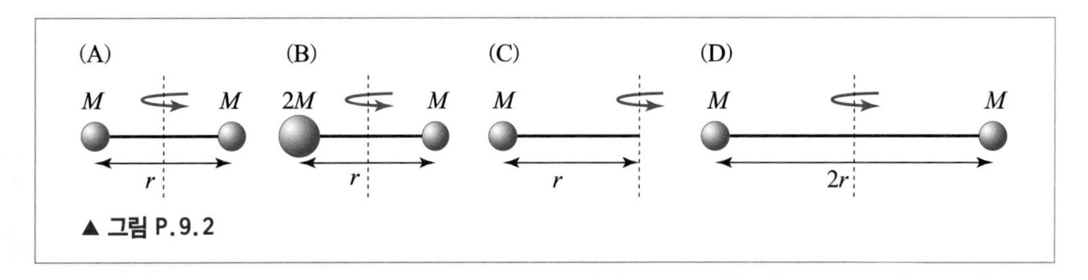

▲ 그림 P.9.2

3. 그림 P.9.3과 같이 질량을 무시할 수 있는 한 변의 길이가 a인 정사각형판의 각 꼭짓점에 질량 m인 추가 달려 있다. 이 판의 중심은 원점에 고정되어 있고, 판은 z축을 회전축으로 회전할 수 있다.

(가) 이 계의 회전관성을 구하여라.

(나) 그림과 같이 크기가 F인 힘을 가하면, 돌림힘의 크기는 얼마인가?

(다) 이때 각가속도의 크기는 얼마인가?

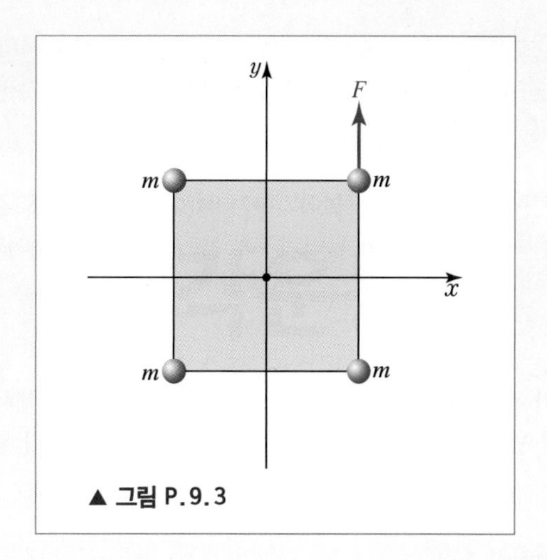

▲ 그림 P.9.3

9–3 강체의 회전관성과 각운동량 보존

4. 질량이 M이고 반지름이 R인 원반 모양의 도르래에 질량이 m인 물체가 매달려 있다. 실의 질량은 무시할 수 있고, 도르래와 고정축 사이의 마찰은 무시할 수 있다. 물체의 가속도를 구하여라.

5. 어떤 벽시계의 분침은 질량이 60.0 g이고 길이가 10.0 cm이다. 이 분침의 각운동량은 얼마인가? 분침의 질량분포는 균일하다고 하자.

6. 피겨스케이팅 선수는 제자리에서 빨리 회전하기 위해서 팔을 오므린다. 그 이유를 설명하여라.

7. 한 학생이 자유롭게 회전할 수 있는 의자에 회전 운동을 하지 않는 상태로 정지하여 앉아 있다. 이때 학생은 시계 방향으로 회전하여 각운동량이 $+L$인 바퀴를 들고 있다. 어느 순간 이 학생이 바퀴를 들고 있는 손을 거꾸로 뒤집어 바퀴의 회전방향을 반시계 방향으로 바꾸었다고 하자. 손을 거꾸로 뒤집은 이후, 바퀴의 각운동량은 몇인가? 학생은 의자에서 회전운동을 시작하는가? 그렇다면 학생의 각운동량은 몇인가? 학생과 바퀴의 총 각운동량은 몇인가? 순서대로 답하시오.

8. 일정한 각속도 ω로 회전하던 별이 붕괴하여 회전관성이 1/3로 줄어들었다. 붕괴된 후 별의 각속도를 구하여라.

9. (가) 달이 소행성 등과의 충돌에 의해 궤도 반지름이 줄어들어 결과적으로 지구와 달 사이의 거리가 현재의 1/2로 줄어들었다고 하자. 달의 공전주기는 현재의 몇 배가 되겠는가? 충돌에 의해 운동량이 변화하므로 각운동량은 보존되지 않는다.

(나) 지구의 질량이 점진적으로 증가하여 지구와 달 사이의 중력이 변한다고 하자. 지구와 달 사이의 거리가 현재의 1/2로 줄었다면 달의 공전주기는 지금의 몇 배가 되겠는가?

10. 반지름이 r이고 회전관성이 I인 회전 놀이기구가 정지해 있다. 이때, 질량 m인 아이가 가장자리에서 접선을 따라 v의 속력으로 달려와 놀이기구에 올라탔다. 회전 놀이기구의 각속도는 얼마가 되겠는가?

11. 길이가 l이고 질량이 m인 길고 가는 막대가 단진자처럼 수직 평면에서 막대 끝을 중심으로 자유로이 회전하도록 걸려 있다. 이 막대의 전체 각운동량을 각속도 w의 함수로 표현하라.?

9-4 미끄러지지 않고 구르는 강체

12. 회전하며 움직이는 반지름이 0.500 m인 바퀴의 중심부분의 병진속도의 크기는 $v_{cm}=2.00$ m/s이고 회전각속도의 크기는 $\omega=3.00\ s^{-1}$이다. 바닥과 접촉하는, 바퀴의 가장 아랫부분의 속력은 얼마인가?

13. 그림 P.9.4와 같이 반지름이 0.500 m인 바퀴가 수평면 위에서 미끄러짐 없이 굴러간다. 정지해 있다가 출발한 바퀴는 일정한 각가속도 6.00 rad/s^{2}을 가지고 움직인다. $t=0$초에서 $t=3$초까지 바퀴가 움직인 거리는 얼마인가?

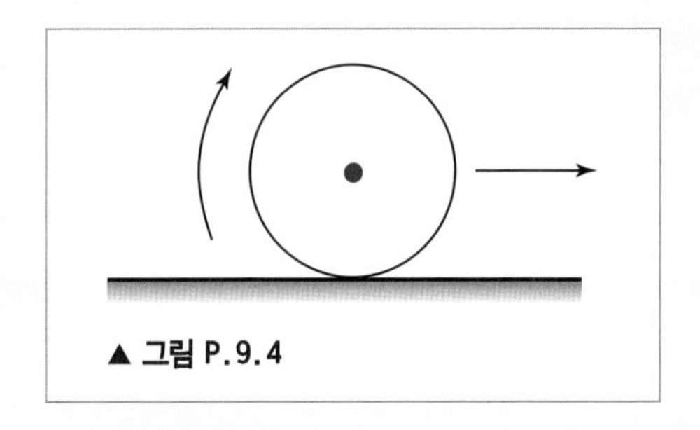

▲ 그림 P.9.4

9-5 일과 회전운동에너지

14. 구르고 있는 균일한 밀도의 고체구의 병진운동에너지는 질량중심에 대한 회전운동에너지의 몇 배인가?

15. 회전관성이 $4.5\times10^{-3}\ kg\cdot m^2$이고 반지름이 3.0 cm인 도르래가 천장에 매달려 있다. 도르래에 걸쳐져 있는 줄은 양쪽 끝에 각각 2.0 kg, 4.0 kg인 나무토막을 매달고 도르래 위에서 미끄러짐 없이 움직인다. 무거운 나무토막의 속도가 2.0 m/s일 때, 도르래와 두 나무토막의 전체 운동에너지는 얼마인가?

16. 동일한 두 입자가 화학결합을 이룬 이원자 분자가 한 평면위에 놓여 있다. 이 분자는 결합 축 중심에 수직한 방향을 회전축으로 하여 4.80×10^{12} rad/s의 각속력으로 회전한다. 각 입자의 질량은 2.33×10^{-26} kg이며 평균 화학결합 길이가 1.24×10^{-10} m이다.

(가) 분자의 회전관성을 구하여라.

(나) 분자의 회전운동에너지는 얼마인가?

17. 질량과 반지름이 동일한 세 가지 모양의 물체가 굴러 내려가고 있다. 다음 설명 중 틀린 것은? (같은 위치에서 출발하였다.)

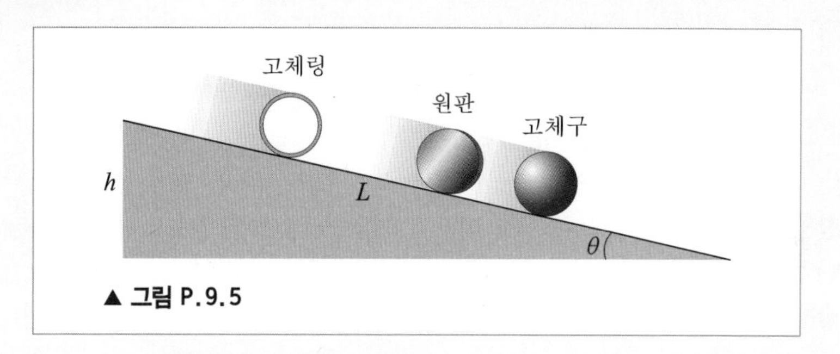

▲ **그림 P.9.5**

① 가장 먼저 굴러 내려오는 것은 고체구이다.

② 최종 병진 속도가 가장 빠른 것은 고체구이다.

③ 최종 회전 속도가 가장 빠른 것은 고체구이다.

④ 최종 운동에너지(병진+회전)는 고체구가 가장 크다.

⑤ 표면과 물체간의 마찰력으로 소모된 일은 없다.

⑥ 마찰력이 없다면, 세 물체의 같이 미끄러져 내려올 것이다.

9-6 평형

18. 오른손에 무거운 가방을 들고 갈 때 몸을 어느 쪽으로 기울이는가? 그 이유를 평형조건을 이용해서 설명하여라.

19. 질량이 200 g인 균일한 100 cm 길이의 자가 있다. 자의 오른쪽 끝 지점에 질량이 200 g인 지우개가 올려져 있을 때 균형을 유지하려면 받침대는 어느 위치에 있어야 하는가?

20. 시소의 1/3 되는 지점에 받침대에 놓여 있다. 받침대에 먼 쪽의 한쪽 끝에 10 kg의 아이가 앉을 때, 가까운 쪽 끝에는 몇 kg의 질량을 놓아야 평형이 맞겠는가?

발전문제

21. 그림 P.9.6과 같이 질량중심이 O에 위치한 상자가 일정한 최대 정지마찰계수를 갖는 지면에 놓여 있다. 들거나 밀어 움직이기에는 상자가 너무 무거우므로, 이제 이 상자에 F의 크기를 갖는 힘을 가하여 점 P를 중심으로 하여 오른쪽으로 굴려(회전시켜) 움직이려고 한다.

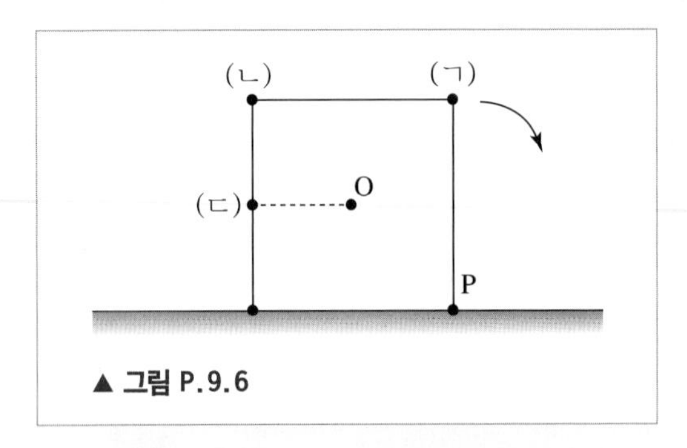

▲ 그림 P.9.6

(가) 힘의 크기 F를 최소로 하려면, 상자의 어느 곳에 힘을 작용하여야 하는가?

(나) 만일 (ㄷ)에 힘을 작용한다면, 가장 효과적인 힘의 방향은?

(다) 상자를 굴려 움직이는 데 기여하지 않는 힘은 중력, 마찰력, 힘 F 중 어느 것인가?

22. 그림 P.9.7과와 같이 종이 위에 원통형의 물체가 정지하여 있다. 이제 종이를 오른쪽으로 잡아당긴다. 물체와 종이 사이에는 마찰력이 작용하여 물체는 미끄러지지 않는다.

(가) 원통형 물체의 질량중심은 어느 방향으로 움직이는가?

(나) 원통형 물체는 질량중심에 대해 어느 방향으로 회전하는가?

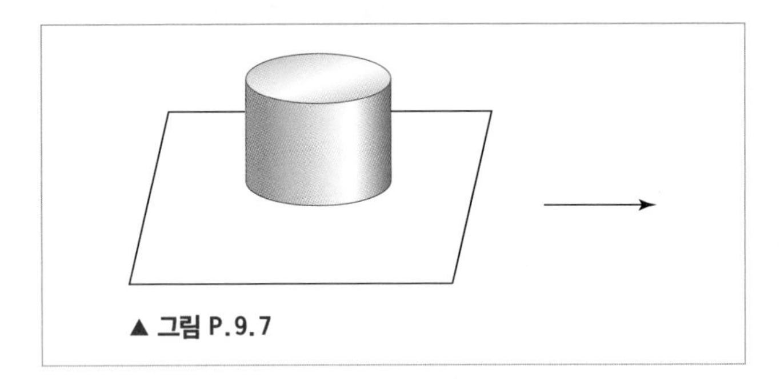
▲ 그림 P.9.7

23. 그림 P.9.8과 같이 2개의 동일한 기둥 위에 균일한 밀도를 갖는 콘크리트판을 얹어 놓은 다리가 있다. 이 다리 위를 자동차가 지나갈 때 왼쪽과 오른쪽 기둥이 받게 되는 힘은 다리에 수직하다. 그 세기를 각각 N_1, N_2라 하자. 다리의 무게는 ω_B, 자동차의 무게는 ω_C, 자동차의 위치는 x로 표시한다. $0 \leq x \leq L/3$일 때, N_1, N_2를 구하여라.

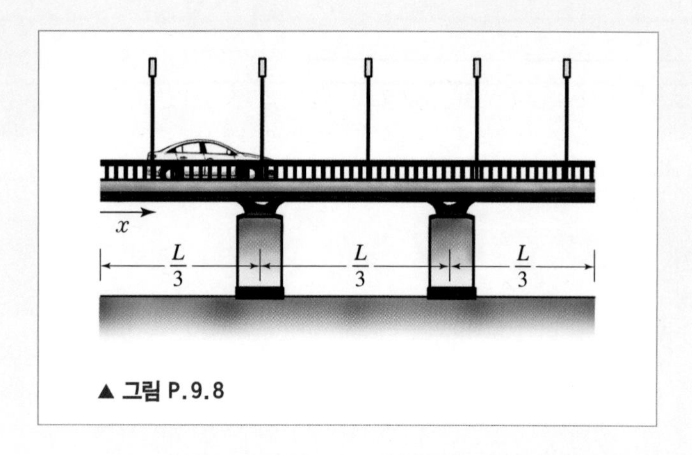

▲ 그림 P.9.8

블레즈 파스칼

Blaise Pascal, 1623-1662

비압축 유체의 한 부분에서 발생한 압력변화가 유체 안의 다른 모든 부분에도 동일하게 전달된다는 파스칼의 법칙을 발견하였다.

다니엘 베르누이

Daniel Bernoulli, 1700-1782

유체의 속도와 압력 사이의 관계에 관한 베르누이 원리를 발견하였다.

CHAPTER 10
고체와 유체

물질의 상태는 고체, 액체 그리고 기체로 분류할 수 있다. 물론 이 세 가지 상만으로 모든 물질을 나타낼 수는 없겠으나, 고체, 액체, 기체는 물질을 분류하는 전형적인 상태에 해당한다. 고체에 비해 액체와 기체는 상대적으로 모양과 부피가 잘 변한다. 액체와 기체는 흐를 수 있으므로 유체라 한다. 일상생활에서 고체와 유체는 너무나 친숙한 대상이다. 우리는 매일 물을 마시고, 공기를 숨쉬며 살고 있다. 우리 몸의 많은 부분은 액체 상태의 피로 구성되어 있다.

액체와 고체는 그 성질이 매우 다르다. 고체도 종류에 따라서 물리적 성질이 확연히 다르다. 이 장의 초반부에서는 고체와 탄성에 관해 공부하고 나머지 부분에서는 유체의 압력, 부력 및 유체의 흐름에 관하여 논한다.

10-1 고체와 탄성률

모든 고체는 어느 정도 **탄성(elasticity, 또는 퉘성)**을 가지고 있다. 탄성이란 고체에 힘을 가해서 약간 변형(잡아 늘이거나 비틀거나 압축)시켰을 때 고체가 원래 모양으로 되돌아오는 성질을 뜻한다. 고체가 탄성을 갖는 것은 고체를 구성하는 원자들의 원자 간 힘(interatomic force) 때문이다. 원자 간 힘은 고체 내의 원자들 사이의 전기적 상호작용 때문에 생긴다. 이 원자 간 힘은 그림 10.1과 같이 원자와 원자 사이에 스프링이 있는 것으로 비유할 수 있다. 물론 실제로 스프링이 있는 것은 아니고, 원자 간 힘이 스프링 힘과 같이 탄성힘임을 뜻한다.

고체의 단위면적당 작용하는 힘을 **변형력(stress)**이라 하며 다음과 같이 정의된다.

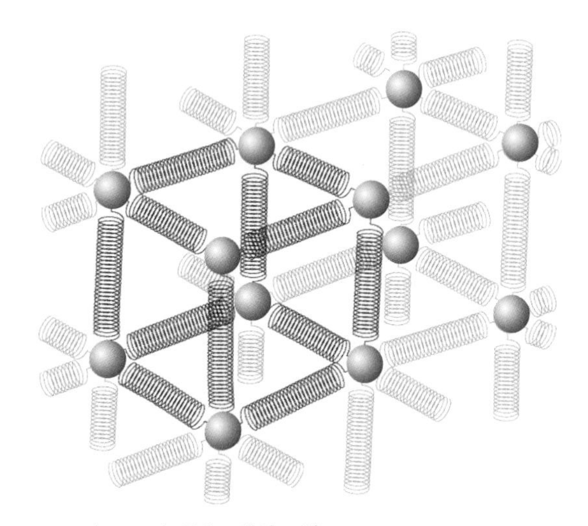

▲ **그림 10.1** | 금속고체의 모형

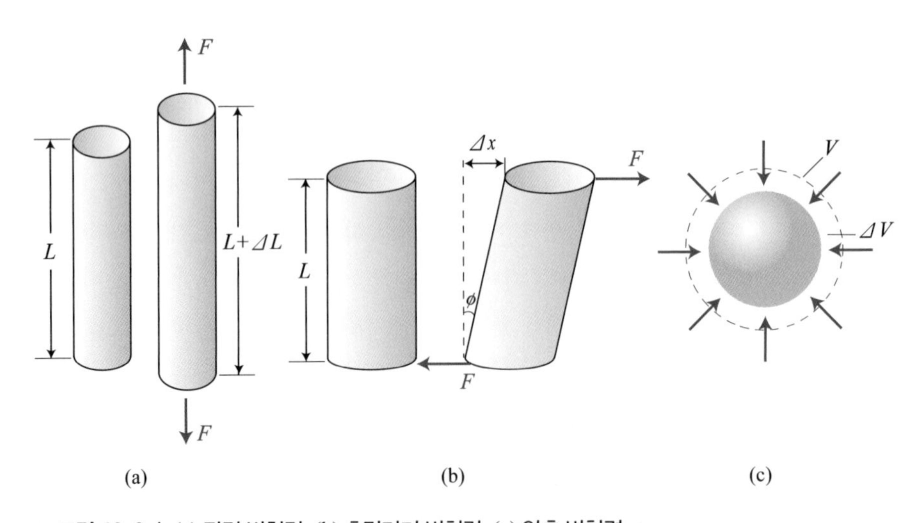

▲ **그림 10.2** | (a) 장력 변형력, (b) 층밀리기 변형력, (c) 압축 변형력

$$변형력 = F/A \tag{10.1}$$

여기서 A는 힘이 작용하는 면의 넓이이다. 변형력의 단위는 N/m^2이다. 그림 10.2는 고체를 변형시키는 방법 세 가지를 나타낸 것이다. 변형력은 장력(tensile) 변형력, 층밀리기(shear) 변형력 그리고 부피(volume) 변형력이 있다.

변형력을 가했을 때 고체가 상대적으로 변형되는 비율을 **변형(strain)**이라 한다. 장력(tensile) 변형은 고체의 원래 길이와 늘어난 길이의 비로 정의한다.

$$변형 = \frac{\Delta L}{L} \tag{10.2}$$

변형은 그 차원이 [길이/길이]이므로 단위가 없는 물리량이다.

변형력이 작으면 변형은 변형력에 비례한다. 변형력과 변형의 비례상수를 **탄성률(elastic modulus)**이라 하는데, 이 값은 물질의 종류에 따라 다르다.

$$탄성률(\text{elastic modulus}) = \frac{변형력(\text{stress})}{변형(\text{strain})} \tag{10.3}$$

❙ 장력 변형력과 영률

그림 10.2(a)에서 힘이 고체를 잡아늘이는 변형력을 장력(tensile) 변형력이라고 한다. 반대로 힘이 고체를 압축하는 방향으로 가해지면 압축(compressive) 변형력이 작용한다고 한다. 장력 변형력이나 압축 변형력의 경우, 힘 $\boldsymbol{F}$는 면에 수직한 방향의 힘이다. 변형력과 변형의 관계를 구해보면 그림 10.3과 같은 그래프를 얻는다. 변형력이 작으면 그래프는 선형이지만, 탄성한계(elastic limit)를 넘어서면 비선형곡선을 보이다가, 변형력이 매우 커지면 고체가 깨

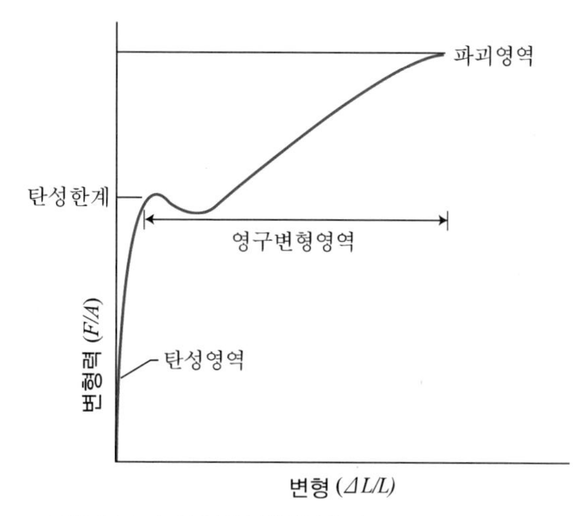

▲ **그림 10.3** ❙ 금속봉의 변형력 곡선

진다. 장력이 탄성한계를 넘어서면 고체는 원래 모습으로 회복되지 못한다. 변형과 변형력이 비례하는 구간을 1678년에 훅(R. Hooke)이 처음 발견하였고, 이를 **훅의 법칙**이라 부른다. 이때의 비례상수를 **영률(Young's modulus)** Y라 하며, 다음과 같이 표현된다.

$$\frac{F}{A} = Y\frac{\Delta L}{L} \tag{10.4}$$

영률의 단위는 N/m^2이다. 표 10.1에는 여러 가지 물질의 탄성률이 나타나 있다.

층밀리기 변형력과 층밀리기 탄성률

층밀리기 변형력을 물체에 가하면, 그림 10.2(b)와 같이 고체가 뒤틀린다. 이때 작용하는 힘은 단면적과 나란한 방향이다. 층밀리기 변형에 의한 물체의 부피 변화는 없다. 변형이 크지 않을 때 층밀리기 변형 $\Delta x/L$는 층밀리기 변형력에 비례한다.

$$\frac{F}{A} = S\frac{\Delta x}{L} \tag{10.5}$$

여기서 S는 층밀리기 탄성률(shear modulus)이다. 표 10.1에 의하면 층밀리기 탄성률은 일반적으로 영률보다 작으며 일반적으로 영률의 $1/3$에서 $1/2$배이다. 이것은 고체가 장력 변형력보다 층밀리기 변형력에 의해 쉽게 변형됨을 뜻한다.

▼ **표 10.1** | 여러 가지 물질의 탄성률

물질	영률 (Y, N/m^2)	층밀리기 탄성률 (S)	부피 탄성률 (B)
알루미늄	7.0×10^{10}	2.5×10^{10}	7.0×10^{10}
구리	11×10^{10}	3.8×10^{10}	12×10^{10}
유리	5.7×10^{10}	2.4×10^{10}	4.9×10^{10}
철	21×10^{10}	6.0×10^{10}	12×10^{10}
알코올(에틸)			1.0×10^{9}
수은			26×10^{9}
물			2.2×10^{9}

부피 변형력과 부피 탄성률

그림 10.2(c)와 같이 고체 표면 전체에 고르게 작용하는 힘은 고체의 부피를 변하게 한다. 고체를 유체에 넣고 압력을 가하면 고체 표면에 골고루 부피 변형력(volume stress)을 가할 수 있다. 부피 변형은 부피 변화 ΔV와 원래 부피 V의 비율로 정의한다. 부피 탄성률(bulk modulus) B는 압력과 부피변형의 비례관계

$$\frac{F}{A} = -B\frac{\Delta V}{V} \tag{10.6}$$

의 비례상수이다. 여기서 (−)부호는 힘이 증가하면 부피가 줄어듦을 의미한다. 압축률(compressibility) k는 부피 탄성률의 역수, $k = 1/B$이다.

예제 10.1

반지름 R이 10.0 mm이고 길이가 80.0 cm인 강철봉에 $6.00 \times 10^4\,\text{N}$의 힘을 가해서 강철봉을 늘인다. (가) 강철봉에 작용하는 변형력은 얼마인가? (나) 이 변형력에 의해서 늘어난 길이는 얼마인가? (다) 변형은 얼마인가?

| 풀이

(가) 변형력의 정의에 의해서

$$\text{변형력} = \frac{F}{A} = \frac{F}{\pi R^2} = \frac{6.00 \times 10^4\,\text{N}}{\pi(10.0 \times 10^{-3}\,\text{m})^2} = 1.91 \times 10^8\,\text{N/m}^2$$

(나) 늘어난 길이 ΔL은 식 (9.4)에 의해서

$$\Delta L = \frac{(F/A)L}{Y} = \frac{(1.91 \times 10^8\,\text{N/m}^2)(0.800\,\text{m})}{2.1 \times 10^{11}\,\text{N/m}^2} = 7.3 \times 10^{-4}\,\text{m}$$

(다) 변형은

$$\frac{\Delta L}{L} = (7.3 \times 10^{-4}\,\text{m})/0.800\,\text{m} = 9.1 \times 10^{-4} = 0.091\,\%$$

10-2 유체와 압력

유체는 흐를 수 있는 물질이며 기체와 액체가 이에 해당한다. 유체는 유체 표면에 작용하는 층밀리기 힘에 저항할 수 없으며 용기에 담았을 때에야 모양을 정할 수 있다. 유체가 고체와 같이 격자구조를 갖지 못하는 이유는 유체 분자들 사이의 분자력이 상대적으로 약하기 때문이다. 이 절에서는 유체의 물리적 성질에 관해 공부할 것이다.

| 밀도

어떤 용기에 담겨 있는 유체의 질량이 m이고, 유체의 부피가 V이면 유체의 밀도(density) ρ는

$$\rho = \frac{m}{V} \tag{10.7}$$

▼ **표 10.2** | 물질의 밀도

물질	밀도(kg/m^3)
물(20℃, 1기압)	0.998×10^3
수은	13.6×10^3
지구(평균)	5.5×10^3
태양(평균)	1.4×10^3
블랙홀	10^{19}

이다. 밀도의 단위는 kg/m^{3}이다. 표 10.2는 여러 가지 물질의 평균 밀도를 나타낸다.

압력

압력(pressure) p는 단위면적당 힘의 크기로 정의한다.

$$p = \frac{F}{A} \tag{10.8}$$

유체의 경우, 유체 내부에 가상적인 면을 잡아서 그 면에 작용한 힘의 수직 성분을 그 면의 면적으로 나누면 그 지점에서의 압력을 얻게 된다. 그림 10.4에서 보듯이 ΔA에 수직방향으로 작용하는 힘의 크기가 ΔF라면, 그 지점에서의 압력은 ΔA를 가능한 한 작게 잡았을 때 $\Delta F / \Delta A$로 나타난다. 압력의 단위는 N/m^{2}인데, 이를 **파스칼(Pa)**이라 부른다. 즉, 1 Pa = 1 N/m^{2}이다.

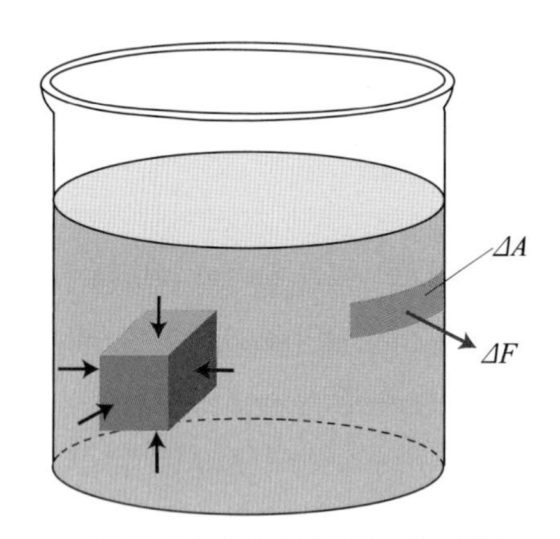

▲ **그림 10.4** | 유체에 작용하는 힘과 압력

정지 유체

등산할 때 압력은 높이 올라갈수록 낮아진다. 잠수부가 잠수할 때 압력은 깊이 들어갈수록 커진다. 이처럼 압력은 유체의 깊이나 높이에 따라 변한다. 그림 10.5는 용기에 담겨 움직이지

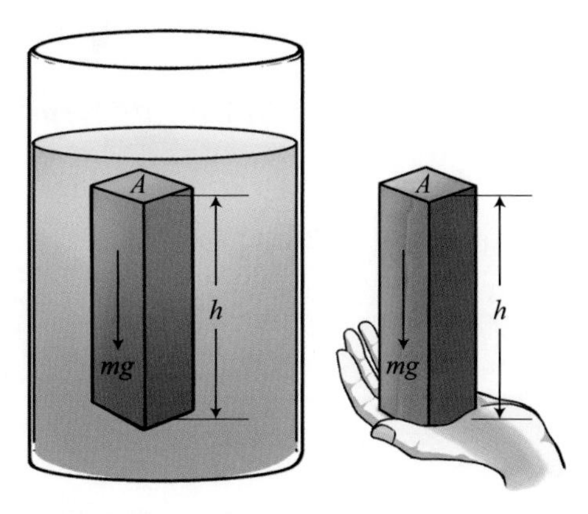

▲ 그림 10.5 | 유체의 압력

않는 유체(fluid at rest)를 나타낸다. 유체가 이처럼 정적 평형(static equilibrium) 상태에 있을 때, 중력의 효과를 무시하면 유체의 모든 곳에서의 압력은 같을 것이다. 그러나 중력을 고려하면, 아래로 내려갈수록 윗부분에 더욱 많은 양의 유체가 놓이게 되므로 압력이 점점 커진다. 같은 높이에 있는 모든 지점에서는 유체의 압력이 같다. 같은 높이에서 압력이 다르다면, 유체는 압력이 작은 쪽으로 흘러갈 것이기 때문이다.

그림 10.5에서 용기 속에 정지해 있는 깊이 h 인 가상적인 액체 기둥을 생각해보자. 그림의 오른쪽에서 손바닥이 받는 힘 F는 액체기둥의 무게와 같다.

$$F = mg = \rho Vg = \rho gAh \tag{10.9}$$

여기서 ρ는 일정하다고 가정하였으며, 부피는 $V = Ah$ 임을 이용하였다. 따라서 액체 기둥에 의한 압력은 $p = F/A$ 에 의해

$$p = \rho gh \tag{10.10}$$

이다. 그런데 이 식에서는 유체의 윗면이 받는 힘을 고려하지 않았다. 액체 기둥 윗면에 쌓여 있는 액체와 대기의 무게는 기둥 윗면에 압력 p_0를 만들며 이로부터 액체 기둥 아랫면에서 압력은

$$p = p_0 + \rho gh \tag{10.11}$$

가 된다. 액체의 윗면이 대기와 맞닿아 있으면 p_0는 대기압과 같을 것이며, 유체 안에 잠겨 있다면 p_0는 윗면에서의 압력이다.

온도가 0℃일 때 해수면에 놓여 있는 수은 기압계의 기둥은 76 cm 올라가는데, 이때를 1기압(1atm)으로 정의한다.

$$1\,\text{atm} = 76.0\,\text{cmHg} = 760\,\text{mmHg} \tag{10.12}$$

여기서 cmHg나 mmHg는 압력의 단위로 1 cm나 1 mm의 수은 기둥이 미치는 압력을 1로

한다. 국제단위계에서 쓰는 Pa로 기압을 변환하면 아래와 같다.

$$1\ \text{atm} = 101.325\,\text{kPa} = 1.01325 \times 10^5\ \text{N/m}^2 \tag{10.13}$$

때로 압력을 수은 기압계를 고안한 토리첼리를 기념하여 torr로 쓰기도 하는데, 1 torr는 수은 기둥 높이를 1 mm 올리는 데 필요한 압력이다.

$$1\ \text{torr} = 1\ \text{mmHg},\ \ 1\ \text{atm} = 760\ \text{torr} \tag{10.14}$$

예제 10.2

그림 10.6과 같이 U자형 관에 두 유체가 담겨 있다. 오른쪽 관에는 밀도 ρ_w인 물이 담겨 있고, 왼쪽 관에는 밀도 ρ_x를 모르는 기름이 담겨 있다. $L = 120$ mm이고 $d = 10.0$ mm이다. 기름의 밀도는 얼마인가?

| 풀이

기름과 물 경계면의 압력을 $p_{경계}$라 하자. 오른쪽 관에서 경계면은 물 표면으로부터 깊이 L에 위치하므로

$$p_{경계} = p_0 + \rho_\text{w}\, gL$$

이다. 여기서 p_0는 대기압이다. 왼쪽 관에서 경계면은 기름 표면으로부터 깊이 $(L+d)$에 위치하므로,

$$p_{경계} = p_0 + \rho_x\, g(L+d)$$

이다. 따라서

$$\rho_x = \rho_w \frac{L}{L+d} = (1000\,\text{kg/m}^3)\left(\frac{120\,\text{mm}}{120\,\text{mm} + 10.0\,\text{mm}}\right)$$
$$= 923\,\text{kg/m}^3$$

이다.

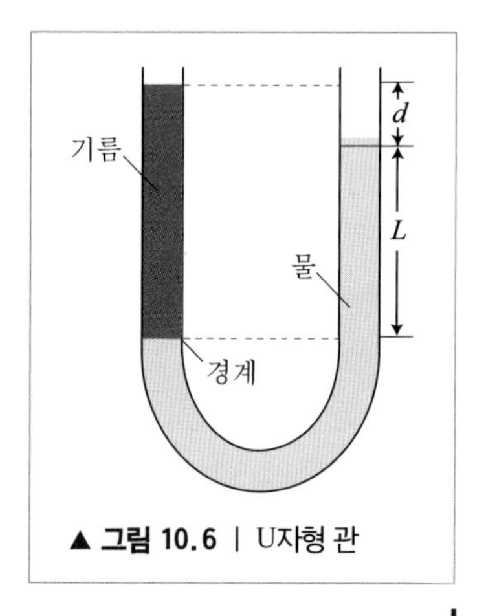

▲ **그림 10.6** | U자형 관

예제 10.3

1기압에서 수은 기압계에 미지의 액체를 넣었더니 액체 기둥의 높이가 676 cm가 되었다. 이때, 같은 조건에서 물기둥의 높이는 약 1,014 cm였다. 물의 밀도가 1.00 g/cm^{3}일 때, 이 액체의 밀도는 얼마인가?

| 풀이

액체 기둥 676 cm에 해당하는 압력과 물기둥 1,014 cm에 해당하는 압력은 모두 1기압에 해당한다. 즉, 액체의 밀도를 ρ, 물의 밀도를 ρ_w라고 하면,

$$\rho g \times (676\ \text{cm}) = \rho_\text{w}\, g \times (1014\ \text{cm}) = 1\,\text{atm}$$

이 된다.

따라서, $\rho = 1014/676\,\rho_\text{w} = 1.5\,\rho_\text{w}$가 되므로, 액체의 밀도는 $\rho = 1.50\ \text{g/cm}^3$ 이다.

파스칼의 원리

파스칼의 원리는 실생활에서 쉽게 발견된다. 우리는 치약 용기의 한쪽 끝을 눌러 치약을 짜내거나, 목에 음식물이 걸렸을 때 배에 적당한 압력을 가하여 이를 빼낼 수 있다. 이런 현상을 처음으로 설명한 사람이 **파스칼**(Pascal, 1652)이다. 용기에 담겨 있는 유체가 비압축성(incompressible)일 때 **파스칼의 원리**는 다음과 같다.

> "닫힌 용기에 가해진 압력은 용기의 벽과 유체 내부의 모든 곳에 줄지 않고 골고루 전달된다."

파스칼의 원리를 응용한 장치로 수력기중기(hydraulic lever)가 있다. 그림 10.7은 수력기중기를 나타낸다. 단면적 A_1인 왼쪽 피스톤에 F_1의 외력을 가해서 유체를 d_1 만큼 누른다. 이때 오른쪽 단면적 A_2는 오른쪽 유체 면을 d_2 만큼 밀어 올린다. 왼쪽에 가해진 힘 F_1에 의한 유체의 압력 증가는 파스칼의 원리에 의해서 오른쪽에 그대로 전달된다. 따라서

$$\Delta p = \frac{F_1}{A_1} = \frac{F_2}{A_2} \tag{10.15}$$

그러므로

$$F_2 = F_1 \frac{A_2}{A_1} \tag{10.16}$$

이다. 만약 $A_1 < A_2$ 이면 오른쪽에 전달된 힘이 왼쪽에서 가해진 힘보다 커서 작은 힘으로 무거운 물체를 들어올릴 수 있게 된다. 유체가 비압축성이면 왼쪽 피스톤이 누른 유체의 양은 오른쪽에서 올라간 유체의 양과 같다. 따라서 $V = A_1 d_1 = A_2 d_2$ 이므로,

$$F_2 = F_1 \frac{d_1}{d_2} \tag{10.17}$$

이다. 즉, 힘과 거리의 곱은 양쪽이 모두 같으므로 에너지는 보존된다.

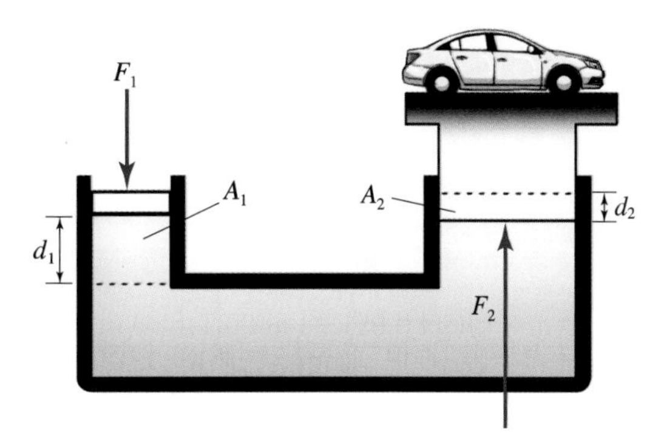

▲ **그림 10.7** | 수력기중기

10-3 부력

코르크 마개나 나무토막은 물에 뜬다. 하지만 쇳덩어리나 동전은 물에 가라앉는다. 물체가 물에 뜨려면 물체가 받는 위쪽 방향의 힘이 물체의 무게와 같아야 한다. 물체가 유체에 전부 또는 일부가 잠겨 있을 때 물체가 유체로부터 받는 위쪽 방향의 힘을 **부력(buoyant force)**이라 한다.

그림 10.8은 유체에 잠겨 있는 직육면체 모양의 나무토막을 나타낸다. 유체의 밀도를 ρ_{f}라 하면, 나무토막의 윗면에 작용하는 유체로부터의 압력은 $p_1 = p_0 + \rho_{\mathrm{f}}\, g\, h_1$이고, 이는 나무토막의 아래 방향으로 힘을 가한다. 나무토막의 아랫면에 작용하는 압력은 $p_2 = p_0 + \rho_{\mathrm{f}}\, g\, h_2$이며 위 방향으로 힘을 가한다. 따라서 나무토막의 윗면과 아랫면 사이의 압력차 $p_2 - p_1 = \rho_f\, g\,(h_2 - h_1)$에 비례하는 크기의 힘이 위쪽으로 작용하게 된다. 이렇게 압력차에 의해서 나무토막에 작용하는 힘이 부력이다. 그림에서는 손가락으로 내리누르는 힘과 나무토막의 무게가 부력과 평형을 이루어 나무토막이 물속에 떠 있게 된다.

나무토막의 윗면과 아랫면의 단면적을 A라 하면, 부력 F_{b}는

$$F_{\mathrm{b}} = p_2 A - p_1 A = (\Delta p)A = \rho_{\mathrm{f}}\, g\,(h_2 - h_1)A \tag{10.18}$$

이다. 여기서 $(h_2 - h_1)A$는 나무토막의 부피이며, 이 부피는 나무토막이 밀어낸 유체의 부피 V_{f}와 같다. 즉,

$$F_{\mathrm{b}} = \rho_{\mathrm{f}}\, g\, V_{\mathrm{f}} \tag{10.19}$$

이다. $\rho_{\mathrm{f}} V_{\mathrm{f}}$는 나무토막이 차지한 공간에 있던 유체의 질량 m_{f}이다. 따라서 부력의 크기는 $F_{\mathrm{b}} = m_{\mathrm{f}}\, g$와 같다. 이것이 **아르키메데스의 원리**인데, 다시 표현하면,

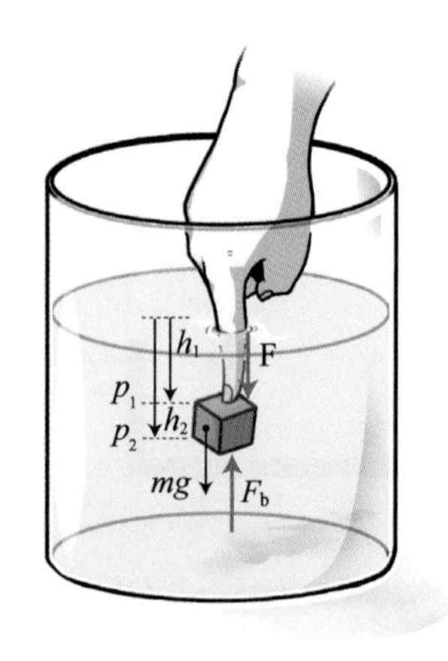

▲ 그림 10.8 | 부력

"유체에 전부 또는 부분적으로 잠겨 있는 물체는 물체가 밀어낸 유체의 부피에 해당하는 유체의 무게와 같은 크기의 힘을 위쪽 방향으로 받는다."

이는 나무토막이 밀어낸 유체를 생각해보면 당연한 것이다. 유체 덩어리는 유체 내에 떠 있었으므로 그 유체 덩어리의 무게는 유체의 나머지 부분이 그 덩어리에 가하는 부력과 같을 것이다. 따라서 유체 덩어리를 대체한 물체가 받는 부력 또한 그 덩어리가 받았던 부력과 같을 것이며, 이는 그 덩어리의 무게와 같다.

물체가 유체에 완전히 잠겨 있다면, 물체의 무게는 $W_0 = m_0 g = \rho_0 V_0 g$이고 부력은 $F_\mathrm{b} = W_\mathrm{f} = m_\mathrm{f} g = \rho_\mathrm{f} V_\mathrm{f} g$이다. 어느 순간 물체가 유체에 완전히 잠겨 있다면 $V_0 = V_\mathrm{f}$ 이므로 $F_\mathrm{b} = W_0(\rho_\mathrm{f}/\rho_0)$이다. 만약 $\rho_0 < \rho_\mathrm{f}$ 이면, $F_\mathrm{b} > W_0$ 이므로 물체는 뜬다. 반대로 $\rho_0 > \rho_\mathrm{f}$ 이면, $F_\mathrm{b} < W_0$ 이므로 물체는 가라앉는다. $\rho_0 = \rho_\mathrm{f}$ 이면 물체는 그 자리에 그대로 정지해 있게 된다.

예제 10.4

바닷물에 떠 있는 빙산의 몇 퍼센트가 물 밖에 드러나 있는가?

| 풀이

빙하의 총 부피를 V_i라 하면 빙하의 총 무게는

$$W_\mathrm{i} = \rho_\mathrm{i} V_\mathrm{i} g$$

이고, 얼음의 밀도는 $\rho_\mathrm{i} = 917\,\mathrm{kg/m^3}$이다. 빙하가 밀어낸 바닷물의 무게가 부력이므로, 부력은

$$F_\mathrm{b} = \rho_\mathrm{w} V_\mathrm{w} g$$

이다. 여기서 바닷물의 밀도는 $\rho_\mathrm{w} = 1{,}024\,\mathrm{kg/m^3}$이고, V_w는 밀어낸 물의 부피이다. 빙하가 떠 있으려면 무게와 부력이 평형을 이루어야 하므로,

$$\rho_\mathrm{i} V_\mathrm{i} g = \rho_\mathrm{w} V_\mathrm{w} g$$

이다.

따라서

$$\frac{V_\mathrm{i} - V_\mathrm{w}}{V_\mathrm{i}} = 1 - \frac{V_\mathrm{w}}{V_\mathrm{i}} = 1 - \frac{\rho_\mathrm{i}}{\rho_\mathrm{w}} = 1 - \frac{917\,\mathrm{kg/m^3}}{1024\,\mathrm{kg/m^3}} = 0.104$$

즉, 빙하의 10%만이 물 밖으로 드러나 있다.

예제 10.5

어떤 물체가 스프링 저울에 매달려 있다. 공기 중에 있을 때는 눈금이 40.0 N을, 물속에 잠겨 있을 때는 30.0 N을 가리켰다. 이때, 밀도를 모르는 액체 속에 담갔더니 눈금이 35.0 N을 가리켰다. 이 액체의 밀도는 물의 밀도의 몇 배인가?

| 풀이

물체가 공기 중에 있을 때에는 스프링이 당기는 힘, F_s가 중력 mg와 평형을 이루게 된다. 스프링 저울의 눈금이 가리키는 힘이 스프링이 당기는 힘에 해당하므로 $F_\mathrm{s} = 40.0\ \mathrm{N}$이 된다.

따라서 $F_s - mg = 0$이므로, $mg = 40.0\ \mathrm{N}$이 된다.

물체가 물속에 잠기게 되면 위쪽 방향으로 부력을 받게 되므로, 물의 밀도를 ρ_w, 부피를 V라고 하면, 힘의 평형에서 $F_\mathrm{s} + \rho_\mathrm{w} Vg = mg$가 된다. 이때, $F_\mathrm{s} = 30.0\ \mathrm{N}$이므로, $\rho_\mathrm{w} Vg = 10.0\ \mathrm{N}$이 된다. 이제, 물체를 밀도가 ρ인 액체에 담그게 되면, 힘의 평형에서 $F_s + \rho Vg = mg$가 되고, $F_\mathrm{s} = 35.0\ \mathrm{N}$이므로 $\rho Vg = 5.0\ \mathrm{N}$이 된다. 따라서 $\rho/\rho_\mathrm{w} = 0.50$이 되므로, 액체의 밀도는 물의 밀도의 0.50배가 된다.

10-4 유체 동역학

이제까지는 정지해 있는 유체를 다루었다. 움직이는 유체는 그 움직임이 실제로 매우 복잡하므로 다루기가 어렵다. 따라서 유체의 움직임을 단순화시켜서 살펴보도록 하자. 이렇게 단순화된 유체를 **이상유체**라 한다. 이상유체란 정상적(steady)이고, 비압축적이며, 점성이 없고 비회전적(irrotational)인 유체를 뜻한다. 정상상태에 있는 유체에서는 각 지점에서 유체의 속도가 시간에 따라 변하지 않는다. 천천히 흐르는 깊은 강의 중심에서 유체의 흐름은 정상 흐름에 가깝다. 비압축적인 유체에서는 밀도가 모든 지점에서 같다. 점성은 유체의 내부 마찰을 의미한다. 예를 들어, 꿀은 물보다 점성이 크다. 점성이 있으면 유체가 움직일 때 유체의 운동에너지가 열에너지로 변화하여 역학적 에너지가 보존되지 않는다. 따라서 점성이 없는 흐름에서는 역학적 에너지가 보존된다. 비회전적인 유체에서는 소용돌이가 생기지 않는다. 소용돌이는 물리적으로 다루기 어려운 운동이다. 이러한 이상유체에서 성립되는 법칙에 관해 알아보자.

| 연속방정식

유체의 흐름은 유선(stream line)으로 나타낼 수 있다. 유선은 유체 내의 작은 유체소(fluid element)가 움직이는 경로를 뜻한다. 유체 입자가 움직일 때, 유체의 속도(크기와 방향)는 변

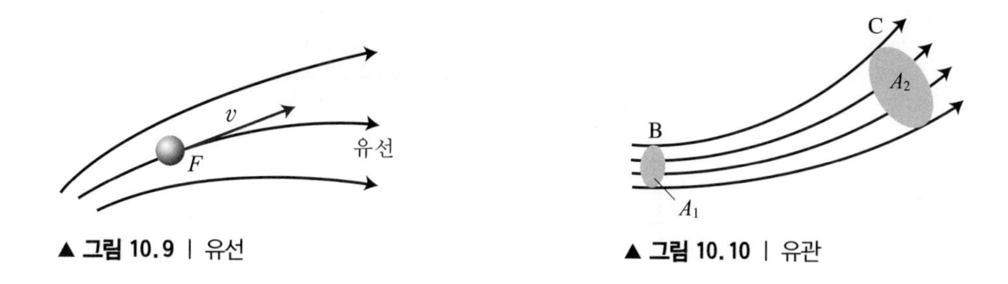

▲ **그림 10.9** | 유선　　▲ **그림 10.10** | 유관

할 수 있다. 그림 10.9와 같이 임의의 한 점에서 유체소의 속도는 유선의 접선 방향으로 표시한다.

유관(tube of flow)은 경계가 유선으로 이루어져 있으며 유관으로 들어온 유체입자는 유관의 옆면 밖으로는 나가지 못한다. 그림 10.10은 단면적이 각각 A_1과 A_2인 두 단면 사이의 유관을 나타낸다. B점에서 유체소의 속력이 v_1 이라면, 짧은 시간 Δt 후에 이 유체소가 움직인 거리는 $v_1 \Delta t$ 이다. 단면적 A_1이고 길이 $v_1 \Delta t$ 인 유체의 부피는 $\Delta V = A_1 v_1 \Delta t$ 이다. 점 C에 있는 유체는 단면적 A_2이고, Δt 시간 동안 $v_2 \Delta t$ 만큼 움직이므로 이 지점에서 움직인 유체의 부피는 $\Delta V = A_2 v_2 \Delta t$ 이다. 이상유체는 비압축성이므로 두 부피는 같아야 한다. 따라서

$$\Delta V = A_1 v_1 \Delta t = A_2 v_2 \Delta t \tag{10.20}$$

즉,

$$A_1 v_1 = A_2 v_2 \tag{10.21}$$

이다. 이것은

$$R = Av = \text{일정} \tag{10.22}$$

을 뜻한다. 여기서 R의 단위는 $\mathrm{m^3/s}$ 이고, **부피 흐름률**이라 한다. 식 (10.22)를 **연속방정식(equation of continuity)**이라 하며, 이 식의 양변에 유체의 밀도 ρ를 곱하면, 질량 흐름률 $\rho A v$가 일정함을 알 수 있으며, 이 식의 양변에 유체의 밀도 ρ를 곱하면, 질량 흐름률 $\rho A v$가 일정함을 알 수 있다. 식 (10.22)에 의하면, 단면적이 좁은 관에서의 유체의 속도는 단면적이 넓은 관에서의 유체의 속도보다 더 크다.

❙ 베르누이 방정식

그림 10.11은 일정하게 흐르는 이상유체의 유관을 나타낸다. 그림 10.11(a)에서 길이 L인 유관 부분에 있는 유체를 S라 하고 그 왼쪽에 있는 유체를 S_L, 오른쪽에 있는 유체를 S_R이라 하자. 유체 S는 오른쪽으로 움직여서 Δt 시간 후에는 S_R이 차지하였던 공간 중에서 부피 ΔV만큼을 새롭게 차지하게 되고 왼쪽 끝의 부피 ΔV만큼을 S_L에 내어주게 된다.

유체가 비압축성이라면, 유체 S가 새로 차지한 부피와 내어준 부피는 같다.

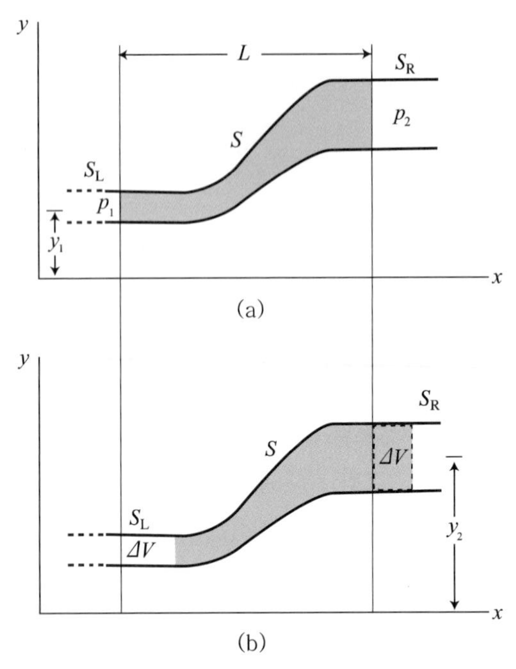

▲ **그림 10.11** | 이상유체의 흐름

이러한 유체의 흐름에 일－에너지 정리를 적용해보자. 그림 10.11(a)에서 유체 S의 Δt 시간 동안의 운동에너지 변화는 새롭게 차지하게 된 부분에서의 운동에너지와 내어준 부분에서의 운동에너지의 차이로 계산된다. 즉,

$$\Delta K = \frac{1}{2}\Delta m v_2^2 - \frac{1}{2}\Delta m v_1^2 = \frac{1}{2}\rho\Delta V(v_2^2 - v_1^2) \tag{10.23}$$

이다. 여기서 ρ는 유체의 밀도이며, $\Delta m = \rho\Delta V$이다. 이러한 운동에너지의 변화는 유체 S_L 및 S_R과의 경계부분에서의 압력과 중력이 한 일 때문에 발생한다. 유체 S에 중력이 한 일 W_g는 질량 Δm이 높이 $y_2 - y_1$만큼 수직 상승하는 동안 중력이 한 일과 같으므로

$$W_g = -\Delta mg(y_2 - y_1) = -\rho g\Delta V(y_2 - y_1) \tag{10.24}$$

이다. 변위는 위쪽 방향이고 무게는 아래쪽 방향이므로 W_g는 음의 값을 갖는다. 유체 S_L과 유체 S_R이 유체 S를 미는 힘이 하는 일을 W_p라 하자. 단면적 A인 관 안의 유체를 힘 F로 Δx만큼 밀어 움직였을 때 한 일은

$$F\Delta x = (pA)\Delta x = p(A\Delta x) = p\Delta V \tag{10.25}$$

이다. 따라서

$$W_p = -p_2\Delta V + p_1\Delta V = -(p_2 - p_1)\Delta V \tag{10.26}$$

이다. 여기서 (−)부호는 유체 S_R이 유체 S를 미는 힘의 방향(왼쪽)과 변위의 방향(오른쪽)이 반대임을 나타낸다. 일−에너지 정리에 의하면,

$$W = W_g + W_p = \Delta K \tag{10.27}$$

이므로, 식 (10.23), (10.24) 그리고 식 (10.26)을 대입해서 정리하면

$$p_1 + \frac{1}{2}\rho v_1^2 + \rho g y_1 = p_2 + \frac{1}{2}\rho v_2^2 + \rho g y_2 \tag{10.28}$$

가 된다. 이 식을 **베르누이 방정식(Bernoulli's equation)**이라 부른다. 즉,

$$p + \frac{1}{2}\rho v^2 + \rho g y = \text{일정} \tag{10.29}$$

이다. 유체가 정지해 있으면, $v_1 = v_2 = 0$ 이므로

$$p_2 = p_1 + \rho g (y_1 - y_2) \tag{10.30}$$

로 식 (10.11)과 동일한 표현을 얻는다. 관이 평행하면, 즉 $y = 0$ 이면,

$$p_1 + \frac{1}{2}\rho v_1^2 = p_2 + \frac{1}{2}\rho v_2^2 \tag{10.31}$$

이므로, 유선을 따라서 흐르는 유체의 속력이 증가하면 압력은 감소해야 하며, 거꾸로 압력이 증가하면 속력은 감소한다. $\frac{1}{2}\rho v^2$은 압력과 같은 차원을 갖는 물리량이고, 유체의 움직임 때문에 생기는 압력이므로 동압력이라 한다.

예제 10.6 물통에서의 부피 흐름률

그림 10.12와 같이 물통에 뚫린 작은 구멍에서 물이 흘러나오고 있다. 물통에서 유출되는 물의 부피 흐름률을 계산하여라.

| 풀이

베르누이 방정식에 따르면,

$$p_1 + \frac{1}{2}\rho v_1^2 + \rho g y_1 = p_2 + \frac{1}{2}\rho v_2^2 + \rho g y_2$$

이다. 여기서 $y_2 - y_1$은 수면에서 구멍까지의 거리이다. 구멍과 수면은 모두 대기에 노출되어 있으므로, 두 지점에서의 압력 p_1과 p_2는 모두 대기압과 같다. 따라서 $v_1^2 - v_2^2 = 2g(y_2 - y_1)$이다. 연속방정식에 따르면 $A_1 v_1 = A_2 v_2$이고, 여기서 A_1은 구멍의 단면적이고, A_2는 탱크의 단면적이다. A_2가 A_1보다 훨씬 크므로, v_1은 v_2보다 매우 크다. 따라서 v_2를 무시할 수 있고, $v_1^2 = 2g(y_2 - y_1)$로 근

사시킬 수 있다. 따라서 부피 흐름률(부피/시간)은 아래와 같다.

$$\text{부피 흐름률} = A_1 v_1 = A_1 \sqrt{2g(y_2 - y_1)}$$

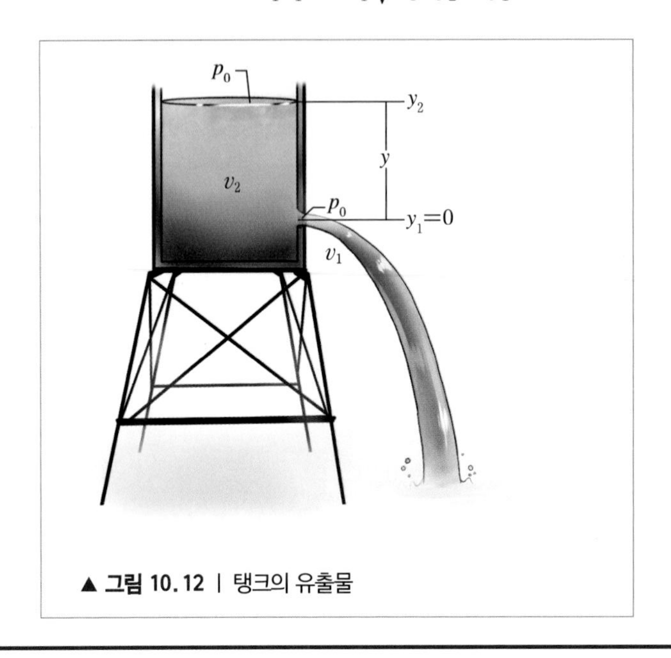

▲ **그림 10.12** | 탱크의 유출물

예제 10.7

비행기 날개 위의 공기 속력이 20.0 m/s이고, 날개 아래의 공기 속력이 10.0 m/s일 때, 날개에 위쪽으로 작용하는 힘의 크기를 구하여라. (단, 공기의 밀도는 1.20 kg/m^{3}이고, 비행기 날개의 면적은 20.0 m^{3}이다.)

| 풀이

날개 위쪽의 공기 압력과 속력을 p_1, v_1이라고 하고, 날개 아래쪽의 공기 압력과 속력을 p_2, v_2라고 하면, 다음과 같이 베르누이 방정식을 쓸 수 있다.

$$p_1 + \frac{1}{2}\rho v_1^2 = p_2 + \frac{1}{2}\rho v_2^2$$

여기서 ρ는 공기의 밀도이다. 따라서 날개 아래쪽과 위쪽의 압력 차이는

$$\begin{aligned} \Delta p = p_2 - p_1 &= \frac{1}{2}\rho (v_1^2 - v_2^2) \\ &= \frac{1}{2} \times 1.20\,\mathrm{kg/m^3} \times ((20.0\,\mathrm{m/s})^2 - (10.0\,\mathrm{m/s})^2) \\ &= 180\,\mathrm{N/m^2} \end{aligned}$$

가 된다. 날개의 면적이 $A = 20.0\,\mathrm{m}^2$ 이므로 날개가 받는 힘은 $F = \Delta pA = 3{,}600\,\mathrm{N}$이 된다.

예제 10.8

아래 그림과 같이 파이프를 따라 흐르는 비압축성의 유체가 있다. 유체의 밀도는 ρ이고 파이프는 지면과 수평하다. 원 A_1의 반지름은 원 A_2의 반지름의 2배이다.

(1) 속도의 비 v_1/v_2은 얼마인가?

(2) A_1의 파이프 면에서의 압력이 p라고 하면, A_2 파이프 면에서의 압력은 얼마인가? p와 ρ, v_1으로 나타내어라.

| 풀이

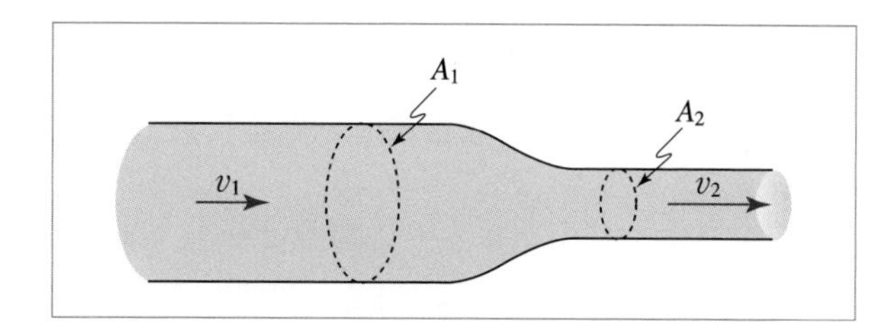

(1) 연속방정식으로부터 $Av=$ 일정이다. 따라서 $A_1 v_1 = A_2 v_2$ 이고, 각 원의 반지름을 r_1, r_2라고 하면 $r_1 = 2r_2$ 이므로, $A_1 = 4A_2$ 이다.

그러므로 $v_1/v_2 = A_2/A_1 = 1/4$이 된다.

(2) 베르누이 방정식으로부터 $p_1 + \frac{1}{2}\rho v_1^2 = p_2 + \frac{1}{2}\rho v_2^2$.

따라서 A_2 파이프에서의 압력은 $p_2 = p_1 + \frac{1}{2}\rho(v_1^2 - v_2^2)$인데, $p_1 = p$ 이고 $v_2 = 4v_1$ 이므로, $p_2 = p - \frac{15}{2}\rho v_1^2$이 된다.

연습문제

10-1 고체와 탄성률

1. 변형(strain), 변형력(stress), 영률(Young's Modulus) 개념에 관한 내용 중 옳지 않은 것을 고르시오.

① 영률이 큰 물질일수록 대체로 딱딱하다.
② 같은 재질로 이루어진 여러 길이의 물체에 일정한 장력 변형력을 가했을 때, 길이가 긴 물체일수록 많이 늘어난다.
③ 일정한 장력 변형력을 같은 재질로 이루어진 다른 모양의 물체에 가했을 때 변형은 같다.
④ 일정한 변형력 하에 동일한 질량, 부피의 물체라도 모양에 따라 변형의 정도가 다를 수 있다.
⑤ 영률은 같은 재질에서는, 물체의 크기나 질량에 관계없이 항상 일정하다.

2. 길이가 5.00 m이고 단면적이 0.100 m^2인 금속막대에 5,000 N의 장력이 작용하여 이 막대기가 0.100 cm 늘어났다. 이 금속의 영률을 구하여라.

3. 용수철 상수가 k이고 길이가 L, 단면적이 A인 용수철의 영률은 얼마인가?

4. 단면적이 100 cm^2이고 길이가 5.00 m인 구리막대가 두 수직벽 사이에 0.0500 mm 압축되어 수평으로 고정되어 있다. 구리의 밀도는 8.96 g/cm^3이고 영률은 $1.10 \times 10^{11}\ N/m^2$이다. 구리막대가 미끄러지지 않으려면 구리 면과 벽 사이의 정지마찰계수는 얼마 이상이어야 하는가?

5. 길이가 90.0 cm이고 평균 단면적이 6.00 cm^2인 다리뼈가, 압축될 때의 영률이 $1.00 \times 10^{10}\ N/m^2$이고 다리뼈가 부러지지 않고 견딜 수 있는 최대 변형력은 $1.00 \times 10^{8}\ N/m^2$라고 하자. 다리뼈가 부러질 때까지는 탄성을 유지한다고 가정한다. 높은 곳에서 뛰어내릴 때 압축에 의해 다리뼈가 부러진다면 그때 다리뼈에 저장된 탄성에너지는 최소 얼마인가?

6. 반지름이 50 cm인 구 모양의 알루미늄이 있다. 이 구의 반지름을 48 cm로 줄이려면 얼마의 압력이 필요한가?

10-2 유체와 압력

7. 팔에서 측정한 혈압이 100 mmHg이다. 팔보다 0.500 m 아래에 있는 발에서 혈압을 측정한다면 얼마인가? 혈액의 밀도는 $1.00 \times 10^{3}\ kg/m^3$라고 하자.

8. 스쿠버다이버가 10 m 깊이로 잠수했다. 다이버의 물안경의 지름이 20 cm이면, 이 물안경에 작용하는 힘은 얼마인가? 물안경의 안쪽은 수면 위의 공기로 차 있어 1 atm으로 유지된다.

9. 기후변화에 의해 수은 기압계의 높이가 정규 높이 76.0 cm 보다 20.0 mm만큼 낮아졌을 때 대기압은 몇 Pa인가? 수은의 밀도는 $13.59\ \mathrm{g/cm^3}$ 이다.

10. 밀도 $880\ \mathrm{kg/m^3}$ 의 원유를 시추관을 이용하여 2000 m의 높이로 빨아 올리려면 얼마만큼의 계기압력이 필요한가? 이 때 중력가속도는 $10.0\ \mathrm{m/s^2}$를 가정하라.

10-3 부력

11. 물이 가득 차 있는 큰 통에 질량이 10 kg인 물체를 완전히 집어 넣었더니 밀려난 물의 질량이 20 kg이었다. 이제 물체를 밀어 넣었던 힘을 제거하면 물체의 일부만 물속에 잠기게 된다. 물속에 긴 부분의 부피는 물체 전체 부피의 몇 배인가?

12. 두께가 h이며 밀도가 ρ인 고무판 하나가 물 위에 떠 있다. 이 판 위에 질량이 m인 강아지를 태우면 판의 윗면이 수면과 일치할 정도로 가라앉는다고 할 때 이 판의 넓이를 구하시오. 물의 밀도는 ρ_w이다.

13. 물에 떠 있는 나무토막의 2/3가 물에 잠겨 있다. 이 나무토막을 기름에 담그면 나무토막의 90%가 기름에 잠긴다.

(가) 나무의 밀도를 구하여라.
(나) 기름의 밀도를 구하여라.

14. 그림 P.10.1에서 그릇에 물이 담겨 있다. 나무토막의 아래 끝을 실에 매고, 그 실의 다른 쪽 끝은 그릇 밑바닥에 고정시켜 나무토막이 물 중간에 떠 있게 하였다. 이때 실의 장력은 얼마가 되겠는가?

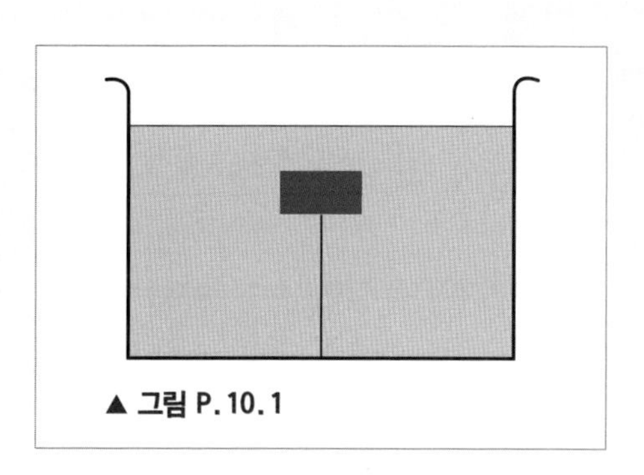

▲ 그림 P.10.1

10-4 유체 동역학

15. 물통의 상단은 대기에 노출되어 있고 수면보다 20.0 m 아래쪽 측면에 작은 구멍이 뚫려있을 때 구멍을 통해 유출되는 물의 유출 속도를 구하여라. 단, 중력 가속도는 10.0 m/s^2으로 계산하여라.

16. 부산에서 서울을 잇는 경부고속도로에서 자동차들의 밀도는 어느 곳에서나 일정하며 교통 정체는 없다고 하자. 4차선 구간에서 자동차들이 60 km/h로 달린다면 3차선 구간에서는 자동차의 속도가 얼마이어야 하는가?

17. 관을 통해 2.00 m^3의 물이 흘러나가는데 관의 양끝의 압력이 각각 2.00 Pa과 1.00 Pa이다. 흘러나간 물에 한 일은 얼마인가?

18. 물이 반쯤 차 있는 U자형 관의 한쪽 관 위쪽에서 수평방향으로 20.0 m/s의 속력으로 공기를 입으로 불었다. 관 안의 물의 높이 차이를 구하여라.

19. 태풍이 불 때 어떤 집의 지붕 위에서 바람(공기의 밀도 1.20 kg/m^3)의 속력은 100 km/h였다.

(가) 지붕의 안과 밖의 압력차는 얼마인가?

(나) 지붕의 면적이 100 m^2일 때, 바람이 지붕을 들어올리는 힘은 얼마인가?

20. 파이프에 조그만 구멍이 생겨서 물이 분수처럼 높이 1.20 m까지 솟아올랐다. 파이프 안의 물이 정지해 있다고 가정하고, 파이프 안에서의 물의 압력을 구하여라.

발전문제

21. 직육면체 모양의 질량이 100 kg인 윗면이 열려 있는 통이 있다. 통의 크기는 길이가 1.20 m, 폭이 1.00 m, 높이가 0.500 m이다. 이 통을 물에 띄운 후, 질량이 각각 60.0 kg과 40.0 kg인 두 사람이 통에 탄다면 이 통은 물에 얼마나 잠기겠는가?

22. 수면으로부터 1.00 m 깊이에 공을 가만히 놓았다. 공의 밀도가 물의 밀도의 0.500배라면 공은 수면 위로 얼마나 높이 튀어오르겠는가? 물의 저항력이나 물에 전달되는 에너지는 무시하여라.

23. 예제 10.8의 파이프에서 원 모양의 왼쪽 단면 A_1의 반지름은 8.00 cm이고 오른쪽 단면 A_2의 반지름은 4.00 cm이다. 왼쪽 단면으로부터 오른쪽 단면으로 1초에 부피 6.40×10^{-3} m^3의 물이 흘러간다면 1초 동안 압력이 이 물에 한 일은 얼마인가?

24. 관의 지름이 d인 수도꼭지에서 물이 초기속도 v로 끊임없이 흘러나와서 아래로 떨어지고 있다(즉, 수도꼭지에서 나오는 물줄기의 지름이 d이고, 수도꼭지는 아래 방향을 향하고 있다). 수도꼭지에서 h만큼 떨어진 곳에서 물줄기의 지름은 얼마인가? 단, 공기의 저항은 무시하고, 물줄기는 끊어지거나 물방울이 되지 않는다고 가정한다.

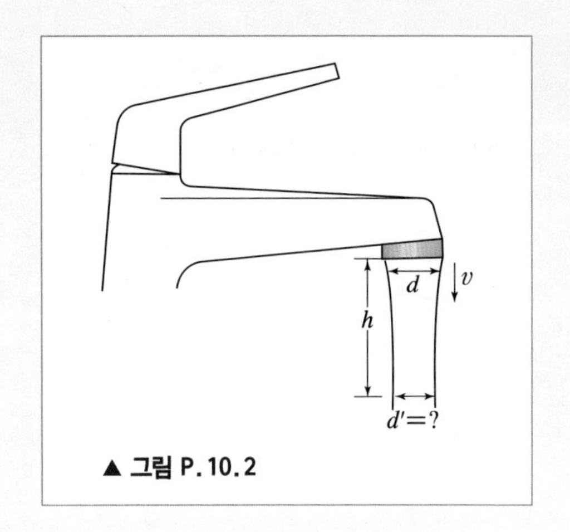

▲ 그림 P. 10. 2

25. 그림 P.10.3과 같이 단면적이 각각 A_1, A_2이고 두 수직관에서 액체의 높이 차이가 h일 때, 유속 v_1을 A_1, A_2, h로 나타내어라.

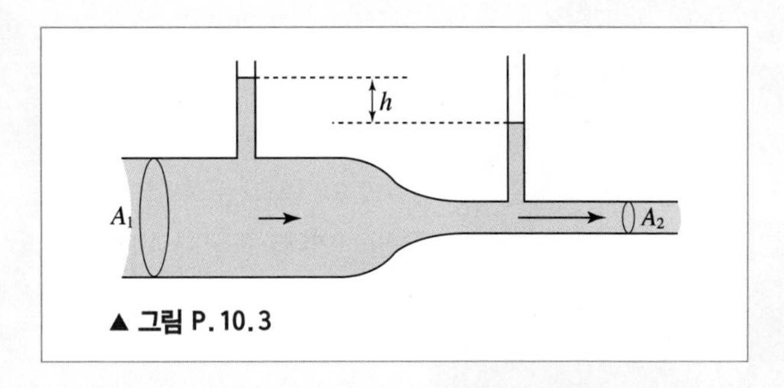

▲ 그림 P. 10. 3

크리스티안 하위헌스

Christian Huygens, 1629-1695

줄의 길이와 중력가속도로써 진자의 주기를 수학적으로 표현하였고 진자 시계 특허를 제출하였다.

로버트 후크

Robert Hooke, 1635-1703

늘어난 길이에 탄성력이 비례한다는 후크의 법칙을 발견하였다.

CHAPTER 11
진동과 단순조화운동

계곡에 걸쳐져 있는 다리를 건널 때 걸음마다 다리가 상하로 움직이는 진동을 느낄 수 있다. 그네, 시계추, 스프링에 달린 물체, 기타줄, 종, 북의 표면 등과 같이 좌우 혹은 상하로 주기적으로 왕복운동하는 현상을 진동이라 한다. 진동현상은 우리 일상생활에 매우 가까이 있으며, 에너지의 형태를 변환시키는 데 사용되기도 한다.

마이크의 진동판은 소리를 전기적 신호로 바꿔주고, 스피커의 진동판은 전기적 신호를 소리로 바꿔주며, 진동 수정자는 시계로 사용된다. 원자의 세계에서는 배열되어 있는 원자끼리 진동하며, 방송국의 송신용 안테나에서는 전자가 진동하여 전자기파를 발생시키고, 수신용 안테나에서는 전자기파를 받아 전자가 진동하여 방송 신호를 받는다.

금속 거울에서 빛이 반사되는 것은 입사한 빛에 의해 금속의 전자가 진동하기 때문에 나타나는 현상이다. 이 장에서는 진동현상 중 주기적으로 왕복운동을 하여 코사인 혹은 사인의 간단한 수학식으로 나타낼 수 있는 진동으로서 단순조화운동과 단순조화운동의 에너지, 각단순조화운동을 공부한다.

11-1 단순조화진동

그림 11.1(a)에서와 같이 마찰이 없는 마루 위에서 용수철에 달려 평형의 위치에 있는 질량 m인 물체를 잡아당길 경우 평형의 위치로부터 멀어질수록 잡아당기는 힘이 더 드는 것을 느낄 수 있다. 이는 용수철이 물체가 움직인 거리에 비례하고 움직인 방향에 반대되는 방향으로 작용하는 반작용 힘을 갖고 있기 때문이다. 용수철의 되돌아가려는 이 힘을 복원력이라 한다. 복원력은 변위에 대하여 항상 반대 방향으로 작용하기 때문에 이 물체를 놓을 경우 그림에서와 같이 주기적으로 좌우로 진동하는 운동을 하게 되며, 이를 **단순조화진동**이라 한다.

물체가 평형의 위치로부터 움직인 거리를 x라 할 때 이 용수철 힘(F)은

$$F = -kx \tag{11.1}$$

와 같이 표현할 수 있으며, 이를 **훅의 법칙**이라 한다. 여기서 k는 용수철의 특성에 의해 결정되는 용수철 상수이며, $(-)$부호는 변위에 대하여 반대 방향으로 작용하는 용수철 힘의 방향을 나타낸다. 훅의 법칙을 따르는 물체의 운동을 단순조화진동이라 하며, 변위 x는 수학적으로 시간에 대하여 간단한 코사인 혹은 사인의 삼각함수로 표현할 수 있다.

질량 m인 물체에 작용하는 힘이 식 (11.1)이므로 뉴턴의 제2법칙($ma = m\dfrac{d^2x}{dt^2} = F$)으로부터 단순조화진동자의 운동방정식은

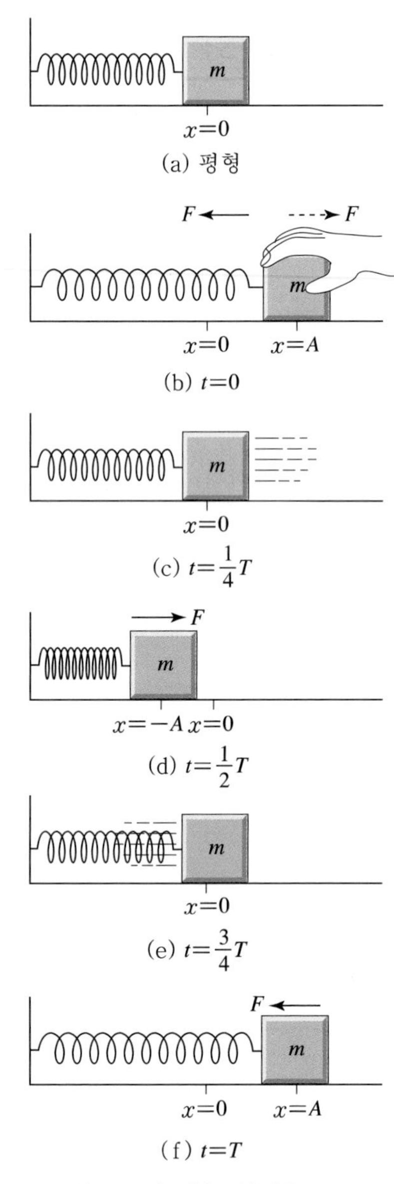

▲ 그림 11.1 | 단순조화진동

$$m\frac{d^2x}{dt^2} = -kx \tag{11.2}$$

혹은

$$m\frac{d^2x}{dt^2} + kx = 0$$

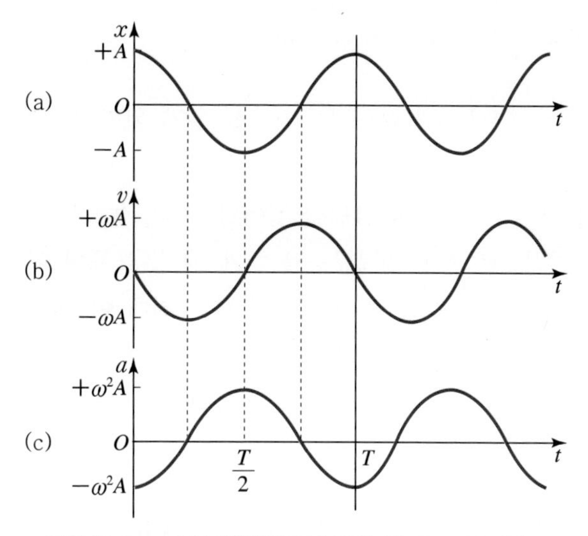

▲ **그림 11.2** | 단순조화진동의 (a) 변위, (b) 속도, (c) 가속도

과 같은 2차 미분방정식으로 나타낼 수 있다. 미분방정식을 만족하는 해를

$$x(t) = A\cos(\omega t + \phi) \tag{11.3}$$

와 같은 삼각함수로 가정하고, A, ω, φ는 상수라 하자. 이를 한 번 미분하면,

$$\frac{\mathrm{d}x}{\mathrm{d}t} = -\omega A\sin(\omega t + \phi)$$

이고, 두 번 미분하면,

$$\frac{\mathrm{d}^2 x}{\mathrm{d}t^2} = -\omega^2 A\cos(\omega t + \phi) \tag{11.4}$$

가 된다. 식 (11.3)과 (11.4)를 식 (11.2)의 양변에 대입하면,

$$-m\omega^2 A\cos(\omega t + \phi) = -kA\cos(\omega t + \phi)$$

가 된다. 만약 상수 ω가

$$\omega = \sqrt{\frac{k}{m}} \tag{11.5}$$

로 주어지면, 식 (11.3)은 조화진동자 운동방정식 (11.2)의 해가 된다. 이때 ω를 조화진동자의 **각진동수(angular frequency)**라 하며, ω는 식 (11.5)에서 보는 바와 같이 용수철 상수와 물체의 질량에 의해 결정된다. A는 조화진동자의 **진폭**, ϕ는 **위상상수**, $\omega t + \phi$는 **위상**이라 하며, A와 ϕ는 초기 운동 조건에 의하여 결정된다. 식 (11.3)에서 변위 x를

$$x(t) = A\sin(\omega t + \phi) \tag{11.6}$$

의 사인함수로 바꾸어도 식 (11.5)와 같은 각진동수를 얻게 되며, 두 해는 위상이 $\frac{\pi}{2}$만큼 다른 것에 불과하다.

그림 11.1(b)에서와 같이 $t=0$일 때 A만큼 잡아당겼다가 놓으면 이 물체는 평형 위치인 $x=0$을 중심으로 주기적으로 좌우 왕복운동을 하게 된다. 물체의 이동거리 x는 오른쪽은 (+), 왼쪽은 (−)로 나타낸다. 중립의 위치($x=0$)로부터 최대 이동한 거리가 좌우로 $\pm A$일 때, A를 진폭이라 한다. 물체가 출발한 원래의 위치 ($x=A$)로 돌아올 때까지의 시간을 주기 (T)라고 하며 모든 t에 대해 $x(t+T)=x(t)$를 만족한다. 만약 t가 $\frac{2\pi}{\omega}$만큼 증가하면, 식 (11.3)은

$$x\left(t+\frac{2\pi}{\omega}\right) = A\cos\left[\omega\left(t+\frac{2\pi}{\omega}\right)+\phi\right] = A\cos(\omega t+\phi) = x(t) \tag{11.7}$$

가 되므로, 주기 T는

$$T = \frac{2\pi}{\omega} = 2\pi\sqrt{\frac{m}{k}} \tag{11.8}$$

이 된다. 1초당 왕복 횟수인 진동수 f는 주기 T의 역수이므로

$$f = \frac{1}{T} = \frac{\omega}{2\pi} \tag{11.9}$$

이고, 단위는 Hz(헤르츠)이다. 그림 11.1(b)~(f)에 $x(t) = A\cos\left(\frac{2\pi}{T}t\right)$일 때 각 시각에서 단순조화진동자의 위치와 용수철 힘의 방향을 표시하였다.

단순조화진동을 하는 또 다른 예로 단순진자를 들 수 있다. 그림 11.3과 같이 길이 h인 실의 한쪽 끝이 P 점에 고정되어 있고 질량 m인 물체가 반대쪽 끝에 매달려 있을 때, 물체를

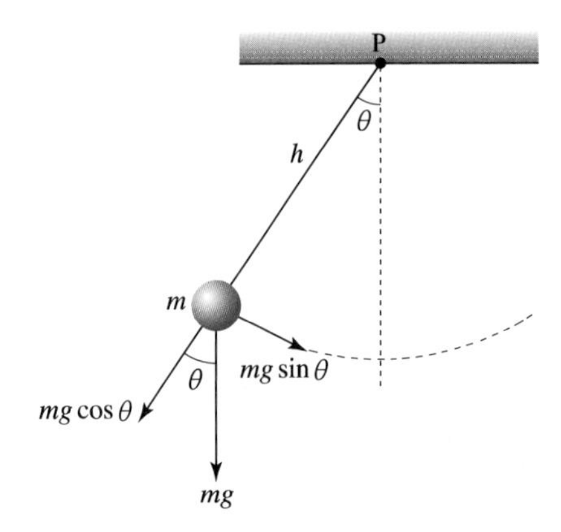

▲ 그림 11.3 | 단순진자

한쪽으로 움직였다가 놓으면 이 물체는 P 점을 중심으로 각진동을 하는데 이를 단순진자라 한다. 이때 실이 물체를 잡아당기는 장력 T와 중력 mg의 합력에 의해서 물체는 길이 h를 반지름으로 하는 원의 호를 따라가는 운동, 즉 접선운동을 하게 된다. 실의 연장선 방향 또는 원의 지름 방향으로의 합력은 구심력으로 작용하며 지름에 수직인 접선 방향으로의 힘은 단순진자운동을 일으키게 된다. 접선 방향의 힘은

$$F_s = -mg\sin\theta \tag{11.10}$$

이고 만약 변위 각도가 작을 경우 근사적으로 $\sin\theta = \theta$가 된다. 이때, 같은 방향으로의 변위 $s = h\theta$가 가지는 가속도는 $\frac{\mathrm{d}^2 s}{\mathrm{d}t^2} = \frac{\mathrm{d}^2}{\mathrm{d}t^2}(h\theta)$이므로 운동방정식 $F_s = m(\mathrm{d}^2 s/\mathrm{d}t^2)$에 의하여 $m\frac{\mathrm{d}^2}{\mathrm{d}t^2}(h\theta) = m\frac{\mathrm{d}^2}{\mathrm{d}t^2}(h\theta) = -mg\theta$, 즉

$$\frac{\mathrm{d}^2\theta}{\mathrm{d}t^2} + (g/h)\theta = 0 \tag{11.11}$$

이 되어 이 단순진자의 각진동수와 주기는 각각 $\omega = \sqrt{\frac{g}{h}}$, $T = 2\pi\sqrt{\frac{h}{g}}$로 정해진다. 따라서 이 단순진자의 주기는 실의 길이와 중력상수에 의해 결정되며 질량 m과는 관계없다.

예제 11.1

용수철에 매달린 추가 수평면 위에서 단진동을 한다. 추의 질량은 0.100 kg, 용수철 상수는 0.400 N/m 이다. 바닥과의 마찰은 무시하자. 추를 평형상태에서 조금 잡아당겼다가 가만히 놓으면 단진동운동을 하게 된다. 이때, 단진동운동의 주기는?

| 풀이

식 (10.8)로부터 단진동운동의 주기는 $T = 2\pi\sqrt{\frac{m}{k}}$으로 주어진다. 추의 질량과 용수철 상수 값을 대입하면, $T = 2\pi\sqrt{\frac{0.100\ \mathrm{kg}}{0.400\ \mathrm{N/m}}} = 3.14$(초)가 된다.

11-2 단순조화운동과 에너지

용수철에 달린 물체의 속도 v는

$$v(t) = \frac{\mathrm{d}x}{\mathrm{d}t} = -\omega A\sin(\omega t + \phi) \tag{11.12}$$

가 되며, 가속도 a는

$$a(t) = \frac{\mathrm{d}v}{\mathrm{d}t} = -\omega^2 A\cos(\omega t + \phi) = -\omega^2 x \tag{11.13}$$

가 된다.

위상상수가 $\phi = 0$ 일 때의 변위 $x(t)$, 속도 $v(t)$, 가속도 $a(t)$를 그림 11.2에 나타내었다. 물체의 최대 변위는 A이다. 물체의 속도는 양쪽 끝에서 진행 방향에 대하여 반대 방향으로 돌아와야 하므로 $v = 0$ 이다. 중립 위치인 $x = 0$ 을 지날 때 물체 속도는 최대 속도이며 그 크기는 ωA 이다. 중립 위치를 지나면 속도는 감소하기 시작하며 끝에 가면 0이 된다. 식 (11.13)에서와 같이 가속도의 크기는 변위에 비례하고 방향은 변위와 반대이다. 양쪽 끝에서 변위와 복원력이 최대이므로 가속도도 최대이고 크기는 $\omega^2 A$ 이다.

용수철이 늘어나거나($x > 0$) 압축될($x < 0$) 때 용수철 힘이 (용수철 + 물체)계에 일을 하며, 이 계의 위치에너지는

$$U(x) = -\int_0^x (-kx)dx = \frac{1}{2}kx^2 \tag{11.14}$$

으로 표현된다. 그림 11.4는 변위에 대한 용수철 힘(a)과 위치에너지(b)이다. 용수철 힘은 변위에 비례하며 방향은 반대이고, 위치에너지는 변위의 제곱에 비례하는 포물선이다. $x = 0$ 은 위치에너지가 최소인 평형점이며, 최대 변위점인 양쪽 끝에서 위치에너지는 최대이고 크기는 $\frac{1}{2}kA^2$ 이다. 위치에너지를 시간의 함수로 나타내면 식 (11.3)과 (11.14)로부터

$$U(t) = \frac{1}{2}kA^2\cos^2(\omega t + \phi) \tag{11.15}$$

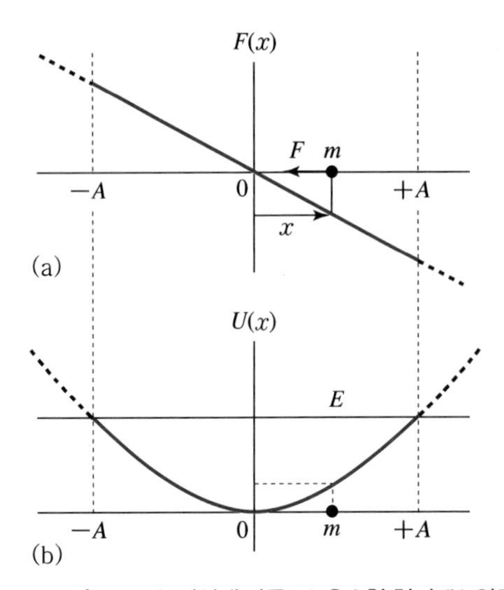

▲ **그림 11.4** | 변위에 따른 (a) 용수철 힘과 (b) 위치에너지

가 되며, 따라서 위치에너지의 주기는 변위의 주기의 절반으로 $\frac{T}{2}$이다.

단순조화진동의 운동에너지는

$$\begin{aligned}K &= \frac{1}{2}mv^2 \\ &= \frac{1}{2}m\omega^2 A^2 \sin^2(\omega t + \phi) \\ &= \frac{1}{2}m\frac{k}{m}A^2 \sin^2(\omega t + \phi) \\ &= \frac{1}{2}kA^2 \sin^2(\omega t + \phi)\end{aligned} \tag{11.16}$$

이며, 용수철 힘이 보존력이므로 단순조화진동 물체의 총 역학적 에너지 E는 보존된다. E는

$$E = K + U = \frac{1}{2}mv^2 + \frac{1}{2}kx^2 \tag{11.17}$$

$$E = \frac{1}{2}kA^2 \sin^2(\omega t + \phi) + \frac{1}{2}kA^2 \cos^2(\omega t + \phi) = \frac{1}{2}kA^2 \tag{11.18}$$

으로 일정하다. 시간에 따라 변화하는 조화진동의 운동에너지와 위치에너지를 그림 11.5에 나타내었다. E는 보존되는 총 역학적 에너지이며, 식 (11.18)과 같다. 총 역학적 에너지 E가 일정하므로, 시간에 따라 운동에너지가 증가하면 위치에너지는 감소하고, 운동에너지가 감소하면 위치에너지는 증가한다. 평형 위치 ($x = 0$)에서 운동에너지는 $K = \frac{1}{2}kA^2$으로 최대이며 위치에너지는 $U = 0$이고, 변위가 최대($x = \pm A$)일 때 $K = 0$이고 위치에너지는 $U = \frac{1}{2}kA^2$로 최대이다. 운동에너지와 위치에너지의 주기는 변위의 주기의 반이다. 총 역학적 에너지 E가

$$E = \frac{1}{2}mv^2 + \frac{1}{2}kx^2 = \frac{1}{2}kA^2 \tag{11.19}$$

으로 일정하므로, 식 (11.17)과 (11.18)로부터 속도 v를 변위 x의 함수로

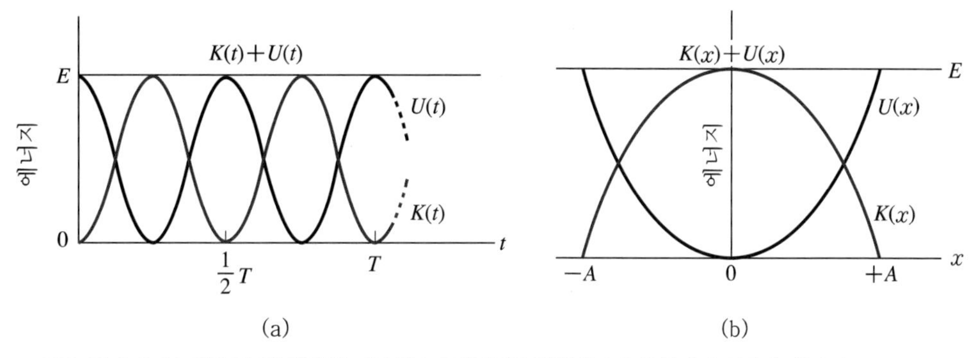

▲ **그림 11.5** | (a) 시간 및 (b) 변위에 따른 단순조화진동의 위치에너지, 운동에너지 및 총 에너지

$$v = \sqrt{\frac{k}{m}(A^2 - x^2)} \tag{11.20}$$

와 같이 표현할 수 있다. $-A \le x \le A$이므로 평형점인 $x=0$에서 속도는 $v = \sqrt{\frac{k}{m}}A$로 최대이고, 양쪽 끝인 $x = \pm A$에서 속도는 0이다.

예제 11.2

질량을 무시할 수 있는 용수철이 천장에 수직으로 달려 있다. 0.250 kg 물체를 매달았더니 용수철의 길이가 12.5 cm 증가하였다.

(1) 용수철 상수를 구하여라. 그 후 용수철을 벽에 붙이고 물체를 마루 위에서 수평방향으로 진동시키고자 한다.

(2) 평형 위치에서 물체를 잡아당겨 용수철의 길이를 20.0 cm 증가시켰다가 놓으려고 한다. 필요한 힘은 얼마인가?

(3) 물체의 진동 주기는 얼마인가?

| 풀이

(1) 용수철의 늘어난 길이는 중력에 의해 증가한 값이므로 $kx = mg$ 이다. 따라서 용수철 상수는

$$k = \frac{mg}{x} = \frac{(0.250\ \mathrm{kg})(9.81\ \mathrm{m/s^2})}{0.125\ \mathrm{m}} = 19.6\,\mathrm{N/m}$$

이다.

(2) 훅의 법칙에 따라 필요한 힘은 다음과 같다.

$$F = kx = (19.6\ \mathrm{N/m})(0.200\ \mathrm{m}) = 39.2\ \mathrm{N}$$

(3) 진동 주기는 다음과 같다.

$$T = \frac{2\pi}{\omega} = 2\pi\sqrt{\frac{m}{k}} = 2\pi\sqrt{\frac{0.250\ \mathrm{kg}}{19.6\ \mathrm{N}}} = 0.710\ \mathrm{s}$$

예제 11.3

용수철에 매달린 나무 조각이 마찰이 없는 수평면 위에서 단순조화운동을 한다. 이 계의 전체 에너지는 E이다. 이 물체의 위치가 진폭의 1/3이 되었을 때, 운동에너지는 얼마인가?

| 풀이

진폭을 A라고 하면, 전체 에너지는 $E = \frac{1}{2}kA^2 = \frac{1}{2}mv^2 + \frac{1}{2}kx^2$이 된다.

$x = \frac{1}{3}A$일 때, 운동에너지는 $K = \frac{1}{2}k\left(A^2 - \left(\frac{1}{3}A\right)^2\right) = \frac{8}{9} \times \left(\frac{1}{2}kA^2\right) = \frac{8}{9}E$가 된다.

11-3 단순조화운동과 등속원운동

그림 11.6과 같이 2차원 평면에서 등속원운동하는 물체를 수평 혹은 수직축에 투영시켰을 때 각 축에서의 운동을 관찰하자. 반지름이 A인 원주 위를 일정한 각속력 ω로 회전하는 물체가 시각 t에 P점에서 x축과 $\theta=\omega t+\phi$의 각도를 이루고 있다. 물체의 위치벡터가 $r=x\boldsymbol{i}+y\boldsymbol{j}$일 때 각 성분은

$$x = A\cos\theta = A\cos(\omega t+\phi) \tag{11.21a}$$

$$y = A\sin\theta = A\sin(\omega t+\phi) \tag{11.21b}$$

이다. 즉 벡터 $\boldsymbol{r}$을 각각 x축과 y축에 투영시킨 x와 y는 각 축 위에서의 단순조화운동과 같다. 등속원운동의 각속력 ω는 단순조화운동의 각진동수 ω와 같으며, 등속원운동에서 한 바퀴 회전하는 데 걸리는 시간인 주기 $T=\dfrac{2\pi}{\omega}$는 단순조화진동의 주기와 같다.

등속원운동하는 물체의 속도는 $v=v_x\boldsymbol{i}+v_y\boldsymbol{j}=\dfrac{\mathrm{d}x}{\mathrm{d}t}\boldsymbol{i}+\dfrac{\mathrm{d}y}{\mathrm{d}t}\boldsymbol{j}$이므로

$$v_x = -\omega A\sin(\omega t+\phi) \tag{11.22a}$$

$$v_y = \omega A\cos(\omega t+\phi) \tag{11.22b}$$

가 된다. 즉 등속원운동 물체의 속도 v의 x성분과 y성분은 각 축 위에서 단순조화운동의 속도와 같다. 같은 방법으로 등속원운동하는 물체의 가속도의 각 성분은

$$a_x = -\omega^2 A\cos(\omega t+\phi) \tag{11.23a}$$

$$a_y = -\omega^2 A\sin(\omega t+\phi) \tag{11.23b}$$

가 되어 역시 각 축 위에서 단순조화운동의 가속도와 같다.

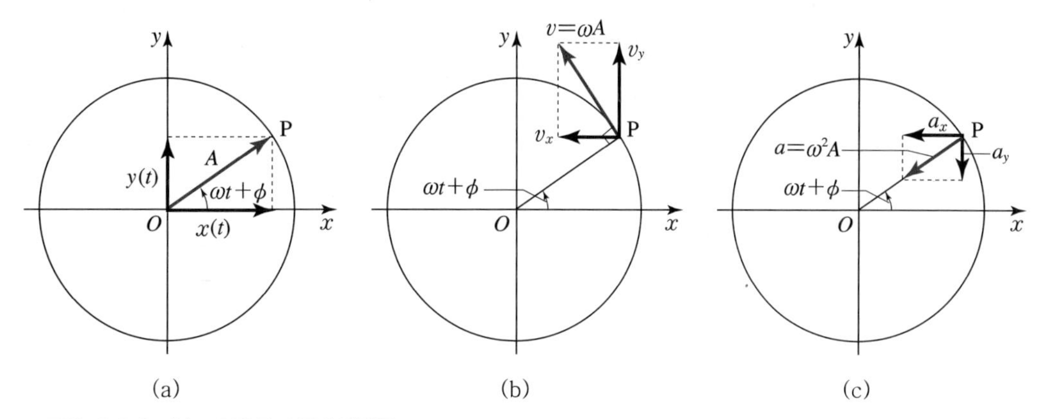

▲ **그림 11.6** | 단순조화운동과 등속원운동

따라서 단순조화진동은 등속원운동을 각 축에 투영시킨 것과 같다. 반대로 등속원운동은 서로 수직으로 진동하는 단순조화운동의 벡터합으로 표현할 수 있다. 두 단순조화운동이 서로 수직이므로 원운동의 반지름은

$$\begin{aligned} r &= \sqrt{x^2+y^2} \\ &= \sqrt{A^2\sin^2(\omega t+\phi)+A^2\cos^2(\omega t+\phi)} \\ &= A \end{aligned}$$

가 되며, 원운동의 접선 방향 속도의 크기는 같은 방법으로

$$v = \sqrt{v_x^2+v_y^2} = \omega A \tag{11.24}$$

이고, 중심을 향하는 구심가속도의 크기는

$$a = \sqrt{a_x^2+a_y^2} = \omega^2 A \tag{11.25}$$

이다.

11-4 각단순조화운동

앞에서 단순조화진동의 한 예로 단순진자에 관하여 살펴보았다. 여기서는 돌림힘을 작용하여 물체가 주기적으로 좌우 회전하고 변위가 각도인 조화진동의 예로서, 비틀림 진자와 물리 진자에 관해 공부하도록 한다.

❙ 비틀림 진자

그림 11.7과 같이 강한 철사에 매달려 있는 원판을 각도 B만큼 회전시켰다가 놓으면 철사가 비틀어졌다가 풀리면서 원판은 좌우로 회전을 한다. 처음 회전시킬 때 회전각도가 클수록 철사를 비트는 돌림힘이 커지고 돌림힘이 비트는 회전 방향의 반대 방향으로 작용하는 것을 느낄 수 있다. 이는 용수철에 달린 물체에 작용하는 복원력과 유사하다. 즉 철사를 비틀었다가 놓을 경우 좌우 회전하는 물체에 대해서도 각도에 대한 훅의 법칙을 적용할 수 있다. 좌우 회전 물체의 경우 돌림힘이 τ이고 변위가 θ일 때, 돌림힘은

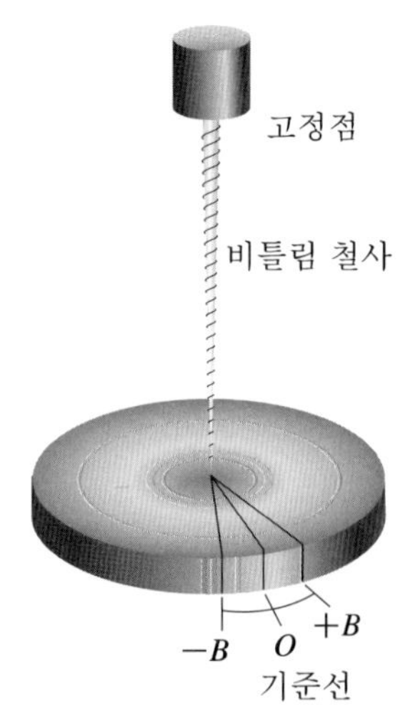

▲ 그림 11.7 ❙ 비틀림 진자

$$\tau = -\kappa\theta \tag{11.26}$$

와 같이 표현할 수 있으며, (−)부호는 복원 돌림힘이 각변위에 대하여 반대 방향으로 작용하는 것을 나타낸다. κ (kappa)는 철사의 특성에 의해 결정되는 비틀림상수이다. 이와 같이 각단순조화진동을 하는 (철사+원판)계를 비틀림 진자라 한다.

원판의 회전관성이 I일 때 회전계의 운동방정식 $\left(I\alpha = I\dfrac{\mathrm{d}^2\theta}{\mathrm{d}t^2} = \tau\right)$을 적용하면

$$I\frac{\mathrm{d}^2\theta}{\mathrm{d}t^2} = -\kappa\theta \tag{11.27}$$

가 된다. 이는 용수철에 매달린 물체에 적용한 식 (11.2)를 $m \rightarrow I,\ x \rightarrow \theta,\ k \rightarrow \kappa$로 바꾼 것과 같다. 따라서 변위각은

$$\theta(t) = A\cos(\omega t + \phi) \tag{11.28}$$

로 표현할 수 있으며, ϕ는 상수이다. 같은 방법으로 식 (11.5)와 (11.8)에서 $m \rightarrow I,\ k \rightarrow \kappa$로 바꾸면 각진동수 ω는

$$\omega = \sqrt{\frac{\kappa}{I}} \tag{11.29}$$

이고, 비틀림 진자의 주기는

$$T = 2\pi\sqrt{\frac{I}{\kappa}} \tag{11.30}$$

가 된다.

❙ 물리진자

그림 11.8과 같이 질량 m인 물체의 끝이 한 점 P에 매달려 있으며, P에서 h만큼 떨어진 곳에 질량중심 C가 있어 중력 mg가 작용하고 있다. 물체를 한쪽으로 움직였다가 놓으면 이 물체는 P 점을 중심으로 좌우로 각진동을 하며 이를 물리진자라 한다. 이때 작용하는 돌림힘은 변위각 θ의 반대 방향으로 작용하는 복원 돌림힘이다. 돌림힘은 회전팔의 길이 h와 원주의 접선 방향으로 작용하는 힘인 $mg\sin\theta$와의 곱이므로

$$\tau = -(h)(mg\sin\theta) \tag{11.31}$$

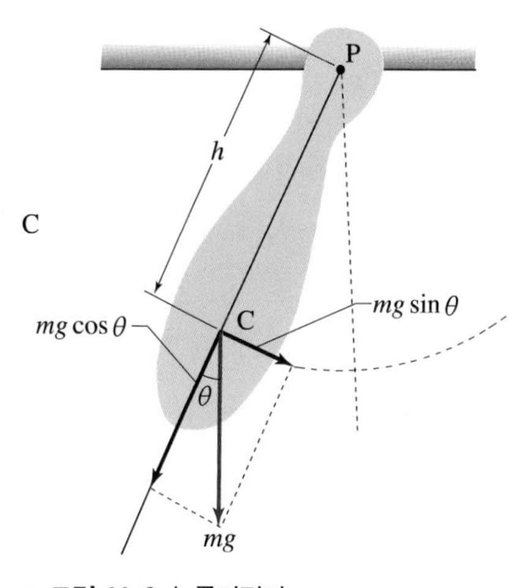

▲ **그림 11.8** | 물리진자

가 된다. $(-)$부호는 돌림힘이 각변위에 대하여 반대 방향으로 작용하는 것을 나타낸다. 만약 변위 각도 θ가 작으면 $\sin\theta \cong \theta$이므로 돌림힘은

$$\tau = -(mgh)\theta \tag{11.32}$$

로 표현할 수 있다. 이는 식 (11.26)에서 비틀림상수가 mgh인 비틀림 진자와 같은 모양이다. 따라서 식 (11.29)와 (11.30)에서 $\kappa \rightarrow mgh$로 바꾸면 각진동수 ω는

$$\omega = \sqrt{\frac{mgh}{I}} \tag{11.33}$$

이고, 물리진자의 주기는

$$T = 2\pi\sqrt{\frac{I}{mgh}} \tag{11.34}$$

가 된다.

예제 11.4

질량이 M이고 길이가 L인 막대의 한 끝을 천장에 고정시켜 만든 진자가 있다. 이 진자의 질량을 $2M$, 길이를 $2L$로 바꾸면 진자의 주기는 원래 주기의 몇 배가 되겠는가?

| 풀이

식 (11.34)로부터 막대 진자의 주기는 $T = 2\pi\sqrt{\frac{I}{MgL/2}}$가 된다. 막대의 회전관성은 $I = \frac{1}{3}ML^2$이므로 주기는 $T = 2\pi\sqrt{\frac{2L}{3g}}$이 된다. 따라서 질량을 $2M$, 길이를 $2L$로 바꾼 진자의 주기는 $T' = 2\pi\sqrt{\frac{4L}{3g}}$이 되므로, 원래 주기의 $\sqrt{2}$배이다.

| 단순진자

질량이 없고 길이 h인 실의 한쪽 끝이 P점에 고정되어 있고, 질량 m인 물체가 반대쪽 끝에 매달려 있는 물체로 이루어지는 단순진자는 물리진자의 특수한 한 종류로 생각할 수 있다. 이때 작용하는 돌림힘은 변위각 θ에 대하여 반대 방향으로 작용하는 복원 돌림힘이다.

앞의 11-2절에서 얻어진 단순진자에 대한 결과들은 물리진자로서의 응용으로 역시 쉽게 구할 수 있다. 단순진자의 회전관성은 $I = mh^2$이므로 식 (11.34)에서 단순진자의 주기는

$$T = 2\pi\sqrt{\frac{mh^2}{mgh}} = 2\pi\sqrt{\frac{h}{g}}$$

가 된다.

예제 11.5

밀도가 ρ인 길이 L이고 단면적이 A인 직육면체의 물체가 밀도가 ρ_0인 액체에 일부 잠겨 있다. 액체 속으로 잠긴 부분의 길이를 L_0라고 하자(단면적 A인 면은 액체의 표면과 항상 평행을 유지한다).

(1) 이 물체가 받는 부력의 크기는 얼마인가?

(2) L_0만큼 잠겨서 평형상태가 된다고 할 때, L_0를 L, ρ와 ρ_0의 함수로 표시하여라. 단 $\rho < \rho_0$이다.

(3) 평형상태에서 L_0만큼 액체 속으로 잠겨 있는 물체를 액체 속으로 x만큼 더 밀어넣었을 때 작용하는 복원력의 크기를 구하여라(단, $x \ll L$).

(4) x만큼 더 밀어넣었다가 놓았더니 이 물체가 상하로 진동하기 시작했다. 이 물체의 진동 주기는 얼마인가?

| 풀이

(1) V: 액체 속에 잠긴 부피

$$B = \rho_0\, g\, V = \rho_0\, g A L_0 \quad \text{혹은} \quad \rho g A L$$

(2) $\sum F = mg - B = 0,\ B = mg = \rho A L g = \rho_0 A L_0 g$

$$\therefore\ L_0 = \frac{\rho}{\rho_0} L$$

(3) $\sum F = mg - B$에서 평행상태일 때 부력을 B'이라 하면 $B' = mg$ 이고

$F = mg - (B' + \rho_0 g A x)$

$$\therefore\ F = -\rho_0 g A x$$

(4) $m\dfrac{\mathrm{d}^2 x}{\mathrm{d}t^2} + \rho_0 g A x = 0,\ m = \rho A L$이므로

$$\frac{\mathrm{d}^2 x}{\mathrm{d}t^2} + \frac{\rho_0 g}{\rho L} x = 0, \quad \omega^2 = \frac{\rho_0 g}{\rho L}$$

$$\therefore\ T = 2\pi \sqrt{\frac{\rho L}{\rho_0 g}}$$

연습문제

11-1 단순조화진동

1. 용수철 끝에 추가 매달려 위 아래로 왕복운동을 하고 있다. 다음 중 주기를 결정짓는 데 관여하는 양은 무엇인가?

① 용수철 상수
② 처음에 늘렸다가 놓은 길이
③ 처음에 추에 주어진 속도
④ 중력가속도
⑤ 답이 없다

2. 시각 $t=0$에 A만큼 압축된 용수철에 매달려 있는 물체가 단순조화진동을 한다. 물체의 위치 $x(t)$를 구하여라. 단, 용수철 상수는 k이고 물체의 질량은 m이다.

3. 용수철 상수가 $k=4.00$ N/m인 용수철의 한쪽 끝은 벽에 고정되어 있고 다른 쪽 끝에는 질량 1.00 kg의 물체가 연결되어 있다. 0.400 N의 힘으로 물체를 최대한 끌어당겼다가 시각 $t=0$에 물체를 놓았을 때 물체의 단순조화진동의 변위 $x(t)$를 구하여라.

4. 질량 0.500 kg인 물체가 가벼운 용수철(용수철 상수 $2.40\times10^3\ \mathrm{N/m}$)에 매달려 마루 위에 있다. 용수철을 평형지점에서 8.00 cm 압축하였다가 놓았을 때

(가) 운동방정식을 세워라.
(나) 초기위상은 얼마인가?
(다) $t=0.25\ \mathrm{s}$일 때 물체의 위치를 구하여라.
(라) 이 계의 총 에너지를 구하여라.
(마) $x=+5.0\ \mathrm{cm}$와 $x=-5.0\ \mathrm{cm}$일 때의 속도를 각각 구하여라.
(바) 물체의 최대속도를 구하여라. 어느 지점에서 나타나는가?

5. 용수철 상수 $k=1.00\times10^4\ \mathrm{N/m}$인 용수철을 절반으로 잘라 얻게 되는 2개의 용수철에 그림과 같이 질량 1.00 kg의 물체를 연결하여 마찰이 없는 수평면 위에서 단순조화진동을 하게 하였을 때 각진동수는 얼마인가?

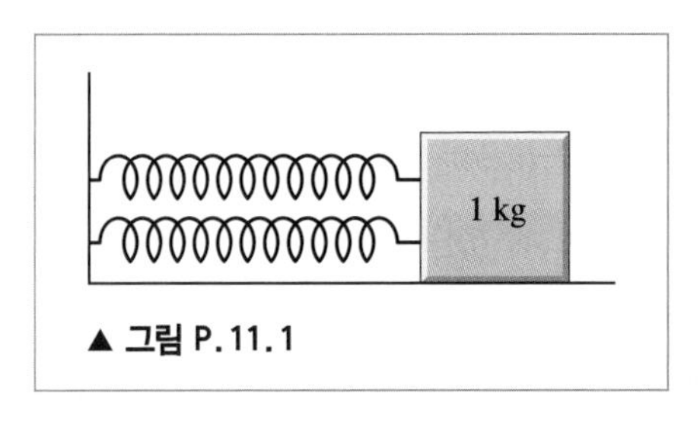

▲ 그림 P.11.1

6. 10 kg의 물체가 용수철에 매달려서 단진동을 하고 있다. 물체의 시각 t에 대한 평형점으로부터의 변위 x는

$$x = (10.0\ \mathrm{cm})\cos\left[(10.0\ \mathrm{rad/s})t + \frac{\pi}{2}\ \mathrm{rad}\right]$$

으로 주어진다.

(가) 물체의 진동주기는 얼마인가?

(나) 물체의 최대속력은 얼마인가?

7. 지표면으로부터 지구 반지름만큼 높이 올라가면 중력가속도의 크기가 지표면에서의 값의 1/4이 된다. 단진자의 주기는 지표면에서의 값의 몇 배가 되는가?

8. (가) 용수철 상수가 각각 k_1, k_2인 두 용수철을 직렬로 연결하여 한쪽 끝은 벽에 또 다른 한 쪽 끝은 질량 m인 물체에 연결되어 있다. 물체는 평형점으로부터 조금 옮겼다가 놓아 주었더니 단조화진동을 한다고 하자. 물체의 주기를 구하여라. 단, 마찰은 없다고 가정하자.

(나) 물체가 용수철-물체-용수철 순서로 연결되어 있으며 나머지 용수철 끝은 각각 고정된 벽에 연결되어 있다고 하자. 물체를 평형점에서 조금 옮겼다가 놓았을 때 단조화진동을 한다고 할 때 물체의 주기를 구하여라. 단, 마찰은 없다고 가정하자.

9. 경사각이 $40°$인 큰 쐐기 모양의 나무토막이 수평면 위에 놓여 있다 (그림 P.6.4 참고). 무게 $14.0\ \mathrm{N}$의 작은 벽돌이 평형 길이가 $0.450\ \mathrm{m}$이고 용수철 상수가 $135\ \mathrm{N/m}$인 용수철을 통해 경사면의 꼭대기에 연결되어 있다 (중력가속도 $9.80\ \mathrm{m/s^2}$).

(가) 작은 벽돌의 평형점은 경사면의 꼭대기로부터 얼마나 멀리 있는가?

(나) 작은 벽돌을 경사면 아래로 약간 당겼다 놓으면 진동의 주기는 얼마인가?

11-2 단순조화진동과 에너지

10. 용수철에 매달린 물체가 마찰이 없는 수평면 위에서 단순조화운동을 한다. 물체 위치의 진폭은 0.600 m이고 물체의 최대 속도는 4.80 m/s일 때 물체 가속도의 최대 크기는 얼마인가?

11. 단순조화운동하는 물체의 운동에너지와 위치에너지는, 물체의 변위가 진폭의 몇 배일 때 같게 되는가?

12. 단순조화진동의 최대변위가 A이다.

(가) 물체가 최대거리의 절반 위치에 있을 때 위치에너지와 운동에너지는 각각 총 에너지의 몇 %인가?

(나) 위치에너지와 운동에너지가 같은 위치를 구하여라.

13. 그림과 같이 질량 m인 총알이 용수철에 달려 있는 질량 M인 나무토막에 속도 v로 날아와 박혔다. 용수철 상수는 k이며, 용수철 끝은 벽에 고정되어 있다.

(가) 총알이 박힌 직후 나무토막의 속도는 얼마인가?

(나) 단순조화진동의 최대진폭은 얼마인가?

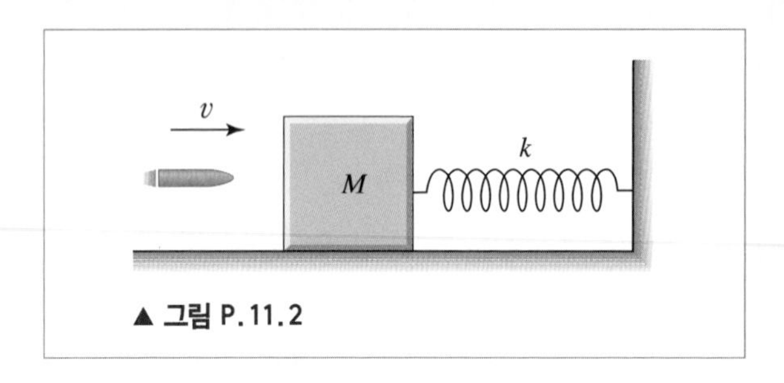

▲ 그림 P.11.2

14. 길이가 l이고 용수철 상수가 k인 용수철의 한쪽 끝이 천장에 매달려 있다. 다른 쪽 끝에 질량 m인 물체를 연결하여 가만히 놓으면 위아래로 단순조화진동을 하게 된다. 단순조화진동의 진폭은 얼마인가?

15. 용수철에 매달려 진동하는 물체의 시간에 따른 위치 변화가 그림과 같다.

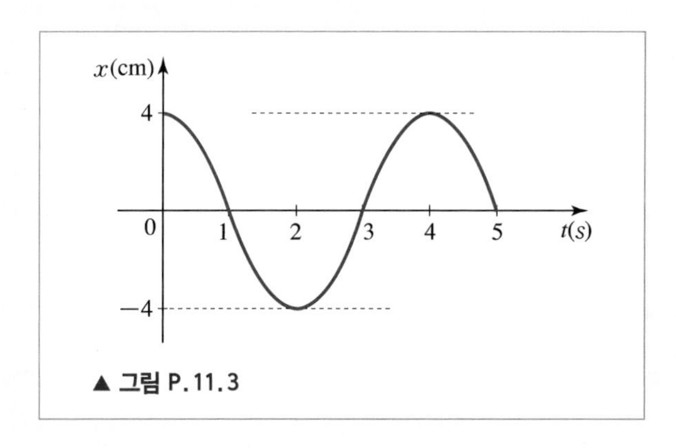

▲ 그림 P.11.3

(가) 이 진동의 진폭과 진동수는 각각 얼마인가?

(나) 이 물체의 질량이 1 kg이라면 이 용수철의 용수철 상수는?

(다) 평형 위치로부터 진폭의 반의 변위에 있을 때, 이 진자의 위치에너지와 운동에너지의 비를 구하여라.

11-3 단순조화운동과 등속원운동

16. 시계 분침의 운동을 등속원운동으로 보자. 분침의 x좌표 혹은 y좌표는 단순조화운동을 하게 된다. 이 단순조화운동의 각진동수 ω는 얼마인가?

11-4 각단순조화운동

17. 4.50 kg인 구형 물체가 질량이 없고 2.50 m 길이인 줄로 건물의 천장에 매달려 있다. 이 건물이 살짝 흔들렸을 때 구형 물체의 진동수는 얼마인가? 단, 중력 가속도는 10.0 m/s^{2}로 계산하여라.

18. 길이가 L이고 질량이 m인 가느다란 막대의 끝을 천장에 매달아 물리진자를 만들어, 단순조화진동을 시키고 있다.

(가) 이 막대진자의 주기는 얼마인가?

(나) 막대진자의 주기와 같도록 단순진자를 만들려고 한다. 단순진자에 달린 물체의 질량도 m이라면 실의 길이는 얼마이어야 하는가?

19. 길이가 l이고 질량이 없는 막대의 한쪽 끝을 천장에 매달고 다른 쪽 끝에 질량이 있는 물체를 매달아 물리진자를 만든다. 질량 m, 반지름 R인 원판을 매달았을 때의 진자의 주기 $T_{원판}$과, 같은 질량과 크기의 고리를 매달았을 때의 진자의 주기 $T_{고리}$의 비 $\frac{T_{원판}}{T_{고리}}$을 구하여라.

20. 아주 길고 얇은 금속 판이 아래 끝은 묶여 있고 위쪽 끝에 질량이 2.0 kg인 금속공이 달려 있다. 공을 살짝 잡아 당겼다가 놓으면 공이 금속판이 스프링처럼 단조화진동운동을 한다고 하자. 단, 금속판의 길이가 변위에 비해 많이 크다고 가정하자.

(가) 금속 공이 변위 20 cm를 가지려면 8.0 N의 힘을 주어야 한다면 이 때 금속 판의 스프링 상수 k를 구하여라.

(나) 금속판의 진동주기를 구하여라.

발전문제

21. 5.00 m의 진폭으로 수직으로 단순조화진동을 하고 있는 피스톤 위에 물체가 놓여 있다. 물체가 피스톤과 분리되지 않으려면 단순조화진동의 주기가 얼마 이상이어야 하는가?

22. 길이가 1.00 m인 가는 줄에 질량 0.100 kg인 물체를 매달아 다음과 같은 곳에서 단순진자운동을 하고 있을 때 주기를 구하여라.

(가) 정지해 있는 엘리베이터의 천장에 매달려 있다.

(나) 가속도 1.0 m/s^{2}로 올라가고 있는 엘리베이터의 천장에 매달려 있다.

(다) 자유낙하하는 엘리베이터의 천장에 매달려 있다.

23. 그림과 같이 반지름이 R이고 질량이 M인 원판, 링, 속이 꽉 찬 공, 속이 텅 빈 공을 길이가 L인 질량을 무시할 수 있는 실에 매달아 각 θ까지 들어올렸다가 단진동을 시킨다.

(가) 단진동 주기가 가장 긴 것은 어느 것인가?

(나) 제일 아래 점에서 질량중심의 속력이 가장 큰 것은 어느 것인가?

(다) 이러한 진자를 달로 가져가서 똑같은 실험을 하면 주기는 어떻게 되겠는가?

(라) 제일 아래 점에서 물체의 각속력을 ω라 할 때 실의 장력은?

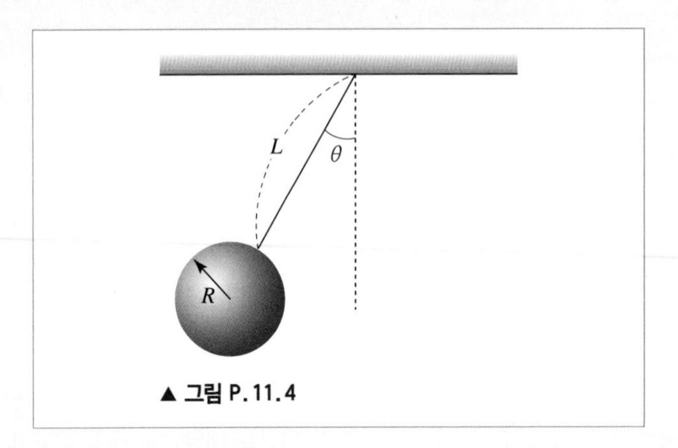

▲ 그림 P.11.4

24. 그림 P.11.5는 지구에서 사용하는 용수철시계와 흔들이시계의 개략적인 작동원리를 보여준다. 달에 가서도 사용할 수 있는 (주기가 같은) 시계는 어떤 것인가 답하고, 그 이유를 설명하여라.

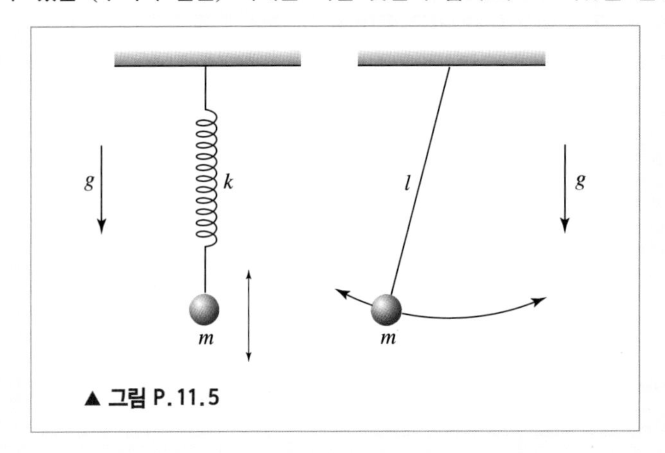

▲ 그림 P.11.5

25. 지구가 균일한 밀도의 고체로 이루어져 있다고 하자. 지구의 반지름은 R, 질량은 M으로 놓는다. 그림과 같이 중심을 지나도록 원통형으로 구멍을 뚫었고, 그 내부로 질량이 m인 물체가 중심으로부터 x만큼 떨어진 곳에 있다.

(가) 이 물체에 작용하는 중력을 구하여라.

(나) 뉴턴의 제2법칙을 적용하여 운동방정식을 세워라.

(다) 이 물체는 진동하게 된다. 진동주기를 구하여라.

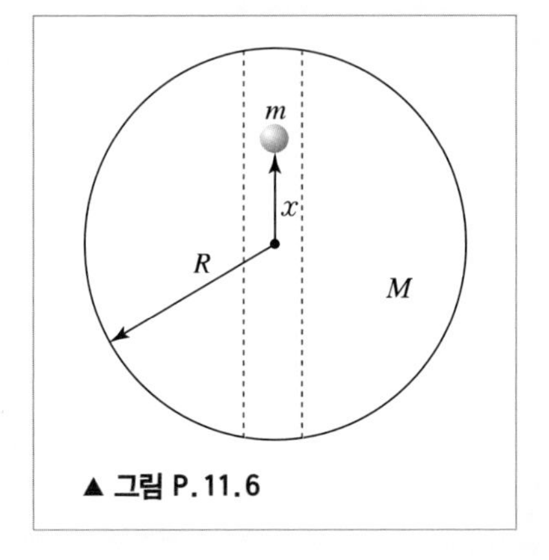

▲ 그림 P.11.6

26. 그림 P.11.7과 같이 질량이 M이고 반지름이 R인 원판의 한 끝을 고정시키고 작은 진폭으로 진동하게 한다. 원판의 중심에 대한 회전관성은 $\frac{1}{2}MR^2$이다. 이 원판과 같은 질량을 갖고 같은 주기로 진동하는 단진자를 만든다면 그 길이는 얼마이어야 하는가?

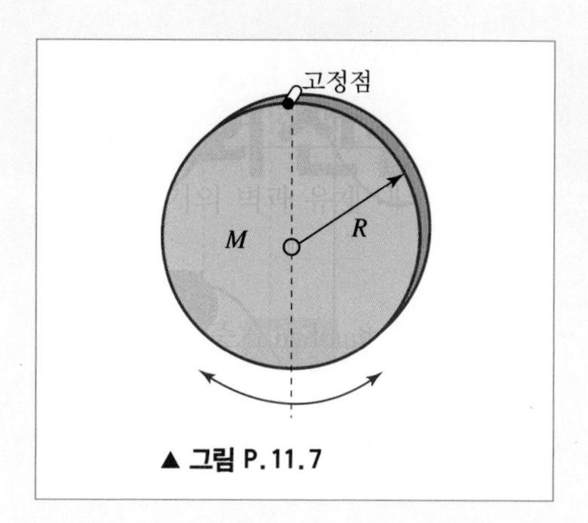

▲ 그림 P.11.7

장 르 롱 달랑베르

Jean Le Rond d'alembert, 1717-1783

프랑스의 수학자, 물리학자, 이론 음악가.
일차원 파동 방정식을 발견하고 해를 구하였다.

크리스티안 도플러

Christian Johann Doppler, 1803-1853

오스트리아의 수학자이며 물리학자.
파원과 관측자의 속도에 의한 진동수 변화를 나타내는 도플러 효과를 발견하였다.

CHAPTER 12
파동과 음파

두 사람이 줄을 들고 서 있을 때 한 사람이 줄을 한 번 흔들었다 놓으면 펄스가 줄을 따라 전달되어 맞은편 사람에게 전달되는 것을 볼 수 있다. 이와 같이 진동이 에너지로서 전파되는 것을 파동이라 한다. 호수에 돌을 던졌을 때 사방으로 퍼져나가는 원형 수면파동, 공기나 고체 같은 매질을 통하여 전달되는 음파, 줄의 진동에 의한 파동 같은 역학적 파동은 역학으로 설명할 수 있다. X-선, 자외선, 가시광선, 적외선, 마이크로파, 라디오파 등의 전자기 파동은 빛의 속도로 전파되며 전자기학으로 설명할 수 있다. 원자 세계에서 전자 같은 입자들은 특정 조건에서 파동의 특성을 나타내는데 이러한 물질 파동은 양자역학으로 설명할 수 있다.

이 장에서는 줄의 진동과 음파 같은 역학적 파동을 공부한다. 줄의 위-아래 진동 방향과 파동의 전파 방향은 수직이며, 이러한 파동을 횡파라 한다. 이 장의 전반부에서는 주기적 진동에 의하여 줄을 따라 전파하는 역학적 파동, 진행하는 파동의 여러 현상, 서로 반대 방향으로 진행하는 두 파동의 간섭에 의해 나타난 정상파와 이를 악기에 응용할 경우 나타나는 공명 등을 공부한다. 공기 중에서 음파는 공기 입자의 진동에 의하여 전파되며, 공기 입자의 진동 방향과 파동의 전파 방향이 같은 종파이다. 후반부에서는 공기 입자 압력의 변화에 의해 음파가 전파되는 현상, 음파의 속력, 음파의 세기, 음파의 간섭, 맥놀이 현상, 도플러 효과 등에 관하여 공부한다.

12-1 파동운동

그림 12.1과 같이 줄의 끝을 위아래로 연속하여 흔들면 변화된 줄의 모양이 줄을 따라 전달되는 것을 볼 수 있다. 위아래로 흔들 때 줄에 전달된 에너지는 줄의 한 입자를 위아래로 진동시키고, 진동하는 이 입자는 옆 입자와의 상호작용으로 옆 입자를 위아래로 진동시킨다. 이와 같은 방법으로 입자의 위아래 진동은 줄이라는 매질을 통하여 반대쪽 끝에 전달되며, 위아래로 진동하는 입자에 의해 에너지가 전달되는 것을 **파동**이라고 한다. 이와 같이 줄의 진동에 수직한 방향으로 전파되는 파동을 **횡파**라 한다.

만약 그림 12.1에서 줄의 끝을 11장에서 배운 **단순조화진동**과 같이 일정한 진폭과 주기로 연속하여 흔들면 줄의 한 입자는 연속적으로 위아래로 진동을 하게 된다. 그림 12.1의 한 입자의 운동을 시간에 따라 살펴보면, 이 입자의 운동은 제자리에서 y 축으로 진동하는 단순조화진동으로 기술할 수 있다는 사실을 알 수 있다. 이때 입자의 위아래 운동이 옆 입자에 연속적으로 전달되기 때문에 입자의 운동은 공간에 대해서도 단순조화함수로 표시할 수 있다. 줄을 연속적으로 흔들어 공급해주는 에너지가 파동으로서 줄을 따라 전파되는 것이므로, 줄을 따라 전파되고 있는 파동은 시간과 공간에 대해 단순조화운동과 마찬가지로 사인 혹은 코사인과 같은 삼각함수로 표현할 수 있다.

삼각함수 모양으로 줄을 따라 진행하며 전파되는 **진행파**를 그림 12.1에 표시하였다. 입자가 위 혹은 아래로 진동하는 최대 거리를 파동의 진폭(A)이라 한다. 한 마루(골)에서 다음 마루(골)까지의 거리 혹은 한 입자와 같은 높이에 있는 다음 입자까지의 거리를 파장(λ)이라 한다. 진동수(f)는 한 지점에서 1초 동안 지나가는 파장의 수를 센 것과 같고, 주기(T)는 한 지점에서 한 파장이 지나가는 데 걸리는 시간으로, $T = 1/f$ 이다. 따라서 파동의 속도 v 는

$$v = \frac{\lambda}{T} = \lambda f \tag{12.1}$$

로 표현된다.

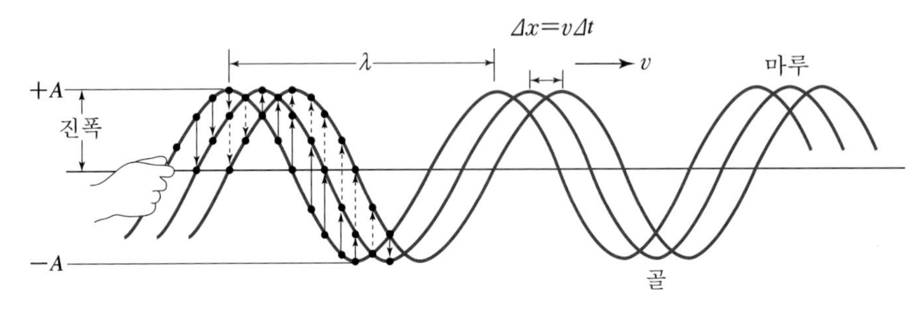

▲ **그림 12.1** | 줄의 위아래 진동에 의해 전달되는 파동

그림 12.1과 같이 줄 입자들은 y축 방향으로만 운동하므로, 줄을 이루는 각 입자의 위치는 그 입자의 x좌표를 이용하여 나타낼 수 있다. 따라서 그림 12.1과 같은 파동은 각각의 줄 입자의 시간에 따른 y축 방향으로의 위치, 즉 함수 $y(x, t)$를 사용하여 수학적으로 표현할 수 있다. 다시 말하면 $y(x, t)$는 x에 위치한 줄 입자의 시간 t일 때의 변위가 된다. $y(x, t)$에서 시간을 고정시키면, 이것은 x만의 함수가 되는데, 이것은 시간 t일 때에 줄의 모양이 된다. 이제 $+x$축을 따라 전파되는 진행파에 관해 생각해보자. $t=0$일 때의 파동 모양은 $y(x, 0)$이 되고, 이 모양이 삼각함수꼴로 주어진다고 가정하자.

$$y(x, 0) = A\sin\frac{2\pi x}{\lambda} \tag{12.2}$$

t초 후 파동은 vt만큼 진행하므로, 이때의 파동 모양 $y(x, t)$는 $t=0$ 일 때의 파동 모양 $y(x, 0)$을 $+x$축 방향으로 vt만큼 평행 이동한 모양이 된다. 따라서 진행파 $y(x, t)$는

$$y(x, t) = A\sin\frac{2\pi}{\lambda}(x - vt) \tag{12.3}$$

로 표현된다. 식 (12.1)을 이용하면 진행파는

$$y(x, t) = A\sin 2\pi\left(\frac{x}{\lambda} - \frac{t}{T}\right) = A\sin(kx - \omega t) \tag{12.4}$$

와 같이 표현할 수 있다. 여기서 k는 **파수**로 $k = \dfrac{2\pi}{\lambda}$이고, ω는 **각진동수**로 $\omega = \dfrac{2\pi}{T}$이다.

이 식에서 x값을 고정하면, 거기에 해당하는 하나의 줄 입자가 결정되고, 그 입자는 시간에 따라서 y축 방향으로 단진동한다는 것을 확인할 수 있다.

한편 $-x$축을 따라 전파하는 진행파는

$$\begin{aligned} y(x, t) &= A\sin\frac{2\pi}{\lambda}(x + vt) = A\sin 2\pi\left(\frac{x}{\lambda} + \frac{t}{T}\right) \\ &= A\sin(kx + \omega t) \end{aligned} \tag{12.5}$$

로 표현할 수 있다.

예제 12.1

매질(줄)을 따라 $+x$축으로 진행하는 횡파의 파동식이 $y(x,t) = \dfrac{1}{\pi}\sin\left(\dfrac{\pi}{6}x - \dfrac{\pi}{2}t\right)$로 주어진다. ($x$와 y의 단위: m, t의 단위: sec) 이때, 파동의 속력은 몇 $\mathrm{m/s}$인가?

| 풀이

파동식에서 $k = \dfrac{\pi}{6}\,\mathrm{m}^{-1}$, $\omega = \dfrac{\pi}{2}\,\mathrm{s}^{-1}$이다. 파동의 진행 속력은 $v = \dfrac{\omega}{k}$이므로, $v = 3\,\mathrm{m/s}$가 된다.

12-2 파동의 여러 현상

한 매질에서 진행하는 파동이 다른 매질을 만나면 그 경계면에서 파동의 일부는 반사되어 되돌아오고, 일부는 굴절되어 다른 매질로 투과하게 된다. 또한 파동은 진행하면서 퍼져나가는 **회절(에돌이) 현상**을 보이며, 두 개 혹은 여러 개의 파동이 겹치면 중첩의 원리에 의해서 간섭 현상이 일어난다.

❙ 반사와 굴절

일반적으로 파동이 진행하다 다른 매질을 만나면 파동의 일부는 **반사**되어 돌아오고 일부는 다른 매질로 **굴절**되어 투과하게 된다. 다른 매질에 의해 파동이 전부 반사되는 두 가지 경우를 보자. 그림 12.2의 (a)처럼 줄의 끝이 벽에 고정되어 있는 경우 반사된 파동은 위상이 180° 바뀌므로 변위가 아래쪽인 파동으로 바뀐다. 이는 입사하는 파동이 줄의 위쪽으로 힘을 가하면 벽은 뉴턴의 제3법칙에 의해 방향이 반대이고 크기가 같은 힘을 줄에 가하기 때문이다. 한편 줄의 끝이 자유롭게 움직이는 그림 12.2의 (b)와 같은 경우 줄의 끝은 입사파동에 의해 위로 가속되어 올라갔다가 다시 원래의 위치로 내려오게 된다. 이러한 경우, 반사된 파동은 위상의 변화가 전혀 없으며, 입사파동과 같은 방향의 변위를 갖게 된다.

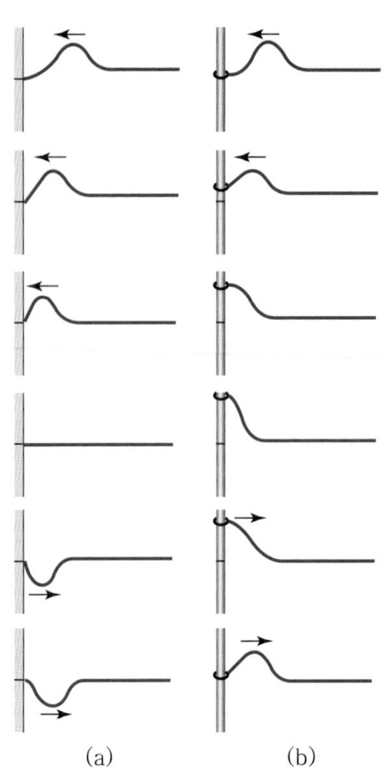

▲ **그림 12.2** ❙ 파동의 반사
(a) 줄의 끝이 고정되어 있는 경우
(b) 줄의 끝이 자유로운 경우

진행하는 파동이 다른 매질로 투과될 경우 투과된 파동의 속도는 매질에 따라 변하게 된다. 파동의 진동수는 변하지 않으므로 결국 파장이 변하게 된다. 다른 매질에 비스듬하게 입사하면 두 매질의 속도 차에 의해, 투과한 파동은 굴절되어 투과 방향이 바뀌게 된다.

❙ 회절(에돌이)

진행하는 파동이 파장 정도 혹은 파장보다 작은 조그마한 구멍을 통과하게 되면 통과한 파동은 구멍 정도의 폭으로 진행하지 않고 구멍보다 크게 옆으로 퍼지면서 진행을 하게 된다. 이러한 현상은 파동의 고유한 성질 중의 하나로 **회절(에돌이**, 빛을 에워싸고 돈다는 뜻)이라고 한다. 스피커에서 나온 음파는 회절 현상에 의하여 진행하면서 퍼져나가기 때문에 스피커가 직접 보이지 않는 곳에서도 소리를 들을 수 있다. 파동의 파장, 구멍의 크기에 따라 변하는 파동의 회절 현상은 빛을 다룰 때 상세히 다루도록 한다.

❙ 간섭

2개의 파동이 한 점에서 만나면 겹쳐진 파동들은 간섭을 일으킨다. 간섭은 두 파동의 변위의 합으로 표시하며 이를 중첩의 원리라 한다. 그림 12.3과 같이 변위가 각각 $y_1(x, t)$, $y_2(x, t)$이고, 반대로 진행하는 두 파동이 겹칠 경우, 간섭 파동의 변위 $y(x, t)$는

$$y(x, t) = y_1(x, t) + y_2(x, t) \tag{12.6}$$

로 표현된다. 두 파동의 변위가 같은 방향이어서 진폭이 증가하면 **보강간섭**을 일으키고, 변위가 서로 반대 방향이어서 진폭이 감소하면 **상쇄간섭**을 일으킨다. 만약 진폭(A)이 같은 두 파동이 보강간섭을 일으키면 간섭파동의 진폭은 $2A$가 되고, 간섭파동의 세기는 변위의 제곱에 비례하여 $I \propto y^2$ 이므로 한 파동의 세기의 4배가 된다. 상쇄간섭을 일으키면 간섭파동의 진폭은 0이 되고, 간섭파동의 에너지는 0이 된다.

만약 초기조건 $x = 0,\ t = 0$ 일 때 변위가 $y = A\sin\phi$이면 진행파 $y(x, t)$는

$$y(x, t) = A\sin(kx - \omega t + \phi) \tag{12.7}$$

로 표현되며, ϕ 를 진행파의 초기 위상상수라 한다. 같은 방향으로 진행하는 두 파동 $y_1(x, t)$, $y_2(x, t)$ 의 위상차가 ϕ인 경우 각각의 파동은

$$\begin{aligned} y_1(x, t) &= A\sin(kx - \omega t + \phi) \\ y_2(x, t) &= A\sin(kx - \omega t) \end{aligned} \tag{12.8}$$

와 같이 표현할 수 있다. 이때 간섭파동 $y(x, t)$는

$$\begin{aligned} y(x, t) &= y_1(x, t) + y_2(x, t) \\ &= A\sin(kx - \omega t + \phi) + A\sin(kx - \omega t) \end{aligned}$$

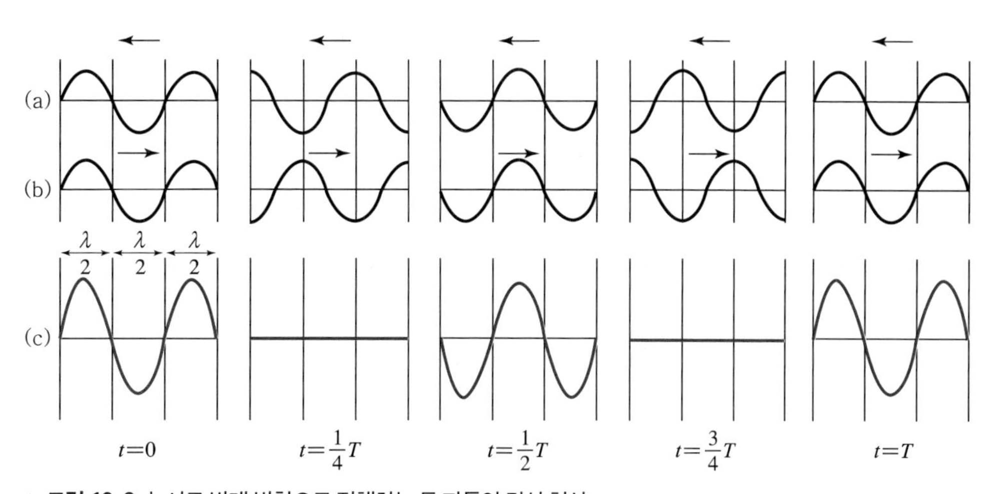

▲ **그림 12.3** ❙ 서로 반대 방향으로 진행하는 두 파동의 간섭 현상

가 되고, 삼각함수 공식을 이용하면

$$y(x,\, t) = \left(2\,A\cos\frac{\phi}{2}\right)\sin\left(kx - \omega t + \frac{\phi}{2}\right) \tag{12.9}$$

로 표현된다. 간섭파동의 진폭은 $2\,A\cos\frac{\phi}{2}$이고 각 파동과 위상이 $\frac{\phi}{2}$ 다른 새로운 파동을 형성한다. 만약 두 파동의 위상이 같아 $\phi = 0$이면 간섭파동은

$$y(x,\, t) = 2A\sin(kx - \omega t) \tag{12.10}$$

가 되며, 이때 진폭이 $2A$인 최대 보강간섭이 나타난다. 또, 두 파동의 위상이 180° 달라 $\phi = \pi$이면

$$y(x,\, t) = 0 \tag{12.11}$$

이 되며, 최대의 상쇄간섭이 일어난다.

예제 12.2

같은 파장의 두 파동이 줄을 따라 같은 속도로 전파되며 간섭을 일으키고 있다. 파동의 진폭은 각각 10.0 mm이며 두 파동의 위상차는 90°이다.

(1) 간섭 현상에 의해 형성된 파동의 진폭은 얼마인가?

(2) 간섭에 의한 파동의 진폭이 각 파동의 진폭과 같으려면 위상차가 얼마이어야 하는가?

| 풀이

(1) 간섭에 의해 형성된 파동의 진폭은 식 (12.9)로부터 $\left(2\,A\cos\frac{\phi}{2}\right)$이다. $A = 10.0$ mm, $\phi = 90°$이므로

$$2\,A\cos\frac{\phi}{2} = 2(10.0\ \text{mm})\cos\left(\frac{90°}{2}\right) \approx 14.1\ \text{mm}$$

이다.

(2) $2\,A\cos\frac{\phi}{2}$가 A와 같아야 하므로 $\phi = \pm\,120°$이다. 한 파동이 다른 파동보다 $120° \pm m \times 360°$ (m : 정수) 빠르게 진행하거나 늦게 진행하면 된다.

예제 12.3

2개의 파동 $A\sin(kx - \omega t)$와 $A\cos(kx - \omega t)$가 간섭하여 하나의 파동을 이룬다고 하자. 이 파동의 진폭은 얼마인가?

| 풀이

2개의 파동이 중첩되면, $y = A\sin(kx - \omega t) + A\cos(kx - \omega t)$가 된다.

$\cos(kx - \omega t) = \sin(kx - \omega t + \pi/2)$이므로,

$$y = A(\sin(kx - \omega t) + \sin(kx - \omega t + \pi/2))$$

가 되고, 삼각함수 공식을 이용하면

$$\begin{aligned} y &= 2A(\sin(kx - \omega t + \pi/4)\cos(\pi/4)) \\ &= \sqrt{2}\,A\ \sin(kx - \omega t + \pi/4) \end{aligned}$$

가 된다.

따라서 이 파동의 진폭은 $\sqrt{2}\,A$이다.

12-3 정상파와 공명

그림 12.4와 같이 양쪽 끝이 고정되어 있는 줄을 위로 당겼다가 놓으면 끝을 향해 전파되는 진행파와 반사된 파동은 서로 겹치게 된다. 같은 진폭과 같은 진동수의 두 파동이 줄을 따라 반대 방향으로 진행하므로 두 파동은 간섭을 일으킨다. 각 파동을

$$\begin{aligned} y_1(x, t) &= A\sin(kx - \omega t) \\ y_2(x, t) &= A\sin(kx + \omega t) \end{aligned} \tag{12.12}$$

로 각각 기술하면, 중첩된 파동 $y(x, t)$는

$$\begin{aligned} y(x, t) &= y_1(x, t) + y_2(x, t) \\ &= A\sin(kx - \omega t) + A\sin(kx + \omega t) \\ &= 2A\sin kx\cos\omega t \end{aligned} \tag{12.13}$$

로 표현할 수 있다.

식 (12.13)으로부터 중첩된 파동에서 줄 위의 주어진 점 x는 시간에 대해 $\cos\omega t$로 진동하며, 이 진동은 진동수 f인 단순조화진동이다. 또한 특정한 시각 t에는 줄을 따라 공간에 파장 λ인 파동이 $\sin kx$로 존재하며 시각이 바뀌더라도 파동의 진폭이 변할 뿐 왼쪽이나 오른쪽으로 진행하지는 않는다. 이와 같이 서 있는 파동을 **정상파**라고 한다. 정상파의 진폭은 $2A\sin kx$로 위치의 함수이다.

즉 진폭은 위치 x가

$$x = \frac{\lambda}{4},\ \frac{3\lambda}{4},\ \frac{5\lambda}{4},\ \cdots \tag{12.14}$$

일 때 최대 $2A$가 되며, 이 점을 **배(antinode)**라고 한다. 배와 배 사이의 거리는 $\frac{\lambda}{2}$이다. 배의 위치에서 두 파동은 최대의 보강간섭을 일으키므로 정상파의 진폭이 최대이다. 또한 위치 x가

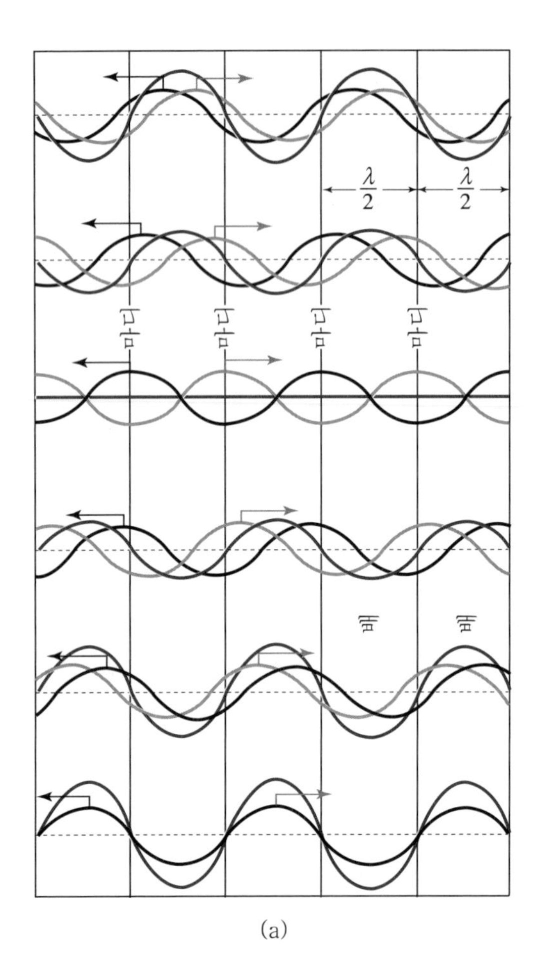

(a)

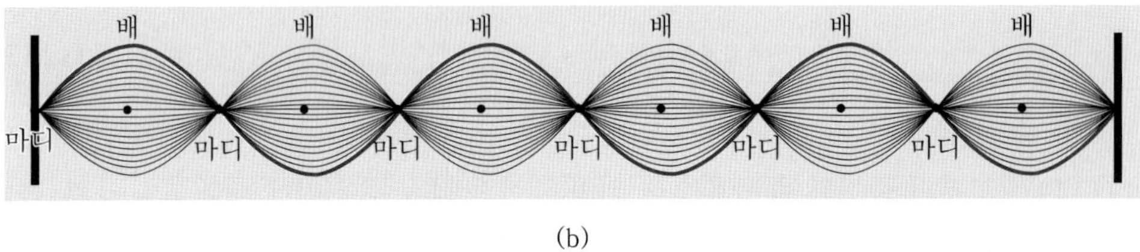

(b)

▲ **그림 12.4** | (a) 정상파의 생성원리, (b) 생성된 정상파의 모습. 마치 제자리에 멈추어 있는 것처럼 보인다.

$$x = \frac{\lambda}{2},\ \lambda,\ \frac{3\lambda}{2},\ \cdots \tag{12.15}$$

일 때 진폭은 최소인 0이 되며, 이 점을 **마디(node)**라고 하고, 마디 역시 $\frac{\lambda}{2}$마다 생긴다. 마디 위의 점에서 반대 방향으로 진행하는 두 파동은 완전한 상쇄간섭을 일으키므로 변위가 언제나 0이고, 마디 점은 전혀 움직이지 않는다. 배와 마디 사이의 거리는 $\frac{\lambda}{4}$이다.

그림 12.4에서 줄의 길이를 L이라 할 경우 정상파의 양쪽 끝이 고정되어 있으므로 마디가 되어야 하며, 마디와 마디 중간은 배가 되어야 한다. 마디 사이의 거리가 $\frac{\lambda}{2}$이므로 줄의 길이

L은 $\frac{\lambda}{2}$의 정수배가 되어야 한다. 즉

$$L = n\frac{\lambda}{2} \quad (n = 1,\ 2,\ 3,\ \cdots) \tag{12.16}$$

혹은

$$\lambda_n = \frac{2L}{n} \quad (n = 1,\ 2,\ 3,\ \cdots) \tag{12.17}$$

이 된다. 파동의 속력을 v라 할 때, 진동수는

$$f_n = \frac{v}{\lambda_n} = n\frac{v}{2L} \quad (n = 1,\ 2,\ 3,\ \cdots) \tag{12.18}$$

로 표현된다. 이러한 진동수 중 하나와 맞는 진동수로 줄을 진동시키면 줄에는 진폭이 큰 정상파가 발생하여 공명이 일어나므로 이를 **공명진동수**라고도 한다.

가장 작은 공명진동수($f_1 = v/\,2L$)를 **기본진동수**라 하며, 모든 공명진동수는 기본 진동수의 정수배이다. 즉 $f_n = n\,f_1 (n = 1, 2, 3, ...)$으로 나타난다. f_1을 첫 번째 **조화진동수**, f_2를 두 번째 **조화진동수** 등으로 부른다. 바이올린이나 기타와 같이 줄을 양쪽 끝에 고정시킨 현악기는 줄을 기본 진동수 혹은 여러 개의 조화진동수로 진동시켜 소리를 발생시킨다. 단위길이당 질량(선질량밀도)이 μ인 줄에 장력 T를 가하면 줄에 발생한 파동의 속력은

$$v = \sqrt{\frac{T}{\mu}} \tag{12.19}$$

로 주어진다. 따라서 공명진동수는

$$f_n = n\frac{v}{2L} = \frac{n}{2L}\sqrt{\frac{T}{\mu}} \quad (n = 1,\ 2,\ 3,\ \cdots) \tag{12.20}$$

가 된다. 줄의 선 질량밀도가 클수록 공명진동수가 작아지는 것을 알 수 있다. 우리는 경험적으로 굵은 기타 줄이 가는 줄보다 낮은 진동수의 음을, 장력이 큰 팽팽한 줄이 더 높은 진동수의 음을 낸다는 것을 알고 있다.

예제 12.4

길이가 L인 기타줄이 있다고 하자. 이때 기타줄을 튕겼을 때 나오는 음의 기본 진동수를 f_1이라고 하고, 길이가 $9L/10$인 지점을 손가락으로 강하게 누르고 줄을 튕겼을 때 나오는 음의 기본 진동수를 f_2라고 할 때, 두 진동수 비 f_1/f_2은 얼마인가?

| 풀이

식 (12.18)로부터 길이가 L인 기타 줄의 기본 진동수는 $f_1 = \frac{v}{2L}$ 이다.

따라서 길이가 $9L/10$로 줄어들게 되면 기본 진동수는 $f_2 = \dfrac{v}{2(9L/10)} = \dfrac{10}{9} f_1$이다. 즉, $f_1/f_2 = 9/10$가 된다.

12-4 악기

기타나 바이올린 같은 현악기는 줄에 정상파를 공명진동수로 발진시켜 악기 소리를 발생시키며, 파이프를 이용하는 관악기는 음파로 정상파를 발진시켜 악기 소리를 낸다. 그림 12.5(a)와 같이 양쪽이 다 열려 있는 길이 L인 파이프의 경우 앞 절에서 사용한 경계 조건에 따라 기본 진동수 파동의 모양은 양쪽 끝이 배이므로 가운데는 마디가 되어야 한다. 즉 $L = \dfrac{\lambda}{2}$이다. 조화진동수가 커짐에 따라 악기의 길이는 $\dfrac{\lambda}{2}$의 정수배로 나타나게 된다. 따라서 공명진동수 f_n은

$$f_n = n\frac{v}{2L} \quad (n = 1,\ 2,\ 3, \cdots) \tag{12.21}$$

가 된다.

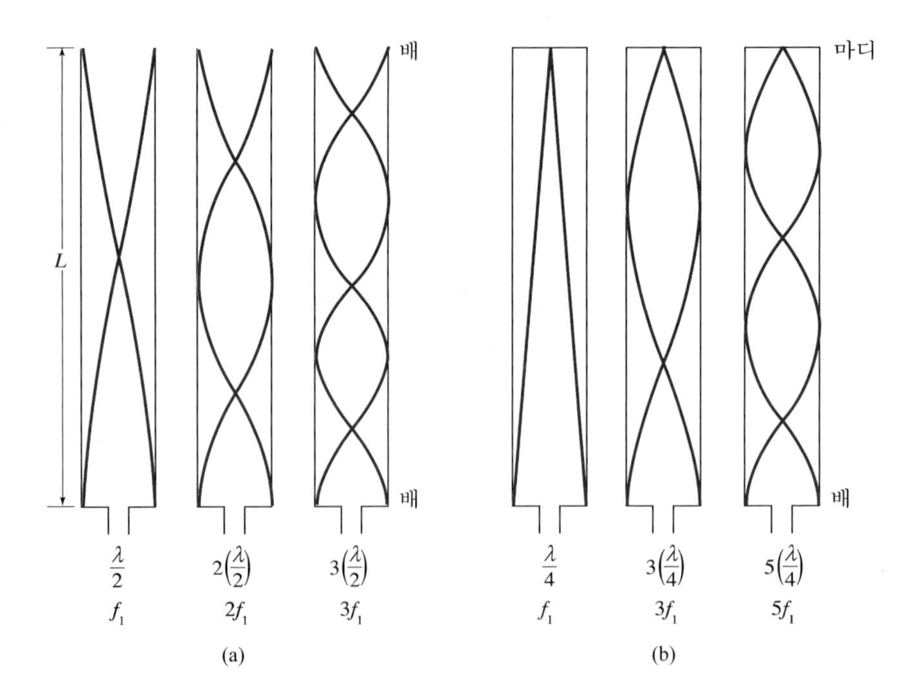

▲ **그림 12.5** | 오르간 파이프 내의 정상파

그림 12.5(b)와 같이 길이가 L이고 한쪽 끝이 막혀 있는 파이프의 경우 기본 진동수 파동의 모양은 막혀 있는 곳에 마디가 형성되고 열려 있는 곳에 배가 형성되므로 $L=\frac{\lambda}{4}$이다.

이와 같은 경계조건 때문에 조화진동수가 커짐에 따라 악기의 길이는 $\frac{\lambda}{4}$의 홀수배가 된다. 자연 진동수 f_n은

$$f_n = n\frac{v}{4L} \quad (n=1,\ 3,\ 5,\cdots) \tag{12.22}$$

가 된다. 따라서 관의 길이가 긴 악기들은 낮은 기본 진동수를, 관의 길이가 짧은 악기들은 높은 기본 진동수를 가지게 된다는 것을 이해할 수 있다.

12-5 음파의 속력

음파는 기체, 액체 혹은 고체 등의 매질을 통하여 전달되며, 여기서는 기체를 매질로 전달되는 음파를 살펴보기로 하자. 그림 12.6과 같이 유리관을 균일한 압축공기로 채우고, 한쪽 끝에서 피스톤을 안으로 밀면 공기 입자 사이의 간격이 감소하여 공기 입자들이 국소적으로 압축되고, 밖으로 잡아당기면 공기 입자 사이의 간격이 멀어진다. 이와 같은 과정을 반복하면 관의 전 길이에 걸쳐 공기 입자들의 역학적 힘에 의해 공기 입자들이 압축되어 입자의 압력 혹은 밀도가 높아지는 부분과 공기 입자들이 이완되어 압력 혹은 밀도가 낮아지는 부분이 생기게 된다. 이와 같이 피스톤의 주기적 좌우 움직임에 의해 공기 입자들의 압력은 위치에 따라 증가하는 부분과 감소하는 부분으로 변하며 관을 따라 전달된다. 일반적으로 압력이 공간과 시간에 따라 변하며 전달되므로 음파를 압력파라 부르기도 한다.

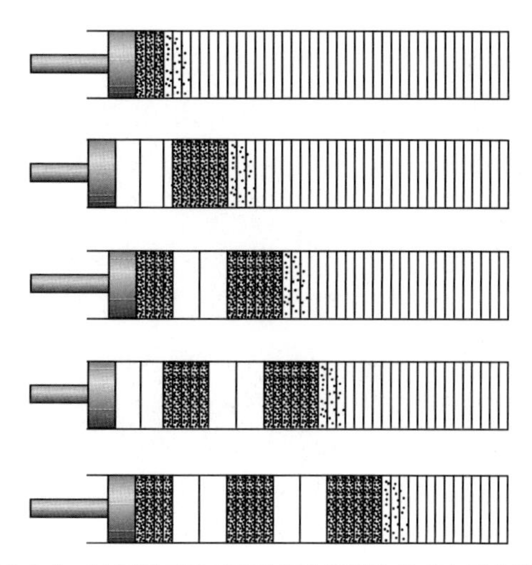

▲ **그림 12.6** | 피스톤의 좌우운동에 의해 생성된 음파와 압력 변화의 전달

▼ 표 12.1 | 여러 매질에서의 음파의 속력

매질	속력 (m/s)	매질	속력 (m/s)
고체		수은	1,400
알루미늄	5,100	물	1,500
구리	3,500	기체	
철	4,500	공기(0℃)	331
유리	5,200	공기(100℃)	387
폴리에스티렌	1,850	헬륨(0℃)	965
액체		수소(0℃)	1,284
에틸알코올	1,125	산소(0℃)	316

표 12.1에 0℃에서 각각 고체, 액체, 기체에서의 음속을 나타내었다. 물질의 상태에 따라 밀도가 다르지만, 고체의 탄성이 액체보다 크고 액체의 탄성은 기체보다 크므로, 음파의 속도는 고체에서 가장 빠르고, 다음이 액체이며, 기체에서 가장 늦다.

음파의 속력은 매질의 온도에 따라 변한다. 특히 공기 중의 음파 속력은

$$v = (331 + 0.6\,T)\,\mathrm{m/s} \tag{12.26}$$

로 주어지며 단위는 m/s이다. 여기서 T는 공기의 온도이며 단위는 ℃이다. 공기 중 20℃에서 음속은 343 m/s이다.

음파의 속도는 매질의 탄성과 밀도에 따라 다르다. 물질의 부피 탄성은 매질의 부피가 변할 때 압력이 변화되는 정도를 나타내며, 물질의 부피탄성률 B는 식 (10.6)으로부터

$$B = -\frac{\Delta p}{\Delta V / V} \tag{12.23}$$

로 표현된다.

여기서 $\Delta p\left(=\frac{\Delta F}{A}\right)$는 압력 p의 변화이며, ΔV는 체적 V의 변화이다.

$\Delta p = -B\frac{\Delta V}{V}$이므로 압력이 증가($\Delta p > 0$)할수록 부피가 감소($\Delta V < 0$)하는 것을 알 수 있다. 매질의 밀도가 ρ일 때 음파의 속력은

$$v = \sqrt{\frac{B}{\rho}} \tag{12.24}$$

로 표현된다. 매질이 고체봉일 경우 고체의 탄성은 영(Young)률에 의해 표현되므로 음파의 속력은

$$v = \sqrt{\frac{Y}{\rho}} \tag{12.25}$$

로 표현되며, 여기서 Y는 고체봉의 영률이고 ρ는 밀도이다.

12-6* 진행하는 음파

유리관에 송진 가루를 넣고 그림 12.6과 같은 실험을 하면 가루의 밀도가 높은 부분과 낮은 부분이 주기적으로 그림 12.7과 같이 퍼져 있게 된다. 이때 관의 위치 x 근처에서 조그마한 부피 $V(= A\,\Delta x)$는 중립의 위치 x로부터 좌우로 진동을 하게 된다. 파동의 전파 방향을 따라 진동하는 길이 방향으로의 변위를 $s(x,t)$라 하면, 이 변위는 진행하는 파동에 수직하게 진동하는 줄의 변위 $y(x,t)$와 마찬가지로 코사인 혹은 사인 함수로 표현할 수 있다. 길이 방향 변위가 코사인 함수일 경우

$$s(x,t) = s_m \cos(kx - \omega t) \tag{12.27}$$

로 나타낼 수 있으며 s_m은 변위의 진폭이다.

위치 x에서 압력 p_0가 진동에 의하여 $p_0 + \Delta p$로 증가하면 Δp는 식 (12.23)으로부터

$$\Delta p = -B\frac{\Delta V}{V}$$

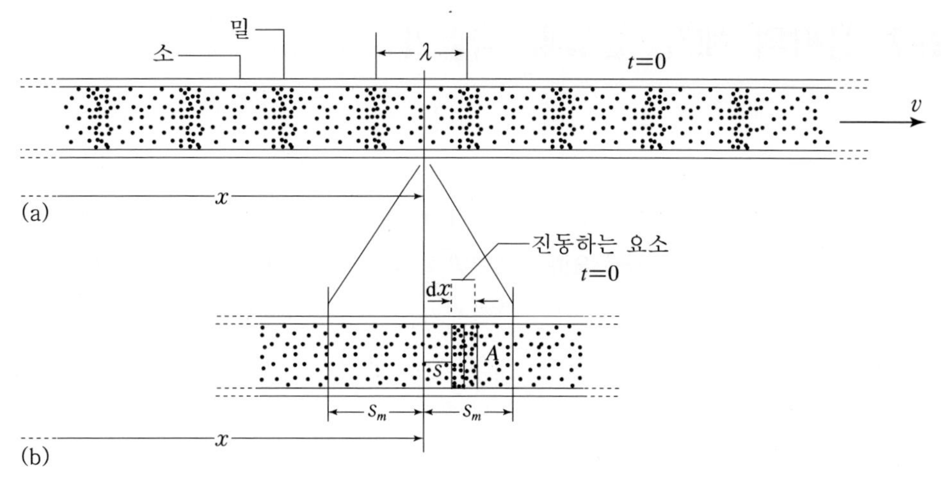

▲ **그림 12.7** | 음파의 전파에 따른 압력의 변화와 매질의 분포

가 된다. 압력이 p_0에서 $p_0 + \Delta p$로 변할 때 부피 $V(= A\,\Delta x)$는 $V + \Delta V$로 변한다. ΔV는 진동의 변위가 Δs이므로 $\Delta V = A\,\Delta s$가 되므로

$$\Delta p = -B\frac{\Delta V}{V} = -B\frac{A\,\Delta s}{A\,\Delta x}$$

가 된다. 가루의 두께가 매우 작아 $\Delta x \to 0$이면

$$\Delta p = -B\frac{\mathrm{d}s}{\mathrm{d}x} \tag{12.28}$$

가 된다. 여기서 $\frac{\mathrm{d}s}{\mathrm{d}x}$는 t가 일정할 때 s를 x에 대해 미분하는 것이다. 따라서 식 (12.27)을 식 (12.28)에 대입하면

$$\Delta p(x,t) = Bks_m \sin(kx - \omega t)$$

가 되며, 식 (12.24)를 이용하면

$$\begin{aligned}\Delta p(x,t) &= k\,\rho v^2 \sin(kx - \omega t)\\ &= \Delta p_m \sin(kx - \omega t)\end{aligned} \tag{12.29}$$

가 된다. 여기서 Δp_m은 압력 변화의 진폭으로

$$\Delta p_m = k\,\rho v^2\, s_m \tag{12.30}$$

이 되고, 압력의 최대 변화량이다. 따라서 음파는 압력파로 표현할 수 있으며 변위와 위상차는 90°이다.

12-7 음파의 세기, 간섭과 맥놀이

음파의 세기

음파는 공기 입자가 진동하는 방향으로 진행하며 에너지를 전달한다. 단위면적당 단위시간당 전달되는 음파의 평균 에너지를 **음파의 세기**라 하며, 단위는 W/m^2이다. 일반적으로 인간의 귀로 들을 수 있는 가장 작은 소리인 문턱세기는 진동수가 1 kHz일 때 $10^{-12}\ W/m^2$로 알려져 있으며, 고통 없이 들을 수 있는 소리의 최대 세기는 $1\ W/m^2$로 알려져 있다. 인간이 들을 수 있는 소리세기의 범위는 너무 크게 변하므로, 소리세기준위는 상용로그를 사용하며 단위는 **데시벨(dB)**로 나타낸다. 즉

$$\beta = 10 \log \frac{I}{I_0} \tag{12.31}$$

로 정의하며 I_0는 소리세기준위의 기준으로서 $10^{-12}\ W/m^2$이다. 표 12.2에 여러 소리의 소리세기준위를 나타내었다.

▼ **표 12.2** | 여러 종류의 소리세기와 소리세기준위

소리	소리세기(W/m^2)	상대세기(I/I_0)	소리세기준위(dB)
문턱세기	1×10^{-12}	10^0	0
나뭇잎 바스락거리는 소리	1×10^{-11}	10^1	10
1 m 거리에서 속삭이는 소리	1×10^{-10}	10^2	20
차 없는 거리	1×10^{-9}	10^3	30
사무실, 교실	1×10^{-7}	10^5	50
1 m 거리에서 하는 일상적 대화	1×10^{-6}	10^6	60
1 m 거리에서 듣는 기계망치소리	1×10^{-3}	10^9	90
로큰롤 그룹 연주 소리	1×10^{-1}	10^{11}	110
고통을 느끼는 한계세기	1	10^{12}	120
50 m 떨어진 곳에서 듣는 제트엔진 소리	10	10^{13}	130
50 m 떨어진 곳에서 듣는 세턴 로켓엔진 소리	1×10^8	10^{20}	200

예제 12.5

출력이 50.0 W인 조그마한 스피커에서 나오는 소리가 사방으로 균일하게 퍼져나가고 있다. 5.00 m 떨어진 곳에서 소리세기와 소리세기준위는 얼마인가?

| 풀이

50 W의 출력(P)이 사방으로 균일하게 퍼져나가므로 반지름 r인 곳에서 소리세기 I는

$$I = \frac{P}{4\pi r^2}$$

이다. 소리의 세기는 음원으로부터의 거리의 제곱에 반비례하며 감소한다. 따라서

$$I = \frac{50\,\mathrm{W}}{(4\pi)(5\,\mathrm{m})^2} = 0.159\ \mathrm{W/m^2}$$

이며, 소리세기준위는

$$\beta = 10\log\frac{0.159\ \mathrm{W/m^2}}{10^{-12}\ \mathrm{W/m^2}} = 112\ \mathrm{dB}$$

이다.

경로차에 의한 간섭

두 파동이 한 점에서 만날 경우 두 파동 사이의 위상에 따라 **보강간섭** 혹은 **상쇄간섭**이 일어난다. 파장 λ인 음파가 그림 12.8(a)와 같이 A와 B 두 스피커에서 출발하여 사방으로 퍼져나가고 있다. 각 스피커로부터 P점까지의 거리가 각각 AP, BP일 경우, P점에 도착하는 두 음파의 위상차 $\Delta\phi$는

$$\Delta\phi = \frac{2\pi}{\lambda}(\mathrm{AP}-\mathrm{BP}) = \frac{2\pi}{\lambda}\Delta d \tag{12.32}$$

이며 여기서 Δd는 두 음파의 경로차이다.

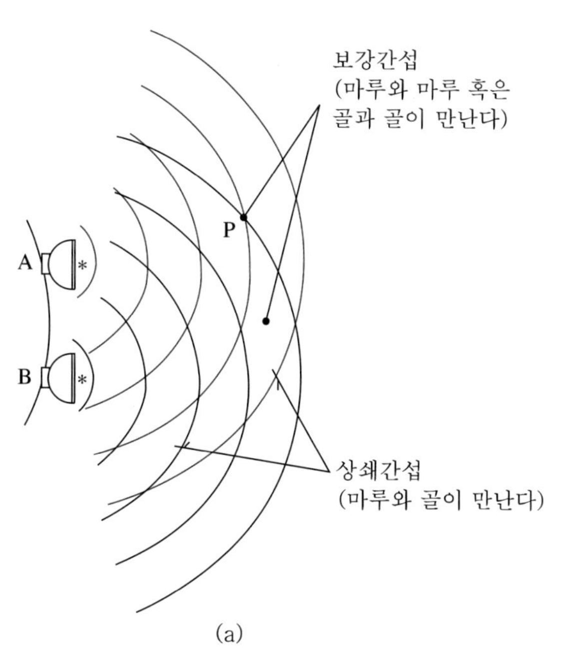

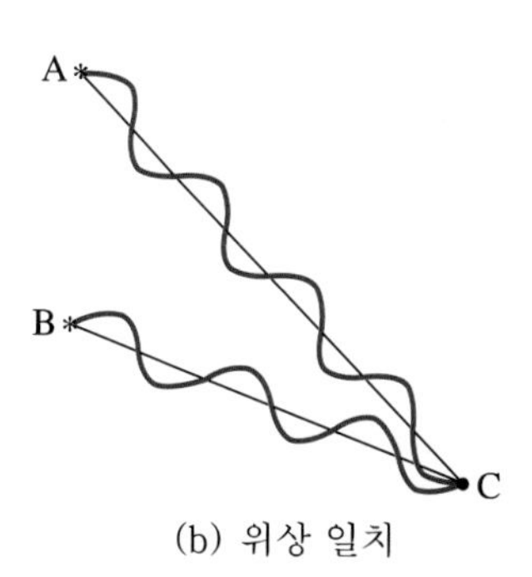

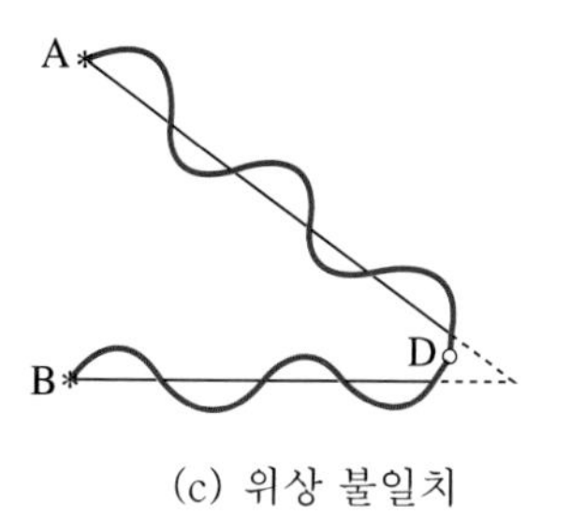

▲ **그림 12.8** | 경로차에 의한 두 파동의 간섭 현상

그림 12.8(b)와 같이 C점에서 위상차가 2π의 정수배로 경로차가 파장의 정수배가 되면

$$\Delta d = m\lambda \quad (m = 0,\ 1,\ 2,\ 3,\ \cdots) \tag{12.33}$$

이다. 이때 두 음파는 위상이 일치하게 되어 보강간섭이 일어나고, 그 결과 음파의 세기가 증가하여 큰 소리를 들을 수 있게 된다. 두 음원의 크기가 같으면 한 음원의 세기보다 네 배 증가한 소리를 들을 수 있다.

그림 12.8(c)와 같이 D점에서 위상차가 π의 홀수배가 되어 경로차가 반 파장의 홀수배이면

$$\Delta d = m\frac{\lambda}{2} \quad (m = 1,\ 3,\ 5, \cdots) \tag{12.34}$$

이며, 두 음파는 위상이 180° 바뀌게 되어 소멸간섭이 일어나게 된다. 즉 음파의 세기는 감소하며 소리를 들을 수 없다.

❙ 맥놀이

맥놀이는 진동수가 거의 같은 두 음파가 간섭을 일으킬 때 나타나는 현상으로, 맥놀이 진폭의 진동수는 곧 두 진동수의 차이이다. 진폭이 같고 진동수가 각각 f_1, f_2이며 $f_1 \approx f_2$인 두 음파가 만나는 경우를 생각해보자. 각각의 음파는 식 (12.4)처럼 표현되겠지만 주어진 위치에서의 간섭만 생각하여 x를 고정시킬 수 있다. 예를 들어 kx를 π로 놓으면 주어진 위치에서의 음파는 $A\sin(\omega t) = A\sin(2\pi f t)$ 형태로 표현된다. 그러면, 중첩된 음파는

$$\begin{aligned} y &= y_1 + y_2 \\ &= A\sin(2\pi f_1 t) + A\sin(2\pi f_2 t) \end{aligned} \tag{12.35}$$

이고, 삼각함수 공식을 이용하면

$$y = \left[2A\cos\left\{2\pi\left(\frac{f_1 - f_2}{2}\right)t\right\}\right]\sin\left\{2\pi\left(\frac{f_1 + f_2}{2}\right)t\right\} \tag{12.36}$$

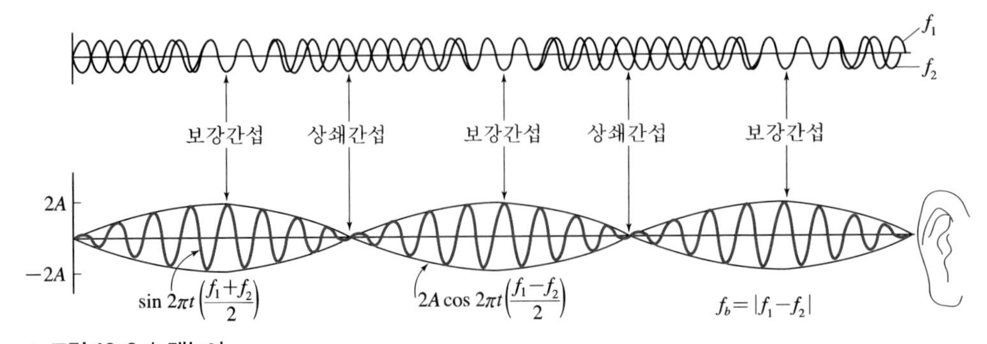

▲ **그림 12.9 ❙ 맥놀이**

가 된다. 중첩된 파동은 그림 12.9와 같이 두 진동수의 평균인 $\frac{f_1+f_2}{2}$로 진동하며, 진폭은

$$2A\cos\left\{2\pi\left(\frac{f_1-f_2}{2}\right)t\right\} \tag{12.37}$$

이다. 즉 중첩파동의 진폭은 $\left|\frac{f_1-f_2}{2}\right|$의 진동수로 진동하며 $\left|\frac{f_1-f_2}{2}\right|$가 작기 때문에 매우 완만하게 변하여 그림에서와 같이 싸개선을 이루며, 최대 진폭은

$$\cos\left[2\pi\left(\frac{f_1-f_2}{2}\right)t\right] = \pm 1 \tag{12.38}$$

일 때 $2A$이다. 소리세기 I는 y의 제곱에 비례하므로 중첩파동의 최대 소리세기는 한 파동의 최대 소리세기의 4배이다. 최대 소리세기 또는 최대진폭의 진동수인 $|f_1-f_2|$를 **맥놀이 진동수**라 한다.

이런 맥놀이 현상은 악기를 조율하는 데 유용하게 사용될 수 있다. 조율하려는 악기를 기준이 되는 진동수와 함께 소리를 내면 맥놀이 현상이 생기게 되고, 두 진동수가 비슷해지면 맥놀이 진동수가 줄어들게 된다. 조율이 되어 두 진동수가 같아지면 맥놀이 현상이 사라지게 된다.

예제 12.6

기타줄의 첫 번째 줄의 라-음(220 Hz)을 이용하여 두 번째 줄의 음을 조절하고 있다. 그러나 실수로 두 번째 줄의 음을 시-음(248 Hz)에 맞췄다. 두 음을 함께 들을 때 소리가 크게 들리는 부분은 1초에 몇 번 들리는가?

| 풀이

진동수가 다른 두 소리가 동시에 귀에 전달될 때 소리가 크게 들리는 부분이 주기적으로 나타나는 현상이 맥놀이이다. 맥놀이의 진동수는 $|f_1-f_2|$이므로 28 Hz가 맥놀이 진동수이며, 1초에 28번 소리가 크게 들린다.

12-8 도플러 효과

우리는 구급차나 소방차가 사이렌을 울리며 다가오면 사이렌의 진동수가 커지고 멀어지면 진동수가 작아지는 것을 일상생활에서 경험한다. 이와 같이 소리를 발생하는 음원과 관측자 사이의 상대적인 운동에 의해 진동수가 변하는 현상을 **도플러(Doppler) 효과**라 한다.

▎움직이는 관측자와 정지하고 있는 음원

그림 12.10(a)와 같이 정지한 음원에서 발생한 소리의 진동수가 f일 때, 한 주기($T = 1/f$) 동안 음파는 $d = v,\ T = \lambda$의 거리를 진행한다. 이때 관측자 O가 음원을 향해서 v_o의 속력으로 접근하는 경우를 생각해보자. 이 경우 소리의 파장은 변화가 없지만 관측자 O가 음원을 향해서 접근하기 때문에 파동의 속도가 더 빨라진 것과 같아진다. 따라서 음원을 향해서 이동하는 관측자 O가 느끼는 음파의 속도는 $v' = v + v_o$가 되고, 이때 관측자 O가 듣게 되는 진동수 f'은

$$f' = \frac{v'}{\lambda} = f\,\frac{v + v_o}{v} \tag{12.39}$$

이다. 만약 관측자 O가 반대로 음원에서부터 v_o의 속력으로 멀어진다면, 관측자가 느끼는 음파의 속도는 $v' = v - v_o$가 되므로 진동수 f'은

$$f' = \frac{v'}{\lambda} = f\,\frac{v - v_o}{v} \tag{12.40}$$

가 된다. 따라서 관측자가 움직일 경우 관측자가 느끼는 진동수는 관측자의 속도에 의해 변하게 된다.

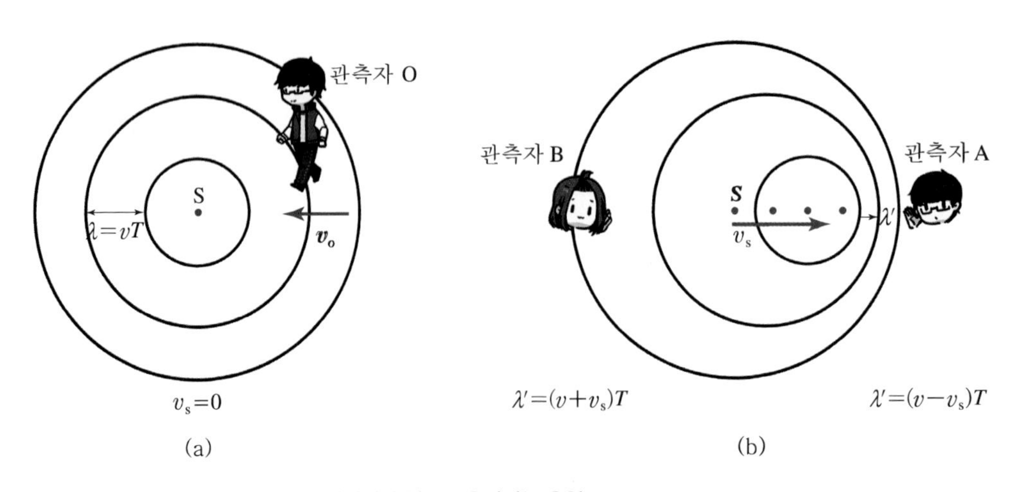

▲ **그림 12. 10** | 도플러 효과. (a) 정지한 음원, (b) 움직이는 음원

움직이는 음원과 정지하고 있는 관측자

이번에는 속도 v_s로 움직이는 음원에서 발생한 소리가 속도 v로 전파되고 있는 경우를 고려해보자. 정지한 음원에서 발생한 소리의 파동이 한 주기 동안 진행한 거리가 이 음파의 파장 $\lambda = vT$인데, 이 시간 동안에 속도 v_s로 움직이는 음원은 한 주기 동안 $d_s = v_s T$의 거리를 진행한다. 따라서 그림 12.10(b)에서와 같이 음원이 관측자 A에게 접근해 올 때 처음 발생한 소리의 파동과 다음 파동 사이의 거리는 $\lambda - d_s$로 감소하게 되며, 이 거리가 관측자 A가 듣는 소리의 파장이 된다. 즉

$$\lambda' = \lambda - d_s = vT - v_s T = \frac{v - v_s}{f} \tag{12.41}$$

가 되며 관측자 A가 듣는 진동수 f'은 $f' = \dfrac{v}{\lambda'}$ 이므로

$$f' = f\frac{v}{v - v_s} \tag{12.42}$$

가 된다. 즉 관측자 A는 음원이 발생시킨 진동수보다 큰 진동수의 소리를 듣게 된다.

음원이 정지해 있는 관측자로부터 멀어지면 관측자 B가 듣는 파장은 $\lambda' = \dfrac{v + v_s}{f}$로 길어지게 되며, 진동수는

$$f' = f\frac{v}{v + v_s} \tag{12.43}$$

가 되어, 작은 진동수의 소리를 듣게 된다.

음원과 관측자가 모두 움직이는 경우는 파장이 짧아지거나 길어지고, 음파의 속도가 빨라지거나 늦어지는 두 가지 효과가 모두 독립적으로 일어나므로 다음과 같은 식을 얻게 된다.

$$f' = f\frac{v + v_o}{v - v_s} \tag{12.44}$$

여기서 v_s와 v_o의 부호는 관측자와 음원이 서로 가까워지는 경우를 양으로 정의한다.

이와 같이 도플러 효과를 이용하면 움직이는 물체의 속도를 측정하는 데 유용하다. 주파수를 알고 있는 파동을 이용하여 이동하는 물체에서 반사된 파동의 주파수를 측정하면 움직이는 물체의 속도를 역으로 계산할 수 있기 때문이다.

충격파

음원의 속도 v_s가 음파의 속도와 같아지는 경우를 고려해보자. 이 경우 식 (12.42)에 의하면 정지한 관측자는 파장의 크기가 0, 혹은 주파수 크기가 무한대인 파동을 관측하게 되는데, 이는 그림 12.11(a)와 같이 음원에서 나오는 음파들이 음원과 같이 움직인다는 것을 의미한다. 만약 음원의 속도가 음속보다 커지면 어떻게 될까? 이 경우 위의 식들은 더 이상 사용될 수 없게 되며, 그림 12.11(b)와 같은 삼각뿔 모양의 파면을 형성하게 된다. 이 그림은 음속보다 빠르게 진행하는 음원이 만들어낸 음파의 파면을 보여준다. 각 파면의 반지름은 vt가 되는데, 이때 t는 각 음원의 위치에서 발생한 음파가 그림에 나오는 파면에 도달하는 데 걸리는 시간이다. 이와 같이 다른 시간에 다른 위치에서 발생한 파동의 파면들이 원뿔 모양을 이루게 되고, 이 원뿔 모양의 경계면에는 큰 압력차가 존재하기 때문에 강한 충격파가 발생하게 된다.

예제 12.7

10.0 m/s의 속력으로 도망가는 범인을 40.0 m/s 속력의 경찰차가 사이렌을 울리며 뒤쫓고 있다. 사이렌의 고유진동수가 $f = 1{,}000$ Hz일 때, 범인이 듣는 사이렌의 진동수 f'을 구하여라. (단, 음속은 $v =$ 340 m/s이다)

| 풀이

식 (12.44)로부터 범인이 듣는 진동수는 $f' = f\dfrac{v + v_o}{v - v_s}$ 이다. 여기서, v는 음속, v_o는 범인의 속력, v_s는 경찰차의 속력이다. 범인은 음원에서 멀어지므로 $v_o = -10\ \mathrm{m/s}$ 이고, 경찰차는 범인과 가까워지는 방향이므로 $v_s = 40\ \mathrm{m/s}$ 이다.

따라서 $f' = \dfrac{(340 - 10.0)\ \mathrm{m/s}}{(340 - 40.0)\ \mathrm{m/s}} \times f = 1.10 \times 1000\ \mathrm{Hz} = 1100\,\mathrm{Hz}$가 된다.

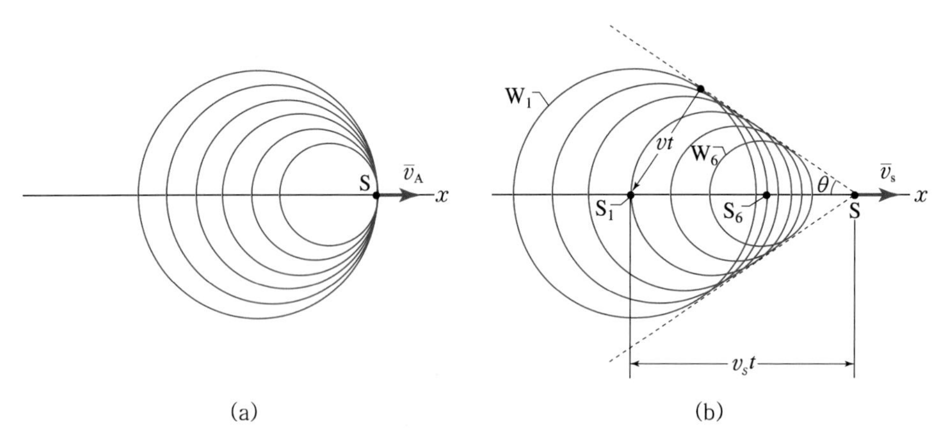

▲ **그림 12.11** | (a) 음속으로 움직이는 음원에서 발생한 파동, (b) 음원이 음속보다 빠른 속도 v_s로 움직일 경우. 음원이 위치 S_1에 있을 때 발생한 파동의 파면 W_1을 생성하고, 위치 S_6에 있을 때 발생한 파동은 파면 W_6를 생성한다.

연습문제

12-1 파동운동

1. 다음의 식들이 모두 같은 것임을 증명하여라.

$$y = A\cos k(x-vt),\ \ y = A\cos 2\pi\left(\frac{x}{\lambda}-\frac{t}{T}\right),\ \ y = A\cos 2\pi\left(\frac{x}{\lambda}-ft\right)$$

$$y = A\cos k(x-vt),\ \ y = A\cos \omega\left(\frac{x}{v}-t\right),\ \ y = A\cos\left(kx-\frac{2\pi t}{T}\right)$$

2. 시각 $t=0$에 파동의 변위가 $y = A\sin(kx+\pi/4)$와 같이 주어졌다. 이 파동의 파수는 $k=\pi m^{-1}$이고 진폭은 $A=1.00$ m이다. 파동이 $+x$쪽으로 2.00 m/s의 속력으로 이동한다면 파동의 주기는 얼마인가?

3. 선질량밀도가 $1.60\times10^{-4}\,\mathrm{kg/m}$인 줄을 따라 전파되고 있는 횡파의 식이 $y(x,t)=0.0200\sin((2.00\,\mathrm{m}^{-1})x+(30.0\,\mathrm{s}^{-1})t)$로 주어졌으며, x와 y의 단위는 m이고 t의 단위는 s이다.

(가) 파동의 속력을 구하여라.　　　　(나) 줄의 장력을 구하여라.

4. 시간 $t=0$일 때, 어떤 줄의 횡파 펄스가 $y=\dfrac{4}{x^2+2}$로 주어진다. 이 파가 $+x$축으로 속력 2 m/s로 진행한다면 이 파동의 함수 $y(x,t)$를 구하시오. (단, 여기서 x, y의 단위는 m이다.)

5. 두 벽 사이에 질량이 2.00×10^2 g이고 장력이 5.00×10 N이며 길이가 1.00×10 m인 줄이 매어져 있다. 시각 $t=0.00$초에 왼쪽 끝점에서 펄스를 오른쪽으로 보내고 시각 $t=0.100$초에 오른쪽 끝점에서 펄스를 왼쪽으로 보내면 두 펄스는 언제 만나는지 구하여라.

12-2 파동의 여러 현상

6. 진폭, 파장, 주기는 같고 초기 위상상수가 $\Delta\phi$만큼 다른 두 진행파동이 만드는 간섭파동을 생각하자. 간섭파동의 진폭이 두 진행파동 각각의 진폭과 같다면 $\cos\Delta\phi$는 얼마인가?

7. $x\geq0$ 인 영역에 존재하는 무한히 긴 줄의 끝이 $x=0$ 지점에 고정되어 있다. 이 줄에 왼쪽으로 진행하고 변위가 $y(x,t)=A\sin(kx+\omega t)$로 주어지는 진행파가 존재한다면 $x=0$ 지점에서 반사되어 생성된 반사파의 변위는 어떻게 주어지겠는가? 만약 $x=0$ 지점에서 줄이 고정되어 있지 않고 자유롭게 위아래로 움직일 수 있다면 반사파의 변위는 어떻게 달라지겠는가?

8. 어떤 줄에서 진행하는 두 펄스파가 다음과 같이 주어진다. 다음 물음에 답하시오

$$y_1 = \frac{7}{(2x-2t)^2+2}, \quad y_1 = \frac{-7}{(2x+2t-8)^2+2}$$

(가) 각 펄스파가 진행하는 방향을 구하시오

(나) 두 펄스파가 간섭하여 완전히 소멸되는 시간 t를 구하시오.

(다) 모든 시간에 진폭이 항상 0이 되는 좌표$(x, 0)$를 구하시오.

12-3 정상파와 공명

9. 줄의 한쪽 끝을 벽에 고정시키고 다른 쪽 끝을 손으로 잡고 위아래로 흔들면 진행파를 만들어 보낼 수 있다. 그렇게 생성된 파동의 파장을 늘리려면 어떻게 해야 할까?

10. 질량이 m이고 길이가 L인 줄이 그림 P.12.1 과 같이 매달려 있다. 중력가속도의 크기는 g라고 하자. 매달린 지점으로부터 x만큼 떨어진 곳에서의 파동의 진행속도를 구하시오.

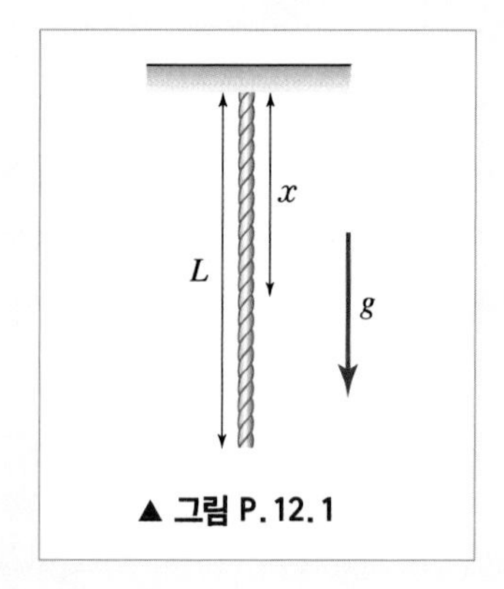

▲ 그림 P. 12. 1

11. 반대 방향으로 진행하며 진폭이 다른 두 파동 $y_1(x,t) = A\sin(kx-\omega t)$와 $y_2(x,t) = B\sin(kx+\omega t)$는 정상파를 만들어낼 수 있는가?

12. 진동하는 줄의 정상파가 $y(x,\ t) = 0.500\sin\left(\left(\frac{\pi}{3}\,\text{cm}^{-1}\right)x\right)\cos\left(\left(\frac{\pi}{2}\,\text{s}^{-1}\right)t\right)$로 주어졌으며, x와 y의 단위는 cm이고 t의 단위는 s이다.

(가) 이 정상파를 만들기 위한 두 진행파동의 식을 구하여라.

(나) 각 파동의 진폭, 파수, 속력, 주파수, 주기를 구하여라.

(다) 정상파의 마디 사이의 거리는 얼마인가?

13. x축을 따라 $y = 0.100\cos((0.790\,\mathrm{m}^{-1})x - (13.0\mathrm{s}^{-1})t)$로 표현되는 진행파가 있다. 여기서 길이의 단위는 m이고 시간의 단위는 초이다.

(가) 정상파를 만들기 위해서는 어떤 파동을 더해야 하는가?

(나) 정상파가 생겼을 때 줄의 움직임이 가장 큰 위치의 x값을 구하여라.

14. 선질량밀도가 μ인 줄의 한끝은 벽에 고정되어 있고 다른 끝은 벽에서 L만큼 떨어진 도르래를 거쳐 질량이 m인 물체에 그림과 같이 매여 있다. 중력가속도의 크기는 g이고 도르래에 닿은 부분까지의 줄은 그 질량이 물체보다 매우 작다고 가정하자 $(\mu L \ll m)$. 이 때 줄에 생성되는 정상파의 기본 진동수를 구하시오.

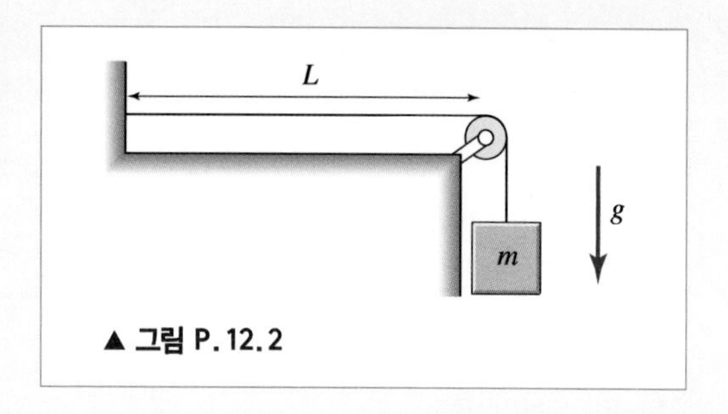

▲ 그림 P. 12. 2

12-4 악기

15. 한쪽 끝이 막혀있는 오르간 파이프의 기본 진동수와 첫 번째 조화진동수의 비를 구하시오.

12-5 음파의 속력

16. 진동수 500 Hz를 내는 작은 스피커 A, B와 관측자가 이 순서대로 일직선상에 놓여 있다. 관측자가 두 스피커에서 나오는 소리를 듣지 못했다면 두 스피커 사이의 거리는 얼마이어야 하는가? 공기 중 온도는 25.0℃이다.

12-6 진행하는 음파*

17. 사람이 들을 수 있는 음파의 주파수는 약 20 Hz에서 20 kHz까지이다. 온도가 25.0℃인 공기 중에서 음파의 파장은 얼마나 변하는가?

18. 진행하는 음파의 압력 식이 $\Delta p = 1.50\sin\pi((2.00\,\mathrm{m}^{-1})x - (330\,\mathrm{s}^{-1})t)$로 주어졌으며, 압력의 단위는 Pa, t의 단위는 s이다.

(가) 압력파의 진폭을 구하여라.

(나) 주파수를 구하여라.

(다) 파장을 구하여라.

(라) 속력을 구하여라.

12-7 음파의 세기, 간섭과 맥놀이

19. 두 소리의 세기가 40.0 dB 차이가 난다면 두 소리 중 큰 소리의 진폭은 작은 소리의 진폭의 몇 배인가?

20. 선형파원이 원통형으로 퍼져가는 파를 생성하고 있다.

(가) 진폭은 파원으로부터의 거리에 어떻게 의존하는가?

(나) 세기는 파원으로부터의 거리에 어떻게 의존하는가?

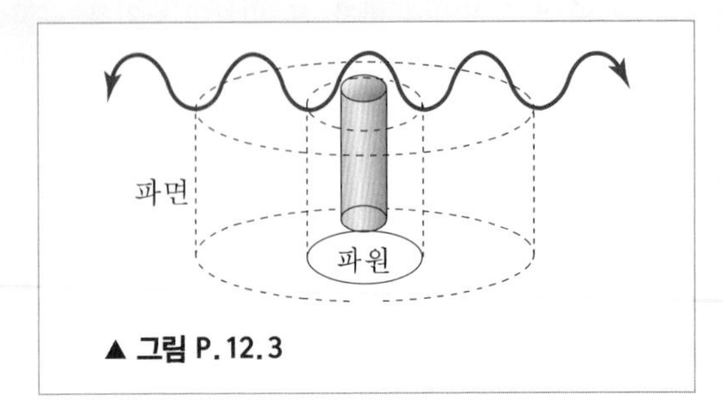

▲ **그림 P.12.3**

12-8 도플러 효과

21. 고정된 관측자를 향해 음원이 움직일 경우, 관측자가 느끼는 음파의 (속도가, 파장이) (증가하며, 감소하며) 관측자가 고정된 음원을 향해 움직일 경우, 관측자가 느끼는 음파의 (속도가, 파장이) (증가한다, 감소한다). 각 괄호 안에서 올바른 것을 선택하여라.

22. 소방차가 100 km/h의 속도로 1.00 kHz의 사이렌을 울리면서 다가오고 있다. 60.0 km/h의 속도로 소방차를 향해 달리는 자동차에 타고 있는 관측자가 듣는 진동수는 얼마인가? 공기의 온도는 25.0℃이다.

23. 800Hz 의 소리를 내는 스피커가 10m 높이의 건물에서 떨어지고 있다. 높이 $5\ \mathrm{m}$ 지점을 통과할 때 건물 위에 있는 사람이 듣는 진동수와 땅에 있는 사람이 듣는 진동수의 차이를 구하시오. 중력가속도의 크기는 $10\mathrm{m/s^2}$ 이라고 하고 음파의 속력은 $340\mathrm{m/s}$ 라고 하자.

24. 지상에서 $6.00 \times 10^3\ \mathrm{m}$ 높이에서 음속의 1.50배로 비행기가 지나갔다면 몇 초 뒤에 충격음파를 들을 수 있겠는가? 음파의 속력은 $346\,\mathrm{m/s}$ 라고 하자.

발전문제

25. 2대의 기차가 서로 마주보고 각각 지면에 대해서 40.0 m/s의 속력으로 움직이고 있다. 한 기차에서 진동수가 500 Hz인 소리를 내고 있다.

(가) 다른 기차에서 들리는 소리의 진동수는 얼마인가?

(나) 만일 관측하는 기차에서 소리를 내는 기차 쪽으로 바람이 40 m/s의 속력으로 불고 있다면, 다른 기차에서 들리는 소리의 진동수는 얼마인가?

(다) (나)의 경우 바람의 방향이 반대라면, 다른 기차에서 들리는 소리의 진동수는 얼마인가?

26. 음파송수신장치를 장착한 자동차가 $2.00 \times 10\ \mathrm{m/s}$의 속력으로 벽면을 향해 등속도운동을 하면서 진동수 $1.00 \times 10^5\ \mathrm{Hz}$의 음파를 발생시킨다. 이 음파가 벽에 의해 반사된 후 원래의 음파와 간섭하여 만드는 맥놀이 진동수는 얼마인가? 공기의 온도는 25.0℃이다.

12-23

로드 켈빈

Lord Kelvin, 1824-1907

북아일랜드 출신의 물리학자.
본명은 윌리엄 톰슨이지만 남작 작위를 얻은 후 로드 켈빈으로 통한다. 절대온도의 눈금을 결정하고 열역학 제2법칙을 기술하였다.

루드비히 볼츠만

Ludwig Boltzmann, 1844-1906

오스트리아의 물리학자.
이상 기체 분자의 속도가 맥스웰-볼츠만 분포를 따름을 밝히고, 엔트로피의 통계적 정의를 제시하였다.

CHAPTER 13

물질의 열적 성질과 통계역학

수많은 입자들로 이루어진 다체계의 운동을 정확하게 기술하기 위해서는 각 입자의 위치, 운동량 등 미시적인 물리량들을 알아내야 한다. 하지만 아보가드로 수만큼이나 되는 입자들의 운동을 뉴턴의 역학법칙으로 풀어낸다는 것은 불가능한 일이다. 그렇다면 이러한 다체계에서는 물리법칙이 아무 쓸모가 없는 것일까? 그렇지 않다. 다체계의 중요한 물리적 성질들은 부피, 압력, 온도, 밀도, 점도 등 거시적인 양들이며, 이런 거시적인 양들은 대체로 미시적인 양들의 평균값에만 의존한다. 뉴턴의 역학법칙들이 미시적인 양들 간의 관계를 기술하였듯이, 거시적인 양들 간의 관계를 기술하는 것이 열역학이며 통계역학은 거시적인 양들과 미시적인 양들 간의 관계를 체계적으로 맺어준다. 이 장에서는 물질의 열적 성질과 이에 관한 통계역학의 미시적 관점을 소개하고 다음 단원에서 다양한 열역학 과정들과 열역학 1, 2법칙을 이해한다.

13-1 온도와 열

우리가 일상생활에서 느끼는 덥다, 춥다, 따뜻하다는 느낌의 원인을 알아내고 그 정도를 정확히 계량화하는 일은 간단하지 않다. 따뜻하고 차가운 느낌은 물질의 온도와 관련이 있다. 그러면 온도는 어떻게 정의되며 물질의 온도는 그 물질의 어떤 물리적 성질과 관련이 있는 것일까? 물질의 온도를 실제로 어떻게 측정할 수 있을까?

뜨거운 물체에 손을 대었을 때, 우리는 손을 통해 무엇인가 전해 오는 느낌을 받게 된다. 19세기 초까지는 뜨거운 물체 속에 칼로릭(Caloric)이라고 불리는 물질이 들어 있어서, 차가운 물체와 접촉시키면 이 물질이 차가운 물체로 흘러간다고 생각했었다. 이 생각은 열전도 등 많은 열 현상을 현상학적으로 설명해주었지만 이러한 물질이 실제로 존재하는지는 실험적으로 밝혀지지 않았다. 톰슨(Benjamin Thomson)은 대포의 포신을 깎는 과정 속에서 역학적인 운동만으로도 물체의 온도를 올릴 수 있다는 사실을 발견하고 칼로릭의 존재에 문제점을 제기하였다. 결국 19세기 중반, 줄(James P. Joule, 1818~1889) 등 여러 과학자들에 의해 뜨거운 물체에서 차가운 물체로 전달되는 것은 칼로릭이라는 물질이 아니라 에너지의 한 형태라는 것이 밝혀졌으며, 이 에너지를 **열(heat)**이라고 부르게 되었다.

온도는 거리, 시간, 질량, 전하 등과 함께 근본적인 물리량의 하나로서 수많은 입자들이 모인 다체계의 거시적인 물리량이다(예를 들어 전자 한 개의 온도를 논의하는 것은 무의미하다). 온도의 표준 단위는 **켈빈(K; Kelvin)**이며 1기압에서 물이 끓는 온도는 약 373 K, 물이 어는 온도는 약 273 K이다. 온도는 무한히 높을 수 있지만 내려가는 데에는 한계가 있고 가장 낮은 온도를 0 K으로 정의한다.

물체의 거시적인 양들은 온도에 따라 변화한다. 예를 들어 철 막대의 길이, 유체의 부피, 도선의 저항 등은 온도에 따라 변화하며, 이를 이용하여 온도를 측정할 수 있는 기구를 만들 수 있다. 작은 철 막대를 사용하여 두 물체 A와 B의 온도를 측정해보자. 먼저 A에 철 막대를 접촉시킨 후 기다리면 A와 철 막대는 열평형을 이루어 같은 온도에 다다르게 된다. 이때 철 막대의 길이를 기록해 놓는다(철 막대는 A에 비해 아주 작아서 열평형에 이른 후에도 A의 온도는 철 막대와의 접촉 전과 비교하여 거의 변하지 않았다고 가정한다). 이번에는 B에 철 막대를 접촉시킨 후 잠시 기다렸다가 철 막대의 길이를 기록해 놓는다. 이 두 길이를 비교해 보면 A와 B 중 어느 물체의 온도가 더 높은지, 또 어느 정도 차이가 나는지를 알 수 있다. 철 막대의 길이 차이가 많이 나면 A, B의 온도차는 큰 것이고, 길이 차이가 적게 나면 온도차도 작은 것이라고 생각할 수 있다. 만약 길이가 같다면, 두 물체의 온도는 같다고 할 수 있다.

13-2 온도의 정의와 측정

온도의 단위인 1 K은 물의 **삼중점(triple point)** 온도의 1/273.16배로 정의한다. 물은 고체(얼음), 액체(물), 기체(수증기)의 세 가지 상태(phase)로 존재할 수 있는데 삼중점이란 이 세 가지 상태들이 서로 열평형을 이루어 공존하는 점을 말한다(그림 13.1). 액체 상태와 기체 상태가 공존하는 이중점인 물의 끓는점 온도는 압력에 따라 달라지는 반면, 삼중점의 온도와 압력은 유일하게 주어지기 때문에 표준온도로 삼기에 적당하다. 참고로 삼중점에서의 수증기의 압력은 $P^* = 0.006$기압이며, 온도는 앞의 정의에 따라 $T^* = 273.16\,\mathrm{K}$ 이다.

주어진 물체의 온도를 측정하는 일은 간단하지 않다. 어떤 온도측정기구를 사용하느냐에 따라, 즉 어떤 식으로 주어진 물체의 온도를 정의하느냐에 따라 온도의 측정은 달라질 수 있기 때문이다. 온도측정기구로 철 막대를 사용한다면 삼중점에 있는 물에 철 막대를 접촉시켰을 때의 철 막대의 길이와 주어진 물체에 철 막대를 접촉시켰을 때의 철 막대의 길이를 비교하여 물체의 온도를 정의할 수 있다. 하지만 이런 식으로 정의된 온도는 철 막대의 재질, 두께, 길이에 따라 달라질 수 있어 표준온도를 정의하기에는 부적절하다.

표준 온도측정기구로 기체 온도계를 보편적으로 사용한다. 기체 온도계는 기체를 단단한 용기 속에 채워 넣고 그 기체의 압력을 측정할 수 있는 압력계를 부착해 놓은 기구이다(그림 13.2). 기체의 압력이 변화해도 기체를 담은 용기의 부피는 변화하지 않는다.

기체 온도계를 주어진 물체에 접촉시켜 열평형을 이루면(여기서 기체 온도계는 물체에 비해 아주 작아서 열평형에 이른 후에도 물체의 온도는 거의 변하지 않았다고 가정한다) 물체의 온도에 따라 기체의 압력은 변화한다. 압력계의 눈금을 읽어 기체의 압력 P를 측정하면, 물체의 온도 T는 압력 P에 비례하는 양으로서 다음과 같이 정의된다.

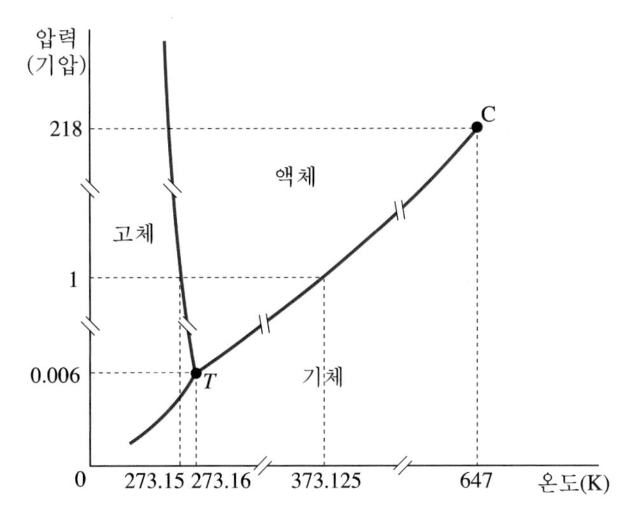

▲ **그림 13.1** | 물의 상도표. T는 물의 삼중점이며, C는 임계점이다.

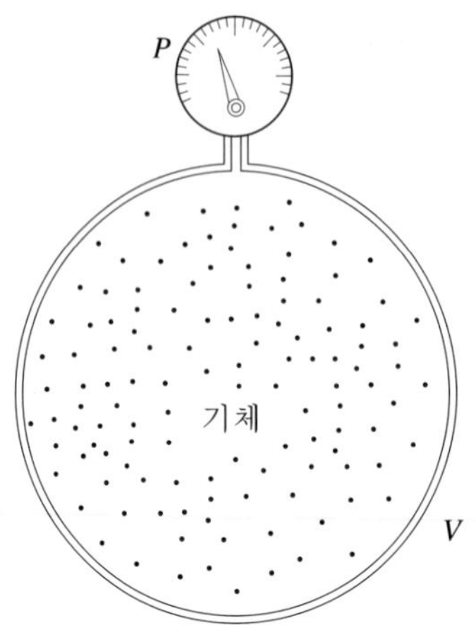

▲ **그림 13.2** | 기체 온도계. 단단한 용기의 부피는 V이며, 기체의 압력 P는 압력계에 나타난다.

$$T = T^{*}\left(\frac{P}{P^{*}}\right) \tag{13.1}$$

여기서 T^{*}는 물의 삼중점에서의 온도(273.16 K)이며 P^{*}는 이 온도계를 삼중점에 있는 물과 접촉시켰을 때 압력계에 나타나는 기체의 압력이다.

이렇게 정의된 온도 역시 용기 속에 들어 있는 기체의 종류에 따라 달라질 수 있다. 삼중점에 있는 물과 접촉시켰을 때 얻어지는 압력 P^{*}와 주어진 물체에 접촉시켰을 때 얻어지는 압력 P는 용기 속에 들어 있는 기체의 종류와 밀도에 따라 달라진다. 두 압력의 비 P/P^{*} 역시 기체의 종류와 밀도에 따라 조금씩 달라진다. 하지만 기체의 밀도를 조금씩 낮추어가면 두 압력의 비 P/P^{*}는 종류에 크게 영향을 받지 않게 되며, 기체의 밀도가 0으로 가는 극한에서는 어떤 종류의 기체를 사용하더라도 측정된 온돗값은 동일하게 된다. 밀도가 아주 낮은 기체를 **이상기체(ideal gas)**라고 부르며, 이상기체를 사용한 기체 온도계를 사용하여 식 (13.1)로 정의된 온도는 표준 온도의 정의로서 적합하다. 이 정의에 의해 측정된 여러 가지 물질의 온도를 표 13.1에 기록해 놓았다. 예를 들어 1기압에서 물이 끓는 온도는 373.125 K이며, 물이 어는 온도는 273.15 K이다.

예제 13.1

어떤 상태에서 기체온도계에 든 기체의 압력을 P_0라 하고 그 상태의 온도를 100 K으로 정할 때, 기체온도계의 압력이 $3P_0$가 되는 상태에서 계의 온도는 몇 K인가?

| 풀이

식 (13.1)에서 기체온도계의 온도는 압력에 비례하게 된다.

따라서 구하고자 하는 온도는 $T = \left(\frac{3P_0}{P_0}\right) \times 100\ \text{K} = 300\ \text{K}$이 된다.

▼ 표 13.1 | 1기압에서 여러 상태의 온도

상태	온도(K)	상태	온도(K)
물의 끓는점	373.125	산소의 끓는점	90.19
물의 어는점	273.150	산소의 어는점	54.80
물의 삼중점	273.160	구리의 끓는점	2835
수소의 끓는점	20.28	구리의 어는점	1357.77
수소의 어는점	14.00		

일상생활에서 많이 쓰이는 온도 단위로는 **섭씨(Celsius)**와 **화씨(Fahrenheit)**가 있다. 섭씨온도의 단위로는 ℃를 사용하며 화씨온도의 경우에는 °F를 사용한다. 섭씨온도 $T_{\rm C}$는 1기압에서 물의 어는 온도를 기준으로(0℃) 만들어진 온도 단위이며 1도의 크기는 켈빈온도 단위와 같다. 섭씨온도($T_{\rm C}$)와 켈빈온도(T) 사이의 환산식은

$$T_{\rm C} = T - 273.15 \tag{13.2}$$

로 표시된다. 미국에서 많이 사용되는 화씨온도 $T_{\rm F}$는 1기압에서 물의 어는 온도를 32°F로 규정한 온도 단위이며, 1도의 크기는 섭씨온도 1도 크기의 9/5이다. 화씨온도와 섭씨온도 간의 환산식은

$$T_{\rm F} = \frac{9}{5} T_{\rm C} + 32 \tag{13.3}$$

로 표시된다.

13-3 열팽창과 열전달

| 열팽창

자연에 존재하는 대부분의 물질들은 온도를 높이면 팽창한다. 온도가 높은 여름에는 철로가 늘어나기 때문에 기차의 탈선을 방지하기 위해 틈새를 둔다. 또 다리 위에 놓여 있는 상판에 팽창 이음새들을 두어서 더운 여름날에 상판이 열팽창 때문에 울룩불룩하게 휘어지는 것을 방지한다.

온도가 높아지면 왜 부피가 늘어날까? 원자들이 격자 모양으로 연결되어 있는 고체를 생각해보자(그림 13.3). 고체 원자들은 서로 힘을 미치는데 이 힘은 주로 원자를 구성하고 있는 전자들과 핵 속의 양성자들에 작용하는 전자기력 때문에 생긴다. 그 결과로 원자들 사이의 거리가 멀어지면 서로 당기고 너무 가까워지면 서로 밀쳐낸다. 두 원자들 사이에 적당한 간격이 주어지면 안정한 상태가 된다. 그림 13.4는 두 원자 사이에 미치는 힘에 의한 위치에너

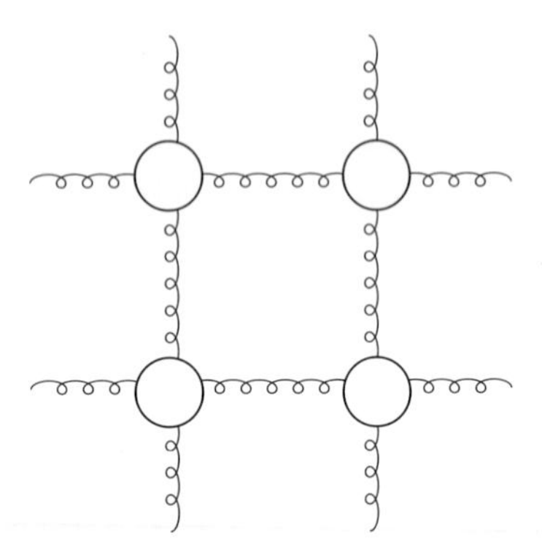

▲ **그림 13.3** | 고체의 구조

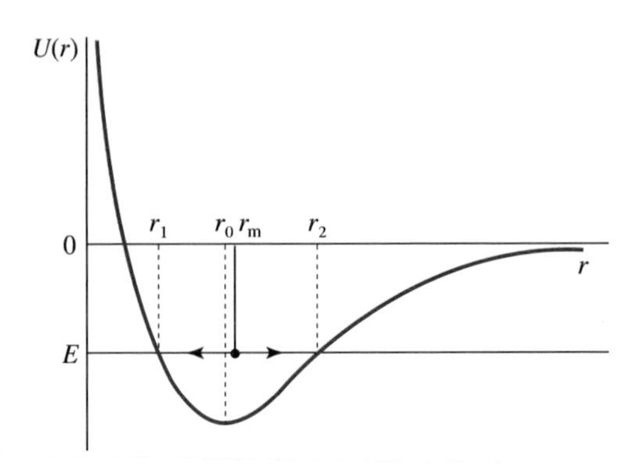

▲ **그림 13.4** | 원자의 위치에너지

지 U를 원자 간격 r의 함수로 그린 것이다. 위치에너지 함수 $U(r)$은 r_0에서 최솟값을 가지며, 온도가 0 K일 때 격자점 간격은 r_0가 된다. 온도를 올리면 내부에너지 E가 증가하며 원자 간의 간격은 r_1과 r_2 사이에서 진동하게 된다. 그림 13.4에서 보는 바와 같이 $U(r)$은 r_0를 중심으로 비대칭적이므로 평균 간격 r_m은 r_0보다 크게 된다. 이 때문에 온도가 올라가면 원자 간의 평균 간격이 멀어져 물체의 부피가 증가하게 된다. 만약 $U(r)$이 대칭적이라면 온도가 올라가도 고체의 부피는 늘어나지 않을 것이다.

물체의 열팽창 정도를 나타내는 계수에는 **선팽창계수** α와 **부피팽창계수** β가 있다. 고체의 길이는 온도가 1 K 증가할 때마다 약 $10^{-3}\sim10^{-5}$% 정도 늘어난다. 고체의 선팽창계수는 온도가 1도 올라갔을 때 단위길이당 늘어난 길이로 정의된다.

$$\alpha = \frac{1}{L}\frac{\Delta L}{\Delta T} \tag{13.4}$$

여기서 L은 물체의 길이, ΔL은 늘어난 길이, ΔT는 온도의 상승분이다. α는 일반적으로 온도에 따라 약간 달라지지만 실용적인 온도 범위에서는 거의 상수이다. 표 13.2에 몇몇 물질의 선팽창계수가 기록되어 있다. 유체는 모양이 일정하지 않기 때문에 부피 변화만이 의미를

▼ **표 13.2** | 상온(20℃)에서 고체의 선팽창계수 α와 유체의 부피팽창계수 β

물질	$\alpha(\times 10^{-6}/\text{K})$	물질	$\beta(\times 10^{-4}/\text{K})$
알루미늄	24.5	에틸알코올	1.1
구리	17.5	수은	1.8
보통 유리	9.5	가솔린	9.5
파이렉스 유리	3.3	물	2.1
철	12.5	1기압의 공기	35.5
콘크리트	12.5		
석영	0.5		
0℃ 얼음	51.5		

가진다. 기체의 부피는 온도에 매우 민감하게 반응하지만, 액체나 고체의 부피 변화는 매우 적다. 부피가 V인 고체나 액체의 부피팽창계수 β는

$$\beta = \frac{1}{V}\frac{\Delta V}{\Delta T} \tag{13.5}$$

로 정의된다. 등방성 고체의 경우 부피팽창계수와 선팽창계수는 $\beta = 3\alpha$의 관계를 갖게 되는데 이는 각 변의 길이가 L인 정육면체에 대해 $\Delta V = \Delta(L^3) = 3L^2\Delta L = 3V(\Delta L/L)$이 성립한다는 것을 생각해보면 이해할 수 있다. 액체의 부피팽창계수는 고체보다 보통 10배 정도 크다.

우리 주위에 가장 흔한 액체인 물은 4℃ 이상에서는 온도 상승과 더불어 부피가 늘어나지만 0℃에서 4℃ 사이에서는 그 반대 현상이 일어난다. 즉 0℃ 물보다 4℃ 물의 부피가 더 작다. 이런 성질 때문에 호수의 물은 윗면부터 얼어붙는다. 밀도가 높은 4℃의 물이 호수 바닥으로 내려가고 밀도가 낮은 0℃의 물이 위로 올라가기 때문이다. 만약 물에 이런 특이한 성질이 없다면 호수는 바닥부터 얼게 될 것이며 호수 바닥에 있는 동식물 생태계는 멸종했을 것이다.

열전달

열은 두 시스템 사이에 교환되는 에너지의 한 형태이며 **전도(conduction), 대류(convection), 복사(radiation)** 등 세 가지 방식에 의해 일어난다.

끓고 있는 물속에 쇠젓가락의 한쪽 끝을 담그면 시간이 조금 지나 손으로 잡고 있는 젓가락 끝이 뜨거워진다. 이는 물속에 담겨 있는 젓가락 한쪽 끝의 온도가 올라가 그 부분에 있는 원자들과 전자들의 움직임이 활발해지고, 그 원자와 전자들이 인접해 있는 다른 원자나 전자들에게 충돌을 통해 에너지를 전달하여, 결국에는 손으로 잡고 있는 젓가락 부분의 원자와 전자들의 운동도 활발해졌기 때문이다. 이런 현상을 열전도라 한다. 철, 은과 같이 원자에 속박되어 있지 않은 자유전자들이 많은 금속일수록 열전달이 쉬우며, 유리, 나무와 같이 자유전자가 적은 비금속들은 열전달이 어려운 열절연체이다.

주어진 물체가 열을 얼마나 잘 전달하는가 하는 문제는 그 물체의 모양과도 큰 관련이 있다. 그림 13.5와 같이 단면적이 A이고, 두께가 d인 물체에서 그 양쪽 단면의 온도가 ΔT만큼 다를 때, 온도가 높은 단면 쪽에서 온도가 낮은 단면 쪽으로 시간 t 동안 흐르는 열량을 Q라고 하자. 여러 가지 다른 모양새를 가진 물체들을 가지고 실험해보면, 단위시간당 흐르는 열이동률(heat flow rate) $H(= Q/t)$는 온도 차이 ΔT와 단면적 A에 비례하고 두께 d에 반비례한다는 사실을 알 수 있다. 즉

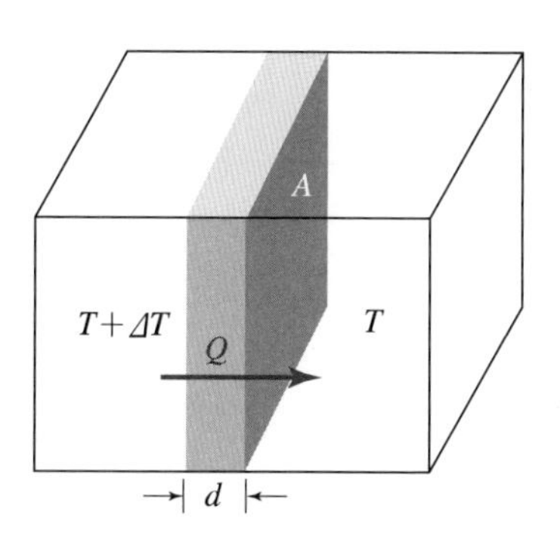

▲ 그림 13.5 | 열전도

$$H = kA\frac{\Delta T}{d} \tag{13.6}$$

여기서 비례상수로 쓰인 k는 그 물체의 구성물질의 특성이며 **열전도도(thermal conductivity)**라 부른다. 열전도도는 일상 온도의 범위에서는 거의 변하지 않는다. 표 13.3에 일상 온도에서의 여러 물질의 열전도도를 기록해 놓았다. 공학적으로 편리하게 사용하기 위해 물체의 열저항 R을 d/k로 정의할 수 있다. R이 클수록 좋은 열절연체이며, 폴리우레탄 포말이나 움직이지 않는 공기의 R값은 매우 크다. 방 안과 밖 사이에 열차단을 위해서 이중창문을 쓰는 이유가 바로 이 때문이다.

오븐 위에 물을 올려 놓고 데우면 물 그릇 밑바닥 부분부터 데워지겠지만, 온도가 물의 끓는점에 가까워지면 물 전체가 심한 순환운동을 하는 것을 볼 수 있다. 밑부분의 물은 데워져 위로 올라가고, 윗부분의 물은 차가운 대기와 접촉하여 온도가 낮아져 밑으로 내려오는 과정이 계속 반복된다. 이렇게 순환운동에 의해 유체 전체에 열을 전달하는 방법을 **대류**라 부르며 이는 구름의 생성 등 기후와 밀접한 관계가 있다. 예를 들면 태양열에 의해 데워진 뜨거운 공기가 위로 올라가고 차가운 공기는 밑으로 내려오는 과정이 반복된다. 열전도가 미시적인 입자들이 인접 입자들에게 에너지를 전달하여 이루어지는 반면, 대류는 물질에 거시적인 운동을 일으켜 열을 전달한다.

태양이 방출하는 에너지는 우리에게 어떻게 전달될까? 태양과 지구 사이는 거의 물질이 없는 진공 상태이므로 전도나 대류에 의해 열이 전달될 수는 없다. 진공 속에서 에너지를 전달하는 것은 전자기파이다. 모든 물질은 전자기파를 발생하며 전자기파를 통해 에너지를 전달하는 방식을 복사라고 한다. 해변가에서 모닥불을 피워 놓고 둘러앉았을 때, 따뜻함을 느끼는 것도 복사 때문이다. 공기는 좋은 열전도체가 아니기 때문에 열전도만으로 우리가 따뜻해지지는 않는다. 우리가 따뜻함을 느끼는 이유는 피부에 있는 수많은 물 분자들이 모닥불이 내어 놓는 전자기파를 흡수하여 운동이 활발해져 온도가 올라가기 때문이다. 26장에서 열복사에 관한 자세한 내용을 다룰 것이다.

▼ **표 13.3** | 일상 온도에서 열전도도

물질	열전도도 k(W/(m·K))	물질	열전도도 k(W/(m·K))
철	046.026	폴리우레탄 포말	0.024
납	035.026	파이버 글라스	0.048
알루미늄	235.026	벽돌	0.716
구리	401.026	유리	1.066
물	0.576	콘크리트	1.366
공기	0.026	스티로폴	0.042
수소	0.186	나무	0.156

13-4 비열과 잠열

외부에서 물체에 열을 가하면 물체는 그 열을 흡수하여 온도가 올라가거나 상변화(phase change)를 일으키게 된다. 물체의 온도를 올리거나 상변화를 일으키기 위해서는 얼마만큼의 열이 필요할까?

❙ 비열

먼저 물체의 상변화가 일어나지 않는 한도 내에서 이 문제를 생각해보자. 물체의 온도를 단위온도만큼 올리는 데 필요한 열량을 그 물체의 **열용량(heat capacity)**이라 한다. 즉 어떤 물체의 온도를 ΔT만큼 올리는 데 열량 Q가 필요하다면, 물체의 열용량 C는 다음 식으로 정의된다.

$$Q = C\Delta T \tag{13.7}$$

열용량 C의 단위는 J/K이며 물체의 크기에 의존한다. 단위크기당 열용량을 물질의 **비열(specific heat)**이라 하며 물질의 특성이 된다. 비열은 보통 소문자 c로 나타내며, 여러 가지 단위를 사용하는데, 그중에서도 **단위질량당 열용량**과 **단위몰(mole)당 열용량**이 많이 쓰인다. 각각 물질 1 kg을 1 K 올리는 데 드는 열량과, 아보가드로 수(6×10^{23})만큼의 분자들로 구성된 물질을 1 K 올리는 데 드는 열량을 나타내며 단위는 J/(kg · K)과 J/(mol · K)이다. 예를 들어, 단위질량당 열용량으로서의 비열을 고려하면 식 (13.7)은

$$Q = mc\Delta T \tag{13.8}$$

가 된다. 여기서 m은 물체의 질량이다. 단위몰당 열용량은 **몰비열(molar specific heat)**이라 부르며 이에 대한 식은 식 (13.8)에서 질량 m 대신 물체의 몰 수 n을 대입하여 정의된다. 비열 c의 값은 일반적으로 온도에 따라 달라지지만 일상 온도 근처에서는 큰 변화를 보이지 않는다. 하지만 기체의 비열은 어떤 환경 속에서 비열을 측정했는지에 따라 많은 차이가 나며 이에 관해서는 다음 단원에서 자세히 다룰 것이다.

예제 13.2

질량이 m인 물체를 수면 위 h 높이에서 떨어뜨렸다. 물체의 온도 변화는 무시하며 물체의 모든 에너지가 물의 온도를 상승시키는 데 기여한다고 가정한다면 물의 온도는 몇 K 상승하겠는가? 물의 질량은 M이며, 물의 질량당 열용량은 c이고 중력가속도는 g이다.

| 풀이

질량 m의 위치에너지는 식 (5.28)로부터 $U=mgh$이다. 물의 질량 M이 위의 위치에너지로 인해 온도가 상승한다면, 식 (13.8)로부터 $mgh=Mc\Delta T$ 또는 $\Delta T=\frac{mgh}{cM}$이다.

잠열

고체에서 액체로, 또는 액체에서 기체로 상변화를 일으키는 데는 부가적인 열량이 필요하다. 오븐 위에 물을 올려놓고 데워 보면 100℃가 되었을 때 물이 끓어 수증기로 날아가기 시작한다. 즉 액체 상태에서 기체 상태로 상변화를 일으킨다. 열을 계속 가하여도 물의 온도는 100℃를 유지하며 수증기로의 상변화를 계속한다. 오븐 위에 있는 100℃ 물을 모두 100℃의 수증기로 상변화시키기 위해서는 상당한 양의 열이 필요하며 단위질량당 상변화를 일으키는 데 필요한 열량을 **잠열(latent heat)**이라 부른다. 특히 액체에서 기체로 상변화를 일으키는 데 필요한 잠열을 **기화열**이라 부르며, 고체에서 액체로 상변화를 일으키는 데 필요한 잠열을 **융해열**이라 부른다. 1기압에서 물의 기화열은 333 kJ/kg이며, 융해열은 2,260 kJ/kg이다. 물의 상변화에 대한 압력-온도 도표가 그림 13.1에 그려져 있다. 이 그림을 상도표(phase diagram)라 부른다. 이 상도표에서 볼 수 있듯이 압력에 따라 물의 끓는 온도에는 상당한 변화가 있지만 물의 어는 온도는 변화가 매우 작은데 이는 액체나 고체의 경우 외부 압력에 의한 부피 변화가 거의 없기 때문이다. 물의 삼중점에서의 압력(0.006기압)보다 더 낮은 압력에서는 얼음에서 수증기로 승화 현상이 일어난다.

물의 상도표에서 액체와 기체 사이를 구분해주는 기화곡선은 온도가 약 374℃ 이상이 되면 사라져버린다. 이 점을 **임계점(critical point)**이라고 부르며 이 임계점의 온도를 **임계온도**, 압력을 **임계압력**이라 부른다. 임계온도보다 낮은 온도의 수증기는 압력을 가하면 물로 상변화를 일으키며 잠열을 외부에 내어 놓는데 잠열의 크기는 온도에 따라 다르다. 온도가 높아질수록 잠열은 점점 작아지며 임계온도에서는 잠열이 사라진다. 임계온도보다 더 높은 온도의 수증기는 아무리 압력을 높여도 잠열이 발생하지 않기 때문에 더 이상 액체인지 기체인지 구별할 수 없고 상변화가 일어나지 않는다. 임계점 근처에서의 물과 수증기의 물리적인 성질은 거의 동일하며 우리가 평상시에 보는 물 또는 수증기와는 전혀 다른 형태를 지닌다. 반면에 고체와 액체를 구분짓는 액화곡선은 현재까지의 실험으로는 끝이 없다고 알려져 있다. 따라서 고체와 유체(액체나 기체)는 확실하게 구분할 수 있지만, 액체와 기체는 실험 도중 잠열이 발생하는지에 따라 상대적으로 구분할 수 있을 뿐이다. 이러한 현상은 물뿐만 아니라 모든 물질에 공통적으로 일어나는데 임계점에 있는 물질들은 비열이 무한대로 커지는 등 매우 흥미로운 현상을 보인다. 이런 현상을 **임계현상(critical phenomena)**이라 한다.

13-5 기체운동론과 이상기체

❙ 기체운동론

물질은 원자, 분자 등 수많은 입자로 이루어져 있으며, 거시적인 물리량은 이 입자들의 미시적 성질로부터 유도될 것이라 추론할 수 있다. 이 입자들의 운동에 뉴턴의 역학법칙(현대물리학에서는 양자역학)을 적용하여 거시적인 물리량들을 통계적으로 얻어내는 물리학을 통계역학(statistical mechanics)이라 한다. 예를 들면 용기 속에 들어 있는 기체가 용기 벽에 미치는 압력은 기체 분자들이 벽을 끊임없이 두드리면서 벽에 전해주는 충격량을 통계적으로 평균하여 얻을 수 있다. 거시적인 물질 속에는 입자들이 엄청나게 많기 때문에 이런 통계적 평균은 근사치가 아닌 아주 정확한 값을 제공한다. 또한 기체의 온도나 내부에너지는 기체 분자들이 갖고 있는 운동에너지와 위치에너지의 총합으로 계산될 수 있다.

이 절부터는 가장 간단한 다체계인 이상기체(ideal gas)의 압력, 온도, 내부에너지, 비열 등 거시적인 물리량들을 구성 입자들의 운동론(kinetic theory)과 이상기체의 현상학적 상태방정식(equation of state)을 적용하여 미시적으로 이해하려고 한다. 이상기체의 상태방정식도 19세기 말 깁스(J. W. Gibbs)에 의해 정립된 평형 통계역학을 통해 미시적으로 유도할 수 있으나 여기서는 다루지 않겠다.

❙ 이상기체의 상태방정식

기체의 부피 V, 압력 P, 온도 T가 서로 어떻게 연관되는지 알아보자. 기체의 압력을 고정시킨 채 온도를 변화시키면 기체의 부피가 변화한다. 실험을 통하여 압력이 일정할 때 부피와 온도(켈빈온도)가 서로 비례한다는 사실을 확인할 수 있다(샤를의 법칙). 즉, 온도가 두 배가 되면 부피도 두 배가 된다. 또한 기체의 온도를 고정시킨 채 기체의 압력을 변화시켜 보면 부피와 압력이 등온 상태에서는 서로 반비례한다는 사실을 확인할 수 있다(보일의 법칙). 다시 말해서 압력이 두 배가 되면 부피는 반으로 준다.

샤를의 법칙과 보일의 법칙은 실제 기체에서는 단지 근사적으로 맞는 법칙들이지만 기체의 밀도가 0으로 가는 극한에서는 어떤 기체를 사용하더라도 정확히 맞게 된다. 밀도가 아주 낮은 기체는 입자들 사이의 평균 간격이 매우 크기 때문에 그들 사이에 미치는 힘의 크기는 거의 무시할 만하다. 이론적으로 입자들 사이의 힘이 전혀 없어 입자의 위치에너지가 없는 기체를 **이상기체**라고 정의하며 이는 13-2절에서 언급된 바 있다. 이상기체는 샤를과 보일의 법칙을 정확히 만족시킨다. 또한 이론적인 이상기체는 아무리 압력을 높여도 액화되지 않으며, 또한 입자들의 총 운동에너지가 이 이상기체의 내부에너지가 된다.

이상기체에 대한 샤를의 법칙과 보일의 법칙을 하나의 식으로 쓰면,

$$\frac{PV}{T} = C \tag{13.9}$$

가 된다. 여기서 P, V는 기체의 압력과 부피이며, T는 켈빈온도로 측정된 기체의 온도, 그리고 C는 기체의 상태와 관계없는 상수이다. 여러 가지 다른 종류의 기체를 실험하여 이 상수를 측정해보면, 이 상수는 기체의 종류와는 관계가 없으며 단지 기체를 구성하는 입자들의 개수 N에만 비례한다는 사실을 알 수 있다. 따라서 식 (13.9)는 다음과 같이 쓸 수 있다.

$$PV = N k_{\mathrm{B}} T \tag{13.10}$$

이 식을 이상기체의 상태방정식이라 하며, **볼츠만(Boltzmann)상수**라 하는 비례상수 k_{B}의 측정값은 $1.38 \times 10^{-23}\,\mathrm{J/K}$ 이다. 기체를 구성하는 입자들의 개수 N보다 좀 더 실용적인 단위인 몰(mole)을 사용하면, 식 (13.10)은

$$PV = nRT \tag{13.11}$$

가 되며, n은 기체의 몰 수, 기체상수라고 하는 R은 $R = N_{\mathrm{A}} k_{\mathrm{B}} T = 8.31\,\mathrm{J/(mol \cdot K)}$ 이 된다. 여기서 N_{A}는 아보가드로 수로 약 $6.02 \times 10^{23}\,\mathrm{mol}^{-1}$ 이다.

앞 장에서 논의한 정적 기체 온도계는 이상기체의 상태방정식을 이용한 온도계이다. 단단한 용기 속에 들어 있는 기체의 부피는 일정하며, 기체 속의 입자들의 개수 또한 일정하다. 그러므로 이 경우 T/P는 온도에 따라 변화하지 않는다. 식 (13.1)에서 P를 좌변으로 이항하면 $T/P = T^*/P^*$가 되며, 이는 정적 기체 온도계에서 온도와 압력의 비가 항상 일정하다는 것을 뜻한다.

13-6 기체운동론

❙ 압력

앞 절에서 기체의 거시적인 양들인 압력, 부피, 온도의 관계를 실험을 통해 현상학적으로 살펴보았다. 이 절에서는 기체 운동론을 사용하여 기체의 압력을 미시적으로 계산해보자. 그림 13.6에서와 같이 한 변의 길이가 L인 정육면체 상자 속에 N개의 기체 입자가 들어 있다고 하자. 이 입자들은 일상 온도에서 매우 빠른 속력(약 1 km/s)으로 모든 방향으로 자유롭게 움직인다. 입자의 속도는 단지 입자들 사이의 충돌 또는 입자와 벽 사이의 충돌을 통해 바뀐다.

입자들 간의 충돌과 벽과의 충돌 모두 탄성충돌이라고 가정한 뒤(만약 이런 충돌들이 비탄성충돌이라면 입자들의 운동에너지가 서서히 감소하여 정지하게 될 것이다. 현실적으로 이런 일은 발생하지 않으므로 이 가정은 올바른 가정이다), 이 입자들이 벽과의 충돌을 통해 벽에

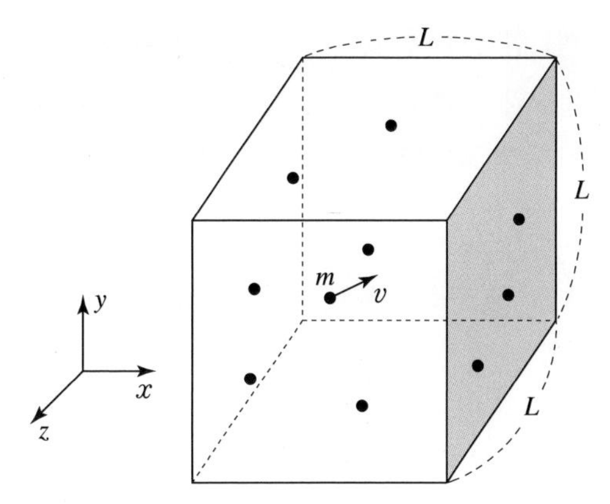

▲ **그림 13.6** | 상자 속의 이상기체

전달하는 충격량을 계산해보자.

먼저 편의를 위해 입자들 간의 충돌은 없다고 가정하자. 속도 v를 갖는 한 입자가 그림 13.6의 음영 부분의 벽(x축에 수직인 벽)에 탄성충돌한 후 되튀어 나오면 이 입자 속도의 x 방향 성분만 반대 방향으로 바뀌게 된다. 따라서 이 입자의 운동량의 변화는 $-2mv_x$가 된다. 여기서 m은 입자의 질량이며, v_x는 속도의 x방향 성분이다. 그러므로 충돌을 통해 이 입자가 벽에 전달한 충격량 Δp는 $2mv_x$이다. 이 입자가 x방향으로 1회 왕복한 뒤 다시 이 벽에 충돌할 때까지 걸리는 시간 Δt는 $2L/v_x$이다. y축이나 z축에 수직인 벽들과의 충돌 또한 탄성충돌이므로 이 벽들과의 충돌은 v_x의 값을 변화시키지 않는다. 따라서 이 입자가 어떤 경로로 움직이더라도 Δt는 달라지지 않는다.

뉴턴의 운동 제2법칙에 따라 이 입자가 단위시간에 음영 부분의 벽에 전달하는 충격량($\Delta p/\Delta t = mv_x^2/L$)은 이 입자가 벽에 미치는 평균힘이 된다(6장 참조). 이 입자 외에도 수많은 다른 입자들이 똑같은 방법으로 이 벽에 힘을 미치기 때문에 이 벽에 미치는 총힘은 각 입자들이 전달하는 단위시간당 충격량을 모두 합해야 한다. 따라서 총힘의 크기 F는

$$F = \sum_{i=1}^{N} \frac{m\, v_{x,i}^2}{L} = \frac{Nm\, \overline{v}_x^2}{L} \tag{13.12}$$

이 된다. 여기서 $v_{x,i}$는 i번째 입자의 x방향 속도 성분이며, $\overline{v}_x^2$은 입자의 x방향 속도 성분의 제곱의 평균값이다. 입자의 속도는 어떤 특정한 방향에 대한 편향성이 없으므로 y방향이나 z방향 속도 성분의 제곱에 대한 평균값도 모두 같을 것이다. 또한 입자 속도의 제곱 v^2은 $v_x^2 + v_y^2 + v_z^2$이므로, $\overline{v^2} = 3\overline{v_x^2}$이 될 것이다. $\overline{v^2}$의 제곱근은 일종의 평균 속력이라는 의미를 지니며, 이를 **제곱평균제곱근(root-mean-square) 속력**($v_{\rm rms}$)이라 부른다. 즉 먼저 입자들의 속도를 제곱한 후, 이들을 평균한 다음 다시 제곱근을 씌었다는 뜻이다. 물론 $v_{\rm rms}$는 모든 입자들

의 통계적인 평균이므로 어떤 입자의 속력은 이보다 훨씬 빠를 것이며 어떤 입자는 매우 느릴 것이다. 주어진 기체의 입자들의 속력이 어떤 분포를 갖는지는 다음 절에서 논의하도록 하자.

위의 결과를 이용하여 기체가 벽에 미치는 압력 P를 계산하면,

$$P = \frac{F}{L^2} = \frac{Nm v_{\mathrm{rms}}^2}{3V} = \frac{1}{3}\rho v^2{}_{\mathrm{rms}} \tag{13.13}$$

이 된다. 여기서 $V = L^3$은 기체의 부피이고 $\rho = Nm/V$는 기체의 밀도이다. 어떤 다른 벽에 대해 압력을 계산해도 이 결과는 똑같을 것이다. 입자들 간의 충돌이 있더라도 위의 결과는 전혀 달라지지 않는다. 같은 질량을 가지는 두 입자 간의 탄성충돌이므로 서로의 속도만을 교환하고 따라서 전체에 대한 평균을 내서 얻은 식 (13.13)의 결과는 바뀌지 않는다. 또한 기체를 담고 있는 용기가 정육면체가 아니더라도 같은 결과를 얻을 수 있다.

❙ 운동에너지

어느 순간의 각 입자들의 속력을 v_i라고 하면 그때의 총 운동에너지 K는 다음 식으로 주어진다.

$$K = \sum_{i=1}^{N} \frac{1}{2} m v_i^2 = \frac{Nmv^2_{\mathrm{rms}}}{2} \tag{13.14}$$

이 운동에너지는 입자의 병진운동에너지만을 고려한 것이다. 다원자 분자들로 이루어진 기체는 분자들의 병진에너지 외에도 분자의 질량중심점에 대한 회전에너지와 진동에너지도 총 운동에너지에 포함되어야 한다. 여기서는 단원자 분자로 이루어진 기체만을 생각한다. 식 (13.14)를 식 (13.13)과 비교하면, 기체의 총 운동에너지는

$$K = \frac{3}{2} PV \tag{13.15}$$

가 되는 것을 알 수 있다.

미시적 운동론으로부터 이론적으로 유도한 위의 결과와 앞 절에서 실험적으로 얻은 이상기체의 현상학적 상태방정식을 비교함으로써 기체의 온도가 기체 입자들의 미시적 운동과 어떻게 연결되는지 알 수 있다. 위 식에 이상기체 상태방정식을 대입하면, 총 운동에너지는

$$K = \frac{3}{2} N k_{\mathrm{B}} T = \frac{3}{2} nRT \tag{13.16}$$

가 되며, 이로부터 **각 입자 하나당 평균 운동에너지는** $\frac{3}{2}k_{\mathrm{B}}T$, 기체 1몰당 평균 운동에너지는 $\frac{3}{2}RT$임을 알 수 있다. 따라서 온도가 T인 이상기체의 각 입자들은 질량에 관계없이 같은

평균 운동에너지를 가지며, 이상기체의 온도를 측정한다는 것은 기체 입자의 평균 운동에너지를 측정한다는 말과 같게 된다. 만약 질량이 다른 두 기체가 섞여 있다 하더라도 각 입자의 운동에너지는 동일하기 때문에 입자의 평균 속력은 질량의 제곱근에 반비례하게 된다. 따라서 이 두 종류의 기체를 담고 있는 용기에 조그만 구멍을 내었을 때, 가벼운 입자는 상대적으로 빨리 빠져나가게 된다. 이는 여러 가지 기체가 섞여 있을 때, 종류별로 기체를 분리해 내는 데 응용된다.

실제 기체는 입자들 사이에 작용하는 힘 때문에 식 (13.16)은 단지 근사적으로만 성립하며 실제 기체의 온도는 운동에너지뿐만 아니라 위치에너지와도 관련이 있다. 이상기체의 경우 앞서 말한 바와 같이, 위치에너지는 없기 때문에 총 운동에너지의 합이 바로 이상기체의 내부에너지가 된다($E = K$).

13-7 평균 자유거리와 맥스웰 속력분포

평균 자유거리

실제 기체를 구성하고 있는 입자들의 운동 경로를 그려본다면 어떻게 될까? 그림 13.7처럼 한동안 등속력으로 직선운동을 하다가 다른 입자와 탄성충돌하여 속도가 급격히 변한 후 또 다시 다음 충돌 전까지 등속도운동을 할 것이다. 이러한 경로는 방향도 거의 무작위적(random)이며 충돌과 충돌 사이에 자유로이 움직이는 거리도 거의 무작위적이다. 이러한 복잡한 운동을 기술하는 데 유용한 매개변수 중의 하나가 **평균 자유거리(mean free path)**이다.

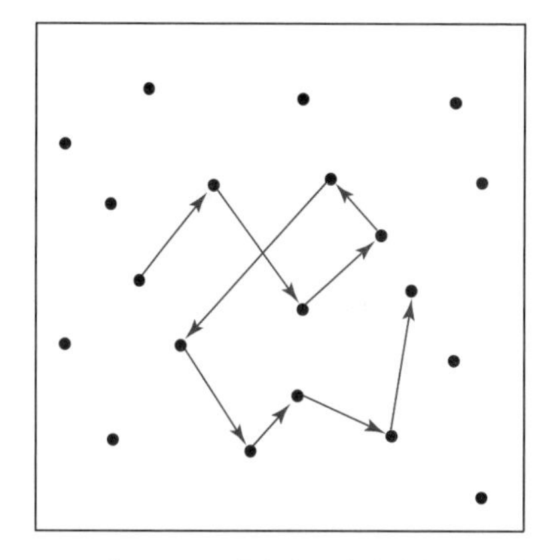

▲ **그림 13.7** | 입자의 무작위적인 운동

평균 자유거리 λ는 다체계에서 입자들 간의 충돌에 의해 전달되는 열(에너지), 전하(electric charge) 등 여러 가지 물리량들의 운송(전도)현상에 중요한 역할을 한다. 열저항, 전기저항, 점도(viscosity) 등 운송계수들은 모두 λ의 함수가 된다. 평균 자유거리가 기체 밀도와 기체 입자 크기의 함수일 것이라는 것은 자명하다. 밀도가 높을수록 또 입자의 크기가 클수록 충돌의 기회가 많아지므로 λ는 작아진다. 이상적인 경우에 평균 자유거리는 다음 식으로 표시된다.

$$\lambda = \frac{1}{\sqrt{2}\,\pi d^2 N/V} \tag{13.17}$$

여기서 d는 입자의 지름이며, N/V는 기체의 밀도이다. 실온과 실압에서 보통 기체의 밀도는 이상기체 상태방정식으로부터 계산할 수 있으며, 그 값은 약 2.4×10^{25}개$/\mathrm{m}^3$이다. 또 입자의 지름은 약 $2\times10^{-10}\,\mathrm{m}$ 정도이다. 따라서 λ는 약 $2\times10^{-7}\,\mathrm{m}$이다. λ는 입자 지름 d의 약 1,000배나 되지만, 입자의 평균 속력이 약 1 km/s이므로 1초에 약 5×10^9 번이나 충돌을 일으킨다. 전자나 양성자를 광속에 가까운 엄청난 속력으로 가속시켜야 하는 입자 가속기의 경우는 되도록 충돌을 줄여야 하므로 가속기 내부를 거의 진공으로 만들어야 한다. 가속기 내부의 압력을 약 10^{-8} 기압으로 낮춘다면 밀도도 그만큼 줄어들고 λ가 약 20 m로 커져 내부 기체 분자들과의 충돌로 인한 전자나 양성자들의 속력의 손실이 거의 없게 된다.

맥스웰 속력분포

온도가 T인 기체 속의 각 입자들은 평균적으로 $\frac{3}{2}k_\mathrm{B}T$만큼의 운동에너지를 갖는다는 사실을 앞 절에서 배웠다. 따라서 입자들의 제곱평균제곱근 속력 v_rms는

$$v_\mathrm{rms}=\sqrt{\frac{3k_\mathrm{B}T}{m}} \tag{13.18}$$

로 주어진다. 이 속력을 계산해보면 기체 입자들이 평균적으로 어느 정도 속력으로 움직이는지 알 수 있겠지만, 빠른 입자들과 느린 입자들이 얼마나 있는지, 즉 입자들의 속력분포에 대해서는 알 수가 없다. v_rms가 온도에 따라 달라지듯이 속력분포도 온도에 의존한다. 물론 어떤 입자도 동일한 속력을 계속 유지하지는 못한다. 빈번한 충돌로 입자들의 속력은 계속 변하지만 전체적으로 수많은 입자에 대해 통계를 내면 평형 상태에서는 입자들의 속력 분포가 일정하게 유지될 것이다.

속력이 v_rms보다 아주 크거나 아주 작은 입자들은 많지 않을 것이다. 이러한 속력을 얻으려면 다른 입자들과의 충돌에 의해 이 입자의 속력이 거듭해서 커지거나 작아져야 하는데 무작위적 충돌에서 이런 특정한 연속 충돌이 일어날 확률은 아주 낮다. 따라서 상당수의 입자들은 v_rms 근처의 속력을 갖고 있을 것임을 예측할 수 있다. 기체 입자들의 속력 분포를 알아낸 사람은 **맥스웰**(J. C. Maxwell, 1831~1879)이다. **맥스웰 속력분포법칙**은 다음과 같다.

$$P(v)dv=4\pi\left(\frac{m}{2\pi k_\mathrm{B}T}\right)^{3/2}v^2e^{-mv^2/2k_\mathrm{B}T}dv \tag{13.19}$$

여기서 $P(v)dv$는 속력이 v와 $v+dv$ 사이의 값을 갖는 입자들의 부분율을 나타낸다. 따라서 모든 속력에 대해 $P(v)$를 적분하면 1이 된다($\int_0^\infty P(v)dv=1$). $P(v)$를 **속력분포함수**라고 부르며, 그림 13.8은 두 온도에서의 속력분포함수를 나타낸 것이다.

온도가 높아질수록 또는 입자의 질량이 가벼울수록 분포함수곡선은 완만해지며 큰 속력을

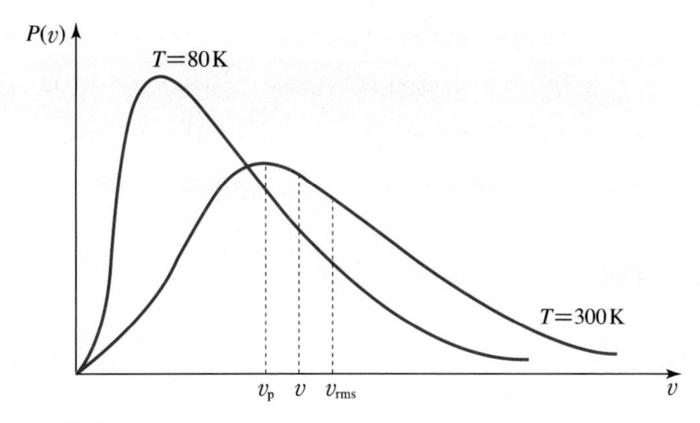

▲ **그림 13.8** | 맥스웰 속력분포

가지는 입자들의 부분율이 커진다. 수소 입자는 산소나 질소 입자보다 가볍기 때문에 빠른 속력을 가지는 입자들이 상대적으로 많아 중력을 이기고 대기권을 탈출하기 쉬워 대기 중에 희박하게 된다. 컵 속에 들어 있는 물이 끓는 온도 이하에서 조금씩 증발하는 이유도 빠른 속력을 가지는 입자들이 조금 있기 때문이다. 이런 입자들은 물분자 사이에 작용하는 힘을 이겨내고 외부로 탈출하게 된다. 온도가 올라가면 이런 입자들의 수가 많아지고 물의 증발 속도도 빨라진다. 빠른 입자들이 증발해버리면 느린 입자들이 외부 환경으로부터 열을 흡수하여 빠르게 움직이게 되고 다시 맥스웰 속력분포를 갖는 평형 상태를 이룬다.

맥스웰 분포함수를 특징짓는 양으로는 $v_{\rm rms}$ 이외에도 $v_{\rm p}$와 v가 있다. $v_{\rm p}$는 부분율이 가장 높은 속력이며, v는 단순 평균 속력이다. 맥스웰 분포함수가 최댓값을 가질 때의 속력이 $v_{\rm p}$이며, v는 $v = \int_0^{\infty} v\,P(v)dv$로 얻어진다. 간단한 계산을 통해 $v_{\rm p} < v < v_{\rm rms}$를 증명할 수 있다.

연습문제

13-1 온도와 열 **13-2** 온도의 정의와 측정

1. 부피가 일정한 기체 온도계를 드라이아이스(-80.0℃) 온도에 맞추었더니 압력이 0.900 atm이었다. 에틸알코올의 끓는 온도(78.0℃)와 물이 끓는 온도에서 이 기체 온도계의 압력은 각각 얼마인가?

2. 섭씨온도와 선형관계에 있는 온도척도 Z에 대해 물은 $-100°Z$에서 얼고 $300°Z$에서 끓는다고 한다. $50.0°Z$는 섭씨 몇 도인가?

3. 열(heat)의 정의를 기술하시오.

4. 어떤 용기에 담긴 온도 25℃인 물을 가열하였더니 90℃가 되었다. 이 때 온도변화를 표준 단위인 켈빈(K)으로 나타내시오.

13-3 열팽창과 열전달

5. 열전도도가 1.366 W/(m · K)인 콘크리트로 만들어진 길이 5.00 m, 높이 2.50 m, 두께 20.0 cm인 벽이 있다. 벽의 안쪽은 24.0℃, 바깥쪽은 10.0℃로 온도가 유지된다고 한다. 12시간 동안 이 벽을 통하여 얼마만큼의 열량이 빠져나가겠는가?

6. 물의 밀도는 0℃에서 약 0.99985 g/cm^3이며, 4℃에서는 약 0.99997 g/cm^3이다. 이 온도 범위에서 물의 부피팽창계수를 근사적으로 계산하여라.

7. 추운 환경에서 두꺼운 털옷을 입으면 몸의 열손실은 주로 전도에 의해서만 일어난다. 털옷의 열전도율을 $3.60 \times 10^{-3} \dfrac{\text{cal}}{\text{m} \cdot \text{hr} \cdot ℃}$라 할 때 1시간 동안 1.00 m^2의 면적을 통해 30℃의 피부에서 -30℃의 주변 공기로 1.00 cm 두께의 털옷을 통해 전달되는 열은 얼마인가?

8. 길이가 12.0 m이고 철로 만들어진 선로가 0.00℃에서 설치되었다. 40.0℃에서 선로들끼리 닿지 않기 위한 최소간격은 얼마인가? 표 13.2를 이용하시오.

13-6

9. 부피 V가 온도에 의존한다면 질량 밀도 ρ 역시 온도에 의존한다. 온도 변화량 ΔT에 의한 질량 밀도의 변화량 $\Delta\rho$는

$$\Delta\rho = -\beta\rho\Delta T$$

가 되는 것을 증명하여라. 여기서 β는 부피팽창계수이다. 음의 부호(−)를 설명하여라.

13-4 비열과 잠열

10. 밀도가 ρ이고 비열이 c인 금속으로 만든 막대의 단면적이 A이다. 이 막대의 열팽창계수가 α라면 이 막대에 Q만큼의 열을 가해줄 때 길이가 얼마나 늘어날 것인지 구하여라.

11. 온도가 다른 두 물체를 접촉시켰더니 두 물체 A와 B의 온도가 그림 P.13.1과 같이 시간에 따라 변하였다. 비열이 큰 물체는 둘 중 어느 것인가?

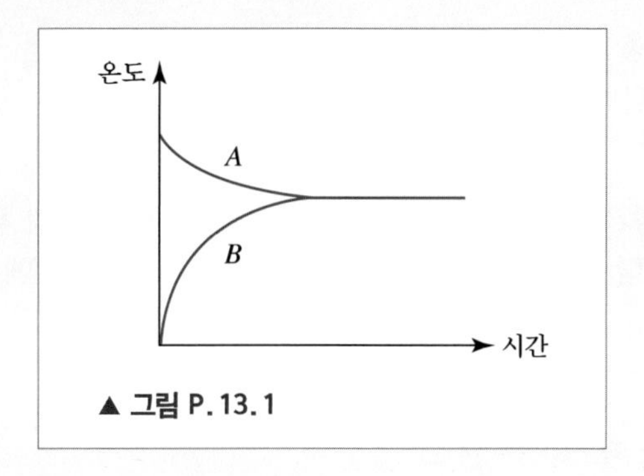

▲ 그림 P.13.1

12. 비열이 448 J/kg℃ 인 강철로 만든 탄환이 300 m/s의 속력으로 발사되고 등속도운동하다가 나무에 박혀 정지했다면 탄환의 온도가 얼마나 올라갈지 구하시오.

13-5 기체운동론과 이상기체

13. 이상기체 1몰의 압력 P, 부피 V, 온도 T는 상태방정식 $PV = RT$를 만족한다(R은 기체상수). 1기압, $T = 400$ K에서 이 이상기체의 부피팽창계수는 얼마인가?

14. 어떤 이상기체를 부피에 따른 압력이 $P = \alpha V^2$을 만족시키도록 하면서 팽창시킨다. 부피가 두 배로 팽창했다면 온도는 몇 배가 되었겠는가?

15. 밑면의 넓이가 A이고 높이가 H이며 윗면이 열려 있는 원통형 상자에 기체를 채워 넣어 온도 T, 압력 $P_0 = 1$ atm에서 평형 상태가 되었다. 이제 이 상자에 넓이가 A이고 무게가 $W = \frac{1}{2}P_0 A$인 원판을 위에 얹으면 원판이 내려가다가 밑면으로부터 h만큼 높은 곳에서 멈추고 평형상태가 된다. 이 과정 동안 온도는 T로 계속 유지된다고 하자. $\frac{h}{H}$를 구하시오.

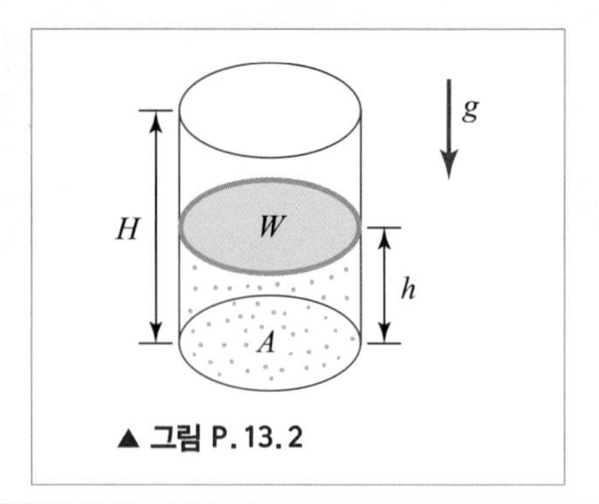

▲ 그림 P. 13. 2

13-6 기체운동론

16. 헬륨 가스 2몰을 부피가 $0.20\ \mathrm{m^3}$인 가스 탱크에 가득 채웠다. 이 때 온도는 27℃였다. 다음 물음에 답하시오. (단, 헬륨 가스는 이상기체처럼 행동한다.)

(가) 헬륨 가스의 총 운동 에너지를 구하시오.

(나) 기체 분자 하나당 평균 운동 에너지를 구하시오.

17. 동일한 종류의 이상기체가 두 상자 A, B에 담겨 있다. 상자 A의 부피는 B의 2배이고 두 기체의 압력은 서로 같다. A에 담겨 있는 기체분자의 평균속력은 B에 있는 기체의 평균속력의 몇 배인가?

13-7 평균 자유거리와 맥스웰 속력분포

18. 기체 입자의 평균속력이 500 m/s이고 다른 입자들과의 충돌 사이의 시간 간격이 평균 1.00×10^{-10} s라면 평균 자유거리는 얼마인가?

19. 지름이 2.00×10^{-10} m인 입자들이 이상기체의 상태방정식을 따른다고 하자. 이 입자들이 $1.00 \times 10^{-3}\ \mathrm{N/m^2}$의 압력에서 20.0 m 이상의 평균 자유거리를 가지려면 온도가 얼마 이상이어야 하는가?

20. 식 (13.19)로부터 부분율이 최대가 되는 속력 v_p와 단순 평균속력 v를 구하여라.

21. 질소분자와 산소분자의 몰 질량은 각각 28.0 g/mol과 32.0 g/mol이다. 상온(300 K) 1기압에서 공기 중의 질소분자와 산소분자의 제곱평균제곱근 속력을 각각 구하여라.

22. 1,000 K에서 수소분자의 평균 병진운동에너지는 몇 J인가?

23. 반지름이 R이고 질량이 M인 행성의 대기 중에 있는 입자당 질량이 m인 기체의 제곱평균제곱근 속력이 그 행성에서의 탈출속도와 같게 될 때의 온도 T를 구하시오.

24. 온도가 다른 두 물체 사이에 기체가 있을 경우 두 물체 사이를 움직이는 기체 분자들에 의해 열이 전달된다. 평균 자유거리가 큰 기체와 평균 자유거리가 작은 기체 중 어느 쪽의 열전도도가 더 높겠는가?

발전문제

25. 그림 P.13.2와 같이 크기와 모양은 같고 서로 다른 종류의 금속으로 만들어진 막대 A와 B를 두 가지 방식으로 붙인다. A의 열전도도는 B의 열전도도의 3배이다. 100 cal가 전달되는 데에 그림 (a)와 같이 붙였을 때 2분 걸렸다면, 그림 (b)와 같이 붙이면 얼마나 걸리는가?

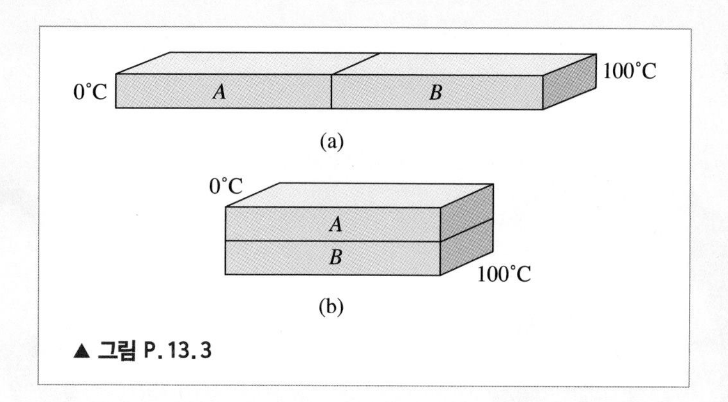

▲ 그림 P. 13. 3

26. 모래알 하나의 질량이 2.00×10^{-3} g이라고 하자. 모래를 1.00 m 높이에서 떨어뜨리고, 떨어진 모래알은 바닥에서 정지한다고 한다. 1초에 50개의 모래알이 1.00 cm^2 면적의 바닥에 떨어진다고 할 때, 모래가 바닥에 가하는 압력은 얼마인가?

니콜라 레오나르 사디 카르노
Nicolas Léonard Sadi Carnot, 1796-1832

프랑스의 물리학자.
다양한 증기기관의 본질적 측면을 표현한 열기관 모형을 만들고 열기관 효율의 한계를 밝혀냈다. 열역학 제2법칙의 토대를 제시하였다.

루돌프 클라우지우스
Rudolf Clausius, 1822-1888

독일의 물리학자.
열역학 제1법칙과 열역학 제2법칙을 정립하고, 열역학적으로 엔트로피를 정의하였다.

CHAPTER 14

열역학 법칙과 엔트로피

시스템은 열 및 일의 형태로 외부와 에너지를 교환하며 그를 통해 자신의 열역학적 상태를 변화시킨다. 열역학 제1법칙은 이렇게 외부와 접촉하고 있는 시스템에 대한 에너지 보존법칙이다. 열역학 과정을 통해 열에너지와 역학적 에너지 사이의 변환이 가능하며 이는 열기관이 작동할 수 있는 바탕이 된다. 열역학 제2법칙은 열에너지를 역학적 에너지로 변환하는 열기관의 효율에 근본적으로 제한이 있음을 알려주는 법칙으로서 거시적 현상이 시간에 대해 비대칭적일 수 있다는 사실과 관련된다. 우리가 배운 뉴턴의 운동법칙, 이를 보정한 현대의 양자역학과 상대성 이론 모두 시간에 대해 완벽하게 대칭적이며 따라서 가역적이지만 자연에서 일어나는 수많은 거시적인 현상들은 비가역적이다. 거시현상의 비가역성은 수많은 입자들이 모인 다체계에서 전혀 새로운 종류의 자연법칙이 작동하고 있음을 시사하며 열역학 제2법칙은 이를 기술한다.

이 장에서는 열역학 제1법칙을 활용하여 다양한 열역학적 과정에서 시스템의 열역학적 상태가 어떻게 변화하는지를 가장 간단한 시스템인 이상기체를 통해 살펴본다. 또한 다체계에서만 정의되는 새로운 물리량인 엔트로피(entropy)를 정의하고 이를 통해 열역학 제2법칙을 기술한다. 엔트로피가 내포하고 있는 물리적 의미를 알아보고 열기관과 냉동기관을 통해 열역학 제2법칙이 실질적으로 의미하는 바를 살펴본다.

14-1 열과 일

온도가 다른 두 물체를 접촉시키면, 온도가 높은 물체에서 온도가 낮은 물체로 열에너지가 전달되며, 이로 인해 온도가 높은 물체의 에너지는 줄어들고 온도가 낮은 물체의 에너지는 증가하게 된다. 두 물체 사이에 에너지를 전달하는 방법에는 열에 의한 방법 외에도 일에 의한 방법이 있다. 예를 들어, 기체가 들어 있는 풍선을 압축시키면 기체의 내부에너지가 증가하고 그 온도가 올라가게 된다. 물체의 내부에너지의 변화는 물체에 전달되거나 물체에서 빠져나간 열과 물체에 가해지거나 그 물체가 다른 물체에 해준 일들로 표현할 수 있다는 것이 **열역학 제1법칙**이다. 이는 외부와 접촉하는 열린 시스템에 대한 **에너지 보존의 법칙**이다.

한 가지 예를 통해 열과 일에 관해 좀 더 알아보자. 그림 14.1에서와 같이 원통 속에 들어 있는 기체를 생각해보자. 이 원통 밑바닥에는 온도조절기가 달린 열저장체(heat reservoir)가 부착되어 있어 열저장체에서 기체로, 또는 그 반대로 열전달이 가능하다. 이러한 열전달을 통해 열평형이 이루어지고 기체의 온도는 열저장체의 온도와 같아지게 된다. 또한 이 원통 윗면에는 자유로이 움직일 수 있는, 즉 원통 벽면과 마찰력이 없는 피스톤이 놓여 있다. 그러므로 기체가 피스톤을 미는 압력과 윗면에서 (피스톤+바깥 대기)가 중력에 의해 기체를 누르는 압력은 서로 역학적 평형을 이루게 된다. 이 원통의 옆면과 피스톤은 열절연체로 만들어져 있어 이들을 통한 바깥과의 열교환은 불가능하다.

외부와 열평형 및 역학적 평형을 이루고 있는 이 기체의 초기 열역학적 상태는 이 기체의 부피, 압력, 온도 V_1, P_1, T_1에 의해 규정된다. 이제 피스톤에 압력을 가하거나 열저장체의 온도를 조절하면 이 기체의 상태–부피, 압력, 온도–를 V_2, P_2, T_2로 변화시킬 수 있으며 이렇게 거시적인 양으로 나타나는 열역학적 상태의 변환을 **열역학적 과정(thermodynamic process)**이라 부른다. 여기서는 특히 **준정적 과정(quasistatic process)**만을 고려하는데 준정적

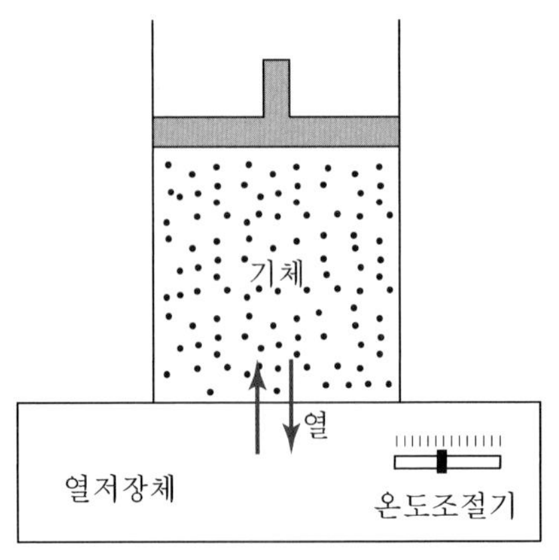

▲ **그림 14.1** | 열저장체와 열평형을 이루고 있는 원통 속의 기체

과정이란 피스톤에 압력을 가해 기체의 부피를 줄일 때는 아주 조금씩 줄이고, 열저장체의 온도를 높일 때도 아주 조금씩 높여서, 열역학적 상태가 변화하는 도중에도 거의 언제나 열평형 및 역학적 평형 상태에 있도록 하는 과정이다.

열저장체의 온도를 약간 올리면 기체는 부피가 약간 팽창하게 되는데 이 과정 속에서 기체가 바깥에 한 일을 계산하여보자. 기체가 피스톤을 미는 힘을 F라 하고 피스톤이 움직인 미소한 거리를 ds라 하면, 기체가 피스톤에 해준 일 $\mathrm{d}W$는 $F\mathrm{d}s$가 된다. 힘 F는 기체의 압력 P와 피스톤의 단면적 A의 곱으로 계산되므로, 미소한 일 $\mathrm{d}W$는 $PA\mathrm{d}s$이고 이는 $P\mathrm{d}V$와 같다. 여기서 미소량 $\mathrm{d}V$는 기체 부피의 증가량을 나타낸다. 열저장체의 온도를 서서히 변화시켜 기체의 부피가 V_1에서 V_2로 변화했다고 하자. 이 과정에서 피스톤과 대기가 중력에 의해 기체를 누르는 압력은 일정하므로 외부와 평형 상태에 있는 기체가 피스톤을 미는 압력 P도 일정하다. 그러므로 기체의 부피가 V_1에서 V_2로 변화하는 동안 기체가 외부에 한 일 W는 $P(V_2 - V_1)$로 계산된다. 만약 기체가 팽창했다면 W는 양의 값을 갖게 되고, 기체가 수축했다면 W는 음의 값을 갖게 된다. 일반적으로 부피가 변화하는 동안 기체의 압력도 변화할 수 있으므로(예를 들어, 외부에서 피스톤에 일정하지 않은 압력을 가하는 경우), 기체의 부피가 V_1에서 V_2로 변화하는 동안 기체가 외부에 한 일 W는 미소량 dW를 적분하여 얻을 수 있다. 즉 W는 일반적으로

$$W = \int_1^2 \mathrm{d}W = \int_{V_1}^{V_2} P(V)\,\mathrm{d}V \tag{14.1}$$

로 주어진다. 기체의 압력을 부피의 함수로 그래프에 그렸을 경우($P-V$ 도표), 일은 이 그래프의 밑면적이 된다(그림 14.2).

한 열역학적 상태 1에서 다른 열역학적 상태 2로 변화시키는 준정적 열역학적 과정에는 여러 가지 방법이 있다. 그중 하나는 위에서와 같이 압력을 일정하게 유지시키면서 부피를 V_1에서 V_2로 팽창시킨 다음, 부피를 고정시키고 압력만 P_1에서 P_2로 감소시키는 과정이다. 이

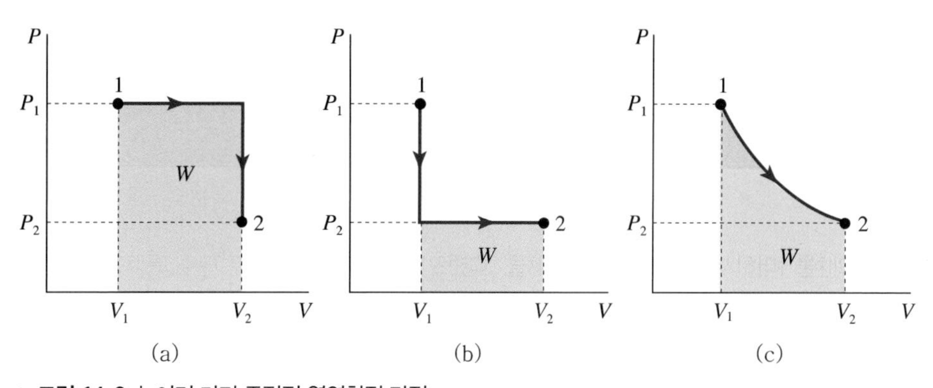

▲ **그림 14.2** | 여러 가지 준정적 열역학적 과정

는 그림 14.2(a)에 잘 나타나 있다. 두 번째 단계는 피스톤을 고정시키고 열저장체의 온도를 낮추어 실행할 수 있다. 첫 번째 단계에서 시스템(기체)은 열저장체로부터 열(Q)을 흡수하고 외부(피스톤)에 일(W)을 한다. 관례적으로 Q는 시스템이 흡수한 열량으로 정의하고 W는 시스템이 외부에 한 일로 정의하기 때문에 이 과정에서 Q와 W는 모두 양의 값을 가진다. 두 번째 단계에서는 기체의 부피가 변하지 않았기 때문에 시스템이 한 일은 없으며($W=0$), 시스템에서 열이 방출되었기 때문에 Q는 음의 값을 가진다. 전체적으로 이 과정을 통해 시스템은 외부에 일을 하였고($W>0$), 그 크기는 그림 14.2(a)에서 음영 부분의 면적과 같다. 시스템이 흡수한 열량 Q는 처음 상태 1과 나중 상태 2에 따라 양의 값을 가질 수도 있고 음의 값을 가질 수도 있다.

둘째로 위의 과정에서 두 단계의 순서가 뒤바뀐 경우를 생각해볼 수 있다. 그림 14.2(b)처럼, 먼저 부피를 고정시키고 압력을 낮춘 다음, 압력을 고정시키고 부피를 늘리는 과정이다. 이 과정을 통해 시스템이 한 일은 첫 번째 과정과 마찬가지로 양의 값을 갖지만, 그 크기는 그림 14.2(b)의 음영 면적에서 보듯 훨씬 작다. 또한 시스템이 흡수한 열량도 첫 번째 과정에서 흡수한 열량의 크기와 다르다. 그림 14.2(c)처럼 일반적으로 압력과 부피를 동시에 조금씩 변화시키는 여러 가지 경로를 생각해볼 수도 있는데, 이때 시스템이 한 일과 흡수한 열은 어떤 경로를 택하는가에 따라 다르다. 즉 시스템을 한 상태에서 다른 상태로 변화시키기 위해서는 수많은 경로가 있으며, 시스템이 변화하는 동안 외부에 한 일과 외부로부터 흡수한 열은 경로에 따라 다르다. 다시 말해서 일과 열이라는 물리량은 경로에 의존하는 양들이다. 이는 역학에서 비보존력이 하는 일이 경로에 의존하는 경우와 유사하다.

예제 14.1

밀폐된 용기의 기체를 압력이 P_2인 상태를 유지하면서 부피를 V_1에서 V_2로 팽창시켰다가 부피를 유지하면서 압력을 P_1으로 낮춘 후에 그 압력 상태에서 다시 부피를 V_1으로 줄였다. 이 과정에서 기체가 외부에 한 일은 얼마인가?

| 풀이

압력이 일정할 때 기체가 한 일은 $W=P\Delta V$로 나타낼 수 있다. 따라서, 이 과정에서 기체가 외부에 한 일은 압력이 P_2인 상태에서 한 일 W_2와, 압력이 P_1인 상태에서 한 일 W_1의 합으로 나타낼 수 있다.

$W_2=P_2\Delta V=P_2(V_2-V_1)$이고, $W_1=P_1\Delta V=P_1(V_1-V_2)$가 되므로, 전체 일은

$$W=W_1+W_2=(P_2-P_1)(V_2-V_1)$$

이 된다.

14-2 열역학 제1법칙

일과 열은 앞에서 기술한 바와 같이 에너지의 한 형태이다. 시스템이 열역학적 상태 1에서 상태 2로 변화하면서 외부에 W만큼 일을 해주고 Q만큼 열을 흡수했다면, 시스템의 내부에너지의 변화량($\Delta E = E_2 - E_1$)은

$$\Delta E = Q - W \tag{14.2}$$

로 쓸 수 있다. 이 식을 **열역학 제1법칙**이라고 부르며 이는 **에너지 보존의 법칙**에 속한다.

통계역학에 의해 시스템에 대한 미시적인 관점이 정립되기 전에는 내부에너지가 무엇인지 잘 알려져 있지 않았다. 하지만 시스템이 상태 1에서 2로 변화하면서 흡수한 열량과 외부에 해준 일의 차이($Q - W$)가 경로에 관계없이 일정하다는 것은 실험적으로 알고 있었다. 이는 경로에 관계없이 시스템의 상태에만 의존하는 어떤 수학적 함수가 존재한다는 것을 의미한다. 역학적 시스템에서 보존력이 하는 일이 경로에 관계없이 일정하고 그로부터 위치에만 의존하는 위치에너지라는 함수를 정의할 수 있었던 것과 마찬가지이다. 따라서 식 (14.2)에 의해 정의된 내부에너지는 시스템의 열역학적 상태(예를 들어, 온도, 압력, 부피)에만 의존하는 양이다. 앞 단원에서 설명하였듯이 시스템을 구성하는 입자들이 가지는 미시적인 운동에너지와 위치에너지의 총합이 그 시스템의 내부에너지라고 생각할 수 있다.

결론적으로 열역학적 평형에 있는 시스템은 상태에만 의존하는 내부에너지를 갖고 있으며, 그 내부에너지는 시스템이 또 다른 평형 상태로 변화할 때 외부로부터 흡수한 열량과 외부에 해준 일의 차이만큼 변화한다. 이는 시스템과 외부의 총 에너지의 합이 보존된다는 것을 의미한다. 열역학 제1법칙은 에너지가 보존되는 열역학적 과정만 일어날 수 있다는 중요한 지침을 제공한다.

14-3 비열과 에너지 등분배론

❙ 정압비열과 정적비열

앞 단원에서 배운 이상기체의 내부에너지와 열역학 제1법칙을 이용하여 이상기체의 비열을 구해보자. n몰의 기체가 열 Q를 흡수하여 온도가 ΔT 만큼 증가할 때, 몰비열 c는 다음과 같이 정의된다(13-4절 참조).

$$Q = n\,c\,\Delta T \tag{14.3}$$

여기서는 부피가 고정된 상태에서 측정한 정적비열과 압력이 일정한 상태에서 측정한 정압 비열을 계산한다. 13-6절에서 이미 유도하였듯이, 즉 온도가 T인 단원자 이상기체의 내부에너지 E는 운동에너지와 같으므로

$$E = \frac{3}{2}nRT \tag{14.4}$$

로 주어진다.

그림 14.1에서 피스톤을 고정시켜 기체의 부피를 변하지 못하게 하고, 열저장체의 온도를 T에서 $T+\Delta T$로 서서히 높여보자. 그러면 기체의 압력도 P에서 $P+\Delta P$로 서서히 증가할 것이다. 이 모든 과정은 준정적 과정이라고 가정한다. 식 (14.4)를 이용하면 내부에너지의 증가량 ΔE는 $\frac{3}{2}nR\Delta T$이고, 기체의 부피는 일정하므로 외부에 해준 일은 없다. 따라서 열역학 제1법칙에 따라 $\Delta E = Q$이고 정적비열 c_v의 정의에 따라 $Q = nc_v\Delta T$이므로 다음 식을 얻게 된다.

$$\Delta E = \frac{3}{2}nR\Delta T = nc_v\Delta T \tag{14.5}$$

따라서 **정적 몰비열** c_v는

$$c_v = \frac{3}{2}R \tag{14.6}$$

이 된다. 이상기체의 경우 정적비열은 온도, 압력, 부피에 관계없이 12.5 J/(mol · K)이 된다. 단, 이 결과는 단원자 기체인 경우에만 맞다. 산소나 이산화탄소와 같은 다원자 기체에 관하여는 잠시 후에 논의하도록 하자.

이번에는 그림 14.1에서 피스톤을 자유롭게 움직이게 하고 열저장체의 온도를 T에서 $T+\Delta T$로 서서히 높여보자. 이 과정에서 대기와 피스톤이 기체를 누르는 힘은 일정하므로 평형 상태에 있는 기체가 피스톤을 미는 압력 P도 일정하다.

기체의 부피는 V에서 $V+\Delta V$로 증가하며 기체가 외부에 한 일은 $W = P\Delta V$이고 내부에너지의 증가량은 $\Delta E = \frac{3}{2}nR\Delta T$이다. 정압 몰비열 c_P는 정의에 따라 $Q = nc_P\Delta T$로 주어지므로 열역학 제1법칙에 따라 다음 식을 얻는다.

$$\Delta E = \frac{3}{2}nR\Delta T = nc_P\Delta T - P\Delta V \tag{14.7}$$

압력 P는 변하지 않았으므로 이상기체 상태방정식 $PV = nRT$로부터 $P\Delta V = nR\Delta T$임을 알 수 있다. 이 결과를 앞 식에 대입하면, **정압 몰비열** c_P는

$$c_P = \frac{5}{2}R \tag{14.8}$$

이 된다. 압력이 일정하고 부피가 변할 수 있을 때에는 기체가 흡수한 열량의 일부는 외부에 하는 일에 쓰이기 때문에 정압비열이 정적비열보다 크다. 정압 몰비열과 정적 몰비열의 차이 $c_P - c_v = R$은 외부에 해주는 일 때문에 생겨나며 단원자 이상기체뿐 아니라 다원자 이상기체에 대해서도 성립한다.

❙ 에너지 등분배론

앞의 기체 운동론에서 각 입자 하나당 평균 병진운동에너지는 $\frac{1}{2}mv^2 = \frac{3}{2}k_B T$ 임을 배웠다. 속력의 제곱은 $v^2 = v_x^2 + v_y^2 + v_z^2$ 로 나눠 쓸 수 있고, 입자들의 속도는 어느 방향도 특별히 선호하지 않으므로, 한 방향당 평균 병진운동에너지는 $\frac{1}{2}k_B T$가 된다. 헬륨 같은 단원자 기체라면 외부로부터 흡수한 열을 모두 헬륨원자의 병진운동에너지로 저장할 것이다. 하지만 수소 같은 이원자 기체의 경우에는 수소분자의 병진운동에너지뿐만 아니라 분자 내의 두 원자들이 질량중심을 축으로 회전운동을 하기 때문에 회전운동에너지로 흡수한 열 또한 저장한다. 회전운동의 경우에도 독립적인 방향이 3개 있겠지만, 이원자 분자의 경우에는 두 원자를 잇는 축을 회전축으로 하는 운동의 회전관성이 아주 작기 때문에 사실상 독립적인 회전운동은 두 방향밖에 없다. 맥스웰이 발견한 **에너지 등분배론(equipartition theorem)**에 따르면 어떠한 독립적인 병진, 회전, 진동운동도 평균적으로 같은 양의 에너지를 저장한다. 즉 한 방향당 평균 회전운동에너지도 한 방향당 평균 병진운동에너지와 같이 $\frac{1}{2}k_B T$가 된다. 어떤 입자의 독립적 운동의 수를 **자유도** f(degree of freedom)라고 부르며, 단원자 분자인 경우에는 병진운동밖에 없으므로 $f = 3$, 이원자 분자인 경우에는 두 방향의 회전운동이 추가되어 $f = 5$가 된다. 다원자 분자인 경우에는 세 방향의 회전운동이 모두 가능하므로 일반적으로 $f = 6$이 되지만 원자들의 진동에너지는 포함하지 않았기 때문에 실제로는 f가 과소평가되었을 수 있다.

그러므로 일반적으로 이상기체의 내부에너지 E(평균 운동에너지의 총합)는

$$E = \frac{f}{2}nRT \tag{14.9}$$

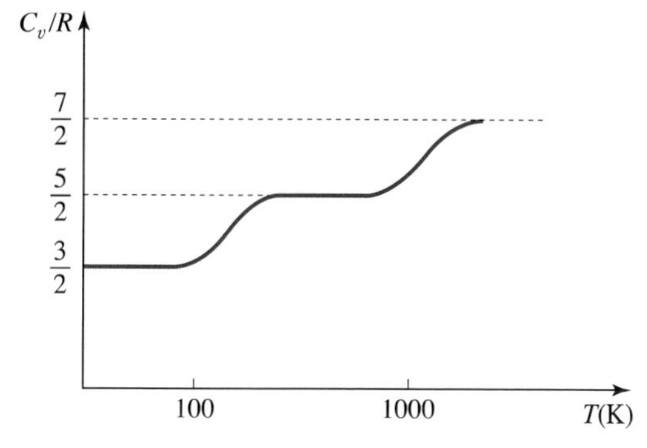

▲ **그림 14.3** ❘ 수소기체의 정적비열

가 되며, 따라서 정적비열은 $c_v = (f/2)R$, 정압비열은 $c_P = (f/2+1)R$이 된다. 또한 두 비열의 비 γ는

$$\gamma = \frac{c_P}{c_v} = \frac{f+2}{f} \tag{14.10}$$

가 된다. 단원자 기체인 경우 $\gamma = 5/3$, 이원자 기체인 경우에는 $\gamma = 7/5$이다.

그림 14.3에 나와 있듯이 수소기체의 비열을 온도가 높은 영역까지 실험으로 측정해보면 온도가 상승함에 따라 좁은 온도 영역에서 급격한 변화를 보인다. 온도가 70 K 이하에서는 c_v/R이 단원자 이상기체처럼 3/2의 상숫값을 갖지만, 온도 상승과 더불어 급속히 증가하여 250 K부터 750 K 사이에서는 이원자 이상기체처럼 5/2의 상숫값을 가진다. 이는 70 K 이하에서는 회전운동이 전혀 일어나지 않아 단원자 기체처럼 행동하다가 좁은 온도 영역(70~250 K)에서부터 회전운동이 갑자기 가능하게 되어 꽤 높은 온도(750 K)까지 이원자 이상기체처럼 행동하기 때문이라고 유추해 볼 수 있다. 이는 아주 느린 회전운동이 원천적으로 금지되어 있고 회전속력이 양자화(quantization)되어 있음을 시사한다. 이러한 생각들이 정리되어 20세기 초에 양자역학이 나타나게 되었다.

예제 14.2

아래 그림과 같이 어떤 이상기체가 A - B - C를 거쳐 A로 다시 돌아왔다고 하자.

(1) A에서 C까지 상태가 변하는 동안 기체가 외부에 한 일은 얼마인가?

(2) A - B - C - A로 같은 상태로 돌아왔을 때에 내부에너지의 변화가 없었다면, 기체가 흡수한 열량은 얼마인가?

| 풀이

(1) 기체가 한 일은 A - B - C의 과정을 거칠 때 P - V 도표에서의 면적에 해당하므로

$$W = 20\ \mathrm{Pa} \times 2\ \mathrm{m}^3 = 40\ \mathrm{J}$$

이 된다.

(2) 열역학 제1법칙에서 $\Delta E = 0$이므로 $Q = W$가 된다. A - B - C - A의 과정을 거치면서 기체가 외부에 한 일은 삼각형 ABC의 면적의 (-)값이 된다. 따라서 기체가 흡수한 열량은

$$Q = -\frac{1}{2} \times 20\ \mathrm{Pa} \times 2\ \mathrm{m}^3 = -20\ \mathrm{J}$$

이 된다.

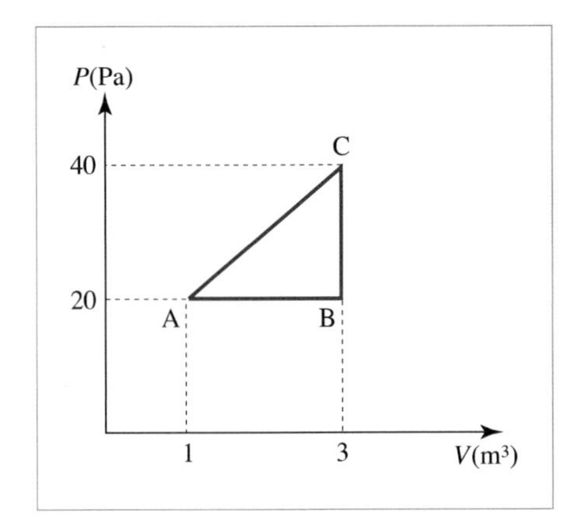

14-4 특별한 열역학 과정들

이상기체의 상태방정식인 식 (13.10) 또는 식 (13.11), 그리고 미시적인 기체 운동론으로부터 유도한 이상기체의 내부에너지인 식 (14.4) 또는 식 (14.9)는 열역학 제1법칙과 함께 사용되어, 다양한 열역학적 과정에서 발생하는 이상기체의 상태 변화와 외부에 하는 일 등등을 계산할 수 있게 해준다. 몇 가지 예를 통해 이를 살펴보자.

❙ 등압과정

그림 14.1에 있는 시스템에서 열저장체의 온도만 조절할 때 **등압과정(isobaric process)**이 이루어진다. n몰의 기체가 외부에 한 일은 $W = P\Delta V = nR\Delta T$ 이며 내부에너지의 증가량은 $\Delta E = \frac{f}{2}nR\Delta T$ (f는 자유도)가 된다. 열저장체의 온도를 올리는 경우, ΔV는 양수이며 $Q = \Delta E + W = \frac{f+2}{2}nR\Delta T$도 양수가 된다.

❙ 등부피과정

그림 14.1에서 피스톤을 고정시킨 후 열저장체의 온도를 조절하면 **등부피과정(isometric process)**이 이루어진다. 기체가 외부에 한 일은 $W = 0$이므로 $\Delta E = Q = \frac{f}{2}nR\Delta T$가 된다. 열저장체의 온도를 올리면 기체의 내부에너지가 증가하지만 외부에 일을 해주지 않기 때문에 등압과정에 비해 적은 양의 열이 기체에 전달된다. 따라서 정적비열이 정압비열보다 작게 된다.

❙ 등온과정

그림 14.1에서 열저장체의 온도를 T로 고정시켜 두고 위에 있는 피스톤에 힘을 가하여 기체의 부피를 V_1에서 V_2로 서서히 줄이면 기체의 압력은 상승한다. 이를 **등온과정(isothermal process)**이라 한다. 압력 P는 상태방정식에 의해 $\frac{nRT}{V}$와 같으므로, W는

$$W = \int_{V_1}^{V_2} \frac{nRT}{V} \mathrm{d}V \tag{14.11}$$

가 된다. 온도는 일정하므로 이 식을 적분하면,

$$W = nRT \ln \frac{V_2}{V_1} \tag{14.12}$$

이다. 부피가 줄었으므로($V_2 < V_1$) 기체가 외부에 한 일은 음수가 된다. 반대로 피스톤을 위

로 조금 들어올리면 부피가 늘어나므로($V_2 > V_1$) 기체가 외부에 한 일은 양수가 된다. 이 과정 동안 온도의 변화가 없었으므로 내부에너지의 변화량 ΔE 는 0이다. 따라서 열역학 제1법칙에 의해 $Q = W$ 가 된다. 즉 부피가 줄어들면 기체는 열을 열저장체로 방출하며($Q < 0$), 부피가 느는 과정에서는 열저장체로부터 열을 흡수한다($Q > 0$).

단열과정

열교환을 허용하지 않는 과정($Q = 0$)을 **단열과정(adiabatic process)**이라 하며 열역학 제1법칙에 의해 내부에너지의 변화량은 $\Delta E = -W$가 된다. 그림 14.1에서 열저장체를 떼어 버린 후 열절연체로 원통의 밑바닥을 폐쇄시킨 경우를 생각해보자. 피스톤에 힘을 조금 가해 기체를 압축시키면, 기체가 외부에 한 일 W는 음의 값을 갖게 되며, 기체의 내부에너지는 증가하게 된다. 반대로 피스톤을 조금 들어올리면, W는 양의 값을 갖게 되고, 내부에너지는 감소하게 된다. 이 단열과정은 열교환 없이 기체의 온도를 올리거나 내리는 데 유용하며, 증기기관이나 내연기관 내부에서 기체가 빠른 속도로 압축되거나 팽창될 때에도 열교환이 이루어질 시간적 여유가 없어서 단열과정으로 생각할 수 있다.

단열과정에서는 등온과정과는 달리 부피, 압력, 온도가 모두 변화한다. 기체의 부피가 미소량 ΔV 만큼 변화했다면 그동안 기체가 한 일 W는 $P\Delta V$이다. 단열과정이므로 $Q = 0$ 이고 열역학 제1법칙에 의해 내부에너지의 변화량은

$$\Delta E = -P\Delta V \tag{14.13}$$

이다. 식 (14.5)를 따라 ΔE 를 $nc_v\Delta T$ 로 바꿔 쓰면, 온도의 미소변화량 ΔT 는

$$\Delta T = -\frac{P\Delta V}{nc_v} \tag{14.14}$$

가 된다. 이제 이상기체의 상태방정식 $PV = nRT$ 를 고려해보자. 이 식에서 양변의 미소변화량을 취하면,

$$P\Delta V + V\Delta P = nR\Delta T \tag{14.15}$$

가 된다. 우변에서 기체상수 R 대신 앞 절에서 유도한 $c_P - c_v$ 를 대입하고(이 관계식은 다원자 기체인 경우에도 항상 성립한다), ΔT 대신에 식 (14.14)를 대입하여 정리하면,

$$\frac{\Delta P}{P} + \gamma\frac{\Delta V}{V} = 0 \tag{14.16}$$

을 얻을 수 있다. 여기서 $\gamma = c_P/c_v$ (비열비)이다. 미소변화량 ΔP와 ΔV가 0으로 가는 극한에서는 이들을 미분량인 dP와 dV로 대치할 수 있다. 그리고 적분을 하면(γ는 상수이다),

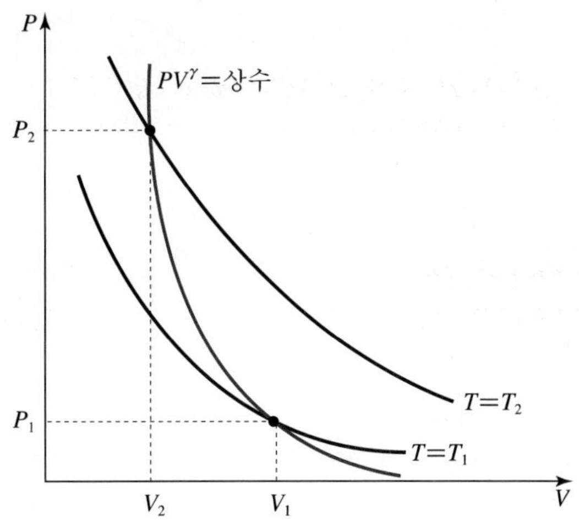

▲ 그림 14.4 | 등온과정과 단열과정

$$\ln P + \gamma \ln V = \text{상수} \tag{14.17}$$

가 되며, 이를 다시 쓰면,

$$PV^{\gamma} = \text{상수} \tag{14.18}$$

이다. 그림 14.4에 등온과정과 단열과정이 $P-V$ 도표에 그려져 있다. 처음 상태의 기체가 압력이 P_1이고 부피가 V_1 이라면 식 (14.18)의 상수는 $P_1V_1^{\gamma}$가 된다. 이 기체가 단열과정 동안 하는 일도 식 (14.1)에 식 (14.18)에서 얻은 P를 대입하여 적분함으로써 계산할 수 있다.

$$W = \frac{P_1V_1}{\gamma-1}\left[1-\left(\frac{V_1}{V_2}\right)^{\gamma-1}\right] \tag{14.19}$$

❙ 순환과정

순환과정(cyclic process)은 시스템이 변화하다가 처음 상태로 복귀하는 과정이다. 상태만의 함수인 내부에너지의 변화는 없어야 하므로 $\Delta E = 0$이다. 따라서 $Q = W$가 된다. 즉 외부에서 흡수한 열량만큼 외부에 일을 해주게 된다. 순환과정을 $P-V$ 도표에 그리면 폐곡선을 이루게 되며 이 과정은 열기관에 꼭 필요한 과정이다.

❙ 자유팽창

그림 14.5에서 A방에는 기체가 들어 있고, B방은 진공 상태에 놓여 있으며, 두 방 모두 열절연체로 둘러싸여 있다. 밸브를 열면 A방에 있는 기체가 밸브를 통해 퍼져나가 B방을 채우기 시작할 것이고 곧 평형 상태에 이르러 양 방에 기체가 고루 퍼져 있게 된다. 이 자유팽창과정(free expansion)에서는 외부와의 열교환이 없으므로 $Q = 0$이 된다. 또한 기체가 진공

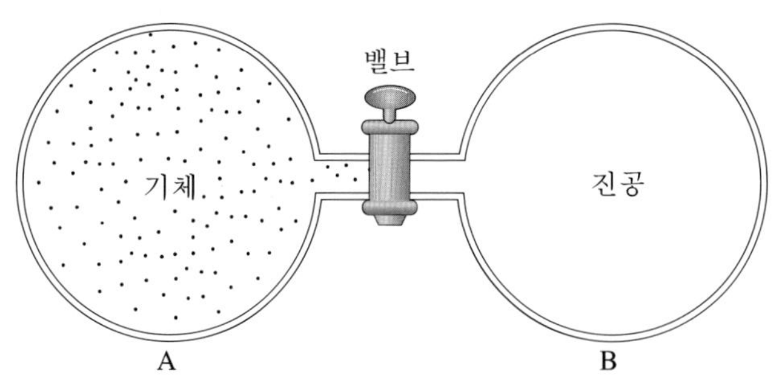

▲ **그림 14.5** | 자유팽창기구

속으로 팽창해 나가는 동안, 두 방의 크기가 변화하지 않았기 때문에 두 방을 둘러싸고 있는 외부에 아무런 일도 하지 않았다($W=0$). 따라서 열역학 제1법칙에 의해 내부에너지도 변화가 없다($\Delta E=0$). 자유팽창과정은 이 과정을 천천히 준정적으로 실행할 수 없고 그 속도를 제어할 수 없다는 점에서 앞서 기술한 과정들과 다르다. 이 과정 중에는 시스템이 열평형 상태에 있지 않기 때문에 압력이나 온도를 유일하게 정의할 수 없다. 따라서 시작 상태와 나중 상태는 $P-V$ 도표에 두 점으로 표시할 수 있지만, 중간과정은 표시할 수 없다.

예제 14.3

통 속의 이상기체가 그림과 같이 한 번의 순환과정(A → B → C → D → A)을 거친다.
(1) 이 순환과정(A → B → C → D → A) 동안 외부로부터 흡수한 열은 얼마인가?
(2) A 상태에서의 입자들의 평균속력은 D 상태에서보다 몇 배 빠른가?

| 풀이

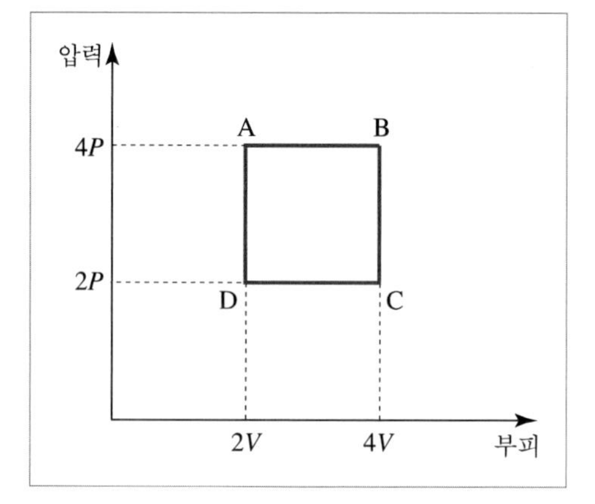

(1) 순환과정은 내부에너지의 변화가 없다. 따라서 외부로부터 흡수한 열은 외부에 한 일과 같아야 한다. 외부에 한 일은 부피가 변할 때만 일어난다. 식 (14.1)을 이용하면, A → B일 때, 외부에 한 일은
$W_{A\to B}=4P(4V-2V)=8PV$이며,
C → D일 때 외부에 한 일은
$W_{C\to D}=2P(2V-4V)=-4PV$이다.
둘을 더하면 외부에 한 총 일은 $4PV$가 된다.

(2) 식 (13.15)로부터, A 상태의 압력이 D 상태의 압력의 2배이므로, A 상태의 총 운동에너지 K_A는 D 상태의 총 운동에너지 K_D의 2배가 된다. 입자의 평균속력의 제곱이 총 운동에너지에 비례하므로, A 상태의 입자들의 평균속력은 D 상태보다 $\sqrt{2}$ 배가 된다.

14-5 가역과정과 비가역과정

그림 14.1의 시스템에서 피스톤을 아래로 미는 힘을 아주 조금씩 증가시키면 기체는 위에서 미치는 압력에 매순간마다 거의 균형을 이루고, 접촉하고 있는 열저장체의 온도와 항상 평형을 유지하게 될 것이다. 따라서 이 압축과정은 그림 14.6(a)처럼 등온과정으로서 $P-V$ 도표상에 전 과정이 유일하게 그려질 수 있다. 이런 준정적 과정 동안에는 시스템의 모든 거시적 양들이 잘 정의되기 때문에 그 반대 과정을 정확하게 추적해 낼 수 있다. 즉 피스톤을 아래로 미는 힘을 압축시켰던 방법과 정반대로 아주 조금씩 감소시키면 $P-V$ 도표상에서 기체는 정확히 같은 경로를 따라 처음 상태 1로 돌아갈 것이다. 이렇게 역과정을 정확하게 추적할 수 있는 열역학적 과정을 **가역과정**이라고 한다.

이번에는 피스톤을 급속히 밀어내리는 과정을 생각해보자. 이 과정 동안에는 기체가 불안정하게 되며 외부와 열평형 및 역학적 평형을 이루지 못한다. 처음 상태 1과 나중 상태 2는 열평형 상태에 있기 때문에 모든 거시적인 양들이 잘 정의된다. 하지만 1에서 2로 가는 과정 동안에는 기체가 평형 상태에 있지 않기 때문에 압력이나 온도가 정확히 정의되지 않는다. 기체에 부착되어 있는 압력계의 바늘은 이 과정 동안 심하게 진동을 하는데 이 값으로는 기체의 평균 압력을 나타낼 수 없다. 이 기체가 외부와 평형을 이루고 있지 못하기 때문에 기체 내부의 압력이 위치에 따라 다를 수 있기 때문이다. 마찬가지로 기체의 온도도 유일하게 정의되지 못한다. 따라서 이 과정은 그림 14.6(b)에서 보듯 $P-V$ 도표에 처음 상태와 나중 상태를 제외하고는 유일하게 그려질 수 없다. 그러므로 이 과정의 역과정을 추적한다는 것은 불가능하며 이런 과정을 **비가역과정**이라고 한다.

준정적 과정은 모두 가역과정이며, 비준정적 과정은 모두 비가역과정이다. 자연에서 일어나는 대부분의 과정은 비가역과정이다. 한여름에 방금 배달되어 온 우유를 냉장고 속에 집어넣고 가만히 두면 따뜻했던 우유는 온도가 서서히 내려가고 냉장고 내부의 공기와 열평형을 이

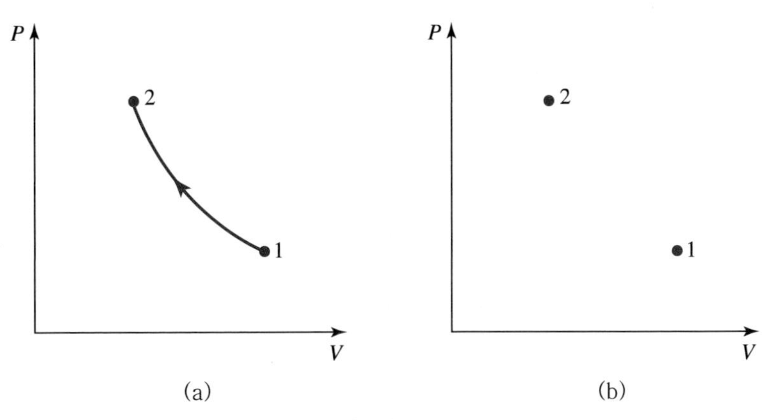

▲ **그림 14.6** | (a) 가역과정, (b) 비가역과정

루어 온도가 같아진다. 이는 자연스럽게 일어나며 그 속도를 제어할 수 없으므로 준정적 과정이 아니다. 따라서 그 반대 과정, 즉 열평형을 이루고 있는 우유가 뜨거워지고 냉장고 내부의 온도는 더 차가워지는 과정을 추적해 낼 수 없다.

14-6 카르노 순환과정

1824년 프랑스 과학자 **카르노**(N. Carnot, 1796~1832)가 제안한 가역순환과정인 **카르노(Carnot) 순환과정**은 2개의 등온과정과 2개의 단열과정으로 이루어져 있다. 그림 14.1의 용기에 담겨 있는 이상기체의 부피, 압력, 온도를 V_1, P_1, T_H로 조정해놓자(상태 1). 먼저 피스톤을 서서히 들어올려 기체의 부피를 팽창시켜 V_2, P_2, T_H의 상태 2로 변화시키자. 이 등온과정 동안 기체의 압력은 줄어든다. 그런 다음 열저장체를 떼어놓고 열절연체로 원통의 바닥을 폐쇄시킨 후에 또 다시 기체를 준정적으로 팽창시켜 V_3, P_3, T_C의 상태 3으로 변화시키자. 이 단열과정 동안 기체의 압력은 줄어들고 온도는 내려간다($T_C < T_H$). 원통 바닥의 열절연체를 떼어내고 온도를 T_C로 조정한 열저장체를 붙인 다음 피스톤에 서서히 압력을 가해 기체의 부피를 줄여 T_4, P_4, T_C의 상태 4로 변화시키자. 이 등온과정 동안 기체의 압력은 상승한다. 다시 열저장체를 떼어놓고 열절연체로 바닥을 폐쇄한 후 기체를 서서히 압축시켜 기체를 처음 상태 1로 복귀시키자. 이 단열과정 동안 기체의 압력과 온도는 모두 상승한다. 이 순환과정이 그림 14.7에 그려져 있다. 물론 이 모든 과정들은 준정적 과정들이다.

처음 등온과정($1 \rightarrow 2$) 동안 이상기체의 내부에너지는 변화가 없으므로, 외부의 일(W_H)은 열저장체로부터 흡수한 열(Q_H)과 같다. 식 (14.12)에 의해 Q_H는

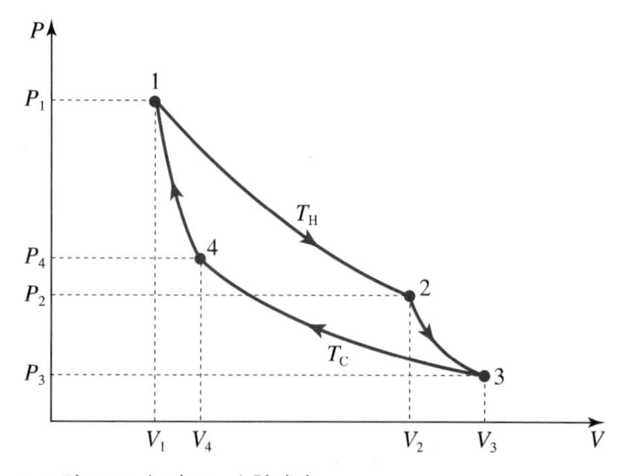

▲ 그림 14.7 | 카르노 순환과정

$$Q_{\mathrm{H}} = nRT_{\mathrm{H}} \ln \frac{V_2}{V_1} \tag{14.20}$$

가 되고 양수이다. 여기서 n은 기체의 몰 수이다. 마찬가지로 두 번째 등온과정(3 → 4) 동안 기체가 흡수한 열량 Q_{C}는

$$Q_{\mathrm{C}} = nRT_{\mathrm{C}} \ln \frac{V_4}{V_3} \tag{14.21}$$

인데 기체의 부피는 줄어들었으므로($V_4 < V_3$), Q_{C}와 W_{C}는 모두 음의 값을 가진다. 두 번의 단열과정 동안 열교환 없이 외부에 한 일은 식 (14.19)로부터 계산할 수 있다. 전체 순환과정 동안 기체가 외부에 한 총 일은 순환과정곡선으로 둘러싸인 내부의 넓이이며, 이는 기체가 외부로부터 흡수한 총열량 $Q_{\mathrm{H}} + Q_{\mathrm{C}}$와 같다.

등온과정 동안 압력과 부피는 서로 반비례한다. 즉 $P_1V_1 = P_2V_2$이며 $P_3V_3 = P_4V_4$이다. 단열과정 동안 압력과 부피의 관계는 식 (14.18)로부터 $P_2V_2^{\gamma} = P_3V_3^{\gamma}$이며 $P_4V_4^{\gamma} = P_1V_1^{\gamma}$이다. 이 네 관계식으로부터 압력들을 소거하여 부피들만의 관계식을 유도하면,

$$\frac{V_2}{V_1} = \frac{V_3}{V_4} \tag{14.22}$$

를 얻는다. 이 식을 식 (14.20)과 (14.21)에 대입하면 다음과 같은 식을 얻는다.

$$\frac{Q_{\mathrm{H}}}{T_{\mathrm{H}}} + \frac{Q_{\mathrm{C}}}{T_{\mathrm{C}}} = 0 \tag{14.23}$$

이 식이 의미하는 바가 무엇일까? 내부에너지와 같이 시스템의 상태에만 의존하는 물리량들은 초기 상태로 되돌아오는 임의의 순환과정 후에도 초기 상태와 같은 값을 가지므로 내부에너지의 변화량을 순환과정 동안 모두 더하면 영이 된다.

$$\sum_{\text{순환과정}} \Delta E = 0 \tag{14.24}$$

식 (14.23)의 좌변은 두 번의 등온과정 동안 흡수한 열량을 온도로 나눈 양을 합한 것을 나타내며 이는 카르노 순환과정 전 구간 동안 Q/T를 모두 합한 결과이다. 즉

$$\sum_{\text{카르노 순환과정}} \frac{Q}{T} = 0 \tag{14.25}$$

이 식은 다음 절에서 보는 바와 같이 임의의 가역순환과정에서도 항상 성립하는데 임의의 열역학과정에서는 온도 T가 계속 변화할 수 있기 때문에 적분을 이용해 계산해야 한다. 식 (14.25)는 그 변화량이 Q/T인 새로운 상태함수가 존재함을 시사한다.

14-7 엔트로피

그림 14.8(a)와 같은 임의의 가역순환과정은 수많은 카르노 순환과정들의 집합체로 볼 수 있다. 수많은 등온곡선을 이 순환과정곡선 위에 그린 후, 그림 14.8(b)처럼 적당히 선정한 짧은 단열곡선들로 이 등온곡선들을 연결하면 수많은 길쭉한 모양의 카르노 순환과정들이 만들어진다. 인접한 카르노 순환과정은 방향만 제외하고 동일한 등온과정을 공유하므로 카르노 순환과정의 집합체는 원래의 순환과정에 가깝게 된다. 등온곡선들을 촘촘하게 그릴수록 점점 더 순환과정곡선에 근접할 것이며 등온곡선들 사이의 온도 차이를 무한히 작게 하는 극한에서는 이 순환곡선과 일치하게 될 것이다. 따라서 **임의의 가역순환과정은 무수히 많은 등온과정과 단열과정들의 집합체**와 같게 된다. 이 순환과정 동안 Q/T를 모두 합하면 수많은 카르노 순환과정들에서 계산한 Q/T를 모두 합한 것과 일치하므로 영이 된다.

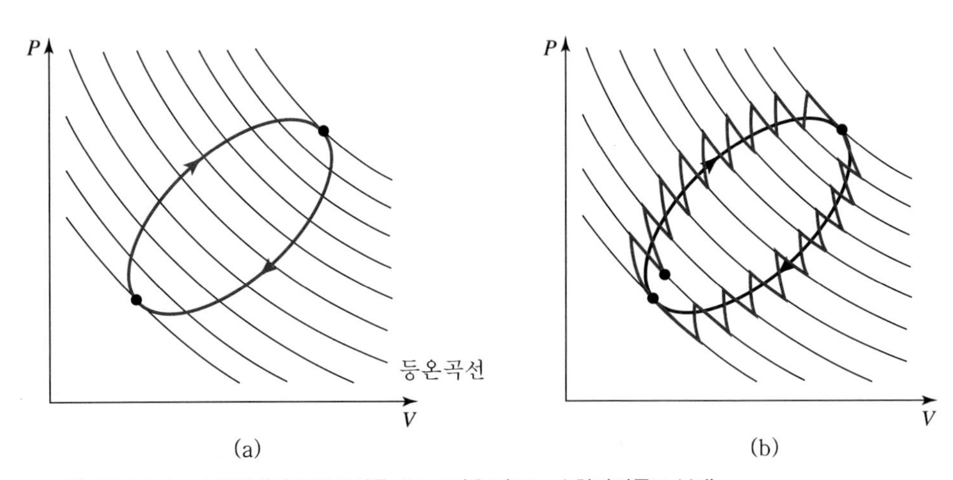

▲ **그림 14.8** | (a) 순환과정과 등온곡선들, (b) 수많은 카르노 순환과정들로 분해

$$\sum_{\text{가역순환과정}} \frac{Q}{T} = 0 \qquad (14.26)$$

그림 14.9처럼 가역순환과정을 상태 1에서 2로, 또 다시 1로 돌아오는 과정으로 나누자. 그러면 두 번째 과정의 역과정에서 Q/T의 합은 첫 번째 과정에서 얻은 값과 일치하게 될 것이다. 어떠한 순환과정에 대해서도 식 (14.26)은 항상 성립하므로 상태 1에서 2로 가는 어떤 과정에 대해서도 Q/T를 합한 값은 동일하다. 이로부터 시스템의 상태에만 의존하는 엔트로피(entropy)라는 상태함수를 도입하자.

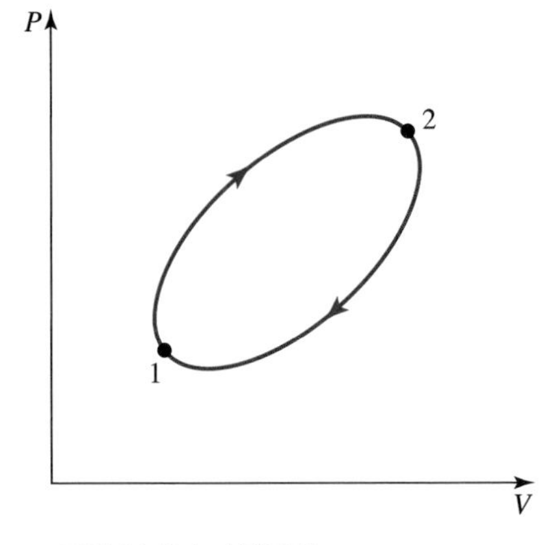

▲ **그림 14.9** | 순환과정

$$\Delta S = S_2 - S_1 = \sum_{1\to 2} \frac{Q}{T} \tag{14.27}$$

상태 1에 있는 시스템의 엔트로피와 상태 2에서의 엔트로피의 차이는 두 상태를 연결해주는 어떤 가역과정을 통해서 계산해도 같은 결과를 준다. 주의할 점은 반드시 가역과정을 통해 Q/T의 합을 계산해야 한다는 점이다. 위의 식을 열의 미소량을 도입해 적분형태로 쓰면,

$$\Delta S = S_2 - S_1 = \int_1^2 \frac{\mathrm{d}Q}{T} \tag{14.28}$$

가 된다.

식 (14.27)이나 (14.28)에서 보듯이 시스템이 외부로부터 열을 흡수하면($Q > 0$) 그 시스템의 엔트로피는 증가한다. 카르노 순환과정 중 상태 1에서 상태 2로 가는 등온팽창과정 중에 시스템의 엔트로피는

$$\Delta S = \frac{Q_H}{T_H} = nR \ln \frac{V_2}{V_1} \tag{14.29}$$

만큼 증가한다. 시스템에 어떤 미시적인 변화로 인해 엔트로피는 증가했을까? 등온과정에서는 내부에너지의 변화가 없으므로 이상기체의 운동에너지에 아무런 변화가 없고 맥스웰 속력분포도 변화가 없다. 변화한 점은 기체의 부피가 늘어났기 때문에 기체 입자들이 있을 수 있는 자리가 늘어났다는 점이다. 기체 입자들이 있을 수 있는 자리가 많아지면 기체 입자들의 위치를 알기 위해 필요한 정보량이 커지게 된다. 엔트로피는 시스템의 미시상태를 기술하기 위해 필요한 정보량과 관련된다. 볼츠만(L. Boltzmann)은 미시적 관점에서 엔트로피를

$$S = k_{\mathrm{B}} \ln \Omega \tag{14.30}$$

과 같이 정의했으며 여기서 Ω는 시스템이 있을 수 있는 총 미시적 상태의 수이다. 시스템의 미시적 정보량과 열역학적 상태함수인 엔트로피와의 관계식인 (14.30)은 통계역학의 가장 기본적인 방정식이 되었다.

14-8 열역학 제2법칙

가역과정은 시스템과 외부가 매순간마다 평형을 이루며 진행되는 준정적 과정이므로 시스템과 외부의 온도는 동일하다. 따라서 가역과정 동안 시스템이 외부로부터 열을 흡수하여 시스템의 엔트로피가 증가했다면 외부의 엔트로피는 정확히 같은 양만큼 줄어들게 된다. 따라서 **어떤 가역과정 동안에도 시스템과 외부의 총 엔트로피는 변화하지 않는다.**

비가역과정을 통해 시스템의 상태가 변했다면 그동안의 엔트로피 변화는 처음과 나중의 두

상태를 연결하는 가상의 가역과정을 선택하여 계산할 수 있다. 어떤 다른 경로를 선택해도 계산 결과는 같기 때문에 가장 간단한 경로를 선택하는 것이 편리하다. 다음의 예를 보자.

그림 14.5에서와 같이 A방에 있던 이상기체가 진공 상태인 B방으로 분산되어 가는 자유팽창과정에서는 기체가 흡수한 열도 없으며 외부에 해준 일도 없다. 따라서 내부에너지의 변화가 없으며 기체의 온도도 변하지 않는다. 이 과정은 단열과정이지만 비가역과정이므로 식 (14.27)을 사용할 수 없다. 대신, 두 상태의 온도(T)가 같기 때문에 등온팽창과정을 생각하는 것이 편리하다. 식 (14.29)에 따라 엔트로피의 증가량은 $\Delta S = nR\ln(V_2/V_1)$이며 다른 어떤 가역과정을 선택하여 계산해도 같은 결과를 얻는다. $V_2 > V_1$이므로 엔트로피는 증가한다. 이 과정 동안 기체는 외부에 해준 일도 없고, 열도 전해주지 않았으며, 외부의 부피 변화도 없었으므로 외부의 상태는 이 과정에 의해 전혀 변하지 않았다. 따라서 외부의 엔트로피 변화는 없고 **외부와 시스템을 합친 전체 엔트로피는 이 비가역과정 후에 증가**되었다.

서로 온도가 다른 두 물체를 접촉시키면 이들은 곧 열평형에 이를 것이다. 이 과정에서 외부와 열교환은 없으며 두 물체 간에도 열교환만 있을 뿐 입자들의 교환이나 다른 교환은 없다고 가정하자. 온도 차이가 아주 미세하지 않는 한 이 과정도 우리가 제어할 수 없는 비가역과정이다. 따라서 처음 상태와 나중 상태를 연결해주는 한 가역과정을 선택하여 계산해야 한다. 물체 1의 처음 온도를 $T+\Delta T$라 하고, 물체 2의 처음 온도를 $T-\Delta T$라 하자. 이 두 물체가 온도가 다른 것 이외에는 구성 물질, 크기 등 모든 면에서 동일하다면 접촉 후에 이 두 물체는 온도 T에서 평형을 이룰 것이다. 먼저 물체 1을 같은 온도의 열저장체에 접촉시켜 놓고 열저장체의 온도를 서서히 가역적으로 T까지 내리자. 온도가 dT만큼 변하는 동안 식 (13.8)에 따라 $dQ = mc\Delta T$의 열을 흡수한다. 여기서 m은 물체의 질량이며 c는 비열이다. 따라서 물체 1의 엔트로피 변화량 ΔS_1은 식 (14.28)에 의해

$$\Delta S_1 = \int \frac{\mathrm{d}Q}{T} = \int_{T+\Delta T}^{T} \frac{mc\,\mathrm{d}T}{T} = mc\ln\frac{T}{T+\Delta T} \tag{14.31}$$

가 된다. ΔS_1이 음수이므로 물체 1의 엔트로피는 감소했다. 이번에는 물체 2를 같은 온도의 열저장체에 접촉시켜 놓고 열저장체의 온도를 서서히 가역적으로 T까지 올리면 물체 2의 엔트로피의 변화량은

$$\Delta S_2 = \int_{T-\Delta T}^{T} \frac{mc\,\mathrm{d}T}{T} = mc\ln\frac{T}{T-\Delta T} \tag{14.32}$$

가 된다. 물체 2는 열저장체로부터 열을 흡수하므로 엔트로피가 증가한다($\Delta S_2 > 0$). 전체 엔트로피의 변화량 ΔS는

$$\Delta S = \Delta S_1 + \Delta S_2 = mc\ln\frac{T^2}{T^2-(\Delta T)^2} \tag{14.33}$$

가 되며 따라서 이 비가역과정 동안 전체 엔트로피는 증가하였다.

위와 같이 한 평형 상태에서 또 다른 평형 상태로 가는 어떤 비가역 열역학적 과정에서도 시스템과 외부의 총 엔트로피는 시간이 지남에 따라 항상 증가하며, 가역과정인 경우에는 변하지 않는다. 따라서 총 엔트로피는 언제나 감소하지 않는다.

$$\Delta S_{전체} = \Delta S_{시스템} + \Delta S_{외부} \geq 0 \tag{14.34}$$

이를 **열역학 제2법칙**이라 한다. 만약 외부에 아무런 변화를 주지 않고 방안에 있는 기체 입자들이 스스로 한쪽 구석에 모이거나, 열접촉을 하고 있는 두 물체가 스스로 한 물체의 온도는 높이고 한 물체의 온도는 낮춘다면 총 엔트로피는 감소하게 되겠지만, 열역학 제2법칙에 따라 그런 현상은 일어날 수 없다. 주어진 시스템의 엔트로피는 가역과정이나 비가역과정을 통해 감소시킬 수 있지만, 대신 외부에 변화가 일어나게 되며 외부의 엔트로피는 시스템의 감소된 엔트로피의 양보다 적지 않다. 열역학 제2법칙은 우리가 알고 있는 미시적인 자연법칙으로부터 유도되지는 않지만 미시적 자연법칙과 상치되지도 않는다. 시간의 대칭성이 미시적으로 유지된다고 하더라도 거시적으로도 유지되어야 할 이유는 없기 때문이다.

14-9* 열기관과 냉동기관

열역학 제2법칙의 실제적인 의미를 알아보자. 열기관은 화력발전소의 터빈이나 자동차의 엔진과 같이 열에너지를 역학적인 에너지로 바꾸는 기관이다. 냉동기관은 기계적 에너지를 사용하여 물체의 온도를 낮추어 주는, 즉 물체의 열에너지를 빼앗는 기관이다. 이런 기관들은 순환과정을 통해 적당량의 열에너지를 기계에너지로 바꾸어 준 후 또 다시 원상태로 복귀해야만 계속해서 일을 할 수 있다. 이런 순환과정을 통해 열에너지를 외부에 빼앗기지 않고 모두 다 기계에너지로 바꾸는 열기관이나 일을 하지 않고도 물체의 열에너지를 빼앗는 냉동기관이 있을 수 있을까? 열역학 제2법칙에 따르면 그런 **완전기관(perfect engine)**은 존재할 수 없다. 이 절에서는 열기관과 냉동기관의 효율이 갖는 한계를 알아본다.

❙ 열기관

그림 14.1의 원통 속에 들어 있는 이상기체의 등온팽창과정에서 이상기체는 열저장체로부터 열을 흡수하고 그만큼 외부에 일을 한다. 흡수한 열만큼 손실 없이 외부에 일을 해주었으므로 이상기체는 완전 열기관이 아닐까? 그렇지 않다. 이상기체의 부피가 늘어났으므로 열기관은 이 과정 후에 원래 상태와 다른 상태가 되었다. 완전 열기관은 다른 부수적인 변화는

일으키지 않고 열에너지를 손실 없이 역학적 에너지로 바꾸는 기관이다.

그림 14.10(a)에 완전 열기관의 개략적인 설계도가 그려져 있다. 이 기관은 한 순환과정 동안 온도가 T인 열저장체로부터 Q만큼의 열에너지를 빼앗아서 W만큼의 일을 해주는 기관이다. 이 기관은 순환과정 후에 원상태로 복귀해야 하므로 순환과정 후 기관의 상태함수들은 변화되지 않았다. 즉 기관의 내부에너지의 변화는 없으며 따라서 기관의 엔트로피도 변화하지 않는다. 열저장체는 온도가 T인 등온 상태에서 열량 Q를 방출했으므로 엔트로피가 Q/T만큼 줄어든다. 따라서 총 엔트로피는 이 순환과정 후에 줄어들게 되며, 이는 열역학 제2법칙에 명백히 위배된다. 따라서 완전 열기관은 있을 수 없다.

완전 열기관이 존재하지 않는다는 말은 열저장체로부터 흡수한 열에너지를 모두 일로 바꾸지 못하고 외부에 일부를 누출해야 한다는 뜻이 된다. 그림 14.10(b)에 실제적인 열기관의 개략적인 설계도가 그려져 있다. 이 기관은 한 순환과정 동안 높은 온도(T_{H})의 열저장체로부터 Q_{H}만큼의 열에너지를 흡수하여 W만큼의 일을 하고 낮은 온도(T_{C})의 열저장체로 $|Q_{\mathrm{C}}|$만큼의 열을 방출하는 기관이다. Q_{H}, Q_{C}는 기관이 각각 높은 온도와 낮은 온도의 열저장체로부터 흡수한 열로 정의하며, 이 경우 Q_{H}는 양, Q_{C}는 음의 값을 가진다. 한 순환과정 후에 기관의 내부에너지와 엔트로피는 변화하지 않는다. 따라서 열역학 제1법칙에 의해 $Q_{\mathrm{H}} - |Q_{\mathrm{C}}| = W$이다. 이런 실제 열기관의 **열효율(thermal efficiency)** e를 다음과 같이 정의한다.

$$e = \frac{W}{Q_{\mathrm{H}}} = 1 - \frac{|Q_{\mathrm{C}}|}{Q_{\mathrm{H}}} \tag{14.35}$$

앞에서 $|Q_{\mathrm{C}}|$가 0일 수 없음을 확인했으므로 $e = 1$인 완전 열기관은 만들 수 없다. 한 순환과정 후 총 엔트로피의 변화량은 두 열저장체의 엔트로피 변화량의 합이며 이는 열역학 제2법칙에 의해 0보다 작을 수 없다. 즉

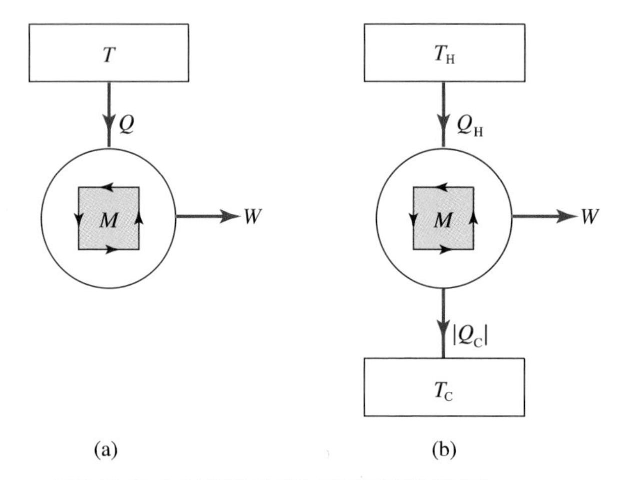

▲ **그림 14.10** | (a) 완전 열기관, (b) 실제적인 열기관

$$\Delta S_{전체} = \frac{(-Q_{\mathrm{H}})}{T_{\mathrm{H}}} + \frac{|Q_{\mathrm{C}}|}{T_{\mathrm{C}}} \geq 0 \tag{14.36}$$

이 된다. 위의 두 식을 조합하면 열효율에 대한 다음의 부등식을 쉽게 얻을 수 있다.

$$e \leq e_{이상} = 1 - \frac{T_{\mathrm{C}}}{T_{\mathrm{H}}} \tag{14.37}$$

따라서 실제 기관의 효율 e는 $e_{이상}$보다 커질 수 없다.

위의 부등식에서 등호는 $\Delta S_{전체} = 0$일 때 성립하므로 최대효율은 가역과정일 때 얻어진다. 가역순환과정을 수행하는 기관을 **이상기관(ideal engine)**이라 부르며 이상기관의 열효율 $e_{이상}$은 실제 기관이 얻을 수 있는 최대의 효율이 된다. 앞에서 논의한 카르노 가역순환과정을 수행하는 기관도 이상기관의 하나이다. 식 (14.23)을 이용하여 식 (14.35)에 대입하면 카르노 기관의 열효율이 $e_{이상}$과 같다는 사실을 쉽게 발견할 수 있다. 카르노 순환과정뿐 아니라 임의의 가역순환과정을 수행하는 기관도 이상기관이다. 하지만 실제 기관은 빠른 시간 안에 많은 양의 일을 해야 하므로 한 순환과정에 걸리는 시간이 매우 짧고(자동차 내연기관의 실린더가 한 번 순환과정을 하는 데 걸리는 시간은 0.1초가 채 못 된다) 따라서 실제 기관은 매우 비가역적인 과정을 수행하게 된다. 이는 엔트로피의 증가가 크다는 뜻이며, 따라서 우리가 사용하는 실제 열기관의 효율은 별로 높지 않다.

❙ 냉동기관

에어컨(air conditioner)은 건물 안의 차가운 공기로부터 열을 흡수하여 건물 밖의 뜨거운 대기로 열을 방출시키는 장치이다. 이처럼 냉동기관은 온도가 낮은 물체로부터 온도가 높은 물체로 열을 이동하게 하는 기관이다. 뜨거운 물체에서 차가운 물체로 열이 자연스럽게 흘러가는 것과는 달리 차가운 물체에서 뜨거운 물체로 열을 이동시키기 위해서는 일이 필요하다.

그림 14.11에 냉동기관의 개략적인 설계도가 그려져 있다. 이 기관은 한 순환과정 동안 낮은 온도(T_{C})의 열저장체로부터 Q_{C}만큼의 열을 흡수하여 높은 온도(T_{C})의 열저장체로 $|Q_{\mathrm{H}}|$만큼의 열을 방출하는 기관이다. 여기서 Q_{C}와 Q_{H}는 기관이 열저장체로부터 흡수한 열을 의미하므로 Q_{C}는 양의 값을, Q_{H}는 음의 값을 가진다. 이 기관도 순환과정 후에 원상태로 복귀해야 하므로 기관의 내부에너지와 엔트로피는 변화하지 않는다.

이 과정 동안 외부에서 냉동기관에 아무런 일도 해주지 않는다면($W=0$) 어떻게 될까? 먼저 열역학 제1법칙에 의해 $Q_{\mathrm{C}} = |Q_{\mathrm{H}}|$이다. 총 엔트로피의 변화량은 두 열저장체의 엔트로피의 변화량을 합하면 되므로,

$$\Delta S_{\text{전체}} = \frac{|Q_\mathrm{H}|}{T_\mathrm{H}} + \frac{(-Q_\mathrm{C})}{T_\mathrm{C}} = Q_\mathrm{C}\left(\frac{1}{T_\mathrm{H}} - \frac{1}{T_\mathrm{C}}\right) < 0 \tag{14.38}$$

이 된다. 이는 열역학 제2법칙에 명백히 어긋난다. 따라서 완전 냉동기관은 있을 수 없으며, 외부에서 이 기관에 일을 해주어야만 한다.

그림 14.11처럼 한 순환과정 동안 외부에서 이 기관에 $|W|$만큼 일을 해주었다고 하자. W는 기관이 외부에 해준 일로 정의되므로 음의 값을 가진다. 따라서 열역학 제1법칙에 의해 $|Q_\mathrm{H}| = Q_\mathrm{C} + |W|$가 된다. 따라서 총 엔트로피의 변화량은

$$\Delta S_{\text{전체}} = Q_C\left(\frac{1}{T_\mathrm{H}} - \frac{1}{T_\mathrm{C}}\right) + \frac{|W|}{T_\mathrm{H}} \tag{14.39}$$

가 된다. 열역학 제2법칙에 의해 $\Delta S_{\text{전체}} \geq 0$이므로, 외부에서 이 기관에 해주어야 하는 일 $|W|$는

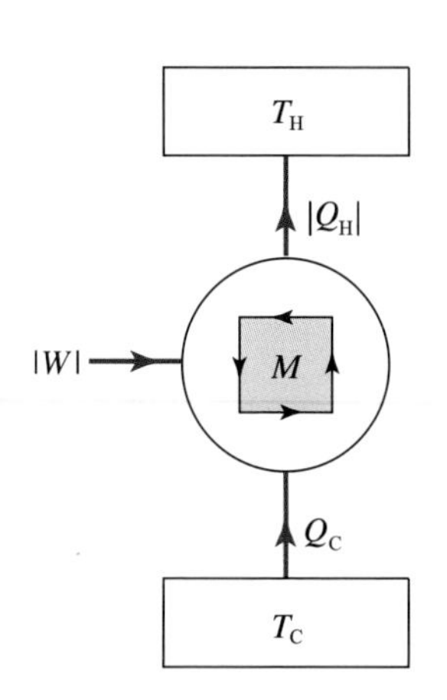

▲ **그림 14.11** | 냉동기관

$$|W| \geq Q_\mathrm{C}\left(\frac{T_\mathrm{H}}{T_\mathrm{C}} - 1\right) \tag{14.40}$$

이 된다. 즉 $|W| = 0$인 완전한 냉동기관은 있을 수 없으며, 가장 좋은 냉동기관(이상기관)이라 할지라도 위 식의 오른편만큼의 일은 외부에서 해주어야만 한다. 이상 냉동기관은 가역과정을 수행하는 기관이며, 실제로 우리가 사용하는 냉동기관은 비가역과정을 수행하기 때문에 외부로부터 더 많은 일(에너지)을 필요로 한다.

연습문제

14-1 열과 일

1. 그림 14.1에 나온 장치에서 기체의 부피를 일정하게 유지하며 기체의 온도를 증가시키고자 한다(등부피과정). 열저장체의 온도조절기와 피스톤의 무게를 어떻게 조절해야 하는가?

2. 어떤 용기 안에 있는 기체의 압력이 $2.0\ \mathrm{atm}$이고 부피가 $4.00\ \mathrm{m}^3$이다. 다음 물음에 답하시오.
   (가) 일정한 압력으로 초기 부피의 두 배로 팽창하였을 때 기체가 한 일을 구하시오.
   (나) 일정한 압력으로 초기 부피의 1/4로 압축되었을 때 기체가 한 일을 구하시오.

14-2 열역학 제1법칙

3. 일정한 압력 하에서 1.00몰의 단원자 이상기체에 1.00 J의 일을 해주었다면 기체가 외부에 흡수한 열량은 얼마인가?

4. 어떤 이상기체의 온도가 400 K이다. 이제 기체의 압력을 2.0 kPa로 일정하게 유지시킨 채, 기체의 부피를 $0.010\ \mathrm{m}^3$에서 $0.020\ \mathrm{m}^3$로 증가시킨다. 이 과정 동안 기체에는 70.0 J의 열량이 공급되었다고 한다. 이 기체 내부에너지의 변화를 구하여라.

14-4 특별한 열역학 과정들

5. 통 속에 들어 있는 기체의 압력과 부피를 측정하여, 기체가 그림과 같이 $\mathrm{A} \rightarrow \mathrm{B} \rightarrow \mathrm{C} \rightarrow \mathrm{D} \rightarrow \mathrm{A}$의 순환과정을 거치는 것을 알 수 있었다. 이 순환과정을 한 번 하는 동안 기체가 외부로부터 흡수한 알짜열은 얼마인가?

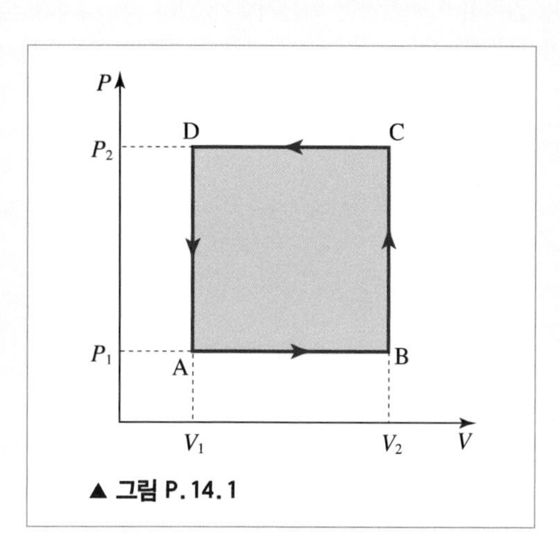

▲ 그림 P.14.1

6. 1 mol의 이상기체가 등온팽창하고 있다. 기체에 전달되는 열량을 초기부피 V_{i}와 최종부피 V_{f}, 그리고 온도 T로 나타내어라.

7. 부피가 10.0 m^3이며 압력이 2.00기압인 이상기체가 있다. 이 기체를 압축시켜 부피가 5.00 m^3가 되었다. 압축시키는 동안 기체의 온도는 T로 일정하였다. 기체의 양은 2.00몰이고 기체상수는 R이며, $1\ \mathrm{atm} = 1.01325 \times 10^5\ \mathrm{N/m^2}$이다.

(가) 압축 후 기체의 압력은 몇 기압인가?

(나) 이 과정에서 기체가 외부에서 흡수한 열은 몇 J인가?

8. 그림과 같이 어떤 이상기체가 처음 상태 A에서 B와 C를 거쳐 다시 A인 상태로 돌아왔다.

(가) 각각의 과정(A에서 B, B에서 C, C에서 A)에서 기체가 외부에서 받은 열량 Q, 외부에 한 일 W, 내부에너지의 변화량 E의 부호를 +, - 또는 0으로 표시하여라.

(나) 다시 제자리로 돌아왔을 때에 기체가 한 일을 구하여라.

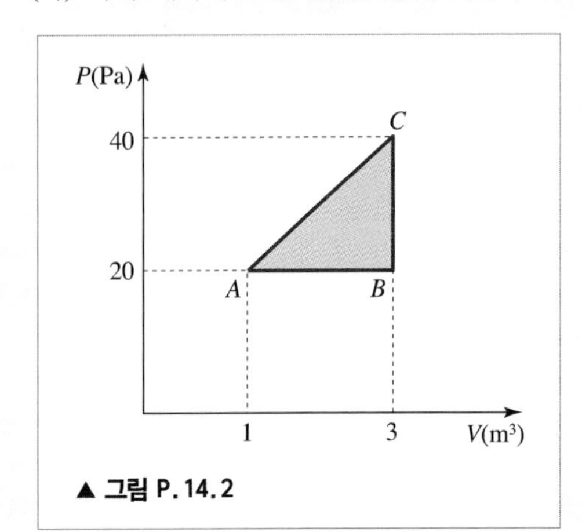

▲ 그림 P. 14. 2

	Q	W	ΔE
A에서 B			
B에서 C			
C에서 A			

9. 부피가 10.0 m^3이며, 압력이 4.00기압인 이상기체가 있다. 이 기체가 팽창하여 부피가 20.0 m^3가 되었다. 팽창하는 동안 기체의 온도는 T로 일정하였다. 기체의 양은 3.00 mol이라 할 때 다음 물음에 답하여라.

(가) 팽창 후 기체의 압력을 구하여라.

(나) 이 과정에서 기체계가 외부에 한 일을 구하여라.

(다) 이 과정에서 기체계가 외부로부터 받은 열량을 구하여라.

10. 단원자 이상기체의 부피를 2배로 증가시킨다.

(가) 온도를 일정하게 유지시켰다면, 압력은 몇 배가 되는가?

(나) 단열과정이었다면 압력은 몇 배가 되는가?

11. 20℃, 1기압의 공기가 실린더 안에 들어 있다. 단열과정으로 이 공기의 부피를 반으로 줄인다면, 공기의 온도는 몇 도가 되겠는가? 공기는 이원자 이상기체로 기술된다고 가정한다.

12. 어떤 이상기체의 정적비열 c_v가 6.00 cal/(mol · K)이다. 3.00 mol의 기체가 각각 정적과정, 정압과정, 단열수축의 과정에서 온도가 50.0 K 상승하였다. 1 cal= 4.1868 J이다. 아래의 표를 채워라.

	얻은 열량	기체가 한 일	내부에너지 변화
정적과정			
정압과정			
단열수축			

14-7 엔트로피

13. n몰 이상기체의 부피를 V_1에서 $2V_1$으로 증가시키려고 한다.

(가) 온도 T를 유지한 채 등온팽창을 한다면 이 기체가 외부에 한 일은 얼마인가?

(나) 이 과정 동안 엔트로피 변화는 얼마인가?

(다) 등온팽창이 아니라 단열팽창을 한다면 엔트로피 변화는 얼마인가?

14. 융해 잠열 L_f를 갖는 고체가 온도 T_m에서 녹는다. 만약 질량 m만큼의 고체가 녹았을 때 엔트로피 변화 ΔS를 구하시오.

15. 3몰의 이상기체가 초기 부피의 2배로 자유 팽창하는 과정의 엔트로피 변화를 구하시오.

16. 단열된 상자 속에 중간벽에 분리된 부피가 V_0로 똑같은 두 공간에 H_2와 O_2가 1몰씩 있다. 중간벽이 사라져 두 기체가 부피가 $2V_0$인 전체 공간 속에서 골고루 섞이게 되어 새로운 평형 상태에 다다랐다면 엔트로피의 변화는 얼마인가? 두 기체는 모두 이상기체로 볼 수 있다고 하자.

14-8 열역학 제2법칙

17. 2.0 mol의 이상기체가 단열상태에서 가역과정을 통해 부피가 0.020 m^3에서 0.030 m^3로 증가하였다고 한다. 이 기체의 엔트로피는 얼마나 증가하였는가?

18. 질량이 100 g이며 온도가 20.0℃인 컵을, 온도가 100℃인 물 200 g으로 채웠다. 컵을 이루는 물질의 비열은 0.200 cal/g℃라 한다.

(가) 이 시스템의 최종온도는 얼마인가?

(나) 전체 엔트로피 변화량은 얼마인가?

14-9 열기관과 냉동기관*

19. 어떤 열기관이 한 주기마다 400 J의 열량을 받아 20.0 J의 일을 한다고 한다. 이 열기관의 열효율을 구하여라. 또, 한 주기마다 배출되는 열량은 얼마인가?

20. 어떤 운전 중인 자동차 엔진의 온도가 2,500℃라고 한다. 외부 온도가 20.0℃라고 할 때, 자동차 엔진을 이상기관이라고 가정하여 얻을 수 있는 최대 열효율은 얼마인가?

21. 카르노 순환과정으로 작동되는 냉장고가 있다고 하자. 냉장고 내부 온도는 −4.0℃, 외부 온도는 20℃라고 한다. 이 냉장고 안에서 밖으로 100 J의 열량을 빼내려면 얼마만큼의 일을 해주어야 하는가?

22. 금속막대의 한쪽 끝이 온도가 1,200 K인 열저장체와 접촉하고 있고, 다른 한쪽 끝은 온도가 300 K인 열저장체에 연결되어 있다. 온도가 높은 쪽에서 낮은 쪽으로 분당 20.0 J의 열이 전달된다고 할 때, 전체 엔트로피 변화율은 얼마인가?

23. 온도가 $T_{\rm h}$, T_0, $T_{\rm c}$ 인 세 개의 열저장체 사이에서 그림과 같이 작동하는 두 개의 카르노 기관이 있다. 전체 열효율 e를 각 기관의 열효율 e_1, e_2로 나타내시오.

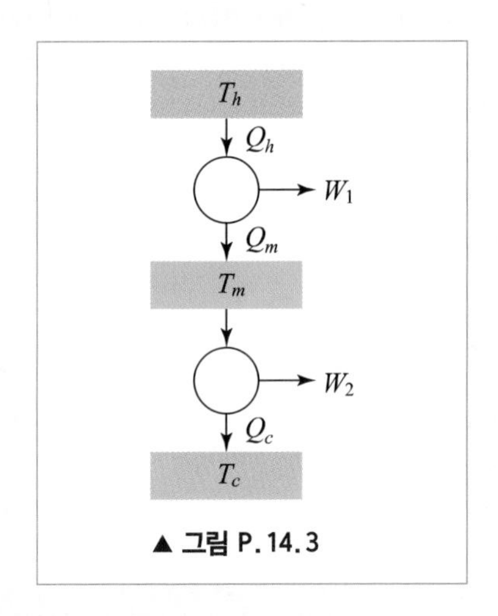

▲ 그림 P.14.3

발전문제

24. 1몰의 이상기체가 그림과 같은 순환과정(A → B → C → D → A)을 거칠 때 외부에 한 일은 얼마인가?

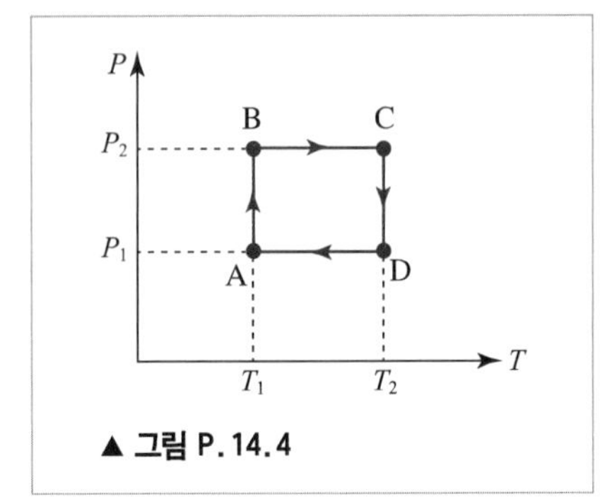

▲ 그림 P.14.4

25. 정압비열과 정적비열의 비가 γ인 n mol의 이상기체가 온도 T_1에서 T_2로 단열과정을 하는 동안 외부에 하는 일 W를 구하여라.

26. 어떤 물질의 상태방정식이

$$P = \frac{AT - BT^2}{V}$$

과 같이 주어진다. 압력은 $P = P_0$로 일정하고, 온도가 T_1에서 T_2로 변했을 때의 일을 계산하여라.

27. 그림 P.14.4와 같은 열역학 과정($\mathrm{A} \rightarrow \mathrm{B}$)에서 단원자 이상기체가 외부에 한 일은 얼마인가?

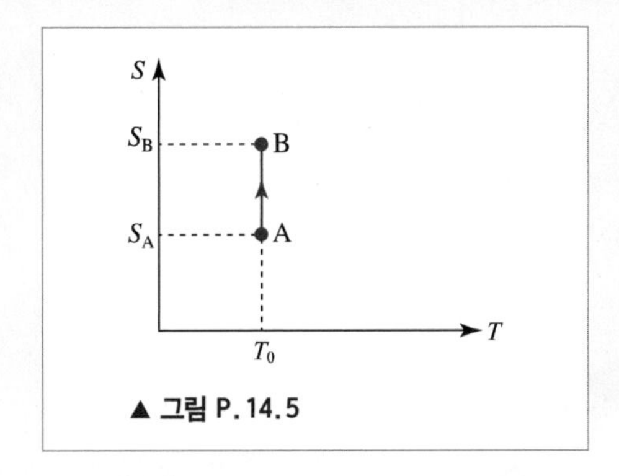

▲ 그림 P.14.5

28. 어떤 단원자 이상기체 1몰의 부피에 따른 압력이 $P = \alpha V^2$이 되도록 가역과정을 통해 팽창시킨다. 부피가 2배로 팽창했다면 엔트로피의 증가량은 얼마인가?

29. 단원자 이상기체의 상태가 그림과 같이 A에서 C 또는 D를 거쳐 B로 변할 때 외부로부터 흡수하는 열이 각각 $Q_{\mathrm{ACB}} = 50\mathrm{J}$, $Q_{\mathrm{ADB}} = 30\mathrm{J}$ 일 때 A와 B에서의 내부 에너지 차이를 구하시오.

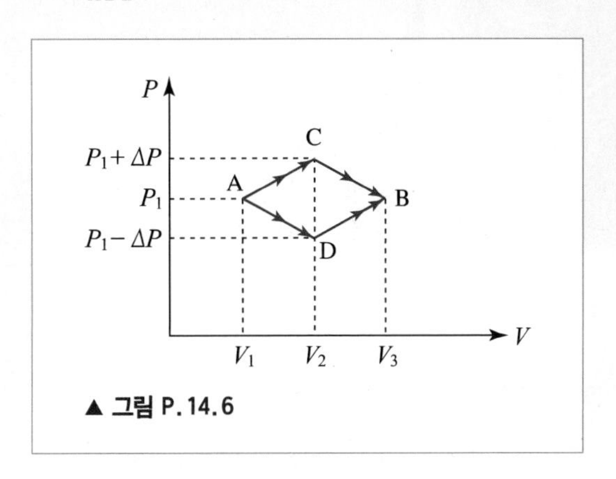

▲ 그림 P.14.6

샤를 오귀스탱 드 쿨롱

Charles-Augustin de Coulomb, 1736-1806

프랑스의 물리학자이다.
잉글랜드의 조셉 프리스틀리의 전기적 반발의 법칙을 연구하다가
정전기력의 크기를 나타낸 쿨롱의 법칙을 개발하게 되었다.

CHAPTER 15
전하와 전기장

우리는 지금까지 주로 거시적인 세계의 현상만을 보아 왔다. 즉, 물체가 외력에 대해서 어떻게 운동하는지, 회전이나 진동운동 등은 어떤 특성을 가진 운동인지 등에 관해 알아보았다. 또, 더 나아가 열현상도 사실은 미시적 분자들의 역학적 운동일 뿐이라는 것도 알게 되었다. 그러나 더 미시적으로 들여다보면 우리 세계는 전기를 띤 입자들의 세계라는 것을 알 수 있다. 즉, 우주는 전기를 띤 입자들로 이루어진 것이다. 그러면 왜 그것을 눈치채지 못했을까? 이제부터 매우 미시적 입장에서 우리 세계를 다시 보고, 전기를 띤 미시적 입자들이 상호작용하는 현상을 전기장이라는 개념을 통해 이해해보자.

15-1 전하

옷에 문지른 머리빗을 종잇조각에 가까이 가져가면 종잇조각이 끌려온다. 이 현상은 두 물체 사이에 작용하는 만유인력만으로는 설명할 수 없으며, 머리빗과 종잇조각 사이에 새로운 힘이 작용한다는 것을 뜻한다.

기원전 600년경 전부터 고대 희랍인은 헝겊으로 호박(amber)을 문지르면 호박이 가벼운 물체를 끌어당긴다는 사실을 알았다. 이러한 현상은 호박이 전기적으로 대전되었기 때문이며, 알짜전하(electric charge)를 얻었기 때문이라고도 말한다. **전하**란 호박을 의미하는 희랍어 'elektron'이라는 글자로부터 유래되었으며, **전기를 띤 입자**를 뜻한다.

모든 물질은 전기를 띤 입자로 이루어져 있다. 전하의 전기는 양(+)과 음(−)의 두 부호를 갖는다. 즉, 우주에는 두 종류의 전하밖에 없다. 그러나 보통 물질은 전기적으로 중성이기 때문에 물질이 전하를 가지고 있는지 쉽게 알 수 없다. 어떤 물체가 전기를 띤다는 것은, 어떤 작용을 통하여 그 물체가 **알짜전하(net charge)**를 갖는다는 것을 뜻한다. 어떤 물체가 알짜전하를 가졌을 때 그 물체는 **대전**되었다고 한다. 예컨대 양탄자 위에서 걸어 다니거나, 머리빗으로 마른 머리를 빗으면 몸은 대전된다. 또, 종이가 복사기나 인쇄기를 통과하는 동안 종이는 대전된다.

전하의 양자화

고대 그리스의 데모크리토스가 추측했던 대로 물질을 쪼개고 또 쪼개면 모든 물질은 더 이상 쪼갤 수 없는 기본 단위에 이르게 된다. 그것이 오늘날 우리가 알고 있는 원자(atom)이다. 모든 물질은 100여 가지 원소의 원자들로 이루어져 있다. 이 원자들은 다시 원자핵과 전자로 이루어져 있다. 원자핵은 다시 양전하를 띠는 양성자와 전기적으로는 중성인 중성자로 이루어져 있으며, 그 원자핵 주위에 음전하를 띤 전자가 묶여 원자를 이룬다.

보통 원자는 같은 크기의 음전하와 양전하를 가져 전기적으로 중성이지만 전자가 그 원자로부터 떨어져 나오면 원자는 이온화되고 양전기를 띠게 된다. 흥미로운 점은 양성자와 전자의 전하량은 어떤 기본 전하량의 단위로만 존재한다는 점이다. 기본 입자의 크기는 매우 작으므로 기본 입자의 전하는 흔히 점전하로 나타낸다. 점전하란 수학적인 점과 같이 크기는 없으면서 전하량만 갖는 존재를 나타내며, 물리적으로는 적절하지 않은 개념이지만 다루기에 편리한 이점이 있다.

전자나 양성자 하나가 갖는 전하의 크기는 흔히 e로 나타내며, 국제단위계의 전하량 단위인 쿨롱(C)으로 표현할 시 그 크기는 아래와 같고 이를 **기본 전하량**이라 한다.

$$e = 1.60219 \times 10^{-19}\,\mathrm{C} \simeq 1.60 \times 10^{-19}\,\mathrm{C}$$

▼ **표 15.1** | 몇 가지 기본 입자의 특성들

입자	기호	전하량	질량
양성자	p	$+e$	1.6726×10^{-27} kg
중성자	n	0	1.6759×10^{-27} kg
전자	e^-	$-e$	9.1100×10^{-31} kg

1 C은 약 6×10^{18}개의 양성자가 지니는 총 전하량과 같으며 매우 큰 전하량이 된다. 표 15.1에 몇 가지 기본 입자의 특성을 나타내었다.

우리 주위의 보통 물체는 엄청난 크기의 전하량을 갖는다. 그러나 물체들은 보통 상태에서 전기를 띠지 않는데, 그 이유는 물질을 이루는 원자들이 전기적으로 중성이어서 그 엄청난 크기의 전하량이 거의 정확하게 양과 음의 균형을 이루기 때문이다. 예컨대 구리 동전 하나에 얼마의 전하량이 있는지 다음 예제에서 알아보자.

예제 15.1 구리 동전 하나의 양전하량

구리 동전 하나의 질량이 1.0 g이라 하자. 구리원자 1개당 4.6×10^{-18} C 크기의 양전하와 음전하를 갖는다고 가정하고 구리 동전 하나에 들어 있는 총 양전하량을 구하여라(단, 구리의 원자량은 64이다).

| 풀이

구리 조각에 들어 있는 구리원자의 개수 N은 다음의 비로부터 알 수 있다.

$$\frac{N}{N_A}=\frac{m}{M}$$

여기서 N_A는 아보가드로 수이며, m은 동전의 질량, M은 구리의 원자질량으로서 64 g/mol이다. 따라서 N은 다음과 같다.

$$N=\frac{(6.0\times10^{23}\ \text{atoms/mol})(1.0\ \text{g})}{64\ \text{g/mol}}=9.4\times10^{21}\ \text{atoms}$$

그러므로 전하량은 다음과 같다.

$$q=(4.6\times10^{-18}\ \text{C/atom})(9.4\times10^{21}\ \text{atoms})=4.3\times10^{4}\ \text{C}$$

전하의 보존

이 세상에 있던 전하가 갑자기 없어지거나 생겨나는 일이 가능할까? 답은 '그렇다'이다. 그러나 지금까지 알려진 사실로는 고립계의 총 전하량은 보존된다. 즉, 외부와 상호작용하지 않는 어떤 계의 총 전하량은 일정하다. 그러나 이것이 전하가 만들어지거나 없어질 수 없음을 뜻하는 것은 아니다. 사실, 전하는 양과 음의 쌍으로는 만들어지거나 없어질 수 있다. 그러나

만들어지고 없어지는 전하의 크기는 언제나 같으며 단지 부호만 반대이기 때문에 총 전하량은 언제나 일정한 것이다. 예컨대 감마선은 물질과 상호작용하면서 전자(e^-)와 양전자(e^+)의 쌍이나, 양성자와 반양성자의 쌍을 만들기도 한다. 이 과정은 다음과 같이 나타낸다.

$$e^+ + e^- \Leftrightarrow \gamma + \gamma \tag{15.1}$$

전하가 서로 다른 입자와 만나 사라지며 빛을 만드는 현상을 **쌍소멸현상**이라 한다. 또 빛이 입자와 반입자의 쌍으로 변하는 현상을 **쌍생성현상**이라 한다. 이와 같이 전기를 띤 입자가 생겨나거나 없어지는 것은 가능하지만, 양전하나 음전하 중 하나만 생겨나는 일은 없다.

입자와 반입자
양전자란 전자에 대응하는 반입자(anti-particle)로 전자와 모든 성질은 같지만 단지 전하량의 부호만 다른 입자를 뜻한다. 또 반양성자란 양성자의 반입자를 뜻한다. 알려진 바로는 모든 기본 입자에는 그에 대응하는 반입자도 존재한다. 우리 우주는 물질로 이루어져 있으며 반입자로 이루어진 반물질은 만들어지면 곧 물질과 상호작용하여 빛으로 변하며 사라진다.

도체와 절연체

모든 물체는 전하로 이루어져 있으며, 물체의 특성에 따라 전기적 특성이 다르다. 예컨대 어떤 물체에서는 원자에 소속된 전자가 아주 느슨하게 묶여 있어 계의 전자들이 거의 자유롭게 계 전체를 이동할 수 있는데 이런 물체를 **도체(conductor)**라 한다. 도체 내의 자유로운 전자들을 **자유전자**라 한다. 반면에 어떤 물체의 원자 안에 있는 전자는 각 원자에 단단하게 묶여 있는데, 이런 물질을 **절연체(insulator)**라 한다. 절연체를 이루는 원자 안에 있는 전자도 외부 전기장 아래서 전기적 성질을 나타내기 때문에 절연체는 전기적 입장에서는 **유전체(dielectrics)**라고 한다. 온도가 높아지면 약간의 도체 성질을 띠는 절연체도 있는데 이를 **반도체(semi-conductor)**라고 한다.

모든 금속은 자유전자를 갖는 도체인 반면, 유리나 도기는 일반적으로 절연체이다. 또 실리콘(silicon)이나 게르마늄(germanium)과 많은 종류의 화합물은 반도체의 성질을 지닌다. 전도율이란 도체 내에서 전하가 얼마나 잘 이동할 수 있는가를 나타내는 양인데, 도체와 절연체의 전도율 차이는 아주 크다. 매우 좋은 전도성을 지닌 도체와 전도성이 안 좋은 절연체간의 전도율 차이는 10^{25} 정도이다.

우리 주위에서 가장 흔히 볼 수 있는 전하 이동 현상은 그림 15.1과 같은 번개가 치는 현상이다. 번개란 대전된 구름 덩어리로부터 지구 표면으로 전하가 이동하는 현상이다.

▲ **그림 15.1** | 번개 치는 모습: 고대인들은 번개 치는 모습을 보고 무엇을 생각했을까?

15-2 쿨롱의 법칙

질량이 있는 물체들은 만유인력 때문에 서로 당기는 힘만 작용하지만, 전하들 사이에는 서로 당기거나 미는 힘이 작용한다. 18세기 말경에 이미 전하 사이의 힘에 관한 정교한 실험이 많이 있었는데, 그 실험들로부터 다음과 같은 사실들을 알게 되었다.

- 전하에는 양과 음의 두 종류가 있다.
- 두 전하 사이에는 전하를 잇는 선의 방향으로 서로 당기거나 미는 힘이 작용하며, 그 힘의 크기는 전하 사이의 거리의 제곱에 정확히 반비례한다.
- 두 전하 사이의 힘은 두 전하의 전하량의 곱에 비례한다.

즉, 전하량이 각각 q_1, q_2인 두 전하가 거리 r만큼 떨어져 있으면, 두 전하 간의 힘은 다음과 같이 쓸 수 있다.

$$F \propto \frac{q_1 q_2}{r^2} \tag{15.2}$$

이를 **쿨롱의 법칙(Coulomb's law)**이라 부르는데, 이는 프랑스 물리학자인 **쿨롱**(Charles Augustin de Coulomb, 1736～1806)을 기리기 위한 것이다. 이 힘은 전기력이라고 부른다. 최근의 한 실험에 의하면, 이 식에서 거리의 제곱에 반비례하는 성질은 10^{-16}한도까지도 정확하다고 알려져 있다.

이 관계를 등식으로 나타내려면 비례상수가 필요하며, 이 관계를 다시 나타내면 다음과 같다.

$$F = \frac{1}{4\pi\varepsilon_0}\frac{q_1 q_2}{r^2} \tag{15.3}$$

전하의 단위로 **쿨롱(coulomb)**을 사용하며 C로 나타낸다. 이때 $\frac{1}{4\pi\varepsilon_0}$의 단위는 물론 $N \cdot m^2/C^2$이며, 크기는 8.9876×10^9이다. 비례상수를 이와 같이 독특한 형태로 나타낸 이유는 관습 때문이며 ε_0는 **진공의 유전율(permittivity of free space)**이라고 부른다.

질문 15.1

1 C의 전하량은 엄청나게 큰 양이다. 각각 +1 C의 전하량을 갖는 두 전하가 1 m 떨어져 있다고 가정하면 이때 서로 미는 힘의 크기는 얼마인가? 그 크기는 질량이 60 kg인 보통 사람의 몸무게와 비교할 때 몇 배인가?

둘 이상의 전하가 있는 경우 전하에 작용하는 힘은 쿨롱의 법칙에 따라 각각의 두 전하 사이의 전기력 벡터를 더해서 얻은 합력과 같다. 즉, 어떤 점전하와 다른 여러 개의 점전하끼리 작용하는 힘을 각각 $\boldsymbol{F}_1$, $\boldsymbol{F}_2$, $\boldsymbol{F}_3, \cdots$라 하면 합력은 다음과 같다.

$$\boldsymbol{F} = \boldsymbol{F}_1 + \boldsymbol{F}_2 + \boldsymbol{F}_3 + \cdots \tag{15.4}$$

이와 같이 여러 전하에 의한 힘의 효과가 단순한 벡터의 덧셈연산 결과로 나타나는 것을 **중첩의 원리(principle of superposition)**라 하며, 이는 실험적으로 규명된 중요한 물리적 사실 중 하나이다. 중첩의 원리란 곧 두 전하 사이의 힘은 다른 전하의 존재 여부와 상관없이 항상 쿨롱의 법칙을 만족한다는 말과 같다.

전하들이 매우 많아서 거의 연속적으로 분포한 경우에 전하들끼리 서로 작용하는 힘도 중첩의 원리를 쓰면 쉽게 구해질 수 있다. 왜냐하면 어떤 전하 분포에서 전하들 사이의 힘은 전하들 간의 상호작용의 합을 통해 나타낼 수 있기 때문이다.

예제 15.2 이온의 전하

거리가 7.0×10^{-10} m만큼 떨어져 있는 동일한 두 이온 사이의 전기력의 크기가 1.88×10^{-9} N이다. 각 이온의 전하를 구하여라.

| 풀이

식 (15.3)에 주어진 값들을 대입하면,

$$1.88 \times 10^{-9} = 8.99 \times 10^9 \frac{q^2}{(7.0 \times 10^{-10})^2}$$

의 식을 얻을 수 있다. 이 식을 전하량 q에 대해서 풀면,

$$q = \sqrt{\frac{1.88 \times 10^{-9}}{8.99 \times 10^9}} \times 7.0 \times 10^{-10} = 3.2 \times 10^{-19}\ \text{C}$$

을 얻게 된다.

질문 15.2

전하량이 각각 q인 세 점전하가 정삼각형 모양 물체의 세 꼭짓점에 놓여 있다. 이 정삼각형 물체가 받는 합력은 얼마인가?

가우시안 단위계

국제단위계 전하량 단위인 C은 매우 인위적인 것이다. 1 C의 크기는 나중에 다룰 전류의 단위인 암페어(A)의 단위를 이용해 정의하고 암페어는 다시 자기력을 통해 정의된다. 따라서 C 단위의 정의는 매우 복잡한 편이다. 쿨롱과 같은 인위적인 단위를 도입하고, 비례상수가 $\frac{1}{4\pi\epsilon_0}$과 같이 특이하게 정의되는 것을 피하기 위해, 비례상수를 차원이 없는 상수 1이 되도록 전하의 단위를 정하기도 한다. 여기서 힘을 dyne, 길이를 cm로 나타낼 때, 전하의 단위는 esu(정전 단위; electrostatic unit) 단위로 나타낸다. 이를 CGS 단위계, 또는 가우시안(gaussian) 단위계라 한다. 즉, 같은 크기의 두 전하가 1 cm 떨어져 있을 때 전하 간의 힘이 1 dyne이면 그 전하량을 1 esu라 한다.

15-3 전기장

전하는 어떤 방법으로 다른 전하에 힘을 작용하는 것일까? 예컨대 매우 멀리 떨어진, 우주

의 저쪽 멀리 있는 별과 우리 지구에 각각 있는 두 점전하가 있을 때, 한 전하가 갑자기 이동하였다고 하자. 이때 다른 전하는 그 전하의 이동 사실을 언제 알게 될까? 이동하는 순간 바로 알게 될까 아니면 얼마의 시간이 지난 후에야 알 것인가?

실험에 의하면 전하의 이동 정보는 얼마의 시간이 지난 후에야 다른 전하에 전달되며, 그 전달 속력은 광속과 같다. 즉, 한 전하의 위치가 변하면, 그 정보는 광속으로 다른 전하에 전달되면서 다른 전하는 그에 따른 반응을 하게 된다. 이런 사실은 전하가 자신의 존재를 나타내는 정보를 어떤 배달부를 이용하여 전달함을 뜻하고, 그 배달부는 광속으로 정보를 전달한다. 이때 전하가 자신의 존재를 나타내는 정보를 전달할 수 있는 영역을 그 전하의 **전기장 영역** 또는 **전기마당 영역**이라 부른다.

이와 같이 전하는 **전기장**이라 부르는 자신의 영향권을 유지하며, 한 전하는 자신의 전기장을 내세워 다른 전하와 상호작용한다고 할 수 있다. 물론 이 입장은 다른 전하로서도 마찬가지이다. 즉, 우주의 모든 전하는 전기장이라는 형태로 자신의 영향권을 유지하고 그 전기장을 통해 다른 전하와 상호작용한다고 할 수 있다. 즉, 전하와 전하끼리는 다음과 같이 서로 영향을 미친다.

전기력의 작용·반작용법칙
서로 정지한 상태에 있는 두 전하 간의 힘은 뉴턴의 운동 제3법칙인 작용－반작용의 원리를 만족한다. 그러나 서로 상대적으로 운동하는 두 전하끼리 작용하는 힘은 단순하지 않다. 뒤에서 다루겠지만 운동하는 전하는 자기장을 만든다. 서로 상대적으로 운동하는 경우에 두 전하는 각각 상대방에 의한 자기장의 영향을 받게 되어 상황은 더 복잡해진다. 자기력까지 고려하면 서로 운동하는 두 전하끼리의 힘은 작용－반작용의 법칙을 만족시키지 않는 것처럼 보인다. 이와 같은 문제는 아인슈타인이 상대성 이론을 생각하게 된 하나의 동기가 되었다. 서로 운동하는 전하끼리의 힘도 작용－반작용의 법칙을 만족시키려면, 마당 또는 장(field)이라 불리는 형태로 숨겨진 힘의 근원을 고려하여야 한다는 사실이 알려지게 되었다. 또는 힘은 근원적으로 운동량으로 나타낼 수 있는 양이므로, 마당의 형태로 존재하는 운동량까지 고려해야 한다.

$$\text{전하} \Leftrightarrow \text{전기장} \Leftrightarrow \text{전하}$$

전하량 q인 전하가 만드는 전기장은 어떻게 정의될 수 있을까? 임의의 시험전하 q_0가 받는 힘을 $\boldsymbol{F}$라 하면, 그 위치에서의 전기장 $\boldsymbol{E}$는 다음과 같이 정의된다.

$$\boldsymbol{E} = \lim_{q_0 \to 0} \frac{\boldsymbol{F}}{q_0} \tag{15.5}$$

이 정의에서 시험전하 q_0를 충분히 작은 전하인 조건으로 삼은 이유는 그 시험전하의 존재로 인해 원래의 전기장을 변화시키지 않기 위함이다. 일반적으로 전하가 있으면, 주위의 도체나 유전체가 정전기 유도라는 현상으로 인해 전기적 성질을 나타내어 원래 측정하려고 했던 전기장을 변화시킬 수도 있기 때문이다.

이 정의에 의하면 주어진 전기장이 $\boldsymbol{E}$인 위치에서 전하량 q인 전하가 받는 힘은 당연히 $q\boldsymbol{E}$가 된다. 즉, 어떤 점에서 전기장 방향은 그 위치에 놓인 양전하가 받는 힘의 방향과 같다. 국제단위계에서는 힘의 단위가 N이며 전하의 단위는 C이므로, 전기장의 단위는 N/C이 된다.

전기력선

전기장을 표현하는 데는 **전기력선**의 개념이 아주 유용하고 편리하다. 전기력선은 다음과 같이 정의한다. 즉, 어떤 점에서

- 전기장의 크기는 전기력선 밀도에 비례하며,

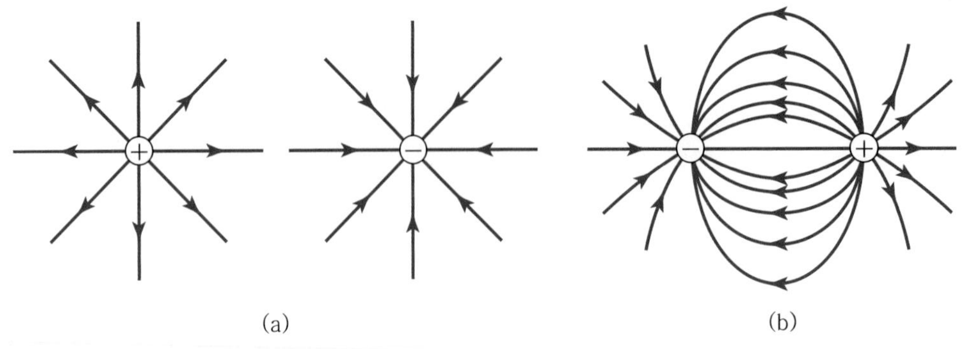

▲ **그림 15.2** | (a) 양전하와 음전하의 전기력선, (b) 쌍극자에 의한 전기력선

• 전기장의 방향은 전기력선의 접선성분과 같다.

이와 같은 특성을 갖는 전기력선이란 어떤 모양인지 몇 가지 예를 통해 살펴보자. 그림 15.2(a)는 양전하에 의한 전기력선과 음전하에 의한 전기력선 모양을 각각 나타낸 것이다. 또 그림 15.2(b)는 같은 전하량을 갖는 양전하와 음전하가 짝을 이루어 가까이 있는 경우의 전기력선 모양을 보여준다. 이러한 구조를 **전기쌍극자**라 한다.

전기력선은 양전하에서 나와서 음전하로 들어간다. 양전하에서 나오는 전기력선은 어느 곳에서는 음전하로 들어가야 하는 것처럼 보이므로, 전기력선의 개념에서 보면 우주의 총 음전하량의 크기는 총 양전하량과 같다고 볼 수 있다. 즉, 우주는 전기적으로 중성이라 볼 수 있다.

예제 15.3 전기장을 이용한 전기력 계산

균일한 전기장 $E = 1.0 \times 10^4\ \mathrm{N/C}$이 있는 상자 안에 전자 하나가 있다. 전기장의 방향은 수직 상방이다. 전자에 미치는 전기력을 중력과 비교하여라.

| 풀이

$$\text{전자의 전하 } e = 1.6 \times 10^{-19}\ \mathrm{C}$$

$$\text{전자의 질량 } m = 9.1 \times 10^{-31}\ \mathrm{kg}$$

$$F_{\text{전기력}} = eE = (1.6 \times 10^{-19}\ \mathrm{C})(1.0 \times 10^4\ \mathrm{N/C}) = 1.6 \times 10^{-15}\ \mathrm{N}$$

$$F_{\text{중력}} = mg = (9.1 \times 10^{-31}\ \mathrm{kg})(9.8\ \mathrm{m/s^2}) = 8.9 \times 10^{-30}\ \mathrm{N}$$

전기력과 중력 간의 비는 다음과 같다.

$$\frac{1.6 \times 10^{-15}\ \mathrm{N}}{8.9 \times 10^{-30}\ \mathrm{N}} = 1.8 \times 10^{14}$$

이 결과에서 알 수 있듯이 중력의 크기는 전기력에 비해 무시할 만큼 작다.

중첩의 원리에 의해 한 점전하에 작용하는 전기력은 다른 모든 전하들이 작용하는 전기장의 벡터 덧셈에 의한 합과 같으므로 여러 전하들이 있는 계에서의 전기장은 각 전하에 의한 전기장을 다음과 같이 벡터 덧셈한 결과로 나타낼 수 있다.

$$\boldsymbol{E} = \boldsymbol{E}_1 + \boldsymbol{E}_2 + \cdots \tag{15.6}$$

실제적인 상황에서는 점전하 대신 어떤 부피나 표면에 분포된 전하들에 의한 전기장을 흔히 계산하게 된다. 이때에는 부피전하밀도나 표면전하밀도 등의 형태로 연속적으로 분포된 전하들을 매우 작은 단위로 나누어 충분히 작은 전하집단의 전기장을 마치 점전하처럼 취급하여 각각 구한 다음 그 결과를 벡터적으로 덧셈 연산을 하면 전기장을 구할 수 있다.

예제 15.4

질량이 m이고 전하량이 q인 입자를 다음 그림과 같이 균일한 전기장 $\boldsymbol{E}$가 y방향으로 작용하고 있는 공간에 가만히 놓으면, 이 입자는 전기장에 의해서 가속운동을 한다. 이때 이 입자의 운동을 기술하여라.

| 풀이

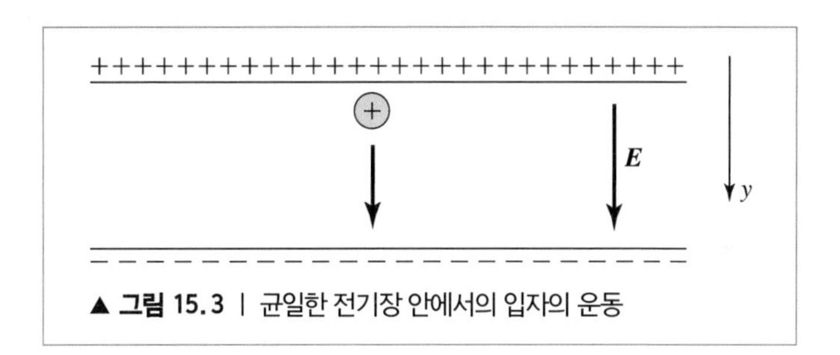

▲ **그림 15.3** | 균일한 전기장 안에서의 입자의 운동

입자에 작용하는 힘은 전기장 $\boldsymbol{E} = E\boldsymbol{j}$에 의해서 $\boldsymbol{F} = q\boldsymbol{E}$이므로, 입자에 작용하는 가속도를 전기장으로 나타내보면 $\boldsymbol{a} = \dfrac{\boldsymbol{F}}{m} = \dfrac{qE}{m}\boldsymbol{j}$로 양의 y축 방향으로 운동하는 등가속도운동이 된다. 이때 입자는 처음에 정지해 있었기 때문에 초기 속도는 0이며, 초기위치를 0이라고 했을 때, 시간 t초 후의 속도와 위치는 다음과 같이 나타낼 수 있다.

$$v = at = \frac{qE}{m}t, \quad y = \frac{1}{2}at^2 = \frac{qE}{2m}t^2$$

여기서 한 가지 흥미로운 것은 시간 t초 후에 입자의 운동에너지를 구하면,

$$\frac{1}{2}mv^2 = \frac{1}{2}m\left(\frac{qE\,t}{m}\right)^2 = qE\,y$$

를 얻는다. 즉 전기장에 의해서 가속된 입자의 운동에너지는 전기장에 의한 힘 qE와 전하가 움직인 거리 y를 곱한 물리량, 즉 전기장이 전하에 해준 일과 같아진다는 사실을 알 수 있다.

예제 15.5

다음 그림 15.4와 같이 균일하게 대전된 반지름 a인 고리의 중심에서 거리 x만큼 떨어진 점 P에서의 전기장의 크기를 구하여라. 단, 고리에 대전된 총 전하량의 크기는 q이다.

| 풀이

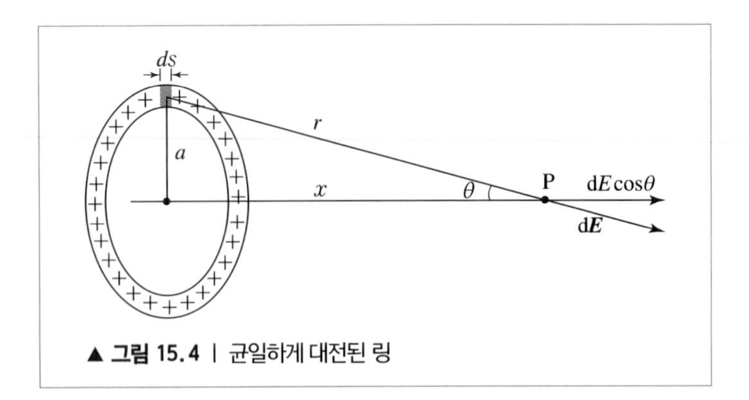

▲ **그림 15.4** | 균일하게 대전된 링

그림에서처럼 고리를 길이 $\mathrm{d}s$인 조각들로 나누어 생각해보자. 그러면 이 작은 조각의 전하량 $\mathrm{d}q$는 $\mathrm{d}q = \dfrac{q\,\mathrm{d}s}{2\pi a}$ 임을 알 수 있다. 이때 이 조그만 조각 $\mathrm{d}s$ 때문에 생성되는 전기장 $\mathrm{d}\boldsymbol{E}$를 고려해보면 위의 그림과 같은 방향을 가짐을 알 수 있다. 이때, 전기장은 벡터이므로 x축에 수직인 성분과 수평인 성분을 생각할 수 있는데, 수직인 성분은 고리의 대칭성 때문에 반대쪽에 있는 성분과 상쇄되고, 수평 성분, 즉 $\mathrm{d}E\cos\theta$만이 최종적으로 전기장에 기여하게 된다. 쿨롱의 법칙에서 $\mathrm{d}E$를 구하면,

$$\mathrm{d}E = \frac{1}{4\pi\epsilon_0}\frac{\mathrm{d}q}{r^2} = \frac{1}{4\pi\varepsilon_0}\frac{\mathrm{d}q}{(x^2+a^2)}$$

가 된다. 전체 전기장을 구하기 위해서는 수평 성분만 고려하면 되므로,

$$E = \int \mathrm{d}E\cos\theta = \int \frac{1}{4\pi\epsilon_0}\frac{qx}{(2\pi a)(x^2+a^2)^{3/2}}\mathrm{d}s$$

여기서 $\mathrm{d}q = \dfrac{q\,\mathrm{d}s}{2\pi a}$와 $\cos\theta = \dfrac{x}{\sqrt{a^2+x^2}}$ 임을 이용하였다. 한편 적분기호 안의 함수는 적분변수 s에 무관한 상수이고, $\int \mathrm{d}s = 2\pi a$이다. 따라서 고리 전체가 만드는 전체 전기장의 크기는 $E = \dfrac{1}{4\pi\epsilon_0}\dfrac{qx}{(x^2+a^2)^{3/2}}$이고 방향은 양의 x방향이다. 이때 고리의 반지름 a보다 x가 충분히 크면, $x \gg a$이므로

$$E \approx \frac{1}{4\pi\epsilon_0}\frac{q}{x^2}$$

를 얻을 수 있고, 이 결과는 고리의 모든 전하들이 한 점에 모여 있는 점전하인 경우의 결과와 같은데, 고리에서 멀리 떨어진 경우($x \gg a$)는 링을 마치 하나의 점처럼 생각할 수 있으므로 타당한 결과임을 확인할 수 있다.

또, $x = 0$ 인 고리의 중심에서는 전기장의 크기가 0임을 알 수 있는데, 이 결과 역시 링의 대칭성 때문에 모든 전하들이 만드는 전기장이 서로 상쇄된 결과임을 확인할 수 있다.

15-4 쌍극자와 전기장

우리 주위의 물질들은 거의 모두 전기적으로 중성이다. 즉, 전기를 띠지 않는다. 그것은 원자핵을 둘러싼 전자들이 핵을 거의 완벽하게 가리고 있어 두 전하가 서로 상쇄되기 때문이다. 그러나 약간의 교란이 있게 되면 원자의 전하 분포가 변형되어 전자의 분포 중심과 핵의 위치가 일치하지 않게 되는 경우가 생기는데, 이와 같이 전하량 크기는 같지만 부호는 다른 두 전하가 서로 떨어져 있는 구조를 **전기쌍극자(electric dipole)**라 한다. 절연체를 이루는 물질의 원자나 분자들은 외부 전기장에 의해 음전하와 양전하의 중심이 약간 떨어지게 되는데 따라서 외부 전기장 속에 놓인 절연물질은 수많은 전기쌍극자로 이루어졌다고 할 수 있다.

그림 15.5(a)는 크기 q는 같으나 부호가 다르고 d만큼 서로 떨어진 두 점전하를 보여주고 있다. 이러한 전하쌍이 전기쌍극자의 예이다. 전기쌍극자 크기는 흔히 p로 나타내며 이 경우 **쌍극자의 크기는 $p = qd$라 정의**한다. 이를 **쌍극자 모멘트**라 하며 벡터로 나타낸다. 전기쌍극자의 방향은 $(-)$전하에서 $(+)$전하를 향하는 방향으로 정의하며, 따라서 이 경우 쌍극자는 z축을 향한다고 한다.

$$\boldsymbol{p} = qd\boldsymbol{k} \tag{15.7}$$

질문 15.3

점전하 q를 중심에 둔 공 표면에 균일하게 분포된 총 전하량 $-q$의 전하가 있다. 이 계의 쌍극자 모멘트는 얼마라 생각되는가?

예제 15.6 수소 원자의 쌍극자 모멘트

수소 원자 하나가 균일한 전기장 속에 들어 있는 경우를 고려하자. 수소 원자의 양전하의 질량중심점과 수소 원자의 음전하의 질량중심점이 각각 원래의 중심점으로부터 1 pm만큼씩 이동하였다면, 이 새로운 구조의 수소 원자가 갖는 쌍극자 모멘트를 구하여라.

| 풀이

이처럼 외부의 전기장 때문에 유도된 쌍극자의 쌍극자 모멘트의 크기는 식 (15.7)에 의해 전하량과 두 전하가 떨어져 있는 거리의 곱으로 주어진다.

수소 원자의 음전하와 양전하는 각각 -1.6×10^{-19} C과 1.6×10^{-19} C이며, 거리는 2×10^{-12} m이므로, 쌍극자 모멘트는

$$p = (1.6 \times 10^{-19}) \times (2 \times 10^{-12}) = 3.2 \times 10^{-31}\ (\mathrm{C} \cdot \mathrm{m})$$

이다.

이제 두 점전하 중심 위치를 원점으로 취하고, 그 점으로부터 충분히 먼 거리 r 만큼 떨어진 위치에서 전기장을 구해보자. 계산의 편의를 위하여, 그 점이 전하쌍을 연결하는 축 위에 있다고 하면 전기장은 다음과 같이 쓸 수 있다.

$$\boldsymbol{E} = \boldsymbol{E}_{+} + \boldsymbol{E}_{-} = \frac{1}{4\pi\epsilon_0}\left[\frac{q}{(r-\mathrm{d}/2)^2} + \frac{-q}{(r+\mathrm{d}/2)^2}\right]\boldsymbol{k} \tag{15.8}$$

여기서 $\boldsymbol{k}$는 z축을 향하는 단위벡터를 뜻한다. 전기쌍극자에서 두 전하 사이의 거리는 앞에서 얘기한 대로 보통 원자의 크기 정도이므로 여기에서 우리는 $r \gg d$란 조건을 취할 수 있다. 이제 $x \ll 1$이면 $(1+x)^n \approx 1+nx$ 인 근사식과 쌍극자의 정의 $p = qd$를 이용하여 다음과 같은 결과를 얻을 수 있다.

$$\boldsymbol{E} = \frac{1}{4\pi\epsilon_0}\frac{2p}{r^3}\boldsymbol{k} \tag{15.9}$$

따라서, **전기쌍극자에 의한 전기장의 크기는 쌍극자로부터의 거리의 세제곱에 반비례하고 쌍극자 크기에 비례함을 알 수 있다.** 이러한 비례 결과는 쌍극자의 축이 아닌 임의점에서도 여전히 성립함을 보일 수 있다.

❙ 전기쌍극자가 받는 힘

그림 15.5(b)와 같이, 쌍극자가 균일한 전기장 $\boldsymbol{E}$ 내에 놓여 있으며 쌍극자와 전기장이 각 θ를 이루고 있다고 하자. 이때 쌍극자에 작용하는 힘은 어떤 특성을 보일까? 이때 양전하에는 크기가 qE 인 힘이 전기장 방향으로 작용하며, 음전하에는 같은 크기이지만 반대 방향의 힘이 작용하게 된다. 따라서 쌍극자에 미치는 합력은 0이 됨을 알 수 있다. 그러나 그 두 힘의 작용선은 일치하지 않으므로, 그 두 힘의 돌림힘은 0이 아니다. 이때 돌림힘의 크기는 두 힘의 작용선들 간의 수직거리가 $d\sin\theta$ 이기 때문에 다음과 같다.

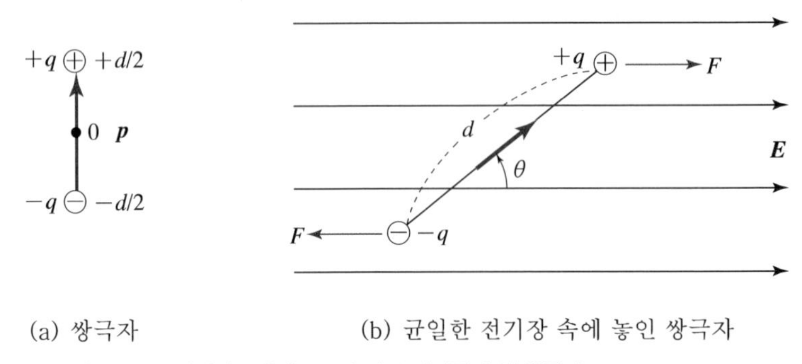

▲ **그림 15.5** ❙ 전기쌍극자의 구조와 외부 전기장 속의 쌍극자

$$\tau = (qE)(d\sin\theta) \tag{15.10}$$

이 결과는 쌍극자의 방향이 전기장 방향과 같아질 때에만 비로소 돌림힘이 0이 됨을 나타낸다. 즉, 쌍극자는 외부 전기장과 같은 방향이 되어야만 평형 상태에 있음을 알 수 있다.

이 양은 앞에서 정의한 쌍극자의 방향까지 고려한 쌍극자 벡터 $\boldsymbol{p}$로 나타내면 $\boldsymbol{p}\times\boldsymbol{E}$ 벡터의 크기와 같다. 따라서 돌림힘의 방향까지 고려하면 돌림힘은 다음과 같이 나타낼 수 있다.

$$\boldsymbol{\tau} = \boldsymbol{p}\times\boldsymbol{E} \tag{15.11}$$

이 표현에 의하면, 쌍극자의 방향이 외부 전기장의 방향과 일치해야만 돌림힘이 0이 되어 쌍극자가 더 이상 회전력을 받지 않음을 알 수 있다. 쌍극자와 외부 전기장이 서로 반대인 경우에도 돌림힘은 역시 0이지만 그 위치는 역학적으로 불안정 평형 위치에 해당되며, 따라서 실제로는 안정된 상태가 아니다.

예제 15.7 쌍극자의 돌림힘

그림 15.5와 같이 균일한 전기장 속에 전기쌍극자가 놓여 있다. 전기쌍극자에 작용하는 돌림힘의 크기가 최대가 되는 각도 θ를 구하여라.

| 풀이

식 (15.11)을 따르면 돌림힘은 쌍극자 모멘트와 전기장의 벡터곱으로 주어지고 돌림힘의 크기는 식 (2.26)에 따라 식 (15.10)처럼 주어진다. 따라서 돌림힘의 크기가 최대가 되려면, 각도 θ는 90°이거나 270°이어야 한다. 두 경우 모두 동일하게 쌍극자 모멘트는 전기장과 수직을 이룬다.

연습문제

15-1 전하

1. 지구와 태양의 질량은 각각 5.98×10^{24} kg, 1.99×10^{30} kg이다. 만약에 지구와 태양이 전기적으로 중성이 아니고 크기와 부호가 똑같은 전하량을 띠고 있다고 가정한다면, 이 둘 사이의 만유인력을 상쇄시키는 데 필요한 지구와 태양의 전하량의 크기는 얼마이어야 하는가? 그리고 이 전하량의 크기는 기본전하량의 몇 배인가?

15-2 쿨롱의 법칙

2. 전자와 양성자가 대략 보어 반지름, 즉 0.530×10^{-10} m 정도 떨어져 있다. 전자와 양성자 사이의 전기력과 중력을 각각 구하고, 구한 전기력과 중력의 비를 구하여라.

3. 일직선상에 세 점전하가 간격 d를 두고 놓여 있다. 전하량은 순서대로 $-q$, $+q$, $-q$이다. 각 전하에 작용하는 힘을 구하여라.

4. 전하량이 각각 q인 두 점전하가 한 변이 d인 정삼각형 모양 물체의 두 꼭짓점에 놓여 있고 나머지 꼭짓점에는 전하량이 $-q$인 전하가 있다. 전하 $-q$에 작용하는 힘을 구하여라.

15-4

5. 두 점전하의 전하량의 합이 $+10.0\ \mu$C이고 이 둘은 서로 4.00 m 떨어져 있다. 이때 두 점전하 사이에는 12.0 mN의 척력이 작용한다. 이때 두 점전하의 전하량은 각각 얼마인가? 만약에 이 정전기력이 척력이 아니라 인력이면 두 점전하의 전하량은 각각 얼마인가?

6. 수소원자에 대한 보어 모형은 $+e$의 전하를 갖고 있는 양성자 주위를 $-e$의 전하를 갖는 전자가 일정한 속력 v로 원운동하는 것이다. 양성자와 전자 간의 정전기적 인력은 전자가 원궤도를 유지하기 위한 구심력을 제공한다. 원운동의 반지름은 얼마인가?

15-6

7. 2차원 평면 위에 세 전하가 놓여 있다. $q_1 = 5\,\mu C$의 전하가 (0, 0)에 놓여 있고 $q_2 = 5\,\mu C$의 전하는 (0, 0.1 m)에 놓여 있으며 $q_3 = -2\,\mu C$의 전하는 (0.1 m, 0.1 m)에 놓여 있다. 전하 q_3에 작용하는 전기력을 구하라

8. 그림 P.15.1과 같이 연직선과 θ의 각을 이루고 밑에서 맞닿아 있는 두 경사면에 질량이 m이고 전하 q가 대전된 두 동일한 물체가 평형 상태에 있을 때 수평거리 x를 구하시오 (중력가속도의 크기는 g라고 하자).

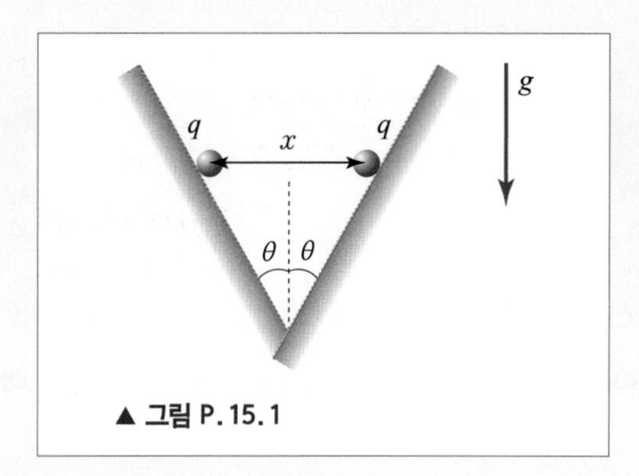

▲ 그림 P. 15. 1

15-3 전기장

9. 질량이 1.00×10^{-3} kg인 물방울이 떨어지지 않고 공중에 떠 있기 위해서는 얼마의 전하량이 있어야 하는가? 단, 이 물방울 위치의 전기장은 지표면을 향하며 100 N/C의 크기를 가진다고 한다.

10. 전하량이 $+50.0\ \mu\text{C}$인 점전하가 원점에서부터 $(3.00\boldsymbol{i} + 2.00\boldsymbol{j})\,\text{m}$ 위치에 놓여 있다. 원점에서부터 $(5.00\boldsymbol{i} - 3.00\boldsymbol{j})\,\text{m}$ 만큼 떨어진 곳에 이 점전하가 만드는 전기장의 크기를 구하여라.

11. 2차원 평면 위에 두 전하가 놓여 있다. $q_1 = 7\,\mu C$의 전하가 (0, 0)에 놓여 있고 $q_2 = -5\,\mu C$의 전하는 (0.3 m, 0)에 놓여 있다고 한다. 위치가 (0, 0.4 m)인 곳에서 전기장을 구하라.

12. 1.00×10^4 N/C의 균일한 전기장 내에서 전자를 가만히 놓았다. 전자가 1.00 cm를 진행했을 때,

(가) 속력은 얼마인가?
(나) 운동에너지는 얼마인가?
(다) 시간은 얼마나 지났겠는가?

13. 점 A에 점전하 $+Q$가 있고, 점 B에 점전하 $-Q$가 있다. 선분 AB를 수직이등분하는 선상에 있는 점 P에서 전기장의 방향은?

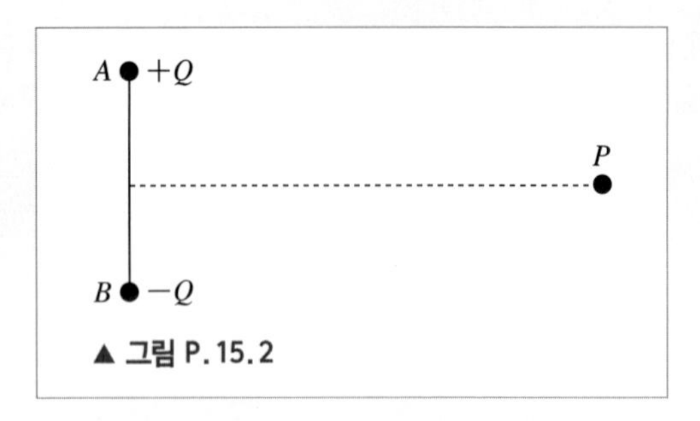

▲ 그림 P. 15. 2

14. 무한히 긴 도선이 선전하밀도 λ로 대전되어 있다. 이 도선으로부터 r만큼 떨어진 곳에서 전기장이 $E = \dfrac{\lambda}{2\pi\varepsilon_0 r}$와 같이 주어짐을 보여라. 이 전기장의 방향이 도선에 대해 수직임을 설명하여라.

15. 선전하밀도가 $\lambda = 1.20\ \mu\mathrm{C/m}$인 무한히 긴 도선이 y축을 따라 놓여 있고 원점에서부터 2.00 m 떨어진 x축 위에 전하량이 $4.00\ \mu\mathrm{C}$인 점전하가 놓여 있다. 문제 11의 결과를 이용하여 원점에서부터 10.0 m 떨어져 있는 z축 위의 점에서 전기장을 구하여라.

16. 반지름이 R인 원판에 총전하량이 Q인 전하가 일정한 면전하밀도 σ로 대전되어 있다.

(가) 이 원판의 중심에서 수직방향으로 $x(>0)$만큼 떨어진 곳에서 전기장의 크기를 구하여라.
(나) 이 원판의 반지름이 무한히 클 경우에 전기장을 구하여라.
(다) x가 R보다 훨씬 더 클 경우($x \gg R$), 원판을 점전하로 취급할 수 있음을 보여라(이항전개 $(1 + R^2/x^2)^{-1/2} \approx 1 - R^2/2x^2$을 이용하여라).

17. 전하량 q가 균일하게 대전된 반지름 a인 고리의 중심에서 거리 $2\sqrt{3}\,a$만큼 떨어진 곳에 점전하 q'가 놓여 있다. 고리 중심에서 $\sqrt{3}\,a$ 만큼 떨어진 P 점에서 전기장의 세기가 0이 되려면 q'은 얼마여야 하는가?

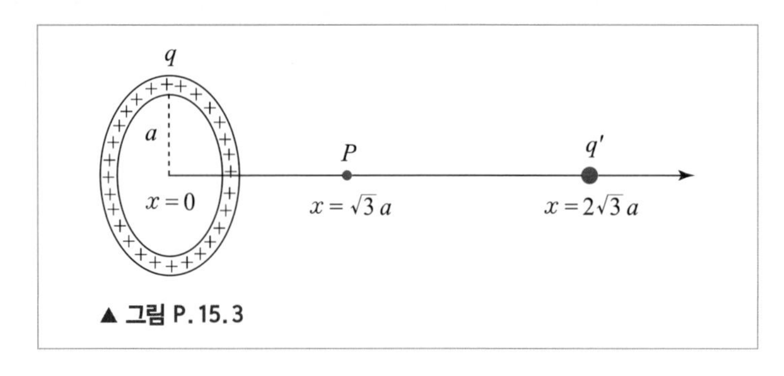

▲ 그림 P. 15. 3

15-4 쌍극자와 전기장

18. 점전하 Q로부터 거리 r만큼 떨어진 곳에 쌍극자 p가 있다. 이 쌍극자가 전하에 끌리는 힘의 크기가 거리의 세제곱에 반비례함을 증명하여라. 쌍극자를 작은 간격 d만큼 떨어진 두 전하쌍이라 하고 각 전하가 받는 힘을 계산한 후 근사적 표현을 구하여라.

19. 수증기 상태에서 물 분자(H_2O)의 쌍극자 모멘트의 크기는 대략 6.20×10^{-30} C · m와 같다.

(가) 이 물 분자의 중심에서 양전하와 음전하는 서로 얼마나 떨어져 있는지 구하여라(물 분자에는 양성자 10개, 전자 10개가 있다).

(나) 이 물 분자를 크기가 2.00×10^4 N/C인 전기장 아래에 두었다. 이 물 분자가 받는 최대 돌림힘을 구하여라.

20. 전기장이 균일한 영역에 있는 쌍극자의 쌍극자 모멘트는 전기장에 나란하게 나열하기 위하여 회전한다. 이때 전기장은 (양, 음)의 일을 하고 위치에너지는 (증가, 감소)한다. 괄호 안에 옳은 답을 표시하여라.

21. 전기장이 $\boldsymbol{E} = E_0 \boldsymbol{j}$로 균일한 평면에 전하량이 q인 전하는 $(a,\ a)$에, $-q$인 전하는 $(-a,\ a)$에 놓여 있다. $E_0 > 0$이고 $q > 0$이다.

(가) 두 전하가 이루는 쌍극자 모멘트 $\boldsymbol{p}$를 구하여라.

(나) 전기장이 쌍극자에 작용하는 힘과 돌림힘을 구하여라.

발전문제

22. 어떤 전하량 q가 q_1과 $q - q_1$의 두 전하로 나누어졌다. 나누어진 후 두 전하 사이에 힘이 최대가 되려면 q_1은 q의 몇 배가 되어야 하는가?

23. 질량이 m인 작은 공 두 개가 각각 길이가 l이고 질량은 무시할 만한 두 선에 매달려 있다. 이 두 선은 천장의 한 점에 단단히 묶여 있다. 각각의 공은 똑같은 전하 q로 대전되어 있다.

(가) 평형상태에서 줄이 수직선과 이루는 각 θ를 구하여라(이때, θ는 아주 작다).

(나) 두 전하 사이의 거리 x를 구하여라.

24. n개의 양전하가 있다. 각각의 전하량은 q/n이고 이 전하들은 반지름이 a인 원의 둘레에 같은 간격으로 대칭으로 놓여 있다.

(가) 이 원의 면과 수직하며 원의 중심을 통과하는 선을 따라 그 중심에서부터 x만큼 떨어진 곳에서 전기장을 구하여라.

(나) 이 결과가 예제 15.5와 같음을 확인하고 그 이유를 설명하여라.

25. 질량이 m이고 전하 q로 대전된 두 부도체를 길이가 L_0이고 용수철 상수가 k인 용수철로 연결하였더니 용수철의 길이가 $\frac{4}{3}L_0$로 늘어나 평형상태가 되었다. 이제 두 대전된 부도체 중 하나를 $x=0$에 고정시키고 용수철에 연결된 또 다른 부도체가 단순조화운동을 하게 한다면 각진동수 ω는 $\sqrt{\frac{k}{m}}$의 몇배인가?

Physics

요한 카를 프리드리히 가우스

Johann Carl Friedrich Gauss, 1777-1855

독일의 수학자, 물리학자이다.
수학의 왕자라는 별명을 가지고 있으며 정수론 등의 수학 분야에 크게 공헌하였다.
물리학에서의 대표업적으로 전하분포와 전기장의 관계를 나타내는 가우스 법칙이 있다.
리만가설의 수학자 베른하르트 리만이 그의 제자 중 한 명이다.

CHAPTER 16
가우스 법칙과 전위

전기장은 매우 흥미로운 특성을 가진 양이다. 예컨대 전기력은 두 전하 사이 거리의 제곱에 반비례하는 특성을 가지며, 또 서로 밀거나 당기기만 할 수 있기 때문에 전하의 전기장은 전하로부터 빛처럼 대칭적으로 퍼져나가는 것으로 비유할 수 있다. 이러한 특성 때문에 전기장은 가우스 법칙이라 하는 매우 간편하며 유용한 관계를 만족시킨다. 또, 그런 특성 때문에 벡터량인 전기장 대신 스칼라량인 전위라는 양으로 전기장을 대신 기술할 수 있는 길도 있다. 이 장에서는 가우스 법칙을 유도하고 그것을 이용하여 대칭성이 있는 계의 전기장을 구하는 방법을 알아보고, 전위는 무엇이며 전위와 전기장의 관계식이 무엇인지 알아보자.

16-1 가우스 법칙

가우스(Karl Friedrich Gauss, 1777~1855)는 독일의 과학자이자 수학자로 수학뿐 아니라 실험 및 이론 물리학에 많은 공헌을 하였다. **가우스 법칙(Gauss' law)**은 정전기장의 성질에 관한 중요한 법칙이다. 가우스 법칙이 무엇인지 알기 위해서는 **선속(flux)**이란 개념을 먼저 이해하는 것이 필수적이다. 선속이란 무엇인지 그 개념을 알아보기로 하자.

선속

가우스 법칙을 이해하기 위하여 먼저 선속의 개념을 공부해보자. 공간에서 끊임없이 이어져 있는 선들을 생각해보자. 이때 공간의 임의의 위치에 놓인 가상적인 면을 생각할 때, 그 **면을 통과하는 선들의 다발**을 그 면의 **선속**이라 정의한다. 이때 그림 16.1(a)에서 보이듯이 면의 선속은 면이 그 선들과 수직인 위치에 있는 경우가 가장 크다.

어떤 면 S를 통과하는 **전기선속(electric flux)** Φ_s란, 그 면을 통과하는 전기력선의 수에 비례하는 양을 나타내는 것으로 다음과 같이 정의한다.

$$\Phi_s = EA\cos\theta \tag{16.1}$$

여기서 E는 그 위치의 전기장 크기, A는 면 S의 넓이이고, 그림 16.1과 같이 θ는 면에 수직인 방향과 전기장 방향이 이루는 각을 나타낸다. 어떤 면이 있으면, 그 면의 넓이와 그 면이 놓인 방향을 나타내기 위해 흔히 그 면의 특징을 **면벡터**라는 벡터로 나타낸다. 이때 유일하게 정해지는 것은 그 면에 수직인 방향뿐이므로 **어떤 면의 면벡터 방향은 면에 수직인 방향으로 정의하고, 그 크기는 면의 넓이와 같다고 정의**한다. 이와 같이 정의하면 전기장이 E인 위치에서 면벡터 A인 면을 통과하는 전기선속은 스칼라곱을 이용하여 다음과 같이 쓸 수 있다.

$$\Phi_s = \boldsymbol{E} \cdot \boldsymbol{A} \tag{16.2}$$

면이 평면이 아니고 곡면이면 면에 수직인 벡터는 곡면의 각 위치마다 다를 수 있다. 이런 경우 그림 16.1(c)처럼 면벡터는 면적을 충분히 작게 나누어서 각 작은 면이 평면으로 취급되는 단계가 될 때 그 면의 수직방향으로 정한다. 또 **공과 같이 밀폐된 곡면인 폐곡면에서 면벡터는 폐곡면의 각 부분에서 밖을 향하는 방향으로 정의**한다. 그러나 폐곡면이 아닌 경우 하나의 면에는 2개의 수직방향이 있으며, 그중 어느 방향을 취할 것인지는 경우에 따라 지정되어야 한다. 이와 같이 정량적으로 정의된 전기선속이 앞에서 기술한 바와 같이 전기력선의 수에 비례한다는 사실은 쉽게 확인될 수 있다.

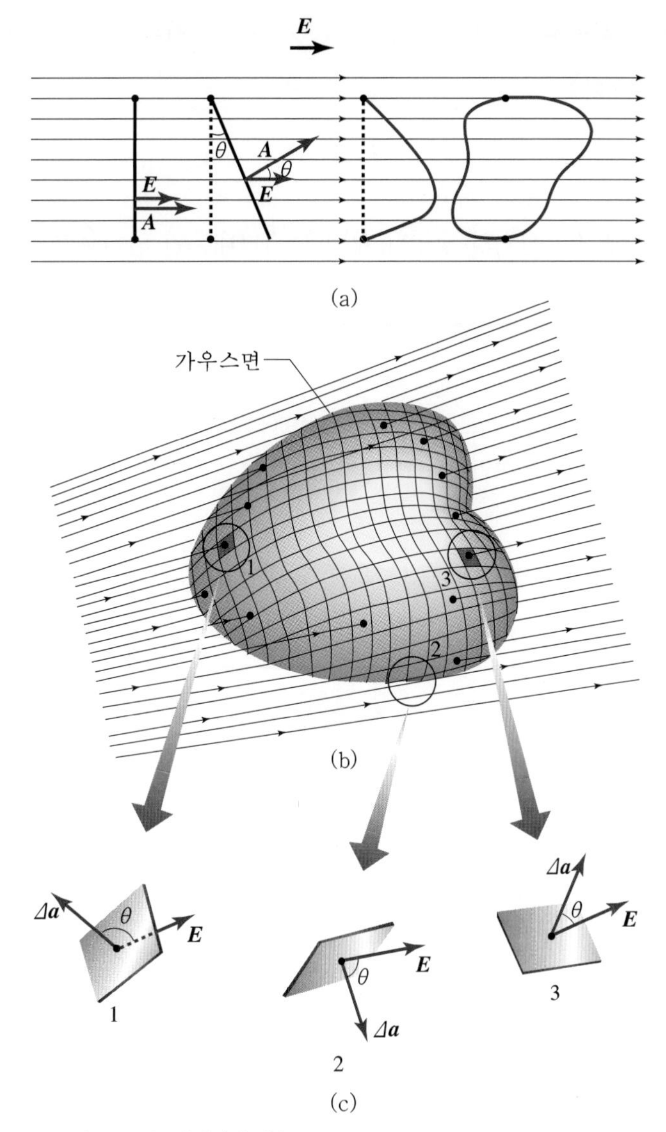

▲ **그림 16.1** | 면벡터와 선속

일반적으로 전기장은 위치에 따라 달라진다. 따라서 면의 각 부분마다 전기장이 달라지므로 어떤 면을 통과하는 선속을 구하기란 까다로울 수 있다. 이때에는 앞에서 설명한 바와 같이 면을 충분히 작게 잘라 각 작은 면을 따로 다루면 문제가 해결될 수 있다. 면을 충분히 작게 자르면 우선 각 작은 면은 평면으로 취급할 수 있게 되어 각각을 면벡터로 나타내는 것이 가능해진다. 또한 조각면이 충분히 작으므로 그곳에서는 전기장이 일정하다고 생각할 수 있다는 이점도 존재한다.

이제 잘게 자른 조각면 하나의 면벡터를 $\Delta \boldsymbol{a}_i$로 나타내기로 하자. 또 그 위치의 전기장을 $\boldsymbol{E}_i$라고 하자. 이렇게 하면 그 조각면의 선속은 $\boldsymbol{E}_i \cdot \Delta \boldsymbol{a}_i$라 쓸 수 있다. 따라서 전체 면의 선속은 $\sum_i \boldsymbol{E}_i \cdot \Delta \boldsymbol{a}_i$로 쓸 수 있고, 이로부터 일반적인 전기선속의 정의는 다음과 같은 적분 표현으로 흔히 나타낸다.

$$\Phi_{\mathrm{s}} = \int_{\mathrm{S}} \boldsymbol{E} \cdot \mathrm{d}\boldsymbol{a} \tag{16.3}$$

다음의 예제를 통해 전기선속의 정의가 무엇을 나타내는지 알아보자.

예제 16.1 평면의 전기선속

z 축을 향하는 균일한 전기장 $\boldsymbol{E} = E_0\boldsymbol{k}$가 있다. xy평면에 놓인 넓이가 A인 면을 면 S라 할 때 이 면 S를 통과하는 전기선속은 얼마인가?

| 풀이

문제에서의 면은 면벡터로 나타내면 $\boldsymbol{A} = A\boldsymbol{k}$로 쓸 수 있다. 따라서 전기선속은 E_0A가 된다. 또는 면벡터는 이 벡터와 반대 방향인 $-A\boldsymbol{k}$ 벡터로 정해질 수도 있다. 이 경우 전기선속은 $-E_0A$가 된다.

질문 16.1

어떤 폐곡면 속에 전기쌍극자가 들어 있다. 그 폐곡면을 통과하는 총 전기선속은 얼마인가?

질문 16.2

위의 예제와 같은 상황에서 xy 평면과 $\pi/4$ 기울어진 넓이가 $\sqrt{2}\,A$인 면 S'을 통과하는 전기선속은 얼마인가? 이 경우의 전기선속이 이 면 S'의 xy 평면의 그림자인, xy 평면에 놓인 넓이가 A인 면 S와 같음을 보여라.

질문 16.3

고무풍선의 표면이 균일한 면전하밀도로 대전되어 있다. 풍선이 더 부풀면 풍선의 내부, 표면, 외부에서의 전기장은 어떻게 변하는가?

점전하의 전기력선

이제 그림 16.2와 같이 점전하 q를 중심으로 반지름이 R인 공을 통과하는 전기력선을 생각해보자. 이때, 공 표면에서 전기장의 크기 E는 일정하며 다음과 같다.

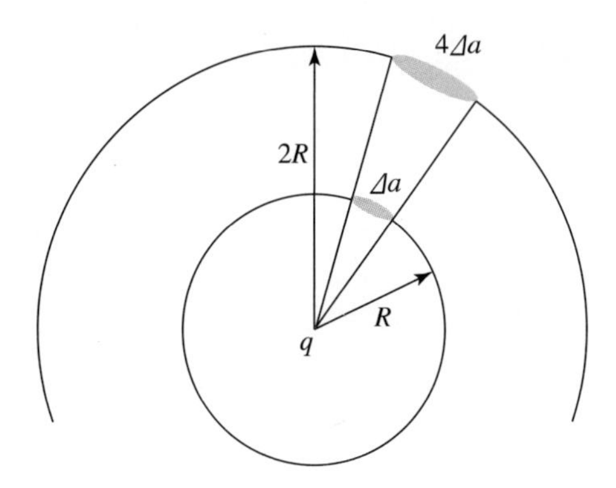

▲ **그림 16.2** | 점전하를 중심으로 한 임의의 공

$$E = \frac{1}{4\pi\epsilon_0}\frac{q}{R^2} \tag{16.4}$$

또한 전기장의 방향은 빛이 퍼져나가듯이 점전하로부터 퍼져나가는 형태를 띤다. 이제 공 표면을 작은 조각으로 자른 다음 어느 한 부분의 면벡터 방향을 구하면, 폐곡면의 면벡터 방향이 밖을 향한다고 정한 약속에 따라 그 방향은 전기장 방향과 같음을 알 수 있다. 따라서 조각면의 넓이가 Δa 라면 그 부분의 선속은 $E\,\Delta a$ 가 되고, 공의 표면적은 $A = 4\pi R^2$ 인 사실로부터 공 전체 표면적을 통과하는 전기선속은 다음과 같다.

$$\Phi = \frac{q}{\epsilon_0} \tag{16.5}$$

이 결과는 흥미롭게도 공의 반지름 R을 포함하지 않는다. 즉, **공 표면을 통과하는 전기선속은 반지름 R에 무관하며 오직 전하량 q에만 의존**한다.

질문 16.4

반지름이 $2R$인 공의 표면을 통과하는 전기선속을 구하고 그 결과가 역시 q/ϵ_0임을 증명하여라. 쿨롱의 법칙에서 두 점전하 간에 작용하는 힘이 두 전하 간의 거리의 제곱에 정확히 반비례하지 않는다 해도, 반지름이 다른 두 공 표면의 선속은 역시 같을 것인가?

폐곡면이 점전하를 중심으로 한 공 표면이 아닌 임의의 폐곡면일지라도 똑같은 논의가 가능하다. 그림 16.3에서와 같이, 임의 모양을 갖는 폐곡면과 그 곡면상의 작은 면적 ΔA 를 생각해보자. 만약 그 면벡터의 방향이 전하 q 로부터 나오는 방사선과 각 θ 를 이룬다면, 공 모양 표면에 투영시킨 면적소의 면적은 $\cos\theta$ 만큼 축소된다. 따라서 공 표면의 넓이 ΔA 는 각 θ 만큼 기울어진 임의 표면에서는 $\Delta A\cos\theta$ 에 해당된다.

이제 불규칙한 표면 전체를 작은 면적소 ΔA 들로 나누어 각각에 대해서 선속 $E\,\Delta A\cos\theta$

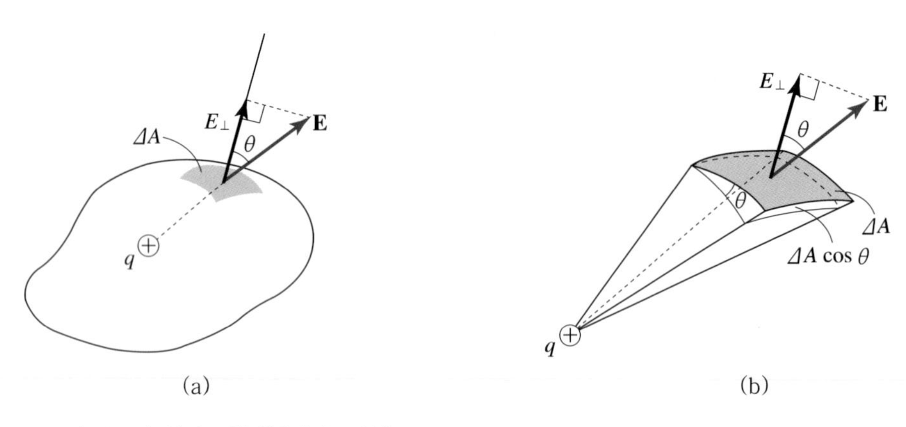

▲ **그림 16. 3** | 임의 모양 폐곡면과 그 선속

를 계산하고 결과들을 모두 더해보자. 각각의 면적소들을 이에 대응하는 공 표면에 투영시켜서 얻는 것은 $E\Delta A$ 를 공 표면 전체에 대해서 더하는 것과 같아진다. 따라서 임의 폐곡면에 대해서도 그 표면이 어떤 모양을 하고 있든 다음의 식을 얻는다.

$$\sum E\Delta A\cos\theta = \frac{q}{\epsilon_0} \tag{16.6}$$

그러므로 폐곡면 내에 아무런 전하가 없다면 다음 결과를 얻는다.

$$\sum E\Delta A\cos\theta = 0 \tag{16.7}$$

이 식은 어떤 영역이 아무런 전하를 포함하고 있지 않으면 한쪽으로 들어가는 어떠한 전기력선도 경계면 어디에선가는 반드시 빠져 나와야 한다는 사실을 수학적으로 표현한 것이다.

식 (16.6)의 내용은 여러 가지 방법으로 표현할 수 있다. 예컨대 전기장의 수직 성분으로 나타내면 $\sum E_\perp \Delta A = \frac{q}{\epsilon_0}$ 로 쓸 수도 있다. 또 전하가 여러 개 있는 경우에도 각각의 전하에 대해 이 식이 성립하므로, 여러 전하계의 경우에는 다음과 같이 쓸 수 있다.

$$\sum E_\perp \Delta A = \frac{1}{\epsilon_0}\sum q \tag{16.8}$$

여기서 $\sum q$ 는 표면으로 둘러싸인 모든 전하들의 대수적인 합을 나타낸다. 이 식은 **폐곡면의 각 면적소마다 전기장의 수직 성분에 그 면적소의 면적을 곱한 후 표면 전체에 대해 모두 합하면, 그 표면 내부에 있는 총 전하에 상수를 곱한 것과 같음**을 나타내며 이를 **가우스 법칙**이라 부른다. 또, **가우스 법칙을 적용하기 위해 사용한 폐곡면**을 **가우스면**이라고 한다. 또 $\sum E_\perp \Delta A = \int \boldsymbol{E}\cdot d\boldsymbol{a}$ 를 뜻하므로, 가우스 법칙을 벡터 기호와 적분 기호로 나타내면 다음과 같다.

$$\oint_s \boldsymbol{E}\cdot d\boldsymbol{a} = \frac{q}{\epsilon_0} \tag{16.9}$$

여기서 적분 기호에 동그라미를 넣는 것은 면적 적분하는 곡면 S가 폐곡면임을 알려주기 위해 흔히 쓰이는 방법이다. 가우스 법칙은 전하와 전기장 사이의 근본적 관계를 나타내는 것으로 **맥스웰 방정식**이라 하는 전자기학의 기본 4개 방정식 중 하나이다. 대칭성이 있는 계에서 가우스 법칙을 이용하면 적분을 하지 않고도 매우 쉽게 전기장을 구할 수 있다.

질문 16.5

도넛 같은 모양의 폐곡면 가우스면 내부에 점전하 하나가 있다고 하자. 이 경우에도 가우스 법칙은 성립하는가?

질문 16.6

다음 그림과 같이 평면에 놓인 반구 모양의 표면을 가진 곡면이 있다. 균일한 전기력선이 평면 쪽으로부터 반구를 통해 지나갈 때, 반구의 표면을 통과하는 전기선속과 반구가 놓인 평면 부분을 지나는 전기선속은 어떤 관계를 가지는가?

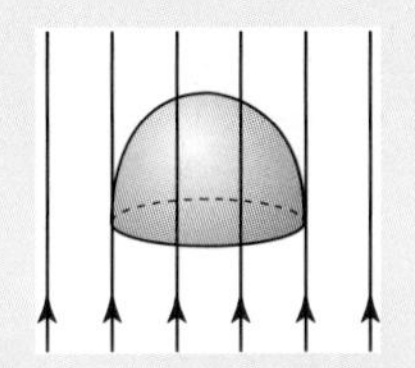

질문 16.7

어떤 점전하가 정육면체 모양 상자의 중심에 놓여 있다. 이 정육면체의 한 면을 통과하는 전기선속은 얼마인가?

예제 16.2 점전하들의 전기선속

아래 그림과 같이 점전하 q가 한 변이 a인 정사각형의 중심으로부터 $a/2$만큼 떨어져 있다. 정사각형 면을 통과하는 전기선속을 구하여라.

| 풀이

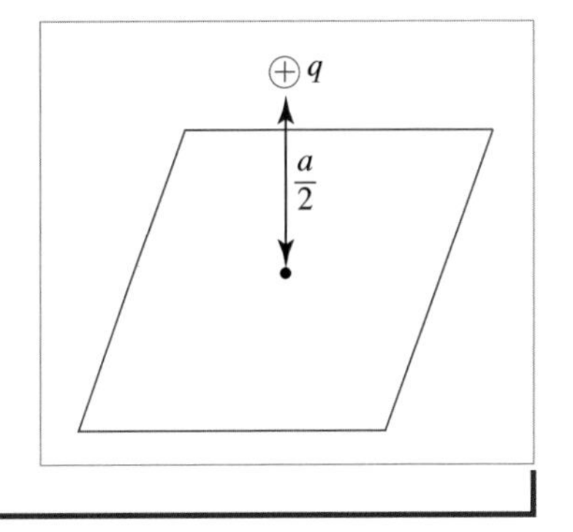

먼저, 한 변이 a인 정육면체와 정육면체 내부에 들어 있는 점전하를 고려하면, 정육면체 전체에 대한 전기선속은 가우스 법칙인 식 (16.8)에 의해 $\frac{q}{\epsilon_0}$임을 알 수 있다.

점전하가 정육면체의 중심에 놓여 있기 때문에, 대칭성에 따라 각 면에 대한 전기선속은 모두 동일하므로 문제에 주어진 정사각형 면을 통과하는 전기선속은 전체의 1/6임을 알 수 있다. 그러므로 $\Phi = \frac{q}{6\epsilon_0}$이다.

16-2 가우스 법칙의 응용

전하계의 **기하학적 분포가 대칭성**을 가질 때 그 계의 전기장은 가우스 법칙을 이용하여 쉽게 구할 수 있다. 예컨대 전하 분포가 **구대칭** 또는 **원통대칭 형태**라 하자. 그러한 전하 분포에서는 전기력선이 대칭적이므로, 적절한 대칭적 가우스면을 이용한다면 전기장을 쉽게 구할 수 있다.

어떤 계의 전기장을 가우스 법칙을 이용하여 구하려면 먼저 적절한 가우스면을 취해 그 면을 통과하는 선속의 표현을 얻어야만 한다. 이를 위해서 다음과 같은 사고 단계를 통해 가우스면을 선택하는 것이 좋다.

- **계의 대칭성으로부터 전기장의 방향을 추측해 본다.** 어떤 점에서 전기장의 방향은 그 점에 양전하를 놓았을 때 그 양전하가 이동하는 방향과 같다.
- 추측된 전기장의 방향과 **수직이 되거나 같은 면벡터 방향을 갖는 면**들을 알아본다.
- 각각의 면에서 **전기장의 크기가 같도록 면을 설정**한다.

질문 16.8

점전하가 좌표계 원점에 놓여 있다. 가우스 법칙을 적용하여 전기장을 구하려면 어떤 가우스면이 적당한가?

다음의 몇 가지 경우에 가우스의 법칙을 적용해보자.

❙ 구대칭 전하 분포

구대칭 분포를 가진 전하를 외부에서 보면 어떻게 보일까? 가우스 법칙을 이용하면, 이 경우에도 구대칭 분포를 이루는 총 전하량이 그 중심에 뭉친 것처럼 보인다는 것을 쉽게 증명할 수 있다.

어떤 전하 분포가 그림 16.4와 같이 반지름이 R인 **구대칭 분포**를 가졌다고 하고 총 전하량이 Q라고 하자. 대부분의 원자는 원자핵을 둘러싸고 운동하는 전자의 형태를 띠며, 따라서 구대칭 전하 분포라 취급해도 좋다. 이제 이 전하 분포의 중심으로부터 r만큼 떨어진 점의 전기장을 구해보자.

구대칭 전하 분포에서, 앞에서 설명한 적절한 가우스면의 조건을 만족시키는 면은 중심을 둘러싼 구면이다. 왜냐하면 **대칭성에 의해 전기장은 중심에 퍼져나가는 방사형 방향을 향할 수밖에 없으며,** 전하 분포와 같은 중심을 가진 가우스면 위에서는 어느 곳에서나 전기장의 크기가 같기 때문이다.

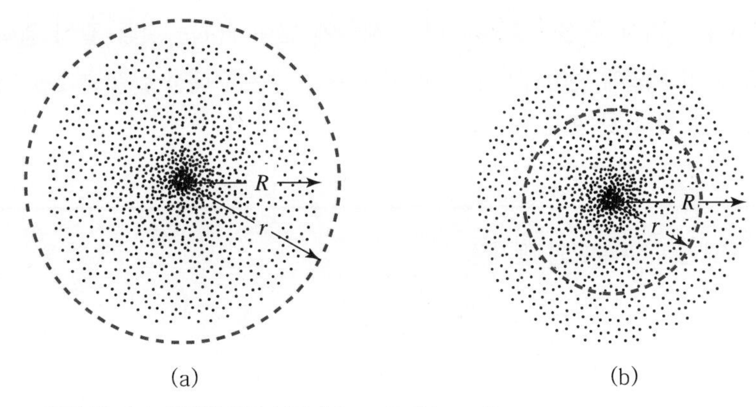

▲ **그림 16.4** | 구대칭 전하 분포. (a) $r > R$, (b) $r < R$

먼저 전하 분포 밖에 있는 점에서의 전기장을 구해보자. 중심점으로부터의 거리가 r이라면, 즉 $r > R$이라면 반지름이 r인 이러한 가우스면을 취한 경우 선속은 다음과 같다.

$$\Phi_S = \sum E_\perp \Delta A = E \cdot 4\pi r^2 \tag{16.10}$$

가우스면 내부의 총 전하량이 Q이므로, 이것은 그 전기장이

$$E = \frac{1}{4\pi\epsilon_0}\frac{Q}{r^2} \tag{16.11}$$

와 같음을 뜻한다. 즉, 전하 분포 중심점에서 관측점까지의 거리를 반지름으로 하는 구의 내부에 있는 총 전하량은 마치 그 중심에 뭉친 상태와 같은 결과이다. 이는 흥미롭게도 중심점에 놓인 점전하에 의한 전기장과 똑같다.

이제 전하 분포 내에 있는 점에서의 전기장도 생각해보자. 즉, 총 전하량 Q가 균일한 전하 분포로 반지름이 R인 공의 내부에만 분포되어 있을 때, 전하 분포 영역 내부에서의 전기장을 구해보자. 계의 대칭성으로부터 명백한 것은 **그 위치의 전기장이 앞에서와 마찬가지로 반지름 방향**이라는 점이다. 또 마찬가지로 중심점으로부터의 거리가 같은 모든 점에서의 전기장 크기가 같으므로 앞에서 다룬 경우와 다름이 없음을 알 수 있다. 공의 중심점으로부터 거리 r(단, $r < R$)만큼 떨어진 점의 전기장을 구하기 위해 반지름이 r인 공을 가우스면으로 취하자. 균일한 분포에서 전하량은 부피에 비례하므로 가우스면 내부의 전하량은 $q = (r/R)^3 Q$로 나타낼 수 있다. 따라서 전기장은 중심으로부터의 거리에 비례하며 $\hat{\mathbf{r}}$을 r이 커지는 방향으로의 단위벡터라면 다음과 같이 쓸 수 있다.

$$\boldsymbol{E} = \frac{1}{4\pi\epsilon_0}\frac{Q}{R^3} r\,\hat{\boldsymbol{r}} \tag{16.12}$$

이 결과는 **중심점으로 들어갈수록 전기장은 점점 약해지다가 중심점에 이르러서는 0(영)이 됨**을

나타낸다. 전기장 크기가 점전하로부터 거리 제곱에 반비례하는 것과 같이 **중력장의 크기도 질점으로부터의 거리 제곱에 반비례**한다. 따라서 **지구와 같은 구대칭 질량 분포를 가진 계에서의 중력장도 이 경우와 같은 상황이 된다.**

예제 16.3 구대칭 전하 분포의 전기장

반지름이 R인 절연된 구에 전하량 Q가 균일하게 분포되어 있다. 구의 중심으로부터 $R/3$만큼 떨어진 곳에서 전기장의 크기는 얼마인가?

| 풀이

구 내부의 전하밀도는 균일하므로

$$\rho = \frac{Q}{\frac{4}{3}\pi R^3}$$

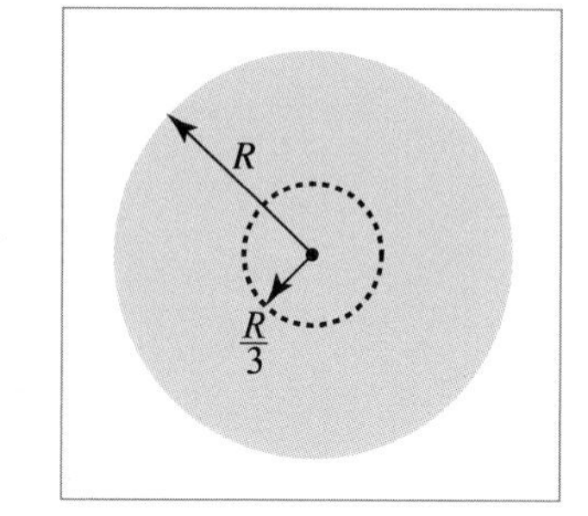

와 같이 상수이다. 반지름이 $R/3$인 구의 표면을 가우스면으로 취하면 가우스면에 들어 있는 총 전하량 q는 전하밀도와 부피의 곱으로 주어지므로,

$$q = \rho V = \frac{Q}{\frac{4}{3}\pi R^3}\frac{4}{3}\pi\left(\frac{R}{3}\right)^3 = \frac{Q}{27}$$

가 된다. 이 가우스면에 대한 총 전기선속은 식 (16.10)과 같이 주어지므로, 가우스법칙

$$E \cdot 4\pi\left(\frac{R}{3}\right)^2 = \frac{Q}{27\epsilon_0}$$

를 적용하면, 전기장의 크기는

$$E = \frac{1}{12\pi\epsilon_0}\frac{Q}{R^2}$$

와 같이 주어진다. 방향은 전하가 양전하이기 때문에 가우스면에서 나가는 방향이 된다.

만유인력 법칙과 적분법

뉴턴은 달의 가속도가 지표면의 중력가속도의 약 1/3,600임을 알았다. 그리고 달까지의 거리는 지구 반지름의 약 60배임도 알고 있었다. 이로부터 그는 질량을 가진 모든 물체 간에 작용하는 만유인력은 거리의 제곱에 반비례한다고 보았다. 그러나 이러한 생각을 확신하기 위해 그는 지표면의 사과가 어떻게 하여 지구로부터 지구 반지름의 거리만큼 떨어져 있다고 볼 수 있는지 설명할 수 있어야만 하였다. 뉴턴은 지구를 아주 잘게 잘라, 잘라진 각 부분과 지표면의 사과 간의 인력이 거리의 제곱에 반비례하면 그 결과는 마치 지구 전체의 질량이 지구 중심에 뭉쳐 있는 상태로 사과를 당기는 경우와 같다는 것을 알게 되었다. 즉, 적분법이라 불리는 이런 방법을 이용하면 지구와 같은 구대칭 질량 분포를 가진 물체는 그 외부에서 볼 때, 마치 총 질량이 그 중심에 뭉친 결과와 같다는 것을 확인할 수 있다. 즉, 인공위성은 지구를 그 중심에 뭉쳐진 점으로 본다는 뜻이다. 뉴턴은 이 결과를 얻기 위해 오랫동안 고심했다고 알려져 있다. 그러나 이 결과는 가우스 법칙을 이용하면 훨씬 쉽게 얻어졌을 것이다.

질문 16.9

전하량 $-q$인 점전하를 공의 중심에 두고, 총 전하량 q가 반지름이 R인 공 모양 표면에 골고루 분포된 계가 있다. 이 공 밖에서의 전기장 크기는 얼마인가? 또, 이 공 내부에서의 전기장 크기는 얼마인가?

예제 16.4 공기 중의 전하밀도

그림 16.5와 같이 지표면 근처의 전기장 방향은 지표면을 향하는 것으로 알려져 있다. 평범한 날 지표면에서의 전기장은 약 200 N/C의 크기인 것으로 알려져 있다. 그러나 1,400 m 상공에서의 전기장 크기는 20 N/C로 약해진다. 지표면으로부터 1,400 m 상공까지의 평균 부피전하밀도는 얼마인가?

| 풀이

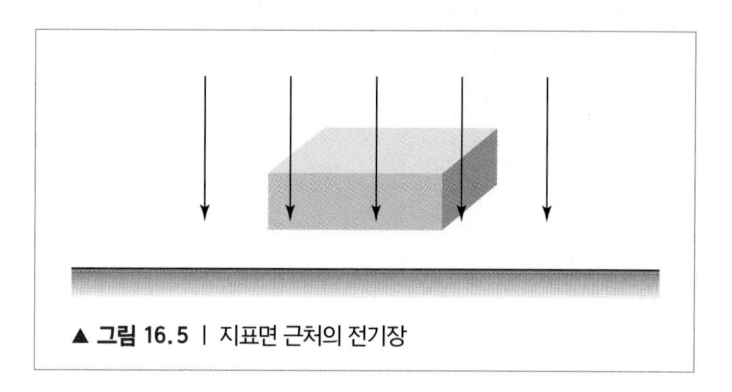

▲ **그림 16.5** | 지표면 근처의 전기장

지표면에 나란하게 한 면이 놓인 직육면체 모양의 가우스면을 취하기로 하자. 지표면에 나란하게 놓인 면의 넓이를 A라 하고, 높이가 1,400 m인 가우스면을 취하고 전기선속을 구하면 다음과 같다.

$$\Phi_S = +(200 \cdot A) - (20 \cdot A) = 180 \cdot A$$

한편 그 가우스면 내부의 총 전하량을 Q라고 하면, 가우스 법칙으로부터 $\frac{Q}{\epsilon_0} = 180 \cdot A$여야 한다. 따라서 평균 전하밀도를 $\bar{\rho}$라고 나타내면, $Q = 1400A\bar{\rho} = \varepsilon_0 180A$로부터, $\bar{\rho} = 1.1 \times 10^{-12}\,\mathrm{C/m^3}$임을 알 수 있다.

| 면대칭 전하 분포

그림 16.6과 같이 균일한 **면전하밀도** σ로 대전된 무한전하평면이 있다고 하자. 여기에서 무한평면이란 **충분히 넓은 넓이를 가진 유한평면으로 해석**해도 좋다. 즉, 어떤 유한한 넓이를 가진 면이 있을 때 그 면에 충분히 가까운 위치에 있는 점에서 그 면은 거의 평면으로 보이며, 또 무한하게 보인다. 그 평면은 마치 우리가 앉아 있는 교실의 바닥면과 같다고 비유할 수 있지만 단지 그 면이 무한히 넓게 퍼져 있다고 가정해보자. **대칭성을 고려하면 이때의 전기장 방향은 면에 수직이다.** 왜냐하면 면으로부터 어떤 거리만큼 떨어져 있든지 그 위치에 놓은 시험 전하는 **대칭성**에 의해 면에 수직인 방향으로 힘을

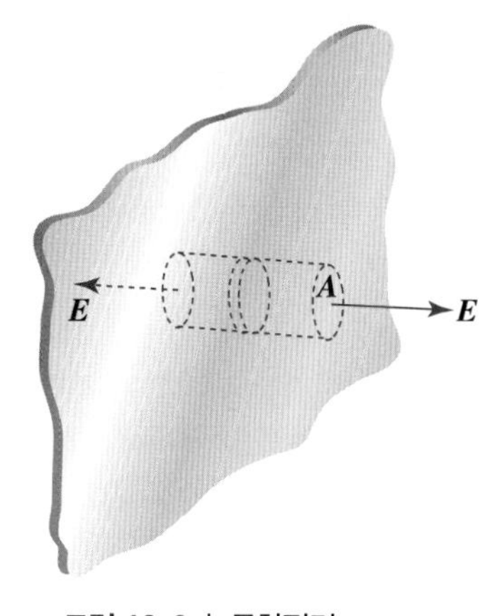

▲ **그림 16.6** | 무한평면

받을 것이 자명하기 때문이다. 따라서 면으로부터의 전기력선은 면에 수직이며 또 균일한 밀도를 가질 수밖에 없으므로 면에서 같은 거리만큼 떨어진 점에서의 **전기장은 어디에서나 같음**도 자명하다.

이제 면에서 같은 거리만큼 떨어진 점들이 이루는 넓이가 A인 면을 가우스면의 일부로 취하자. 또 그 면과 무한평면에 대해 대칭되는 위치에 있는 같은 넓이의 면도 가우스면의 다른 부분으로 취하자. 이제 이 두 면을 연결시키면 가우스면은 원통 모양이 될 것이다. 이 가우스면의 선속을 구해보면 다음과 같다.

$$\begin{aligned}\boldsymbol{\Phi}_{\mathrm{s}} &= \sum \boldsymbol{E} \cdot d\boldsymbol{A} = \sum_{\text{위, 아래}} Eda \cdot 1 + \sum_{\text{옆}} Eda \cdot 0 \\ &= EA + EA = 2EA\end{aligned} \tag{16.13}$$

한편, 가우스면에 둘러싸인 공간의 총 전하량은 σA이므로, 전기장의 크기는 $E = \dfrac{\sigma}{2\epsilon_0}$가 된다. 실제로는 무한하지 않은 유한한 넓이를 가진 평면이더라도, 평면 가장자리에서 충분히 먼 내부에 위치한 점에서의 전기장은 이와 같이 주어지며, 거리에 무관하다. 따라서 나란한 두 평면 사이의 전기장은 판 사이의 모든 공간에서 균일하다고 근사될 수 있다.

예제 16.5 부호가 반대인 두 무한전하평면에 의한 전기장

균일한 면전하밀도 σ와 $-\sigma$로 각각 대전된 두 무한전하평면이 나란히 놓여 있다. 모든 공간에서 전기장의 크기를 구하여라.

| 풀이

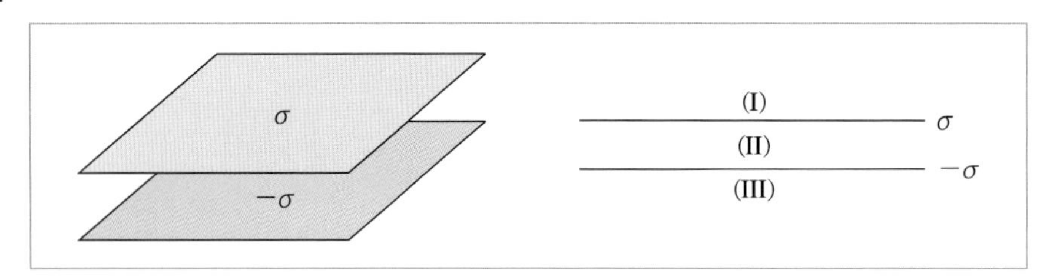

면전하밀도가 σ인 무한전하평면이 만드는 전기장의 크기는 식 (16.13)에 따라

$$E = \frac{\sigma}{2\epsilon_0}$$

와 같고, 전기장의 방향은 전하밀도의 부호가 양(+)인 경우, 면으로부터 멀어지는 방향이며 음(-)인 경우 면을 향하는 방향이 된다.

전기장의 중첩원리를 이용하면 총 전기장은

$$E = E_{\sigma} + E_{-\sigma}$$

와 같다. 여기서 첫째 항은 양전하의 면전하 때문에 생기는 전기장이며, 둘째 항은 음전하의 면전하에 의한 전기장을 나타낸다. 전하밀도의 크기가 동일하므로 전기장의 크기도 동일하다. 그러나 전하밀도의 부호가 다르기 때문에 전기장의 방향이 영역마다 다를 수 있다. 그림으로부터 영역 (I)과 (III)에서는 두 전기장의 방향이 정반대이기 때문에 서로 상쇄되어 총 전기장의 크기는 0이 된다.
그러나 영역 (II)에서는 두 전기장의 방향이 같아진다. 그래서 이 영역에서의 전기장은 항상

$$E = \frac{\sigma}{\epsilon_0}$$

가 되며 전기장의 방향은 양전하의 면으로부터 음전하의 면을 향한다.

질문 16.10

균일한 면전하밀도 σ로 대전된 두 무한전하평면이 나란히 놓여 있다. 두 평면 밖의 전기장을 **중첩의 원리**를 이용하여 두 무한평면의 면전하 부호가 같은 경우에는 어떤 전기장 분포가 되는지 구하여라.

도체에서의 전하 분포

정전 상태란 모든 전하가 정지해 있는 상태를 뜻한다. 정전 상태에 있는 도체의 내부에는 전기장이 없다. 왜냐하면 도체란 자유로이 이동할 수 있는 자유전하가 있는 물질을 뜻하는데, 정전 상태에 있다고 했으므로 전하에 작용하는 전기력은 없으며 따라서 전기장도 없다는 뜻이 되기 때문이다.

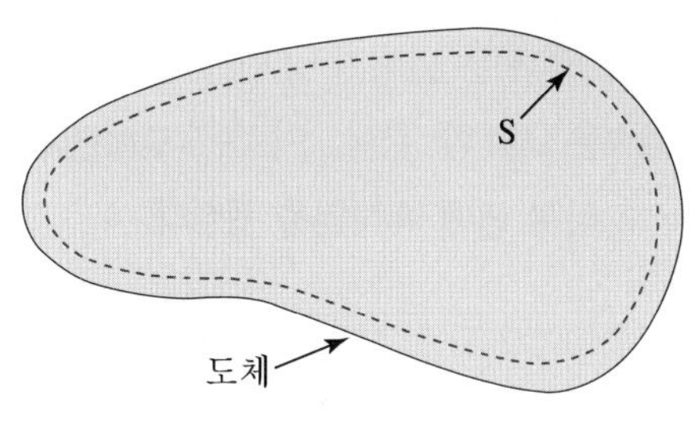

▲ **그림 16.7** | 도체 내부의 가우스면

이제 도체에 알짜전하를 주었을 때, 즉 도체를 대전시켰을 때 정전 상태에 이른 다음 주어진 알짜전하들은 어느 곳에 분포될 것인지 살펴보자. 이 문제를 다루기 위해 그림 16.7과 같이 도체의 내부에 있는 적당한 폐곡면 S를 가우스면으로 취해보자. 이 가우스면은 도체의 내부에 있는데, 도체 내부의 전기장은 없으므로, 이 가우스면을 지나는 전기선속도 없다. 따라서 가우스 법칙에 의해 그 폐곡면 안에는 알짜전하가 없다. 이제 이 폐곡면을 도체의 표면 아주 가까운 위치까지 넓혀 보기로 하자. 이 경우에도 물론 그 가우스면을 지나는 전기선속은 없으므로 따라서 그 가우스면 내부에도 알짜전하는 존재하지 않는다. 따라서 결국 알짜전하는 도체 내부에는 분포되지 않았다는 뜻이 된다. 이것은 **도체에 주어진 알짜전하는 모두 도체 표면에만 분포됨**을 뜻한다.

도체 표면의 전기장

그림 16.8과 같이 도체의 표면이 $\sigma(r)$의 면전하 분포로 대전되었다고 하자. 도체 표면의 면전하밀도는 그 부분의 곡률이 클수록 더 커진다. 예를 들어 평평한 지표면에 세운 피뢰침이

있다면, 그 뾰족한 곳의 표면전하밀도는 평평한 지표면에서보다 더 크다. 따라서 번개가 칠 때 흐르는 전류는 피뢰침을 찾아 흐르기 쉬우며 이것이 피뢰침을 사용하는 이유이다.

이제 대전된 도체 표면 위치의 전기장 방향과 크기를 생각해보자. 우리는 앞에서 무한히 넓은 전하 평면에 의한 전기장의 크기는 평면으로부터의 거리에 상관없이 일정함을 보았다. 이제 관측점 위치를 도체면에 충분히 가깝게 접근시키면, 어느 단계에 이르러서 관측점이 보는 도체면은 무한평면처럼 보일 것이다. 즉, 아무리 울퉁불퉁한 면이라도 면에서 충분히 가까운 점에서는 평면으로 보인다. 둥근 지구를 지표면에서 볼 때에 무한평면처럼 보이는 것도 이와 같은 이치이다. 따라서 도체의 어느 면에서건 그 면을 확대한 결과는 평면과 같다. 한편, 도체면에 충분히 가까운 위치에서 보는 도체면은 유한하며 일정한 곡률을 가진다. 따라서 그 부분의 전하밀도는 일정하다고 할 수 있으며, 그러므로 **도체면에 충분히 가까운 점에서의 전기장 방향은 대칭성 때문에 면에 수직일 수밖에 없다.**

도체 표면의 전기장 방향

정전 상태의 도체 표면 전기장이 면에 수직임은 다음과 같은 논리로도 설명될 수 있다. 도체면에서의 전기장은 도체 표면에 충분히 가까운 점에서의 전기장과 같다. 한편 도체면의 전기장이 표면에 수직인 성분뿐 아니라 나란한 성분까지 가진다면 도체에 존재하는 자유 전하들은 표면을 따라 이동할 것이다. 이것은 정전 상태의 도체가 아니다. 따라서 정전 상태에 있는 도체의 도체면 전기장은 표면에 수직이어야 하며, 이것은 곧 표면에 충분히 가까운 점의 전기장이 수직임을 뜻한다.

앞에서 설명했듯, 정전 상태에 있는 도체의 내부에는 전기장이 없다. 따라서 도체 내부에는 전기력선도 존재하지 않으며, 이 경우 전기력선은 도체 외부만을 향한다. 따라서 그림 16.8에서와 같은 뚜껑 부분 넓이가 A인 원통형 폐곡면을 가우스면으로 취하면 선속은 EA와 같다. 이것은 **도체면에 매우 가까운 점의 전기장이 σ/ϵ_0이며 면에 수직임을 뜻한다.**

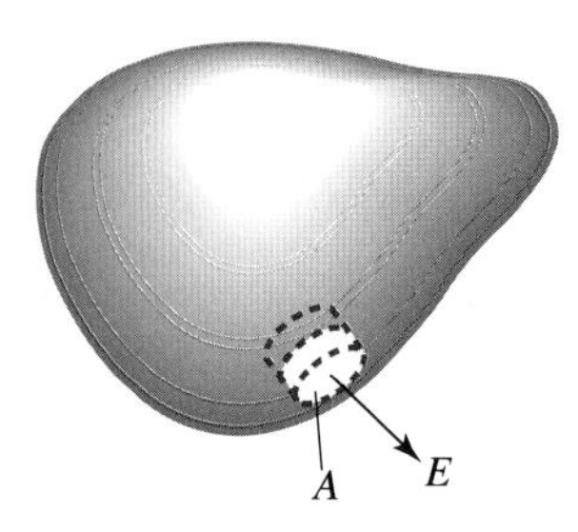

▲ **그림 16.8** | 대전된 도체와 가우스면

질문 16.11

도체의 내부 전기장은 정전 상태에서는 언제나 0이다. 이 사실은 도체가 속이 비어 있는 형태이든 아니든 간에 상관없이 옳다. 속이 비어 있지 않은 경우, 그 내부 전기장이 0이라는 사실은 앞에서 이미 설명한 바 있다. 그러나 속이 비어 있는 도체의 내부 전기장도 0이라는 사실은 어떻게 증명될 수 있을까?

예제 16.6 도체 내의 전기장

매우 큰 도체 덩어리 안에 반지름이 R인 구 모양의 빈 공간이 있으며, 빈 공간의 중심에 점전하 q가 놓여 있다. 점전하에서 (a) $2R$과 (b) $R/2$만큼 떨어진 곳의 전기장을 구하여라.

| 풀이

(a) 점전하에서 $2R$만큼 떨어진 곳은 도체 내에 놓여 있고 도체의 내부 전기장은 정전 상태에서 언제나 0이기 때문에, 점전하의 유무와 관계없이 전기장은 0이 된다.

(b) 점전하에서 $R/2$만큼 떨어진 곳은 도체 내의 빈 공간 속에 놓여 있기 때문에, 그곳에서 전기장은

가우스 법칙을 적용하여 구할 수 있다. 점전하를 중심으로 반지름이 $R/2$인 구 표면을 가우스면으로 취하면 앞서 여러 예제에서 설명한 바와 같이 전기장의 크기는

$$E = \frac{1}{4\pi\epsilon_0}\frac{q}{\left(\frac{R}{2}\right)^2} = \frac{1}{\pi\epsilon_0}\frac{q}{R^2}$$

와 같이 구할 수 있다.

이제 무한평면 형태의 대전된 도체를 생각해보자. 이런 경우 물론 전하는 도체의 양쪽 판면에 모두 분포할 것이다. 이 경우 양쪽 판면의 표면전하밀도가 각각 $+\sigma/2$라면, 도체판 양쪽 영역에서의 전기장 크기는 각각 $\frac{\sigma}{2\epsilon_0}$가 된다. 이 결과는 균일한 면전하밀도를 가진 전하로 이루어진 판에서와 같이 대칭성을 이용하여 얻을 수 있다. 또는 도체판이 유한한 두께를 가졌다고 하고, 가우스면의 일부가 도체판 내부를 통과하도록 취한 가우스면을 이용해도 같은 결과를 얻을 수 있다.

이제 이 도체판과 나란하게 다른 도체판을 하나 더 가져왔다고 하자. 그리고 두 도체판의 총 전하량은 같지만 그 부호가 다르다고 하자. 문제는 도체면에 어떤 형태로 전하가 분포되는가 하는 점이다. 두 판의 전하부호가 반대이므로 물론 전하는 두 도체판이 마주 보는 쪽에만 분포됨을 짐작할 수 있다. 다음의 예제를 통하여 서로 다른 부호의 전하로 분포된 두 평행 도체판의 전기장을 구하고 전하들이 어떻게 분포되는지 알아보자.

예제 16.7 평행판 축전기

그림 16.9와 같이 각각 $\pm\sigma$의 면전하밀도로 대전된 두 무한 도체판면이 나란히 놓여 있다. 도체면 사이 공간과 그 외부 공간에서의 전기장을 구하여라. 이때 도체에 주어진 전하는 어떻게 분포되겠는가? 이러한 구조를 **평행판 축전기**라 한다.

| 풀이

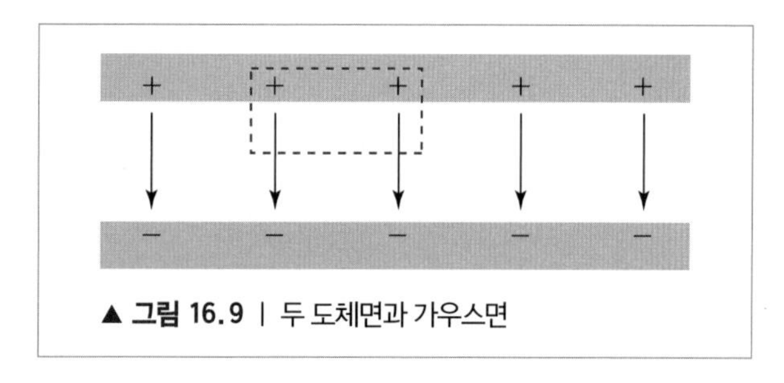

▲ **그림 16.9** | 두 도체면과 가우스면

대칭성에 의해 전기장은 도체면에 수직일 수밖에 없다. 각각의 도체면에 대해 독립적으로 가우스 법칙을 적용해보자. 이 경우 도체의 전하가 다른 도체판을 마주 보는 면에 모이는지 아니면 양면에 고르게 분포되는지는 알 필요가 없다. 하나의 도체판만 있는 경우 대칭성에 의해 그 전기장은 도체면에 수직이

므로 가우스 법칙을 적용하면 $+\sigma$로 대전된 판면에 의한 전기장은 판면에서 수직으로 나가는 방향으로 $\frac{\sigma}{2\epsilon_0}$의 크기가 된다. 또 $-\sigma$로 대전된 판면에 의한 전기장은 같은 크기이지만 판면에서 수직으로 들어오는 방향이다. 이 두 전기장을 중첩하면 판면 사이에서는 양전하면에서 음전하면으로 향하는 $\frac{\sigma}{\epsilon_0}$의 전기장이 있고, 판면 밖의 공간에서는 전기장이 없음을 알 수 있다.
이제 도체판이 어떤 두께를 가졌다고 하고, 한 부분이 도체판의 내부를 통과하는 가우스면을 취해보자. 도체 내부의 전기장은 0이므로 이때 가우스 법칙은 도체의 내부면, 즉 서로를 마주 보는 면의 전하밀도가 σ임을 알려준다. 즉, 직관적으로도 당연하지만 이런 상황에서 전하는 모두 서로를 마주 보는 도체면에만 집중된다.

가장자리 효과
평행판 축전기는 무한히 넓은 판면을 갖지는 않는다. 따라서 판 모서리에서는 전기장이 판면에 수직방향을 취하지 않고 퍼지게 되며 이를 가장자리(fringing) 효과라 한다.

질문 16.12

3개의 무한전하평면이 각각 $+\sigma$, -2σ, $+\sigma$의 균일한 면전하밀도로 대전되어 있다. 각 평면 사이 부분에서의 전기장을 구하여라.

선전하에 의한 전기장

이제 그림 16.10과 같이 균일하게 대전된 철사 때문에 생긴 전기장에 관해 알아보자. 만약 철사가 대단히 길고 전기장을 알고 싶은 지점이 양끝으로부터 멀리 떨어져 있다고 가정한다면, 대칭성에 따라 전기력선은 방사선 방향이며 철사에 수직인 평면상에 놓이게 된다. 더욱이, 철사로부터 같은 거리에 있는 모든 점에서는 전기장의 크기가 모두 같다. 이러한 사실에 비추어 볼 때, 그림에서처럼 반지름은 r이고 길이는 l이며, 양 끝면의 철사와 수직인 원통면을 가우스면으로 택하면 편리하게 전기장을 계산할 수 있다. 만약 λ가 단위길이당 전하량이라면, 가우스면 내의 총 전하량은 λl이 된다. 전기장이 철사와 수직이기 때문에, 양 끝면에서의 선속은 0(영)이다. 한편, 측면상의 모든 점에서는 전기장은 면벡터와 같은 방향이며 같은 크기를 가지므로 다음을 얻게 된다.

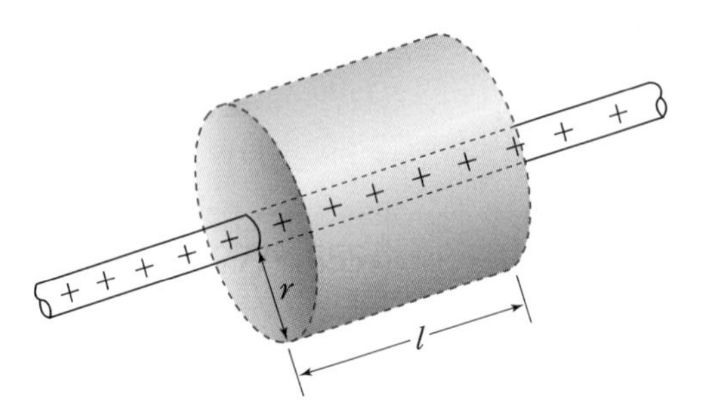

▲ **그림 16.10** | 무한 길이 선전하와 그 가우스면

$$E \cdot 2\pi rl = \frac{\lambda l}{\varepsilon_0} \tag{16.14a}$$

$$E = \frac{1}{2\pi\varepsilon_0}\left(\frac{\lambda}{r}\right) \tag{16.14b}$$

한 지점에서의 전기장은 철사에 있는 모든 전하들이 만들지만, 가우스 법칙을 사용할 때에는 오직 가우스 곡면 내부의 전하들만을 고려한다는 것을 주목하자. 가우스 법칙의 이러한 특성을 처음 볼 때는 어리둥절하게 만들기도 한다. 마치 전하의 일부분만을 갖고도 옳은 답을 얻는 것처럼 보이기도 하며, 길이가 l 인 철사가 만드는 전기장과 대단히 긴 철사 때문에 생기는 전기장이 같은 것처럼 보이기도 한다. 그러나 대단히 긴 철사 전체에 전하들이 있기 때문에 문제의 대칭성을 고려할 수 있었던 것이다. 만약에 실제의 철사가 짧다면, 대칭성으로 인하여 전기력선들이 철사에 수직한다거나, 원통 가운데에서의 전기장이 원통 한쪽 끝면에서의 값과 같다고 할 수 없는 것이다.

예제 16.8 대전된 두 도선에 의한 전기장

균일한 선전하밀도 λ와 $-\lambda$로 반대 부호로 대전된 무한히 긴 두 도선이 나란히 놓여 있으며, 두 도선 사이의 거리는 d이다. 두 도선으로부터 같은 거리만큼 떨어져 있으며 도선 하나로부터 r만큼 떨어진 P점에서 전기장을 구하여라.

| 풀이

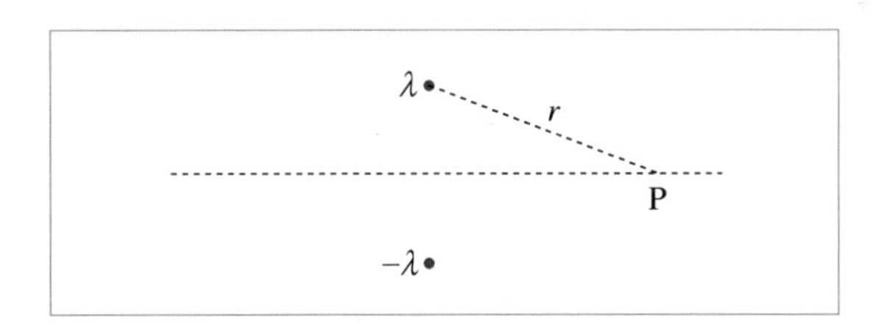

선전하밀도 λ로 대전된 무한도선에서 r만큼 떨어진 곳에서의 전기장의 크기는 식 (16.14)를 따라

$$E_\lambda = \frac{1}{2\pi\epsilon_0}\frac{\lambda}{r}$$

이다. 여기서 전기장의 방향은 선전하밀도가 양(+)이면 도선으로부터 멀어지는 반지름 방향이며, 음(−)이면 도선을 향한다. 대전된 도선이 두 개 있는 경우, 중첩의 원리에 따라 각 도선에 의한 전기장의 벡터합을 구해야 한다.

두 도선으로부터 같은 거리만큼 떨어진 점 P는 옆의 그림이 보여주는 바와 같이 두 전기장의 벡터합은 항상 두 도선의 이분등면에 수직하며 지면의 아래를 향하고 있음을 알 수 있다. 점 P에서 이분등면과 점전하를 잇는 선 사이의 각도를 θ라고 하면, 총 전기장의 세기는 다음과 같다.

$$E = 2\sin\theta E_\lambda$$

그런데, 그림으로부터 $\sin\theta = \frac{d/2}{r}$를 구할 수 있으므로 총 전기장의 크기는 다음과 같다.

$$E = \frac{1}{2\pi\epsilon_0}\frac{\lambda d}{r^2}$$

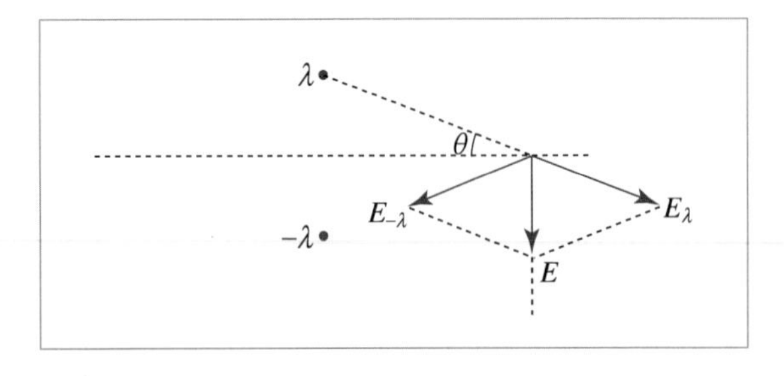

16-3 전위

중력이나 전기력은 모두 **중심력**이다. 중심력이란 점전하나 질점끼리의 힘이 서로 밀거나 당기는 힘이며, 또 그 크기가 두 물체 간의 거리에 의존하는 경우를 뜻한다. 이런 특성을 가진 힘들은 역학적으로 **보존력**이라 부르는데, 보존력이 작용하는 계에서 외력이 한 일은 위치에너지로 저장된다고 해석할 수 있음을 역학 부분에서 다룬 바 있다.

계의 힘이 보존력인 경우 어떤 두 점 간을 이동한 물체에 계의 힘이 한 일은 두 점 간을 어떤 경로를 통해 이동하든지 같으며, 따라서 그 일은 경로와 무관하다. 이것은 일이 두 점의 위치에만 의존하는 양이며, 따라서 **위치에만 의존하는 함수**로 나타낼 수 있음을 뜻한다.

이제 전하에 작용하는 전기력이 $\boldsymbol{F}$인 계에, $\boldsymbol{F}_{외} = -\boldsymbol{F}$인 외력이 작용했다고 하자. 이때 합력은 0이므로 일-에너지 정리에 의해 전하의 운동에너지 변화는 없다. 그러나 힘 $\boldsymbol{F}$가 보존력인 경우에는 외력이 한 일은 전하의 위치에너지 U로 남게 된다. 따라서 전하가 위치 A에서 위치 B까지 이동한 경우, 외력이 한 일은 다음과 같이 쓸 수 있다.

$$W_{외} = U_{\mathrm{B}} - U_{\mathrm{A}} = \Delta U_{\mathrm{BA}} \tag{16.15}$$

전하계에서는 **전위**라 하는 개념을 도입하면 편리하다. **전위란 단위전하당 위치에너지**라 볼 수 있는 양으로서 다음과 같이 정의한다. 즉, 전하량 q인 시험 전하가 A에서 B로 이동할 때 외력이 한 일을 W라 하면 두 점 간의 전위차 ΔV_{BA}는 다음과 같이 정의한다.

$$W = \Delta U_{\mathrm{BA}} = q\Delta V_{\mathrm{BA}} \tag{16.16}$$

여기서 $\Delta V_{BA} = V_B - V_A$ 로 정의된 양이며 **두 점 간의 전위차**라 부른다. 또 V는 그 위치에서의 **정전 퍼텐셜(electrostatic potential)** 또는 **전위**라 부른다.

전위의 개념은 물체의 중력 위치에너지와 비유하면 이해하기 쉽다. 그림 16.11과 같이 흔히 지도에 표현되는 등고선은 같은 높이를 가진, 즉 같은 위치에너지를 가진 점들을 연결한 선인데, 이와 마찬가지로 전위가 같은 위치들을 연결한 선을 **등전위면**이라고 한다. 중력장 안에서 어떤 물체를 높은 산꼭대기까지 끌고 올라가려면 중력에 대응하여 외력을 작용하여야 한다.

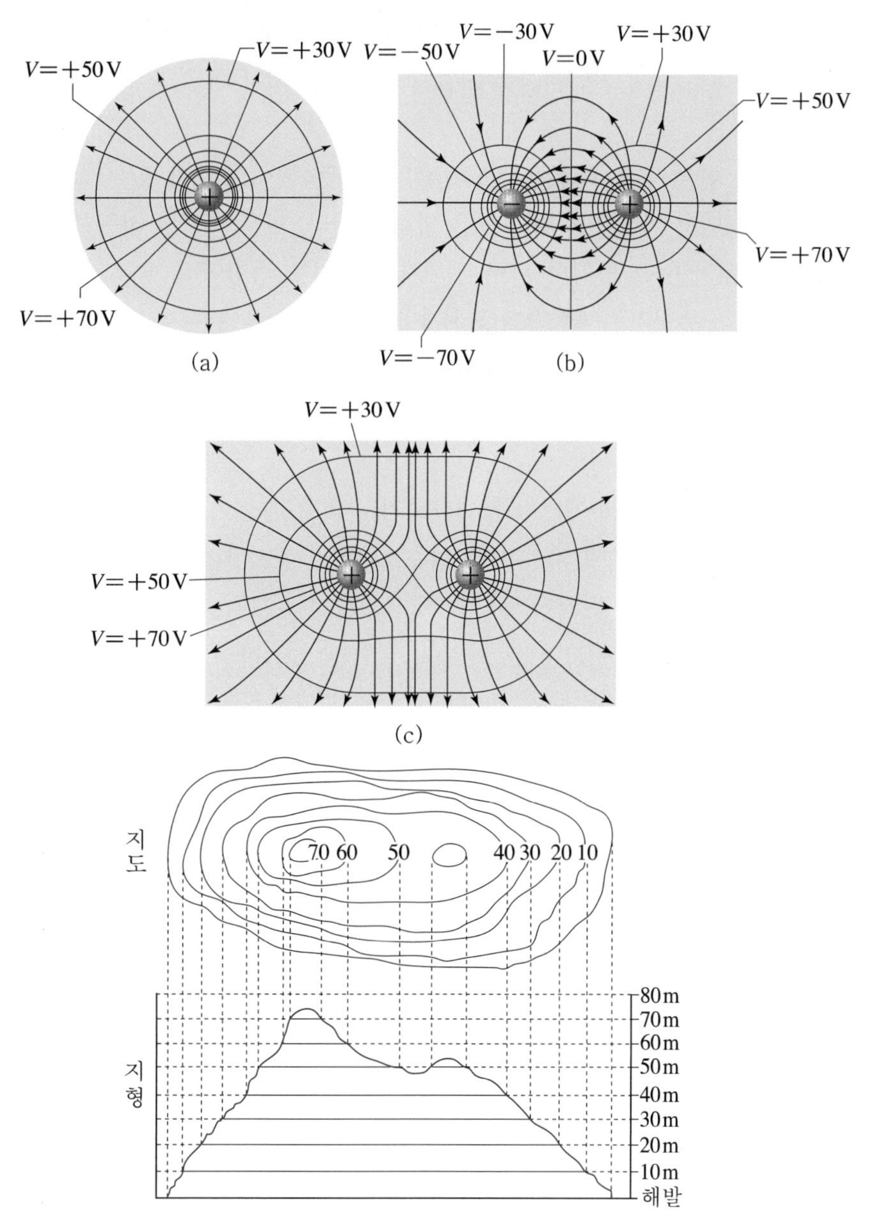

▲ **그림 16.11** | 등전위면과 등고선

즉, 이 경우 외력이 한 일은 양(+)의 부호를 가진다. 전위는 이때 물체의 **단위질량당 위치에너지**, 즉, 중력 퍼텐셜에 비유할 수 있는 양이다. 높은 곳으로 옮기는 데 외력이 일을 하였으므로 이 경우 높은 곳의 중력 퍼텐셜 크기는 낮은 곳보다 더 크다.

마찬가지로, 시험 양전하 q를 위치 A에서 B로 이동시키는 데 외력이 일을 했다면 외력이 한 일 $W > 0$으로서 양의 부호가 되고, 따라서 $\Delta V_{\mathrm{BA}} = V_{\mathrm{B}} - V_{\mathrm{A}} = W/q$는 양의 부호가 된다. 즉, 나중 위치의 전위가 더 높은 것이다. 예컨대 양전하 하나가 있는 계를 생각해보자. 이제 **시험 전하** 하나를 무한히 먼 곳으로부터 어떤 곳까지 가져오려면, 시험 전하가 양전하라면 외부에서 일을 해주어야만 한다. 따라서 양전하가 있는 계에서 전위는 양전하에 가까이 갈수록 더 높아진다. 즉, 계의 전기력선을 거슬러 이동하면 점점 전위가 높아지는 곳으로 이동한다고 할 수 있다.

물이 중력 때문에 높은 곳에서 낮은 곳으로 흘러내리듯이, 어느 곳에 둔 시험 양전하가 스스로 이동한다면 그 이동 방향은 전위가 낮은 방향이 된다. 또는 거꾸로 시험 음전하가 저절로 어느 쪽으로 끌려가면 그 방향이 바로 전위가 높아지는 방향이라 말할 수도 있다.

전위의 정의에 의하면 단지 두 점 간의 전위차만 구할 수 있을 뿐이지, 전위의 절대적 크기를 구할 수 없음은 자명하다. 즉, **전위는 위치에너지와 같이 절대적이 아니고 상대적으로 정의된 물리량**이다(전위의 물리적 의미는 단위전하당 위치에너지라고 할 수 있기 때문에도 이것은 매우 당연하다).

한편 계의 힘이 $\boldsymbol{F}$일 때, 운동에너지를 변화시키지 않으면서 이동하는 데 필요한 외력은 $-\boldsymbol{F}$이므로, Δl만큼 이동하는 데 외력이 한 일은 $\Delta W = -\boldsymbol{F}\cdot\Delta l$이 된다. 일반적으로 어떤 계의 힘은 위치에 따라 변한다. 따라서 어떤 위치 A로부터 B까지 시험 전하 q를 이동시키는 경우 외력이 한 일은 $W = \sum_l(-\boldsymbol{F}_i\cdot\Delta \boldsymbol{l}_i) = q\sum_i(-\boldsymbol{E}_i\cdot\Delta \boldsymbol{l}_i)$라고 쓸 수 있다. 이를 적분 표현으로 나타내면, 전위는 다음과 같이 나타낼 수 있다.

$$V_B = V_A + \int_A^B(-\boldsymbol{E})\cdot dl \tag{16.17}$$

전위의 국제단위계(SI) 단위는 J/C 이며 이를 V(볼트; Volt)라 부른다. 이 단위는 이탈리아 과학자 **볼타**(Alessandro Volta, 1745~1827)를 기념하기 위한 것이다. 전위는 흔히 **전압**이라 부르기도 한다. 이 식에 의하면 전기장의 단위가 N/C 뿐만 아니라 V/m로도 표현될 수 있음을 보여주고 있다.

질문 16.13

N/C은 V/m와 같은 단위임을 증명하여라.

질문 16.14

전자는 전위가 높은 곳과 낮은 곳 중 어느 곳으로 이동하려고 하는가?

단지 두 점 간의 전위차를 구하기 위해서는 $|\Delta V| = \left|\int E_l\,dl\right|$ 관계를 쓰면 편리하다. 특히 전기장이 균일한 경우 이 식은 $|\Delta V| = \left|E_l \int dl\right| = |E_l\, l\,|$로도 나타낼 수 있다. 여기에서 E_l은 전기장의 Δl 성분, 즉 시험 전하 이동 방향 성분을 나타낸다.

예제 16.9

지표면에는 하늘에서 지표면을 향하는 전기장이 있다. 그 전기장 크기는 약 150 N/C이라 한다. 지표면의 전위를 0이라 할 때 지상 10 m 높이의 전위는 얼마인가?

| 풀이

시험 전하를 지표면에서 10 m 높이까지 이동시킨다고 하자. 이때 전기장의 이동 방향 성분은 -150 N/C이다. 따라서 전위차는 다음과 같이 쓸 수 있다.

$$|\Delta V| = |E_l\, l| = |-150 \cdot 10|\ (\mathrm{N/C}) \cdot \mathrm{m} = 1500\ \mathrm{V}$$

한편 전기장은 아래를 향하므로, 즉 전기력선은 지표면을 향하므로 10 m 높은 곳의 전위는 지표면에 대해 +1500 V라 할 수 있다.

질문 16.15

두 평행 도체판 사이의 전기장은 균일하며, 한 판면에서 다른 판면을 향한다. 전기장 크기가 E_0라 하고, 판면 간 간격이 d라 할 때 판면 간 전위차는 얼마인가?

질문 16.16

등산 중 번개와 벼락이 치면, 꼭대기 위치나 능선에서 빨리 내려와 낮은 곳에서 두 다리를 붙이고 낮은 자세로 앉아 있으라는 수칙이 있다. 그 이유를 설명할 수 있겠는가?

예제 16.10

$q = 3.0\ \mathrm{nC}$의 전하를 갖는 입자가 a점에서 b점으로 직선을 따라 총 거리 $d = 0.50\ \mathrm{m}$를 움직이고 있다. 전기장은 이 직선을 따라 변하는 동안 a에서 b로 향하는 방향을 가지며, 크기는 $E = 200\ \mathrm{N/C}$으로 균일하다. q에 작용하는 힘을 구하고, 전기장이 입자에 행한 일을 구하고 $V_a - V_b$의 전위차를 구하여라.

| 풀이

힘은 전기장과 같은 방향이므로 크기는 다음과 같이 주어진다.

$$F = qE = (3.0 \times 10^{-9}\ \mathrm{C})(200\ \mathrm{N \cdot C^{-1}}) = 6.0 \times 10^{-7}\ \mathrm{N}$$

이 힘이 한 일은 다음과 같다.

$$W = Fd = (6.0 \times 10^{-7}\ \mathrm{N})(0.05\ \mathrm{m}) = 3.0 \times 10^{-7}\ \mathrm{J}$$

또, 전위차는 다음과 같다.

$$V_\mathrm{a} - V_\mathrm{b} = \frac{W}{q} = \frac{3.0 \times 10^{-7}\ \mathrm{J}}{3.0 \times 10^{-9}\ \mathrm{C}} = 100\ \mathrm{J \cdot C^{-1}} = 100\ \mathrm{V}$$

다른 방법으로 풀어본다면, 전기장 E가 단위전하당 힘이므로 단위전하당 일은 전기장 E에 거리 d를 곱해서 얻을 수 있다.

$$V_\mathrm{a} - V_\mathrm{b} = Ed = (200\ \mathrm{N \cdot C^{-1}})(0.05\ \mathrm{m}) = 100\ \mathrm{J \cdot C^{-1}} = 100\ \mathrm{V}$$

| 등전위면

전기장 내의 전위의 분포는 **등전위면(equipotential surfaces)**을 이용하여 그림 16.11처럼 나타낼 수 있다. 등전위면이란 전위값이 같은 점들이 만드는 면을 뜻한다. 등전위면 위의 모든 점에서 대전된 입자의 위치에너지는 모두 같기 때문에, 등전위면을 따라 입자를 움직이는 데에는 아무런 일도 필요하지 않다. 그러므로 등전위면의 한 점에서 전기장은 면에 수직이다.

16-4 전위의 계산

| 점전하의 전위

전하계는 점전하의 모임으로 취급할 수 있다. 따라서 점전하의 전위를 구할 수 있으면 그로부터 여러 점전하계의 전위를 구할 수 있다. 이제 전하량이 Q인 점전하의 전위를 구해보자. 이 점전하의 전기장은 $\boldsymbol{E} = E_r\hat{\boldsymbol{r}} = \frac{1}{4\pi\epsilon_0}\frac{q}{r^2}\hat{\boldsymbol{r}}$로 쓸 수 있다. 그러므로 무한 위치로부터 위치 r까지 시험 전하를 이동시킨다면 앞의 전위차 식으로부터 다음 결과를 얻는다.

$$|\Delta V| = \left|\int E_l\, dl\right| = \left|\frac{1}{4\pi\epsilon_0}\int_\infty^r \frac{Q}{r^2}\mathrm{d}r\right| = \frac{1}{4\pi\epsilon_0}\frac{Q}{r} \tag{16.18}$$

이제 무한 위치의 전위를 0이라 하면 이 크기가 바로 위치 r에서의 전위 크기가 된다. 한편 전하량 Q가 양의 부호이면 그 전하에 가까이 갈수록 전위가 더 높아지고 이 크기가 바로 그 점의 전위가 되므로 거리 r 떨어진 점의 전위는 다음과 같다.

$$V(r) = \frac{1}{4\pi\epsilon_0}\frac{Q}{r} \tag{16.19}$$

전위는 스칼라량이며, 각각의 전하에 의한 전위는 중첩의 원리에 의해 그대로 더해지므로, 이제 점전하 q_1, q_2, ⋯ 로부터 각각 거리 r_1, r_2, ⋯ 떨어진 점에서의 전위는 다음과 같이 주어짐을 알 수 있다

$$V = \frac{1}{4\pi\epsilon_0}\Sigma\frac{q_i}{r_i} \tag{16.20}$$

예제 16.11 여러 개의 점전하에 의한 전위

전하량이 q인 동일한 점전하 6개가 평면 위에 있으며 한 변이 a인 정육각형을 형성하고 있다. 육각형의 중심에서의 전위를 구하여라.

| 풀이

여러 개의 점전하가 만드는 전위는 중첩의 원리에 따라 식 (16.20)과 같이 주어진다. 육각형의 중심에서 6개의 점전하까지의 거리는 모두 동일하고 그 거리는 a로 주어지기 때문에 각 점전하에 의한 전위는 모두 같다. 따라서 육각형 중심에서 전위는

$$V = \frac{6}{4\pi\epsilon_0}\frac{q}{a}$$

임을 알 수 있다.

| 전기쌍극자의 전위

그림 16.12와 같이 z축을 향하며 원점에 놓인 **쌍극자**의 전위는 어떤지 알아보자. 쌍극자는 원점 위치에서 $z = \pm d/2$에 위치한 두 점전하 $\pm q$ 모양이라 하자. 이 쌍극자의 모멘트는 $p = qd$라 나타낼 수 있다. 이제 원점으로부터의 거리가 r, z축으로부터의 각이 θ인 위치 P에서의 전위는 다음과 같다.

$$V = \frac{1}{4\pi\epsilon_0}\left(\frac{+q}{r_+} + \frac{-q}{r_-}\right) \tag{16.21}$$

여기서 r_+, r_-는 각각 $\pm q$로부터 p점까지의 거리를 나타낸다. 이제, 이 두 거리가 쌍극자를 이루는 두 점전하 간의 거리 d보다 매우 크다면 $r_+ r_- \simeq r^2$, $r_- - r_+ \simeq d\cos\theta$라 근사할 수 있다. 따라서 전위는 다음과 같이 나타낼 수 있다.

$$V(r,\theta) = \frac{1}{4\pi\epsilon_0}\frac{p\cos\theta}{r^2} \tag{16.22}$$

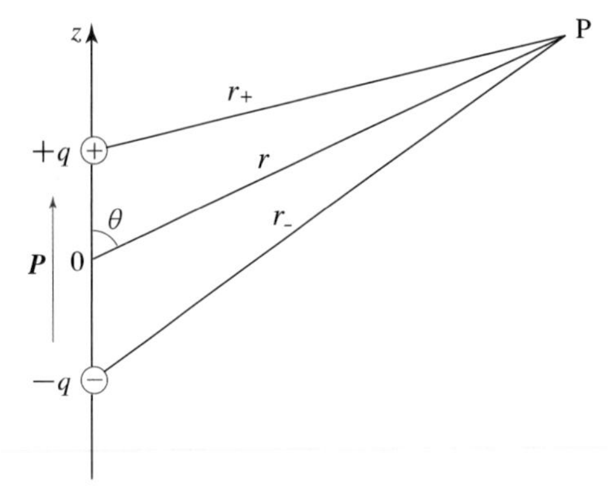

▲ **그림 16.12** | 전기쌍극자의 전위

도체구의 전위

그림 16.13과 같은 반지름이 R 인 도체구가 총 전하량 q로 대전되었다고 하자. 가우스 법칙에 따라 구 바깥의 임의 점에서 전기장은 점전하 q가 구도체의 중심에 있을 때의 전기장과 같음을 알 수 있었다. 구 내부에서는 어디에서나 전기장이 0이다.

따라서 구 외부에서 전위는 구도체 중심에 점전하가 있는 경우와 일치하며 도체구 중심에서 거리 r 떨어진 곳의 전위 V 는 다음과 같아진다.

$$V = \frac{1}{4\pi\epsilon_0}\frac{q}{r} \tag{16.23}$$

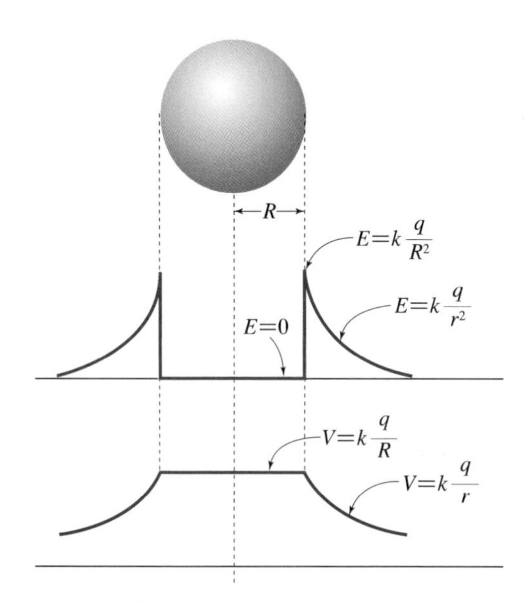

▲ **그림 16.13** | 도체구에 의한 전기장과 전위

이 식으로부터 도체 표면에서의 전위는 다음과 같음을 알 수 있다.

$$V = \frac{1}{4\pi\epsilon_0}\frac{q}{R} \tag{16.24}$$

도체 내부에서의 전기장은 어디에서나 0이며 이것은 전하가 내부 한 곳에서 다른 한 곳으로 움직이는 데 전기력이 한 일이 없음을 뜻한다. 그래서 도체 내부에서는 모든 곳에서 전위가 같으며 표면에서의 값과 같아진다. 그림 16.13은 도체구가 만드는 전기장과 전위가 중심에서의 거리 r에 따라 어떻게 변화하는지를 나타낸 것이다(여기서 $k = 1/4\pi\epsilon_0$이다).

질문 16.17

반지름이 R인 도체구 표면에서의 전위를 그 위치에서의 전기장으로 나타내면 $V = RE$로 쓸 수 있음을 증명하여라.

16-5 점전하계의 전기 위치에너지

이제 점전하계에서의 **전기 위치에너지**를 알아보자. 앞에서 본 대로 전하 q가 전위차 V인 구간을 이동하면 그 전하의 위치에너지 변화량은 qV가 된다. 따라서 전위가 V인 곳에 있는 전하 q의 위치에너지는 qV라 할 수 있다.

이제 점전하들이 모여 있는 계에서 모든 전하의 총 위치에너지는 어떻게 되는지 두 점전하계로부터 시작하여 알아보자.

두 점전하계

전하량이 각각 q_1, q_2인 두 점전하로 이루어진 계의 위치에너지를 살펴보자. 먼저 빈 공간에 점전하 q_1이 있다고 하자. 전하는 자기 자신에게는 아무런 힘도 작용하지 않으며, 또한 다른 전하에 의한 힘도 없으므로 따라서 점전하 q_1 하나만 있는 계의 위치에너지는 없다고 할 수 있다. 즉, 점전하 q_1을 가져오기 위해서는 아무 일도 필요 없다는 뜻이다.

이제 점전하 q_1이 있는 상태에서 점전하 q_2를 두 전하 간의 거리가 r_{12}인 위치까지 가져왔다고 하자. 점전하 q_1에 의한 q_2가 위치한 곳의 전위를 V라 하면, 이제 점전하 q_2의 위치에너지는 q_2V가 된다. 따라서 점전하 q_2의 위치에너지가 곧 이 계의 위치에너지가 되며 두 점전하계의 위치에너지는 다음과 같다.

$$U_2 = \frac{1}{4\pi\epsilon_0}\frac{q_1 q_2}{r_{12}} \tag{16.25}$$

이 과정을 거꾸로 하여, 점전하 q_2가 먼저 있는 상태에서 점전하 q_1을 가져온다고 해도 마찬가지로 이 결과를 얻는다.

❙ 세 점전하계

이제 앞의 두 점전하계에 그림 16.14와 같이 새로운 점전하 q_3를 가져왔다고 하자. 이 전하로부터 점전하 q_1, q_2까지의 거리를 각각 r_{13}, r_{23}라 하자. 이 새로운 점전하가 있는 위치의 전위는 $\frac{1}{4\pi\epsilon_0}\left(\frac{q_1}{r_{13}}+\frac{q_2}{r_{23}}\right)$이므로 이 전하의 위치에너지는 $\frac{1}{4\pi\epsilon_0}\left(\frac{q_1 q_3}{r_{13}}+\frac{q_2 q_3}{r_{23}}\right)$와 같이 쓸 수 있다. 따라서 세 점전하계의 총 위치에너지는 다음과 같다.

$$U_3 = \frac{1}{4\pi\epsilon_0}\left(\frac{q_1 q_2}{r_{12}}+\frac{q_2 q_3}{r_{23}}+\frac{q_1 q_3}{r_{13}}\right) \tag{16.26}$$

또는

$$U_3 = \frac{1}{2}\sum_{i=1}^{3}\sum_{j=1}^{3}\frac{1}{4\pi\epsilon_0}\frac{q_i q_j}{r_{ij}}\,(\text{단, } i \neq j) \tag{16.27}$$

모든 전하쌍 상호 간의 위치에너지를 고려한 후, 이중으로 고려된 효과를 없애기 위해 다시 1/2을 곱하여 얻은 이러한 대칭적 표현은 단지 표현의 간편성 외에도 중요한 이점을 지닌다. 이에 관해서는 뒤에서 더 살펴보도록 하자.

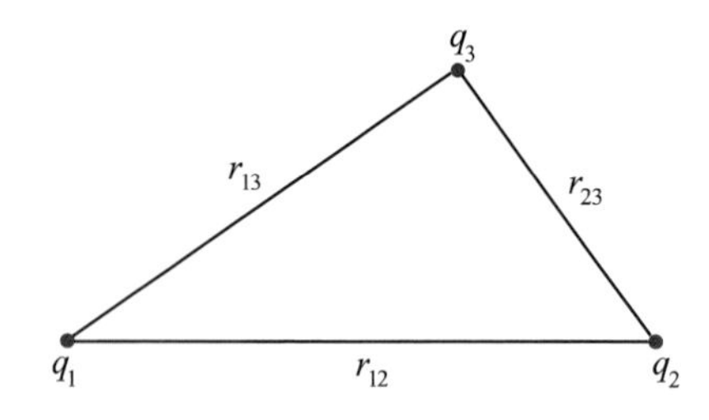

▲ **그림 16.14** | 세 점전하계

❙ *N*개의 점전하계

이와 같은 과정을 계속하면 N개의 점전하계의 총 위치에너지는 다음과 같이 쓸 수 있음을 알 수 있다.

$$U_N = \frac{1}{2}\sum_{i=1}^{N}\sum_{j=1}^{N}\frac{1}{4\pi\varepsilon_0}\frac{q_i q_j}{r_{ij}} \text{ (단, } i \neq j\text{)} \tag{16.28}$$

한편, 전하 q_i 위치에서 나머지 모든 다른 전하에 의한 전위를 V_i 로 나타내면 이 식은 다시 다음과 같이 쓸 수도 있다.

$$U_N = \frac{1}{2}\sum_{i=1}^{N} q_i V_i \tag{16.29}$$

예제 16.12

한 변의 길이가 d인 정삼각형의 세 꼭짓점에 각각 놓인 점전하 q가 있다. 이 계의 전기 위치에너지를 구하여라.

| 풀이

각 전하끼리의 거리는 d이고 3개의 쌍만 존재하므로 에너지는

$$U = \frac{3}{4\pi\epsilon_0}\left(\frac{q^2}{d}\right)$$

가 된다.

질문 16.18

한 변의 길이가 d인 정사각형의 네 꼭짓점에 각각 놓인 점전하 q가 있다. 이 계의 전기 위치에너지를 구하여라.

연습문제

16-1 가우스 법칙

1. 반지름이 1.00 m인 원형공의 중심에 전하량이 2.00 μC인 점전하가 놓여 있다. 이 원형공을 지나는 전기선속을 구하여라. 만약에 반지름이 절반으로 줄어들었다면, 그때 그 공을 지나는 전기선속은 얼마인가?

2. 단면의 반지름이 10 cm이고 길이가 30 cm인 원통이 있다. $1 \times 10^4\ \mathrm{N/C}$ 크기의 균일한 전기장이 원통의 옆에서 원통 축에 수직한 방향으로 통과하고 있다. (1) 원통의 표면을 지나가는 총 전기선속은 얼마인가? (2) 원통을 축 방향으로 반으로 나누어 생각할 때 반쪽의 바깥 원통 면을 지나가는 전기선속의 크기는 얼마인가?

3. 표면전하밀도 σ로 분포된 무한평면이 있고 그 무한평면에 두께 d로 부피전하밀도 ρ인 전하분포가 덧붙여져 있다. 모든 위치에서의 전기장을 구하여라.

4. 각 변이 원점을 기준으로 x, y, z축을 따라 나란히 놓여 있고 그 길이가 L인 정육면체가 놓여 있다. 일정한 전기장이 x방향으로 가해질 때 이 정육면체를 지나는 알짜선속을 구하여라.

5. 원점에 중심이 있고 반지름이 1.00m 인 구의 표면 모든 지점에서 전기장이 크기는 $100\ \mathrm{N/C}$이고 구의 중심을 향한다. 구 내부의 전하량을 구하고 전하가 어떻게 분포하고 있는지 설명하시오.

16-2 가우스 법칙의 응용

6. 무한히 길면서 속이 빈 반지름이 R인 원통 모양의 도체가 있다. 이 원통은 단위길이당 λ의 선전하밀도로 대전되어 있다. 원통 내부와 외부에서 전기장을 구하여라. 이 계의 전위도 구할 수 있겠는가? (도움말: 이 계의 전위를 구하려면, 무한히 먼 위치를 전위의 기준점으로 취하면 곤란하게 된다.)

7. 그림과 같이 속이 빈 도체가 있다. 이 도체 내부에 점전하 q가 있다. 이 도체의 내부 벽면에 유도된 총 전하량이 $-q$임을 증명하여라.

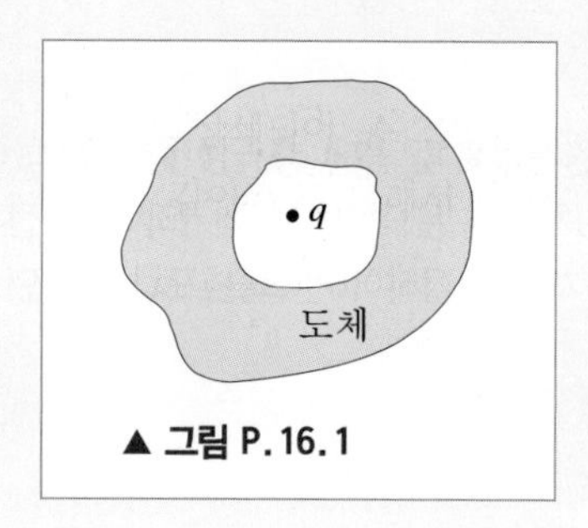

▲ 그림 P.16.1

8. 전하량 Q로 대전된 도체구를 다른 공 껍질 모양 도체가 둘러싸고 있다. 두 도체의 중심은 동일하다.

(가) 둘러싼 껍질 모양 도체의 내부 벽면에 유도된 총 전하량은 얼마인가?

(나) 이제 껍질 모양 도체를 알짜전하량 q로 대전시켰다. 이때 문제 (가)의 답은 어떻게 변하는가?

9. 중심이 같고 반지름이 각각 5.00 cm, 10.00 cm인 원형 도체 공껍질이 놓여 있다. 이 두 도체 공껍질 위에 각각 4.00 μC, $-$4.00 μC의 전하량이 분포되어 있다. 이 공껍질의 중심에서부터 3.00 cm, 6.00 cm, 12.00 cm 위치에서 각각의 전기장을 구하여라.

10. 도체의 내부에 반지름이 R인 공 모양의 빈 공간을 만들고, 그 공간의 중심점에 점전하 q를 두었다.

(가) 점전하로부터 거리 $R/2$ 떨어진 점의 전기장 크기는 얼마인가?

(나) 이때 도체의 빈 공간 표면, 즉 도체 내부면에 매우 가까운 점의 전기장 크기는 얼마인가?

(다) (나)로부터 알 수 있는 도체 내부면에 유도된 면전하밀도는 얼마인가?

11. y, z축 방향으로 무한히 크고 두께가 $2d$ 인 직육면체 형태의 부도체가 $-d < x < d$인 영역에 있고 단위부피당 전하량 ρ가 대전되어 있다. $x = a$에서의 전기장의 세기를 $a > d$일 때와 $a < d$일 때를 구별하여 구하시오.

12. 매우 큰 평면에 $+\sigma$의 면전하밀도로 전하가 고르게 분포되어 있다. 이 평면으로부터 수직거리 d 떨어진 곳에 $-\lambda$의 선전하밀도로 전하가 고르게 분포된 직선 도선이 평면에 평행하게 놓여 있다. 평면과 도선 사이에 한 점에서 평면까지의 수직거리를 x라고 하고 이 점에서 전기장의 크기를 구하라.

16-3 전위

13. 지표면 위치의 전기장은 보통 100 V/m 정도가 된다고 한다. 지구 전체의 표면에 이런 전기장이 있다면 무한 위치를 기준점으로 할 때 지표면의 전위는 얼마인가?

16-4 전위의 계산

14. 반지름이 $R=12.0$ cm인 원형부도체 공에 총 전하량 $32.0\,\mu\mathrm{C}$가 골고루 분포되어 있다. 이때 공의 중심, 반지름의 절반 위치, 공의 표면에서 전기장과 정전 퍼텐셜을 구하여라. 공의 중심에서 50.0 cm 떨어진 곳에서 전기장과 정전 퍼텐셜을 구하여라(단, $r \to \infty$에서 전기 퍼텐셜은 0으로 선택한다.).

15. 전하량 30.0 pC $(1\mathrm{pC}=10^{-12}\mathrm{C})$인 전하량을 가진 어떤 물방울의 표면전위는 500 V라 한다.

(가) 이 물방울의 반지름은 얼마인가?

(나) 이런 물방울 두 개가 뭉치면 그 표면전위는 어떻게 되는가?

16. 두 도체판 사이의 간격은 1.00 cm이다. 한 도체판을 기준점으로 할 때, 두 도체판 중간 위치의 전위가 5.00 V라면 도체판 내부 전기장 크기는 얼마인가?

17. 반지름이 R인 부도체 원판 중심에 반지름이 a인 원형구멍이 나 있다. 이 원판에는 총 전하량 Q가 골고루 분포되어 있다. 이 원판 중심에서부터 수직으로 z만큼 떨어진 곳에서 전위를 구하여라.

18. 반지름이 $r=2.00$ cm인 원형도체공 위에 전하가 대전되어 있다. 이 공의 표면전위가 200 V라고 하면, 이 도체공의 표면전하밀도는 얼마인가? 이 대전된 도체공이 만드는 전위가 50.0 V인 등전위면의 반지름은 얼마인가?

19. 면전하밀도가 $\sigma(>0)$ 와 $-\sigma$로 대전된 두 무한평면 A와 B가 xy평면에 평행하게 $z=0$과 $z=L$에 각각 놓여 있다. 평면 A 바로 위에 정지해 있던 질량이 m이고 전하량이 $q(>0)$인 입자는 전기력을 받아 $+z$방향으로 운동하게 된다. $0<z<L$에 있을 때 전하의 속력을 z의 함수로 구하시오.

16-5 점전하계의 전기 위치에너지

20. 한 변의 길이가 a인 정사각형의 네 꼭짓점에 시계방향으로 전하량이 각각 $+q,\ -q,\ +q,\ -q$인 네 점전하가 순서대로 배치되어 있다. 이 점전하계를 만드는 데 외부에서 한 일은 얼마인가?

발전문제

21. 중력장의 가우스 법칙은 다음과 같이 쓸 수 있다.

$$\Phi_g = \int_s \boldsymbol{g} \cdot d\boldsymbol{a} = -4\pi Gm$$

여기에서 Φ_g는 질량 m을 둘러싼 곡면을 지나는 중력장 벡터의 '중력선속'이다. 뉴턴의 만유인력 법칙으로부터 이 관계를 유도하여라.

22. 다이오드(diode)라 알려진 진공관 내부에는 두 개의 전극이 들어 있다. 음극(cathode)의 전극은 높은 온도로 유지되어 표면으로부터 전자들을 방출한다. 양극(anode)의 전극은 높은 전위 상태에 있으며, 음극과 양극 사이에 수백 볼트의 전위차가 유지된다. 어떤 다이오드에서 두 극 사이의 전위차가 V_0라 할 때, 음극으로부터 방출된 전자들이 양극에 도달할 때의 속력을 전자의 질량 m, 전하량 e로 나타내어라.

23. 반지름이 각각 R, $R/2$인 두 도체구가 서로 도선으로 연결된 채로 매우 먼 거리 L만큼 떨어져 있다. 계의 총 전하량이 Q라면 각 도체구의 전하량은 얼마인가? 또 도선에 작용하는 장력은 얼마인가?

24. 반지름이 r인 도체구를 더 큰 반지름 R인 공껍질 모양 도체가 그림 P.16.2와 같이 감싸고 있다. 두 도체구의 중심은 같다.

(가) 두 도체가 각각 $\pm q$의 전하량으로 대전되었다면 두 도체 간의 전위차는 얼마인가?

(나) 작은 도체구 전하량은 q이지만, 공껍질 모양 도체의 전하량은 Q라고 하면 그때의 전위차는 얼마인가?

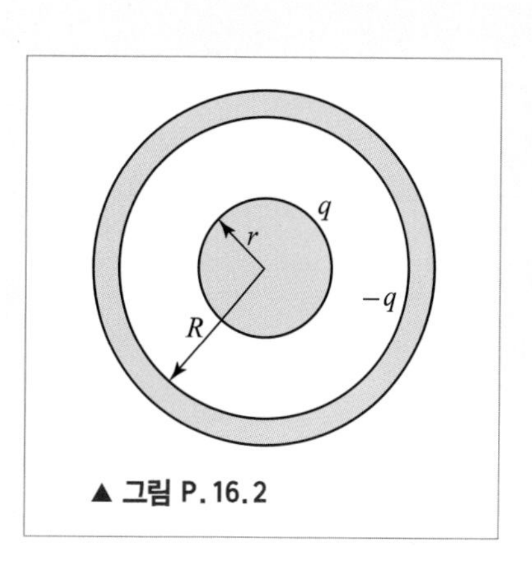

▲ 그림 P.16.2

25. 길이가 L이고 반지름이 a인 원통도체가 전하 Q로 대전되어 있다. 길이가 같고 반지름이 $b(b > a)$인 원통도체는 전하 $-Q$로 대전되어 있고 반지름 a인 원통도체를 감싸고 있다.

(가) 모든 영역에서 전기장을 구하여라.

(나) 두 원통도체 사이에 걸리는 전위차를 구하여라.

Physics

게오르크 시몬 옴

Georg Simon Ohm, 1789-1854

독일의 물리학자이다.
도체에 흐르는 전류가 도체의 저항에 반비례하고 전위차(전압)에 비례한다는 옴의 법칙을 실험적으로 발견했다.

CHAPTER 17
전류와 저항

지금까지 우리는 정전기계에 관해서만 다루었다. 즉, 정지한 상태의 전하와 그에 의한 주위의 도체들의 효과, 그리고 주위의 유전체들의 효과가 어떠한지 등에 관해 알아보았다. 그러나 전하들이 운동하면 훨씬 더 다양하면서도 흥미로운 현상들이 나타난다. 이 장에서는 도체에서 전하가 이동할 때, 그 현상을 어떻게 설명할 수 있는지에 관해 알아보자. 또, 도체가 가지는 저항이라는 특성 때문에 나타나는 전기에너지가 열에너지로 전환되는 과정도 알아보자.

17-1 전류

우리는 지금까지 전하들이 정지한 상태인 정전 상태에 관해서만 알아보았다. 특별한 경우가 아니고는, 운동하는 전하는 언젠가는 멈추게 되며 따라서 결국은 정전 상태에 이른다고 할 수 있다. 그러나 예를 들어 기전력장치를 이용하면 전하의 이동을 멈추지 않게 만들 수도 있다. **기전력장치**란 전기장을 계속 유지시킬 수 있는 장치로서, 화학적인 이온화 경향의 차이를 이용한 축전지와 건전지 등이 그 대표적인 예이다. 또한 발전소의 발전기도 일정한 모양으로 주기적으로 변화하는 전기장을 만든다.

기전력장치가 없는 경우에도 전하가 이동하도록 만드는 여러 가지 방법이 있다. 도체를 전기장이 있는 곳에 두면, 도체 안의 전하들은 그 전기장의 영향을 받아 운동한다. 그러나 전하의 흐름은 곧 멈추는데, 이러한 정전 상태가 되면 물론 도체 내부의 전위가 어디서나 일정하고 도체 내부 전기장은 사라진다. 이때의 전하들의 흐름을 **일시전류(transient current)**라 한다.

이제 어떤 방법을 써서 도체 내의 전기장이 사라지지 않고 계속하여 일정한 크기로 유지되고 있다고 가정해보자. 이처럼 도체 내부에 전기장이 유지된다면 전류가 계속 흐르게 된다. 전하에 작용하는 전기력이 일정하면 전하가 가속되어야 한다. 그러나 실험에 의하면 전하들은 일정한 평균 속력으로 이동하는 것처럼 측정된다. 그 이유는 나중에 살펴보기로 하고 여기에서는 일정한 상태로 유지되는 전하의 흐름을 다루어보자. 시간에 따라 변하지 않고 일정하게 유지되는 이러한 전류를 **정상전류(stationary current)**라 한다.

전하의 이동은 **전류(current)**로 나타내며, 전류란 어떤 단면을 통하여 단위시간당 통과하는 전하량으로 정의한다. 예컨대 어떤 도선의 한 단면을 시간 Δt 동안 통과하는 전하량을 ΔQ라 하면, 이때 도선을 흐르는 전류 i는 다음과 같이 정의한다.

$$i = \frac{\Delta Q}{\Delta t} \tag{17.1}$$

따라서 전류의 단위는 물론 **쿨롱/초(C/s)**이며, 이를 **암페어(A)**라 한다. 즉, 1 A = 1 C/s이다. 이는 프랑스의 과학자 **앙페르**(Andre Marie Ampère, 1775～1836)를 기리기 위한 것이다.

도체에서 운동하는 전하 운반자의 전하 부호가 양인지 음인지 알아보는 데는 **홀(Hall) 효과**라는 방법이 이용된다. 홀 효과 실험에 의하면, 금속에서 이동하는 전하 운반자의 전하 부호는 대부분의 경우 음(−)전하인 전자(electron)로 알려져 있다. 그러나 **관습적 이유로 전류의 방향은 양전하의 이동 방향으로 정의**되어 있다. 전해질 용액에서의 전류는 물론 각각 음과 양의 부호를 가진 음이온과 양이온이 이동하기 때문에 생긴다. 예컨대 전류가 흐르는 소금물 용액에서는 Na^+, Cl^- 이온 등이 서로 반대 방향으로 이동한다.

홀 효과
홀 효과는 1879년 미국의 홀(E. H. Hall)이 처음 발견했다. 자기장 속에서 전류가 흐르는 도선의 단면 양단에 걸린 전위차를 측정하는 방법으로 현대 물리학에서도 널리 쓰인다. 홀 효과 실험은 새로운 전도성 물질이 발견될 때마다 그 물질의 전하 운반자 특성을 알아보기 위해 행해진다.

전류는 이와 같이 정해지지 않은 어떤 단면적을 통과하는 전하량을 뜻하므로, 일정한 굵기를 가진 도선과 같은 경우가 아니고는 그 뜻이 명확하지 않은 경우도 생길 수 있다. 따라서 단위면적당 전류를 뜻하는 **전류밀도(current density)**라 하는 양을 정의할 필요성이 생긴다. 단면적이 A인 단면으로 통과하는 전류가 i인 경우, 전류밀도 j는 다음과 같이 정의한다.

$$j = \frac{i}{A} \tag{17.2}$$

전하가 이동하는 원인은 물론 전기장에 의한 전기력 때문이다. 따라서 전류가 흐르게 하려면 전기장이 필요하다.

예제 17.1 전류밀도

지름이 2 mm인 도선의 한쪽 끝이 지름이 1 mm인 도선과 용접되어 있다. 이 용접된 도선에 1 A의 전류가 흐르고 있을 때 각 도선에서의 전류밀도를 구하여라.

| 풀이

전류밀도는 식 (17.2)로 주어지며, 지름이 2 mm인 도선의 단면적이

$$A = \pi(1\,\mathrm{mm})^2 = 3.14 \times 10^{-6}\ \mathrm{m}^2$$

로 주어지기 때문에 전류밀도는

$$j = \frac{i}{A} = \frac{1\ \mathrm{A}}{3.14 \times 10^{-6}\ \mathrm{m}^2} \cong 0.318 \times 10^6\ \mathrm{A/m^2}$$

와 같다. 두 번째 도선의 지름이 첫 번째 도선의 1/2이므로 단면적은 1/4이 될 것이며, 그 결과 전류밀도는 첫 번째 도선의 전류밀도의 4배가 되어

$$j \cong 4 \times 0.318 \times 10^6 = 1.273 \times 10^6\ \mathrm{A/m^2}$$

가 된다.

질문 17.1

보통 컴퓨터 모니터의 경우 열전자를 내는 필라멘트로부터 화면으로 흐르는 전류의 크기는 $200\,\mu\mathrm{A}$ 정도이다. 단위시간당 화면에 부딪히는 전자의 수는 몇 개인가?

17-2 옴의 법칙

건전지의 양 끝에 도선을 연결한 것처럼, 어떤 도선의 양 끝에 일정한 전위차가 유지되고 있다고 하자. 이때 도선에 흐르는 전류는 전위차와 어떤 관계를 가질 것인지 알아보자.

단면적이 일정한 구리 도선을 생각해보자. 구리 도선 양 끝에 전위차를 걸어 주고 흐르는 전류를 측정했다고 하자. 그림 17.1은 지름이 1.0 mm이며 길이가 120 m인 구리 도선으로 양 끝에 전위차 V를 걸어주었을 때 흐르는 전류를 측정한 결과이다. 이 결과는 도선에 흐르는 전류가 양단 간의 전위차에 비례함을 보여주고 있다. 그림에서 전위차가 음(−)이라는 것은 도선에 걸어 준 전위차의 방향을 바꾸었다는 것을 뜻한다. 이렇게 할 때, 전류는 크기가 변하지 않고 방향만 반대로 바뀐다는 사실을 알 수 있다.

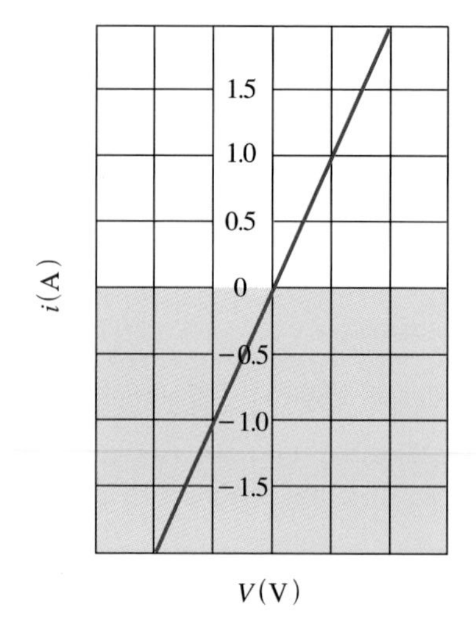

▲ 그림 17.1 | 전위차와 전류 관계 실험

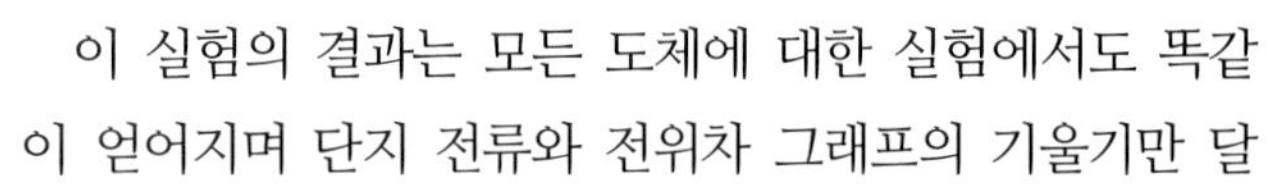

이 실험의 결과는 모든 도체에 대한 실험에서도 똑같이 얻어지며 단지 전류와 전위차 그래프의 기울기만 달라질 뿐이다. 즉, 도선에 흐르는 전류는 전위차에 정확히 비례한다. 즉, 전류를 i, 전위차가 V라면, 다음 관계가 성립한다.

$$i \propto V \tag{17.3}$$

이를 **옴의 법칙(Ohm's Law)**이라 한다. 여러 도선에 같은 전위차가 주어진 경우 각 도선에 흐르는 전류는 **저항(resistance)**이라 하는 도선의 특성에 따라 달라진다. 저항은 옴의 법칙으로부터 다음과 같이 정의한다.

$$i = \frac{1}{R} V \tag{17.4}$$

옴의 법칙은 전류밀도와 전기장의 관계로도 흔히 표현된다. 따라서 저항의 단위는 V/A이며 이를 옴(Ω)이라 한다. 즉, $1\,\Omega = 1\,\mathrm{V/A}$이다.

전기장을 E, 전류밀도를 j라 하면 옴의 법칙은 다음과 같이 나타내기도 한다.

$$j \propto E \tag{17.5a}$$

$$j = \sigma E \tag{17.5b}$$

여기서 σ는 **전기전도도(electric conductivity)**라 하는 양이다. 전기전도도의 역수는 ρ로 나타내고 **비저항(resistivity)**이라 하며, 따라서 $\rho = 1/\sigma$ 관계를 가진다. 이들은 모두 '물질의 근본적 특성을 나타내는 양'들이다. 이에 비하여 저항은 구리 도선과 같은 어떤 특정한 물체의 특성을 나타낼 수 있을 뿐이다. 예컨대 구리의 비저항은 구리라는 물질의 근본적 특성이어서 구리 도선의 굵기나 길이에 무관한 상수이지만, 구리 도선의 저항은 구리 도선의 굵기나 길이에 따라 달라진다. 물질에 따라 그 전기적 특성은 매우 광범위하게 다를 수 있다. 표 17.1은 몇 가지 물질의 비저항을 보여주고 있다.

▼ 표 17.1 | 실온에서의 비저항

물질	[Ω · m]	물질	[Ω · m]
도체		반도체	
금속 - 은	1.47×10^{-8}	탄소	3.5×10^{-5}
구리	1.72×10^{-8}	게르마늄	0.60
금	2.44×10^{-8}	실리콘	2300
알루미늄	2.63×10^{-8}	절연체	
텅스텐	5.51×10^{-8}	호박	5×10^{14}
철	20×10^{-8}	유리	$10^{10} \times 10^{14}$
납	22×10^{-8}	루사이트(합성수지)	$> 10^{14}$
수은	95×10^{-8}	운모	$10^{11} \times 10^{14}$
합금 - 망가닌	44×10^{-8}	유황	10^{14}
콘스탄탄	49×10^{-8}	테플론	$> 10^{14}$
니크롬	100×10^{-8}	나무	$10^{8} \times 10^{11}$

물질의 전기전도도 σ는 전기장 크기에 거의 무관한 상수이며, 그 값이 상수인 경우에만 그 물질은 옴의 법칙을 따른다고 말한다. 예컨대 부도체에는 전기장을 가하더라도 전류가 흐르지 않는다. 그러나 전기장의 크기가 매우 커져서 부도체의 유전 강도를 넘어서면 **전기파멸 (electrical breakdown) 현상**이 생기며 갑자기 전류가 흐르기 시작한다. 구름과 지표면 간의 전위차가 매우 커지면 대기가 갑자기 전기를 통하기 시작하는 현상은 전기 파멸 현상의 대표적 예이다. 따라서 부도체는 옴의 법칙을 따르지 않는다.

비저항이 ρ인 물질로 만든 도선의 길이가 l이고 단면적이 A라면, 그 저항 R은 얼마나 될까? 옴의 법칙을 이용하면 그 관계는 다음과 같이 간단하게 얻을 수 있다. 먼저 도선 양 끝 간의 전위차를 V라 하자. 도선 구간 내에서의 전기장 크기가 모든 곳에서 같다고 가정하면 전위차와 도선 내의 전기장 크기는 $V = E \cdot l$의 관계가 있다. 한편 $i = \frac{1}{R} V$이므로, 여기에서 i, V를 각각 j, E로 나타내면 다음과 같다.

$$j \cdot A = \frac{1}{R} E \cdot l$$

$$j = \frac{1}{R} \frac{l}{A} \cdot E \tag{17.6}$$

따라서 $j = (1/\rho)E$인 관계로부터 어떤 도선의 저항은 그 도선을 이루는 물질의 비저항으로부터 다음과 같이 구할 수 있다.

$$R = \rho \frac{l}{A} \tag{17.7}$$

즉, **도선의 저항은 길이에 비례하고 단면적에 반비례**함을 알 수 있다.

질문 17.2

10 Ω의 저항에 5.0 A의 전류가 2분간 흐르면 한 단면을 통하여 몇 쿨롱의 전하량이 통과하였는가?

예제 17.2

크기가 $1.0 \times 1.0 \times 50\ \text{cm}^3$인 직육면체의 탄소덩어리가 있다. (가) 두 정사각형의 면 간의 저항은 얼마인가? (나) 서로 마주보는 직사각형 면 간의 저항은 얼마인가?

| 풀이

(가) 정사각형의 면의 면적은 $1.0\ \text{cm}^2$ 또는 $1.0 \times 10^{-4}\ \text{m}^2$이다. 식 (17.7)을 이용하면, 다음의 값을 얻을 수 있다. 표 17.1로부터 탄소의 비저항을 이용하면,

$$R = \rho \frac{1}{A} = \frac{(3.5 \times 10^{-5}\ \Omega \cdot \text{m})(0.50\ \text{m})}{1.0 \times 10^{-4}\ \text{m}^2} = 0.18\ \Omega$$

(나) 서로 마주보는 직사각형 면의 면적이 $5.0 \times 10^{-3}\ \text{m}^2$이므로, 그 사이의 저항은 다음과 같다.

$$R = \rho \frac{1}{A} = \frac{(3.5 \times 10^{-5}\ \Omega \cdot \text{m})(10^{-2}\ \text{m})}{5.0 \times 10^{-3}\ \text{m}^2} = 7.0 \times 10^{-5}\ \Omega$$

모든 물질의 저항은 온도에 의존한다. 온도에 따른 비저항의 변화는 일반적으로 다음과 같이 나타낼 수 있다.

$$\rho = \rho_0 + \alpha\rho_0(T - T_0) \tag{17.8}$$

여기서 ρ_0는 절대온도 T_0에서 비저항이고 α는 상수이다. 대부분의 물질은 절대온도 0도에서도 어떤 저항값을 가지지만 어떤 물질들은 온도가 매우 낮아지면 갑자기 저항이 0이 되는 특성을 보이기도 한다.

그림 17.2는 6 K 이하의 온도에 대한 수은 시료의 전기저항을 보여주는 것으로서, 저항이 약 4 K 아래에서는 측정할 수 없는 낮은 값으로 급격히 떨어지는 것을 보여주고 있다. 이 현상은 일반적인 도체의 비저항이 온도에 대하여 선형적으로 감소하는 것과 달리, **초전도 현상(superconductivity)**이라고 하며, 1911년에 **오네스**(Kamerlingh Onnes)가 발견한 것이다. 초전도 상태에 있는 물질의 저항은 0이므로, 초전도 물질에 전류가 한 번 생기면 몇 달 동안도 지속할 수 있다. 초전도가 일어나는 온도 이상으로 온도를 약간 올리거나 또는 충분히 큰 자기장을 걸어주면 물질에는 다시 저항이 생기고 전류는 급격히 0으로 떨어진다.

옴의 법칙이 성립되지 않는 많은 전자 소자도 있다. 예를 들면, 그림 17.3은 실리콘 pn 접합이라고 부르는 반도체 다이오드에 대한 $V-i$곡선을 표시한다. 누구나 갖고 있는 휴대용 계산기는 이들을 많이 포함하고 있다. 순방향($V > 0$)에 대한 곡선은 직선이 아니다. 또한 이 장치는 걸어준 전압의 방향을 바꾸었을 때 대칭성이 없음을 나타내고 있다. 전자공학의 많은

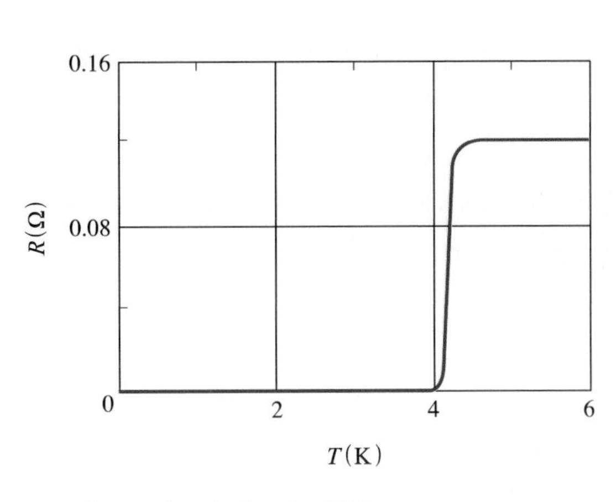

▲ **그림 17.2** | 수은의 초전도 현상

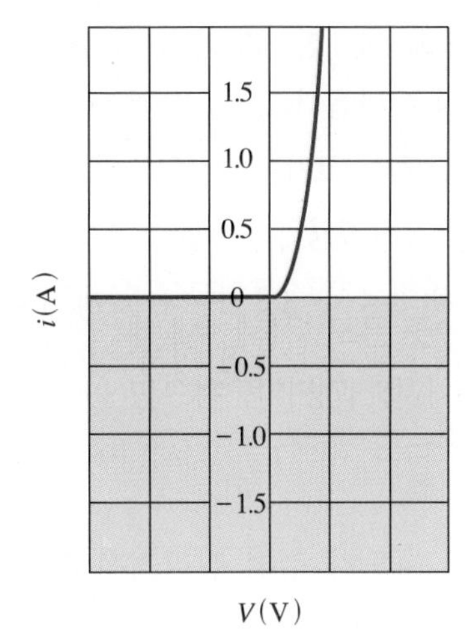

▲ **그림 17.3** | 다이오드의 전류-전위차 특성

분야 및 현대의 기술문명은 옴의 법칙에 따르지 않는 반도체 다이오드 및 트랜지스터와 같은 장치에 의존하고 있다.

17-3 전도의 미시이론

물체에 일정한 힘이 작용하면 그 물체는 가속한다. 예를 들어 말이 끄는 수레는 계속하여 더 빠르게 운동해야 한다. 그러나 실제로는 그렇지 않으며, 수레는 일정한 속도로 운동할 뿐이다. 하늘에서 떨어지는 우박의 경우도 마찬가지로, 우박의 속도는 계속 늘어나지 않고 얼마 후에는 일정한 끝속도로 떨어진다. 그 이유는 물론 마찰력 때문이다. 수레와 지면 간의 마찰력이나 우박과 공기 분자의 충돌에 의한 마찰력의 크기는 결국 말이 끄는 힘이나 중력 등이 작용된 힘과 같은 크기가 되기 마련이다.

질문 17.3

일정한 힘에 의해 일정한 속도로 끌리는 수레가 있을 때, 그 힘을 두 배로 하면 수레의 속도는 몇 배가 되겠는가?

전위차가 있는 도체 내에서의 전하의 이동에서도 비슷한 일이 벌어진다. 일정한 전기장에 의해 가속되는 전하의 속도는 계속 빨라져야 하고 따라서 전류는 계속 늘어나야 한다. 그러나 실험에 의하면 전류는 일정하다. 전류는 단위시간당 어떤 단면적을 통과하는 전하량이므로 이 사실은 전하가 일정한 속도로 이동함을 뜻한다. 즉, 전하에는 전기장에 의한 힘 외에도 마찰력과 같은 다른 힘이 작용하는 것이다.

도선에 흐르는 전류가 옴의 법칙을 따른다는 것, 즉 전하 운반자가 일정한 속력으로 이동한다는 사실은 다음과 같은 간단한 모형으로 이해할 수 있다. 예컨대, **전하에 작용하는 마찰력은 속도에 비례하는 크기를 가진다고 가정**하고 옴의 법칙을 다시 살펴보자. 마찰력이 속도에 비례한다면 마찰력은 $\boldsymbol{F}_{마} = -b\boldsymbol{v}$ 로 나타낼 수 있다. 여기서 b는 마찰계수로, 마찰력은 운동 방향과 반대 방향으로 작용하므로 음의 부호가 필요하다. 전하의 질량과 전하량을 각각 m과 q, 전하의 속도를 v라 쓰면 이제 전하의 운동방정식은 다음과 같다.

$$m\frac{dv}{dt} = qE - bv \tag{17.9}$$

전하의 속도가 점점 빨라져서 마찰력이 전기력과 같아질 때의 속도를 전하의 끝속도(terminal velocity)라 하면, 이때 가속도는 0이 되므로 우변은 0이 되어야 한다. 따라서 이때의 끝속도는 $v_d = \frac{qE}{b}$ 로 나타낼 수 있다.

이 관계는 $\tau = \frac{m}{b}$ 으로 정의한 **풀림시간(relaxation time)**이라 하는 양 τ로 더 흔히 표현된다. τ의 크기는 전자가 충돌하지 않고 진행할 수 있는 평균 시간에 해당한다. 이것으로 끝속도를 나타내면 $v_d = \frac{q\tau}{m}E$ 가 되며, 이 속도를 **유동속도(drift velocity)** 또는 **표류속도**라고 한다.

이제 단위부피당 전하의 개수가 n이라 할 때, 전기전도도를 이미 주어진 미시적인 양들로 나타내어 보자. 그림 17.4와 같이 전하가 이동하는 방향에 수직으로 놓인 면적이 Δa인 단면을 통과하는 전하를 생각해보자. 시간 Δt 동안 전하가 이동하는 거리는 $v_d\Delta t$이므로, 그 시간 동안 단면적을 통과하는 전하의 총 개수는 $nv_d\Delta t\Delta a$ 개이다. 따라서 단위시간당 단위면적을 통과하는 개수는 nv_d가 된다. 따라서 전하 하나의 전하량을 q라 하면 전류밀도는 다음과 같이 나타낼 수 있다.

$$j = nqv_d \tag{17.10}$$

따라서 앞에서 얻은 속도의 표현을 쓰면 전기전도도는 다음과 같이 나타낼 수 있다.

$$\sigma = \frac{nq^2\tau}{m} \tag{17.11}$$

도체 내 전자의 평균 속력은 약 $10^6\ \mathrm{m/s}$ 정도이지만, 보통의 전류밀도로 흐르는 전류로부

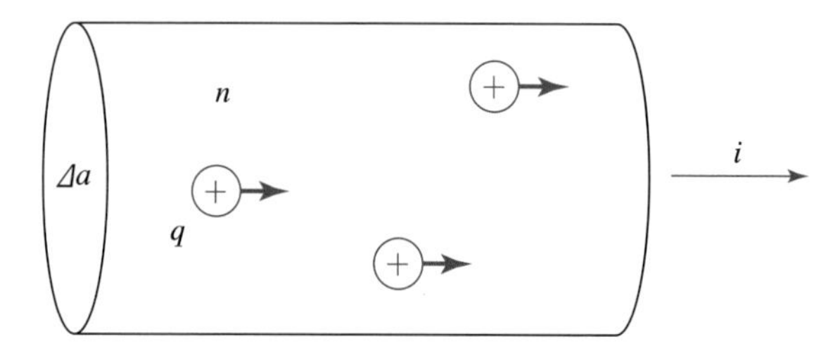

▲ **그림 17.4** | 도체 내에서 전하의 이동과 전류

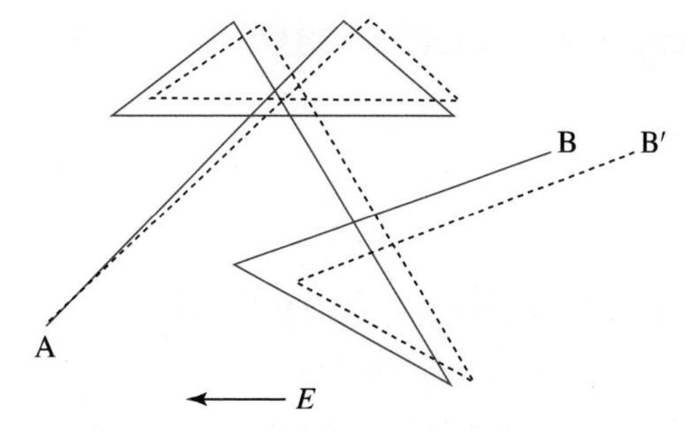

▲ 그림 17.5 | 전기장하에서 전하의 운동

터 알 수 있는 전자의 유동속력은 약 10^{-2} m/s 정도이다. 즉, 전자는 매우 빠르게 운동하기는 하지만 진행과정에서 많은 방해를 받기 때문에 무시될 만큼 작은 속력으로 진행하게 된다. 실험적으로 알려진 전기전도도 등의 자료에서 얻은 도체의 평균 충돌시간 τ는 약 10^{-14} s 정도이다. 그림 17.5는 전기장이 걸려 있는 도체 내부에서 전자의 운동을 도식적으로 나타낸 것이다. 그림에서 실선은 전기장이 없을 때의 전자의 이동 경로이고, 점선은 전기장이 걸려 있을 때의 전자의 이동 경로이다. 변위 BB′은 유동속도에 의한 것이라고 할 수 있다. 위에서 이미 이야기한 대로 전자의 유동속력은 평균속력보다 훨씬 작으므로 그림에서 BB′은 실제 비율보다 과장되게 그려졌음을 알 수 있다.

저항의 원인은 여러 가지로 알려져 있다. 예컨대, 금속을 이루는 이온들의 진동운동은 전자의 흐름을 방해한다. 단결정체에서 금속 이온들은 규칙적인 배열을 하고 있으며, 이를 살창 또는 격자(lattice)라 부른다. 양자이론에 따르면 규칙적인 배열을 하고 있는 금속 이온들 자체는 저항의 원인이 되지 않는다. 그러나 격자 이온들은 정지해 있지 않으며 끊임없이 진동운동을 한다. 이러한 격자 이온들의 진동이 격자 전위를 불규칙하게 만들며 이것은 전자의 원활한 흐름을 방해하는 것이다.

저항의 또 다른 이유에는 격자 자체의 결함도 있다. 보통 금속에서 이온들은 완전한 격자를 이루지는 못하며, 격자 결함(이온이 있어야 할 위치에 이온이 없거나, 어긋나 있는 경우)이나 불순물 이온(그 금속을 이루는 원자가 아닌 다른 원자 이온)을 가진다. 이들도 격자 전위를 불규칙하게 만든다.

격자 결함이나 불순물이 없는 경우라도, 도선 전체의 이온이 모두 규칙적으로 배열되기는 쉽지 않다. 즉, 일반적으로 도선은 매우 많은 작은 단위의 결정체 집합으로 이루어지며 이를 다결정체(polycrystal)라 한다. 이때 각 소단위 결정체에서의 격자 방향은 서로 다르며 이는 뒤에서 다룰 강자성체의 자기 영역에 비유될 수 있는 상태이다. 이때 소단위 결정체의 경계면은 매우 불규칙한 이온 배열을 갖게 되며 이런 경계면을 결정 경계면(grain boundary)이라 한다. 이런 이유로 전체적인 격자 전위는 또 다시 불규칙해진다.

질문 17.4

길이가 L이고 반지름이 d인 구리 도선의 양단에 전위차 V가 걸려 있다. 길이와 반지름 그리고 전위차를 각각 2배로 할 때 각 경우마다 전자의 유동속력은 어떻게 변하는가?

예제 17.3

한 변이 1.0 mm인 정사각형의 단면적을 갖고 있는 구리선에 0.2 A의 전류가 흐르고 있을 때, 도선 내 전자들의 유동속도를 구하여라.

| 풀이

구리선 내의 전류밀도는 다음과 같다.

$$j = \frac{i}{A} = 2\times10^{5}\ \mathrm{A/m^2}$$

구리는 1 m^3당 약 10^{29}의 자유전자가 들어 있다. 그리고 $j = nqv$이며 $q = e = 1.6\times10^{-19}$ C이기 때문에,

$$v = \frac{j}{nq} = 1.25\times10^{-5}\ \mathrm{m/s}$$

또는 약 $12.5\ \mu\mathrm{m/s}$이다. 이러한 속도라면 1 m 길이의 선을 진행하는 데에는 약 80,000초 또는 22시간 정도 걸리게 된다.

17-4 전기회로에서의 에너지 전환

어떤 두 점 사이에 전위차가 있다는 것은 그 사이 구간에 전기장이 있다는 것을 뜻한다. 따라서 그 구간에 전하를 두면 전하는 힘을 받아 이동하게 된다. 이때 전하는 가속되어 그 운동에너지는 계속 증가하거나 아니면 떨어지는 물방울에 작용하는 공기 저항력 같은 힘을 받아 열에너지를 발생시키며 일정한 속력으로 운동하게 된다.

전기회로에서 저항이라 하는 소자는 마찰력을 주는 역할을 하는 부분을 뜻하며, 전하가 저항 부분을 지날 때는 저항의 마찰력에 의해 저항에서 열에너지가 발생한다. 물론 계속하여 마찰열이 발생하려면 떨어지는 물방울에 계속하여 중력이 작용하듯이 전하에도 계속하여 전기력이 작용하여야 한다.

그림 17.6은 기전력장치에 연결된 어떤 회로소자를 나타낸다. 연결된 도선에는 전류 i가 흐르고, 두 점 a와 b 사이에는 일정한 전위차 V_{ab}가 존재한다고 하자. 만일 전하량 Δq가 상자를 통해서 두 점 간을 이동하면 이 계의 전기 위치에너지는 $\Delta q V_{\mathrm{ab}}$만큼 감소할 것이다. 따라서 시간 Δt 동안 이 부분에서 소모되는 전기에너지 ΔU는 다음과 같다.

$$\Delta U = \Delta q V_{\mathrm{ab}} = i \Delta t V_{\mathrm{ab}} \tag{17.12}$$

이 전기에너지가 외부에 역학적 일을 한다고 하면 이때의 일률, 즉 단위시간당 전기에너지 소모율은 다음과 같아진다.

$$P = \frac{\Delta U}{\Delta t} = i V_{\mathrm{ab}} \tag{17.13}$$

이제 앞에서 얘기한 대로 회로소자가 저항이라면 전기에너지는 저항에서 열에너지로 소모된다. 저항이 R이라면 이때 $V_{\mathrm{ab}} = iR$로 쓸 수 있으므로 일률은 다시 다음과 같다.

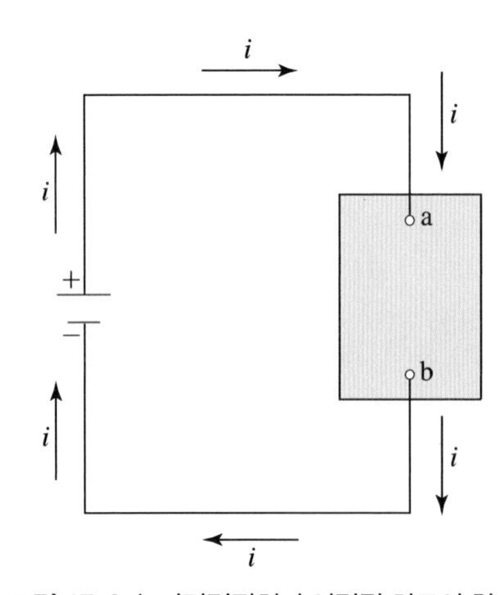

▲ **그림 17.6** | 기전력장치가 연결된 회로의 한 부분

$$P = i^2 R = \frac{V^2}{R} \tag{17.14}$$

이 관계는 **줄의 법칙(Joule's law)**이라 알려져 있다.

질문 17.5

$1\,\mathrm{V} \cdot \mathrm{A} = 1\,\mathrm{J/s} = 1\,\mathrm{W}$임을 보여라.

질문 17.6

3 V 건전지를 사용하는 20 W용 전구가 있다. 이 전구의 저항은 얼마인가?

질문 17.7

어느 시점에서 전력 소비율이 매우 높은 상태가 되면, 전기회사는 의도적으로 공급 전압을 낮춘다. 그렇게 함으로써 무엇이 절약되는가?

예제 17.4

특별한 합금 니크롬으로 만들어진 4.0 m 길이의 도선이 있다. 이 도선의 저항은 24 Ω이다. 이 도선 전체를 하나의 열선으로 사용하는 경우와 도선을 반으로 잘라서 두 개의 열선을 만들어 사용하는 경우, 각각 얼마만큼의 열을 얻을 수 있는가? 외부 전원은 110 V로 같다고 한다.

| 풀이

1개의 코일인 경우 일률은

$$P = \frac{V^2}{R} = \frac{(110\,\mathrm{V})^2}{24} = 0.50\,\mathrm{kW}$$

이며, 길이가 반인 코일에 대한 일률은

$$P = \frac{(110\,\mathrm{V})^2}{12\,\Omega} = 1.0\,\mathrm{kW}$$

이다. 따라서, 열선을 둘로 나누어서 얻는 총 일률은 2.0 kW가 된다. 즉 원래 값의 4배가 된다. 이 사실에 비추어볼 때, 0.50 kW의 열선을 구입해서 둘로 나누어 다시 코일을 만들면 2.0 kW를 쉽게 얻을 수 있다. 그러나 이것은 실질적으로는 좋지 않은 방법이다.

연습문제

17-1 전류

1. 보통 사람은 심장 근처로 약 50.0 mA의 전류만 흘러도 감전사할 수 있다. 사람 몸의 저항이 2,000 Ω이라고 할 때, 전기기능공이 양손에 잡은 두 전극의 전위차가 치명적이 될 수 있는 상태의 전압은 얼마인가?

2. 양전하와 음전하가 그림과 같이 움직이고 있을 때 점선부분에서 측정한 전류의 크기가 다른 하나는 무엇인가?

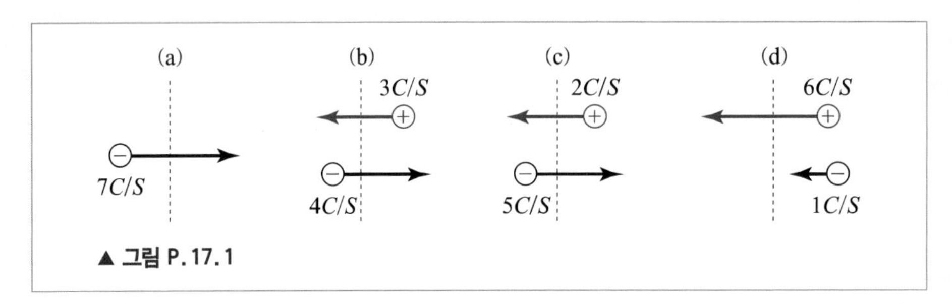

▲ 그림 P.17.1

3. 양성자를 가속해서 그 운동에너지가 20.0 MeV가 되게 하는 선형가속기가 있다. 이때 가속기에서 나오는 양성자 빔의 전류는 $1.00\,\mu\mathrm{A}$이다. 1 eV는 1.602×10^{-19} J이다. 상대론적 효과는 무시하자.

(가) 양성자의 속력을 구하여라.

(나) 양성자 빔에서 양성자와 양성자 사이의 거리는 얼마인가?

4. $\boldsymbol{J}$는 전류밀도, $d\boldsymbol{A}$는 면적소 벡터일 때, 면적에 대한 적분 $\int \boldsymbol{J}\cdot d\boldsymbol{A}$가 나타내는 양은 무엇인가?

5. 어떤 도선을 통해 $0 \le t \le t_0$ 동안 전류가 $I(t) = \left(1 - \dfrac{t}{t_0}\right)I_0$와 같이 흐르고 있다. 여기서 I_0와 t_0는 각각 전류와 시간의 단위를 가진 양의 상수이다. 이 도선을 통해 흘러간 총 전하량을 구하시오.

17-2 옴의 법칙

6. 안쪽 반지름이 a, 바깥쪽 반지름이 b이고 길이가 L인 원통 사이에 탄소가 가득 채워져 있다. 원통의 안쪽에서 바깥쪽까지 지름방향의 저항을 구하여라. $a = 1.00\,\mathrm{cm}$, $b = 2.00\,\mathrm{cm}$이고 길이가 $L = 50.0\,\mathrm{cm}$일 때 저항값을 구하여라. 표 17.1에 나오는 탄소의 비저항을 참고하여라.

7. 구리와 텅스텐으로 만든 두 도선이 있는데, 두 도선의 길이가 같고 저항도 같다. 두 도선의 반지름의 비를 구하여라. 표 17.1에 나오는 탄소의 비저항을 참고하여라.

8. 반지름이 r이고 길이가 L인 원통형의 구리도선이 있다. 부피를 일정하게 유지한 채로 이 도선을 늘여 길이가 2배로 하였다면, 저항은 처음의 몇 배가 되었는가?

9. 어떤 도선의 저항은 R이다. 같은 재질로 만든 다른 도선이 이 도선에 비해 길이가 2배이고 단면적은 1/2배라 할 때 이 도선의 저항은 얼마인가?

10. 반지름이 $R = 5.00\,\mathrm{mm}$인 전선에 전류가 흐르고 있다. 전류밀도가 전선의 중심에서부터 반지름방향으로 $J = J_0(1 - r^2/R^2)$과 같이 주어지고 $J_0 = 6.4\times10^4\,\mathrm{A/m^2}$이다. 이 전선에 흐르는 전류는 얼마인가?

11. 저항이 10.0 $\mathrm{k\Omega}$인 도선을 늘여서 원래 길이의 4배가 되게 만들었다. 늘어난 도선의 저항을 구하여라(도선을 늘여도 비저항은 바뀌지 않는다고 가정하자).

12. 식 (17.8)에 나오는 저항의 온도상수 α는 일반적으로

$$\alpha = \frac{1}{\rho}\frac{d\rho}{dT}$$

와 같이 주어진다. α를 상수라고 가정할 때 $\rho = \rho_0 e^{\alpha(T - T_0)}$가 됨을 증명하고, $T - T_0$가 작을 때 지수함수의 근사식($e^x \approx 1 + x$)을 이용하여 식 (17.8)이 됨을 증명하여라.

17-11

13. 남극탐사대 대원이 20.0℃에서 220 V의 전위차를 가했을 때 1.00 A의 전류가 흐르는 도선을 남극으로 가져갔다. 남극에서 온도가 영하 76.0℃인 어느 날 이 대원은 이 도선을 이용하여 실험을 하였다. 똑같이 220 V의 전압을 가했을 때 이 도선에 흐르는 전류의 양은 얼마인가? 구리의 온도계수는 20℃에서 $\alpha = 3.90\times10^{-3}/℃$이다.

14. 고압송전선의 재료로 구리와 알루미늄 도선 중 하나를 택하려고 한다. 이 송전선의 최대 전류는 60.0 A, 단위길이당 저항은 0.150 Ω/km가 되도록 하려고 한다. 구리와 알루미늄의 밀도가 각각 $8.96\times10^3\,\mathrm{kg/m^3}$와 $2.70\times10^3\,\mathrm{kg/m^3}$일 때 다음을 구하여라.

(가) 각 재료를 사용할 때 각 도선의 전류밀도는 얼마인가?

(나) 단위길이당 질량은 각각 얼마인가?

17-3 전도의 미시이론

15. 물질 A의 전자 평균 자유시간이 B보다 2배 크다는 것을 제외하면, 두 물질 A와 B의 구성입자의 전하량과 질량은 동일하다. 만일 두 물질에 존재하는 전기장이 같다면, 물질 A의 전자유동속도는 물질 B의 전자유동속도의 몇 배인가?

17-14

16. 자유 전자를 이상 기체로 가정하면 식 (17.11)에 나타난 평균 충돌 시간이 온도에 어떻게 의존하는지 알 수 있다. 이러한 가정하에서 도선의 비저항 ρ이 온도 T에 어떻게 의존하는지 간단히 설명하시오.

17-4 전기회로에서의 에너지 전환

17. 3.00 V 전압을 가진 건전지에 어떤 저항을 연결하였더니 0.500 W의 전력이 소모되었다. 이 저항을 1.50 V짜리 건전지에 연결하면 전력소모율은 얼마인가?

18. 단면적이 A이고 길이가 L인 도선의 저항이 1Ω이다. 이를 이용해 단면적이 A/2이고 길이 2L인 도선을 만들었다. 이 때 도선에서 소비되는 소비전력은 몇 배가 되는가? 단, 전선에 걸리는 전압은 변하지 않는다.

19. 110 V에서 500 W로 동작되는 전열기가 있다. 공급전압이 100 V로 되면 소모전력은 얼마인가?

20. 60.0 W 전구에 0.500 A의 전류가 흐른다. 한 시간에 흐르는 총 전하량은 얼마인가?

21. 한 학생이 60.0 W, 120 V용 스탠드를 오후 2시에서 다음날 오전 2시까지 켜 놓았다. 몇 C의 전하가 스탠드를 흘러 지나갔는가?

17-19

22. 10.0 A의 전류가 흐르고 220 V 전위차가 걸리는 전열기를 이용해서 곰탕용 소뼈를 끓인다고 가정하자. 1 kWh의 전기를 사용하는 데 단순히 60원 정도 든다고 하자. 5시간 동안 소뼈 국물을 우려내는 데 드는 전기비를 구하여라(1 kWh는 1시간 동안 1 kW의 일률을 사용한 것을 나타내는 단위이다).

17-20

23. 220 V의 전압이 걸려 있는 가로등의 일률은 250 W이다. 이 가로등은 30일 동안 오후 6시부터 다음날 오전 6시까지 켜져 있다.

(가) 이 가로등에 흐르는 전류는 얼마인가?

(나) 이 가로등의 저항은 얼마인가?

(다) 30일 동안 가로등이 소비한 에너지를 kWh 단위를 이용하여 나타내어라.

발전문제

24. 반지름이 a인 도체공을 중심이 같고 반지름이 $b(b > a)$이고 비저항이 ρ인 물질로 만들어진 공이 감싸고 있다. 이 두 공 사이의 저항 R을 구하여라.

25. 비저항이 ρ이고, 윗면의 반지름이 a이고 밑면의 반지름이 b이며 높이가 L인 원뿔대에 그림과 같이 전류가 흐를 때 저항 R을 구하여라.

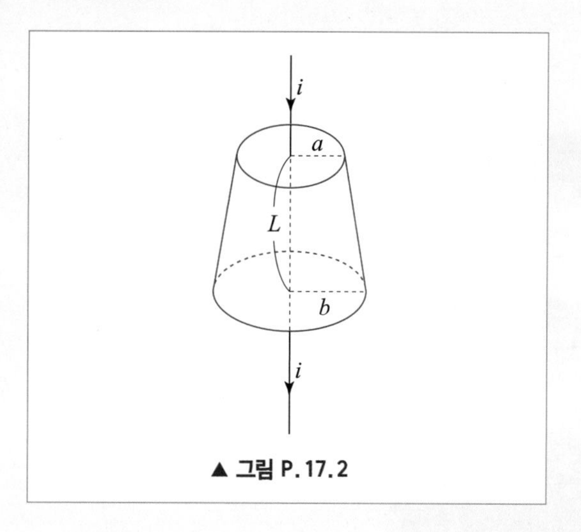

▲ 그림 P. 17. 2

구스타프 로베르트 키르히호프

Gustav Robert Kirchhoff, 1824-1887

독일의 물리학자이다.

전기회로, 분광학, 흑체 복사 등의 분야에 공헌하였다.

전자기학 분야에서 물리학자 옴의 법칙을 확장해 전기회로의 전류, 전압, 저항을 계산하는 키르히호프의 법칙을 만들었다.

CHAPTER 18
전류회로와 축전기

우리는 일상생활에서 TV, 형광등, 전화기, 컴퓨터 등을 빈번하게 사용하고 있다. 이러한 전기, 전자제품들은 모두 그 내부에 있는 전기회로에 의하여 작동되며, 자동차, 전철 등의 교통수단도 그 내부에 전기회로를 사용하고 있고, 사람의 신경조직의 핵심에도 역시 전기회로가 자리잡고 있다.

이러한 모든 전기회로에는 특정한 닫힌 경로를 통해서 한 곳에서 다른 곳으로 이동하는 전하가 있으며, 이러한 전하의 이동에 의하여 여러 가지 형태로 에너지가 전달되고 변화하는 것을 볼 수 있다. 이 장에서는 전기회로의 기본 개념과 축전기 등의 전기 소자의 성질에 관해 알아보기로 한다.

18-1 기전력과 전류회로

전하가 공간상에 분포되어 있을 때 그 전하의 주변 공간에는 전기장이 형성되고, 이에 따라 공간의 각 점은 전위값을 갖게 된다는 것을 배웠다. 이러한 공간에 자유롭게 운동할 수 있는 전하들이 놓인다면 이 전하들은 전기장에 의해 전기적인 힘을 받아 운동을 하게 될 것이다. 일반적으로 전하들이 운동을 하면 공간상의 전하 분포가 변화하게 되고 그 결과 주변 공간의 전위가 변하므로 이에 따라 전하들은 새로운 힘을 다시 받게 된다. 이렇게 되면 전하들의 운동과 이에 따른 전위의 변화를 같이 취급하게 되어 문제가 매우 복잡해질 것이다. 그러나 전기회로에서는 회로상의 두 점 사이의 전위차를 일정하게 유지시킬 수 있는 장치가 존재한다. 이러한 장치의 예로 건전지나 발전기 등을 들 수 있고 이를 **기전력장치**라고 한다. 이 장에서는 기전력장치의 내부 구조나 원리에 관해 자세하게 언급하지 않고 단지 전체적인 특성과 전류회로에서의 작용을 조사하고자 한다. 그림 18.1과 같은 닫힌 회로를 살펴보자.

그림 18.1(a)에서 건전지 기호로 표시한 것은 기전력장치를 나타낸다. 기전력장치에 표시된 화살표는 기전력의 방향을 나타내며, 화살표가 가리키는 쪽이 높은 전위를 갖는다. 전류는 전위가 높은 곳에서 낮은 곳으로 흐르기 때문에 이 화살표의 방향에 따라 전류의 방향이 결정된다. 양전하가 높은 전위에서 낮은 전위로 움직인다는 것은 양전하가 갖는 전기 위치에너지가 감소된다는 것을 의미한다. 기전력장치는 이렇게 감소한 양전하의 위치에너지를 원래의 위치에너지로 복원시키는 일을 한다.

이를 그림 18.1(b)와 같은 역학계와 비교한다면 좀 더 이해에 도움이 될 것이다. 그림 18.1(b)는 중력장에 의해 형성된 공의 중력 위치에너지가 공이 아래로 떨어짐에 따라 감소하고, 공의 위치에너지를 다시 높이기 위해 사람이 이를 다시 원래의 높은 위치로 올리는 일을 하는 모습을 보여준다. 여기에서 떨어지는 공의 위치에너지의 감소는 다른 형태의 에너지로 변환되는데, 이 경우에는 바닥의 열에너지로 변환된다. 이와 유사하게 기전력장치는 회로를 한 바퀴 돌아온 양전하의 위치에너지를 원래의 것으로 회복시켜주기 위한 만큼의 일을 한다. 그러므로 회로의 두 점 사이의 전위차를 일정하게 유지시키는 장치라고 볼 수 있다.

▲ **그림 18.1** | (a) 기전력장치와 간단한 회로, (b) 공이 떨어지고 사람이 올려주는 장치

그림 18.1(a)에서 전하의 전기 위치에너지의 감소는 저항에서 열에너지로 변환된다. 에너지 보존법칙의 관점에서 볼 때 기전력장치는 양전하가 높은 전기 위치에너지의 상태에서 낮은 위치에너지의 상태로 이동하면서 사용하게 되는 에너지를 보충시켜 주고 전하를 다시 높은 위치에너지의 상태로 올려주는 펌프 역할을 한다고 볼 수 있다. 예로 1.5 V의 건전지가 있다고 할 때 이 전지는 e 의 전하를 갖는 양전하에 1.5 eV의 에너지를 전달해주는 에너지 공급원이라고 생각하면 된다.

기전력장치의 **기전력은** $\mathrm{d}q$**의 미소전하에** $\mathrm{d}W$**의 일을 가할 때 단위전하당 해준 일**로 정의된다. 즉,

$$\varepsilon = \mathrm{d}W / \mathrm{d}q \tag{18.1}$$

이며, 단위는 J/C, 즉 volt가 된다. 전위의 정의와 단위를 생각해보면 기전력의 경우와 비슷하다는 것을 알 수 있을 것이다. 기전력은 전위의 차이를 유지시켜 주는 능력이므로 두 단위의 일치는 우연이 아니다. 위의 식은 또한 $\mathrm{d}W = \varepsilon \mathrm{d}q$ 로 바꾸어 쓸 수 있다.

기전력장치가 설치된 가장 간단한 예로, 그림 18.1(a)와 같이 구성된 회로를 생각해보자. 기전력장치는 항상 일정한 전위차를 유지해주므로 저항 R 의 양단의 전위차는 기전력장치의 기전력값에 의하여 결정된다. 이러한 전위차에 의하여 저항에 흐르게 되는 전류를 I 라고 하면, 앞서 배운 **줄(Joule)의 법칙**에서 저항에 흐르는 전류에 의해 단위시간당 발생되는 열에너지의 양은

$$P = I^2 R \tag{18.2}$$

이다. 에너지 보존법칙을 생각한다면 이 에너지는 기전력장치가 전하에 대하여 단위시간당 하는 일의 양과 같아야 할 것이다. 따라서, 미소시간 $\mathrm{d}t$ 당 미소전하 $\mathrm{d}q$ 에 가해지는 일의 양은

$$\frac{\mathrm{d}W}{\mathrm{d}t} = \frac{\varepsilon \mathrm{d}q}{\mathrm{d}t} = I^2 R \tag{18.3}$$

이어야 한다. 이때 $\mathrm{d}q / \mathrm{d}t$ 는 단위시간당 회로에 흐르는 전하의 양이고 이는 또한 전하량의 보존에서 단위시간당 저항을 지나가는 전하의 양과 같으므로, $\mathrm{d}q/\mathrm{d}t = I$ 이다.

따라서 위의 식에서

$$\varepsilon = IR \tag{18.4}$$

의 관계를 얻을 수 있다. 이와 같은 분석에서 결국 **에너지 보존법칙과 전하량 보존에 의해 회로에 흐르는 전류의 양이 결정**됨을 알 수 있다.

❙ 직렬과 병렬저항

에너지 보존과 전하량 보존의 두 가지의 조건을 이용하면 저항들이 직렬 또는 병렬로 연결되어 있는 회로의 경우, 이 회로에 흐르는 전류 및 등가저항을 계산할 수 있다. 그림 18.2(a)에서와 같이 저항이 직렬로 연결되어 있는 경우를 생각해보자.

그림 18.2(a)에서, 각 저항의 양단에 걸리는 전위차를 $V_i\,(i=1,\,2,\,3)$라고 하면 전체 전위차는 $\sum_{i=1}^{3} V_i$ 이며 에너지 보존에서 이 양은 기전력과 같아야 한다. 한편 전하의 보존을 생각하면 각 저항에 흐르는 전류는 모두 같은 값이어야 한다. 한 저항에 들어오는 전하의 수는 나가는 전하의 수와 같아야 하기 때문이다. 그러므로 옴의 법칙을 따르는 저항들의 경우 다음과 같은 식이 성립된다.

$$\varepsilon = \sum_{i=1}^{3} V_i = IR_1 + IR_2 + IR_3 = I(R_1 + R_2 + R_3) = IR_{\mathrm{eq}} \qquad (18.5)$$

여기서 R_{eq}는 세 저항을 하나로 묶어서 하나의 저항으로 생각할 때의 저항값으로, $R_{eq} = R_1 + R_2 + R_3$로 표현한다. 즉 직렬로 연결된 저항은 그 전체를 하나의 등가저항으로 대치하여 생각할 수 있으며, 직렬연결의 경우 등가저항의 저항값은 각 저항의 저항값을 더한 것과 같다.

그림 18.2(b)에서는 2개의 저항이 서로 평행하게, 즉 병렬로 연결되어 있는 경우를 나타낸다. 이러한 경우 각 저항의 양단에 걸리는 전압은 같다. 이는 만약 전위가 같지 않으면 전위가 높은 쪽에서 낮은 쪽으로 전하가 이동하여 등전위가 형성될 때까지 전하의 이동이 일어나기 때문이다. 반면에 각 저항에 흐르는 전류의 값은 다르다. 옴의 법칙에 따라서 전압을 저항값으로 나눈 만큼의 전류가 저항에 흐르게 되므로 각 저항에 흐르는 전류의 값은

$$I_1 = \frac{\varepsilon}{R_1}, \qquad I_2 = \frac{\varepsilon}{R_2} \qquad (18.6)$$

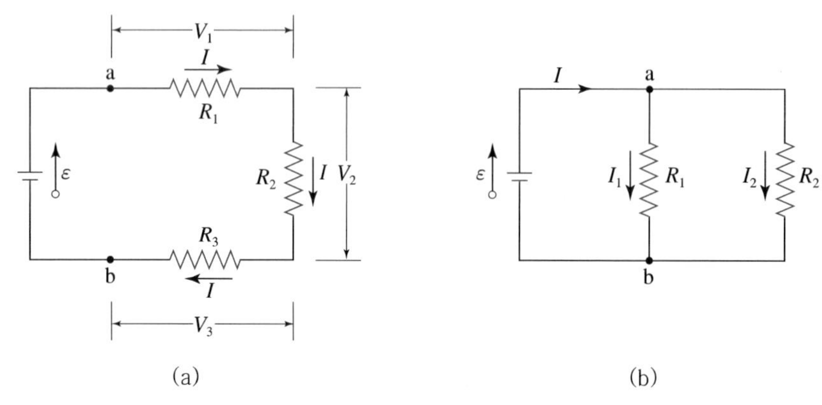

▲ **그림 18.2** ❙ (a) 직렬 및 (b) 병렬저항의 회로

이다. 한편 이러한 전류의 합은 각 분기점 a와 b를 통해 흐르는 전류의 양과 같아야 한다. 이는 역시 전하의 보존법칙 때문이다. 그러므로 이 두 개의 저항을 하나의 등가저항 R_{eq}로 나타낼 때

$$\varepsilon = IR_{eq} \tag{18.7}$$

이고, 식 (18.6)과 (18.7)을 이용하면

$$I = \frac{\varepsilon}{R_{eq}} = I_1 + I_2 = \frac{\varepsilon}{R_1} + \frac{\varepsilon}{R_2}$$

이므로 결국

$$\frac{1}{R_{eq}} = \frac{1}{R_1} + \frac{1}{R_2} \tag{18.8}$$

의 식을 얻게 된다. 병렬연결된 저항의 경우 등가저항의 값은 각각의 저항의 값보다 항상 작다는 것을 알 수 있다.

보기 18.1 **크리스마스트리 장식등의 원리**

그림과 같은 크리스마스 장식등의 원리를 알아보자. 과거의 크리스마스 장식등은 꼬마전구들이 모두 직렬로 연결되어 있는 형태로 만들어져 있었고, 각각의 전구는 모두 같은 필라멘트 저항을 갖고 있었다. 따라서 한 전구의 필라멘트가 끊어지는 경우 전체 회로의 전류가 끊기므로 모든 전구의 불이 나가는 문제점이 있었다. 백화점에서 크리스마스 장식등을 야외에 설치하는 경우 이는 아주 골치 아픈 문제였다.

필라멘트
Shunt
유리구슬

그러면 모든 전구를 병렬로 연결하면 어떨까? 이 경우에는 하나의 전구가 불이 나가도 다른 전구는 계속 빛을 내겠지만, 그러나 예를 들어 50개의 꼬마전구를 병렬로 연결하기 위해서는 100개의 전선가닥이 필요하다.

이러한 문제점을 해결하는 방법으로, 요즈음의 장식등은 여러 개의 꼬마전구들이 모두 직렬로 연결되어 있되, 각각의 꼬마전구 내부에는 절연된 차단저항이 필라멘트와 병렬로 연결되어 있다(그림 참조). 전구의 필라멘트가 끊어지지 않은 상태에서 이 차단저항은 필라멘트와 전기적으로 절연되어 있으므로 전기가 통하지 않는다.

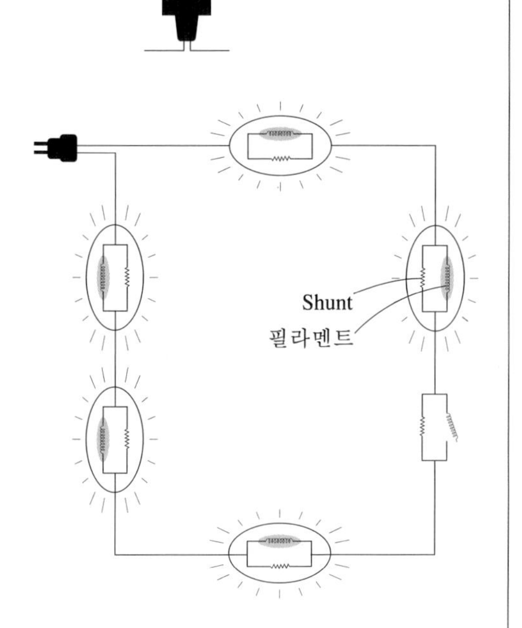

그러나 한 꼬마전구의 필라멘트가 끊어지는 경우에는, 그 순간에 이 전구에 전류가 흐르지 않으므로, 이 전구의 차단저항 사이에 110 V 또는 220 V의 전체 전압이 모두 걸리게 된다. 이러한 전압은 차단저항과 필라멘트 사이의 얇은 절연체를 파괴시키기에 충분하고, 절연체가 파괴되면 차단저항을 통해 전류가 흐르기 시작하게 된다. 따라서 전체 장식등은 다시 한 회로로 직렬연결되어 전류가 흐르게 되고, 다른 전구들은 여전히 빛을 내게 된다. 전력소모를 줄이면서도(이는 사회경제적으로 도움이 된다) 전체 장식등이 모두 불이 나가는 일이 없도록(백화점 직원이 좋아할 것이다) 설계된 멋진 아이디어이다. 이는 또한 간단한 물리 지식의 응용으로 실용적인 제품을 만들 수 있다는 것을 보여주는 좋은 예이다.

예제 18.1

그림과 같은 직렬+병렬회로에서 저항 R_2에 흐르는 전류를 구하여라.

| 풀이

직렬연결과 병렬연결이 혼합된 복잡한 회로의 경우에도 위에서 구한 등가저항으로 저항들을 순서 있게 바꾸면 전체적인 저항값을 구할 수 있다. 아래 그림과 같은 회로를 생각해보자. 먼저 병렬 연결된 저항 R_3와 R_4를 하나의 등가저항 R_{p1}으로 바꾸고(단계 b), 또 이 등가저항은 그림과 같이 저항 R_5와 직렬연결되어 있으므로 두 저항의 합으로 등가저항 R_{s1}을 계산한다(단계 c). 이 등가저항은 또 저항 R_2와 병렬연결되므로 이를 하나의 등가저항 R_{p2}로 바꾸고(단계 d), 마지막으로 전체적인 등가저항 R_t를 구하면 된다(단계 e). 이에 따라 저항 R_1에 흐르는 전체 전류 I_1값을 구할 수 있고, 저항 R_1의 양단의 전위차는 $I_1 \times R_1$으로 계산된다. 다시 단계 (c)로 돌아가면, 저항 R_2의 양단의 전위차 V_2는 $\varepsilon - V_1 = V_2$이고, 따라서 전류 I_2는 V_2/R_2이다.

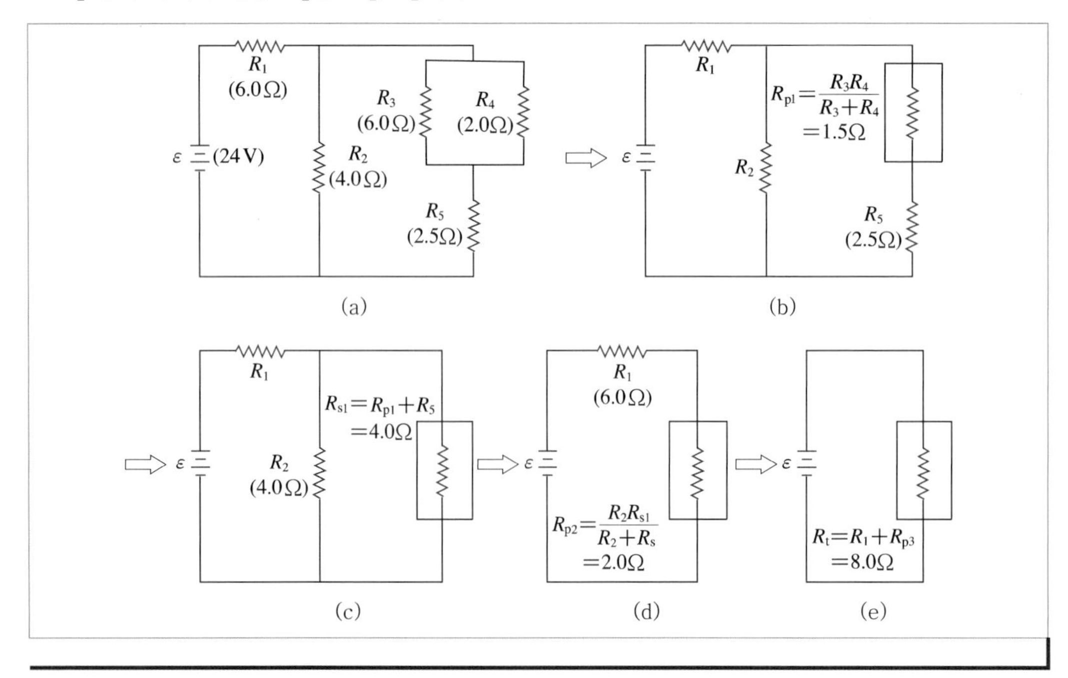

18-2 키르히호프의 법칙

앞에서와 같이 하나의 기전력장치와 몇 개의 저항들로 구성되는 단일 회로의 경우는 에너지 보존과 전하의 보존에 의하여 회로 내의 전류를 계산할 수 있었다. 그러나 여러 개의 기전력장치가 사용되는 다중회로의 경우는 좀 더 문제가 복잡해지는데 이 경우에는 키르히호프(Kirchhoff)의 법칙을 통해 쉽게 해결할 수 있다. 먼저, 두 가지 용어를 분명하게 하자. 회로의 **접합점(junction)은 3개 또는 그 이상의 도체가 만나는 점**이다. 접합점은 또한 마디(nodes) 또는 갈래점(branch point)이라고도 한다. **고리(loop)는 임의의 닫힌 회로의 경로**를 뜻한다. 그림 18.3은 2개의 기전력장치와 여러 개의 저항으로 구성된 회로를 보여준다. 두 점 a, b는 접합점이다. 이 회로에서 가능한 고리들은 위의 기전력장치를 돌아오는 고리와 아래의 기전력장치를 통과하는 고리 등이 있다.

이러한 다중회로에서 **키르히호프의 법칙**은 다음과 같다.

제1법칙 **접합점 법칙(junction theorem)** 어느 접합점에서 전류의 대수적 합은 0이다. 즉,

$$\sum I = 0$$

제2법칙 **고리법칙(loop theorem)** 기전력과 관계되는 것과 저항의 전위차 등을 포함하여, 어느 고리에서 전위차의 대수적 합은 0이다. 즉,

$$\sum V = 0$$

접합점 법칙은 전하량 보존법칙에 근거한다. 어떠한 전하도 접합점에 축적될 수 없기 때문에, 단위시간당 접합점에 들어오는 총 전하량은 단위시간당 빠져 나가는 총 전하량과 같아야만 한다. 단위시간당 한 점을 통과하는 전하량이 그 점의 전류이므로 들어오는 전류를 양(+)으로 보고 나가는 것을 음(−)으로 본다면 접합점에서의 전류의 대수적 합은 0이 되어야 마땅하다.

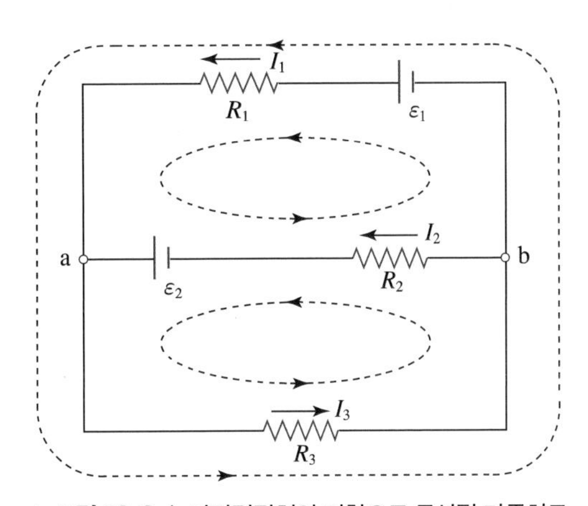

▲ **그림 18.3** | 기전력장치와 저항으로 구성된 다중회로

고리법칙은 정전기장이 보존력장이라는 사실에 근거하며, 에너지 보존법칙에 관계된다. 고리를 따라 돌면서 연속적으로 나타나는 회로 소자들에 걸려 있는 전위차를 측정하여 더한다고 상상해보자. 원래 출발한 점으로 돌아오면 이러한 전위차들의 대수적 합이 0이라는 것이 확인되어야 한다. 그렇지 않으면 이 점에서의 전위가 유일한 값을 갖는다고 말할 수 없게 된다.

고리법칙을 적용하는 데 있어서, 혼동을 피하기 위하여 몇 가지 약속을 정하는 것이 좋다. 먼저 각 접합점에서 전류의 방향을 가정하고 회로도에 표시한다. 그 다음, 회로의 임의의 점에서 출발하여 하나의 고리를 따라 돌면서 기전력과 전류 저항의 곱 IR을 더한다. 이때 기전력장치의 음(−)에서 양(+)의 방향으로 기전력을 거슬러 올라가면 기전력을 양수로 여기고 (전기 위치에너지가 높아지므로), 반대 방향일 때에는 음수로 본다. 저항을 통과할 때 가정한 전류의 방향과 같을 때에는 IR을 음수로 놓고(전기에너지가 열에너지로 변환되어서 없어지므로), 반대 방향일 때에는 양수로 놓는다. 만약 처음에 가정한 전류의 방향이 맞으면 해에서 전류의 값은 양수로 구해질 것이고, 방향이 틀린 경우에는 음수로 구해질 것이므로 해로부터 전류의 실제 방향을 파악할 수 있다.

예제 18.2

다음은 일반적인 경우에 대하여 키르히호프의 법칙을 적용하여 문제를 해결하는 예이다. 다음 그림의 회로에서 각각의 전류값을 구해보자.

| 풀이

우선 전류의 방향을 알 수 없으므로 일단 전류의 방향을 그림과 같이 임의로 설정하자. 또한 임의로 그림과 같이 세 개의 고리를 설정하여 키르히호프의 법칙을 적용하여 보자. 먼저 접합점 법칙을 적용하면 아래와 같은 식을 얻는다.

$$I_1 = I_2 + I_3 \qquad \text{(a)}$$

b 점에서 출발하여 고리 1의 화살표 방향으로 따라가면서 고리법칙을 적용해보면

$$\varepsilon_1 - I_1R_1 - \varepsilon_2 - I_3R_3 = 0$$

의 식을 얻고, 여기에 회로도에 나와 있는 저항값과 기전력값을 대입하면

$$6.0 - I_1 \times 6.0 - 12 - I_3 \times 2.0 = 0$$

이 되므로 이를 정리하여

$$3.0I_1 + I_3 = -3.0 \qquad \text{(b)}$$

의 식을 얻는다. 마찬가지로 고리 2에 대해서는

$$\varepsilon_2 - I_2R_2 + I_3R_3 = 0$$

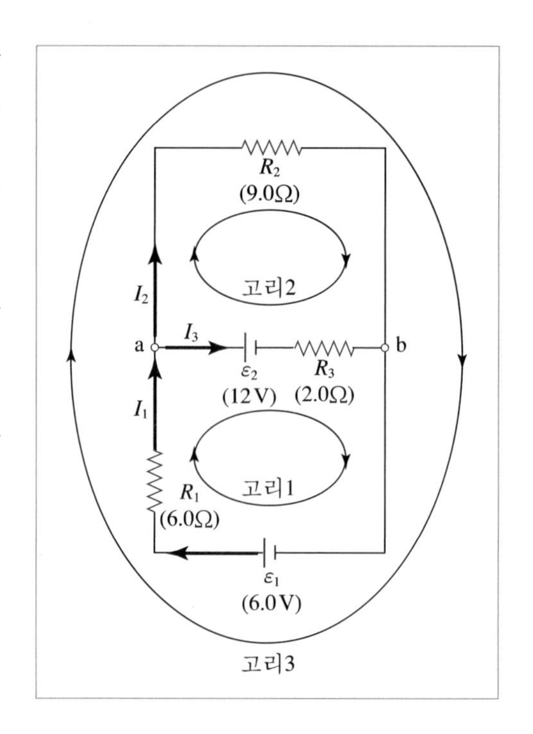

의 식에서

$$9.0I_2 - 2.0I_3 = 12 \tag{c}$$

를 얻을 수 있다. 이제 3개의 미지수에 대해 3개의 방정식을 구했으므로 미지수의 값을 계산해낼 수 있다. 예를 들어, (a)의 식을 이용하여 (b)식의 I_1을 바꾸어 쓰면,

$$3.0(I_2 + I_3) + I_3 = -3.0$$

의 식이 되므로, 이를 정리해서 $3.0I_2 + 4.0I_3 = -3.0$, 또는 (양쪽에 3을 곱하면) $9.0I_2 + 12.0I_3 = -9.0$의 식을 얻을 수 있다. 이 식을 (c)에서 빼면 $-14.0I_3 = 21$의 식을 얻으므로, 결국

$$I_3 = -\frac{3}{2}(\mathrm{A})$$

가 된다. (-)부호는 전류의 방향이 처음에 임의로 설정했던 방향과 사실은 반대임을 뜻한다. 이것을 식 (c)에 대입하면 $I_2 = 1.0(\mathrm{A})$가 얻어지고, 이렇게 구한 I_2와 I_3의 값을 (a)에 대입하면 $I_1 = -0.5(\mathrm{A})$가 된다.

18-3 축전기와 전기용량

그림 18.4와 같이 절연체(전기를 통하지 않는 물체)에 의해서 분리되어 있는 두 도체는 **축전기(capacitor)**를 형성한다. 두 도체는 크기가 같고 부호가 반대인 전하를 가지며, 따라서 축전기 전체의 전하의 대수적 합은 0이다. 축전기에 전하 Q가 축적되어 있다고 할 때에는 높은 전위 쪽의 도체에 전하 $+Q$가 있고 낮은 전위 쪽의 도체에 $-Q$가 있음을 의미한다.

도체들 사이에 있는 공간의 한 점에서의 전기장의 크기는 각 도체가 갖고 있는 전하의 크기 Q에 비례하고 도체 사이의 전위차 V 역시 전하 Q에 비례한다. 각 도체에서 전하량의 크기를 2배로 하면 전기장은 2배가 되며 전위차도 2배가 된다. 그러나 전하가 증가하는 만큼 전위가 증가하는 것이므로 전하량과 두 도체 사이의 전위차의 비는 변하지 않는다. 이에 따라 **축전기의 전기용량 C는 전하의 크기 Q와 전위차 V의 비로 정의**한다.

$$C = \frac{Q}{V} \tag{18.9}$$

전기용량의 SI 단위는 **마이클 패러데이**(Michael Faraday)의 업적을 기리기 위해 **패럿**(farad, F)을 쓴다. 위의 식 (18.9)로부터, 1 F은 1 coulomb/volt (C/V)이다.

현대의 전자공학에서 축전기는 없어서는 안 될 중요한 소자이다. 축전기는 전기에너지를 축적할 수 있는 소자이며, 앞으로 배울 교류회로에서 교류 전원의 진동수에 따라 회로 내에서 전위차의 변화에 대한 반응이 달라지는 특성을 보이는 소자이다.

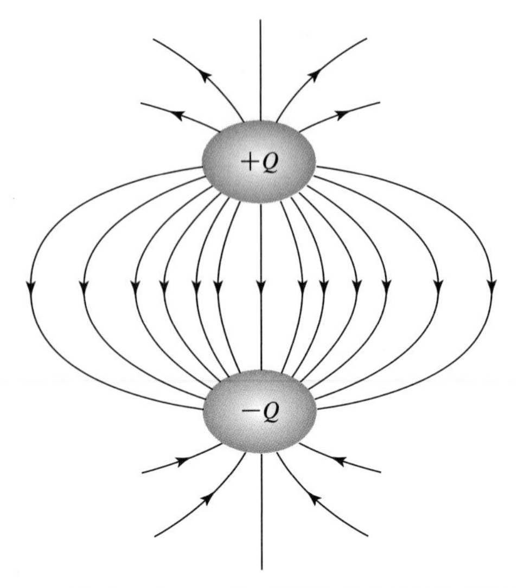

▲ 그림 18.4 | 두 도체로 형성된 축전기와 전기력선의 모양

가장 일반적인 축전기는 2개의 평행한 도체판으로 되어 있다. 두 도체판 사이의 간격 d는 판의 면적 A에 비해 매우 좁다. 그림 18.5에서 보는 바와 같이 이러한 축전기에서 거의 모든 전기장은 두 평행판 사이에 형성되어 있다. 평행판 가장자리의 전기장에 의한 효과는 간격 d가 평행판의 크기에 비해 매우 작다면 무시될 수 있다. 평행판 사이의 전기장이 균일하게 분포되어 있으면 판 위에 있는 전하들도 반대편 표면의 전하들에 대해서 균일하게 분포하게 된다. 이러한 배열을 우리는 **평행판 축전기(parallel capacitor)**라고 한다.

도체판에 이와 같이 균일하게 전하가 분포되어 있는 경우 전기장은 $E = \sigma/\epsilon_0$이며, 이는 가우스 법칙을 이용하여 구할 수 있다. 이때 σ는 도체판 위에 분포되어 있는 전하의 표면전하 밀도로서 판 위의 전체 전하량 Q를 면적 A로 나눈 값이다. 즉 $\sigma = Q/A$이다.

따라서 전기장 E는 다음과 같이 나타낼 수 있다.

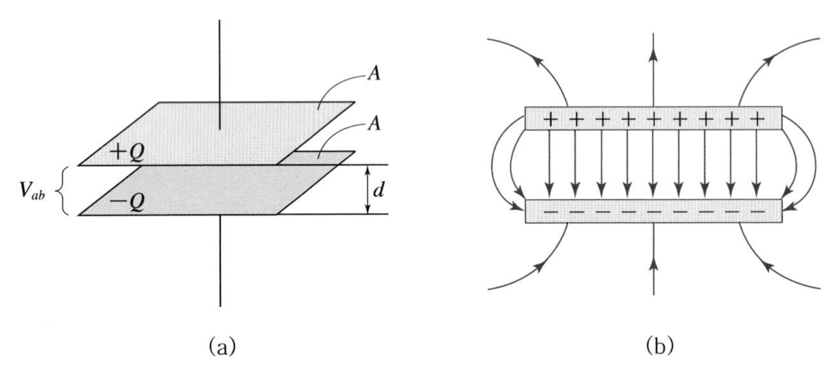

▲ 그림 18.5 | 평행판 축전기의 모양과 전기력선의 분포

$$E = \frac{\sigma}{\epsilon_0} = \frac{Q}{\epsilon_0 A} \quad (18.10)$$

여기서 전기장은 균일하며 두 도체판 사이의 간격을 d라고 하면 전위차는 다음과 같다.

$$V_{ab} = Ed = \frac{1}{\epsilon_0}\frac{Qd}{A} \quad (18.11)$$

그러므로 진공에서 평행판 축전기의 전기용량 C는 원래의 정의로부터 다음과 같아진다.

$$C = \frac{Q}{V_{ab}} = \epsilon_0 \frac{A}{d} \quad (18.12)$$

전기용량의 값은 축전기의 기하학적 모양(A, d 등)에 의하여 결정되는 상수이다. ϵ_0의 단위는 $\mathrm{C^2/N \cdot m^2}$이므로, 위의 식에서 다음과 같은 관계가 성립함을 알 수 있다.

$$1\,\mathrm{F} = (1\,\mathrm{C^2/N \cdot m^2}) \cdot (\mathrm{m^2/m}) = 1\,\mathrm{C^2/N \cdot m} = 1\,\mathrm{C^2/J}$$

$1\,\mathrm{V} = 1\,\mathrm{J/C}$ 이기 때문에 $1\,\mathrm{F} = \mathrm{C/V}$인 정의와 일치한다. 마지막으로 ϵ_0의 단위는 다음과 같이 나타낼 수 있다.

$$1\,\mathrm{C^2/(N \cdot m^2)} = 1\,\mathrm{F/m}$$

이러한 관계는 전기용량을 계산하는 데 유용하며, 식 (18.12)에서 양변의 물리적 차원이 일치함을 증명하는 데에도 도움이 된다.

예제 18.3 구형 축전기

그림과 같이 안쪽 작은 도체구의 반지름이 a이고 바깥쪽 속이 빈 큰 도체구의 반지름이 b이다. 안쪽 도체구에 $+Q$의 전하를, 바깥쪽 도체구에 $-Q$의 전하를 대전했다. 두 도체구를 축전기로 사용할 때 축전기의 전기용량은 얼마인가?

| 풀이

안쪽 도체 표면에 균일한 전하들이 분포하며, 이로 인하여 두 도체 사이 빈 공간에서의 전기장의 크기는 가우스 법칙을 이용하여 다음과 같아짐을 알 수 있다.

$$E = \frac{1}{4\pi\epsilon_0}\frac{Q}{r^2}$$

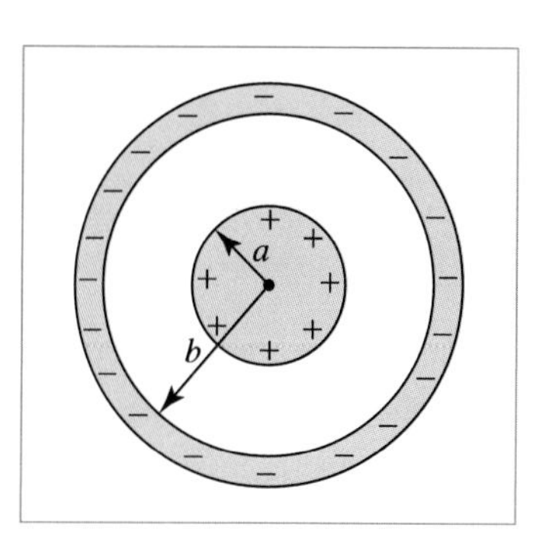

여기서 r은 구의 중심으로부터의 거리를 나타내며, a보다 크며 b보다 작다. 전기장의 방향은 반지름 방향으로 중심으로부터 멀어지는 방향이므로, 반지름 방향의 $r = a$부터 $r = b$ 사이의 전위차

는 위의 전기장을 적분하면 얻을 수 있으며 다음과 같이 주어진다.

$$V_a - V_b = V_{ab} = \int_a^b \frac{1}{4\pi\epsilon_0}\frac{Q}{r^2}dr = \frac{Q}{4\pi\epsilon_0}\left(\frac{1}{a} - \frac{1}{b}\right)$$

전기용량은 식 (18.9)에서처럼 전하의 크기와 전위차의 비로 정의되기 때문에

$$C = \frac{Q}{V_{ab}} = 4\pi\epsilon_0 \frac{ab}{b-a}$$

를 구할 수 있다.

예제 18.4 도체구의 축전기

반지름이 R인 도체구의 전기용량을 구하여라.

| 풀이

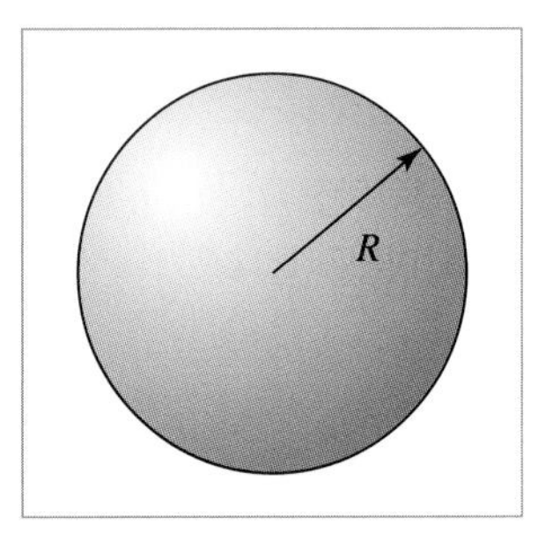

이 문제를 예제 18.3과 비교하면 예제 18.3의 외부 도체는 무한히 먼 곳에 있는 것으로, 즉 $b = \infty$ 라고 간주할 수 있다. 즉 $r = R$부터 무한대까지의 전위차는

$$V_{R\infty} = \int_R^\infty \frac{1}{4\pi\epsilon_0}\frac{Q}{r^2}dr = \frac{Q}{4\pi\epsilon_0 R}$$

로 구할 수 있으며 전기용량은

$$C = \frac{Q}{V_{R\infty}} = 4\pi\epsilon_0 R$$

로 구할 수 있다.

❙ 직렬연결과 병렬연결된 축전기

축전기는 어떤 기준 전기용량과 동작전압에 맞추어 만들어진다. 그러나 이러한 기준값이 실제로 필요로 하는 값과 다를 수 있다. 그럴 때는 축전기들을 서로 연결하여 필요한 값을 얻을 수 있는데, 가장 간단한 연결방법이 직렬연결과 병렬연결이다.

직렬로 연결되어 있는 축전기들의 경우 전체 전기용량은 각 축전기에 축적되어 있는 전하량이 같다는 전하의 보존법칙을 이용하여 구한다. 그림 18.6은 직렬연결된 축전기의 그림이다. 2개의 축전기가 점 a와 b 사이에 직렬로 연결되어 있으며 일정한 전압 V_{ab}가 걸려 있다. 두 축전기는 모두 초기에는 전하를 띠고 있지 않다가 전위차 V_{ab}를 걸었을 때 전하 $+Q$가 축전기 C_1의 위판에 대전된다. 이러한 양전하로 인하여 발생된 전기장의 전기력선이 C_1의 밑판에 작용하여 음전하를 끌어올리게 되는데, 이로 인하여 밑판은 전하 $-Q$로 대전되고 이 음전하는 축전기 C_2의 위판으로부터 와야 하기 때문에 음전하를 잃어버린 C_2의 위판은 양전

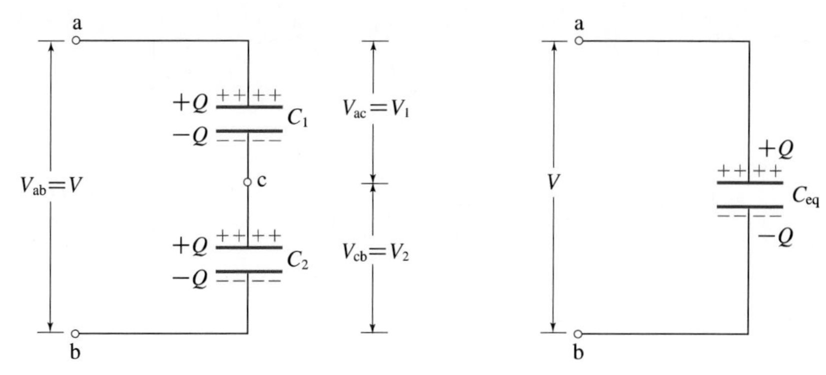

▲ **그림 18.6** | 직렬연결된 축전기

하 $+Q$로 대전된다. 그러면 이 양전하는 C_2의 밑판에 음전하 $-Q$를 끌어올리게 된다.

C_1의 밑판과 C_2의 위판은 서로를 제외한 다른 어떤 것과도 연결되어 있지 않으므로 이 두 판 사이의 총 전하는 대전되기 전과 마찬가지로 0이다(전하의 보존법칙). 그러므로 직렬연결에 있어서 모든 판들에 있는 전하의 크기는 같게 된다. 전기용량의 정의와 그림 18.6에서

$$V_{ac} = V_1 = \frac{Q}{C_1}, \quad V_{cb} = V_2 = \frac{Q}{C_2} \tag{18.13}$$

따라서,

$$V_{ab} = V = V_1 + V_2 = Q\left(\frac{1}{C_1} + \frac{1}{C_2}\right) \tag{18.14}$$

그러므로,

$$\frac{V}{Q} = \frac{1}{C_1} + \frac{1}{C_2} \tag{18.15}$$

이 된다.

위의 식은 2개의 축전기를 연결한 상태에서 양단에 전압 V를 가했을 때의 전하량과 전위차의 관계를 나타낸다. 따라서 이러한 직렬연결의 축전기를 전체적으로 하나의 축전기로 생각할 때 이 축전기의 전체 전기용량을 등가 전기용량 C_{eq}라고 하고 그 값은 다음과 같이 계산된다.

$$C_{eq} = \frac{Q}{V}, \quad \frac{1}{C_{eq}} = \frac{V}{Q}$$

식 (18.15)와 식 (18.16)을 결합하면 등가 전기용량은 다음과 같다.

$$\frac{1}{C_{eq}} = \frac{1}{C_1} + \frac{1}{C_2} \tag{18.16}$$

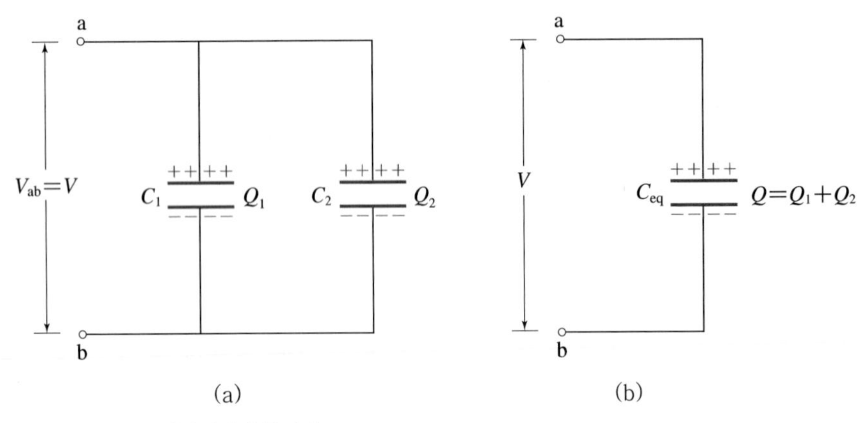

▲ **그림 18.7** | 병렬연결된 축전기

이러한 해석은 많은 수의 축전기를 직렬로 연결하였을 경우에까지 확장시킬 수 있다.

$$\frac{1}{C_{eq}} = \frac{1}{C_1} + \frac{1}{C_2} + \frac{1}{C_3} + \cdots \tag{18.17}$$

즉, 직렬연결의 등가 전기용량의 역은 각각의 전기용량의 역의 대수합과 같다.

병렬연결인 경우에는 등가 전기용량의 값을 각 축전기 양단에 걸리는 전위차가 모두 같다는 에너지 보존 관계에서 구한다. 그림 18.7과 같이 점 a와 b 사이에 축전기가 연결되어 있을 경우 두 축전기의 위판과 밑판은 각각 등전위면을 형성하게 되어, 두 축전기에 대한 전위차는 $V_{ab} = V$로 같게 된다. 그러나 전하 Q_1과 Q_2는 같을 필요가 없으며, 각 축전기의 전기용량에 의해 결정된다. 즉,

$$Q_1 = C_1 V, \quad Q_2 = C_2 V$$

2개의 축전기의 결합을 하나의 등가 축전기로 나타내면 총 전하량 Q는

$$Q = Q_1 + Q_2 = V(C_1 + C_2)$$

이므로

$$\frac{Q}{V} = C_1 + C_2 \tag{18.18}$$

이다. 병렬연결의 등가 전기용량 C_{eq}는 이에 따라서,

$$C_{eq} = \frac{Q}{V} = C_1 + C_2 \tag{18.19}$$

이다. 여러 개의 축전기가 병렬연결되어 있는 경우, 위와 같은 분석방법을 통하여

$$C_{eq} = C_1 + C_2 + C_3 + \cdots \tag{18.20}$$

가 됨을 알 수 있다. 즉, 병렬연결의 등가 전기용량은 각각의 전기용량의 대수합과 같다.

병렬연결에서는 등가 전기용량이 각각의 전기용량보다 항상 크며, 직렬연결에서는 등가 전기용량이 각각의 전기용량보다 작음에 유의하라. 또한, 전기저항의 경우와 축전기의 경우는 서로 다름을 기억하라.

직렬연결과 병렬연결이 같이 쓰이고 있는 복잡한 전기회로의 경우에는 저항의 경우와 마찬가지로 단계적으로 등가 전기용량을 구하여 전체적인 전기용량을 계산할 수 있다.

예제 18.5 등가 전기용량 계산

전기용량이 동일한 3개의 축전기가 그림과 같이 연결되어 있다. 등가 전기용량을 구하여라.

| 풀이

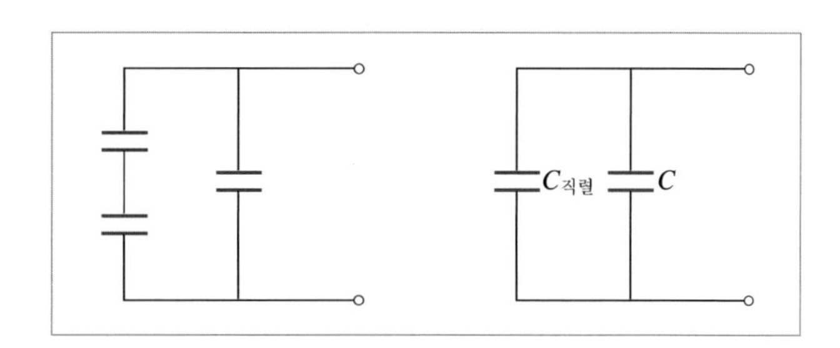

먼저 왼쪽에 직렬로 연결된 2개의 축전기의 등가 전기용량은 식 (18.17)을 이용하여,

$$\frac{1}{C_{직렬}} = \frac{1}{C} + \frac{1}{C} = \frac{2}{C}$$

로 $C_{직렬} = C/2$를 구할 수 있다.

이제 식 (18.20)을 이용하여 병렬로 연결된 2개의 축전기의 등가 전기용량을 다음과 같이 구할 수 있다.

$$C_{등가} = C_{직렬} + C = 1.5C$$

18-4 축전기와 전기장

축전기가 중요하게 응용되는 이유 중 하나는 축전기에 전기에너지를 저장할 수 있기 때문이다. 부호가 서로 다른 전하가 분포된 2개의 평행판을 서로 떼어놓으면 상호 간에 서로 잡아당기는 힘이 작용하게 되는데, 이러한 현상은 용수철을 늘이는 상황과 유사하다. 전기적인 힘에 의한 위치에너지는 축전기에 전하를 충전시키기 위하여 필요한 입력에너지에 해당되고, 이 일은 계를 원점으로 되돌려 놓을 때 용수철이 하는 일과 유사하다. 충전된 최종 전하 Q와 최종 전위차 V 사이에는 $Q = CV$의 관계가 있다. 한편 충전과정 중에서 V와 q를 각각

한 시점에서의 전위차와 전하라고 한다면(V와 q는 시간에 따라 증가하는 함수이다), $V=q/C$이고 $\mathrm{d}q$만큼의 전하량을 더 옮기는 데 필요한 일은

$$\mathrm{d}W = V\mathrm{d}q = \frac{q\mathrm{d}q}{C}$$

가 된다. 따라서 전하를 0으로부터 최종 전하값 Q까지 증가시키는 데 필요한 일은

$$W = \int_0^W \mathrm{d}W = \frac{1}{C}\int_0^Q q\mathrm{d}q = \frac{Q^2}{2C} \tag{18.21}$$

이다(이것은 V에서 0으로 줄어드는 전위차 V 속으로 $\mathrm{d}q$가 떨어져 내려와서 q 값이 처음 값 Q로부터 0으로 감소할 때, 전기장이 전하에 한 전체 일과 같다).

전하가 없는 축전기의 위치에너지를 0으로 정의하면, W는 전하가 차 있는 축전기의 위치에너지 U와 같다. 평행판 사이의 최종 전위차 V는 $V=Q/C$이므로 U는 다음과 같다.

$$U = \frac{Q^2}{2C} = \frac{1}{2}CV^2 = \frac{1}{2}QV \tag{18.22}$$

Q가 쿨롱(coulomb), C가 패럿(farad=coulombs/volt), V가 볼트(volt=joules/coulomb) 단위일 때 U는 줄(joule)의 에너지 단위이다.

축전기에 저장된 에너지는 축전기의 평행판 사이에 존재하는 전기장과 직접적인 관련이 있다. 사실상 에너지는 평행판 사이에 있는 전기장 속에 저장된 에너지라고 생각할 수 있다. 이를 이해하기 위하여, 에너지 밀도(energy density) u를 구해보자. 여기서 에너지 밀도 u는 판의 면적이 A이고 그 사이의 거리가 d인 평행판 축전기의 판 사이 공간의 단위체적당 에너지를 말한다. 식 (18.22)로부터 총 에너지는 $\frac{1}{2}CV^2$이고 평행판 사이의 체적은 Ad이므로, 에너지 밀도는 다음과 같다.

$$u = \frac{\frac{1}{2}CV^2}{Ad} \tag{18.23}$$

식 (18.12)로부터 전기용량 C는 $C=\epsilon_0 A/d$의 관계식을 갖고, 전위차 V와 전기장의 크기 E는 $V=Ed$로 관계된다. 이에 따라 에너지 밀도는 다음과 같다.

$$u = \frac{1}{2}\epsilon_0 E^2 \tag{18.24}$$

위 식은 특별한 종류의 축전기에 대하여 유도된 것이지만 두 도체 사이가 진공으로 된 축전기뿐만 아니라 진공 속에 있는 어떤 종류의 전기장 형태에 대해서도 유효하다. 이 결과는 다음과 같은 흥미로운 물리적 의미를 갖는다. 진공이란 그 속에 어떠한 물질도 없는 빈 공간이

지만 전기장이 형성될 수 있기 때문에 에너지를 가질 수 있게 된다.

예제 18.6 대전된 도체구에 저장된 전기에너지

반지름이 R인 도체구가 전하량 Q로 대전된다면 도체구 주위에 전기장이 형성된다. 전기장 속에 저장된 에너지를 구하여라.

| 풀이

식 (18.22)와 예제 18.4의 결과를 이용하면

$$U = \frac{Q^2}{2C} = \frac{Q^2}{8\pi\epsilon_0 R}$$

을 구할 수 있다.

18-5 유전체와 전기용량

실제로 흔히 사용되는 유전체의 대부분은 두 전극판 사이에 전기를 통하지 않는 절연체 물질, 곧 **유전체(dielectric)**를 갖고 있다. 가장 일반적인 형태의 축전기는 길고 얇은 금속박막 사이에 절연물질인 마일러(Mylar; 강화 폴리에틸렌 필름)와 같은 얇은 플라스틱 물질을 끼워서 사용한다. 이렇게 만들어진 축전기 전체를 감아 완전히 포장함으로써 수 μF의 전기용량을 갖는 한 개의 축전기가 만들어지게 된다.

축전기의 극판 사이에 놓인 유전체는 여러 가지 기능을 한다. 첫째, 2개의 큰 금속박막을 서로 닿게 하지 않으면서 매우 작은 간격을 일정하게 유지해야 하는 기술적인 문제를 해결한다. 둘째, 축전기의 크기가 같다고 하더라도 극판 사이가 공기나 진공으로 되어 있을 때보다 절연물질로 되어 있을 때 전기용량이 더 크다. 이러한 효과를 그림 18.8과 같은 실험에서 살펴보자.

그림 18.8(a)에서는 전하 Q로 충전된 각 판에 정밀한 전압계가 연결되어 있고 판 사이의 전위차가 V_0인 경우를 나타낸다. 이 평행판 사이에 유리, 파라핀, 폴리에틸렌 등의 유전체를 넣으면 평행판의 전하는 변하지 않지만 두 판 사이의 전위차는 감소하는 것을 실험에서 볼 수 있는데, 유전체를 없애면 전위차는 본래의 값 V_0로 다시 돌아간다. 왜 이러한 현상이 일어나는지는 뒤에서 설명할 것이다.

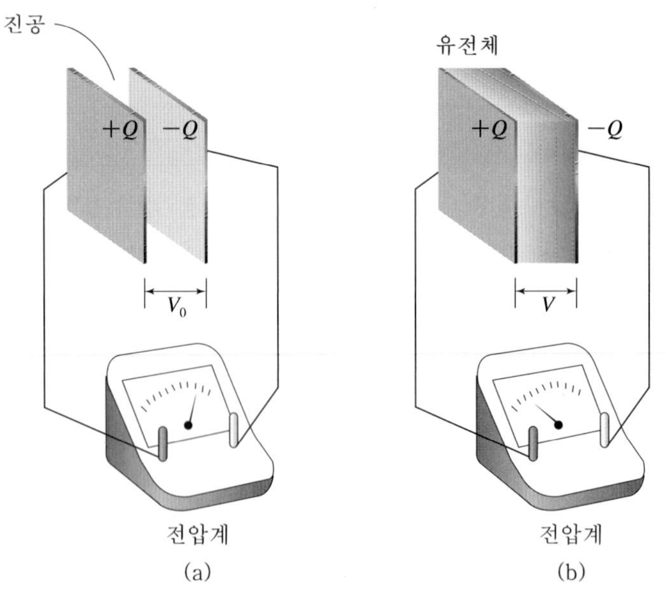

▲ **그림 18.8** | (a) 유전체가 없을 때와 (b) 있을 때의 전위차 측정 실험

유전체가 없는 초기의 전기용량 C_0를 $C_0 = Q/V_0$라고 하고, 유전체가 있을 때의 전기용량 C를 $C = Q/V$로 하면 이 두 경우에서 전하 Q는 같고, 측정된 V는 V_0보다 작기 때문에 유전체가 있는 전기용량 C는 유전체가 없는 C_0보다 크다고 결론지을 수 있다. 평행판 사이에 유전체가 있을 때의 전기용량 C와 없을 때의 전기용량 C_0의 비 C/C_0를 이 유전물질의 **유전 상수(dielectric constant)** κ 라고 한다.

$$\kappa = \frac{C}{C_0} \tag{18.25}$$

전하가 일정할 때, 유전상수 κ의 유전체를 넣은 경우 전위는 κ배만큼 감소한다.

$$\kappa = \frac{V_0}{V} \tag{18.26}$$

▼ **표 18.1** | 여러 물질의 유전상수

물질	유전상수, κ
공기	1.00054
폴리스치렌	2.6
종이	3.5
파이렉스 유리	4.7
도자기	6.5
Si	12
물(20℃)	80.4
$SrTiO_3$	310

유전상수 κ는 물질의 성질에 따라 결정되는 상수이고, C가 C_0 보다 항상 크기 때문에 κ는 항상 1보다 크다. κ에 대한 몇 개의 대표적인 값이 표 18.1에 나타나 있다. 진공에서의 유전상수를 1로 정의하는데, 상온과 대기압하에서 공기의 유전상수는 약 1.0006이 된다. 이 값은 거의 1과 같기 때문에 보통 공기 축전기는 진공 축전기와 같다고 간주한다.

축전기 판 사이에 유전체를 넣었을 때, 전하를 일정하게 하면 전위차는 κ배만큼 감소하므로 평행판 사이의 전기장도 같은 크기만큼 감소해야 한다. 전위차 V는 Ed임을 상기하라. E_0를 진공에서의 전기장의 크기라고 하고, E를 유전체에서의 전기장이라고 하면,

$$E = \frac{E_0}{\kappa} \tag{18.27}$$

가 된다. 유전체가 있을 때 E가 작아진다는 것은, 표면의 전하밀도가 유전체가 없을 때보다 있을 때 더 작아진다는 것을 의미한다. 그 이유는 도체판 위에 있는 전하량은 변하지 않지만 유전체의 표면에 반대의 부호를 갖는 유도전하가 나타나게 되기 때문이다(그림 18.9). 이렇게 유도된 표면전하는 유전체 물질 내에서의 전하의 재분포, 즉 분극현상에 의한 것이다. 분극현상의 원인에 관해서는 뒤에서 다시 설명할 것이다.

다음으로 유도 표면전하와 본래 판 위에 있던 전하 사이의 관계에 대해 알아보자. 유전체의 표면 위에 유도된 전하밀도(단위면적당 전하량)를 σ_I로 놓고, 판 표면의 전하밀도를 σ로 놓으면 그림 18.9(b)에 나타난 것처럼 축전기의 각 판 위에서 알짜 표면 전하밀도의 크기는 $\sigma - \sigma_I$가 된다. 가우스 법칙을 사용하면 평행판 사이의 전기장과 알짜 표면 전하밀도와의 관계는 $E = \sigma_{net}/\epsilon_0$ 이다. 따라서 유전체가 있을 때와 없을 때의 전기장은 각각

$$E_0 = \frac{\sigma}{\epsilon_0}, \quad E = \frac{\sigma - \sigma_I}{\epsilon_0}$$

이다. 이 관계식을 식 (18.27)을 이용해 다시 정리하면,

$$\sigma_I = \sigma\left(1 - \frac{1}{\kappa}\right) \tag{18.28}$$

이다. 이 방정식으로부터 κ가 매우 클 때에는 σ_I와 σ가 거의 같음을 알 수 있다. 이러한 경우 알짜전하는 거의 0이 되며 전기장과 전위차의 값은 유전체가 없을 때의 값보다 훨씬 작게 된다.

$\kappa\epsilon_0$를 유전체의 **유전율(permittivity)**이라고 하며 ϵ으로 나타낸다. 곧,

$$\epsilon = \kappa\epsilon_0 \tag{18.29}$$

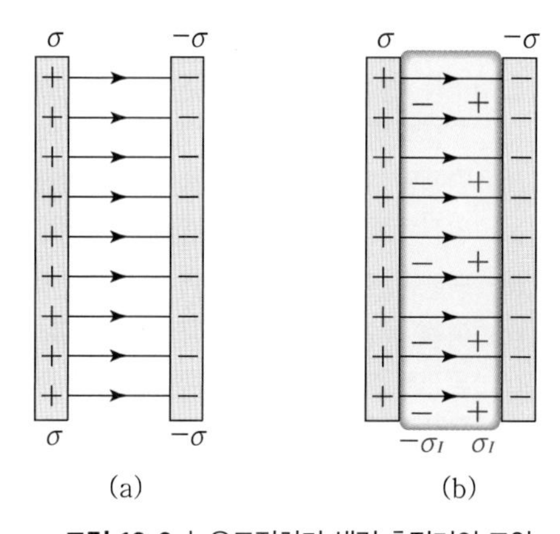

▲ **그림 18.9** | 유도전하가 생긴 축전기의 모양

ϵ을 사용하여 유전체 내에서 전기장을 표현하면,

$$E = \frac{\sigma}{\epsilon} \tag{18.30}$$

가 된다. 유전체가 있을 때의 전기용량은 다음과 같이 주어진다.

$$C = \kappa C_0 = \kappa \epsilon_0 \frac{A}{d} = \epsilon \frac{A}{d} \tag{18.31}$$

빈 공간에서 $\kappa = 1$이고 $\epsilon = \epsilon_0$이기 때문에 ϵ_0는 종종 자유공간의 유전율 또는 진공의 유전율이라고 한다.

유전체가 있는 경우에 전기장의 에너지 밀도 u를 식 (18.23)으로부터 유도하면,

$$u = \frac{1}{2}\kappa \epsilon_0 E^2 = \frac{1}{2}\epsilon E^2 \tag{18.32}$$

이 된다.

따라서 다음과 같은 결론을 얻는다. 즉 축전기 각 판의 전하를 일정하게 하고 유전체를 그 사이에 끼워 넣으면, ϵ의 값은 κ배만큼 증가하고 전기장은 $1/\kappa$배만큼 감소한다. 그리고 에너지 밀도 $u = \frac{1}{2}\epsilon E^2$은 $1/\kappa$배만큼 감소한다. 그렇다면 나머지 에너지는 어디로 가는가?

유전체를 평행판 축전기의 한 끝에서부터 약간 집어넣는다면 축전기의 두 평행판에 있는 전하에 의해 유전체 표면에는 반대 부호의 유도전하가 생긴다. 이 전하들 사이에는 서로 잡아당기는 힘이 작용하므로 유전체는 평행판 사이의 공간으로 끌려 들어가게 되고 결국 두 평행판은 유전체에 대해 일을 하게 된다. 이러한 일의 양이 에너지의 감소로 나타나게 되는 것이다.

예제 18.7 평행판 축전기의 유전체 효과

평행판의 단면적이 A이며 두 평행판의 간격이 d인 평행판 축전기를 V_0의 전위차를 가진 기전력장치로 충분히 충전시킨 후, 기전력장치를 제거하고 평행판 축전기 사이에 유전상수 κ인 유전체를 삽입하였다. 각 변수에 대한 값들은 $A = 100\ \mathrm{cm}^2$, $d = 5\ \mathrm{mm}$, $V_0 = 50\ \mathrm{V}$, $\kappa = 2.5$이다.

(a) 유전체를 삽입하기 전, 평행판 축전기의 전기용량은 몇 F인가?
(b) 평행판 도체 하나에 대전된 전하량은 몇 C인가?
(c) 유전체를 삽입하기 전 평행판 도체 사이의 전기장 E_0는 몇 V/m인가?
(d) 평행판 도체 표면에 형성된 표면전하밀도는 몇 $\mathrm{C/m^2}$인가?
(e) 평행판 도체와 접한 유전체의 안쪽 표면에 대전된 표면전하밀도는 몇 $\mathrm{C/m^2}$인가?
(f) 유전체를 삽입한 후 유전체 내의 전기장 E는 몇 V/m인가?
(g) 유전체를 삽입한 후 평행판 사이의 전위차는 몇 V인가?
(h) 유전체를 삽입한 후 축전기의 전기용량은 얼마인가?

| 풀이

(a) 식 (18.12)로부터,

$$C_0 = \frac{\epsilon_0 A}{d} = \frac{(8.85\times 10^{-12}\ \mathrm{F/m})(100\times 10^{-4}\ \mathrm{m}^2)}{5\times 10^{-3}\ \mathrm{m}} = 1.77\times 10^{-11}\ \mathrm{F}$$

(b) 식 (18.12)로부터, $q_0 = C_0 V_0 = (1.77\times 10^{-11}\ \mathrm{F})(50\ \mathrm{V}) = 8.85\times 10^{-10}\ \mathrm{C}$

(c) 식 (18.11)로부터, $E_0 = \dfrac{V_0}{d} = \dfrac{50\ \mathrm{V}}{5\times 10^{-3}\ \mathrm{m}} = 1\times 10^4\ \mathrm{V/m}$

(d) 식 (18.10)으로부터,

$$\sigma_0 = E_0\,\epsilon_0 = (1\times 10^4\ \mathrm{V/m})(8.85\times 10^{-12}\ \mathrm{F/m}) = 8.85\times 10^{-8}\ \mathrm{C/m^2}$$

또는 $\sigma_0 = \dfrac{q_0}{A} = 8.85\times 10^{-8}\ \mathrm{C/m^2}$

(e) 식 (18.28)로부터,

$$\sigma_I = \sigma_0\left(1-\frac{1}{\kappa}\right) = (8.85\times 10^{-8}\ \mathrm{C/m^2})\left(1-\frac{1}{2.5}\right) = 5.31\times 10^{-8}\ \mathrm{C/m^2}$$

(f) 식 (18.30)으로부터, $E = \dfrac{E_0}{\kappa} = \dfrac{1\times 10^4\ \mathrm{V/m}}{2.5} = 4\times 10^3\ \mathrm{V/m}$

(g) 식 (18.26)으로부터, $V = \dfrac{V_0}{\kappa} = \dfrac{50\ \mathrm{V}}{2.5} = 20\ \mathrm{V}$

(h) 식 (18.31)로부터, $C = \kappa C_0 = 2.5(1.77\times 10^{-11}\ \mathrm{F}) = 4.425\times 10^{-11}\ \mathrm{F}$

또는 $C = \dfrac{q_0}{V} = \dfrac{8.85\times 10^{-10}\ \mathrm{C}}{20\ \mathrm{V}} = 4.425\times 10^{-11}\ \mathrm{F}$

유도전하의 분자 모형

앞서 우리는 유전체에 전기장이 가해지는 경우 표면에 유도전하가 발생된다는 것을 배웠다. 이러한 표면전하가 어떻게 생기는지 알아보자. 만약 물질이 도체라면 답은 간단하다. 도체 내에는 자유롭게 돌아다닐 수 있는 자유전하가 있으므로 전기장이 있으면 전하는 전기장의 방향에 따라 재분포를 하게 된다. 그러나 유전체에는 이러한 자유 전하가 없다.

유전체의 특성을 알아보기 위하여 분자 수준에서 물질의 구조를 살펴보면, H_2O나 N_2O 같은 분자들은 분자 전체로는 같은 양의 양전하와 음전하를 갖고 있으므로 알짜전하는 0이나 전하의 공간적인 분포 형태를 보면 분자의 한쪽에는 양의 전하가 많이 집중되어 있고 다른 한쪽에는 음의 전하가 집중되어 분포하고 있다. 이러한 전하의 배열을 전기쌍극자(electric dipole)라고 하며, 이러한 형태의 분자를 극성분자(polar molecule)라고 한다. 그림 18.10(a)에서 보듯, 구성되어 있는 액체나 기체에서 전기장이 없을 때 각각의 극성분자들은 열에너지에 의한 요동의 결과로 여러 방향으로 무질서하게 분포된다.

그러나 전기장이 존재할 때는 전기장에 의한 돌림힘의 효과로 그림 18.10(b)에서처럼 극성분자들이 일정한 방향으로 배열되는 현상을 보인다. 이를 분극 현상이라고 한다. 한편, 극성분자가 아닌 분자가 전기장에 놓여 있을 때에는 전기장에 의한 전기력이 분자의 양전하를 전기장의 방향으로 밀고, 음전하는 반대 방향으로 끌기 때문에 분자 내 전하 분포의 변화가 일어나게 되고 이에 따라 분자는 전기쌍극자가 된다. 이러한 전기쌍극자는 전기장에 의해 유도되어 형성되므로 유도 쌍극자(induced dipole)라고 부른다.

전기장에 의하여 만들어지는 극성 또는 비극성 분자로 구성된 물질 내의 전하의 재분포는 유전물질의 각 표면 위에 전하층을 유도한다. 이러한 층이 앞서 말한 유도표면전하가 되는 것이다. 이 전하들은 도체에서 자유롭게 움직이는 자유전하와는 다르게 각 분자에 속박되어 있는 전하이므로 속박전하(bound charge)라고 한다.

그림 18.11은 평행판 축전기에서 두 도체 사이에 유전체를 넣었을 때의 상황을 보여준다. 유전체 내에 생긴 새로운 전기장은 본래의 전기장과 방향이 반대이다. 전체 전기장은 이러한 두 전기장의 합이므로 유전체 내의 전기장의 크기는 감소한다. 앞서 말한 유전율의 크기는 분극이 얼마나 잘 일어나는가, 이에 따라서 발생하는 유도 전하의 크기가 얼마인가를 나타내는 양이다. 유도전하의 크기가 클수록 내부에 생기는 새로운 전기장의 크기는 커지므로 유전체 내 총 전기장의 크기는 작아진다.

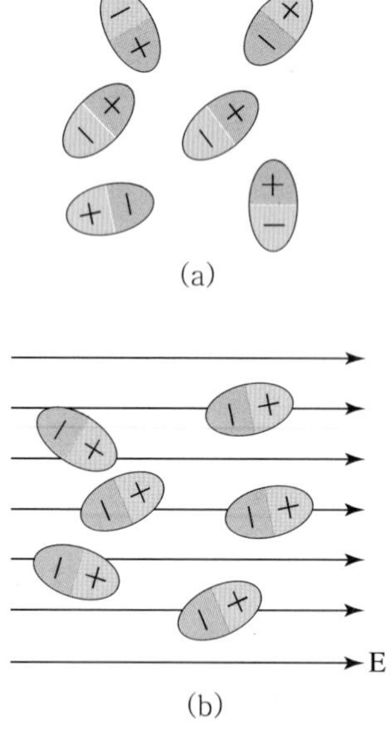

▲ **그림 18.10** | 유전체 내의 극성분자들의 배열 – 전기장이 (a) 없을 때와 (b) 있을 때

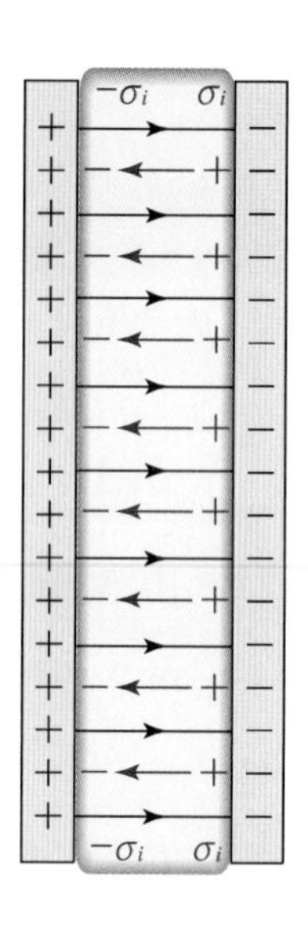

▲ **그림 18.11** | 평행판 축전기에 유전체를 넣었을 때 내부의 전기장 모습

18-6 RC 회로

지금까지 분석해 온 회로에서는 주로 기전력과 회로 내의 전류값이 시간에 따라 변하지 않는 경우를 다루었다. 그러나 축전기를 충전하거나 방전하는 경우에는 전류, 전압 그리고 전력이 시간에 따라 변하는 것을 발견하게 된다. 그림 18.12와 같은 회로를 생각해보자.

처음에 축전기가 충전되어 있지 않았다고 하자. 어떤 초기 시간 $t = 0$에서 스위치를 닫고 회로를 완성하면 기전력장치에서 출발한 전하가 이동하여 축전기를 충전시키기 시작한다. 편의상 시간에 따라 변하는 전압, 전류, 전하량은 소문자로 나타내고, 그렇지 않은 상수는 대문자로 나타내기로 한다.

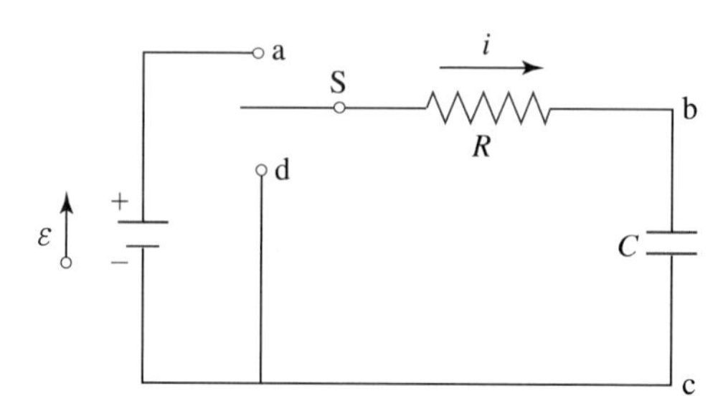

▲ **그림 18.12** | 저항과 축전기를 직렬연결하고 스위치가 있는 회로

축전기가 처음에는 충전되어 있지 않았기 때문에 처음의 전위차 V_{bc}는 0이다. 스위치가 연결되어 고리가 완성되는 순간, 고리법칙에 따라서 저항에 걸리는 전압 V_{ab}는 건전지의 기전력 ε과 같다. 저항에 흐르는 초기의 전류를 I_0라 하면 **옴의 법칙**에 따라서 $I_0 = V_{ab}/R = \varepsilon/R$을 얻는다.

축전기가 충전되어감에 따라 전압 V_{bc}는 증가하고, 저항에 걸리는 전위차 V_{ab}는 전류의 감소에 따라 줄어든다. 이 두 전압의 합은 일정하고 ε과 같다. 오랜 시간이 지나 축전기가 완전히 충전되면 전류는 감소하여 0이 되고, 저항에 걸리는 전위차 V_{ab}도 0이 된다. 그러면 건전지의 모든 기전력 ε은 축전기에 걸려 $V_{bc} = \varepsilon$이 된다. 이러한 전류, 전압의 시간에 따른 변화를 좀 더 자세하게 살펴보자.

q는 축전기에 있는 전하량을 나타내고 i는 스위치가 닫힌 후 시간 t에서의 전류를 나타낸다고 하자. 순간 전위차 V_{ab}와 V_{bc}는

$$V_{ab} = iR, \quad V_{bc} = \frac{q}{C}$$

이다. 따라서, **고리법칙**으로부터,

$$\varepsilon - iR - \frac{q}{C} = 0 \tag{18.33}$$

이 성립된다. 이 식을 i에 대해 풀면,

$$i = \frac{\varepsilon}{R} - \frac{q}{RC} \tag{18.34}$$

가 된다. 최초로 회로가 닫히는 시각 $t = 0$에서 축전기는 충전되어 있지 않았으므로, $q = 0$이다. 이를 위 식에 대입하면 초기 전류 I_0는 이미 앞에서 언급한 대로 $I_0 = \varepsilon/R$으로 주어진다. 만약 축전기가 회로에 없다면 위 식의 마지막 항은 존재하지 않았을 것이다. 그러면 전류는 일정하며 ε/R과 같다. 전하량 q가 증가함에 따라 q/RC항은 더 커지게 되고, 축전기 전하량은 최종값 Q_f에 접근한다. 이때 전류는 감소하여 결국 0이 된다. $i = 0$일 때, 위의 식에서

$$\frac{\varepsilon}{R} = \frac{Q_f}{RC}, \quad Q_f = C\varepsilon$$

이 된다. **최종 전하량은 저항값에 무관하다**는 것에 주목하라.

그림 18.13에서는 전류와 전하량을 시간의 함수로 나타내었다. 스위치가 닫히는 순간 전류는 0에서 초기값 $I_0 = \varepsilon/R$로 뛰어 오른다. 그 이후에 전류는 점점 0에 접근한다. 축전기 전하량은 0에서 시작하여 점차적으로 최종값 $Q_f = C\varepsilon$에 접근한다.

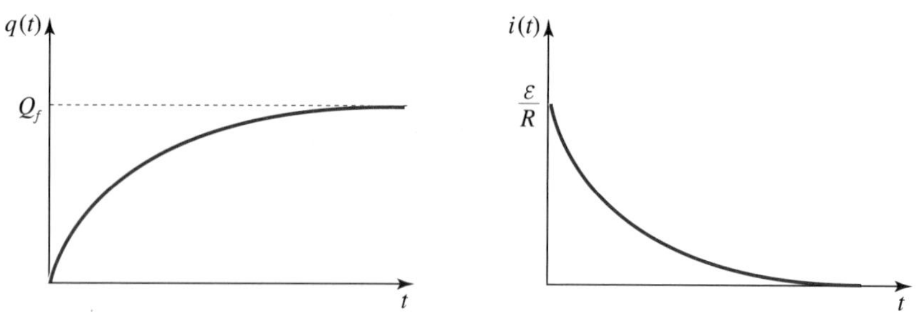

▲ **그림 18.13** | 축전기의 전하량과 전류의 시간에 따른 변화곡선

예제 18.8 RC **회로**

저항이 R, 전기용량이 C인 축전기가 전압이 V인 배터리에 직렬로 연결되어 있다. 스위치를 켜고 나서 축전기에 전하량 Q가 충전되는 데 10초가 걸렸다. 축전기를 완전히 방전시킨 후, 이번에는 저항 R을 하나 더 직렬로 연결하고 스위치를 켰다. 전하량 Q가 다시 충전되는 데 걸린 시간은 얼마인가?

| 풀이

식 (18.37)로부터, 축전기에 저장된 전하량은 $q = Q_f(1-e^{-t/RC})$와 같다. 여기서 Q_f는 축전기가 완전히 충전되었을 때의 전하량이다. $t_0 = 10\ \mathrm{s}$일 때의 전하량을 Q라고 하자. 즉,

$$Q = Q_f(1-e^{-t_0/(RC)})$$

이제 동일한 저항을 하나 더 직렬로 연결하였기 때문에 식 (18.5)에 의해 총 저항은 $2R$이 되며, 새로운 전하량에 대한 식은

$$q' = Q_f(1-e^{-t/(2RC)})$$

가 된다. 이제 q'이 Q가 되는 시간을 구하기 위해 위 두 식을 등식이 되는 시간 t를 구하면 된다. 즉,

$$e^{-t_0/(RC)} = e^{-t/(2RC)}$$

따라서 $t = 2t_0 = 20\ \mathrm{s}$를 구할 수 있다.

| 시간 상수

(1) RC는 시간의 단위를 갖는다. RC의 시간이 지난 후 전류는 그 초기값의 $1/e$ (약 0.368)로 줄어든다. 이 시간에 축전기 전하량은 그 최종값 $Q_f = CV$의 $(1-1/e) = 0.632$배에 도달한다. 그러므로 RC의 값으로 그 회로에서 축전기가 얼마나 빨리 충전되는지를 가늠할 수 있다. RC는 그 회로의 **시간상수(time constant)**, 또는 **완화시간(relaxation time)**이라 불리고, τ로 표기한다. 곧,

$$\tau = RC \tag{18.39}$$

전하량과 전류를 시간의 함수로 나타내는 일반적 표현식을 유도해보자. 전하량과 전류를 시간의 함수로 나타내는 일반적 표현식을 유도하기 위해서 먼저 전류 i를 dq/dt로 대치한다. 곧

$$\frac{dq}{dt} = \frac{\varepsilon}{R} - \frac{q}{RC} = -\frac{1}{RC}(q - C\varepsilon) \tag{18.35}$$

이것을

$$\frac{dq}{q - C\varepsilon} = -\frac{dt}{RC}$$

와 같이 정리하여 양변을 적분한다. 적분 변수를 q'과 t'으로 바꾸어 초기조건 $q'=0$과 $t'=0$에서 q와 t까지 적분하면 아래와 같다.

$$\int_0^q \frac{dq'}{q' - C\varepsilon} = -\int_0^t \frac{dt'}{RC} \tag{18.36}$$

이 적분을 계산하여 그 결과를 정리하면

$$\ln\left(\frac{q - C\varepsilon}{-C\varepsilon}\right) = -\frac{t}{RC},$$

$$\frac{q - C\varepsilon}{-C\varepsilon} = e^{-t/RC},$$

$$q = C\varepsilon(1 - e^{-t/RC}) = Q_f(1 - e^{-t/RC}) \tag{18.37}$$

를 얻는다. 순간 전류 i는 위의 식으로 표현된 전하의 시간에 대한 미분이다. 곧,

$$i = \frac{dq}{dt} = \frac{\varepsilon}{R}e^{-t/RC} = I_0 e^{-t/RC} \tag{18.38}$$

결과적으로 전하량과 전류는 둘 다 시간에 대한 지수함수의 형태이다.

이다. τ가 작으면 축전기는 빨리 충전되고 그 값이 크면 충전하는 데 더 많은 시간이 필요하게 된다. 그 이유는 다음과 같다. 저항기의 저항이 작을수록 축전기는 더 빨리 충전되는데, 그것은 전하가 더 수월하게 저항을 통과하기 때문이다. 전기용량이 크면 오래 시간이 걸린다. 이는 축전기를 완전히 충전시키는 데 필요한 전체 전하의 양이 크기 때문이다.

(2) 이제 그림 18.12에서 축전기가 전하량 Q_0를 얻은 다음, 그 회로에서 점 S와 d를 연결하였다고 하자. 이 순간을 $t=0$ 으로 다시 설정한다면 이때 $q=Q_0$가 된다. 전위차에 의해서 축전기에 있던 전하들은 이동을 시작하여 방전을 하고 전하량은 결국 0이 된다. Kirchhoff의 고리법칙에서 얻은 식 (18.33)에서 이 경우 $\varepsilon=0$ 이다. 따라서,

$$i=\frac{\mathrm{d}q}{\mathrm{d}t}=-\frac{q}{RC} \tag{18.40}$$

가 된다. 전류 i는 이제 음수(즉 반대 방향)이다. 시간 $t=0$에서 $q=Q_0$일 때 초기 전류 I_0는 $I_0=-Q_0/RC$ 이다.

시간의 함수로서의 q를 구하기 위해 식 (18.40)을 정리하고 다시 변수를 q'과 t'으로 바꾸어 적분한다. 이번에는 q'의 적분 구간이 Q_0에서 q까지이다. 그러면,

$$\int_{Q_0}^{q}\frac{\mathrm{d}q'}{q'}=-\frac{1}{RC}\int_0^t \mathrm{d}t' \tag{18.41}$$

$$\ln\frac{q}{Q_0}=-\frac{t}{RC},\quad q=Q_0 e^{-t/RC} \tag{18.42}$$

를 얻는다. 순간전류 i는 이것의 미분이므로

$$i=\frac{\mathrm{d}q}{\mathrm{d}t}=-\frac{Q_0}{RC}e^{-t/RC}=I_0 e^{-t/RC} \tag{18.43}$$

이다. 전류와 전하량은 모두 지수함수적으로 감소한다.

(3) 에너지를 고려해보면 RC 회로의 동작에 관해 더 많이 이해할 수 있다. 축전기가 충전되는 동안 건전지가 회로에 제공하는 단위시간당 에너지는 $P=\varepsilon i$ 이다. 저항에서 소모되는 전기적 에너지의 단위시간당 소모량은 i^2R이고, 축전기에 저장되는 양은 $iV_{bc}=iq/C$ 이다. 식 (18.33)에 i를 곱하면, $\varepsilon i=i^2R+iq/C$가 된다. 이것은 건전지가 제공하는 전력 εi 중 i^2R 부분은 저항에서 소모되고, iq/C 부분은 축전기에 축적된다는 것을 의미한다.

축전기를 충전하는 동안 건전지가 제공하는 총 에너지는 건전지의 기전력 ε에 총 전하량 Q_t를 곱한 것, 곧 εQ_t와 같다. $Q_f=C\varepsilon$의 식으로부터 축전기에 저장되는 총 에너지는 $Q_f\varepsilon/2$ 이다. 따라서 건전지가 제공하는 에너지 중 정확히 반은 축전기에 저장되고, 나머지 반은 저항에서 소모된다.

연습문제

18-1 기전력과 전류회로

1. 그림과 같이 전지 2개, 가변저항 1개, 동일한 전구 2개로 구성되어 있는 회로가 있다. 저항 R이 작아진다면 전구 L_1과 L_2의 밝기가 어떻게 변하겠는가?

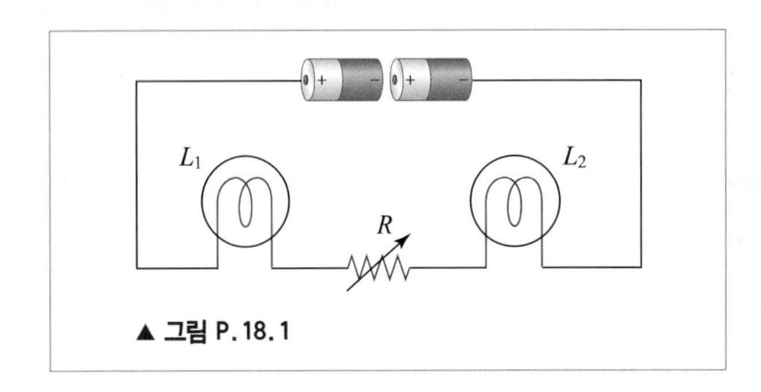

▲ 그림 P.18.1

(가) L_1과 L_2 모두 밝기가 감소한다.
(나) L_1과 L_2 모두 밝기가 증가한다.
(다) L_1과 L_2 모두 밝기가 그대로이다.
(라) L_1의 밝기는 감소하고 L_2 밝기는 증가한다.
(마) L_1의 밝기는 증가하고 L_2 밝기는 감소한다.

2. 그림 P.18.2와 같은 회로에서 전체 등가저항을 계산하고, 각 저항에 흐르는 전류를 구하여라.

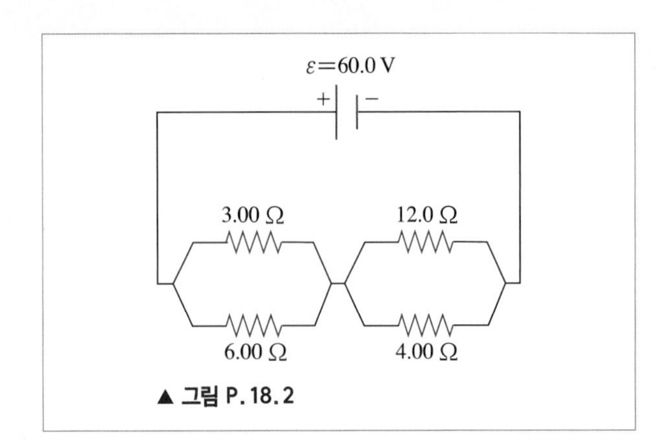

▲ 그림 P.18.2

3. $1\,k\Omega$의 동일한 저항 4개가 직렬로 연결되어 있는 곳에 기전력 장치를 통해 12 V의 전위차를 가해 주었다.

(가) 각 저항에 흐르는 전류는 얼마인가?

(나) 처음 두 개의 저항 전체에 걸리는 전위차는 얼마인가?

(다) 이 회로를 이용해서 3 V, 9 V의 전위차를 얻어낼 수 있는 방법은 무엇인가?

4. 저항 값이 20.0 Ω인 저항과 저항 값이 30.0 Ω인 저항을 병렬로 연결하고 그 조합을 60.0 V 전원에 직렬로 연결하였다.

(가) 이 병렬 조합의 저항 값은 얼마인가?

(나) 병렬 조합을 통과하는 전체 전류는 얼마인가?

(다) 각 저항에 흐르는 전류는 얼마인가?

18-2 키르히호프의 법칙

5. 그림 P.18.3의 회로에서 다음을 구하여라.

(가) 전류 I_3

(나) 미지의 기전력 ε_1, ε_2

(다) 저항 R의 저항값

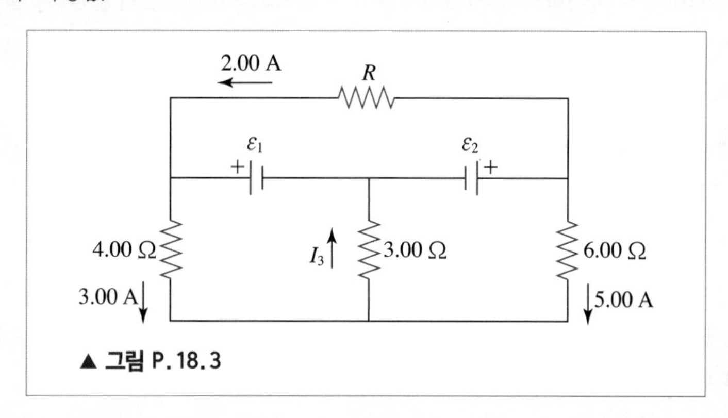

▲ 그림 P. 18. 3

18-3 축전기와 전기용량

6. 예제 18.5의 왼쪽 그림과 같이 동일한 축전기들이 연결된 회로에 3 V의 전위차를 가해주었다. 각 축전기에 축적된 전하를 구하여라. 각 축전기의 전기용량은 10 μF이다.

7. 두 개의 축전기의 전기용량이 각각 3.00 μF와 6.00 μF이다. 두 축전기를 직렬 또는 병렬로 연결한 후 그 조합을 12.0 V의 기전력 장치에 연결하려고 한다.

(가) 직렬 조합의 경우 각각의 축전기에 축적되는 전하량을 구하라.

(나) 병렬 조합의 경우 각각의 축전기에 축적되는 전하량을 구하라.

18-4 축전기와 전기장

8. 금속 평행판 축전기의 전기용량이 $C = 250\,\mathrm{pF}$이고 평행판 사이의 거리는 $0.40\,\mathrm{mm}$이다. 여기에 $Q = 0.20\,\mu\mathrm{C}$의 전하를 축적하였다.

(가) 축전기 양단의 전위차는 얼마인가?
(나) 평행판의 면적은 얼마인가?
(다) 축전기 내부의 전기장의 크기는 얼마인가?
(라) 표면전하밀도는 얼마인가?

9. 평행판 축전기를 충분히 충전한 후 기전력장치를 제거하였다. 이제 평행판 축전기의 간격을 2배로 늘리면 전기용량, 두 판의 표면의 전하밀도, 저장된 에너지, 두 판 사이의 전기장, 판의 전하는 각각 몇 배가 되는가?

10. 전기용량이 $C = 2.50 \times 10^{-10}\,\mathrm{F}$인 축전기에 기전력장치를 연결해 $V_0 = 10.0\,\mathrm{V}$의 전위차를 가해 전하를 축적시켰다.

(가) 축적된 전하량의 값을 계산하여라.
(나) 이렇게 대전된 축전기에서 기전력장치를 떼어내고 미지의 전기용량 C_x를 갖는 축전기를 병렬로 연결하였다. 전하가 이동하여 새롭게 형성된 축전기 양단의 전위차 V와 원래의 전위차 V_0와의 관계식을 구하여라.
(다) 만약 나중의 전위차 V가 $8.00\,\mathrm{V}$라면 전기용량 C_x는 얼마인가?

11. 그림과 같은 회로에서 스위치 S를 a 단자에 연결하고 충분히 시간이 지난 뒤, 스위치를 b 단자에 연결한다. 이 후 충분한 시간이 흐른 후, 가운데 축전기 C'의 양판 사이의 전위차는 얼마인가? 이때 $C = 4.0\,\mathrm{F}$, $C' = 6.0\,\mathrm{F}$, $\varepsilon = 10\,\mathrm{V}$이다. 저항은 매우 작아서 무시한다.

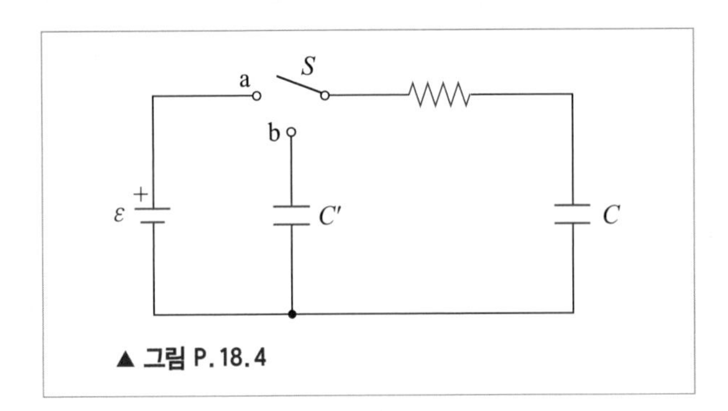

▲ 그림 P.18.4

18-5 유전체와 전기용량

12. 그림 P.18.5와 같이 유전상수가 서로 다른 두 물질로 채워진 평행판 축전기의 전기용량이 다음과 같다는 것을 보여라. (도움말: 병렬연결된 축전기로 생각하여라.)

$$C = \frac{\varepsilon_0 A}{d}\left(\frac{\kappa_1 + \kappa_2}{2}\right)$$

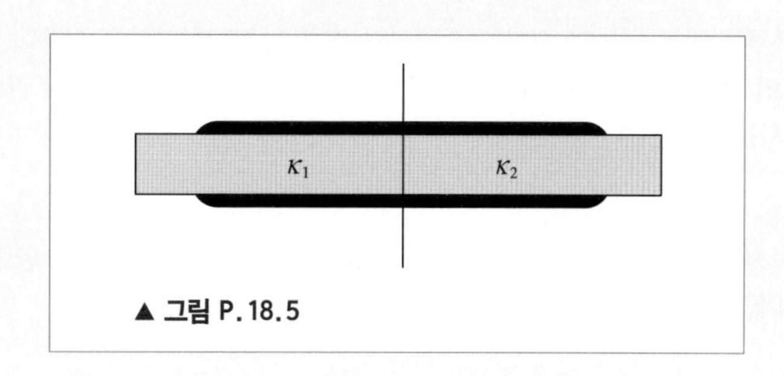

▲ 그림 P.18.5

13. 크기가 같고 부호가 반대인 전하를 가지는 두 평행판이 있다. 두 판 사이의 공간이 진공이었을 때 전기장은 $3.60 \times 10^5 \ V/m$이었고 공간을 유전체로 채웠을 때의 전기장은 $1.20 \times 10^5 \ V/m$이었다.

(가) 유전 상수는 얼마인가?

(나) 유전체 표면 위에 전하밀도는 얼마인가?

14. 그림 P.18.6과 같이 평행판 축전기 안에 금속판을 넣으면 이 금속판 표면에는 양전하와 음전하가 대전되게 된다.

(가) 대전된 전하의 전하밀도가 평행판 축전기의 표면전하밀도와 크기가 같음을 증명하여라.

(나) 이때 축전기의 전기용량이 두 개의 축전기를 직렬연결한 것과 같음을 증명하여라.

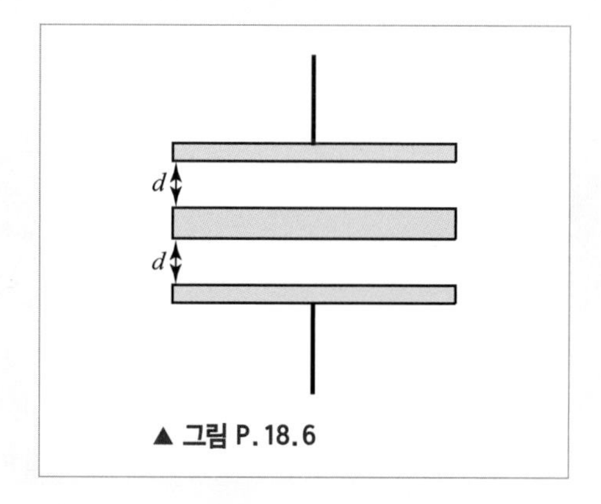

▲ 그림 P.18.6

18-6 RC 회로

15. 그림 18.12와 같은 회로에서 저항이 12 Ω이고 축전기의 전기용량은 4.0 μF이라고 한다. 기전력으로는 1.5 V의 건전지를 사용한다.

(가) 스위치를 a에 연결한 후 오랜 시간이 지났을 때에 축전기의 전하량은 얼마인가?

(나) 이제 스위치를 d에 연결하여 축전기를 방전시킨다. 전하량의 95%가 방전되는 데 걸리는 시간은 얼마인가?

16. 전위차가 220 V이며 축전기와 저항이 달려 있는 회로의 스위치를 $t=0$일 때 닫았다. $t=10.0\text{ s}$ 지났을 때 축전기에 걸려 있는 전위차가 10.0 V로 낮아졌다. 이 회로의 시간상수를 구하여라. $t=20.0\text{ s}$ 지났을 때 축전기에 걸리는 전위차를 구하여라.

발전문제

17. 실제적인 기전력장치는 내부에 저항이 존재하며 이를 내부저항이라고 부른다. 9 V의 기전력장치의 내부에 3 Ω의 내부저항이 존재하는 경우, 이 기전력장치를 6 Ω의 저항에 연결하면 저항의 양끝에 걸리는 전위차는 얼마인가?

18. 위 문제의 기전력장치 2개를 직렬로 연결한 다음 여기에 6 Ω의 저항을 연결하면 저항에 걸리는 전위차는 얼마인가? 2개를 병렬로 연결한 경우는?

19. 그림 P.18.7과 같은 회로에서,

(가) 스위치 S가 열렸을 때 b점에 대한 a점의 전위는 얼마인가?
(나) 스위치 S가 닫혔을 때 접지에 대한 b점의 최종전위는 얼마인가?
(다) 스위치가 닫힌 이후 스위치를 통해 얼마나 많은 전하량이 흐르는가?

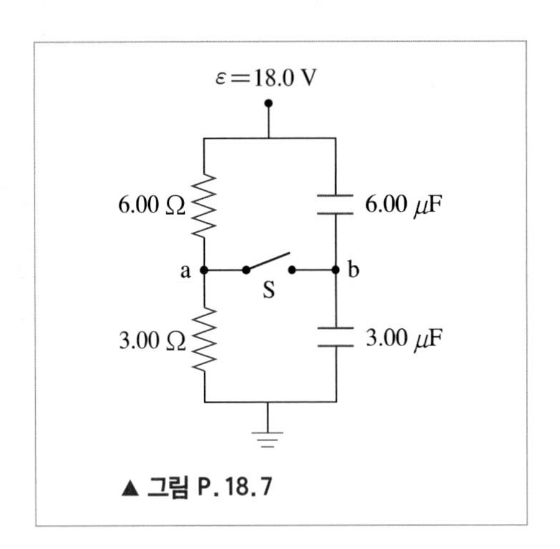

▲ 그림 P.18.7

20. 빈 우주 공간에 반지름이 R인 두 도체구가 있다. 두 도체 구의 중심 사이의 거리는 d 이다. d가 R보다 훨씬 더 크다고 할 때 이 계의 전기용량은 얼마인가?

21. 두 평행판 축전기는 서로 $F=\frac{1}{2}QE$ 의 힘으로 당김을 증명하여라. 여기에서 Q, E는 각각 축전기의 전하량과 내부 전기장 크기이다(도움말: 축전기 판면 간격을 x 에서 $x+\Delta x$ 로 변화시킬 때 필요한 일을 계산하여라.).

18-19

22. 반지름이 a인 도체 원통을 이보다 더 큰 반지름 b인 원통 모양의 도체가 둘러싸고 있다. 두 원통의 중심축은 같다. 이 두 원통 사이가 유전율이 ε인 유전물질로 채워져 있을 때 이 원통형 축전기의 전기용량을 구하여라.

18-20

23. 전기용량이 각각 4.0 μF인 2개의 평행판 축전기가 전위차가 25 V인 배터리에 직렬로 연결되어 있다. 여기서 두 축전기 중 하나의 평행판 사이의 거리가 반으로 줄어들었다. 이 경우에 이 두 축전기에 축적되는 전체 전하량을 구하여라.

18-21

24. RC 회로에서 충전 중에 건전지가 제공하는 에너지 중 정확히 반은 축전기에 저장되고, 나머지 반은 저항에서 소모된다. 여기서 나머지 반이 저항에서 줄열로 소모된다는 사실을 식 (18.43)과 전력의 정의를 이용하여 구체적으로 증명하여라.

18-22

헨드릭 안톤 로런츠

Hendrik Antoon Lorentz, 1853-1928

네덜란드의 물리학자이다.
하전 입자가 전기장이나 자기장 안에서 받는 힘의 공식인 로런츠 힘을 유도하였으며,
아인슈타인의 특수 상대성 이론에 쓰이는 중요한 수학 공식인 로런츠 변환을 도출하였다.
1902년 전자기 복사 이론으로 노벨 물리학상을 수상하였다.

CHAPTER 19

자기장

지금까지 우리는 전기력과 전기장 등의 개념을 통하여 전기적인 물리 현상을 다루었다. 이제부터는 자기장에 관해 살펴보기로 한다. 자성(Magnetism)이라는 말의 유래는 고대 그리스 시대에 마그네시아(Magnesia)라는 지방(지금의 터키 부근)에서 발견된 돌덩어리가 쇳조각을 끌어당기는 힘이 있는 것이 발견되어 이를 자석(Magnet; Magnesia 지방에서 나온 돌덩어리라는 뜻)이라고 부르게 된 것에서 유래한다. 고대 사람들에게는 이러한 현상, 즉 자석이 공간을 사이에 두고 다른 쇠붙이 등에 힘을 작용하는 것이 매우 신비하게 느껴졌을 것이며 그 이유를 설명하지 못하였기 때문에 자석 내에 혼이 존재한다는 등의 미신적인 생각도 많았을 법하다. 그러나 물리학이 발전됨에 따라 우리는 자성의 근본 원리를 이해할 수 있게 되었고 더욱이 예전에는 전혀 별개의 물리적 현상으로 알고 있었던 전기력과 자기력의 상호 관계를 알게 되었다. 결과적으로 자기력은 전기력과 그 근원이 같다는 것이 밝혀짐으로써 현재에는 이 두 가지를 통합한 전자기력(Electromagnetic force)을 물리학에서의 근본적인 힘으로 취급하게 되었다.

자석에서 발생하는 자기력은 자석을 구성하는 원자나 분자에서 전자의 운동 등에 의해 형성되는 미시적인 전류에 의하여 발생된다. 이러한 물체의 구조 및 성질에 대해서는 뒤에서 다시 언급하게 될 것이다. 비록 전기와 자기가 같은 근원에서 나오는 힘이라도 먼저 각각을 따로 구분하여 성질을 이해하고 이후에 둘을 통합하여 생각하는 것이 여러 모로 편리하다. 여기서는 앞서 배운 전기장과의 유사성을 바탕으로 자기력의 성질 및 자기장과 전기장의 연관성 등을 배울 것이다. 현대 사회에서 자성을 이용하는 것들은 나침반은 물론이고 전화, 라디오, 컴퓨터의 하드디스크나 가전제품 등의 내부 회로 등에 널리 쓰이고 있다.

19-1 자석과 자기쌍극자

우리가 일상적인 경험에서 알고 있듯이 자석에는 두 가지 극이 존재한다. 통상적으로는 이를 N극과 S극이라고 부르는데, 이는 원래 나침반의 바늘이 지구의 북극(North pole)과 남극(South pole)을 가리키는 것에서 유래한다. 앞서 배운 전하와 전기력의 경우 같은 부호의 전하 사이에는 서로 밀치는 힘이, 그리고 다른 부호의 전하 사이에는 서로 잡아당기는 힘이 작용하는 것과 같이 자석의 경우에도 같은 극 사이에는 서로 밀치는 힘이, 그리고 다른 극 사이에는 잡아당기는 힘이 작용한다. 양전하와 음전하 사이에 시험 전하를 놓았을 때 시험 전하에 작용하는 전기력을 전기장의 개념으로 나타내고 그 힘의 방향에 따라 전기력선을 그릴 수 있는 것처럼 자석의 두 극 사이에도 **자기장(magnetic field)**이 존재하는 것으로 생각하여 그에 따르는 자기력선을 그릴 수 있을 것이다. 자기장의 경우는, 예를 들어 매우 작은 나침반을 자석 근처에 놓아 바늘이 가리키는 방향에 따라 자기력선을 그릴 수 있다(그림 19.1).

이러한 형태의 자기력선 분포를 갖는 자석의 모양을 놓고 보면 두 극을 갖고 있는 자석은 전기장에서의 **전기쌍극자**를 연상시킨다. 그렇다면 자석을 나누어서 각각 N극과 S극의 두 기본 요소로 분리해 낼 수 있을 것 같은 생각이 들지 않는가? 그러나 하나의 자석은 둘로 쪼개면 다시 두 극을 갖는 2개의 자석이 될 뿐이며 이를 다시 쪼개도 역시 항상 두 극을 갖는 쌍극자의 형태가 될 뿐이다. 이러한 과정을 계속 반복하여 자석을 분자 내지는 원자 수준으로까지 분해하더라도 하나의 극만을 가지는 자석은 얻을 수 없고 단지 자석의 모습을 잃어버릴 뿐이다. 그 이유는 실제적으로 자석의 자기장은 그 물질을 구성하는 원자 및 분자 내 전자의 운동에서 발생하는 것이기 때문이다.

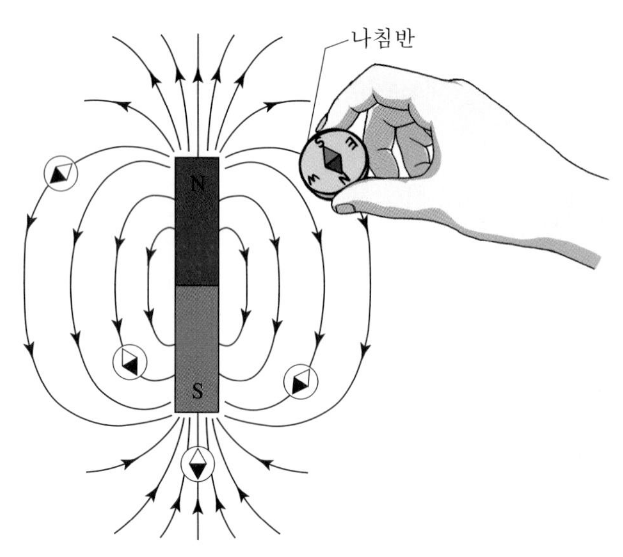

▲ **그림 19.1** | 자석과 자기장의 방향-나침반을 통한 방향 측정

그러나 N극과 S극 사이에 자기력선을 그리고 이에 따라 자기장의 크기와 방향을 생각하는 방법은 여전히 유효하다. **자기홀극(magnetic monopole)**, 즉 자기장을 만들어 내는 단일 극의 존재를 찾는 실험은 현재까지 성공하지 못하였으므로 자기력선은 항상 닫힌 곡선을 형성하는 것으로 이해해야 한다.

19-2 자기장과 자기선속

두 전하 사이에 작용하는 전기력의 경우 쿨롱(Coulomb)의 법칙이 성립된다는 것을 배웠다. 자기력의 경우에도 역사적으로는 쿨롱이 전기력과 흡사한 형태의 법칙을 발견하였으나 이 법칙은 현대에 와서는 거의 쓰이지 않는다. 그 이유는 현재 우리가 이해하는 자기력의 성질과 잘 맞지 않기 때문이며, 또한 자기장의 개념이 훨씬 더 편리하고 합리적이기 때문이다.

위에서 언급한 것처럼 자석이나 기타 자기력을 발생시키는 물체가 있는 공간에서는 자기장의 개념을 활용하여 자기력의 방향과 크기를 나타낼 수 있다. 전기력의 경우를 다시 정리해보면, 1) 공간상에 놓인 전하는 그 주변에 전기장을 형성한다. 2) 이 전기장은 그 영향하에 놓인 다른 전하에게 $\boldsymbol{F} = q\boldsymbol{E}$의 힘을 작용한다.

비슷한 방법으로 자기력을 나타낼 수 있다. 즉, **1) 운동하는 전하 또는 전류는 그 주위 공간에 전기장뿐만 아니라 자기장을 형성한다. 2) 이 자기장은 그 영향하에 놓인 다른 운동하는 전하 또는 전류에 힘(자기력)을 미친다.**

전기장의 경우와 마찬가지로 자기장은 그 크기와 방향을 모두 고려해야 하기 때문에 벡터로 나타낸다. 그림 19.1에서 보이듯이 자기장이 존재하는 공간의 한 점에서 자기장의 방향은 작은 나침반 바늘의 N극이 가리키는 방향이다. 이러한 자기장의 방향은 즉 시험 자석(나침반 바늘)에 가해지는 힘의 방향이며, 자기력선의 방향은 자석의 N극에서 나와 S극으로 들어가는 방향이 된다는 것을 알 수 있다. 또한 전기장의 경우와 마찬가지로 자기력선의 밀도가 높을수록 자기장의 크기가 커진다. 그러면 전기장의 경우에 대응해서, 자기장의 크기는 자석 사이에 작용하는 자기력을 자석의 단위 극의 양으로 나눈 것으로 표현할 수 있을 듯도 하다. 그러나 이러한 방법은 과거에 시도된 적이 있으나 현재에는 쓰이지 않는다. 전기력의 경우 전하의 기본 단위가 전자의 전하량으로 결정되지만 자기력의 경우는 자석의 한 극을 분리하여 기본 단위를 설정할 수 없기 때문이다. 현대 물리학에서는 그 대신(전기력과의 통합을 염두에 두어) 자기장을 운동하는 전하에 작용하는 자기력을 이용해 정의한다.

그림 19.2를 보자. 양의 전하 q를 갖고 있는 입자를 일정한 속도로, 균일한 자기장이 형성되어 있는 공간에 자기장의 방향과 직각 방향으로 일정한 속도로 운동시키면 이 전하는 진행하는 방향이 바뀌어 진행 경로가 곡선으로 휘게 되는 것을 관측할 수 있다. 관성의 법칙으로부

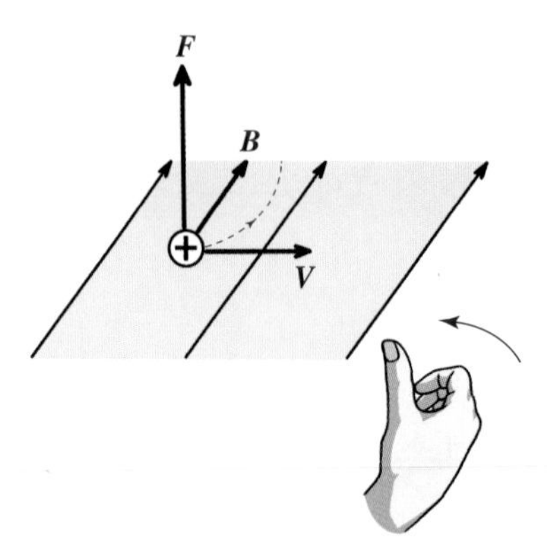

▲ **그림 19.2** | 자기장 내에 놓인 전하의 운동과 힘의 방향

터 우리는 이 입자가 진행 방향과 다른 방향, 즉 전하의 경로가 휜 방향으로 어떠한 힘을 받았다는 것을 알 수 있다. 이러한 관측 사실은 자기장 내에서 움직이는 전하는 자기장에 의해 어떤 힘, 즉 자기력을 받는다는 것을 말해준다. 전하량의 크기와 입자의 속도 그리고 자기장의 크기를 변화시키면서 같은 실험을 반복하여 보면 우리는 자기력이 전하량, 속도, 자기장 크기에 비례한다는 것을 알게 된다. 물론 우리는 이 힘이 위 물리량의 변화에만 영향을 받는지를 확인하기 위해 다른 여러 가지 조건을 변화시켜가며 실험해볼 수 있다. 이러한 실험 결과로부터 우리는

$$F = 상수 \cdot qvB \tag{19.1a}$$

의 관계식을 알게 되고, 상수가 1이 되도록 단위를 정한다면

$$F = qvB \tag{19.1b}$$

의 식을 얻고, 이에 따라서 자기장의 크기를 다음과 같이 정의하게 된다.

$$B = \frac{F}{qv} \tag{19.2}$$

즉 자기장의 크기는 자기력(힘)을 움직이는 전하의 전하량과 속도로 나눈 양으로, 다시 말하자면 단위 운동전하당의 자기력으로 정의된다. 따라서 자기장의 SI 단위는 $\mathrm{N/(C \cdot m/s)}$ 또는 $\mathrm{N/(A \cdot m)}$이며 단위의 명칭은 테슬라(tesla; T)이다. 테슬라는 단위면적당의 웨버(webers; Wb)라는 단위로도 표시된다($1\,\mathrm{T} = 1\,\mathrm{Wb/m^2}$).

만약 전하의 운동 방향이 자기장의 방향에 직각이 아니라면 전하에 작용하는 자기력은 위의 식 (19.1b)처럼 간단히 결정되지 않는다. 일반적으로 자기력은 전하 운동 속도의 방향과 자기장의 방향이 이루는 각 θ에 따라 변화하며, 좀 더 엄밀하게는 $\sin\theta$에 비례한다.

$$F = qvB\sin\theta \tag{19.3}$$

이를 벡터를 사용하여 나타내면,

지금까지 자기력과 자기장의 정의를 운동하는 전하에 작용하는 힘으로부터 유도하였다. 어쩌면 이러한 정의가 전기장의 경우와 다르다는 사실을 만족하지 못하는 사람도 있을지 모른다. 즉 자성과 별개의 것처럼 보이는 운동하는 전하를 통해 자기력을 정의하는 것이 의문스러울 수도 있다. 그러나 우리는 앞으로 운동하는 전하에 의해 자기장이 발생되는 것을 알게 되며, 이러한 자기장은 주변에 있는 다른 운동하는 전하에 힘을 미치게 되는 것을 알게 된다. 자석에서의 자기력도 이러한 운동 전하들 사이에 자기장을 중계자로 하여 작용하는 것이며 따라서 전기와 밀접한 관계를 갖는다. 앞으로의 논의를 통해서 위에서의 자기장의 정의가 합리적이라는 것을 알게 될 것이다.

$$\boldsymbol{F} = q\boldsymbol{v} \times \boldsymbol{B} \tag{19.4}$$

이다. 전기력의 경우와 마찬가지로 자기력은 크기와 방향을 가지므로 벡터로 표시되어야 한다. 위 식의 의미는 이 자기력의 방향이 전하의 운동 방향과 자기장의 방향에 따라 결정되고 크기는 전하의 속도와 자기장 벡터의 사이각 θ에 의해 달라진다는 것을 뜻한다.

다시 말해서 자기력의 방향은 전하의 속도 벡터와 자기장 벡터가 놓이는 평면의 수직방향으로서, 오른손의 네 손가락을 전하의 속도 방향에서부터 자기장의 방향 쪽으로 틀어잡을 때 엄지손가락이 가리키는 방향이다. 이를 **오른손법칙**이라고 부른다(그림 19.2). 한편 힘의 크기는 사이각 θ의 함수, 즉 $\sin\theta$에 비례한다. 만약 $\theta = 90°$라면, 즉 전하의 속도 방향과 자기장의 방향이 직각을 이루면 $\sin\theta = \sin 90° = 1$ 이므로 식 (19.3)은 식 (19.1b)와 같게 된다. 즉 식 (19.1b)는 식 (19.3)의 특수한 경우이다. 만약 $\theta = 0$ 또는 180°인 경우에는, 즉 전하의 속도 방향과 자기장의 방향이 평행할 때에는 $\sin\theta = 0$ 이 되므로 힘의 크기는 0이다. 식 (19.4)는 이와 같이 설명한 내용을 수학의 벡터곱의 정의를 통해 간단하게 나타낸 것이다. 만약 양전하가 아닌 음전하가 자기장 내에서 운동하는 경우라면, 단지 힘의 방향이 정반대로 바뀔 뿐이며 그 외의 내용은 같다. 이러한 사실의 응용으로 임의의 대전 입자가 갖고 있는 전하의 부호는 자기장을 이용하면 쉽게 판별할 수 있다. 방향을 알고 있는 자기장 내에 직각으로 입자를 입사시켜서 그 입자의 진행 방향이 어느 쪽으로 휘는가를 관측하면 된다.

예제 19.1 자기력

$+z$축 방향으로 크기가 2.00 T인 자기장이 작용하고 있다. 전하량이 1.00×10^{-3} C인 입자가 $+y$축 방향으로 50.0 m/s의 속력으로 운동할 때 자기장으로부터 받는 힘의 크기와 방향을 구하여라.

| 풀이

힘의 크기는 $F = qvB\sin\theta$ 에서 주어진 값들을 대입하면,

$$F = (1.00 \times 10^{-3}\ \mathrm{C}) \times (50.0\ \mathrm{m/s}) \times (2.00\ \mathrm{T}) \times \sin 90° = 0.100\ \mathrm{N}$$

이다. 힘의 방향은 오른손법칙을 적용하면 $+x$방향이 된다.

식 (19.4)의 벡터곱은 자기장 문제를 풀기 위해서는 3차원적 사고가 필요함을 의미한다. 따라서 2차원 평면상에서 왼쪽 또는 오른쪽, 그리고 위쪽 또는 아래쪽으로 향하는 벡터를 그리는 것 외에 페이지의 안쪽이나 바깥쪽으로 향하는 벡터를 그리는 방법이 필요하게 된다. 이런 벡터를 표현하는 방법이 그림 19.3에 예시되어 있다. 지면의 밖으로 나오는 벡터는 그림 19.3(a)처럼 점으로 표현되는데, 이는 지면을 뚫고 다가오는 화살촉의 끝으로 생각할 수 있다. 지면의 안으로 들어가는 벡터는 그림 19.3(b)에서 보듯 가위표로 표현되는데, 이는 지면을 뚫고 들어가는 화살의 꼬리 깃털과 유사한 형상이다.

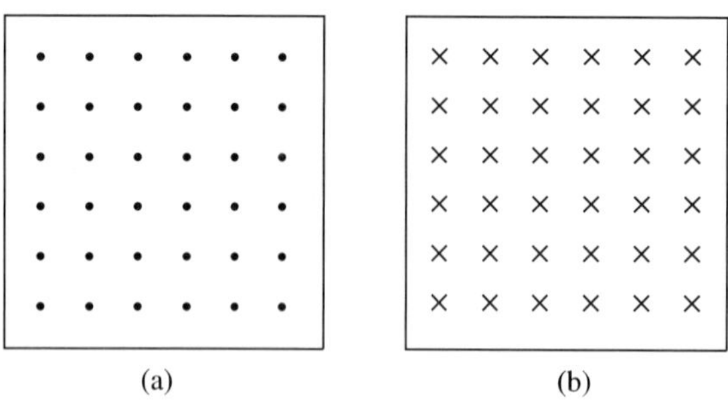

▲ **그림 19.3** | 평면에 수직인 방향의 자기장을 나타내는 방법. (a) 지면 밖으로 나오는 방향의 자기장을 나타낸다. (b) 지면 안쪽으로 들어가는 방향의 자기장을 나타낸다.

만약 어떤 공간에 전기장과 자기장이 모두 존재한다고 하면 전하는 전기력과 자기력을 모두 경험하게 될 것이다. 전하가 받는 힘의 합은 따라서

$$\boldsymbol{F} = q\boldsymbol{E} + q\boldsymbol{v} \times \boldsymbol{B} \tag{19.5}$$

가 된다. 이를 **로렌츠의 법칙**이라고 한다.

예제 19.2 로렌츠의 법칙

균일한 전기장 E는 x방향이며 균일한 자기장 B는 y방향일 때, 전하량이 q인 점전하가 아무런 힘도 받지 않고 등속도로 움직일 수 있는 속도와 방향을 구하여라. 단, 여기서 중력은 무시하고, 점전하는 자기장에 수직인 방향으로 움직인다.

| 풀이

전기장에 의한 전기력은 전기장의 방향과 마찬가지로 x방향으로 작용하며, 점전하에 아무런 힘이 작용하지 않으려면 식 (19.5)에 의해 전기력의 방향과 자기력의 방향이 서로 정반대여야 하기 때문에 자기력은 $(-)x$방향이어야 한다. 자기장에 의한 자기력의 방향은 식 (19.4)에 의해 속도의 방향과 수직하며 자기장의 방향과도 수직하기 때문에, 속도의 방향과 자기장의 방향은 yz평면 위에 놓여 있어야 한다. 속도의 방향과 자기장의 방향이 수직이고, 자기장의 방향이 y방향으로 주어졌기 때문에 속도의 방향은 $(+)z$방향과 $(-)z$방향 중 하나이어야 한다. 식 (19.4)의 두 벡터의 벡터곱의 방향에 대해 그림 2.15를 참고하면, 속도의 방향은 $(+)z$방향이어야 함을 알 수 있다. 이제 속도의 크기를 구하기 위해서 식 (19.5)를 이용하면,

$$qE = qvB$$

를 얻을 수 있으며, 속도의 크기는 전하량과 무관하게

$$v = \frac{E}{B}$$

로 주어짐을 알 수 있다.

자기선속

앞서 말한 것처럼 자기장의 방향과 크기를 나타내는 그림으로서 **자기력선**을 그릴 수 있고 자석의 경우 이 자기력선은 자석의 N극에서 출발하여 S극에서 끝나는 곡선들로 표시된다. 여기서 주의할 점은 전기력선의 경우와는 달리 **자기력은 자기력선의 방향으로 작용하는 것이 아니라 자기력선의 접선 방향인 자기장 방향에 직각인 방향으로 작용한다**는 점이다. 그러나 전기력선의 경우와 마찬가지로 공간상의 한 점의 주변에 있는 자기력선의 수는 그 부근에서의 자기장의 크기에 비례한다.

전기장의 경우와 같이 한 표면을 지나는 **자기선속(magnetic flux)** Φ_B는 그 표면에 수직한 자기장의 성분 $B_\perp$와 표면의 면적을 곱한 양으로 나타낸다. 즉, 표면을 미소면적요소 $d\boldsymbol{A}$로 나누었을 때 이 면의 자기선속요소 $d\Phi_B$는(그림 19.4)

$$d\Phi_B = B_\perp dA = B\cos\phi\, dA = \boldsymbol{B}\cdot d\boldsymbol{A}$$

이고, 표면을 지나가는 총 자기선속은 이들의 합으로,

$$\Phi_B = \int B\cos\phi\, dA = \int \boldsymbol{B}\cdot d\boldsymbol{A} \tag{19.6}$$

로 계산된다. 자기선속은 스칼라량이고 크기는 표면을 통과하는 자기력선의 수에 비례한다. 전기장의 경우에는 양의 전하에서 전기력선이 (생성되어) 나오고, 음의 전하에서 전기력선이 끝나지만, 자기장의 경우에는 자기홀극이 존재하지 않으므로 자기력선은 항상 닫힌 곡선을 그린다. 따라서 공간상에 임의의 닫힌 곡면을 생각하면 이 닫힌 곡면에 들어가는 자기력선의 수와 나오는 자기력선의 수는 항상 같다. 이에 따라 임의의 폐곡면을 통과하는 총 자기선속은 항상 0이라는 것을 증명할 수 있다. 즉,

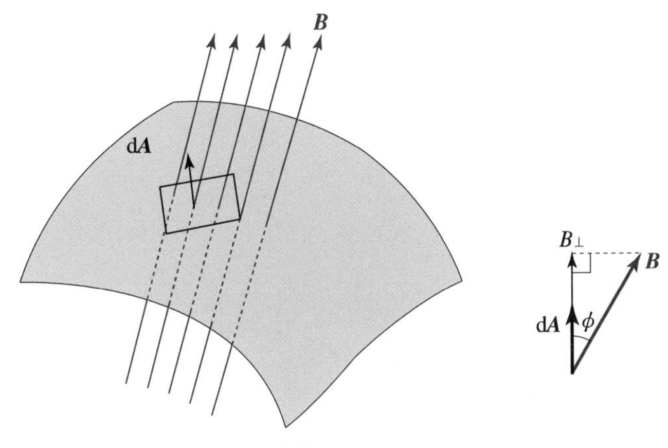

▲ **그림 19.4** | 자기선속의 계산

$$\oint \boldsymbol{B} \cdot d\boldsymbol{A} = 0 \tag{19.7}$$

이며, 이를 자기장에서의 가우스 법칙이라 부른다.

19-3 자기장 내의 전하의 운동

그림 19.5에서와 같이 일정한 크기의 자기장이 고르게 분포되어 있는 어떤 공간에 전하를 가진 입자가 자기장에 직각인 방향으로 입사되는 경우를 다시 생각하여 보자. 오른손법칙을 적용하여 보면 이 입자는 자기장에 의해 원래의 진행 방향에 직각인 방향으로 힘을 받게 된다는 것을 알 수 있다. 전하에 가해진 힘은 그 방향으로 가속도를 입자에게 주게 되고 따라서 입자의 속도벡터는 그 방향을 바꾸게 될 것이며, 한편 바뀐 진행 방향에서도 역시 자기장에 의한 자기력은 새로운 속도 방향에 직각으로 작용하므로 입자의 속도벡터는 다시 방향을 바꾸게 될 것이다. 이러한 과정을 계속 반복하는 것이 이 입자의 운동 모양을 결정할 것이다.

한편 이 입자의 순간순간에 있어서의 선속도는 바뀌지 않는다. 물체의 운동 방향에 대해서 힘이 직각 방향으로 작용한다면 이 물체에 가해지는 물리적인 일은 0이다. 따라서 일－에너지 정리에 따라, 이 입자의 운동에너지는 변화하지 않으며 이에 따라 입자의 속력도 변화하지 않는다(운동에너지는 속력의 제곱에 비례한다). 그러므로 이 입자의 운동 형태는 선속도는 일정하되 계속해서 그 속도의 방향이 바뀌는 것이 된다. 어떤 순간이든 이 입자에 작용하는 힘이 선운동 방향의 직각 방향이 된다는 것은 이 입자가 원운동을 하게 된다는 것을 의미한다. 원운동의 경우 입자를 원 궤도 안에서 움직이도록 구속하는 힘, 즉 구심력은 입자의 선운동 방향에 직각이면서 원의 중심을 향한다. 이 경우에는 자기력이 이러한 구심력의 역할을 하게 된다. 즉,

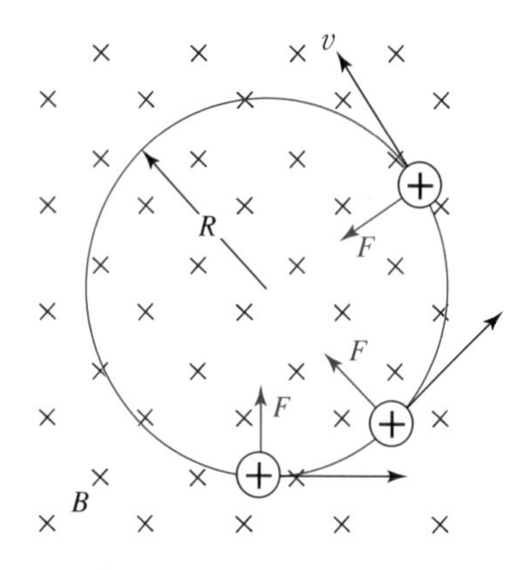

▲ **그림 19.5** | 자기장 내의 전하의 원운동 모양

$$qvB = \frac{mv^2}{r} \tag{19.8}$$

의 식이 성립되며, 이에 따라서 원운동의 반지름 r은

$$r = \frac{mv}{qB} \tag{19.9}$$

가 된다.

이 결과에서 알 수 있듯이 원운동의 반지름은 입자의 질량과 속도에 비례하고 전하량과 자기장의 크기에 반비례한다. 즉 에너지가 높은 입자일수록 큰 반지름을 갖는 궤도를 그리고, 한편 자기장의 크기가 클수록 전하를 작은 원 내에 속박시킬 수 있다. 이러한 원운동의 주기는 일정한 선속도 v로 원주 $2\pi r$을 진행하는 데 걸리는 시간이므로 위의 식에서

$$T = \frac{2\pi r}{v} = \frac{2\pi m}{qB} \tag{19.10}$$

이 되고, 이러한 주기의 역수를 **사이클로트론 진동수(cyclotron frequency)**라고 한다.

예제 19.3 자기장 내 점전하의 운동

전하 q, 질량 m인 점전하가 북쪽으로 속도 v로 운동하다가 균일한 자기장 영역으로 들어가 반원 궤도를 그리면서 동쪽으로 d만큼 떨어진 곳에 도달하였다. 이때 자기장의 크기는 얼마인가? (이 자기장은 지면에 수직방향으로 걸려 있다.)

| 풀이

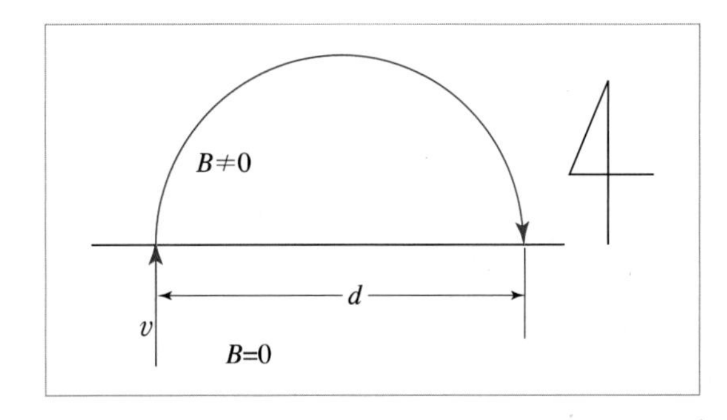

균일한 자기장과 수직하게 움직이는 점전하는 원운동을 하며, 원의 반지름은 식 (19.9)로 주어지기 때문에 문제에서 주어진 자료에 의해 다음의 식을 얻을 수 있다.

$$\frac{d}{2} = \frac{mv}{qB}$$

따라서 자기장의 크기는

$$B = \frac{2mv}{qd}$$

가 된다.

보기 19.1 사이클로트론

입자물리학에서 기본 입자들을 가속시키는 장치로 사이클로트론을 들 수 있다. 사이클로트론은 그림 19.6과 같이 균일한 자기장에 수직인 평면 내에서 움직이는 입자를 가속시키는 장치로, 입자가 두 반원판 사이를 통과할 때 전기장에 의하여 가속되어 매번의 원운동에서 입자의 속도가 증가하고, 이에 따라 원운동의 반지름은 증가한다. 사이클로트론 장치의 중요한 원리는 원운동의 주기가 반지름이나 입자의 선속력에 무관하다는 점에 있다. 원운동의 주기는 위의 식 (19.10)에서 보듯이 m/qB에 비례한다. 두 반원판 사이에 걸리는 전위의 방향은 원운동 주기의 절반의 시간마다 방향이 바뀌어서 계속적인 입자 가속을 가능하게 한다.

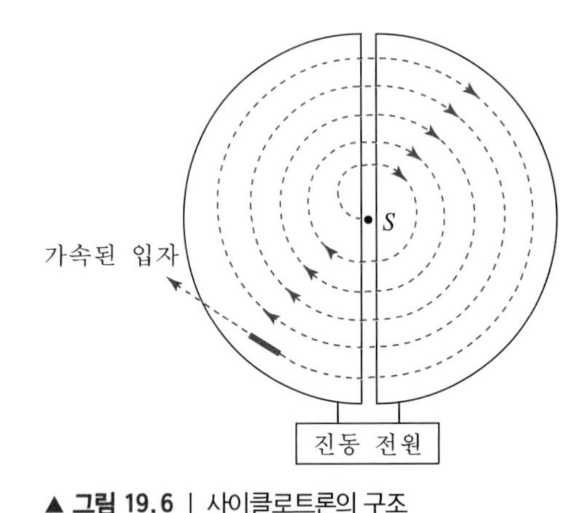

▲ **그림 19.6** | 사이클로트론의 구조

보기 19.2 질량분석기

원자나 분자 등은 그 크기와 질량이 매우 작으므로 저울에 올려 놓아 무게를 다는 등의 통상적인 질량 측정방법으로는 질량을 측정할 수가 없다. 그러나 자기력에 의한 전하의 운동을 이용하면 원자의 질량을 측정할 수 있는데, 먼저 원자를 이온화시켜서 단위전하를 갖게 한 후 이를 그림 19.7과 같이 균일한 자기장이 존재하는 공간에 입사시킨다. 이 전하를 띤 원자, 즉 이온에 작용하는 자기력은 항상 진행 방향에 직각이고, 이에 따라 원자 이온은 원운동을 하게 된다. 식 (19.9)에서 원운동의 반지름은 원자의 질량에 비례하므로, 여러 원자들을 속도선택장치를 통과시켜서 일정한 속도로 자기장 내에 입사시키면 원자의 질량에 비례하여 궤도 반지름이 결정되므로 원자 이온이 도달하는 점까지의 거리를 측정하여 원자의 질량을 측정할 수 있다.

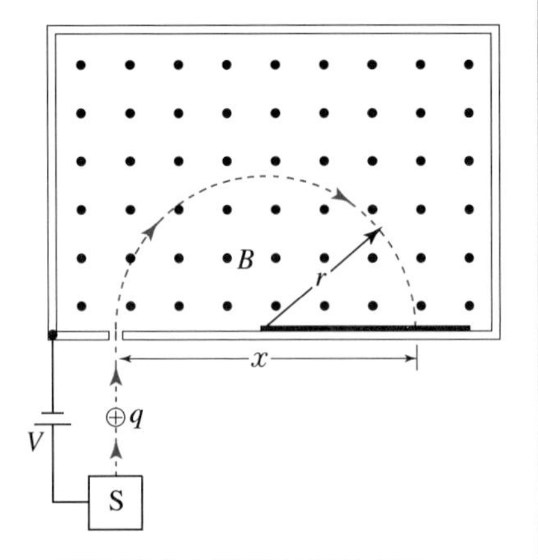

▲ **그림 19.7** | 질량분석기의 구조

19-4 전류 도선에 작용하는 힘과 돌림힘

운동하는 전하는 자기장에 의해 자기력을 받게 되는 것을 살펴보았다. 전류가 흐르는 도선의 경우 전류는 결국 도선 내에서 운동하는 전하들에 의해 형성되는 것이므로 이러한 도선이 자기장 내에 놓여 있다면 이 도선 내의 전하들이 경험하는 힘의 합은 도선 전체가 받는 힘으로 나타나게 될 것이다. 그림 19.8에 이와 같은 상황을 나타내었다.

편의상 양전하가 도선 내에서 운동한다고 가정하고 이 전하들의 평균 유동속도를 v_d라고 하자. 어떤 시간 t 동안에 전하들은 평균적으로 거리 $l = v_d t$ 만큼을 이동할 것이다. 전하들의 운동 방향이 자기장의 방향에 직각일 때 l 만큼의 길이의 도선이 경험하는 힘은 내부의 각각의 전하가 경험하는 힘의 합이므로

$$F = \sum_i (q_i v_d B) = (\sum_i q_i)\left(\frac{l}{t}\right)B = \left(\frac{\sum_i q_i}{t}\right) lB \tag{19.11}$$

로 표시할 수 있다. 그런데 $(\sum_i q_i)/t$ 는 단위시간 동안에 도선에 흐르는 전하량이므로 곧 전류 I가 된다. 따라서,

$$F = IlB \tag{19.12}$$

의 관계식을 얻게 된다.

일반적으로 도선이 자기장의 방향과 직각으로 놓여 있지 않은 경우 그 사이각이 θ 라고 하면 각각의 전하가 경험하는 힘에 $\sin\theta$ 를 곱해주면 되므로 식 (19.11)과 (19.12)로부터

$$F = IlB\sin\theta \tag{19.13}$$

의 일반적인 식을 얻게 된다. 따라서 자기장과 도선의 방향이 직각인 경우에 최대의 힘을 받게 되며, 만약 자기장의 방향과 평행하게 도선이 놓여 있는 경우에는 $\boldsymbol{F} = 0$이 된다. 즉 도선은 전혀 힘을 받지 않는다. 힘의 방향은 각각의 전하가 받는 힘의 방향과 같이 오른손법칙에 의해 결정된다. 즉 전류가 흐르는 방향으로부터 자기장의 방향으로 오른손의 네 손가락을 틀어

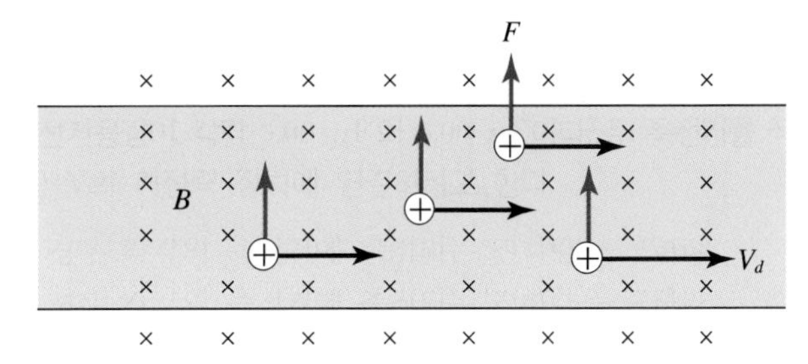

▲ **그림 19.8** | 자기장 내에 놓인 도선 – 전하들의 운동 방향과 자기력의 방향

잡을 때 엄지손가락이 가리키는 방향이 힘의 방향이다. 이를 벡터를 이용한 식으로 나타내면,

$$\boldsymbol{F} = I\boldsymbol{l} \times \boldsymbol{B} \tag{19.14}$$

가 되고 이때 벡터 $\boldsymbol{l}$은 길이 l에 해당되는 크기를 갖고 방향은 전류가 흐르는 방향이다.

예제 19.4 전류가 흐르는 도선에 작용하는 자기력

30.0 A의 전류가 흐르는 곧은 직선 도선이 지면과 나란하게 공중에 떠 있기 위해 필요한 자기장의 크기를 구하여라. 자기장의 방향은 직선과 중력 모두와 수직이다. 도선의 선질량밀도는 40.0 g/m이다.

| 풀이

도선이 지면과 나란하게 공중에 떠 있기 위해서는 중력과 동일한 크기의 자기력이 도선에 작용해야 한다. 자기력의 크기는 식 (19.12)로부터 다음과 같이 쓸 수 있다.

$$mg = ILB$$

따라서 자기장의 크기는

$$B = \frac{mg}{IL} = \frac{(m/L)g}{I} = \frac{(40.0\times10^{-3}\ \mathrm{kg/m})(9.80\ \mathrm{m/s^2})}{30.0\ \mathrm{A}}$$
$$= 1.31\times10^{-2}\ \mathrm{T}$$

와 같이 구할 수 있다.

다음으로 균일한 자기장 내에 전류가 흐르는 고리 모양의 도선이 놓여 있는 경우를 생각해 보자. 그림 19.9에서와 같이 네모난 형태의 도선에 시계 반대 방향으로 전류가 흐르는 경우 우리는 이 도선을 각 네 변으로 나누어서 생각할 수 있고, 이 네 변은 각각 식 (19.14)에 의한 힘을 받게 될 것이다. 힘의 방향은 전류가 흐르는 방향에 따라 결정되고 크기는 변의 길이에

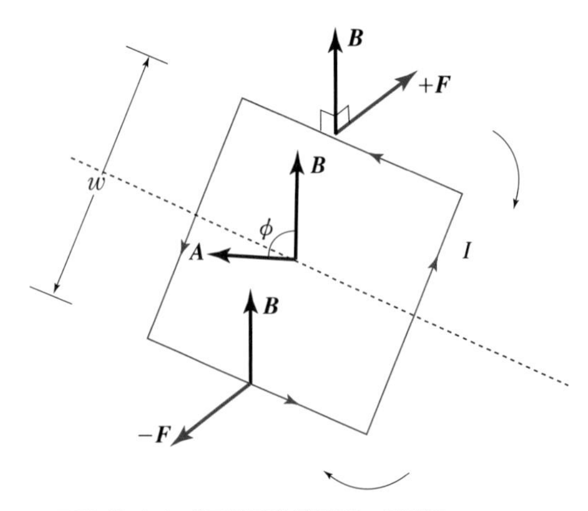

▲ 그림 19.9 | 네모회로에 작용하는 돌림힘

비례하므로 그림에서와 같이 도선에서 서로 마주보는 두 변은 크기가 같고 방향이 반대인 힘을 받게 된다. 따라서 힘의 벡터 합성에서 전체적인 힘은 0이다. 그러나 이 도선이 그 중심을 통과하는 축에 대해서 회전을 할 수 있다면 이 도선은 서로 반대 방향으로 작용하는 두 힘에 의한 돌림힘을 받게 된다. 한쪽 변에서 축을 중심으로 받는 돌림힘은 그림에서 알 수 있듯이

$$\tau_1 = \left(\frac{w}{2}\sin\phi\right)F$$

이며 w는 한 변의 길이로서 사각형의 폭을, ϕ는 도선이 이루는 평면에 수직한 법선과 자기장 사이의 각을, $F = IlB$ 로 한 변이 받는 힘을 나타낸다. 전체적인 돌림힘은 두 돌림힘의 합이므로

$$\tau = 2\tau_1 = wF\sin\phi = wIlB\sin\phi = I(wl)B\sin\phi = IAB\sin\phi \qquad (19.15)$$

이다. A는 도선으로 이루어진 면의 면적을 나타낸다. 이 식은 어떤 모양의 닫힌 회로에서도 성립되는 일반적인 식이다.

IA는 **자기모멘트(magnetic moment)** 또는 **자기쌍극자(magnetic dipole)**라고 하는 물리량이다. $IA = \mu$ 라고 나타내면 위 식은

$$\tau = \mu B\sin\phi \qquad (19.16)$$

로 다시 쓸 수 있다. 이러한 돌림힘에 의하여 닫힌 고리형 회로는 회전하게 된다. 한편 $\phi = 0$ 일 때에 돌림힘은 0이 된다. 이 경우는 도선의 면에 수직한 법선이 자기장의 방향에 평행하게 놓이는 경우이며 곧 도선이 이루는 평면이 자기장에 수직이 되는 경우이다. 위의 식을 벡터를 사용하여 다시 나타내면,

$$\boldsymbol{\tau} = \boldsymbol{\mu}\times\boldsymbol{B} \qquad (19.17)$$

로 쓸 수 있다.

자기모멘트가 자기장에 의해 방향을 바꾸게 된다는 것은 자기장에 의한 자기력이 자기모멘트로 나타나는 전류고리에 대해 일을 해준다는 것을 뜻한다. 미소각변위 $d\phi$ 에 대해서 일 $\mathrm{d}W$는 $\tau d\phi$ 로 주어지고, 이에 대응하는 위치에너지의 변화가 있게 된다. 이에 따른 자기 위치에너지는 다음과 같이 정의된다.

$$U = -\boldsymbol{\mu}\cdot\boldsymbol{B} = -\mu B\cos\phi \qquad (19.18)$$

자기 위치에너지는 자기모멘트와 자기장이 평행할 때 최소의 값을 갖는다.

예제 19.5 자기쌍극자 모멘트

xy평면 위에 2개의 정사각형 도선이 동일한 중심을 가지며 놓여 있다. 두 정사각형의 한 변은 각각 a와 $b(< a)$이다. 두 사각형 도선에는 동일한 전류 I가 흐르며, 전류의 방향이 서로 반대 방향이다. 두 도선에 의한 총 자기쌍극자 모멘트를 구하여라.

| 풀이

자기쌍극자 모멘트는 도선의 면적과 전류의 곱으로 주어지며, 방향은 전류의 방향을 오른손의 네 손가락의 방향으로 놓을 때 엄지손가락으로 나타낼 수 있다. 두 도선의 전류의 방향이 서로 반대이기 때문에 두 도선의 자기쌍극자 모멘트 역시 부호가 다르다. 전류의 양이 동일하므로 면적이 큰 회로가 큰 자기쌍극자 모멘트를 가지게 되고, 따라서 총 자기쌍극자 모멘트는 다음과 같다.

$$\mu_{\text{net}} = I(a^2 - b^2)$$

예제 19.6 자기쌍극자 모멘트와 돌림힘

도선이 20회 감긴 $5.00\ \text{cm} \times 8.00\ \text{cm}$ 넓이의 직사각형 코일이 있다. 이 코일에 $10.0\ \text{mA}$의 전류가 흐른다. 이 코일에 크기가 $0.300\ \text{T}$인 균일한 자기장이 고리면에 평행하게 작용할 때 이 고리에 작용하는 돌림힘의 크기는 얼마인가?

| 풀이

이 코일에는 도선이 20회 감겨 있으므로 전류의 크기가 그만큼 증가하게 된다. 따라서, 자기모멘트의 크기는

$$\mu = NIA = 20 \times (0.010\ \text{A}) \times (0.050 \times 0.080\ \text{m}^2) = 8.00 \times 10^{-4}\ \text{A} \cdot \text{m}^2$$

이고, 방향은 코일면에 수직이다. 돌림힘은 식 (19.17)에서 구할 수 있는데, 이 경우 자기장이 자기모멘트와 수직이므로 돌림힘의 크기는

$$\tau = \mu B = (8.00 \times 10^{-4}\ \text{A} \cdot \text{m}^2) \times (0.300\ \text{T}) = 2.40 \times 10^{-4}\ \text{N} \cdot \text{m}$$

이다.

보기 19.3 검류계

회로에 흐르는 전류를 측정하기 위한 장치로 검류계(galvanometer)가 있다. 이 검류계는 사실상 전류뿐만 아니라 전압, 저항을 측정하는 데 모두 쓰일 수 있는 기본적인 장치이므로 그 원리를 알아둘 필요가 있다. 검류계는 직류 전동기와 비슷하게, 외부의 영구자석과 내부의 회전 원통에 도선이 여러 번 감긴 구조로 이루어져 있다. 원통은 연철(soft iron)로 되어 있으며, 이 물질은 외부의 자기장에 의해 약한 자석을 형성한다. 이에 따라 자기장의 방향은 그림과 같이 항상 원통 면에

수직하게 형성된다. 자기장의 크기는 대체로 균일하다. 이 도선에 우리가 그 값을 알고자 하는 전류를 흐르게 하면 자기모멘트가 발생하고 이에 따라 돌림힘이 발생한다. 돌림힘의 크기는 도선의 감긴 횟수 N, 전류량 i, 도선의 단면적 A, 자기장의 크기 B에 의해 결정되며, 한편 원통은 스프링에 연결되어 있으므로 원통이 돌아가는 각도 ϕ 는

$$\tau = NiAb\sin\phi = \kappa\phi$$

에 의해 결정된다. 이때 자기장의 방향은 항상 원통 면에 수직이므로 $\theta = 90°$이고, κ는 스프링의 비틀림상수이다. 따라서 원통에 연결되어 있는 검류계의 바늘은 전류의 크기에 비례해서 돌아간 각도 ϕ에 해당되는 눈금을 나타내게 된다.

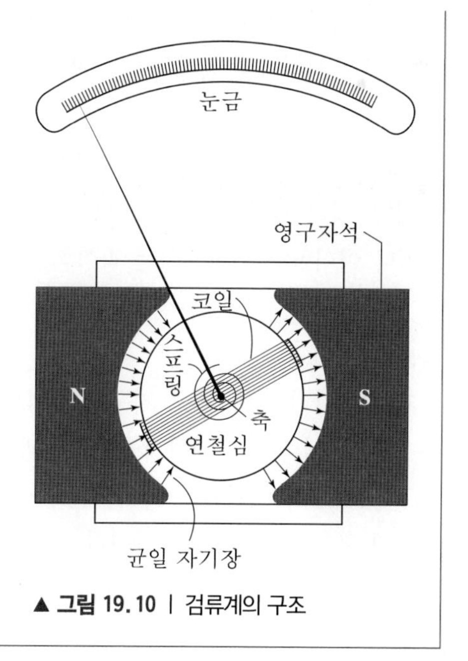

▲ 그림 19.10 | 검류계의 구조

19-5 지구의 자기장

우리가 이 지구상에서 발견할 수 있는 가장 거대한 자연 자석은 바로 지구 그 자체이다. 지구의 자기장에 의해 나침반의 바늘은 북쪽을 가리킨다. 이를 이용한 항해 기술의 발달은 인간의 역사에서 매우 중요한 의미를 지니는데, 지금의 미국인 신대륙을 발견한 것이 한 예이다. 1600년경의 영국 과학자였던 **윌리엄 길버트**(William Gilbert)경은 구형으로 만든 자석의 성질을 연구한 결과 지구 전체가 하나의 거대한 자석이라는 생각을 하게 되었다. 그는 지구 내부에 긴 막대 모양의 거대한 자석이 남극과 북극을 연결하는 방향으로 놓여 있다고 믿었다.

지구의 자기적 적도 부근에서의 수평방향의 자기장이 $10^{-5}\,\mathrm{T}$ 정도이고 북극과 남극에서의 자기장이 $10^{-4}\,\mathrm{T}$ 정도이므로 보통의 자석이 발생시키는 자기장의 크기를 고려할 때 지구 전체 부피의 0.0100% 정도의 부분만이 이러한 자석으로 되어 있다고 하면 지구의 자기장의 크기와 방향을 설명할 수 있었던 것이다.

그러나 현재 지구의 내부는 대단히 높은 온도임이 알려져 있고, 대개의 자석들은 이러한 높은 온도에서는 자석의 성질을 잃어버리는 것으로 알려져 있다. 이는 길버트의 생각이 타당성이 적다는 것을 뜻한다.

자석만이 아니라 전류에 의해서도 자기장이 발생된다는 사실은 지구의 자기장이 지구 내부 외각에 있는 유동적인 물질들의 운동에 의해 형성되는 전류 때문일 것이라는 가설을 낳게 했

다. 이 지구 내부의 운동이 지구의 자전과 연관성이 있다고 믿는 시각도 있다. 이러한 믿음에 대한 근거로는 다른 행성들에 대한 조사 결과를 들 수 있다. 목성과 토성 등은 지구보다 훨씬 큰 자기장을 갖고 있는데, 이들은 주로 가스 상태로 이루어져 있고 지구보다 큰 질량을 갖고 있지만 지구보다 빠르게(10~11시간을 주기로) 자전운동을 한다. 반면 금성과 화성은 지구보다 훨씬 작은 자기장을 갖고 있으며 상당히 천천히(58일과 243일을 주기로) 자전운동을 한다. 그러나 이러한 사실만으로는 과학적인 증거가 완벽하다고 할 수 없을 것이다. 지구의 자기장에 관한 정확한 과학적 설명은 아직 이루어져 있지 않다. 단지 여러 가지 이론이 제시되어 있을 뿐이다.

지구의 자기적 북극, 즉 지구를 자석으로 생각할 때의 자석의 북극과 남극은 지리적인 지구의 북극과 남극에 일치하지 않는다. 과거에 사람들은 이러한 사실을 항해 경험 등에 의하여 알고 있었으며 나침반이 가리키는 북극방향과 실제의 북극방향과의 각도 차이를 아는 것은 현재의 항해사들에게도 중요하다. 이러한 각도 차이를 **자기기움각**이라고 한다. 지구의 자극의 방향은 항상 일정하지 않고 세월에 따라 천천히 변화한다.

오래 전에 응고되어 형성된 바위 등의 자화 방향에 관한 연구에서 지구의 자기장의 방향은 약 백만 년에 한 번 완전히 방향을 바꿈을 알 수 있다.

지구의 자기장에 의하여 일어나는 흥미 있는 현상 중 하나로 **오로라**를 들 수 있다. 태양으로부터 지구로 오는 전하를 띤 입자 또는 우주선 등은 지구 주위의 자기장을 경험하게 된다.

이들은 일반적으로 자기장에 수직인 성분의 속도를 갖기 때문에 원운동을 하면서 진행하게 되므로 나선형의 운동을 하게 된다. 만약 자기력선으로 나타낸 자기장이 가운데가 불룩한 병 모양의 모습을 하고 있다면 이 자기장 내에 들어온 전하는 나선형을 그리면서 앞뒤로 왕복운동을 하게 된다. 다시 말해서 전하를 띤 입자는 이러한 영역 내에서 벗어나지 못하고 갇혀 있는 형태가 된다. 지구의 자기장에 의하여 전하들은 지상으로부터 수천 km 상공의 영역에 모이게 된다. 지구 주위에 도넛 형태의 자기장 영역이 형성되는 것을 **반-알렌띠(Van-Allen belt)**라고 한다. 낮에 반-알렌띠에 모인 전하들은 공기분자들을 들뜨게 하거나 이온화시키고 이러한 분자들이 원래의 상태로 돌아가거나 재결합하면서 빛을 방출하게 되는데 이러한 현상이 오로라라고 알려져 있다.

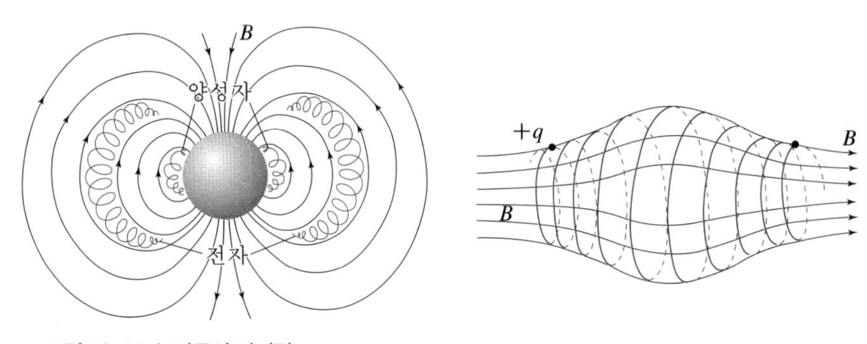

▲ **그림 19.11** | 지구의 자기장

연습문제

19-2 자기장과 자기선속

1. 균일한 자기장 내에서 움직이는 전하는 힘을 받는다. 이 힘이 최대가 되려면 전하는 어느 방향으로 움직여야 하는가? 또 힘이 최소가 되려면 어느 방향으로 움직여야 하는가?

2. 균일한 자기장 내에 있는 전하에 자기력이 가해지지 않는 경우를 모두 고르시오.

(가) 속력이 0일 때
(나) 자기장 방향과 전하의 진행 방향이 같을 때
(다) 전하가 음으로 대전되어 있을 때
(라) 자기장의 방향과 전하의 진행 방향이 수직일 때

3. 전하 q가 자기장 B에서 속도 v로 움직일 때 받는 힘 F에 대해 옳은 설명은 무엇인가?

(a) F는 v에 수직이지만 B에 수직일 필요는 없다.
(b) F, v, B가 서로 수직이다.
(c) F는 v와 B에 수직이지만, v와 B가 서로 수직일 필요는 없다.
(d) v는 B에 수직이지만, F에 수직일 필요는 없다.
(e) F의 크기는 전하량의 크기 q와 무관하다.

4. 전하량이 q인 대전된 입자들이 속도 v로 균일한 자기장 B에 수직으로 들어간다. 이때 자기장이 대전된 입자에 미치는 영향으로 옳지 않은 것은 무엇인가?

(a) 입자에 자기력을 발생시킨다.
(b) 입자를 가속시킨다.
(c) 입자가 원운동하도록 구심력을 발생시킨다.
(d) 입자의 운동량을 변화시킨다.
(e) 입자의 운동에너지를 변화시킨다.

5. 균일한 전기장 E가 $+y$축 방향으로 작용하고 있는 공간으로 $+x$축 방향으로 움직이는 전자가 진입한다. 이때, 전자가 등속으로 직진하게 하려면 자기장 B를 어느 방향으로, 얼마의 크기로 가해 주어야 하는가? 또, 이 경우 전자의 운동에너지는 어떻게 되는가? (단, 전자의 질량은 m이다.)

6. 전자가 균일한 자기장 $\boldsymbol{B} = (0.200\,\boldsymbol{i} + 0.500\,\boldsymbol{j})\,T$와 전기장 $\boldsymbol{E} = (-1.00\,\boldsymbol{k})\,N/C$ 속에서 움직이고 있다. 전자의 속력이 $v = (2.00\,\boldsymbol{i} - 3.00\,\boldsymbol{j})\,m/s$일 때 전자가 받는 로렌츠힘의 크기와 방향을 구하여라. 전자의 질량과 전하량은 각각 m과 $-e$이다.

19-3 자기장 내의 전하의 운동

7. 균일한 자기장이 있는 공간으로 전자와 양성자가 자기장에 수직인 방향으로 같은 속도를 가지고 입사한다. 두 입자가 받는 자기력의 크기와 방향을 비교하여라. 또, 두 입자가 그리는 원운동 궤적의 반지름 비율은 얼마인가?

8. 그림 P.19.1과 같이 지면 바깥쪽으로 향하는 균일한 자기장과 중력장이 존재하는 공간에 전하량이 q인 입자가 v의 속력으로 등속운동을 하고 있다. 이때, 입자의 전하량 q의 크기와 부호를 구하여라. 단, 입자의 질량은 m이고 중력가속도는 g이다.

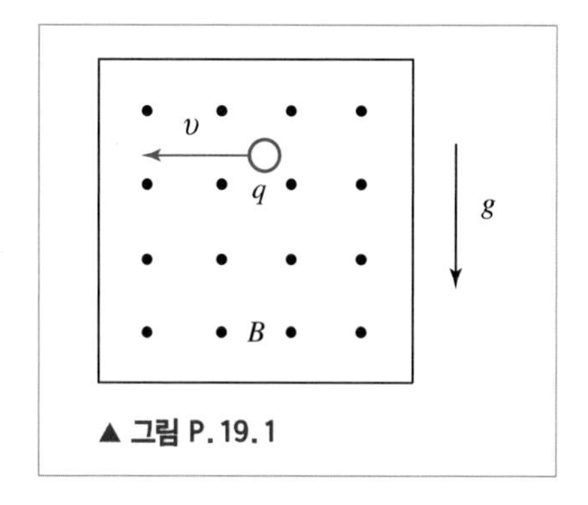

▲ 그림 P.19.1

9. 초기속도 $v_0 = 4.00 \times 10^3\,\mathrm{m/s}$인 어떤 입자를 균일한 자기장과 전기장이 있는 공간에 입사시켰더니 경로가 휘어지지 않고 등속운동을 하였다. 균일한 자기장의 크기가 $0.600\ \mathrm{T}$일 때 전기장의 크기와 방향을 구하여라.

10. 질량이 m이고 전하량이 $-e$인 전자들이 전위차 V에 의하여 정지상태에서 가속되고 자기장 B에 의하여 속도에 수직방향으로 편향된다. 전자궤적의 반지름을 구하여라.

11. 균일한 자기장 B 속에서 등속원운동을 하는 질량이 m이고 전하량이 q인 입자가 있다. 이 입자의 원궤도상에서 이 입자에 의한 전류의 크기를 구하여라.

12. 진공 튜브 안에서 전자가 정지 상태로부터 20.0 kV의 전위차로 가속 된 다음 진행방향에 수직한 균일한 자기장에 의해 원호를 그리며 운동한다. 원호의 반지름이 0.150 m라고 한다면 자기장의 크기는 얼마인가?

13. 매우 긴 직선 도선에 5.00 A의 일정한 전류가 $+x$ 방향으로 흐르고 있다. 여기에 주어진 균일한 자기장 벡터가 $\boldsymbol{B} = 0.200(\mathrm{T})\mathbf{i} - 0.300(\mathrm{T})\mathbf{j}$ 일 때 도선에 작용하는 단위 길이당 힘을 벡터로 나타내라.

14. 균일한 자기장 내에서 전류가 흐르는 평면고리는 돌림힘을 받는다. 이 돌림힘이 최대가 되기 위한 고리의 방향은?

15. 그림과 같이 직사각형 loop에 전류가 흐르고 있고, 자기장이 loop과 같은 평면상에 있다면 다음 중 옳은 것은 무엇인가?

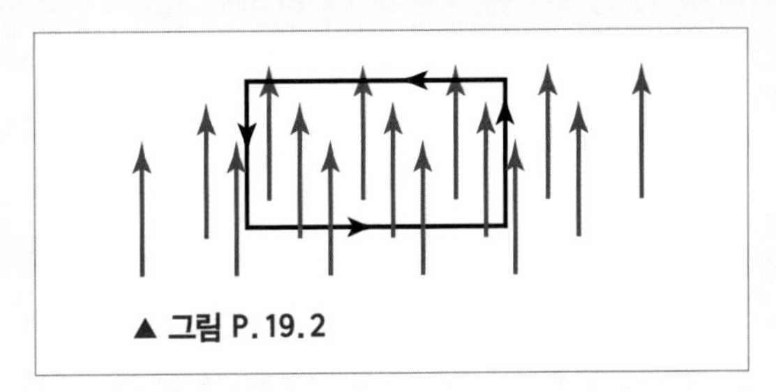

▲ 그림 P. 19. 2

(가) loop에 알짜힘이 작용하여 직선운동한다.
(나) 알짜 돌림힘이 작용하여 loop이 회전한다.
(다) loop이 알짜힘과 돌림힘 모두 받아 운동한다.
(라) 아무런 작용을 하지 않는다.

16. 다음과 같이 이번에는 자기장이 loop에 수직인 방향으로 인가되고 있다. 다음 중 옳은 것은 무엇인가?

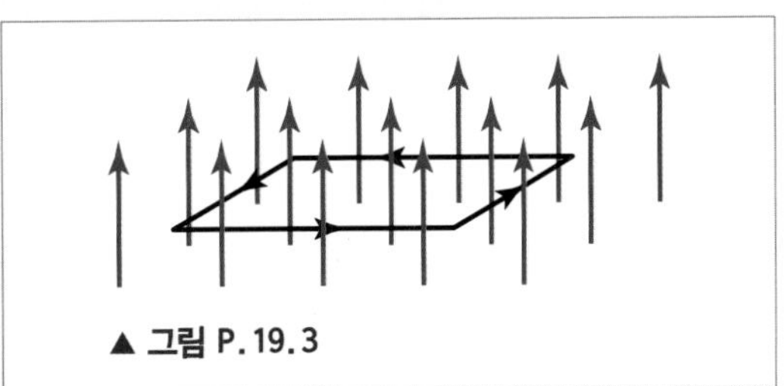

▲ 그림 P. 19. 3

(가) loop에 알짜힘이 작용하여 직선운동한다.
(나) 알짜 돌림힘이 작용하여 loop이 회전한다.
(다) loop이 알짜힘과 돌림힘 모두 받아 운동한다.
(라) 아무런 작용을 하지 않는다.

17. 그림 P.19.4와 같이 도체 내 전류가 왼쪽에서 오른쪽으로 흐른다. 자기장은 지면으로 들어가는 방향이고 점 S의 전위가 점 T의 전위보다 높다. 전하운반자의 부호를 결정하여라.

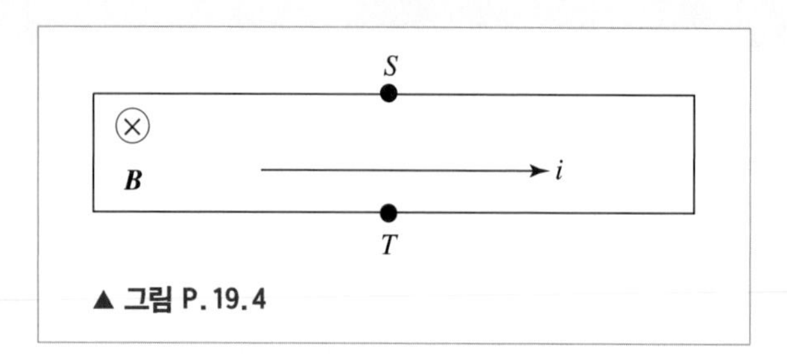

▲ 그림 P.19.4

18. 길이가 0.200 m인 구리막대가 저울 위에 놓여 있고 이 막대에는 전류가 흐르고 있다. 막대에는 이 막대와 수직방향으로 크기 0.0700 T의 균일한 수평방향의 자기장이 걸려 있다. 이 막대에 작용하는 자기력을 저울로 측정한 값은 0.240 N이다. 이 막대에 흐르는 전류는 얼마인가?

19. 자기모멘트가 $\mu = 1.30\ \text{A} \cdot \text{m}^2$인 네모회로가 처음에 0.750 T의 균일한 자기장에 평행한 방향으로 자기모멘트의 방향을 가지고 있다. 이 네모회로를 90° 회전시킨 경우 위치에너지의 변화는 얼마인가?

20. 반지름이 20.0 cm이고 xy 평면상에 놓여 있는 원형 도선에 2.00 A의 전류가 z축 꼭대기 위에서 내려다보았을 때 반시계 방향으로 흐른다. 이때 다음 질문에 답하여라.

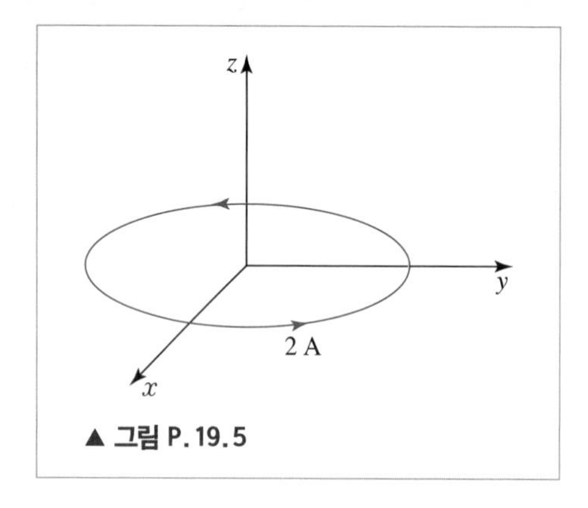

▲ 그림 P.19.5

(가) 자기쌍극자 모멘트의 크기와 방향은?

(나) 균일한 자기장을 $+y$방향으로 0.100 T의 크기로 가했을 때 이 원형 도선의 자기위치에너지와 돌림힘의 크기를 구하여라.

(다) 균일한 자기장을 $+z$ 방향으로 0.100 T의 크기로 가했을 때 이 원형 도선의 자기위치에너지와 돌림힘의 크기를 구하여라.

발전문제

21. 초기에 북쪽으로 속도 4.00×10^{6} m/s 로 운동하기 시작한 전자가 반원궤도를 그리면서 동쪽으로 10.0 cm 떨어진 곳에 도달하였다.

(가) 이러한 반원궤도를 그리도록 하는 데 필요한 자기장의 크기와 방향을 구하여라.

(나) 이 전자가 동쪽 지점에 도달하는 데 걸리는 시간을 구하여라.

22. 지름이 0.800 m 인 원형 도선이 12회 감겨 있다. 도선에는 3.00 A 의 전류가 흐른다. 이 원형 도선에 0.600 T 크기의 균일한 자기장이 가해지고 도선이 자유롭게 회전할 수 있다고 할 때,

(가) 도선에 작용하는 최대 돌림 힘은 얼마인가?

(나) 어떤 도선의 위치에서 돌림힘은 절반으로 줄어드는가?

23. 질량이 1.50×10^{-15}kg 인 양전하가 균일한 자기장 $\boldsymbol{B} = -0.200(\mathrm{T})\mathbf{k}$이 주어진 공간에 진입하였다. 진입할 때 입자의 속도는 $\boldsymbol{v} = (1.00 \times 10^{6}\,\mathrm{m/s})(4\mathrm{i} - 3\mathbf{j} + 6\mathbf{k})$이고 이 때 자기력에 의한 힘의 크기는 2.00 N이다.

(가) 양전하의 전하량을 구하라

(나) 입자의 가속도를 구하라.

(다) 입자의 운동 경로가 나선형이 됨을 설명하고 원형 운동 성분의 반지름을 구하라.

24 그림과 같이 $+x$ 방향의 균일한 자기장 B 속의 원점 O에서 초속도 v로 x축과 θ의 각도로 전자가 방출되었다. 다음 각 경우 전자의 운동은 어떻게 되는가?

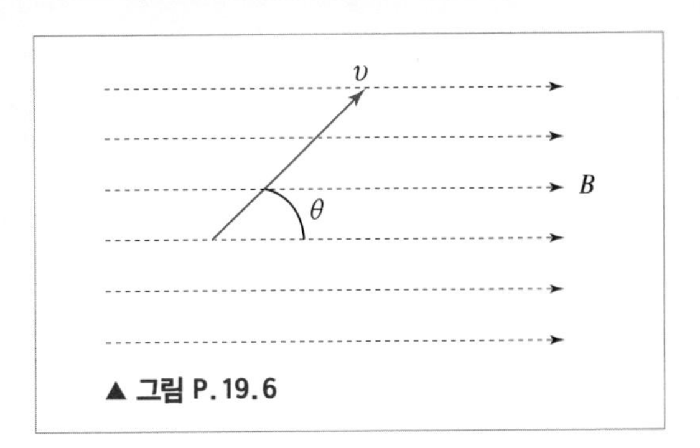

▲ 그림 P.19.6

(가) $\theta = 0°$ 일 때

(나) $\theta = 90°$ 일 때

(다) $0° < \theta < 90°$일 때

(라) $\theta = 45°$ 인 경우, 전자가 1회전할 때 전자가 $+x$방향으로 진행하는 거리는 얼마인가?

(단, 전자의 질량은 m이고 전하량은 e이다.)

19-21

25. 한 변의 길이가 15.0 cm인 직각 이등변 삼각형 고리에 2.00 A의 전류가 흐른다. 직각삼각형의 빗변에 수직하고 삼각형의 면과 나란하며 크기가 0.700 T인 균일한 자기장에 의해 삼각형의 두 등변에 작용하는 자기력의 크기는 얼마인가

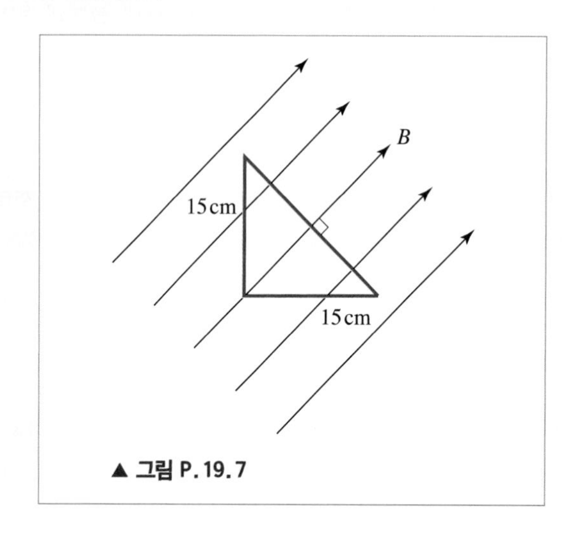

▲ 그림 P.19.7

Physics

앙드레마리 앙페르

André-Marie Ampére, 1775-1836

프랑스의 물리학자이자 수학자이며 가장 큰 업적으로는 전류와 자기장의 관계를 밝힌 것이다. 또한 두 도선에 전류가 흐를 때 인력과 반발력 사이의 관계를 수학적으로 명확히 밝혔다. 전류의 단위 '암페어 (A)'는 전기 역학 분야에 특히 큰 공헌을 한 암페어의 이름에서 딴 것이다.

CHAPTER 20

전류와 자기장

앞 장에서 움직이는 전하 주변에 자기장이 형성된다는 사실을 다루었다. 움직이는 전하는 곧 전류를 의미하므로, 전류가 자기장을 생성하는 원천이라 할 수 있다. 이 장에서는 전류가 흐르는 도선에서 자기장이 형성되는 현상을 기술한 비오-사바르 법칙과 암페어의 법칙을 이용하여 다양한 형태의 도선에서 형성되는 자기장에 관해 학습할 것이다. 이로부터 전류가 흐르는 두 개의 도선 사이에서 자기력이 작용함을 배우게 되는데, 이는 두 개의 점전하 사이에서 작용하는 전기력과 유사함을 알게 될 것이다.

전류에 의한 자기장 생성의 원리는 원자 수준에서도 적용된다. 물질 중에는 자성을 갖는 것과 그렇지 않은 것들이 있다. 물질의 자성은 주로 원자나 분자 등 그 물질의 구성요소가 가지고 있는 자기쌍극자의 크기와 배열 상태에 따라 정해진다. 여기서는 원자가 가지는 자기모멘트 중 전자의 궤도 자기모멘트와 스핀 모멘트에 대해 먼저 알아보고 물질의 자성을 기술하는 물리량으로 자기화, 자기감수율 등을 설명한다. 이어서 물질의 여러 자성 상태 중에서 주가 되는 상자성, 강자성, 반자성 상태에 관해 설명한다.

20-1 비오-사바르 법칙

지금까지 우리는 자기장에 의해 전류가 경험하는 힘에 관하여 살펴보았다. 그러나 한편으로 자기장은 전류에 의해 발생되기도 한다. 이러한 사실은 1820년경에 **외르스테드**(Hans Christian Oersted)에 의하여 처음 밝혀졌다. 그는 도선 주위에 나침반이 놓인 경우 도선에 전류가 흐르지 않을 때에는 지구의 자기장 때문에 나침반의 바늘이 북쪽을 가리키지만 전류를 흐르게 하면 바늘의 방향이 바뀌게 되는 것을 발견하였다. 전류의 흐름을 중단하면 바늘은 원래의 방향으로 돌아간다. 이러한 사실은 전류에 의하여 지구의 자기장 이외의 다른 자기장이 공간 중에 형성된다는 것을 암시한다. 전류가 흐르는 도선 주위의 여러 곳에 나침반을 놓아 보면 이 자기장의 방향을 알 수 있으며, 또한 바늘의 방향이 돌아가는 정도에 의해 그 크기를 짐작할 수 있다. 이에 따라 자기력선의 분포를 그려낼 수 있을 것이다.

이와 같은 방법을 통해 전류가 흐르는 도선의 주변에서 전류 방향에 수직인 평면상에 자기력선이 형성되는 것을 알 수 있다. 전류가 흐르는 무한히 긴 직선 도선의 경우 그 주변에 발생하는 자기장의 크기는 도선으로부터의 수직 거리에 반비례하고 전류의 크기에 비례한다. 이를 수식으로 표현하여 도선으로부터 수직 거리를 d라고 하고 전류를 I라고 하면, 자기장은

$$B = \frac{\mu_0 I}{2\pi d} \tag{20.1}$$

이며 이때 μ_0는

$$\mu_0 = 4\pi \times 10^{-7}\ \mathrm{T \cdot m/A}\ (\text{또는 } \mathrm{Wb/A \cdot m})$$

의 값을 갖는 상수로서 진공 중에서의 **투과상수(permeability constant)**라고 불린다.

자기력선은 도선을 원점으로 하는 닫힌 원형의 모습이 된다. 또한 자기장의 방향은 오른손

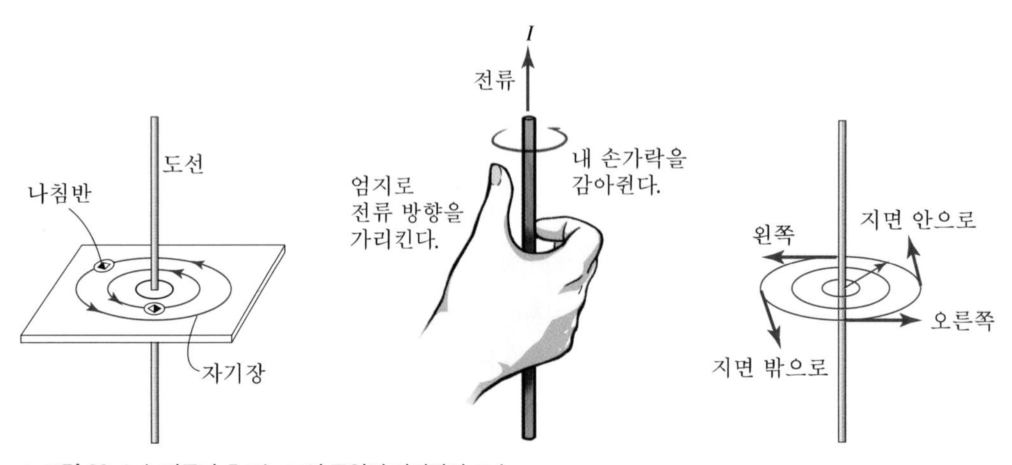

▲ **그림 20.1** | 전류가 흐르는 도선 주위의 자기장의 모습

법칙에 의해 결정된다. 즉 그림 20.1과 같이 오른손의 엄지손가락을 전류가 흐르는 방향으로 가리킨 상태에서 오른손으로 도선을 감싸쥔다고 상상할 때 다른 네 손가락이 자기력선의 방향에 따르는 원을 나타낸다고 생각하면 된다. 한 점에서의 자기장의 방향은 이러한 원의 접선 방향이다.

❙ 비오-사바르의 법칙

무한히 긴 직선 도선이 아닌 임의의 형태의 도선의 경우, 그 주변에 형성되는 자기장을 알고 싶다면 먼저 그 도선을 미소선분요소로 나누고, 각 미소요소에 의해 형성되는 미소자기장을 계산하고 이를 모두 더하여 전체적인 자기장을 계산할 수 있다. 그림 20.2처럼 임의의 형태의 도선에 전류 I가 흐르는 경우를 생각해보자. 전류 I가 흐르는 미소선분요소 $\mathrm{d}l$에 의해서 그 주변에는 자기장이 형성되고 이때 그 크기와 방향을 실험적으로 할 수 있다. 전기장과 비슷하게 자기장의 크기는 전기장의 미소전하 $\mathrm{d}q$처럼 미소전류요소 $I\mathrm{d}\boldsymbol{l}$에 비례하고 자기장을 측정하는 점까지의 거리에 반비례한다. 또한 자기장의 크기는 미소전류요소 벡터와 자기장을 측정하는 변위벡터 사이의 각 ϕ의 사인(sine)값에 비례한다. 즉, 자기장의 크기는

$$\mathrm{d}B = \frac{\mu_0}{4\pi}\frac{I\mathrm{d}\boldsymbol{l}\sin\phi}{r^2} \tag{20.2}$$

로 주어진다. 여기에서 $\mu_0/4\pi$는 비례상수이다. 자기장의 방향을 고려하여 자기장의 벡터 표현을 쓰면,

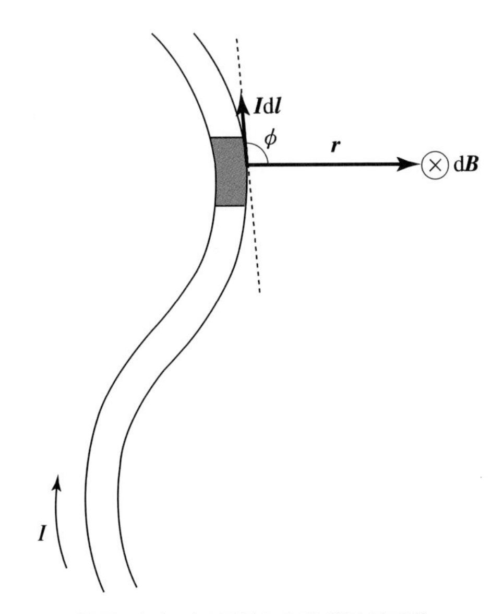

▲ **그림 20.2** ❘ 미소전류요소에 의한 자기장

$$dB = \frac{\mu_0}{4\pi}\frac{Id\boldsymbol{l} \times \hat{\boldsymbol{r}}}{r^2} \tag{20.3}$$

이 되고, 이때 $\hat{r}$ 은 운동전하에서 자기장을 측정하는 점까지의 방향을 나타내는 단위벡터이다. 전기장의 경우와 비교해서, $\mathrm{d}q \rightarrow I\mathrm{d}\boldsymbol{l}$, $1/4\pi\epsilon_0 \rightarrow \mu_0/4\pi$로 변화하였고 방향이 수직으로 바뀐 것으로 볼 수 있다. 또한, $\phi = 90°$일 때에 자기장의 크기가 가장 크다는 것을 알 수 있다.

이를 **비오 - 사바르(Biot-Savart)의 법칙**이라고 한다. 전체 회로에 의한 자기장을 구하기 위해서는 이와 같은 미소전류요소에 의한 자기장을 모두 합하면 되므로, 위의 식을 적분하면 된다. 즉, 다음과 같아진다.

$$\boldsymbol{B} = \frac{\mu_0}{4\pi}\int \frac{I\mathrm{d}\boldsymbol{l} \times \hat{\boldsymbol{r}}}{r^2} \tag{20.4}$$

❙ 직선 도선에 의한 자기장

길이가 무한한 곧은 직선 도선에 흐르는 전류에 의해서 발생하는 자기장을 계산해보자. 그림에서 나타낸 것처럼 미소전류요소 $\mathrm{d}\boldsymbol{l}$에 의해 발생되는 자기장을 $\mathrm{d}\boldsymbol{B}$라고 하면, $\mathrm{d}\boldsymbol{B}$의 크기는 식 (20.3)에서

$$\mathrm{d}B = \frac{\mu_0 I}{4\pi}\frac{\mathrm{d}l\sin\theta}{r^2} \tag{20.5}$$

가 된다. 이때 자기장의 방향은 $\mathrm{d}\boldsymbol{l} \times \hat{\boldsymbol{r}}$벡터의 방향이므로 종이면 안쪽이 된다. 이 경우 모든 전류요소에 의한 자기장의 방향이 다 같으므로 전체 자기장은 같은 방향이 되며, 단지 미소전류요소에 의한 자기장의 크기를 다 더하면, 즉 적분하여 구하면 된다. 따라서,

$$B = \int \mathrm{d}B = \frac{\mu_0 I}{4\pi}\int_{l=-\infty}^{l=+\infty} \frac{\sin\theta\,\mathrm{d}l}{r^2} \tag{20.6}$$

이다. 이때 그림에 주어진 상황에서 r과 θ는 l과 다음과 같은 관계에 있다.

$$r = \sqrt{l^2 + R^2},$$
$$\sin\theta = \sin(\pi - \theta) = \frac{R}{\sqrt{l^2 + R^2}} \tag{20.7}$$

그러므로 위의 적분식은

$$B = \frac{\mu_0 I}{4\pi}\int_{l=-\infty}^{l=+\infty} \frac{R\mathrm{d}l}{(l^2 + R^2)^{3/2}} = \frac{\mu_0 I}{2\pi R} \tag{20.8}$$

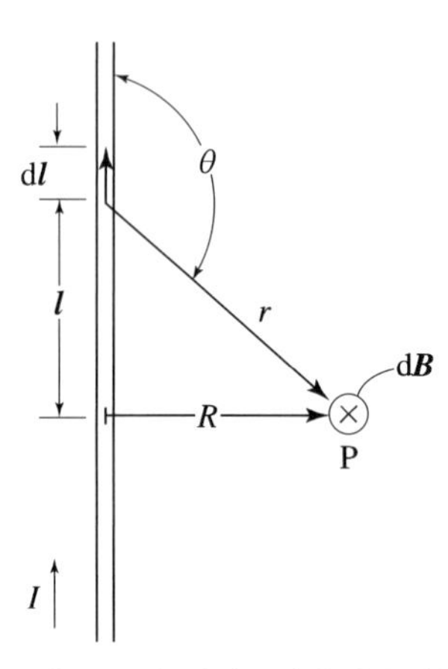

▲ **그림 20.3** | 직선 도선에 의한 자기장

로 계산된다. 무한 직선 도선에 흐르는 전류 I에 의해 도선 주변의 한 점에 발생하는 자기장의 크기는 전류의 크기에 비례하고, 그 점으로부터 도선까지 수직선을 그렸을 때 이 수직선의 길이, 즉 도선으로부터의 거리와는 반비례한다. 이는 식 (20.1)과 동일한 결과이다. 자기력선의 방향은 도선에 흐르는 전류의 방향을 오른손 엄지손가락으로 가리키고 나머지 네 손가락을 감아쥐었을 때 네 손가락의 방향이다.

예제 20.1 곧은 도체에 의한 자기장

그림과 같이 무한히 긴 두 직선 도선이 평행하게 10.0 cm 떨어져서 화살표 방향으로 각각 0.500 A와 1.00 A의 전류가 흐르고 있다. 두 도선의 중간 지점 P에서 자기장의 크기를 구하여라.

| 풀이

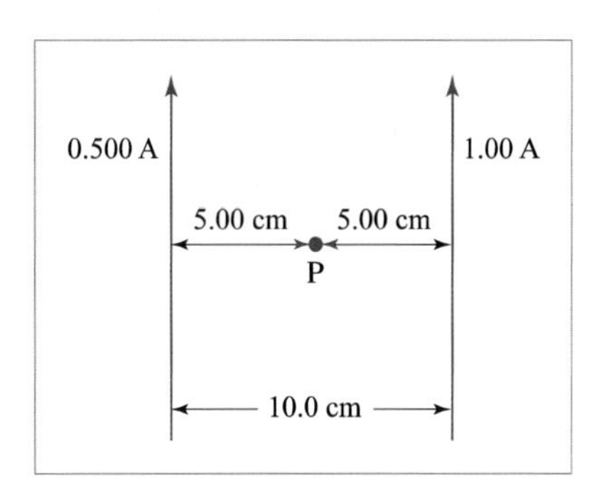

0.500 A와 1.00 A의 전류가 흐르는 도선에 의하여 P에서 생성되는 자기장의 크기를 각각 B_1, B_2라고 하자. 식 (20.8)을 이용하면, B_1, B_2는 다음과 같다.

$$B_1 = \frac{\mu_0}{2\pi} \times \frac{0.500\ \text{A}}{0.0500\ \text{m}} = \frac{\mu_0}{\pi} \times 5.00\ \text{A/m}$$

$$B_2 = \frac{\mu_0}{2\pi} \times \frac{1.00\ \text{A}}{0.0500\ \text{m}} = \frac{\mu_0}{\pi} \times 10.0\ \text{A/m}$$

오른손법칙을 적용하면, 0.500 A의 전류가 흐르는 도선에 의한 자기장은 점 P에서 지면 안쪽으로 들어가는 방향이고, 1.00 A의 전류가 흐르는 도선에 의한 자기장은 지면 밖으로 나오는 방향으로 서로 반대 방향이다. 따라서, 두 도선에 의한 합성 자기장의 크기는

$$B_2 - B_1 = \frac{\mu_0}{\pi} \times 5.00\ \text{A/m} = \frac{4\pi \times 10^{-7}\ \text{T} \cdot \text{m/A}}{\pi} \times 5.00\ \text{A/m} = 2.00 \times 10^{-6}\ \text{T}$$

이고, 방향은 지면 밖으로 나오는 방향이다.

원형 고리에 의한 자기장

원형 고리 도선에 흐르는 전류에 의해 발생되는 자기장을 계산해보자. 그림 20.4에서 $\mathrm{d}\boldsymbol{l}$은 미소전류요소로 종이면 앞쪽으로 향하는 벡터이다. $\mathrm{d}\boldsymbol{l}$과 $\boldsymbol{r}$ 사이의 각은 90°이다. 이 미소전류요소에 의한 자기장 $\mathrm{d}\boldsymbol{B}$의 방향은 따라서 종이면 위에 놓이며 $\boldsymbol{r}$벡터에 수직인 방향이다. 이 자기장 벡터는 $\mathrm{d}B_x$와 $\mathrm{d}B_y$의 두 가지 벡터 성분으로 분해가 가능하다. 이때 원형 고리의 정반대쪽에 있는 같은 크기의 미소전류요소에 의한 자기장을 생각해서 더해보면 $\mathrm{d}B_y$의 성분은 서로 상쇄된다는 것을 알 수 있다. 한편 $\mathrm{d}B_x$ 성분은 같은 방향이므로 단순히 더해진다.

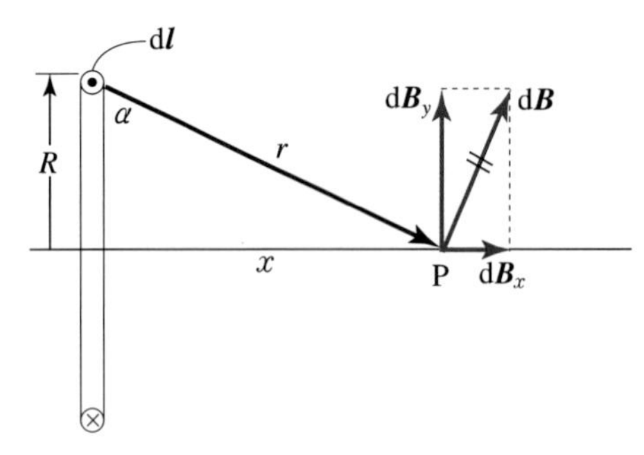

▲ **그림 20.4** | 원형 고리에 의한 자기장

따라서 전체 자기장은

$$B = \int \mathrm{d}B_x = \int \mathrm{d}B\cos\alpha \tag{20.9}$$

가 되고, 이는 다시

$$B = \int \frac{\mu_0 I}{4\pi}\frac{\mathrm{d}l\sin 90°}{r^2}\cdot\frac{R}{\sqrt{R^2+x^2}} = \frac{\mu_0 I}{4\pi}\int\frac{R}{(R^2+x^2)^{3/2}}\mathrm{d}l \tag{20.10}$$

이 된다. 결과적으로,

$$B = B(x) = \frac{\mu_0 IR^2}{2(R^2+x^2)^{3/2}} \tag{20.11}$$

이다.

예를 들어, 고리 평면의 중심에서 자기장은 $x=0$인 경우에 해당하므로,

$$B = B(x=0) = \frac{\mu_0 I}{2R} \tag{20.12}$$

가 된다. 또한, 고리에서 충분히 먼 곳에서는 $x \gg R$이 되므로 이때에는

$$B(x) = \frac{\mu_0 IR^2}{2x^3} \tag{20.13}$$

이 된다. πR^2이 고리의 면적이므로 먼저 정의했던 자기모멘트를 생각하면 위 식은

$$B(x) = \frac{\mu_0}{2\pi}\frac{\mu}{x^3} \tag{20.14}$$

로 바꾸어 쓸 수 있다. 이 결과는 전기장에서 전기쌍극자에 의한 전기장의 식을 연상시킨다.

예제 20.2 원형 고리에 의한 자기장

반지름이 10.0 cm인 원형 고리에 전류가 흐르고 있다. 이 원형 고리의 자기모멘트가 $1.50\times10^{-3}\,\mathrm{A\cdot m^2}$ 일 때 고리의 중심에서 자기장의 크기를 구하여라.

| 풀이

원형 고리의 자기모멘트를 μ라고 하면 $\mu = IA = \pi R^2 I$ 이므로(여기서, R은 원형 고리의 반지름, I는 전류이다.) $I = \dfrac{\mu}{\pi R^2}$ 이다.

원형 고리 중심에서 자기장은 식 (20.12)로부터 $B = \dfrac{\mu_0 I}{2R}$ 이므로, 앞에서 구한 전류를 대입하면 자기장은 $B = \dfrac{\mu_0\mu}{2\pi R^3}$ 가 된다. 따라서, 주어진 값들을 대입하면,

$$B = \frac{4\pi\times10^{-7}\,\mathrm{T\cdot m/A}\times1.50\times10^{-3}\,\mathrm{A\cdot m^2}}{2\pi\times(0.100\,\mathrm{m})^3} = 3.00\times10^{-7}\,\mathrm{T}$$

가 된다.

예제 20.3 회전하는 전하에 의한 자기장

반지름이 R인 원형 고리가 총 전하량 Q로 대전되어 있다. 이 고리가 중심 O를 회전축으로 각속도 ω로 돌고 있다. 이때 중심에서의 자기장의 크기는 얼마인가?

| 풀이

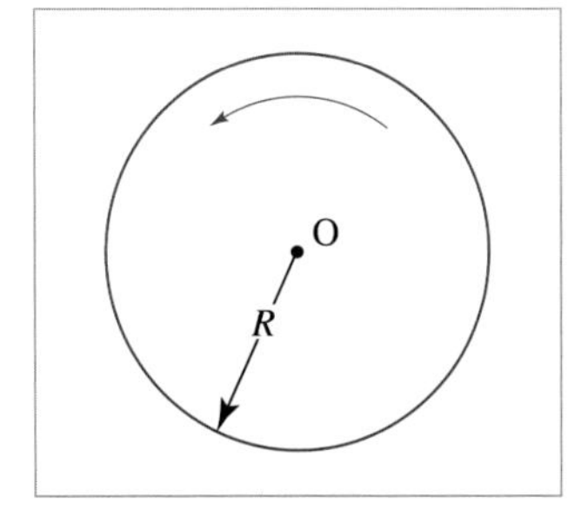

전하들이 일정한 각속도로 움직이기 때문에 원형 고리에 정상 전류 I가 흐르고 있는 것으로 동일하게 생각할 수 있으며, 전류는

$$I = \frac{\mathrm{d}q}{\mathrm{d}t} = \frac{\lambda \mathrm{d}l}{\mathrm{d}t} = \lambda R\frac{\mathrm{d}\theta}{\mathrm{d}t} = \frac{Q\omega}{2\pi}$$

로 얻을 수 있다. 이제 비오-사바르 공식을 이용하자. 원형 고리의 선소 $\mathrm{d}l$에 흐르는 전류에 의해 중심에 생기는 자기장 $\mathrm{d}\boldsymbol{B}$는

$$\mathrm{d}\boldsymbol{B} = \frac{\mu_0}{4\pi}\frac{I\mathrm{d}\boldsymbol{l}\times\boldsymbol{r}}{R^2}$$

이며, 여기서 $\boldsymbol{r}$은 선소로부터 중심까지를 나타내는 위치벡터의 단위벡터로서 반지름 방향이므로 원의 접선 방향을 가리키는 $I\mathrm{d}\boldsymbol{l}$과 항상 직각을 이룬다. 따라서 자기장 $\mathrm{d}\boldsymbol{B}$의 크기는

$$\mathrm{d}B = \frac{\mu_0}{4\pi}\frac{I\mathrm{d}l}{R^2}$$

로 쓸 수 있으며, 방향은 이 경우 지면으로부터 올라오는 방향을 가리킨다. 원형고리의 모든 선소들에 대한 자기장의 크기는 모두 동일하며 방향도 모두 동일함을 알 수 있다. 따라서 원형 고리 전체에 대한 자기장은 각 선소에 대한 자기장을 원형 고리 전체에 대해 적용하면 된다. 즉,

$$B = \int dB = \frac{\mu_0}{4\pi}\frac{I}{R^2}2\pi R = \frac{\mu_0 I}{2R} = \frac{\mu_0 Q\omega}{4\pi R}$$

20-2 두 평행 도선 사이에 작용하는 힘

그림 20.5와 같이 2개의 도선이 평행하게 놓여 있는 경우를 생각해보자. 우리는 전류가 흐르는 도선이 있을 때 그 주변에 자기장이 형성된다는 것과, 자기장이 있는 공간에 놓인 도선은 자기력에 의한 힘을 받는다는 것을 알았다. 이때 2개의 도선이 거리 d만큼 떨어져 있다면 도선 l 에 흐르는 전류 I_1에 의하여 발생하는 자기장의 크기는 식 (20.8)에서 구할 수 있다. 이 자기장은 오른손법칙에 의하여 다른 도선 2에 흐르는 전류 I_2의 방향에 직각 방향으로 형성되므로 도선 2에서 길이 l만큼의 부분이 경험하는 힘 F_2는 식 (19.13)에 의하여

$$F_2 = I_2 l B_1$$

이다. 또한 B_1의 크기는

$$B_1 = \frac{\mu_0 I_1}{2\pi d}$$

이므로 단위길이당 경험하는 힘은

$$\frac{F_2}{l} = I_2 B_1 = \frac{\mu_0 I_1 I_2}{2\pi d} \tag{20.15}$$

가 된다. 한편 도선 2에 흐르는 전류에 의해서 자기장 B_2가 발생하며 그 결과 도선 1도 힘을 받게 된다. 위에서와 같은 방법으로 계산하여 도선 1에서 단위길이당 경험하는 힘은

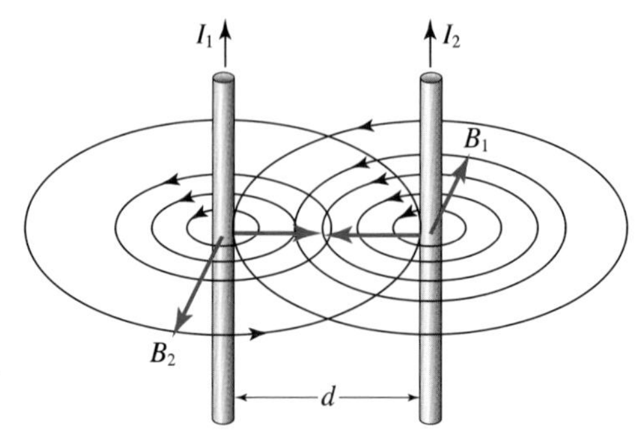

▲ **그림 20.5** | 두 평행 도선 사이의 자기력

$$\frac{F_1}{l} = I_1 B_2 = \frac{\mu_0 I_1 I_2}{2\pi d} = \frac{F_2}{l} \tag{20.16}$$

가 됨을 보일 수 있다. 즉 단위길이당 두 힘 F_1과 F_2의 크기는 같다. 이는 주어진 상황의 좌우 대칭성을 생각하면 당연한 결과이며, 뉴턴의 제3법칙을 만족시킨다. 자기력의 오른손법칙을 이용하면 이 두 힘의 방향을 알 수 있다. 두 도선에 흐르는 전류의 방향이 같을 때에는 두 힘은 서로 다른 도선 쪽으로 향하는 힘이 되고 전류 방향이 반대일 때에는 서로 다른 도선에서 멀어져 가는 방향으로 힘이 형성된다. 다시 말해서 같은 방향으로 전류가 흐르는 평행한 도선 사이에는 서로 끌어당기는 힘이, 그리고 서로 반대 방향으로 전류가 흐르는 도선 사이에는 서로 미는 힘이 작용한다. 이 힘의 크기는 위의 식에서 알 수 있듯이 두 도선에 흐르는 전류의 곱에 각각 비례하고 두 도선 사이의 거리에 반비례한다.

위와 같은 형태의 두 도선 사이의 힘을 통해서 전류의 측정 단위인 암페어를 정의한다. **1암페어는 같은 양의 전류가 흐르는 2개의 길고 평행한 도선이 빈 공간상에 1 m만큼 떨어져 있을 때, 두 도선 사이에 자기장에 의해 작용하는 힘이 1 m의 도선길이당 2.00×10^{-7} N이 되게 하는 전류의 양으로 정의**된다. 전류의 단위를 단위시간당 한 도선의 단면적을 통과하는 전하의 양으로 정의하는 것보다 이렇게 정의하는 것이 더 실제적인데 그 이유는 우리가 매우 정밀하게 측정할 수 있는 길이(meter)와 힘(Newton)을 통하여 전류의 표준을 보다 정확하게 정할 수 있기 때문이다.

예제 20.4

아래 그림과 같이 간격이 $d = 1.00$ m인 2개의 긴 직선 도선에 지면에서 나오는 방향으로 각각 전류 $I_1 = 0.600$ A와 $I_2 = 0.400$ A가 흐른다. 두 직선 도선 사이에 작용하는 단위길이당 힘의 크기와 방향을 구하여라. 이때 두 직선 도선 사이에 전류가 흐르는 제3의 도선을 두었을 때 이 도선이 받는 힘의 합력이 0이 되는 x축상의 위치는 어느 곳인가?

| 풀이

식 (20.16)으로부터 두 도선 사이에 작용하는 단위길이당 힘의 크기는

$$\frac{F_1}{l} = \frac{\mu_0 I_1 I_2}{2\pi d}$$

$$\frac{4\pi \times 10^{-7}\ \mathrm{T \cdot m/A} \times 0.600\ \mathrm{A} \times 0.400\ \mathrm{A}}{2\pi \times 1.00\ \mathrm{m}}$$

$$= 4.80 \times 10^{-8}\ \mathrm{N}$$

이다.

두 도선에서 전류가 같은 방향으로 흐르므로 서로 당기는 방향으로 자기력이 작용하게 된다. 두 도선 사이에서 합성 자기장이 0이 되는 지점에서 자기력의 합력도 0이 된다. 두 도선 사이에서는 두 도선에

의한 자기장의 방향이 반대이므로, 합성 자기장이 0이 되는 지점이 존재할 수 있다. 자기장이 0이 되는 위치를 x로 두면, $\frac{\mu_0 I_1}{2\pi x} = \frac{\mu_0 I_2}{2\pi(d-x)}$를 만족하므로,

$$x = \frac{I_1}{I_1 + I_2} d = \frac{6}{10} \times 1.00 \text{ m} = 0.60 \text{ m}$$

이다.

예제 20.5 전류가 흐르는 회로에 작용하는 자기력

그림과 같이 긴 직선 도선에 전류 I_0가 흐르고 있으며 d만큼 떨어진 곳에 한 변이 a인 정사각형 도선에 전류 I가 흐르고 있다. 정사각형 도선에 작용하는 자기력을 구하여라.

| 풀이

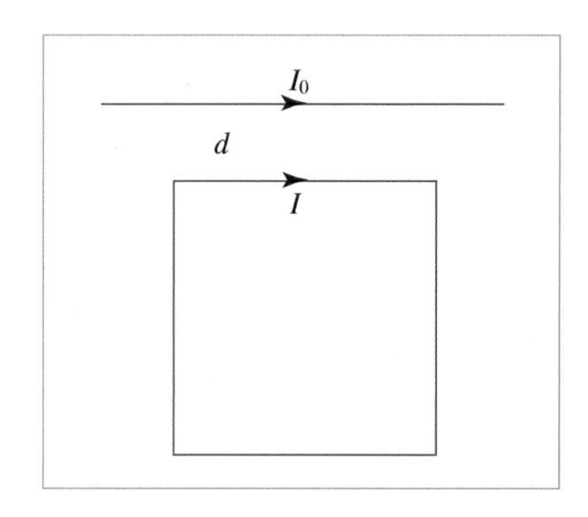

긴 직선 도선에 흐르는 전류 때문에 주위에는

$$B = \frac{\mu_0 I_0}{2\pi r}$$

의 자기장이 형성되며 r은 도선으로부터 거리를 나타낸다. 그래서 전류가 흐르는 정사각형 회로의 도선의 각 부분은 자기장에 놓여 있기 때문에 자기력을 받게 된다. 직선 도선과 수직하게 놓여 있는 두 선분의 도선에 작용하는 힘은 크기는 동일하나 서로 반대 방향으로 작용하기 때문에 상쇄된다. 그 반면에 직선 도선과 나란하게 놓여 있는 두 선분은 서로 반대 방향으로 작용하나 작용하는 힘의 크기가 다르기 때문에 상쇄되지 않으며 그 차이만큼 도선 전체에 작용하게 된다. 그 차이는

$$F = Ia\left(\frac{\mu_0 I_0}{2\pi d} - \frac{\mu_0 I_0}{2\pi(d+a)}\right) = \frac{\mu_0 I I_0 a^2}{2\pi d(d+a)}$$

이며 정사각형의 도선은 직선 도선에 끌리게 된다.

20-3 암페어의 법칙

앞에서 배운 비오-사바르의 법칙을 이용하면 임의의 형태의 전류에 의한 자기장을 계산할 수 있다. 그러나 이러한 계산은 일반적으로 공간적인 적분을 요구하며 상당히 복잡한 경우가 많다. 전기장의 경우 우리는 임의의 전하 분포가 있을 때 미소전하요소에 의한 전기장을 계산한 후 그 합을 구하여 전체적인 전기장의 값을 구할 수도 있지만, 전하의 분포에 어떤 공간적인 대칭성이 있는 경우에는 가우스 법칙을 이용하여 전기장의 값을 쉽게 구할 수 있다. 자기장의 경우에도 마찬가지로 대칭성을 이용하여 공간상의 한 점에서의 자기장의 값을 쉽게 구할 수 있다. 위에서 언급한 직선 도선의 경우 대칭성으로부터 도선을 중심으로 하는 원상에서는 자기장의 크기가 항상 일정하리라는 것을 쉽게 짐작할 수 있다. 식 (20.1)을 다시 쓴다면 $B \cdot 2\pi d = \mu_0 I$가 되며, 이때 $2\pi d$는 반지름 d를 갖는 원의 원주임을 알 수 있다.

암페어 법칙은

$$\oint \boldsymbol{B} \cdot \mathrm{d}\boldsymbol{l} = \mu_0 I \tag{20.17}$$

로 표시된다. $\mathrm{d}\boldsymbol{l}$은 곡선의 미소선분요소를 나타내며 접선 방향을 갖는 벡터이다. 원의 경우에는 원의 한 점에서의 자기장의 방향이 원의 접선 방향과 일치하고 또한 이 원상에서의 자기장의 크기가 일정하다면 위의 식에서의 적분 결과는 단순히 자기장의 크기에 원주를 곱한 것이 된다. 따라서 위 식은 $B \cdot 2\pi d = \mu_0 I$가 되어 식 (20.1)의 결과와 같다는 것을 알 수 있다. 암페어의 법칙은 그림 20.6과 같이 어떠한 형태의 닫힌 곡선에서라도 항상 성립된다. 쉽게 이야기하자면 닫힌 곡선상에서의 자기장의 접선 방향의 성분을 그 곡선의 길이를 따라 모두 더하면 그 값은 닫힌 곡선의 내부에 존재하는 모든 전류값의 합에 비례한다는 것이다. 여기에서 주의할 점은 전류의 합을 구할 때는 전류의 방향에 따라서 양 또는 음의 부호를 붙여야 한다는 것이다. 이는 전기장의 가우스 법칙의 경우와 매우 비슷하다.

$$\oint \boldsymbol{B} \cdot \mathrm{d}\boldsymbol{l} = \mu_0 (i_1 - i_2)$$

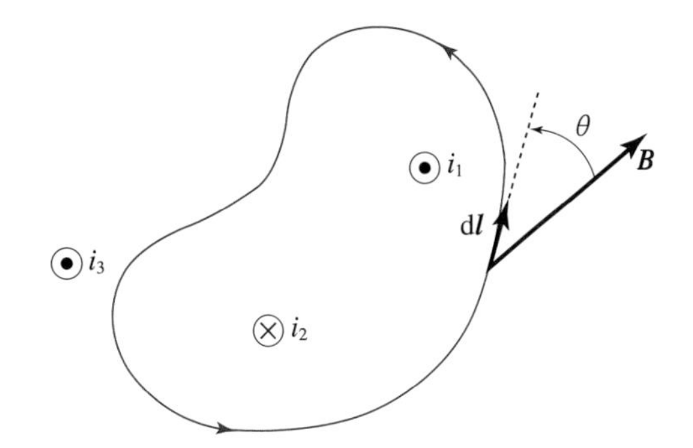

▲ **그림 20.6** | 암페어 법칙의 적용

❙ 전류가 흐르는 긴 도선 내부에서의 자기장

암페어의 법칙을 이용하여 전류가 흐르는 긴 원통형 직선 도선 내부에서의 자기장을 구해 보자. 이 문제를 풀기 위해 비오-사바르의 법칙을 이용할 수 있지만, 암페어의 법칙을 이용한다면 더 간단하게 문제를 해결할 수 있다. 그림 20.7에서와 같이 반지름이 R인 긴 직선 도선의 단면적을 통하여 균일한 전류 I가 흐르고 있다고 하자. 암페어의 법칙을 적용하기 위해 그림에서 점선으로 나타낸 반지름이 r인 원형 경로를 선택한다. 전류가 도선의 단면에 걸쳐 균일하기 때문에 원형 경로 내부의 전류는 원의 내부 면적에 비례하게 된다. 즉, 원의 내부를 통과하는 전류를 I'이라고 하면, I'은 도선 전체의 전류 I와 다음 관계가 성립한다.

$$I' = \left(\frac{\pi r^2}{\pi R^2}\right) I \tag{20.18}$$

이제 원형 경로에서 식 (20.17)의 암페어의 법칙을 적용하면,

$$\oint \boldsymbol{B} \cdot \mathrm{d}\boldsymbol{l} = B(2\pi r) = \mu_0 I' \tag{20.19}$$

식 (20.18)과 (20.19)를 이용하면 도선 내부에서의 자기장의 크기는 다음과 같다.

$$B = \left(\frac{\mu_0 I}{2\pi R^2}\right) r \tag{20.20}$$

결국 도선 내부의 자기장의 크기는 r에 비례함을 알 수 있다. 즉, 도선 중심에서의 자기장은 0이고 도선 표면에서 자기장이 최대가 된다.

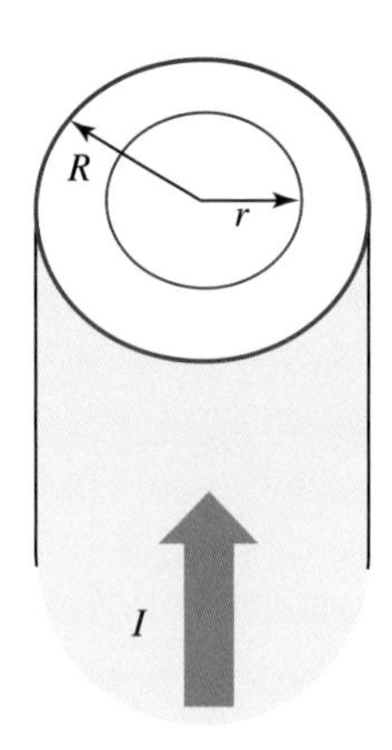

▲ **그림 20.7** ❘ 균일한 전류 I가 흐르는 반지름 R의 긴 직선 도선

예제 20.6

반지름이 10.0 cm인 원통형 직선 도선에 2.00 A의 전류가 균일하게 흐르고 있다. 이때 중심으로부터 거리가 각각 5.00 cm, 10.0 cm, 20.0 cm 떨어진 위치에서 자기장의 크기를 구하여라.

| 풀이

(가) 중심으로부터 거리가 5.00 cm인 경우: 이 지점은 도선 내부에 해당하므로 식 (20.20)을 이용하면

$$B = \left(\frac{\mu_0 I}{2\pi R^2}\right) r = \frac{4\pi \times 10^{-7}\ \mathrm{T \cdot m/A} \times 2.00\ \mathrm{A}}{2\pi (0.100\ \mathrm{m})^2} \times 0.05\ \mathrm{m} = 2.00 \times 10^{-6}\ \mathrm{T}$$

(나) 중심으로부터 거리가 10.0 cm인 경우: 이 지점은 도선의 경계이므로 식 (20.8)이나 (20.20)을 이용하면 된다.

$$B = \frac{\mu_0 I}{2\pi R} = \frac{4\pi \times 10^{-7}\ \mathrm{T \cdot m/A} \times 2.00\ \mathrm{A}}{2\pi \times 0.100\ \mathrm{m}} = 4.00 \times 10^{-6}\ \mathrm{T}$$

(다) 중심으로부터 거리가 20.0 cm인 경우: 이 지점은 도선의 외부이므로 식 (20.8)을 이용하면

$$B = \frac{\mu_0 I}{2\pi r} = \frac{4\pi \times 10^{-7}\ \mathrm{T \cdot m/A} \times 2.00\ \mathrm{A}}{2\pi \times 0.200\ \mathrm{m}} = 2.00 \times 10^{-6}\ \mathrm{T}$$

20-4 솔레노이드와 토로이드

| 솔레노이드

자기장을 발생시키는 실제적인 기구로서 솔레노이드(solenoid)를 들 수 있다. 솔레노이드는 전기회로에서 쓰이는 인덕터와 같은 구조를 갖고 있다. 그림 20.8과 같이 전기 도선을 여러 번 나선형으로 길게 감아 놓은 모습이 **솔레노이드**인데 이때 길이가 반지름보다 충분히 길어야 한다. 솔레노이드에서 감아 놓은 도선 바깥쪽의 자기장은 서로 상쇄되는 효과 때문에 매우 미약하고 내부에서는 자기장이 서로 합쳐져서 강한 자기장이 형성된다.

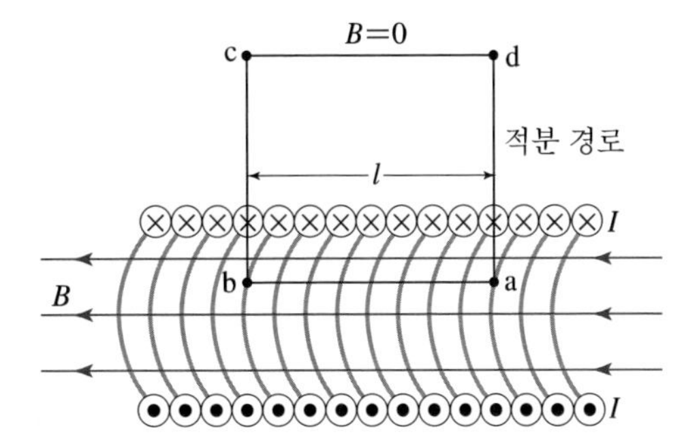

▲ **그림 20.8** | 솔레노이드의 모습과 암페어 법칙을 위한 폐곡선

솔레노이드에서 암페어의 법칙을 그림에서와 같은 임의의 직사각형 $abcd$에 적용하면,

$$Bl = \mu_0 NI$$

의 관계식을 얻는다. 자기장에 직각인 선분에서의 적분값은 0이고 솔레노이드 바깥 부분의 자기장은 매우 미약하므로 적분값을 무시하였다. 따라서 내부의 자기장의 크기는

$$B = \frac{\mu_0 NI}{l}$$

가 되고 방향은 오른손법칙에 따른다. N/l을 단위길이당 도선의 감긴 수 또는 도선 밀도라고 하고 l로 나타내면 위 식을 다시 정리하여

$$B = \mu_0 nI \qquad (20.21)$$

로 쓸 수 있다. 한편 위의 직사각형을 중심에서 바깥쪽이나 안쪽으로 이동하여도 결과에는 변함이 없으므로 솔레노이드 내부의 자기장의 크기는 일정함을 알 수 있다.

토로이드

토로이드(toroid)는 솔레노이드를 도넛 형태로 구부려 놓은 것 같은 모습이다. 토로이드의 내부에서는 솔레노이드와는 달리 바깥쪽의 도선 밀도가 안쪽의 도선 밀도에 비해 낮으므로 중심에서의 거리 r에 반비례하여 자기장의 크기가 감소한다. 그림의 원에서

$$B \cdot 2\pi r = \mu_0 NI$$

이고 이때 N은 전체 도선 수를 나타낸다. 따라서

$$B = \frac{\mu_0 NI}{2\pi r} \qquad (20.22)$$

가 됨을 알 수 있다. 토로이드의 바깥에서는 자기장이 0이다.

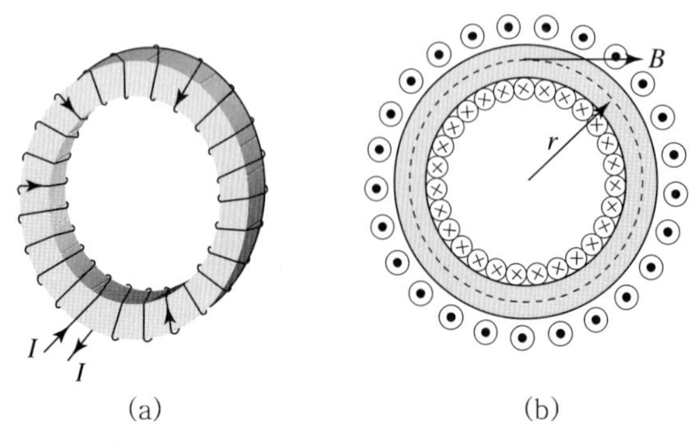

▲ **그림 20.9** | 토로이드의 모습

물질 중에는 자성을 갖는 것과 그렇지 않은 것들이 있다. 물질의 자성은 주로 원자나 분자 등 그 물질의 구성요소가 가지고 있는 자기쌍극자의 크기와 배열 상태에 따라 정해진다. 여기서는 원자가 가지는 자기모멘트 중 전자의 궤도 자기모멘트와 스핀 모멘트에 관해 먼저 알아보고 물질의 자성을 기술하는 물리량으로 자기화, 자기감수율 등을 설명한다. 이어서 물질의 여러 자성 상태 중에서 주가 되는 상자성, 강자성, 반자성 상태에 관해 설명한다.

예제 20.7

긴 솔레노이드 코일에 전류를 흘려주어 솔레노이드 중심에 1.00×10^{-4} T의 자기장을 만들었다. 이때 흘려준 전류는 얼마인가? (단, 솔레노이드의 길이는 20.0 cm이고 솔레노이드 전체 길이에 대해 도선을 감은 횟수는 100회이다.)

| 풀이

단위길이당 도선을 감은 횟수는 $n=\dfrac{100}{20.0\text{ cm}}=5.00\text{ cm}^{-1}=500\text{ m}^{-1}$이다.

따라서, 식 (20.21)로부터 솔레노이드에 흘려주어야 할 전류는

$$I=\frac{B}{\mu_0 n}=\frac{1.00\times 10^{-4}\text{ T}}{(4\pi\times 10^{-7}\text{T}\cdot\text{m/A})\times 500\text{ m}^{-1}}=0.159\text{ A}$$

이다.

20-5* 원자의 자성

물질의 자기적 성질은 이를 구성하고 있는 원자들의 자기모멘트와 직접적인 관계가 있다. 원자들의 자기모멘트는 전자들의 궤도운동에 의한 자기모멘트, 스핀 모멘트 그리고 원자핵의 자기모멘트로 구성되는데, 여기서는 자성을 주로 결정하는 전자들의 궤도운동에 의한 자기모멘트와 스핀 모멘트를 설명하기로 한다.

먼저 전자의 궤도운동에 의한 자기모멘트를 설명하기 위하여, 그림 20.10에서와 같이 전하량이 q, 질량이 m_q인 입자가 반지름 r인 원을 속력 v로 원운동하는 경우를 생각하자. 그러면 궤도운동에 의한 이 입자의 각운동량은 $L=m_q vr$이 되며, 이에 따르는 자기모멘트의 크기는 궤도운동에 의한 전류의 크기를 I, 원궤도의 넓이를 A라 할 때 $\mu_e=IA=I\pi r^2$으로 주어진다. 반지름 r인 원둘레를 움직이는 전하량 q, 질량 m_q인 입자에서 크기 $m_q vr$인 각운동량의 방향은 지면 속을 향한다. 또한 q가 양일 때 자기모멘트도 지면 속을 향하며 크기는 $\frac{1}{2}qvr$이다.

이때 전류 I는 입자의 회전 진동수를 ν, 주기를 T라 하면 $I=q\nu=q/T$, 즉 $I=q/T=$

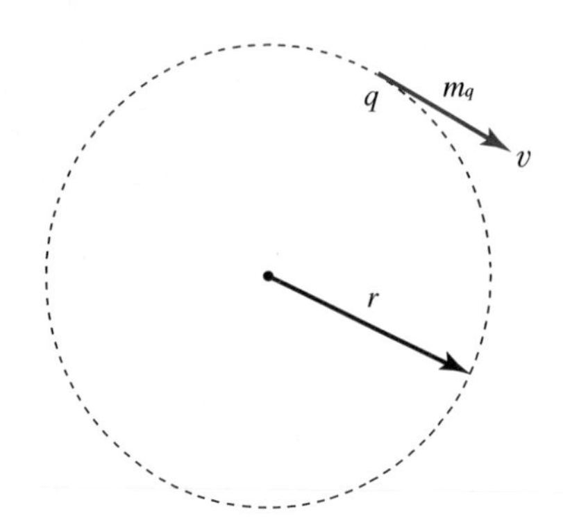

▲ **그림 20.10** | 반지름이 r 인 원운동하는 전하량 q, 질량 m_q 인 입자

$qv/2\pi r$ 이다. 따라서 궤도 자기모멘트는

$$\mu_e = IA = \frac{qv}{2\pi r}\pi r^2 = \frac{1}{2}qvr \tag{20.23}$$

이 된다. 식 (20.23)을 각운동량 L 을 이용하여 나타내면,

$$\mu_e = \frac{1}{2}qvr = \frac{q}{2}\frac{m_q vr}{m_q} = \frac{q}{2m_q}L \tag{20.24}$$

로 된다. 위와 같은 관계는 고전적으로 각운동량과 자기모멘트를 관계짓는 일반적인 식이다. 그러나 양자론적인 경우에, 위 식은 궤도 각운동량에 대해 성립하지만 스핀 각운동량에 대해서는 성립하지 않는다. 전자의 스핀에 의한 자기모멘트는 위 식에 따르면 예측된 값의 2배이어서, 위 식에서 $q=-e$, $m_q=m_e$, $L=S$로 바꾸어 쓰고 2를 곱하면 스핀에 의한 자기모멘트는

$$\mu_s = -\frac{e}{m_e}S \tag{20.25}$$

와 같이 쓸 수 있다.

그런데 양자론에 따르면 에너지뿐만 아니라 궤도 각운동량, 스핀 각운동량 등 각운동량도 양자화되어 있다. 그러므로 궤도 각운동량과 스핀 각운동량은 각기 특정한 값의 정수배만을 가질 수 있으며, 이에 따라 각각의 각운동량과 관계하는 궤도 자기모멘트와 스핀 자기모멘트는 어떤 값의 정수배만을 가지게 된다. 즉, 궤도와 스핀 자기모멘트는 **보어자자수(Bohr Magneton)**라고 하는

$$\mu_B = 0.770\times 10^{-18}\ \mathrm{A\cdot m^2} = 9.27\times 10^{-24}\ \mathrm{J/T} \tag{20.26}$$

값의 정수배의 값만을 가질 수 있는데, 식 (20.25)로 주어진 스핀 자기모멘트의 크기가 바로 1보어자자수이다.

20-6* 물질의 자성

❙ 자기화와 자기감수율

물질은 원자나 분자로 구성되어 있으므로 물질의 자성은 원자나 분자가 가지고 있는 자기모멘트에 의해 결정된다. 즉 물질을 자기장 속에 넣으면 원자나 분자가 가지고 있는 자기모멘트는 일반적으로 자기장을 따라 정렬하려고 한다. 이러한 정렬 정도를 나타내기 위해 단위부피당의 자기쌍극자로 정의되는 **자기화**라는 물리량을 도입한다. 어떤 물질에서 부피 ΔV 안에 들어 있는 총 자기쌍극자 모멘트를 $\Delta\mu$라 하면 자기화 M은

$$M = \frac{\Delta\mu}{\Delta V} \tag{20.27}$$

로 정의된다. 외부에서 가해준 자기장의 크기가 작을 때 알루미늄이나 티타늄 같은 보통의 금속 안에서 유도되는 자기화는 외부 자기장 $B_{\text{외부}}$에 비례한다. 따라서 자기화는 비례상수 χ_{m}을 도입하여

$$M = \chi_{\mathrm{m}} \frac{B_{\text{외부}}}{\mu_0} \tag{20.28}$$

로 쓸 수 있다. 이때 χ_{m}을 **자기감수율**이라고 한다. 다음 절부터 자세히 설명하겠지만, 상자성 물질에서는 χ_{m}이 양수이고, 반자성 물질에서는 χ_{m}이 작은 음의 값을 갖는다. 표 20.1에 여러 가지 물질의 자기감수율값을 정리하여 놓았다.

❙ 상자성

표 20.1에서 주어진 것처럼, 알루미늄, 나트륨, 티타늄, 텅스텐, 마그네슘 등은 작은 양(+)의 자기감수율 χ_{m}을 가지는데, 이들이 바로 상자성 물질이다. 상자성 물질 내의 원자나 분자

▼ 표 20.1 ❘ 몇몇 물질의 상온에서의 자기감수율(χ_m)

물질	자기감수율	물질	자기감수율
알루미늄	2.10×10^{-5}	질소 (1기압)	-0.670×10^{-8}
나트륨	0.840×10^{-5}	비스무스	-1.64×10^{-5}
티타늄	18.0×10^{-5}	구리	-0.980×10^{-5}
텅스텐	7.60×10^{-5}	다이아몬드	-2.20×10^{-5}
마그네슘	1.20×10^{-5}	금	-3.50×10^{-5}
산소 (1기압)	194×10^{-8}	수은	-2.80×10^{-5}
이산화탄소 (1기압)	-1.19×10^{-8}	은	-2.40×10^{-5}
수소 (1기압)	-0.220×10^{-8}		

들은 다른 물질에서와 마찬가지로 자기모멘트를 가지고 있는데, 자기모멘트 사이의 상호작용은 거의 없다고 보아도 무방하다. 따라서 외부 자기장이 없을 때에는 각각의 자기모멘트는 서로 독립적으로, 각각 제멋대로 배열되어 있다. 여기에 외부 자기장을 가하면 각각의 자기모멘트들은 외부 자기장과 같은 방향으로 배열하려고 한다. 그러나 유한한 온도에서 이들은 열운동에 의해 외부 자기장 방향과 완전히 나란하게 나열되지 못한다. 이와 같이 자기모멘트들이 외부 자기장과 같은 방향으로 정렬하는 정도는 외부 자기장의 크기와 온도에 관계된다. 온도가 매우 낮고 외부 자기장의 크기가 크면 거의 모든 자기모멘트가 외부 자기장과 같은 방향으로 정렬하게 되지만, 온도가 높은 경우에는 그렇지 못하다.

그림 20.11은 상자성 물질에서 온도에 따른 자기화 M과 외부에서 걸어준 자기장 $B_{외부}$와의 관계를 보여준다. 여기에서 알 수 있듯이 자기장이 매우 크면 모든 자기모멘트들이 자기장과 같은 방향으로 정렬하여, 자기화는 포화값 $M \cong M_s$를 갖는다. $B_{외부} = 0$인 경우에는 $M = 0$으로 자기모멘트의 방향이 완전히 무질서하다. 자기장이 약할 때는 자기화는 그림에서 점선으로 나타낸 것과 같이 외부 자기장에 비례하고, 온도에 반비례하는

$$M = C\frac{B_{외부}}{T} \tag{20.29}$$

의 모양을 따른다. 여기서 C는 상수이다. 위의 법칙은 **퀴리**(Pierre Curie)에 의해 실험적으로 발견되었기 때문에 **퀴리법칙**이라 불린다.

강자성

강자성 물질은 자석과 같이 어느 특정한 온도 이하에서 외부 자기장이 없어도 자기화를 갖는 물질을 말한다. 따라서 강자성 물질은 매우 큰 양의 자기감수율을 갖는다. 강자성 물질로는 철, 코발트, 니켈 등이 있으며, 디스프로슘, 가돌리늄 등의 희토류 금속이나 이들의 합금도 역시 강자성적 성질을 가진다. 강자성 물질이 어느 온도 이하에서 자기장이 없더라도 자기화

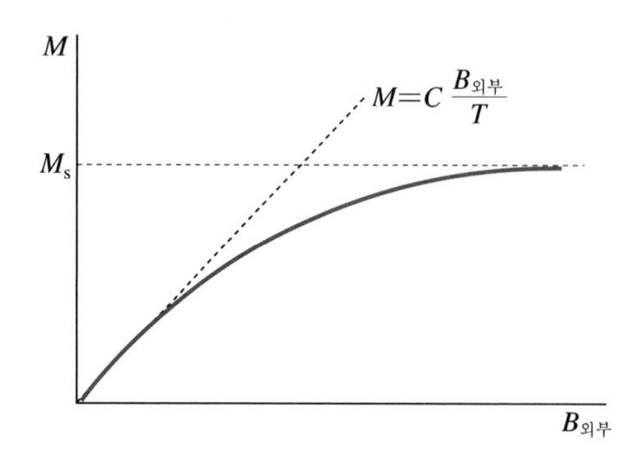

▲ **그림 20.11** | 자기화 M과 외부에서 걸어준 자기장 $B_{외부}$와의 관계: 자기장이 매우 클 때 자기화는 포화값 M_s에 접근한다. 자기장이 약할 때에 자기화는 $B_{외부}$에 비례하는데, 이를 **퀴리법칙**이라고 한다.

를 갖는 것은 이들 물질 내의 자기모멘트들끼리 소위 교환 상호작용을 하여 자발적으로 한 방향으로 정렬하기 때문이다. 교환 상호작용은 전기적 쿨롱 상호작용 중 양자역학적인 효과를 나타내는 부분이다. 이러한 교환 상호작용에 의해 자발적 자기화가 생기는 온도, 즉 강자성 임계온도를 **퀴리온도**라고 부른다. 강자성 물질이라 하더라도, 퀴리온도 이상에서는 열적 요동이 강자성 정렬을 흩뜨러뜨리기에 충분하므로 상자성 상태가 된다. 철의 경우 퀴리온도는 1040 K이고 니켈과 코발트의 경우에는 각기 627 K과 1390 K이다. 또한 가돌리늄의 경우는 293 K의 퀴리온도를 갖는다.

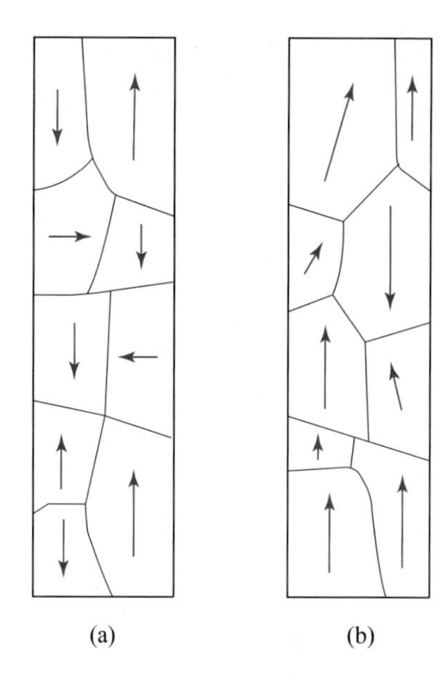

▲ **그림 20.12** | (a) 자기구역들이 제멋대로 배열되어 있다. (b) 자석에서는 자기구역이 한 방향으로 정렬되어 있다.

미시적 연구에 의하면 강자성 금속은 1 mm^3 정도도 되지 않는 매우 작은 부피를 갖는 자기구역(domain)들로 이루어져 있다. 한 자기구역 내에서는 자기모멘트들이 같은 방향으로 정렬되어 있지만, 강자성체를 이루고 있는 수많은 자기구역들 내부에서 정렬된 자기모멘트의 방향은 자기구역에 따라 서로 다르므로 거시적 강자성체에서는 알짜 자기모멘트는 0이다. 그림 20.12(a)가 이러한 상황을 나타낸다.

긴 솔레노이드 내에서 자기장의 크기는 전류에 비례함을 배웠다. 철조각이나 다른 강자성체를 전류가 흐르는 솔레노이드 안에 넣으면 솔레노이드 내부의 자기장이 크게 증가한다. 이는 솔레노이드에 흐르는 전류에 의한 자기장으로 인해 강자성체로부터 자기구역의 경계가 이동하고, 각각의 자기구역 내에서 자기모멘트의 정렬 방향도 변화하여, 그림 12.12(b)처럼 솔레노이드의 자기장 방향으로 알짜 자기화가 생기기 때문이다. 결과적으로 솔레노이드 내부의 자기장은 전류에 의한 자기장과 강자성체에 의한 자기장의 합으로 이루어진다. 즉 B_0를 도선에서 전류에 의해 생긴 자기장이라 하고, B_M을 강자성체에 의해 만들어진 자기장이라 하면, 전체 자기장은

$$B = B_0 + B_M \tag{20.30}$$

이 된다. 강자성체 내부에 생성되는 자기화는 매우 약한 외부 자기장에 의해서도 생길 수 있으므로 일반적으로 $B_M \gg B_0$이다. B_0, B_M, 그리고 B 사이의 관계에 대한 정량적 관계는 일반적으로 내부에 철심을 끼운 솔레노이드를 이용하여 얻는다. 가늘고 긴 솔레노이드에 철심이 없을 때 솔레노이드 내부에 생기는 자기장은 단위길이당 코일의 감긴 수를 n, 코일에 흐르는 전류를 I라고 하면,

$$B_0 = \mu n I \tag{20.31}$$

이다. 철심이 있으면 철심의 자기화에 의해 전체 자기장이 증가하는데, 이때 외부 자기장 B_0에 대한 전체 자기장의 비를 **상대투자율(relative permeablity)** $\kappa_m = \dfrac{B}{B_0}$ 라고 한다. 또 투자율 μ는 $\mu = \kappa_m \mu_0$로 정의된다.

따라서 솔레노이드 내부의 총 자기장은

$$B = \mu_0 \kappa_m n I = \mu n I \tag{20.32}$$

가 된다. 강자성 물질이 아닌 경우에는 B_0가 그리 크지 않을 때 μ와 κ_m은 일정한 상수가 되어 μ의 크기는 μ_0와 큰 차가 나지 않는다. 그러나 강자성 물질에서 μ값은 μ_0보다 훨씬 크며 μ와 κ_m은 일정한 상수가 아니라 외부 자기장 B_0에 의존한다.

이제 자석의 특성을 나타내는 **자기이력 현상**을 이해할 차례다. 자기화되어 있지 않은 철심이 전류가 흐르지 않는 솔레노이드에 끼워져 있다고 가정해보자. 솔레노이드에 전류 I를 흘리고 그 값을 서서히 증가시키면 전류에 의한 자기장 B_0는 전류 I에 따라 선형적으로 증가하지만 철심의 자기화가 증가함에 따라 전체 자기장 B는 그림 20.13에 나타난 것처럼 곡선을 따라 증가한다. 이 그림에서 $B \gg B_0$임을 주목하라. 처음 상태, 즉 점 a에서는 자기구역이 한 방향으로 정렬되어 있지 않은데, B_0가 증가함에 따라 자기구역들의 배열도 점점 한 방향으로 정렬하게 되어 점 b에 이르면 거의 모든 자기구역들이 한 방향으로 정렬한다. 이때 철심은 포화 상태에 접근한다. 점 b는 포화 상태의 약 70% 정도에 해당하며, 그 이상에서는 곡선이 매우 천천히 증가한다. B_0값이 점 b의 값의 1,000배 이상이 되면 완전 포화 상태의 98% 정도가 된다. 이 상태에서 솔레노이드에 흐르는 전류를 감소시켜 외부 자기장 B_0도 따라서 감소한다고 하자.

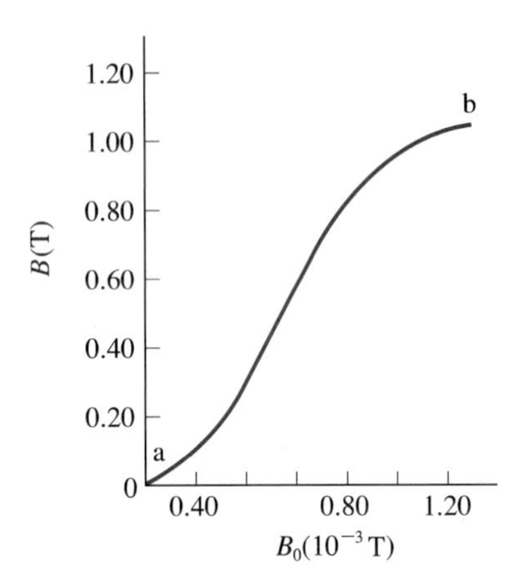

▲ **그림 20.13** | 철심을 끼운 솔레노이드에 전류를 흘려줄 때 전류에 의한 자기장 B_0와 솔레노이드 내부의 총 자기장 B와의 관계

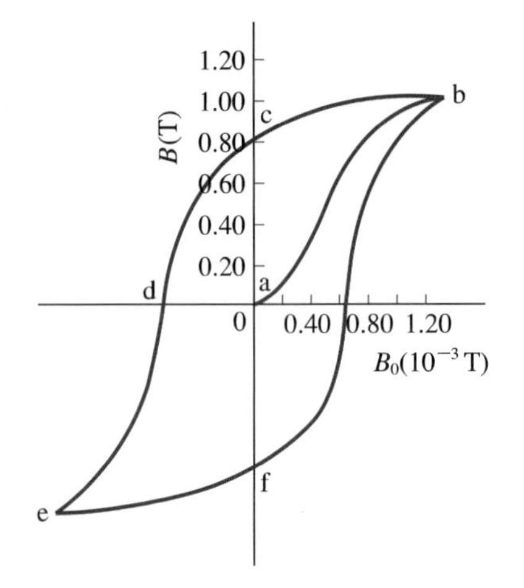

▲ **그림 20.14** | 자기이력곡선

그러면 자기구역의 정렬 정도가 약해져 전체 자기장의 크기도 감소하게 된다. 그러나 그림 20.14에서처럼 전류가 0이 되는 c점에서도 자기구역들은 완전히 무질서하게 되지 않고 약간의 잔류자기가 남아 있다. 이 잔류자기를 없애려면 역으로 전류를 걸어주어야 한다. 역방향의 전류의 크기를 점점 크게 하면 철심은 반대 방향으로 포화 상태에 접근하게 된다. 다시 전류를 원래 방향대로 걸어주면 전체 자기장의 크기가 감소하여 f점으로 되었다가 전류를 계속 증가시키면 다시 b점의 포화 상태가 된다. 즉 전체 자기장은 efgb를 그리게 된다.

위와 같은 경로에서 자기장 곡선은 원점, 즉 a로 되돌아오지 않는데 이처럼 같은 경로로 되돌아오지 않는 것을 **자기이력(magnetic hysteresis)**이라 하며, 곡선 bcdefgb를 **자기이력곡선**이라 한다. 자기이력이란 말은 그리스어로 지연을 뜻하는 히스테로스(hysteros)에서 나왔다.

c와 f점에서는 솔레노이드에 전류가 흐르지 않아도 철심은 자기화된 상태로 있는데 따라서 이 점들에서 철심은 영구자석 상태에 있다. 좋은 영구자석이 되려면 ac와 af가 가능한 한 커야 하는데, 이들 값이 큰 물질을 좋은 **보자성(coersivity)**을 가졌다고 말한다. 큰 보자성을 가지는 자석을 **경자석(hard magnet)**이라 하고 낮은 보자성을 가지는 물질을 **연자석(soft magnet)**이라고 한다.

반자성

구리나 비스무스와 같은 금속은 자석에 붙지 않는다. 이러한 이유는 반자성 물질에 외부 자기장을 걸어주면 이에 반대 방향으로 작은 자기화가 생기기 때문이다. 따라서 반자성 물질은 매우 작은 음수의 자기감수율 χ_m을 가진다. **반자성(diamagnetism)**은 1846년에 패러데이가 비스무스 조각이 자석으로부터 반발하는 것으로부터 발견하였다. 반자성 현상은 렌츠법칙을 이용하여 정성적으로 이해할 수 있다. 이를 위해 그림 20.15(a)에서처럼 일정한 속력으로 원궤도를 시계 반대 방향으로 회전하고 있는 양전하를 생각하자.

여기에 지면 쪽으로 들어가는 방향의 자기장 B가 가해졌다고 하면 렌츠법칙에 의해 지면으로부터 나오는 자기선속이 증가하여야 하므로 시계 반대 방향으로의 속력이 증가하게 된다. 그림 20.15(b)에서처럼 시계 방향으로 회전하는 경우에는 마찬가지 이유로 시계 방향으로의 속력이 감소한다. 따라서 두 경우 모두 자기모멘트의 변화는 지면으로부터 나오는 방향으로 생기게 되어 외부 자기장의 방향과 반대의 유도 자기모멘트가 생성된다. 이렇게 반자성은 근본적으로 전자기학의 기본법칙인 렌츠법칙에 기인하므로 모든 물질들은 반자성적 성질을 가지고 있다. 그러나 일반적 물질에서 유도 자기모멘트의 크기는 10^{-5} 보어자자수 정도이다. 이는 상자성이나 강자성체가 지닌 영구 자기모멘트의 크기에 비해 매우 작아서, 상자성체나 강자성체에서 반자성 효과는 무시할 만하다.

실제로 반자성 물질이 되는 경우는 전자배열이 닫힌 껍질 전자구조를 가진 경우이다. 이때에는 궤도 각운동량과 스핀 각운동량을 합한 총 각운동량이 0이므로 알짜 자기모멘트가 0

이다. 이러한 물질에 외부 자기장을 걸어주면 렌츠법칙에 의해 작지만 유도 자기모멘트가 생겨 반자성이 나타나는 것이다.

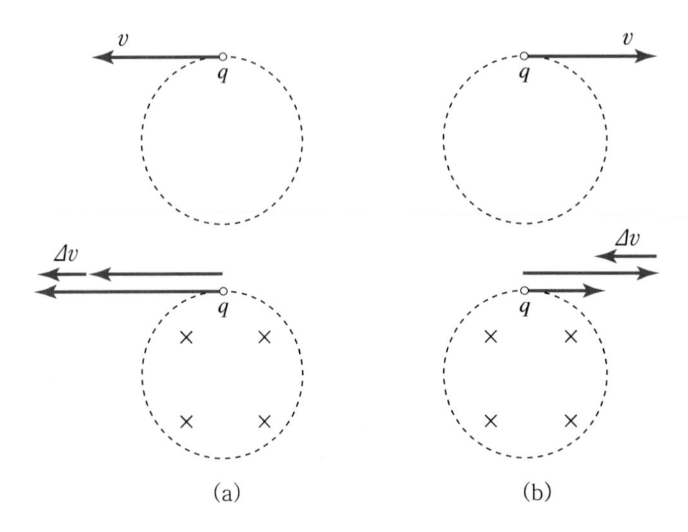

▲ **그림 20.15** | (a) 시계 반대 방향으로 원운동하는 양전하의 자기모멘트의 방향은 지면 밖으로 향한다. 지면 속으로 향하는 외부 자기장을 가하면 이를 방해하기 위해 렌츠법칙에 의해 입자의 속력이 증가한다. 이 결과로 자기모멘트의 변화는 지면 바깥쪽으로 향하게 일어난다. (b) 시계 방향으로 원운동하는 경우

연습문제

20-1 비오-사바르 법칙

1. 동쪽에서 서쪽으로 큰 전류가 흐르는 도선 아래에 나침반을 갖다 놓았다. 나침반 바늘의 N극은 동서남북 중 어느 방향을 가리키겠는가?

2. 한 사람이 지상으로부터 높이 5.00 m 위에 동쪽에서 서쪽으로 수평방향으로 놓인 송전선 아래에서 나침반을 보고 있다. 송전선에 흐르는 전류가 800 A라고 할 때 송전선 바로 아래 땅 위에서의 자기장의 크기와 방향을 구하여라. 만약 송전선에서 50.0 m 떨어진 곳에서 나침반을 본다고 하면, 지구의 자기장의 크기가 0.500×10^{-4} T라고 할 때, 송전선에 의한 자기장이 얼마나 영향을 미치는가?

3. 반지름이 R인 원형고리에 전류 I가 흐르고 있다. 고리 중심에서의 자기장의 크기를 구하여라.

4. 수소원자의 모형에 따르면 전하량이 e인 전자가 원자핵 주위를 반지름 r과 주기 T로 원운동을 한다. 이때 전자의 운동으로 인해 수소원자의 중심에 생성되는 자기장의 크기를 구하여라.

5. 아래 그림과 같이 전류 I가 흐르는 유한한 길이의 도선 조각이 있다. 관찰 지점 P와 도선의 왼쪽 끝과 오른쪽 끝이 이루는 각도가 각각 θ_1, θ_2라고 할 때, 관찰 지점 P에서의 자기장의 세기를 구하라.

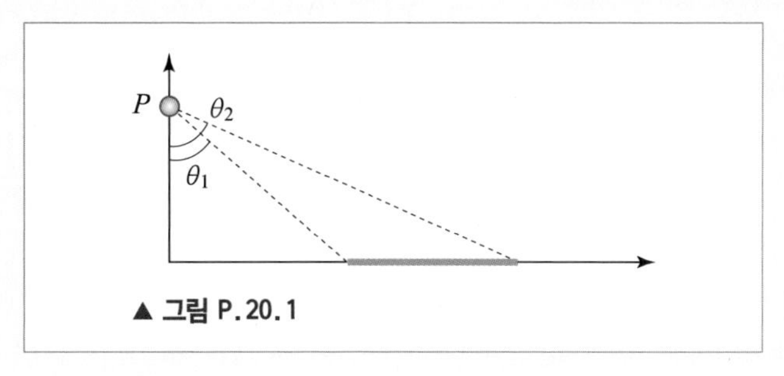

▲ 그림 P.20.1

20-2 두 평행 도선 사이에 작용하는 힘

6. 2개의 평행한 도선에 같은 방향으로 전류가 흐르고 있다. 두 선에 흐르는 전류량이 각각 2배로 늘어났을 때, 두 도선 사이의 힘에 변화가 없으려면 두 도선 사이의 거리를 몇 배로 늘려야 하는가?

7. 그림 P.20.2와 같이 동일 평면에서 평행하고 무한히 긴 3개의 직선도선에 전류가 화살표 방향으로 흐르고 있다. 도선 B에 단위길이당 작용하는 자기력의 크기와 방향은?

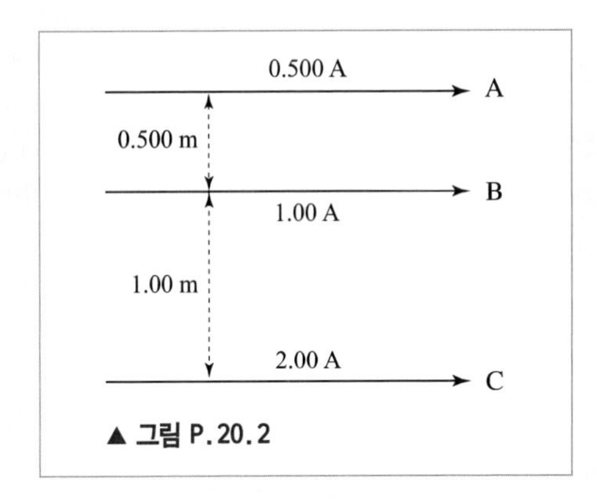

▲ 그림 P.20.2

8. 그림 P.20.3처럼 서로 0.200 m 떨어져서 정삼각형을 형성하는 3개의 평행한 도선에 각각 0.300 A의 전류가 흐르고 있다. 이때 도선 A가 1.00 m당 받는 힘의 크기와 방향을 구하여라.

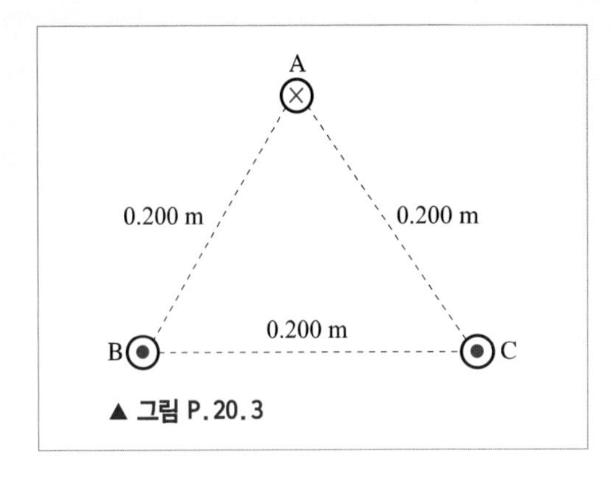

▲ 그림 P.20.3

9. 그림 P.20.4와 같이 긴 평행도선에 5.00 A의 전류가 서로 반대방향으로 흐르고 있고, 균일한 자기장 B가 지면에 들어가는 방향으로 존재하고 있다. 도선에 작용하는 힘이 0이 되려면 두 도선 사이의 거리 d는 얼마가 되어야 하는가? 이때 자기장의 크기는 0.400 mT이다.

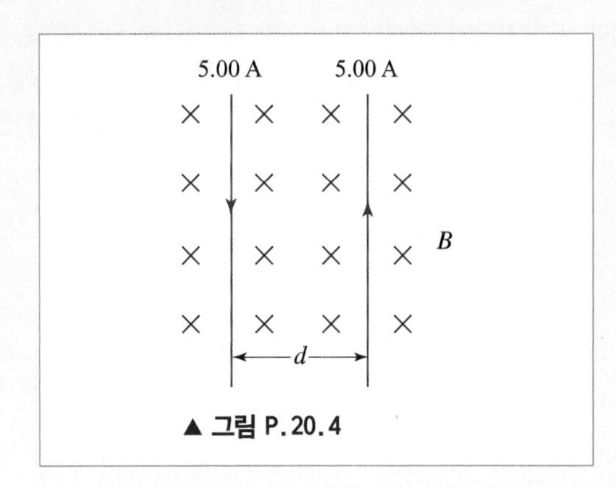

▲ 그림 P.20.4

20-3 암페어의 법칙

10. 일정한 전류 I가 반지름 R인 속이 빈 원통형 관 표면을 따라 균일하게 흐르고 있다. 관 내부에서 자기장의 크기는? 관의 외부에서의 자기장의 크기는? (관의 중심축으로부터의 거리를 r이라 한다.)

11. 반지름이 a인 원통형 금속막대가 있고 그 바깥에 (같은 축을 가지며) 안쪽 반지름이 b이고 바깥쪽 반지름이 c인 원형 금속관이 있다. 가운데 있는 금속막대와 바깥의 관에 크기가 같고 방향이 반대인 전류가 흐르고 있다면 (가) 축으로부터의 거리 r이 a보다 작은 경우, (나) $a < r < b$인 경우, (다) $r > c$인 경우의 자기장을 각각 구하여라.

12. 구름과 땅 사이에 수직으로 벼락이 칠 때 순간적으로 1.00×10^4 A의 전류가 흐른다고 한다. 벼락으로부터 100.0 m 떨어진 산 위에서 벼락에 의해 순간적으로 형성되는 자기장의 크기를 계산하라.

13. 어떤 무한한 2차원 xy 평면에 균일한 면 전류 밀도 K가 x 방향으로 흐르고 있다. 즉, 면 전류 밀도 K가 뚫고 지나가는 길이를 l이라 하면, 총 전류 $I = Kl$이다. 이 면 전류 밀도에 의해 2차원 평면 위 아래에서 유도되는 자기장을 구하라.

20-4 솔레노이드와 토로이드

14. 2개의 솔레노이드 A와 B에는 같은 양의 전류가 흐르고 단위길이당 감긴 도선의 수도 같다. 하지만 솔레노이드 A의 단면적은 B에 비해 2배 크다. 솔레노이드 A와 B 안쪽의 자기장의 크기는?

15. 솔레노이드의 중심에서 자기장의 크기가 0.150 T 가 되도록 제작하려 한다. 반지름이 3.00 cm이고 길이가 50.0 cm인 원형 튜브에 전선을 감아 만든다고 하고, 전선에 흐를 수 있는 최대 전류가 10.0 A라고 한다면 단위 길이 당 감긴 수가 최소 얼마여야 하는가? 전선의 길이는 최소 얼마여야 하는가?

20-5 원자의 자성*

16. 스핀 자기모멘트가 1.40×10^{-26} A · m^2인 양성자로부터 스핀축을 따라 1.00 Å 만큼 떨어진 지점에서의 자기장의 크기를 구하여라.

20-6 물질의 자성*

17. 지름이 2.00 cm이고 길이가 10.0 cm인 원통형 막대자석에서 균일한 자기화가 5.00×10^3 A/m 이다. 이 자석의 자기쌍극자 모멘트의 크기를 구하여라.

18. 각각의 분자의 자기모멘트가 2.00×10^{-23} J/T인 상자성 기체에 1.00 T의 자기장을 걸어주었다. 어떤 온도에서 열에너지와 자기에너지가 같아지겠는가?

19. 쇠막대에서 철 원자 1개가 가지고 있는 자기모멘트는 2.00×10^{-23} J/T이다. 길이가 10.0 cm, 단면적이 1.00 cm^2인 쇠막대 안에서 모든 원자의 자기쌍극자 모멘트가 축방향으로 일렬로 배열되어 있다고 하자.

(a) 이 쇠막대의 총 자기모멘트는 얼마인가?

(b) 크기가 2.00 T인 외부 자기장에 이 자석을 수직하게 유지하려면 얼마의 토크를 작용시켜 주어야 하는가? 철의 밀도는 7.90 g/cm^3이며 철 원자 질량수는 56이다.

20. 1.00 m에 6,000번 감긴 긴 솔레노이드에 5.00 A의 전류가 흐른다. 이 솔레노이드 내부가 (가) 진공일 때, (나) 텅스텐으로 채워져 있을 때, (다) 은으로 채워져 있을 때 솔레노이드 내부에서의 자기장의 크기를 구하여라. 텅스텐의 상대투자율은 1.00008이고 은의 상대투자율은 0.99998이다.

발전문제

21. 그림과 같이 0.500 A의 전류가 흐르는 도선이 긴 직선도선과 반지름이 10.0 cm인 원형도선으로 이루어져 있다. 즉, 직선도선의 일부가 한 번 꼬여서 원형고리를 형성한 것이다. 이때, 원형도선의 중심에서 자기장의 크기와 방향을 구하여라.

20-19

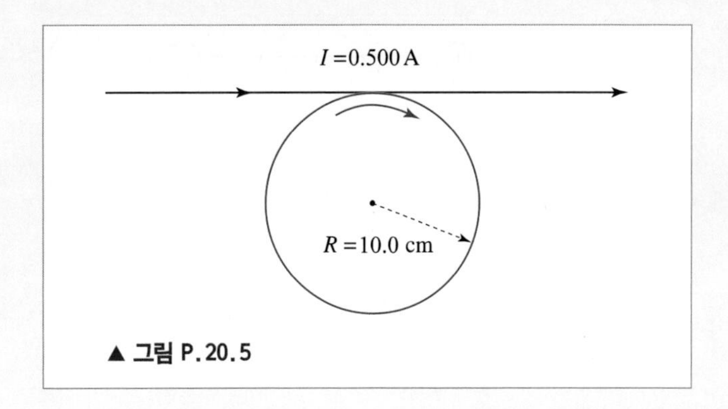

▲ 그림 P.20.5

22. 한 변의 길이가 a인 정사각형의 도선에 전류 I가 흐르고 있다. 이때 정사각형 도선 중심에서 자기장의 크기를 구하여라.

23. 반지름이 30.0 cm인 2개의 원형 고리 A와 B가 그림 P.20.6과 같이 나란히 놓여 있다. 두 고리 사이의 간격은 1.50 mm이다. 도선 A에는 반시계 방향으로 10.0 A의 전류가 흐르고 있다. 고리 B의 질량이 4.00 g이라고 할 때, 고리 B가 떠 있기 위해 고리 B에 흘려주어야 할 전류의 크기와 방향을 구하여라.

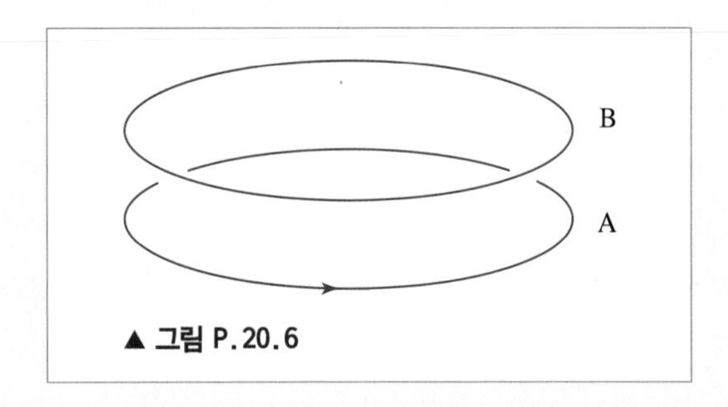

▲ 그림 P.20.6

24. 4개의 평행한 긴 직선 도선 A, B, C, D에 동일한 크기의 전류 I가 흐르고 있다. 그림 P.20.7은 도선에서 전류가 흘러가는 단면을 나타내는데, 4개의 도선은 한 변의 길이가 a인 정사각형을 형성한다.

(가) 정사각형의 중심에서 자기장의 크기와 방향을 구하여라.

(나) 도선 A가 다른 도선들로부터 받는 단위길이당 자기력 합력의 크기를 구하여라.

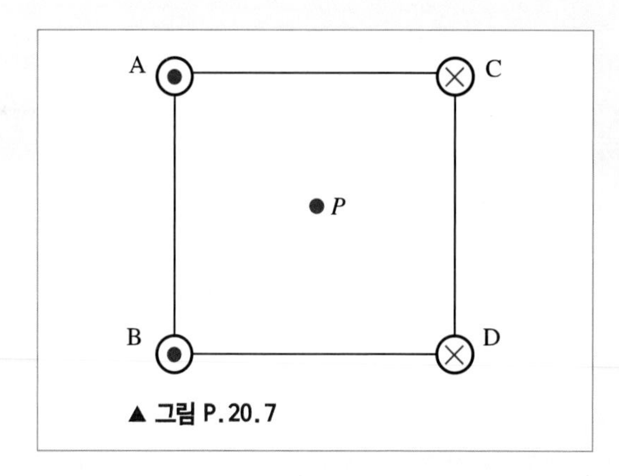

▲ 그림 P.20.7

25. 반지름이 R인 원형 단면을 가진 직선 도선에 전류 I가 흐른다. 도선 내부에서의 전류 밀도가 원형 단면의 중심으로부터의 거리 r에 대해 $j = \alpha r$과 같이 변한다고 가정하자. α는 상수이다. α를 I 와 R을 이용해 나타내고, 도선 내부와 외부에서 자기장의 크기를 계산하라.

Physics

마이클 패러데이

Michael Faraday, 1791-1867

영국의 물리학자이자 화학자이다.
도선 가까이에서 자기장을 변화시키면 도선에 전류가 흐르는 현상인 '전자기 유도 법칙'을 발견했다.
전자기 유도 현상을 이용한 대표적인 사례로는 발전기, 전기모터와 변압기 등이 있다.

CHAPTER 21
자기 유도

지금까지 우리는 정지한 전하계의 문제와 전하가 이동하더라도 시간에 따라 변하지 않는 정상 전류계의 문제 등만을 다루었다. 그러나 전하의 운동이 시간에 따라 변하면 전기장이나 자기장도 시간에 따라 변하면서 더욱 흥미로운 현상들이 나타난다. 이 장에서는 시간에 따라 변하는 전자기장 현상을 다루는 패러데이 법칙을 알아보고, 고전 전자기학의 모든 현상을 설명하는 맥스웰의 방정식을 알아보기로 하자.

21-1 패러데이 유도법칙

지금까지 우리는 전하들이 정지한 정전 상태에서의 전기장과 그것이 만드는 정전 퍼텐셜인 전위에 관해 다루었다. 또, 전하가 이동하더라도 그 흐름이 시간에 따라 변하지 않는, 즉 일정한 전류에 의해서 생기는 자기장에 관해서도 알아보았다.

전류는 자기장을 만든다. 그렇다면 자기장도 전류를 만들 수 있지 않을까? 예컨대, 서로 평행하게 놓인 두 도선 중 하나에만 전류를 흐르게 하면, 다른 도선에도 전류가 흐르지 않을까? 즉, 한쪽 도선의 전류가 만드는 자기장이 다른 도선의 전하에 어떤 영향을 주어 전류가 흐를지도 모른다고 생각해볼 수도 있다.

1800년대 초 행해진 많은 실험을 통해 이 생각은 옳지 않음이 확인되었다. 도선 근처에 매우 강한 자석을 놓아도 도선에는 아무런 전류가 흐르지 않았던 것이다. 그러나 1840년 **패러데이**(Michael Faraday, 1791~1867)는 마침내, '무엇이 변하고 있어야만' 전기적 효과가 생긴다는 것을 발견하였다. 즉, 한 도선에 전류가 생기려면 다른 도선에 흐르는 전류가 변하거나, 근처의 자석이 움직여야만 한다는 사실이었다. 이런 현상을 **전자기 유도(electromagnetic induction) 현상**이라 하며, 이런 방법으로 만들어진 전류는 **유도전류(induced current)**라 불린다. 이러한 전자기 유도 현상의 발견은 정전기나 자기 현상보다는 사람들의 관심을 훨씬 더 많이 끌게 만들었다.

전자기 유도에 대한 많은 실험들은 19세기 초 영국의 패러데이와 미국의 헨리(J. Henry, 1797~1878)에 의해 서로 독립적으로 행해졌다. 이들은 그림 21.1에서처럼 자석을 회로에 가까이 가져오면 회로에 연결된 검류계의 바늘이 움직인다는 사실을 발견하였다. 즉, 운동하는 자석 근처에 있는 회로에는 전류가 흐르게 된다. 반면 자석을 회로에서 멀리 가져가면 검류계의 바늘이 전과는 반대 방향으로 움직인다. 이로부터 회로에 전과 반대 방향의 전류가 흐름을

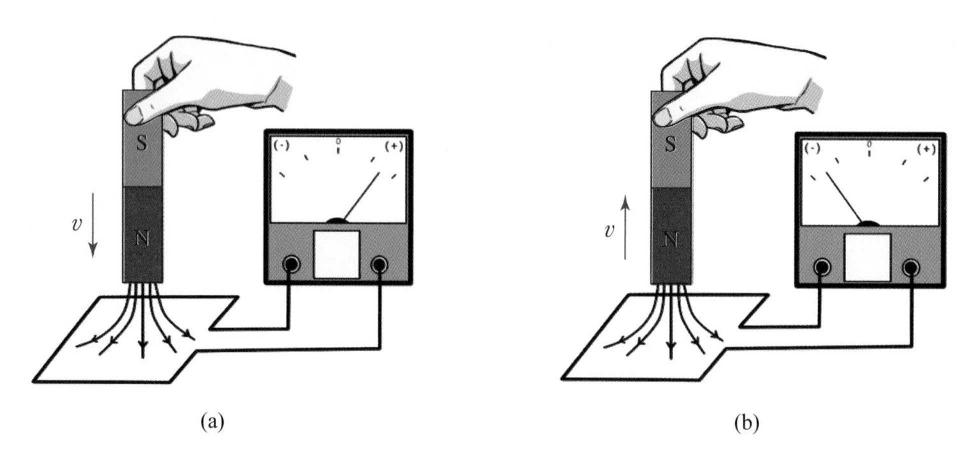

▲ **그림 21.1** | (a) 자석을 회로에 가까이 가져온다. (b) 자석을 회로에서 멀리 가져간다.

유도 기전력의 원인

유도전류가 도선과 자석의 상대 운동에만 의존한다는 사실로부터 우리는 유도전류가 도선에 작용하는 자기력 때문에 생긴다고 생각할 수도 있다. 자기장이 있는 곳에서 도선을 이동시키면, 도선 내의 전하도 따라 이동하게 되므로 자기력을 받게 된다. 자기력에 의해 한 부분의 전하가 이동하면, 그 전자들에 의한 전기장은 그 주위 전자들을 다시 밀어내는 데 이런 과정은 도선을 따라서 계속되어 전류가 흐르게 만드는 것이다.

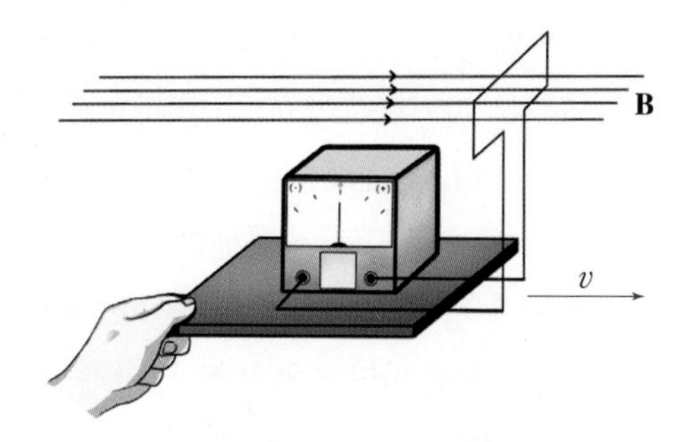

▲ **그림 21.2** | 균일한 자기장에서 일정한 방향으로 회로 전체를 움직여도 회로에 전류가 유도되지 않는다.

알 수 있었다. 또, 이때 자석을 회로에 가까이 가져오거나 멀리 가져가는 동안만 전류가 흐르며, 전류는 자석의 운동 속도에 따라 달라진다는 사실도 발견하였다. 즉, 자석이 천천히 운동할 때보다 빨리 운동할수록 전류가 더 커졌던 것이다.

이러한 실험에서 흥미로운 점은 자석을 고정시킨 채로 근처의 폐회로 도선만을 움직여도 도선에 유도전류가 흐른다는 점이다. 즉, 유도전류의 발생은 도선과 자석의 상대적 운동에만 의존할 뿐 둘 중 어느 것이 움직이든 상관하지 않는다.

도선에 전류가 흐른다는 것은 회로에 기전력이 있음을 뜻한다. 즉, 건전지 같은 기전력장치가 없음에도 불구하고 전류가 흐를 수 있다는 것이다. 전류는 전하의 운동에 의한 것이고, 그 운동에는 힘이 필요하므로 우리는 도선 속에 전기장이 만들어졌음을 알 수 있다. 변화하는 자기장에 의해 만들어지는 이런 전기장을 **유도 전기장**이라 하며 필요에 따라 $\boldsymbol{E}_{\text{유도}}$ 라고 나타내기도 한다. 유도 기전력은 폐회로 전체 구간에서의 유도 전기장의 **선적분값**으로 정의한다. 즉, 유도 기전력을 ε 으로 나타내면, $\varepsilon = \oint \boldsymbol{E}_{\text{유도}} \cdot d\boldsymbol{l}$ 로 정의한다.

이와 같이 기전력의 원인이 되는 힘은 건전지에서와 같은 화학적 원인에 의한 것뿐만 아니라 전자기 유도 현상 같은 방법으로도 얻을 수 있다. 명칭 때문에 기전력은 마치 힘처럼 보인다. 하지만 기전력의 차원은 힘이 아닌 전위의 차원이며, 다만 역사적인 이유로 그렇게 불리고 있다.

유도 전기장은 정지한 전하계가 만드는 정전기장과는 그 성질이 근본적으로 다름을 유의하자. 예를 들어, 정전기장에서는 두 점 간의 전위차가 정의될 수 있지만 유도 전기장에서는 그것이 불가능하다. 즉, 유도 전기장에 의한 전기력은 보존력이 아닌 것이다. 그러나 전하에 힘을 작용한다는 면에서만 보면 유도 전기장과 정전기장의 차이는 없다.

질문 21.1

정전기장 $\boldsymbol{E}$의 어떤 폐회로 선적분량은 언제나 0이다. 즉, $\oint \boldsymbol{E} \cdot d\boldsymbol{l} = 0$ 이다. 어떤 폐회로 도선에서 정전기장이 만드는 기전력 크기는 얼마인가?

패러데이는 전자기 유도에서 가장 중요한 인자란 회로를 통과하는 자기장의 변화, 또는 좀 더 정확히 말하면 폐회로를 통과하는 자기력선의 수의 변화임을 깨달았다. 어떤 면을 통과하는 자기력선의 수는 **자기선속** 또는 **자속(magnetic flux)**이라는 양으로 나타내는데, 전기장의 전기선속에 대응하는 양이다. 자속은 흔히 Φ_B로 나타낸다.

전기선속의 정의와 같이, 어떤 면을 통과하는 자속을 표현할 때도 그 면에서의 자기장 벡터를 면적분한 양으로 나타낸다. 예를 들어, 바닥면에 놓인 넓이가 A인 폐회로에 수직방향으로 균일한 자기장 $\boldsymbol{B}$가 있다고 하자. 이때 그 폐회로면의 자속은 $\Phi_B = BA$ 로 나타낸다. 이때 면벡터 방향을 어떻게 취하는가에 따라 자속의 값은 그 부호가 바뀌지만, 여기에서 우리는 그 크기만 생각하기로 하자. 자기장의 단위는 T 이므로 자기선속의 단위는 $\mathrm{T \cdot m^2}$가 되는데, 이를 **웨버(Wb; Weber)**라고도 부른다. 즉, $1\ \mathrm{Wb} = 1\ \mathrm{T \cdot m^2}$이다.

이때 자기장 방향이 수직방향과 각 θ만큼 기울어져 있다면, 그 면을 통과하는 자속은

$$\Phi_B = BA\cos\theta \tag{21.1}$$

로 정의하는데, 이런 표현은 벡터의 스칼라곱을 이용하면 간단히 $\Phi_B = \boldsymbol{B} \cdot \boldsymbol{A}$로 나타낼 수 있다. 여기에서 $\boldsymbol{A}$는 면벡터를 나타낸다.

패러데이는 실험 결과로부터 폐회로에 유도되는 기전력 크기는 폐회로를 통과하는 자속의 시간 변화율과 같음을 알게 되었으며, 이는

$$\varepsilon = \left| \frac{\mathrm{d}\Phi_B}{\mathrm{d}t} \right| \tag{21.2}$$

와 같이 표현할 수 있다. 이 식을 **패러데이 유도법칙(Faraday's law of induction)**이라고 한다.

회로 도선을 통과하는 자속이 시간에 따라 늘어나면, 전류에 의해 생성되어 도선에 유도되는 자기장은 자속의 증가를 막는 쪽으로 생긴다. 즉, 유도전류가 발생하기 때문에 폐회로의 자속은 쉽게 증가하지 못한다. 유도전류가 이와 같은 방향으로 생기는 것을 **렌츠의 법칙(Lenz's law)**이라고 한다.

질문 21.2

자속을 시간으로 나눈 양은 전위의 차원을 가진다. 즉, $\mathrm{Wb/s} = \mathrm{V}$임을 증명하여라.

회로를 통과하는 자기선속이 어떤 이유로 변하든 간에, 변하게 만드는 원인의 종류에는 전혀 관계없이 항상 패러데이 법칙에 의하여 기전력이 유도된다. 다음 두 가지 유형의 예제를 가지고 구체적으로 유도 기전력을 계산해보자.

예제 21.1 변화하는 자기장에 의한 유도 기전력

반지름이 6.00 cm인 원형 회로의 면에 수직으로 통과하는 균일한 자기장이 0.0100 s 동안에 5.30 T에서 0 T까지 일정한 비율로 변하였다. 그동안 회로에 유도되는 기전력을 구하여라.

| 풀이

회로의 면적은 $A = \pi r^2 = 3.14 \times (0.0600\,\mathrm{m})^2$ 이고 자기장의 크기가 처음에는 $B_1 = 5.30\,\mathrm{T}$에서 나중에는 $B_2 = 0\,\mathrm{T}$로 변하였으므로, $\Delta t = 0.0100\,\mathrm{s}$ 동안 자기선속의 변화량은

$$\Delta\Phi = (B_2 - B_1)A = (0 - 5.30\ \mathrm{T}) \times (0.0110\,\mathrm{m}^2) = -0.0583\,\mathrm{Wb}$$

이다. 따라서 패러데이 법칙인 식 (20.2)에 의해서 유도 기전력은 다음과 같다.

$$\varepsilon = \left|\frac{\mathrm{d}\Phi_B}{\mathrm{d}t}\right| = \left|\frac{\Delta\Phi_B}{\Delta t}\right| = \left|\frac{-0.0583\,\mathrm{Wb}}{0.0100\ \mathrm{s}}\right| = 5.83\,\mathrm{V}$$

예제 21.2 회로의 면적이 변할 때 유도되는 기전력

그림 21.3에 보인 것처럼, 지면에 수직인 방향의 균일한 자기장 B가 존재하는 곳에 ㄷ-자 모양의 도선이 놓여 있고, 그 위에 길이가 l인 금속 막대가 있다. 금속 막대를 일정한 속력 v로 잡아끌 때 다음 질문에 답하여라.

(a) 이 회로에 유도되는 기전력의 크기는 얼마인가?
(b) 이 회로에 만들어지는 유도전류의 방향은 어느 방향인가?
(c) 유도 전류에 의해 금속 막대에 작용하는 자기력의 방향은 어느 방향인가?
(d) 이 회로 전체가 자기장 속에서 움직일 때도 유도전류가 생기겠는가?

| 풀이

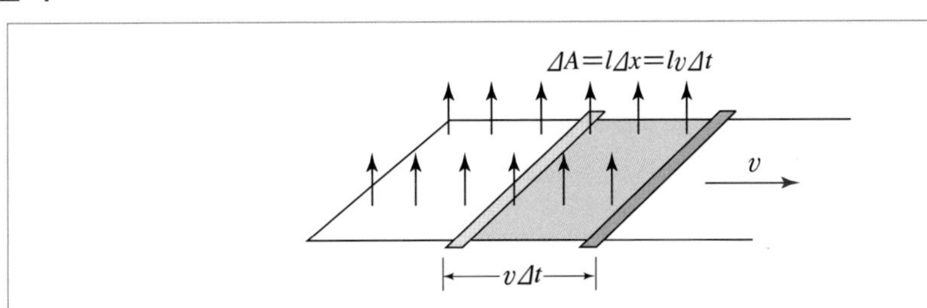

▲ **그림 21.3** | 균일한 자기장의 방향에 수직하게 놓인 ㄷ-자 모양의 도선 위의 금속 막대를 일정한 속력으로 잡아끄는 경우에 유도되는 기전력

(a) 이 문제에서는 자기장은 변하지 않지만 금속 막대가 움직이기 때문에 도선이 만드는 폐회로를 통과하는 자속이 변한다. 시간 간격 Δt 동안에 도선이 진행하는 거리는 $\Delta x = v\Delta t$ 이므로 막대의 길이가 l 이라면, 그동안에 회로의 넓이가 변화한 양은

$$\Delta A = l\Delta x = lv\Delta t$$

이다. 그러므로, 자속의 변화량은

$$\Delta\Phi_B = B\Delta A = Blv\Delta t$$

가 된다. 따라서 막대의 양 끝에 유도되는 기전력 크기는 다음과 같다.

$$\varepsilon = \left|\frac{\Delta\Phi_B}{\Delta t}\right| = Blv$$

(b) 유도전류는 자속의 변화를 방해하는 방향으로 생긴다. 자기장 영역에서 도선이 움직일수록 자속은 점점 증가하므로, 유도전류에 의한 자기장은 그것을 억제하는 방향, 즉 시계 방향으로 흐른다.

(c) 금속 막대에 작용하는 자기력은 식 (19.14)에서 $\boldsymbol{F} = I\boldsymbol{l} \times \boldsymbol{B}$로 주어지므로 벡터곱에 대한 오른손법칙을 적용하면 금속 막대에 작용하는 자기력은 왼쪽 방향이다. 즉, 막대를 끌어내는 힘과 반대 방향으로 작용한다.

(d) 이때는 자속 변화가 없으므로 유도전류가 생기지 않는다.

질문 21.3 변화하는 자기장에 의한 전기장

반지름이 R인 원이 있다고 하자. 또한 원에 수직인 방향의 자기장이 원의 내부 영역에만 있다고 한다. 그 자기장 크기가 시간에 따라 변한다고 하자. 이때 원의 내부 영역과 원의 가장자리, 그리고 원 밖의 위치에 각각 전하를 두었다면 그 중에서 어떤 전하가 유도 전기력을 받아 운동하겠는가?

전자기 유도 현상의 응용

(1) 전화기 송수신기는 영구자석과 얇은 철판을 이용하여 만들 수 있다. 영구자석에 연철(soft iron) 같은 자화될 수 있는 물체를 붙인 후 연철에 코일을 감고 그 부근에 얇은 금속판을 놓았다고 하자. 말하는 소리의 압력에 의해 금속판이 떨리면 그 운동에 의해 연철 내부의 자속은 변화하고 따라서 코일의 유도 기전력도 변한다. 이 방법은 전화기 발명자 벨(Bell)이 초기에 사용했던 방법으로 알려져 있다. 근래에는 여러 가지 다른 방법이 많이 개발되어 있다.

(2) 물체를 공중에 떠 있게 만들 수는 없을까? 영구자석 위에 은반지 같은 금속을 떨어뜨리면 은반지가 떨어지면서 유도 기전력이 생긴다. 따라서 반지에는 전류가 흐르며 그 전류에 작용하는 힘은 반지를 떠올리는 방향으로 작용됨을 쉽게 확인할 수 있다. 반지가 만약 초전도 상태라 부르는 저항이 전혀 없는 상태가 되면 물론 전류는 계속 흐르고 자기력도 계속 작용하므로 반지는 계속 떠 있게 된다. 이 현상은 대표적 초전도 현상으로 마이스너(Meissner) 효과라 한다.

그러나 보통의 경우에는 반지가 가진 전기저항으로 인해 그 전류는 곧 멈추고 줄열로 사라진다. 즉, 이런 과정을 계속하면 반지는 자석이 없는 경우보다 서서히 떨어진다. 그러나 영구자석을 교류전원에 연결된 솔레노이드로 바꾸면 교류전류에 의해 반지의 자속은 계속 변하며 따라서 계속하여 전류가 흐르게 만들 수 있다. 즉, 반지가 초전도 상태가 아니더라도 공중에 띄울 수 있다. 물론 실제로 이 실험을 하려면 매우 강한 자기장이 필요하다. 반지의 전류는 계속 줄열로 변하므로 이때 반지는 점점 뜨거워지게 될 것이다.

이 외에도 냄비를 직접 가열하지 않고 유도전류로 가열하는 인덕션 히터, 금속 조각을 찾아내는 금속 탐지기, 교통 카드에 부착된 전자칩 등 전자기 유도 현상을 이용하는 예는 매우 많다.

21-2 인덕터와 인덕턴스

❙ 자체유도

폐회로 도선에 전류를 흘리면, 그 전류에 의한 자기장 때문에 도선을 통과하는 자속이 생기게 된다. 이와 같이 어떤 도선에 흐르는 전류 때문에 자체 폐회로에 자속이 생기는 경우 그 도선은 **자체유도 인덕턴스(self-inductance)**를 가진다고 말한다. 인덕턴스를 가진 도체를 **인덕터(inductor)**라 부르는데, 모든 폐회로 도선은 인덕터라 할 수 있다.

어떤 폐회로 도선에 흐르는 전류가 i 라 할 때, 그 폐회로 도선을 통과하는 자속이 Φ_B 라 하자. 이 경우 그 도선의 인덕턴스를 L 로 나타내면,

$$\Phi_B = Li \tag{21.3}$$

와 같이 정의한다. 이런 정의에 의한 인덕턴스의 단위는 Wb/A 또는 $\mathrm{T \cdot m^2/A}$ 가 되는데 이를 **헨리(H; Henry)**라고 한다. 즉, $1\,\mathrm{H} = 1\,\mathrm{T \cdot m^2/A}$ 이다. 자속을 이와 같이 나타내면 패러데이 유도법칙에 의한 유도 기전력의 크기는

$$\varepsilon = \left| L\frac{\mathrm{d}i}{\mathrm{d}t} \right| \tag{21.4}$$

로 나타낼 수 있다.

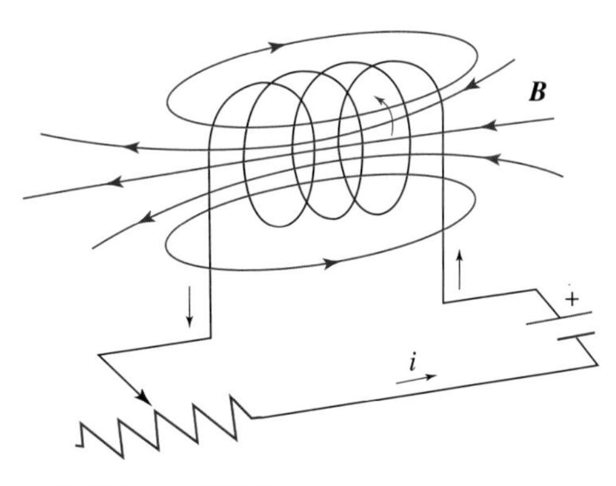

▲ **그림 21.4** ❘ 인덕터

질문 21.4

$1\,\mathrm{H} = 1\dfrac{\mathrm{V \cdot s}}{\mathrm{A}}$ 로 나타낼 수 있음을 증명하여라.

솔레노이드는 매우 많은 코일이 겹쳐진 것 같은 구조이므로 솔레노이드에 전류가 흐르면, 각 코일마다의 자속을 더한 것이 총 자속이 되므로 솔레노이드는 매우 큰 인덕턴스를 가진다.

평행판 축전기 내부에서 전기장이 균일하듯이, 솔레노이드 내부에서도 자기장이 균일하다. 또, 축전기가 전기장을 저장하는 장치이듯이, 솔레노이드와 같은 인덕터는 자기장을 저장하는 장치로 볼 수 있다. 직류회로에 연결된 축전기는 회로에 전류를 흐르지 못하게 하지만, 직류회로에 연결된 인덕터는 회로에서 전류가 흐르는 데 아무런 지장을 주지 않는다. 그러나 교류회로에 연결되면 축전기나 인덕터 모두 전류에 영향을 주게 된다.

예제 21.3 솔레노이드의 인덕턴스

단위길이당 감은 수가 n이며, 코일의 단면적이 S인 솔레노이드가 있다. 이것의 길이가 l이라 할 때 이 인덕터의 인덕턴스는 얼마인가?

| 풀이

그림 21.4와 같이 솔레노이드에 교류전류 i가 흐른다고 하면, 솔레노이드 내부에는 균일한 자기장이 생긴다. 또, 단위길이당 감은 수가 n인 솔레노이드 내부에 생기는 자기장의 크기 B는

$$B = \mu_0 n i$$

가 된다(20장 참조). 솔레노이드 단면의 넓이는 S이므로, 코일 하나의 단면을 통과하는 자속은 $B \cdot S$이고, 코일의 개수는 nl이므로 총 자속 Φ_B는

$$\Phi_B = nlBS = \mu_0 n^2 lSi$$

가 된다. 따라서 솔레노이드의 인덕턴스는

$$L = \mu_0 n^2 lS \tag{21.5}$$

로 쓸 수 있다. 인덕턴스는 인덕터에 흐르는 전류에 무관하게 오로지 n, S, l 등 솔레노이드의 기하적 구조에 의해서만 정해진다. 솔레노이드에서 인덕턴스 크기는 인덕터 내부의 균일한 자기장이 있는 영역의 부피(lS)에 비례한다.

| 상호유도

코일을 통과하는 자속은 코일 자신에 흐르는 전류에 의한 자기장뿐 아니라, 주위의 다른 전류에 의해서도 만들어진다. 전류가 각각 i_1, i_2인 두 코일이 있다고 하자. 이때 코일 2를 통과하는 자속을 Φ_{21}이라 하면, 자속 Φ_{21}과 전류 i_1의 관계는 $\Phi_{21} \propto i_1$로 쓸 수 있다. 이 관계식의 비례상수를 M_{21}이라 쓰면 다음과 같이 나타낼 수 있다.

$$\Phi_{21} = M_{21} i_1 \tag{21.6}$$

마찬가지로 코일 2에 의한 코일 1의 경우에도 $\Phi_{12} = M_{12} i_2$ 관계로 나타낼 수 있는데, 이때 M_{12}와 M_{21} 사이에는 다음과 같은 관계가 존재함을 확인할 수 있다.

- $M_{12} = M_{21}$ 관계가 언제나 성립한다. 이 값을 두 코일의 **상호 유도계수(coefficient of mutual inductance)**라 부르며 흔히 M이라 나타낸다.
- 상호 유도계수 M은 순전히 기하학적인 양이다.

질문 21.5

코일 1에 전류 i가 흐를 때의 코일 2의 자속이 Φ_0이다. 코일 2에 같은 전류 i가 흐를 때의 코일 1의 자속은 얼마인가?

21-3 RL 회로

변화하는 전류에 의한 전위차 변화

우리는 앞에서 일정한 전류가 흐르는 경우, 전류가 전기 저항 부분을 지나면서 전위가 낮아지는 것을 배웠다. 시간에 따라 방향까지 바꾸어 가며 변화하는 전류에 의한 전위차 변화를 알아보기 위해 그림 21.5에 나타난 바와 같이 저항 R인 전기저항, 전기용량이 C인 축전기, 인덕턴스가 L인 인덕터가 포함된 회로의 부분을 생각해보자.

저항만 있는 회로에서는 직류전류에서와 같이 옴의 법칙이 성립하며, 전류의 양(+)의 방향을 그림에 표시한 대로 나타내면 저항 R을 지나며 전위는 iR만큼 낮아지므로 $V_a - V_b = iR$ 관계가 성립한다.

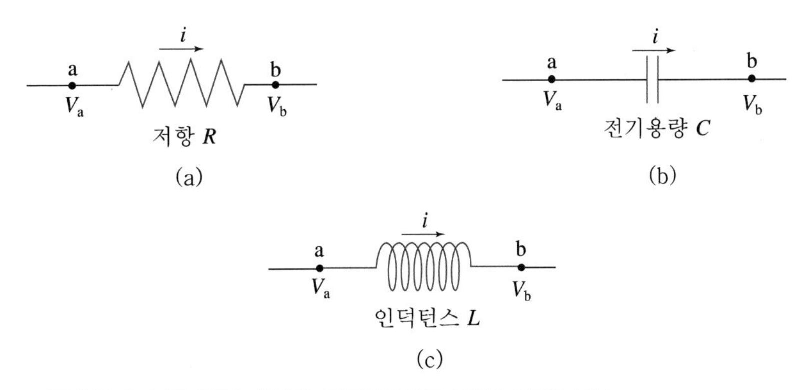

▲ **그림 21.5** | 전기저항, 축전기, 인덕터가 각각 포함된 회로의 부분

축전기 회로에서는 어떨까? 전류의 양(+)의 방향을 그림과 같이 나타내면 축전기 회로에서 점 a부분에 양전하가 쌓이고, 점 b부분에는 음전하가 쌓인다. 따라서 축전기 전기용량이 C라 할 때, 어느 순간 축전기에 저장된 전하량 크기를 q라 하면, 전류가 축전기를 지나며 전위는 q/C만큼 낮아진다. 즉, 축전기 회로에서는 $V_{\mathrm{a}} - V_{\mathrm{b}} = \dfrac{q}{C}$ 관계가 성립한다.

이제 인덕터 회로를 생각해보자. 시간에 따라 변화하는 전류가 흐르면, 전류 변화를 억제하려는 방향으로 인덕터 양단에 유도 기전력이 생긴다. 따라서 전류의 양(+)방향을 그림과 같이 나타내면, 이 회로 부분에서 전류가 증가하는 동안에는 점 b부분보다 점 a부분의 전위가 높게 유도 기전력이 생겨나게 된다.

전류 시간 변화율을 $\mathrm{d}i/\mathrm{d}t$라 할 때 전류가 증가하는 동안은 이 값은 양(+)의 값이고, 따라서 유도 기전력 크기인 $L\dfrac{\mathrm{d}i}{\mathrm{d}t}$도 양(+)의 값이 되므로, 전류가 인덕터를 지나며 $L\dfrac{\mathrm{d}i}{\mathrm{d}t}$만큼 전위가 낮아진다고 말할 수 있다. 즉, $V_{\mathrm{a}} - V_{\mathrm{b}} = L\dfrac{\mathrm{d}i}{\mathrm{d}t}$ 관계가 성립한다.

이 분석을 통해 보았듯이, 어떤 경우에서나 전류가 저항이나 축전기, 인덕터 같은 회로 요소를 지나면 전압이 낮아진다고 할 수 있으며, 그 크기는 각각 iR, $\dfrac{q}{C}$, $L\dfrac{\mathrm{d}i}{\mathrm{d}t}$가 된다.

RL 회로

그림 21.6과 같이 저항, 인덕터, 스위치와 기전력이 ε인 전원으로 구성된 회로를 생각해보자. 시간 $t = 0$일 때 스위치 S가 닫히면, 회로에 전류가 증가하기 시작하고 전류의 증가로 인덕터는 전류 증가를 억제하는 기전력을 일으킬 것이다. 인덕터에 의한 기전력은

$$\varepsilon_L = -L\frac{\mathrm{d}i}{\mathrm{d}t} \tag{21.7}$$

이다. 여기서 음의 부호는 인덕터에서 기전력이 전류 증가의 반대 방향으로 생성됨을 의미한다. 이 회로에 키르히호프의 고리법칙을 적용하면

$$\varepsilon - iR - L\frac{\mathrm{d}i}{\mathrm{d}t} = 0 \tag{21.8}$$

이 된다. 식 (21.8)은 저항과 인덕터로 구성된 RL 회로의 미분방정식이다. 18장의 RC 회로에서의 미분방정식 풀이에서와 유사한 방법으로 위 방정식을 풀면 시간 t에서 전류는 다음과 같이 얻어진다.

$$I(t) = \frac{\varepsilon}{R}\left(1 - e^{-t/\tau}\right) \tag{21.9}$$

여기서 τ는 RL 회로의 시간상수이며 다음과 같다.

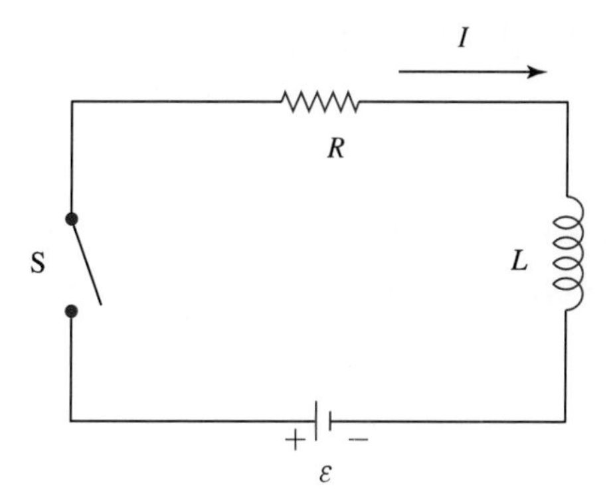

▲ 그림 21.6 | 저항과 인덕터가 직렬로 연결된 RL 회로

$$\tau = \frac{L}{R} \tag{21.10}$$

식 (21.9)를 보면 스위치를 닫을 때($t = 0$) 전류는 0이고 충분한 시간이 흘렀을 때($t \gg \tau$) 평형값 ε / R에 도달함을 알 수 있다.

예제 21.4

그림 21.6의 RL 회로에서 $\varepsilon = 6.00\ \mathrm{V}$, $R = 5.00\,\Omega$, $L = 10.0\ \mathrm{mH}$라고 하자. 이때, 이 회로의 시간상수를 구하여라. 그리고 시간 $t = 0$ 에서 스위치가 닫힐 때, 시간 $t = 1.00\ \mathrm{ms}$에서 이 회로의 전류를 계산하여라.

| 풀이

식 (21.10)으로부터 시간상수는

$$\tau = \frac{L}{R} = \frac{0.0100\ \mathrm{H}}{5.00\,\Omega} = 0.00200\ \mathrm{s} = 2.00\ \mathrm{ms}$$

이다. 식 (21.9)를 이용하면 시간 $t = 1.00\ \mathrm{ms}$에서 전류는

$$I(t = 1.00\ \mathrm{ms}) = \frac{6.00\ \mathrm{V}}{5.00\ \Omega}(1 - e^{-1.00\mathrm{ms}/2.00\ \mathrm{ms}}) = 1.20(1 - e^{-0.500})\ \mathrm{A}$$

이다. $e^{-0.500} = 0.607$이므로

$$I(t = 1.00\ \mathrm{ms}) = 0.472\ \mathrm{A}$$

이다.

인덕터에 저장된 에너지

축전기에 전하를 저장하려면 전기에너지를 공급해주어야 하고 그 에너지는 축전기 내부의 전기장 형태로 저장된다. 인덕터에서도 마찬가지로, 인덕터에 전류를 흐르도록 하면 전기에

너지가 공급되며 그 에너지는 전류가 흐르는 동안에는 자기장의 형태로 인덕터 내부에 저장된다.

인덕터에서 전류가 흐르기 시작하면서 전류가 i가 되었다면, 그때까지 얼마의 전기에너지가 공급되었는지 알아보자. 어떤 순간 t에서 흐르는 전류를 i라 하고, 이때 전류의 시간 변화율을 $\mathrm{d}i/\mathrm{d}t$라 하자. 이때 인덕터 양단 사이의 전위차는 $L\mathrm{d}i/\mathrm{d}t$이고, **공급전력=전위차×전류**로 쓸 수 있으므로 그 순간 공급 전력은

$$P = Vi = Li\frac{\mathrm{d}i}{\mathrm{d}t} \tag{21.11}$$

가 된다.

또 시간 간격 $\mathrm{d}t$ 동안 공급하는 전기에너지양 $\mathrm{d}U$는

$$\mathrm{d}U = P\mathrm{d}t = Li\,\mathrm{d}i \tag{21.12}$$

이므로, 전류가 0에서부터 i_0가 될 때까지 공급되는 전체 에너지양 U는

$$U = \int_0^{i_0} Li\,\mathrm{d}i = \frac{1}{2}Li_0^2 \tag{21.13}$$

이라 할 수 있다. 이와 같이 축전기가 순수한 전기에너지의 저장체라 할 수 있는 반면, 인덕터는 순수한 **자기에너지**의 저장체라고 할 수 있는 것이다.

예제 21.5 솔레노이드에 저장된 자기에너지

길이가 l이고 단면적의 넓이가 S인 솔레노이드에 단위길이당 n개로 균일하게 코일이 감겨 있다. 이 솔레노이드에 전류 i가 흐른다고 할 때 솔레노이드에 저장된 총 자기에너지와 내부의 에너지 밀도는 얼마인가?

| 풀이

단위길이당 감은 수가 n인 솔레노이드 내부의 자기장은 $B = \mu_0 ni$이다. 인덕턴스는 $L = \mu_0 n^2 lS$이므로 $n = \dfrac{B}{\mu_0 i}$로 놓으면, 저장된 자기에너지 $U = \dfrac{1}{2}Li^2$은 다음과 같이

$$U = \frac{1}{2}\mu_0\left(\frac{B}{\mu_0 i}\right)^2 lS \cdot i^2 = \frac{1}{2\mu_0}B^2 lS$$

가 된다.

또, 솔레노이드 내부의 부피가 $V = lS$이므로, 단위부피당 에너지, 즉 에너지 밀도를 u_B라 나타내면,

$$u_B = \frac{U}{V} = \frac{B^2}{2\mu_0}$$

이다. 축전기 내부의 균일한 전기장이 가진 전기에너지 밀도인 $u_E = \frac{\epsilon_0}{2}E^2$과 비교하면, 흥미롭게도 결과상 균일한 자기장을 지닌 인덕터의 자기에너지 밀도 또한 자기장의 제곱에 비례하는 특징을 지닌다는 것을 알 수 있다.

21-4 발전기의 원리

역학적 에너지를 전기에너지로 바꾸는 장치를 발전기라고 한다. 이동이 쉽고 원할 때 사용하기가 편리하다는 점에서 전기에너지는 아주 유용한 형태의 에너지이다. 발전기는 바로 앞 절에서 배운 패러데이 법칙에 의한 전기유도를 이용하여 만들어진다.

간단한 발전기의 기본이 되는 요소들이 그림 21.7에 그려져 있다. 균일한 자기장 B가 만들어지는 두 영구자석 사이에 놓인 회로가 회전하면, 회로를 통과하는 자기선속이 시간에 따라 $\Phi = BA\cos\theta = BA\cos\omega t$ 와 같이 변한다. 여기서 A는 회로의 넓이이고 ω는 회로가 회전하는 각속력이다. 따라서 패러데이 법칙에 의해 회로에 유도되는 기전력은 $\frac{\mathrm{d}\Phi}{\mathrm{d}t}$ 로부터 $BA\omega\sin\omega t$ 형태가 됨을 알 수 있다. 여기서 $BA\omega$는 얻어지는 기전력의 최대값이다. 이 최댓값을 ε_0로 표현하면 유도 기전력은

$$\varepsilon = \varepsilon_0 \sin\omega t \tag{21.14}$$

형태로 쓸 수 있다. 즉, 유도된 기전력의 부호는 시간에 따라 변한다. 또, 이 유도 기전력에 의해 흐르는 전류의 방향도 역시 시간에 따라 주기적으로 변한다. 이러한 전류를 **교류전류**라고 한다.

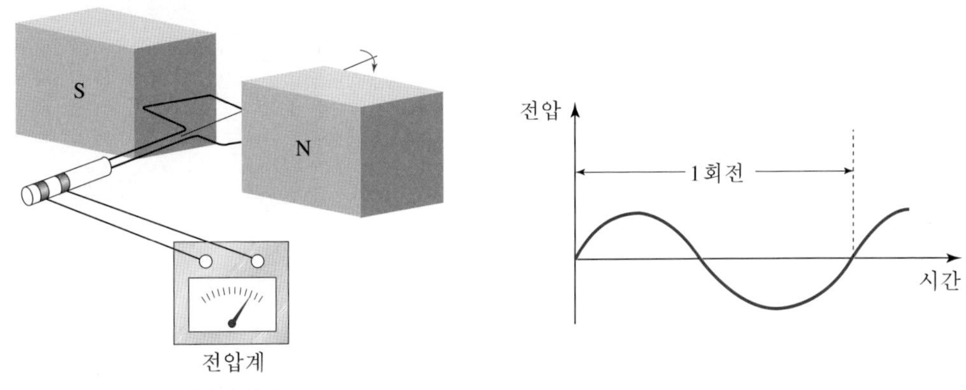

▲ **그림 21.7** | 발전기의 원리

예제 21.6 발전기의 기전력

교류 진동수가 60.0 Hz인 어떤 발전기가 낼 수 있는 최대 기전력은 200 V이다. 기전력 크기가 0인 어떤 순간으로부터 1/120 s 뒤 기전력 크기를 구하여라.

| 풀이

기전력을 시간의 함수로 표현하면 식 (21.14)가 된다. 이 식에 나오는 각진동수 ω와 진동수 f 사이의 관계는 $\omega = 2\pi f$이므로 문제에서 주어진 최대 기전력 $\varepsilon_0 = 200\ \mathrm{V}$와 시간 $t = 1/120\ \mathrm{s}$를 이 식에 대입하면,

$$\begin{aligned}\varepsilon &= \varepsilon_0 \sin 2\pi f t = (200\ \mathrm{V})[\sin 2\pi (60.0\ \mathrm{Hz})(1/120\ \mathrm{s})] \\ &= 0\ \mathrm{V}\end{aligned}$$

이다. 즉 기전력이 0 V인 순간에서 1/120초 뒤에도 기전력은 역시 0 V이다.

| 전기모터(전동기)

전기모터는 발전기와 서로 반대로 작동하는 장치라고 말할 수 있다. 자기장 내의 코일을 회전시키면 코일에 교류전류가 흐르고(발전기), 자기장 내의 코일에 교류를 흘려주면 코일이 자기장 내에서 토크를 받아 회전한다(전기모터).

전기모터의 경우에도 역시 코일이 회전하므로 모터의 코일에도 기전력이 유도된다. 이 경우의 유도 기전력은 회로 전류를 약화시키는 방향으로 만들어진다.

21-5 변압기와 전력 수송

발전소는 보통 도시에서 멀리 떨어진 곳에 세워진다. 따라서 발전소에서 만들어진 전기는 송전선을 따라 먼 거리까지 수송된다. 이때 전기저항이 R인 송전선에서 전류 i가 흐르면 단위시간당 i^2R만큼씩 전력이 손실된다. 송전선의 저항 크기는 일정하므로, 전력 손실을 적게 하려면 송전선에 흐르는 전류를 줄이는 수밖에 없다.

▲ **그림 21.8** | 송전선과 송전탑

전류를 줄이기 위해서는 송전선의 전압이 높아질 수밖에 없다는 문제가 있다. 하지만 다행히도 전압을 조절할 수 있는 쉬운 방법이 있다. 바로 **변압기(transformer)**를 이용하는 것이다. 변압기란 전압을 높이거나 낮추는 장치이다. 간단한 변압기는 그림 21.9에 나타난 것처럼 동일한 철심의 양

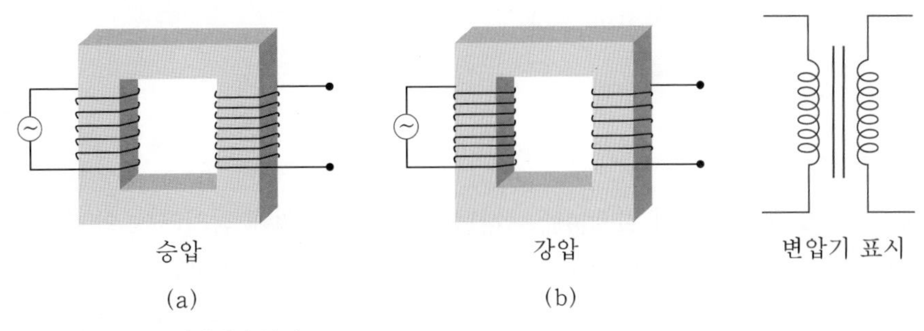

▲ **그림 21.9** | 변압기의 원리

쪽에 감은 2개의 코일로 이루어져 있다. 교류전원을 주코일에 연결하면 교류가 철심 내부에 변화하는 자속을 만든다. 따라서 변화하는 자속이 철심을 따라 부코일의 내부에 형성되며, 이것이 유도 기전력을 만들고 부코일에는 교류전류가 흐른다.

이 경우 주코일과 부코일에 감은 코일 수의 비에 따라서 주코일에 가한 전압과 부코일에 유도되는 전압이 결정된다. 이제 주코일과 부코일에 감긴 각 코일을 지나는 자속이 Φ로 같다고 가정하자. N_2를 부코일에 감긴 코일의 수라고 하면 패러데이 법칙에 의하여 부코일에 유도된 전압은

$$V_2 = N_2 \frac{\Delta \Phi}{\Delta t} \tag{21.15}$$

로 주어진다. 한편, 주코일의 내부에 형성된 변화하는 자속도 주코일에 유도 기전력 V_1을 유도하는데 그 크기는 주코일에 감긴 코일의 수가 N_1이라면,

$$V_1 = N_1 \frac{\Delta \Phi}{\Delta t} \tag{21.16}$$

와 같다. 따라서 위의 두 식에서 $\Delta \Phi / \Delta t$를 소거하면,

$$\frac{V_1}{V_2} = \frac{N_1}{N_2} \tag{21.17}$$

이라는 비례관계를 얻는다. 단, 이것은 자기장이 철심 내부에 국한되어 있어서 두 코일을 통과하는 자속이 같다고 가정한 결과이다.

변압기에서 에너지 손실이 전혀 없다고 가정하면, 들어오는 부분 전력은 에너지 보존법칙에 의해 나가는 부분 전력과 같을 것이며, 전력은 $P = iV$로 주어지므로

$$P_1 = i_1 V_1 = P_2 = i_2 V_2 \tag{21.18}$$

인 관계가 성립한다. 따라서 식 (21.18)을 (21.17)과 비교하면 변압기의 전류와 전압은 변압기

의 주코일과 부코일에 감긴 코일의 수와

$$\frac{i_1}{i_2} = \frac{V_2}{V_1} = \frac{N_2}{N_1} \tag{21.19}$$

인 관계를 갖는다. 그래서 그림 21.9(a)에 나타난 것처럼 부코일에 감긴 코일의 수가 주코일에 감긴 코일의 수보다 많다면, 변압기에서 나오는 전압이 들어가는 전압보다 더 커지지만 나오는 전류는 들어가는 전류보다 더 작아지는 **승압 변압기**가 되고, 그림 21.9(b)에 보인 것처럼 감긴 코일의 수가 반대이면 **강압 변압기**가 된다.

먼 거리로 전력을 수송하는 데 변압기를 이용하면 전압은 높아지지만 전류는 작아져서 저항에 의한 전력 손실을 줄일 수 있다. 변압기를 이용하여 발전기에서 나오는 전압을 고전압으로 올린 다음에 전력을 수송하고 실제 전기 소비자 부근에서 다시 변압기를 이용하여 가정에서 사용하는 전압인 110 V 또는 220 V 정도 수준으로 낮춘다. 단, 송전선의 높은 전압은 그 크기가 무려 수백만 V에 이를 수도 있으므로 매우 조심히 다루어야 한다.

예제 21.7

전압이 440 V이고 전류가 10.0 A인 전기를 만드는 발전기를 생각하자. 이 전기를 40.0 km 떨어진 곳까지 수송하기 위하여 전력 손실이 없는 이상적인 변압기를 이용하여 4,400 V까지 전압을 올렸다. 전깃줄 1.00 km의 저항이 0.50 Ω이라 하고 다음 물음에 답하여라.

(a) 만일 변압기를 이용하지 않고 주어진 거리까지 전력을 수송한다면 수송 도중에 잃어버리는 전력량은 원래 발전된 전력량의 몇 퍼센트인가?

(b) 변압기를 이용하여 문제와 같이 승압하여 전력을 수송할 때 일어나는 전력 손실은 원래 발전된 전력의 몇 퍼센트인가?

| 풀이

(a) 발전기에서 나오는 전력량은 $P_1 = i_1 V_1 = (10.0\ \text{A})(440\ \text{V}) = 4{,}400\ \text{W}$이다. 한편 전깃줄 40.0 km의 저항은 $R = (0.500\ \Omega/\text{km})(40.0\ \text{km}) = 20.0\ \Omega$이므로 10.0 A의 전류를 수송하는 데 1초 동안에 손실되는 에너지인 손실 전력은 $P_{\text{손실}} = i^2 R = (10.0\ \text{A})^2 (20.0\ \Omega) = 2{,}000\ \text{W}$이다. 따라서 에너지가 손실되는 비율은

$$\frac{P_{\text{손실}}}{P_1}(\times 100\%) = \frac{2{,}000\ \text{W}}{4{,}400\ \text{W}}(\times 100\%) = 45.0\%$$

이다.

(b) 전압을 4,400 V로 올리면 수송되는 전류는

$$i_2 = i_1 \frac{V_1}{V_2} = (10.0\ \text{A})\frac{440\ \text{V}}{4{,}400\ \text{V}} = 1.00\ \text{A}$$

이다. 따라서 이 경우에 전력 손실은

$$P_{\text{손실}} = i_2^2 R = (1.00\ \text{A})^2 (20.0\ \Omega) = 20.0\ \text{W}$$

이며 에너지가 손실되는 비율은

$$\frac{P_{손실}}{P_1}(\times 100\%) = \frac{20.0\ \mathrm{W}}{4,400\ \mathrm{W}}(\times 100\%) = 0.450\%$$

이다. 즉 10배로 승압하여 송전하면 전력 손실은 약 100분의 1로 줄일 수가 있음을 알 수 있다.

21-6 맥스웰 방정식과 전자기파

우리는 지금까지 전기와 자기에 관한 여러 가지 현상을 알아보았다. 정지한 전하들이 만드는 전기장에 관해서는 가우스 법칙을 다루었고, 시간에 따라 변하지 않는 일정한 전류가 만드는 자기장에 관해서는 암페어 법칙을 다루었다.

또한 전기장을 나타내는 전기력선은 양전하로부터 나와 음전하로 들어가지만 자기장을 나타내는 자기력선은 그 시작점이나 끝나는 점이 없다는 사실도 배웠다. 이 사실은 자기 현상에서는 전기장을 만드는 전하에 대응하는 '어떤 것'이 없음을 뜻한다. 그리고 시간에 따라 변화하는 자기장에서 전기장이 유도된다는 패러데이 법칙을 배웠다.

질문 21.6

자기장에 대해 가우스 법칙을 적용하면 어떤 결과가 생기는지 나타내어라.

우리가 여러 면으로 보아온 바와 같이 자기장과 전기장 현상은 서로 매우 비슷하다. 그러나 전기장을 만드는 **전하**가 있는 것에 반해, 자기 현상에는 자기장을 만드는 **자기전하** 같은 것이 없는 것과 같은 차이도 있다. 그럼에도 불구하고 전기와 자기는 서로 대칭적인 요소가 너무 많다. 따라서 우리는 **변화하는 전기장도 혹시 자기장을 만들지는 않을까?** 하는 의문을 가질 수도 있다.

영국의 뛰어난 물리학자 맥스웰은 바로 이 점에 착안하여 전기장이 시간에 따라 변하면 자기장이 만들어진다는 사실을 발견하게 되었다. 그림 21.10과 같이 건전지에 평행판 축전기를 연결한 회로를 생각해보자. 이 회로에는 처음에는 전류가 흐르다가 축전기가 다 충전되면 더 이상 전류가 흐르지 않는다. 그러나 전류가 흐르는 동안에는 회로를 이루는 도선 주위에 자기장이 만들어진다. 문제는 이때 축전기 내부 공간에도 자기장이 만들어지는가 하는 것이다. 이때 축전기 내부 공간을 지나는 폐회로를 이용하여 자기장을 구하려고 하면 난처한 입장에 빠지는데, 폐회로가 만드는 면을 어떻게 취하는지에 따라 자기장이 있는 것 같기도 하고 없는 것 같기도 하다는 점이다.

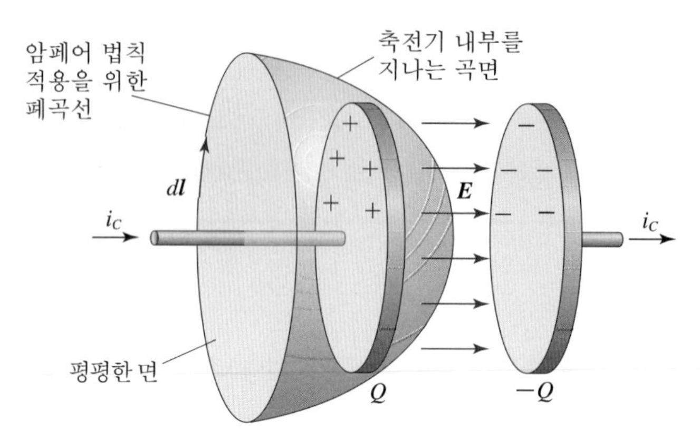

▲ **그림 21.10** | 축전기 내부에서의 암페어 법칙 적용

실험으로는 물론 자기장이 존재한다. 맥스웰은 이때 충전되고 있는 축전기 내부에 변화하는 전기장이 있으며, 그 변화하는 전기장이 자기장을 만든다는 생각을 하게 되었다. 시간에 따라 변하는 전기장에 의한 효과는 전류 효과와 같으므로, 그것을 **변위 전류(displacement current)**라 부르고 $i_{변위}$ 라 나타낸다.

따라서 전자기 현상을 기술하는 법칙이 모두 완성되었는데 그 특징을 정성적으로 요약하면 다음과 같다.

- $\oint_S \boldsymbol{E} \cdot \mathrm{d}a = \dfrac{q}{\epsilon_0}$: 폐곡면을 통과하는 총 전기선속의 양은 그 폐회로가 감싸는 공간 속의 총 전하량에 비례한다(가우스 법칙).
- $\oint_S \boldsymbol{B} \cdot \mathrm{d}a = 0$: 폐곡면을 통과하는 총 자속의 양은 어떤 경우이건 0이다.
- $\oint_C \boldsymbol{E} \cdot \mathrm{d}l = -\dfrac{\mathrm{d}\Phi}{\mathrm{d}t}$: 시간에 따라 변화하는 자기장은 전기장을 만든다(패러데이 유도법칙).
- $\oint_C \boldsymbol{B} \cdot \mathrm{d}l = \mu_0 (i + i_{변위})$: 전하가 이동하여 만드는 전류나, 전기장이 변하면 만드는 변위전류에 의해서는 자기장이 만들어진다. 이때 폐회로를 따라 자기장을 선적분한 값은 그 폐회로를 통과하는 전류에 비례한다(암페어 법칙).

우리가 관찰할 수 있는 모든 전자기 현상은 이 네 가지 기본법칙에 의하여 기술할 수 있는데, 수식적으로 나타낸 네 가지 방정식을 **맥스웰 방정식(Maxwell's equations)**이라 한다.

맥스웰 방정식에 의하면, 전기 현상과 자기 현상은 두 가지의 독립된 별개의 현상이 아니라 한 가지 전자기 현상의 두 측면임을 알 수 있다. 즉, 전기력과 자기력은 별개의 두 종류의 상호작용이 아니라 전자기력이라는 한 가지 상호작용의 두 측면이란 점이다. 이제 맥스웰 방정식으로부터 얻을 수 있는 신비로운 결과 중 하나인 전자기파 현상을 알아보자.

전자기파

맥스웰 방정식으로부터 우리는 다음 두 가지 중요한 전자기 현상에 관해 알 수 있다.

- 시간에 따라 변화하는 자기장은 전기장을 만들어 낸다.
- 시간에 따라 변화하는 전기장은 자기장을 만들어 낸다.

13장에서 열의 전달방법 중의 한 가지로 전자기파(electromagnetic wave, 복사파)가 있음을 배웠다. 이 두 가지 성질은 전자기파 생성의 근본 원인이 된다. 전자기파는 그 이름이 말해주듯 지금까지 배운 전기장과 자기장만으로 그 생성과 성질을 설명할 수 있다. 예를 들어, 진동운동을 하는 전하가 있다고 하자. 그 전하가 만드는 전기장은 시간에 따라 변할 것이다. 그러므로 그에 따른 자기장이 생기게 된다. 그러나 그 자기장을 만든 전기장도 시간에 따라 변하므로 자기장도 역시 시간에 따라 변한다. 그러므로 그에 따라 전기장이 또 만들어지게 된다.

이러한 전기장과 자기장의 상호 생성은 처음 시작할 때 생성된 시간에 따라 변하는 전기장이 만들어진 이유를 잊은 채 자기들끼리만의 상호 생성을 통해 유지되는데, 이런 전자기파가 진공 중에서 전파해 나가는 속도는 빛의 빠르기인 $c = 1/\sqrt{\epsilon_0 \mu_0} = 3.00 \times 10^8\,\mathrm{m/s}$ 와 같음이 알려지게 되었다. 이러한 사실이 처음 알려졌을 때까지도 사람들은 빛이 전자기파라는 사실을 깨닫지 못하고 상당한 시간이 흐른 후에야 그 사실을 깨달았다.

라디오 방송국의 송신 안테나 내부에서는 수많은 전자들이 조화진동을 하면서 앞에서 설명한 방법을 통하여 공간으로 전자기파를 내보낸다. 전기장과 자기장은 모두 에너지를 포함하고 있으며, 전자기파가 퍼져나가면서 에너지를 함께 나른다.

전자기파는 진동수 또는 파장에 따라 분류된다. 전자기파는 파장에 따라 파장이 극히 짧은 **감마선**, 원자 크기인 옹스트롬 단위(100억분의 1 m)의 파장인 **X-선**, 우리 눈에 보이는 **가시광선**과 그 근처 영역의 **자외선**이나 **적외선**, 파장이 cm 단위인 **초단파(microwave)**, 파장이 수백 m

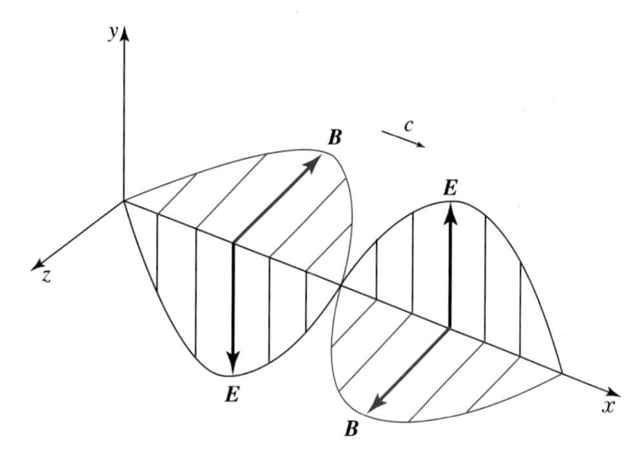

▲ 그림 21.11 | 전자기파가 진행하는 동안의 전자기장

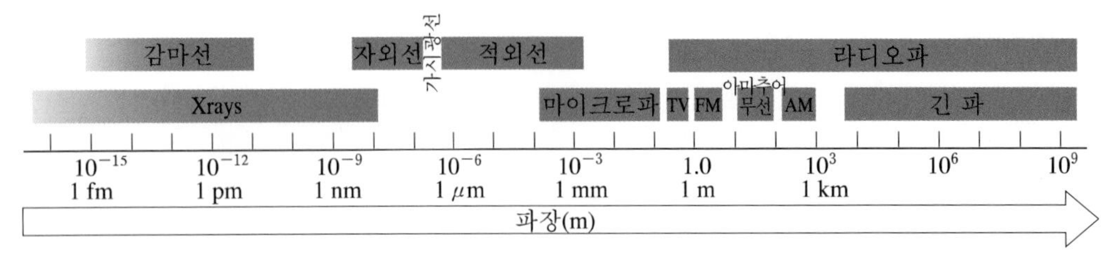

▲ **그림 21.12** | 전자기파 스펙트럼

이상인 **라디오파** 등으로 분류한다.

가시광선은 전체 전자기파 스펙트럼(spectrum)에서 극히 좁은 구간에 걸쳐 있는 파동을 말하는데, 그 파장은 약한 보랏빛을 띠는 400 nm 정도에서 붉은색을 띠는 700 nm 정도 구간이다.

진동수 f 와 파장 λ 는 서로 $\lambda = c/f$ 인 반비례 관계에 있으므로 파장이 짧을수록 진동수가 크다. 가시광선의 파장은 약 100조 Hz(10^{14} Hz)에서 1000조 Hz 정도에 해당한다. 또 중파 라디오 방송국이 사용하는 파동은 약 1000 kHz(106 Hz) 정도이고, FM 방송이나 텔레비전 방송은 약 100 MHz(108 Hz) 정도의 파동을 사용한다. 최근에 우리가 많이 사용하게 된 휴대전화는 1 GHz(109 Hz)에서 2 GHz 구간의 전자기파를 사용한다.

파동은 파장이 짧을수록 더 많이 산란되어 흩어지기 쉽고, 또 에돌이(회절) 현상도 약해진다. 그러므로 파장 영역이 짧은 텔레비전파는 라디오파보다 멀리 전파하기 어려우며, 텔레비전파는 라디오파와 달리 산 같은 장애물이 있을 시 에돌이 현상을 통해 산 뒤편까지 전자기파를 전달하지 못한다. 산간지역에서 라디오를 듣기보다 텔레비전을 시청하기가 어려운 이유는 이 때문으로 텔레비전 방송은 많은 중계탑을 필요로 한다. 표 21.1에 전자기파를 진동수에 따라 분류했다.

▼ **표 21.1** | 여러 종류의 전자기파

구분	진동수 영역(Hz)	파장 영역(m)	만들어지는 원인
전력	60	5.00×10^{6}	전류
라디오파			전기회로
AM	$0.530 \sim 1.70 \times 10^{6}$	$570 \sim 186$	
FM	$88.0 \sim 108 \times 10^{6}$	$3.40 \sim 2.80$	
TV	$54.0 \sim 890 \times 10^{6}$	$5.60 \sim 0.340$	
마이크로파	$10^{9} \sim 10^{11}$	$10^{-1} \sim 10^{-3}$	특수한 진공관
적외선	$10^{11} \sim 10^{14}$	$10^{-3} \sim 10^{-7}$	뜨거운 물체
가시광선	$4.00 \sim 7.00 \times 10^{14}$	10^{-7}	태양, 전등
자외선	$10^{14} \sim 10^{17}$	$10^{-7} \sim 10^{-10}$	매우 뜨거운 물체, 특수전등
X선	$10^{17} \sim 10^{19}$	$10^{-1} \sim 10^{-12}$	제동복사, 원자 내 전자 천이
감마선	10^{19} 이상	10^{-12} 이하	핵반응, 입자 가속기

예제 21.8

진동수가 $100\ \mathrm{MHz}$인 사인파형의 전자기파가 자유공간에서 x방향으로 진행하고 있다. 이 전자기파의 주기와 파장은 얼마인가? 이 전자기파에서 전기장의 진폭이 $100\ \mathrm{N/C}$일 때 전기장에 대해서 전자기파의 표현식을 써라.

| 풀이

주기 T는 진동수의 역수이므로, $T = 1/f = 1/(10^8\ \mathrm{Hz}) = 10^{-8}\ \mathrm{s}$이다. 또한, $\lambda = c/f$에서 $c = 3.00 \times 10^8\ \mathrm{m/s}$, $f = 100\ \mathrm{MHz} = 10^8\ \mathrm{Hz}$를 대입하면, 파장은 $\lambda = 3.00\ \mathrm{m}$가 된다.
이 전자기파는 사인파 형태이므로 공간 x와 시간 t에서 전기장을 $E(x,\ t)$라고 하면, $E(x,t) = E_m \sin(kx - \omega t)$로 쓸 수 있다.

여기서, $k = 2\dfrac{\pi}{\lambda} = \dfrac{2\pi}{3}\mathrm{m}^{-1}$이고 $\omega = 2\pi f = 2\pi \times 10^8\ \mathrm{s}$이므로,

$$E(x,t) = 100 \sin 2\pi\left(\frac{x}{3} - 10^8 t\right)[\mathrm{N/C}]$$

이 된다.

연습문제

21-1 패러데이 유도법칙

1. 원형 고리 형태의 도선이 지면 위에 놓여 있다. 지면 안으로 들어가는 자기장이 감소하고 있다면, 이 도선에 유도되는 전류의 방향은?

2. 예제 21.2에서 저항이 10.0 Ω 인 금속막대가 자기장 내에서 움직일 때 운동에너지가 일정한 비율 1.00 mJ/s로 감소하고 있다고 한다. 이때 막대에 유도된 전류는 얼마인가?

3. 크기가 0.300 T인 균일한 자기장이 존재하는 공간이 있다. 반지름이 4.00 cm인 원형 회로를 회로의 면에 자기장이 수직으로 통과하도록 놓았다. 이 원형 회로를 0.0100초 동안에 90°만큼 회전하여 원형 회로의 면이 자기장과 평행하게 되었다. 이 시간 동안에 원형 회로에 유도되는 평균유도기전력을 구하여라.

4. 전류가 흐르는 매우 긴 도선이 직사각형 도선 옆에 그림 P.21.1과 같이 놓여 있다.

   (가) 직사각형 도선을 긴 도선 쪽으로 움직일 때, 직사각형 도선에 유도되는 전류 방향은?

   (나) 도선에 흐르는 전류가 증가할 때, 직사각형 도선에 유도되는 전류 방향은?

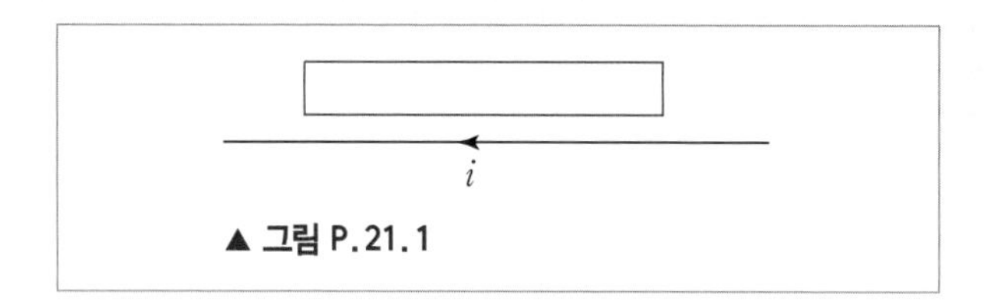

▲ 그림 P.21.1

5. 저항이 없는 직사각형 도선이 있고, 크기가 B로 일정한 자기장이 모든 영역에서 지면에 수직으로 존재한다. 저항이 R이고 길이가 L인 금속막대를 일정한 속력 v로 잡아당기면, 금속막대를 통해 흐르는 전류는 얼마인가?

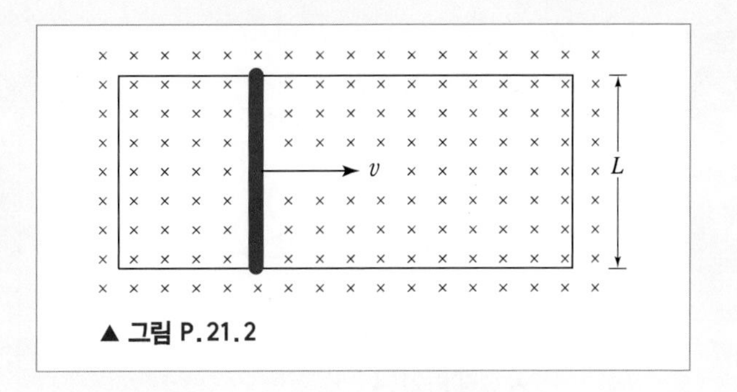

▲ 그림 P.21.2

6. 아래 그림은 네 개의 전류 고리들이다. 고리의 각 변은 모두 L이거나 $2L$이다. 네 개의 전류 고리는 모두 똑같은 일정한 속력으로 균일한 자기장 B의 영역을 통과한다. 자기장은 지면에서 나오는 방향이다. 고리가 자기장을 통과할 때 고리에 유도되는 기전력의 최대값이 가장 큰 것은?

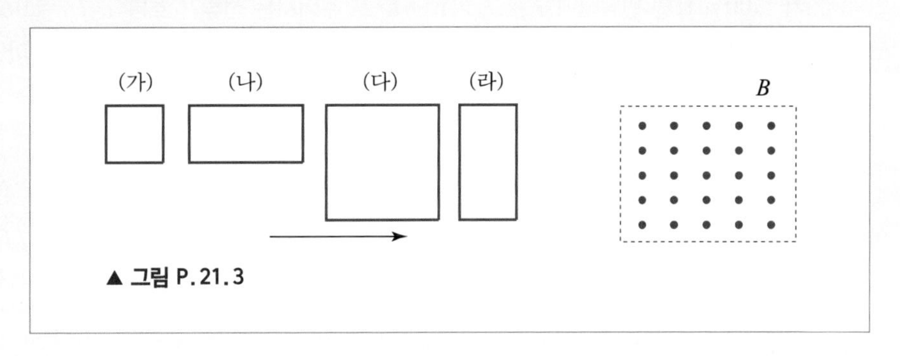

▲ 그림 P.21.3

21-2 인덕터와 인덕턴스

7. 인덕턴스가 L인 2개의 코일이 서로 떨어져 평행으로 연결되어 있다. 이 병렬연결의 총 인덕턴스는 얼마인가?

8. 1/16초 동안 솔레노이드에 흐르는 전류가 2.00 A에서 0 A로 일정하게 감소하고 있다. 이 솔레노이드의 인덕턴스가 0.250 H일 때, 유도 기전력의 크기를 구하여라.

9. 반지름이 25.0 mm인 긴 솔레노이드에 도선이 1.00 cm에 100번씩 감겨 있다. 반지름이 5.00 cm인 원형 회로가 이 솔레노이드를 둘러싸는 모양으로 놓여 있다. 이 회로와 솔레노이드의 축은 일치한다. 솔레노이드에 흐르는 전류가 1.00 A에서 0.500 A까지 10.0 ms 동안 균일하게 감소되었다. 원형 회로에 유도되는 유도 기전력을 구하여라.

21-8

10. 2개의 원형 회로 A와 B가 그림 P.21.4와 같이 서로 나란히 놓여 있다. 회로 A에는 반시계 방향으로 전류가 흐르고 있는데, 그 전류가 점점 증가할 때 회로 B에 유도되는 전류의 방향을 구하여라.

이때 두 회로 A와 B 사이에 작용하는 자기력의 방향은 어떻게 되는가?

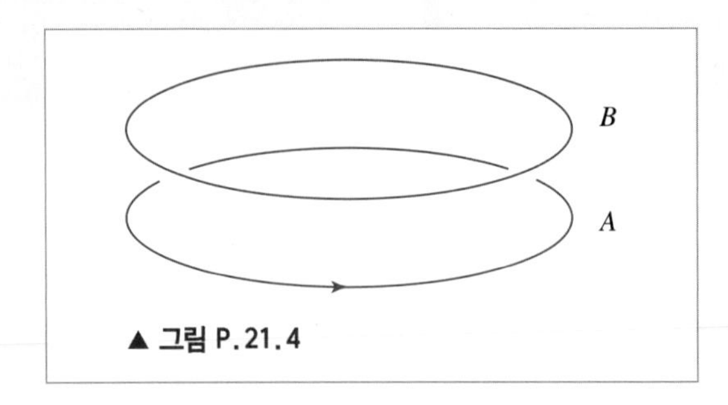

▲ 그림 P.21.4

21-3 RL 회로

11. 인덕턴스가 5.00 mH인 인덕터에 $I = I_m \sin(\omega t)$로 주어지는 전류가 흐른다. $I_m = 0.200$ A이고 교류전류의 진동수가 60.0 Hz일 때, $t = 10.0$ ms에서 유도 기전력의 크기는 얼마인가?

12. 아래 그림과 같은 RL 회로에서 스위치를 닫으면 전류가 오랜 시간이 흐른 후에 $I = \epsilon / R$이 된다(최종 전류 값은 L 값에 상관 없다.). 이때 이 실험을 L 값을 2 배로 증가시키고 한다면, 전류가 $I/22$가 되기까지 걸리는 시간은 얼마나 증가하는가, 또는 얼마나 감소하는가?

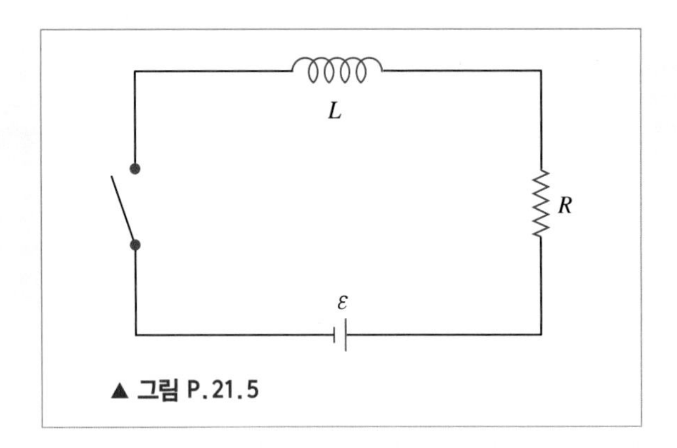

▲ 그림 P.21.5

13. 어떤 솔레노이드의 저항은 5.00 Ω이고 인덕턴스는 0.200 H이다. 이 솔레노이드의 양단에 기전력이 1.50 V인 전지를 연결하였다. 이때 다음 물음에 답하여라.

(가) 평형상태에 이르렀을 때의 전류는 얼마인가?

(나) 평형상태의 전류의 반에 해당하는 전류가 흐르게 되는 시간을 구하여라.

(다) 평형상태에 도달한 후에 자기장에 저장된 에너지는 얼마인가?

(라) 자기장에 저장된 에너지가 평형상태 에너지의 반에 도달하게 되는 시간을 구하여라.

21-4 발전기의 원리

14. 원형으로 감겨져 있는 도선이 있다. 감긴 수는 10회이고 반경은 3.00 cm이다. 0.500 T로 균일한 자기장 내에서 원형 도선이 초당 60회 회전한다. 도선에 유도되는 순간 최대 기전력은 얼마인가? 또 이때 원형 도선이 자기장 내에서 놓여 있는 방향은?

15. 균일한 자기장 내에 면적이 $S = d^2$ 인 사각형 도선에 연결된 그림 P.21.4와 같은 폐회로의 전체 저항이 R이다. 자기장의 방향은 지면을 향하고 크기는 B이다. 이 도선을 x 축에 대해서 시계 방향으로 90° 회전시켜서 t 초만에 도선의 면과 자기장이 이루는 각이 0이 되도록 한다.

(가) t 초 동안 저항을 통하여 흐르는 전류의 방향은?

(나) 이 회로에 t 초 동안에 유도되는 평균기전력을 구하고, 회로에 흐르는 평균전류의 크기를 구하여라.

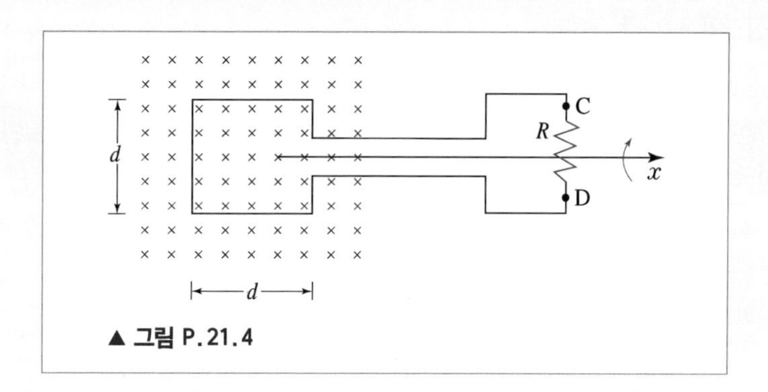

▲ 그림 P.21.4

21-5 변압기와 전력 수송

16. 수력발전소의 발전기가 14,000 V에 12.0 A의 전기를 발전한다. 이 전기를 송전하기 위해 전압을 140,000 V로 승압하려고 한다.

(가) 이렇게 승압했을 때의 전류를 구하여라.

(나) 송전선의 전체 저항이 170 Ω이라고 할 때 송전선에서 열이 발생하는 비율을 구하여라.

(다) 만일 승압하지 않고 송전한다고 할 때 동일한 송전선에서 열이 발행하는 비율을 구하여라.

17. 1.00 km당 저항이 0.500 Ω인 길이 100 km의 송전선을 사용하여 10,000 kW의 전력을 수송하려고 한다.

(가) 송전선의 발열손실을 5% 이하로 하려면 송전전압을 몇 V 이상으로 해야 하는가?

(나) 이때 목적지에서 전압을 5,000 V로 낮추려면 변압기의 2차 코일의 감은 횟수는 1차 코일의 감은 횟수의 몇 배가 되어야 하는가?

21-6 맥스웰 방정식과 전자기파

18. 반지름 R인 원통형 공간에 자기장이 축에 나란한 방향으로 균일하게 분포되어 있다. 자기장이 시간에 따라 일정하게 증가할 때, 중심이 축에 있고 반지름이 r인 원형 고리에 유도된 전기장의 크기는 r의 몇 제곱에 비례하는가?

19. 한 라디오 방송국에 방출하는 전자기파의 진동수가 90.9 MHz이다. 이 전자기파의 파장은 얼마인가?

발전문제

20. 자기장 B가 있는 곳에 탐지 코일을 빠르게 가져 왔다. 이 탐지 코일은 솔레노이드 형태로 면적이 A이고 감은 수는 N이다. 이 코일의 저항은 R이며 코일을 통과하는 자기선속은 Δt 시간 동안 0에서 최대로 증가한다. 이 코일에 유도되는 평균전류를 I라고 할 때 전류에 의해 이동한 총전하량과 자기장과의 관계를 구하라.

21. 저항이 R인 도선으로 만든 정사각형 회로가 일정한 속력 v로 그림 P.21.5에 보인 균일한 자기장을 가로질러 움직이고 있다.

(가) 이 회로를 일정한 속력으로 움직이게 하기 위한 힘을 좌표 x의 함수로 $x=-2L$에서 $x=+2L$까지 그래프로 그려라.

(나) 이 회로에 유도된 전류를 x의 함수로 그래프로 그려라.

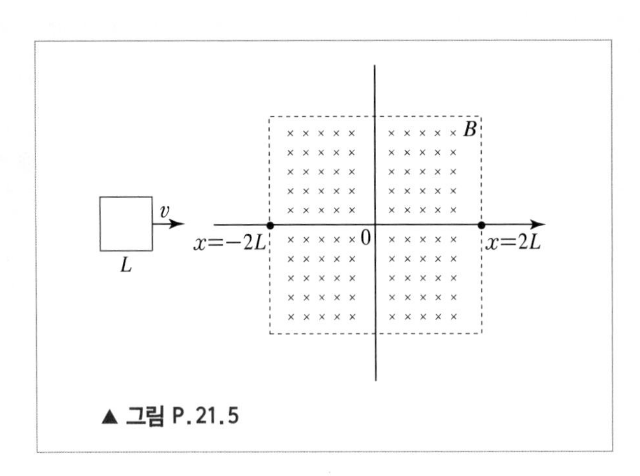

▲ 그림 P.21.5

22. 저항이 R인 막대가 자기장이 B로 균일한 영역에 마찰이 없는 도체 레일 위를 가로질러 놓여 있다. 이때, 다음 질문에 답하여라.

(가) 이 막대가 일정한 속력 v로 움직이기 위해서 가해져야 할 힘의 크기를 B, R, v, x, L로 나타내어라.

(나) 이 힘에 의한 일률을 구하여라.

(다) 막대에서 소비되는 전력을 구하여라.

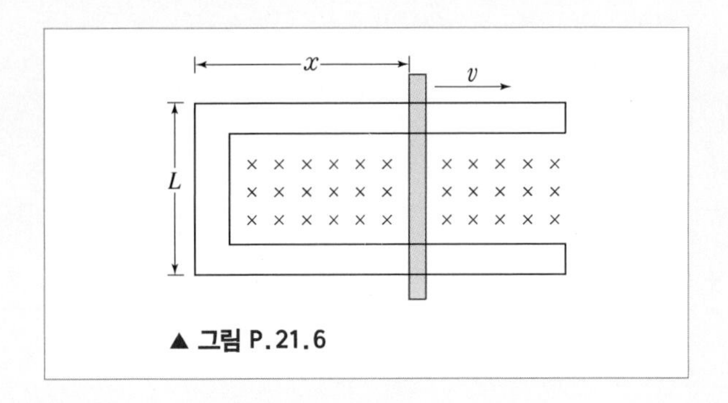

▲ 그림 P.21.6

23. 그림 P.21.7과 같이 일부 영역에 자기장이 존재한다. 자기장 영역의 가장자리 한 점을 중심으로 원형 도선이 있다. 이제 이 도선을 (ㄱ) 도선의 중심을 지나고 지면에 수직인 축을 중심으로, (ㄴ) 도선의 중심을 지나고 지면에 놓여 있는 가장자리와 나란한 축을 중심으로 일정한 각속도 ω로 회전시키는 경우를 생각하자.

(가) (ㄱ)의 경우, 일정한 자기장 속에서 유도되는 최대 전류값은 ω가 증가함에 따라 어떠한가?

(나) (ㄴ)의 경우, 일정한 자기장 속에서 유도되는 최대 전류값은 ω가 증가함에 따라 어떠한가?

(다) (ㄱ)의 경우, 일정한 비율로 증가하는 자기장 속에서 유도되는 최대 전류값은 ω가 증가함에 따라 어떠한가?

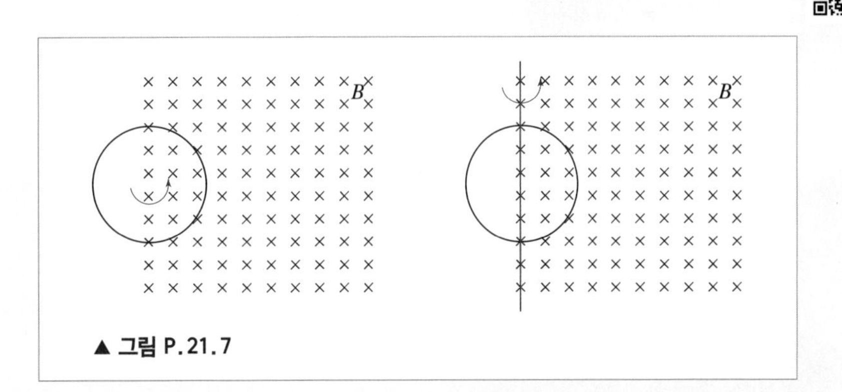

▲ 그림 P.21.7

24. 면적이 A이고 저항이 R인 직사각형 도선이 있다. 이 직사각형의 한 변에 평행하며 직사각형의 중심을 통과하는 회전축인 y축에 대해 도선이 일정한 각속도 ω로 회전하고 있다. 균일한 자기장이 x축 방향으로 넓게 분포하고 있을 때,

(가) 도선을 통과하는 선속의 변화를 식으로 나타내라.

(나) 도선에 발생하는 유도전류와 이에 의한 자기 모멘트를 구하라.

(다) 일정한 각속도로 도선을 회전시키는데 필요한 외부 돌림힘을 구하라.

(라) 평균 일률을 구하고 저항에서 소모되는 전기에너지의 평균값과 비교하라.

니콜라 테슬라

Nikola Tesla, 1856-1943

오스트리아 헝가리 제국 출신 미국의 물리학자이자 발명가이다.
교류 시스템, 다상 시스템과 교류 전동기 등을 발명하였으며, 직류를 고집하는 에디슨과 대립하였다.
그의 업적을 기리기 위해서 자기 선속 밀도의 단위인 '테슬라'는그의 이름을 따서 붙였다.

CHAPTER 22
교류회로

우리가 쓰는 전기는 손전등이나 휴대폰 등의 전원을 제외하고는 거의 모두 교류로 공급된다. 교류회로에 흐르는 전류는 주위에 변화하는 자기장을 만들기 때문에 직류회로처럼 간단하지 않다. 직류회로에는 회로의 전기저항과 옴의 법칙만 관계된다. 교류회로에서도 역시 옴의 법칙이 적용되지만 교류회로에 흐르는 전류를 결정하기 위해서는 다른 효과들도 고려하여야 한다. 직류회로에 축전기를 연결하여 축전기가 완전히 충전되면 더 이상 회로에 전류가 흐르지 않고 축전기는 크기가 무한대인 저항처럼 행동한다. 그렇지만 축전기를 교류회로에 연결하면 완전히 새로운 성질이 나타난다. 또한 코일을 직류회로에 연결하면 아무런 역할도 안 하지만 교류회로에 연결하면 자기유도에 의하여 회로의 중요한 요소가 된다. 이 장에서는 교류회로에서 적용되는 기본 원리들에 관해 공부한다.

22-1 저항회로

교류전압에 단지 전기저항만 연결된 회로는 가장 단순한 교류회로이다. 그림 22.1(a)는 저항만을 연결한 간단한 교류회로이다. 앞 장에서 우리는 직류에서와 마찬가지로 교류에서도 전류 i가 저항 R인 부분을 지나면서 iR만큼 전압이 낮아지는 것을 보았다. 따라서 회로 전원의 기전력을 $\varepsilon(t)$로 나타내면 회로 방정식은

$$\varepsilon(t) - iR = 0$$

으로 쓸 수 있다. 따라서 교류회로에서도 직류의 경우와 같이 전류는

$$i(t) = \frac{\varepsilon(t)}{R} \tag{22.1}$$

로 나타낼 수 있다. 앞 장에서 다룬 발전기에서 얻은 결과와 같이 교류 기전력은 일반적으로 $\varepsilon(t) = \varepsilon_0 \sin \omega t$의 형태로 공급된다(여기에서 ω는 전원의 진동수 f와 $\omega = 2\pi f$ 관계를 가지는 각진동수이다. 교류전원은 일반적으로 60.0 Hz의 진동수로 공급되고 있다).

따라서 이 경우 전류는

$$i(t) = \frac{\varepsilon_0}{R} \sin \omega t \tag{22.2}$$

형태로 흐름을 알 수 있다. 즉, 전류는 진폭 $i_0 = \dfrac{\varepsilon_0}{R}$의 크기로 그 방향을 계속 바꾸어 가며 흐르게 된다.

그림 22.1(b)는 공급되는 교류전압과 회로의 전류를 시간 변화로 나타낸 것이다. 이 경우의 특징은 전압과 전류가 같은 시간에 최댓값에 도달하고, 같은 시간에 최젓값에 도달한다는 점이다. 이처럼 같은 시간 변화를 보이는 경우 전압과 전류는 **위상(phase)**이 같다고 말한다.

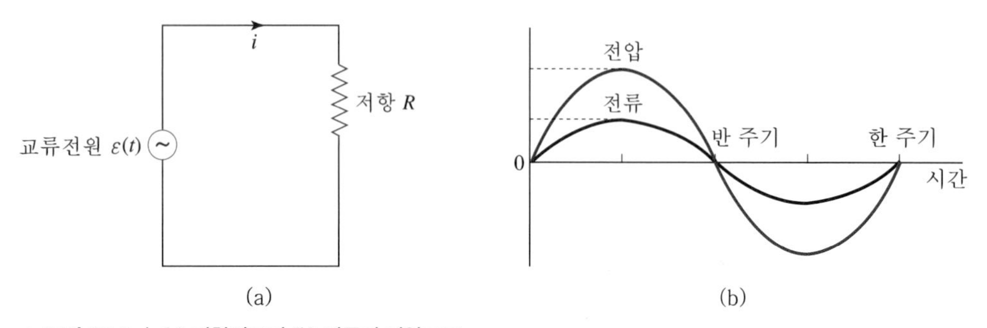

▲ **그림 22.1** | (a) 저항회로와 (b) 전류와 전압도표

❙ 저항회로에서의 전력 손실

교류회로에서 전류의 부호는 계속 바뀐다. 그러므로 한 주기 동안 전류값을 평균하면 0이 된다. 그러나 평균 전류가 0이라고 해서 저항회로에서 줄열(i^2R의 율로 생기는 열)이 발생하지 않는 것은 아니다. **전력 = 전압 × 전류**이므로 시각 t인 순간에는

$$P = i_0^2 R \sin^2 \omega t \tag{22.3}$$

의 크기로 전력이 소모되며 열이 발생하게 된다.

저항 부분에서 소모되는 전력은 시간에 따라 계속 변하므로, 한 주기 동안의 시간 구간을 취하여 평균값을 구해보기로 하자. 한 주기 동안 $\sin^2\theta$의 평균값은 $\frac{1}{2}$이다. 그러므로 전류의 제곱을 평균한 결과는 $\langle i^2 \rangle = i_0^2 \langle \sin^2\theta \rangle = \frac{1}{2} i_0^2 R$이다. 따라서 평균 전력은

$$\langle P \rangle = \langle i^2 \rangle R = \frac{1}{2} i_0^2 R \tag{22.4}$$

이 된다.

교류회로에서의 전압이나 전류의 시간 평균값은 0이다. 그러므로 그 크기를 알기 위해서는 전압이나 전류를 제곱하여 항상 양수가 되도록 만든 다음 다시 그 제곱근을 취한 양인 **제곱평균제곱근(rms; root-mean-square)**이라는 양을 구하여 흔히 쓴다. 전류의 제곱평균제곱근은 **유효전류**라 부르며 i_{rms}로 나타내는데,

$$i_{\text{rms}} = \sqrt{\langle i^2 \rangle} = \sqrt{\frac{1}{2} i_0^2} = \frac{i_0}{\sqrt{2}} \simeq 0.707 i_0 \tag{22.5}$$

로 정의되는 양이다. 유효전류로 나타내면 교류저항회로의 평균 전력은 저항이 있는 직류회로에서와 같은 형태인

$$\langle P \rangle = i_{\text{rms}}^2 R \tag{22.6}$$

로 쓸 수 있다.

마찬가지로 **유효전압** ε_{rms}는 $\varepsilon_{\text{rms}} = \frac{\varepsilon_0}{\sqrt{2}} \approx 0.707\,\varepsilon_0$로 정의하며, 이들 양으로 저항 부분에서의 전류와 전압 관계인 $V = iR$을 나타내어도 역시

$$\varepsilon_{\text{rms}} = i_{\text{rms}} R \tag{22.7}$$

로 쓸 수 있다.

교류회로에서 쓰이는 전압이나 전류는 특별한 언급이 없는 한, 유효전압과 유효전류로 보아야 한다. 예컨대, 우리나라의 가정에서 사용되는 교류전원의 전압은 220 V인데, 이 크기는 유효전압을 나타낸 것으로 실제 전압은 이보다 더 큰 진폭으로 진동한다.

질문 22.1

220 V인 가정용 교류전압의 진폭, 즉 최대 전압의 크기는 얼마인가?

예제 22.1 유효전류와 유효전압

전력이 100 W인 전구를 낀 전등을 유효전압이 220 V인 전원에 연결하였다.
(a) 전등에 흐르는 유효전류와 최대 전류를 구하여라.
(b) 전등에 연결된 전선들의 저항을 무시한다면 전구의 저항은 얼마인가?

| 풀이

(a) 유효전압과 유효전류를 사용하면 전등의 평균 전력을 간단히

$$\langle P \rangle = i_{\mathrm{rms}}\varepsilon_{\mathrm{rms}}$$

라고 쓸 수 있다. 따라서 전등에 흐르는 유효전류는 다음과 같다.

$$i_{\mathrm{rms}} = \frac{\langle P \rangle}{\varepsilon_{\mathrm{rms}}} = \frac{100\ \mathrm{W}}{220\ \mathrm{V}} = 0.455\ \mathrm{A}$$

(b) 교류회로에서 옴의 법칙인 식 (22.7)을 이용하면 전구의 저항은 다음과 같다.

$$R = \frac{\varepsilon_{\mathrm{rms}}}{i_{\mathrm{rms}}} = \frac{220\ \mathrm{V}}{0.455\ \mathrm{A}} = 484\ \Omega$$

22-2 축전기 회로와 전기용량 리액턴스

직류회로에 축전기를 연결하면 전류는 축전기를 충전시키는 짧은 시간 동안만 흐르고, 다 충전되면 더 이상 흐르지 않는다. 그런데 축전기를 그림 22.2(a)와 같이 교류회로에 연결하면 전압과 전류가 부호를 바꾸게 되면서 축전기도 충전과 방전을 반복하게 된다.

어느 시각 t에서 축전기에 저장된 전하량을 $q(t)$라 하자. 축전기를 지나며 전위차는 $\frac{q(t)}{C}$ 만큼 낮아지므로, 회로의 전원의 기전력을 $\varepsilon(t)$로 나타내면 회로 방정식은

$$\varepsilon(t) - \frac{q(t)}{C} = 0 \tag{22.8}$$

으로 쓸 수 있다. 이때 전류는 $\frac{\mathrm{d}q}{\mathrm{d}t}$ 로부터 얻어지므로, 기전력이 $\varepsilon(t) = \varepsilon_0 \sin\omega t$ 형태로 공급되는 경우 전류는

$$i(t) = C\frac{\varepsilon(t)}{dt} = \omega C\varepsilon_0 \cos\omega t = \frac{\varepsilon_0}{1/\omega C}\cos\omega t \tag{22.9}$$

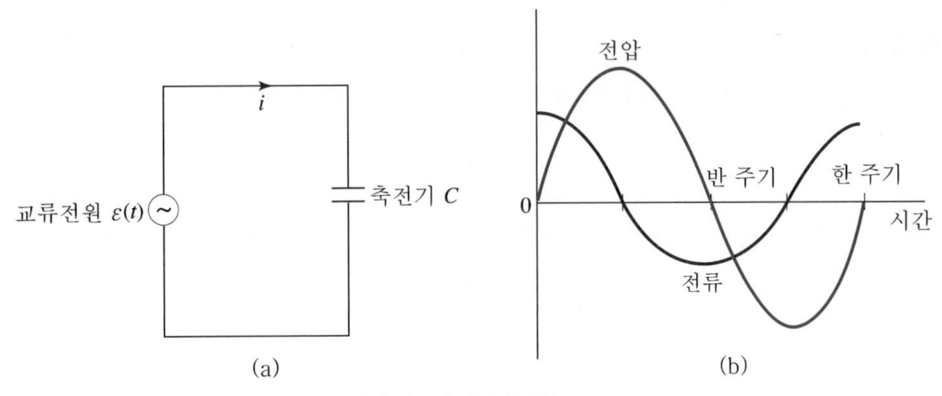

▲ **그림 22.2** | (a) 축전기 회로, (b) 축전기 회로의 전류와 전압

로 나타낼 수 있음을 알 수 있다. 따라서 전류는 $i_0 = \omega C \varepsilon_0$의 진폭으로 계속 방향이 바뀐다. 즉, 교류에서는 축전기 전기용량이 클수록 또 전압의 진동수가 클수록 더 큰 전류가 흐른다는 사실을 알 수 있는데, 여기에서 $1/\omega C$이 마치 저항회로에서의 저항 R과 같은 역할을 한다는 점을 유의하기로 하자.

그러나 저항회로와 매우 다른 점이 있는데, 그것은 이 회로에서 전류와 전압의 위상이 더 이상 같지 않다는 점이다. 삼각함수의 $\cos\theta = \sin\left(\theta + \frac{\pi}{2}\right)$의 관계식을 이용하면, 전류는 $i(t) = i_0 \sin\left(\omega t + \frac{\pi}{2}\right)$ 형태로 다시 쓸 수 있다. 그러므로 축전기 회로에서 전류는 공급 전압보다 $\frac{\pi}{2}$(90° 또는 1/4 주기) 앞선 위상을 가진다고 할 수 있다.

축전기 회로에서 축전기의 전압과 전류를 시간의 함수로 그리면 그림 22.2(b)와 같다. 전압이 최대인 순간에서부터 시작하여 축전기에서 무슨 일이 벌어지는지 알아보자. 축전기에 걸리는 전압이 최대일 때는 순간적으로 전류가 흐르지 않는다. 전압이 감소하기 시작하면 축전기가 방전하게 되고 따라서 회로에 다시 전류가 흐르기 시작한다. 회로에 흐르는 전류가 최대이면 축전기에 걸리는 전압은 0으로 떨어지고 이때 축전기는 완전히 방전된 상태가 된다. 이제 전압은 다시 극을 바꾸어 증가하기 시작하고 그러면 축전기는 다시 충전을 시작한다. 축전기에 충전된 전하가 증가하면서 회로에 흐르는 전류는 다시 감소하기 시작한다.

교류회로에 연결된 축전기가 회로에 전류가 흐르는 것을 방해하는 정도를 **용량 리액턴스 (capacitive reactance)**라고 하는 양으로 나타내면 편리하다. 용량 리액턴스 X_C는

$$X_C = \frac{1}{\omega C} = \frac{1}{2\pi f C} \tag{22.10}$$

로 정의된다. 리액턴스의 단위도 전기저항단위인 옴(Ω)과 같음을 확인할 수 있다.

질문 22.2

용량 리액턴스의 차원이 Ω(옴)임을 증명하고, 60.0 Hz 교류에서 0.1 μF(마이크로 패럿)인 축전기의 용량 리액턴스 크기를 구하여라.

유효전압과 유효전류로 나타내면, 축전기 양단의 전압과 회로에 흐르는 전류 사이의 관계는

$$V_{\mathrm{rms}} = i_{\mathrm{rms}} X_C \tag{22.11}$$

와 같이 된다. 이것은 저항 부분에서의 전압과 전류 관계를 나타낸 옴의 법칙과 똑같은 형태로, 단지 저항 R만 리액턴스 X_C로 대치된 형태이다. 전기저항이 전류를 좌우하듯이, 교류회로에서의 축전기 리액턴스도 마치 저항과 같이 전류에 영향을 줌을 알 수 있다.

교류회로에서 리액턴스와 전기저항은 전류를 결정하는 면에서는 같은 역할을 하지만, 매우 중요한 다른 차이점을 가진다. 저항 부분에서는 전력이 손실되면서 열이나 빛 같은 것이 발생하지만, 리액턴스 부분에서는 시간 평균하면 전력 손실이 전혀 일어나지 않는다는 점이다. 리액턴스 부분에서도 순간적으로는 전력 손실과 공급이 이루어진다. 그러나 전력은 전압 × 전류로 나타내므로, 축전기 부분에서의 전압과 전류가 언제나 1/4 주기 위상차를 가지는 이유로 그 시간 평균치는 0이 된다. 물리적인 측면에서 보면, 축전기는 단지 전기장 형태로 에너지를 잠시 보관했다가 다시 내어 놓는 역할을 하는 임시 전기에너지 저장소라고 볼 수 있다.

질문 22.3

어떤 회로의 전압과 전류가 각각 $V_0 \sin\omega t$, $i_0 \cos\omega t$로 표현된다고 한다. 이때의 임의 시각 t에서의 전력 표현을 쓰고, 한 주기 동안 그 평균값이 0임을 증명하여라.

예제 22.2 축전기 회로

아래의 회로에서 $C = 10.0\ \mu\mathrm{F}$, $f = 50.0\ \mathrm{Hz}$, $\varepsilon_0 = 31.8\ \mathrm{V}$이다. 용량 리액턴스와 전류의 진폭을 구하여라.

| 풀이

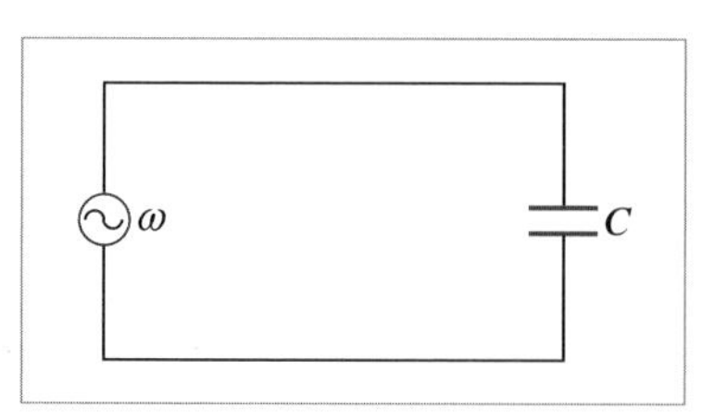

• 용량 리액턴스 : 식 (22.10)으로부터,

$$X_C = \frac{1}{\omega C} = \frac{1}{(2\pi \times 50.0\ \mathrm{Hz})(10.0 \times 10^{-6}\ \mathrm{F})} = 318\ \Omega$$

• 전류의 진폭 : 식 (22.11)로부터,

$$I_0 = \frac{\varepsilon_0}{X_C} = \frac{31.8\ \mathrm{V}}{318\ \Omega} = 0.100\ \mathrm{A}$$

22-3 인덕터 회로와 유도 리액턴스

인덕터는 솔레노이드 모양을 가지고 있다. 따라서 도선의 저항을 무시한다면, 직류회로에 연결된 인덕터는 단지 도선의 역할만 할 뿐 어떤 흥미로운 역할도 하지 않는다. 그러나 교류 회로에 연결하면 전류가 변화하는 것을 억제하는 방향으로 기전력이 유도되어 회로에 흐르는 전류가 변화하는 것을 방해하게 된다.

교류 전원과 인덕터만을 연결한 인덕터 회로가 그림 22.3(a)에 그려져 있다. 시각 t 에서 인덕터를 흐르는 전류를 $i(t)$ 라 하자. 축전기를 지나며 전위차는 $L\frac{\mathrm{d}i}{\mathrm{d}t}$ 만큼 낮아지므로, 회로의 전원의 기전력을 $\varepsilon(t)$ 로 나타내면 회로 방정식은

$$\varepsilon(t) - L\frac{\mathrm{d}i}{\mathrm{d}t} = 0 \tag{22.12}$$

으로 쓸 수 있다. 이러한 방정식을 미분방정식이라 하며, 이때 전류는 $i(t) = \frac{1}{L}\int \varepsilon(t)\mathrm{d}t$와 같은 적분의 형태로 표현될 수 있다. 따라서 전원이 $\varepsilon(t) = \varepsilon_0 \sin\omega t$ 형태로 공급된다면, 전류는

$$i(t) = \frac{\varepsilon_0}{L}\int \sin\omega t\, dt = -\frac{\varepsilon_0}{\omega L}\cos\omega t \tag{22.13}$$

로 나타낼 수 있음을 알 수 있다.

한편 $\cos\theta = \sin\left(\frac{\pi}{2} - \theta\right) = -\sin\left(\theta - \frac{\pi}{2}\right)$ 관계에서 전류는

$$i(t) = i_0 \sin\left(\omega t - \frac{\pi}{2}\right) \tag{22.14}$$

형태로도 쓸 수 있다. 여기서 진폭 $i_0 = \frac{\varepsilon_0}{\omega L}$ 이며, 전류는 계속 방향이 바뀌며 흐르는 것을

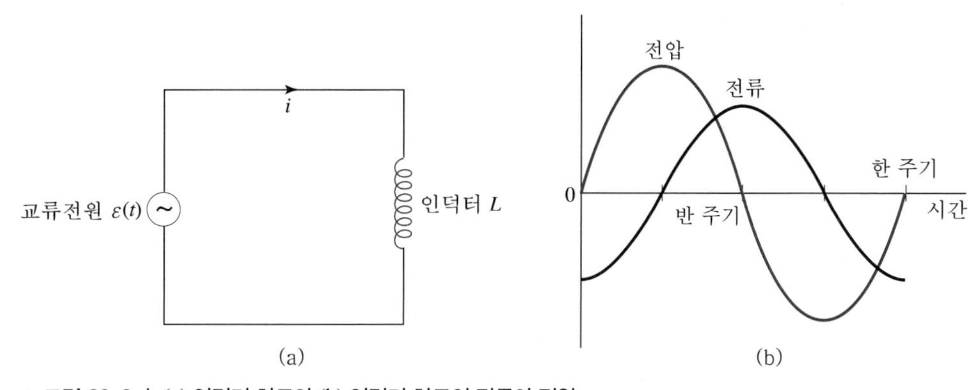

▲ **그림 22. 3** | (a) 인덕터 회로와 (b) 인덕터 회로의 전류와 전압

알 수 있다. 이때 ωL이 마치 저항회로에서의 저항 R과 같은 역할을 한다는 점을 유의하자.

인덕터 회로에서도 축전기 회로에서와 같이 전류와 전압의 위상이 같지 않다. 인덕터 회로에서 전류는 공급 전압보다 $\frac{\pi}{2}$ (90° 또는 1/4주기) 뒤늦은 위상을 가진다. 그림 22.3(b)는 인덕터 회로에서의 전압과 전류의 관계를 나타낸 것이다.

인덕터에서도 평균 전력 손실은 발생하지 않는데, 축전기에서와 같이 인덕터는 자기에너지 형태로 잠시 에너지를 저장했다가 다시 내놓는 임시 에너지 저장소 같은 역할을 하기 때문이다.

인덕터 회로에서는 ωL이 저항 비슷하게 전류를 억제하는 역할을 하므로 이것을 **유도 리액턴스(inductive reactance)**라 부른다. 유도 리액턴스는 흔히 X_L로 나타내며,

$$X_L = \omega L = 2\pi f L \tag{22.15}$$

로 정의된다. 유도 리액턴스의 단위도 옴(Ω)이 됨을 알 수 있다.

유도 리액턴스를 사용하면 인덕터 양단의 전압과 회로에 흐르는 전류 사이의 관계를

$$V_{\text{rms}} = i_{\text{rms}} X_L \tag{22.16}$$

과 같이 쓸 수 있다.

질문 22.4

유도 리액턴스의 차원이 옴이 됨을 증명하여라. 또 60.0 Hz 전원에 연결된 0.100 H(헨리) 크기 인덕터의 리액턴스 크기를 구하여라.

예제 22.3 인덕터 회로

아래의 회로에서 $L = 100\text{ mH}$, $f = 0.500\text{ kHz}$, $\varepsilon_0 = 31.4\text{ V}$이다. 유도 리액턴스와 전류의 진폭을 구하여라.

| 풀이

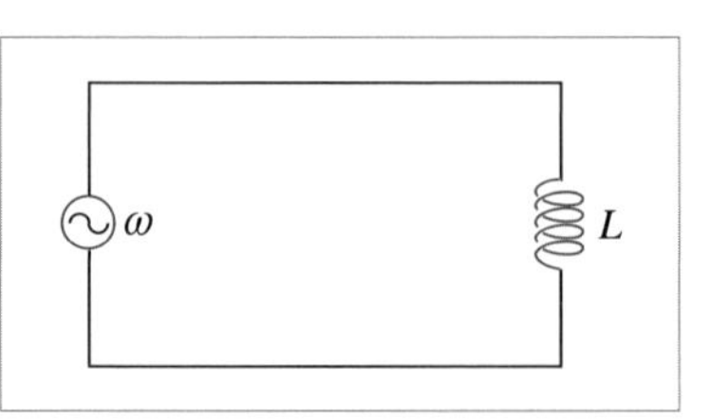

- 유도 리액턴스 : 식 (22.15)로부터,

$$X_L = \omega L = (2\pi \times 500\text{ Hz})(100 \times 10^{-3}\text{ H}) = 314\ \Omega$$

- 전류의 진폭 : 식 (22.16)으로부터,

$$I_0 = \frac{\varepsilon_0}{X_L} = \frac{31.4\text{ V}}{314\ \Omega} = 0.100\text{ A}$$

22-4 RLC 회로와 임피던스

지금까지는 교류전원에 축전기나 또는 인덕터만 연결된 교류회로를 살펴보았다. 교류회로에 연결된 축전기나 인덕터는 전기저항처럼 전류를 억제하는 역할을 하지만 전기저항과는 달리 그 부분에서 열이 발생하지는 않는다. 일반적인 교류회로는 저항과 전기용량 인덕턴스, 유도 리액턴스 요소를 모두 포함하지만 여기에서는 먼저 저항과 축전기만 포함된 회로를 다룬 다음에 일반적인 경우를 다루어보자.

RC 회로

그림 22.4에 나타난 것과 같이 전기저항과 축전기가 동시에 연결된 교류회로를 살펴보자. 이러한 회로를 **RC 회로**라고 한다. 이 전원의 기전력을 $\varepsilon(t)$로 나타내고 그림에 나타낸 전류의 방향을 전류의 양(+)방향으로 취하면, 이 회로의 방정식은

$$\varepsilon(t)-iR-\frac{q}{C}=0 \tag{22.17}$$

으로 나타낼 수 있다. 앞에서 다룬 바와 같이 저항과 축전기 부분을 지날 때 전압이 각각 낮아지기 때문이다. 축전기 전하량 q와 전류 i는 $\frac{\mathrm{d}q}{\mathrm{d}t}=i$의 관계이다. 그러므로 전원이 $\varepsilon(t)=\varepsilon_0\sin\omega t$ 형태로 공급된다고 하고 이 식 전체를 미분하면

$$\omega\varepsilon_0\sin\omega t=R\frac{\mathrm{d}i}{\mathrm{d}t}+\frac{1}{C}i$$

형태의 미분방정식이 된다.

이런 방정식을 다루는 방법 중 하나는 전류의 형태를 미리 예측하는 것이다. 앞에서 우리는 이러한 회로에서 전류 위상이 전압과 달라질 수 있음을 보았다. 그러므로 전류의 해가 $i_0\sin(\omega t-\phi)$와 같은 형태라고 가정하기로 하자. 축전기나 인덕터만 있는 회로에서 $\phi=\pm\frac{\pi}{2}$였지만 이 경우는 어떤 위상차를 보일지 모르기 때문이다. 이와 같이 가정하고 미분방정식의 풀이를 하면, 기전력이 $\varepsilon(t)=\varepsilon_0\sin\omega t$ 형태인 경우 RC 회로에서의 전류는

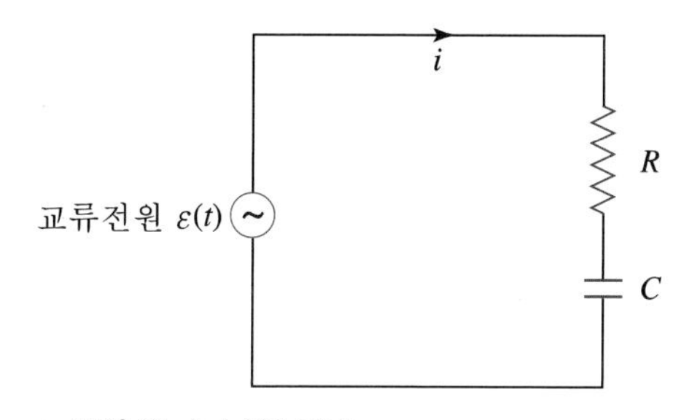

▲ **그림 22.4** | RC 회로

$$i(t) = i_0 \sin(\omega t - \phi) \tag{22.18}$$

로 나타낼 수 있다. $Z = \sqrt{R^2 + X_C^2}$ 로 정의하면, 여기에서 $i_0 = \frac{\varepsilon_0}{Z}$ 라 나타낼 수 있으며, 위상차 ϕ 는 $\tan\phi = -\frac{X_C}{R}$ 관계로부터 구할 수 있다.

Z는 이 회로의 **임피던스(impedance)**라 하는 양이다. 임피던스란 교류회로에서의 저항과 리액턴스 효과를 모두 포함한 양으로, 교류회로에서의 전류를 결정하는 양이라 할 수 있다. 임피던스의 단위도 역시 옴(Ω)이며, 임피던스로 나타내면 전압과 전류는

$$\varepsilon_{\mathrm{rms}} = i_{\mathrm{rms}} Z \tag{22.19}$$

인 관계를 만족한다.

또, 이 회로에서 위상 ϕ 는 언제나 90°보다 작은 음수일 수밖에 없는데, 따라서 전류는 전압보다 항상 빠른 위상을 가지며 흐르게 된다.

교류회로 미분방정식의 풀이
미분방정식 풀이의 예로 저항과 인덕터가 포함된 회로를 다루어보자. 이 회로의 방정식은

$$\varepsilon(t) - iR - L\frac{\mathrm{d}i}{\mathrm{d}t} = 0 \quad (22.20)$$

으로 나타낼 수 있다. 계산을 단순하게 하기 위해 전류가 $i_0 \sin\omega t$ 형태라고 하자. 또, 전류의 위상이 전압보다 ϕ 만큼 느리다고 놓으면, 공급 전압은 $\varepsilon_0 \sin(\omega t + \phi)$ 로 나타내게 된다(계산 결과 만약 ϕ 가 음수가 되면 전류의 위상이 전압보다 빠르다는 뜻이 된다). 따라서 방정식은

$$\varepsilon_0 \sin(\omega t + \phi) - Ri_0 \sin\omega t - \omega L i_0 \cos\omega t = 0$$

으로 나타낼 수 있다. 이제

$$\sin(A+B) = \sin A\cos B + \cos A \sin B$$

관계를 이용하고, $\sin\omega t$ 항과 $\cos\omega t$ 항이 서로 무관한 특성을 이용하면, 각 항들의 계수가 모두 0이 되어야 한다. 정리하면 위상에 관한 $\tan\phi = \frac{\omega L}{R}$ 관계식을 얻게 된다. 또 $Z = \sqrt{R^2 + (\omega L)^2}$ 으로 하면, $i_0 = \frac{\varepsilon_0}{Z}$ 가 됨도 알 수 있다. 여기에서 ϕ는 항상 양수가 되므로 인덕터 회로에서는 축전기 회로에서와는 반대로 전류가 전압보다 늦은 위상을 가짐을 알 수 있다.

RLC 회로

그림 22.5와 같이 교류전원에 저항, 축전기, 그리고 인덕터를 모두 포함한 회로를 RLC 회로라 한다. 이 경우 전원의 기전력을 $\varepsilon(t)$ 로 나타내면 저항과 축전기, 인덕터 부분을 지날 때 각각 전압이 낮아지기 때문에 회로 방정식은

$$\varepsilon(t) - iR - \frac{q}{C} - L\frac{\mathrm{d}i}{\mathrm{d}t} = 0 \tag{22.21}$$

이 된다. 전원이 $\varepsilon(t) = \varepsilon_0 \sin\omega t$ 형태로 공급된다고 하고 이 식 전체를 미분하면

$$\omega\,\varepsilon_0 \sin\omega t = R\frac{\mathrm{d}i}{\mathrm{d}t} + \frac{1}{C}i + L\frac{\mathrm{d}^2 i}{\mathrm{d}t^2}$$

형태의 미분방정식을 얻을 수 있다.

이 미분방정식을 다루는 것이 쉽지는 않지만 앞에서와 같이, 전류가 $i_0 \sin(\omega t - \phi)$ 와 같은 형태라고 가정하면 그 해를 얻을 수 있다. RLC 회로에서 기전력이 $\varepsilon_0 \sin\omega t$ 인 경우 전류의 해를 $i(t) = i_0 \sin(\omega t - \phi)$ 라 놓으면,

$$i_0 = \frac{\varepsilon_0}{Z},\ Z = \sqrt{R^2 + (X_L - X_C)^2}$$

$$\tan\phi = \frac{X_L - X_C}{R}$$

와 같은 결과를 얻게 된다. 여기서 Z는 이 회로의 임피던스이다. 이 회로에서는 X_L과 X_C 중 어느 것이 더 큰 값인지에 따라 전류가 전압보다 더 빠른 위상인지 아닌지의 여부가 결정된다.

조화진동자와 RLC 회로의 비교

RLC 회로는 속도에 비례하는 마찰력을 받으며 주기적인 외력에 의해 조화진동하는 역학계와 매우 유사한 특성을 갖는다. 마찰력을 $-bv$ (b는 임의 상수)로 나타내고 주기적인 외력을 $F_0 \sin \omega t$라 하면 역학계의 운동방정식은

$$m\frac{\mathrm{d}^2x}{\mathrm{d}t^2} = -kx - bv + F_0 \sin \omega t$$

가 된다. 이제 속도를 $v = \frac{\mathrm{d}x}{\mathrm{d}t}$로 쓰면, 이 식은

$$m\frac{\mathrm{d}^2x}{\mathrm{d}t^2} + b\frac{\mathrm{d}x}{\mathrm{d}t} + kx = F_0 \sin \omega t$$

가 된다. 따라서 인덕터의 크기는 질량, 저항은 마찰상수 등으로 비유됨을 알 수 있다.

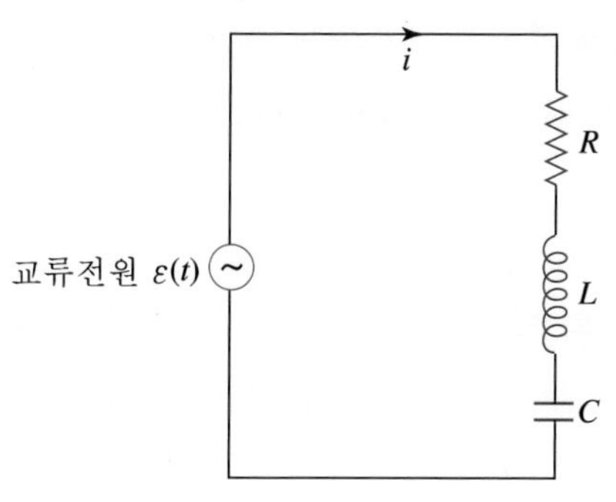

▲ **그림 22.5** | RLC 회로

질문 22.5

RLC 교류회로에서 임피던스가 최소가 되는 $X_L = X_C$인 경우 전압과 전류의 위상차는 얼마인가?

질문 22.6

회로의 한 부분이 어떤 회로요소로 이루어졌는지 알 수 없는 부품들로 이루어져 상자 속에 들어 있다. 이 상자의 단자에 교류전원을 연결하였더니 전류가 전압보다 30도 늦은 위상으로 흐르는 것이 측정되었다. 이 상자 속에 들어 있는 회로 요소 중, 인덕터와 축전기 성분 중 어느 것이 더 주도적인 역할을 하고 있는가?

위상 도표법

교류회로에서의 이러한 결과는 그림 22.6과 같은 **위상 도표법(phase diagram)**이라는 방법을 이용하면 편리하게 구할 수 있다. 위상 도표법에서는 회로의 전기저항과 리액턴스를 각각 x축, y축 방향의 벡터량처럼 취급하여 두 벡터의 합벡터로부터 전체 임피던스를 구한다. 예를 들어, 전압과 전류의 위상이 동일한 저항회로에서는 저항은 x축 방향 벡터가 된다. 또, 전류

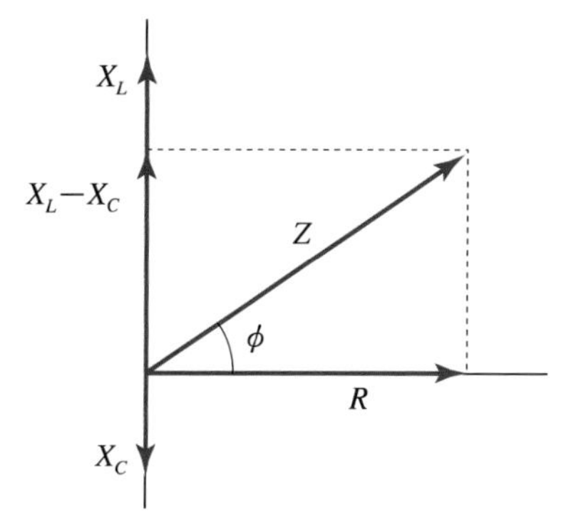

▲ **그림 22.6** | RLC 위상 도표

의 위상이 전압보다 90도 빠른 축전기 회로에서 용량 리액턴스는 −90도로, 즉 $-y$축 방향을 향하는 벡터로, 그리고 그 반대로 전류 위상이 전압보다 90도 늦은 경우인 유도 리액턴스는 $+y$축 방향 벡터로 표시한다.

이러한 3개의 벡터를 더하여 얻은 벡터의 크기가 곧 회로의 전체 임피던스 크기가 되고, x축으로부터 임피던스 벡터의 방향까지의 각으로 전류가 전압의 위상보다 얼마나 차이가 나는지 해석한다. 예를 들어, 전기저항만 있는 회로는 전류와 전압의 위상차가 없고, 인덕터만 있는 회로는 임피던스 벡터가 $+y$축을 향하므로 전류가 전압보다 90도 늦은 위상으로 흐른다.

여기에서 위상 도표법을 써서 RLC 회로를 분석해보기로 하자. 유도 리액턴스는 양수이고 용량 리액턴스는 음수에 해당하므로, 그 두 양을 더한 값의 부호에 따라 y축 방향 벡터의 크기가 정해진다. 따라서 이 경우 회로 임피던스는

$$Z = \sqrt{R^2 + (X_L - X_C)^2} \tag{22.22}$$

이 된다. 한편 도표에서 위상차 ϕ는

$$\tan\phi = \frac{X_L - X_C}{R} \tag{22.23}$$

가 됨을 쉽게 볼 수 있다. 또한 $Z\cos\phi = R$의 관계가 성립함도 쉽게 알 수 있다.

이제 RLC 회로에서의 전력 손실에 관해 다루어보자. 전력=전압×전류 관계로부터

$$P(t) = \varepsilon(t) \cdot i(t) = \varepsilon_0 \sin\omega t \cdot \frac{\varepsilon_0}{Z}\sin(\omega t - \phi) \tag{22.24}$$

로 시각 t에서의 전력을 나타낼 수 있다. 이 전력 소모율은 시간에 따라 변하므로, 한 주기 동안의 평균값을 취하면,

$$\langle P \rangle = \frac{1}{2}\frac{\varepsilon_0^2}{Z}\cos\phi = \frac{1}{2}i_0^2 \cdot Z\cos\phi \tag{22.25}$$

로 나타낼 수 있다. 여기서 $\cos\phi$는 흔히 **전력인자(power factor)**로 불린다.

흥미로운 점은 $Z\cos\phi = R$ 관계를 이용하면, 평균 전력의 표현은

$$\langle P \rangle = i_{\mathrm{rms}}^2 R$$

로도 나타낼 수 있다는 사실이다. 즉, RLC 회로에서도 리액턴스 성분에서의 전력 손실은 전혀 없음을 알 수 있다.

질문 22.7

$\sin(A+B) = \sin A \cos B + \cos A \sin B$ 관계식과 한 주기 동안의 평균값을 취하면 $\langle \sin^2 \omega t \rangle = 1/2$, $\langle \sin \omega t \cos \omega t \rangle = 0$ 인 사실을 이용하여 식 (22.25)를 유도하여라.

예제 22.4 RLC 회로의 임피던스 계산

기전력이 220 V이고 진동수가 60.0 Hz인 교류 전원에 25.0 Ω의 전기저항과 50.0 μF인 축전기 그리고 0.300 H인 인덕터를 직렬로 연결한 RLC 회로를 생각하자. (a) 이 회로의 임피던스를 구하여라. (b) 이 회로에 흐르는 전류는 얼마인가? (c) 전압과 전류 사이의 위상차를 구하여라.

| 풀이

(a) 임피던스를 구하기 위하여 전기용량 리액턴스와 유도 리액턴스를 먼저 구하자. 전기용량 리액턴스는 식 (22.8)에서

$$X_C = \frac{1}{2\pi f C} = \frac{1}{2\pi(60.0\,\text{Hz})(50.0\times 10^{-6}\,\text{F})} = 53.1\ \Omega$$

이며, 유도 리액턴스는 식 (22.11)에서

$$X_L = 2\pi f L = 2\pi(60.0\,\text{Hz})(0.300\,\text{H}) = 113\,\Omega$$

이다. 따라서 이 회로의 임피던스는 식 (22.18)에 의해 다음과 같다.

$$Z = \sqrt{R^2 + (X_L - X_C)^2} = \sqrt{(25.0)^2 + (113 - 53.0)^2}\ \Omega = 65.0\,\Omega$$

(b) 옴의 법칙 식 (22.14)를 이용하여 이 회로에 흐르는 전류를 구하면 다음을 얻는다.

$$i_{rms} = \frac{\mathcal{E}_{rms}}{Z} = \frac{220\ \text{V}}{65.0\ \Omega} = 3.38\ \text{A}$$

(c) 위상차를 구하기 위해 식 (22.19)를 풀면,

$$\tan\phi = \frac{X_L - X_C}{R} = \frac{113\,\Omega - 53.0\,\Omega}{25.0\,\Omega} = 2.40$$

이므로 $\phi = \tan^{-1} 2.40 = 67.0°$ 이다. 이 값은 양수이므로, 전류는 전압보다 이 위상차만큼 더 느린 위상을 가진다. 이 사실은 X_L의 크기가 X_C보다 더 큰 사실로부터도 알 수 있는데, 인덕터가 주도하는 회로에서 전류는 언제나 전압보다 늦은 위상으로 흐르기 때문이다.

22-5 교류회로와 공명현상

LC 진동회로

저항 성분이 없는 회로는 있을 수 없지만, 저항이 없다고 가정하고, 축전기에 인덕터만 연결한 회로를 생각해보자. 처음 순간 축전기에 얼마간의 전하가 저장되어 있다면 이때 이 회로에는 어떠한 전류가 흐를 것인가?

RLC 회로 방정식 (22.21)에서 기전력과 저항 부분이 없으므로 이 회로의 방정식은

$$-\frac{q}{C}-L\frac{\mathrm{d}i}{\mathrm{d}t}=0$$

으로 쓸 수 있다. 여기서 전류와 전하량의 관계는 물론 $\frac{\mathrm{d}q}{\mathrm{d}t}=i$ 이므로, 이 방정식은

$$L\frac{\mathrm{d}^2q}{\mathrm{d}t^2}=-\frac{1}{C}q$$

라고 쓸 수도 있다. 이 식의 풀이는, 전하량을 $q(t)=q_0\cos\omega t$ 라고 두고 풀면 얻을 수 있는데, 여기서

$$\omega=\frac{1}{\sqrt{LC}}$$

이 됨은 쉽게 확인할 수 있다.

이때 축전기 전하량이 $\sin\omega t$ 형태라면, 그 미분값인 전류는 $\cos\omega t$ 형태가 된다. 따라서 이 회로에서 회로 전류와 축전기 전하량은 서로 90도의 위상차를 가짐을 알 수 있다. 이것은 하나가 최대일 때 다른 것은 0이 된다는 뜻과 같다.

이 회로를 에너지 측면에서 다시 살펴보자. 축전기 전하량이 q 이고, 회로 전류가 i 인 어느 순간 축전기와 인덕터의 에너지는 각각 $\frac{1}{2}\frac{q^2}{C}$ 과 $\frac{1}{2}Li^2$ 이므로, 계의 총 에너지 E는

$$E=\frac{1}{2}\frac{q^2}{C}+\frac{1}{2}Li^2$$

이 된다. 그림 22.7에 축전기에 저장된 전기에너지양과 인덕터에 저장된 자기에너지양의 관계를 나타내었다. 이 모양은 조화진동자의 위치에너지와 운동에너지 관계식인 $E=\frac{1}{2}mv^2+\frac{1}{2}kx^2$과 매우 유사한 형태임을 유의하자.

조화진동자와의 비교

이 방정식은 우리가 앞에서 다룬 바 있는 용수철에 달린 물체의 진동 운동방정식과 매우 유사하다. 그 경우의 조화진동자 운동방정식은 $m\frac{d^2x}{dt^2}=-kx$ 였으므로, 우리는 다음과 같은 비유로 매우 다른 두 계의 양들을 비교할 수 있다.

- 변위 x = 축전기 전하량 q
- 질량 m = 인덕터의 인덕턴스 L
- 용수철 상수 k = 전기용량의 역수 $\frac{1}{C}$

조화진동자의 각진동수는 $\omega=\sqrt{\frac{k}{m}}$ 였으므로, LC 회로의 진동수는 비교를 이용해 쉽게 구할 수 있다.

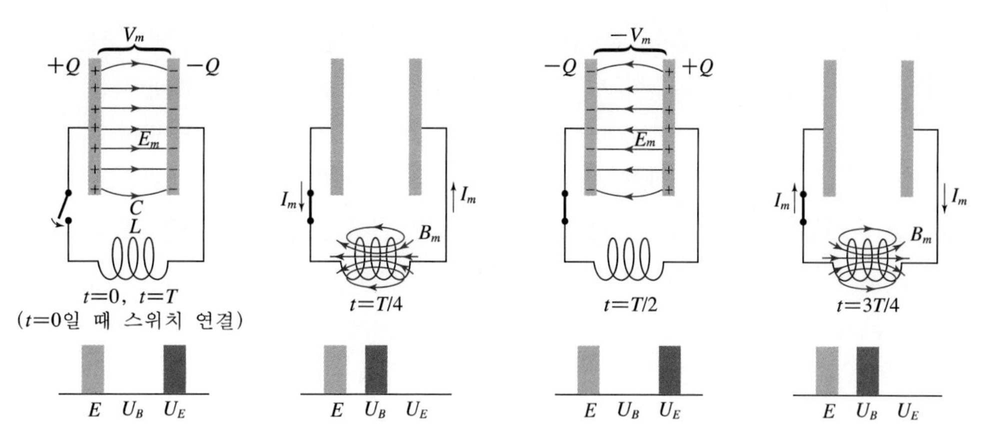

▲ **그림 22.7** | LC 회로. U_B는 인덕터에 저장된 자기에너지이고, U_E는 축전기에 저장된 전기에너지이고, $E=U_B+U_E$로 전체 에너지이다.

공명현상

일반적 교류회로에는 LC 회로에서의 축전기와 인덕터 외에 저항도 포함된다. 교류회로에서 회로에 흐르는 전류는 임피던스가 최소가 되는 조건에서 최대가 된다. 리액턴스는 교류전원의 진동수에 따라 변하므로, 회로의 임피던스도 역시 진동수에 따라 달라지는데, 임피던스는 다음 조건에서 최솟값이 된다.

$$X_L = X_C \quad \text{또는} \quad \omega L = \frac{1}{\omega C} \tag{22.26}$$

이 조건은 각진동수가 $\omega_0 = \dfrac{1}{\sqrt{LC}}$ 을 만족하는 조건이므로 진동수로 나타내면,

$$f_0 = \frac{1}{2\pi\sqrt{LC}} \tag{22.27}$$

에서 최대 전류가 흐르게 된다. 이 진동수를 **공명진동수(resonance frequency)**라고 한다. 전원 진동수가 공명진동수와 같아지면 회로에 최대 전류가 흐르므로 전원에서 회로에 전달되는 전력은 최대이다. 즉, 회로에서 소모되는 에너지양이 최대가 된다.

예제 22.5 공명진동수 계산

$L=10.0\,\text{mH}$, $R=15.0\,\Omega$, $C=100\,\mu\text{F}$ 인 RLC 회로가 있다. 공명진동수를 구하여라.

| 풀이

식 (22.27)로부터,

$$f = \frac{1}{2\pi\sqrt{LC}} = \frac{1}{2\pi\sqrt{(10.0\times10^{-3}\,\text{H})(100\times10^{-6}\,\text{F})}} = 159\,\text{Hz}$$

전기용량과 인덕턴스를 고정하고 전기저항을 바꾸어 연결하는 경우 교류전원의 진동수가 변함에 따라 RLC 회로에 흐르는 전류가 어떻게 변하는지를 그림 22.8에 나타내었다. 진동수가 회로의 공명진동수와 같을 때 회로에 흐르는 전류가 최대인 것에 유의하자. 또한 전기저항이 작을수록 전류는 '더 좁은 구간에서 더 큰 값'을 가지는 형태임을 유의하자. 전류곡선 모양이 공명진동수 부근에서 더 급격하게 증가하고 그 밖에서는 급격히 감소하는 경우 그 회로의 **Q인자($Q-$factor)**가 크다고 말한다. 고급 수신기란 일반적으로 Q 인자가 큰 수신기를 뜻한다.

회로의 공명은 응용 범위가 아주 넓다. 예를 들면, 라디오의 다이얼을 돌려서 방송국을 골라내는 경우를 알아보자. 방송국마다 송신하는 방송의 진동수가 정해져 있는데, 여러 방송국에서 송신하는 서로 다른 진동수의 전자기파들이 한꺼번에 라디오 주위의 공간에 도달해 있다. 이때, 인덕터 크기를 일정하게 하는 반면 가변 축전기의 전기용량을 변화시키거나, 축전기의 크기를 일정하게 하고 인덕터의 인덕턴스를 변화시키는 방법으로 라디오 회로의 공명진동수 $\omega = \dfrac{1}{\sqrt{LC}}$을 원하는 방송국의 전자기파 진동수와 일치시켜 원하는 방송국을 찾는다.

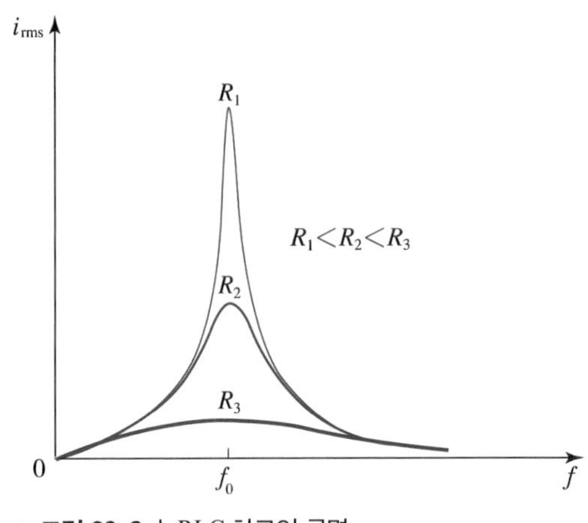

▲ **그림 22.8** | RLC 회로의 공명

전자파의 방출

고급 물리학에서는 전하가 가속운동을 하면 빛을 내는 현상을 다룬다. 즉, 가속 전하는 빛이라는 형태로 에너지를 방출하므로 그 에너지는 계속 줄어든다. LC 회로는 진동회로이므로 전하가 가속되는 계로서, 이 회로는 빛을 내게 된다. 그 빛의 진동수는 LC 회로의 전류진동수 ω와 같은데, 방송국의 전파는 근본적으로는 이러한 방법으로 송출되는 것이다. 그러므로 LC 회로에 어떤 다른 방법으로 에너지가 공급되지 않으면 그 진동은 얼마 후 결국 멈추게 되므로 기전력장치를 연결하여 외부에서 전력을 공급하는 것이 필요하다.
가속되는 전하가 빛을 내는 현상은 X-선을 만드는 데 많이 이용되는데, 이때는 전자를 매우 빠르게 운동시키다가 단단한 텅스텐 같은 물질의 표면에 부딪히게 하여 빛을 내게 만든다. 또 이러한 사실의 발견은 20세기 물리학에 큰 고민거리를 안겨 주었는데, 원자 속의 전자는 필연적으로 원운동 같은 가속운동을 할 것으로 생각했기 때문이다. 그렇게 되면 전자는 결국 에너지를 잃어 원자는 존재하지 못하게 되고 결국 물질도 존재하지 않게 된다. 이러한 문제를 해결하기 위해 뒤에 다룰 현대물리학의 양자론이 필요하게 되었다.

연습문제

22-1 저항회로

1. 사인함수 형태의 전압 $V(t)$의 유효전압이 100 V이다. 최대전압은 얼마인가?

2. 최대전압이 220 V인 교류전원에 10.0 Ω의 저항을 연결하였을 때, 저항에 흐르는 유효전류와 평균 소비전력을 구하여라.

22-2 축전기 회로와 전기용량 리액턴스

3. 35.0 μF 축전기가 각진동수 400 rad/s이고 최대전압이 20.0 V인 교류전원에 연결되었다면 이 회로의 최대전류는 얼마인가?

4. 어떤 축전기의 양단에 진동수가 60.0 Hz이고 240.0 V의 최대 전압진폭을 가지는 전원이 연결되어 축전기에 1.20 A의 전류가 흐른다. 전기용량은 얼마인가?

5. $C = 1/2\pi$을 가지는 어떤 축전기가 주파수 f의 교류 전원에 연결되어 있다. 이 축전기 회로의 용량 리액턴스가 1.00×10^{-2} Ω일 때 교류 전원의 주파수를 구하시오.

22-3 인덕터 회로와 유도 리액턴스

6. 45.0 mH 인덕터가 진동수 400 Hz이고 최대전압이 20.0 V인 교류전원에 연결되었다면 이 회로의 최대전류는 얼마인가?

7. 그림과 같이 400 Ω의 저항선과 인덕턴스가 0.500 H인 코일이 교류전원에 직렬로 연결되어 있는 RL 회로가 있다. 교류전원의 유효전압이 100 V이고, 각주파수가 600 rad/s일 때, 이 회로의 유효전류와 저항에서 소비되는 평균전력을 구하여라.

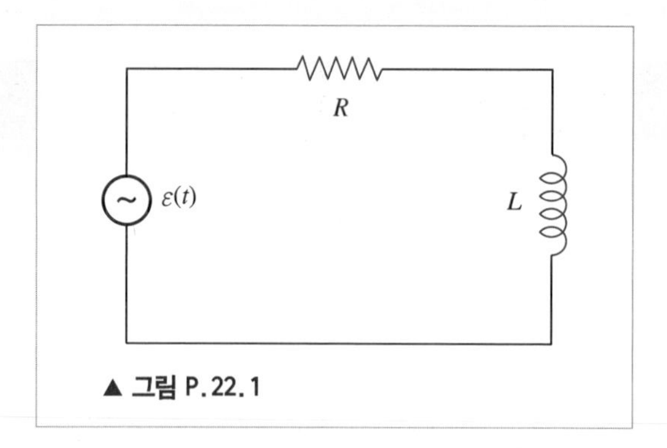

▲ 그림 P.22.1

8. RL 회로가 교류회로에 연결되어 있다. 교류전원의 최대전압이 $\varepsilon_0 = 20.0$ V이고 저항에 걸리는 최대 전압이 16.0 V라면 인덕터 양단에 걸리는 최대전압은 얼마인가?

9. 저항과 인덕터가 직렬로 연결된 RL 회로에 유효전압이 200 V인 교류전원을 연결하였을 때 유효전류가 20.0 A였고, 이 회로에 200 V의 직류전원을 연결하였을 때에는 25.0 A의 전류가 흘렀다. 이때, 이 회로에서 저항 R과 유도 리액턴스 X_L을 구하여라.

10. 어떤 코일의 자체 저항이 60.0 Ω이다. 150.0 Hz의 진동수에서 코일 양단의 전위차는 전류보다 30° 앞선다. 코일의 인덕턴스는 얼마인가?

22-4 RLC 회로와 임피던스

11. $R = 4.00\ \Omega$, $X_C = 3.00\ \Omega$, $X_L = 6.00\ \Omega$인 RLC 회로의 임피던스는 얼마인가?

12. 30.0 V, 60.0 Hz의 교류전류가 90.0 Ω의 저항, 50.0 μF의 축전기, 60.0 mH의 인덕턴스로 이루어진 직렬회로에 연결되어 있다. 교류회로의 전압에 대한 전류위상의 탄젠트값을 구하여라.

13. RLC 회로에 연결된 저항의 저항은 510 Ω, 인덕터의 인덕턴스는 25.0 mH, 축전기의 전기용량은 240 μF이다. 이 회로에는 또한 기전력이 17.0 V이고 진동수는 60.0 Hz인 교류전원이 연결되어 있다. 전기용량 리액턴스와 유도 리액턴스, 그리고 임피던스를 구하여라.

14. RLC 회로가 $\varepsilon_0 = 100$ V에 연결되어 있다. $\varepsilon_{R,0}$, $\varepsilon_{C,0}$, 그리고 $\varepsilon_{L,0}$이 모두 같다면 $V_{R,rms}$는 얼마인가?

15. 발전기에서 생산되는 유효전압이 10.0 V이고 각진동수는 200 rad/s이다. 이 전원이 50.0 Ω 저항, 400 mH 인덕터, 그리고 200 μF 축전기가 직렬로 연결된 회로에 공급되면 축전기와 인덕터에 걸리는 유효전압은 각각 얼마인가?

16. RLC 회로에 공급되는 교류전원의 유효전압이 E이고 유효전류가 I이다. 전류가 전압보다 위상이 ϕ만큼 느리다면, 공급되는 전력은 얼마인가?

22-5 교류회로와 공명현상

17. $\sqrt{LC}$의 차원은 시간임을 증명하여라.

18. 직렬 RLC 회로에서 공명이 일어날 때, 회로의 임피던스는 어떻게 되는가?

19. 전하 Q가 대전된 축전기 C가 인덕터 L과 직렬로 연결되어 있다. 인덕터에 저장된 에너지가 최대일 때 축전기에 저장된 전하량은?

20. 6.00 mH의 인덕터와 10.0 μF의 축전기가 있다.

(가) 진동수가 얼마일 때 이 인덕터와 축전기의 리액턴스가 동일한가?

(나) 위에서 구한 진동수는 이들을 연결한 LC 회로의 자연 진동수와 같음을 증명하여라.

21. 그림 22.7과 같은 LC 회로에서 인덕터의 인덕턴스는 2.00 mH, 축전기의 전기용량은 10.0 μF이다. 스위치를 연 상태에서 3.00 V인 외부 건전지를 사용하여 축전기에 전하를 축적시킨다.

(가) 축전기에 축적된 에너지는 얼마인가?

(나) 스위치를 연결한 후 인덕터에 흐르는 전류가 최대가 될 때까지 걸리는 시간은?

(다) 이때 최대전류는 얼마인가?

22. 저항이 없는 LC 회로에서 인덕터의 인덕턴스는 6.00 mH, 축전기의 전기용량은 0.200 μF이다. 축전기의 최대전위차는 10.0 V였는데, 전위차가 5.00 V가 되었을 때 이 회로의 전류는 얼마인가?

23. 파장이 100 m인 전자기파를 인덕턴스가 20.0 mH인 LC 회로에서 공진이 일어나게 하려면, 축전기의 전기용량을 얼마로 하여야 하는가?

발전문제

24. 그림 22.5에 보인 것과 같은 RLC 회로가 있다. 여기서 $R = 5.00\ \Omega$, $L = 60.0$ mH이고 이 회로에 흐르는 전류의 진동수는 60.0 Hz이고 기전력은 30.0 V라고 하자.

(가) 축전기의 전기용량이 얼마일 때 저항을 통해 방출되는 평균일률이 최대가 되는가?

(나) 이 경우의 최대전력을 구하고 위상차도 구하여라.

25. RLC 직렬회로에 교류전원을 연결하고 출력 전압은 R과 L을 연결한 조합의 양단에서 얻는다. 출력 전압과 입력전압의 비를 각진동수 ω의 함수로 구하라. 매우 높은 진동수에서는 이 값이 1에 가까워짐을 보여라.

26. 10.0 μH의 인덕턴스와 5.00 μF, 25.0 μF의 두 개의 축전기를 모두 병렬로 연결한 진동회로가 있다. 이 회로의 고유진동수를 구하여라.

Physics

빌러브로어트 스넬리우스

Willebrord Snellius, 1580-1626

네덜란드의 천문학자이자 수학자이며 영어권에서는 스넬로 알려져 있다.
굴절률이 다른 두 매질을 빛이 통과할 때 빛의 경로가 휘는 각도와 굴절률 사이의 관계를 나타낸 빛의 굴절법칙을 실험적으로 발견하였다.

CHAPTER 23
기하광학

잠실체육관에서 유명 가수의 공연이 진행되고 있을 때, 체육관 밖에서도 그 소리는 들을 수 있으나, 가수의 공연 모습은 볼 수 없다. 음파와 빛 사이에는 어떤 차이가 있는 것일까? 그 원인으로 음파의 파장이 빛의 파장보다 훨씬 크다는 점을 들 수 있다. 음파는 체육관의 담벽을 굽어 넘을 수 있지만, 빛은 담벽이라는 장애물에 의해서 가로막힌다. 일반적으로 파동은 그 파장의 크기 또는 그보다 작은 장애물에 대해서는 퍼짐을 보이지만, 파장보다 훨씬 큰 장애물에 대해서는 강한 직진성을 보여서 장애물 뒤에 뚜렷한 그늘을 만든다. 우리가 이렇게 실생활에서 마주치는 여러 현상 중에서 어떤 것은 빛의 직진성으로 설명되고, 어떤 것은 파동성을 통해 설명된다. 이 장에서는 빛의 직진성을 설명할 수 있는 기하광학(Geometrical Optics)의 여러 현상을 알아보고 경계면에서의 반사와 굴절, 전반사, 거울, 얇은 렌즈 등에 관해 이해한다. 빛의 파동성에 의한 현상들에 대해서는 24장에서 다룬다.

23-1 반사와 굴절

그림 23.1은 빛이 공기 중에서 유리로 입사할 때, 그 경계면에서 **반사(reflection)**하고 **굴절(refraction)**하는 모습을 보여준다. 입사한 빛의 일부는 마치 경계면에서 공이 튕기듯이 반사하고, 나머지는 경계면을 지나 유리 속으로 진행한다. 빛이 경계면에 수직으로 입사하는 경우를 제외하고는 언제나 유리 속으로 진행하는 빛은 입사하는 빛에 대하여 그 진행 방향을 바꾼다. 이러한 현상을 두고 빛이 경계면에서 굴절한다고 말한다.

반사와 굴절을 수식적으로 좀 더 자세히 설명하기 위해서 몇 가지 유용한 양을 정의하기로 하자. 그림 23.2에서 입사하는 빛, 반사하는 빛, 그리고 굴절되는 빛을 살(ray)로 나타내었다. 살은 파동의 진행 방향을 보여주며, 진동하는 파면에 수직인 점들을 연결한 선으로 나타낸다. 또한 그림에는 **입사각** θ_1, **반사각** θ_1', 그리고 **굴절각** θ_2가 나타나 있는데, 이 세 각들은 경계면에 대한 수직선으로부터 잰다(그림 23.2).

입사빛살과 경계면에 대한 수직선을 포함하는 평면을 **입사면**이라 부른다. 그림 23.2에서의 입사면은 바로 종이면 자체가 된다.

실험적으로 다음의 두 가지 사실이 밝혀졌다.

- 반사의 법칙 : **반사빛살은 입사면에 놓이고, 입사각과 반사각은 같다.**

$$\theta_1 = \theta_1' \tag{23.1}$$

- 굴절의 법칙 : **굴절빛살은 입사면에 놓이고, 입사각과 굴절각은 스넬의 법칙(Snell's law)을 만족시킨다.**

$$n_1 \sin\theta_1 = n_2 \sin\theta_2 \tag{23.2}$$

여기서 n_1과 n_2는 단위가 없는 상수들로서, 매질 1과 매질 2의 굴절률(index of refraction)이라 부른다. 매질의 굴절률은 진공에서 빛의 속도 c와 매질 속에서 빛의 속도 v의 비(比)인 c/v로 주어진다. 표 23.1은 여러 매질의 굴절률을 보여준다. 진공의 굴절률은 정확히 1이고,

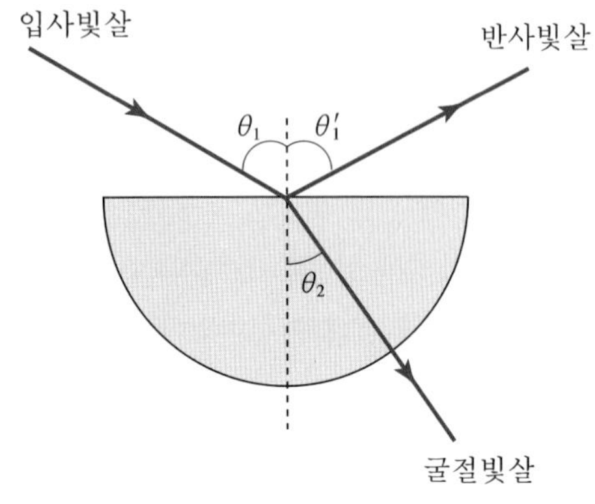

▲ 그림 23.1 | 반사와 굴절

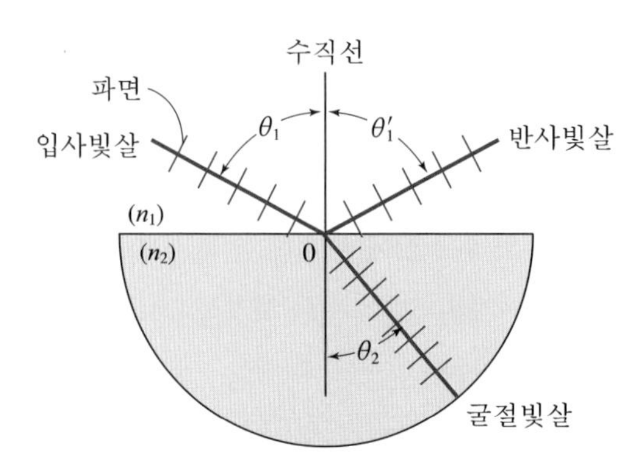

▲ 그림 23.2 | 반사빛살과 굴절빛살

공기의 굴절률은 1.0에 매우 가까우므로 보통 근사적으로 1로 둔다. 굴절률이 1보다 작은 매질은 없다. 따라서 식 (23.2)에서 알 수 있듯, 공기에서 유리로 빛이 입사하는 경우 굴절각은 입사각보다 작다. 위의 식은 반대로 빛이 유리에서 공기로 입사할 때에도 성립되며 이때 굴절각은 입사각보다 크다.

질문 23.1

굴절률이 1보다 작으면 어떤 일이 일어나는가?

질문 23.2

깨끗한 개울물의 바닥을 보면 왜 실제보다 얕게 보이는가?

진공을 제외하고 매질의 굴절률은 빛의 파장에 따라 다르다. 다시 말해서, 주어진 매질 속에서 파장이 다른 빛은 서로 다른 속도를 가진다. 그림 23.3에서와 같이 백색광이 입사하는 경우, 파장이 다른 빛은 경계면에서 서로 다른 각도로 굴절된다. 여러 파장을 포함하는 빛은 경계면에서의 굴절에 의해서 파장별로 진행 방향이 갈라지게 되고, 이를 **색분산**이라 부른다. 그림 23.1과 23.2에서는 단색빛을 가정하였기 때문에 색분산이 나타나지 않는다.

▼ **표 23.1** | 매질에 따른 굴절률

매질	굴절률	매질	굴절률
공기(표준상태의 온도와 압력)	1.00029	유리(typical crown glass)	1.52
물(20℃)	1.33	염화소다(sodium chloride)	1.54
불화소다(sodium fluoride)	1.33	폴리머(polystyrene)	1.55
아세톤	1.36	이황화탄소(carbon disulfide)	1.63
에틸알코올	1.36	유리(heavy flint glass)	1.65
설탕물(30%)	1.38	사파이어	1.77
석영유리(fused quartz)	1.46	유리(heaviest flint glass)	1.89
설탕물(80%)	1.49	다이아몬드	2.42

예제 23.1 굴절의 법칙

수은등에서 나온 빛이 수정 유리의 표면으로 입사한다. 입사각은 수직선에서부터 30°이다. 이 입사광은 405 nm와 509 nm의 두 파장으로 구성되어 있고 수정의 굴절률은 각각의 파장에 대해 1.470과 1.463이다. 두 빛의 굴절빛살 사이의 각도는 얼마인가?

| 풀이

식 (23.2)에서 405 nm의 파장을 갖는 빛에 대해서는

$$\sin 30° = 1.470 \times \sin\theta_2$$

이므로 굴절각 $\theta_2 = 19.89°$이다. 같은 방법으로, 509 nm의 파장을 갖는 빛에 대해서는

$$\sin 30° = 1.463 \times \sin\theta_2{}'$$

에서 굴절각 $\theta_2{}' = 19.98°$이다. 따라서 두 굴절빛살 사이의 각도는 $\theta_2{}' - \theta_2 = 0.09°$이다.

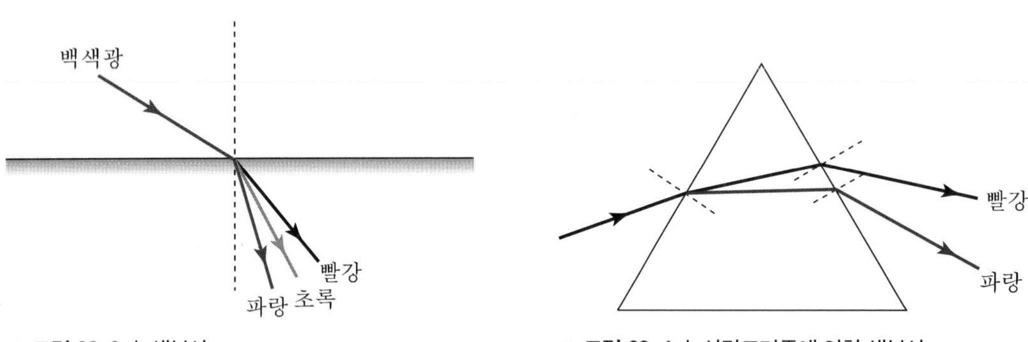

▲ 그림 23.3 | 색분산

▲ 그림 23.4 | 삼각프리즘에 의한 색분산

위 결과에서 보듯 색상에 따라 빛이 굴절되는 각도는 각각 다르며, 파장이 짧을수록 더 많이 굽는다. 일반적으로 매질의 굴절률은 짧은 파장의 빛에 대해서 더 크다. 이는 백색의 빛이 경계면을 지나 굴절될 때, 파란색 성분이 빨간색 성분보다 더 많이 굽는다는 것을 뜻한다. 그림 23.3은 백색 살이 공기 중에서 유리 속으로 입사하는 경우를 보여준다. 파랑 성분이 빨강 성분보다 더 많이 굴절되므로 파랑 성분에 대한 굴절각이 빨강 성분에 대한 굴절각보다 작다. 식 (23.2)의 설명에서 알 수 있듯이, 만일 반대로 유리에서 공기로 빛이 입사하면 파랑 성분에 대한 굴절각이 빨강 성분에 대한 굴절각보다 크다. 색분리를 더욱 크게 하기 위해서는 그림 23.4와 같은 삼각형의 단면적을 갖는 프리즘을 사용한다. 빛이 진행하는 경로를 따라, 첫 번째 경계면에서 일어나는 분산은 두 번째 경계면에서 더욱 커진다.

색분산의 가장 아름다운 예로는 무지개를 들 수 있다. 백색의 햇빛이 물방울에 입사하면 일부는 물방울 속으로 굴절되어 진행하고, 물방울의 안쪽 면에서 반사된 후 다시 공기와의

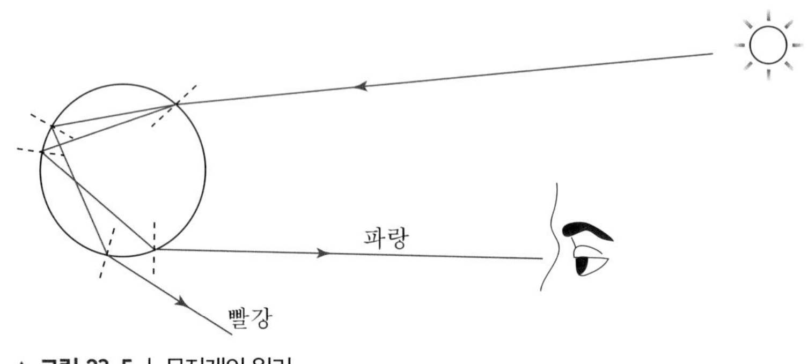

▲ 그림 23.5 | 무지개의 원리

경계면에서 굴절되어 물방울을 빠져 나온다. 프리즘과 마찬가지로, 첫 번째 굴절에서 햇빛은 색깔별로 분리되고, 두 번째 굴절에 의해서 그 분산이 더욱 커진다. 우리가 물방울에 의해서 분리된 색깔을 볼 때, 빨간색은 파란색보다 더 높은 물방울에서 우리 눈으로 들어온다. 물방울이 넓게 퍼져 있고 햇빛이 매우 밝으면, 무지개는 원호를 그리고 아래쪽은 파랑, 위쪽은 빨강으로 물든다. 그러나 무지개는 개별적인 것이다. 즉, 내가 보는 무지개를 만드는 물방울과 이웃한 사람이 보는 무지개를 만드는 물방울은 서로 다르다.

예제 23.2 색분산 계산

주어진 액체의 빨간색 빛에 대한 굴절률은 1.320이며, 보라색 빛에 대한 굴절률은 1.332이다. 두 빛이 45°의 동일한 입사각으로 액체 표면에 입사하는 경우, 굴절각의 차이를 구하여라.

| 풀이

식 (23.2)로부터 빨간색 빛의 굴절각: $\sin(45°) = 1.32\sin(\theta_R) \Rightarrow \theta_R = 32.4°$

보라색 빛의 굴절각: $\sin(45°) = 1.332\sin(\theta_V) \Rightarrow \theta_V = 32.1°$

색분산: $\theta_R - \theta_V = 0.3°$

23-2 전반사

그림 23.6은 유리 속에 놓여 있는 점광원 S로부터 공기와의 경계면으로 입사하는 살을 보여준다. 경계면에 수직으로 입사하는 살 a에 대해서, 일부는 경계면에서 반사하고 나머지는 방향의 변화가 없이 공기 중으로 진행한다. 빛살 b−e에 대해서 점차적으로 경계면에 입사하는 각도가 커짐에 따라 반사하고 굴절되는 양은 다소 달라지지만 역시 부분적으로 반사하고 부분적으로 굴절한다. 입사각이 증가함에 따라 굴절각도 증가한다. 살 f에 대해서, 굴절각은 90°가 된다. 굴절각이 90°가 되는 입사각을 **임계각**이라 한다. 만일 입사각이 임계각 θ_C보다

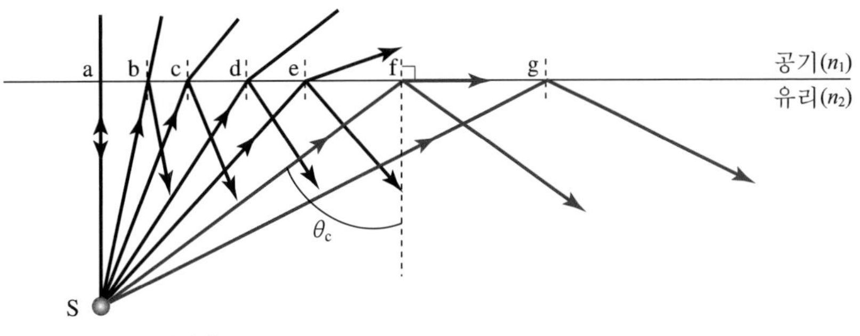

▲ **그림 23.6** | 전반사

커지면(살 g) 더 이상 굴절살은 없고 모두 반사한다. 이렇게 모두 반사하는 현상을 **전반사**라고 부른다.

임계각 θ_C를 구하기 위해서 식 (23.2)를 사용하자. 유리에서 공기 중으로 빛이 진행하는 경우를 생각하고 있으므로, 첨자 1이 유리를, 첨자 2가 공기를 나타낸다고 하자. 그러면, 식 (23.2)로부터

$$n_1 \sin\theta_C = n_2 \sin 90° \qquad (23.3)$$

를 얻고, $\sin 90° = 1$이므로 이로부터

$$\theta_C = \sin^{-1}\frac{n_2}{n_1} \qquad (23.4)$$

를 구할 수 있다. 사인값은 1을 넘을 수 없으므로 n_2가 n_1보다 큰 경우는 임계각이 존재하지 않는다. 즉, 굴절률이 작은 매질에서 큰 매질로 빛이 입사될 때는 전반사가 일어날 수 없다. 만일 광원이 공기 중에 놓여 있어 광원에서 나온 살이 공기 중에서 유리 속으로 입사된다면, 언제나 일부는 굴절되어 유리 속으로 진행한다.

전반사를 이용한 실제적 응용으로는 광섬유를 사용하는 광통신과 의료기술을 들 수 있다. 내시경 검사는 기다란 광섬유를 통하여 전반사되는 빛으로 몸 내부의 장기를 조사하는 것이다.

광섬유(optical fiber)
병원에서 쓰이는 내시경, 컴퓨터 통신에 쓰이는 광통신 등은 모두 광섬유를 사용한다. 광섬유는 그림 23.7과 같이 굴절률이 다른 유리의 구조로 되어 있다. 마치 둥근 연필 가운데에 연필심이 들어 있는 형태를 길게 만든 것과 같으며, 중앙의 부분을 코어(core), 그 주변을 클래딩(cladding)이라고 부른다. 클래딩 바깥은 보통 플라스틱 종류의 보호막으로 되어 있다. 통신용 광케이블에는 보통 이와 같은 광섬유 여러 가닥이 들어 있다. 코어 부분과 클래딩 부분의 굴절률을 각각 n_1, n_2라고 하자. 광섬유에서는 코어 부분의 굴절률이 클래딩 부분의 굴절률보다 크게 만들기 때문에 $(n_1 > n_2)$, 코어에 입사한 빛은 코어와 클래딩의 경계면에서 전반사를 일으키게 되어 광섬유를 따라 전달되어 간다. 아래와 같이 식 (23.4)와 식 (23.2)를 만족하는 입사각 θ_{NA}보다 작은 각으로 굴절률이 1인 공기로부터 광섬유의 단면에 입사하는 빛의 경우, 코어와 클래드의 경계면에서 전반사 조건을 만족하면서 광섬유 코어를 따라 진행하여 광섬유의 다른 끝에 도달할 수가 있다.

$$\theta_c = \sin^{-1}\frac{n_2}{n_1}$$

$$\begin{aligned} n_0 \sin\theta_{NA} &= n_1 \sin(90° - \theta_c) \\ &= n_1 \cos\theta_c \\ &= n_1\sqrt{1-\sin^2\theta_c} \\ &= \sqrt{n_1^2 - n_2^2} \end{aligned}$$

예제 23.3 전반사 계산

그림과 같이 공기 중에 직각삼각형 프리즘의 윗면에서 빛을 수직으로 입사하여 빛이 빗면에서 전반사되는 모습을 보여주고 있다. 이런 현상이 일어나려면 프리즘의 굴절률은 어떤 조건을 갖추어야 하는가?

| 풀이

프리즘 윗면에 수직으로 입사하면 굴절각 없이 그대로 직진하게 되며, 빗면에 45°의 입사각으로 입사하게 된다. 이 각이 전반사의 임계각이 되려면 식 (23.4)를 만족해야 한다. 즉,

$$45° = \sin^{-1}\frac{1}{n}$$

즉, 굴절률 n은 $\sqrt{2}$보다 커야 한다.

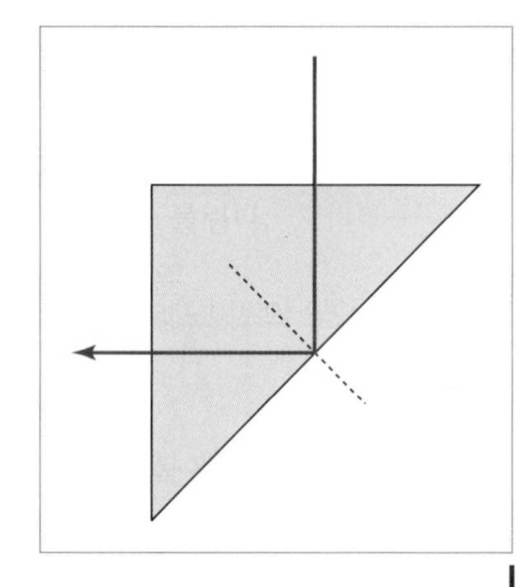

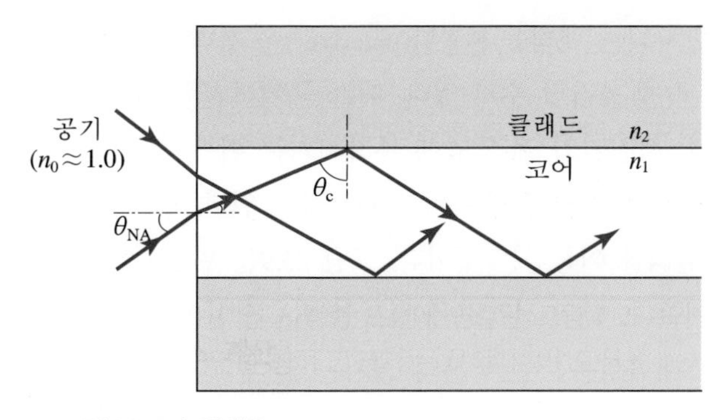

▲ 그림 23.7 | 광섬유

23-3 편광과 반사

호수에 담근 추가 아래위로 계속 움직일 때 물결파는 그 추를 중심으로 외부로 퍼져나간다. 이러한 물결파처럼 진동하는 전기쌍극자의 주위에서는 전기장이 연속적으로 변화하여 퍼져나가게 되고, 이 변화하는 전기장은 앞서 20장에서 설명한 암페어 법칙에 따라 자기장을 유도하게 된다. 아울러 21장에서 설명한 패러데이 법칙에 따르면, 변화하는 자기장은 전기장을 유도하므로 전기장과 자기장의 변화는 상호 수직방향에서의 변화를 유도하면서 퍼져나가는데 우리는 이러한 파를 **전자기파**라고 한다. 빛도 하나의 전자기파로서, 그림 23.8에서 보이는 바와 같이 파의 진행 방향에 상호 수직방향으로 진동하는 전기장과 자기장으로 이루어져 있다. 일반적으로 파의 진행 방향에 대해 수직인 전기장의 방향을 **편광 방향**이라고 부른다. 보통 전구나 태양과 같은 광원으로부터 나오는 빛의 전기장 방향은 마구잡이로 변하기 때문에 **무편광파**라고 부르며, 특정한 레이저 등에서 나오는 빛은 전기장의 방향이 한쪽으로 고정되어 있으므로 **편광파**라고 부른다.

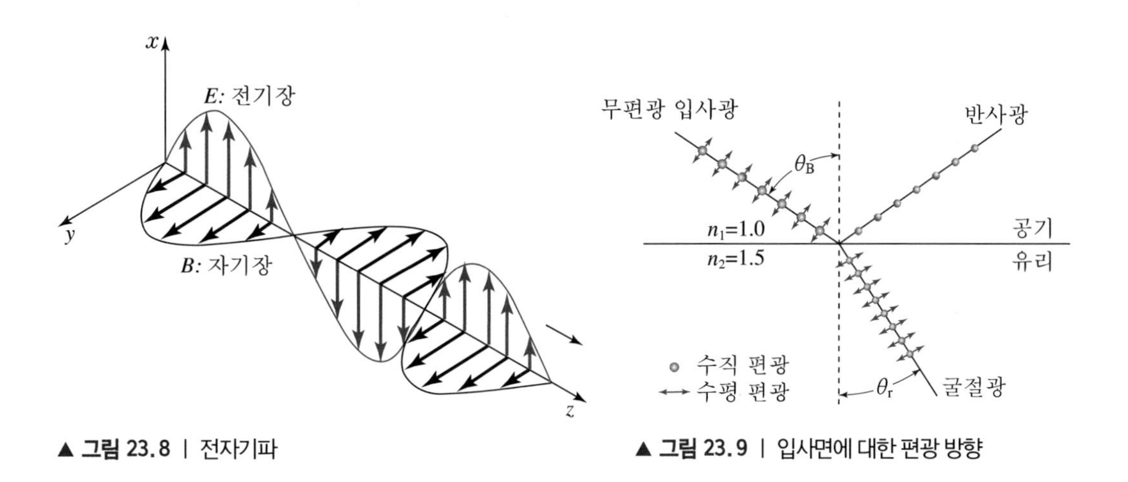

▲ 그림 23.8 | 전자기파

▲ 그림 23.9 | 입사면에 대한 편광 방향

호숫가에서 물에 반사되는 햇빛을 **편광판(polarizer)**을 통하여 볼 때, 편광판을 돌리면 햇빛의 강도를 크게 또는 작게 조작할 수가 있다. 이는 물에서 반사되는 빛이 한쪽 방향으로 편광되어 있음을 의미한다. 사진기의 렌즈 앞에 부착시키는 편광필터는 편광판의 일종으로, 수면이나 진열장 유리에 의한 반사광을 줄이는 목적으로 쓰인다. 낚시꾼이나 스키어들이 쓰는 편광 선글라스도 같은 원리를 이용하는 것이다. 그림 23.9는 편광되지 않은 빛살이 유리 표면에 입사하는 상황을 보여준다. 빛의 전기장은 입사면에 수직인 성분과 수평인 성분으로 나눌 수 있으며, 무편광 빛에 대해서 이 두 성분의 크기는 같다.

유리와 같은 유전물질에는 전기장의 수평 성분에 대하여 반사가 없는 각도가 존재한다. 이 각도를 **브루스터 각도(Brewster angle)**라고 부른다. 브루스터 각도로 입사한 빛에 대하여 그 반사빛살은 수평 성분이 없으므로 수직방향으로 편광된다. 한편 이 경우, 수평 성분은 모두 굴절되어야만 한다. 브루스터 각도 이외의 입사각에 대해서는, 비록 부분적이긴 하지만 전기장의 수평 성분이 반사되므로 반사빛살은 부분적으로 편광된다.

브루스터 각도로 입사하는 빛에 대해서, 반사살과 굴절빛살은 서로 수직이라는 사실이 실험적으로 밝혀졌다. 반사의 법칙에 의해서 반사각은 브루스터 각도 θ_{B}가 되고, 굴절각을 θ_{r}이라 할 때, 이 두 각은

$$\theta_{\mathrm{B}} + \theta_{\mathrm{r}} = 90° \tag{23.5}$$

를 만족시킨다. 한편, 굴절의 법칙[식 (23.2)]에 의해서

$$n_1 \sin\theta_{\mathrm{B}} = n_2 \sin\theta_{\mathrm{r}} \tag{23.6}$$

을 얻고, 위 두 식의 결합과 수학적 정리를 통해 브루스터 각도가

$$\theta_{\mathrm{B}} = \tan^{-1}\frac{n_2}{n_1} \tag{23.7}$$

를 만족함을 알 수 있다. 만일 입사빛살과 반사빛살이 공기 중을 진행한다고 하면, 근사적으로 n_1을 1로 대체할 수 있다. 이 관계식을 따른 빛의 편광 특성을 **브루스터의 법칙**이라 부른다. 이 법칙과 각도 θ_{B}는 1812년 실험적으로 이들을 발견한 브루스터의 이름을 붙여 명명하였다.

예제 23.4

굴절률이 1.50인 편평한 유리판을 편광기로 사용하려고 한다. 입사광에 대해 어떤 각도로 유리판을 놓아야 하며, 이때 굴절각은 얼마인가?

| 풀이

식 (23.7)에서 $\theta_{\mathrm{B}} = \tan^{-1}n = \tan^{-1}(1.50) = 56.3°$이다. 굴절각은 $90° - \theta_{\mathrm{B}} = 33.7°$이다.

23-4 거울

평면거울

아마도 우리가 일상생활에서 겪는 가장 간단한 기하광학의 경험은 거울을 보는 일일 것이다. 그림 23.10은 평면거울 앞의 d만한 수직거리에 놓여 있는 점광원 O를 보여준다. 이를 보통 물체(object)라고 부른다. 거울에 입사하는 빛은 O로부터 나오는 살로 표시하였다. 반사된 빛은 거울면으로부터 발산하는 반사살로 나타내었다. 점선으로 나타낸 것처럼 반사살을 거꾸로 거울 속으로 확장시키면, 반사살들은 거울 속의 한 점에서 모이고, 이 점은 거울 속으로 수직거리 i인 곳에 위치한다.

거울 속을 들여다볼 때, 우리의 눈은 반사살 중의 일부를 포착하고, 우리가 실제로 보는 것은 거울 속에 있는 물체 O의 **상(image)** I이다. 이때, 이 상은 실제로 물체를 그곳에 놓아 얻을 수 있는 **실상(real image)**과 구별하여 **허상(virtual image)**이라 부른다. 그림 23.11은 그림 23.10의 살다발 중 2개의 살만을 발췌한 그림이다. 하나의 살은 거울면에 수직으로 점 b를 향하여 입사한다. 다른 하나의 살은 거울면의 임의의 점 a를 향하여 입사하고, 그 점에서 수직선과 θ의 입사각을 이룬다. 직각삼각형 aOb와 aIb는 공통변을 갖고, 세 각이 같으므로 합동이다. 따라서

$$\overline{\mathrm{Ib}} = \overline{\mathrm{Ob}} \tag{23.8}$$

를 얻고, $\overline{\mathrm{Ib}}$와 $\overline{\mathrm{Ob}}$는 각각 거울면으로부터 상과 물체까지의 수직거리이다. 식 (23.8)은 물체가 거울면 앞으로 멀리 있는 만큼 상도 거울 속으로 그만큼 멀리 놓인다는 것을 말해준다.

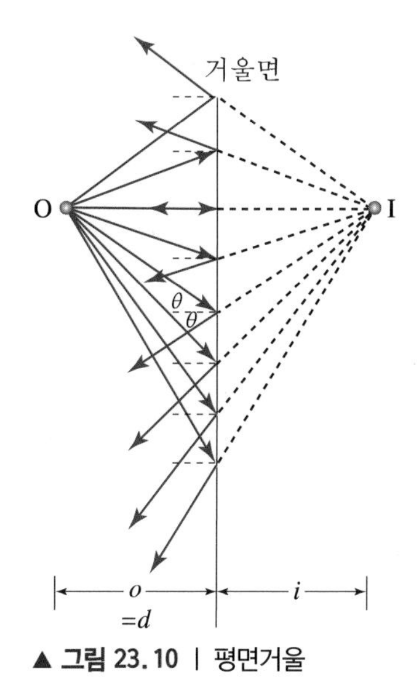

▲ 그림 23.10 | 평면거울

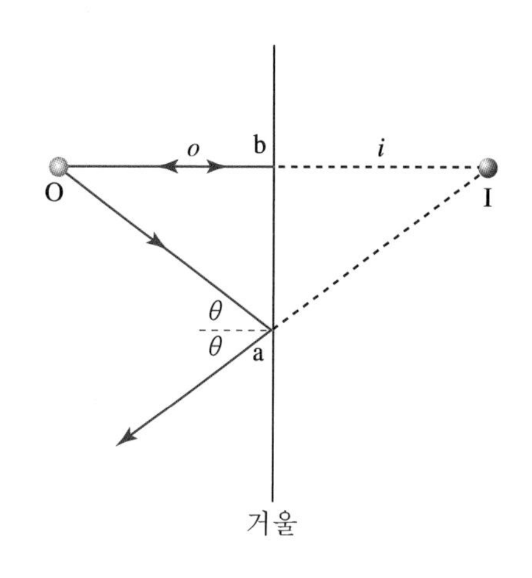

▲ 그림 23.11 | 평면거울 – 그림 23.10 중에서 두 빛살의 모양

이 경우, 허상이므로 관례상 상까지의 수직거리 i를 음으로 택하여

$$i = -o \tag{23.9}$$

로 나타낸다.

예제 23.5

키가 200 cm인 농구 선수가 자신의 전신을 볼 수 있기 위해서는 거울의 길이가 최소한 얼마여야 하는가?

| 풀이

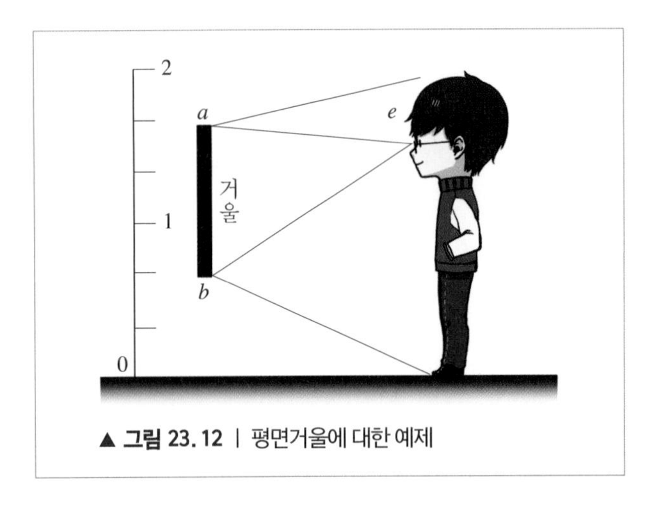

▲ **그림 23.12** | 평면거울에 대한 예제

입사각과 반사각이 같다는 사실에 근거하여, 필요한 거울의 길이는 사람 키의 절반인 100 cm이다.

구면거울

앞에서는 평면거울에서 어떻게 상이 형성되는가를 알아보았다. 이제 우리는 거울면이 굽으면 상이 어떻게 나타날지를 생각하기로 하자. 특히, 표면이 구 표면의 일부분으로 만들어지는 구면거울을 생각하자.

질문 23.3

평면거울을 구면거울의 특수한 경우로 생각할 수 있는가?

그림 23.13과 같은 평면거울로부터 시작하자. 먼저 거울면을 관측자 쪽으로 오목하게 휘어 보자. 휨의 정도를 정량적으로 나타내기 위해서 곡률반지름(radius of curvature)을 도입하기로

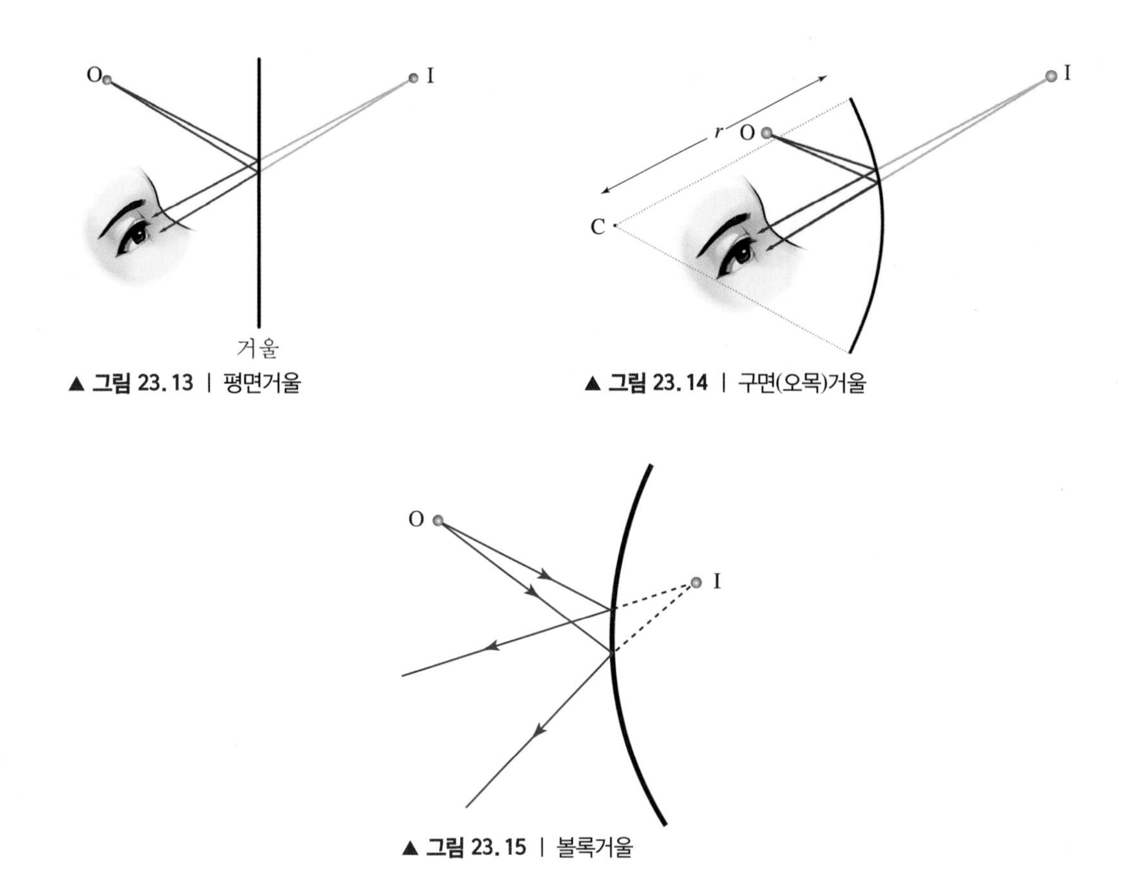

▲ **그림 23.13** | 평면거울

▲ **그림 23.14** | 구면(오목)거울

▲ **그림 23.15** | 볼록거울

한다. 그림 23.14에는 곡률반지름 r과 곡률중심 C가 표시되어 있다. 평면거울과 비교하여 두 가지 다른 점을 발견할 수 있다. 첫째로, 상은 거울 속으로 더욱 멀리 이동한다. 즉, i는 더욱 큰 음수가 된다. 둘째로, 상이 더 커진다. 평면거울의 경우, 상의 크기는 정확히 물체의 크기와 같다. 그러나 오목거울에서 상은 항상 물체보다 크다. 화장이나 면도에 사용하는 거울의 표면은 약간 오목하게 처리하여 얼굴을 확대하도록 만들어졌다. 확대의 대가는 좁은 시야이다. 그림 23.14에서 알 수 있듯이, 반사살의 발산각은 평면거울에 비하여 작고, 따라서 거울면이 반사시키는 내용은 평면거울보다 작다.

이제, 반대로 그림 23.15에서와 같이 평면거울면을 관측자 쪽으로 볼록하게 휘면, 상은 거울면에 가까워지고 축소된다. 이러한 볼록거울은 자동차의 오른쪽 거울 또는 상점의 감시용 거울로 사용된다. 평면거울에 비하여 더 큰 반사살의 발산각 때문에 더욱 넓은 범위를 볼 수 있기 때문이다. 그림 23.15에서 알 수 있듯이, 볼록거울에 의해서 생기는 상은 모두 허상이다.

그림 23.16처럼 오목거울은 입사하는 빛을 초점에 모으는 데 사용할 수 있다. 오목거울의 경우에는 빛이 실제로 모이므로, 이를 이용하여 태양빛으로 종이에 불을 붙일 수 있다. 반사식 천체망원경에서는 멀리 있는 별에서 오는 약한 빛을 오목거울로 모아서 관측한다. 한편, 볼록거울은 실제로 빛을 모을 수는 없다. 두 경우에서 빛이 모이는 지점을 **초점(focal point)**이라 부르고, 거울면으로부터의 초점까지의 거리를 **초점거리**라 부른다. 거울로부터 물체까지의

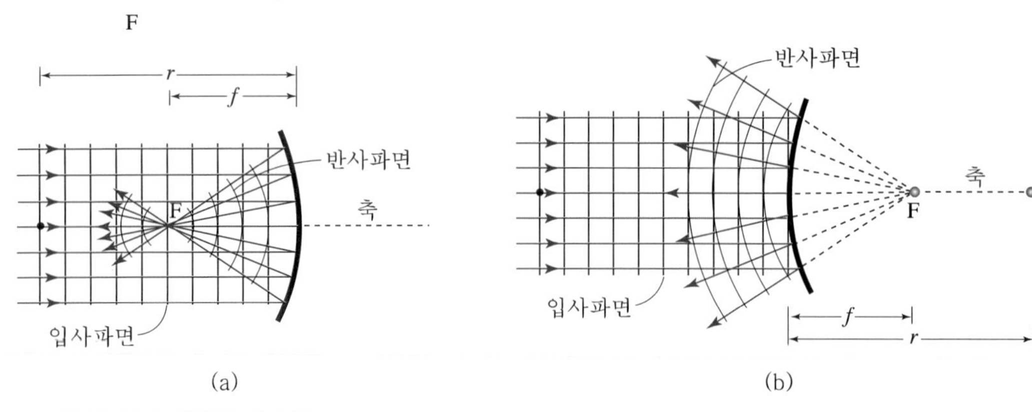

▲ **그림 23.16** | 구면거울의 초점

거리 o, 상까지의 거리 i, 그리고 초점거리 f 사이에는 다음과 같은 간단한 관계식이 성립한다.

$$\frac{1}{o}+\frac{1}{i}=\frac{1}{f} \tag{23.10}$$

구면거울에서 초점거리 f는 거울면의 곡률반지름 r의 절반으로 주어지면, 식 (23.10)은

$$\frac{1}{o}+\frac{1}{i}=\frac{2}{r} \tag{23.11}$$

로 다시 쓸 수 있다.

질문 23.4

식 (23.11)로부터 평면거울의 결과인 식 (23.9)를 유도하여라.

그림 23.17은 물체를 오목거울에 접근시키면서 상에 어떠한 변화가 생기는가를 보여준다. 물체가 초점거리 내에 놓여 있을 때는 허상이 생기고, 초점거리 바깥에 놓여 있을 때는 실상이 생긴다. 초점거리 내부에서는 바로 선 상이, 외부에서는 거꾸로 된 상이 생긴다는 사실도 알 수 있다.

질문 23.5

물체가 오목거울 앞, 초점이나 곡률 중심에 놓여 있는 경우, 그 상은 어떻게 나타나는가?

물체의 크기에 대한 상의 크기의 비로 정의된 배율 m은 물체거리와 상거리에 의해

$$m=-\frac{i}{o} \tag{23.12}$$

로 주어진다. 여기서 음의 부호는 거꾸로 된 상을 의미한다.

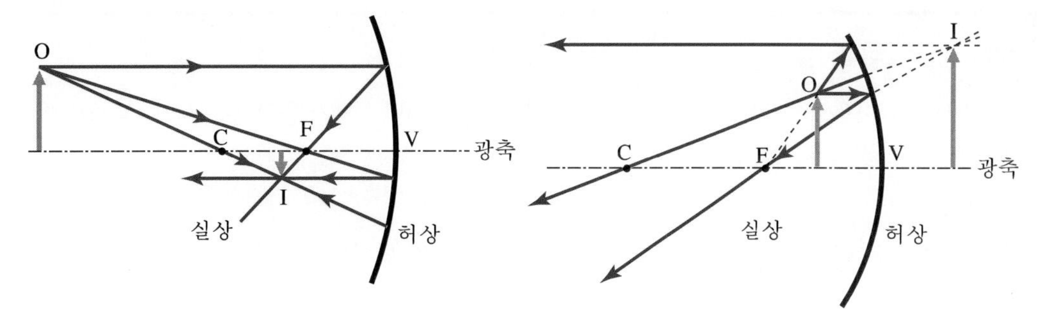

▲ **그림 23.17** | 물체의 위치와 상의 변화

평면거울의 경우, $i=-o$이므로 $m=+1$이다. 이는 상이 그 크기가 물체의 크기와 같고, 바로 선다는 것을 뜻한다. 배율이 음의 부호를 가지면, 거꾸로 된 상이 생긴다는 것을 의미한다. 앞서 구한 식들은 모든 구면거울에 적용된다. 주의할 점은 o, i, f, r, m 등을 수식에 대입할 때, 그 부호를 제대로 고려하여야 한다는 것이다.

이제 설명할 부호에 대한 규칙은 거울뿐만 아니라 렌즈에 대해서도 적용된다. 실상이 생기는 쪽을 R(real) 쪽이라 부르고, 허상이 생기는 쪽을 V(virtual) 쪽이라고 부르자. R쪽은 거울의 앞쪽이 되고, V쪽은 거울의 뒤쪽이 될 것이다. 물체나 실상이 R쪽에 있고, 그리고 상이 바로 선 경우에는 (+)부호를, 물체나 허상이 V쪽에 있으며, 그리고 상이 거꾸로 선 경우에는 (−)부호를 부여한다. 그림 23.16에서 보듯이 오목거울에서는 실초점이 생기므로 초점거리 f의 부호가 (+)가 되고, 볼록거울에서는 허초점이 생기므로 f의 부호가 (−)가 된다. 거울에 대해서 보다 구체적으로 위 규칙을 적용해보면,

- 실물체에 대해서, o는 +
- 실상에 대해서, 즉 상이 R쪽에 생기면, i는 +
- 곡률 중심이 R쪽에 있으면, r은 +
- 실초점에 대해서, 즉 초점이 R쪽에 있으면, f는 +
- 상이 바로 서면, m은 +이다.

예제 23.6 오목거울

오목거울 앞 6.00 m에 물체가 있으며 물체의 상 역시 물체와 동일한 곳에 생겼다면 오목거울의 곡률반지름은 얼마인가?

| 풀이

거울로부터 물체까지의 거리와 거울로부터 상까지의 거리가 동일하므로, 식 (23.10)을 이용하면

$$\frac{1}{f}=\frac{1}{o}+\frac{1}{i}=\frac{2}{6.00\ \text{m}}$$

로부터 초점거리 $f=3.00\ \text{m}$를 구할 수 있으며 거울면의 곡률반지름은 초점거리의 2배로 주어지므로 오목거울의 곡률반지름은 6.00 m가 됨을 알 수 있다.

예제 23.7 볼록거울

곡률반지름이 40.0 cm인 볼록거울 앞 30.0 cm에 길이 5.00 cm의 물체가 있다. 상까지의 거리와 상의 길이는 각각 얼마인가?

| 풀이

볼록거울의 초점거리의 부호는 (-)이고 크기는 곡률반지름의 반이므로,

$$f = -r/2 = -20.0\ \text{cm}$$

이다.

식 (23.10)을 적용하면, $\frac{1}{i} = \frac{1}{f} - \frac{1}{o} = \frac{1}{-20.0\,\text{cm}} - \frac{1}{30.0\,\text{cm}} = -\frac{1}{12.0\ \text{cm}}$

이므로 상까지의 거리는 12.0 cm이고 부호가 (-)이므로 허상이 된다.

식 (23.12)를 이용하면 상의 배율은

$$m = -\frac{i}{o} = -\frac{-12.0\ \text{cm}}{30.0\ \text{cm}} = 0.400$$

이다.

따라서 상의 길이는 $0.400 \times 0.500\ \text{cm} = 2.00\ \text{cm}$이다. 즉, 이 경우에는 물체보다 작고 바로 서 있는 허상이 생기게 된다.

| 빛살 추적

그림 23.18은 오목거울과 볼록거울에 대해서 거울 면 앞에 놓여 있는 물체 O의 상을 작도법으로 구하는 방법을 소개한다. 축에서 벗어나 있는 점의 상은 다음의 네 가지 살 중에서 두 가지를 추적함으로써 결정할 수 있으며, 이를 **살추적(ray tracing)**이라 부른다.

- 광축에 나란하게 거울면으로 입사하는 빛살은 거울면에서 초점을 잇는 선을 따라 반사한다.
- 물체에서 초점을 잇는 선을 따라 거울면으로 입사하는 빛살은 광축에 나란하게 반사한다.
- 물체에서 곡률 중심을 향해 거울면으로 입사하는 빛살은 오던 길로 되반사한다.
- 광축과 교차하는 거울면의 정점으로 입사하는 빛살은 광축에 대칭으로 반사한다.

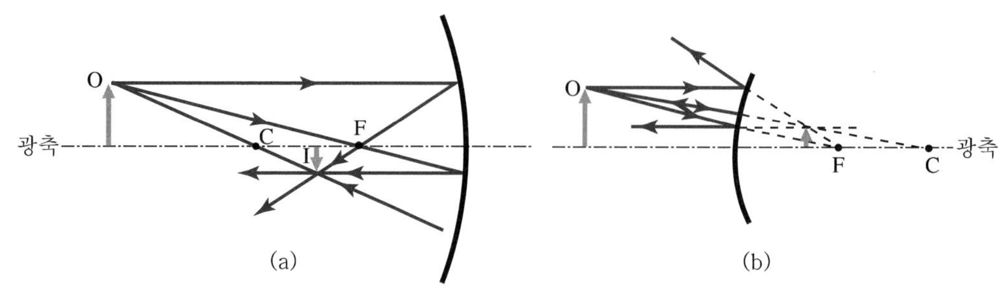

▲ **그림 23.18** | 구면거울에 대한 작도법

23-5 얇은 렌즈

우리가 흔히 사용하는 렌즈는 2개의 굴절면을 가진다. 즉, 빛은 공기 중에서 유리로 들어가면서 하나의 굴절면을 통과하고, 다시 유리에서 공기 중으로 빠져 나오면서 또 다른 굴절면을 통과한다. 우리는 렌즈의 두께가 렌즈에서 물체까지의 거리, 상까지의 거리, 곡률반지름 등에 비하여 매우 작은 경우만을 생각하기로 한다. 이러한 얇은 렌즈에 대해서는 다음의 관계식이 성립한다.

$$\frac{1}{o}+\frac{1}{i}=\frac{1}{f} \tag{23.13}$$

여기서 초점거리 f는

$$\frac{1}{f}=(n-1)\left(\frac{1}{r_1}-\frac{1}{r_2}\right) \tag{23.14}$$

로 주어진다. 식 (23.13)은 구면 거울에서 사용한 것과 동일하다. 식 (23.14)에서 n은 렌즈 유리의 굴절률이다. 식 (23.14)는 보통 **렌즈 제작자의 공식(lens maker's formula)**이라 불린다. 식 (23.14)에서 r_1은 빛이 처음에 만나는 굴절면(유리면)의 곡률반지름이고, r_2는 두 번째 만나는 굴절면의 곡률반지름이다. 이때, 물체 쪽에서 보아 볼록한 굴절 구면의 곡률반지름은 양(+)으로, 오목한 굴절 구면의 곡률반지름은 음(−)으로 한다. 이는 구면거울에 대해서 사용한 부호 규칙과 반대이다. 따라서 볼록렌즈에서는 초점거리 f의 부호가 (+)이고, 오목렌즈에서는 (−)가 된다. 식 (23.13)에서 물체와 상의 부호는 거울에서 다루었던 것과 동일한 규칙이 적용된다. 얇은 렌즈에서 상의 배율 m도 거울에서와 마찬가지로

$$m=-\frac{i}{o} \tag{23.15}$$

로 주어진다. 거울에서와 마찬가지로 음의 부호는 거꾸로 된 상을 의미한다.

얇은 렌즈는 렌즈에 대해서 대칭적으로 양쪽에 하나씩 2개의 초점을 갖는다. 그림 23.19는 볼록렌즈를 통하여 거꾸로 선 실상이 형성되는 경우의 살추적을 보여준다. 한편, 그림 23.20은 오목렌즈를 통하여 바로 선 허상이 형성되는 경우의 살추적을 보여준다. 이들 빛살추적의 원리는 다음과 같다.

- 광축에 나란하게 렌즈로 입사하는 빛살은 초점을 통하여 진행한다.
- 초점을 통하여 렌즈로 입사하는 빛살은 광축과 나란하게 진행한다.
- 렌즈의 중심으로 입사하는 빛살은 굴절 없이 진행한다.

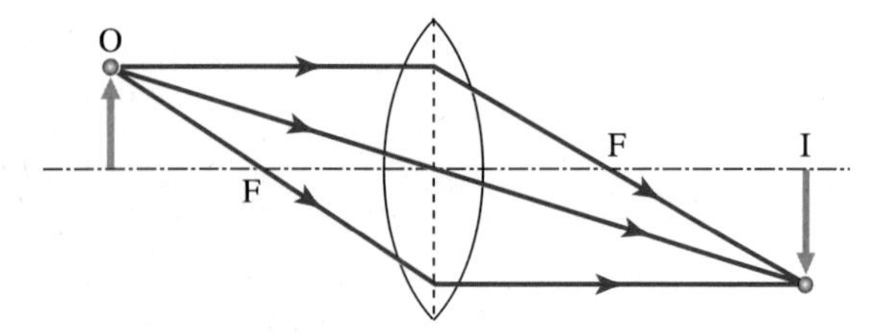

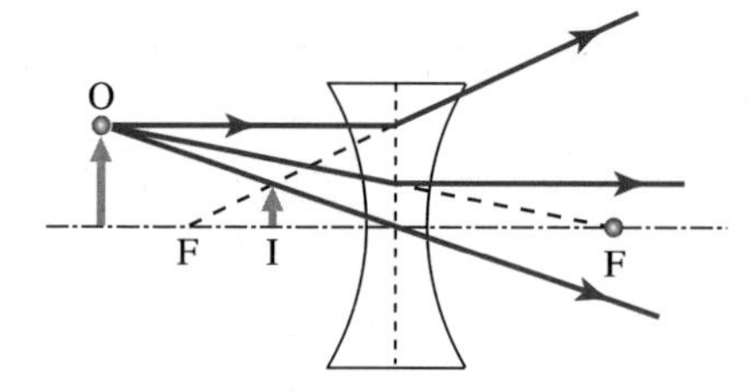

▲ **그림 23.19** | 볼록렌즈에서의 빛살 추적

▲ **그림 23.20** | 오목렌즈에서의 빛살 추적

예제 23.8 얇은 볼록렌즈의 초점거리

굴절률이 1.50인 유리로 볼록렌즈를 만들었으며 볼록렌즈의 양쪽 곡률반지름은 40.0 cm이다. 이 렌즈의 초점거리를 구하여라.

| 풀이

식 (23.14)로부터, $\frac{1}{f} = (1.50 - 1)\left(\frac{1}{0.400\ \text{m}} - \frac{1}{-0.400\ \text{m}}\right) = \frac{1}{0.400\ \text{m}}$

즉, 초점거리는 $f = 0.400\ \text{m}$이다.

예제 20.9 볼록렌즈

초점 거리가 4.00 cm인 볼록렌즈의 앞 6.00 cm되는 곳에 길이 2.00 cm의 물체가 놓여 있다. 렌즈에서 상까지의 거리와 상의 길이를 구하여라.

| 풀이

식 (23.13)에서 $f = 4.00\ \text{cm}$, $o = 6.00\ \text{cm}$이므로,

$$\frac{1}{i} = \frac{1}{f} - \frac{1}{o} = \frac{1}{4.00\,\text{cm}} - \frac{1}{6.00\ \text{cm}} = \frac{1}{12.0\ \text{cm}}$$

즉, 상까지의 거리는 $12.0\ \text{cm}$이고, 부호가 (+)이므로 실상이 된다.
식 (23.15)를 이용하면 상의 배율은

$$m = -\frac{i}{o} = -\frac{12.0\ \text{cm}}{6.00\ \text{cm}} = -2.00$$

이다.

따라서, 상의 길이는 $2.00 \times 2.00\ \text{cm} = 4.00\ \text{cm}$이고, m의 부호가 (-)이므로 거꾸로 서 있는 상이 생기게 된다.

23-6* 광학기기

사람의 눈은 아주 작은 물체나 아주 먼 곳에 있는 물체를 보는 데 한계가 있지만 물리학의 원리를 이용하여 발명된 광학기기들을 사용하면 사람이 볼 수 있는 영역을 크게 넓힐 수 있다. 현미경, 망원경, 사진기 같은 광학기기들은 이제까지 배운 기하광학의 내용들을 바탕으로 만든다.

❙ 사람의 눈과 안경

지름이 약 2.3 cm의 구형인 사람의 눈은 초점과 빛의 양을 자동으로 조절할 수 있는 복잡한 광학기기이다. 그림 23.21에서 보듯 외부에서 각막을 통해 들어간 빛은 수양액과 수정체, 유리액을 지나 망막에 상이 맺히고, 망막의 시신경에 의해 생화학적 전기신호가 뇌로 전달된다. 빛이 눈으로 들어가는 과정에서 공기($n \approx 1.000$)와 각막($n \approx 1.376$) 간의 큰 굴절률 차이로 말미암아 대부분의 굴절이 결정되고, 굴절률이 중심에서는 약 1.406이고 가장자리에서는 1.386인 수정체의 렌즈가 모양근의 근육에 의해 두께가 조절되면서 망막에서 상이 맺히도록 초점이 미세 조정된다. 빛의 양의 조절, 즉 빛의 세기 조절은 홍채의 조정을 통해 동공의 크기를 확대 또는 수축함으로써 이루어진다.

정상적인 사람의 눈은 어떤 물체가 별과 같이 거의 무한대에 있는 곳에서부터 **근점** P_n이라고 일컫는 점에 이르기까지 그 물체의 상을 망막에 선명하게 맺을 수 있다. 정상인의 경우 근점 P_n은 눈으로부터 약 25 cm로 잡는다. 물론 근점은 사람마다 다르며, **원시안**의 경우 이 근점은 25 cm보다 더 길고 가까운 물체의 상은 망막 뒤에 맺혀 물체 인식이 힘들어진다. **근시안**의 경우에는 근점이 더 짧아, 가까운 곳은 잘 볼 수 있으나, 25 cm부터 무한대까지에 있는 물체에 대한 상이 망막 앞에 맺히게 되어 잘 볼 수가 없다. 원시안 및 근시안의 교정에는 그림 23.22와 같이 각각 볼록렌즈와 오목렌즈를 사용한다.

렌즈의 강도는 **디옵터(diopter)** D로 표시되는데, 이는 초점거리(m 단위)의 역수값이다. 즉, $D = 1/f$ (m)이며, f는 미터 단위의 초점거리이다. +1.0 디옵터 렌즈의 초점거리는 $f = +1\,\text{m}$

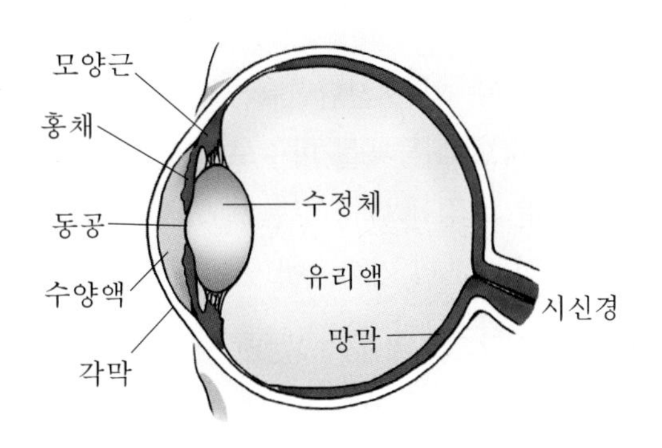

▲ **그림 23.21** ❘ 사람 눈의 단면도

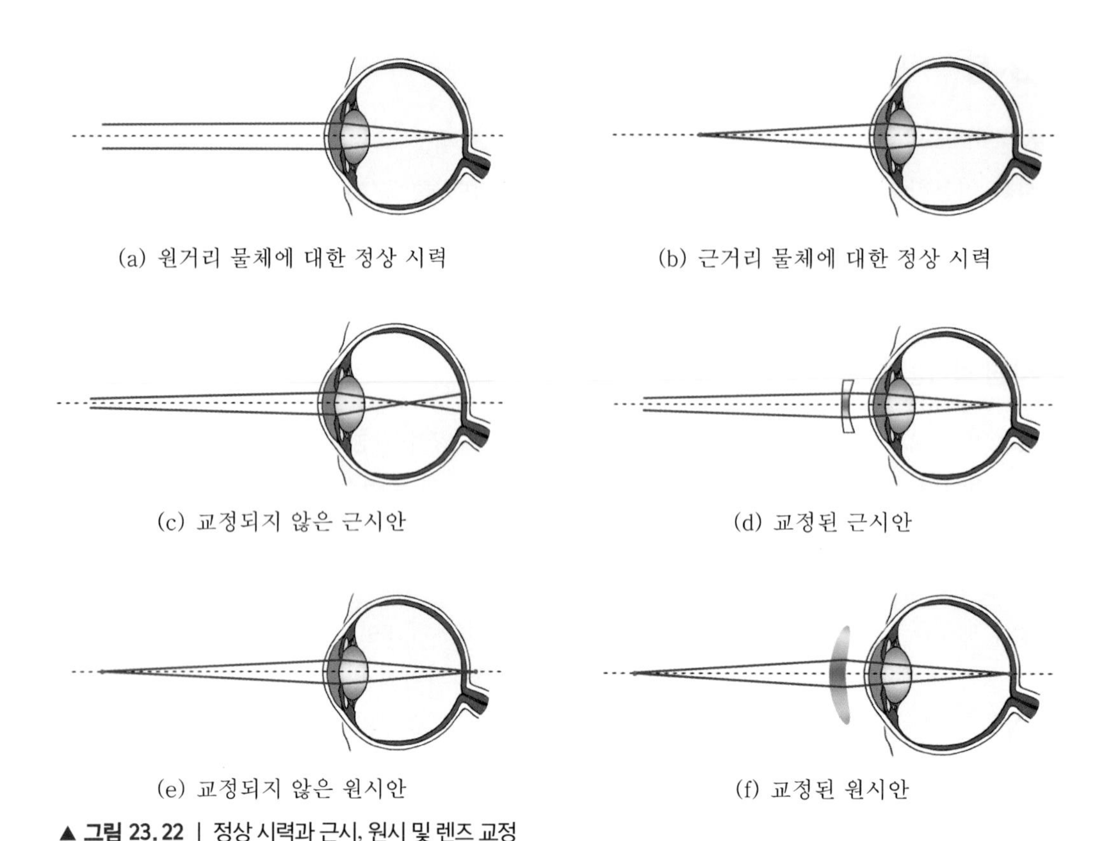

▲ **그림 23.22** | 정상 시력과 근시, 원시 및 렌즈 교정

이고, +4.0 디옵터 렌즈는 $f=+0.25\,\text{m}$ 이며, 디옵터의 값이 커질수록 초점거리가 짧아지면서 **렌즈의 굴절 강도**가 커진다.

근시안은 눈의 굴절 강도를 작게 하기 위하여 음의 디옵터값을 가진 오목렌즈를 교정 렌즈로 사용한다.

난시는 각막이나 수정체 렌즈의 표면이 부드러운 구면이 아닌 굴곡이나 흠이 있는 경우이며, 이 경우에는 이 굴곡이나 흠을 보완해주는 안경 렌즈가 이용된다.

❙ 확대경

작은 글씨나 물체를 확대해 볼 수 있는 간단한 확대경의 원리에 대해서 알아보자. 물체가 눈에 가까워질수록 눈은 더 큰 각도로 물체를 마주보게 되고 망막에 맺히는 상도 커지게 된다. 하지만 평균적인 사람의 눈은 근점에 해당하는 25 cm 이내에 놓여 있는 물체를 선명하게 볼 수가 없으므로, 확대경은 근점보다 더 가까이에 있는 물체의 시각 각도를 증가시켜 망막에 더 큰 상을 형성할 수 있게 해준다. 그림 23.23(a)는 근점에 놓인 물체를 보는 것을 나타낸 것이다. 이때 망막에 맺히는 상의 크기는 **시야각** θ에 의해 결정된다. 그림 23.23(b)는 초점거리가 f 인 볼록렌즈를 눈앞에 대고 물체 O를 렌즈의 초점에 놓은 경우이다. 그러면 눈은 무한

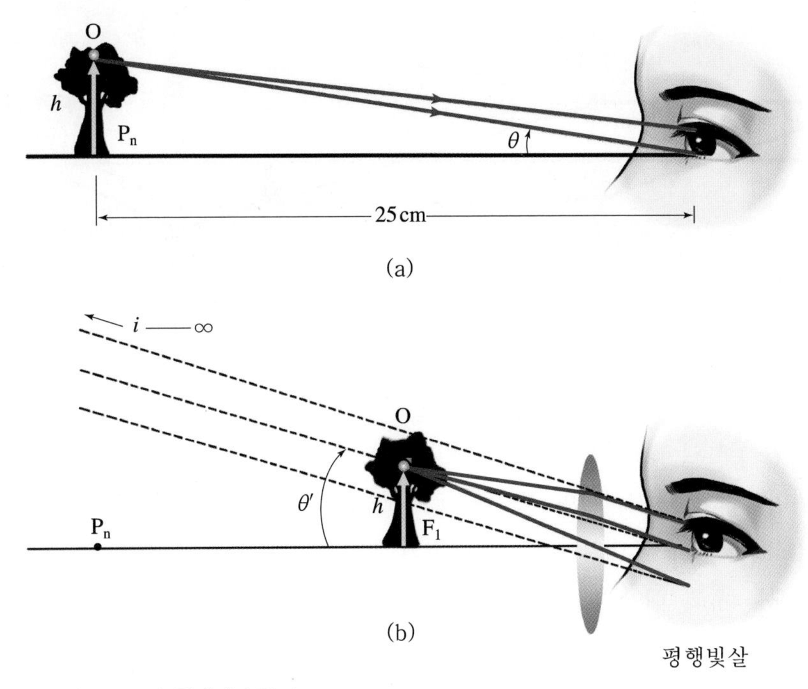

▲ **그림 23.23** | 확대경의 원리

대에 있는 상을 보게 되며 상의 시야각은 θ'이 된다. 확대경의 **각배율** m_θ는 물체를 눈으로 볼 때의 시야각과 렌즈를 통하여 볼 때 시야각의 비로 정의하며

$$m_\theta = \frac{\theta'}{\theta} \tag{23.16}$$

으로 주어진다. 여기서

$$\theta \approx h/25\text{ cm},\ \theta' \approx h/f$$

이므로, 각배율 m_θ는

$$m_\theta = 25\text{ cm}/f \tag{23.17}$$

로 주어진다.

❙ 현미경

그림 23.24는 작은 물체를 관찰할 때 쓰이는 현미경의 구조를 나타낸 것이다. 초점거리 f_{ab}인 대물렌즈의 앞 초점의 바로 바깥쪽에 높이 h인 물체 O를 놓을 경우, 대물렌즈의 뒤 초점 F_2로부터 s의 거리에 높이 h'인 거꾸로 선 상이 생성되면, **대물렌즈의 배율**은

$$m = \frac{h'}{h} = -\frac{s\tan\theta}{f_{\text{ab}}\tan\theta} = -\frac{s}{f_{\text{ab}}} \tag{23.18}$$

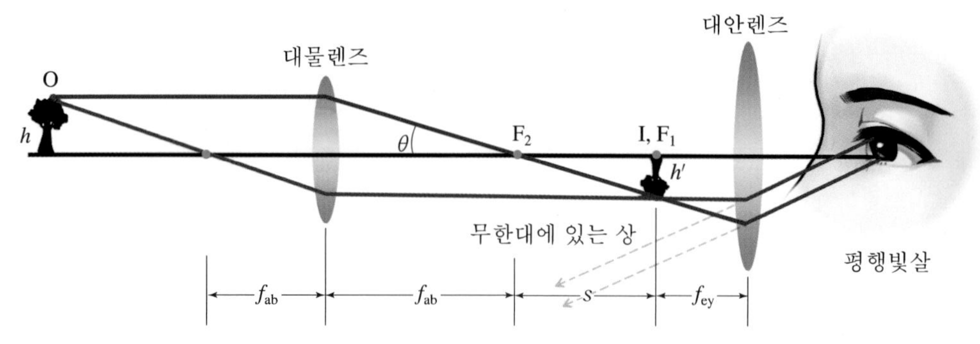

▲ 그림 23.24 | 현미경의 구조

로 주어진다. (−)부호는 거꾸로 선 상을 나타낸다. 대물렌즈에 의해 상이 맺히는 위치를 나타내는 s는 현미경의 경통 길이이며 일반적으로 16 cm이다. 대물렌즈에 의해 맺힌 상에 대안렌즈의 앞 초점 F_1을 맞추면 대안렌즈는 확대경의 역할을 한다. 따라서 **현미경의 최종배율** M은 대물렌즈의 배율 m과 대안렌즈의 각배율 m_θ의 곱이며,

$$M = m \times m_\theta = -\frac{s}{f_{\mathrm{ab}}}\frac{25\ \mathrm{cm}}{f_{\mathrm{ey}}} \tag{23.19}$$

로 주어진다. 일반적으로 현미경의 대안렌즈는 하나로 고정되어 있고, 대물렌즈는 몇 개를 교환하여 사용하도록 만든다.

❙ 망원경

먼 곳에 있는 물체를 크게 확대하여 보고자 하는 망원경은 크게 반사 망원경과 굴절 망원경으로 구분할 수 있으며, 여기서는 굴절 망원경의 원리를 알아본다. 그림 23.25에 망원경의 구조가 나타나 있다. 먼 곳의 물체에서 오는 평행광선이 θ_{ab}의 각도로 망원경 대물렌즈에 입사하면 물체의 상은 대물렌즈의 초점 F_2에 맺히게 된다. 대물렌즈에 의해 맺힌 상에 대안렌즈의

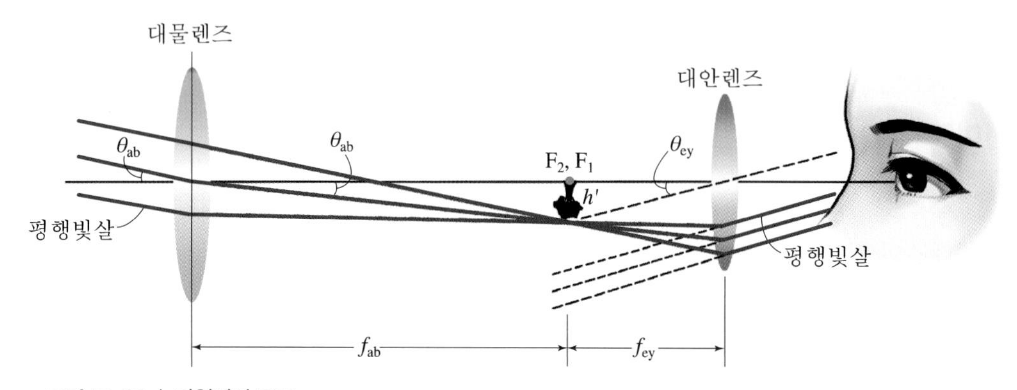

▲ 그림 23.25 | 망원경의 구조

앞 초점을 맞추면 대안렌즈는 확대경이 되며 물체의 허상이 무한대에 형성된다. 이 상을 결정하는 광선은 망원경 광축과 시야각 θ_{ey}를 이룬다. **망원경의 각배율** m_θ는 맨 눈으로 볼 때의 시야각 θ_{ab}와 망원경의 시야각 θ_{ey}의 비로 정의하며,

$$m_\theta = \frac{\theta_{\text{ey}}}{\theta_{\text{ab}}} = \frac{h' l f_{\text{ey}}}{-h' l f_{\text{ab}}} = -\frac{f_{\text{ab}}}{f_{\text{ey}}} \tag{23.20}$$

가 된다.

그림 23.25에서는 거꾸로 선 상을 보게 된다.

망원경에 따라서는 대안렌즈 위치에 오목거울을 사용함으로써 바로 선 상을 볼 수 있도록 만들어진 것도 있다. 스포츠 관람 등에 쓰이는 쌍안경은 그림 23.26에서와 같이 프리즘을 이용하여 빛을 망원경 내부에서 여러 번 반사시켜 망원경의 길이를 줄이고 바로 선 상을 볼 수 있도록 만든 것이다.

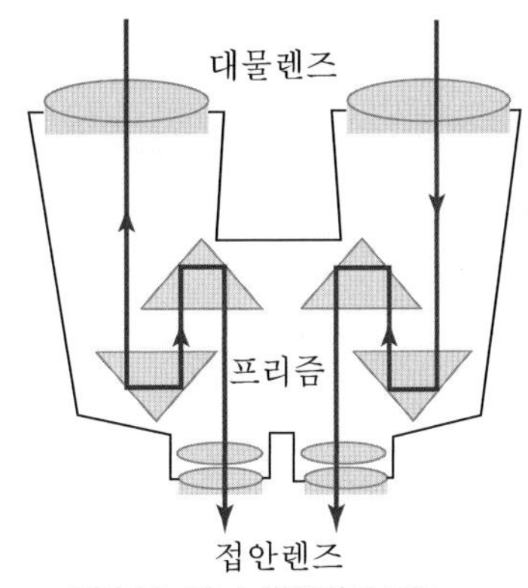

▲ **그림 23. 26** | 쌍안경의 구조

연습문제

23-1 반사와 굴절

1. 다이아몬드의 굴절률은 2.50이다. 이 다이아몬드 내부에서 빛의 속도는 공기 중과 비교하여 어떻게 되는가?

2. 어떤 물질 속에서 빛의 진동수가 3.50×10^{14} Hz이고 파장이 0.550 μm였다. 이 물질의 굴절률은 얼마인가?

3. 수영장의 바닥에 박힌 2.00 m의 막대가 있다. 막대는 수면 위로 0.500 m 솟아나와 있다. 햇빛이 45°의 각도로 막대를 비춘다. 수영장 바닥에 드리운 막대 그림자의 길이는 얼마인가?

4. 공기 중에서 녹색 레이저 포인터에서 나오는 빛의 파장은 533 nm이다.

   (가) 이 빛의 진동수는 얼마인가?
   (나) 이 빛이 굴절률이 1.5인 유리를 지날 때 파장은 얼마인가?
   (다) 유리를 지날 때 이 빛의 속력은 얼마인가?

5. 공기 중에서 레이저 광선을 어떤 액체 위에 입사각 45.0°로 쏘아주었더니 그 광선이 30°의 각도로 굴절되었다.

   (가) 이 액체의 굴절률은 얼마인가?
   (나) 이 레이저 광선은 파장이 진공에서 533 nm인 녹색 레이저 광선이었다. 이 액체 속에서 레이저 광선의 진동수를 구하라
   (다) 속력을 구하라
   (라) 파장을 구하라.

23-2 전반사

6. 물의 굴절률은 $n = 1.33$이고, 유리의 굴절률은 $n = 1.50$이다. 이때 일어날 수 있는 전반사에 대해 옳은 설명은?

   (a) 유리에서 물로 빛이 진행할 때 항상 발생한다.
   (b) 물에서 유리로 빛이 진행할 때 항상 발생한다.
   (c) 유리에서 물로 빛이 진행할 때 입사각에 따라 발생할 수 있다.
   (d) 물에서 유리로 빛이 진행할 때 입사각에 따라 발생할 수 있다.
   (e) 이 경우 전반사는 일어날 수 없다.

7. 어떤 광원이 수면 아래 d의 깊이에 놓여 있다. 이 광원을 수면 위에서 수직으로 관찰할 때 눈에 보이는 겉보기 깊이는 얼마인가? 이 광원에서 나온 빛이 공기 중으로 빠져나오지 못하도록 검은 원판으로 수면을 덮으려고 한다. 이 원판의 반지름은 최소 얼마 이상이 되어야 하는가? 단, 물의 굴절률은 n이다.

8. 정육면체 모양의 유리 블록의 윗면에 45°의 각도로 빛이 입사하여 굴절된 후, 유리 블록의 측면에서 전반사가 일어나려면 유리의 굴절률은 얼마이어야 하는가?

23-8

9. 그림 P.23.1과 같이 물 위에 유리판이 놓여 있다. 물속에서 어떤 빛이 θ의 각도로 유리판으로 입사한다. 이 빛이 유리판을 투과하여 공기 중으로 나오려면 $\sin\theta$가 어떤 범위의 값이어야 하는가? 단, 물의 굴절률은 1.30이고 유리의 굴절률은 1.50이다.

23-9

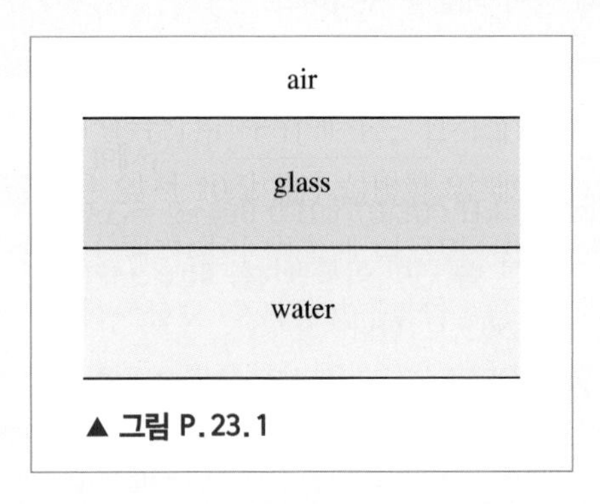

▲ **그림 P.23.1**

23-3 편광과 반사

10. 빛이 물의 표면에 53.0°로 입사하였다. 물의 굴절률이 1.33일 때, 물 내부로 굴절된 빛의 굴절각은 얼마인가? 또 입사각과 굴절각의 합은 얼마인가? 이 경우 물의 표면에서 반사된 빛은 한 방향으로 편광되어 있음을 증명하여라.

11. 빛이 편광판을 통과하면 편광판의 투과축과 같은 방향으로 진동하는 빛의 전기장 성분만 통과하고 빛의 나머지 전기장 성분은 차단한다. 특정 방향으로 선형 편광된 빛이 편광판에 입사될 때, 빛과 편광판의 투과축이 이루는 각도를 θ라고 한다면 편광판을 통과한 빛의 세기가 원래 세기의 절반이 되도록 하는 θ가 얼마인지 구하여라. (단, 빛의 세기는 전기장의 절대값 제곱에 비례한다, $I \propto |E|^2$)

23-4 거울

12. 길이 L의 짧은 물체가 초점거리 f의 오목거울로부터 거리 a만큼 떨어져 있다. 이 물체의 상의 길이 L'은 얼마인가?

13. 곡률반지름이 20.0 cm인 볼록거울의 축상에서 14.0 cm 앞부분에 점광원이 놓여 있다면 상이 생기는 지점은 어디인가? 이 상은 실상인가 아니면 허상인가?

23-12

14. 오목거울 앞 7.50 cm에 물체가 있을 때 물체의 상이 오목거울 앞 15.0 cm에 생겼다면 이 오목거울의 곡률반지름을 구하여라.

15. 반경이 10.0 cm인 구 모양 거울의 중심으로부터 왼쪽으로 30.0 cm 떨어진 곳에 물체가 있을 때 상의 위치는 구 모양 거울의 중심에서 얼마나 떨어져 있는지 구하여라.

16. 초점거리가 10.0 cm인 오목거울 앞에 물체를 두었더니 스크린의 5배 크기의 실상이 나타났다. 이 물체를 조금 움직였더니 상이 선명하지 않아서 스크린을 30.0 cm만큼 뒤로 이동하였더니 다시 선명한 상이 나타났다. 이때 상의 배율을 구하여라.

23-5 얇은 렌즈

17. 다음과 같은 경우의 렌즈의 초점거리를 계산하여라.

(가) 한쪽 면이 평평하고 다른 쪽 면이 곡률반지름 40.0 cm인 얇은 볼록렌즈의 초점거리를 계산하여라. 이때 굴절률은 1.50으로 한다.

(나) 두 면이 모두 곡률반지름 40.0 cm인 얇은 볼록렌즈의 초점거리를 계산하여라.

18. 곡률반지름이 12.0 cm이고 굴절률이 2인 볼록렌즈로 입사하는 평행광은 어느 점에 모이겠는가?

19. 초점거리가 f인 볼록렌즈의 축상에서 a만큼 떨어진 곳에 물체가 놓여 있다. 다음 각 경우에서 이 볼록렌즈에 의해 생성되는 상의 종류와 크기는 어떻게 되는가?

(가) $a < f$ (나) $a = f$

(다) $f < a < 2f$ (라) $a = 2f$

(마) $a > 2f$

20. 어떤 렌즈 앞에 물체를 놓았더니 4배 크기의 실상이 생겼고, 이 물체를 렌즈에서 4.00 cm 더 멀리 하였더니 2배 크기의 실상이 생겼다. 이 렌즈의 초점거리는 얼마인가?

23-17

21. 물체가 초점거리 +10.0 cm인 렌즈로부터 20.0 cm 왼쪽에 놓여 있다. 초점거리가 +12.0 cm인 두 번째 렌즈가 첫 번째 렌즈로부터 30.0 cm 오른쪽에 있다. 물체와 최종 상까지의 거리는 얼마인가?

23-6 광학기기*

22. 볼록렌즈 하나와 오목렌즈 하나가 서로 붙어 있는 카메라 렌즈가 있다. 볼록렌즈의 초점거리는 10.0 cm이고, 오목렌즈의 초점거리는 15.0 cm이다. 이 둘이 결합된 카메라 렌즈의 초점거리는 얼마인가?

23. 나는 근시안을 가졌고, 어머니는 원시안, 내 동생은 나보다 시력이 더 떨어진 근시안을 가졌다. 세 사람의 콘택트렌즈 보관통이 뒤섞여 있고, 각 상자에는 +2.25, −2.00, −1.75디옵터라고 쓰여 있다. 렌즈를 끼어보지 않고 광학적인 근거에 의거하여 이 중 무엇이 나의 렌즈인지, 그 이유는 무엇인지 설명해보아라.

24. 초점거리가 15.0 cm인 확대경으로 작은 물체를 조사하기 위해서는 렌즈를 물체와 어느 정도 사이에 두어야 하는가?

25. 물속에서 맨눈으로 물체를 바라보면 희미하게 보이고 초점이 잘 맞지 않는다. 반면에 물안경을 사용하면 더 맑은 시야를 확보할 수 있는데, 물 및 공기, 각막의 굴절률값에 각각 1.333, 1.00029, 1.376을 이용하여 그 이유를 설명해보아라.

26. 대물렌즈의 초점거리가 15.0 m인 망원경으로 달을 관측할 때, 대물렌즈에 의해 만들어지는 상의 1.00 cm 길이는 달에서는 실제로 얼마의 길이에 해당하는가? 지구와 달 사이의 거리는 3.80×10^{8} m이다.

발전문제

27. 그림 P.23.2에서 직각 모서리 프리즘(corner cube prism) 2개의 거울을 직각으로 붙여 만든 그릇에 물을 담은 형태를 생각하자. 빛이 수면에 수직으로 입사하는 경우, 빛은 물을 지나 1개의 거울면에서 반사하고 다시 다른 거울면에서 반사하여 물을 빠져나올 것이다.

(가) 이때 두 번 반사된 빛은 원래의 입사광과 평행하게 되돌아가게 된다는 것을 증명하여라.

(나) 빛이 비스듬하게 입사하는 경우에도 반사된 빛은 항상 입사한 빛에 평행이 된다는 것을 증명하여라.

(다) 정육면체 유리 덩어리의 모서리를 45° 각도로 잘라내어 만들어진 피라미드 형태의 유리에 대해서도 위의 관계가 성립되는 것을 보여라. 이때 유리의 굴절률이 1.45라고 가정하고 전반사 조건을 고려하여라. 실제로, 사고 예방을 위해서 자전거 등에는 밤에 다른 자동차의 불빛에 의해 빛나게 되는 물체를 부착하는데, 이 물체는 이와 같은 작은 피라미드 모양의 플라스틱을 여러 개 붙여 놓은 형태이다. 자동차 양끝의 방향지시등 커버도 이와 같이 되어 있다.

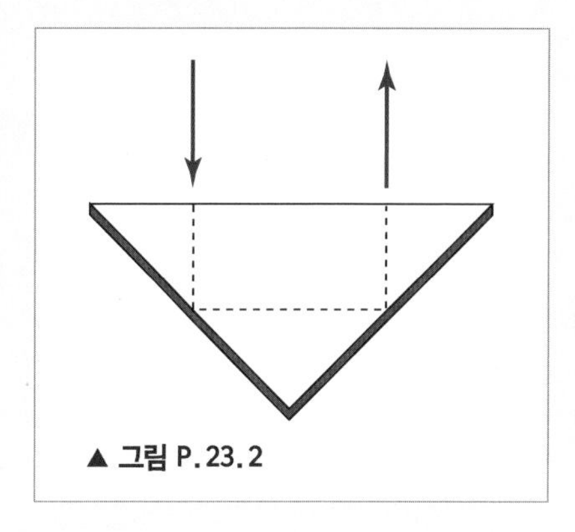

▲ 그림 P.23.2

28. 두께가 t이고 굴절률이 n인 평행 유리판에 빛살이 입사하는 경우, 입사각 θ가 충분히 작으면 투과된 빛살은 입사된 빛살과 평행하며 아래 식에 나타낸 간격 d만큼 원래의 경로에서 벗어나 있게 된다는 것을 증명하여라.

$$d = t\theta\frac{n-1}{n}$$

29. 그림과 같이 직사각형 모양의 용기 안에 알 수 없는 액체가 가득 담겨 있다. 용기에 수평으로 보면 용기의 반대편 모서리 E를 볼 수 있다. 용기에 담겨 있는 액체의 가능한 굴절률 중 최솟값은 얼마인가?

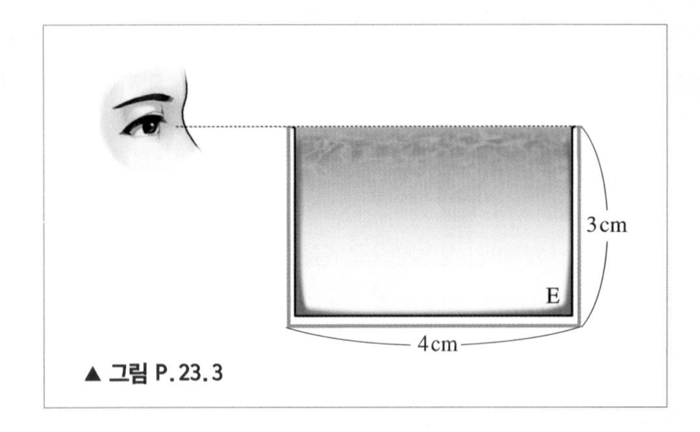

▲ 그림 P.23.3

30. 사잇각이 ϕ인 정삼각형 모양의 프리즘이 공기 중에 놓여있다. 이 프리즘의 굴절률은 n이다. 빛이 프리즘을 통과하여 다른 쪽 면으로 나오려면, 입사각이 최소한 얼마가 되어야 하는가?

Physics

토머스 영

Thomas Young, 1773-1829

영국의 물리학자이자 의사이며 그의 가장 중요한 업적은
이중 슬릿 실험을 통해서 빛이 간섭과 회절을 모두 일으킨다는 파동이론을 수립한 것이다.

CHAPTER 24
간섭과 회절

비눗방울 놀이를 해보면, 비눗방울이 아름다운 여러 가지 색을 보이다가 비눗물이 비눗방울의 아래로 모여 비눗물의 막이 엷어지면서 점차 색이 희미해지고 마침내 방울이 터지는 것을 볼 수 있을 것이다. 물 위에 뜬 기름막의 경우에도 비눗물과 기름은 매우 다른 액체이지만, 이와 비슷한 색의 변화를 볼 수 있다.

이러한 일상생활에서 볼 수 있는 아름다운 현상은 우리에게 즐거움을 주지만 한편 자연의 섭리를 연구하는 것을 즐겨 하는 과학자에게는 유체의 종류보다 유체막의 두께 차이가 시각적인 색의 변화에 어떤 중요한 영향을 미친다는 것을 짐작하게 하기도 한다. 앞에서 배운 반사, 굴절 등을 다루는 기하광학에서는 빛의 직진성을 통하여 여러 가지 빛의 현상을 설명할 수 있었지만 비눗방울 등에서 보이는 현상은 빛을 단순히 직진하는 광선으로만 생각해서는 이해할 수 없고 빛이 파동의 성질을 갖는다는 사실을 통해서 제대로 이해할 수 있다.

빛의 파동성에 의한 효과로는 간섭과 회절이 있으며, 이러한 현상들을 다루는 학문을 **물리광학(physical optics)**이라고 한다. 빛의 파동성은 분광기를 통한 천체 물체의 관측, X-선 회절사진 등의 여러 분야에 응용되어 쓰여진다.

24-1 빛의 간섭 현상

❙ 간섭

연못에 돌을 던지면 수면에 동그랗게 파동이 만들어져 진행하게 된다. 만약 동시에 연못의 다른 두 곳에 돌을 던지면 두 개의 파동이 형성되어 퍼져나가고, 이 두 파동이 서로 겹쳐지는 곳에서는 곳에 따라 파동의 높이가 증가하기도 하고 감소하기도 하며 복잡한 모양을 보인다.

간섭(interference)이란 이와 같이 2개 이상의 파동이 공간상에서 서로 겹쳐서 변화하는 것을 말한다. 간섭이 일어날 때 2개 이상의 파동이 합쳐져서 형성되는 합성파의 변위는 **중첩의 원리(principle of superposition)**에 의해 결정된다. 이는 물리광학의 가장 중요한 원리이며, 다음과 같이 서술된다.

> 2개 이상의 파동이 서로 겹칠 때, 임의의 시각과 임의의 지점에서 합성파의 변위는 각각의 원래 파동이 그 순간 그곳에서 형성하는 변위의 대수적 합과 같다.

여기서 **변위**라는 용어는 물체의 위치 변화만을 뜻하는 것이 아닌, 좀 더 일반적인 의미로 사용된다. 앞서 예로 든 수면파의 경우에는 기준이 되는 수면 높이에서 수면이 위아래로 움직인 거리가 변위이지만, 음파의 경우에는 기준값으로부터 변화된 기체의 압력을 뜻하고 빛과 같은 전자기파의 경우에는 전자기파를 구성하는 전기장 또는 자기장의 크기를 말한다.

간섭에 의한 결과를 좀 더 자세히 알아보기 위해 그림 24.1과 같은 실험장치를 생각해보자. 그림에서 수면에 놓인 두 개의 진동자(파원)는 같이 묶여서 동시에 진동하므로 항상 동일 위

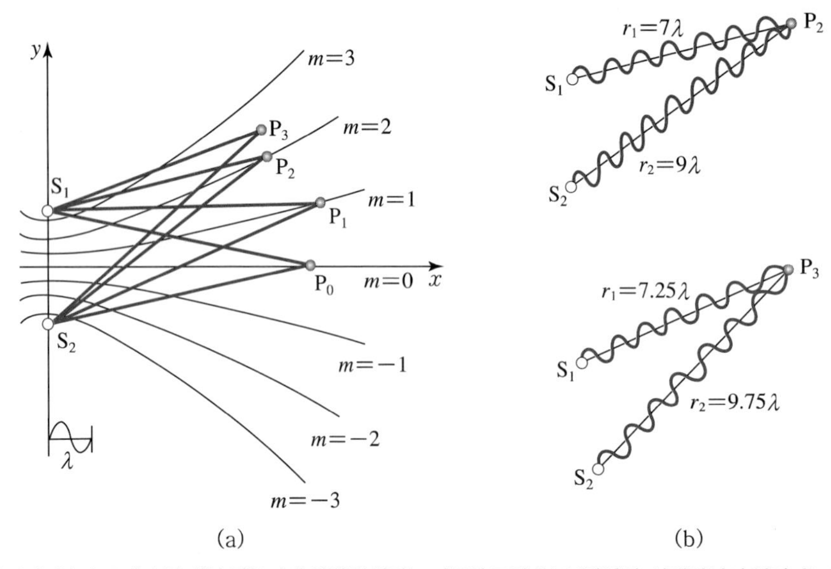

▲ **그림 24.1** ❘ (a) 수조에서 두 개의 진동자에 의해 발생되는 파동의 모양 (b) 보강간섭, 상쇄간섭이 일어나는 점들의 위치

상을 갖는 2개의 파동을 발생시킨다. 이 두 진동자에 의한 파동이 S_1과 S_2에서 발생하여 점 P_0에 도달하는 경우, S_1에서 P_0까지의 거리와 S_2에서 P_0까지의 거리가 같으면 두 파동은 P_0에서 같은 위상으로 만나게 된다. 이때 합성파의 진폭은 각 파동의 진폭의 두 배이다. 점 P_1의 경우, P_1과 S_2 사이의 거리가 P_1과 S_1 사이의 거리보다 정확히 한 파장만큼 크다면 S_1에서 나온 파동은 S_2에서 나온 파동과 역시 동일 위상으로 만나게 된다. 이때에도 합성파의 진폭은 이 점에서의 두 파동의 진폭의 두 배이다. 거리의 차이가 파장의 두 배, 세 배 등일 때에도 마찬가지이며, 이렇게 두 개 이상의 파동이 동일 위상으로 만나서 진폭이 더해지는 현상을 **보강간섭(constructive interference)**이라고 한다. 보강간섭의 조건은 다음과 같이 정리된다.

보강간섭은 두 파원으로부터의 거리의 차이(경로차)가 파장의 정수배일 때 일어난다.

S_1으로부터 임의의 점 P까지의 거리를 r_1이라 하고, S_2로부터 P까지의 거리를 r_2라 하면 보강간섭이 일어날 조건은 다음과 같이 쓸 수 있다.

$$r_1 - r_2 = m\lambda \quad (m = 0,\ \pm 1,\ \pm 2, \ldots) \tag{24.1}$$

한편, 점 P_3에서는 S_1과 S_2에서의 거리의 차이가 정확히 파장의 2.5배이다. 이 경우에는 P_3에 도달하는 파동은 서로 정확히 반대의 위상, 즉 $180°$의 위상차를 갖는다. 따라서 두 파동의 변위의 크기가 같다고 하면 이들의 대수적 합은 0이므로 합성파의 진폭은 0이 된다. 이렇게 두 파동의 변위가 서로 상쇄되는 현상을 **상쇄간섭(destructive interference)**이라고 한다. 일반적으로 **두 파원으로부터의 거리의 차이가 반파장의 홀수배일 경우에는 상쇄간섭이 일어난다.**

수식적으로 상쇄간섭이 일어날 조건은 다음과 같다.

$$\begin{aligned} r_1 - r_2 &= (2m+1)\frac{\lambda}{2} \quad (m = 0,\ \pm 1,\ \pm 2, \ldots) \\ &= \left(m + \frac{1}{2}\right)\lambda \end{aligned} \tag{24.2}$$

결맞음

위의 예에서는 2개의 **파원(wave source)**이 항상 동일 위상으로 파동을 발생시키는 경우를 생각하였다. 그러나 빛의 경우 실제적인 광원(light source)들은 시간에 따라 위상이 무작위로 변화하는 빛을 방출하는 경우가 대부분이다. 그림 24.1의 경우에서 만약 두 진동자가 서로 묶여 있지 않고 개별적으로 무작위로 진동한다면 두 파원에서 발생되어 나오는 파동들은 일정한 위상관계를 갖지 않을 것이다. 이 경우에는 점 P_0에서도 두 파동은 지속적으로 동일 위상을 갖지 않을 것이며, 이에 따라 간섭에 의해 두 파동의 진폭이 더해지는 효과도 지속되지 못하므로 일정한 간섭효과를 볼 수 없다. 2개 이상의 파동이 일정한 위상관계를 지속적으로 유지하는 경우 두 빛을 상호간에 **결맞는(coherent) 빛**이라고 한다. 간섭현상을 관측하기 위해서는 이와 같이 결맞는 빛이 필요하다.

일정한 위상관계가 긴 시간 동안 유지되지 못하더라도 어떤 짧은 시간 τ 동안에는 대략적으로 유지될 때 시간 τ를 결맞음 시간(coherence time)이라고 한다. 레이저의 경우에는 이러한 결맞음성이 다른 광원에 비해 더욱 잘 유지되는 특성이 있다.

질문 24.1

파장과 위상이 같은 두 레이저 빛이 자유 공간을 지나 한 점에서 만날 때 서로 보강간섭과 상쇄간섭을 일으키기 위한 두 파동의 진행 경로차는 각각 얼마가 되어야 하는가?

예제 24.1 간섭조건

파장이 0.550 μm이며 결맞는 빛을 둘로 나누고, 경로를 달리한 후에 한곳에 도달하도록 하였다. 한쪽 빛의 경로를 조절하여 두 빛이 보강간섭이 되도록 하였다. 두 빛이 상쇄간섭을 일으키도록 하려면 한쪽 빛의 경로를 얼마만큼 조절해야 하는가?

| 풀이

보강간섭은 경로차가 파장의 정수배일 때 일어나며, 상쇄간섭은 반파장의 홀수배일 때 일어나므로, 보강간섭과 상쇄간섭 사이에는 반파장만큼 경로차가 있음을 알 수 있다. 그래서 한쪽 빛의 경로를 0.550μm의 반, 즉 0.275 μm만큼 더 이동해야 한다.

일정한 위상관계가 잘 유지되는 2개의 광원은 실제적으로 찾기 어려우므로, 하나의 광원에서 나온 단색의 빛을 분리하여 얻은 2개의 **2차광원**을 생각해보자. 만약 S_1과 S_2가 한 광원 S_0에서 얻어진 2치광원이며, S_0에서 S_1까지의 거리와 S_0에서 S_2까지의 거리가 같다고 하면, 어떤 순간에 S_1과 S_2에 도달하는 파동의 위상은 같을 것이다. S_0에서 나오는 빛의 위상이 시간에 따라 무작위로 변한다고 하더라도 순간순간에 S_1과 S_2에서의 파동의 상대적 위상은 변하지 않는다. 따라서 2차광원인 S_1과 S_2는 상호간에 결맞는 빛이 된다.

24-2 영의 이중 슬릿 실험

| 영의 간섭 실험

빛의 간섭 현상에 대한 가장 기초적이면서도 유명한 실험은 1800년경 영국의 과학자 **영**(Thomas Young)에 의한 실험이다. 이 실험은 앞 절에서 언급한 두 진동자에 의한 파동의 간섭실험과 비슷하지만 수면파 대신에 빛을 이용하고, 결맞는 광원을 얻기 위해 단색광의 2차광원을 사용하고 있다는 점에서 중요한 차이가 있다. 이 실험에서는 그림 24.2에 나타나 있듯이 매우 얇은 슬릿 S_0에서 나온 단색광(단일한 파장을 갖는 빛)이 구형으로 퍼져서 진행하여 같

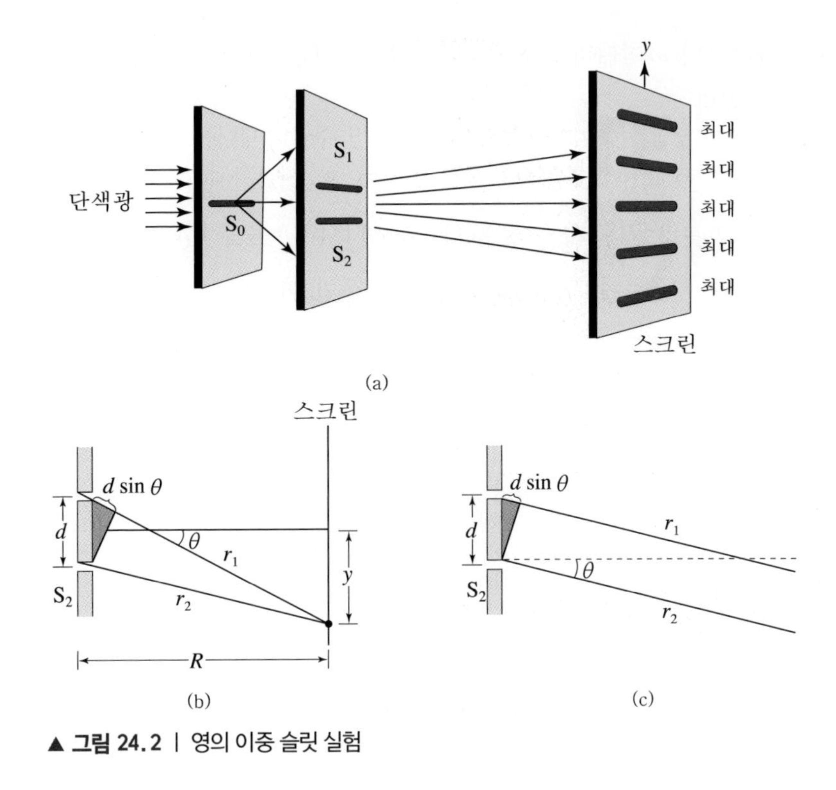

▲ **그림 24.2** | 영의 이중 슬릿 실험

은 거리만큼 떨어져 있는 두 개의 얇은 슬릿 S_1과 S_2에 동시에 도달한다. 따라서 슬릿 S_1과 S_2에서 나오는 빛은 항상 동일 위상을 갖게 되므로 상호간에 결맞는 광원이 된다.

이렇게 두 슬릿, 즉 2차광원에서 나온 두 빛은 거리 R만큼 떨어져 있는 스크린에 도달하여 간섭을 일으킨다. 편의상 슬릿 사이의 간격 d가 광원과 스크린 사이의 간격 R에 비하여 매우 작다고 하면 각 슬릿에서 스크린상의 한 점 P에 도달하는 빛의 파면은 거의 평행하다. 이때 두 빛의 경로차는 다음과 같다.

$$r_1 - r_2 = d \sin\theta \tag{24.3}$$

경로차가 파장의 정수배일 때 점 P에서는 **보강간섭**이 일어난다. 따라서 보강간섭의 조건은

$$d \sin\theta = m\lambda \quad (m = 0, \pm 1, \pm 2, \ldots) \tag{24.4}$$

이며, 한편 **상쇄간섭**은 경로차가 반파장의 홀수 배일 때 일어나므로 그 조건은

$$d \sin\theta = \left(m + \frac{1}{2}\right)\lambda \quad (m = 0, \pm 1, \pm 2, \ldots) \tag{24.5}$$

가 된다. 이 때문에 스크린상에는 밝고 어두운 무늬가 반복해서 나타나게 된다.

실제 실험에서는 각도 θ를 직접 측정하기보다는 스크린에 나타나는 **간섭무늬**의 위치를 측정하는 것이 편리하다. 스크린에서 관측되는 밝은 무늬의 중심 위치를 구해보자. 전체 무늬의

기준점($\theta = 0$)에서부터 m번째의 밝은 무늬까지의 거리를 y_m이라고 하면, 이에 대응하는 각도 θ_m은 다음과 같다.

$$y_m = R \tan\theta_m \tag{24.6}$$

실험에서 y_m이 R보다 매우 작은 경우에는 $\tan\theta_m \approx \theta_m \approx \sin\theta_m$의 근사식이 성립되므로, 위의 식 (24.4)를 이용하여 식 (24.6)을 바꾸어 쓰면 아래의 식을 얻는다.

$$y_m \approx R\frac{m\lambda}{d} \tag{24.7}$$

밝은 무늬 사이의 거리가 슬릿 사이의 간격 d에 반비례함을 알 수 있다. 이 식에 의해서, 거리 R, d 그리고 y_m을 측정하면 빛의 파장 λ를 구할 수 있다. Young의 실험은 **가시광**(사람의 눈으로 볼 수 있는 빛) 영역에서의 빛의 파장을 직접 측정한 최초의 실험이었다.

가시광의 파장이 천만분의 5 m 정도의 작은 값을 갖는다는 것을 기억하라. 결국 이 실험에서 y_m은 빛의 파장에 mR/d의 비를 곱한 만큼 커진 양이라고 생각할 수 있다.
통상적으로 우리가 길이를 측정하는 데 사용하는 자가 작게는 1 mm 정도의 크기를 측정할 수 있으므로 실험에서 R을 약 1 m, d를 0.1 mm 정도로 하면 y_m은 $5\,\text{mm} \times m$ (여기에서 나중 m은 간섭무늬의 차수를 의미)의 크기가 되므로 쉽게 측정할 수 있다. 현명한 과학도라면 실험을 할 때 이렇게 물리적인 상황을 고려해서 실험장치를 구성해야 할 것이다.

예제 24.2 빛의 파장 측정

영의 이중 슬릿 실험을 통해 레이저 포인터의 파장을 측정하고자 한다. 슬릿의 간격은 0.100 mm이며 슬릿으로부터 5.00 m 떨어진 스크린에 밝은 무늬 간격이 2.50 cm이다. 빛의 파장은 얼마인가?

| 풀이

빛의 밝은 무늬 간격은 식 (24.7)로 주어지므로 수식에 대입하면,

$$2.50 \times 10^{-2}\,\text{m} = (5\,\text{m})\frac{\lambda}{0.100 \times 10^{-3}\,\text{m}}$$

위 식에서 $\lambda = 0.500\,\mu\text{m}$를 구할 수 있다.

질문 24.2

일반 광원보다 레이저 광원이 슬릿을 이용한 간섭 실험을 수행하는 데 훨씬 더 유리하다. 그 이유는 무엇인가?

❙ 간섭무늬의 세기 분포*

앞 절에서는 빛의 보강간섭조건과 상쇄간섭조건을 살펴보았다. 여기서는 스크린상의 임의의 점에서 합성파의 세기를 살펴보기로 하자. 앞서 배운 내용처럼 이중 슬릿을 통해 스크린에 전달된 두 결맞음 파들의 단순 세기를 더하는 것만으로는 상호 상쇄간섭을 일으키는 현상을 설명할 수가 없다. 우리는 23장에서 빛이 하나의 전자기파로서 전기장과 자기장으로 구성되

어 있다는 것을 배웠다. 즉, 간섭 현상을 설명하기 위해서는 두 결맞음 파들의 세기합이 아닌 **중첩원리**에 따르는 전기장의 합으로 나타낼 수가 있다. 빛은 전자기파로서 세기 I는 전기장이나 자기장의 제곱에 비례하나, 전자기파 내의 전기장 크기가 진공 중에서는 자기장의 크기에 비해 약 380배 정도로 월등히 큰 값을 갖는 물리량이므로 보통 빛의 세기는 전기장 E의 제곱에 대한 시간 평균값에 비례하는 것으로 표기를 한다. 즉, $I \propto \langle E^2 \rangle$로 나타내며, 여기에서 괄호 $\langle \ \rangle$ 표기는 시간에 대한 평균을 나타낸다.

간섭 현상에 관한 문제를 간단히 분석하기 위해서 두 광원에서 나온 빛이 모두 같은 진폭 E를 갖는다고 하자. 다시 말해서, 두 빛의 전기장이 같은 방향, 즉 **편광 방향(polarization direction)**을 갖고, 같은 크기를 갖는다고 가정하자. 이 두 빛이 합쳐져서 생기는 빛의 변위는 이 경우 단순히 각각의 변위의 합과 같다. 두 광원에서 나온 빛이 영의 이중 슬릿 실험처럼 같은 위상을 갖는 경우 공간상의 한 점 P에 도달한 빛은 경로의 차이에 비례하는 양만큼 위상의 차이가 생긴다. 이 위상의 차이를 ϕ라고 하면 P에서 합쳐지는 두 빛의 전기장은

$$E_1 = E\cos\omega t \tag{24.8a}$$

$$E_2 = E\cos(\omega t + \phi) \tag{24.8b}$$

로 표현할 수 있다. 따라서 전체적인 전기장은

$$E_t = E\cos\omega t + E\cos(\omega t + \phi) \tag{24.9}$$

가 된다. 빛의 세기는 I는 E^2의 시간에 대한 평균에 비례하므로, 합성파의 세기 I는 $\langle E_t^2 \rangle$에 비례한다.

위 식에서 I를 계산해보면,

$$I \propto \langle E_t^2 \rangle = \langle E^2\cos^2\omega t + E^2\cos^2(\omega t + \phi) + 2E^2\cos\omega t\cos(\omega t + \phi) \rangle \tag{24.10}$$

가 된다. 위 식의 오른쪽에서 첫째 항과 둘째 항은 각각의 파동이 간섭 없이 점 P에 도달했을 때의 빛의 세기를 나타내고, 셋째 항은 간섭에 의해 나타나는 **간섭항**이다. 만약에 셋째 항이 0이 된다면 두 빛은 간섭을 하지 않는다고 말할 수 있다.

삼각함수의 성질을 이용하여 위 식을 정리하면 다음과 같은 결과를 얻는다.

$$I = 4I_0\cos^2(\phi/2) \tag{24.11}$$

위의 식에 나타난 결과를 살펴보면 두 빛의 위상차가 2π의 정수배일 때에는 보강간섭에 의해 빛의 세기가 최대가 되며, 위상차가 π의 홀수배일 때에는 상쇄간섭에 의해 빛의 세기가 0이 된다는 것을 알 수 있다. 일반적인 위상차 값에 대해서는 빛의 세기가 $\cos^2(\phi/2)$의 형태로 변화한다. 이와 같은 세기 분포의 평균값을 취하면 두 빛의 세기의 합과 같다. 즉, 에너지

보존법칙이 성립된다. 영의 실험에서 간섭 효과는 빛의 에너지가 공간적으로 간섭조건에 따라 재분배되는 효과를 낳는다.

위상차는 경로차에 의해 결정된다. 한 파장만큼의 경로차가 위상으로는 $2\pi\ \text{rad} = 360°$의 차이가 되므로, 일반적으로 경로차와 위상차 사이에는 다음의 관계가 성립된다.

$$\frac{\phi}{2\pi} = \frac{r_1 - r_2}{\lambda} \tag{24.12}$$

따라서, **파수** $k = 2\pi/\lambda$를 사용하면 위 식은 다음과 같이 표기된다.

$$\phi = k(r_1 - r_2) \tag{24.13}$$

영의 간섭실험에서 경로차 $r_1 - r_2$는 $d \sin\theta$이므로, 이를 위 식에 대입하고 이렇게 얻어진 위상차의 표현을 간섭무늬의 세기를 나타내는 식 (24.11)에 대입하면 다음 결과를 얻는다.

$$I = I_m \cos^2\left(\frac{\phi}{2}\right) = I_m \cos^2\left(\frac{1}{2} kd \sin\theta\right) \tag{24.14}$$

여기서 $I_m = 4I_0$이다. 슬릿으로부터의 거리 R이 충분히 클 때에는 $\sin\theta$는 근사적으로 y/R와 같으므로 빛의 세기 I를 다음과 같이 나타낼 수 있다.

$$I = I_m \cos^2\left(\frac{kdy}{2R}\right) = I_m \cos^2\left(\frac{\pi d}{\lambda R} y\right) \tag{24.15}$$

그림 24.3은 이와 같은 관계에 의해서 스크린에 형성되는 간섭무늬의 세기 분포를 나타낸 것이다.

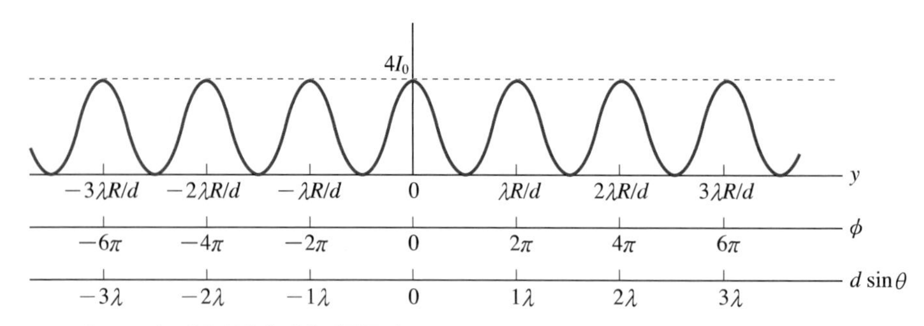

▲ **그림 24.3** | 이중 슬릿에 의한 간섭무늬

24-3 박막에서의 간섭

비눗방울이나 물 위에 뜬 기름막에서 보이는 밝은 색띠는 **박막(thin film)**에서 반사되는 빛

의 간섭효과에 의한 것이다. 그림 24.4에서 나타낸 빛의 반사에서, 박막의 윗면과 아랫면에서 반사되는 빛은 서로 간섭을 일으키게 되는데, 이때 빛이 보강간섭을 일으키는 조건이 빛의 파장에 따라 다르기 때문에 색의 변화가 보이게 된다. 그림 24.4에서와 같이 두께가 t인 박막에 입사한 빛은 일부가 박막의 윗면에서 반사하여 경로 abc를 따라서 진행하고, 일부는 박막을 투과하여 진행한 후 아랫면에서 반사하여 결국 경로 $abdef$를 통하여 진행하게 된다. 이 반사광들은 눈의 망막 P에서 만나게 되고, 경로차의 정도에 따라 보강 또는 상쇄간섭을 일으킨다. 보강 또는 상쇄간섭의 조건은 식 (24.1)과 (24.2)에서 볼 수 있듯이 빛의 파장에 따라 다르므로, 어떤 색깔의 빛이 보강간섭을 일으킬 때 다른 색깔의 빛은 소멸간섭을 일으켜 특정한 색깔의 빛이 강하게 눈에 보이게 된다. 한편 눈의 위치를 바꾸면 이에 따라 경로차가 달라지므로 간섭조건이 변화하여 색의 변화를 보게 된다. 또한 박막의 두께에 따라 경로차의 정도가 달라지므로 비눗방울의 막이 엷어짐에 따라 색이 변화하는 것도 설명된다.

간섭조건을 더 상세히 알아보자. 문제를 단순화하기 위해서 박막의 두께가 일정하다고 하고, 빛이 박막의 표면에 거의 수직으로 입사하는 경우를 생각해보자. 이 경우 윗면과 아랫면에서 반사된 빛은 박막의 두께의 2배에 해당하는 경로차를 갖게 될 것이며, 이 경로차가 파장의 정수배이면 보강간섭이 일어날 조건이 될 것이다. 정확하게는 빛의 파장은 매질 내에서 약간 달라지므로 보강간섭은 경로차가 박막 내의 빛의 파장의 정수배일 때 일어날 것이다. 그러나 이러한 경우 실제로 관측되는 반사광은 보통 상쇄간섭을 일으킨다. 왜 그럴까?

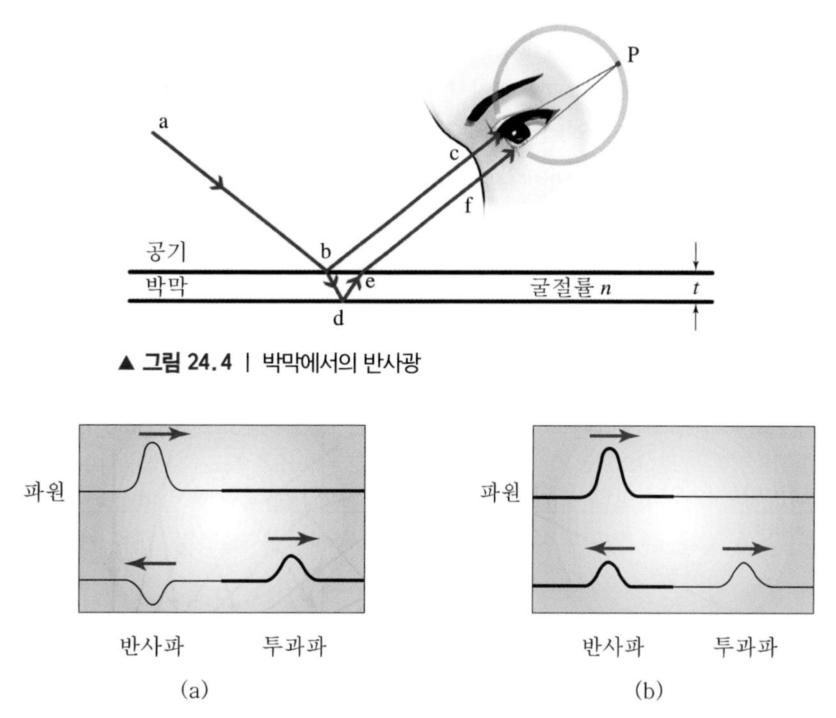

▲ **그림 24.4** | 박막에서의 반사광

▲ **그림 24.5** | 서로 다른 질량을 가진 줄 경계에서 진행하는 파의 반사와 투과 위상. (a) 가벼운 줄에서 무거운 줄로 파가 진행할 때, (b) 무거운 줄에서 가벼운 줄로 파가 진행할 때

실제로는 박막의 윗면에서 반사되는 빛은 반사되는 순간에 180°의 위상 변화를 일으키기 때문이다. 이와 같은 내용은 맥스웰 방정식과 굴절률이 다른 매질 사이의 경계면에서의 경계 조건을 고려하여 이론적으로 설명하는 것이 가능하지만, 이러한 자세한 설명은 이 책의 수준을 넘으므로 생략하고, 여기서는 단지 그 결과가 주는 효과를 이용하도록 하겠다. 굴절률이 작은 매질에서 큰 매질로 입사하는 빛이 경계면에서 반사하는 경우는 그림 24.5에서 보여주는 바처럼 가벼운 줄에서 무거운 줄로 입사하는 파가 반사할 때 위상이 180° 변하는 경우와 같다. 반면에 굴절률이 큰 매질에서 작은 매질로 입사하는 빛이 경계면에서 반사하는 경우는 무거운 줄에서 가벼운 줄로 입사하는 파가 반사할 때 위상이 변화하지 않는 경우에 해당된다. 한편 두 경우 모두 투과되는 빛의 전기장은 입사광의 전기장과 같은 부호를 갖는다. 공기 중에서 전파되는 빛의 경우 공기의 굴절률은 1이고, 비눗방울이나 기름막의 굴절률은 보통 1보다 크다.

이상으로 알게 된 결과를 요약하면, 박막에 수직으로 입사한 빛이 윗면과 아랫면에서 반사되어 두 반사광이 보강간섭을 일으킬 조건은 박막의 두께를 t 라고 할 때,

$$2t = m\lambda \quad (m = 1,\ 2,\ 3,\ \cdots) \tag{24.16}$$

이다. 여기에서 λ 는 박막 내에서의 빛의 파장이다$(\lambda = \lambda_0/n)$. 그러나 만약에 두 반사광 중 하나가 180°의 위상 변화를 일으키면 위 식은 오히려 상쇄간섭이 일어날 조건이 된다. 따라서 위 식을 단순히 보강 또는 상쇄간섭의 조건으로 기억하기보다는 먼저 주어진 상황에 대한 분석을 선행해야 한다. 한 예로, 물 위에 뜬 기름막의 경우 기름막은 공기보다 굴절률이 크므로 기름막의 윗면에서 반사된 빛은 180°의 위상 변화를 갖는다. 그러나 기름막의 아랫면에서 반사된 빛은 물의 굴절률이 기름의 굴절률보다 작은 경우, 위상 변화가 없다. 따라서 위 식은 소멸간섭의 조건이 된다. 마찬가지로, 두 반사광의 소멸간섭 조건은

$$2t = (m + 1/2)\lambda \quad (m = 1,\ 2,\ 3,\ \cdots) \tag{24.17}$$

이며, 두 반사광 중의 하나가 180°의 위상 변화가 있으면 이 식은 보강간섭의 조건이 된다.

무반사 코팅

안경을 쓰는 사람은 안경알에 무반사 코팅을 하여 좀 더 선명한 시야를 갖기를 원하는 경우가 있다. 안경알과 같은 렌즈에 무반사 코팅을 하여 반사율을 낮추는 것은 위에서 배운 박막에서의 빛의 간섭 현상을 이용하는 것이다. 그림 24.6에서와 같이 굴절률 n_2 의 박막을 더 큰 굴절률 n_3의 다른 물체와 부착시켰을 때 반사된 광선 1과 2는 낮은 굴절률에서 높은 굴절률의 경계면에 의해 180°의 위상 변화를 갖는다. 예를 들어, 유리로 된 렌즈의 표면에 유리보다 굴절률이 작고 공기보다는 굴절률이 큰 투명한 물질을 얇게 코팅시킨 경우를 생각해보자.

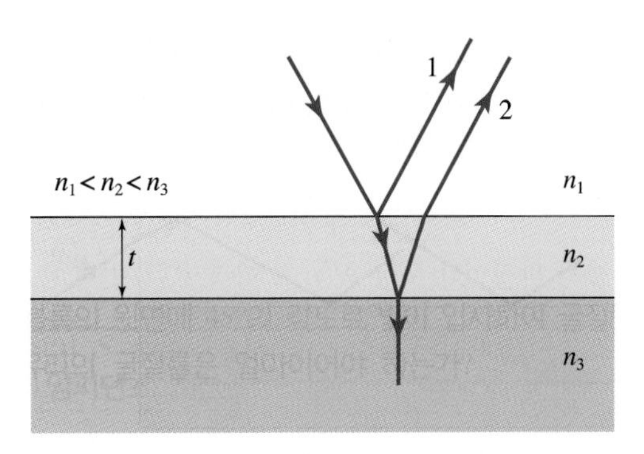

▲ 그림 24.6 | 무반사 코팅

입사광은 박막의 윗면과 아랫면에서 반사되는데 각각의 경우 모두 굴절률이 더 큰 매질과의 경계면에서 반사되므로 두 반사광은 모두 180°의 위상 변화를 갖는다. 만일 막의 두께 t가 박막 내에서의 빛의 파장의 1/4이라면, 총 경로차는 반파장이다. 반파장에 해당되는 위상차는 180°이므로 두 반사광 1, 2는 소멸간섭을 일으켜 반사광이 없어진다. 그렇다면 에너지 보존법칙을 생각할 때 이 반사광의 에너지는 어디로 가는가? 답은 간단하다. 반사광이 줄어드는 만큼 렌즈를 통해 투과되는 빛의 양이 많아지는 것이다.

질문 24.3

진공증착으로 유리판 위에 박막을 형성하는 동안 백색광을 비추면서 일정한 각도에서 관찰을 하면 색깔의 변화가 어떠한 순서로 일어나는가?

예제 24.3 무반사 코팅

굴절률이 각각 n_1, n_2, n_3인 유전체들이 그림과 같이 놓여 있다. 이때 굴절률의 대소 관계는 $n_1 < n_2 > n_3$이다. 두 번째 층의 두께는 t이며 첫 번째 층과 세 번째 층은 무한히 두껍다고 가정한다면, 반사된 두 빛의 상쇄간섭 조건을 만족하는 가장 얇은 두께 t는 얼마인가? 진공 중에서 빛의 파장은 λ이고 면에 수직으로 입사한다고 가정한다.

| 풀이

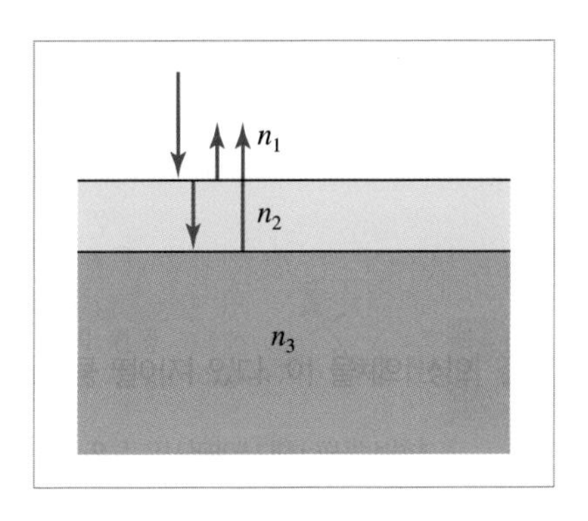

두 반사된 빛의 위상차에 영향을 주는 데에는 두 가지 요인이 있다. 첫 번째 요인은 반사하는 경계면의 두 유전체의 굴절률 관계로 인한 위상 변화이며, 두 번째 요인은 두 번째 층의 막을 왕복한 거리에 의한 위상차이다. 첫 번째 층과 두 번째 층 사이를 경계면 #1이라고 하고, 두 번째 층과 세 번째 층 사이를 경계면 #2라고 하자. $n_1 < n_2$이므로, 경계면 #1에서 반사한 빛은 180° 위상 변화를 갖는 반면, 경계면 #1을 통과한 빛이 경계면 #2에서 반사할 때는 $n_2 > n_3$이므로, 아

무런 위상 변화가 없으며, 이 빛이 다시 경계면 #1을 굴절할 때도 위상 변화가 없다. 즉 반사된 두 빛 사이에는 180° 위상차가 난다. 따라서 두 빛이 상쇄간섭 조건을 가지려면, 이제 두 번째 층을 왕복한 거리 때문에 생기는 위상차가 파장의 정수배가 되어야 한다. 즉,

$$2t = m\lambda'$$

여기서 λ'은 유전체 내에서 빛의 파장이다($\lambda' = \lambda/n_2$). 따라서 두 번째 층의 최소 두께는 $t = \dfrac{\lambda}{2n_2}$가 된다.

빛의 파장이 결정되어 있는 경우 무반사 코팅의 두께는 1/4 파장이다. 안경의 경우 무반사 코팅은 주로 사람 눈이 가장 민감하게 반응하는 빛의 파장으로 550 nm의 황록색선을 선택하여 이 파장의 1/4 두께로 코팅하는 것이 보통이다. 이때 이 파장보다 길거나(즉, 붉은색 파장) 또는 짧은 (파란색) 파장의 빛은 박막에 의한 상쇄간섭이 충분히 일어나지 않으므로 반사량이 크다. 따라서 무반사 코팅을 한 안경알을 햇빛에 비추어 반사되는 것을 보면 대개 붉은 보라색을 띠게 된다.

고반사 코팅

고반사 코팅은 무반사 코팅의 경우와 반대로 상대적으로 큰 굴절률 n_2의 박막을 낮은 굴절률 n_3의 다른 물체에 부착시켰을 때 나타나는 반사광선의 간섭효과이다. 즉 그림 24.6에서 굴절률 분포가 $n_1 < n_3 < n_2$인 경우에 해당된다. 예를 들어 유리 위에 유리보다 굴절률이 큰 물질을 1/4파장 두께로 코팅하면 이번에는 반사광 사이에 보강간섭이 일어나므로 반사율이 증가한다. 예를 들어 유리 위에 굴절률이 2.5인 물질을 박막으로 코팅하면 반사율은 38%가 되어, 코팅하지 않은 경우의 4%보다 훨씬 커진다(유리의 굴절률은 대개 1.45 정도이다). 여러 박막을 다층으로 코팅하면 반사율을 거의 100%까지 높일 수 있다. 이러한 코팅은 영사기, 태양전지, 컬러텔레비전에서의 색분리용 필터, 심지어는 선글라스에 이르기까지 널리 쓰이고 있다.

24-4 빛의 회절

빛의 직진성을 다루는 기하광학에 따르면 빛의 경로에 불투명한 물체가 놓여 있으면 그 물체의 그림자가 물체의 모양을 따라 선명하게 나타날 것이다. 그러나 그림 24.7에서와 같이 단색광의 레이저 광선을 옆면이 날카롭고 깨끗한 면도날 등에 비추면 면도날의 그림자 가장자리에는 밝고 어두운 띠가 반복하여 나타난다. 이러한 현상은 “빛이 진행 경로에 놓인 장애물 주위로 휘어져 진행하는 것”으로 설명한다. 이러한 빛의 성질은 물론 빛의 파동성에 의한 것이며, 이를 **빛의 회절(diffraction)** 또는 **에돌이**고 한다.

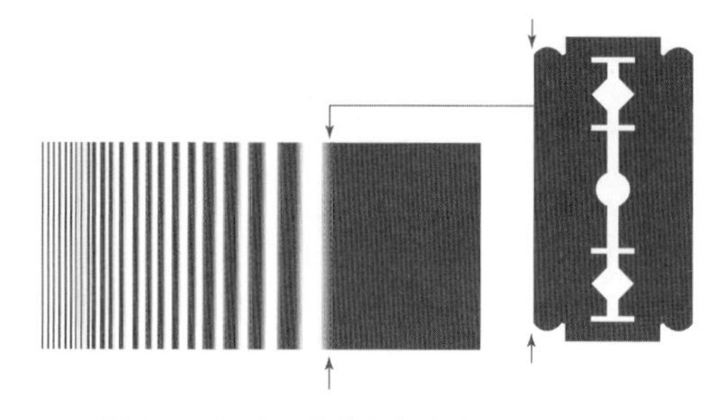

▲ **그림 24.7** | 면도날에서의 회절무늬

하위헌스의 원리

1687년에 하위헌스(Christian Huygens)가 주장한 하위헌스의 원리는 회절을 쉽게 이해하는 데 도움이 된다. **하위헌스의 원리**는 특정 순간의 파면 형태로부터 시간이 경과한 후의 파면 형태를 알아내는 기하학적인 방법을 제공했다. 이 원리에 따르면, 어떤 파면의 각 점은 그 파의 전파속력을 가지고 모든 방향으로 퍼져나가는 작은 2차파들의 파원으로 간주할 수 있으며, 이 2차파들의 **싸개선(envelope)**이라고 부르는 2차파들에 접하는 면이 시간이 경과된 후의 새로운 파면이다. 그림 24.8에서 하위헌스의 원리와 이에 따른 회절 현상의 설명을 볼 수 있다. 면도날 그림자 주변의 밝고 어두운 무늬는 이러한 파면의 각 요소들의 중첩에 따른 간섭에 의해 발생한다.

원거리 회절과 근거리 회절

회절 현상은 보통 편의상 두 가지로 구분된다. 광원과 장애물, 그리고 회절 현상이 관측되는 스크린이 모두 서로에게서 충분히 멀리 있어서 광원에서 스크린까지의 모든 빛살을 평행 빛살로 취급할 수 있을 때 나타나는 회절 현상을 **원거리 회절** 또는 **프라운호퍼 회절(Fraunhofer diffraction)**이라고 한다. 한편 광원과 장애물, 그리고 스크린의 거리가 짧을 때 나타나는 회절 현상은 **근거리 회절** 또는 **프레넬 회절(Fresnel diffraction)**이라고 한다.

원거리 회절은 근거리 회절보다 이론적으로 다루기가 쉽다. 원거리 회절에 관한 설명을 통해 회절 현상을 더 자세히 알아보기로 하자. 여기서 먼저 짚고 넘어갈 점은, 간섭과 회절은 근본적으로 다른 물리 현상이 아니라는 점이다. **회절은 하위헌스 원리에 의한 2차파동들의 간섭에 의해 생기는 현상**이다. 이를 좀 더 구체적으로 알아보자.

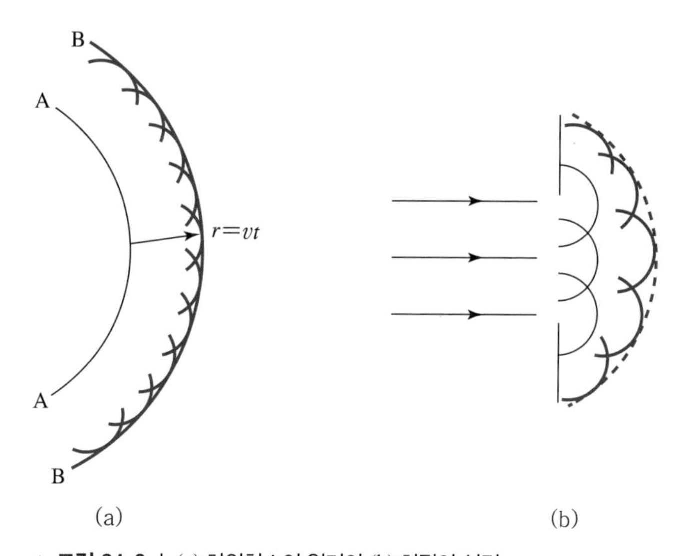

▲ **그림 24.8** | (a) 하위헌스의 원리와 (b) 회절의 설명

질문 24.4

담 너머에 있는 사람을 볼 수 없지만 그 사람이 하는 이야기는 들을 수 있다. 그 이유는 무엇일까?

❙ 단일 슬릿에 의한 회절

(1) 그림 24.9와 같이 하나의 좁고 긴 슬릿에 단색의 평행광선이 입사했을 때 생기는 밝고 어두운 무늬, 즉 회절무늬를 다루어보자. 회절무늬는 일반적으로 중앙에서 가장 선명하고 중앙에서 양쪽으로 무늬가 반복되면서 급격히 흐려지며, 무늬 사이의 간격은 슬릿의 폭에 반비례함을 실험적으로 알 수 있다. 눈 앞에 두 개의 손가락을 붙여 놓고 손가락 사이의 좁은 간격을 통해 멀리 있는 가로등이나 형광등 등을 보면 이와 유사한 회절무늬를 볼 수 있다. 손가락 사이의 간격을 좁혀 가면서 회절무늬의 변화를 살펴보자. 이때 눈의 망막이 회절실험에서의 스크린에 해당된다.

그림 24.10은 단일 슬릿을 옆에서 본 그림이다. 하위헌스 원리에 따르면 슬릿면의 각 점은 2차파동들의 파원이 된다. 이러한 2차파동들은 스크린으로 진행하여 서로 간섭을 일으키게 된다. 그림 24.10에서와 같이 슬릿의 위쪽 가장자리에서 만들어진 2차파동과 슬릿의 중앙에서 만들어진 2차파동이 스크린의 한 점 P에 도달하는 경우, 두 파동의 경로차는 $(a/2)\sin\theta$ 이다. 여기에서 a는 슬릿의 폭이다. 이 경로차가 만약 반파장에 해당된다면 두 파동은 반대의 위상을 갖게 되어 서로 상쇄간섭을 일으킨다. 이 두 파동 각각의 바로 아래의 위치에서 출발한 2개의 파동도 이와 마찬가지로 점 P에서 서로 상쇄간섭을 일으킨다(여기에서 모든 파동의 경로가 서로 거의 평행하다고 간주하는 것에 주목하여라. 이와 같은 분석은 원거리 회절에서만 성립된다). 이 결과 점 P에서는 모든 파동이 완전히

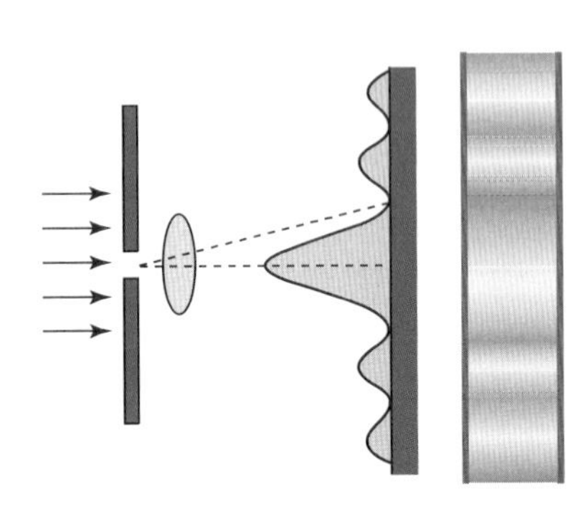

▲ **그림 24.9** ❘ 단일 슬릿에 의한 회절무늬

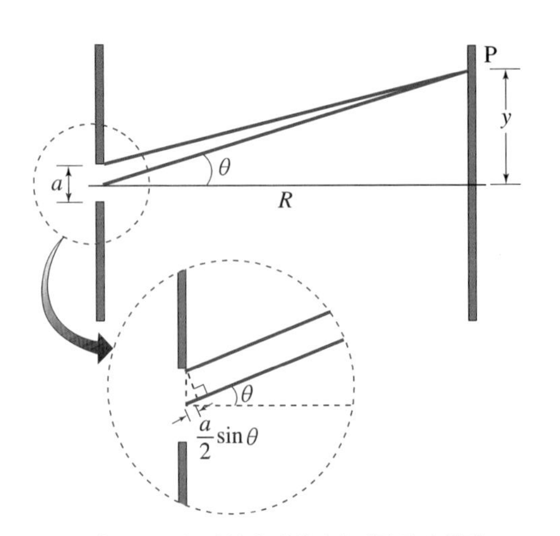

▲ **그림 24.10** ❘ 단일 슬릿에서의 회절효과 설명도

상쇄되어 어두운 간섭무늬를 보이게 된다. 즉, 단일 슬릿에서 원거리 회절이 일어날 때 어두운 무늬가 생기는 부분은

$$\frac{a}{2}\sin\theta = \pm\frac{\lambda}{2} \text{ 또는 } \sin\theta = \pm\frac{\lambda}{a} \tag{24.18}$$

가 된다.

(2) 한편 위와 같은 논의는 슬릿을 두 부분으로 나누지 않고 1/4, 1/6, … 등으로 나누어서 생각해도 마찬가지로 성립된다. 따라서 어두운 무늬에 대한 조건은 일반적으로

$$\sin\theta = \frac{m\lambda}{a} \quad (m = \pm 1, \pm 2, \pm 3, \cdots) \tag{24.19}$$

이 된다. 밝은 무늬에 대해서는 상쇄간섭이 아닌 보강간섭의 경우를 생각하면 된다. 밝은 무늬는 어두운 무늬 사이에 놓인다.

(3) 레이저 등의 단색 가시광선을 이용하는 보통의 실험에서 빛의 파장 λ는 대략적으로 $500\text{ nm} = 5\times10^{-7}\text{ m}$ 정도이다. 한편 전형적인 슬릿의 폭은 $1/100\text{ cm} = 10^{-4}\text{ m}$ 정도이므로 이러한 경우 위의 식 (24.18)에서 λ/a는 매우 작은 값이고, 이에 따라 회절무늬가 관측되는 곳에서는 $\sin\theta \approx \theta$의 근사법을 사용할 수 있다. 이 경우 식 (24.19)는

$$\theta = \frac{m\lambda}{a} \tag{24.20}$$

로 고쳐 쓸 수가 있다. 슬릿에서 스크린까지의 거리가 R이고 회절무늬의 중앙 부분에서 m번째의 어두운 무늬까지의 수직거리가 y_m이라고 하자.
$R \gg y_m$인 경우에 $\tan\theta \approx \theta \approx y_m/R$이므로

$$y_m = \frac{m\,\lambda R}{a} \tag{24.21}$$

의 식을 얻을 수 있다. 이 식은 이중 슬릿에 의한 간섭무늬에 대한 식과 같은 형태이다. 회절 현상이 간섭에 의한 것이므로 이는 우연이 아니다. 그러나 **주의할 점은, 이 식은 이중 슬릿 간섭에서는 밝은 무늬에 대한 식이지만 단일 슬릿 회절에서는 어두운 무늬의 위치에 대한 식이라는 점**이다. 또한, $m = 0$은 어두운 무늬가 아니다.

단일 슬릿에 의한 회절에서 회절무늬의 세기에 대한 계산은, 먼저 슬릿면을 여러 미소면적 요소로 나눈 다음 이 요소들에 의한 2차파동의 전기장 벡터들을 모두 더하여 스크린상의 한 점 P에서의 전기장값을 구하고, 이를 제곱하여 빛의 세기를 구하게 된다. 그러나 이와 같은 내용은 약간 수준이 높으므로 여기에서는 그 결과만을 인용하기로 한다.

질문 24.5

단일 슬릿에 의한 회절무늬의 가운데 중앙 띠는 밝은 띠인가 아니면 어두운 띠인가? 그리고 그 띠의 넓이는 슬릿의 크기가 작아지면 어떻게 변하는가?

예제 24.4 회절무늬

0.0500 mm의 폭을 가진 단일 슬릿에 파장이 0.500 μm인 빛을 비출 때, 첫 번째 어두운 무늬가 생기는 위치의 각도 θ를 구하여라.

| 풀이

식 (24.20)에 $m=1$을 적용하여 풀면,

$$\theta = \frac{\lambda}{a} = \frac{0.500 \times 10^{-6}\ \text{m}}{0.0500 \times 10^{-3}\ \text{m}} = 0.0100\ \text{rad}$$

또는 약 0.573°를 구할 수 있다.

스크린상의 임의의 한 점 P에서의 전기장은 다음과 같이 계산된다.

$$E_P = E_0 \frac{\sin(\beta/2)}{\beta/2} \tag{24.22}$$

이때 E_0는 슬릿의 각 미소면적요소에서 오는 전기장들의 단순한 합이다. β는 위상차에 해당되는 양이며

$$\beta = \frac{2\pi}{\lambda} a \sin\theta \tag{24.23}$$

이다. 이 식을 제곱하여 얻은 회절무늬의 세기는

$$I_P = I_0 \left[\frac{\sin(\beta/2)}{\beta/2} \right]^2 \tag{24.24}$$

이다. I_0는 원래 슬릿면에 입사한 빛의 세기이다. 여기서 $2\pi/\lambda = k$(파수)로 놓고, 스크린이 충분히 먼 거리에 있을 경우 $\sin\theta = \theta$ 로 놓으면 위 식은 좀 더 간단한 형태로

$$I_P = I_0 \left[\frac{\sin(ka\theta/2)}{ka\theta/2} \right]^2 \tag{24.25}$$

으로 변환된다. 이에 의한 회절무늬의 세기 분포가 그림 24.11에 나타나 있다. 첫 번째의 어두운 무늬의 위치는 $\sin(ka\theta/2) = 0$인 최소의 θ값, 즉

$$\theta_1 = \frac{2}{ka} \cdot \pi = \frac{\lambda}{a}\ (\text{rad}) \tag{24.26}$$

이다. 이 각도에 의해 결정되는 중앙의 밝은 무늬의 폭은 슬릿폭 a에 반비례함을 알 수 있다.

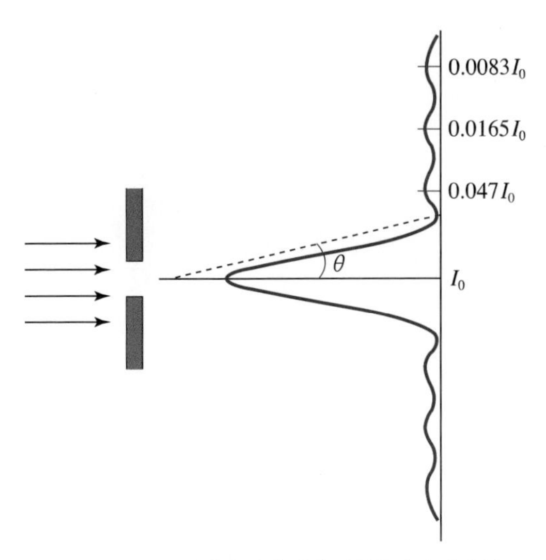

▲ **그림 24.11** | 단일 슬릿에 의한 회절무늬의 세기 분포

또, a가 파장의 절반 이하일 때에는 회절된 빛의 중앙 무늬 부분조차도 180°의 각도로 퍼지므로 밝고 어두운 무늬 형태가 전혀 관측되지 않을 것을 짐작할 수 있다.

질문 24.6

슬릿폭이 파장보다 클 때 I_P에 대한 위 식을 모든 각도에 대해 적분하면 슬릿면에 입사한 빛의 세기 I_0를 얻는다. 그러나 슬릿폭이 파장보다 매우 작을 때에는 적분한 값이 I_0보다 작을 것이다. 이를 두고 빛은 파장보다 매우 작은 크기의 슬릿을 잘 통과할 수 없다고 말할 수 있을까? 만약 통과하지 못한다면 그 빛의 에너지는 어디로 갈 것인가?

다중 슬릿

간격이 좁은 여러 개의 슬릿이 놓여 있는 곳에 빛이 입사하는 경우에는 단일 슬릿과 다른 재미있는 현상이 나타난다. 먼저 두 개의 슬릿에 의한 회절효과를 살펴보자. 두 개의 슬릿의 폭이 모두 a라고 하고, 슬릿 사이의 간격을 d라고 하자. 슬릿폭과 간격이 모두 충분히 작다면 각각의 슬릿에 의한 회절무늬는 스크린의 거의 같은 지점에 상당히 퍼진 모양으로 만들어질 것이다. 따라서 두 슬릿을 통과하여 회절된 빛 사이에 간섭이 일어나지 않는다면, 두 슬릿에 의한 회절무늬의 세기는 단일 슬릿에 의한 무늬의 세기의 합으로 나타날 것이다. 그러나 실제로는 이중 슬릿에 의한 간섭효과가 나타나므로 회절무늬가 더욱 복잡해진다. 그림 24.12에 단일 슬릿에 의한 회절무늬(a)와 두 슬릿에 의한 간섭무늬(b)가 나타나 있다. 간섭무늬의 간격은 슬릿 사이의 간격 d에 의해 결정된다. 결국 최종적인 회절무늬는 이러한 회절과 간섭무늬가 합쳐진 모양으로 나타나게 된다. 이 모양이 그림 24.12(c)에 나타나 있다.

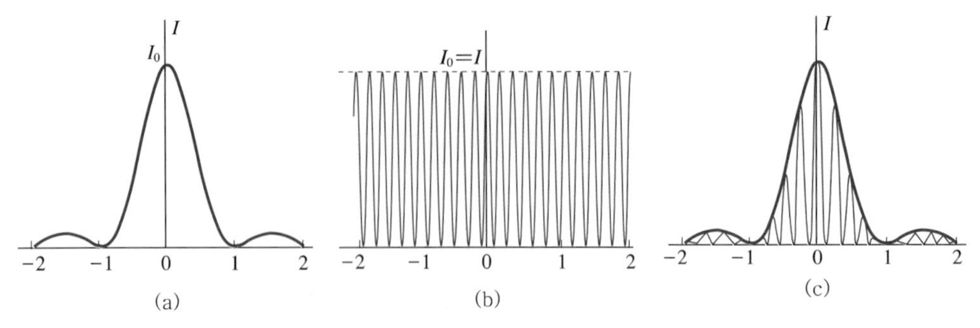

▲ **그림 24. 12** | 두 슬릿에 의한 회절무늬

자세한 계산에 따르면 두 개의 슬릿에 의한 회절무늬의 세기는 아래와 같다.

$$I_P = I_0 \cos^2 \frac{\phi}{2} \cdot \left[\frac{\sin(\beta/2)}{\beta/2} \right]^2 \tag{24.27}$$

여기서 β는 전과 같이 $\beta = \dfrac{2\pi}{\lambda} a \sin\theta$이고, ϕ는 $\dfrac{2\pi}{\lambda}(r_1 - r_2)$이다. $r_1 - r_2$는 각각의 슬릿에서 스크린의 한 점까지의 경로의 차이다. 여기서, 이러한 무늬는 그렇다면 단일 슬릿의 회절 현상에 간섭 현상이 더해진 것인가, 아니면 이중 슬릿의 간섭 현상에 회절 현상이 더해진 것인가 하는 질문을 해볼 수 있다. 사실은 두 가지 해석이 모두 맞다. 회절이나 간섭은 이 경우 모두 입사광의 성분 사이에 간섭이 일어남으로써 생기는 물리적인 현상이므로 근본적으로는 같은 것이다. **회절과 간섭 현상에 대한 근본적인 원리는 결국 중첩의 원리**인 것이다.

슬릿의 수를 늘리면 회절무늬는 어떻게 변화할까? 만약 슬릿의 수가 4개라면 이는 이중 슬릿이 2개 있는 것으로 생각할 수 있을 것이다. 따라서 회절무늬는 이중 슬릿에 의한 회절무늬 2개가 더해지는 형태로 나타날 것인데, 이 회절무늬는 각각의 슬릿에서 나온 빛이 모두 보강 간섭을 일으키는 경우에만 밝은 무늬를 보일 것이므로 무늬의 세기 분포에 대한 조건이 더욱 엄격해진다. 일반적으로 슬릿의 수를 늘릴수록 회절무늬에서 밝은 무늬의 폭은 점점 좁아진다. 이는 그림 24.13과 24.14에 나타나 있다.

❙ 회절격자

같은 폭을 갖는 슬릿들을 같은 간격으로 여러 개를 배열하면 이중 슬릿에 의한 회절무늬 세기의 최댓값이 나타나는 부분에 점점 더 좁은 폭의 밝은 무늬가 생긴다. 이 밝은 무늬들의 세기는 슬릿의 수의 제곱에 비례하여 증가한다.

전기장에 대한 중첩의 원리와 빛의 세기는 전기장의 제곱에 비례한다는 사실을 상기하라. 동일한 폭 a와 동일한 간격 d를 갖는 수많은 평행한 슬릿들로 구성된 광학 소자를 **회절격자 (diffraction grating)** 또는 **에돌이발**이라고 한다. 그림 24.15에서 GG'은 회절격자의 단면이다.

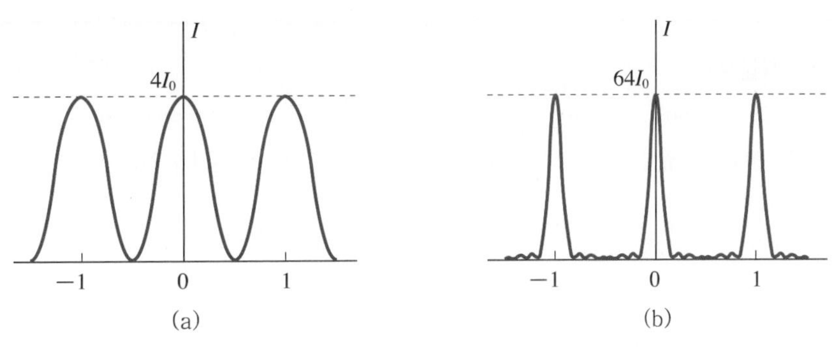

▲ **그림 24.13** | 슬릿 수의 증가에 따른 회절무늬의 변화. (a) 2중 슬릿, (b) 8중 슬릿

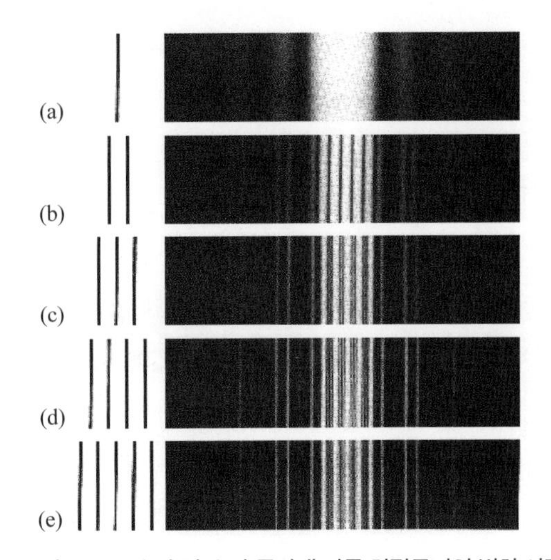

▲ **그림 24.14** | 슬릿 수의 증가에 따른 회절무늬의 변화 사진

정교한 회절격자에서 슬릿 사이의 간격은 1/1200 mm 정도이다. 평행하게 입사한 단색광이 그림과 같이 회절격자면에 수직으로 입사한 경우 각각의 슬릿에 의해 회절된 빛은 그림과 같이 각도 θ 에 따라 경로차 $d\sin\theta$ 를 갖는다. 이들이 모두 보강간섭을 일으킬 때 스크린에 밝은 무늬가 나타나므로 밝은 무늬의 위치는

$$d\sin\theta = m\lambda \quad (m = 0, 1, 2, 3, \cdots) \qquad (24.28)$$

로 결정된다. 이 위치는 빛의 파장 λ 에 의해 결정되므로 만약 연속적인 파장 분포를 갖는 백색광을 회절격자에 입사시키면 회절무늬는 무지개와 같이 연속적인 빛띠가 된다.

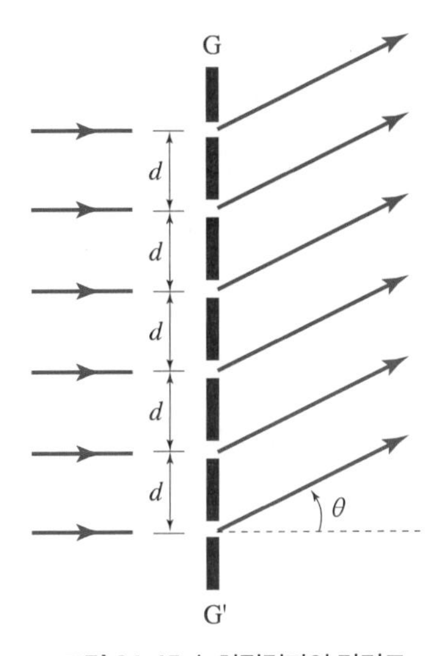

▲ **그림 24.15** | 회절격자의 단면도

예제 24.5 회절격자

유리판에 1 mm당 500개의 선을 그어 만든 회절격자를 만들었다. 이 회절격자에 어느 단색광을 비추었더니 30° 방향에 2차의 밝은 무늬가 생겼다. 이 단색광의 파장은 얼마인가?

| 풀이

식 (24.28)에서 $d = \dfrac{1}{500}$ mm이고 $m = 2$이므로, 파장은

$$\lambda = \frac{1/500\ \text{mm} \times \sin 30°}{2} = 0.0005\ \text{mm} = 0.5\ \mu\text{m}$$

이다.

24-5* 회절격자 분광기와 분해능

파장값을 모르는 단색광을 슬릿 간격 d를 정확히 알고 있는 회절격자에 입사시키고 밝은 무늬가 나타나는 곳의 위치를 측정하여 θ를 구하면 식 (24.28)을 이용하여 이 빛의 파장 λ를 구할 수 있다. 이것이 **회절격자 분광기(spectrometor)**의 원리이며 그림 24.16에 나타나 있다.

분광기를 이용한 **분광학(spectroscopy)**에서는 흔히 서로 약간의 차이가 있는 파장의 빛을 구별해내는 것이 중요하다. 예를 들어, 나트륨(Na) 원자에서 나오는 빛 중에는 589.00 nm와 589.59 nm인 나트륨 이중선이라고 부르는 스펙트럼선이 있으며, 이를 구분하기 위해서는 두 파장에 의한 밝은 회절무늬가 충분히 서로 떨어져 있어야 한다. 식 (24.28)에서 주어진 회절차수 m에 대해서 각도 θ에 따라 서로 다른 파장의 빛이 측정될 수 있으며, 인접한 파장의 빛들을 구분하기 위해서는 두 빛 사이의 간격이 충분히 커야 한다. 그림 24.17(b)에서 보이는 바와 같이, 인접한 파장의 빛이 서로 구분될 수 있는 최소 파장 간격 $\Delta\lambda$는 그림 24.17(a)의 회절격자에서 회절되는 각도 $\Delta\theta$에 해당된다. 회절격자에서 슬릿의 수가 많을수록 회절무늬

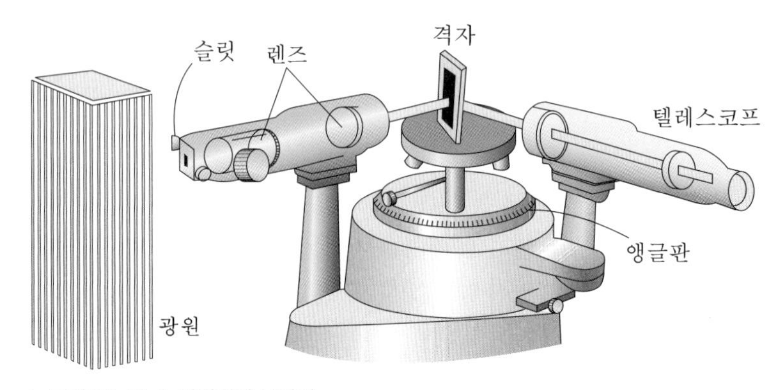

▲ **그림 24.16** | 회절격자 분광기

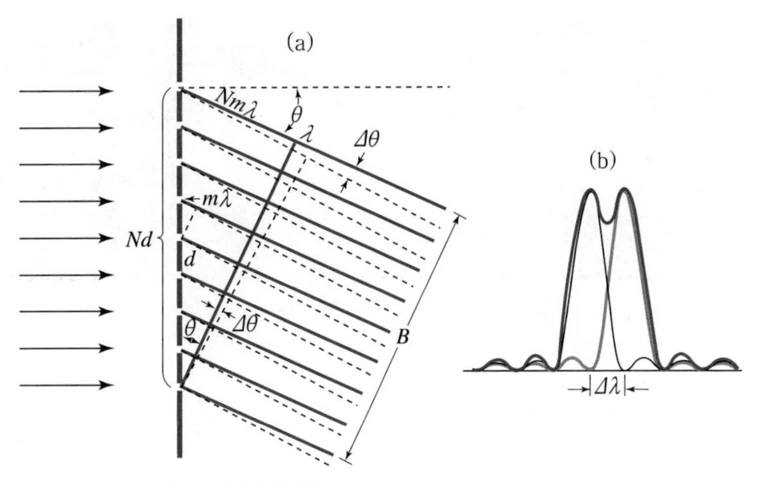

▲ 그림 24.17 | 회절격자의 분해능

의 폭이 좁아지므로 분광기를 통해 구분할 수 있는 최소 파장 차이 $\Delta\lambda$는 격자수에 반비례한다. 회절격자 분광기가 인접한 파장의 빛을 서로 구분할 수 있는 최소 파장 간격에 관련된 특성으로 **분해능** R을 정의하고 있으며, 관계식은 다음과 같이 나타낼 수 있다.

$$R = \frac{\lambda}{\Delta\lambda} = Nm \tag{24.29}$$

여기서 λ는 구분하려고 하는 파장값(나트륨 이중선의 경우 589 nm)이며, N은 입사광 파면에 있는 회절격자수, m은 회절차수이다.

24-6* X-선 회절

X-선은 **뢴트겐**(Röntgen)에 의해 1895년에 처음 발견되었다. 여러 가지 실험에 의해 X-선은 전자기파의 일종이라는 것이 입증되었고, 파장이 약 10^{-10} m 정도라는 것이 알려졌다. 1912년에 라우에(Laue)는 이 X-선을 금속결정 등에 입사시켜 회절효과를 볼 수 있다는 것을 제안하였다. 금속결정 내에는 원자들이 10^{-10} m의 수 배 정도의 간격으로 일정하게 배열되어 있으므로 금속원자들에 의해 산란된 전자기파는 마치 3차원 회절격자에 의해 회절된 것과 같은 효과를 보인다. 이를 이해하기 위하여 그림 24.18과 같이 배열되어 있는 원자들을 생각해 보자. 결정을 구성하는 원자에 입사하는 전자기파는 원자에 의해 산란된다.

이렇게 여러 원자에 의해 산란된 전자기파는 일반적으로 위상이 일치하지 않는다. 그러나 그림 24.19(a)와 같은 격자구조에 입사하는 X-선의 입사각과 산란각이 같은 경우에는 한 평면 내에 있는 원자들에 의해 산란된 전자기파들은 모두 보강간섭을 일으킨다. 그러므로

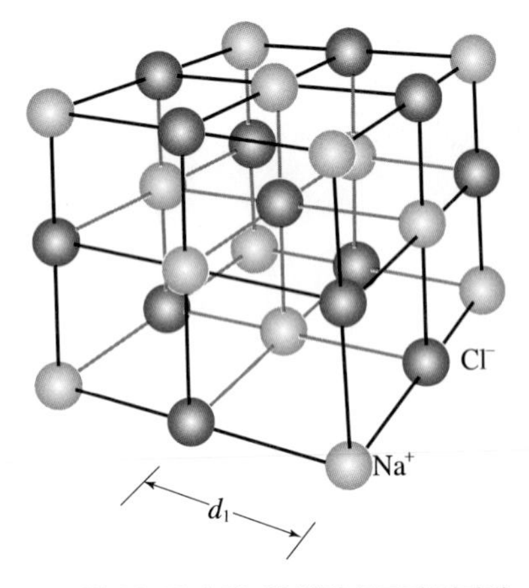

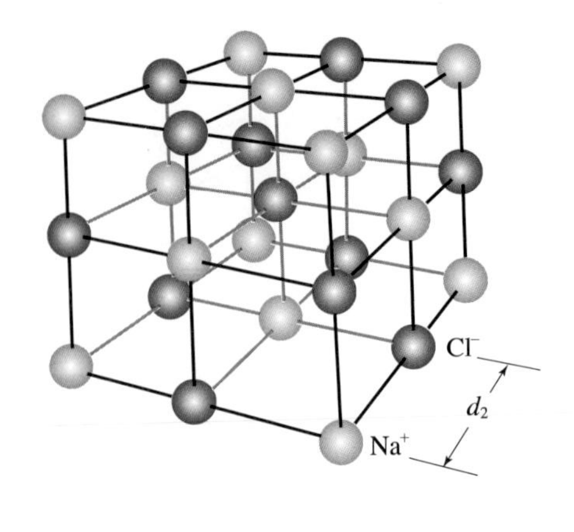

▲ **그림 24.18** | NaCl 결정 구조와 격자면

이 각도에서 전자기파는 주로 반사된다. 그림에서 윗면에 배열된 원자들에 의한 반사파와 아랫면에 배열된 원자들에 의한 반사파를 그림 24.19(b)와 같이 도식적으로 검토해보자. 이 두 반사파 사이의 경로차는 그림에서처럼 A − B − C 만큼의 경로차가 생기며, 이는 곧 $2d\sin\theta$가 된다. d는 원자가 배열된 평면 사이의 간격이다. 따라서 이 두 평면에 의한 반사파가 보강간섭을 일으키려면 파장의 정수배가 되는 **브래그 조건(Bragg condition)** $2d\sin\theta = m\lambda$를 만족해야 한다.

일반적으로 X − 선 회절을 통해 구조를 알고자 하는 물체는 3차원적인 구조를 갖고 있으며, 그림 24.18에서 볼 수 있듯이 일정하게 3차원적으로 배열된 원자배열에서는 여러 가지의 반사면을 생각할 수 있다. X − 선의 입사 방향을 바꾸어 가면서 회절무늬를 관측하면 물체의 3차원적 구조 모양에 따라 특수한 회절무늬가 관측될 것이다. X − 선 회절은 고체결정의 구조를 조사하는 데 있어서 중요한 실험도구이며, 액체와 유기분자들의 연구에 있어서도 중요한 역할을 한다. 또한 생명체의 근원으로 생각되는 DNA의 이중나선 구조를 밝히고 분자유전학을 발전시키는 데에도 큰 기여를 하였다.

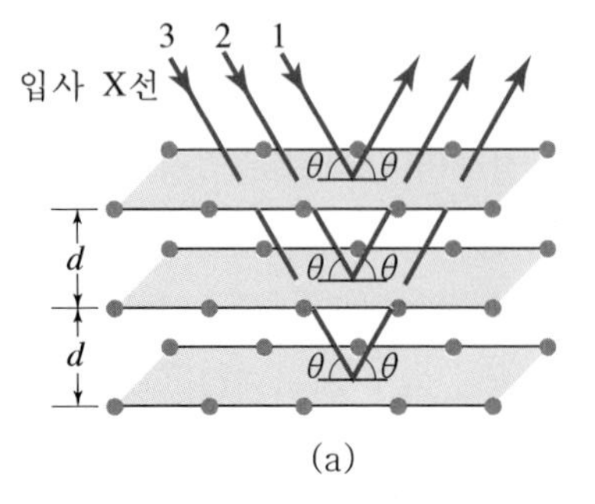

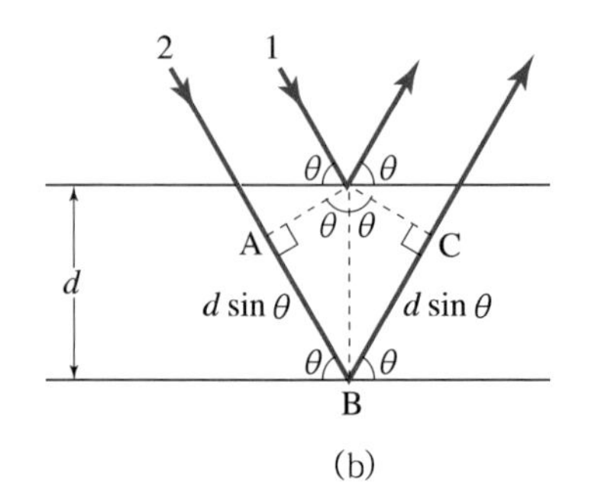

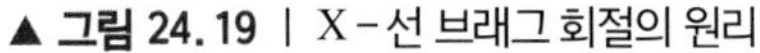

▲ **그림 24.19** | X − 선 브래그 회절의 원리

연습문제

24-1 빛의 간섭 현상

1. 2개의 백열전구로부터 나오는 빛의 세기가 각각 I라면, 두 빛이 결합되었을 때 표면을 비추는 빛의 세기는 얼마인가?

24-2 영의 이중 슬릿 실험

2. 이중 슬릿의 간격이 0.100 cm이고, 슬릿과 스크린 사이의 거리가 60.0 cm이다. 스크린상에 밝은 무늬가 중심점에서 0.0480 cm 떨어진 곳에 생겼다면, 투과한 빛의 파장은?

3. 파장이 632 nm인 레이저 빛이 이중 슬릿을 통과한다. 스크린까지의 거리가 0.900 m이고 어두운 무늬 간격이 6.40 mm일 때 슬릿의 간격은 얼마인가?

4. 이중 슬릿 실험에서 파장이 546 nm이고 슬릿 간격이 0.100 mm, 스크린까지의 거리가 20.0 cm인 경우, 세 번째의 밝은 무늬(최대점)에서 5번째의 어두운 무늬(최소점)까지의 거리를 구하여라.

5. Young의 이중 슬릿 실험에서 슬릿 간격은 d이고 슬릿과 스크린 사이의 거리는 D이다. 이 이중 슬릿에 파장이 λ인 빛이 입사하는 경우, 단위길이당 간섭무늬 수는?

6. 이중 슬릿에서 한 슬릿을 두께가 0.300 mm이고 굴절률이 1.50인 얇은 유리판으로 덮었다. 이때, 유리판을 덮기 전 중앙 극대였던 지점은 스크린에서 얼마만큼 이동하겠는가? 단, 슬릿에서 스크린까지의 거리는 2.00 m이고 슬릿 사이의 간격은 0.400 mm이다.

24-3 박막에서의 간섭

7. 그림 P.24.1은 세 가지 박막 실험을 보여준다. t는 박막의 두께이고 λ는 박막 내에서의 빛의 파장이다. 세 실험 중에서 보강간섭무늬를 볼 수 있는 것을 모두 골라라.

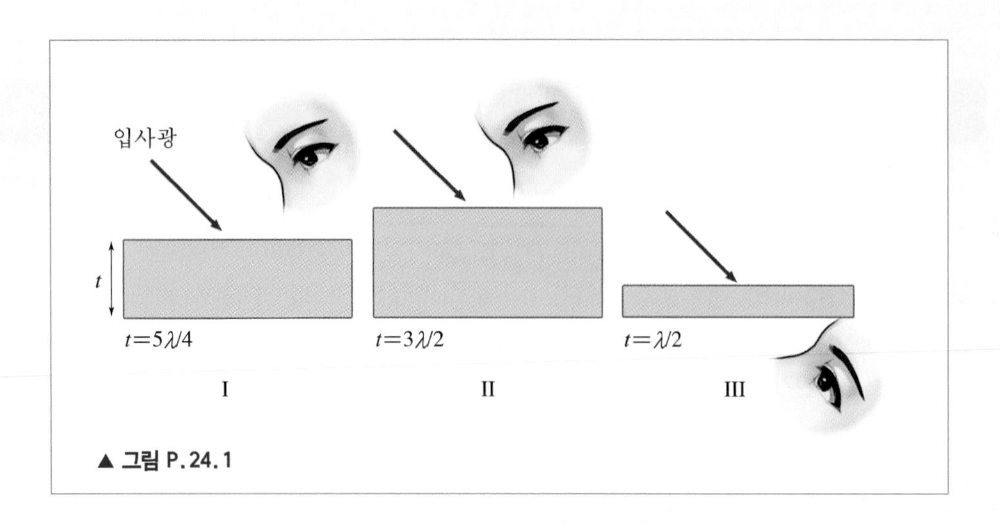

▲ 그림 P.24.1

8. 유리 표면에 MgF_2로 된 박막을 입혀서 반사를 줄이고자 한다(유리의 굴절률은 1.60, MgF_2의 굴절률은 1.38이다). 파장이 500 nm인 빛이 수직으로 입사할 때, 반사를 최소화시키는 데 필요한 박막의 최소두께는 얼마인가?

9. 굴절률이 2.14인 박막을 굴절률이 1.82인 기판 위에 올려 기판의 반사율을 올리려고 한다. 최대한 얇게 코팅할 수 있는 박막의 두께는 200 nm이다. 파장이 500 nm인 빛이 보강간섭을 발생시키기 위해 필요한 박막의 최소 두께를 구하여라.

10. 굴절률이 3.50인 기판 위에 굴절률이 2.50인 물질로 박막을 만들었다. 이 박막에 수직으로 빛을 비추었을 때, 반사된 빛의 파장이 6,000 Å 일 때 소멸간섭이 일어나고 7,000 Å 일 때 보강간섭이 일어났다. 이 박막의 최소두께를 구하여라.

11. 아래 그림과 같이 실리콘 태양전지 표면에서 빛의 반사를 줄이기 위해 산화규소와 같은 투명한 박막을 코팅한다. 이 태양전지에 파장이 600 nm인 빛을 수직으로 입사시켰을 때 반사를 최소화하기 위한 박막의 최소두께는 얼마인가? (실리콘과 산화규소의 굴절률은 각각 3.50과 1.50이다.)

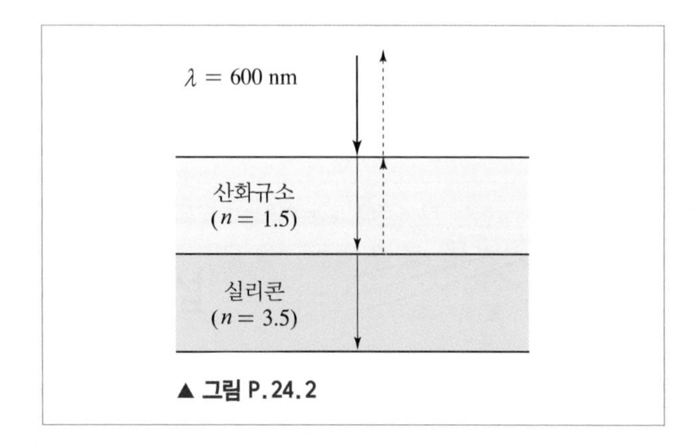

▲ 그림 P.24.2

12. 길이가 20.0 mm인 2개의 슬라이드글라스(현미경에서 쓰이는 평평하고 얇은 유리판)를 겹쳐 놓고 한 쪽 끝에는 두 유리 사이에 지름 0.0500 mm인 머리카락을 끼워 놓았다. 파장이 630 nm인 빛이 유리판에 수직으로 입사하면 윗면에 간섭에 의해 간섭무늬가 생긴다. 간섭무늬 사이의 간격을 구하여라.

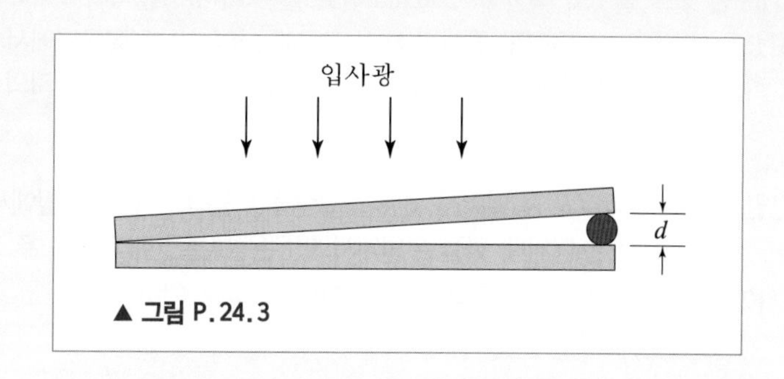

▲ 그림 P. 24. 3

24-4 빛의 회절

13. 라디오파가 건물 모서리에서 가시광선에 비해 잘 회절되는 이유는 무엇인가?

14. 단일 슬릿에서 600 nm 파장의 빛이 입사한다. 슬릿에서 1.00 m 떨어져 있는 스크린에 첫 번째와 세 번째 어두운 지점 사이의 거리가 3.00 mm일 때 슬릿의 폭은 얼마인가?

15. 아래 그림은 단일 슬릿에 입사하는 평행광을 나타낸 것이다. 점 P에서 두 번째 극소가 나타났다면 두 광의 경로차 PX − PY는 파장의 몇 배인가?

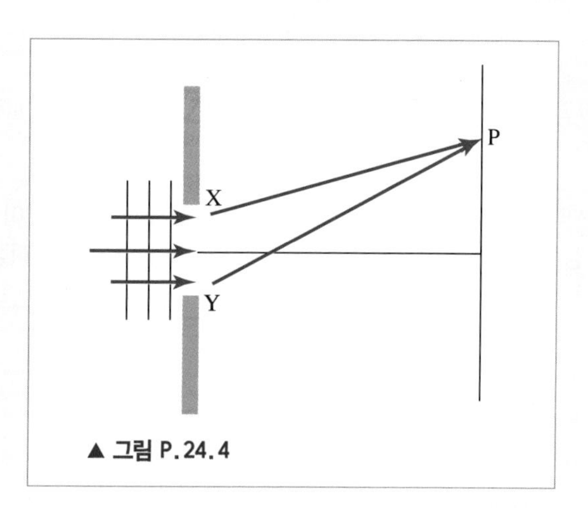

▲ 그림 P. 24. 4

16. 슬릿 크기가 0.0200 mm이고 슬릿 간 간격이 0.0500 mm인 이중 슬릿에 단일 파장의 빛이 입사하는 경우, 중앙회절무늬 안에 들어가는 간섭무늬 수는?

17. 파장이 480 nm인 빛을 슬릿의 폭이 0.0200 mm이고 슬릿 사이의 간격이 0.100 mm인 이중 슬릿을 통해 회절시켰을 때 50.0 cm 떨어진 곳에 있는 스크린에 나타나는 회절무늬에서 간섭무늬의 간격을 구하고, 또 회절에 의한 싸개선(envelope)의 최대점에서 첫 번째 최소점까지의 거리를 구하여라.

18. 폭이 a인 단일슬릿에서부터 L만큼 떨어진 곳에 스크린을 두었다. 단일슬릿 앞에서 파장이 λ인 빛을 쪼였다. $a \ll L$이라고 하자. 만약에 회절 무늬에서 어두운 부분을 나타내는 두 최소점 $m = m_1$과 $m = m_2$ 사이의 거리를 Δy라고 둔다면, 이 슬릿의 폭 a는 얼마인가?

19. 길이가 8 m, 폭이 4 m인 방이 있다. 이 방의 한쪽 벽에는 벽의 중심에서부터 각각 50 cm 떨어져 있는 스피커가 두 대 놓여있다. 이 두 스피커에서는 주기가 서로 같고 일정한 소리가 흘러나오고 있다. 앞쪽 벽에서부터 8 m 떨어진 뒤쪽 벽 중심에서 소리의 크기가 최대로 들렸다. 뒤쪽 벽에서 중심 외에는 최대 크기의 소리가 들리는 곳이 없다고 하자. 이 경우에 뒤쪽 벽 중심에서 듣는 소리의 가능한 최대 진동수는 얼마인가?

24-5 회절격자 분광기와 분해능*

20. 파장이 650 nm인 레이저를 회절격자에 수직으로 입사시켰다. 회절격자에는 1.00 cm당 6,000개의 선이 그어져 있다. 밝은 무늬가 관찰되는 각 차수에 대한 각도를 구하여라. 몇 차의 밝은 무늬까지 관찰되는가?

24-6 X-선 회절*

21. 격자층 간격이 0.282 nm인 결정에 의해 회절될 수 있는 X-선의 최대파장은 얼마인가?

22. 단일파장의 X-선이 소금결정(격자상수=0.300 nm)에 입사한다. X-선이 소금결정면의 수직방향에서 60° 돌아간 경우 첫 번째의 브래그 반사가 관측되었다. X-선의 파장은 얼마인가?

발전문제

23. 그림 P.24.5와 같이 뉴턴의 원 무늬 장치에 파장이 600 nm인 단색광을 수직하게 위에서 입사시켰더니 동심원의 간섭무늬가 관측되었다. 렌즈의 구면반지름이 10.0 m일 때, 중심에서 두 번째 밝은 무늬의 반지름은 얼마인가?

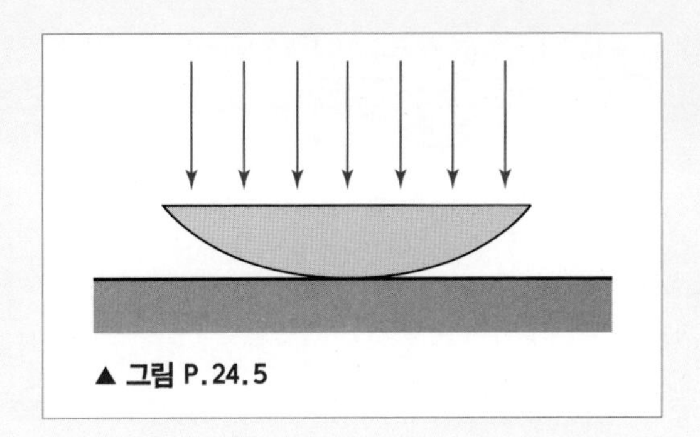

▲ 그림 P.24.5

24. 회절격자에 대한 일반적인 조건 – 그림에서처럼 회절격자에 빛이 입사하는 경우 밝은 무늬가 나타나는 조건은 아래 식과 같이 결정됨을 증명하여라.

$$d(\sin\psi + \sin\theta) = m\lambda \quad (m = 0,\ 1,\ 2,\ \cdots)$$

본문에서는 $\psi = 0$인 경우만 다룬 것이다.

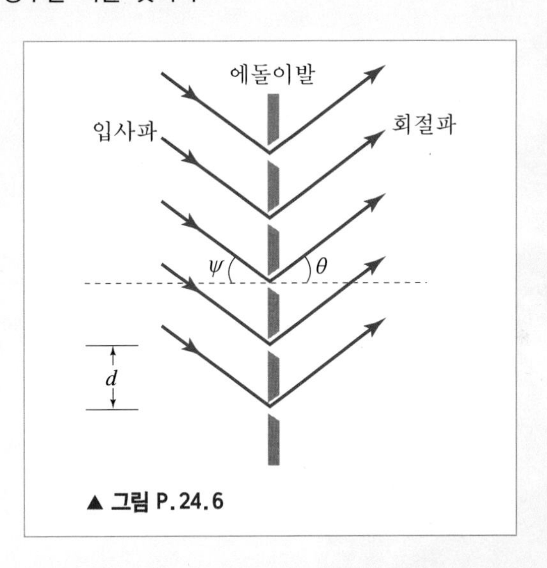

▲ 그림 P.24.6

25. 파장이 $\lambda,\ \lambda + \Delta\lambda\ (\Delta\lambda \ll \lambda)$인 두 빛을 회절격자에 수직으로 비췄다. 이때 m차 스펙트럼에서 스펙트럼 선 사이의 분리각이

$$\Delta\theta = \frac{\Delta\lambda}{\sqrt{(d/m)^2 - \lambda^2}}$$

임을 보여라. 여기서 d는 슬릿 사이의 간격이다.

알베르트 아인슈타인

Albert Einstein, 1879-1955

독일 태생 물리학자이다. 아인슈타인이 발표한 특수상대성 이론은 당시까지 지배적이었던
갈릴레이나 뉴턴의 역학을 송두리째 흔들어 놓았고, 종래의 시간 · 공간 개념을 근본적으로 변혁시켰으며,
철학사상에도 영향을 주었다. 1916년 일반상대성이론을 발표했고,
이 이론을 기반으로 강한 중력장 속에서 빛은 구부러진다는 현상을 예언했다.
1919년 영국에서 일식 현상을 이용해 이 예측이 옳음을 실험적으로 확인했다.
이로써 아인슈타인은 뉴턴의 고전 역학적 세계관을 마감한 인물로서 범세계적인 명성을 얻게 되었고,
광전효과 연구와 이론물리학에 기여한 업적으로 1921년 노벨물리학상을 받았다.

CHAPTER 25
상대론

여러분은 가끔 기차나 버스 안에서 딴생각에 잠겨 있다가 문득 차창 밖의 풍경이 뒤로 물러서고 있다는 착각에 깜짝 놀란 적이 있을 것이다. 그리고는 정신을 차려 다시 보면 풍경이 가만히 있고 우리가 움직이고 있다는 것을 인지하게 된다. 만일 이런 일이 지구가 아닌 앞뒤를 분간할 수 없는 깜깜한 우주에서 일어난다면 어떨까? 두 우주선이 스쳐 지나갔을 때 과연 어느 우주선이 움직인 것인지 어떻게 알아낼 수 있을까? 이러한 의문에서부터 상대론을 접근해보자.

이 장에서는 일정한 상대 속도로 움직이는 관성 좌표계에서의 운동을 다루는 특수 상대론을 먼저 다루고, 계속해서 가속되는 두 좌표계에서의 운동을 다루는 일반 상대론을 다루어보자. 상대론에서는 빠른 속력으로 움직이는 관찰자의 시계가 더 느리게 간다던지, 자의 길이가 더 짧아지는 등, 뉴턴 역학에서는 볼 수 없었던 여러 현상들이 나타나게 된다.

이 장에서는 이런 현상을 설명하기 위한 기본 개념과 기술 방법을 배운다. 또한 운동을 기술하는 데 기본적인 물리량인 운동량과 에너지가 이전의 뉴턴 역학에 비해 어떻게 달라졌는지도 알아보고, 뉴턴 역학에서는 전혀 별개의 양이었던 질량과 에너지가 어떻게 서로 변환될 수 있는지에 관해서도 공부한다.

25-1 빛의 속도와 마이켈슨-몰리 실험

소리나 수면파와 같은 역학적 파동들은 매질을 통하여 전파된다. 즉, 소리는 공기라는 매질을 통하여, 또 수면파는 물이라는 매질을 통해서만 그 정보를 전달할 수 있다. 따라서 19세기의 과학자들은 전자기파도 전파되기 위해서는 매질이 필요할 것이라 생각하였고, 그 매질을 **에테르(ether)**라 불렀다. 이 에테르는 진공을 포함한 모든 곳에 존재하지만, 질량은 없는 단단한 매질로 생각하였다. 따라서 이 에테르의 흐름을 따라 움직이는 기준계, 즉 에테르에 대해 상대적으로 정지해 있는 기준계를 잡으면, 복잡한 전기와 자기의 법칙들이 가장 단순한 형태를 띠게 될 것이며, 에테르에 대해 상대적으로 움직이는 다른 계에서는 좌표 변환만 시켜주면 될 것이라고 믿었다. 그리하여 에테르에 상대적으로 정지해 있는 기준계를 절대 기준계라 불렀고, 이 당시의 실험은 절대 기준계가 존재함을 밝히는 데 집중되었다.

그러던 중에, 1887년 **마이켈슨**(Michelson)과 **몰리**(Morley)가 에테르의 속도를 측정하고자 간섭계를 이용하여 그림 25.1과 같은 실험장치를 고안하였다. 그림에서 보듯이 입사된 광선은 간섭계를 통하여 두 수직된 방향으로 나누어져 각각 같은 거리를 이동하여 우리의 눈에 들어온다. 그러나 에테르의 운동 방향으로 이동한 광선과 수직방향으로 이동한 광선은 서로 다른 속도로 움직인 셈이 되어 총 이동 시간에 차이를 보일 것이다. 이 차이 때문에 두 광선의 위상차가 나타나 간섭무늬가 생길 것이다.

이제 이 계를 90°만큼 회전시키면 이전에 평행하게 이동하던 광선과 수직으로 이동하던 광선의 역할이 서로 바뀌기 때문에 간섭무늬 또한 이동할 것이라고 예상하였다. 그 이동 간격을 측정하면 바로 우리가 원하는 에테르의 속도와 방향을 알아낼 수 있을 것이다. 그러나 실험에서는 엉뚱하게도 간섭무늬의 이동이 전혀 관측되지 않았다. 이 실험 결과는 지구가 에테르에 대해 상대적으로 움직이지 않아야 한다는 것을 의미한다. 이 문제를 해결하기 위해 지구가 에테르를 함께 끌며 움직이고 있다는 가설도 제기되었지만, 여러 고도에서 실험해본 결과 모두 부정적인 결론이 내려졌다. 따라서 에테르의 가정은 모순이며 절대 기준계도 존재하지 않는다는 사실이 널리 인정받게 되었다.

이 문제는 또 다른 관점에서 비추어 볼 수도 있다.

지상에서 빛의 속력을 $c = 3.0 \times 10^8\,\mathrm{m/s}$라 할 때, 빛과 반대 방향으로 $\frac{1}{3}c$의 속력으로 움직이는 로켓 안의 관측자가 측정하는 빛의 속력은 과연 얼마일까 하는 문제이다. 단순하게 고전적 상대 속도의 개념을 사용하면 $\frac{4}{3}c$, 즉 $4 \times 10^8\,\mathrm{m/s}$가 되어 상대론의 기본 개념('빛의 속도는 모든 좌표계에서 c이다')에 위배된다. 이 문제는 나중에 상대 속도의 정의를 상대론적으로 수정함으로써 풀리게 된다.

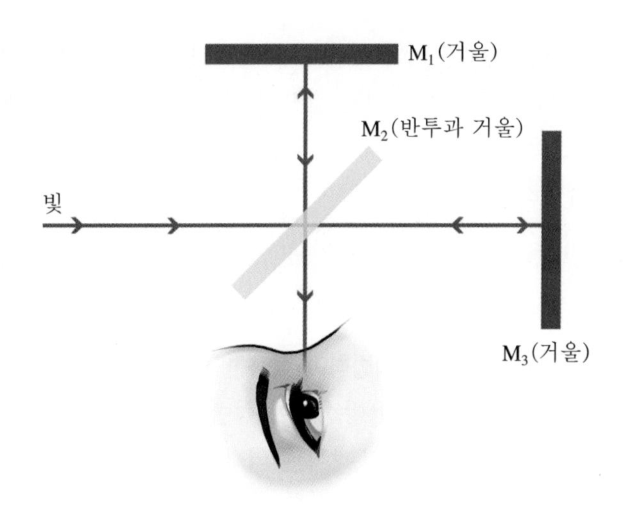

▲ **그림 25.1** | 마이켈슨-몰리 실험에서 이용된 간섭계와 빛의 경로

25-2 아인슈타인의 가설

상대론에서는 누가 움직이고 있느냐 하는 것은 중요하지 않을 뿐더러 어느 것이 움직였는지를 구별해낼 수도 없다. 상대론은 어떠한 역학적 실험을 통해서도 서로 다른 두 관성 좌표계를 구별해낼 수 없다는 기본 원리로부터 출발하였다. 즉 모든 역학적 실험은 모든 관성 좌표계에서 같은 법칙의 지배를 받는 결과를 내야만 한다는 것이다. 한 예로, 일정한 속도로 달리는 기차 안에서 행하는 실험이나 레일 위에 서서 행하는 실험이나 같은 법칙의 지배를 받는 결과를 주어야 하며, 우리는 단지 이런 실험만으로는 기차가 움직이고 있는지, 아니면 기차는 가만히 서 있고 레일 위의 관찰자가 뒤로 물러서고 있는지 구별해 낼 방도가 없다는 것이다. 그러므로 절대적인 운동이라는 것은 물리적으로 무의미하며, 운동을 기술할 때에는 반드시 어떤 좌표계에 대한 운동인가를 명시해주어야 한다.

그렇다면 우리가 지금까지 다루어온 뉴턴 역학은 무엇이 잘못된 것인가? 우리가 일상생활에서 보고 접하는 대부분의 현상은 뉴턴 역학으로 아주 잘 설명할 수 있다. 이런 이유로 뉴턴 역학은 200년이 넘도록 물리학을 이끌어 왔다. 그러나 전자와 같이 아주 작은 입자들이 발견되고, 또 그것들을 아주 빠른(빛의 속력에 가까운) 속력으로 가속시키는 장치의 개발과 더불어, 뉴턴 역학에 근거한 예측이 우리 눈에 보이는 현상과 일치하지 않는 경우들을 발견하게 되었다. 그렇다면 우리는 이 시점에서 뉴턴 역학을 포기할 것인가, 아니면 무엇이든 다른 개념을 도입하여 차이점을 보완, 설명해야 할 것인가를 고민하게 된다. 대부분의 역사적 사건의 해결이 그렇듯이, 첫 시도는 후자, 즉 보완을 택하게 되었고, 그것으로도 충분하지 않은 사실들이 점차로 누적되면서 드디어 이전의 이론을 포함하는 새롭고 좀 더 광범위한 이론이 등장하게 되었다. 이것이 바로 아인슈타인의 상대성 이론이다. 다시 말해서 상대성 이론은 아주 빠른 속력, 즉 빛의 속력에 가깝게 움직이는 입자의 운동을 기술하기 위해 태어났는데, 이는 뉴턴 역학이 적용되는 모든 현상에도 잘 적용되는 좀 더 포괄적인 이론이다.

관성계란 뉴턴의 제1법칙, 즉 관성의 법칙이 성립하는 계를 이른다. 특수 상대성 이론은 이런 관성계에서 일어나는 현상들을 다루는 것인데, 다음 두 가지 가정이 기본적으로 내재되어 있다.

가정 1 **"모든 관성계에서는 똑같은 물리법칙이 작용한다."**

아인슈타인 자신의 말을 빌리면, "역학 방정식이 성립하는 모든 기준계에서는 전기 동력학과 광학의 모든 법칙이 동일하게 적용된다." 이는 역학에만 국한시켜 왔던 뉴턴의 상대성 원리를 다른 영역에까지 일반화시킨 것이라 할 수 있다.

가정 2 **"빛의 속력은 모든 좌표계에서 동일하며, 이 값은 관측자나 광원의 상대적 운동에 무관하다."**

이 가정에 따르면, 앞 절에서 예로 든 우주선에 탄 우주인이 측정하는 빛의 속력은 $\frac{4}{3}c$가 아니라 진공에서의 광속과 같은 c로, 이는 직관적으로 느끼는 상대 속도의 개념과 어긋난다. 그러나 직관이라는 것이 자주 보는 일상적인 현상으로부터 유추된다는 사실을 고려한다면, 빛의 속력으로 움직이는 물체는 결코 일상적이지 않으므로 더 이상 우리의 직관에 매달려서는 안 된다는 사실도 쉽게 깨닫게 될 것이다. 또한 가정 2를 받아들인다면, 마이켈슨-몰리 실험의 결과는 너무도 당연해진다. 즉, 에테르 내에서의 빛의 속력은 $c+v$도 아니고 $c-v$도 아닌 c이며, 지구의 에테르에 대한 상대 속력도 빛의 속력에는 아무런 영향을 끼치지 못하게 되는 것이다.

아인슈타인의 이 가정들은 이전까지의 시간-공간이 고정되어 있고, 빛의 속력을 변화시키던 방식에서, 빛의 속력을 모든 관성계에서 c로 일정하게 유지시킴으로써 상대적으로 시간-공간의 개념을 변화시키는 방식으로의 전환을 가져왔다는 점에서 가히 획기적이었다고 할 수 있다. 다시 말해서 서로 다른 관성계는 서로 다른 시간, 서로 다른 공간을 소유하게 되며, 빛은 각자의 시간과 공간 속에서 항상 c의 속력으로 움직인다.

25-3 특수 상대론

앞 절에서 언급한 바와 같이, 특수 상대론은 시간과 공간의 개념 변화를 가져왔다. 다시 말해서 직관적으로 느끼는 시간과 공간의 불변성을 깨뜨림으로써 우리가 납득하기 힘든 여러 현상을 볼 수 있게 되는 것이다. 이 절에서는 대표적인 물리량인 시간과 길이에 논점을 두고 다른 빠르기의 시계를 갖는 좌표계에서의 **동시성(simultaneity)**을 어떻게 해석해야 하는가를 살펴보도록 하겠다.

❙ 동시성과 상대 시간

뉴턴 역학에서는 모든 관측자에게 공통적이고 절대적인 시간이 전제되고 있는 반면, 아인슈타인의 상대론에서는 이 절대적인 시간의 개념을 버리고 기준계에 따라 다른 시간을 부여하고 있다. 하지만 빛의 속력으로 움직이는 물체를 직접 실험하기란 힘든 일이다. 따라서 우리는 사고실험을 통해 아인슈타인의 생각을 이해해볼 수 있다.

그림 25.2에서처럼, 지표면에 대해 정지하고 있는 관측자 O와 그에 상대적으로 일정한 속도 v로 움직이고 있는 관측자 O′의 기준계를 생각해보자. 관측자 O로부터 반대 방향으로 같은 거리만큼 떨어져 있는 두 지점 A와 B에서 동시에 전등을 켰다고 가정하면 두 빛은 관측자 O의 위치에서 만나게 될 것이다. 전등을 켜는 순간 관측자 O′이 관측자 O를 지나치고 있다면 두 빛이 만나는 순간에는 관측자 O′은 관측자 O로부터 B쪽으로 더 가까이 가 있게 되고, 따라서 B의 전등에서 나온 빛은 관측자 O′을 이미 지나친 상태이며 A의 전등에서 나온 빛은 아직 O′에 미치지 못한 상태이다. 상대성 원리의 기본 가정에 따르면 빛의 속력은 항상 같아야 하므로 관측자 O′이 보기에는 A와 B가 동시에 켜진 것이 아니라, A의 전등이 B의 전등보다 나중에 켜진 것이어야 한다. 이런 까닭으로 기준계 O에서의 동시성이 반드시 기준계 O′에서의 동시성을 의미하지는 않는다. 즉 동시성은 절대적이 아니라 기준계에 따라 달라진다. 어느 기준계에서 내린 결론이 맞느냐는 질문을 아인슈타인에게 한다면 둘 다 맞다고 할 것이다.

❙ 시간 늘어남

다음과 같은 실험을 해보자. 직선 선로 위를 v의 속력으로 달리고 있는 열차 안의 관측자 O′이 손전등을 위로 비추어 순간적으로 켰다 껐다고 하자. 이 빛이 h 높이의 천장에 설치된

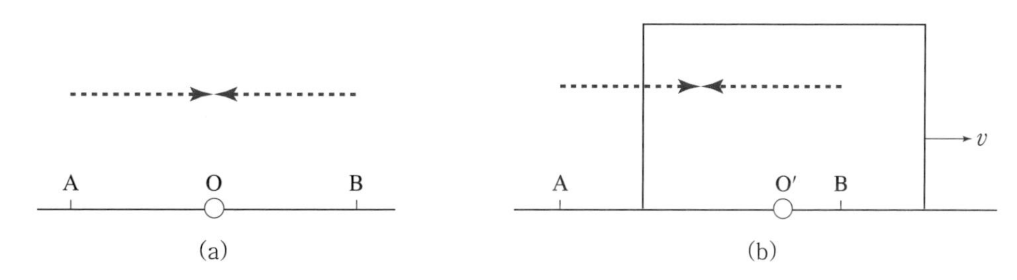

▲ **그림 25.2** ❘ 동시성을 알아보는 사고실험. (a) A와 B로부터 동일한 거리에 있는 관찰자 O의 좌표계에서 본 두 빛의 경로. 두 빛은 동시에 켜진 것임을 알 수 있다. (b) v의 속도로 달리고 있는 관찰자 O′의 좌표계에서 본 두 빛의 경로. B에서 켜진 빛이 A에서 켜진 빛보다 더 먼저 도착하므로 더 먼저 켜진 것으로 보인다.

거울에 반사되어 다시 되돌아오기까지 열차에 고정된 시계로는 t'의 시간이 걸렸다. 기준계 O′에서는 $t' = 2h/c$가 성립할 것이다.

이제 지상에 정지해 있는 관측자 O가 이 현상을 목격하여 같은 사건을 t의 시간 간격으로 측정하였다고 하자. 관측자 O가 보기에는 빛은 연직상방으로 진행하는 것이 아니라 열차의 진행으로 비스듬히 올라갔다가 다시 비스듬히 내려올 것이므로 총 진행한 거리는 $2\sqrt{h^2 + v^2(t/2)^2}$가 되고, 역시 진행 속도는 c이어야 하므로 진행 시간 t는 $2\sqrt{h^2 + v^2(t/2)^2}/c$이다. 이 식을 t에 대해 풀면,

$$t = \frac{2h}{\sqrt{c^2 - v^2}} = \frac{2h}{c}\frac{1}{\sqrt{1-(v/c)^2}} = \frac{t'}{\sqrt{1-(v/c)^2}} \equiv \gamma t' \tag{25.1}$$

이 된다. 여기서 $1/\sqrt{1-(v/c)^2}$를 γ라 정의했으며 $v < c$일 때 $t = \gamma t' > t'$이다. 즉 움직이는 계의 관측자(O′)가 느끼는 시간 간격(t')이 정지된 계의 관측자(O)가 느끼는 시간 간격(t)보다 더 작으며, **움직이는 계에서의 시계가 정지된 계에서의 시계보다 더 느리게 간다**고 하겠다. 이러한 현상을 **시간 늘어남(time dilation)**이라 하고, 정지된 계에서의 시간을 **고유 시간(proper time)**이라 하며, 어떤 입자의 수명을 말할 때는 그 입자가 정지하고 있는 계(입자와 함께 움직이는 계)에서 측정된 수명으로 한다.

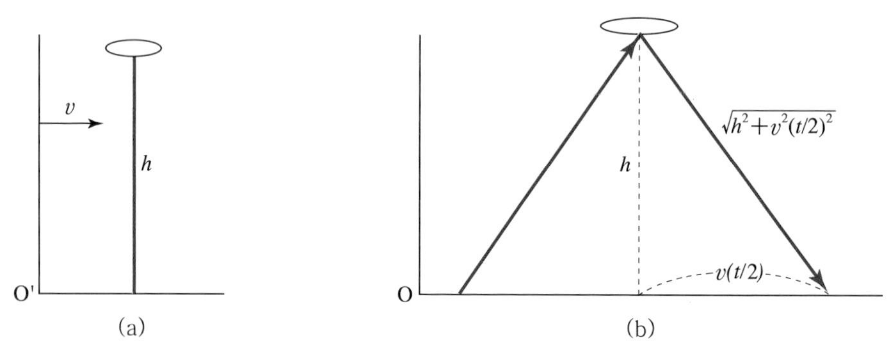

▲ **그림 25.3** | 시간 지연을 보여주는 한 예. (a) v의 속력으로 달리고 있는 열차 안의 O'의 좌표계에서 본 빛의 경로 (b) 지상에 정지해 있는 관측자 O의 좌표계에서 본 빛의 경로

예제 25.1 입자의 수명

뮤온(muon)의 평균 수명은 2.20×10^{-6} s이다. 지구에 있는 관측자가 $0.998c$로 움직이고 있는 뮤온을 보았다면, 이 뮤온은 얼마의 거리를 진행할 것인가?

| 풀이

식 (25.1)에 의해 지구에 있는 관측자의 좌표계에서의 뮤온의 수명은 γ배만큼 늘어날 것이다. 따라서 $0.998c$로 움직이고 있는 뮤온의 수명은

$$t = 2.20 \times 10^{-6} \times \frac{1}{\sqrt{(1-0.998^2)}} = 3.48 \times 10^{-5}\ \mathrm{s}$$

이며, 진행 거리는 $d = 0.998c \times t = 10.4\ \mathrm{km}$가 된다. 이 값을 뮤온계에서의 수명을 사용한 $d_0 = 0.998c \times 2.20 \times 10^{-6} = 659\ \mathrm{m}$와 비교해보면 많은 차이가 남을 알 수 있다. 즉, 뮤온의 세계에서는 모든 것이 압축되어 있어 비록 659 m를 여행해도 지구의 관측자와 같은 만큼을 경험할 수 있다.

길이 줄어듦

시간 지연에서 살펴보았듯이 두 사건 간의 시간 간격은 기준계에 따라 달라진다. 같은 맥락에서 공간에서의 두 점 간의 거리 역시 기준계에 따라 같아야 할 근거는 없다. 따라서 고유시간(proper time)에서와 같이, 그 물체가 정지한 좌표계에서의 거리(또는 길이)를 **고유 길이(proper length)**라 부르면 **물체가 움직이고 있는 좌표계에서의 거리는 고유 길이보다 항상 작게 된다.** 이 현상을 **길이 줄어듦**이라 한다.

길이 줄어듦을 정량적으로 살펴보자. 거리가 L만큼 떨어진 갑별과 을별을 v의 속력으로 여행하는 우주선의 운행 시간은 지구에 있는 관측자가 측정하기에는 두 별 사이의 거리를 속력 v로 나눈 것과 같다. 즉 $\Delta t = L/v$이다. 그러나 우주선 안의 조종사가 느끼는 여행시간은 시간 지연에 의해 $\Delta t' = \Delta t/\gamma$일 것이고, 따라서 조종사가 계산하는 두 별 사이의 거리는

$$L' = v\Delta t' = v\Delta t/\gamma = L/\gamma \qquad (25.2)$$

로서 $1/\gamma$배만큼 수축된다고 할 수 있다.

이 길이 줄어듦은 움직이는 방향으로만 일어난다. 즉, 움직이는 방향과 수직인 방향으로는 길이의 변화가 전혀 없다. 따라서 자전거를 타고 광속에 가깝게 달릴 수 있다면 길가의 모든 여자들이 날씬하게 보일 것이다. 상대적으로 길가의 사람들은 자전거를 탄 남자가 너무 마른 것으로 볼 것이다.

예제 25.2　상대적 길이 줄어듦

일정한 속도 $V = \frac{4}{5}c$로 달리는 기차가 있다. 기차 안의 관측자가 100 m 이동했다고 측정하는 동안, 지상에서 관측한 기차의 이동거리는 몇 m인가?

| 풀이

100 m의 측정거리는 움직이는 관측자가 측정한 길이이므로, 정지한 관측자가 측정한 길이인 고유 길이보다 항상 작다. 관측자의 속도가 $V = \frac{4}{5}c$이므로,

$$\gamma = \frac{1}{\sqrt{1-0.8^2}} = \frac{5}{3}$$

이다. 지상에서 정지한 관측자가 관측한 이동거리는 식 (25.2)를 이용하여

$$L = L'\gamma = (100\,\mathrm{m})\frac{5}{3} = \frac{500}{3}\,\mathrm{m} = 166.67\,\mathrm{m}$$

가 된다.

25-4 상대론적 운동량과 에너지

특수 상대론으로 입자의 운동을 적절히 기술하기 위해서는 뉴턴의 운동 법칙과 그에 따르는 운동량 및 에너지의 정의를 다른 법칙(예를 들면 운동량 보존이나 에너지 보존)과도 들어맞게 수정해야 한다. 또한 이 새로운 정의는 낮은 속력에서 이제까지 우리가 사용해왔던 고전적 정의와도 일치하여야 한다.

먼저 운동량 보존을 살펴보자. 두 입자가 충돌할 때 외력이 존재하지 않으면(또는 외력의 합이 0이면) 그 계의 총 운동량은 보존되어야 하는데, $p = m_0 v$를 그대로 사용하면 속도가 기준계에 따라 달라져 운동량은 보존되지 않는다. 여기서 m_0는 그 입자가 정지되어 있는 계에서의 질량으로, **정지 질량(rest mass)**이라 한다. 따라서 충돌 시 보존되는 양으로 고전적 영역에서는 $m_0 v$에 근사하는 양을 **상대론적 운동량(relativistic momentum)**이라 하고

$$p = \frac{m_0 v}{\sqrt{1 - v^2/c^2}} = \gamma m_0 v \tag{25.3}$$

로 표현한다. 이 식에 따르면 질량이 기준계에 따라 변한다고 해석할 수도 있으며, 그 해석을 따르면 질량 $m = \gamma m_0$이고, 운동량 $p = mv$이다. 즉, 속력이 증가할수록 질량은 증가하며, 같은 가속도로 속력을 계속 증가시키기 위해서는 더 큰 힘이 필요하게 되는 것이다. 속력이 광속에 다가감에 따라 질량은 무한대로 커지고 따라서 무한대의 일이 필요하게 되므로, 결국 모든 물체는 광속을 넘어설 수 없게 된다. 이런 의미에서 광속은 모든 물체의 한계속력이라 할 수 있다.

질량의 이 새로운 해석을 따르면 운동에너지도 여전히 질량만 바꾼 $\frac{1}{2}mv^2$을 써도 될 것 같으나, 그러면 에너지 보존법칙이 성립하지 않는다. 특수 상대론에서는 운동에너지를

$$KE = mc^2 - m_0 c^2 \tag{25.4}$$

으로 정의하는데, 여기서 E_0는 물체의 운동과는 무관한 상숫값으로 정지질량에너지(rest mass

energy)라 부르고

$$E_0 = m_0c^2 \tag{25.5}$$

으로 정의된다. 이것이 바로 유명한 아인슈타인의 **질량-에너지 등가식**이다. 이 식에 따르면 전자와 같이 아주 적은 질량도 그 입자의 속력에 따라 엄청난 에너지를 소유할 수 있게 되는데, 이는 27장에서 설명하는 바와 같이 핵물리 영역에서 에너지의 혁명을 일으킨 중요한 개념이다. 정지질량에너지와 운동에너지의 합을 물체의 총 에너지 E라 부르고

$$E = KE + m_0c^2 = mc^2 = \gamma m_0 c^2 \tag{25.6}$$

이 된다.

많은 경우 문제에서 입자의 속력이 주어지기보다는 운동량이나 에너지가 주어지게 되므로 총 에너지와 상대론적 운동량과의 관계를 살펴보면 많은 도움이 된다. 총 에너지의 제곱에서 정지질량에너지의 제곱을 빼면

$$m^2c^4 - m_0^2c^4 = (\gamma^2 - 1)m_0^2c^4 = \frac{v^2/c^2}{1 - v^2/c^2} m_0^2c^4 = (\gamma m_0 v)^2c^2 = p^2c^2$$

이므로, 이 관계로부터 총 에너지에 대해 정리하면

$$E = mc^2 = \sqrt{p^2c^2 + m_0^2c^4} \tag{25.7}$$

이다. 만일 입자가 정지 상태에 있다면 운동에너지는 0이 되어 총 에너지는 정지에너지와 같아지며($E = m_0c^2$) 광자(photon)와 같이 질량이 무시되는 경우에는 $E = pc$ 이다.

예제 25.3

전자의 질량에너지를 계산하여라.

| 풀이

전자의 질량은 9.11×10^{-31} kg이므로 식 (25.5)로부터

$$m_e c^2 = (9.11 \times 10^{-31}\ \text{kg}) \times (3.00 \times 10^8\ \text{m/s})^2 = 8.20 \times 10^{-14}\ \text{J}$$

이며, 1.60×10^{-19} J은 1 eV에 해당하므로 전자의 질량에너지를 eV 단위로 표시하면,

$$m_e c^2 = (8.2 \times 10^{-14}\ \text{J}) \times \frac{1\ \text{eV}}{1.60 \times 10^{-19}\ \text{J}}$$
$$= 0.512 \times 10^6\ \text{eV} = 0.512\ \text{MeV}$$

가 된다.

예제 25.4 전자의 상대론적 질량

운동에너지가 2.53 MeV인 전자가 있다. (a) 총 에너지, (b) 상대론적 운동량, (c) 전자의 상대론적 질량을 구하여라.

| 풀이

(a) 전자의 총 에너지는 식 (25.6)에서 보여주는 것처럼 운동에너지와 정지질량에너지의 합임을 알 수 있다. 전자의 정지질량에너지는 예제 25.3에서 얻은 결과인 0.511 MeV를 이용하면, 총 에너지는

$$E = 2.53\ \mathrm{MeV} + 0.512\ \mathrm{MeV} = 3.042\ \mathrm{MeV}$$

(b) 식 (25.7)로부터, $pc = \sqrt{E^2 - m_0^2 c^4}$ 을 구할 수 있으며, 값을 대입하면

$$pc = \sqrt{(3.042\,\mathrm{MeV})^2 - (0.512\,\mathrm{MeV})^2} = 3.00\ \mathrm{MeV}$$

를 구할 수 있으며, 관습적으로 상대론적 운동량은 $p = 3.00\ \mathrm{MeV}/c$으로 표현한다.

(c) 식 (25.7)로부터, $m = \dfrac{E}{c^2} = \dfrac{E}{m_0 c^2} m_0$를 구할 수 있으며, 여기서 m_0는 전자의 정지질량이다. 값을 대입하면,

$$m = \frac{3.042\,\mathrm{MeV}}{0.512\,\mathrm{MeV}} m_0 = 5.94\ m_0 \text{ 또는 } 5.41 \times 10^{-30}\ \mathrm{kg}$$

임을 알 수 있다.

25-5 일반 상대론

이제까지 살펴본 특수 상대론은 관성 좌표계, 즉 가속되지 않는 좌표계에만 적용된다고 하였다. 그렇다면 가속되는 좌표계는 어떻게 다룰 수 있을까? 그 대답은 어찌 보면 간단하다. 가속되는 비관성 좌표계는 반대 방향으로 중력을 받는 관성 좌표계와 동일하게 취급할 수 있다. 다시 말해서 가속 좌표계에서 행한 실험이나 중력하의 관성 좌표계에서 행한 실험이나 모두 같은 결과를 보여야 한다는 것이다.

예를 들어 그림 25.4의 엘리베이터를 보자. 이 그림의 (a)는 지구의 중력장 아래에서 위로 가속되는 엘리베이터 안의 사람이 중력에 더해져 아래 방향으로 힘을 받는 모습을 보여준다. 이 그림의 (b)에서는 중력장이 없는 공간에서 위로 가속되는 엘리베이터 안의 사람은 아래 방향으로 관성력만을 받는다. 따라서 마치 지구 위에 서 있는 것과 같은 편안한 느낌일 것이다. 이 그림의 (c)는 중력 가속력으로 떨어지고 있는 엘리베이터를 보여준다. 이 엘리베이터에 탄 사람은 중력의 반대 방향으로 중력과 같은 힘을 받으므로 상대적으로 아무런 힘도 못 느끼게 된다. 이른바 무중력 상태가 된다. 엘리베이터를 타고 올라가기 시작하면 마치 엘리베이터가 우리를 잡아당기는 듯한 느낌을 받는다. 이 힘을 일컬어 **관성력**이라 하며, 이는 단순히 엘

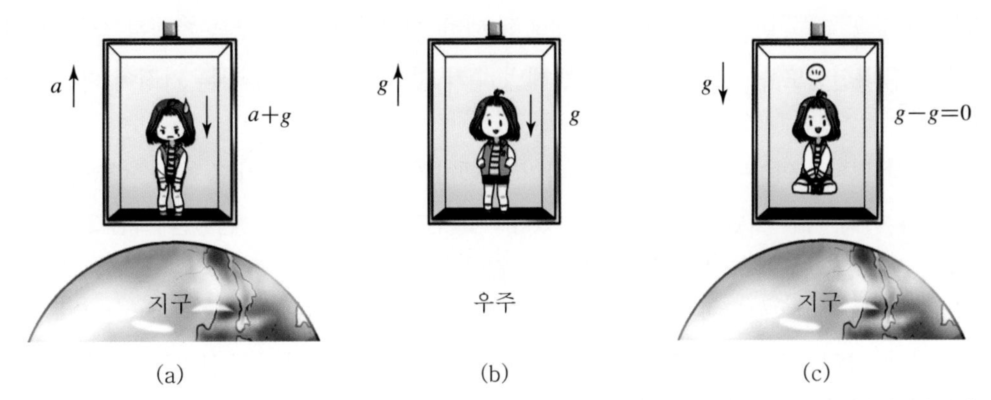

▲ **그림 25.4** | 가속되는 좌표계에서의 관성력을 나타낸 그림. (a) 지구의 중력장하에서 위로 가속되는 엘리베이터 안의 사람은 중력에 더해져 아래 방향으로 힘을 받는다. (b) 중력장이 없는 공간에서 위로 가속되는 엘리베이터 안의 사람은 아랫방향으로 관성력만을 받는다. 따라서 마치 지구 위에 서 있는 것과 같은 편안한 느낌일 것이다. (c) 중력가속도로 떨어지고 있는 엘리베이터 안의 사람은 중력의 반대 방향으로 중력과 같은 힘을 받으므로 상대적으로 아무런 힘도 못 느끼게 된다. 이른바 무중력 상태가 된다.

리베이터가 가속되기 때문에 느껴지는 힘으로 중력과는 상관없는 힘이다. 지구에서 a의 가속력으로 올라가고 있는 엘리베이터 안의 사람이 받는 힘은 중력에 사람의 질량에 a를 곱한 만큼의 관성력을 더해주어야 한다. 따라서 중력장하에서 서 있는 사람이나 중력장이 없는 곳에서 g의 가속력으로 올라가고 있는 사람이나 느끼는 힘은 같을 것이다. 중력이 없는 우주에 우주 정거장을 설치한 뒤 지구에서와 똑같은 환경을 만들기 위해 정거장 자체를 $g= v^2/r$의 구심가속력으로 회전시키는 것이 바로 이런 연유이다. 따라서 중력장하에서 행한 실험이나, 중력장이 없는 대신 g의 가속력으로 올라가고 있는 엘리베이터 안에서 행한 실험이나, g의

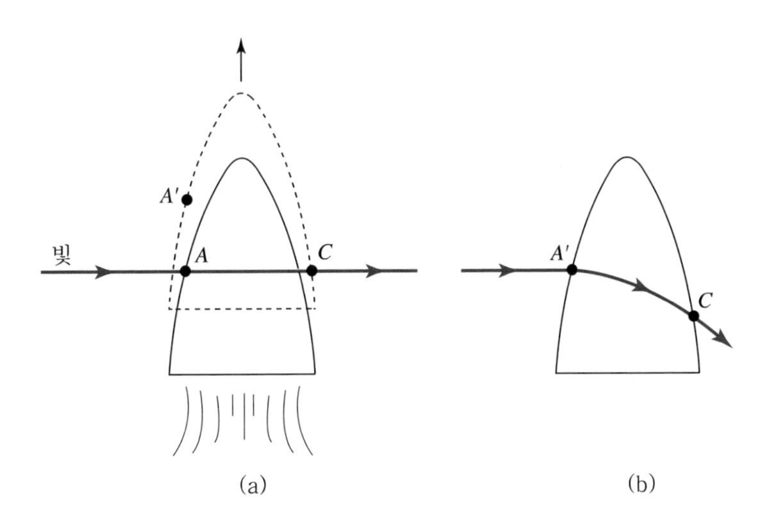

▲ **그림 25.5** | 빛의 굽은 경로. (a) 빛이 가속되는 우주선을 가로로 통과해 지나가면 A점으로 들어가 C점으로 나올 것이다. (b) 이 현상을 우주선 안의 관측자가 본다면, 우주선 가속으로 말미암아 빛이 굽은 경로를 따라 지나갔다고 느낄 것이다.

구심가속도로 돌고 있는 우주 정거장 내에서 행한 실험이나 모두 같은 결과를 주어야 하며, 어떤 종류의 실험도 이 세 좌표계를 구별해낼 수가 없다는 상대론의 기본 가정이 다시 확인되었다.

일반 상대론에 의하면 빛은 직선을 따라 진행하지 않고 휘어지기도 한다. 이러한 현상을 설명하기 위해 어떤 사람들은 공간이 휘었다고 표현하기도 한다. 이 현상을 그림 25.5와 같은 간단한 사고실험을 통하여 쉽게 확인할 수 있다. 어떤 시간에 우주선의 한 끝(A)에 도착한 빛이 우주선의 진행 방향과 수직방향으로 진행하고 있다. 그 빛이 우주선을 벗어나는 지점은 C가 된다. 그러나 만일 이 현상을 우주선 내의 관측자가 본다면 우주선의 가속 운동으로 인하여 빛은 포물선으로 굽어져 진행한 것처럼 보인다.

이런 현상은 중력을 받는 관성 좌표계에서도 똑같이 일어나야 하므로, 빛의 궤적이 중력에 의하여 휜다고 얘기할 수 있다. 이 효과는 실제로 1919년 개기 일식 때 별들 사이의 각거리를 측정하여 확인된 바 있다. 그림 25.6(a)에 나타난 것처럼 측정한 두 별 사이의 각거리는 가운데에 큰 중력장이 없는 한 실제 각거리와 같다. 그러나 태양과 같이 무거운 중력장이 별에서 오는 빛의 경로 사이에 끼게 되면 그림 25.6(b)와 같이 빛이 휘어, 측정한 각거리는 실제 각거리보다 커질 것으로 예측되었다. 평소에는 태양의 강한 빛 때문에 별을 볼 수가 없었는데, 일식이 일어난 1919년에서야 그 각거리를 측정할 수가 있었고, 이 결과로 인해 일반 상대론은 그 위치가 확고해지게 되었다.

같은 원리로 그림 25.7(a)에 나타난 것처럼 매우 멀리 떨어진 퀘이사(quasar)를 관찰하면 2개의 상으로 보이는 경우가 있다. 이것을 중력장의 초점 효과라고 한다. 그림 25.7(b)는 동일한 퀘이사에서 상이 4개나 맺힌 모습을 보여준다. 이 관측으로부터 그 중간에 존재하는 무거

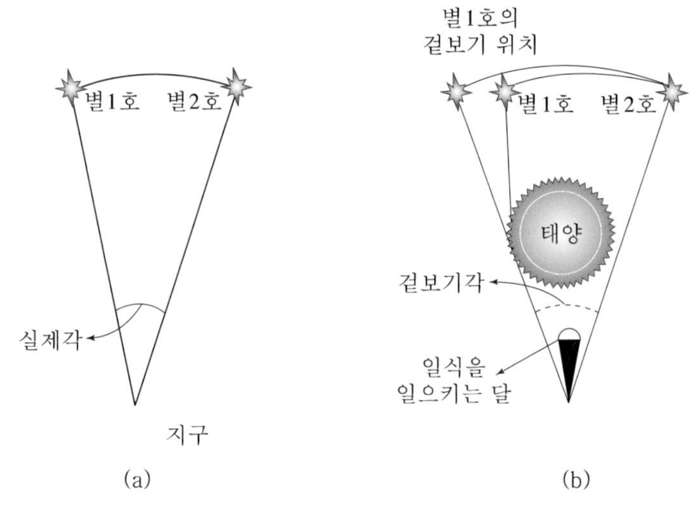

▲ **그림 25.6** | 중력장에 의해 휘는 빛. (a) 보통 때의 두 별 간의 각거리, (b) 일식 때는 중간에 낀 강력한 태양의 중력장 때문에 빛이 휘어져, 실제의 각거리보다 더 커져 보인다.

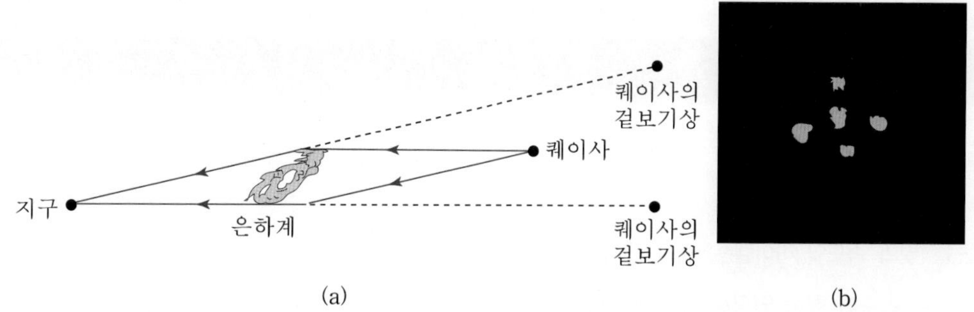

▲ **그림 25.7** | 중력장의 초점 효과. (a) 가운데에 무거운 은하계가 있을 때, 빛은 굽어져 하나 이상의 상을 맺는다. (b) 똑같은 퀘이사의 상이 4개나 맺힌 사진이다. 이로부터 중간의 은하계를 발견할 수 있었다.

운 은하계를 발견하는 계기가 되었다. 때로는 중간에 존재해야만 하는 무거운 은하계나 은하계군을 발견해내지 못하기도 하는데 이는 블랙홀의 개념을 이끌어내기도 하였다. 블랙홀이란 별의 잔해들이 중력으로 뭉쳐지면서 밀도가 굉장히 높아진 상태로서, 엄청나게 커진 중력으로 인하여 어떤 것도, 심지어는 빛조차도 빠져나올 수 없는 상태를 이른다. 빛이 빠져나올 수 없다는 말은 그 내부의 어떤 현상도 감지할 수 없다는 것을 의미하며, 이로 인해 사건의 지평선(event horizon)이란 개념이 등장하게 되었다. 즉 지평선 너머의 사건은 우리가 알 수 없다는 의미이다. 8-2절에서 도입한 탈출 속도의 개념으로 미루어 보면 $v_e = \sqrt{2GM/R}$ 로서, 이 속도가 광속을 넘어서야 사건의 지평선이 생길 것이다. 즉, $v_e > c$ 이며, $v_e = c$ 일 때의 반경 $R = 2GM/c^2$ 을 가리켜 사건의 경계라 한다. 이 경계 내에서 일어나는 모든 사건은 경계 밖으로 빠져 나올 수 없으며, 블랙홀 자체의 반경은 사건의 경계 반경보다 작을 수는 있으나 클 수는 없다.

예제 25.5

태양이 중력에 의해 점차로 압축되어 블랙홀이 되려면 반경이 얼마나 되어야 하는지 계산해보아라.

| 풀이

$R = 2GM/c^2$ 이므로

$$R = \frac{2(6.67\times10^{-11}\ \mathrm{N\,m^2/kg^2})(2.0\times10^{30}\ \mathrm{kg})}{(3.0\times10^{8}\ \mathrm{m/s})^2} = 3.0\times10^{3}\ \mathrm{m}$$

즉 3.0 km 이다. 현재 태양의 반경이 7.0×10^5 km 인 것을 감안하면 태양이 블랙홀이 되기란 아직 요원한 일이고, 실제로 블랙홀이 되기에 태양의 질량은 너무 작다.

연습문제

25-1 빛의 속도와 마이켈슨-몰리 실험

1. 빛의 속도가 항상 일정하다면 마이켈슨-몰리 실험의 결과가 당연해지는가? 그 이유를 설명하여라.

25-2 아인슈타인의 가설 **25-3** 특수 상대론

2. 여러분이 빛을 타고 여행하고 있다가 집에 두고 온 시계를 지나쳤다. 이 시계의 빠르기를 계산해보아라.

3. 지상에서 1 km 떨어진 두 곳에서 5 μs의 시간을 두고 두 사건이 일어난다. 이 두 사건을 동시에 일어난 사건으로 보는 관찰자는 상대적으로 얼마의 속도로 움직이고 있는가?

4. 양쪽에서 동일한 속력 $c/2$로 다가오는 두 대의 열차가 있다. 한 기차에 탄 승객이 상대편 기차의 길이를 측정하면 어떻게 되겠는가?

5. 정지길이가 30.0 cm인 막대자가 진행방향인 x축에 대해 30.0°기울어진 채 x방향으로 $v=0.990\,c$의 속도로 움직이고 있다. 정지해 있는 관찰자가 측정한 이 자의 길이는 얼마인가?

6. 여러분이 2배로 날씬해 보이고 싶다면 얼마나 빨리 달려야 할까?

7. 지상의 관측자가 측정할 때, 일정한 속력 v로 지표면을 향해 떨어지는 뮤온 입자가 있다. 이 입자는 정지한 상태에서는 T_0 시간 후 붕괴한다. $\dfrac{1}{\sqrt{1-(v/c)^2}}=5$라 할 때, 다음 물음에 답하여라.

(가) 지상에서 볼 때 이 입자는 얼마 후 붕괴하겠는가?
(나) 뮤온 입자가 볼 때, 지상이 다가오는 속력은 얼마인가?
(다) 붕괴할 때까지 입자가 운동한 거리를 지상에서 측정해보니 L_0라 한다. 붕괴할 때까지 뮤온 입자가 측정한 지상의 이동거리는 얼마인가?

8. 정지상태에서 중간자는 생성 후 2.0 μs 만에 소멸된다. 이 중간자가 실험실에서 $0.990c$의 속력으로 움직이면, 실험실 시계로 중간자 수명은 얼마인가?

9. 정지상태에서 자동차의 길이가 L이다. 이 자동차가 빛의 속도의 몇 배로 달릴 때, 길이가 $4L/5$로 측정되겠는가?

10. Λ 중입자의 평균수명은 $2.63\times 10^{-10}\,\mathrm{s}$이다. 이 입자가 $0.990\,c$의 속력으로 움직이고 있다면 정지좌표계에서 이 입자를 관찰했을 때 붕괴하기 전 이 입자가 이동한 거리는 얼마인가?

11. 한 변의 길이가 1.00 cm인 정육면체인 알루미늄의 질량은 대략 3.00 g이다. 이 정육면체의 한 면이 x축 방향으로 향하여 0.990 c의 속력으로 움직이고 있다. 정지된 관찰자가 이 정육면체를 측정할 때

(가) 이 정육면체의 부피를 구하여라.
(나) 이 정육면체의 질량을 구하여라.
(다) 이 정육면체의 밀도를 구하여라.

25-4 상대론적 운동량과 에너지

12. 태양의 질량은 $1.99\times 10^{30}\,\mathrm{kg}$이고 $3.87\times 10^{23}\,\mathrm{kW}$의 비율로 에너지를 방출한다. 1시간당 줄어드는 태양의 질량을 계산하고, 태양이 그 질량의 1%를 태우는 데 소모되는 시간을 구하여라.

13. 질량에너지가 1 kg이고 15만 km/s($=c/2$)로 달리는 입자의 운동에너지는 질량에너지의 대략 몇 배인가?

14. 입자의 운동에너지가 정지에너지와 같다면, 이 입자의 속력은 빛의 속력의 몇 배인가?

15. 0.99999 c의 속력으로 움직이고 있는 전자가 있다.

(가) 전자의 상대론적 운동량을 구하여라.
(나) 전자의 상대론적 운동에너지를 구하여라.
(다) 전자의 상대론적 질량을 구하여라.

16. 스위스와 프랑스 국경에 있는 유럽입자물리연구소(CERN)의 거대 강입자 충돌기(Large Hadron Collider: LHC)는 양성자를 운동에너지 7 TeV까지 가속시킨다. 이 가속된 양성자의 속력을 구하여라. 이 양성자의 운동량은 얼마인가? 이 가속된 양성자는 정지질량 $m_p = 938\ \mathrm{MeV}/c^2$보다 얼마나 더 무거운가?

17. 0.900 c의 속력으로 움직이는 양성자와 질량이 같은 전자의 속력은 얼마인가? (단, 전자의 질량은 0.511 MeV/c^2, 양성자의 질량은 938 MeV/c^2라고 하자.)

18. 자유입자의 운동에너지가 정지에너지보다 매우 크다면, (가) 운동에너지는 운동량의 몇 제곱에 비례하는가? 또한 운동에너지가 정지에너지보다 매우 작다면, (나) 운동에너지는 운동량의 몇 제곱에 비례하는가?

19. 10.0 kg의 우라늄이 들어 있는 핵폭탄이 터질 때 이 질량 중 0.100%만 에너지로 바뀐다.

(가) 이때 방출되는 에너지를 J 단위로 구하여라.

(나) 0.19 kg의 다이너마이트(니트로글리세린)는 대략 1 MJ의 에너지를 낸다. 이 핵폭탄의 위력은 몇 kg의 다이너마이트에 해당하는가?

25-16

20. Δ^+ 중입자는 대부분 양성자와 파이 중간자(π^0), 또는 중성자와 파이 중간자(π^+)로 붕괴한다. 그러나 0.6 퍼센트 남짓 양성자와 광자(감마선: γ)로도 붕괴한다. 이 붕괴를 방사붕괴라고 부른다. 이 붕괴 과정은 $\Delta^+ \to p + \gamma$라고 표현한다. 정지상태에 있던 Δ^+ 중입자가 방사붕괴하는 경우에

(가) 양성자의 운동에너지와

(나) 광자의 운동에너지를 MeV의 단위로 나타내어라.

(Δ^+, 양성자의 질량은 각각 1232 MeV/c^2, 938.3 MeV/c^2이다.)

발전문제

21. 전하가 q인 입자가 일정한 전기장 아래서 u의 속력으로 직선 운동을 하고 있다. 이때 이 입자가 전기장 때문에 받는 힘은 $q\vec{E}$이다. 이 입자의 속도와 전기장의 방향은 모두 x 방향이다.

(가) 이 입자가 x 방향으로 받는 가속도는

$$a = \frac{du}{dt} = \frac{qE}{m}\left(1 - \frac{u^2}{c^2}\right)^{3/2}$$

와 같이 주어짐을 보여라.

(나) 시간 $t = 0$일 때 입자에 x 방향으로 일정한 전기장을 가했다. 그리고 그 순간에 입자는 $x = 0$, $t = 0$에서 정지해 있었다. 시간 t후에 이 입자의 위치와 속력을 구하여라.

22. 질량이 m인 입자가 있다. 이 입자의 운동량은 p, 운동에너지는 K로 표현한다.

(가) 이 입자의 질량 m은

$$m = \frac{(pc)^2 - K^2}{2Kc^2}$$

와 같이 쓸 수 있음을 보여라.

(나) 이 입자의 속력이 아주 작을 때, 위 식의 오른쪽 표현이 m이 됨을 보여라.

(다) 만약에 이 입자의 운동량이 $p = 154\ \text{MeV}/c$이고, 운동에너지는 $K = 81$ MeV라면, 이 입자의 질량을 구하여라.

닐스 헨리크 다비드 보어

Niels Henrik David Bohr, 1855-1962

덴마크의 물리학자이다. 1912년 원자모형 연구에 착수, 러더퍼드의 모형에 플랑크의 양자가설을 적용해 원자이론을 세워 수소의 스펙트럼계열을 성공적으로 설명했다(1913).
후에 양자조건을 기반으로 한 보다 일반적인 원자이론으로 정리해 보어의 원자이론을 정립했다.
이 이론으로 고전론과 양자론이 결합되었고, 양자의 개념을 처음으로 복사 이외의 경우에도 적용, 원자의 구조와 원자스펙트럼을 설명했으며, 전기양자론 연구의 계기가 되어,
후에 양자역학으로 발전하였다. 20세기에 가장 영향력 있는 물리학자 중 한 명이다.

CHAPTER 26

원자와 물질의 구조-양자론

17세기 말 뉴턴에 의해서 정형화된 물리학은 그 이후 많은 발전을 거듭하여 여러 자연현상들을 설명하였다. 이러한 물리학의 발전, 크게는 자연과학의 진보는 인간의 능력에 대한 무한한 신뢰를 일반인에게 주었고, 이 점에서 과학계의 발전은 18세기에 걸쳐 풍미한 계몽주의와 밀접한 관련을 맺고 있다.

19세기 말까지의 물리학을 고전물리학이라 할 때, 고전물리학 지식이 거둔 위와 같은 성취들은 20세기에 들어서면서 몇 가지 큰 문제점들에 부딪히게 된다. 고전물리학에 기반을 두고 이런 문제점을 해결하려던 노력은 그 어디에서도 결코 만족스러운 설명을 주지 못했고 시간이 흐를수록 전혀 새로운 개념이 필요하다는 사실이 분명해졌다. 이 장에서는 일상생활에서 경험할 수 있는 그 어떤 세계보다도 더 작은 세계에서 관찰되는 자연현상을 이해하기 위해 필요한 몇 가지 개념들과 이를 뒷받침하는 실험 결과들을 소개한다. 고전물리학과 구분하여 이런 새로운 개념들로 이루어진 물리학을 양자물리학이라 부른다. 이 양자물리학의 관점에서 물체의 운동을 기술하기 위해서 도입된 파동함수의 물리적 의미를 설명하며 이를 수소원자에 적용하여 수소원자의 에너지 준위와 파동함수에 관해 알아본다.

또 주기율표의 원리가 되는 여러 전자를 갖는 원자에서의 전자배열에 대해 공부한다.

26-1 흑체 복사

어떤 물체를 가열하여 온도를 올리면 우리는 따뜻해짐을 느낀다. 이런 경험이 물체로부터 나오는 전자기파의 일종인 열복사선 때문이라는 것은 널리 알려진 사실이다. 이때 열복사선은 물체의 온도에 의존한다. 물체의 온도가 올라가면 물체의 색깔은 붉은색에서 주황색을 거쳐 흰색으로 변한다. 이러한 열복사를 연구하기 위하여 물리학자들은 입사하는 빛을 진동수에 상관없이 모두 흡수하는 이상적인 복사체를 생각하였는데 이런 복사체를 **흑체(blackbody)**라고 부른다. 입사하는 모든 빛을 흡수하므로 완벽하게 흑체인 셈이다. 이런 완벽한 흑체의 예로 그림 26.1에 있는 것과 같이 속이 비어 있으며 몸체에 작은 구멍이 있는 물체를 들 수 있다. 작은 구멍으로 들어오는 모든 빛은 속이 빈 몸체의 내부에서 계속 일부는 흡수되고 일부는 반사되면서 결국은 모두 흡수되어버린다. 물체가 일정한 온도로 유지될 경우 주위와 열적 평형 상태에 있으므로 흡수하는 에너지와 같은 비율로 다시 모두 에너지를 복사선의 형태로 내놓아야 한다. 이때 물체의 작은 구멍을 통하여 나오는 복사선은 물체를 이루는 물질에 무관하며 물체의 온도에만 의존한다(그림 26.2 참조).

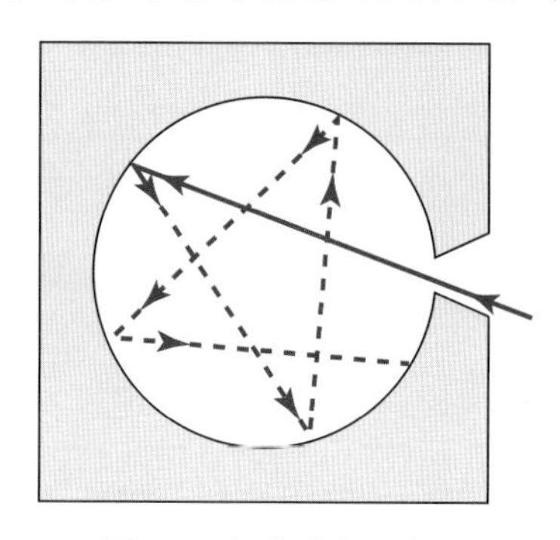

▲ 그림 26.1 | 흑체의 모형

그림 26.2에서 볼 수 있듯이 물체의 온도가 올라가면 복사도가 최댓값을 이루는 파장($\lambda_{\max}$)이 짧아지고(즉, $\lambda_{\max}$이 $1/T$에 비례한다), 모든 파장영역에서 복사되는 총 복사량은 급격히 증가한다(T^4에 비례한다).

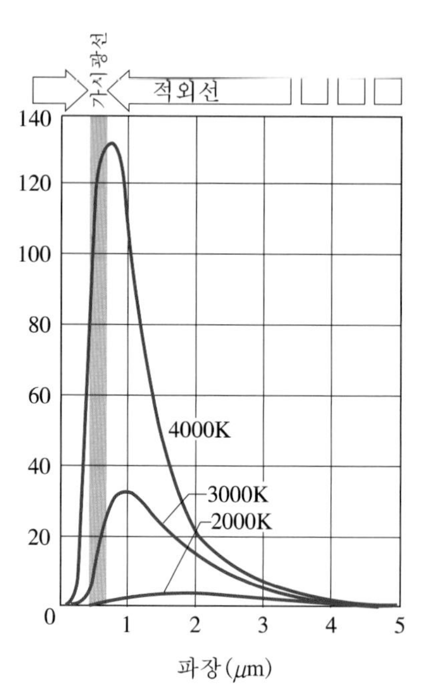

▲ 그림 26.2 | 세 가지 다른 온도의 흑체에서 나오는 복사도

이런 **흑체 복사(blackbody radiation)**를 고전물리학으로 설명하려는 노력은 부분적인 파장영역에서는 성공하였지만 모든 파장영역에서 흑체 복사를 설명하지 못했다. 예를 들어, **레일리**(Lord Rayleigh)와 **진스**(J. Jeans)가 각각 고전전자기학에 기초한 방법으로 흑체의 복사량의 진동수에 대한 의존성을 계산한 결과는 작은 진동수, 즉 긴 파장에서 실험 결과를 잘 설명할 수 있는 반면, 진동수가 커질수록 복사량이 급격히 증가하게 되어 실제 실험 결과(진동수가 충분히 커지면 오히려 복사량이 줄어든다)와 일치하지 않았다.

플랑크(M. Planck)는 흑체 복사의 실험 결과를 설명하기 위하여 빛의 복사에 대한 그 당시로서는 대담한 가정을 세웠다. 그 가정은 다음과 같이 요약할 수 있다. 물체가 복사하는 빛은 가능한 모든 에너지를 갖는 것이 아니고 다음과 같이 양자화되어 있다.

$$E = nh\nu \tag{26.1}$$

여기서 n은 정수이고, h는 플랑크상수라 하며 $6.626 \times 10^{-34}\,\mathrm{J \cdot s}$이다. 그리고 ν는 진동자의 진동수이다. 이러한 복사에너지의 양자화는 그 당시에 있던 물리학의 개념들과 근본적으로 배치되었기 때문에 이 플랑크의 제안이 당시 물리학자들에게 받아들여지기까지는 여러 해가 걸렸다. 여기서 우리가 주목해야 할 점은 플랑크상수가 매우 작은 양이라는 점이다. 이 가정으로부터 출발한 플랑크는 다음과 같은 **플랑크의 복사공식(Planck's radiation formula)**을 구하여 흑체 복사 실험 결과를 모든 파장영역에서 정확히 설명하는 데 성공하였다.

$$R_\lambda = \frac{2c^2h}{\lambda^5}\frac{1}{e^{hc/\lambda k_B T} - 1} \tag{26.2}$$

여기서 R_λ는 온도 T에서 λ와 $\lambda + \Delta\lambda$ 사이의 파장을 가지는 복사선의 스펙트럼 복사도(spectral radiance)이다. 레일리-진스의 고전이론과 플랑크의 복사공식을 비교하면 그림 26.3과 같다.

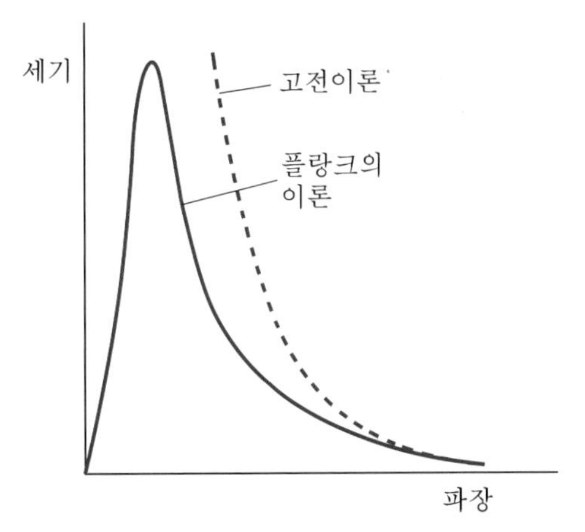

▲ 그림 26.3 | 흑체 복사 분포에 대한 고전이론(레일리-진스 이론)과 플랑크 이론

예제 26.1 적외선 체온계

사람의 체온은 섭씨 36.5도이다. 복사도 최댓값을 이루는 파장을 구하여라.

| 풀이

빈의 변위법칙(Wien displacement law)에 의하면, $\lambda_{\max} = \dfrac{3 \times 10^{-3}\ \mathrm{mK}}{T}$으로 주어지며, 체온의 절대온도 $273 + 36.5 = 309.5$를 대입하면

$$\lambda_{max} = \frac{3 \times 10^{-3}\ \text{mK}}{309.5\ \text{K}} = 0.969 \times 10^{-5}\ \text{m}$$

또는 약 10 μm의 적외선 영역의 빛이 가장 많이 나온다. 그런 이유에서 최근 체온계는 모두 적외선 측정장비를 이용하며, 밤에 사람을 볼 수 있는 망원경도 적외선 망원경을 사용한다.

26-2 광전 효과

영(T. Young)이 1800년 간섭 실험으로 빛의 파동성을 증명한 이후, 빛이 파동으로 되어 있다는 것은 정설이었다. 이런 빛의 파동성은 19세기 후반에 발견된 **광전 효과(photoelectric effect)**라는 실험 결과를 설명하는 데 여러 가지 문제점을 드러내었다. 광전 효과란 그림 26.4에서 볼 수 있듯이 빛을 금속 표면에 비추면 전자가 금속 표면에서 튀어나와 전류가 흐르는 현상이다. 우리는 이런 전자를 **광전자(photoelectron)**라 부른다.

그림 26.4의 광전 효과 실험에서 빛의 진동수, 빛의 세기를 변화시키며 전류와 광전자의 최대 운동에너지를 관찰하면 다음과 같은 결론을 얻을 수 있다. (1) 그림 26.4에서 빛의 진동수가 일정한 경우, 전압 V를 변화시키면서 전류의 양을 측정할 수 있다. 이때 전류를 영으로 만드는 전압을 **저지전압(stopping voltage)** V_0라 부른다. 이 저지전압은 광전자의 최대 운동에너지에 의해 결정된다. (2) 사용하는 빛의 진동수 ν를 변화시키면서 전류의 양을 측정하면 어떤 진동수보다 작은 진동수의 빛은 빛의 세기와 관계없이 전류가 흐르지 않는 광전문턱 진동수(photoelectric-threshold frequency) ν_0가 있다(그림 26.5와 26.6 참조). 우리는 앞의 실험 결과에서 특히 다음과 같은 점에 주목해야 한다. 광전문턱 진동수보다 작은 진동수를 가지는 빛은 그 세기가 아무리 강해도 전자가 방출되지 않고 큰 진동수를 가지는 빛은 세기에 상관없

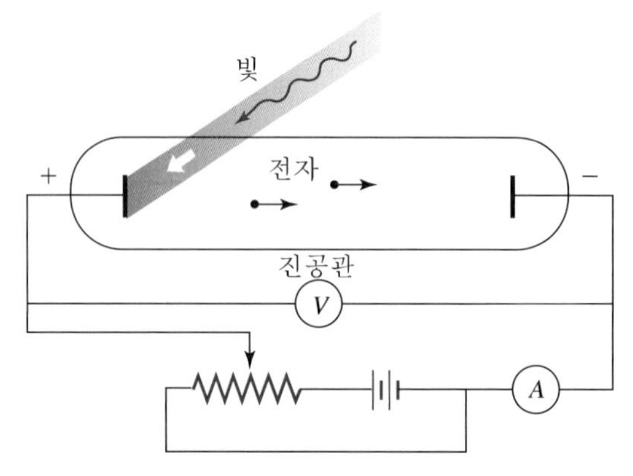

▲ **그림 26.4** | 광전 효과를 보이는 실험장치

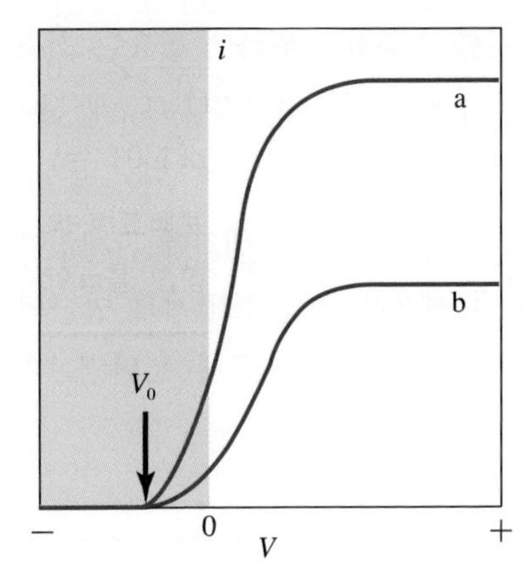

▲ **그림 26.5** | 광전 효과에 의한 광전자 전류와 전압과의 관계. 진동수가 일정할 경우, 전류의 양은 빛의 세기에 비례하지만 저지전압은 빛의 세기에 무관하게 같다.

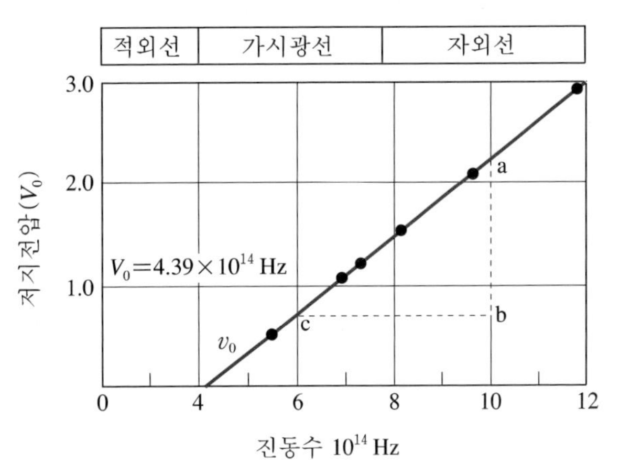

▲ **그림 26.6** | Cs 표면에 대한 저지전압과 빛의 진동수. 그래프의 경사 (a−b길이)/(c−b길이)로부터 h 값을 확인하고, 임계진동수 ν_0로부터 물질의 일함수 Φ를 얻어낼 수 있다.

이 빛을 비춤과 동시에 전자가 방출된다. 단 방출되는 전자의 수는 빛의 세기에 비례한다. 이런 실험 결과는 빛의 파동설로서는 설명할 수 없다. 빛의 진동수에 대해서 이 저지전압을 그려보면 그림 26.6과 같이 일직선으로 나타난다. 이때 저지전압이 영이 되는 임계 진동수가 광전문턱 진동수이다.

1905년 **아인슈타인**(A. Einstein)은 광전 효과를 설명하기 위하여 빛의 에너지와 **진동수** 사이의 관계를 설명하는 플랑크 가설을 이용하였다. 이런 빛, 즉 에너지 덩어리를 **광자(photon)**라고 부른다. 아인슈타인의 이론에 따르면, 빛의 세기는 광자 수에만 의존하고 광자 한 개의 에너지는 빛의 세기와는 무관한 진동수의 함수이다. 그는 이를 이용해서 광전 효과에서 방출되는 전자의 운동에너지 K와 빛의 에너지 사이에 다음과 같은 관계식이 존재함을 밝혀냈다.

$$h\nu = \Phi + K \tag{26.3}$$

여기서, Φ는 일함수이며 전자를 방출하기 위하여 필요한 최소 에너지이고 물질의 고유값이다. 이때 전자의 최대 운동에너지 $K_{\max}$는 저지전압 V_0에 전하 e를 곱한 값이므로 위의 식은 $eV_0 = h\nu - \Phi$이다. 따라서 저지전압 V_0가 0이 되는 임계진동수는 $\nu_0 = \dfrac{\Phi}{h}$인 것이다.

이런 빛의 광자론을 받아들이면 전자가 빛의 세기에 관계없이 진동수가 광전문턱 진동수보다 클 경우 빛을 비춤과 동시에 전자가 금속 표면에서 방출되는 것이 자연스럽다.

광전 효과를 응용한 기기로서는 사진기의 조도계, 도난경보기, 영화 사운드 트랙의 재생기를 들 수 있다.

예제 26.2 광전 효과

아연(zinc)과 카드뮴(cadmium)의 광전 효과의 일함수는 각각 $\Phi_{\text{Zn}} = 4.33$ eV와 $\Phi_{\text{Cd}} = 4.22$ eV이다. 동일한 자외선 빛($\lambda = 0.275\ \mu\text{m}$)을 두 금속 표면에 쬘 때 방출되는 광전자의 운동에너지를 구하여라.

| 풀이

자외선 빛의 에너지를 eV로 표현하면,

$$h\nu = (6.626 \times 10^{-34}\ \text{J} \cdot \text{s}) \frac{3 \times 10^{8}\ \text{m/s}}{0.275 \times 10^{-6}\ \text{m}} = 7.228 \times 10^{-19}\ \text{J}$$

또는 $h\nu = \dfrac{7.728 \times 10^{-19}\ \text{J}}{1.6 \times 10^{-19}\ \text{J/eV}} = 4.52\ \text{eV}$이다.

광전자의 운동에너지는 식 (26.3)으로부터 구할 수 있다.

아연: $K = h\nu - \Phi_{\text{Zn}} = 4.52\ \text{eV} - 4.33\ \text{eV} = 0.19\ \text{eV}$

카드뮴: $K = h\nu - \Phi_{\text{Cd}} = 4.52\ \text{eV} - 4.22\ \text{eV} = 0.30\ \text{eV}$

질문 26.1

60 W의 전구에서 파장이 한 가지인 빛만 나온다고 가정하자. 이 빛의 파장이 600 nm라면 이 전구에서 나오는 광자 수는 초당 몇 개일까?

26-3 콤프턴 산란

앞에서 우리는 빛이 에너지 덩어리의 입자(광자)라는 믿기 어려운 사실이 광전 효과를 설명하기 위해서 필요함을 배웠다. 우리가 따사로운 햇빛을 쬐는 것은 곧 무수히 많은 에너지 덩어리들이, 즉 광자들이 우리를 때리는 것과 같은 셈이다. 이런 빛의 입자성이 나타나는 또 다

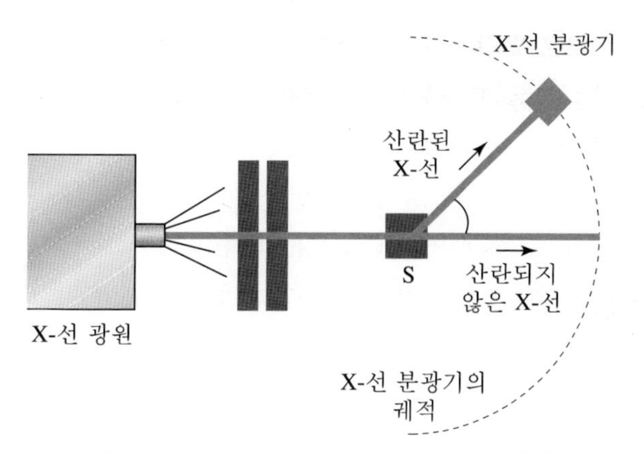

▲ **그림 26.7** | X-선 분광기를 이용한 콤프턴 산란 실험장치

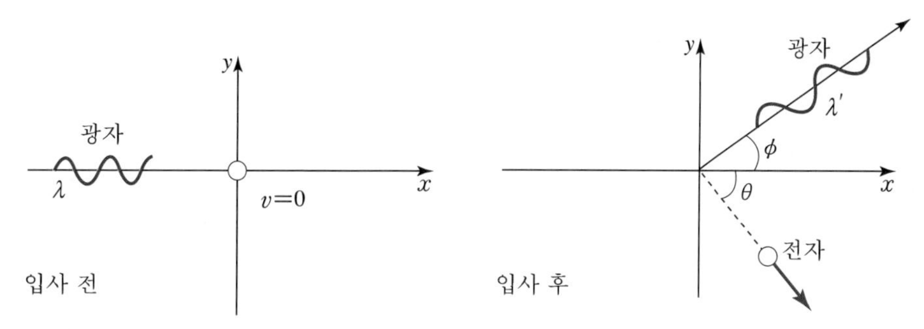

▲ **그림 26.8** | 빛이 입자라는 관점에서 두 공의 충돌로 보는 콤프턴 실험 개략도

른 실험으로 빛과 자유전자의 산란실험을 살펴본다(그림 26.7, 26.8 참조).

콤프턴(A. H. Compton)은 1923년 그림 26.7과 같이 파장이 0.01∼10 nm인 엑스선을 흑연 산란체 S에 쪼여서 산란되는 엑스선의 세기를 여러 산란각에서 파장의 함수로 측정하였다. 그림 26.8은 콤프턴 산란 실험의 개요이다. 그의 실험 결과에 따르면, 산란되는 엑스선은 임의의 산란각에서 원래의 입사 파장과 같은 파장 λ 이외에 파장이 다른 λ'에서도 강한 엑스선 세기를 가짐을 보여주고 있다(그림 26.9). 이 경우, 산란되는 엑스선의 파장 λ'은 입사 파장보다 길어지게 되는데 그 길어지는 정도 $\Delta\lambda(=\lambda'-\lambda)$는 산란각 ϕ가 커질수록 커진다. 빛을 전자기파라고 보고 위의 실험 결과를 접근할 경우, 파장이 $\Delta\lambda$만큼 이동하는 이런 콤프턴 이동(Compton shift)은 이해할 수가 없다. 하지만 빛을 광자라고 보면, 즉 자유전자에 의한 엑스선의 방출을 자유전자라 하는 공과 광자라 하는 공의 충돌로 다룬다면 이런 어려움을 쉽게 극복할 수 있다. 고전역학에서 다루는 충돌문제의 자세한 계산을 통하여 실험 결과와 정확히 일치하는 콤프턴 이동과 산란각의 관계를 유도할 수 있으나, 대략적인 경향은 자세한 계산이 없이도 다음과 같은 간단한 추론으로 이해할 수 있다. $h\nu$의 에너지를 가지는 광자 공이 정지해 있는 자유전자 공과 충돌하면, 에너지의 일부를 자유전자 공에게 주게 되고, 에너지 보존법칙에 의하여 그만큼 작아진 에너지를 가지고 어떤 산란각 ϕ로 산란된다. 이 산란된 광자

공은 에너지가 줄어들었으므로 $E=h\nu$의 관계식에 따라 줄어든 진동수, 즉 늘어난 파장을 가지게 된다. 이때, 광자 공의 산란 각도가 클수록 자유전자 공에 많은 에너지를 주게 되므로 산란된 광자 공의 파장은 더욱 더 길어지게 된다. 이를 통해 콤프턴 산란 실험 결과를 잘 설명할 수 있다. 따라서 이 콤프턴 산란 실험은 빛의 입자성을 보여주는 더할 나위 없이 좋은 예가 된다.

여기서 우리가 명심해야 할 것은 빛이 파동과 입자라는 양면성을 가진다는 점이다. 어떤 경우에는 빛을 파동으로 보기도 하고, 어떤 경우에는 입자로 보기도 한다. 하지만 실제 빛은 이들 두 가지 성질을 모두 가지고 있다. 이를 두고 **빛의 파동-입자의 이중성** 또는 **상보성 원리**라 한다.

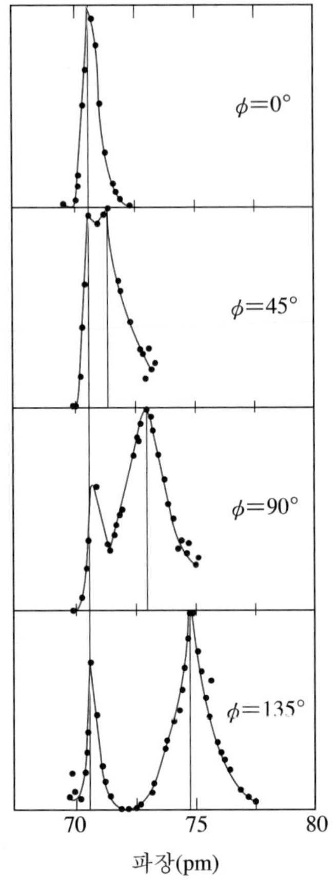

▲ **그림 26.9** | 콤프턴산란실험결과

그림 26.8에서와 같이 두 공의 충돌에 의한 산란에 에너지 보존법칙과 운동량 보존법칙을 적용할 수 있다. 여기서 우리는 자유전자의 에너지와 운동량을 위해서 상대론적 표현을 사용하는 점에 주의해야 한다 (25-4절 참조).

에너지 보존법칙으로부터

$$h\nu+m_0c^2 = h\nu'+mc^2 \quad (26.4)$$

여기서, ν는 충돌 전 엑스선의 진동수이고, ν'은 충돌 후 엑스선의 진동수, m_0는 전자의 정지 질량, m은 충돌 후 전자의 상대론적 질량이다. 즉

$$m=\frac{m_0}{\sqrt{1-\left(\frac{v}{c}\right)^2}}$$

식 (26.4)를 파장에 대해서 쓰면,

$$\frac{hc}{\lambda}+m_0c^2 = \frac{hc}{\lambda'}+\frac{m_0c^2}{\sqrt{1-\left(\frac{v}{c}\right)^2}} \quad (26.5)$$

운동량 보존법칙으로부터 x축과 y축 성분을 구하면 각각 다음과 같다.

$$\frac{h}{\lambda}=\frac{h}{\lambda'}\cos\phi + \frac{m_0v}{\sqrt{1-\left(\frac{v}{c}\right)^2}}\cos\theta \quad (26.6)$$

$$0=\frac{h}{\lambda'}\sin\phi - \frac{m_0v}{\sqrt{1-\left(\frac{v}{c}\right)^2}}\sin\theta \quad (26.7)$$

위의 식 (26.5), (26.6), (26.7)로부터 콤프턴 이동을 구하면 다음과 같다.

$$\Delta\lambda=\lambda'-\lambda = \frac{h}{m_0c}(1-\cos\phi) \quad (26.8)$$

예제 26.3 콤프턴 산란

탄소 시료로부터 산란되는 X-선($\lambda'=22\,\text{pm}$)을 입사 방향으로부터 85°되는 방향에서 측정하였다. 콤프턴 이동을 구하여라.

| 풀이

식 (26.8)을 이용하면,

$$\Delta\lambda=\frac{h}{m_0c}(1-\cos\phi)$$

$$=\frac{6.626\times10^{-34}\,\text{J}\cdot\text{s}}{(9.11\times10^{-31}\,\text{kg})(3\times10^{8}\,\text{m/s})}(1-\cos85°)=0.221\times10^{-11}\,\text{m}$$

또는 2.21 pm가 된다.

질문 26.2

식 (26.5), (26.6), (26.7)을 이용하여 콤프턴 이동이 식 (26.8)로 주어짐을 증명하여라.

26-4 물질파

빛의 파동 - 입자의 양면성에 착안하여 프랑스의 **드 브로이**(L. de Broglie)는 물질도 입자 - 파동의 양면성을 가져야 한다는 놀라운 주장을 하였다. 즉, 우리가 파동으로만 알았던 빛이 어떤 경우에 입자성을 가진다면, 우리가 입자라고 알고 있는 물질도 어떤 경우에 파동처럼 행동하지 않을까라고 하는 믿기 어려운 주장이다. 생각해보라. 예컨대 날아가는 야구공이 파동이라는 사실을 어떻게 쉽게 받아들일 수 있는가? 이런 드 브로이의 주장에 따르면, 입자로서 에너지 E와 운동량 p를 가지는 물체가 파동성을 가지고 이때 진동수 $\nu = \dfrac{E}{h}$이고 파장은

$$\lambda = h/p \tag{26.9}$$

이다. 우리는 이렇게 물체가 가지는 파동성을 **물질파** 혹은 **드 브로이 파**라고 한다.

위의 물질파에 대한 드 브로이의 주장은 미국의 **데이비슨**(C. J. Davisson)과 **거머**(L. H. Germer) 그리고 영국의 **톰슨**(G. P. Thomson)의 서로 다른 방법의 실험에 의해 검증되었다. 여기서는 톰슨의 실험 방법과 결과를 살펴보자. 그림 26.10(a)에는 같은 파장의 엑스선과 전자가 얇은 알루미늄 박막에 투사되어 산란되는 실험이 나타나 있다. 그림 26.10(b)와 (c)에서는 이런 산란에 의한 엑스선과 전자의 회절 결과를 보여준다. 위의 결과에서 잘 보여주듯이, 엑

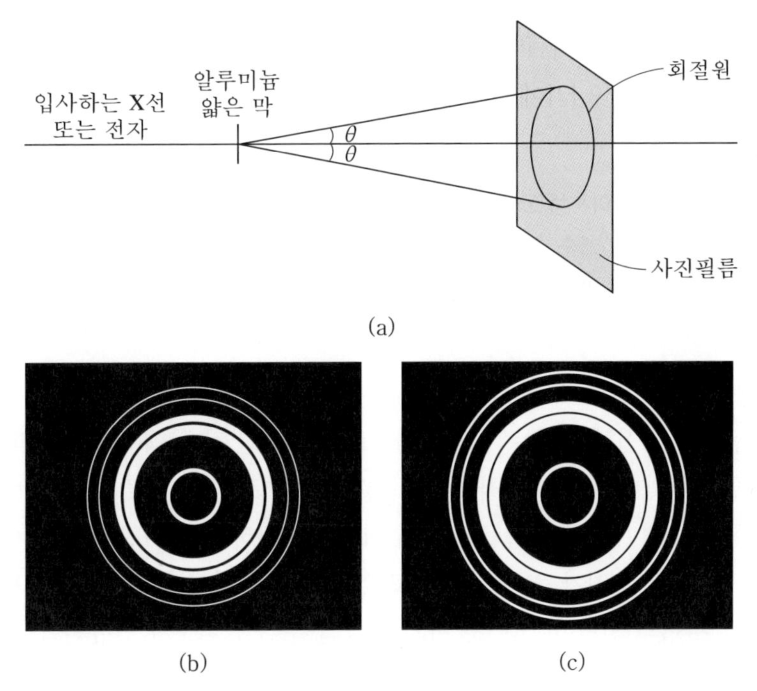

▲ **그림 26.10** | (a) 같은 파장의 전자와 엑스선이 알루미늄 박막에 충돌하는 톰슨의 실험장치, (b) 엑스선에 의한 회절 실험 결과, (c) 전자에 의한 회절 실험 결과

스선과 전자는 놀랍게도 동일한 회절무늬를 보인다. 이로써 우리는 전자가 파동의 성질을 가짐을 더 이상 부인할 수 없다. 모든 입자들은 전자처럼 파동성을 가지는데 그런 파동을 우리는 물질파라고 부르는 것이다.

예제 26.4 물질파의 파장

어떤 방사선 동위원소의 붕괴과정에서 에너지가 1.35 MeV인 감마선이 방출되었다. 이 감마선 광자의 파장은 얼마인가?

| 풀이

$$\lambda = \frac{c}{\nu} = \frac{hc}{h\nu} = \frac{hc}{E}$$

$hc = (6.626 \times 10^{-34}\ \mathrm{J \cdot s})(3 \times 10^{8}\ \mathrm{m/s}) = 1.24 \times 10^{-6}\ \mathrm{eV \cdot m}$와 $E = 1.35\ \mathrm{MeV}$를 대입하면,

$$\lambda = \frac{1.24 \times 10^{-6}\ \mathrm{eV \cdot m}}{1.35 \times 10^{6}\ \mathrm{eV}} = 0.90 \times 10^{-12}\ \mathrm{m}$$

또는 0.90 pm이다.

질문 26.3

우리의 일상 경험은 물질파의 개념을 받아들이는 데 장애가 된다. 예를 들면, 투수가 던지는 야구공이 빛과 같이 파동으로 보이지는 않는다. 왜 그럴까?

26-5 보어의 수소원자 모형

1911년경에 **러더퍼드**(E. Rutherford)의 연구진에 의한 $\alpha(\mathrm{He}^{4+})$ 입자와 금속 박막의 산란실험을 통해서 원자가 양전하를 띠는 무거운 물질로 이루어진 작은 핵이라는 것과 음전하를 띠는 전자로 이루어져 있다는 것이 밝혀졌다. 이러한 러더퍼드의 실험 결과 이후 많은 사람들이 전자가 어떤 형태로 핵 주위를 운동을 할지에 대해서 연구하였다. 가장 간단한 생각은 양전하의 핵 주위를 음전하의 전자가 원 궤도로 돌고 있는 원자 모형이다. 이때, 전자 원운동의 구심력은 핵과 전자 사이의 인력이다. 이는 마치 태양의 주위를 지구가 만유인력에 의하여 돌고 있는 것과 흡사하다. 그러나 이러한 원자 모형은 특히 다음의 실험 결과를 설명하는 데 문제가 있음이 밝혀졌다.

길을 걷다가 보면 가로등으로 쓰이는 수은등과 나트륨등이 각각 하얀색과 노란색의 독특한

색깔을 띠는 것을 관찰할 수 있다. 수은이나 나트륨 대신 아주 낮은 압력의 수소원자가 들어 있는 등을 만들면 수소원자에서 나오는 빛띠(spectrum)는 하얀색이나 노란색이 아닌 여러 가지 불연속인 파장의 빛으로 이루어진 것을 관찰할 수 있다(그림 26.11 참조). 이렇게 얻은 실험 결과는 매우 규칙적이며, 수소원자의 어떤 성질과 깊은 관련이 있다는 것을 쉽게 추측할 수 있다.

고전 전자기이론을 이용하여 수소원자의 빛띠를 전자의 원운동에 의한 복사로 설명하려는 노력은 한 가지 큰 문제점에 부딪힌다. 왜냐하면 고전 전자기이론에 의하면 이렇게 빛을 복사하는 전자는 매우 짧은 시간에 여러 가지 파장의 빛을 내면서 핵 속으로 빨려 들어가기 때문이다. 또한 이때 나오는 빛 역시 연속적이게 되므로 불연속 빛띠를 보여주는 실험 결과와 일치하지 않는다. 이러한 문제점을 해결하기 위하여, **보어**(N. Bohr)는 다음과 같은 가정으로 새로운 수소원자 모형을 제안하였다. 먼저 그는 어떤 이유에서인지는 모르지만 전자는 핵 주위의 주어진 특정 궤도만을 원운동한다고 생각하였다. 이러한 특정 궤도를 결정하는 조건으로 그 궤도에서 원운동하는 전자의 각운동량은 모든 가능한 값을 가지는 것이 아니고 다음의 식으로 주어진 값만을 가진다고 가정하였다.

$$L = pr = n\frac{h}{2\pi} \quad (n = 1,\ 2,\ 3,\ \cdots) \tag{26.10}$$

이때 h는 플랑크상수이고, n을 양자수라 한다. 보어의 이 가정은 우리가 지금 **각운동량의 양자화**라 부르는 매우 중요한 식이다. 보어 자신은 이 각운동량의 양자화 가정이 어떤 이유로존재하는지를 설명하지 못했다. 하지만 식 (26.10)에 대한 드 브로이의 물질파와 관련한 설명은 매우 흥미롭고 주목할 필요가 있다. 식 (26.9)를 이용하여 식 (26.10)을 다시 쓰면 우리는 전자의 반지름 r이 전자의 물질파 파장$\left(\lambda = \frac{h}{p}\right)$과 다음과 같은 관계를 가진다는 것을 발견할 수 있다.

$$n\lambda = 2\pi r \tag{26.11}$$

즉 전자 원운동 궤도의 원둘레 길이가 파장의 정수배인 조건은 곧 각운동량의 양자화 조건과 같다.

위의 조건을 이용하여 원운동하는 전자의 운동을 고전적으로 기술하면 다음과 같다. 먼저 전자와 핵의 전자기력을 구심력으로 하는 원운동에 대해 뉴턴의 제2법칙을 이용하자.

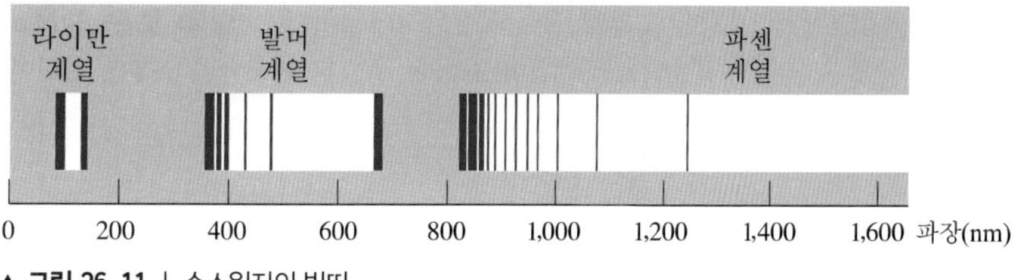

▲ **그림 26.11** | 수소원자의 빛띠

$$F = ma$$

$$\frac{1}{4\pi\varepsilon_0}\frac{e^2}{r^2} = m\frac{v^2}{r} \tag{26.12}$$

식 (26.12)를 이용하여 식 (26.10)을 다시 쓰면 각운동량의 양자화 조건이 전자 원운동의 반지름에 대한 양자화 조건임을 알 수 있다.

$$r_n = n^2\frac{h^2\varepsilon_0}{\pi m e^2} = n^2 r_1 \quad (n = 1,\ 2,\ 3,\ \cdots) \tag{26.13}$$

이때 r_1의 값은 $5.3\times10^{-11}\,\mathrm{m}$이다. 그림 26.12에 보어의 수소원자 모형이 있다.

반지름이 r인 전자의 운동에너지 K와 위치에너지 U, 그리고 총 에너지 E를 구하면 다음과 같다.

$$K = \frac{1}{2}mv^2 = \frac{e^2}{8\pi\varepsilon_0 r} \tag{26.14}$$

$$U = -\frac{e^2}{4\pi\varepsilon_0 r} \tag{26.15}$$

$$E = K + U = -\frac{e^2}{8\pi\varepsilon_0 r} \tag{26.16}$$

식 (26.13)을 이용하여 식 (26.16)을 다시 쓰면 총 에너지 또한 양자화됨을 알 수 있다.

$$E = -\frac{me^4}{8\varepsilon_0^2 h^2}\frac{1}{n^2} = E_1\frac{1}{n^2} \tag{26.17}$$

이때 E_1은 전자가 제일 작은 궤도로 원운동을 할 때 가지는 에너지로서 $-2.18\times10^{-18}\,\mathrm{J}$ $(=-13.6\ \mathrm{eV})$이다. 그림 26.11에 있는 수소원자의 빛띠를 설명하기 위하여 보어는 전자가 양자수가 큰(n) 궤도에서 작은(m) 궤도로 이동할 때 다음의 식으로 주어진 진동수의 빛을 낸다고 가정하였다.

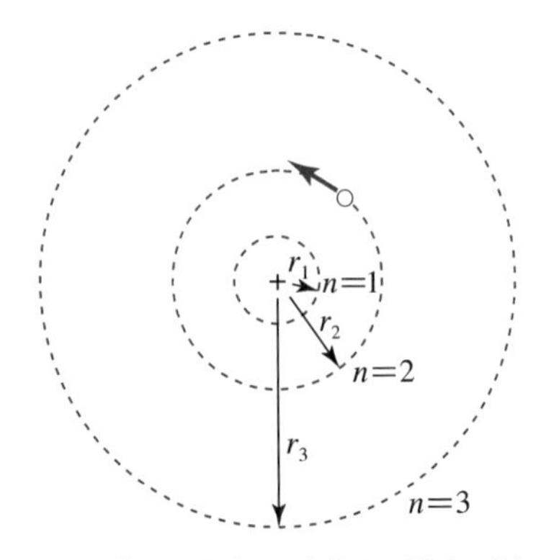

▲ **그림 26.12** | 보어의 수소원자 모형

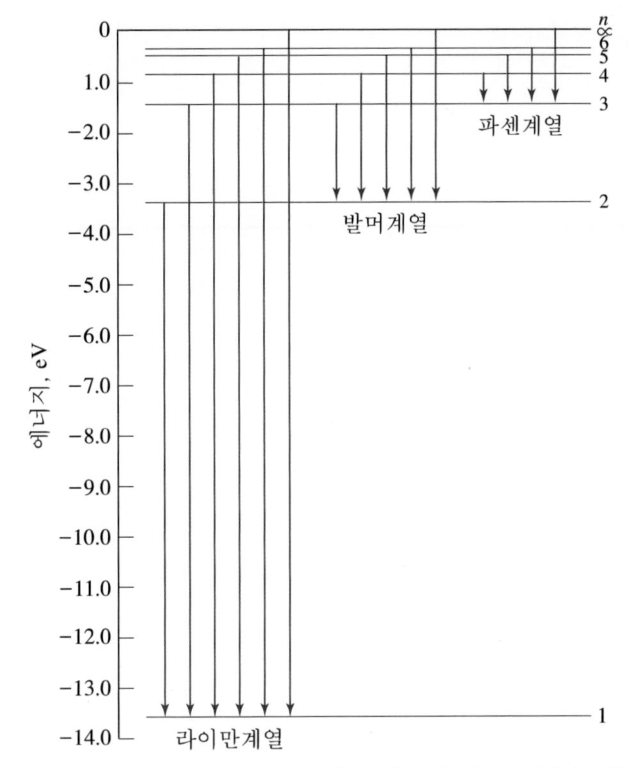

▲ **그림 26.13** | 보어의 수소원자 모형으로 해석하는 수소원자에서의 빛띠

$$h\nu = E_n - E_m = (-13.6\ \mathrm{eV})\left(\frac{1}{n^2} - \frac{1}{m^2}\right) \tag{26.18}$$

이 식을 이용하여 보어는 수소원자의 빛띠를 성공적으로 설명할 수 있었다. 식 (26.18)에서 라이만계열(Lyman series)은 m이 1이고 n이 2 이상의 정수에 해당하고, 발머계열(Balmer series)은 m이 2이고 n이 3 이상, 그리고 파센계열(Paschen series)은 m이 3이고 n이 4 이상인 경우에 해당한다(그림 26.13 참조).

예제 26.5 수소원자의 스펙트럼

라이만계열의 방출되는 광자의 에너지 중 가장 작은 에너지의 파장을 구하여라.

| 풀이

라이만계열은 높은 상태의 에너지를 가진 전자들이 가장 낮은 $n=1$인 상태로 떨어질 때 방출되는 광자들을 뜻하며, 이들 중 가장 적은 에너지의 광자를 방출하는 경우는 $n=2$인 상태에서 $n=1$ 상태로 떨어지는 경우이다. 식 (26.18)을 이용하면,

$$h\nu = (-13.6\ \mathrm{eV})\left(\frac{1}{2^2} - \frac{1}{1^2}\right) = 10.2\ \mathrm{eV}$$

그리고 $\lambda = \dfrac{hc}{h\nu}$ 이므로,

$$\lambda = \frac{1.24 \times 10^{-6}\ \mathrm{eV \cdot m}}{10.2\ \mathrm{eV}} = 0.12\ \mu\mathrm{m}$$

를 구할 수 있다.

26-6 물질파동과 확률

1801년 토머스 영(Thomas Young)은 간섭계의 두 구멍으로 들어오는 빛의 파장을 측정하였지만, 햇빛의 실체는 알지 못하였다. 이러한 빛의 실체는 거의 반 세기가 지나서야, 맥스웰에 의해 전기장과 자기장이 진행하는 전자기파임이 밝혀졌다. 이제 우리는 물질파동에 대해서도 같은 상황에 놓여 있다. 드 브로이의 가설은 물체의 운동량과 파장의 관계를 제시할 뿐, 파동의 실체에 관해서는 알려주는 바가 없다. 26-4절에서 소개한 실험을 통하여 전자나 중성자가 만드는 물질파동의 파장을 측정할 수는 있지만, 그 파동의 실체가 무엇인지는 모른다.

탄성파동에서 매질의 변위에, 그리고 전자기파동에서 전기장 또는 자기장에 해당하는 것이 물질파동에서는 무엇일까? 파동의 내용은 서로 다르지만, 탄성파동, 전자기파동, 그리고 물질파동은 모두 파동이다. 따라서 물체의 파동성과 연관되어 시·공간적으로 변하는 양을 파동함수라 부르고, 부호 $\psi(\boldsymbol{r}, t)$로 나타내기로 하자. 탄성파동이나 전자기파동과 마찬가지로, 물질파동 $\psi(\boldsymbol{r}, t)$도 파동방정식을 만족시킨다. 1926년 오스트리아의 물리학자 **슈뢰딩거**(Erwin Schrödinger)는 드브로이의 물질파동을 기술하는 파동방정식을 제안하였고, **보른**(Max Born)은 파동함수의 물리적인 의미를 확률로 부여하였으며, 이로써 현대물리학의 바탕이 되는 양자역학이 완성되었다.

고전역학에서 입자·파동의 두 개념은 별개이지만, 양자역학에서는 서로 보완적이며 이러한 속성을 **입자·파동의 이중성**이라 한다. 고전적으로 입자는 에너지가 공간적으로 매우 국소화되어 있다는 점에서 파동과 구분된다. 탄성파동의 에너지는 변위의 제곱에 비례하고, 전자기파동의 경우에는 전기장의 제곱에 비례한다. 따라서 그 에너지는 파동함수가 존재하는 공간에 넓게 퍼져 있다. 그렇다면, 에너지가 국소화된 입자의 파동함수는 어떠한 물리적 의미를 갖는 것일까? 입자의 속성을 그대로 보존한 채, 보른은 파동함수를 확률 진폭으로 멋지게 해석하였다. 즉, $|\psi(\boldsymbol{r},t)|^2$이 어떤 위치와 시각에서 입자를 발견할 확률밀도라고 설명하였다. 이는 나중에 언급될 불확정성 원리와도 부합된다. 입자의 위치를 통계적으로 기술한 만큼, 그에 따른 위치의 불확정성도 나타나야 한다.

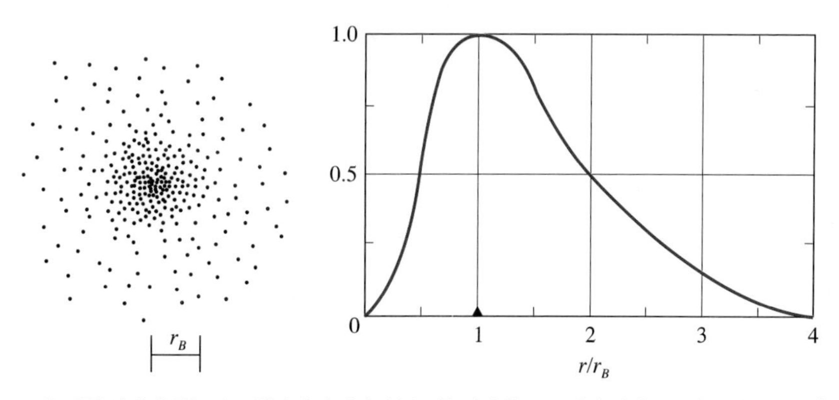

▲ **그림 26.14** | 바닥 상태에 있는 수소원자에서 전자의 분포를 나타내는 두 가지 방법. (a) 점의 밀도는 $|\psi|^2$를 나타내며, r_B는 보어반지름을 나타낸다. (b) 지름확률 밀도함수 $P(r)$로서 $r = r_B$에서 최대이다.

이러한 확률적 해석은 '술주정뱅이의 멋대로 행동'에 비유하여 이해할 수 있다. 술집을 나선 술주정뱅이가 일정한 규칙 없이 오른쪽으로 또는 왼쪽으로 제멋대로 움직인다고 가정하면, 시간이 지남에 따라 술주정뱅이의 위치는 점점 더 불확실해질 것이다. 그렇다고 술주정뱅이 자신의 몸집이 퍼지는 것은 아니고, 단지 그의 위치가 불확실해질 뿐이다. 물질에 대한 파동함수 $\psi(\boldsymbol{r}, t)$도 비슷하게 해석할 수 있다. 시간과 공간에 따라 변하는 전자의 파동함수를 $\psi(\boldsymbol{r}, t)$로 표현하면, $|\psi(\boldsymbol{r}, t)|^2$은 시각 t와 $\boldsymbol{r}$에서 전자를 발견할 확률밀도이다.

$|\psi(\boldsymbol{r}, t)|^2$이 특정한 위치에서 입자를 발견할 확률밀도라는 해석은 수소원자에 대한 보어의 가설과 충돌되는 듯하다. 만일 수소원자에서 전자가 핵으로부터 일정한 거리에 놓여 있는 원궤도에서만 발견된다면, 확률적 해석은 필요없기 때문이다. 실제로 수소원자에 대하여 슈뢰딩거 방정식을 풀면 각 에너지 준위에 대한 지름 파동함수는 원궤도 이외의 지점에서도 유한한 값을 갖는다. 따라서 양자역학적으로는 모든 지점에서 전자를 발견할 확률이 존재한다. 예를 들어, 바닥 상태($n = 1$)에서 전자를 발견할 확률밀도가 그림 26.14에 나타나 있다. 그림에서 보듯 점이 조밀한 위치인 보어반지름(r_B)에서 전자를 발견할 확률이 크다.

양자역학적 결과 중에서 특이한 것은 물리량의 양자화이다. 이러한 양자화 현상은 이미 고전적인 파동에서도 잘 알려진 사실이다. 무한히 긴 줄을 통하여 파동을 전송할 때는 파장에 아무런 제약 조건이 없지만, 유한한 줄에서는 특정 파장들에 대해서만 정상파가 형성된다.

그림 26.15는 양 끝이 고정된 길이 L인 줄에 형성될 수 있는 몇몇 기본 정상파의 형태를 보여준다. 10장에서 설명한 바와 같이, 정상파의 파장은 $\lambda = 2L/n \, (n = 1, 2, 3, \cdots)$으로 주어진다. 주목할 사실은 n이 연속적인 값을 갖지 않고, 띄엄띄엄한 자연수 값만을 가진다는 사실이다. 마찬가지로, 입자를 공간적으로 국소화된 파동함수로 다루는 경우에도 물질파동이 갖는 파장은 띄엄띄엄한 값만을 갖는데, 이를 **양자수(quantum number)**라고 한다. 파장의 양자화는 에너지와 파장의 관계식에 의해서 에너지의 양자화를 낳는다. 이러한 양자화의 근원은 파동함수의 국소화에서 유래한다.

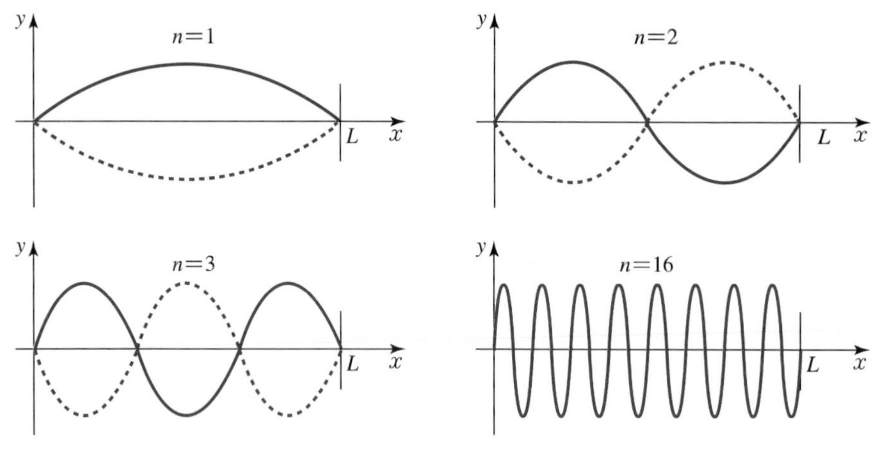

▲ **그림 26.15** | 길이 L인 줄에 형성될 수 있는 몇몇 기본 정상파

26-7 불확정성 원리

우리의 경험을 바탕으로 어떤 물체의 운동량과 에너지를 정확히 측정하는 데 근본적인 한계는 없는 것처럼 보였다. 더욱너 정밀하고 비싼 장비를 사용함으로써 위의 양들을 한없이 정확히 측정할 수 있고 측정에서의 오차는 자연에 내재되어 있다기보다는 우리가 사용하는 기기들의 한계라고 생각했다. 하지만 이러한 고전물리학의 사고가 지금까지 우리가 기술한 여러 실험 사실과 개념으로부터 출발한 양자물리학에서는 더 이상 옳지 않은 설명임이 밝혀졌다.

1927년 **하이젠베르크**(W. Heisenberg)는 **불확정성의 원리(uncertainty principle)**라 하는 일련의 추론을 통하여 "무한한 정밀도로 입자의 위치와 속력을 동시에 측정하는 것은 근본적으로 불가능하다."고 주장하였다. 마찬가지로 시간과 에너지를 동시에 측정하는 것도 불가능하다. 그의 이런 주장을 다음의 사고실험을 통하여 살펴보자.

그림 26.16은 측정의 일반적인 과정을 기술하고 있다. 즉 입자의 위치를 측정하기 위하여 우리는 파장이 λ인 빛을 쬐어서 이 빛이 입자로부터 반사되어 나오는 것으로부터 입자의 위치를 측정한다. 이때 입자의 위치의 오차는 $\Delta x \cong \lambda$이고, 빛이 입자에 충돌하는 과정에서 운동량의 일부를 주거나 받게 되어, 이 경우 입자의 운동량의 변화량(Δp)은 빛의 운동량인 h/λ 정도이다. 따라서 입자의 위치를 더욱 정확히 측정하기 위해서는 파장을 줄일 수 있다. 하지만 이렇게 파장을 줄인다면 입자의 운동량의 변화량은 더욱 커진다. 따라서 Δx와 Δp의 곱은 늘 플랑크상수인 h 정도의 값을 가진다. 위치와 운동량의 곱의 오차는 다음 식과 같다.

$$\Delta x \Delta p \geq \frac{h}{4\pi} \tag{26.19}$$

여기서 우리가 주의해야 할 것은 두 오차의 곱이 측정이라는 과정에 필연적으로 들어가며

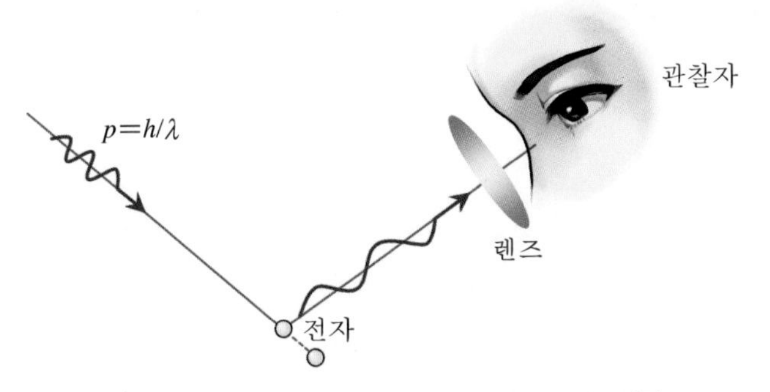

▲ 그림 26.16 | 강력한 현미경으로 전자를 관측하는 사고실험

이를 피해서 위치와 운동량을 각각 독립적으로 관찰할 수 없다는 점이다.

—
양자 현상은 앞에서 기술한 바와 같이 아주 미시적인 세계에서만 볼 수 있지만 때로는 거시적인 세계에서 그 기이한 모습을 보여서 우리를 매료시킨다. 이런 예로서는 전기저항이 사라지는 초전도 현상이 있다. 모든 물질은 전기저항이 있고, 따라서 전류가 흐르면 줄열로서 에너지를 잃는다.
하지만 일부 물질은 아주 낮은 온도에서 전기저항이 영이 되는 초전도 현상을 보인다. 이런 물질은 전류를 흘려도 에너지 손실이 없고 또 전류가 일단 흐르면 저항이 없으므로 무한정 계속해서 흐르는 매우 재미있고 또 응용적으로도 중요한 성질을 보인다. 최근 일부 산화물에서 액체 질소의 끓는 점인 78 K보다 높은 온도에서 초전도 현상이 발견되어 많은 관심의 대상이 되고 있다. 고온 초전도체라 하는 이 물질에 과학-기술계가 거는 기대는 매우 크다. 전류가 저항이 없이 흐르는 현상인 초전도 현상과 마찬가지로 액체가 아주 낮은 온도에서 아무런 마찰 없이 흐르는 현상도 있다. 이런 현상을 우리는 초유동 현상이라 한다. 액체가 초유동 상태에 있으면 액체가 끓으면서 나타나는 대류를 볼 수 없다. 왜냐하면 일단 액체가 초유동 상태가 되면 액체 내부에 어떤 온도 차이도 생기지 않기 때문이다. 즉 약간의 온도 차이에 의해서 생기는 액체의 흐름도 아무런 방해를 받지 않고 가능하기 때문이다. 이런 초유동 현상은 초전도 현상보다 더 낮은 온도에서 일어난다.

예제 26.6 전자의 위치에 대한 불확정성

전자의 속력을 측정한 결과, 1.5%의 측정 오차 안에서 속력이 $2.05\times10^{6}\ \mathrm{m/s}$라면, 동시에 측정할 수 있는 전자의 위치에 대한 오차 범위를 구하여라.

| 풀이

전자의 운동량 : $p=mv=(9.11\times10^{-31}\ \mathrm{kg})(2.05\times10^{6}\ \mathrm{m/s})$
$=1.87\times10^{-24}\ \mathrm{kg\cdot m/s}$

운동량의 오차는 속력의 오차에 비례하므로, 운동량의 오차는

$$\Delta p=2.80\times10^{-26}\ \mathrm{kg\cdot m/s}$$

위치에 대한 오차는 식 (26.19)에 의해

$$\Delta x=\frac{h/4\pi}{\Delta p}=\frac{6.626\times10^{-34}\ \mathrm{J\cdot s}/(4\pi)}{2.80\times10^{-26}\ \mathrm{kg\cdot m/s}}=0.188\times10^{-8}\ \mathrm{m}$$

또는 1.88 nm 정도이다.

이와 비슷하게 어떤 물체의 에너지 E를 시간 Δt의 정확도로 측정하기 위해서도 에너지 오차 ΔE가 늘 존재하며 둘 사이에도 다음의 관계식이 늘 만족한다.

$$\Delta E\Delta t\geq\frac{h}{4\pi}\qquad(26.20)$$

즉 시간의 정확도는 에너지의 정확도와 반비례한다. 한편, 물체들은 고전통계역학에서 모든 운동이 정지된 상태로 보는 절대온도 0도에서조차 정지하지 않고 **영점운동(zero-point motion)** 이라는 진동운동을 하게 된다. 이런 영점운동도 불확정성의 한 결과로 볼 수 있다.

그러면 우리는 왜 일상 생활에서 이 점을 인식하지 못하는 것일까? 이는 이 장의 앞 부분에서 언급했듯이 플랑크상수가 $6.626\times10^{-34}\ \mathrm{Js}$로 매우 작은 양이기 때문이다.

26-8* 원자의 구조

▎수소원자

수소원자에 대하여 슈뢰딩거 방정식을 풀면, 전자의 상태를 기술하는 세 가지 양자수를 얻는다. 자연수만을 갖는 주양자수 n, 주양자수보다 작은 음이 아닌 정숫값만을 갖는 궤도양자수 l, 그리고 절댓값이 l과 같거나 작은 정숫값만을 갖는 자기양자수 m_l이 그것들이다.

보어 이론에 의하면 수소원자의 에너지는 양자화되어 있으며, 양자화된 에너지값은 주양자수 n에만 의존하여

$$E_n = -\frac{1}{n^2}E_0 = -\frac{13.6}{n^2}\ \mathrm{eV} \tag{26.21}$$

의 식으로 나타난다. 궤도양자수 l은 전자의 각운동량의 양자화를 나타내는 양자수로서, 전자의 각운동량 L은

$$L = \sqrt{l(l+1)}\,\hbar \quad (l=0,\ 1,\ 2,\cdots,\ n-1) \tag{26.22}$$

의 크기를 가지며, $\hbar = \dfrac{h}{2\pi}$이다. 각운동량 L을 갖는 전자는 그에 따른 자기쌍극자 모멘트

$$\mu = -\frac{e}{2m}L \tag{26.23}$$

을 갖는다. 여기서 m과 $-e$는 각각 전자의 질량과 전하이다. 마지막으로, 자기양자수 m_l은 각운동량의 한 성분인(z성분이라 칭하자) L_z의 양자화를 나타내는 양자수로서, 전자의 z축 각운동량 성분은

$$L_z = m_l\hbar \quad (m_l = -l,\ -l+1,\ \cdots,\ -1,\ 0,\ 1,\cdots,\ l-1,\ l) \tag{26.24}$$

의 값만을 가진다. 자기장 B 안에서 자기쌍극자의 위치에너지는 $U = -\mu B\cos\theta$로 표현되고, z방향의 자기장 B에 대해서

$$U = -\mu_z B = -\frac{eB}{2m}L_z \tag{26.25}$$

로 주어진다. 위에서 μ_z는 μ의 z방향 성분이다. 고전적으로는 자기모멘트에 의한 전자의 위치에너지는 $-\mu B$와 $+\mu B$ 사이의 연속적인 값을 가질 수 있으나, 양자역학적으로는 L_z가 위와 같이 띄엄띄엄한 특정한 값을 가지므로, 자기쌍극자 모멘트의 위치에너지도

$$U_m = -\mu_z B = -\left(-\frac{e}{2m}\right)m_l\hbar B = m_l\frac{e\hbar}{2m}B \tag{26.26}$$

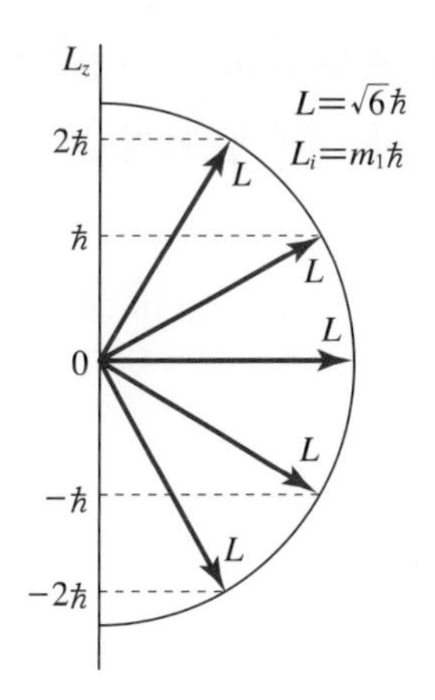

▲ **그림 26.17** | $l=2$인 경우 가능한 L_z의 값

와 같이 띄엄띄엄한 값을 가진다. 그림 26.17은 $l=2$인 경우에 가질 수 있는 L_z의 값과 L의 배열 상태를 보여준다.

비록 수소원자 내에 있는 전자의 상태를 완벽하게 기술하기 위해서는 세 가지 양자수가 필요하지만, 전자의 에너지는 주양자수 n에만 의존한다. 따라서 같은 에너지값을 갖는 전자의 상태는 여러 가지가 존재한다. 예컨대, 전자의 주양자수가 3으로 주어지면, 가능한 궤도양자수 l의 값은 0, 1, 2이다. l이 0인 경우, 자기양자수 m_l은 0의 값을 가질 수밖에 없으나, $l=1$인 경우에는 $m_l=-1, 0, 1$, 그리고 $l=2$인 경우에는 $m_l=-2, -1, 0, 1, 2$의 값을 가질 수 있다. 따라서 $n=3$ 인 에너지값을 갖는 전자 상태는 모두 8가지이다. 일반적으로 주양자수 n에 대해서 궤도양자수 l은 $0, 1, 2, \cdots, (n-1)$의 n가지가 가능하고, 각 궤도양자수 l값에 대해서는 $(2l+1)$가지 가능하므로, 주양자수 n인 에너지값을 갖는 전자 상태 수는 다음과 같이 구할 수 있다.

$$\sum_{l=0}^{n-1}(2l+1)=n^2 \tag{26.27}$$

이와 같이 동일한 에너지값을 갖는 전자의 상태가 여러 개 있는 경우, 에너지값이 겹쳐 있다고 말한다.

수소원자 속에 있는 전자의 상태를 완벽하게 기술하기 위해서는, 위에서 설명한 세 가지 양자수 외에 또 하나의 양자수가 필요하다. 고분해능을 갖는 분광계로 측정하면 수소원자의 스펙트럼이 매우 근접한 2개의 선으로 구성되어 있음을 볼 수 있다. 이것은 순수하게 양자적인 현상이며 이를 설명하기 위해서는 새로운 양자수인 **스핀양자수** m_s를 도입하여야 한다. 스핀양자수는 전자가 본래 갖고 있는 각운동량, 즉 스핀과 관계가 있다.

전자의 스핀양자수는 두 가지 값을 갖고, 편의상 '스핀 위'와 '스핀 아래'로 명명한다. 이 두 가지 스핀 상태 때문에 두 개의 미세 구조 스펙트럼선이 나타나는 것이다. 스핀양자수 m_s

는 두 가지 값만 가지며, 각각의 m_l에 대해 $m_s = \pm 1/2$을 갖는다. 예를 들어, $l=1$이면 m_l은 세 가지 값을 가지며, 각각의 값에 대해 두 가지 m_s값을 갖는다. 즉 $m_l = -1$, $m_l = 0$, 그리고 $m_l = 1$에 대해 $m_s = \pm 1/2$이다. 따라서 스핀양자수를 고려하면 수소원자의 에너지 결합수는 $2n^2$이 된다. 표 26.1에 수소원자에 대한 네 가지 양자수를 정리하였다.

▼ **표 26.1** | 수소원자에서의 양자수

양자수	가질 수 있는 값	가질 수 있는 값의 수
주양자수 n	$1, 2, 3, 4, \cdots, n$	무한개
궤도양자수 l	$0, 1, 2, 3, \cdots, (n-1)$	(각 n에 대해) n개
자기양자수 m_l	$-l, -l+1, \cdots, l-1, l$	(각 l에 대해) $2l+1$개
스핀양자수 m_s	$-1/2, +1/2$	(각 m_l에 대해) 2개

예제 26.7 수소원자의 에너지 상태

수소원자의 주양자수가 2인 상태의 가능한 에너지 상태들을 모두 기술하여라.

| 풀이

주양자수가 2이면 궤도양자수는 0과 1이 가능하며, 궤도양자수가 0인 경우, 자기양자수는 0만 가능하나, 궤도양자수가 1인 경우, 자기양자수는 -1, 0, 1의 3의 경우가 가능하다. 그리고, 각 자기양자수마다 2개의 스핀양자수가 가능하므로, 모두 $1\times 2+3\times 2=8$의 경우가 가능하다. 이 결과는 본문에서 기술한 바와 같이 $2\times 2^2=8$로 구할 수 있다.

수소원자의 파동함수

앞서 설명하였듯이 파동함수 ψ는 그 자체로는 의미가 없고 $|\psi|^2$이 어떤 지점에서 전자가 발견될 확률 밀도를 준다. 전자의 상태를 기술하는 파동함수는 그 자체로 측정 가능한 양은 아니지만, 그 상태의 에너지나 운동량 등 측정 가능한 양을 계산하는 데 필요하다. 예를 들어, 그림 26.18(a)는 수소원자 속의 전자가 $n=2$, $l=0$인 상태에 있는 경우의 ψ와 $|\psi|^2$을 보여준다. 그림에서 보듯이, $l=0$ 인 상태의 파동함수에 대해서는 전자가 발견될 확률이 방향에 관계 없이 핵이 놓여 있는 중심으로부터의 거리에만 의존하여 구대칭임을 알 수 있다. 또한, 전자가 발견될 확률은 핵 바로 주위에서 가장 크다.

$l=0$의 경우와는 대조적으로, $l=1$인 파동함수는 8자 모양의 확률 분포를 주고, 특히 핵 바로 주위에서 전자를 발견할 확률이 0이다. 그림 26.18(b)와 (c)에서 보듯이, 이들은 구대칭이 아니며, $r=0$에서 0이 된다. 따라서 핵 근처에서 $2p$ 상태가 발견될 확률은 $2s$ 상태에 비해 현저히 낮다.

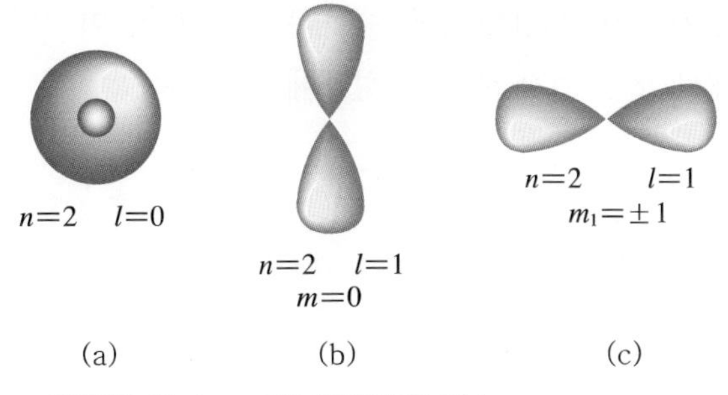

▲ **그림 26.18** | $n=2$인 상태의 파동함수

여러 전자를 가진 원자

2개 이상의 전자를 가진 원자에 대해서는 슈뢰딩거 방정식을 정확히 풀 수 없다. 전자들끼리 밀치는 상호작용 때문에 여러 전자를 갖는 원자에서 전자들의 에너지를 기술하는 일은 쉽지 않다. 그러나 각 전자의 양자적 상태는 여전히 수소원자에서 도입한 4가지 양자수로 기술된다. 즉, 주양자수, 궤도양자수, 자기양자수, 그리고 스핀으로 구분된다. 하지만, 각 양자적 상태의 에너지는 주양자수 n뿐만 아니라 궤도양자수 l에도 의존한다.

주양자수 n으로 나타내는 궤도를 껍질이라 하며, 그 껍질에서 l로 나타내는 준위를 부껍질이라 한다. 즉 같은 n값을 갖는 전자들은 같은 전자 껍질에 있다고 말하며, 같은 n과 l값을 갖는 전자들은 같은 부껍질에 있다고 말한다.

l부껍질은 앞에서와 같이 숫자로 나타내기도 하나 흔히 문자를 써서 나타낸다. 문자 $s, p, d, f, g, \cdots$ 는 각기 $l = 0, 1, 2, 3, 4, \cdots$ 에 해당하는데, 이러한 표기는 분광학에서 널리 쓰이고 있다. f 다음부터는 알파벳의 순서를 따른다.

여러 전자를 갖는 원자에서는 전자의 에너지가 n과 l에 의존하므로 두 양자수 모두가 전자들의 **에너지 준위(껍질과 부껍질)**를 나타내는 데 쓰인다. 구분을 위해 n은 숫자로 나타내며 이어지는 문자는 l값을 나타낸다. 예를 들어 $1s$는 $n=1,\ l=0$ 인 준위를 나타내며, $2p$와 $3d$는 각기 $n=2,\ l=1$ 과 $n=3,\ l=2$인 준위를 나타낸다.

한편 m_l값은 궤도를 나타내는 데 쓰인다. 예를 들어, $2p$ 에너지 준위는 m_l값이 각기 -1, 0, 1에 해당하는 3개의 궤도를 가진다. 여러 전자를 가진 원자의 전자도 스핀이 있지만 단순히 $\pm 1/2$의 값을 가진다.

보어 이론에서 알 수 있듯이 수소원자의 에너지는 같은 간격이 아닌 규칙적인 수열로 되어 있다. 그러나 여러 전자를 가진 원자의 경우에는 에너지 준위의 순서가 뒤바뀐다. 따라서 $4s$ 준위가 $3p$ 준위의 아래에 놓인다. 이렇게 변화가 일어나는 것은 여러 전자 원자에서 전자들 사이의 복잡한 상호작용 때문이다. 또한 바깥 궤도에 있는 전자들은 안쪽 궤도에 있는 전자들이 핵의 끌어당기는 힘을 가로막기 때문에 핵에 의한 쿨롱 힘을 덜 받는다.

여러 전자를 갖는 원자의 바닥 상태는 될 수 있는 한 전자들이 가장 낮은 상태에 있도록 배열된다. 그렇다고 해서 모든 전자들이 $1s$ 상태에 있을 수 없는데 그것은 곧 설명하게 될 배타원리 때문이다.

26-9* 배타원리와 주기율표

배타원리

앞서 전자의 양자적 상태는 4가지 양자수로 구분된다고 설명하였다. 그렇다면 여러 전자를 갖는 원자 속에서 전자들은 어떻게 배열되는가? 이에 대한 해답은 1928년, 오스트리아의 물리학자인 **파울리**(W. Pauli)에 의해 주어졌으며, 이를 **파울리의 배타원리**라 한다.

여러 전자를 갖는 원자에서 2개의 전자는 같은 양자수 조합 $(n,\ l,\ m,\ m_s)$를 가질 수 없다. 즉, 2개의 전자는 같은 양자 상태에 있을 수 없다.

다시 말해, 특정 양자수의 조합 $(n,\ l,\ m,\ m_s)$에는 오직 1개의 전자만이 놓여 있을 수 있다. 이러한 제약은 주어진 에너지 준위에 들어갈 수 있는 전자의 수에 제약을 준다. 예를 들어, 준위 $1s\,(n=1,\ l=0)$는 1개의 m_l값$(m_l=0)$, 그리고 2개의 m_s값$(m_s=\pm 1/2)$을 가질 수 있어, 두 가지 양자수의 조합 (1, 0, 0, +1/2)와 (1, 0, 0, −1/2)만을 가질 수 있다. 따라서 $1s$ 준위에는 기껏해야 2개의 전자만이 들어갈 수 있다. 이렇게 1개의 껍질이 다 채워지면, 다른 전자들은 더 이상 그 껍질을 채울 수 없다. 예를 들어 3개의 전자를 갖는 Li 원자가 바닥 상태에 있을 때 세 번째 전자는 $1s$ 준위에 놓이지 못하고 그 다음 높은 준위인 $2s$에 놓이게 된다.

전자배열

원자의 가장 낮은 에너지 상태를 **바닥상태**라 한다. 여러 전자를 갖는 원자의 바닥상태는 배타원리 때문에 모든 전자가 에너지가 가장 낮은 상태에 놓일 수 없다. 따라서 전자들은 가장 낮은 에너지 준위부터 차곡차곡 높은 준위로 채워져 간다. 전자들을 이렇게 낮은 에너지 준위부터 차곡차곡 채워갈 때, 전자들이 채워지는 순서를 나타내는 표현을 **전자배열**이라 한다. 전자배열을 나타낼 때, 에너지 준위는 낮은 순서부터 쓰고 각 준위에 들어 있는 전자의 수는 위첨자로 나타낸다. 예를 들어 $3p^5$는 $3p$ 부껍질에 5개의 전자가 들어 있다는 의미이다. 몇몇 원자들의 전자배열은 다음과 같다.

Li (전자 수 3)　　$1s^2 2s^1$

O (전자 수 8)　　$1s^2 2s^2 2p^4$

Ne (전자 수 10)　　$1s^2 2s^2 2p^6$

Al (전자 수 13)　　$1s^2 2s^2 2p^6 3s^2 3p^1$

전자배열 기호에서 위첨자의 숫자를 모두 합하면 원자에 속한 전자의 총수가 된다.

주기율표

1860년경까지 발견된 원소의 수는 60개 정도였는데, 이 원소들을 규칙적으로 구분하려는 시도는 그리 성공적이지 못하였다. 그러다가 비슷한 화학적 성질을 갖는 원소들을 주기적으로 배열할 수 있음을 알게 되었다. 1869년에 러시아 화학자 **멘델레예프**(D. I. Mendeleev)는 이러한 주기적 성질에 근거하여 원소들을 규칙적으로 배열하였는데 이것이 **원소의 주기율표**다. 그림 26.19는 이를 새롭게 정리하여 현재 사용되고 있는 현대적 주기율표다.

멘델레예프는 원소들을 질량에 따라 가로로 배열하였는데, 이를 **주기**라 한다. 먼저 배열한 원소와 비슷한 성질을 갖는 원소들은 먼젓번 원소 아래에 배열하였다. 이렇게 하여 가로세로로 원소를 배열하였을 때 세로줄을 **족**이라 하는데, 이는 비슷한 성질을 갖는 원소의 가족이란 의미를 갖는다. 이 주기율표는 후에 원자번호, 즉 양성자 수에 따라 원소들을 배열시킴으로써 원래 주기율표에 있던 불합리한 점을 개선하였다.

그 당시에는 발견된 원소가 65개밖에 없어서 멘델레예프의 주기율표에는 빈 자리가 상당수 있었다. 이렇게 빠진 원소들은 같은 '족'에 속한 다른 원소들과 비슷한 성질을 가질 것이므로 멘델레예프는 빠진 원소들의 질량과 화학적 성질을 예견할 수 있었다. 멘델레예프가 주기율표를 만든 지 20년도 채 되지 않아 빠진 원소 중 3개가 발견되었다.

주기율표에는 7개의 줄, 즉 주기가 있는데, 첫 번째 주기에는 2개의 원소만 배열되어 있다. 2주기와 3주기는 각각 8개의 원소를 갖고, 4주기와 5주기는 18개의 원소를 갖는다. s, p, d 그리고 f 부껍질이 각각 최대 2개, 6개, 10개, 14개의 원소를 갖는다는 사실을 상기하면, 이들 숫자는 주기율표에서 원소의 배열과 관계가 있음을 알 수 있다.

원소 중에는 마지막 전자가 d부껍질을 차지하고 있는 것이 있는데 이를 **전이원소**라 한다. 또한 f 부껍질을 차지하고 있는 원소들의 경우, 주기율표 내에 배열하기에는 그 수가 너무 많기 때문에 이들을 주기율표 밑에 따로 두 줄로 배열시킨다. 첫 줄은 **란탄족**(또는 **희토류**)이라 하고 다른 한 줄은 **악티늄족**이라 한다.

화학적 반응은 원자에서 바깥 부껍질 전자, 즉 다 채워지지 않은 최외곽 껍질에 들어 있는 전자 수에 주로 의존한다. 이들 전자들을 **원자가 전자**라고 부르는데 이들에 의해 화학결합이 이루어진다. 주기율표에서는 같은 족에 최외곽의 전자배열이 같거나 비슷한 원소들이 배열되므로, 같은 족에 배열된 원소들은 화학적 성질이 비슷하다. 예를 들어, 주기율표에서 왼쪽 두 칸에 있는 원소들은 각각 s부껍질에 1개와 2개의 전자를 갖고 있다. 이들 원소들은 매우 반응성이 큰 금속으로 비슷한 성질을 갖는 화합물을 형성한다. 맨 오른쪽 칸에 있는 원소를 불활성 원소라 하는데 부껍질들이 완전히 채워져 있어 주기의 맨 끝에 놓여 있다.

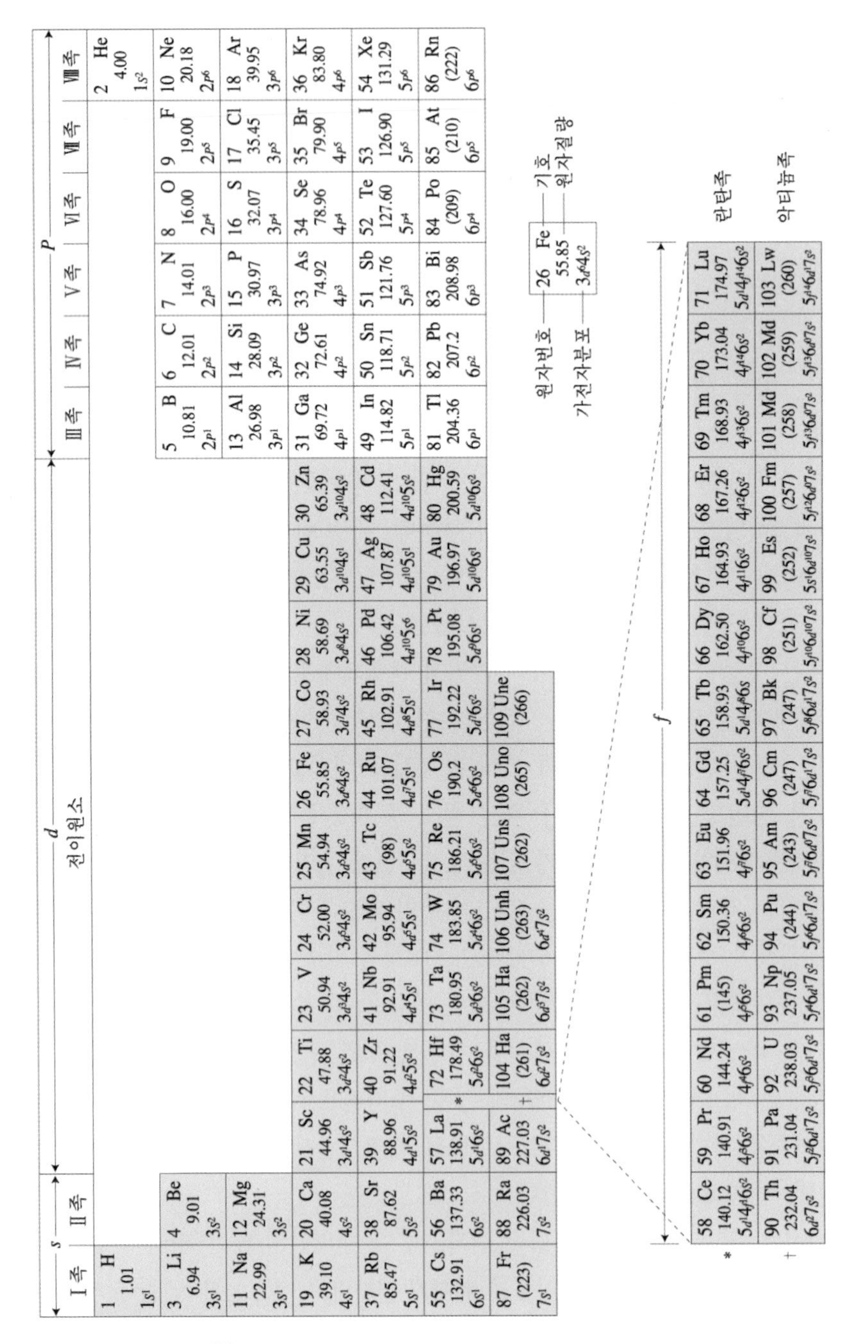

▲ **그림 26.19** | 주기율표

연습문제

26-1 흑체 복사

1. 태양의 표면온도가 6,000 K이라고 한다. 태양이 흑체 복사를 한다고 가정할 경우, 복사 스펙트럼이 최댓값을 가지는 파장 $\lambda_{\max}$를 구하고 이 결과를 맨눈에 보이는 태양의 색깔과 비교 설명하여라.

2. 온도가 $4{,}000\ \mathrm{K}$인 물체와 온도가 $8{,}000\ \mathrm{K}$인 물체가 완벽한 흑체라고 하자. 두 물체가 방출하는 단위 면적당 복사 에너지의 크기의 비를 구하시오.

3. 흑체 복사에서 진동수 ν와 $\nu + d\nu$ 사이의 복사 에너지 밀도 $u(\nu,\ T)d\nu$에 관한 내용이다. 레일리-진스에 따르면 $u(\nu,\ T)d\nu = \dfrac{8\pi\nu^2}{c^3}kTd\nu$로 주어지며, 플랑크에 따르면 $u(\nu,\ T)d\nu = \dfrac{8\pi\nu^3}{c^3}\dfrac{1}{e^{h\nu/kT}-1}d\nu$로 주어진다. 복사 진동수 ν가 충분히 작은 영역(파장이 긴 영역)에서는 주어진 두 식이 유사함을 보이고 그 이유를 간략히 설명하시오.

26-2 광전 효과

4. (가) 그림 26.6에서 일함수와 임계파장을 구하여라.

(나) 파장 $3.00\times10^{-7}\ \mathrm{m}$의 빛을 쪼였을 때 방출되는 전자의 운동에너지를 구하여라.

5. 어떤 금속의 일함수가 0.80 eV이다. 이 금속에 파장이 500 nm인 빛을 쪼였을 때 튀어나오는 전자에 대한 저지전압을 구하여라. 이때 튀어나오는 전자의 최대속력은 얼마인가?

6. 어떤 샘플에 $6.80\times10^{14}\ \mathrm{Hz}$의 빛을 비추어 방출되는 광전자의 저지전압이 1.80 V라면, 광전자의 운동에너지와 일함수는 각각 얼마인가?

26-3 콤프턴 산란

7. 파장이 $1\ \mathrm{\mathring{A}}$인 엑스선이 자유전자와 산란하였다.

(가) 산란각이 90°인 경우에 대해서 콤프턴 이동을 구하여라.

(나) 이때 자유전자의 충돌 후 운동량과 운동에너지를 구하여라.

8. 그림 26.9에서 산란각이 $0°$가 아닌 경우, 두 가지 파장에서 엑스선이 강하게 산란됨을 알 수 있다. 이중 입사한 엑스선과 파장이 다른 엑스선은 자유전자에 의한 콤프턴 산란으로 이해될 수 있음을 배웠다. 그러면 파장이 같은 엑스선은 어떻게 이해될 수 있을까? 이에 대한 설명을 제시하여라.

9. 콤프턴 산란을 생각하자.

(가) 파장이 $5.70 \times 10^{-12}\,\mathrm{m}$인 전자기파가 정지해 있는 전자에 입사하여 산란되었다. 산란각이 $50°$이면, 충돌 후 전자기파의 파장은 얼마가 되는가?

(나) 파장이 $5.70 \times 10^{-12}\,\mathrm{m}$인 전자기파가 정지해 있는 전자에 입사하여 산란되었다. 산란된 광자가 $50°$에서 검출되었다면, 이 광자에 의해 산란된 전자의 운동에너지는 얼마인가?

26-4 물질파

10. 드 브로이 물질파와 통상적인 파동의 변위에서 해석의 차이점을 설명하시오.

11. $1.00 \times 10^{7}\,\mathrm{m/s}$로 움직이는 전자의 드 브로이 파장을 구하여라. 그리고 드 브로이 파장이 1.00 cm인 전자의 속력을 구하여라. 단, 전자의 질량은 $9.11 \times 10^{-31}\,\mathrm{kg}$이다.

12. 우주배경복사는 온도 3.00 K에서 흑체복사스펙트럼으로 이루어져 있다. 이 복사를 이루고 있는 광자의 운동에너지는 $k_B T$로 주어진다. 이 광자의 파장을 구하여라.

13. 미국 제퍼슨 연구소의 가속기는 전자를 12 GeV까지 가속시킬 수 있다. 이렇게 높은 에너지의 전자는 양성자의 안을 들여다볼 수 있을 만큼 드 브로이 파장이 짧을 뿐만 아니라 상대론적인 관계식 $p \approx E/c$를 근사적으로 만족한다.

(가) 이 전자의 드 브로이 파장을 구하여라.

(나) 양성자의 반지름은 대략 1 fm 정도이다. 이 반지름 r과 드 브로이 파장의 비를 구하여라.

26-5 보어의 수소원자 모형

14. 질량이 100 g인 야구공이 시속 140 km/h로 날아온다. 타자가 속력을 1.00%의 정확도로 측정할 경우 그가 측정할 수 있는 거리의 최소오차를 구하여라. 그리고 이 문제를 플랑크상수가 10.0 Js인 경우에 대해서도 구하고, 이렇게 구한 결과를 토의하여라.

15. 질량이 $m_e = 9.11 \times 10^{-31}\,\mathrm{kg}$인 전자와 $m_b = 2.00 \times 10^{-2}\,\mathrm{kg}$인 총알이 0.100%의 정확도로 속력이 모두 $1{,}200\,\mathrm{m/s}$로 측정되었다. 전자와 총알의 위치는 어느 정도로 정확히 측정할 수 있는가?

16. 각각 빨강, 초록, 파랑, 단일 파장의 빛을 내는 60 W짜리 세 가지의 색전구가 있다. 이중 1초 동안에 광자의 개수를 제일 많이 내보내는 전구는 어느 것인가?

17. 보어의 수소원자 모형을 생각하자.

(가) 플랑크상수 h를 증가시킬 수 있다면, 원자의 반지름은 어떻게 되겠는가?

(나) 수소원자 내부의 전자를 물질파로 기술하고, 이 파동이 정상파를 이룬다는 조건에서 보어의 각운동량 양자화를 유도하여라.

18. 수소원자의 바닥상태 에너지는 -13.6 eV이다.

(가) 첫 번째 들뜸상태의 에너지는 얼마인가?

(나) 첫 번째 들뜸상태에 있는 전자의 이온화에너지는 얼마인가?

26-8 원자의 구조*

19. 어떤 전자가 궤도양자수 $l = 3$인 상태에 있다.

(가) 이때 궤도각운동량 L은 $\hbar$의 몇 배인가?

(나) 이 전자의 자기모멘트는 얼마인가?

(다) 가능한 L_z의 값은 무엇인가?

26-9 배타원리와 주기율표*

***20.** 수소원자에서 전자가 $n = 5$인 상태에 있다.

(가) 가능한 궤도양자수 l의 값은 얼마인가?

(나) 각각의 l에 대해 가능한 자가양자수 m_e는?

***21.** $Z = 7$인 질소에는 전자가 7개 있다. 각각의 전자의 양자수 n, l, m_l, m_s를 구하여라.

발전문제

22. 처음 에너지가 E_0인 광자가 질량이 m_e인, 정지해있는 전자와 산란각 θ로 컴프턴 산란을 했다. 산란된 광자의 나중 에너지가

$$E' = \frac{E_0}{1 + \left(\dfrac{E_0}{m_e c^2}\right)(1 - \cos\theta)}$$

임을 보여라.

23. 수소원자에서 전자 대신에 뮤온이 양성자와 서로 끌어당겨 원자를 이룬 걸 뮤온 수소원자라고 부른다. 뮤온의 질량은 전자의 질량보다 207배 더 무겁다. 뮤온 수소원자가 바닥상태에 있을 때 에너지와 보어 반지름을 구하여라.

마리 퀴리

Maria Sklodowska-Curie, 1867-1934

폴란드 출신 프랑스의 과학자이자 방사능 분야의 선구자이다.
마리 퀴리는 우라늄과 토륨이 광선을 내뿜는다는 것을 발견했고 이 빛을 '방사능'이라고 이름 지었다.
3년 뒤 퀴리 부부는 우라늄보다 방사능 강도가 330배나 높은 폴로늄을 발견했다.
이는 20세기 원자력 시대를 여는 큰 업적으로, 1903년에 퀴리 부부는 노벨 물리학상을 받았다.
1911년에는 라듐 원소를 분리해 낸 공로로 두 번째 노벨상인 노벨 화학상을 받았다.
노벨 물리학상과 화학상을 동시에 받은 유일한 인물이며 최초의 여성 노벨상 수상자이다.

CHAPTER 27
원자핵과 기본 입자

앞 장에서 원자는 전자와 원자핵으로 이루어져 있다는 것을 배웠다. 이 장에서는 원자의 질량의 대부분을 차지하는 원자핵의 기본 구조 및 성질을 실험적인 사실에 바탕을 두고 살펴본 다음, 방사성 붕괴, 핵분열과 핵융합 등 여러 현상을 물리적으로 설명한다. 또한 이제까지 어떤 기본 입자들이 발견되었으며 그 많은 입자들이 어떤 특성에 따라 서로 연결되고 분류되는지, 또 이들이 어떻게 상호작용하는지를 공부할 것이다.

27-1 핵력과 핵 구조

필라멘트를 높은 온도로 가열시키거나 금속에 빛을 쪼이면 전자가 튀어나온다는 사실을 앞에서 배웠다. 이로부터 우리는 쉽게 대부분의 (아마도 모든) 물질이 전자를 포함하고 있을 것이라고 상상할 수 있다. 또한 모든 물질은 전기적으로 중성을 띠므로 전자의 음전하를 상쇄시키기 위해서는 반드시 양전하를 띠는 입자가 원자 내부에 존재해야 한다고 추론할 수 있으며, 전자의 질량이 아주 가볍기 때문에 대부분의 질량이 양전하로부터 기인할 것이라고 쉽게 결론지을 수 있다. 위와 같은 사실들을 바탕으로 1897년 **톰슨**(J. J. Thompson)은 그림 27.1에 나타난 것처럼 양전하가 고루 분포되어 있는 원자 내부에 전자가 점점이 일정하게 박혀 있는 모형을 제안하였다. 이 톰슨의 원자모형은 보통 건포도 빵처럼 생겼다고 해서 건포도 빵 모형이라고도 한다.

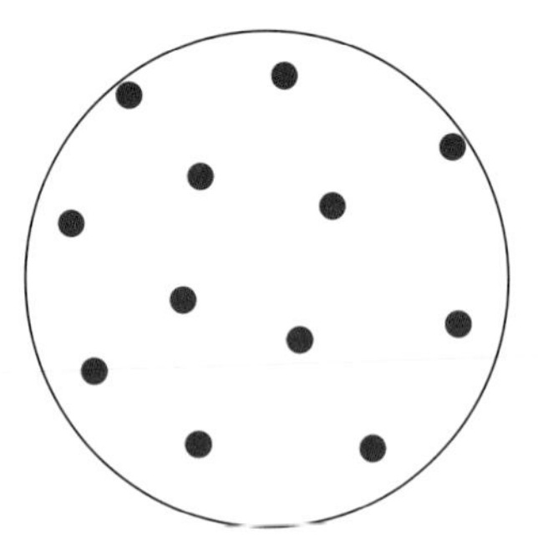

▲ 그림 27.1 | 톰슨의 원자 모형

반면에 1911년 **러더퍼드**(E. Rutherford)는 원자 내 전하 분포 및 질량 분포를 알아내기 위해 전하가 $+2e$이고 수소보다 거의 4배 무거운 α - 입자(헬륨 원자핵)를 얇은 금박에 때려 산란각을 측정하는 실험을 하였다. 톰슨의 원자모형이 맞다면 전자보다 8,000배 정도 무거운 α - 입자는 거의 산란이 안 된 채로 튀어나올 것이나, 실제의 산란각은 기대했던 것보다 훨씬 컸을 뿐만 아니라 아예 입사 방향으로 되돌아 나오는 α - 입자도 관측되었다. 원자 내부에 존재하는 전자와 여러 번 산란한 α - 입자는 결코 이와 같은 현상을 보일 수 없다. 이 러더퍼드 실험은 원자 내부에 대부분의 질량이 모여 있는 단단한 덩어리가 존재한다는 것을 시사한다.

이 외에도 러더퍼드는 여러 실험을 통하여 핵의 크기가 10^{-14} m보다도 작다는 것을 알아내었는데, 이는 원자의 반지름인 10^{-10} m(1 Å)의 만 분의 일에 해당하는 길이다. 러더퍼드는 이 "단단한 덩어리"를 **원자핵(Atomic Nucleus)**이라고 불렀다. 이 원자핵은 원자 질량에 대부분을 차지하고 원자 안에 있는 전자와 전자기상호작용을 하기 때문에 전자들의 배치에 어느 정도 영향을 준다.

원자 내부의 모습이 밝혀지자 물리학자들은 또 새로운 질문을 하기 시작하였다. "그렇다면 핵은 무엇으로 이루어져 있는가?" "핵 내부의 모습은 어떠한가?" 전자와 같은 수의 양성자만으로 이루어졌다고 하기에는 핵질량의 절반 정도밖에 설명을 못하였고, 질량을 맞추기 위해 양성자의 개수를 늘리면 양전하가 너무 많아 전기적으로 중성인 원자를 설명할 수가 없었다. 그러나 이 의문은 1932년 **채드윅**(J. Chadwick)이 중성자를 발견하면서 해결되었다. 중성자는 양성자와 비슷한 질량을 가지면서 전기적으로 중성을 띠는 입자이다. 이로써 핵은 원자 내의 전자와 같은 개수만큼의 양성자와 그와 비슷한 수의 중성자가 강하게 결합된 것이라는 사실이 밝혀졌다.

하지만 문제는 여기서 끝나지 않았다. 핵의 반지름은 아주 작기 때문에 핵 내의 두 양성자 사이의 전기적 반발력은 두 입자 사이의 중력(만유인력)에 비해 1,036배만큼 크고 따라서 양성자는 핵 내부에 서로 뭉쳐 있을 수가 없게 되는 것이다. 그렇다면 이렇게 강한 전기적 반발력을 이기고 이들을 결합시키기 위해서는 이제까지는 몰랐던 **핵자**(양성자와 중성자를 통칭하여 핵자라 부른다)들 사이의 강한 인력이 존재해야만 한다. 이 핵자들 사이의 힘은 전자기력과 완전히 다른 힘이라는 것을 1935년 일본 최초의 노벨물리학상 수상자인 유카와(Yukawa)가 최초로 설명하였고, 이 힘을 **핵력(nuclear force)**이라 불렀다. 핵력은 핵 내부 정도의 짧은 거리에서만 작용하는데, 전기력에 비해 100배 정도 세다. 그러나 핵 내의 핵자의 개수가 많아질수록(원자번호가 높아질수록) 전기적 반발력이 점점 세어져 핵이 불안정해지기 때문에 자연 붕괴가 일어날 가능성이 높아지게 된다.

가장 단순한 핵은 수소의 원자핵으로서, 이는 바로 **양성자(proton)**이다. 또한 양성자 2개와 중성자 2개로 이루어진 헬륨핵은 바로 α - 입자이다. 원자핵을 나타내는 기호로서 원소기호 왼쪽 아래에 양성자 개수(Z)를, 왼쪽 위에 양성자와 중성자를 합한 개수(Z + N)를 적는데, 이때 (Z + N)을 **질량수**(A) 또는 핵자수라고 한다. 즉 원자핵은 다음과 같이 표현한다.

$$ {}^{A}_{Z}X \tag{27.1} $$

예를 들면 양성자 6개와 중성자 6개로 이루어진 탄소핵은 ${}^{12}_{6}C$로 나타낸다. 특정한 Z와 A 값을 갖는 핵을 통칭하여 **핵종(nucleid)**이라고 한다.

원자핵의 물리적 성질 중 대부분은 핵 안에 있는 양성자의 개수에 의해 결정된다. 양성자의 개수는 같으나 중성자 개수가 다른 핵을 **동위원소(isotope)**라 한다. 중수소핵(${}^{2}_{1}H$), 삼중수소핵(${}^{3}_{1}H$)은 수소핵(${}^{1}_{1}H$)의 동위원소이다. 동위원소끼리는 비슷한 물리적, 화학적 성질을 공유한다. 이와는 다르게 양성자와 중성자의 개수는 틀려도 그 합, 즉 질량수가 같은 핵을 **동량원소**(또는 **동중원소**, isobar)라고 하는데, 삼중수소핵(${}^{3}_{1}H$)과 헬륨핵(${}^{3}_{2}He$) 동량원소끼리는 양성자 수가 서로 다르기 때문에 물리적, 화학적 성질이 같지 않다.

핵의 질량은 kg으로 나타내기에는 아주 작기 때문에 kg 대신 정확히 ${}^{12}C$ 원자질량의 1/12인 질량단위인 **원자질량단위(atomic mass units)**를 써서 나타낸다.

$$ 1\ u = 1.660\,539 \times 10^{-27}\ kg \tag{27.2} $$

예를 들어 양성자의 질량은 $1.672\,621\,637 \times 10^{-27}$ kg인데 원자질량단위로 나타내면 1.007 276 466 u와 같다. 즉 양성자의 질량은 거의 1 u와 같다.

27-2 방사성 물질과 반감기

자연이나 인공적으로 존재하는 1,500여 핵종 중에 안정한 핵종은 20%에 불과한 반면, 그 밖의 원자핵은 일정한 시간이 지나면 다른 원자핵으로 붕괴하기도 한다. 이 붕괴과정을 **자연붕괴**라 하고 이런 현상을 일으키는 물질을 **방사성 원소**라 한다. 방사성 원소가 붕괴할 때 전환된 핵 외에도 보통 하나 또는 여러 개의 입자를 방출하는데, 이때 방출하는 입자를 통틀어 **방사선**이라고 한다. 이 방사선은 대부분 에너지가 높기 때문에 인체에 해를 끼칠 수 있다. 하지만 의학적으로는 암을 치료하는 등 유용하게 쓰일 수도 있다. 다른 예로 핵이 분열되거나 융합하는 과정에서는 에너지(열의 형태이든 운동에너지의 형태이든)가 방출되는데, 이 에너지를 이용하여 전기를 생산해내는 곳이 바로 원자력발전소이다.

핵물리학의 시작은 바로 이 방사능 물질의 발견에서 비롯되었다고 할 수 있다. 1893년에 **퀴리 부부**(Mdm. Curie와 Pierre Curie)가 두 방사능 원소, 라듐(Ra)과 폴로늄(Po)을 발견하였고, 3년 뒤 1896년에 **베크렐**(H. Becquerel)이 우라늄 광물의 형광성에 관해 연구하다가 우연히 우라늄 광물로부터 나온 방사능이 먹지를 뚫고 사진 건판을 인화시키는 것을 관측하였다. 이후에 많은 실험들을 거쳐 방사선은 불안정한 핵이 붕괴할 때 방출되는 에너지가 매우 높은 입자임이 밝혀졌고, 더 나아가 방사선은 한 종류만 있는 것이 아니라 성질이 서로 다른 세 가지 종류의 방사선이 있다는 사실이 드러났다. 방사선을 자기장에 통과시켜 보면 왼쪽, 오른쪽으로 휘는 것과 전혀 휘지 않는 것이 있는데, 이는 각각 양전하, 음전하, 전기적으로 중성인 입자의 흐름이기 때문이다. 역사적으로 이 각각의 방사선은 **α-선, β-선, γ-선**이라고 한다. α-선은 헬륨핵의 흐름이며, β-선은 전자, γ-선은 광자의 흐름이다. 이 중 α-선은 투과율이 가장 낮아 공기 중에서는 몇 cm 정도만 지나갈 수 있고 얇은 종이 정도로도 충분히 막을 수 있다. 반면에 β-선은 투과율이 좀 더 세기 때문에 납이나 알루미늄판 정도여야 막을 수 있고, γ-선은 가장 투과율이 센 방사선으로 콘크리트벽도 통과할 수 있다. γ-선과 X-선은 광자라는 점에서 그 본질은 같으나, X-선은 핵 주위의 전자가 전자의 궤도 전이 때문에 발생하는 반면에 γ-선은 원자핵에서 나오기 때문에 X-선에 비해 에너지가 훨씬 더 크다.

α-붕괴

핵이 붕괴할 때 α-입자(또는 α-선)를 내면 **α-붕괴**라고 부르고 붕괴 전의 핵을 **어미핵(母核, parent nucleus)**, 붕괴 후의 핵을 **딸핵(daughter nucleus)**이라 한다. 이는 1개의 핵이 두 개의 핵으로 갈라지는 핵분열의 일종으로, 붕괴 후 2개의 핵 중 1개는 반드시 α-입자여야 한다. α-입자는 헬륨핵이므로 어미핵은 붕괴를 통하여 중성자 2개와 양성자 2개를 잃게 된다. 이것을 반응식으로 표시하면 다음과 같다.

$$ {}^{A}_{Z}X = {}^{A-4}_{Z-2}Y + {}^{4}_{2}He \tag{27.3} $$

이 식에서 보듯이 모든 반응식은 그 왼쪽과 오른쪽의 중성자 및 양성자의 개수가 일치해야 하는데, 이는 각각 핵자수의 보존과 전하량 보존을 의미한다.

핵이 자연 붕괴할 때는 전체 핵의 질량이 붕괴 전보다 줄어들어야 하는데, 이때 붕괴 전과 후의 질량 차만큼의 에너지는 딸핵과 α - 입자의 운동에너지 형태로 변환된다. α - 입자는 딸핵보다 훨씬 가벼우므로 운동량 보존법칙에 따라 대부분의 잉여 에너지를 가져가게 되는데, 이는 보통 MeV 정도의 값이다. 앞 장에서 배운 질량 - 에너지 관계식을 이용하여 각 반응식의 α - 입자의 운동에너지를 계산해낼 수가 있는데, 이 값은 반응식의 고유값이다. 입자 가속장치가 개발되지 않은 초기 α - 입자 산란 실험은 모두 자연 붕괴 시 방출되는 α - 입자를 사용하였다.

예제 27.1

$^{238}_{92}\mathrm{U}$과 $^{226}_{88}\mathrm{Ra}$의 α - 붕괴 반응식을 완성하여라.

| 풀이

$^{238}_{92}\mathrm{U}$은 원자번호 2가 줄어 90인 토륨(Th)으로 전환되며, 질량수는 4 감소된 234가 된다.

따라서 $^{238}_{92}\mathrm{U} \rightarrow {}^{234}_{90}\mathrm{Th} + \alpha$이다. 같은 방법으로 $^{226}_{88}\mathrm{Ra}$은 원자번호가 86인 라돈(Rn)으로 붕괴하므로 $^{226}_{88}\mathrm{Ra} \rightarrow {}^{222}_{86}\mathrm{Rn} + \alpha$이다.

예제 27.2

$^{226}_{88}\mathrm{Ra}$의 붕괴 시 방출되는 에너지와 α - 입자의 운동에너지를 구하여라. 라듐, 라돈과 α - 입자의 질량은 각각 226.0254 u, 222.0176 u, 4.0015 u이다.

| 풀이

반응 전과 반응 후의 질량 차는 $\Delta M = M(\mathrm{Ra}) - M(\mathrm{Rn}) - M(\alpha) = 0.0063\ \mathrm{u}$이다.

질량 - 에너지 관계식으로부터 방출되는 총 에너지 Q는 $\Delta M \times c^2$이며 1 u는 931.5 MeV에 해당하므로 $Q = \Delta M \times c^2 = 0.0063\ \mathrm{u} \times 931.5\ \mathrm{Mev/u} = 5.87$ MeV이다.

운동량 보존법칙으로부터 $M_{\mathrm{Rn}} v_{\mathrm{Rn}} + M_\alpha v_\alpha = 0$, 즉 $v_{\mathrm{Rn}} = -\dfrac{M_\alpha}{M_{\mathrm{Rn}}} v_\alpha$이며, 총 에너지 보존법칙으로부터

$$Q = \frac{1}{2} M_{\mathrm{Rn}} v_{\mathrm{Rn}}^2 + \frac{1}{2} M_\alpha v_\alpha^2 = \frac{1}{2}\left(\frac{M_\alpha}{M_{\mathrm{Rn}}} + 1\right) M_\alpha v_\alpha^2 = \frac{M_\alpha + M_{\mathrm{Rn}}}{M_{\mathrm{Rn}}} E_\alpha$$

이다. 따라서 α - 입자의 운동에너지는 $E_\alpha = \dfrac{M_{\mathrm{Rn}}}{M_{\mathrm{Rn}} + M_\alpha} Q \approx 5.76\ \mathrm{MeV}$이다. 예상했던 바와 같이 Rn에 50배 정도 가벼운 α - 입자가 대부분의 에너지를 가져간다.

β-붕괴

β-붕괴는 α-붕괴와 마찬가지로 불안정한 핵이 안정한 상태를 찾아 다른 핵으로 전환하는 과정인데, α-입자 대신 전자를 내놓은 과정을 말한다. 27-1절에서 살펴본 바와 같이 양성자나 중성자만으로 이루어진 핵이 어떻게 전자를 내어놓을 수 있는지 의아해하겠지만, 이때 방출되는 전자는 핵이 붕괴할 때 만들어지므로 원자 내의 궤도에 있는 전자가 아니라는 사실에 주의하면 된다. β-붕괴를 반응식으로 나타내면 아래와 같다.

$$ {}_{\mathrm{Z}}^{\mathrm{A}}\mathrm{X} \rightarrow {}_{\mathrm{Z}+1}^{\mathrm{A}}\mathrm{Y} + {}_{-1}^{0}e \tag{27.4} $$

여기서 전자는 핵자에 비해 $\frac{1}{2000}$ 배나 가벼우므로 질량수를 0으로 표시하고 단위 음전하를 띠므로 원자번호 자리에 -1로 표시해 줌으로써 양성자 수와 중성자 수를 맞추어 줄 수 있다. 위의 반응식에서 보다시피 β-붕괴의 딸핵은 어미핵의 동량원소이다. β-붕괴의 대표적 예로 중성자의 붕괴를 들 수 있다. 중성자는 핵 안에 있을 때는 안정되지만 핵 바깥에 있을 때는 양성자로 붕괴한다. 반응식은 ${}_{0}^{1}n \rightarrow {}_{1}^{1}p + {}_{-1}^{0}e$ 이다.

β-붕괴에는 세 가지 종류가 있다. β^-, β^+, 전자 포획이 그것이다. β^--붕괴는 위에서 설명했듯이 음전자를 방출하는 것이고, β^+-붕괴는 양전자를 방출하는 것이며, 전자 포획은 원자 내의 궤도 전자를 낚아채어 붕괴하는 과정이다. β^+-붕괴와 전자 포획을 통한 붕괴의 대표적 예로 ${}_{8}^{15}\mathrm{O} \rightarrow {}_{7}^{15}\mathrm{N} + {}_{1}^{0}e$와 ${}_{-1}^{0}e + {}_{4}^{7}\mathrm{Be} \rightarrow {}_{3}^{7}\mathrm{Li}$을 들 수 있다. 참고로 독립된 양성자는 매우 안정하므로 β^+-붕괴를 하지 않는다.

α-붕괴 때와 비교해보면 우리는 당연히 β-입자의 에너지도 반응식에 따라 결정되리라 예상할 수 있지만, 실제로 측정해보면 방출되는 β-입자의 에너지는 상한값과 하한값 사이의 연속적인 분포를 보인다. 예를 들어 중성자가 양성자와 전자로만 붕괴한다면, 이 β-입자 에너지가 연속적으로 분포한다는 것을 설명할 수 없다. 이 모순을 해결하기 위하여 1930년에 파울리가 **중성미자(neutrino)**라는 입자를 제안하였다. 실제로 이 중성미자는 1956년에 실험적으로 발견되었다. 중성미자는 전기적으로 중성이며 질량이 거의 무시되는 기본 입자이다. 이 중성미자는 다른 입자와 거의 상호작용을 하지 않기 때문에 발견하기가 무척 힘들다. β-붕괴는 전자기력, 핵력과는 완전히 다른 힘 때문에 일어나는데 β-붕괴에 작용하는 힘을 **약력(weak force)**이라고 한다. 위의 반응식들을 중성미자를 포함시켜 완전한 식으로 만들면 다음과 같다.

$$ n \rightarrow p + e^- + \overline{\nu_e} $$

$$ {}_{8}^{15}\mathrm{O} \rightarrow {}_{7}^{15}\mathrm{N} + e^+ + \nu_e $$

$$ e^- + {}_{4}^{7}\mathrm{Be} \rightarrow {}_{3}^{7}\mathrm{Li} + \nu_e $$

위 식에서 ν_e는 중성미자를 의미하며 위에 선을 그은 것은 중성미자의 반입자를 의미한다.

e^-의 반입자는 e^+이며 ν_e의 반입자는 $\overline{\nu_e}$이다. 전자와 중성미자를 통틀어 **경입자** 또는 **렙톤(lepton)**이라 하는데, 이 반응식에서는 핵자수와 전하량의 보존 외에도 입자에는 +1, 반입자에는 −1로 주어지는 렙톤 수 보존의 법칙이 하나 더 추가된다. 즉 전자는 항상 반중성미자와 같이 다니고, 양전자는 중성미자와 같이 다녀야 하는 것이다. 렙톤에 대해서는 이 장의 마지막 절에서 다시 다룰 것이다.

γ−붕괴

광자는 질량도 없고 전하도 띠지 않으므로 γ−붕괴 시 어미핵은 다른 핵으로의 변환을 일으키지 않고, 다만 좀 더 안정된 낮은 에너지 준위로 전이할 뿐이다. 이때 붕괴 전후의 에너지 차에 해당하는 γ−선을 내놓는다. 이는 궤도 전자의 전이 때 내놓는 X−선과 흡사하나 에너지가 매우 높다. 전자 궤도의 에너지 차는 보통 eV 정도이나 핵 궤도의 에너지 차는 보통 keV, 또는 MeV 정도이기 때문이다.

α−붕괴나 β−붕괴를 거친 딸핵들은 보통 에너지 준위가 높아 불안정하므로 2차적으로 γ−붕괴를 거치게 된다. 예를 들면,

$$\begin{aligned} {}^{60}\mathrm{Co} &\rightarrow {}^{60}\mathrm{Ni}^* + e^- + \nu_e \\ &\rightarrow {}^{60}\mathrm{Ni} + \gamma \end{aligned}$$

인데, 여기서 첨자인 *는 핵이 높은 에너지 준위에 있음을 의미하며, 이를 들뜬 상태(excited state)라고 한다.

반감기

불안정한 핵을 지니고 있는 물질을 **방사성물질(radioactive substance)**이라고 한다. 어떤 특정한 방사성물질이 붕괴를 할 때 그 물질을 이루고 있는 원자핵이 모두 같은 시간에 다른 원자핵으로 붕괴하는 것이 아니라 확률적으로 붕괴한다. 또한 핵종마다 붕괴하는 시간이 다르다. 따라서 원자핵이 붕괴하는 과정을 정량적으로 이해하기 위해서는 양자역학을 사용해야만 한다. 이 원자핵의 붕괴과정을 가장 적절하게 표현하는 물리량은 **붕괴상수(decay constant)**, 또는 **붕괴율(decay rate)**이라고 부르는 양이다. 이 양은 보통 그리스 문자 λ(람다)로 나타내는데, 단위시간 동안 얼마나 많은 원자핵이 다른 핵으로 붕괴하는가를 **확률적**으로 나타내는 양이고, 단위는 시간 단위의 역(s^{-1})이다. 예를 들어서 $\lambda = 0.1\,\mathrm{s}^{-1}$이라면 물질을 이루고 있는 전체 원자핵 중에서 초당 10% 정도 붕괴한다는 것을 의미한다. 따라서 단위시간당 줄어드는 원자핵의 양을 수식으로 나타내면 $\dfrac{\Delta N}{\Delta t} = -\lambda N$이다. 여기서 음의 부호는 원자핵의 양이 줄어들고 있다는 말이다. 붕괴상수 λ의 값이 크면 클수록 원자핵은 빨리 붕괴하고 작으면 작을수록 천천히 붕괴한다. 이 식을 적분하면,

$$N = N_0 e^{-\lambda t} \tag{27.5}$$

을 얻는다. 여기서 N_0는 시간이 0일 때 원자핵의 양을 나타낸다. 여기서 붕괴상수의 역 $\tau_\lambda = 1/\lambda$을 붕괴하는 원자핵의 **수명(lifetime)** 또는 **평균수명(mean life)**이라고 한다. 즉 시간이 τ 만큼 흐른 뒤 남아 있는 원자핵의 개수는 원래 원자핵의 개수의 $1/e$만큼 남는다. 원자핵의 붕괴를 나타내는 또 다른 편리한 물리량으로 **반감기(half-life)**가 있다. 식 (27.5)로부터 반감기를 얻으려면 $N/N_0 = 1/2 = e^{-\lambda\tau}$, 즉

$$\tau = \frac{\ln 2}{\lambda} = \frac{0.693}{\lambda} \tag{27.6}$$

이다. 붕괴상수나 반감기는 핵종이 지니고 있는 고유성질이므로, 화석이나 고고학 유물의 연대 측정에 많이 쓰이고 있다. 그림 27.2는 식 (27.5)를 나타낸 것이다.

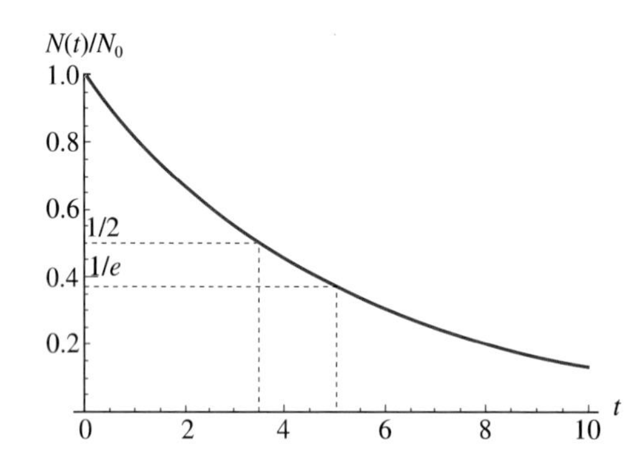

▲ **그림 27.2** | 불안정한 원자핵의 개수는 시간에 따라 지수함수적으로 붕괴한다. 시간이 반감기만큼 지나면 원자핵의 개수는 원래 개수의 절반이 된다. 붕괴시간만큼 지난 경우는 입자의 개수가 원래 개수의 $1/e$만큼 줄어든다.

예제 27.3

^{131}I의 반감기는 8일이다. 어떤 특정 시간에 ^{131}I 핵이 4.0×10^{22}개 존재함을 측정했다. 이 반응의 붕괴율을 구하고 하루가 지난 후에 남아 있는 ^{131}I 핵의 개수를 구하여라.

| 풀이

위의 식으로부터 붕괴율 λ는

$$\lambda = \frac{0.693}{\tau} = \frac{0.693}{8 \times 24 \times 60 \times 60\text{ s}} = 1.0 \times 10^{-6}\text{s}^{-1}$$

이며, 하루 경과 후 잔재량은

$$N = N_0 e^{-\lambda t} = 4.0 \times 10^{22} \times e^{-\frac{0.693}{8\text{일}} \times 1\text{일}} = 3.7 \times 10^{22}$$

개이다.

방사선과 인체

방사선 중에 원자나 분자를 이온화시킬 수 있는 방사선을 **전리방사선(ionizing radiation)**이라고 한다. 원자핵 붕괴에서 나오는 알파선, 베타선, 감마선은 에너지가 높기 때문에 모두 전리방사선에 해당한다. 이 전리방사선은 인체 내부에 있는 물(H_2O)을 이온화시켜서 수소이온(H^+)과 히드록실(OH^-)을 생성시키는데, 이 중에서 히드록실은 화학적으로 활성도가 무척 높기 때문에 인체를 이루고 있는 DNA를 망가뜨린다. 심할 경우, 세포가 죽기도 하고 암을 유발하기도 한다. 따라서 원자력발전소나 방사선을 다루는 실험실이나 병원에서는 방사선에 피폭되지 않도록 세심한 주의를 기울여야 한다.

방사성물질이 시간당 얼마나 붕괴하는지를 나타내는 양을 **방사능(radioactivity)**이라 부르고 시간당 방사성물질에서 나오는 알파입자, 베타입자의 평균 수를 나타내는 SI단위는 방사선을 최초로 관찰한 베크렐의 이름을 따서 **베크렐(Bq, becquerels)**이다. 예를 들면 방사선물질에서 알파입자가 초당 하나가 나오면 방사능은 1 Bq이다.

방사선이 인체에 미치는 정도를 나타내기 위하여 방사선의 **흡수선량(absorbed dose)**을 정의하는데 SI단위로 **그레이(Gy, gray)**를 쓴다. 어떤 물체가 1 kg당 1 J의 에너지를 흡수할 때, 1 Gy로 정의한다. 예전 단위는 **라드(rad)**인데 1 Gy는 100 rad이다. 인체의 경우, 방사선의 종류에 따라 인체가 입는 타격 또한 다르기 때문에 이를 고려해주어야만 한다. 그런데 이 정도는 의학적인 경험에서 나오는 것이기 때문에 단지 정성적으로만 정해져 있다. 따라서 방사선의 종류에 따라 가중치를 달리 두고 있는데, 이 가중치를 **방사선 가중치(radiation weighting factors)**라고 부르고 보통 W_R로 나타낸다. 이 가중치를 흡수선량에 곱해서 정의한 선량을 **등가선량(equivalent dose)**이라고 한다.

방사선은 인체 조직의 각 부분에 따라 해를 끼치는 정도가 다르다. 의학적으로 각 인체조직에 따라 달라지는 정도를 위에서 말한 방사선가중치처럼 가중치를 둬서 인체 전체가 받는 선량을 나타내는 것을 **유효선량(effective dose)**이라고 한다. 등가선량과 유효선량을 나타내는 SI 단위는 **시버트(Sv, sievert)**이다.

▼ **표 27.1** | 방사선 가중치

방사선의 종류	방사선 가중치, W_R
광자	1
전자, 뮤온(μ)입자	1
중성자: 10 keV 미만	5
10 kev ~ 100 keV	10
100 keV ~ 2 MeV	20
2 MeV ~ 20 MeV	10
20 MeV 이상	5
양성자	5
알파입자, 핵분열 파편	20

27-3 핵의 안정성과 결합에너지

앞 절에서 핵은 양성자와 중성자가 강하게 결합하고 있는 상태라는 것을 알았다. 또한 양성자 사이의 전기적 반발력을 이기고 핵이 안정된 상태에 있기 위해서는 핵력이라는 것이 존재해야 한다는 사실을 알았다. 또 이 핵력은 아주 짧은 거리(핵의 크기 정도 거리)에서만 작용하고 그 인력이 전기적 척력보다 훨씬 세다는 사실도 알았다. 그러나 핵자의 개수가 점점 많아질수록 전기적 반발력이 점점 커져 핵은 상대적으로 불안정해진다. 따라서 원자번호가 높아질수록 반발력을 줄이고 핵력을 늘리기 위해 중성자의 개수가 양성자의 개수에 비해 상대적으로 커져야만 안정성을 유지할 수 있다.

그림 27.3은 자연계에 존재하는 안정된 핵의 중성자와 양성자의 개수를 도표로 나타낸 것이다. 보다시피 양성자의 개수(Z)가 20(원자번호 A = 40)까지의 핵은 중성자와 양성자의 개수가 거의 같으나, Z가 점점 커질수록 안정곡선은 Z= N곡선보다 훨씬 위에 있게 된다.

핵의 안정성에 영향을 미치는 또 하나의 요인으로 **짝짓기(pairing) 효과**가 있다. 즉, 핵자들은 전자와 같이 파울리의 배타원리를 따르는 입자이므로 같은 양자 상태(quantum state)에 있는 핵자는 2개씩 짝을 짓는 것이 홀로 있는 것보다 안정하다. 따라서 중성자와 양성자가 모두 짝수인 핵이 자연에 훨씬 더 많이 존재한다. 실제로 자연계의 안정한 핵 279개 중 반 이상인

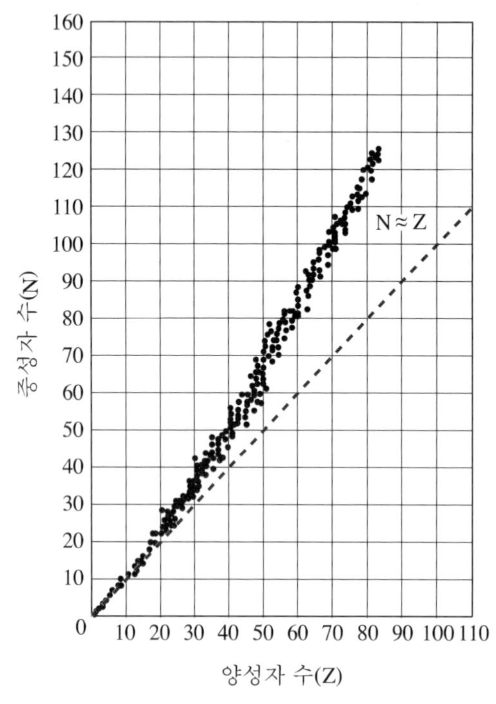

▲ **그림 27.3** | 자연계에 존재하는 안정된 핵의 중성자 개수(N)와 양성자의 개수(Z)의 상관 관계. 원자번호가 40보다 큰 핵에서는 N ≈ Z가 성립하나, 그보다 무거운 핵에서는 N 값이 대체적으로 Z 값보다 더 크다. 점선은 N = Z를 나타내는 선이다.

168개에 이른다. 그 다음으로 많은 경우가 홀수 개의 중성자와 짝수 개의 양성자, 또는 짝수 개의 중성자와 홀수 개의 양성자를 갖는 핵으로서 107개의 핵이 이에 해당한다. 가장 드문 경우가 중성자, 양성자 모두 홀수 개인 핵으로서 단지 4개의 핵만이 이에 해당한다. ${}^{2}_{1}\mathrm{H}$, ${}^{6}_{3}\mathrm{Li}$, ${}^{10}_{5}\mathrm{B}$, ${}^{14}_{7}\mathrm{N}$ 가 바로 그것들로서 핵자수가 작은 핵들임에 주의하라.

자연 방사성 원소들은 모두 위와 같은 기준에 따르면 불안정한 핵이므로 α - 붕괴나 β - 붕괴를 통하여 핵자 수나 그 비를 조절함으로써 안정한 핵으로 전환하게 된다. 예를 들면, ${}^{15}_{8}\mathrm{O}$는 중성자 수에 비해 양성자 수가 더 많으므로 양성자 수를 줄이기 위해 β^{+} - 붕괴를 하게 되는 것이다.

핵의 안정성을 나타내는 척도로 **결합에너지(binding energy)**라는 것이 있다. 핵 내의 핵자의 질량을 모두 합하면 항상 핵의 질량보다 작은데, 이는 핵자들이 서로 뭉쳐 핵을 이룰 때 에너지를 잃음으로써 안정된 상태를 유지하게 되기 때문이다. 이때 에너지의 손실은 아인슈타인의 질량-에너지 관계식으로부터 질량의 손실로 나타나게 되는데, 이 손실된 에너지를 결합에너지라 한다. 따라서 핵 내의 핵자들을 따로 떨어뜨리기 위해서는 결합에너지만큼의 일을 해주어야 한다.

예제 27.4

중수소의 결합에너지를 구하여라. 중수소의 질량은 2.014102 u이다.

| 풀이

식 (27.5)를 결합에너지의 정의에 적용하면

$$E_{\mathrm{b}} = [m_D - (m_p + m_n)] \times c^2 = (2.014102 - 1.007825 - 1.008665)\,\mathrm{u} \times \mathrm{c}^2$$
$$= -0.002388\,\mathrm{u} \times 931.5\,\mathrm{MeV/u} = -2.224\,\mathrm{MeV}$$

그림 27.4는 여러 안정된 핵의 단위핵자당 결합에너지(E_{b}/A)를 그린 것이다. 이 결합에너지는 낮은 원자번호에서는 급속히 증가하다가 $A = 30$ 을 지나면서 8 MeV 정도로 거의 일정하게 된다. E_{b}/A가 클수록 더 안정된 핵이라 할 수 있는데, 그래프가 $A = 60$ 근처에서 가장 큰 값을 보이는 것으로 미루어 $A = 60$ 주위의 핵들이 가장 안정된 핵들이라 할 수 있다. 또한 높은 원자번호의 핵들은 쪼개면 오히려 더 안정된 핵들로 변환되면서 구속 에너지 차에 해당하는 만큼의 에너지를 내놓는다. 반면에 낮은 원자번호의 핵들은 융합시키면 오히려 더 안정해져서 그만큼의 에너지를 내놓게 된다. 이 두 가지의 과정을 각각 **핵분열**, **핵융합**이라고 한다. 이 과정에서 핵들이 내놓는 에너지를 이용한 것이 바로 핵발전이다. 이 에너지는 고갈되어 가는 화석에너지의 대체에너지로 각광받고 있다. 위 두 과정에 대해서는 다음 절에서 상세히 다룰 것이다.

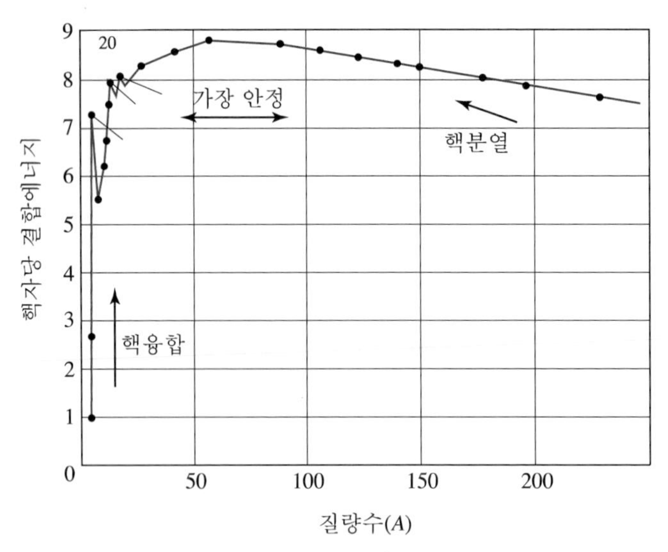

▲ **그림 27.4** | 여러 안정된 핵에서의 단위핵자당 결합에너지(E_b/A). 이 곡선은 50에서 80 사이에 최댓값을 갖는데, 이는 그 범위에 해당하는 핵이 가장 세게 결합되어 있으므로 제일 안정함을 의미한다.

한 가지 특이한 것은, 핵자수가 증가할수록 핵력이 세어져 핵이 더 안정되리라 생각할 수도 있으나, 그림 27.3에서 보면 질량수가 80을 넘어서면서 결합에너지가 슬슬 감소하는 것을 알 수 있다. 이를 가리켜 우리는 핵력이 포화되었다고 말하며, 이는 핵자가 가까운 주변 핵자끼리만 상호작용함을 의미한다. 즉 주변 핵자수에는 한계가 있으므로, 포홧값 이상이 되면 오히려 핵의 안정성이 떨어진다고 할 수 있다.

27-4 핵분열과 원자로

앞 절에서 핵력과 전기적 반발력과의 상대적 크기 차이로부터 핵분열, 또는 핵융합이 발생하며, 또한 단위핵자당 결합에너지의 증가 또는 감소로부터 발생되거나 흡수되는 에너지를 설명했다. 이 절에서는 핵분열을 좀 더 상세히 다루어 보도록 하고, 그 현실적 응용인 원자로에 관해 간략히 알아보자.

핵의 α −붕괴는 핵분열의 좋은 예로서, 지금까지는 주로 자연적으로 발생하는 반응들을 살펴보았다. 그러나 이러한 반응은 인공적으로도 발생시킬 수 있다. 인공 핵변환을 일으킬 수 있는 한 방법으로는 핵에 중성자나 다른 가벼운 핵을 충돌시키는 것이 있다. 초기에는 입자를 가속시킬 수 없었으므로 주로 자연 붕괴에서 방출되는 입자로 실험을 하였는데, 입자 가속기의 발달과 더불어 실험이 좀 더 용이해지고 다양해짐에 따라 새로운 동위원소들이 많이 발견되었다.

핵분열을 처음 관찰한 사람은 **오토 한**(Otto Hahn)과 **슈트라스만**(F. Strassman)이다. 1939년

이들은 우라늄($_{92}U$)에 중성자를 때려 바륨과 란탄이 생성되는 것을 관측하였다. 잇따라 여러 과학자들이 같은 핵반응에서 이 두 가지 핵 외에도 다른 핵이 생성될 수 있다는 사실을 많이 밝혀냈다. 이것을 종합적으로 쓰면 다음과 같다.

$$^{1}_{0}n + ^{235}_{92}U \rightarrow ^{236}_{92}U^* \rightarrow X + Y + \neq utrons$$

여기서 $^{236}_{92}U$는 아주 짧은 시간(10^{-12}s 정도) 동안 존재하는 우라늄 핵의 들뜬 상태로, 곧 X와 Y의 다른 핵으로 나누어진다. 이때, 한두 개 또는 그 이상의 중성자가 방출되는데, 이 중성자는 또 다른 ^{235}U에 반응하여 연달아 핵분열을 일으키게 된다. 이 반응을 **연쇄반응(chain reaction)**이라고 하고, 핵폭탄이나 원자력 발전의 원리가 된다.

X와 Y는 질량과 전하량을 동시에 보존시키는 두 핵으로, 대부분 질량이 비슷하고 방사성 동위원소들로서 분열 후 빠르게 붕괴한다. 질량수 235인 핵이 쪼개져 질량수 120 정도의 두 핵으로 갈린다면 우리는 반응 전과 반응 후의 결합에너지의 차로부터 $Q = 235 \text{ necleons} \times (8.5 - 7.6) \text{ MeV/nucleon} \approx 210 \text{ MeV}$ 정도에 해당하는 에너지가 방출된다. 실제로 이 에너지는 엄청난 양으로 아래 예제에서 그 크기를 계산해보자.

예제 27.5

1 kg의 ^{235}U이 핵분열을 일으켰을 때 방출되는 총 에너지를 구하여라. 단, 각 분열당 방출되는 에너지는 208 MeV이다.

| 풀이

1 kg의 ^{235}U 내에 포함되어 있는 우라늄핵의 개수는

$$N = \frac{1 \text{ kg} \times 1000 \text{ g/kg}}{235 \text{ g/mol}} \times (6.2 \times 10^{23} \text{ nucleus/mol}) \text{ 개}$$
$$= 2.56 \times 10^{24}$$

이다.

핵의 개수만큼의 핵분열이 일어날 것이므로 총 방출되는 에너지는

$$E = N \times Q = (2.56 \times 10^{24} \text{ events}) \times 208 \text{ MeV/event}$$
$$= 5.32 \times 10^{26} \text{ MeV} (\times 4.45 \times 10^{-20} \text{ kWh/MeV}) = 2.37 \times 10^{7} \text{ kWh}$$

이 에너지는 100 W 전구를 3만 년 동안 켤 수 있는 양이며, 또한 TNT 2만 톤의 폭발력과 맞먹는다.

가벼운 핵 2개가 서로 합쳐 무거운 핵으로 변환하면서 에너지를 내놓는 과정을 **핵융합 반응(fusion reaction)**이라 한다. 가장 대표적인 예는 중수소 2개가 융합해서 헬륨핵으로 변환하는 반응으로 일명 **D－D 융합**이라고 하는데, 이때 역시 결합에너지 차이 때문에 3.27 MeV의 에

너지를 내놓는다.

$$
\begin{aligned}
{}^{2}_{1}\mathrm{D} + {}^{2}_{1}\mathrm{D} &\rightarrow {}^{3}_{2}\mathrm{He} + {}^{1}_{0}n, \quad Q = 3.27\,\mathrm{MeV} \\
{}^{2}_{1}\mathrm{D} + {}^{2}_{1}\mathrm{D} &\rightarrow {}^{3}_{1}\mathrm{T} + {}^{1}_{1}\mathrm{H}, \quad Q = 4.03\,\mathrm{MeV} \\
{}^{2}_{1}\mathrm{D} + {}^{3}_{1}\mathrm{T} &\rightarrow {}^{4}_{2}\mathrm{He} + {}^{1}_{0}n, \quad Q = 17.59\,\mathrm{MeV}
\end{aligned}
$$

오른쪽에 나타낸 Q값은 두 핵이 융합할 때 방출하는 에너지를 표시한다. 이 에너지는 융합 시 발생하는 200 MeV의 에너지에 비하면 무척 작아 보이나, 실제로 같은 질량의 원료를 비교해 본다면 오히려 3배 정도나 더 많은 에너지에 해당한다. 실제로 핵융합 반응은 태양을 포함한 모든 별들이 반짝이는 이유가 된다. 태양을 비롯한 별들에서 일어나는 핵융합 반응은 보통 다음과 같다.

$$
\begin{aligned}
{}^{1}_{1}\mathrm{H} + {}^{1}_{1}\mathrm{H} &\rightarrow {}^{2}_{1}\mathrm{D} + {}^{0}_{1}e + \nu_e \\
{}^{1}_{1}\mathrm{H} + {}^{2}_{1}\mathrm{D} &\rightarrow {}^{3}_{2}\mathrm{He} + \gamma \\
{}^{3}_{2}\mathrm{He} + {}^{3}_{2}\mathrm{He} &\rightarrow {}^{4}_{2}\mathrm{He} + {}^{1}_{1}\mathrm{H} + {}^{1}_{1}\mathrm{H}
\end{aligned}
$$

위의 연결된 반응식을 일컬어 **양성자-양성자 고리(proton-proton chain)**라고 하는데, 이는 4개의 양성자가 융합해서 ${}^{4}_{2}\mathrm{He}$ 핵을 만드는 반응으로, 이때 24.7 MeV의 에너지가 발생한다. 역시 같은 양의 우라늄 원료와 비교하면 7배의 에너지에 해당한다.

이처럼 핵분열에 비해 훨씬 많은 양의 에너지를 낼 수 있는 핵융합을 실제로 이용할 수만 있다면 좀 더 많은 에너지를 요구하는 오늘날에 적합한 에너지의 원천이 될 수 있다. 그러나 우주 공간에 태양과 같은 엄청나게 큰 핵융합로가 있는 것과 달리, 지구상에 핵융합로를 짓는 일은 기술적으로 결코 간단한 일이 아니다. 인공적으로 두 핵을 융합하기 위해서는 두 핵에 있는 양전하 사이의 반발력을 이겨내야만 한다. 그러려면 이 핵융합 연료에 10^8 K 이상 되는 아주 높은 온도를 가하여 이 양전하들의 운동에너지가 그 반발력을 이길 정도가 되어야만 한다. 하지만 이런 고온을 견딜 만한 물질을 아직까지는 만들 수가 없다. 그래서 이렇게 높은 양이온 플라스마 상태의 핵을 가둬 놓기 위해서 아주 강력한 자기장을 걸어주는 방법이 있지만 실용화가 되려면 아직 먼 길을 가야 한다. 실제로 지난 50여 년 동안 많은 물리학자와 공학자들이 핵융합로를 실용화하려고 힘써 왔지만 아직까지 해결해야 할 난제들이 많이 남아 있다.

27-5 기본 힘과 기본 입자

원자(atom)란 그리스어로 더 이상 쪼갤 수 없는 것(atomos)을 의미하는 단어이다. 이것은 그 당시 사람들이 원자를 물질을 이루는 기본 입자로 생각했음을 시사한다. 그러나 20세기 초에 들어서면서 원자도 양성자, 중성자, 전자들로 쪼개질 수 있음이 밝혀졌다. 따라서 이 시기에는 이 세 입자들이 물질을 이루는 기본 입자라고 생각했다.

20세기 중반에 들어서면서 앞 절에서 설명한 바와 같이 방사능 원소로부터 비롯된 핵반응에 관한 연구가 활발해졌고, 그 반응의 부산물로서 새로운 입자들이 많이 발견되었다. 또한 입자 가속기가 발달함에 따라 훨씬 더 높은 에너지의 입자 충돌 실험도 가능하게 되었고, 결과적으로 위의 3종류의 입자 외에 훨씬 더 많은 종류의 새로운 입자들이 발견되었다. 물론 새로 발견된 대부분의 입자들은 불안정해서 아주 빠른 시간($10^{-6} \sim 10^{-23}$ s) 안에 양성자나 전자 또는 다른 입자로 붕괴한다. 따라서 물리학자들은 한동안 이렇게 많은 입자들 중에 어떤 입자가 기본 입자인지 알 수 없는 혼돈 상태에 빠지게 되었다. 반면에 이런 혼돈 상태 때문에 물리학자들은 자연에 존재하는 가장 근본적인 입자가 무엇이며 그들 사이의 상호작용이 무엇인가라는 질문의 답을 찾기 위해 박차를 가하기 시작했다. 이 절에서는 이 근본적인 질문을 통해 물리학자들이 찾아낸 현상과 원리들을 간략하게 배울 것이다.

▎기본 힘

자연에 있는 모든 입자는 네 가지 기본 힘에 의해 상호작용한다. 전반부에서 언급한 **중력**, 후반부에서 공부한 바 있는 **전자기력**, 그리고 이번 장에서 배우게 될 **강력**과 **약력**이 바로 자연에 존재하는 근본적인 힘이다. 물리학자들은 기본 입자들 사이의 힘을 말할 때 힘이라는 말 대신에 **기본 상호작용(fundamental interactions)**이라는 표현을 쓴다.

중력은 질량이 있는 모든 입자들 사이에 작용하는 힘이다. 중력이 작용하는 거리는 무한대이며 거리의 제곱에 반비례한다. 바로 행성과 은하계를 지탱하는 힘이 중력이지만 질량이 아주 작은 기본 입자들 사이에서는 거의 무시될 정도로 약한 힘이기 때문에 네 가지 기본 힘 중에서는 가장 약한 힘이라고 할 수 있다.

전자기력은 전하를 띠는 입자들 사이에 작용하는 힘으로 그 힘이 미치는 거리는 중력과 마찬가지로 무한대이며, 역시 거리의 제곱에 반비례한다. 원자나 분자를 이루고 있는 전하를 띤 입자들이 흩어지지 않고 모여 있게 해주는 힘이 바로 전자기력이다. 이 전자기력은 중력에 비해 10^{36}에서 10^{42}배 정도로 크다.

강력은 핵을 이루고 있는 핵자들 사이에 작용하는 힘인데 두 핵자들 사이의 아주 짧은 거리(10^{-15} m)에서만 작용한다. 앞 절에서 배운 대로 이 핵력이 바로 핵 안에 있는 중성자와 양성자가 서로 뭉쳐 있게 하는 힘이다. 이 힘은 핵자들이 서로 **중간자(meson)**라는 입자를 주고받으며 생기는 힘인데, 이 힘은 전자기력에 비해 100배 정도 강하므로 네 가지의 기본 힘 중 가장 강한 힘이다. 하지만 실제로 핵자는 더 이상 기본 입자가 아니고 곧 배우게 될 **쿼크(quark)**라는 기본입자로 이루어져 있기 때문에 강력은 좀 더 정확하게 이 쿼크들 사이의 힘으로 이해할 수 있다. 이 쿼크들 사이의 힘은 **글루온(gluon)**이라는 입자가 매개한다. 전자와 같은 기본입자는 강력의 영향을 전혀 받지 않는 반면에 자연에 발견된 많은 입자들이 강력의 영향을 받는데 이와 같이 강력을 느끼는 입자들을 통틀어 **강입자** 또는 **하드론(hadron)**이라고 한다.

마지막으로 약력은 강력보다 더 작용 범위가 작은 10^{-17} m 정도에서 작용하는 힘으로, 대부분의 입자들 사이에서 작용하는 힘이다. 그 크기는 강력에 비해 백만 분의 일 정도로 작으며, **W-보존(boson)**과 **Z-보존**이라 하는 입자를 주고받으며 생기는 힘으로서 β-붕괴에서와 같이 대부분의 방사능 원소의 붕괴에 관여한다. 최근에는 이 약력과 전자기력이 같은 힘의 서로 다른 표현에 지나지 않는다는 주장에 따라 그 통합적인 힘을 **전기약력(electroweak force)**이라 한다.

기본입자들은 가장 약한 중력을 제외한 나머지 세 힘의 영향을 받는데 이 기본입자들이 서로 어떻게 상호작용하는가를 설명하는 이론을 **표준모형(Standard model)**이라고 한다. 에너지가 아주 높았던 우주 초기상태에서는 서로 다른 네 힘이 결국 하나의 힘에서 갈라져나왔을 것이라고 오늘날 물리학자들은 추측하고 있다. 이와 관련된 여러 이론들 중 하나가 바로 **초끈이론(Superstring theory)**이다.

표 27.2에서 네 가지 기본 힘에 대해 그 크기와 작용 거리, 이 힘이 작용할 때 교환되는 입자, 그리고 이 기본 힘에 의해 상호작용하는 입자를 정리해놓았다.

▼ **표 27.2** | 각 힘의 크기와 작용 거리, 교환되는 입자 및 이 힘을 통하여 상호작용하는 입자

힘의 종류	세기	작용 거리	주고받는 입자	상호작용하는 입자
강력	1	10^{-15} m	중간자	하드론
전자기력	$10^{-2}\sim10^{-3}$	무한대	광자	전하를 띤 모든 입자
약력	$10^{-6}\sim10^{-8}$	10^{-17} m	W, Z	모든 입자
중력	$10^{-38}\sim10^{-45}$	무한대	Graviton(?)	모든 입자

하드론

강력을 통해 상호작용하는 입자들을 통틀어 **강입자** 또는 **하드론**이라고 한다. 우리에게 가장 잘 알려져 있는 하드론으로는 양성자와 중성자가 있다. 이 둘을 제외한 하드론은 매우 불안정해서 약력이나 강력 또는 전자기력 때문에 쉽게 붕괴해버린다.

오늘날 가속기 실험에서 발견된 하드론의 수는 매우 많은데, 이 하드론은 더 기본적인 입자들로 이루어져 있다. 1950년대부터 새롭게 발견된 하드론들을 체계적으로 설명하기 위해서 1963년 **겔만**(M. Gell-Mann)과 **츠바이크**(G. Zweig)는 이 하드론들이 좀 더 기본적인 입자들로 이루어졌을 것이라는 가설을 세웠다. 겔만은 이 기본 입자들을 **쿼크(quark)**라고 불렀다. 겔만과 츠바이크의 이론을 따르면 이 쿼크는 전자의 전하량의 2/3나 1/3에 해당하는 전하량을 지니며 둘이나 셋이 모여 하드론을 이룬다. 3개의 쿼크로 이루어지는 하드론을 **중입자** 또는

바리온(baryon, 무겁다는 의미)이라 하며 양성자와 중성자가 바로 이에 속한다. 2개의 쿼크로 이루어지는 것을 **중간자** 또는 **메존(meson)**이라 하는데, 이때 쿼크와 반쿼크(anti-quark)로만 구성되어야 하며, 바리온에 비해 가볍다. 오늘날에는 2개 또는 3개의 쿼크뿐만 아니라 더 많은 수의 쿼크로 이루어져 있는 하드론이 존재한다고 생각한다.

초기 이론에는 세 종류의 쿼크가 있었다. 이 세 종류의 쿼크를 구분 짓기 위해서 이것을 **맛(flavor)**이라 부르는 양을 도입하였는데, **u(up), d(down), s(strange)**가 바로 그 맛에 해당한다. 이 세 종류의 쿼크는 각각 전자 전하량의 $+2/3$, $-1/3$, $-1/3$ 배의 전하량을 지닌다. 반쿼크는 각 맛에 해당되는 쿼크의 표시 위에 줄을 그어 $\bar{u}$, $\bar{d}$, $\bar{s}$로 표시하는데 반대 부호의 전하량을 지닌다. 즉, $\bar{u}$는 $-2/3$배, $\bar{d}$는 $1/3$배, $\bar{s}$는 $1/3$배의 전자 전하량을 가진다. 양성자는 uud의 쿼크로 구성되어 있으며, 중성자는 udd, 메존에 속하는 pion(π^+)은 $u\bar{d}$의 쿼크로 구성되어 있다. 1970년대부터 90년대 말까지 3개의 쿼크가 더 발견되어 각각 **c(charm), t(top or truth), b(bottom or beauty)**라 칭하였다. 표 27.3에 각 쿼크의 이름과 전하량이 나타나 있다.

▼ **표 27.3** | 각 쿼크의 명칭 및 나타내는 기호와 전하량

명칭	Up	Down	Strange	Charm	Top(Truth)	Bottom(Beauty)
기호	u	d	s	c	t	b
전하량	$+2/3e$	$-1/3e$	$-1/3e$	$+2/3e$	$+2/3e$	$-1/3e$

쿼크는 독자적으로는 관측이 안 된다. 다시 말해서, 핵자 밖에 독립적으로 존재하는 쿼크를 실험적으로 관측한 예가 없다. 이는 우리가 e의 정수배가 아닌 전하를 관측하지 못하는 근본적인 이유이다(전하량의 양자화). 따라서 쿼크는 핵자 안에 영원히 갇혀 있는데 이 현상을 **쿼크 갇힘(quark confinement)**이라고 한다. 현재 실험적으로 관측되는 대부분의 하드론은 쿼크로 이루어져 있다. 쿼크끼리는 강력뿐만 아니라 약력을 통해서도 상호작용한다. 이 약력은 쿼크의 종류(맛)를 변화시킬 뿐만 아니라 불안정한 하드론을 붕괴시키는 역할도 한다.

쿼크에는 맛 이외에도 색깔이 부여된다. 빨강, 초록, 파랑의 색깔이 주어지며, 반쿼크에는 반색깔(anti-color)이 부여된다. 쿼크끼리는 **글루온(gluon)**이라는 입자를 주고받으며 강한 상호작용을 하는데, 글루온에도 색깔이 있어 결국 글루온의 교환은 쿼크의 색깔 변화로 나타나게 된다. 실험적으로 발견되는 하드론은 **하얀색**이라고 부르는데, 그 이유는 마치 빛의 삼원색처럼 색깔을 띠고 있는 쿼크는 눈에 보이지 않지만 세 가지 색깔을 섞은 하얀색 하드론은 눈에 보인다는 말 때문에 그렇다.

❙ 렙톤

강력에 의해 상호작용하지 않고 약하게 상호작용하는 입자를 **렙톤**이라 부르며, 대표적인

렙톤으로 전자가 있다. 현재까지 렙톤은 내부 구조가 없다고 추측하고 있다. 따라서 렙톤은 쿼크와 더불어 기본입자로 간주한다. 실제로 전자의 반지름은 10^{-17} m보다도 작다. 모든 렙톤의 spin은 1/2인 페르미온(fermion)이다.

렙톤의 종류는 쿼크와 마찬가지로 6종류가 있다. **전자**, **뮤온**(muon, μ), **타우 입자**(tau, τ)와 이 세 렙톤에 대응하는 **중성미자(neutrino)**가 그것이다. 따라서 우리는 렙톤을 세 가족으로 나누고, (e^-, ν_e), (μ^-, ν_μ), (τ^-, ν_τ)로 표시한다. 각각의 렙톤에 상대적으로 반대의 전하량을 갖는 입자가 존재하는데, 이를 **반렙톤(anti-lepton)**이라 부르며, 역시 spin이 1/2인 페르미온으로 전자와 같은 전하량을 띤다. 렙톤이 쿼크와 다른 점은 쿼크는 색깔을 지니고 있는 반면에 렙톤에는 색깔이 없다. 하지만 쿼크도 6종류, 렙톤도 6종류 존재한다는 사실은 현재 알려져 있는 표준모형을 넘어서는 이론이 있을 것이라는 점을 시사한다.

중성미자는 우주에서 발견되기도 하고 방사능 붕괴에서 나오기도 한다. 중성미자는 질량이 거의 없으므로 빛의 속도로 움직인다. 또한 전기적으로 중성이므로 전자기력의 영향도 받지 않고 강력의 영향도 받지 않으므로 물질을 그대로 투과하는 경향이 강하다. 따라서 태초 우주 생성의 단계에서 만들어진 중성미자들이 현재에도 우주를 떠돌고 있으며, 그 수가 1 cm^3당 330개가 있을 정도로 엄청 많다. 중성미자의 질량이 있느냐 없느냐는 현재 물리학계의 뜨거운 이슈이며, 질량의 존재 여하에 따라 우주 전체의 질량에 막대한 영향을 끼칠 수 있다. 따라서 이 중성미자의 질량은 우리 우주의 운명을 결정하는 데 결정적인 역할을 하며, 현재 우주에서 찾고 있는 **암흑물질(dark matter)**의 첫 번째 후보로 꼽히고 있다.

연습문제

27-1 핵력과 핵 구조

1. 핵력과 전자기력을 비교할 때 차이점을 설명하시오.

2. 핵물질(nuclear matter)은 크기가 무한하고 핵으로 가득 찬 이상적인 물질이다. 보통 핵물질의 밀도는 $2.30 \times 10^{17}\ \mathrm{kg/m^3}$ 정도로 납핵의 중앙에서 밀도와 같게 둔다. 지구의 질량은 5.97×10^{24} kg이고, 반지름은 $6.38 \times 10^{6}\ \mathrm{m}$이다. 만약에 지구를 압축해서 밀도가 보통 핵물질의 밀도와 같게 만든다면, 줄어든 지구의 반지름은 얼마인가?

27-2 방사성 물질과 반감기

3. $^{32}\mathrm{P}$의 베타붕괴식은 $^{32}\mathrm{P} \rightarrow {}^{32}\mathrm{S} + \mathrm{e}^- + \nu$이다. 이 때 붕괴 에너지(disintegration energy)를 구하시오. $^{32}\mathrm{P}$원자, $^{32}\mathrm{S}$원자와 전자의 질량은 각각 $31.97390\,\mathrm{u}$, $31.97206\,\mathrm{u}$, $0.00055\,\mathrm{u}$이다. (여기서, 붕괴 에너지는 핵 붕괴 때 발생하는 에너지이다.)

4. 대기 중의 이산화탄소에는 안정한 원소인 $^{12}_{6}\mathrm{C}$와 방사성 원소인 $^{14}_{6}\mathrm{C}$(반감기=5,730년)가 일정한 비율로 들어 있다. 이 비율을 존재비라고 한다. 1990년 고대 이집트의 미라에서 나온 붕대에 포함되어 있는 두 탄소의 비율을 측정해보니 $^{14}_{6}\mathrm{C}$의 존재비가 대기 중 존재비의 반임을 알아냈다. 고대 대기 중 탄소의 존재비가 현재와 동일하다는 가정 하에 이 미라의 연대를 계산하여라.

5. 반감기의 2배의 시간이 경과한 후에 남아 있는 방사성 원소의 비는 처음의 얼마인가?

6. 다음 각 경우에 대하여, 두 동위원소 $^{60}\mathrm{Co}$과 $^{59}\mathrm{Co}$에 들어 있는 양성자와 중성자와 전자의 개수를 각각 구하여라.

(가) 중성인 원자상태로 있을 때

(나) -2인 이온상태로 있을 때

7. 코발트 ${}^{60}_{27}\mathrm{Co}$의 반감기는 5.27년이다. 이 ${}^{60}_{27}\mathrm{Co}$는 방사선검출기 검사를 하기 위한 선원으로 많이 쓰인다. 이 ${}^{60}_{27}\mathrm{Co}$의 처음 방사능이 4×10^{11} Bq이라고 하면 1년 후의 방사능은 얼마가 되는가?

8. 우유 1 L에는 칼륨이 대략 2.00 g 정도 들어 있는데 대부분은 안정적인 ${}^{39}\mathrm{K}$이고 0.0117%가 반감기가 1.248×10^9년인 방사성 동위원소 ${}^{40}\mathrm{K}$이다. 우유 한 잔(0.250 L)을 마셨을 때 다음을 계산하시오. 단, $1\ \mathrm{u}=1.660539\times10^{-27}$ kg이며, 언급된 백분율은 질량의 백분율로 간주하여도 무방하다. 또한, x가 1에 비해 아주 작은 경우에는 $e^{-x}\approx 1-x$로 근사됨을 이용하여라.

(가) 섭취한 ${}^{40}\mathrm{K}$ 핵의 개수는 얼마인가?

(나) 이 중, 1년동안 붕괴하는 ${}^{40}\mathrm{K}$ 핵의 개수는 얼마인가?

27-3 핵의 안정성과 결합에너지

9. ${}^{4}_{2}\mathrm{He}$, ${}^{56}_{26}\mathrm{Fe}$, ${}^{131}_{53}\mathrm{I}$, ${}^{238}_{92}\mathrm{U}$의 결합에너지를 구하여라(각각의 원자량은 4.0026 u, 55.9349375 u, 130.9061246 u, 238.05 u이다).

10. ${}^{27}\mathrm{Al}$핵에서 알파 입자를 강제로 제거하면 ${}^{23}\mathrm{Na}$핵이 된다. 이때 얼마의 에너지가 필요할까? 또 이 사실로 미루어 어느 핵이 더 안정한지를 결정하여라. 단 ${}^{27}\mathrm{Al}$핵의 질량은 26.981541 u이고 ${}^{23}\mathrm{Na}$핵의 질량은 22.989770 u이다.

11. PLSUP32의 베타붕괴식은 PLSUP32→LSUP32S$+\mathrm{e}^-+\nu$이다. 이 때 붕괴 에너지(disintegration energy)를 구하시오. PLSUP32원자, LSUP32S원자와 전자의 질량은 각각 31.97390 u, 31.97206 u, 0.00055 u이다. (여기서, 붕괴 에너지는 핵 붕괴 때 발생하는 에너지이다.)

12. 다음 핵반응식을 완성하여라.

(가) $\mathrm{n}+{}^{40}_{18}\mathrm{Ar}\rightarrow$ ________ $+{}_{-1}e$

(나) ${}^{13}_{6}\mathrm{C}+{}^{1}_{1}\mathrm{H}\rightarrow\gamma+$ ________

(다) ${}^{27}_{13}\mathrm{Al}\rightarrow$ $+{}_{-1}e$

13. 중수소 10.0 kg이 ${}^{3}_{2}\mathrm{He}$이 되는 핵융합을 통해서 얻을 수 있는 에너지는 얼마인가?

27-4 핵분열과 원자로

14. 세슘 ${}^{137}\mathrm{Cs}$의 평균수명은 44년이다. 반감기는 얼마인가? 우라늄 ${}^{235}\mathrm{U}$가 핵분열할 때 나오는 핵종

중에서 5.9%가 $^{137}\mathrm{Cs}$ 이다. $^{235}\mathrm{U}$ 가 핵분열할 때 나오는 에너지는 약 200 MeV이다. 연간 1 GW 출력의 핵발전소에서 나오는 $^{137}\mathrm{Cs}$ 의 방사능을 구하여라.

27-5 기본 힘과 기본 입자

15. 핵력의 범위가 1.00 fm(1×10^{-15} m)라고 가정하고, 불확정성 원리에 의거하여 중간자의 질량을 계산해보아라.

16. 쿼크 3개로 이루어져 있는 Δ^{++} 입자는 전하량이 +2이고 질량은 대략 1,232 MeV/c^2 이다. 이 입자는 무슨 쿼크들로 이루어져 있는가?

Some Properties of the Sun, the Earth, and the Moon

Property	Unit	Sun	Earth	Moon
Mass	kg	1.99×10^{30}	5.98×10^{24}	7.36×10^{22}
Mean radius	m	6.96×10^{8}	6.37×10^{6}	1.74×10^{6}
Mean density	kg/m^3	1,410	5,520	3,340
Surface gravity	m/s^2	274	9.81	1.67
Escape velocity	km/s	618	11.2	2.38
Period of rotation		37d − poles 26d − equator	23.9h	27.3d

Some Properties of the Planets

	Mercury	Venus	Earth	Mars	Jupiter	Saturn	Uranus	Neptune	Pluto
Mean distance from the sun, 106 km	57.9	108	150	228	778	1,430	2,870	4,500	5,900
Period of revolution, yr	0.241	0.615	1.00	1.88	11.9	29.5	84.0	165	248
Period of rotation, d	58.7	-243[a]	0.997	1.03	0.409	0.426	-0.451[a]	0.658	6.39
Orbital speed, km/s	47.9	35.0	29.8	24.1	13.1	9.64	6.81	5.43	4.74
Inclination of axis to orbit	<28°	~3°	23.5°	24.0°	3.08°	26.7°	82.1°	28.8°	?
Inclination of orbit to earth's orbit	7.00°	3.39°	-	1.85°	1.30°	2.49°	0.77°	1.77°	17.2°
Eccentricity of orbit	0.206	0.0068	0.0167	0.0934	0.0485	0.0556	0.0472	0.0086	0.250
Equatorial diameter, km	4,880	12,100	12,800	6,790	143,000	120,000	51,800	49,500	6,000(?)
Mass(earth=1)	0.0558	0.815	1.000	0.107	318	95.1	14.5	17.2	0.11(?)
Density(water=1)	5.60	5.20	5.52	3.95	1.31	0.704	1.21	1.67	?
Surface gravity, m/s^2	3.78	8.60	9.78	3.72	22.9	9.05	7.77	11.0	4.3(?)
Escape velocity, km/s	4.3	10.3	11.2	5.0	59.5	35.6	21.2	23.6	5.3(?)
Known sattelites	0	0	1	2	16+ring	15+ring	5+ring	2	0

a The sense of rotation is opposite to that of the orbital motion.

Conversion Factors

Length

	cm	m	km	in	ft	mi
1 cm	1	10^{-2}	10^{-5}	0.3937	3.281×10^{-2}	6.214×10^{-6}
1 m	100	1	10^{-3}	39.37	3.281	6.214×10^{-4}
1 km	105	1,000	1	3.937×10^{4}	3281	0.6214
1 in	2.540	2.540×10^{-2}	2.540×10^{-5}	1	8.333×10^{-2}	1.578×10^{-5}
1 ft	30.48	0.3048	3.048×10^{-4}	12	1	1.894×10^{-4}
1 mi	1.609×10^{5}	1,609	1.609	6.336×10^{4}	5,280	1

1 angstrom = 10^{-10} m
1 nautical mile = 1,852 m
= 1.151 mi = 6,076 ft
1 fermi = 10^{-15} m

1 light-year = 9.460×10^{12} km
1 parsec = 3.084×10^{13} km
1 fathom = 6 ft
1 Bohr radius = 5.292×10^{-11} m

1 yard = 3 ft
1 rod = 16.5 ft
1 mile = 10^{-3} in
1 자 = 10/33 m

Mass

1근 = 0.6 kg　1관 = 6.25근　1관 = 3.75 kg

	g	kg	slug	u	oz	lb	ton
1 g	1	0.001	6.852×10^{-5}	6.022×10^{23}	3.527×10^{-2}	2.205×10^{-3}	1.102×10^{-6}
1 kg	1,000	1	6.852×10^{-2}	6.022×10^{26}	35.27	2.205	1.102×10^{-3}
1 slug	1.459×104	14.59	1	8.786×10^{27}	514.8	32.17	1.609×10^{-2}
1 u	1.661×10^{-24}	1.661×10^{-27}	1.138×10^{-28}	1	5.857×10^{-26}	3.662×10^{-27}	1.830×10^{-30}
1 oz	28.35	2.835×10^{-2}	1.943×10^{-3}	1.718×10^{25}	1	6.250×10^{-2}	3.125×10^{-5}
1 lb	453.6	0.4536	3.108×10^{-2}	2.732×10^{26}	16	1	0.0005
1 ton	9.072×10^{5}	907.2	62.16	5.463×10^{29}	3.2×10^{4}	2,000	1

Time

	yr	d	h	min	s
1 year	1	365.2	8.766×10^{3}	5.259×10^{5}	3.156×10^{7}
1 day	2.738×10^{-3}	1	24	1,440	8.640×10^{4}
1 hour	1.141×10^{-4}	4.167×10^{-2}	1	60	3,600
1 minute	1.901×10^{-6}	6.944×10^{-4}	1.667×10^{-2}	1	60
1 second	3.169×10^{-8}	1.157×10^{-5}	2.778×10^{-4}	1.667×10^{-2}	1

Area

	m^2	평	정(정보)	acre	a
1 m^2	1	3.025×10^{-1}	1.0084×10^{-4}	2.4711×10^{-4}	0.01
1 평	3.3058	1	3.3333×10^{-4}	8.1688×10^{-4}	3.306×10^{-2}
1(정)정보	9.9174×10^{3}	3,000	1	2.4506	99.17
1 acre	4.0469×10^{3}	1.2242×10^{3}	0.40806	1	40.469
1 a	100	30.250	1.008×10^{-2}	2.471×10^{-2}	1

Volume

	m^3	L	되	in^3	gallon
1 m^3	1	1,000	5.5435×10^{3}	6.1024×10^{4}	2.6417×10^{3}
1 liter	0.001	1	0.55435	61.024	0.26417
1 되	1.8039×10^{-3}	1.8039	1	1.1008×10^{3}	0.47654
1 in^3	1.6387×10^{-5}	1.6387×10^{-3}	9.0842×10^{-3}	1	4.3290×10^{-3}
1 gallon(미)	3.7854×10^{-3}	3.7854	2.0985	2.31×10^{3}	1

Magnetic flux

1 WEBER = 10^8 maxwell

Magnetic field

1 TESLA = 10^4 gauss = 1 weber/m^2

Energy

1 J = 2.778×10^{-7} kWh = 2.3885×10^{-4} kcal = 3.7767×10^{-7} hp · h = 9.4782×10^{-4} Btu

1 kcal = 4.1868×10^{3} J　　　1 Btu = 0.25200 kcal = 1.0551×10^{3} J

Power

1 W = 2.3885×10^{-4} kcal/s = 1.3596×10^{-3} hp = 3.4121 Btu/h

1 hp = 735.5 W

Pressure

	Pa	bar	torr	atm
1 Pa(N/m^2)	1	1×10^{-5}	7.5006×10^{-3}	9.8692×10^{-6}
1 bar	1×10^{5}	1	7.5006×10^{3}	0.98692
1 torr(mmHg)	1.3332×10^{3}	1.3332×10^{-3}	1	1.3158×10^{-3}
1 atm	1.1032×10^{5}	1.0132	760	1

Fundamental Physical Constant

Quantity	Symbol	Computational Value	Value	Unit	Uncertainty(ppm)
Speed of light in vacuum	c	3.00×10^{8}	299,792,458	m/s	exact
Permeability constant($4\pi \times 10^{-7}$)	μ_0	1.26×10^{-6}	$1.25663706143 \times 10^{-6}$	N/A^2, H/m	exact
Permittivity constant	ε_0	8.85×10^{-12}	$8.85418781762 \times 10^{-12}$	F/m	exact
Charge of electron	e	1.60×10^{-19}	$1.60217653 \times 10^{-19}$	C	0.085
Electron mass	m_e	9.11×10^{-31}	$9.1093826 \times 10^{-31}$	kg	0.17
		5.49×10^{-4}	$5.4857990945 \times 10^{-4}$	u	0.00044
Proton mass	m_p	1.67×10^{-27}	$1.6726171 \times 10^{-27}$	kg	0.17
		1.007	1.00727646688	u	0.00013
	m_p/m_e	1840	1836.15267261		0.00046
Neutron mass	m_n	1.68×10^{-27}	$1.67492728 \times 10^{-27}$	kg	0.17
		1.009	1.00866491560	u	0.00055
Muon mass	m_μ	1.88×10^{-28}	$1.88353140 \times 10^{-28}$	kg	0.17
Hydrogen atom mass	m1H	1.0078	1.007825035	u	0.011
Helium atom mass	mHe	4.0026	4.0026032	u	0.067
Electron charge-to-mass ratio	e/me	1.76×10^{11}	$1.75882012 \times 10^{11}$	C/kg	0.086
Planck constant	h	6.63×10^{-34}	$6.6260693 \times 10^{-34}$	J · s	0.17
		4.14×10^{-15}	$4.13566743 \times 10^{-15}$	eV · s	0.085
	$\hbar = h/2\pi$	1.05×10^{-34}	$1.05457168 \times 10^{-34}$	J · s	0.17
		6.58×10^{-16}	$6.58211915 \times 10^{-16}$	eV · s	0.085
Electron Compton wavelength	λC	2.43×10^{-12}	$2.426310238 \times 10^{-12}$	m	0.0067
Universal gas constant	R	8.31	8.314472	J/mol · K	1.7
Avogadro constant	NA	6.02×10^{23}	6.0221415×10^{23}	mol^{-1}	0.17
Boltzmann constant	k	1.38×10^{-23}	$1.3806505 \times 10^{-23}$	J/K	1.7
Molar volume of ideal gas at STP	Vm	2.24×10^{-2}	2.2413996×10^{-2}	m^3/mol	1.7
Faraday constant	F	9.65×10^{4}	9.64853383×10^{4}	C/mol	0.086
Stefan-Boltzmann constant	σ	5.67×10^{-8}	5.670400×10^{-8}	W/m^2 · K^4	7.0
Ryderberg constant	R∞	1.10×10^{7}	$1.0973731568525 \times 10^{7}$	m^{-1}	0.0000066
Gravitational constant	G	6.67×10^{-11}	6.6742×10^{-11}	m^3/s^2 · kg	150
Bohr radius	a0	5.29×10^{-11}	$5.291772108 \times 10^{-11}$	m	0.0033
Electron magnetic moment	μe	9.28×10^{-24}	$9.28476412 \times 10^{-24}$	J/T	0.086
Proton magnetic moment	μp	1.41×10^{-26}	$1.41060671 \times 10^{-26}$	J/T	0.087
Bohr magneton	μB	9.27×10^{-24}	$9.27400949 \times 10^{-24}$	J/T	0.086
Nuclear magneton	μN	5.05×10^{-27}	$5.05078343 \times 10^{-27}$	J/T	0.086
Atomic mass unit	u	1.66×10^{-27}	$1.66053886 \times 10^{-27}$	kg	0.17
		931	931.494043	MeV/c^2	0.086
Electron volt	eV	1.60×10^{-19}	$1.60217733 \times 10^{-19}$	J	0.30
Fine structure constant	α	7.30×10^{-3}	$7.297352568 \times 10^{-3}$		0.0033
Radiation constant	$c_1(2\pi hc^2)$	3.74×10^{-16}	$3.74177138 \times 10^{-16}$	W · m^3	0.17
	$c_2(hc/k)$	1.44×10^{-2}	1.4387752×10^{-2}	m · K	1.7
	hc	1.99×10^{-25}		J · m	
	hc/e	1.24×10^{-6}		V · m	

연습문제 해답

1장 측정

1. (나)
2. ML/T
3. (가) 5×10^7 cm (나) 1,224 km/h
   (다) 8.96×10^3 kg/m^3 (라) 1.0722×10^8 m/h
4. 30.2 cm^2
5. 160 cm
6. 68.1 kg
7. (라)
8. (가) 4개 (나) 3개 (다) 5개 (라) 2개
9. (가) 17.2 (나) 1.32 (다) 0.0028
   (라) 3.32×10^{-5}
10. 0.0933 m^2
11. 4.20 L
12. 1.27×10^{35}
13. (가) 2.13×10^7 m (나) 1.44×10^{14} m^2
    (다) 1.63×10^{20} m^3
14. 188 kg
15. 5.22×10^6 m

2장 벡터와 스칼라

2. 변위 0.00 km, 이동거리 4.00 km
3. $\vec{A}=2\boldsymbol{i}+3\boldsymbol{j}$, $\vec{B}=3\boldsymbol{i}+1\boldsymbol{j}$
   $\vec{A}+\vec{B}=5\boldsymbol{i}+4\boldsymbol{j}$, $\vec{B}+\vec{A}=5\boldsymbol{i}+4\boldsymbol{j}$
4. 동으로 86.6 m, 남으로 150 m 되는 곳
5. (가) $\sqrt{6}$ (나) $2\sqrt{6}$
   (다) $\sqrt{10}$
6. $\boldsymbol{D}=-0.7\boldsymbol{i}+1.5\boldsymbol{j}-6.3\boldsymbol{k}$
7. x 성분: 1.48, y 성분: 8.37
8. (가) 54.08 (나) $-56°$ or $304°$
9. $\vec{A}\cdot\vec{B}=a_1b_1+a_2b_2+a_3b_3$ 스칼라
   $\vec{A}\times\vec{B}=(a_2b_3-a_3b_2)\boldsymbol{i}+(a_3b_1-a_1b_3)\boldsymbol{j}+(a_1b_2-a_2b_1)\boldsymbol{k}$ 벡터
10. (가) $(0,0,5)$ (나) $(3,-3,-4)$
    (다) 4 (라) $(-5,-5,0)$
11. 79°
12. (가) 60 (나) -60
14. 벡터 $\boldsymbol{A}-\boldsymbol{B}$와 $\boldsymbol{C}$의 끼인각이 90°
19. 360°
20. $\alpha=-2,\ \beta=\sqrt{3}$

3장 물체의 운동

2. 속도는 2번, 가속도는 1번
3. 27.8 m/s, 139 m
4. 30.0 m/s, 0.4 m/s^2
5. 0.1 km
6. 15.0 m
7. (가) $s=\frac{1}{2}(2a)t^2=at^2$
   (나) $v=(2a)t=2at$
   (다) 가속도 $=2a$
8. $3H$
9. 4.00초, 40.0 cm = 0.400 m
10. (가) 1.3초, 2초 (나) 1.7초
11. 2초, 42 m/s
12. $(\boldsymbol{i}+\boldsymbol{j})$ m/s^2
13. (가) $(7,10),(6,11)$

(나) $(10, 16), (6, 14)$

14. (가) $-7\boldsymbol{i}-4\boldsymbol{j}+4\boldsymbol{k}$, (나) $5\boldsymbol{i}-6\boldsymbol{j}$
15. θ와 무관함
16. (가) 35.0 m/s

    (나) 수평방향으로 35.0 m/s,

    수직방향으로 14.0 m/s
17. (21/20) m
18. 421 m
19. 0.05 m
20. (다)
21. 속도 $\boldsymbol{u}$, $\boldsymbol{u}+\boldsymbol{v}$ 가속도 0, 0
22. $\tan^{-1}(2h/d)$
23. $v_0t\sqrt{2(1-\sin\theta)}$
24. (가) 수평: $v_0\cos\theta$, 수직: $v_0\sin\theta$

    (나) $\dfrac{R}{v_0\cos\theta}$

    (다) $H-\dfrac{g(R^2+H^2)}{2v_0^2}$

    (라) $H-\dfrac{g(R^2+H^2)}{2v_0^2}$, 맞는다.
25. 30°
26. (가) $\theta=30°$ 방향, 속력: $\sqrt{3}=1.73$ m/s

    (나) 수직방향으로, 10.0초, 강물을 따라 A 지점에서 10.0 m 떨어진 곳에 도착한다.

4장 힘과 운동

1. 공기저항, 마찰력 등의 영향
2. 100 m/s^2, 100,000 m/s^2
3. 왼쪽으로 2N
4. (가) 25.0 m/s^2

    (나) $v=25.0$ t, $d=12.5$ t^2

    (다) 0 m/s^2, 75.0 m/s
5. 138 m
6. $-12\boldsymbol{i}+17\boldsymbol{j}-14\boldsymbol{k}$ N
7. 0 N
8. (라)
9. $\mu_s=\tan\theta$
10. $T=\dfrac{\mu_s mg}{\cos\theta+\mu_s\sin\theta}$
11. (가) 정지마찰력 (나) 정지마찰력

    (다) $\mu_s mg$
12. 2 N
13. (가) 49.0 N

    (나) 중력가속도 방향으로 가속운동함

    (다) 4.90 N (라) 9.80 N
14. (가) $mg(\sin\theta-\mu_s\cos\theta)$

    (나) $ma+mg\sin\theta+\mu_k mg\cos\theta$
15. (가) 100 N (나) 105 N
16. 0
17. (가) $2.5\boldsymbol{i}-1.6\boldsymbol{j}$ N, (나) $2.5\boldsymbol{i}-1.6\boldsymbol{j}$ N

    (다) $-3.5\boldsymbol{i}+2.4\boldsymbol{j}$ N
18. (가) 2.00 N (나) 1.00 N
19. 1 : 2 : 3
20. 16,320 N(유효숫자 고려 16,300 N)
21. 66.0 N
22. 3/5배
23. (가) 일정

    (나) 끌려오면서 감소

    (다) 끌려오면서 감소
24. (가) $\dfrac{g}{4}$ (나) $\sqrt{\dfrac{gh}{2}}$ (다) $\dfrac{3h}{4}$
25. $\dfrac{2}{3}g$

5장 일과 에너지

1. −6.0 J
2. (가) 60.0 J (나) 150.0 J

    (다) 오른쪽으로 해당 에너지를 가지고 운동 중

3. (가) 크기는 mg, 중력은 중력가속도방향, 공기 저항력은 중력과 반대방향
(나) 중력이 한 일률 $= mgv$,
공기 저항력이 한 일률 $= -mgv$
4. (가) $7{,}500\,\mathrm{W}$ (나) $15{,}000\,\mathrm{W}$
5. $1.00\,\mathrm{W}$
6. $30.0\,\mathrm{N}$
7. $2k$
8. $16.0\,\mathrm{cm}$
9. (가) $\frac{1}{2}kL^2(\mathrm{J})$ (나) $15kL^2(\mathrm{W})$
10. (가) $3.00\,\mathrm{J}$ (나) $\sqrt{6}\,\mathrm{m/s}$
11. $528\,\mathrm{J}$
12. $\sqrt{\frac{m}{k}}v_0$
13. $2\sqrt{6}\,\mathrm{m/s}$
15. 일이 경로에 무관하므로 보존력이다.
16. (가) $\sqrt{v_1^2 - \frac{2a}{3m}(x_2^3 - x_1^3)}$, (나) 2 $\mathrm{N/m^2}$
17. $25.5\,\mathrm{m}$
18. $-7.20\times 10^2\,\mathrm{J}$
19. (가) $392\,\mathrm{J}$, $28.0\,\mathrm{m/s}$
(나) $784\,\mathrm{J}$, $28.0\,\mathrm{m/s}$
(다) $28.0\,\mathrm{m/s} > 100\,\mathrm{km/h}\ (= 27.8\,\mathrm{m/s})$
20. $4.00\,\mathrm{m}$
21. 그릇의 정가운데
22. (나)
23. $\sqrt{2g(H-h)}$
24. $1\,\mathrm{kW}$
25. (가) $\sqrt{v^2 + 2gR}$ (나) mgR
(다) 0 (라) $-\frac{1}{2}mv^2 - mgR$
26. (가) 0 (나) $\frac{1-\sqrt{3}\mu_k}{1+\sqrt{3}\mu_k}h$
27. $\sqrt{\frac{k}{m}x^2 - 2gx}$

6장 운동량과 충돌

1. $\left(\frac{7}{5}, \frac{28}{15}\right)$
2. $4.67\times 10^6\,\mathrm{m}$
3. (가) $50.0\,\mathrm{kg}$, $5.00\,\mathrm{m}$ (나) $50.0\,\mathrm{kg}$, $\frac{20}{3}\,\mathrm{m}$
4. $130\,\mathrm{m}$
5. 수직 아래쪽 방향
6. 2
7. $720\,\mathrm{N}$
8. $3:1$
9. $5/2$배
10. $4/3$
11. $\frac{5}{2\sqrt{2}}v_0$
12. $2.00\times 10^3\,\mathrm{N}$
13. $1.67\,\mathrm{Ns}$
14. $10.0\,\mathrm{N}$
15. $\frac{2}{3}mv$
16. $0.050\,\mathrm{m}$
15. (가) $2.00\,\mathrm{m/s}$
(나) $-6.00\,\mathrm{m/s}$, $4.00\,\mathrm{m/s}$
16. 수소원자 핵에 충돌하는 경우 더 많은 에너지를 잃는다.
17. $60°$
18. $\sqrt{2}mv$
19. $\frac{mv}{\sqrt{k(M+m)}}$
20. $\frac{m-M}{m+M}v_0$, 0, $\frac{2m}{m+M}v_0$
21. $100/3\,\mathrm{kg}$
22. (가) 불변 (나) $\frac{\sqrt{10}}{2}v$ (다) 증가
23. $\frac{5}{3}v$

7장 원운동

1. $2.00\ \mathrm{rad/s}$
2. $y = R\sin\omega t,\ v_y = \omega R\cos\omega t,\ a_y = -\omega^2 R\sin\omega t$
3. (가) $1/120 = 8.33\times10^{-3}\,\mathrm{s}$
   (나) $240\pi = 754\ \mathrm{rad/s}$
   (다) $34.0\ \mathrm{m/s}$
4. 7
5. $1:3,\ \frac{3}{2}\pi$ 지점
6. (가) $120\,\mathrm{s},\ \frac{\pi}{60}\,\mathrm{rad/s}$
   (나) $105\,\mathrm{m/s},\ 5.51\,\mathrm{m/s^2}$
7. 5.23 m/s, 54.8 $\mathrm{m/s^2}$
8. $78.9\,\mathrm{N}$
9. $\sqrt{\frac{Mgr}{m}}$
10. $1/4$배
11. (가) $7.27\times10^{-5}\,\mathrm{rad/s}$
    $7.27\times10^{-5}\,\mathrm{rad/s}$ 각속도는 동일하다.
    (나) 동쪽으로 속력 $62\,\mathrm{m/s}$로 운동
12. $3.3\times10^{-2}\,\mathrm{m/s^2}$
13. (가) $1300\,\mathrm{km/h},\ 0.0028\,g$
    (나) $1.10\times10^5\,\mathrm{km/h},\ 0.0060\,\mathrm{m/s^2}$
14. $\sqrt{gr\tan\theta}$
15. 0.788 rad/s^2
16. $2\pi\,\mathrm{rad/s^2}$, 12.5 바퀴
17. 구심가속도 $\frac{v_0^2}{L}$, 접선가속도 $g\sin\theta_0$, 최대 구심가속도 일 때 각 0도, 최대 구심가속도 $\frac{v_0^2}{L} + 2g(1-\cos\theta_0)$
18. 50 번
19. (가) $\sqrt{2gR(1-\cos\theta)}$
    (나) $\frac{2}{3}$
20. (가) 그 점에서 실에 수직한 방향
    (나) 실과 수평하게 위 방향
    (다) $mg + \frac{mv_0^2}{L}$

8장 각운동량과 중력

2. 0
3. $15\ \mathrm{kg\,m^2/s}$
4. (가) 0.0226 (나) 0.545
5. 1.62 m/s^2
6. $\boldsymbol{F} = G\frac{m^2}{2a^2}(3\hat{\boldsymbol{x}} + \sqrt{3}\,\hat{\boldsymbol{y}})$
7. $\sqrt{\frac{GM}{R}}$
8. 11.2 km/s
9. $R/3$
10. $7.36\times10^3\ \mathrm{m/s}$
12. $1.01\times10^{23}\,\mathrm{kg}$
13. (가) $\boldsymbol{l} = -\frac{1}{2}mgt^2v_0\cos\theta\,\boldsymbol{k}$
    (나) $\frac{dl}{dt} = -mgtv_0\cos\theta\,\boldsymbol{k}$
    (다) $\boldsymbol{\tau} = -mgtv_0\cos\theta\,\boldsymbol{k} = \frac{dl}{dt}$
14. (가) $a_2/a_1 = m_1/m_2$
    (나) 2배
    (다) $\frac{Gm_1m_2}{R}$

9장 강체의 회전운동과 평형

1. (A) $-z$ (B) $+z$ (C) 0
2. (D) > (C) > (B) > (A)
3. (가) $2ma^2$ (나) $aF/2$
   (다) $\frac{F}{4ma}$

4. $a = g\dfrac{2m}{M+2m}$

5. $3.49 \times 10^{-7}\,\mathrm{kg\,m^2 s^{-1}}$

7. 바퀴의 각운동량 $-$L, 예, 학생의 각운동량 +2L, 총 각운동량 +L

8. 3ω

9. (가) $\dfrac{1}{\sqrt{8}}$배, (나) $\dfrac{1}{4}$배

10. $\dfrac{rmv}{I+mr^2}$

11. $L_{cm} = \dfrac{l}{2}p_{cm} = \dfrac{l}{2}m\,v_{cm} = \dfrac{l}{2}m\,\dfrac{l}{2}w = \dfrac{l^2}{4}mw$

12. $0.500\,\mathrm{m/s}$

13. 13.5 m

14. 5 / 2배

15. 22 J

16. (가) $1.79 \times 10^{-46}\,\mathrm{kg\,m^2}$ (나) $2.06 \times 10^{-21}\,\mathrm{J}$

17. ④

19. 왼쪽 끝에서 75.0 cm 위치

20. 20

21. (가) ㄴ

(나) ‘ㄷ’과 P를 연결하는 선에 수직방향

(다) 마찰력

22. (가) 오른쪽 (나) 반시계방향

23. $N_1 = w_C\left(2 - \dfrac{3x}{L}\right) + \dfrac{w_B}{2}$

$N_2 = w_C\left(-1 + \dfrac{3x}{L}\right) + \dfrac{w_B}{2}$

10장 고체와 유체

1. ④

2. $2.50\times 10^8\,\mathrm{N/m^2}$

3. kL/A

4. 0.200

5. $7.50\times 10^8\,\mathrm{J}$

6. $8.07\times 10^9\,\mathrm{Pa}$

7. 136.75 mmHg

8. $3.1\times 10^3\,\mathrm{N}$

9. $0.986 \times 10^5\,\mathrm{Pa}$

10. $-1.76 \times 10^7\,\mathrm{Pa}$

11. 1/2

12. $\dfrac{m}{(\rho_w - \rho)h}$

13. (가) $0.667 \times 10^3\,\mathrm{kg/m^3}$

(나) $0.741 \times 10^3\,\mathrm{kg/m^3}$

14. $T = (m - \rho_{물} V)g$, m =나무토막의 질량, $\rho_{물}$ =물의 밀도, V =나무토막의 부피

15. 20.0 m/s

16. 80 km/h

17. 2.00 J

18. $2.45 \times 10^{-2}\,\mathrm{m}$

19. (가) 463 Pa (나) 46,300 N

20. $1.17 \times 10^4\,\mathrm{Pa}$

21. 0.167 m

22. 1.00 m

23. 4.85 W

24. $d(1 + 2gh/v^2)^{-\frac{1}{4}}$

25. $\sqrt{\dfrac{2gh}{(A_1/A_2)^2 - 1}}$

11장 진동과 단순조화운동

1. ①

2. $-A\cos\sqrt{\dfrac{k}{m}}\,t$

3. $x(t) = (0.100\,\mathrm{m})\cos(2.00\,t)$

4. (가) $(0.500\,\mathrm{kg})\dfrac{\mathrm{d}^2x}{\mathrm{d}t^2} = (-2.40 \times 10^3\mathrm{N/m})x$

(나) $-\pi/2$ (다) -0.334 cm

(라) 7.68 J (마) 4.33 m/s

(바) 5.54 m/s, 평형지점

5. 2.00×10^{2} rad/s^{-1}

6. (가) 0.628 s (나) 100 cm/s

7. 2배

8. (가) $2\pi\sqrt{\frac{m(k_1+k_2)}{k_1k_2}}$ (나) $2\pi\sqrt{\frac{m}{(k_1+k_2)}}$

9. (가) 0.517 m (나) 0.646 s

10. 38.4 m/s^2

11. $\frac{1}{\sqrt{2}}$배

12. (가) 운동에너지 75%, 위치에너지 25%

(나) $x=\pm\frac{A}{\sqrt{2}}$

13. (가) $\frac{m}{M+m}v$ (나) $\frac{mv}{\sqrt{k(M+m)}}$

14. $\frac{mg}{k}$

15. (가) 4 cm, 0.25 Hz (나) $0.25\pi^2$

(다) 1/3

16. $1.75\times10^{-3}\text{s}^{-1}$

17. 0.318 Hz

18. (가) $2\pi\sqrt{\frac{2L}{3g}}$ (나) $\frac{2}{3}L$

19. $\sqrt{\frac{\frac{1}{2}mR^2+m(l+R)^2}{mR^2+m(l+R)^2}}$

20. (가) $k=40$ N/m, (나) $T=2\pi\sqrt{\frac{m}{k}}=1.40$ s

21. 4.49초

22. (가) 2.01초 (나) 1.91초

(다) 무한대

23. (가) 링 (나) 꽉 찬 공

(다) 약 $\sqrt{6}$ 배로 증가 (라) $Mg+M(L+R)\omega^2$

24. 용수철시계

25. (가) $GMmx/R^3$ (나) $\frac{d^2x}{dt^2}+\frac{Gm}{R^3}x=0$

(다) $2\pi\sqrt{\frac{R^3}{GM}}$

26. $\frac{3}{2}R$

12장 파동과 음파

2. 1.00 s

3. (가) 15.0 m/s (나) 0.0360 N

4. $y(x,t)=\frac{4}{(x-2t)^2+2}$

5. 0.150초

6. $-\frac{1}{2}$

7. (고정단 반사) $y_r(x,t)=-A\sin(kx-\omega t)$

(자유단 반사) $y_r(x,t)=A\sin(kx-\omega t)$

8. (가) $y_1:+x,\ y_2:-x$ (나) 2초 (다) (2,0)

10. $\sqrt{g(L-x)}$

12. (가) $0.250\sin\left(\left(\frac{\pi}{3}\text{m}^{-1}\right)x-\left(\frac{\pi}{2}\text{s}^{-1}\right)t\right)$,

$0.250\sin\left(\left(\frac{\pi}{3}\text{m}^{-1}\right)x+\left(\frac{\pi}{2}\text{s}^{-1}\right)t\right)$

(나) 0.250 cm, $\frac{\pi}{3}$ cm^{-1}, 3/2 cm/s,

$\frac{1}{4}$ Hz, 4 s

(다) 3 cm

13. (가) $0.100\cos((0.790\text{m}^{-1})x+(13.0\text{s}^{-1})t)$

(나) $3.98\times$(정수) m

14. $\frac{1}{2}\sqrt{\frac{g}{L}}\sqrt{\frac{m}{\mu L}}$

15. 1 : 3

16. $0.346\times(2n-1)$ m

17. 17.3 m에서 1.73 cm로

18. (가) 1.50 Pa (나) 165 Hz

(다) 1.00 m (라) 165 m/s

19. 100배

20. (가) 거리의 제곱근에 반비례

(나) 거리에 반비례

22. 1.14 kHz

23. 47 Hz

24. 12.9초

25. 소리의 속력으로 25℃에서의 값 346 m/s를 사용하면

(가) 631 Hz (나) 650 Hz (다) 616 Hz

26. 1.23×10^4 Hz

13장 물질의 열적 성질과 통계역학

1. 1.64 atm, 1.74 atm

2. 37.5 ℃

3. 뜨거운 물체에서 차가운 물체로 전달되는 에너지의 한 형태

4. 65 K

5. 5.16×10^7 J

6. -3.00×10^{-5}/K

7. 21.6 cal

8. 6.00×10^{-3} m

9. 온도가 증가하면 밀도는 작아진다.

10. $\dfrac{\alpha Q}{c\rho A}$

11. A

12. 100℃

13. 1/400 K^{-1}

14. 8배

15. $\dfrac{2}{3}$

16. (가) 7.5×10^3 J (나) 6.2×10^{-21} J

17. $\sqrt{2}$ 배

18. 5.00×10^{-8} m

19. 258 K

20. $v_p = \sqrt{\dfrac{2k_B\text{T}}{m}}$, $v = \sqrt{\dfrac{8k_BT}{\pi m}}$

21. 517 m/s, 483 m/s

22. 2.07×10^{-20} J

23. $\dfrac{2}{3}\dfrac{GMm}{k_BR}$

25. 0.375분

26. 4.43 Pa

14장 열역학 법칙과 엔트로피

2. (가) 8 J (나) -6 J

3. 2.50 J

4. 50.0 J

5. $Q = -(P_2 - P_1)(V_2 - V_1)$

6. $RT\ln(V_f/V_i)$

7. (가) 4.00 기압 (나) -1.40×10^6 J

8. (가)

	Q	W	ΔE
A 에서 B	+	+	+
B 에서 C	+	0	+
C 에서 A	-	-	-

(나) -20 J

9. (가) 2.00기압 (나) 2.81×10^6 J

(다) 2.81×10^6 J

10. (가) 1/2배 (나) $2^{-5/3}$배

11. 114℃

12. 단위는 cal

	얻은 열량	기체가 한 일	내부에너지 변화
등부피과정	900	0	900
등압과정	1200	297	900
단열수축	0	-900	900

13. (가) $nRT\ln 2$ (나) $nR\ln 2$

(다) 0

14. $\frac{mL_f}{T_m}$

15. 17.3 J/K

16. $2R\ln 2$

17. 0

18. (가) 92.7℃ (나) 0.48 cal/K = 2.0 J/K

19. 0.0500, 380 J

20. 0.894

21. 8.92 J

22. 5.00×10^{-2} J/Kmin

23. $e = e_1 + e_2 - e_1 e_2$

24. $R(T_2 - T_1)\ln\frac{P_2}{P_1}$

25. $W = \frac{nR(T_1 - T_2)}{\gamma - 1}$

26. $AT_2 - BT_2^2 - (AT_1 - BT_1^2)$

27. $T_0(S_B - S_A)$

28. $\frac{11}{2}R\ln 2$

29. 24J

15장 전하와 전기장

1. 2.97×10^{17} C, 1.86×10^{36} 배

2. 중력 $= 3.61 \times 10^{-47}$ N

   전기력 $= 8.21 \times 10^{-8}$ N

   2.27×10^{39}

3. $\frac{q^2}{4\pi\varepsilon_0}\frac{3}{4d^2}$, 0, $-\frac{q^2}{4\pi\varepsilon_0}\frac{3}{4d^2}$

4. $\frac{1}{4\pi\varepsilon_0}\frac{\sqrt{3}q^2}{d^2}$, 무게중심 방향

5. $q_1 = 3.09\,\mu$C, $q_2 = 6.91\,\mu$C,

   $q_1 = 11.8\,\mu$C, $q_2 = -1.80\,\mu$C

6. $r = \frac{1}{4\pi\epsilon_0}\frac{e^2}{mv^2}$

7. $\boldsymbol{F} = -1.1\boldsymbol{i} + 7.9\boldsymbol{j}$ N

8. $q\sqrt{\frac{\tan\theta}{4\pi\epsilon_0 mg}}$

9. $q = -9.8 \times 10^{-5}$ C

10. 1.55×10^4 N/C

11. $\boldsymbol{E} = 1.1 \times 10^5\boldsymbol{i} + 2.5 \times 10^5\boldsymbol{j}$ N/C

12. (가) 5.93×10^6 m/s (나) 1.60×10^{-17} J

    (다) 3.37×10^{-9} s

13. 아랫방향

15. 2.50×10^3 N/C

16. (가) $\frac{\sigma}{2\epsilon_0}\left(1 - \frac{x}{\sqrt{x^2 + R^2}}\right)$

    (나) $\frac{\sigma}{2\epsilon_0}$

17. $3\frac{\sqrt{3}}{8}q$

19. (가) 3.88×10^{-12} m (나) 1.24×10^{-25} Nm

20. 양, 감소

21. (가) $\boldsymbol{p} = 2qa\boldsymbol{i}$ (나) $\boldsymbol{F} = 0$, $\boldsymbol{\tau} = 2aqE_0\boldsymbol{k}$

22. $q_1 = \frac{q}{2}$

23. (가) $\tan\theta \approx \sin\theta \approx \theta = \frac{x}{2l}$

    (나) $x = \left(\frac{q^2 l}{2\pi\varepsilon_0 mg}\right)^{1/3}$

25. $\sqrt{\frac{3}{2}}$ 배

16장 가우스 법칙과 전위

1. 2.26×10^5 Nm^2/C, 반지름이 바뀌어도 전기선속은 같음

2. (1) $\Phi = 0$ (2) $\Phi = 3 \times 10^2$ Nm^2/C

4. 0

5. -1.11×10^{-8}C, 내부에 구형으로 분포

6. 원통 내부: $E=0$

원통 외부: $E_r=\dfrac{\lambda}{2\pi\varepsilon_0}\dfrac{1}{r}$,

$$\Delta V=\frac{\lambda}{2\pi\varepsilon_0}\ln\left(\frac{r_A}{r_B}\right)$$

8. (가) $-Q$

(나) 변화 없음

9. 0, $9.99\times10^6\,\mathrm{N/C}$, 0

10. (가) $E_r=\dfrac{q}{\pi\epsilon_0R^2}$

(나) 내부면의 안쪽 $=0$,

바깥쪽$=E_r=\dfrac{q}{4\pi\epsilon_0R^2}$

(다) $\sigma=-\dfrac{q}{4\pi R^2}$

11. $\dfrac{\rho a}{\epsilon_0}(a<d),\dfrac{\rho d}{\epsilon_0}(a>d)$

12. $E=\dfrac{\sigma}{2\epsilon_o}+\dfrac{\lambda}{2\pi\epsilon_o(d-x)}$

13. 6.37×10^8 V

14. 0, 3.60 MV, 9.99 MV/m, 3.30 MV, 20.0 MV/m, 2.40 MV, 1.15 MV/m, 0.575 MV

15. (가) 5.40×10^{-4} m

(나) 794 V

16. $1.00\times10^3\mathrm{V/m}$

17. $\dfrac{Q}{2\pi\epsilon_0}\dfrac{\sqrt{R^2+z^2}-\sqrt{a^2+z^2}}{(R^2-a^2)}$

18. $88.5\,\mathrm{nC/m^2}$, 8.00 cm

19. $\sqrt{\dfrac{2q\sigma}{m\epsilon_0}z}$

20. $W=\dfrac{\sqrt{2}-4}{4\pi\epsilon_0}\dfrac{q^2}{a}$

22. $v=\sqrt{\dfrac{2eV_0}{m}}$

23. 반지름이 R인 구의 전하량 $=\dfrac{2Q}{3}$

반지름이 $R/2$인 구의 전하량 $=\dfrac{Q}{3}$,

$$F=\frac{1}{4\pi\epsilon_0}\frac{2Q^2}{9L^2}$$

24. (가)와 (나) 둘 다 $\Delta V=\dfrac{q}{4\pi\epsilon_0}\left(\dfrac{1}{r}-\dfrac{1}{R}\right)$

25. (가) $E=0\ (r<a)$

$E=\dfrac{Q}{2\pi\varepsilon_0Lr}\ (a<r<b)$

$E=0\ (r>b)$

(나) $\Delta V=\dfrac{Q}{2\pi\varepsilon_0L}\ln\left(\dfrac{b}{a}\right)$

17장 전류와 저항

1. 100 V
2. (d)
3. (가) $6.19\times10^7\,\mathrm{m/s}$ (나) $9.92\,\mu\mathrm{m}$
4. 전류
5. $\dfrac{1}{2}I_0t_0$
6. $R=\dfrac{\rho}{2\pi L}ln\dfrac{b}{a}=7.72\,\mu\Omega$
7. 0.559
8. 4배
9. $4R$
10. 2.51 A
11. 160 kΩ
13. 1.60 A
14. (가) Cu 전류밀도 $=5.23\times10^5$ A/m^2

Al 전류밀도 $=3.42\times10^5$ A/m^2

(나) Cu 질량 $=1.027$ kg

Al 질량 $=0.473$ kg

15. 2배

16. $\rho \propto \sqrt{T}$
17. 0.125 W
18. 1/4배
19. 413 W
20. 1,800 C
21. 21,600 C
22. 660원
23. (가) 1.14 A (나) 194 Ω (다) 90 kWh
24. $R = \rho(b-a)/4\pi ab$
25. $\rho \dfrac{L}{\pi ab}$

18장 전류회로와 축전기

1. (나)
2. 전체 등가저항 $= 5\Omega$, $I_{3\Omega} = 8$ A, $I_{6\Omega} = 4$ A, $I_{12\Omega} = 3$ A, $I_{4\Omega} = 9$ A
3. (가) 3 mA (나) 6 V
   (다) 저항 1개, 3개의 양단 전압을 이용한다.
4. (가) 12Ω
   (나) 5 A
   (다) 3 A, 2 A
5. (가) $I_3 = 8$ A
   (나) $\epsilon_1 = 36$ V, $\epsilon_2 = 54$ V
   (다) $R = 9\Omega$
6. 30 μC, 15 μC, 15 μC
7. (가) $24\mu C$, $24\mu C$ (나) $36\mu C$, $72\mu C$
8. (가) 800 V (나) 0.0113 m^2
   (다) 2×10^6 V/m (라) 17.7×10^{-6} C/m^2
9. 전기용량은 0.5배, 저장된 에너지는 2배 두 판의 표면의 전하밀도, 두 판 사이의 전기장, 판의 전하는 변화 없음
10. (가) 2.50×10^{-9} C (나) $V = \dfrac{C}{C+C_x}V_0$
    (다) 6.25×10^{-11} F
11. 4 V
13. (가) 3.00 (나) $2.12\mu C$
15. (가) 6.0×10^{-6} C (나) 1.46×10^{-4} s
16. $\tau = 3.24$s, $\Delta V = 0.45$V
17. 6 V
18. 9 V, 7.2 V
19. (가) −6 V (나) 6 V (다) −54 μC
20. $2\pi\varepsilon_0 \dfrac{R(d-R)}{d-2R} \approx 2\pi\varepsilon_0 R$
22. $C = \dfrac{2\pi\varepsilon L}{\ln(b/a)}$
23. 133.3 μC

19장 자기장

1. 자기장에 수직으로 움직일 때 (최대), 자기장에 평행한 방향으로 움직일 때 (최소/힘을 받지 않음).
2. (가), (나)
3. (c)
4. (e)
5. $+z$ 방향, $\dfrac{mE^2}{2B^2}$
6. $(-9.6\times10^{-20}\boldsymbol{k})N$
7. 크기는 같고 방향은 반대이다. 반지름 비율은 질량비 $\left(\dfrac{r_e}{r_p} = \dfrac{m_e}{m_p}\right)$
8. (+), $\dfrac{mg}{vB}$
9. 전기장의 방향은 자기장 방향에 수직, 전기장의 크기 $= 2.40\times10^3$ V/m
10. $\sqrt{\dfrac{2mV}{eB^2}}$
11. $\dfrac{q^2B}{2\pi m}$
12. 0.00318 T
13. $-1.50(N/m)\boldsymbol{k}$

14. 고리가 자기장에 수평일 때 최대
15. (나)
16. (라)
17. 양전하
18. $\frac{120}{7}$ A
19. 0.975 J
20. (가) 0.25 Am^2, z 방향
    (나) 자기위치에너지 0, 돌림힘 0.025 Nm
    (다) 자기위치에너지 −0.025 J, 돌림힘 0
21. (가) 4.55×10^{-4} T, 땅으로 향하는 방향
    (나) 3.93×10^{-8} s
22. (가) 10.9 N
    (나) 도선 면과 자기장 방향의 사이각이 60°일 때
23. (가) $1.25\mu C$
    (나) 1.33×10^{15} m/s^2
    (다) 자기장에 의한 원운동과 z 방향 속도 성분에 의한 등속운동의 합 = 나선운동. 반지름 $R=0.03m$
24. (가) 등속직선운동
    (나) 등속원운동
    (다) x축 방향으로 진행하는 나선운동
    (라) $\frac{\sqrt{2}\,\pi mv}{eB}$
25. 0.3 N

20장 전류와 자기장

1. 남쪽
2. 자기장의 방향은 남쪽, 크기는 0.32×10^{-4} T
3. $B=\frac{\mu_0 I}{2R}$
4. $\frac{\mu_0 e}{2rT}$
5. $B=\frac{\mu_0 I}{4\pi s}(\sin\theta_2-\sin\theta_1)$
6. 4배
7. 2.00×10^{-7} N/m, 아래쪽 방향
8. 1.56×10^{-7} N, 위쪽 방향
9. 2.5 mm
10. 내부에서는 r에 상관없이 0
    외부: $B=\frac{\mu_0 I}{2\pi r}$
11. (가) $B=\frac{\mu_0 I}{2\pi a^2}r$ (나) $B=\frac{\mu_0 I}{2\pi r}$
    (다) 0
12. 2.0×10^{-5} T
13. $\boldsymbol{B}=\pm\frac{\mu_0}{2}K\hat{\boldsymbol{y}}$ (+는 평면 아랫쪽 $z<0$ 영역, −는 평면 윗쪽 $z>0$ 영역)
14. 동일하다.
15. $11{,}900/m$, 5950
16. 2.8×10^{-3} T
17. $0.16A\cdot m^2$
18. 1.4 K
19. (a) 17 J/T (b) 34 N · m
20. (가) 3.7699×10^{-2} T
    (나) 3.7702×10^{-2} T
    (다) 3.7698×10^{-2} T
21. 4.14×10^{-6} T, 지면 안으로 들어가는 방향
22. $\frac{2\sqrt{2}\,\mu_0 I}{\pi a}$
23. 15.6 A, 서로 반대방향(시계방향)
24. (가) $\frac{2\mu_0 I}{\pi a}$, 위쪽 방향
    (나) $\frac{\sqrt{10}\,\mu_0 I^2}{4\pi a}$
25. $\alpha=\frac{3I}{2\pi R^3}$, 내부: $B=\frac{\mu_o I r^2}{2\pi R^3}$, 외부: $B=\frac{\mu_o I}{2\pi r}$

21장 자기 유도

1. 시계방향
2. 0.01 A
3. 0.15 V
4. (가) 반시계방향 (나) 반시계방향
5. $2\frac{BLv}{R}$, 윗방향
6. (다), (라)
7. 0.5 L
8. 8 V
9. 1.23 mV
10. 시계방향, 밀어낸다.
11. 0.376 V
12. 2배로 증가한다
13. (가) 300 mA (나) 28 ms
    (다) 9 mJ (라) 49 ms
14. 5.32 V, 원형 도선이 자기장에 평행할 때(즉 통과하는 자기선속이 0일 때)
15. (가) 시계방향 (나) $|\varepsilon| = \frac{Bd^2}{t}$, $i = \frac{Bd^2}{tR}$
16. (가) 1.2 A (나) 0.145% (다) 14.5%
17. 100,000 V, 1/20배
18. $r < R$이면 1, $r > R$이면 −1
19. 3.30 m
20. $Q = \frac{NBA}{R}$
22. (가) $F = \frac{B^2L^2v}{R}$ (나) $P = \frac{B^2L^2v^2}{R}$
    (다) $P = \frac{B^2L^2v^2}{R}$
23. (가) 변화없다 (나) 증가한다 (다) 변화없다
24. (가) $I = \frac{\omega BA}{R}\sin\omega t$
    (나) $\tau = \frac{\omega B^2A^2}{R}\sin\omega t$
    (다) $P = \frac{\omega^2B^2A^2}{2R}$

22장 교류회로

1. 141 V
2. 15.6 A, 2,420 W
3. 0.28 A
4. 18.7 μF
5. 100 Hz
6. 0.177 A
7. 0.2 A, 16 W
8. 12 V
9. 8 Ω, 6 Ω
10. 0.0368 H
11. 5 Ω
12. $\tan\phi = \frac{X_L - X_C}{R} = \frac{\omega L - \frac{1}{\omega C}}{R} = -0.34$
    전류가 전압보다 위상이 빠름
13. $X_C = 11\ \Omega$, $X_L = 9.4\ \Omega$, $Z = 510\ \Omega$
14. 70.7 V
15. 축전기에 걸리는 유효전압=3.36 V, 인덕터에 걸리는 유효전압=10.76 V
16. $IE\cos\Phi$
18. $Z = \sqrt{R^2 + (X_C - X_L)^2} = R$
19. 0
20. (가) 650 Hz
21. (가) 4.5×10^{-5} J (나) 2.22×10^{-4} s
    (다) 0.21 A
22. 50 mA
23. 0.14 pF
24. (가) $C = 117\ \mu$F
    (나) 최대전력 = 180 W($\Phi = 0°$)
25. $V_{out}/V = \frac{\sqrt{R^2 + \omega^2L^2}}{\sqrt{R^2 + (\omega L - 1/\omega C)^2}}$
26. $\omega = \frac{1}{\sqrt{L(C_1 + C_2)}} \approx 58\times10^3$ rad/s
    $f = \frac{1}{2\pi\sqrt{L(C_1 + C_2)}} \approx 9.2$ kHz

23장 기하광학

1. 공기 중에서의 빛의 속도에 비해 1/2.5배 만큼 작다.
2. 1.56
3. 1.44 m
4. (가) 5.63×10^{14} Hz = 563 THz
   (나) 355 nm (다) 2.00×10^{8} m/s
5. (가) $\sqrt{2}$ (나) 5.63×10^{14}Hz
   (다) 2.12×10^{8} m/s (라) 377 nm
6. (d)
7. $\dfrac{d}{n}$, $\dfrac{d}{\sqrt{n^2-1}}$
8. $n_G > \sqrt{1.5}$
9. 0.77
10. 37°, 90° (브루스터의 법칙에 의해 반사된 빛은 편광되어 있음)
11. 45°
12. $L' = L\dfrac{f}{a-f}$
13. 5.8 cm, 허상
14. 10.0 cm
15. 6.00 cm
16. 8배
17. (가) 80 cm (나) 40 cm
18. 6 cm
20. 16 cm
21. 10 cm, 허상
22. 30 cm
29. 5/4
30. $\theta_{\min} > \sin^{-1}\left[\sqrt{n^2-1}\sin\phi - \cos\phi\right]$

24장 간섭과 회절

1. $2I$ (백열전구로부터 나오는 빛은 간섭을 일으키지 않음)
2. 800 nm
3. 0.0889 mm
4. 1.64 mm
6. 0.75 m
7. I, III
8. $d = \lambda/(4n) = 91$ nm
9. 292 nm
10. 4,200 Å
11. 100 nm
12. 0.126 mm
13. 파장이 크기 때문
14. 0.4 mm
15. 2배
16. 5개
17. 2.4 mm, 12 mm
18. $a = \dfrac{\lambda L|m_2 - m_1|}{\Delta y}$
19. 1.41×10^{3} Hz
20. 2차, 23도, 51도
21. 0.564 nm
22. 5.2Å(0.52 nm)
23. 3 mm

25장 상대론

3. $2c/3$
4. 상대적으로 정지했을 때 측정하는 길이보다 짧아진다.
5. 15.4 cm
6. $0.87c$
7. (가) $5T_0$ (나) $0.98c$ (다) $L_0/5$
8. 14.2 μs
9. $3c/5$
10. 0.55 m
11. (가) 0.141 cm^3 (나) 21.3 g

(다) $150.754\,\mathrm{g/cm^3}$

12. $1.548 \times 10^{13}\,\mathrm{kg}$, $1.286 \times 10^{15}\,\mathrm{h}$

13. 1배

14. $\frac{\sqrt{3}}{2}$

15. (가) $6.111 \times 10^{-20}\,\mathrm{kg \cdot m/s}$
    (나) $1.825 \times 10^{-11}\,\mathrm{J}$
    (다) $2.037 \times 10^{-28}\,\mathrm{kg}$

16. $0.999999991c$, 7.000938 TeV/c, 7464배

17. $0.99999997c$

18. (가) 운동량에 비례 (나) 운동량의 제곱에 비례

19. (가) $9 \times 10^{14}\,\mathrm{J}$ (나) $1.71 \times 10^{8}\,\mathrm{kg}$

20. (가) 35.0 MeV (나) 258.7 MeV

21. (나) $u = \dfrac{qEct}{\sqrt{m^2c^2 + q^2E^2t^2}}$,

$$x = \frac{c}{qE}\left(\sqrt{m^2c^2 + q^2E^2t^2} - mc\right)$$

22. (다) $105.9\,\mathrm{MeV/c^2}$

26장 원자와 물질의 구조-양자론

1. $0.483\,\mu\mathrm{m}$
2. $1:16$
3. 레일리-진스 기술식이 긴 파장에서만 유효함
4. (가) $0.683\,\mu\mathrm{m}$ (나) 2.32 eV
5. 1.685 V, $7.69 \times 10^{5}\,\mathrm{m/s} \approx 2.56 \times 10^{-3}\,c$
6. 일함수$= 1.02\,\mathrm{eV}$
   광전자의 운동에너지$= 1.80\,\mathrm{eV}$
7. (가) $0.0024\,\mathrm{nm}$
   (나) 전자의 운동에너지 $= 294\,\mathrm{eV}$
   운동량 $= 9.259 \times 10^{-8}\,\mathrm{kg\,m/s}$
9. (가) $6.57 \times 10^{-12}\,\mathrm{m}$
   (나) $4.62 \times 10^{-15}\,\mathrm{J} = 29\,\mathrm{keV}$
10. 물질파의 제곱은 입자가 발견될 확률밀도
11. $0.073\,\mathrm{nm}$, $0.073\,\mathrm{m/s}$
12. $4.8 \times 10^{-3}\,\mathrm{m} = 4.8\,\mathrm{mm}$
13. (가) $1.0353 \times 10^{-16}\,\mathrm{m} = 0.10353\,\mathrm{fm}$
    (나) 0.10353
14. $1.35 \times 10^{-33}\,\mathrm{m}$, $20.4\,\mathrm{m}$
15. 전자 : $4.8 \times 10^{-5}\,\mathrm{m}$
    총알 : $2.19 \times 10^{-33}\,\mathrm{m}$
16. 빨간색 전구
17. (가) 증가
18. (가) $-3.4\,\mathrm{eV}$ (나) $3.4\,\mathrm{eV}$
19. (가) $2\sqrt{3}$
    (나) $3.199 \times 10^{-23}\,\mathrm{C \cdot m^2/s}$
    (다) $0, \pm\frac{h}{2\pi}, \pm\frac{2h}{2\pi}, \pm\frac{3h}{2\pi}$
20. (가) $l = 0, 1, 2, 3, 4$
    (나)

l	m_e
0	0
1	-1, 0, 1
2	-2, -1, 0, 1, 2
3	-3, -2, -1, 0, 1, 2, 3
4	-4, -3, -2, -1, 0, 1, 2, 3, 4

21. $1s^22s^22p^3$

n	l	m_l	m_s
1	0	0	$\pm 1/2$
2	0	0	$\pm 1/2$
2	1	0	$\pm 1/2$
2	1	1 or -1	$1/2$ or $-1/2$

23. -2.82 keV, 0.256 pm

27장 원자핵과 기본 입자

1. 아주 짧은 거리에서만 작용하며, 전기력보다 100배 강하다.
2. 184 m
3. 1.71 MeV
4. 5,730년

5. 1/4

6. (가)

	양성자수	중성자수	전자수
${}^{60}_{27}Co$	27	33	27
${}^{59}_{27}Co$	27	32	27

(나)

	양성자수	중성자수	전자수
${}^{60}_{27}Co$	27	33	29
${}^{59}_{27}Co$	27	32	29

7. 3.51×10^{11} Bq

8. (가) 8.8×10^{17}개 (나) 4.9×10^{8}개

9. -4.566×10^{-12} J, -7.943×10^{-11} J, -1.780×10^{-10} J, -2.908×10^{-10} J

10. 9.07 MeV

11. 1.71 MeV

12. (가) ${}^{41}_{19}K$ (나) ${}^{14}_{7}N$ (다) ${}^{27}_{14}Si$

13. 2.19×10^{8} kWh

14. 4.18×10^{16} Bq

15. 1.758×10^{-28} kg $\approx 1.929 \times 10^{2} m_e$

16. 세 개의 up 쿼크

찾아보기

ㅂ

ㅅ

ㅇ

ㅈ

ㅊ

ㅋ

ㅌ

ㅍ

ㅎ

기타

히미

뉴턴의 사과를 모티브로 한 캐릭터입니다. 이름은 히미. 명랑하고 활발하며, 여학생이지만 '힘이 세다'하여 히미라는 이름을 가지게 되었습니다. 종종 사과를 까먹고 있으며, 셈이와는 으르렁거리며 경쟁하지만 모르는 것이 있으면 서로 가르쳐 주기도 하는 좋은 친구입니다.

셈

아인슈타인의 상대성이론을 모티브로 한 캐릭터입니다. 이름은 셈. '힘이 세다'라는 세다의 명사형으로 이름을 붙이게 되었습니다. 상대성 이론을 모티브로 한 만큼, 시간과 공간에 많은 관심이 있어서 늘 시계와 자를 들고 다니며, 반짝반짝 좋은 아이디어를 잘 내는 친구입니다.

대학물리학 9판

9판 1쇄 인쇄| 2023년 2월 20일

9판 1쇄 발행| 2023년 2월 25일

지은이 | 권민정 · 김현철 · 노재우 · 류한열 · 박혜진 · 유석재 · 윤진희 · 이규태
이근섭 · 이민백 · 이병찬 · 이재우 · 정종훈 · 최민석 · 허남정

펴낸이 | 조 승 식
펴낸곳 | (주)도서출판 **북스힐**

등 록 | 1998년 7월 28일 제22-457호
주 소 | 서울시 강북구 한천로 153길 17
전 화 | (02) 994-0071
팩 스 | (02) 994-0073

홈페이지 | www.bookshill.com
이메일 | bookshill@bookshill.com

정가 30,000원

ISBN 979-11-5971-480-1

Published by bookshill, Inc. Printed in Korea.